Couvertures supérieure et inférieure
en couleur

LINNÉ FRANÇOIS.

TOME TROISIÈME.

LINNÉ FRANÇOIS,

OU

TABLEAU DU RÈGNE VÉGÉTAL

D'APRÈS LES PRINCIPES ET LE TEXTE DE CET ILLUSTRE NATURALISTE,

Contenant les Classes, Ordres, Genres et Espèces; les caractères naturels et essentiels des Genres; les phrases caractéristiques des Espèces; la citation des meilleures Figures; le climat et le lieu natal des Plantes; l'époque de leur floraison; leurs propriétés et leurs usages dans les Arts, dans l'Économie rurale et la Médecine:

Auquel on a joint l'Éloge historique de LINNÉ par VICQ-D'AZYR.

TOME III.

A MONTPELLIER,

Chez Auguste SEGUIN, Libraire.

~~~~~~~~~

1809.

RÈGNE VÉGÉTAL.

CLASSE XIV.
DIDYNAMIE.
I. GYMNOSPERMIE.

Table Synoptique ou Caractères Artificiels Génériques.

* I. *Calices le plus souvent à cinq segmens.*

772. PÉRILLE , *PERILLA.* Deux *Styles. Etamines* écartées.

780. AGRIPAUME , *LEO-* Anthères chargées de grains bril-
NURUS.   lans.

773. GLÉCHOME , *GLE-* Chaque paire d'*Anthères* en s'a-
CHOMA.   dossant, formant une croix.

767. HYSSOPE, *HYSSOPUS.* Filamens droits , écartés. *Corolle*
béante.

771. MENTHE, *MENTHA.* Filamens droits , écartés. *Cor.* à
peine labiée.

770. CRAPAUDINE , *SIDE-* Deux *Stigmates* , dont le plus
RITIS.   court sert de gaîne à l'autre.

769. LAVANDE , *LAVAN-* Cor. renversée.
DULA.

764. GERMANDRÉE , *TEU-* *Lèvre supérieure* de la corolle,
CRIUM.   manquant. Une *Fente* sur la
partie supérieure du tube.

763. BUGLE , *AJUGA.* *Lèvre supérieure* de la corolle,
plus courte que les étamines.

781. PHLOMIDE, *PHLOMIS.* *Lèvre supérieure* de la corolle ,
velue.

776. BÉTOINE, *BETONICA.* *Lèvre supérieure* de la corolle,
aplatie, ascendante, à tube
cylindrique. *Etamines* montant jusqu'à la gorge de la
corolle.

774. LAMIE, *LAMIUM*. *Lèvre inférieure* de la corolle, dentée de chaque côté, à dents sétacées.

775. GALÉOPSIDE, *GALE-* *Lèvre inférieure* de la corolle à *OPSIS*. deux dents en dessus.

777. STACHYDE, *STACHYS*. *Lèvre inférieure* de la corolle, renversée sur les côtés. *Étamines* après la fécondation, renversées sur les côtés.

768. CATAIRE, *NEPETA*. *Lèvre inférieure* de la corolle crénelée. Marge de la *Gorge* de la corolle repliée.

765. SARRIETTE, *SATU-* Corolle à divisions presque égales. *REIA*. *Étamines* écartées.

778. BALLOTE, *BALLOTA*. Calice à dix stries. *Lèvre supérieure* de la corolle en voûte.

779. MARRUBE, *MARRU-* Calice à dix stries. *Lèvre supérieure* *BIUM*. de la corolle droite.

781. MOLUCELLE, *MOLU-* Calice en cloche, beaucoup plus *CELLA*. ample que la corolle, à segmens terminés par des épines.

† *Verbenæ species aliquot.*

† *Monarda didyma.*

* II. *Calices à deux segmens.*

792. TOQUE, *SCUTELLA-* Calice renfermant le fruit, à orifice fermé par un opercule. *RIA*.

785. THIM, *THYMUS*. Orifice du calice fermé par des poils.

790. BASILIC, *OCYMUM*. Corolle renversée. Deux *Filamens* garnis à la base d'un appendice.

793. PRUNELLE, *PRUNEL-* *Filamens* fourchus à leurs sommets. *LA*.

794. CLÉONIE, *CLEONIA*. Quatre *Stigmates*.

791. TRICHOSTÈME, *TRI-* *Filamens* très-longs. *CHOSTEMA*.

787. DRACOCÉPHALE, DRACOCEPHALUM. *Corolle* très-enflée et dilatée à la gorge ou sous le limbe.

784. ORIGAN , ORIGANUM. *Écailles* qui couvrent les calices, formant une espèce de cône.

783. CLINOPODE, CLINOPODIUM. *Collerette* à filets sétacés sous les calices.

766. THYMBRE , THYMBRA. *Calice* en carène , marqué des deux côtés d'une ligne cillée. *Style* à moitié divisé en deux parties. *Lèvres* de la corolle aplaties.

789. MÉLITTE , MELITTIS. *Calice* plus ample que le tube de la corolle. *Lèvre supérieure* de la corolle , aplatie , entière. *Anthères* en s'adossant , formant une croix.

786. MÉLISSE , MELISSA. *Calice* anguleux , aride , à lèvre supérieure ascendante.

788. HORMIN , HORMINUM. *Corolle* à quatre divisions presque égales : la cinquième plus grande , échancrée.

795. PRASE , PRASIUM. *Semences* en baie.

796. PHRYME , PHRYMA. Une seule *Semence*.

II. ANGIOSPERMIE.

* I. Calices à deux segmens peu profonds.

840. OBOLAIRE , OBOLARIA, *Caps.* à une loge. *Cor.* en cloche, à quatre divisions peu profondes. *Filamens* rapprochés des divisions de la corolle.

841. OROBANCHE , OROBANCHE. *Caps.* à une loge. *Cor.* presque égale , à quatre divisions peu profondes. *Nectaire glanduleux* à la base de l'ovaire.

831. HEBENSTREITE , HEBENSTREITIA. *Caps.* à deux semences. *Cor.* à une seule lèvre , à quatre divisions peu profondes. *Étamines* insérées sur la marge latérale de la corolle.

A 2

812. TORÈNE, *TORENIA. Caps.* à deux loges. *Cor.* en masque. Deux *Filamens* divisés peu profondément en deux parties.

857. ACANTHE, *ACAN-THUS. Caps.* à deux loges. *Cor.* à une seule lèvre, à trois divisions peu profondes. *Anthères* velues.

823. ANDARÈSE, *PREMNA. Baie* à quatre semences. *Cor.* inégale, à quatre divisions peu profondes.

820. CALEBASSIER, *CRES-CENTIA. Baie* à une loge. *Tube* de la corolle, en cloche. *Ovaire* porté sur un pédicule. *Sem.* à deux loges.

* II. *Calices à trois segmens peu profonds.*

819. HALLÈRE, *HALLERIA. Baie* à deux loges. *Limbe* de la corolle à quatre divisions peu profondes : la supérieure plus longue.

* III. *Calices à quatre segmens peu profonds.*

829. SELAGINE, *SELAGO.* Une *Semence*, enveloppée par la corolle inégale.

844. LIPPIE, *LIPPIA.* Une *Semence*, à deux loges. *Cor.* en soucoupe. *Cal.* comprimé.

801. CLANDESTINE, *LA-THRÆA. Caps.* à une loge. *Cor.* en masque. Une *Glande* sous l'ovaire.

797. BARTSIE, *BARTSIA. Caps.* à deux loges. *Cor.* en masque. *Cal.* coloré.

799. EUPHRAISE, *EU-PHRASIA. Caps.* à deux loges. *Cor.* béante. *Anthères* inférieures, épineuses d'un côté.

798. RHINANTHE, *RHI-NANTHUS. Caps.* à deux loges. *Cor.* en masque. *Caps.* comprimée.

800. MÉLAMPYRE, *ME-LAMPYRUM. Caps.* à deux loges. *Cor.* en masque. Deux *Semences*, bossuées.

802. SCHWALBÉE, SCHWALBEA. Caps. à deux loges? Cor. en masque. Cal. à quatre segmens, dont le supérieur est plus court que les trois autres.

848. BARRELIÈRE, BARLE-RIA. Caps. à deux loges. Cor. en entonnoir. Deux Semences. Caps. élastique.

826. LOESÈLE, LOESELIA. Caps. à trois loges. Cor. à divisions tournées d'un seul côté. Étamines opposées aux divisions des pétales.

821. GMÉLINE, GMELINA. Drupe à noyau à deux loges. Cor. à deux lèvres. Deux Anthères plus épaisses, divisées profondément en deux parties.

824. LANTANE, LANTANA. Drupe à noyau à deux loges. Cor. en soucoupe. Stigmate recourbé en crochet.

* IV. Calices à cinq segmens peu profonds.

855. AVICENNE, AVICEN-NIA. Caps. à une loge, sèche comme du cuir. Lèvre supérieure de la corolle, quarrée. Une Semence.

803. TOZZIE, TOZZIA. Caps. à une loge. Cor. en soucoupe. Une Semence.

837. LIMOSELLE, LIMO-SELLA. Caps. à une loge. Cor. en cloche, régulière. Plusieurs Semences.

834. BROWALLE, BRO-WALLIA. Caps. à une loge. Cor. en soucoupe. Semences nombreuses.

828. LINDERNE, LINDER-NIA. Caps. à une loge. Cor. béante. Étamines inférieures, terminées par une dent.

838. VANDELLE, VANDEL-LIA. Caps. à une loge. Cor. béante. Étamines inférieures placées sur le disque de la lèvre inférieure de la corolle.

807. GESNÈRE, GESNERIA. Caps. à deux loges. Cor. supérieure.

A 3

814. **SCROPHULAIRE**, *SCROPHULARIA*. Caps. à deux loges. Cor. renversée. *Segment* intermédiaire de la lèvre supérieure, plaqué en ded... s.

839. **STÉMODE**, *STÉMODIA*. Caps. à deux loges. Cor. à divisions inégales. *Étamines* divisées peu profondément en deux parties. *Anthères* doubles?

815. **CELSIE**, *CELSIA*. Caps. à deux loges. Cor. en roue. *Filamens* laineux.

836. **SIBTHORPE**, *SIBTHORPIA*. Caps. à deux loges. Cor. en roue. *Filamens* rapprochés, deux à deux.

827. **CAPRAIRE**, *CAPRARIA*. Caps. à deux loges. Cor. en cloche. *Stigmate* en cœur, à deux valves.

816. **DIGITALE**, *DIGITALIS*. Caps. à deux loges. Cor. en cloche, ventrue en dessous. *Étamines* inclinées.

817. **BIGNONE**, *BIGNONIA*. Caps. à deux loges. Cor. en cloche. *Semences* ailées, placées en recouvrement les unes sur les autres.

847. **RUELLE**, *RUELLIA*. Caps. à deux loges. Cor. en cloche. *Chaque paire* d'étamines, rapprochée.

833. **BUCHNÈRE**, *BUCHNERIA*. Caps. à deux loges. Cor. en soucoupe. *Limbe* de la corolle à divisions égales, en cœur renversé.

832. **ÉRINE**, *ERINUS*. Caps. à deux loges. Cor. à deux lèvres : la supérieure très-courte, repliée.

822. **PÉTRÉE**, *PETRÆA*. Caps. à deux loges. Cor. en roue, moins grande que le calice qui est coloré. *Sem.* solitaires.

830. **MANULÉE**, *MANULEA*. Caps. à deux loges. *Limbe* de la corolle à cinq divisions profondes : l'inférieure très-prolongée, repliée.

808. MUFFLIER, *ANTIR-RHINUM.* *Caps.* à deux loges. *Cor.* en masque, terminée à sa base par un nectaire plus ou moins saillant.

856. COLUMNÉE, *COLUM-NEA.* *Caps.* à deux loges. *Cor.* béante, bossuée au-dessus de la base. *Anthères* réunies.

805. GERARDE, *GERAR-DIA.* *Caps.* à deux loges. *Cor.* en soucoupe, inégale. *Caps.* s'ouvrant à la base. *Sem.* solitaires.

804. PÉDICULAIRE, *PEDI-CULARIS.* *Caps.* à deux loges. *Cor.* en masque. *Semences* coiffées.

846. MIMULE, *MIMULUS.* *Caps.* à deux loges. *Cor.* en masque. *Cal.* en prisme.

843. DODARTE, *DODAR-TIA.* *Caps.* à deux loges. *Cor.* en masque, à lèvre supérieure courte, ascendante.

806. CHÉLONE, *CHELONE.* *Caps.* à deux loges. *Cor.* en masque, à gorge renflée, fermée. Un cinquième *Filament* sans anthère.

845. SESAME, *SESAMUM.* *Caps.* à deux loges. *Cor.* en cloche, inégale. Un cinquième *Filament* sans anthère.

811. MARTYNE, *MARTY-NIA.* *Caps.* à cinq loges. *Cor.* en cloche. Un cinquième *Filament* sans anthère.

810. CRANIOLAIRE, *CRA-NIOLARIA.* *Caps.* à cinq loges. *Cor.* en soucoupe. *Tube* de la corolle filiforme, très-long.

858. PÉDALIE, *PEDALIUM.* *Noix* à deux loges.

835. LINNÉE, *LINNÆA.* *Baie* à trois loges, sèche. *Cor.* en cloche. *Cal.* supérieur.

854. BONTIE, *BONTIA.* *Baie* à une semence. *Lèvre inférieure* de la corolle, roulée. *Drupe à noyau* à une semence.

825. CORNUTIE, *CORNU-TIA.* *Baie* à une semence. *Cor.* béante. *Style* très-long.

852. CLÉRODENDRON, *CLE-RODENDRUM.* *Baie* à une semence. *Cor.* béante, à tube rétréci. *Étamines* très-longues.

851. VOLKAMÈRE, *VOL-KAMERIA.* *Baie* à deux semences. *Cor.* à divisions tournées d'un seul côté. *Semences* à deux loges.

818. GUITARIN, *CITHA-REXYLUM.* *Baie* à deux semences. *Cor.* à divisions presque égales. *Semences* à deux loges.

850. OVIÈDE, *OVIEDA.* *Baie* à deux semences. *Tube* de la corolle très-long. *Limbe* à trois divisions peu profondes. *Cal.* en cloche, renfermant le fruit.

853. GATTILIER, *VITEX.* *Baie* à quatre semences. *Cor.* béante, à lèvre supérieure à trois divisions peu profondes.

849. DURANTE, *DURAN-TA.* *Baie* à quatre semences. *Cor.* presque en massue, à tube courbé. *Semences* à deux loges.

853. BESLÈRE, *BESLERIA.* *Baie* à plusieurs semences. *Cor.* à divisions inégales. *Baie* à une loge.

† *Gratiola Monnieria.*

* V. *Calices à plusieurs segmens peu profonds.*

842. HYOBANCHE, *HYO-BANCHE.* *Caps.* à deux loges. *Cor.* à une seule lèvre. *Cal.* à sept feuillets.

809. CYMBAIRE, *CYMBA-RIA.* *Caps.* à deux loges. *Cor.* béante. *Cal.* à dix dents.

* VI. *Fleurs à plusieurs pétales.*

859. MÉLIANTHE, *ME-LIANTHUS.* *Caps.* à quatre loges, à quatre lobes. *Cor.* à quatre pétales. Un *Nectaire* au-dessus des pétales inférieurs.

LABIÉES et PERSONNÉES de Tournefort.
MONOPÉTALES IRRÉGULIÈRES de Rivin.

CALICE : *Périanthe* d'un seul feuillet, droit, tubulé, à cinq *segmens* peu profonds, inégaux, persistans.

COROLLE : Monopétale, droite, tubulée à la base, renfermant un miellier, et faisant les fonctions de nectaire.

> *Limbe* ordinairement labié. *Lèvre supérieure* droite : *Lèvre inférieure* étalée, à trois divisions peu profondes, dont l'intermédiaire est plus large.

ÉTAMINES : Quatre *Filamens*, linéaires, insérés sur le tube de la corolle, inclinés vers le dos, dont deux intermédiaires et rapprochés, plus courts : tous parallèles, surpassant rarement la corolle en longueur. *Anthères* le plus souvent cachées sous la lèvre supérieure de la corolle, et réunies deux à deux.

PISTIL : *Ovaire* le plus souvent supérieur. Un seul *Style*, filiforme, courbé dans le même sens des filamens, le plus souvent placé entr'eux, les surpassant un peu en longueur, légèrement courbé à son extrémité. *Stigmate* communément divisé en deux parties peu profondes.

PÉRICARPE : *ou* nul (*dans la Gymnospermie*), ou présent (*dans l'Angiospermie*), et le plus souvent à deux loges.

SEMENCES : *ou* au nombre de quatre, (*lorsqu'il n'y a point de Péricarpe*) renfermées au fond du calice comme dans une capsule : *ou* plusieurs attachées au réceptacle qui est placé au milieu du péricarpe (*lorsqu'il existe un Péricarpe*).

OBS. *Les Fleurs de cette famille sont en grande partie droites, et légèrement éloignées de la tige à angle droit, afin que la corolle couvre plus facilement les anthères, qu'elles ne soient point humectées par la pluie, et que le pollen puisse tomber sur le stigmate.*

Le caractère essentiel de la Didynamie, consiste dans quatre étamines, dont deux rapprochées, plus courtes, réunies, renfermées dans une corolle irrégulière, avec un seul pistil.

DIDYNAMIE.

I. GYMNOSPERMIE.

763. BUGLE, *AJUGA.* * *Lam. Tab. Encyclop. Pl.* 501. BUGULA. *Tournef. Inst.* 208, tab. 98.

GAL. *Périanthe* d'un seul feuillet, court, presque égal, persistant, à moitié divisé en cinq segmens.

COR. Monopétale labiée. *Tube* comme cylindrique, recourbé.

    Lèvre supérieure très-petite, droite, obtuse, à deux divisions peu profondes.

    Lèvre inférieure grande, étalée, obtuse, à trois *divisions* peu profondes : l'*intermédiaire* très-grande, en cœur renversé : les *latérales* petites.

ÉTAM. Quatre *Filamens*, en alène, droits, plus longs que la lèvre supérieure, dont *deux* plus courts. *Anthères* didymes.

PIST. *Ovaire* divisé profondément en quatre parties. *Style* filiforme, ayant la situation et la longueur des étamines. Deux *Stigmates* grêles, l'*inférieur* plus court.

PÉR. Nul. Le *Calice* dont les segmens sont rapprochés, renferme les semences.

SEM. Quatre, un peu alongées.

Lèvre supérieure de la corolle très-courte, presque nulle. *Étamines* plus longues qu'elle.

1. BUGLE Orientale, *A. Orientalis*, L. à fleurs renversées.

    Sabbat. Hort. Rom. 3, tab. 100.

    Cette espèce présente une variété velue, à corolle blanc, renversée, marquée d'une tache blanche, gravée dans *Dillen Elth.* tab. 53, f. 61.

    En Orient. ♃

2. BUGLE pyramydale, *A. pyramidalis*, L. à tige en pyramide, tétragone, velue : à feuilles radicales très-grandes.

    Consolida media, *pratensis*, *cærulea* ; Bugle moyenne, des prés, à fleur bleue. *Bauh. Pin.* 260, n.° 1. *Matth.* 683, f. 3. *Dod. Pempt.* 135, f. 2. *Lob. Ic.* 1, p. 475, f. 2. *Lugd. Hist.* 1075, f. 1, et 1309, f. 1. *Camer. Epit.* 702. *Bauh. Hist.* 3, P. 2, pag. 432, f. 1. *Bul. Paris.* tab. 319. *Flor. Dan.* tab. 185. *Icon. Pl. Med.* tab. 101.

    Cette espèce ressemble beaucoup à la Bugle rampante, mais elle ne produit point comme elle de drageons.

    Nutritive pour le Mouton, la Chèvre.

    A Lyon. Montpellier, Grenoble, Paris, etc. ♃ Vernale.

3. BUGLE des Alpes, *A. Alpina*, L. à tige simple ; à feuilles de la tige aussi grandes que celles de la racine.

> Cette espèce qui ressemble beaucoup à la précédente, en diffère par ses feuilles radicales, qui sont à peine plus grandes que les autres.

> *A Lyon*, *Grenoble*. ♃ Vernale.

4. BUGLE de Genève, *A. Genevensis*, L. à feuilles cotonneuses, marquées par des lignes ; à calices hérissés.

> *Riv. Monop.* tab. 140, f. 2.

> *Gérard* regarde cette espèce comme une variété de la Bugle pyramidale, et *Haller* comme une variété de la Bugle rampante. *Scréber* a réuni les *Bugles* pyramidale, Alpine et Genevoise, sous une seule et même espèce qu'il appelle *Bugle pyramidale*, à tiges simples, droites ; à feuilles oblongues, dentées.

> *A Lyon*, *Grenoble*, *Paris*. ♃ Vernale.

5. BUGLE rampante, *A. reptans*, L. à drageons rampans.

> *Consolida media*, *pratensis*, *purpurea* ; Bugle moyenne, des prés, à fleur pourpre. *Bauh. Pin.* 260, n.° 2. *Fusch. Hist.* 391. *Bauh. Hist.* 3, P. 2, p. 430, f. 2 et 3. *Bul. Paris.* tab 320. *Icon. Pl. Med.* tab. 11.

> *En Europe*, *dans les prés*, *les bois*. ♃ Vernale.

764. GERMANDRÉE, *TEUCRIUM*. * *Tournef. Inst.* 207, tab. 98. *Lam. Tab. Encyclop.* pl. 501. POLIUM. *Tournef. Inst.* 206, tab. 97. CHAMOEDRYS. *Tournef. Inst.* 204, tab. 97. CHAMOEPITIS. *Tournef. Inst.* 208, tab. 98.

Cal. *Périanthe* d'un seul feuillet, aigu, presque égal, bossué d'un côté à la base, persistant, à moitié divisé en cinq segmens.

Cor. Monopétale, labiée. *Tube* comme cylindrique, court, terminé par une gorge recourbée.

> *Lèvre supérieure* droite, aiguë, à deux divisions profondes au-dessus de la base, écartées sur les côtés.

> *Lèvre inférieure* étalée, à trois *divisions* peu profondes ; les *latérales* semblables à la lèvre supérieure, légèrement relevées : l'intermédiaire très-grande, arrondie.

Etam. Quatre *Filamens*, en alêne, plus longs que la lèvre supérieure de la corolle, ascendans entre ses divisions, saillans. *Anthères* petites.

Pist. *Ovaire*, divisé profondément en quatre parties. *Style* filiforme, ayant la situation et la grandeur des étamines. Deux *Stigmates*, grêles.

Pér. Nul. Le *Calice* qui ne change point, renferme les semences.

Sem. Quatre, arrondies.

Obs. La Lèvre supérieure *de la corolle divisée et ouverte au-dessus de la base, imite une corolle privée de lèvre supérieure.*

Teucrium *Tournefort : Calice en cloche, division de la lèvre inférieure de la corolle, concave.*

Polium *Tournefort : Fleurs ramassées en tête, terminant les rameaux.*

Chamœdrys *Tournefort : Fleurs sortant des aisselles des feuilles, calice tubulé.*

Marum *Boerhaave : Feuilles du serpolet, odeur pénétrante.*

Scordium *Tournefort,* Ray *: Odeur d'ail.*

Iva *Dillen : Calice bossué à la base.*

Lèvre supérieure de la corolle manquant. *Étamines* saillantes par la fissure que l'on observe sur le limbe, dans l'endroit où devroit se trouver la lèvre supérieure.

1. **GERMANDRÉE** campanulée, *T. campanulatum*, L. à feuilles à plusieurs divisions peu profondes ; à fleurs latérales, solitaires.

Riv. Monopet. tab. 24.

Cette espèce présente une variété à feuilles laciniées, à fleurs blanches, décrites et gravées dans *Till. Pis.* 193, tab. 49, f. 1.

En Orient, dans la Pouille. ♃

2. **GERMANDRÉE** Orientale, *T. Orientale*, L. à feuilles à plusieurs divisions peu profondes ; à fleurs en grappe.

Commel. Rar. pag. et tab. 25.

En Orient.

3. **GERMANDRÉE** Botryde, *T. Botrys*, L. à feuilles à plusieurs divisions peu profondes ; à fleurs axillaires ; à pédoncules trois à trois à chaque aisselle des feuilles.

Botrys chamœdryoïdes ; Piment petit-Chêne. *Bauh. Pin.* 138, n.° 3. *Fusch. Hist.* 870. *Matth.* 597, f. 3. *Dod. Pempt.* 46, f. 2. *Lob. Ic.* 385, f. 2. *Lugd. Hist.* 1163, fig. 1 et 2. *Camer. Epit.* 568. *Bauh. Hist.* 3, P. 2, pag. 298, f. 1. *Bul. Paris.* tab. 321.

A Lyon, Montpellier, Grenoble. ☉ Estivale.

4. **GERMANDRÉE** petite Ivette, *T. Chamœpithys*, L. à feuilles à trois divisions peu profondes, linéaires, très-entières ; à fleurs assises, latérales, solitaires ; à tige diffuse.

Chamœpitys lutea, vulgaris, sive folio trifido ; petite Ivette à fleur jaune, vulgaire, ou petite Ivette à feuille à trois divisions. *Bauh. Pin.* 249, n.° 3. *Matth.* 670, f. 1. *Dod. Pempt.* 46, f. 1. *Lob. Ic.* 1, p. 382, f. 2. *Lugd. Hist.* 1159, f. 1. *Camer. Epit.* 679. *Bauh. Hist.* 3, P. 2, pag. 295, f. 1. *Bul. Paris.* tab. 321. *Icon. Pl. Med.* tab. 120.

Cette espèce présente une variété à fleur rose.

1. *Chamœpithys*, petite-Ivette. 2. Herbe. 3. Résineuse, aromatique, amère. 4. Huile essentielle ; extrait aqueux amer et salin : extrait spiritueux douceâtre et âcre, en même proportion. 5. Rhumatisme, goutte, ictère avec empâtement du foie. 6. Infusion théiforme, prise le matin, habituellement. Le *Chamœpithys* entre dans la fameuse poudre antipodagrique du duc *de Portland*.

En Europe, dans les champs et les monticules sablonneux. ♃ Est.

5. GERMANDRÉE de Nissolle, *T. Nissolianum*, L. à feuilles à trois et à cinq divisions peu profondes, filiformes ; à fleurs pédunculées, solitaires, opposées ; à tige couchée.

Moris. Hist. sect. 11, tab. 22, f. 19.

En Espagne, en Portugal. ☉

6. GERMANDRÉE Fausse-Ivette, *T. Pseudo-Chamœpithys*, L. à feuilles divisées profondément en trois parties, sous-divisées elles-mêmes en trois lobes linéaires : à fleurs en grappes ; à tige hérissée.

Chamœpithys spuria, multifido folio, Lamii flore ; fausse petite-Ivette, à feuilles à plusieurs divisions, à fleur de Lamie. *Bauh. Pin.* 250, n.° 5. *Dod. Pempt.* 47, f. 1 et 2, *Lob. Ic.* 1, p. 385, f. 1. *Clus. Hist.* 2, p. 185, f. 2. *Lugd. Hist.* 1161, f. 1 et 2. *Camer. Epit.* 689.

En Provence. ♃

7. GERMANDRÉE Ivette, *T. Iva*, L. à feuilles linéaires, terminées par trois dents ; à fleurs assises : les latérales solitaires.

Chamœpithys moschata, foliis serratis ; fausse petite-Ivette à odeur de musc, à feuilles à dents de scie. *Bauh. Pin.* 249, n.° 2. *Matth.* 670, f. 3. *Dod. Pempt.* 47, f. 1. *Lob. Ic.* 1, pag. 384, fig. 1 et 2. *Clus. Hist.* 2, p. 186, f. 1. *Lugd. Hist.* 1149, f. 1. *Bauh. Hist.* 3, P. 2, pag. 296, f. 1.

Cette plante répand une odeur de musc.

Près de Montpellier, à Assas, en Provence. ☉ Estivale.

8. GERMANDRÉE de Mauritanie, *T. Mauritanicum*, L. à feuilles pinnées ; à folioles à plusieurs divisions peu profondes ; à tige très-simple, droite ; à bractées en alène, palmées.

Shaw. Afric. pag. et tab. 575, figure monstrueuse.

En Mauritanie. ♃

9. GERMANDRÉE ligneuse, *T. fruticans*, L. à feuilles très-entières, elliptiques, cotonneuses en-dessous ; à fleurs latérales, solitaires, pédunculées.

Teucrium peregrinum, folio sinuoso ; Germandrée étrangère, à feuille sinuée. *Bauh. Pin.* 247, n.° 4. *Clus. Hist.* 1,

p. 348, f. 2. *Lugd. Hist.* 1166, f. 2. *Bauh. Hist.* 3, P. 2, pag. 291, f. 2. *Barrel.* tab. 612. *Dill. Elth.* tab. 234, f. 366.

En Sicile, à Naples. ♄

10. GERMANDRÉE à larges feuilles, *T. latifolium*, L. à feuilles très-entières, rhomboïdales, aiguës, velues, cotonneuses en dessous.

Dill. Elth. tab. 284, f. 368.

Quelques Botanistes regardent cette espèce comme une variété de la précédente.

En Bœtie. ♄

11. GERMANDRÉE de Crète, *T. Creticum*, L. à feuilles lancéolées, linéaires, très-entières ; à fleurs en grappes, trois à trois. *Polium angustifolium, Creticum ;* Pouillot à feuilles étroites, de Crète. *Bauh. Pin.* 221, n.° 2. *Alp. Exot.* 103 et 102.

Dans l'isle de Crète.

12. GERMANDRÉE Marum, *T. Marum*, L. à feuilles très-entières, ovales, aiguës, pétiolées, cotonneuses en dessous ; à fleurs en grappes, tournées d'un seul côté.

Matth. 537, f. 1 ? *Lob. Ic.* 1, p. 493, f. 2 ? *Lugd. Hist.* 884, f. 1 ? *Bauh. Hist.* 3, P. 2, pag. 242 et 243, f. 1. *Icon. Pl. Med.* tab. 60.

Cette espèce présente une variété de l'isle de Crète, à feuilles menues, blanchâtres en dessous.

1. *Marum verum*, Marum vrai. 2. Feuilles. 3. Très-odorant, odeur balsamique, bitumineuse, excitant l'éternument ; saveur très-amère. 4. Huile essentielle, qui ressemble à celle du *Cochlearia ;* et c'est par cette raison qu'on croit le *Marum* anti-scorbutique. 5. Apoplexie séreuse, paralysie, chlorose avec suppression des règles, asthme pituiteux, anorexie avec relâchement et flatuosités, affection hypocondriaque. 6. On l'ordonne infusé dans du vin. Les feuilles et les jeunes branches froissées entre les doigts, exhalent une odeur camphrée très-pénétrante, et font éternuer. Il est étonnant qu'une plante aussi énergique que le *Marum* ait été abandonnée par les Médecins.

En Provence, en Espagne. ♄

13. GERMANDRÉE à plusieurs fleurs, *T. multiflorum*, L. à feuilles ovales, lisses en dessus, dentées à dents de scie ; à fleurs en grappe, six à six autour de chaque anneau.

Boccon. Mus. tab. 117.

En Espagne. ♄

14. GERMANDRÉE de Laxmann, *T. Laxmanni*, L. à feuilles ovales, oblongues, très-entières, assises ; à fleurs solitaires, assises ou sans pédoncules.

En Sibérie.

15. GERMANDRÉE de Sibérie, *T. Sibiricum*, L. à feuilles ovales, à dents de scie ; à pédoncules solitaires portant trois fleurs : l'intermédiaire assise ; à bractées linéaires ; lancéolées.

En Sibérie. ♃

16. GERMANDRÉE à feuille de saule , *T. salicifolium* , L. à feuilles lancéolées , elliptiques , un peu obtuses , très-entières ; à calices à quatre segmens peu profonds, solitaires.

Schreb. Dec. pl. 1 , p. 17, tab. 9.

En Orient. ♃

17. GERMANDRÉE d'Asie, *T. Asiaticum* , L. à feuilles lancéolées , peu sinuées , à dents de scie , à angle droit à la base ; à fleurs solitaires.

Med. Act. Pal. Vol. 3. *Phys.* p. 204 , tab. 10.

Dans l'Inde Orientale.

18. GERMANDRÉE de Cuba , *T. Cubaense*, L. à feuilles en forme de coin , à dents de scie , incisées , lisses , s'alongeant en pétiole ; à fleurs solitaires, pédonculées.

Jacq. Amer. 172, tab. 83 , f. 74.

A Cuba , dans les lieux humides. ♂ ♃

19. GERMANDRÉE d'Arduin , *T. Arduini* , L. à feuilles ovales, à dents de scie ; à grappe en épi, arrondie, assise, terminale.

Ard. Spec. 1 , p. 12 , tab. 3.

Dans l'Amérique Méridionale.

20. GERMANDRÉE du Canada , *T. Canadense* , L. à feuilles ovales , lancéolées , à dents de scie ; à tige droite ; à fleurs en grappe arrondie , terminale ; à verticilles ou anneaux composés de six feuillets.

Au Canada. ♃

21. GERMANDRÉE de Virginie , *T. Virginicum* , L. à feuilles ovales , inégalement dentelées.

Plukn. tab. 318, f. 1. (Mauvaise.)

En Virginie.

22. GERMANDRÉE Hircanienne, *T. Hircanicum* , L. à feuilles en cœur , oblongues , obtuses ; à tige en croix , dichotome ; à fleurs en épis très-longs , terminans , assis , contournés en spirale.

Ard. Spec. 13, tab. 4.

Dans la forêt d'Hircanie. Cultivée dans les jardins. ♃ *Vernale.*

24. GERMANDRÉE Scorodone , *T. Scorodonia* , L. à feuilles en cœur, à dents de scie, pétiolées ; à fleurs en grappes latérales , tournées d'un seul côté ; à tige droite.

Scordium alterum, seu Salvia sylvestris; autre Scordium, ou
Sauge sauvage. *Bauh. Pin.* 247, n.° 3. *Dod. Pempt.* 291,
f. 1. *Lob. Ic.* 1, p. 497, f. 2. *Lugd. Hist.* 880, f. 3. *Bauh.
Hist.* 3, P. 2, p. 293, f. 1. *Bul. Paris*, tab. 323.

A Montpellier, Lyon, Grenoble. ♄ Estivale.

25. GERMANDRÉE de Marseille, *T. Massiliense*, L. à feuilles
ovales, ridées, incisées, crenelées, blanchâtres; à tiges droites;
à fleurs en grappes droites, tournées d'un seul côté.

Barrel. tab. 896. *Ger. Flor. Galloprov.* 277, tab. 11.

En Provence. ♄

25. GERMANDRÉE Scordium, *T. Scordium*, L. à feuilles oblongues, assises ou sans pétioles, dentées à dents de scie; à fleurs
deux à deux, axillaires, pédunculées; à tige diffuse.

Scordium; Scordium. *Bauh. Pin.* 247, n.° 1. *Matth.* 613,
f. 1. *Dod. Pempt.* 126, f. 2. *Lob. Ic.* 1, p. 497, f. 1. *Lugd.
Hist.* 910, f. 1. *Camer. Epit.* 588. *Bauh. Hist.* 3, P. 2,
p. 292, f. 2. *Bul. Paris.* tab. 324. *Icon. Fl. Med.* tab. 36.
Flor. Dan. tab. 593.

1. *Scordium*; Scordium, Germandrée d'eau, Chamaras. 2. Herbe.
3. Odeur céphalique, alliacée, fatigante; saveur amère,
âcre, persistante. 4. Huile essentielle, si pénétrante qu'elle
infecte le lait des vaches qui ont mangé du *Scordium*;
extrait aqueux; extrait spiritueux plus amer et plus actif.
5. Maladies aiguës et chroniques, fièvres intermittentes;
fièvres pernicieuses avec abattement des forces; maladies
avec atonie, comme paralysie, anasarque, leucophlegmatie, chlorose, rhumatisme chronique, sinoques putrides avec abattement de forces. Extérieurement elle réussit
dans les ulcères putrides, la gangrène, la peste. 6. *Bra-
savola* a fait usage avec succès du *Scordium*, dans une
maladie vermineuse des chevaux.

Nutritive pour le Bœuf, le Mouton, la Chèvre.

En Europe dans les terrains humides et marécageux. ♃ Estiv.

26. GERMANDRÉE petit-Chêne, *T. Chamædrys*, L. à feuilles
en forme de coin, ovales, incisées, crenelées, pétiolées; à fleurs
trois à trois; à tiges couchées, un peu velues.

Chamædrys major, repens; petit-Chêne plus grand, rampant. *Bauh. Pin.* 248, n.° 2. *Matth.* 597, f. 2. *Dod.
Pempt* 43, f. 1. *Lob. Ic.* 1, p. 491, f. 1. *Lugd. Hist.* 1162,
f. 1. *Camer. Epit.* 567. *Bauh. Hist.* 3, P. 2, p. 288, f. 1.

Cette espèce présente une variété.

Chamædrys minor, repens; petit-Chêne plus petit, rampant.
Bauh. Pin. 248, n.° 3. *Fusch. Hist.* 869. *Dod. Pempt.* 43,
f. 2. *Lob. Ic.* 1, p. 491, f. 2. *Clus. Hist.* 1, p. 351, f. 1.

1. *Chamædrys*

1. *Chamædrys ;* Chamædrys , Germandrée , petit-Chêne
2. Herbe. 3. Odeur foible , peu aromatique ; saveur amère
4. Extrait aqueux et spiritueux presque en même proportion ; le premier est plus amer. 5. Fièvres intermittentes ,
Fièvres quartes , goutte.

En Europe , dans les bois , les côteaux secs et arides. ♃ Est.

27. GERMANDRÉE luisante , *T. lucidum* , L. à feuilles ovales,
incisées, lisses, à dents de scie aiguës ; à fleurs axillaires, trois
à trois ; à tige droite , lisse.

Pluk. tab. 65 , f. 1. *Magn. Hort.* 52 , tab. 9.

En Provence. ♃

28. GERMANDRÉE jaunâtre, *T. flavum* , L. à feuilles en cœur , à
dents de scie obtuses ; à bractées très-entières, concaves ; à tige
ligneuse ; à fleurs en grappes , trois à trois.

Teucrium; Germandrée.*Bauh. Pin.* 247 , n.º 1. *Fusch. Hist.* 829.
Matth. 596 , f. 1. *Dod. Pempt.* 44 , f. 1. *Lob. Ic.* 1 , p. 490 ,
f. 1. *Clus. Hist.* 1 , p. 348 , f. 1. *Lugd. Hist.* 1166 , f. 1.
Camer. Epit. 566. *Bauh. Hist.* 3 , P. 2, pag. 290 , f. 2.

Cette espèce présente une variété à fleur pourpre , gravée
dans *Plukenet* , tab. 65 , f. 2.

A Montpellier , à Lyon. ♄

29. GERMANDRÉE des montagnes ; *T. montanum* , L. à fleurs
en corymbe terminal ; à feuilles lancéolées, très-entières , cotonneuses en dessous.

Polium Lavandulæ folio ; Pouillot à feuille de Lavande. *Bauh.*
Pin. 220 , n.º 1. *Matth.* 612 , f. 2. *Lob. Ic.* 1 , p. 488 ,
f. 2. *Clus. Hist.* 1 , p. 363 , f. 1. *Lugd. Hist.* 929 ; f. 1.
Camer. Epit. 587. *Barrel.* tab. 1081.

A Lyon , Montpellier , Grenoble , etc.

30. GERMANDRÉE couchée , *T. supinum* , L. à fleur en corymbe terminal ; à feuilles linéaires , roulées sur les bords.

Polium montanum , repens; Pouillot des montagnes , rampant.
Bauh. Pin. 221 , n.º 4. *Dod. Pempt.* 284 , f. 1. *Lob. Ic.* 1 ,
p. 488 , f. 1. *Clus. Hist.* 1 , p. 363 , f. 3. *Lugd. Hist.* 930 , f. 1.

En Provence , en Dauphiné.

31. GERMANDRÉE des Pyrénées , *T. Pyrenaïcum* , L. à fleurs
en corymbe terminal ; à feuilles en forme de coin , arrondies ,
crénelées.

Barrel. tab. 1086.

Aux Pyrénées. ♃

32. GERMANDRÉE Pouillot , *T. Polium* , L. à fleurs en têtes
arrondies ; à feuilles oblongues , obtuses , crénelées , cotonneuses , assises ; à tige couchée.

Tome III. B

Cette espèce présente plusieurs variétés.

1.º *Polium montanum , luteum ;* Pouillot des montagnes , à fleur jaune. *Bauh. Pin.* 220 , n.º 2. *Dod. Pempt.* 283 , f. 1. *Lob. Ic.* 1 , p. 487 , f. 1. *Clus. Hist.* 1 , p. 361 , f. 2. *Lugd. Hist.* 929 , f. 2.

2.º *Polium montanum , album ;* Pouillot des montagnes , à fleur blanche. *Bauh. Pin.* 221 , n.º 3. *Dod. Pempt.* 283 , f. 2. *Lob. Ic.* 1 , p. 486 , f. 3. *Clus. Hist.* 1 , p. 361 , f. 1.

3.º *Polium montanum , supinum , alterum ;* autre Pouillot des montagnes , couché. *Bauh. Pin.* 221 , n.º 5.

4.º *Polium maritimum , supinum , Venetum ;* Pouillot maritime , couché , de Venise. *Bauh. Pin.* 221 , n.º 4. *Dod. Pempt.* 283 , fig. 3. *Lob. Ic.* 1 , pag. 487 , fig. 2. *Clus. Hist.* 1 , p. 362 , f. 1. *Lugd. Hist.* 929 , f. 3. *Column. Ecphras.* 59 et 67.

A Montpellier , en Provence , en Dauphiné. ♃

33. GERMANDRÉE en tête , *T. capitatum ,* L. à fleurs en têtes pédunculées ; à feuilles lancéolées , crénelées , cotonneuses ; à tige droite.

Barrel. tab. 1047 , 1048 , et 1079.

Cette espèce présente une variété :

Polium maritimum erectum , Monspeliacum ; Germandrée maritime , droite , de Montpellier. *Bauh. Pin.* 221 , n.º 3. *Lugd. Hist.* 928 , f. 1. *Bauh. Hist.* 3 , P. 2 , pag. 299 , fig. 1.

A Montpellier. ♃ Vernale.

34. GERMANDRÉE naine , *T. pumilum ,* L. à fleurs en têtes terminales , assises ; à feuilles linéaires , aplaties , entassées sur quatre côtés ; à tige couchée , cotonneuse.

Barrel. tab. 1092.

Cette espèce présente une variété , à feuilles étroites , vertes , à tige blanchâtre , gravée dans *Barrelier ,* tab. 1093.

En Espagne.

35. GERMANDRÉE épineuse , *T. spinosum ,* L. à tige épineuse ; le segment supérieur du calice ovale ; à corolles renversées ; à pédoncules deux à deux.

Chamædrys spinosa ; petit–Chêne épineux. *Bauh. Pin.* 248 , n.º 4. *Prodr.* 117 , n.º 1 , f. 1. *Moris. Hist.* sect 11 , tab. 22 , f. 17

Cette espèce présente une variété odorante , gravée dans *Barrelier ,* tab. 102.

En Portugal. ☉

765. SARRIETTE, *SATUREIA.* * *Tournef. Inst.* 197. *Lam. Tab. Encyclop.* pl. 504.

CAL. *Périanthe* d'un seul feuillet, tubulé, strié, droit, persistant, à *orifice* à cinq dents, presque égal, droit.

COR. Monopétale, labiée. *Tube* comme cylindrique, plus court que le calice. *Gorge* simple.

Lèvre supérieure droite, obtuse, à échancrures aiguës, de la longueur de la lèvre inférieure.

Lèvre inférieure étalée, à trois *divisions* profondes, obtuses, égales : l'*intermédiaire* un peu plus grande.

ÉTAM. Quatre *Filamens*, sétacés, écartés, à peine de la longueur de la lèvre supérieure, dont *deux* inférieurs un peu plus courts. *Anthères* rapprochées.

PIST. *Ovaire* divisé peu profondément en quatre parties. *Style* sétacé, de la longueur de la corolle. Deux *Stigmates*, sétacés.

PÉR. Nul. Le *Calice*, dont les bords sont rapprochés, renferme les semences.

SEM. Quatre, arrondies.

Divisions de la corolle presque égales. *Étamines* écartées entr'elles.

1. SARRIETTE Julienne, *S. Juliana*, L. à anneaux rapprochés formant un épi ; à feuilles linéaires, lancéolées.

Satureia spicata ; Sarriette en épi. *Bauh. Pin.* 218, n.º 3. *Matth.* 693, f. 1. *Lob. Ic.* 1, p. 425, f. 2. *Lugd. Hist.* 897, fig. 1 ; et 1111, f. 1. *Bauh. Hist.* 3, P. 2, pag. 273, fig. 2. *Moris. Hist.* sect. 11, tab. 17, f. 4.

En Étrurie, à Naples. ♃

2. SARRIETTE Thymbre, *S. Thymbra*, L. à anneaux arrondis, hérissés ; à feuilles oblongues, aiguës.

Satureia Cretica ; Sarriette de Crète. *Bauh. Pin.* 218, n.º 4. *Clus. Hist.* 1, p. 358, f. 1. *Barrel.* tab. 898.

Dans l'isle de Crète, à Naples.

3. SARRIETTE Grecque, *S. Græca*, L. à pédoncules latéraux, portant le plus souvent trois fleurs ; à involucelles plus courts que le calice.

Alp. exot. 265 et 264. *Moris. Hist.* sect. 11, tab. 17, f. 2. *Pluk.* tab. 84, f. 8.

Dans les isles de l'Archipel, à Naples. ♃

4. SARRIETTE des montagnes, *S. montana*, L. à pédoncules latéraux, solitaires ; à fleurs réunies en faisceau ; à feuilles linéaires, lancéolées, terminées par une pointe dure.

Satureia montana ; Sarriette des montagnes. *Bauh. Pin.* 218, n.° 2. *Matth.* 693, f. 2. *Lob. Ic.* 1, pag. 426, fig. 1. *Camer. Epit.* 717. R. *Lugd. Hist.* 898, f. 1 et 2.

A Montpellier, en Provence, en Dauphiné. ♄

6. **SARRIETTE** des jardins, *S. hortensis*, L. à péduncules portant deux fleurs.

Satureia hortensis, sive Cunila sativa Plinii; Sarriette des jardins, ou Cunile cultivée de Pline. *Bauh. Pin.* 218, n.° 1. *Fusch. Hist.* 304. *Dod. Pempt.* 189, f. 1. *Lob. Ic.* 1, p. 426, f. 2. *Lugd. Hist.* 898, f. 3. *Camer. Epit.* 487. *Bauh. Hist.* 3, P. 2, pag. 272, fig. 1. *Bul. Paris.* tab. 327. *Icon. Pl. Medic.* tab. 216.

2. *Satureia;* Sarriette ou Sariette. 2. Herbe. 3. Odeur pénétrante, forte, portant à la tête; saveur chaude, un peu âmère : cette plante ne perd rien par l'exsiccation. 4. Huile essentielle abondante, fort âcre. 5. Difficulté de digérer, inappétence, stérilité. La décoction de cette plante, injectée dans les oreilles, est utile dans les affections soporeuses. 6. On l'emploie assez souvent dans les cuisines, en la substituant au thym, au serpolet. Aux environs de Montpellier, elle sert à aromatiser les fromages qu'on appelle fromages forts.

Près de Montpellier, à Assas, en Provence, en Dauphiné. ☉ *Cultivée dans les jardins.* Estivale.

5. **SARRIETTE** en tête, *S. capitata*, L. à fleurs en épis; à feuilles en carène, ponctuées, ciliées.

Thymus capitatus, qui Dioscoridis; Thym en tête, ou Thym de Dioscoride. *Bauh. Pin.* 219, n.° 3. *Matth.* 531, f. 1. *Dod. Pempt.* 276, f. 1. *Lob. Ic.* 1, p. 424, f. 2. *Clus. Hist.* 1, p. 357, f. 1. *Lugd. Hist.* 900, f. 1. *Camer. Epit.* 485.

1. *Thymus Creticus;* Thym de Crète, Thym d'Espagne. 2. Herbe. Tout le reste comme dans le Thym vulgaire; mais plus fortement prononcé.

En Provence, dans l'isle de Crète.

7. **SARRIETTE** épineuse, *S. spinosa*, L. à rameaux épineux; à feuilles hérissées.

Dans l'isle de Crète. ♄

8. **SARRIETTE** osier, *S. viminea*, L. à péduncules axillaires, portant trois fleurs; à feuillets des collerettes linéaires; à feuilles lancéolées, ovales, très-entières.

A la Jamaïque.

766. **THYMBRE**, *THYMBRA*. * *Lam. Tab. Encyclop.* pl. 512.

Cal. *Périanthe* d'un seul feuillet, comme cylindrique, caréné sur les côtés, à *orifice* à deux lèvres : la *supérieure* plus large, égale, réunie : l'*inférieure* plus étroite, à deux segmens profonds.

Cor. Labiée. *Tube* comme cylindrique.

    Lèvre supérieure plane, droite, obtuse, à moitié divisée en deux parties.

    Lèvre inférieure presque égale, plane, à trois divisions peu profondes.

Étam. Quatre *Filamens*, filiformes, rapprochés par paires, dont *deux* inférieurs plus courts. *Anthères* à deux lobes éloignés, cachées sous la lèvre supérieure de la corolle.

Pist. *Ovaire* divisé peu profondément en quatre parties. *Style* filiforme, à moitié divisé en deux parties. Deux *Stigmates*, aigus.

Pér. Nul. Le *Calice* qui ne change point, renferme les semences.

Sem. Quatre.

Calice presque cylindrique, à deux lèvres, parcouru de chaque côté par une ligne velue. *Style* divisé peu profondément en deux parties.

1. THYMBRE en épi, *T. spicata*, L. à fleurs en épi.

    Plnk. tab. 116, f. 5. *Barrel.* tab. 1230.

    En Macédoine, en Espagne. ♄ *Cultivée dans les jardins.*

2. THYMBRE verticillée, *T. verticillata*, L. à fleurs en anneau.

    Hyssopus augustifolia, montana, aspera; Hyssope à feuilles étroites, des montagnes, rude. *Bauh. Pin.* 218, n.° 12. *Lugd. Hist.* 394, f. 1.

    En Espagne. Cultivée dans les jardins. ♄

‡37. HYSSOPE, *HYSSOPUS.* * *Tournef. Inst.* 200, tab. 95. *Lam. Tab. Encyclop.* pl. 502.

Cal. *Périanthe* d'un seul feuillet, comme cylindrique, oblong, strié, à cinq dents aiguës, persistant.

Cor. Monopétale, labiée. *Tube* comme cylindrique, grêle, de la longueur du calice. Gorge inclinée.

    Lèvre supérieure droite, plane, courte, arrondie, échancrée.

    Lèvre inférieure à trois divisions peu profondes, les *latérales* plus courtes, obtuses : l'*intermédiaire* crénelée, en cœur renversé, aiguë, à lobes écartés.

Étam. Quatre *Filamens*, droits, plus longs que la corolle, écartés, dont *deux* supérieurs plus courts, *deux* plus longs, rapprochés de la lèvre inférieure. *Anthères* simples.

Pist. *Ovaire* divisé profondément en quatre parties. *Style* filiforme, caché sous la lèvre supérieure, et l'égalant en longueur. *Stigmate* divisé peu profondément en deux parties.

Pér. Nul. Le *Calice* renferme les semences.

Sem. Quatre, comme ovales.

Lèvre inférieure de la corolle à trois divisions peu profondes, dont l'intermédiaire est crénelée. *Étamines* droites, divergentes ou écartées entr'elles.

1. **HYSSOPE** official, *H. officinalis*, L. à fleurs en épis, tournées d'un seul côté ; à feuilles lancéolées.

> *Hyssopus Officinarum, cærulea, sive spicata ;* Hyssope des Boutiques, à fleur bleue, en en épi. *Bauh. Pin.* 217, n.° 1. *Fusch. Hist.* 841. *Matth.* 515, f. 1. *Dod. Pempt.* 287, f. 1. *Lugd. Hist.* 933, f. 1. *Camer. Epit.* 463. *Jacq. Aust.* tab. 254, *Icon. Pl. Medic.* tab. 61.

> Cette espèce présente une variété.

> *Hyssopus rubro flore ;* Hyssope à fleur rouge. *Bauh. Pin.* 217, n.° 2. *Lob. Ic.* 1, p. 494, f. 2. *Lugd. Hist.* 934, f. 2.

> *Hyssopus ;* Hyssope ou Hysope. 2. Herbe, Fleurs, Semences. 3. Odeur forte, fatigante, assez agréable ; saveur aromatique, amère, tirant sur le Camphre. 4. Huile essentielle, qu'on croit contenir un peu de substance camphrée ; extrait spiritueux très-âcre ; extrait aqueux un peu amer et salin. 5. Ecchimose, esquinancie, angine catarreuse, ophtalmie, maladies de poitrine, dites *froides*, causées par l'atonie et la pituite, comme asthme, toux, anorexie. 6. On s'en sert en Perse pour donner de l'éclat au teint.

> *A Montpellier, en Provence. Cultivé dans les jardins.* ♃ Estivale.

2. **HYSSOPE** Lophante, *H. Lophantus*, L, à corolles comme renversées ; à étamines inférieures plus courtes que la corolle ; à feuilles en cœur.

> *Jacq. Hort.* tab. 182.

> *A la Chine.* ♃

3. **HYSSOPE** Cataire, *H. nepetoides*, L. à tige à quatre angles aigus.

> *Moris. Hist.* sect. 11, tab. 4, f. 11. *Pluk.* tab. 150, fig. 3. *Herm. Parad.* tab. 106. *Jacq. Hort.* tab. 69.

> *Au Canada, en Virginie.* ♂

768. **CATAIRE**, *NEPETA.* * CATARIA. *Tournef. Inst.* 202, tab. 95. *Lam. Tab. Encyclop.* pl. 502.

CAL. *Périanthe* d'un seul feuillet, tubulé, comme cylindrique, à orifice aigu, droit, à cinq dents : les *supérieures* plus longues ; les *inférieures* plus étalées.

COR. Monopétale, labiée. *Tube* comme cylindrique, recourbé. Limbe étalé. *Gorge* ouverte, en cœur, terminée par deux divisions renversées, obtuses, très-courtes.

> *Lèvre supérieure* droite, arrondie, échancrée.

Lèvre inférieure arrondie , concave , plus grande , entière , crénelée.

ÉTAM. Quatre *Filamens* , en alêne , placés sous la lèvre supérieure, rapprochés, dont *deux* plus courts. *Anthères* versatiles.

PIST. *Ovaire* divisé peu profondément en quatre parties. *Style* filiforme , ayant la longueur et la situation des étamines. *Stigmate* aigu , divisé peu profondément en deux parties.

PÉR. Nul. Le *Calice* renferme les semences.

SEM. Quatre, presque ovales.

Division intermédiaire de la lèvre inférieure de la corolle , crénelée. *Bords de la gorge* , repliés. *Étamines* rapprochées entr'elles.

1. **CATAIRE** , Herbe aux chats, *N. Cataria* , L. à fleurs en épi, disposées en anneaux , portées sur des pédoncules courts ; à feuilles pétiolées , en cœur , dentées à dents de scie.

> *Mentha cataria , vulgaris et major ;* Menthe cataire , vulgaire et plus grande. *Bauh. Pin.* 228 , n.° 1. *Fusch. Hist.* 434. *Matth.* 530, f. 1. *Dod. Pempt.* 99 , n.° 1. *Lob. Ic.* 511 , f. 1. *Lugd. Hist.* 508 , f. 1. *Camer. Epit.* 484. *Bauh. Hist.* 3 , P. 2 , pag. 225 , fig. 1. *Flor. Dan.* tab. 580. *Icon. Pl. Medic.* tab. 232.

> Cette espèce présente une variété.

> *Mentha cataria , minor ;* Menthe cataire, plus petite. *Bauh. Pin.* 228 , n.° 2.

> 1. *Nepeta ;* Cataire, Herbe aux chats. 2. L'Herbe entière. 3. Amère, sentant le bouc. 4. Peu d'huile essentielle ; extrait spiritueux agréable. 5. Pâles couleurs , affections nerveuses , chlorose, suppression des règles , affection hystérique. 6. Les Chats se roulent sur cette plante avec fureur, comme sur le *Marum* , et la couvrent de leur urine ; c'est pourquoi si l'on veut éloigner les rats des ruches à miel , il suffit de suspendre au-dessus un paquet de *Cataire*.

Nutritive pour le Mouton.

En Europe , sur les bords des chemins. ♃ Estivale.

2. **CATAIRE** de Pannonie , *N. Pannonica* , L. à fleurs en panicule ; à feuilles en cœur , pétiolées , à crénelures irrégulières.

> *Mentha montana , verticillata ;* Menthe des montagnes, verticillée. *Bauh. Pin.* 227 , n.° 5. *Moris. Hist.* sect. 11 , tab. 6, f. 6. *Jacq. Aust.* tab. 129.

> *En Autriche , en Sibérie.* ♃

3. **CATAIRE** violette, *N. violacea* , L. à fleurs en anneaux , pédunculées , formant un corymbe ; à feuilles pétiolées , en cœur , oblongues , dentées.

Barrel. tab. 601. Ce synonyme de *Barrelier* est rapporté par *Reichard* à la Cataire nue.

En Espagne, en Sibérie. ♃

4. CATAIRE d'Ukraine, *N. Ukranica*, L. à fleurs en panicule ; à feuilles lancéolées, à dents de scie, assises ou sans pétioles, nues.

Dans l'Ukraine.

5. CATAIRE Népételle, *C. Nepetella*, L. à fleurs en grappes, dont chaque division porte cinq fleurs ; à feuilles en cœur, lancéolées, dentées, cotonneuses.

A Naples.

6. CATAIRE nue, *N. nuda*, L. à fleurs en grappes nues, disposées en anneaux ; à feuilles en cœur, oblongues, assises, à dents de scie.

Bauh. Hist. 3, P. 2, pag. 226, f. 2 ? *Bellev.* tab. 59. *Jacq. Aust.* tab. 94.

En Suisse, en Espagne, à Naples. ♃

7. CATAIRE hérissée, *N. hirsuta*, L. à fleurs assises, disposées en anneaux, à épis ; à anneaux enveloppés par un duvet.

Boccon. Sicul. 48, tab. 25, f. 11.

En Sicile, à Naples. ♃

8. CATAIRE d'Italie, *N. Italica*, L. à fleurs assises, disposées en anneaux, à épis ; à bractées lancéolées, de la longueur du calice ; à feuilles pétiolées.

Mentha cataria minor, Alpina ; Menthe cataire plus petite, des Alpes. *Bauh. Pin.* 228, n.º 3. *Prodr.* 110, n.º 3, f. 1. *Barrel.* tab. 735. *Jacq. Hort.* tab. 172.

En Italie, à Naples. ♃

9. CATAIRE tubéreuse, *N. tuberosa*, L. à fleurs en épis, assis, terminans ; à bractées ovales, colorées ; les feuilles supérieures assises.

Mentha tuberosâ radice ; Menthe à racine tubéreuse. *Bauh. Pin.* 227, n.º 7. *Clus. Hist.* 2, p. 33, f. 2. *Bauh. Hist.* 3, P. 2, pag. 227, f. 1. *Barrel.* tab. 602.

Cette espèce présente une variété, gravée dans *Barrelier*, tab. 113r.

En Espagne, en Portugal. ♃

10. CATAIRE à feuilles de scordium, *N. scordotis*, L. à fleurs en épis assis, terminans ; à bractées presque en cœur, velues ; à feuilles en cœur, obtuses.

Scordium alterum lanuginosius, verticillatum ; autre Scordium plus velu, verticillé. *Bauh. Pin.* 248, n.º 4. *Alp. Exot.* 284 et 283.

Dans l'isle de Crète. ♄

11. CATAIRE de Virginie, *N. Virginica*, L. à fleurs en têtes, terminales ; à étamines plus longues que la fleur ; à feuilles lancéolées.

Moris. Hist. sect. 11, tab. 8, fig. dernière. *Pluk.* tab. 85, fig. 2.

En Virginie. ♃

12. CATAIRE du Malabar, *N. Malabarica*, L. à fleurs en épis, disposées en anneaux ; à bractées filiformes ; à feuilles lancéolées, très-entières à la base.

Au Malabar.

13. CATAIRE des Indes, *N. Indica*, L. à lèvre supérieure des corolles, très-entière et très-courte.

Moris. Hist. sect. 11, tab. 6, f. 7.

Dans l'Inde Orientale.

14. CATAIRE très-découpée, *N. Multifida*, L. à fleurs en épis ; à feuilles pinnatifides ; à pinnules très-entières.

Gmel. Sibir. 3, p. 242, tab. 55.

En Sibérie.

15. CATAIRE en peigne, *C. pectinata*, L. à fleurs en épis, tournées d'un seul côté ; à feuilles en cœur, nues ; à tige ligneuse ; à corolles très-petites.

A la Jamaïque. ♄

769. LAVANDE, *LAVANDULA.* * *Tournef. Inst.* 198, tab. 93. *Lam. Tab. Encyclop.* pl. 504. STÆCHAS. *Tournef. Inst.* 201, tab. 95.

Cal. *Périanthe* d'un seul feuillet, ovale, à *orifice* à quatre dents peu prononcées, court, persistant, soutenu par une bractée.

Cor. Monopétale, labiée, renversée. *Tube* comme cylindrique, plus long que le calice. *Limbe* étalé.

La *Lèvre* tournée vers le ciel, plus grande, étalée, à deux *divisions* peu profondes.

La *Lèvre* tournée vers la terre, à trois *divisions* peu profondes, toutes arrondies, presque égales.

Étam. Quatre *Filamens*, courts, dans le tube de la corolle, courbés, dont *deux* plus courts. *Anthères* petites.

Pist. *Ovaire* divisé profondément en quatre parties. *Style* filiforme, de la longueur du tube. *Stigmate* à deux lobes, obtus, réunis.

Péa. Nul. Le *Calice* dont les bords de l'orifice sont réunis, renferme les semences.

SEM. Quatre, en ovale renversé.

OBS. Lavandula *Tournefort* : *Fleurs réunies en épi simple.*

    Stœchas *Tournefort* : *Fleurs en épi, disposées sur plusieurs rangs, entassées, surmontées par des bractées.*

Calice ovale, à peine denté, soutenu par une bractée. *Corolle* renversée. *Étamines* enfermées dans le tube de la corolle.

1. LAVANDE commune, *L. Spica*, L. à feuilles lancéolées, très-entières ; à fleurs en épi nu.

    Cette espèce présente deux variétés.

    1.° *Lavandula angustifolia* ; Lavande à feuilles étroites. *Bauh. Pin.* 216, n.° 2. *Fusch. Hist.* 891. *Matth.* 32, fig. 1. *Dod. J'empl.* 273, f. 3. *Lob. Ic.* 1, p. 431, f. 2. *Lugd. Hist.* 919, f. 1. *Bauh. Hist.* 3, p. 2, p. 281, f. 1 ?

    2.° *Lavandula latifolia* ; Lavande à feuilles larges. *Bauh. Pin.* 216, n.° 1. *Fusch. Hist.* 890. *Matth.* 31, f. 1. *Dod. Pempt.* 273, f. 2. *Lob. Ic.* 1, p. 431, f. 1. *Lugd. Hist.* 920, f. 1. *Bauh. Hist.* 3, P. 2, p. 280, f. 1.

    1. *Lavandula*, *L. angustifolia*, *L. latifolia* ; Lavande, grande Lavande, Spic ou Aspic, Lavande femelle ou commune. 2. Fleurs. On peut employer les feuilles, la plante entière. 3. Toute la plante fortement odorante, amère : les fleurs donnent une huile essentielle ; un extrait aqueux un peu amer et salé ; un extrait spiritueux d'un goût aromatique. 5. Défaillance, paralysie, tremblement des membres, vertiges ; mais il faut que ces maladies ne soient accompagnées ni de fièvres ni de pléthore. La *Lavande* est très-usitée comme parfum. L'eau de *Lavande* spiritueuse, est très-employée pour la toilette. A Montpellier on fait des sachets aromatiques avec la *Lavande* ; ils sont utiles pour résoudre les humeurs froides. Cette plante entre dans le baume apoplectique.

    A *Lyon*, à *Montpellier*, en *Provence*, sur les *Alpes du Dauphiné*. ♄ Estivale.

2. LAVANDE très-découpée, *L. multifida*, L. à feuilles deux fois pinnatifides.

    Lavandula folio dissecto ; Lavande à feuille découpée. *Bauh. Pin.* 216, n.° 3. *Lob. Ic.* 1, pag. 432, fig. 2. *Clus. Hist.* 1, p. 345, f. 2. *Lugd. Hist.* 920, fig. 2. *Bauh. Hist.* 3, P. 2, pag. 281, f. 2. *Barrel.* tab. 798.

    Cette espèce présente deux variétés.

    1.° La Lavande à feuille longue, finement et élégamment découpée. *Commel. Rar.* p. et tab. 27.

2.º La Lavande des Canaries, à épi très-composé ; à fleurs blanches. *Pluk.* tab. 303, f. 5.

En Béotie. ♂

3. LAVANDE dentée, *L. dentata*, L. à feuilles pinnées, dentées ; à fleurs en épi rameux.

> *Stœchas folio serrato* ; Stœchas à feuille à dents de scie. *Bauh. Pin.* 216, n.º 4. *Dod. Pempt.* 275, f. 3. *Lob. Ic.* 1, p. 430, f. 2. *Clus. Hist.* 1, p. 345, f. 1. *Lugd. Hist.* 1200, fig. 1, *Bauh. Hist.* 3, P. 2, pag. 279, f. 2.

> *En Espagne, en Orient.* ♄

4. LAVANDE Stœchas, *L. Stœchas*, L. à feuilles lancéolées, linéaires, très-entières ; à fleurs en épis, terminées par une touffe de grandes bractées colorées.

> *Stœchas purpurea* ; Stœchas pourpre. *Bauh. Pin.* 216, n.º 1. *Fusch. Hist.* 778. *Matth.* 518, f. 1. *Dod. Pempt.* 275, f. 1. *Lob. Ic.* 1, p. 429, f. 1. *Clus. Hist.* 1, p. 344, f. 2. *Lugd. Hist.* 918, f. 1.

Cette espèce présente une variété.

> *Stœchas cauliculis non foliatis* ; Stœchas à tiges non feuillées. *Bauh. Pin.* 216, n.º 2. *Dod. Pempt.* 275, f. 2. *Lob. Ic.* 1, p. 430, f. 1. *Clus. Hist.* 1, p. 344, f. 1. *Lugd. Hist.* 918, fig. 2.

> 2. *Stœchas Arabica* ; Stœchas, Stœchas d'Arabie. Tout le reste comme dans la Lavande commune, qui paroît mériter la préférence. On fait avec le *Stœchas* un sirop qui est plus usité que la plante elle-même.

> *Aux environs de Montpellier, au bois de Grammont, à Laclotte près de Sommières.* ♃ Vernale.

770. CRAPAUDINE, *SIDERITIS.* * *Tournef. Inst.* 191. *Tab.* 90. *Lam. Tab. Encyclop.* pl. 505.

CAL. *Périanthe* d'un seul feuillet, tubulé, oblong, à moitié divisé en cinq *segmens*, aigus, presque égaux.

COR. Monopétale, presque égale. *Tube* comme cylindrique, oblong. *Gorge* oblongue, légèrement arrondie.

> *Lèvre supérieure*, droite, étroite, à deux divisions peu profondes.

> *Lèvre inférieure* à trois divisions peu profondes, les *latérales* plus aiguës, en quelque sorte plus petites que la lèvre supérieure : l'*intermédiaire* arrondie, crénelée.

ÉTAM. Quatre *Filamens*, dans le tube de la corolle, plus courts que la gorge, dont *deux* plus petits. *Anthères* arrondies, didymes.

PIST. *Ovaire* divisé peu profondément en quatre parties. *Style* filiforme, en quelque sorte plus long que les étamines. Deux *Stigmates*, dont le supérieur cylindrique, concave, tronqué : l'inférieur membraneux, plus court, engainant le supérieur.

Pér. Nul. Le *Calice* renferme les semences.

Sem. Quatre.

Étamines enfermées dans le tube de la corolle. Deux *Stigmates*, dont le plus court sert de gaine au plus long.

* I. CRAPAUDINES sans bractées.

1. CRAPAUDINE des Canaries, *S. Canariensis*, L. à tige ligneuse, velue ; à feuilles en cœur, oblongues, aiguës, pétiolées ; à fleurs à épis en anneaux, inclinés avant la floraison ; à rameaux étalés.

Pluk. tab. 322, f. 4.

Aux Canaries. ♄

2. CRAPAUDINE de Crète, *S. Cretica*, L. à tige ligneuse, duvetée ; à feuilles en cœur, oblongues, obtuses, pétiolées ; à rameaux étalés ; à fleurs à épis en anneaux

Commel. Hort. 2, pag. 197, tab. 99.

Dans l'isle de Crète. ♄

3. CRAPAUDINE de Syrie, *S. Syriaca*, L. à tige sous-ligneuse, couverte d'un duvet cotonneux; à feuilles lancéolées, très-entières; à fleurs en anneaux.

Sabat. Hort. Rom. 3, tab. 40.

Cette espèce présente une variété.

Stachys minor Italica ; Crapaudine plus petite d'Italie. *Bauh. Pin.* 236, n.° 4. *Matth.* 605, f. 1. *Dod. Pempt.* 90, f. 2. *Lob. Ic.* 1, pag. 531, f. 1. *Lugd. Hist.* 963, f. 1. *Camer. Epit.* 577, *Barrel.* tab. 1187.

Pilosella Syriaca ; Piloselle de Syrie. *Bauh. Pin.* 262, n.° 6. *Lob. Ic.* 1, pag. 479, f. 2. *Lugd. Hist.* 1099, f. 1.

4. CRAPAUDINE perfoliée, *S. perfoliata*, L. à tige herbacée, chargée de poils roides; à feuilles supérieures embrassantes.

En Orient.

5. CRAPAUDINE des montagnes, *S. montana*, L. à tige herbacée; à calices plus grands que la corolle, épineux : le segment supérieur du calice divisé peu profondément en trois parties.

Sideritis montana, parvo varioque flore ; Crapaudine des montagnes, à fleur petite et variée ou de différentes couleurs. *Bauh. Pin.* 233, n.° 7. *Column. Ecphras.* 1. pag. 198 et 196.

A Naples. ☉

6. CRAPAUDINE Romaine, *S. Romana*, L. à tige herbacée, couchée; à calice épineux, dont le segment supérieur est ovale.

> *Bauh. Hist.* 3, P. 2, pag. 428, f. 1. *Moris. Hist.* sect. 11, tab. 12, f. 5.

> *Aux environs de Montpellier, à Assas, en Provence.* ☉ Vernale.

* II. CRAPAUDINES à bractées dentées.

7. CRAPAUDINE blanchâtre, *S. incana*, L. à tige sous-ligneuse, duvetée; à feuilles lancéolées, linéaires, très-entières; à fleurs et bractées dentées.

> *Tragoriganum angustifolium*; Tragorigan à feuilles étroites. *Bauh. Pin.* 223, n.° 3. *Dod. Pempt.* 286, f. 2. *Lob. Ic.* 1, pag. 494, f. 1. *Clus. Hist.* 1, pag. 355, f. 2. *Bauh. Hist.* 3, P. 2, pag. 261, f. 1. *Barrel.* tab. 239.

> *En Espagne.* ♄

8. CRAPAUDINE à feuilles d'hyssope, *S. hyssopifolia*, L. à feuilles lancéolées, lisses, très-entières; à bractées en cœur, dentées, épineuses; à dents des calices égales.

> *Sideritis Alpina, hyssopifolia*; Crapaudine des Alpes, à feuilles d'hyssope. *Bauh. Pin.* 233, n.° 8. *Lob. Ic.* 1, pag. 525, f. 2. *Clus. Hist.* 2. pag. 41, f. 2. *Lugd. Hist.* 1122, f. 3. *Bauh. Hist.* 3, P. 2, pag. 427, f. 3. *Belley.* tab. 57.

> *A Montpellier, Lyon, Grenoble.* ♄ Estivale.

9. CRAPAUDINE à feuilles de scordium, *S. scordioïdes*, L. à feuilles lancéolées, un peu dentées, lisses en dessus; à bractées ovales, dentées, épineuses; à dents des calices égales.

> *Sideritis foliis hirsutis, profundè crenatis*; Crapaudine à feuilles hérissées, profondément crénelées. *Bauh. Pin.* 233, n.° 1. *Lob. Ic.* 1, pag. 525, f. 1. *Lugd. Hist.* 1122. f. 2. *Bauh. Hist.* 3, P. 2, pag. 426, f. 1. *Barrel.* tab. 343.

> *A Montpellier, en Provence.*

10. CRAPAUDINE hérissée, *S. hirsuta*, L. à feuilles lancéolées, obtuses, dentées, velues; à bractées dentées, épineuses; à tiges hérissées, couchées.

> *Sideritis hirsuta, procumbens*; Crapaudine hérissée, couchée. *Bauh. Pin.* 233, n.° 2, *Lob. Ic.* 1, pag. 523, f. 2. *Clus. Hist.* 2, pag. 40, f. 1. *Lugd. Hist.* 1119, fig. 2. *Icon. Pl. Medic.* tab. 388.

> *A Montpellier, en Provence.* ♄

11. CRAPAUDINE laineuse, *S. lanata*, L. à feuilles en cœur, obtuses, velues; à calices mousses ou sans piquans, laineux; à épi alongé; à tige droite.

> *En Égypte, dans la Palestine.* ☉

771. MENTHE, *MENTHA*. *Tournef. Inst.* 188, tab. 89. *Lam. Tab. Encyclop.* pl. 503.

CAL. *Périanthe* d'un seul feuillet, tubulé, droit, à cinq dents, égal, persistant.

COR. Monopétale, droite, tubulée, un peu plus longue que le calice. *Limbe* presque égal, à quatre *divisions* profondes : la *supérieure* plus large, échancrée.

ÉTAM. Quatre *Filamens*, en alène, droits, écartés, dont *deux* rapprochés, plus longs. *Anthères* arrondies.

PIST. *Ovaire* divisé peu profondément en quatre parties. *Style* filiforme, droit, plus long que la corolle. *Stigmate* étalé, divisé peu profondément en deux parties.

PER. Nul. Le *Calice* qui est droit, renferme les semences.

SEM. Quatre, petites.

Corolle à peine labiée, divisée peu profondément en quatre parties presque égales, dont la plus large est un peu échancrée. *Etamines* droites, écartées entr'elles.

* I. *MENTHES* à fleurs en épis.

1. MENTHE Auriculaire, *M. Auricularia*, L. à fleurs en épis alongés ; à feuilles oblongues, à dents de scie, velues, assises ou sans pétioles ; à étamines plus longues que la corolle.

 Rumph. Amb. 6, pag. 41, tab. 16.
 Dans l'Inde Orientale.

2. MENTHE sauvage, *M. sylvestris*, L. à fleurs en épis alongés; à feuilles oblongues, blanchâtres, soyeuses, à dents de scie, assises ou sans pétioles; à étamines plus longues que la corolle.

 Mentha sylvestris, folio longiore; Menthe sauvage, à feuille plus longue. *Bauh. Pin.* 227, n.° 2. *Fusch. Hist.* 292. *Matth.* 527, f. 1. *Dod. Pempt.* 96, f. 1. *Lob. Ic.* 1, pag. 509, f. 2. *Clus. Hist.* 2, pag. 37, f. 1. *Lugd. Hist.* 673, f. 2. *Camer. Epit.* 479. *Bauh. Hist.* 3, P. 2, pag. 221, f. 1. *Flor. Dan.* tab. 484. *Icon. Pl. Medic.* tab. 354.

 1. *Mentha sylvestris;* Menthe sauvage. 2. Herbe. 3. Très-odorante, amère. 4. Esprit recteur, huile essentielle. Tout le reste comme dans la Menthe frisée, mais plus foible et moins usitée.

 A Lyon, Montpellier, Grenoble, etc. ♃ Estivale.

3. MENTHE verte, *M. viridis*, L. à fleurs en épis, alongés ; à feuilles lancéolées, nues, à dents de scie, assises ou sans pétioles; à étamines plus longues que la corolle.

 Mentha angustifolia, spicata; Menthe à feuilles étroites, en épi. *Bauh. Pin.* 227, n.° 7. *Fusch. Hist.* 290. *Matth.* 526,

f. 1. *Dod. Pempt.* 95, f. 3. *Lob. Ic.* 1, pag. 507, f. 2. *Lugd. Hist.* 671, f. 3. *Camer. Epit.* 477. *Bauh. Hist.* 3, P. 2, pag. 220, f. 1.

En Provence, en Dauphiné, à Paris. ♃ Estivale.

4. MENTHE à feuilles rondes, *M. rotundifolia*, L. à fleurs en épis alongés; à feuilles arrondies, ridées, crénelées, assises ou sans pétioles.

Mentha sylvestris, rotundiore folio; Menthe sauvage, à feuille plus arrondie. *Bauh. Pin.* 227, n.° 1. *Bauh. Hist.* 3, P. 2, pag. 219, f. 2.

En Europe, dans les lieux humides. ♃ Estivale.

* II. *MENTHES à fleurs en têtes.*

5. MENTHE frisée, *M. crispa*, L. à fleurs en anneaux, resserrées en têtes; à feuilles en cœur, dentées, ondulées, assises ou sans pétioles; à étamines de la longueur de la corolle.

Dod. Pempt. 95, f. 2. *Lob. Ic.* 1, pag. 506, f. 2. *Bauh. Hist.* 3, P. 2, pag. 215 et 216, f. 1? *Moris Hist.* sect. 11, tab. 6, f. 5. *Icon. Pl. Medic.* t. 386.

1. *Mentha crispa;* Menthe frisée, Menthe crépue des jardins. 2. Herbe. 3. Très-odorante, amère. 4. Huile légère, extrait aqueux presque inerte, et à peu près autant d'extrait spiritueux fort actif. 5. Affections soporeuses, hysteriques et hypocondriaques; coliques venteuses, diarrhées et vomissemens qui reconnoissent pour cause les spasmes des intestins ou de l'estomac; anorexie, foiblesse, langueur d'estomac avec diminution d'appétit, céphalalgie, menstruation laborieuse, fleurs blanches, asthme, toux convulsive. L'huile essentielle est un des médicamens les plus énergiques dans la paralysie, les langueurs d'estomac, la leucophlegmatie; appliquée sur les mamelles, elle dissout le lait grumeleux; son eau distillée est un excellent carminatif, elle calme le vomissement et fortifie l'estomac. 6. Le lait des vaches nourries avec cette plante, se coagule, dit-on, difficilement, et ne donne presque point de fromage. Infusée dans le lait, elle l'empêche de se cailler; aussi c'est un excellent moyen de diminuer le lait ou de le dissiper, lorsqu'il est coagulé chez les nourrices ou femmes en couche.

En Sibérie, en Suisse, cultivée dans les jardins. ♃

6. MENTHE hérissée, *M. hirsuta*, L. à fleurs en têtes; à feuilles ovales, à dents de scie, presque assises ou à pétioles très-courts, duvetées; à étamines plus longues que la corolle.

Bauh. Hist. 3, P. 2, pag. 224, f. 1.

En Europe, dans les marais, etc. ♃ Estivale.

7. **MENTHE** aquatique, *M. aquatica*, L. à fleurs en têtes; à feuilles ovales, à dents de scie, pétiolées; à étamines plus longues que la corolle.

> *Mentha rotundifolia palustris, seu aquatica major;* Menthe à feuilles rondes des marais, ou Menthe aquatique plus grande. *Bauh. Pin.* 227, n.° 1. *Fusch. Hist.* 722. *Matth.* 378, f. 1. *Dod. Pempt.* 97, f. 1. *Lob. Ic.* 1, pag. 509, f. 1. *Lugd. Hist.* 677, f. 1. *Camer. Epit.* 268. *Bauh. Hist.* 3, P. 2, pag. 223, f. 1. *Flor. Dan.* tab. 673.

> Nutritive pour le Cheval.

> *En Europe, dans les marais.* ♃ Estivale.

8. **MENTHE** poivrée, *M. piperita*, L. à fleurs en têtes; à feuilles ovales, à dents de scie, pétiolées; à étamines plus courtes que la corolle.

> *Icon.° Pl. Med.* 56.

> ε. *Mentha piperita;* Menthe poivrée. 2. Herbe. Tout le reste comme dans la Menthe frisée, mais plus éminente en vertus. Elle imprime à la bouche un sentiment de froid. Les Anglois font grand usage de son eau distillée, à titre de stomachique, même en pleine santé.

> *En Angleterre. Cultivée dans les jardins.* ♃

* III. *MENTHES à fleurs verticillées ou en anneaux.*

9. **MENTHE** cultivée, *M. sativa*, L. à fleurs en anneaux; à feuilles ovales, un peu aiguës, à dents de scie; à étamines plus longues que la corolle.

> *Mentha crispa, verticillata;* Menthe frisée, à fleurs en anneaux. *Bauh. Pin.* 227, n.° 4. *Fusch. Hist.* 288. *Matth.* 526, f. 3. *Dod. Pempt.* 95, f. 1. *Lob. Ic.* 1, pag. 507, f. 1.

> *Dans les Départemens méridionaux. Cultivée dans les jardins.* ♃ Estivale.

10. **MENTHE** des jardins, *M. gentilis*, L. à fleurs en anneaux; à feuilles ovales, aiguës, à dents de scie; à étamines plus courtes que la corolle.

> *Mentha hortensis, verticillata, Ocymi odore;* Menthe des jardins, à fleurs en anneaux, à odeur de Basilic. *Bauh. Pin.* 227, n.° 3. *Fusch. Hist.* 291. *Dod. Pempt.* 95, f. 4. *Lob. Ic.* 1, pag. 508, f. 1. *Lugd. Hist.* 673, f. 1. *Bauh. Hist.* 3, P. 2, pag. 216 et 217, f. 1. *Flor. Dan.* tab. 736, f. 1.

> *A Montpellier, en Dauphiné, à Paris.* ♃ Estivale.

11. **MENTHE** des champs, *M. arvensis*, L. à fleurs en anneaux; à feuilles ovales, aiguës, à dents de scie; à étamines de la longueur de la corolle.

Calamintha

Calamintha arvensis, verticillata; Calamont des champs, à fleurs en anneaux. Bauh. Pin. 229, n.° 6. Fusch. Hist. 435. Math. 529, f. 3. Dod. Pempt. 98, f. 2. Lob. Ic. 1. pag. 505. f. 2. Lugd. Hist. 906, f. 1; et 907, f. 1; et 932, f. 2. Bauh. Hist. 3, P. 2, pag. 317, f. 2. Moris. Hist. sect. 11, tab. 7, f. 5. Flor. Dan. tab. 512. Icon. Pl. Medic. tab. 377.

Nutritive pour le Cheval, la Chèvre.

A Lyon, Paris, Grenoble, etc. ♃ Estivale.

12. MENTHE petite, *M. exigua*, L. à fleurs en anneaux; à feuilles lancéolées, ovales, lisses, aiguës, très-entières.

En Angleterre. ♃

13. MENTHE du Canada, *M. Canadensis*, L. à fleurs en anneaux; à feuilles lancéolées, à dents de scie, pétiolées, velues; à étamines de la longueur de la corolle.

Au Canada.

14. MENTHE Pouliot, *M. Pulegium*, L. à fleurs en anneaux; à feuilles ovales, obtuses, légèrement crénelées; à tiges un peu arrondies, rampantes; à étamines plus longues que la corolle.

Pulegium latifolium; Pouliot à larges feuilles. Bauh. Pin. 222, n.° 1. Fusch. Hist. 198. Matth. 521, f. 1. Dod. Pempt. 282, f. 1. Lob. Ic. 1, pag. 500, f. 2. Lugd. Hist. 891, fig. 1. Camer. Epit. 471. Bauh. Hist. 3. P. 2. pag. 256. f. 2. Bul. Paris. 331. Icon. Pl. Medic. tab. 490.

1. Pulegium; Menthe Pouliot, Menthe aquatique. Tout le reste comme dans la Menthe frisée, mais le *Pouliot* est plus fort, plus âcre. On prétend que son odeur chasse les puces. Toutes les espèces de Menthes méritent l'attention des praticiens; leur odeur forte et pénétrante, leur saveur piquante, un peu amère, annoncent une véritable énergie.

En Europe, dans les lieux humides. ♃ Estivale.

15. MENTHE à feuilles étroites, *M. cervina*, L. à fleurs en anneaux; à bractées palmées; à feuilles linéaires; à étamines plus longues que la corolle.

Pulegium angustifolium; Pouliot à feuilles étroites. Bauh. Pin. 222, n.° 4. Lob. Ic. 1, pag. 501, f. 2. Lugd. Hist. 892, f. 1. Bauh. Hist. 3, P. 2, pag. 257, f. 2. Moris. Hist. sect. 11, tab. 7, f. 7.

A Montpellier, en Provence. ♃

16. MENTHE du Canada, *M. Canadensis*, L. à fleurs en têtes axillaires, dichotomes; à feuilles ovales, crénelées; à tige ligneuse; à étamines plus courtes que la corolle.

Pluk. tab. 307, f. 2.

Cette espèce devroit être placée dans la seconde division des Menthes à fleurs en têtes.

Au Canada. ♃

17. **MENTHE** à feuilles de pérille, *M. perilloïdes*, L. à fleurs en grappes latérales, tournées d'un seul côté.

Rheed. Malab. 10, pag. 153, tab. 77.

Dans l'Inde Orientale. ☉

772 **PÉRILLE,** *PERILLA.* Lam. Tab. Encyclop. pl. 503.

CAL. *Périanthe* d'un seul feuillet, droit, persistant, à moitié divisé en cinq *segmens*, égaux, dont le supérieur est très-court.

COR. Monopétale, labiée, à quatre *divisions* peu profondes : la supérieure échancrée : les latérales étalées : l'inférieure plus longue, obtuse.

ÉTAM. Quatre *Filamens*, simples, écartés, plus courts que la corolle. *Anthères* divisées peu profondément en deux parties.

PIST. Quatre *Ovaires.* Deux *Styles*, filiformes, réunis, de la longueur des étamines. *Stigmates* simples.

PER. Nul. Le *Calice* qui ne change point, renferme les semences.

SEM. Quatre.

Segment supérieur du calice, très-court. *Étamines* écartées entr'elles. Deux *Styles* réunis.

1. **PÉRILLE** à feuilles de basilic, *P. ocymoïdes*, L. à feuilles ovales, à dents de scie; à pétioles de la longueur des feuilles.

Ard. Spec. 2, pag. 28, tab. 13.

Dans l'Inde Orientale. ☉

773. **GLÉCHOME,** *GLECHOMA.* * Lam. Tab. Encyclop. pl. 505.

CAL. *Périanthe* d'un seul feuillet, tubulé, comme cylindrique, strié, très-petit, persistant, à *orifice* à cinq *segmens* peu profonds, pointus, inégaux.

COR. Monopétale, labiée, *Tube* grêle, comprimé.

Lèvre supérieure droite, obtuse, à moitié divisée en deux parties.

Lèvre inférieure étalée, plus grande, obtuse, à trois *divisions* peu profondes : l'*intermédiaire* plus grande, échancrée.

ÉTAM. Quatre *Filamens*, cachés sous la lèvre supérieure, dont *deux* plus courts. Chaque paire d'*Anthères* en s'adossant, formant une croix.

PIST. *Ovaire* divisé peu profondément en quatre parties. *Style* filiforme, incliné sous la lèvre supérieure. *Stigmate* aigu, divisé peu profondément en deux parties.

PÉR. Nul. Le *Calice* renferme les semences.
SEM. Quatre, ovales.

Calice à cinq segmens peu profonds. *Chaque paire d'Anthères* en s'adossant, forme une croix.

1. GLÉCHOME lierre terrestre, G. *hederacea*, L. à feuilles en forme de rein, crénelées.

> *Hedera terrestris vulgaris;* Lierre terrestre vulgaire. *Bauh. Pin.* 306, n.° 1. *Fusch. Hist.* 876. *Matth.* 467, f. 1 et 2. *Dod. Pempt* 394, f. 1. *Lob. Ic.* 1, pag. 613, f. 2. *Lugd. Hist.* 1311, f. 1 et 2. *Camer. Epit.* 400. *Bauh. Hist.* 3, P. 2, pag. 855, f. 2. *Bul. Paris.* tab. 333. *Icon. Pl. Medic.* tab. 73.

> On trouve deux variétés de cette plante, l'une à petites feuilles, l'autre à grandes feuilles; la corolle qui est ordinairement bleue, est aussi quelquefois blanche.

> 1. *Hedera terrestris;* Lierre terrestre, Lierret. 2. Herbe. 3. Un peu amère, un peu âcre. 4. Peu d'huile essentielle; extrait aqueux très-âcre; extrait résineux plus foible. 5. Asthma pituiteux, rhumes invétérés, toux, catarres, phthisie, céphalalgie, anorexie et colique néphrétique causées par une abondance de glaires, ulcères internes. 6. On dit qu'elle arrête la fermentation de la bière, et qu'elle augmente sa limpidité.

> Nutritive pour le Mouton, le Coq.
> *En Europe, dans les haies,* ♃ Vernale.

774. LAMIE, *LAMIUM.* * *Tournef. Inst.* 183, tab. 85. *Lami Tab. Encyclop.* pl. 506. *PAPIA. Mich. Gen.* 20, tab. 17.

CAL. *Périanthe* d'un seul feuillet, tubulé, plus ouvert dans sa partie supérieure, à cinq dents, à arête, presque égal, persistant.

COR. Monopétale, labiée. *Tube* comme cylindrique, très-court. *Limbe* étalé. *Gorge* enflée, comprimée, bossuée, marquée des deux côtés par une dent renversée.

> *Lèvre supérieure* en voûte, arrondie, obtuse, entière.
> *Lèvre inférieure* plus courte, en cœur renversé, échancrée, renversée.

ÉTAM. Quatre *Filamens*, en alêne, cachés sous la lèvre supérieure, dont *deux* plus longs. *Anthères* oblongues, hérissées.

PIST. *Ovaire* divisé peu profondément en quatre parties. *Style* filiforme, ayant la longueur et la situation des étamines. *Stigmate* aigu, divisé peu profondément en deux parties.

PÉR. Nul. Le *Calice* qui demeure ouvert, renferme les semences aplaties supérieurement.

Sem. Quatre, courtes, à trois faces, convexes d'un côté, tronquées aux deux extrémités.

Lèvre supérieure de la corolle entière, en voûte. *Lèvre inférieure* à deux lobes. *Gorge* dentée de chaque côté sur les bords.

1. LAMIE Orvale, *L. Orvala*, L. à feuilles en cœur, à dents de scie aiguës et inégales; à gorge de la corolle enflée; à calice coloré.

> *Lamium maximum, sylvaticum, alterum :* entre Lamie très-grande, des forêts. *Bauh. Pin.* 231, n.º 9. (Il y a erreur dans le texte de G. Bauhin pour la citation du numéro : on a imprimé IV ; mais il faut lire IX). *Clus. Hist.* 2, pag. 36, f. 2. *Scopul. Carniol. ed.* 2, n.º 699, tab. 27.
>
> *En Poméranie, en Carniole.* ♃

2. LAMIE lisse, *L. lævigatum*, L. à feuilles en cœur, ridées; à tige lisse; à calices lisses, de la longueur de la corolle.

> *Lamium purpureum, non fœtens, folio oblongo :* Lamie à fleur pourpre, non puante, à feuille oblongue. *Bauh. Pin.* 231, n.º 2. (G. Bauhin a réuni avec cette espèce la Lamie Ortie blanche, *L. album*, L.) *Camer. Epit.* 865.
>
> *A Lyon, Montpellier, en Provence.* ♃ Vernale.

3. LAMIE Garganique, *L. Garganicum*, L. à feuilles en cœur, duvetées; à gorge de la corolle enflée, garnie de chaque côté de deux dents.

> *Till. Pis.* 93, tab. 34, f. 2.
> *Sur le Mont-Gargan.* ♃

4. LAMIE tachetée, *L. maculatum*, L. à feuilles en cœur, aiguës; dix fleurs à chaque anneau.

> *Lamium maculatum :* Lamie tachetée. *Bauh. Pin.* 231, n.º 4.
> *Lamium albá lineá notatum :* Lamie à feuilles marquées par une ligne blanche. *Bauh. Pin.* 231, n.º 5. *Column. Ecphras.* 1, p. 190 et 192, f. 1.
> *A Grenoble, Lyon.* ♃ Vernale.

5. LAMIE Ortie blanche, *L. album*, L. à feuilles en cœur, aiguës; à dents de scie, pétiolées; vingt fleurs à chaque anneau.

> *Lamium album : non fœtens, folio oblongo :* Lamie à fleur blanche, non puante, à feuilles oblongues. *Bauh. Pin.* 231, n.º 2. (Nous avons observé que G. Bauhin a réuni sous une même espèce, la Lamie lisse et la Lamie Ortie blanche, qu'il ne désigne que par la couleur de la fleur, pourpre ou blanche). *Dod. Pempt.* 153, f. 1. *Lob. Ic.* 1, p. 520, f. 2. *Bul. Paris.* tab. 334. *Flor. Dan.* tab. 594. *Icon. Pl. Medic.* tab. 80.

2. *Lamium album* ; Ortie morte, Ortie blanche, Archangélique. 2. Herbe. 3. Odeur fatigante, désagréable. 5. Fleurs blanches ? Scrophules, ulcères, tumeurs, perte de sang. 6. Les fleurs macérées au soleil, dans de l'huile d'olive, sont un baume vulnéraire, excellent pour les plaies des tendons.

Nutritive pour le Mouton, la Chèvre.

En Europe, dans les haies, les buissons. ♃ Vernale.

v. LAMIE pourpre, *L. purpureum,* L. à feuilles en cœur, obtuses, pétiolées.

Lamium purpureum, fœtidum, folio subrotundo, sive Galeopsis Dioscoridis ; Lamie à fleur pourpre, fétide, à feuille arrondie, ou Galéopside de Dioscoride. *Bauh. Pin.* 230, n.° 1. *Fusch. Hist.* 469. *Dod. Pempt.* 153, f. 2. *Lob. Ic.* 1, p. 520, f. 1. *Lugd. Hist.* 1246, f. 1, et 1248, f. 1. *Bul. Paris.* tab. 335.

Nutritive pour le Cheval, le Mouton, la Chèvre.

En Europe, sur les bords des haies. ☉ Vernale.

g. LAMIE embrassante, *L. amplexicaule,* à feuilles florales assises, embrassantes, obtuses : les radicales pétiolées, lobées.

Lamium folio caulem ambiente, minus ; Lamie à feuille entourant la tige, plus petite. *Bauh. Pin.* 231, n.° 7. *Lob. Ic.* 1, p. 463, f. 2. *Lugd. Hist.* 1253, f. 2. *Bauh. Hist.* 3, P. 2, p. 853, f. 1 ?

Cette espèce présente une variété.

Lamium folio caulem ambiente, majus ; Lamie à feuille entourant la tige, plus grande. *Bauh. Pin.* 231, n.° 6. *Lugd. Hist.* 1253, f. 3. *Bul. Paris.* tab. 336. *Flor. Dan.* tab. 752.

Nutritive pour le Cheval, le Mouton, la Chèvre.

En Europe, dans les terrains cultivés. ☉ Vernale.

q. LAMIE très-découpée, *L. multifidum,* L. à feuilles divisées profondément en plusieurs parties.

Pluk. tab. 41, f. 2. *Commel. Rar.* p. et tab. 26.

En Orient.

273. GALÉOPSIDE, *GALEOPSIS.* ✱ *Lam. Tab. Encyclop.* pl. 506.

CAL. *Périanthe* d'un seul feuillet, tubulé, à cinq dents, aigu, terminé par des arêtes de la longueur du tube, persistant.

COR. Monopétale, labiée. *Tube* court. *Limbe* étalé. *Gorge* un peu plus large que le tube, de la longueur du calice, produisant des deux côtés au-dessus de la base de la lèvre inférieure, une dent pointue, concave en dessous.

C 3

Lèvre supérieure arrondie, concave, à dents de scie au sommet.

Lèvre inférieure à trois *divisions* peu profondes : les *latérales* arrondies : l'*intermédiaire* plus grande, échancrée, crénelée.

Étam. Quatre *Filamens*, en alêne, cachés sous la lèvre supérieure, dont *deux* plus courts. *Anthères* arrondies, divisées peu profondément en deux parties.

Pist. *Ovaire* divisé peu profondément en quatre parties. *Style* filiforme, ayant la longueur et la situation des étamines. *Stigmate* aigu, divisé peu profondément en deux parties.

Pér. Nul. Le *Calice* roide, droit, renferme les semences.

Sem. Quatre, à trois faces, tronquées.

Obs. Dans le G. Ladanum, *la Lèvre supérieure de la corolle est à peine crénelée, et comme renversée au sommet.*

Dans le G. Galeobdolon, *la Lèvre de la corolle est égale, sans dents, etc.*

Lèvre supérieure de la corolle un peu crénelée, en voûte. Deux dents sur la lèvre inférieure.

1. GALÉOPSIDE Ladano, *G. Ladanum*, L. à entre-nœuds des tiges égaux ; tous les anneaux des fleurs éloignés entr'eux ; les dents du calice peu roides.

Sideritis arvensis, angustifolia, rubra; Crapaudine des champs, à feuilles étroites, à fleur rouge. *Bauh. Pin.* 233, n.º 3. *Lugd. Hist.* 443, f. 1. *Bauh. Hist.* 3, P. 2, p. 855, f. 1. *Bul. Paris.* tab. 337.

Cette espèce offre une variété à feuilles plus larges, gravée dans *Rivin Monop.* tab. 24.

Nutritive pour le Bœuf, la Chèvre.

En Europe, dans les champs. ♃ Vernale.

2. GALÉOPSIDE Tetrahit, *G. Tetrahit*, L. à entre-nœuds des tiges renflées au sommet ; les anneaux supérieurs des fleurs très-rapprochés ; à dents du calice comme piquantes.

Urtica aculeata, foliis serratis; Ortie piquante, à feuilles à dents de scie. *Bauh. Pin.* 232, n.º 1. *Lob. Ic.* 1, p. 527. f. 2. *Lugd. Hist.* 497, f. 3.

Cette espèce présente une variété à corolle jaune, à lèvre inférieure marquée d'une tache pourpre, gravée dans *Pluk.* tab. 41, f. 4; et dans *Barrel.* tab. 1158 et tab. 1220.

Nutritive pour le Mouton, la Chèvre, le Coq.

En Europe, dans les terres légères. ☉ Estivale.

3. GALÉOPSIDE jaune, *G. Galeobdolon*, L. à fleurs à six anneaux ; à collerette formée par quatre feuillets.

Lamium folio oblongo, luteum; Lamie à feuille oblongue,

à fleur jaune. *Bauh. Pin.* 231, n.° 3. *Dod. Pempt.* 153, f. 3. *Lob. Ic.* 1, p. 521, f. 1. *Bauh. Hist.* 3, P. 2, p. 323, f. 1. *Bul. Paris.* tab. 338.

Dans les deux premières espèces, la gorge de la corolle offre deux mammelons ou dents très-marquées, qui manquent dans la Galéopside jaune.

A Lyon, *Grenoble*, *Montpellier.* ♃ Vernale.

776. BÉTOINE, *BETONICA.* * *Tournef. Inst.* 202. *Tab.* 96. *Lam. Tab. Encyclop.* pl. 507.

CAL. *Périanthe* d'un seul *Feuillet*, tubulé, cylindrique, à cinq dents, à arête, persistant.

COR. Monopétale, labiée. *Tube* recourbé, cylindrique.

Lèvre supérieure arrondie, entière, plane, droite.

Lèvre inférieure à trois divisions peu profondes : l'intermédiaire plus large, arrondie, échancrée.

ÉTAM. Quatre *Filamens*, en alène, de la longueur de la gorge, dont deux plus courts, inclinés vers la lèvre supérieure. *Anthères* arrondies.

PIST. *Ovaire* divisé profondément en quatre parties. *Style* ayant la figure, la situation et la grandeur des étamines. *Stigmate* divisé peu profondément en deux parties.

PER. Nul. Le *Calice* renferme les semences.

SEM. Quatre, ovales.

Dents du calice en arêtes. *Lèvre supérieure* de la corolle ascendante, un peu aplatie. *Étamines* montant jusqu'à la gorge de la corolle dont le tube est cylindrique.

1. BÉTOINE officinale, *B. officinalis*, L. à épi interrompu ; la division intermédiaire de la lèvre supérieure de la corolle, échancrée.

Betonica purpurea ; Bétoine à fleur pourpre. *Bauh. Pin.* 235, n.° 1. *Fusch. Hist.* 350. *Matth.* 672, f. 1. *Dod. Pempt.* 40, f. 1. *Lob. Ic.* 1, pag. 532, f. 2. *Clus. Hist.* 2, pag. 39, f. 1. *Lugd. Hist.* 1283, f. 1. *Camer. Epit.* 681. *Bauh. Hist.* 3, P. 2, p. 301, f. 1. *Moris. Hist.* sect. 11, tab. 5, f. 1. *Bul. Paris.* tab. 339. *Flor. Dan.* tab. 726. *Icon. Pl. Med.* tab. 143.

Cette espèce présente une variété.

Betonica alba ; Bétoine à fleur blanche. *Bauh. Pin.* 235, n.° 2. *Bauh. Hist.* 3, pag. 302, f. 1.

1. *Betonica*, Bétoine. 2. Herbe, fleurs. 3. Odorante, aromatique, un peu narcotique, tirant sur l'odeur de punaise ; odeur des fleurs plus agréable. 4. Huile essentielle ? extrait aqueux, un peu salé, balsamique, amer ; extrait balsami-

que résineux, un peu âcre. 5. Céphalalgie, hystéricie. La poudre de *Bétoine* est utile dans les maladies catarrales avec atonie, comme diarrhée, anorexie, toux. 6. On peut fumer ses feuilles; on s'en sert comme sternutatoire, pour les chevaux.

Nutritive pour le Mouton.

En Europe dans les bois. ♃ *Estivale.*

a. BÉTOINE Orientale, *B. Orientalis*, L. à épi entier; la division intermédiaire de la lèvre supérieure de la corolle, très-entière.

En Orient. ♈

3. BÉTOINE queue de renard, *B. alopecuros*, à épi feuillé à la base; le casque de la corolle divisé peu profondément en deux parties.

Betonica folio, capitulo alopecuri; plante à feuilles de Bétoine, à tête d'alopécure. *Bauh. Pin.* 235, n.° 3. *Lugd. Hist.* 1358, f. 1. *Bauh. Hist.* 3, P. 2, p. 303, fig. 1. *Hellev. tab.* 52. *Jacq. Aust. tab.* 78.

A la grande Chartreuse, en Provence. ♃ *Estivale. S.-Alp.*

4. BÉTOINE hérissée, *B. hirsuta*, L. à épi feuillé à la base; le casque de la corolle entier.

Barrel. tab. 340.

Sur les Alpes du Dauphiné, à Paris? ♃ *Estivale. Alp.*

5. BÉTOINE héraclée, *B. heraclea*, L. à épi laineux; à calice laineux, dont les dents sont filiformes; à feuilles lancéolées, nues.

En Orient.

977. STACHYDE, *STACHYS*. * *Tournef. Inst.* 186, tab. 86. *Lam. Tab. Encyclop. pl.* 509. GALEOPSIS. *Tournef. Inst.* 185, tab. 86.

CAL. *Périanthe* d'un seul feuillet, tubulé, anguleux, à moitié divisé en cinq *segmens* pointus, persistans, presque inégaux, terminés par des *dents* pointues, en alêne.

COR. Monopétale, labiée. *Tube* très-court. *Gorge* oblongue, bossuée extérieurement à la base.

Lèvre supérieure droite, comme ovale, en voûte, souvent échancrée.

Lèvre inférieure plus grande, renversée sur les côtés, à trois *divisions* peu profondes : l'intermédiaire très-grande, échancrée.

ÉTAM. Quatre *Filamens*, dont *deux* plus courts, en alêne, renversés sur les côtés de la gorge après la fécondation. *Anthères* simples.

Pist. *Ovaire* divisé profondément en quatre parties. *Style* filiforme, ayant la situation et la longueur des étamines. *Stigmate* aigu, divisé peu profondément en deux parties.

Pér. Nul. Le calice qui ne change presque point renferme les semences.

Sem. Quatre, ovales, anguleuses.

Obs. Galeopsis *Tournefort : Lèvre supérieure de la corolle en voûte.*

Stachys *Tournefort : Lèvre supérieure de la corolle droite.*

S. hirta : *Lèvre supérieure de la corolle étalée.*

S. arvensis : *Lèvre supérieure de la corolle très-entière.*

Lèvre supérieure de la corolle en voûte, *l'inférieure* renversée sur les côtés, sa division intermédiaire plus grande, échancrée. *Étamines* après la fécondation renversées sur les côtés.

1. STACHYDE des bois, *S. sylvatica*, L. à anneaux de six fleurs; à feuilles en cœur, pétiolées.

Lamium maximum, sylvaticum, fœtidum ; Lamie très-grande, des forêts, fétide. *Bauh. Pin.* 231, n.º 8. *Clus. Hist.* 2, p. 36, f. 1. *Lugd. Hist.* 1244, f. 2. *Bul. Paris.* tab. 340.

L'herbe colore en jaune.

Nutritive pour le Mouton, la Chèvre.

En Europe, dans les bois, les forêts. ⊙ Estivale.

2. STACHYDE des marais, *S. palustris*, L. à anneaux le plus souvent de six fleurs; à feuilles linéaires, lancéolées, demi-embrassantes, assises ou sans pétioles.

Stachys palustris, fœtida ; Stachyde des marais, fétide. *Bauh. Pin.* 236, n.º 7. *Lugd. Hist.* 1357, f. 2. *Bellev.* tab. 49. *Loesel. Prus.* 156, n.º 41. *Bellev.* tab. 49.

Nutritive pour le Mouton.

En Europe dans les marais. ♃ Estivale.

3. STACHYDE des Alpes, *S. Alpina*, L. à anneaux de plusieurs fleurs; à feuilles lancéolées; à dentelures cartilagineuses au sommet; à lèvres des corolles aplaties.

Pseudo — Stachys Alpina ; fausse Stachyde des Alpes. *Bauh. Pin.* 236, n.º 3. *Pluk.* tab. 317, f. 4. *Bul. Paris.* tab. 342.

A la grande Chartreuse, à Paris. ♃ Estivale.

4. STACHYDE d'Allemagne, *S. Germanica*, L. à verticilles de plusieurs fleurs; à feuilles inférieures en cœur : les supérieures lancéolées ; à dentelures en recouvrement ; à tige laineuse.

Stachys major, Germanica ; Stachyde plus grande, d'Allemagne. *Bauh. Pin.* 236, n.º 1. *Fusch. Hist.* 766. *Matth.* 605, f. 2. *Dod. Pempt.* 90, f. 3. *Lob. Ic.* 1, p. 530, f. 2. *Lugd.*

Hist. 963, f. 2 et 3. *Camer. Epit.* 578. *Bauh. Hist.* 3,
P. 2, pag. 319 et 320, f. 1. *Flor. Dan.* tab. 684. *Jacq.
Aust.* tab. 319.

A Lyon, Grenoble, Paris, etc. ♃ Estivale.

5. STACHYDE de Crète, *S. Cretica*, L. à anneaux de trente
fleurs; à calices piquans; à tige hérissée.

Stachys Cretica; Stachyde de Crète. *Bauh. Pin.* 236, n.° 2.
Walth. Hort. 108, tab. 19.

Dans l'isle de Crète. ♃

6. STACHYDE gluante, *S. glutinosa*, L. à rameaux très-rami-
fiés; à feuilles lancéolées, lisses.

Dans l'Isle de Crète.

7. STACHYDE épineuse, *S. spinosa*, L. à rameaux terminés par
une épine.

Stachys spinose Cretica; Stachyde épineuse de l'isle de Crète.
Bauh. Pin. 236, n.° 6.

Dans l'isle de Crète.

8. STACHYDE Orientale, *S. Orientalis*, L. à feuilles cotonneuses, ovales, lancéolées; à bractées plus courtes que les anneaux.

En Orient.

9. STACHYDE de la Palestine, *S. Palestina*, L. à fleurs comme
en épis; à feuilles lancéolées, assises ou sans pétioles, cotonneuses, ridées, très-entières; à calices sans piquans.

Barrel. tab. 279.

Dans la Palestine. ♄

10. STACHYDE maritime, *S. maritima*, L. à feuilles en cœur,
obtuses, cotonneuses, crénelées; à bractées oblongues, très-
entières.

Dill. Elth. tab. 42, f. 50. *Jacq. Hort.* tab. 70.

A Montpellier.

11. STACHYDE d'Éthiopie, *S. Ethiopica*, L. à anneaux de deux
fleurs.

Pluk. tab. 315, f. 3. *Jacq. Obs.* 4, p. 2, tab. 77.

Au cap de Bonne-Espérance. ♃

12. STACHYDE hérissée, *S. hirta*, à anneaux de six fleurs; à
tiges couchées; la lèvre supérieure de la corolle, divisée peu
profondément en deux parties, étalées, renversées.

Marrubium nigrum, rotundifolium; Marrube noir, à feuilles
rondes. *Bauh. Pin.* 230, n.° 5. *Lob. Ic.* 1, p. 519, f. 1.
Clus. Hist. 2, p. 42, f. 1.

En Italie, à Naples, en Espagne. ♃

13. STACHYDE droite, *S. recta*, à fleurs en anneaux comme en épis; à feuilles en cœur, elliptiques, crénelées, rudes; à tiges ascendantes.

> *Sideritis vulgaris hirsuta, erecta*: Crapaudine vulgaire hérissée, droite. *Bauh. Pin.* 233, n.º 4. *Fusch. Hist.* 769. *Lob. Ic.* 1, p. 523, f. 1. *Clus. Hist.* 2, p. 39, f. 2. *Lugd. Hist.* 1119, f. 1. *Camer. Epit.* 747. *Bauh. Hist.* 3, P. 2, p. 423, f. 1. *Jacq. Aust.* tab. 359.
>
> En Europe dans les terrains sablonneux. ♃ Estivale.

14. STACHYDE annuelle, *S. annua*, L. à anneaux de six fleurs; à feuilles ovales, lancéolées, à trois nervures, lisses, pétiolées; à tige droite.

> *Sideritis arvensis, latifolia, glabra*: Crapaudine des champs, à larges feuilles lisses. *Bauh. Pin.* 233, n.º 1. *Lugd. Hist.* 1118, f. 1. *Bauh. Hist.* 3, P. 2, p. 427, f. 1. *Jacq. Aust.* tab. 360.
>
> A Montpellier, Lyon, etc. ☉ Estivale.

15. STACHYDE des champs, *S. Arvensis*, L. à anneaux de six fleurs; à feuilles obtuses, à dents mousses; à corolles de la longueur du calice; à tige foible.

> *Sideritis Alsine, Trixaginis folio*: Crapaudine Morgelline, à feuilles de Trixago. *Bauh. Pin.* 233, n.º 10. *Bauh. Hist.* 3, P. 2, p. 427, f. 2. *Bul. Paris*, tab. 344. *Flor. Dan.* tab. 887.
>
> A Lyon, à Grenoble. ☉ Estivale.

778. BALLOTE, *BALLOTA*. * Lam. Tab. Encyclop. pl. 868. BALLOTE *Tournef. Inst.* 184, tab. 85.

CAL. *Perianthe* d'un seul feuillet, tubulé, en soucoupe, à cinq côtés, oblong, à dix stries, droit, persistant, égal; à *orifice* aigu, ouvert, plissé, à cinq dents.

> *Collerette* placée sous les verticilles ou anneaux, à feuillets linéaires.

COR. Monopétale, labiée. *Tube* comme cylindrique, de la longueur du calice.

> *Lèvre supérieure*, droite, ovale, entière, crénelée, concave.
>
> *Lèvre inférieure*, obtuse, à trois *divisions* peu profondes: l'intermédiaire plus grande, échancrée.

ÉTAM. Quatre *Filamens*, dont *deux* plus courts, en alène, moins longs que la lèvre inférieure vers laquelle ils sont inclinés. *Anthères* oblongues, latérales.

PIST. *Ovaire* divisé peu profondément en quatre parties. *Style* filiforme, ayant la situation et la figure des étamines. *Stigmate* grêle, divisé peu profondément en deux parties.

Per. Nul. Le *Calice* qui ne change point, renferme les semences.
Sem. Quatre, ovales.

Obs. *Ce genre qui a une grande affinité avec le Marrubium, a la Collerette du Clinopodium ; le Calice du Marrubium ; la Corolle du Stachys.*

Dans le B. Disticha, le Périanthe est à dix côtés irréguliers.

Calice en soucoupe, à cinq dents, à dix stries. *Lèvre supérieure* de la Corolle crénelée, concave.

1. **BALLOTE** noire, *B. Nigra*, L. à feuilles en cœur, sans divisions, à dents de scie ; à dents du calice aiguës.

Marrubium nigrum, fœtidum, Ballote Dioscoridis ; Marrube noir, fétide, Ballote de Dioscoride. *Bauh. Pin.* 230, n.° 4. *Fusch. Hist.* 154. *Matth.* 601, f. 1. *Dod. Pempt.* 90, f. 1. *Lob. Ic.* 1, p. 518, f. 2. *Lugd. Hist.* 1253, f. 1. *Bauh. Hist.* 3, P. 2, p. 318, f. 1. *Bul. Paris.* tab. 343. *Icon. Pl. Medic.* tab. 266.

En Europe dans les terrains incultes, le long des haies.
♃ *Estivale.*

2. **BALLOTE** blanche, *B. Alba*, L. à feuilles en cœur, sans divisions, à dents de scie ; à dents du calice presque tronquées.

Cette espèce paroit n'être qu'une variété de la précédente.

A Paris, à Lyon. ♃ *Estivale.*

3. **BALLOTE** laineuse, *B. lanata*, L. à feuilles palmées, dentées ; à tige chargée d'un duvet floconneux.

Gmel. Sibir. 3, p. 241, n.° 72, tab. 54.

En Sibérie.

4. **BALLOTE** suave, *B. suaveolens*, L. à feuilles en cœur ; à épis feuillés ; à calices tronqués, terminés par des arêtes linéaires.

Sloan. Jam. tab. 102, f. 2.

Dans l'Amérique méridionale.

5. **BALLOTE** distique, *B. disticha*, L. à fleurs en anneaux disposés sur deux rangs, comme en épi.

Dans l'Inde orientale.

279. **MARRUBE, *MARRUBIUM*.** *Tournef. Inst.* 192, tab. 91. *Lam. Tab. Encyclop.* pl. 508. Pseudo-Dictamnus. *Tournef. Inst.* 188, tab. 89.

Cal. *Périanthe* d'un seul feuillet, en soucoupe, roide, à dix stries ; à *orifice* égal, ouvert, souvent à cinq *dents*, alternes, plus petites.

Cor. Monopétale, labiée. *Tube* cylindrique. *Limbe* étalé. *Gorge* longue, tubulée.

Lèvre supérieure droite, linéaire, aiguë, à deux *divisions* peu profondes.

Lèvre inférieure renversée, plus large, à moitié divisée en trois parties, dont l'intermédiaire plus large, échancrée: les latérales aiguës.

Étam. Quatre *Filamens*, plus courts que la corolle, cachés sous la lèvre supérieure, dont *deux* plus longs. *Anthères* simples.

Pist. *Ovaire* divisé peu profondément en quatre parties. *Style* filiforme, ayant la longueur et la situation des étamines. *Stigmate* divisé peu profondément en deux parties.

Pen. Nul. Le *Calice* dont le cou est rétréci et l'*orifice* ouvert, renferme les semences.

Sem. Quatre, un peu alongées.

Obs. Marrubii *Tournefort : Lèvre supérieure de la corolle* droite.

Pseudo-Dictamni *Tournefort : Lèvre supérieure de la corolle en voûte*.

M. Crispum : *Lèvre supérieure de la corolle entière*.

M. Hispanicum : *Lèvre supérieure de la corolle* à trois ou quatre divisions peu profondes.

Quelques Espèces ont cinq dents au calice.

Calice en soucoupe, roide, sec, à dix stries. *Lèvre supérieure* de la corolle linéaire, droite, divisée peu profondément en deux parties.

* I. MARRUBES à calices à cinq dents.

1. MARRUBE Alysson, *M. Alysson*, L. à feuilles en forme de coin, à cinq dents, plissées; à anneaux des fleurs sans collerette.

Alysson verticillatum, foliis profundè incisis; Alysson verticillé, à feuilles profondément incisées. *Bauh. Pin.* 232, n.° 1. *Dod. Pempt.* 88, f. 1. *Lob. Ic.* 1. p. 524, f. 1. *Clus. Hist.* 2, p. 35, f. 1.

En Espagne, à Naples. ♃

2. MARRUBE étranger, *M. peregrinum*, L. à feuilles ovales, lancéolées, à dents de scie; à dents des calices sétacées, très-fines.

Marrubium album, latifolium, peregrinum; Marrube blanc, à larges feuilles, étranger. *Bauh. Pin.* 230, n.° 4. *Dod. Pempt.* 87, f. 2. *Lob. Ic.* 1, p. 518, f. 1. *Clus. Hist.* 2, p. 34, f. 2. *Bauh. Hist.* 3, P. 2, p. 317, f. 1. *Dill. Elth.* tab. 174, f. 215 ? *Jacq. Aust.* tab. 160.

Cette espèce présente une variété.

Marrubium album, augustifolium, peregrinum; Marrube blanc, à feuilles étroites, étranger. *Bauh. Pin.* 230, n.° 5. *Lob.*

Ic. 1, p. 519, f. 2. *Lugd. Hist.* 961, f. 1. *Bauh. Hist.* 3, P. 2, p. 317, f. 2.

En Sicile, dans l'isle de Crète, à Naples. ♃

3. MARRUBE très-blanc, *M. candidissimum*, L. à feuilles arrondies, cotonneuses, très-blanches, échancrées et crénelées au sommet ; à dents des calices en alêne.

Dill. Elth. tab. 174, f. 215.

Dans l'isle de Crète. Cultivé dans les jardins. ♃

4. MARRUBE couché, *M. supinum*, L. à dents du calice sétacées, droites, velues.

Barrel. tab. 686.

En Espagne. ♃

* II. *MARRUBES à calices à dix dents.*

5. MARRUBE vulgaire, *M. vulgare*, L. à dents du calice sétacées, crochues.

Marrubium album, vulgare ; Marrube blanc, vulgaire. *Bauh. Pin.* 230, n.º 1. *Fusch. Hist.* 590. *Matth.* 604, f. 1. *Dod. Pempt.* 87, f. 1. *Lab. Ic.* 1, p. 517, f. 2. *Clus. Hist.* 2, p. 34, f. 1. *Lugd. Hist.* 961, f. 1. *Camer. Epit.* 573, *Bauh. Hist.* 3, P. 2, p. 316, f. 1. *Bul. Paris.* tab. 346. *Icon. Pl. Medic.* tab. 27.

Cette espèce présente une variété.

Marrubium album, villosum ; Marrube blanc, velu. *Bauh. Pin.* 230, n.º 2.

1. *Marrubium album, Prasium album ;* Marrube blanc. 2. Herbe. 3. Odeur forte, agréable d'abord, fatigante ensuite ; saveur un peu amère, désagréable. 4. Extrait aqueux foible ; extrait spiritueux, vert, odorant, amer. 5. Empâtemens des viscères du bas-ventre, asthme pituiteux, suppression des règles avec atonie, catarres, phthisie, ictère, affections histériques et spasmodiques, certaines affections rhumatismales, affections vaporeuses qui tiennent à la diminution de la transpiration insensible, engorgemens froids des poumons. Le *Marrube blanc* est une plante fameuse en médecine, trop peu usitée, et qui a une très-grande énergie.

En Europe dans les terrains incultes, les bords des chemins. ♃ *Estivale.*

6. MARRUBE d'Afrique, *M. Africanum*, L. à feuilles en cœur, arrondies, échancrées, crénelées.

Pluk. tab. 306, f. 2.

Au cap de Bonne-Espérance. ♃

7. MARRUBE frisé, *M. crispum*, L. à feuilles en cœur, arrondies, crénelées, un peu dentées ; à calice à dix dents mousses,

Herm. Parad. p. et tab. 200.
En Italie, *en Espagne.* ♃

8. MARRUBE d'Espagne, *M. Hispanicum*, L. à limbe des calices très-étalé, à dents aiguës.

Barrel. tab. 767. *Herm. Parad.* p. et tab. 201.
En Espagne. Cultivé dans les jardins. ♃

9. MARRUBE Faux—Dictamne, *M. Pseudo—Dictamnus*, L. à
limbe des calices aplati, velu; à feuilles en cœur, concaves; à
tige ligneuse.

Pseudo—Dictamnus verticillatus, *inodorus;* Faux—Dictamne
verticillé, inodore. *Bauh. Pin.* 222, n.° 2. *Matth.* 522, f. 2.
Dod. Pempt. 281, f. 2. *Lob. Ic.* 1, p. 502, f. 2. *Lugd. Hist.*
893, f. 1 et 2. *Camer. Epit.* 474. *Bauh. Hist.* 3, P. 2, p. 255,
f. 1. *Barrel.* tab. 130.

Dans l'isle de Crète. Cultivé dans les jardins. ♄

10. MARRUBE en godet, *M. acetabulosum*, L. à limbe des calices plus long que les tubes, membraneux; les angles plus
grands, arrondis.

Pseudo—Dictamnus acetabulis Moluccæ, Faux—Dictamne en
godet, des Moluques. *Bauh. Pin.* 222, n.° 4. *Barrel.* tab. 129.
Dans l'isle de Crète. ♃

780. AGRIPAUME; *LEONURUS.* ✻ *Lam. Tab. Encyclop.* pl.
509. CARDIACA. *Tournef. Inst.* 186, tab. 87.

CAL. *Périanthe* d'un seul feuillet, tubulé, comme cylindrique,
anguleux, à cinq côtés, à cinq dents, persistant.

COR. Monopétale, labiée. *Tube* étroit. *Limbe* étalé. *Gorge* alongée.

Lèvre supérieure plus longue, demi—cylindrique, concave,
bossuée, arrondie, obtuse au sommet, entière, velue.

Lèvre inférieure renversée, à trois *divisions* profondes, lancéolées, presque égales.

ÉTAM. Quatre *Filamens*, cachés sous la lèvre supérieure, dont
deux plus courts. *Anthères* oblongues, comprimées, divisées au
milieu en deux parties peu profondes, couchées, parsemées de
grains élevés, arrondis, brillans, solides, très-petits.

PIST. Quatre *Ovaires. Style* filiforme, ayant la longueur et la situation des étamines. *Stigmate* aigu, divisé peu profondément en
deux parties.

PER. Nul. Le *Calice* qui ne change point, renferme les semences
qui sont plus courtes que lui.

SEM. Quatre, oblongues, convexes d'un côté, anguleuses de l'autre.

OBS. *Les* Lèvres *de la corolle varient suivant les espèces.*

Anthères chargées de grains brillans.

1. AGRIPAUME Cardiaque, *L. Cardiaca*, L. à feuilles de la tige
lancéolées, à trois lobes.

Marrubium Cardiaca dictum ; Marrube nommé Agripaume.
Bauh. Pin. 230, n.° 1. *Fusch. Hist.* 395. *Matth.* 790, f. 2.
Dod. Pempt. 94, f. 1. *Lob. Ic.* 1. p. 516, f. 1. *Lugd. Hist.*
1249, f. 1. *Camer. Epit.* 864. *Dal. Paris.* tab. 347. *Flor.*
Dan. tab. 727. *Icon. Pl. Medic.* tab. 114.

Cette espèce présente une variété à feuilles frisées, gravée
dans *Sabbat. Hort. Rom.* vol. 3, tab. 43.

1. *Cardiaca ;* Agripaume, Cardiaque. 2. La plante entière.
3. Odeur forte ; saveur un peu amère : inusitée, quoiqu'elle
annonce une activité peu commune.

Nutritive pour le Cheval, le Mouton, la Chèvre.

A Lyon, *Grenoble*, *Paris*. ♃ Estivale.

2. AGRIPAUME, Faux-Marrube, *L. Marrubiastrum*, L. à feuilles
ovales, lancéolées, à dents de scie ; à calice assis, épineux.

   Boccon. Mus. 2. p. 120, tab. 98.

   En Allemagne, *en Bohême*. ♃

3. AGRIPAUME, de Tartarie, *L. Tataricus*, L. à feuilles divisées très-profondément en trois parties, sous-divisées elles-
mêmes en plusieurs lanières ; à calices velus.

   Mill. Ic. 80.

   En Tartarie. ♂

4. AGRIPAUME de Sibérie, *L. Sibiricus*, L. à feuilles divisées
très-profondément en trois parties, sous-divisées elles-mêmes
en plusieurs lanières un peu obtuses.

   Pluk. tab. 377, f. 5. *Amm. Ruth.* n.° 60, tab. 8.

   En Sibérie, *en Chine*. ♂

781. PHLOMIDE, *PHLOMIS.* * *Tournef. Inst.* 177, tab. 82.
   Lam. Tab. Encyclop. pl. 510.

CAL. *Périanthe* d'un seul feuillet, tubulé, oblong, à cinq angles,
denté, persistant.

— *Collerette* placée sous les verticilles ou anneaux.

COR. Monopétale, labiée. *Tube* oblong.

   Lèvre supérieure ovale, en voûte, conchée, comprimée,
   velue, à deux *divisions* peu profondes, irrégulières.

   Lèvre inférieure à trois *divisions* peu profondes : l'intermédiaire plus grande, à deux lobes, obtuse : les *latérales* petites, plus aiguës.

ÉTAM. Quatre *Filamens*, cachés sous la lèvre supérieure, dont *deux*
plus longs. *Anthères* oblongues.

PIST. *Ovaire* divisé profondément en quatre parties. *Style* ayant la
longueur et la situation des étamines. *Stigmate* aigu, divisé peu
profondément en deux parties, dont l'inférieure plus longue.

PÉR. Nul. Le *Calice* renferme les semences.

SEM.

Obm. Quatre, oblongues, à trois faces.

Obs. Ce genre diffère du Leonurus, en ce que les anthères ne sont point parsemées de grains brillans.

La figure du Calice et des lèvres de la Corolle varie selon les espèces.

Calice anguleux. *Lèvre supérieure* de la corolle rabattue, comprimée, velue.

1. PHLOMIDE ligneuse, *P. fruticosa*, L. à feuilles arrondies, cotonneuses, crénelées ; à collerettes lancéolées ; à tige ligneuse.

Verbascum latis Salviæ foliis; Molène à larges feuilles de Sauge. *Bauh. Pin.* 240, n.º 1. *Matth.* 800, f. 4. *Dod. Pempt.* 146, f. 2. *Lob. Ic.* 1, p. 560, f. 1. *Clus. Hist.* 2, p. 28, f. 1. *Lugd. Hist.* 1300, f. 1. *Camer Epit.* 881. *Barrel.* tab. 406.

Cette espèce présente une variété à feuilles larges, oblongues, ovales, pétiolées, cotonneuses ; à fleurs en têtes ; à tige ligneuse, décrite dans *Miller Dict.* n.º 3. *Dill. Elth.* tab. 237, f. 306.

En Sicile, en Espagne, à Naples. ♃

2. PHLOMIDE pourpre, *P. purpurea*, L. à collerettes linéaires, obtuses, plus courtes que le calice ; à feuilles en cœur, oblongues, cotonneuses ; à tige sous-ligneuse.

Verbascum subrotundo Salviæ folio; Molène à feuille arrondie de Sauge. *Bauh. Pin.* 240, n.º 4. *Lob. Ic.* 1, p. 559, f. 2. *Lugd. Hist.* 1302, f. 1. *Pluk.* tab. 1302, f. 1.

En Portugal, à Naples.

3. PHLOMIDE de Nissole, *P. Nissolii*, L. à feuilles radicales en cœur, en fer de flèche, cotonneuses sur les deux surfaces.

Mill. Dict. tab. 284.

En Orient.

4. PHLOMIDE Lychnite, *P. Lychnitis*, L. à feuilles lancéolées, cotonneuses ; à bractées ovales ; à collerettes sétacées, laineuses.

Verbascum augustis Salviæ foliis; Molène à feuilles étroites de Sauge. *Bauh. Pin.* 240, n.º 2. *Dod. Pempt.* 146, f. 1. *Lob. Ic.* 1, p. 558, f. 1 et 2. *Clus. Hist.* 2, p. 27, f. 2. *Lugd. Hist.* 1303, f. 2 et 1304, f. 1. *Bauh. Hist.* 3, p. 2, p. 307, la description; et partie 1ʳᵉ, p. 86. *Ic.* 1, la fig. Il y a une transposition de figures. Celle qui est à la suite de la description, pag. 307, représente l'*Eryngium amethystinum*, L. *Barrel.* tab. 1321.

À Montpellier, en Provence, en Dauphiné. ♃ *Vernale.*

5. PHLOMIDE laciniée, *P. laciniata*, L. à feuilles alternativement pinnées ; à folioles laciniées ; à calices laineux.

En Orient.

6. PHLOMIDE de Samos, *P. Samia*, L. à feuilles ovales, cotonneuses en dessous ; à collerettes en alêne, resserrées, à trois
divisions profondes.

Dans l'isle de Samos.

7. PHLOMIDE, herbe du vent, *P. herba venti*, L. à collerettes
sétacées, hérissées ; à feuilles ovales, oblongues, rudes ; à tige
herbacée.

*Marrubium nigrum, longifolium ; Marrube noir, à longues
feuilles, Bauh. Pin. 230, n.° 6. Lob. Ic. 1, p. 532, f. 1.
Lugd. Hist. 1120, f. 1 et 2.*

A Montpellier, en Provence, en Dauphiné. ♃ Estivale.

8. PHLOMIDE tubéreuse, *P. tuberosa*, L. à collerettes hérissées,
en alêne ; à feuilles en cœur, rudes ; à tige herbacée.

Buxb. Cent. 1, p. 4, tab. 6.

En Sibérie, dans les champs. ♃

9. PHLOMIDE de Zeylan, *P. Zeylanica*, L. à feuilles lancéolées, un peu dentées ; à fleurs en têtes terminales ; à calices à
huit dents.

Pluk. tab. 118, f. 4.

Cette espèce présente une variété, dont les calices n'ont que
sept dents.

Dans l'Inde Orientale. ☉

10. PHLOMIDE des Indes, *P. Indica*, L. à collerettes linéaires ;
à calices à une seule lèvre, obliques ; à feuilles ovales, velues.

Dans l'Inde Orientale.

11. PHLOMIDE à feuilles de cataire, *P. nepetifolia*, L. à feuilles
en cœur, aiguës, à dents de scie, un peu cotonneuses ; à calices à sept dents en arêtes, dont la supérieure est plus grande ;
à tige herbacée.

Herman. Lugd. 115, tab. 117.

A Surinam?

12. PHLOMIDE, Queue-de-lion, *P. Leonurus*, L. à feuilles lancéolées, à dents de scie ; à calices à dix côtés, à dix dents
mousses ; à tige ligneuse.

Moris. Hist. Sect. 11, tab. 19, f. 17.

Au cap de Bonne-Espérance.

13. PHLOMIDE léonite, *P. leonitis*, L. à feuilles ovales, obtuses,
un peu cotonneuses, crénelées ; à calices à sept dents en arêtes ;
à tige ligneuse.

Mill. Dict. tab. 162.

Au cap de Bonne-Espérance. ♄

782. MOLUCELLE, *MOLUCELLA*. ✶ *Lam. Tab. Encyclop.* pl. 510. MOLUCCA. *Tournef. Inst.* 187, tab. 88.

CAL. *Périanthe* d'un seul feuillet, très-grand, en toupie, se terminant insensiblement en un limbe très-ample, en cloche, recourbé, persistant, terminé par des dents épineuses, dont là supérieure est plus éloignée.

COR. Monop., labiée, plus petite que le calice. *Tube* et *Gorge* courts.

Lèvre supérieure droite, concave, entière.

Lèvre inférieure à trois *divisions* peu profondes : l'intermédiaire plus développée, échancrée.

ÉTAM. Quatre *Filamens*, cachés sous la lèvre supérieure, dont *deux* plus courts. *Athères* simples.

PIST. *Ovaire* divisé profondément en quatre parties. *Style* ayant là grandeur et la situation des étamines. *Stigmate* divisé peu profondément en deux parties.

PÉR. Nul. *Fruit* en toupie, tronqué, dans le fond du calice qui demeure ouvert.

SEM. Quatre, convexes d'un côté, anguleuses de l'autre, élargies dans leur partie supérieure, tronquées.

OBS. M. spinosa. *Calice à sept épines longues.*

M. lœvis. *Calice à cinq épines courtes.*

M. frutescens. *Calice à douze épines étalées.*

Le Calice dans quelques espèces est plus long que la corolle ; dans quelques autres, il est plus court.

Calice en cloche, beaucoup plus ample que la corolle; terminé par des dents épineuses.

1. MOLUCELLE lisse, *M. lœvis*, L. à calices en cloche, à cinq dents égales.

Melissa Moluccana, odorata ; Mélisse des Moluques, odorante. *Bauh. Pin.* 229, n.º 3. *Matth.* 602, f. 2. *Dod. Pempt.* 92, f. 1. *Lob. Ic.* 1, p. 516, f. 2. *Lugd. Hist.* 959, f. 1 et 2. *Camer. Epit.* 575. *Bauh. Hist.* 3, P. 2, p. 234, f. 2.

La *Mélisse des Moluques* est peu usitée ; cependant son odeur pénétrante lui mérite la préférence sur plusieurs espèces de la même classe, qui ont moins d'énergie. A titre de cordiale et de stomachique, elle a réussi dans les anorexies, anxiétés, affections hypocondriaques, et autres maladies dans lesquelles il faut ranimer le principe vital.

En Syrie. Cultivée dans les jardins. ☉

2. MOLUCELLE épineuse, *M. spinosa*, L. à calices à deux lèvres, terminés par huit dents.

Melissa Moluccana , fœtida ; Mélisse des Moluques , fétide.
Bauh. Pin. 229 , n.º 4. Dod. Pempt. 92 , f. 2. Lob. Ic. 1 ,
p. 517 , f. 1. Lugd. Hist. 959 , f. 3. Bauh. Hist. 3 , P. 2 ,
p. 235 , f. 1.

Aux isles Moluques. Cultivée dans les jardins. ☉

8. MOLUCELLE ligneuse , *M. frutescens* , L. à calices en entonnoir , à cinq segmens peu profonds ; à corolles plus longues que
le calice.

Burm. Ind. 128 , tab. 38 , f. 2.

En Perse , devenue spontanée en Italie. Cultivée dans les
jardins. ♄

783. CLINOPODE, *CLINOPODIUM*, * Tournef. Inst. 194.
Tab. 92. Lam. Tab. Encyclop. pl. 511.

CAL. *Collerette* à plusieurs soies , de la longueur du périanthe ,
placée sous les verticilles ou anneaux.

— *Périanthe* d'un seul feuillet , comme cylindrique , très-légèrement recourbé à *orifice* à deux lèvres : la *supérieure* plus large ,
aiguë , renversée , à trois *divisions* peu profondes : l'*inférieure* ,
grêle , recourbée , à deux segmens profonds.

COR. Monopétale, labiée. *Tube* court, s'élargissant insensiblement
en une gorge.

Lèvre supérieure droite, concave, obtuse ; échancrée.

Lèvre inférieure obtuse, à trois *divisions* peu profondes : l'intermédiaire plus large , échancrée.

ÉTAM. Quatre *Filamens* , cachés sous la lèvre supérieure , dont
deux plus courts. *Anthères* arrondies.

PIST. *Ovaire* divisé profondément en quatre parties. *Style* filiforme,
ayant la situation et la longueur des étamines. *Stigmate* simple ,
aigu , comprimé.

PÉR. Nul. Le *Calice* dont le cou est resserré , et le ventre bossué,
renferme les semences.

SEM. Quatre, ovales.

Collerette formée par une multitude de bractées sétacées ,
placées sous chaque anneau de fleurs.

2. CLINOPODE vulgaire , *C. vulgare* , L. à fleurs en têtes arrondies , hérissées ; à bractées sétacées.

Clinopodium Origano simile ; Clinopode ressemblant à l'Origan. Bauh. Pin. 224 , n.º 1. Matth. 595 , f. 1. Lob. Ic. 1 ,
p. 504 , f. 2. Clus. Hist. 1 , p. 354 , f. 2. Lugd. Hist. 912 ,
f. 1 ; et 931 , f. 1. Camer. Epit. 563. Bul. Paris. tab. 348.
Icon. Pl. Medic. tab. 413.

Cette espèce présente une variété à feuilles ovales, ridées ; &

anneaux des fleurs éloignés. *Mill. Ic.* 63, tab. 95.
Nutritive pour le Mouton, la Chèvre.
En Europe, dans les terrains secs, l'espèce : en Égypte, la variété.

2. CLINOPODE blanchâtre, *C. incanum*, L. à feuilles cotonneuses en dessous ; à anneaux aplanis ; à bractées lancéolées.
Moris. Hist. sect. 11, tab. 8, f. 4. *Pluk.* tab. 344, f. 7.
Dans l'Amérique septentrionale. ♃

3. CLINOPODE ridé, *C. rugosum*, L. à feuilles ridées ; à fleurs en têtes axillaires, pédunculées, aplaties, radiées.
Pluk. tab. 222, f. 7. *Sloan. Jam.* tab. 109, f. 2.
A la Caroline, à la Jamaïque. ♃

784. ORIGAN., *ORIGANUM*. * *Tournef. Inst.* 198, tab. 94. *Lam. Tab. Encyclop.* pl. 511.

CAL. *Collerette* en épi, composée de *Bractées* ovales, colorées, placées en recouvrement les unes sur les autres.
— *Périanthe* inégal, variant quant à sa figure.

COR. Monopétale, labiée. *Tube* comme cylindrique, comprimé.
    Lèvre supérieure relevée, plane, obtuse, échancrée.
    Lèvre inférieure à trois *divisions* peu profondes, presque égales.

ÉTAM. Quatre *Filamens*, filiformes, de la longueur de la corolle, dont *deux* plus longs. *Anthères* simples.

PIST. *Ovaire* divisé peu profondément en quatre parties. *Style* filiforme, incliné vers la lèvre supérieure de la corolle. *Stigmate* très-légèrement divisé en deux parties.

PÉR. Nul. Le *Calice* dont bords sont rapprochés, renferme les semences.

SEM. Quatre, ovales.

OBS. *Le caractère essentiel de ce genre, consiste dans la Collerette.*
    Le Périanthe *dans quelques espèces est presque égal, à cinq dents ; dans quelques autres, à deux lèvres : la supérieure grande, entière : l'inférieure comme nulle ; dans quelques-unes, il est à deux feuillets.*
    Origani *Tournefort : Fleurs solitaires naissant des écailles propres.*
    Majoranæ *Tournefort : Fleurs en recouvrement sortant d'une tête à quatre côtés.*
    Dictamni Ray, *Boerhaave : Fleurs sortant d'une tête peu serrée, en recouvrement.*

D 2

Fleurs en épis tétragones ou à quatre côtés, séparées par des écailles, formant une espèce de cône.

1. ORIGAN, d'Égypte, *O. Ægyptiacum*, L. à feuilles charnues, cotonneuses; à fleurs en épis nus.

> *Origano cognata Zatarhendi; Zatarendi congenère de l'Origan. Bauh. Pin.* 223, n.° 9. *Alp. Ægypt.* 2, p. 189. *Moris. Hist.* sect. 11, tab. 3, fig. dernière.

> *A Lyon, à Montpellier, en Provence.* ♃ *Estivale.*

2. ORIGAN Dictamne, *O. Dictamnus*, L. à feuilles inférieures cotonneuses; à fleurs en épis inclinés.

> *Dictamnus Creticus; Dictamne de Crète. Bauh. Pin.* 222, n.° 1. *Matth.* 622, f. 1. *Dod. Pempt.* 281, f. 1. *Lob. Ic.* 1, p. 502, f. 1. *Lugd. Hist.* 893, f. 1. *Camer. Epit.* 472. *Bauh. Hist.* 3, P. 2, p. 253, f. 1. *Moris. Hist.* sect. 11, tab. 3, f. 1.

> 1. *Dictamnus Creticus;* Dictamne de Crète. 2. Feuilles ou plutôt l'épi. 3. Odeur forte, agréable; saveur amère, analogue à l'odeur. 4. Extrait spiritueux; extrait aqueux plus foible; huile légère très-aromatique. 5. Accouchement difficile. 6. Usité à titre de condiment dans les cuisines, mais peu en médecine, parce qu'il peut être remplacé par une foule de plantes congénères.

> *Dans l'isle de Crète.* ♃

3. ORIGAN du Mont-Sipyle, *O. Sipyleum*, L. toutes les feuilles lisses; à fleurs en épis inclinés.

> *Moris. Hist.* sect. 11, tab. 4, f. 2.

> *Dans la Phrygie sur le Mont-Sipyle.*

4. ORIGAN de Crète, *O. Creticum*, L. à fleurs en épis agrégés, longs, prismatiques, droits; à bractées membraneuses, deux fois plus longues que les calices.

> *Origanum Creticum;* Origan de Crète. *Bauh. Pin.* 223, n.° 5.

> Cette espèce présente une variété.

> *Origanum folio subrotundo;* Origan à feuille arrondie. *Bauh. Pin.* 223, n.° 8. *Camer. Epit.* 468.

> *Dans l'isle de Crète.*

5. ORIGAN de Smyrne, *O. Smyrneum*, L. à feuilles ovales, aiguës, à dents de scie; à fleurs en épis entassés, parallèles et d'une égale hauteur, disposés en ombelles.

> *A Smyrne, dans l'isle de Crète.*

6. ORIGAN héracléotique, *O. heracleoticum*, L. à fleurs en épis alongés, pédunculés, agrégés; à bractées de la longueur des calices.

Origanum heracleoticum ; Origan héracléotique. *Bauh. Pin.* 223,
n.° 4. *Matth.* 519 , f. 1. *Dod. Pempt.* 284 , f. 1. *Lob. Ic.* 1 ,
p. 492 , f. 1. *Lugd. Hist.* 886 , f. 1.

En Grèce, à Naples. ♃

7. ORIGAN vulgaire , *O. vulgare* , L. à fleurs en épis arrondis ,
ramassés en panicule ; à bractées ovales , plus longues que le
calice.

> *Origanum sylvestre ;* Origan sauvage. *Bauh. Pin.* 223 , n.° 1 ;
> *Fusch. Hist.* 552. *Matth.* 519 , f. 4. *Dod. Pempt.* 285 , f. 2.
> *Lob. Ic.* 1 , p. 492 , f. 2. *Lugd. Hist.* 887 , f. 2. *Bauh. Hist.* 3 ,
> P. 2 , p. 236 , f. 1. *Dal. Paris.* tab. 249. *Flor. Dan.* tab. 638.
> *Icon. Pl. Medic.* tab. 57.

> 2. *Origanum vulgare ;* Origan. 2. La plante entière. 3. Un peu
> amère , un peu âcre , odorante. 4. Huile essentielle très-âcre
> et pénétrante , en assez grande quantité ; substance camphrée
> très-marquée. 5. Toux , asthme , causés par suppression de
> transpiration ou abondance de pituite , chlorose causée par
> atonie , phthisie. 6. Les sommités des épis colorent en pour-
> pre , ou rouge brun. Si on ajoute l'*Origan* à la bière , il la
> rend plus enivrante , et arrête sa pente de tendre à la fer-
> mentation acide. On emploie les feuilles en infusion théi-
> forme. Du coton imprégné de l'huile essentielle d'*Origan* ,
> et inséré dans une dent cariée , calme la douleur ; cette
> propriété est commune à toutes les huiles essentielles très-
> âcres.

Nutritive pour le Mouton, la Chèvre.

En Europe dans les terrains secs. ♃ Estivale.

8. ORIGAN Onite , *O. Onites* , L. à fleurs en épis oblongs , agrégés , hérissés ; à feuilles en cœur , cotonneuses.

> *Origanum Onites ;* Origan Onite. *Bauh. Pin.* 223 , n.° 6.
> *Matth* 519 , f. 2. *Lob. Ic.* 1 , p. 494 , f. 2. *Lugd. Hist.* 887 ,
> f. 1 ; et 936 , f. 1.

> *A Syracuse.* ♄

9 ORIGAN de Syrie , *O. Syriacum* , L. à fleurs en épis alongés ,
trois à trois , pédunculés , velus ; à feuilles ovales , velues.

> *Majorana Syriaca vel Cretica ;* Marjolaine de Syrie ou de
> Crète. *Bauh. Pin.* 224 , n.° 3. *Lob. Ic.* 1 , pag. 499 , fig. 2.
> *Lugd. Hist.* 885 , f. 3.

> *A Naples.*

10. ORIGAN Maru , *O. Maru* , L. à fleurs en épis hérissés ; à
feuilles ovales , cotonneuses , assises ou sans pétioles.

> *Alp. Exot.* 289 et 288.

> *Dans l'isle de Crète.* ♃

D 4

84. ORIGAN Marjolaine, *O. Marjorana*, L. à feuilles ovales, obtusées; à fleurs en épis arrondis, compactes, duvetés.

Majorana vulgaris; Marjolaine vulgaire. *Bauh. Pin.* 224, n.° 5. *Fusch. Hist.* 667. *Matth.* 534, f. 1. *Dod. Pempt.* 290, f. 1. *Lob. Ic.* 1, p. 498, f. 1. *Lugd. Hist.* 882, f. 1 et 3. *Camer. Epit.* 490 et 491. *Bauh. Hist.* 3, P. 2, p. 241, f. 1. *Icon. Pl. Medic.* tab. 41.

Cette espèce présente une variété.

Majorana tenuifolia; Marjolaine à feuilles menues. *Bauh. Pin.* 224, n.° 4. *Matth.* 534, f. 2. *Lob. Ic.* 1, p. 498, f. 2. *Lugd. Hist.* 882, f. 2.

1. *Majorana*; Marjolaine. 2. Toute la plante. 3. Odeur aromatique, agréable; saveur âcre et amère au goût. 4. Huile essentielle. 5. Pituite tenace qui empâte les narines, les bronches, l'estomach. 6. Usitée dans la cuisine, à titre d'assaisonnement; on l'ordonne rarement à titre de médicament interne.

En Portugal, dans la Palestine. Cultivée dans les jardins. ☉

285. THYM, *THYMUS*. *. *Tournef. Inst.* 196, tab. 93. *Lam. Tab. Encyclop.* pl. 512.

CAL. *Périanthe* d'un seul feuillet, tubulé, à moitié divisé en deux lèvres, persistant. *Gorge* fermée par des poils.

Lèvre supérieure plus large, plane, droite, à trois dents.
Lèvre inférieure à deux soies, d'une longueur égale.

COR. Monopétale, labiée. *Tube* de la longueur du calice. *Gorge* petite.

Lèvre supérieure plus courte, plane, droite, échancrée, obtuse.
Lèvre inférieure plus longue, étalée, plus large, obtuse, à trois *divisions* peu profondes : l'intermédiaire plus large.

ÉTAM. Quatre *Filamens*, recourbés, dont *deux* plus longs. *Anthères* petites.

PIST. *Ovaire* divisé profondément en quatre parties. *Style* filiforme. *Stigmate* aigu, divisé peu profondément en deux parties.

PÉR. Nul. Le *Calice* dont le cou est rétréci, renferme les semences.

SEM. Quatre, petites, arrondies.

OBS. Thymus Tournefort : *Étamines très-courtes.*

Serpillum Tournefort : diffère du thym par ses tiges ligneuses, moins dures, moins élevées.

Acinos Rivin, Dillen : division intermédiaire de la lèvre inférieure de la corolle, échancrée.

Mastichina Boerhaave : dents du calice se développant en soies très-longues et velues.

Orifice du calice à deux lèvres, fermé par des poils.

1. THYM Serpolet, *T. Serpillum*, L. à fleurs en têtes ; à tiges rampantes ; à feuilles planes, obtuses, ciliées à la base.

Serpillum vulgare, minus ; Serpolet vulgaire, plus petit. *Bauh. Pin.* 220, n.° 6. *Fusch. Hist.* 251. *Dod. Pempt.* 277, f. 1. *Lob. Ic.* 1, p. 423, f. 2. *Clus. Hist.* 1, p. 359, f. 1. *Lugd. Hist.* 903, f. 3. *Bauh. Hist.* 3, P. 2, p. 269, f. 1. *Bul. Paris.* tab. 350. *Icon. Pl. Medic.* tab. 17.

Cette espèce présente plusieurs variétés.

1. *Serpillum vulgare majus ;* Serpolet vulgaire plus grand. *Bauh. Pin.* 220, n.° 4.

2.° *Serpillum vulgare minus, capitulis lanuginosis ;* Serpolet vulgaire plus petit, à têtes laineuses. *Bauh. Pin.* 220, à la suite du n.° 6, ligne 17.

3.° *Serpillum angustifolium, hirsutum ;* Serpolet à feuilles étroites, hérissées. *Bauh. Pin.* 220, n.° 8. *Clus. Hist.* 1, p. 360, f. 1. *Bauh. Hist.* 3, P. 2, p. 270, f. 2.

4.° *Serpillum foliis Citri odore ;* Serpolet à feuilles à odeur de Citron. *Bauh. Pin.* 220, n.° 5. *Matth.* 533, fig. 2. *Dod. Pempt.* 277, f. 2. *Clus. Hist.* 1, p. 359, f. 2. *Bauh. Hist.* 3, P. 2, p. 270, f. 1.

5.° *Serpillum angustifolium, glabrum ;* Serpolet à feuilles étroites, lisses. *Bauh. Pin.* 220, n.° 7.

1. *Serpillum ;* Serpolet. 2. La plante entière. 3. Odeur agréable. 5. Chlorose, douleurs de tête provenant d'un relâchement d'estomac. 6. Selon *Linné*, elle dissipe la céphalée qui succède à l'ivresse. Les fleurs de thym, sont une grande ressource pour les abeilles.

Nutritive pour le Mouton, la Chèvre,

En Europe ; sur les collines, dans les champs. On cultive dans les jardins la variété à odeur de citron. ♄

2. THYM vulgaire, *T. vulgaris*, L. à tige droite ; à feuilles ovales, repliées sur leur longueur ; à fleurs en anneaux, formant un épi.

Thymus vulgaris, folio tenuiore ; Thym vulgaire, à feuille plus menue. *Bauh. Pin.* 219, n.° 1. *Fusch. Hist.* 826. *Bauh. Hist.* 3, P. 2, p. 263, f. 1. *Icon. Pl. Medic.* tab. 458.

Cette espèce présente trois variétés.

1.° *Thymus vulgaris, folio latiore ;* Thym vulgaire, à feuille plus large. *Bauh. Pin.* 219, n.° 2. *Dod. Pempt.* 276, fig. 2. *Lob. Ic.* 1, p. 425, f. 1. *Lugd. Hist.* 901, f. 1.

2.° *Thymus supinus, candicans, odoratus ;* Thym couché, blanchâtre, odorant. *Tournef. Inst.* 196, esp. 5.

3.° *Thymus capitulis minoribus, Massiliense ;* Thym à têtes plus petites, de Marseille. *Tournef. Inst.* 196, esp. 7.

1. *Thymus vulgaris* ; Thym. 2. La plante entière. 3. Odeur forte , agréable ; saveur amère, aromatique. 4. Arôme , huile volatile ; extrait aqueux ; extrait spiritueux, resineux. 5. Leucophlegmatie , menstruation difficile. 6. D'un emploi journalier dans les cuisines, à titre d'assaisonnement. C'est par caprice que les Praticiens abandonnent les *Thyms* , les *Sarrieltes* , car l'observation leur accorde les mêmes vertus qu'aux autres plantes aromatiques à huile essentielle.

A Montpellier , en Provence , en Dauphiné. ♃ Vernale.

3. THYM Zygis , *T. Zygis* , L. à fleurs en anneaux , disposées en épis ; à tige sous-ligneuse , droite ; à feuilles linéaires , ciliées à la base.

Serpillum folio Thymi ; Serpolet à feuille de Thym. *Bauh. Pin.* 220 , n.° 9. *Lob. Ic.* 1 , pag. 423 , fig. 1. *Clus. Hist.* 1 , p. 358 , f. 2. *Lugd. Hist.* 903 , fig. 2. *Bauh. Hist.* 3 , P. 2 , pag. 271 , f. 1. *Barrel.* tab. 777.

A Montpellier , en Espagne. ♄

4. THYM Basilic, *T. Acinos* , L. à fleurs en anneaux ; à péduncules portant une seule fleur ; à tiges droites , peu rameuses ; à feuilles ovales , aiguës , à dents de scie.

Clinopodium arvense , Ocymi facie ; Clinopode des champs , ressemblant au Basilic. *Bauh. Pin.* 225 , n.° 2. *Matth.* 595 , f. 2. *Dod. Pempt.* 280 , f. 1. *Lob. Ic.* 506 , f. 1. *Clus. Hist.* 1 , p. 354 , f. 1. *Lugd. Hist.* 931 , fig. 2. *Camer. Epit.* 564. *Bauh. Hist.* 3 , P. 2 , pag. 259 , fig. 1. *Bul. Paris.* tab. 351.

Nutritive pour le Cheval.

En Europe dans les champs , les chemins. ⊙ Estivale.

5. THYM des Alpes , *T. Alpinus* , L. à anneaux de six fleurs ; à feuilles un peu obtuses , concaves , à dents de scie.

Clinopodium montanum ; Clinopode des montagnes. *Bauh. Pin.* 225 , n.° 4. *Clus. Hist.* 1 , p. 353 , f. 1. *Bauh. Hist.* 3 , P. 2 , pag. 260 , f. 1. *Icon. Pl. Medic.* tab. 398. *Jacq. Aust.* tab. 97.

Sur les Alpes du Dauphiné , de Suisse. ⊙ Alp. et S.-Alp.

6. THYM Piperelle , *T. Piperella* , L. à péduncules latéraux , portant plusieurs fleurs ; à feuilles ovales , obtuses , lisses , nerveuses, très-entières.

Barrel. tab. 694.

En Espagne. ♄

7. THYM céphalotes , *T. cephalotus* , L. à fleurs en têtes en recouvrement , grandes ; à bractées ovales ; à feuilles lancéolées.

Barrel. tab. 788 et 897.

Cette espèce présente deux variétés.

En Espagne, en Portugal. ♄

8. THYM velu, *T. villosus*, L. à fleurs en têtes en recouvrement, grandes; à bractées dentées; à feuilles sétacées, velues.

Cette espèce présente une variété, à fleurs en tête arrondie.

En Portugal. ♄

9. THYM Mastic, *T. Mastichina*, L. à fleurs en anneaux; à calices laineux, à dents sétacées, velues.

Sampsuchus sive Marum, mastichen redolens; Sampsuch ou Marum à odeur de mastic. *Bauh. Pin.* 224, n.º 1. *Dod. Pempt.* 271, f. 1. *Lob. Ic.* 1, pag. 499, fig. 1. *Clus. Hist.* 1, p. 355, f. 1. *Lugd. Hist.* 885, f. 2.

Cette espèce qui est intermédiaire entre les thyms et les sarriettes, répand une odeur forte, aromatique, analogue à celle du mastic.

En Espagne. Cultivée dans les jardins. ♄

10. THYM Tragorigan, *T. Tragoriganum*, L. à fleurs en anneaux; à tige sous-ligneuse, droite; à feuilles hérissées, aiguës.

Tragoriganum Creticum; Tragorigan de Crète. *Bauh. Pin.* 223, n.º 4. *Lob. Ic.* 1, p. 493, f. 1. *Clus. Hist.* 1, p. 355, f. 3. *Alp. Exot.* 79 et 78.

Dans l'isle de Crète. ♄

11. THYM de Virginie, *T. Virginicus*, L. à fleurs en têtes terminales; à tige droite; à feuilles lancéolées.

Moris. Hist. sect. 11, tab. 7, f. 8. *Pluk.* tab. 54, f. 2

Cette plante est désignée dans le *Species*, sous le nom de Sarriette de Virginie, *Satureja Virginiana*, L.

En Virginie. ♃

786. MÉLISSE, *MELISSA*. * *Tournef. Inst.* 193, tab. 91. *Lam. Tab. Encyclop.* pl. 512. CALAMINTHA. *Tournef. Inst.* 193, tab. 92.

CAL. *Périanthe* d'un seul feuillet, comme en cloche, sec et roide, un peu ouvert, anguleux, strié, persistant; à *orifice à deux lèvres:* la *supérieure* à trois dents, plane, renversée, étalée: l'*inférieure* plus courte, un peu aiguë, à deux segmens profonds.

COR. Monopétale, labiée. *Tube* comme cylindrique. *Gorge* ouverte.

Lèvre supérieure plus courte, droite, en voûte, arrondie, à deux divisions peu profondes.

Lèvre inférieure à trois divisions peu profondes: l'*intermédiaire* plus grande, en cœur.

ÉTAM. Quatre *Filamens*, en aléne, dont *deux* de la longueur de la corolle, *deux* moitié plus courts. *Anthères* petites, réunies par paires.

PIST. *Ovaire* divisé peu profondément en quatre parties. *Style* filiforme, de la longueur de la corolle, courbé de même que les étamines sous la lèvre supérieure de la corolle. *Stigmate* grêle, renversé, divisé peu profondément en deux parties.

PÉR. Nul. Le *Calice* plus grand et qui ne change point, renferme les semences.

SEM. Quatre, ovales.

Calice anguleux, sec, un peu aplati en dessus, à lèvre supérieure comme en faisceau. *Lèvre supérieure* de la corolle, comme en voûte, divisée peu profondément en deux parties. Le *Lobe intermédiaire* de la lèvre inférieure, en forme de cœur.

1. MÉLISSE officinale, *M. officinalis*, L. à fleurs en grappes, axillaires, formant des anneaux; à pédicelles simples.

   Melissa hortensis; Mélisse des jardins. *Bauh. Pin.* 229, n.º 1. *Matth.* 602, f. 1. *Dod. Pempt.* 91, f. 1. *Lob. Ic.* 1, p. 514, f. 2. *Lugd. Hist.* 957, f. 1. *Camer. Epit.* 574. *Bauh. Hist.* 3, P. 2, pag. 232, f. 1. *Bul. Paris.* tab. 352. *Icon. Pl. Medic.* tab. 134.

   1. *Melissa officinalis*; Mélisse ou Citronelle. 2. Plante entière; son huile légère; ses eaux distillées : *phlegmatique*, *spiritueuse* composée, son sirop. 3. Aromatique agréable, sentant le citron. 4. Huile volatile; extrait spiritueux peu agréable; extrait aqueux, un peu austère et amer. 5. Affections hystériques, hypocondriaques, palpitations de cœur, chlorose, paralysie, foiblesse de mémoire; toutes les maladies dépendantes d'un engorgement dans le système vasculeux de la matrice avec atonie. ☿ En infusion théiforme. La *Mélisse* est la plus agréable en infusion, de toutes les plantes didynames ou labiées.

   A Montpellier, en Dauphiné, en Provence. Cultivée dans les jardins. ♃ Estivale.

2. MÉLISSE à grande fleur, *M. grandiflora*, L. à péduncules axillaires, dichotomes, de la longueur des fleurs.

   Calamintha magno flore; Calament à grande fleur. *Bauh. Pin.* 229, n.º 4. *Lob. Ic.* 1, p. 512, f. 2. *Lugd. Hist.* 905, f. 3. *Bauh. Hist.* 3, P. 2, pag. 229, f. 1.

   A Grenoble, à Lyon, en Provence. ♃ Estivale.

3. MÉLISSE Calament, *M. Calamintha*, L. à péduncules axillaires, dichotomes de la longueur des feuilles.

Calamintha vulgaris, *vel Officinarum Germaniæ*; Calament vulgaire, ou des Boutiques d'Allemagne. *Bauh. Pin.* 228, n.° 3. *Matth.* 528, f. 1. *Dod. Pempt.* 98, f. 1. *Lob. Ic.* 1, p. 513, f. 1. *Lugd. Hist.* 905, f. 1; et 907, f. 3. *Camer. Epit.* 481. *Bauh. Hist.* 3, P. 2, pag. 228, f. 1. *Barrel.* tab. 398. *Bul. Paris.* tab. 353. *Icon. Pl. Medic.* tab. 111.

Y. *Calamintha montana*; Calament de montagne. 2. Toute la plante. 3. Odeur agréable; saveur âcre, un peu amère. 4. Huile essentielle, âcre et rubéfiante. 5. Maladies causées par atonie, spasmes provenant de flatuosités, menstruation difficile, chlorose. 6. On en fait des infusions, une poudre, des vins, des conserves, un sirop. Peu usité, quoique très-énergique.

En Europe sur les bords des chemins. ♃ Estivale.

4. MÉLISSE Cataire, *M. Nepeta*, L. à pédoncules axillaires, dichotomes, plus longs que les feuilles; à tige hérissée, ascendante.

Calamintha Pulegii odore, *sive Nepeta*; Calament à odeur de Pouillot, ou Cataire. *Bauh. Pin.* 228, n.° 2. *Lob. Ic.* 513, fig. 2. *Lugd. Hist.* 905, f. 1. *Bauh. Hist.* 3, P. 2, pag. 229 et 230, f. 1.

Cette espèce présente une variété, décrite et gravée dans *Boccone Mus.* 2, p. 45, tab. 40 et 38.

En Europe, dans les pâturages secs. ♃ Estivale.

5. MÉLISSE de Crète, *M. Cretica*, L. à fleurs en grappes terminales; à pédoncules solitaires, très-courts.

Calamintha incana, *Ocymi foliis*; Calament blanchâtre, à feuilles de Basilic. *Bauh. Pin.* 228, n.° 1. *Lob. Ic.* 1, p. 514, f. 1. *Lugd. Hist.* 906, f. 2. *Bauh. Hist.* 3, P. 2, pag. 230, f. 2. *Barrel.* tab. 1166.

En Espagne.

6. MÉLISSE ligneuse, *M. fruticosa*, L. à rameaux amincis, en verges; à feuilles cotonneuses en dessous; à tige ligneuse.

En Espagne. ♂

787. DRACOCÉPHALE, *DRACOCEPHALUM*. *Tournef. Inst.* 181, tab. 83. *Lam. Tab. Encyclop.* pl. 513. MOLDAVICA. *Tournef. Inst.* 184, tab. 85.

CAL. *Périanthe* d'un seul feuillet, tubulé, persistant, très-court.

COR. Monopétale, labiée. *Tube* de la longueur du calice. *Gorge* très-grande, oblongue, enflée, béante, légèrement comprimée sur le dos.

Lèvre supérieure droite, en voûte, obtuse, compliquée.

Lèvre inférieure à trois *divisions* peu profondes : les *latérales*;

droites, formant comme les divisions de la gorge : l'intermédiaire pendante, petite, saillante antérieurement à la
base, arrondie, échancrée.

Étam. Quatre *Filamens*, en alène, cachés sous la lèvre supérieure
de la corolle, dont *deux* un peu plus courts. *Anthères* comme
en cœur.

Pist. *Ovaire* divisé profondément en quatre parties. *Style* filiforme,
ayant la situation des étamines. *Stigmat.* aigu, grêle, renversé,
divisé peu profondément en deux parties.

Pér. Nul. Le *Calice* renferme les semences.

Sem. Quatre, ovales, oblongues, à trois faces.

Obs. Dracocephalum *Tournefort* : *Calice tubulé, courbé, à cinq
dents égales.*

Moldavica *Tournefort* : *Calice ventru, rétréci à son cou ; à
orifice à deux lèvres : la supérieure plus large, à trois divisions peu profondes : l'inférieure plus petite, plus aiguë, à
deux divisions profondes.*

Corolle renflée à la gorge ou au dessous des lèvres dont
la supérieure est concave.

* I. DRACOCÉPHALES à fleurs en épis.

1. DRACOCÉPHALE de Virginie, *D. Virginicum*. **L.** à fleurs
en épis ; à feuilles lancéolées, à dents de scie.

Moris. Hist. sect. 11, tab. 4, fig. 1. *Boccon. Sic.* 12, tab. 6,
fig. 111.

En Virginie. Cultivée dans les jardins. ♃

2. DRACOCÉPHALE des Canaries, *D. Canariense*. **L.** à fleurs
en épis ; à feuilles composées, trois à trois.

Moris. Hist. sect. 11, tab. 11, fig. dernière. *Pluk.* tab. 325,
f. 5 ; et 430, f. 2.

1. *Melissa Canariæ* : Mélisse des Canaries. 2. Herbe. 3. Odeur
pénétrante, très-agréable. 5. Maladies de langueur, anorexie, flatuosités. 6. En infusion théiforme.

Aux isles Canaries. Cultivée dans les jardins. ♃

3. DRACOCÉPHALE pinné, *D. pinnatum*. **L.** à fleurs en épis ;
à feuilles en cœur, pinnées ; à folioles sinuées.

Gmel. Sibir. 3, p. 235, n.° 58, tab. 52.

En Sibérie.

4. DRACOCÉPHALE étranger, *D. peregrinum*. **L.** à fleurs comme
en épis ; à feuilles de la tige ovales, oblongues, découpées ;
à bractées linéaires, lancéolées, à dents épineuses.

En Sibérie. ♃

5. DRACOCÉPHALE , d'Autriche , *D. Austriacum* , L. à fleurs en épis ; à feuilles et bractées linéaires , dont les divisions sont épineuses.

Chamæpitys carulea , Austriaca ; Chamépitys à fleur bleue , d'Autriche. Bauh. Pin. 250 , n.º 4. Clus. Hist. 2 , p. 185 , fig. 1.

En Autriche. ♃

6. DRACOCÉPHALE de Ruysch , *D. Ruyschiana* , L. à fleurs en épis ; à feuilles et bractées lancéolées , entières, sans piquans.

Moris. Hist. sect. 11 , tab. 5 , f. 9. Flor. Dan. tab. 121.

Sur les Alpes du Dauphiné , de Suisse, ♃ *Estivale. Alg.*

* II. *DRACOCÉPHALES à fleurs en anneaux.*

7. DRACOCÉPHALE à grande fleur , *D. grandiflorum* , L. à fleurs en anneaux ; à feuilles ovales , incisées, crénelées ; à bractées lancéolées , très—entières.

Kniph. Cent. 9 , n.º 32.

En Sibérie. ☉

8. DRACOCÉPHALE de Sibérie, *D. Sibiricum*, L. à fleurs comme en anneaux ; à pédoncules à deux divisions peu profondes, tournés d'un seul côté ; à feuilles en cœur, oblongues, aiguës, nues.

Buxb. Cent. 3 , pag. 27 , tab. 50 , f. 1.

En Sibérie. ♃

9. DRACOCÉPHALE Moldavique , *D. Moldavica* , L. à fleurs en anneaux ; à bractées , lancéolées , dont les dentelures sont terminées par un long cil.

Melissa peregrina , folio oblongo ; Mélisse étrangère , à feuille oblongue. Bauh. Pin. 229 , n.º 2. Matth. 603 , f. 2. Lob. Ic. 1 , pag. 515 , f. 2. Lugd. Hist. 960 , f. 1 et 2. Camer. Epit. 576. Bauh. Hist. 3 , P. 2 , pag. 234 , f. 1. Pluk. tab. 306 , f. 4. Icon. Pl. Médic. tab. 294.

1. *Melissa Turcica ;* Mélisse Moldavique. 2. Feuilles. 3. Odeur aromatique, saveur un peu âcre. 5. Affections spasmodiques, causées par des flatuosités. 6. En infusion théiforme.

En Sibérie , dans la Moldavie. Cultivé dans les jardins. ☉ Estivale.

10. DRACOCÉPHALE blanchâtre, *D. canescens* , L. à fleurs en anneaux ; à bractées oblongues, dont les dentelures sont épineuses ; à feuilles un peu cotonneuses.

Moris. Hist. sect. 11 , tab. 8 , f. 18. Commel. Rar. pag. et tab. 28.

En Orient. ☉

11. **DRACOCÉPHALE** en bouclier, *D. peltatum*, **L.** à fleurs en anneaux; à bractées arrondies, à dents de scie, ciliées.

En Orient. ☉

12. **DRACOCÉPHALE** du mont Altaï, *D. Altaïense*, **L.** à feuilles crénelées: les radicales en cœur: celles de la tige arrondies, assises; à bractées laciniées, oblongues.

Laxmann. Nov. Act. Pétrop. vol. xv, pag. 556, tab. 29, f. 3.
En Sibérie.

13. **DRACOCÉPHALE** incliné, *D. nutans*, **L.** à fleurs en anneaux; à bractées oblongues, ovales, très-entières; à corolles très-grandes, inclinées.

Gmel. Sibir. 3, pag. 231, tab. 49.
En Sibérie.

14. **DRACOCÉPHALE** à fleur de thym, *D. thymiflorum*, **L.** à fleurs en anneaux; à bractées oblongues, très-entières; à corolles à peine plus grandes que le calice.

Gmel. Sibir. 3, pag. 233, tab. 50.
En Sibérie. ☉

788. HORMIN, *HORMINUM*. † *Lam. Tab. Encyclop. pl.* 515.

CAL. *Périanthe* d'un seul feuillet, en cloche, droit, à cinq angles marqués par des lignes, inégal, à moitié divisé en deux lèvres: la *supérieure* plus large, ovale, plus étalée, à trois dents pointues: l'*inférieure* lancéolée, droite, à deux *segmens* profonds, couchés l'un sur l'autre en forme de croix, pointus.

COR. Monopétale, labiée. *Tube* de la longueur du calice.

Lèvre supérieure droite, concave, plus courte, à deux divisions peu profondes.

Lèvre inférieure à trois divisions peu profondes, arrondies.

ÉTAM. Quatre *Filamens*, en alène, ascendans, courbés, de la longueur de la corolle, dont *deux* opposés, un peu plus courts. *Anthères* simples.

PIST. *Ovaire* divisé peu profondément en quatre parties. *Style* filiforme, ayant la situation et la longueur des étamines. *Stigmate* aigu, divisé peu profondément en *deux* parties.

PÉR. Nul. Le *Calice* qui ne change point, renferme les semences.

SEM. Quatre, arrondies, à trois faces obtuses.

Calice en cloche à cinq *segmens*, dont quatre presque égaux, le cinquième plus grand, échancré. *Lèvre supérieure* de la corolle concave.

1. **HORMIN** des Pyrénées, *H. Pyrenaïcum*, **L.** à feuilles ovales, obtuses; à tige nue.

Bauh.

Bauh. Pist. 3, P. 2, p. 313, f. 1. *Magn. Hort.* 138, tab. 17. *Jac. Hort.* tab. 183.

Aux Pyrénées. ♃

789. **MÉLITTE,** *MELITTIS.* * *Lam. Tab. Encyclop.* pl. 513.

CAL. *Périanthe* d'un seul feuillet, en cloche, arrondi, droit, à *orifice* à deux lèvres : la *supérieure* plus élevée, échancrée, aiguë : l'*inférieure* plus courte, aiguë, à deux segmens peu profonds, ouverts.

COR. Monopétale, labiée. *Tube* beaucoup plus étroit que le calice. *Gorge* à peine plus épaisse que le tube.

    Lèvre supérieure droite, arrondie, entière.

    Lèvre inférieure étalée, obtuse, à trois *divisions* peu profondes : l'*intermédiaire* plus grande, plane, entière.

ÉTAM. Quatre *Filamens*, en alêne, cachés sous la lèvre supérieure, dont les *intermédiaires* sont plus courts que les extérieurs. Chaque paire d'*Anthères*, obtuses, divisées peu profondément en deux parties, formant une croix en s'adossant.

PIST. *Ovaire* obtus, velu, divisé peu profondément en quatre parties. *Style* filiforme, ayant la longueur et la situation des étamines. *Stigmate* aigu, divisé peu profondément en deux parties.

PÉR. nul. Le *Calice* qui ne change point, renferme les semences.

SEM. Quatre.

OBS. La *Lèvre* inférieure *du calice est* quelquefois crénelée.

Calice plus ample que le tube de la corolle. *Lèvre supérieure* de la corolle plane, entière. *Lèvre inférieure* crénelée. *Anthères* en s'adossant formant une croix.

1. **MÉLITTE** à feuilles de mélisse. *M. melissophyllum*, L. à feuilles ovales, crénelées, obtuses, pétiolées.

    Lamium montanum, Mellissæ folio : Lamie des montagnes, à feuilles de Mélisse. *Bauh. Pin.* 231, n.° 10. *Fusch. Hist.* 498. *Lob. Ic.* 1, p. 515, f. 1. *Clus. Hist.* 2, p. 37, f. 1 et 2. *Lugd. Hist.* 958, f. 1 ; et 1336, f. 1. *Camer. Hort.* 99, tab. 30. *Bauh. Hist.* 3, P. 2, p. 233, f. 1 et 2. *Bul. Paris.* tab. 354. *Icon. Pl. Medic.* tab. 313. *Jacq. Austr.* tab. 26.

    A Lyon, Grenoble, Paris. ♃ Vernale.

790. **BASILIC,** *OCYMUM.* * *Lam. Tab. Encyclop.* pl. 514. OCYMUM. *Tournef. Inst.* 203, tab. 96.

CAL. *Périanthe* d'un seul feuillet, très-court, persistant, à deux lèvres : la *supérieure* plane, arrondie, plus large, ascendante : l'*inférieure* aiguë, réunie, à quatre segmens peu profonds.

COR. Monopétale, labiée, renversée. *Tube* très-court, ouvert.

    Tome III.   E

La *Lèvre* tournée en haut, plus large, à moitié divisée en quatre parties, obtuses, égales.

La *Lèvre* tournée en bas, plus étroite, entière, à dents de scie, plus longue.

Étam. Quatre *Filamens*, inclinés, dont *deux* un peu plus longs, et *deux* garnis à leur base d'un appendice renversé.

Fist. *Ovaire* divisé profondément en quatre parties. *Style* filiforme, ayant la longueur et la situation des étamines. *Stigmate* divisé peu profondément en deux parties.

Pér. Nul. Le *Calice* renferme les semences.

Sem. Quatre, ovales.

Obs. *Le caractère essentiel de ce genre consiste dans l'appendice renversé que présentent deux des filamens.*

La lèvre supérieure de la corolle est tournée en bas, l'inférieure en haut, d'après la courbure des étamines.

Calice à lèvre supérieure arrondie ; l'inférieure à quatre segmens peu profonds. *Corolle* renversée, à deux lèvres : celle qui est tournée en haut, à moitié divisée en quatre parties : celle qui est tournée en bas, plus étroite, entière. *Filamens* extérieurs, à appendices vers leur base.

1. BASILIC à fleur en thyrse ; *O. thyrsiflorum*, L. à fleurs en panicules resserrés en faisceaux ; à tige très-rameuse.

   Murr. in nov. Comm. Goët. tom. 8 , p. 47 , tab. 5.

   Dans l'Inde Orientale.

2. BASILIC des moines , *O. monachorum* , L. deux filamens sans appendices , et deux velus à la base.

   Bauh. Hist. 3. P. 2, p. 260 , f. 2.

   En

3. BASILIC très-agréable , *O. gratissimum* , L. à tige sous-ligneuse ; à feuilles lancéolées , ovales ; à fleurs en grappes arrondies.

   Burm. Zeyl. 174, tab. 80, f. 2.

   En Asie. ♄

4. BASILIC blanc , *O. album* , L. à feuilles ovales ; obtuses ; à anneaux des grappes rapprochés , tétragones avant la floraison ; à corolles crénelées.

   Dans l'Inde Orientale , à Java. ☉

5. BASILIC ordinaire , *O. Basilicum* , L. à feuilles ovales , lisses ; à calices ciliés.

   Ocymum caryophyllatum, majus; Basilic giroflé, plus grand.
   Bauh. Pin. 226 , n.° 5 , *Fusch. Hist.* 543. *Mattk.* 407 , f. 1.

Dod. Pempt. 279 , fig. 1. *Lob. Ic.* 1 , p. 503 , f. 2. *Lugd. Hist.* 679 , f. 1. *Bauh. Hist.* 3 , P. 2 , p. 246 , f. 1. *Icon. Pl. Med.* tab. 226.

Cette espèce présente trois variétés.

1.° *Ocymum caryophyllatum, maximum;* Basilic girofié, très-grand. *Bauh. Pin.* 225 , n.° 4.

2.° *Ocymum latifolium , maculatum seu crispum ;* Basilic à larges feuilles , tachetées ou crépues. *Bauh. Pin.* 225 ; n.° 1. *Clus. Hist.* 1 , p. 352 , f. 2. *Bauh. Hist.* 3 , P. 2 , p. 249 , f. 1. *Barrel.* tab. 1054 et 1064.

3.° *Ocymum viride , foliis bullatis ;* basilic vert , à feuilles à bulles. *Bauh. Pin.* 225 , n.° 2. *Barrel.* tab. 1066.

1.° *Basilicum ;* Basilic. 2. Feuilles , semences. 3. Odeur aromatique , agréable ; fraîches , saveur forte , comme anisée. 4. Huile essentielle très-aromatique. 5. Maladies nerveuses avec atonie , comme paralysie , goutte se-reine , (huile essentielle) ; perte de l'odorat , causée par l'épaississement de la morve , (poudre des feuilles.) 6. Le *Basilic* est plus employé dans les cuisines qu'en médecine , mais il entre dans plusieurs compositions.

Aux Indes Orientales, en Perse. Cultivé dans les jardins. ☉

6. BASILIC , très-petit , *O. minimum* , L. à feuilles ovales , très-entières.

Ocymum minimum; Basilic très-petit. *Bauh. Pin.* 126 , n.° 10. *Fusch. Hist.* 547. *Matth.* 407 , f. 3. *Dod. Pempt.* 279 , f. 2. *Lob. Ic.* 1 , p. 504 , f. 1. *Lugd. Hist.* 681 , f. 1 et 2. *Bauh. Hist.* 3 , P. 2 , p. 247 , f. 2. *Barrel.* tab. 1077.

A Zeylan. Cultivé dans les jardins. ☉

7. BASILIC saint , *O. sanctum* , L. à feuilles un peu alongées , ob-tuses , à dents de scie , ondulées ; à tige hérissée ; à bractées en cœur.

Dans l'Inde Orientale. ☉

8. BASILIC Américain , *O. Americanum* , L. à feuilles comme lancéolées , aiguës , un peu dentelées ; à fleurs en grappes arron-dies ; à tige presque herbacée.

Dans l'Amérique Méridionale. ☉

9. BASILIC à fleur menue , *O. tenuiflorum* , à feuilles ovales , oblongues , à dents de scie ; à bractées en cœur , renversées , con-caves ; à fleurs en épis filiformes.

Pluk. tab. 208 , f. 4. *Burm. Zey.* 158 , tab. 70 , f. 2.

Au Malabar. ☉ ♃

10. BASILIC à plusieurs épis , *O. polystachion* , L. à corolles à quatre divisions peu profondes ; à fleurs en grappes nues ou sans feuilles , inclinées au sommet.

Mur. nov. Comm. Gœtt. tom. 3, p. 71, tab. 3.

Dans l'Inde Orientale.

11. BASILIC à feuilles de menthe, *O. menthoïdes*, L. à feuilles linéaires, lancéolées, à dents de scie.

A Zeylan.

12. BASILIC à feuilles de scutellaire, *O. scutellarioïdes*, L. à corolles en faucilles ; à pédicelles rameux ; à feuilles lancéolées, ovales, à dents de scie.

Rumph. Amb. 5, p. 291, tab. 101.

Dans l'Inde Orientale.

13. BASILIC couché, *O. prostratum*, L. à tiges couchées, marquées par des lignes.

Dans l'Inde Orientale. ☉

791. TRICHOSTÈME, *TRICHOSTEMA*. † *Lam. Tab. Encycl.* pl. 515.

CAL. Périanthe d'un seul feuillet, à deux lèvres : la *supérieure* deux fois plus grande, égale, aiguë, à trois segmens peu profonds : l'*inférieure* aiguë, à deux segmens profonds.

COR. Monopétale, labiée. *Tube très-court.*

Lèvre supérieure, comprimée, en faucille.

Lèvre inférieure à trois *divisions* profondes : l'intermédiaire très-petite, oblongue.

ÉTAM. Quatre *Filamens*, capillaires, très-longs, recourbés, dont *deux* un peu plus courts. *Anthères* simples.

PIST. Ovaire divisé peu profondément en quatre parties. *Style* capillaire, ayant la longueur et la figure des filamens. *Stigmate* divisé peu profondément en deux parties.

PÉR. Nul. Le *Calice* qui est grand, ventru, renversé de telle sorte que la lèvre supérieure se trouve inférieure, et dont les segmens sont rapprochés, renferme les semences.

SEM. Quatre, arrondies.

Lèvre supérieure de la corolle en faucille. *Étamines* très-longues.

1. TRICHOSTÈME dichotome, *T. dichotoma*, L. à étamines très-longues, saillantes.

En Virginie, en Pensylvanie. ☉

2. TRICHOSTÈME en croix, *T. cruciata*, L. à étamines courtes, renfermées dans la corolle.

Dill. Elth. tab. 285, f. 369 ?

Dans l'Amérique Septentrionale.

792. TOQUE, *SCUTELLARIA*. Lam. Tab. Encyclop. 513. pl.
Cassida. Tourn. Inst. 181, tab. 84.

Cal. Périanthe d'un seul feuillet, très-court, tubulé, à orifice presque entier, fermé après la fécondation par un opercule.

Cor. Monopétale, labiée. *Tube* très-court, courbé en arrière.
Gorge alongée, comprimée.
   Lèvre supérieure concave, à trois *divisions* peu profondes :
    l'intermédiaire concave, échancrée : les latérales planes, un
    peu aiguës, placées sous l'intermédiaire.
   Lèvre inférieure plus large, échancrée.

Étam. Quatre *Filamens*, cachés sous la lèvre supérieure, dont
deux plus longs. *Anthères* petites.

Pist. *Ovaire* divisé profondément en quatre parties. *Style* filiforme,
ayant la situation et la longueur des étamines. *Stigmate* simple,
recourbé, pointu.

Pér. Nul. Le *Calice* qui est fermé par un opercule en forme de
casque, servant de capsule, à trois faces, s'ouvrant sur la
marge inférieure, renferme les semences.

Sem. Quatre, arrondies.

Obs. *Ce genre se distingue suffisamment par son seul Fruit, de tous
les autres genres de cet ordre. Le calice par sa crête et son opercule, imite un casque.*

Calice à deux lèvres très-entières, fermé après la chûte de
la corolle, par un opercule.

1. TOQUE Orientale, *S. Orientalis*, L. à feuilles incisées, co-
tonneuses en dessous; à fleurs en épis arrondis, tétragônes.
   *Touref. Voy. au Lev. tom. 2, pag. et tab. 306. Commel. Rarr.
    pag. et tab. 30.*
   En Orient, en Mauritanie. Cultivée dans les jardins. ♃

2. TOQUE blanchâtre, *S. albida*, L. à feuilles presque en cœur,
à dents de scie, ridées, opaques; à fleurs en épis tournés d'un
seul côté; à bractées ovales.
   Sabbat. Hort. Rom. tom. 3, tab. 29.
   En Orient.

3. TOQUE des Alpes, *S. Alpina*, L. à feuilles en cœur, incisées,
à dents de scie, crénelées; à fleurs en épis en recouvrement,
arrondis, tétragones.
   *Teucrium Alpinum, inodorum, magno flore; Germandrée des
    Alpes, inodore, à grande fleur. Bauh. Pin. 247, n.° 8.
    Bellev. tab. 50. Pluk. tab. 110, f. 1.*
   Sur les Alpes du Dauphiné, de Provence. Estivale. Alp.

4. TOQUE lupuline, *S. lupulina*, L. à feuilles en cœur, incisées? à dents de scie, aiguës, lisses ; à fleurs en épis en recouvrement? arrondis, tétragones.

En Sibérie, en Tartarie. ♃

5. TOQUE à fleurs latérales, *S. lateriflora*, à feuilles lisses, rudes sur la carène ; à fleurs en grappes latérales, feuillées.

Au Canada, en Virginie. ♃

6. TOQUE vulgaire, *S. galericulata*, L. à feuilles en cœur, lancéolées, crénelées ; à fleurs axillaires.

Lysimachia cærulea, galericulata, vel Gratiola cærulea ; Lysimachie à fleur bleue, en casque, ou Gratiole à fleur bleue. *Bauh. Pin.* 246, n.° 3. *Dod. Pempt.* 93, f. 2. *Lob. Ic.* 1, p. 544, f. 2. *Lugd. Hist.* 1060, f. 3. *Bauh. Hist.* 3, P. 2, p. 435 et 436, f. 1. *Bul. Paris.* tab. 365. *Icon. Pl. Medic.* tab. 330.

Nutritive pour le Bœuf, le Mouton, la Chèvre.

En Europe, sur les bords des eaux. ♃ *Estivale.*

7. TOQUE en fer de hallebarde, *S. hastifolia*, L. à feuilles très-entières : les inférieures en fer de hallebarde : les supérieures en fer de flèche.

A Lyon. ♃ *Estivale.*

8. TOQUE petite, *S. minor*, L. à feuilles en cœur, ovales, presque entières ; à fleurs axillaires.

A Paris, à Lyon, sur les bords des fossés. ♃ *Estivale.*

9. TOQUE à feuilles entières, *S. integrifolia*, L. à feuilles assises, ovales : les inférieures à dents de scie irrégulières : les supérieures très-entières.

Pluk. tab. 313, f. 4.

Au Canada, en Virginie.

10. TOQUE de la Havane, *S. Havanensis*, L. à feuilles en cœur, ovales, crénelées ; à fleurs solitaires, axillaires; les deux lèvres de la corolle divisées peu profondément en trois parties.

Jacq. Obs. 2, tab. 29.

A la Havane.

11. TOQUE à feuilles d'hyssope, *S. hyssopifolia*, L. à feuilles lancéolées.

En Virginie.

12. TOQUE étrangère, *S. peregrina*, L. à feuilles presque en cœur, obtuses, à dents de scie ; à fleurs en épis alongés et tournés d'un seul côté.

Lamium peregrinum seu Scutellaria ; Lamie étrangère, ou Toque. *Bauh. Pin.* 231, n.° 11. (Il y a erreur dans le texte

de *G. Bauhin* pour la citation du numéro ; on a imprimé X,
mais il faut lire XI.) *Colum. ecphras.* 1 , p. 187 et 189, *Bauh.*
Hist. 3 , P. 2, p. 291 et 292, f. 1.

En Italie , à Naples. Cultivée dans les jardins.

13. TOQUE des Indes, *S. Indica* , à feuilles comme ovales , obtuses , crénelées, pétiolées; à fleurs en grappes presque nues.

Pluk. tab. 441 , f. 2.

A la Chine.

14. TOQUE très-élevée , *S. altissima* , L. à feuilles en cœur, oblongues , aiguës , à dents de scie; à fleurs en épis presque nus.

Dans l'isle de Crète.

15. TOQUE de Crète , *S. Cretica* , L. à tige velue ; à feuilles en
cœur , obtuses et à dents de scie obtuses; à fleurs à épis en
recouvrement; à bractées sétacées.

Dans l'isle de Crète.

793. **PRUNELLE, *PRUNELLA*.** *Lam. Tab. Encyclop.* pl. 516.
BRUNELLA. *Tournef. Inst.* 182 , tab. 84.

CAL. *Périanthe* d'un seul feuillet, plus court que la gorge de la
corolle , persistant, à deux lèvres : la *supérieure* plane , plus large ,
tronquée , à trois dents très-petites : l'*inférieure* droite , plus
étroite , aiguë , à moitié divisée en deux segmens.

COR. Monopétale, labiée. *Tube* court , comme cylindrique. *Gorge*
oblongue.

Lèvre supérieure concave , entière , courbée en dehors.

Lèvre inférieure renversée , obtuse , à trois *divisions* peu profondes : l'*intermédiaire* plus large , échancrée , à dents de scie.

ÉTAM. Quatre *Filamens* , en alêne , fourchus au sommet , dont
deux un peu plus longs. *Anthères* simples , insérées au-dessous
du sommet des filamens , comme sur un second filament.

PIST. *Ovaire* divisé profondément en quatre parties. *Style* filiforme,
incliné de même que les étamines vers la lèvre supérieure. *Stig-*
mate divisé peu profondément en deux parties.

PÉR. Nul. Le *Calice* renferme les semences.

SEM. Quatre , presque ovales.

OBS. *Le caractère essentiel de ce genre consiste dans la bifurcation*
des filamens.

Filamens fourchus à leur extrémité , ou partagés en deux
divisions dont une porte l'anthère. *Stigmate* divisé peu
profondément en deux parties.

1. PRUNELLE vulgaire , *P. vulgaris* , L. toutes les feuilles ovales ,
oblongues , pétiolées et à dents de scie.

Brunella major, folio non dissecto : Brunelle plus grande, à feuille non découpée. *Bauh. Pin.* 260, n.° 1. *Fusch. Hist.* 621. *Matth.* 684, f. 1. *Dod. Pempt.* 136, f. 1. *Lob. Ic.* 1, p. 474, f. 2. *Camer. Epit.* 703. *Bauh. Hist.* 3, P. 2, p. 428, f. 2. *Bul. Paris.* tab. 356. *Icon. Pl. Med.* tab. 156.

Cette espèce présente une variété.

Brunella cœruleo magno flore : Brunelle à grande fleur bleue. *Bauh. Pin.* 261, n.° 4. *Clus. Hist.* 2, p. 43, f. 1.

lx. *Prunella, Brunella, Consolida minor :* Prunelle, Brunelle, Bonnette. 2. Herbe. 3. Odeur foible : saveur styptique et amère. 5. Plaies, ulcères, angine.

Nutritive pour le Bœuf, le Mouton, la Chèvre.
En Europe dans les pâturages secs. ♃ *Estivale.*

2. PRUNELLE laciniée, *P. laciniata*, L. à feuilles ovales, oblongues, pétiolées : les quatre supérieures lancéolées, dentées.

Brunella folio laciniato : Brunelle à feuille laciniée. *Bauh. Pin.* 261, n.° 2. *Dod. Pempt.* 136, f. 2. *Lob. Ic.* 1, p. 475, f. 1. *Clus. Hist.* 2, p. 43, f. 2. *Lud. Hist.* 1174, f. 2. *Bauh. Hist.* 3, P. 2, p. 429, f. 1 et 2. *Bul. Paris.* tab. 357.

Cette espèce présente deux variétés.

1.° *Brunella minor, alba, laciniata :* Brunelle plus petite, à fleur blanche, à feuille laciniée. *Bauh. Pin.* 261; n.° 5. *Trag.* 310.

2.° *Brunella Verbenulæ folio, flore cœruleo :* Brunelle à feuille de petite Verveine, à fleur bleue. *Vaill. Bot.* 22, tab. 5, f. 1.

A Montpellier, Lyon; Paris. Grenoble. ♃ *Estivale.*

3. PRUNELLE à feuilles d'hyssope, *P. hyssopifolia*, L. à feuilles lancéolées, très-entières, assises; à tige droite.

Brunella Hyssopifolia : Brunelle à feuilles d'Hyssope. *Bauh. Pin.* 261; n.° 3. *Bauh. Hist.* 3, P. 2, p. 430, f. 1. *Bellev.* tab. 51. *Moris. Hist. Sect.* 11, tab. 5, f. 7. *Pluk.* tab. 80, f. 3.

A Montpellier, à Paris. ♃ *Estivale.*

794. CLÉONIE, *CLEONIA.*

Cal. Périanthe d'un seul feuillet, tubulé, anguleux, à deux lèvres : la *supérieure* légèrement aplatie, large, à trois dents : l'*inférieure* courte, à deux segmens profonds.

Cor. Monopétale, labiée.

Lèvre supérieure droite, en carène, à deux divisions peu profondes.

Lèvre inférieure à trois divisions profondes : l'intermédiaire à deux lobes : les latérales étalées.

Etam. Quatre *Filamens*, fourchus au sommet, dont *deux infé-*

rieure plus longe. *Anthères* insérées sur le sommet extérieur des filamens, formant en s'adossant deux à deux, une croix.

Pist. *Ovaire* divisé profondément en quatre parties. *Style* filiforme, de la longueur des étamines. Quatre *Stigmates*, sétacés, égaux.

Pér. Nul. Le *Calice* fermé par des poils, renferme les semences.

Sem. Quatre, légèrement arrondies, lisses.

Obs. *Ce genre se distingue de tous les autres genres de cet ordre, par ses quatre Stigmates.*

Filamens fourchus à leur extrémité, ou partagés en deux divisions dont une porte l'anthère. *Stigmate* divisé peu profondément en quatre parties.

1. CLEONIE du Portugal, *C. Lusitanica*. L. à bractées pinnées, dentées, ciliées.

> *Cornut. Canad.* 46 et 47. *Morit. Hist. Sect.* 11, tab. 5; f. 4. *Barrel.* tab. 561.

> *En Portugal, en Espagne.* ☉

795. PRASE, *PRASIUM*. *Tab. Encyclop.* pl. 516.

Cal. *Périanthe* d'un seul feuillet, en cloche, en toupie, droit, à deux lèvres : la *supérieure* plus large, aiguë, à moitié divisée en trois segmens : l'*inférieure*, un peu moins grande, à deux segmens profonds.

Cor. Monopétale, labiée.

> *Lèvre supérieure* droite, ovale, concave, à échancrures irrégulières.

> *Lèvre inférieure* plus large, renversée, à trois *divisions* peu profondes : l'intermédiaire plus grande.

Étam. Quatre *Filamens*, en alene, étalés, moins longs que la lèvre supérieure contre laquelle ils sont appliqués, dont *deux* plus courts. *Anthères* oblongues, latérales.

Pist. *Ovaire* divisé peu profondément en quatre parties. *Style* filiforme, ayant la longueur et la situation des étamines. *Stigmate* aigu, divisé peu profondément en deux parties, dont une plus courte.

Pér. Quatre *Baies* au fond du calice, arrondies, à une loge.

Sem. Solitaires, arrondies.

Obs. *Les Semences recouvertes elles-mêmes par un épiderme de baie, ressemblent à une baie. De là vient que ce genre se distingue par ses quatre semences nues, en baies, des autres genres de cet ordre.*

Quatre *Baies* renfermant chacune une seule semence.

1. PRASE plus grand, *P. majus*, L. à feuilles ovales, oblongues, à dents de scie.

Moris. Hist. Sect. 11. tab. 21, f. 3. *Barrel.* tab. 895.

En Sicile, à *Rome*, à *Naples.* ♄

2. PRASE plus petit, *P. n nus*, L. à feuilles ovales, à crénelures doubles de chaque côté.

En Sicile, à *Naples.*

796. PHRYME, *PHRYMA. Lam. Tab. Encyclop.* pl. 516.

CAL. *Périanthe* d'un seul feuillet, cylindrique, bossué au-dessus de sa base, strié, à *orifice* à deux lèvres : La *supérieure* étroite, plus longue, à trois dents en alêne, réunies : l'*inférieure* obtuse, à deux divisions peu profondes.

COR. Monopétale, labiée. *Tube* de la longueur du calice.

    Lèvre supérieure plus courte, comme ovale, échancrée, droite.

    Lèvre inférieure plus grande, plus étalée, à trois *divisions* peu profondes : l'intermédiaire plus développée.

ÉTAM. Quatre *Filamens*, deux de chaque côté, les supérieurs plus courts. *Anthères* arrondies, réunies, dans la gorge de la corolle.

PIST. *Ovaire* oblong. *Style* filiforme, de la longueur des étamines. *Stigmate* obtus.

PÉR. Nul. Le *Calice* strié, qui ne change point et dont les segmens sont rapprochés, renferme les semences.

SEM. Une seule, oblongue, légèrement arrondie, sillonnée d'un côté.

Une *Semence.*

1. PHRYME d'Amérique, *P. Leptostachya*, L. à feuilles opposées, pétiolées, ovales, aiguës, un peu rudes, à dents de scie.

    Pluk. tab. 380, f. 5.

    Dans l'Amérique Septentrionale. ♃

II. ANGIOSPERMIE.

797. BARTSIE, *BARTSIA.* *

CAL. *Périanthe* d'un seul feuillet, tubulé, persistant, à *orifice* obtus, à deux lobes échancrés, colorés au sommet.

COR. Monopétale, en masque.

    Lèvre supérieure droite, grêle, entière, plus longue.

    Lèvre inférieure renversée, obtuse, très-petite, à trois *divisions* peu profondes.

ÉTAM. Quatre *Filamens*, sétacés, de la longueur de la lèvre supérieure, dont *deux* un peu plus courts. *Anthères* oblongues, rapprochées, cachées sous le sommet de la lèvre supérieure.

Pist. *Ovaire* ovale. *Style* filiforme, plus long que les étamines. *Stigmate* obtus, courbé en dehors.

Pér. *Capsule* ovale, comprimée, pointue, à deux loges, à deux battans, à cloison opposée.

Sem. Nombreuses, anguleuses, petites.

Obs. *Ce genre qui tient le milieu entre les* Rhinanthus, Euphrasia *et* Pedicularis, *en diffère par son calice coloré.*

Calice à deux lobes échancrés, colorés. La *Corolle* moins colorée que le calice, a sa lèvre supérieure plus longue que l'inférieure. *Capsule* à deux loges.

1. **BARTSIE** écarlate, *B. coccinea*, L. à feuilles alternes, linéaires, présentant sur chaque côté deux dents.

> *Moris. Hist.* sect. 11, tab. 13. fig. 28. *Pluk.* 102, f. 5.
> *En Virginie.* ♃

2. **BARTSIE** pâle, *B. pallida*, L. à feuilles alternes, lancéolées, très-entières; à bractées ovales, dentées.

> *Gmel. Sibir.* 3, pag. 201, n.° 11, tab. 42.
> *En Sibérie.*

3. **BARTSIE** visqueuse, *B. viscosa*, L. à feuilles supérieures alternes, à dents de scie; à fleurs éloignées entr'elles, latérales, axillaires.

> *Pluk.* tab. 27, f. 5. (mauvaise) *Barrel.* tab. 665.
> *En Provence.* ☉

4. **BARTSIE** des Alpes, *B. Alpina*, L. à feuilles opposées, en cœur, à dents de scie obtuses.

> *Clinopodium Alpinum, hirsutum;* Clinopode des Alpes, hérissé. *Bauh. Pin.* 225, n.° 5; et *Teucrium Alpinum, coma purpureo-cærulea;* et Germandrée des Alpes, à touffe de bractées pourpre-bleuâtres. *Bauh. Pin.* 247, n.° 6. *Pon. Bald.* 343, f. 1. *Bauh. Hist.* 3, P. 2, pag. 289, f. 4. *Bellev.* tab. 64. *Pluk.* tab. 163, f. 5. *Flor. Dan.* 43.
> Nutritive pour le Mouton, la Chèvre.
> *Sur les Alpes du Dauphiné. de Provence.* ♃ *Estivale. Alp. et S.–Alp.*

798 **RHINANTHE**, *RHINANTHUS.* ✳ *Lam. Tab. Encyclop.* pl. 517.

Cal. *Périanthe* d'un seul feuillet, arrondi, enflé, comprimé, persistant, à quatre segmens peu profonds.

Cor. Monopétale, en masque. *Tube* comme cylindrique, de la longueur du calice. *Limbe* étalé, comprimé à la base.

> *Lèvre supérieure* en casque, comprimée, échancrée, plus étroite.

Lèvre inférieure étalée, plane, obtuse, à moitié divisée en trois parties, dont l'*intermédiaire* est plus large.

ÉTAM. Quatre *Filamens*, de la longueur de la lèvre supérieure sous laquelle ils sont cachés, dont *deux* plus courts. *Anthères* couchées, hérissées, divisées peu profondément d'un côté en deux parties.

PIST. *Ovaire* ovale, comprimé. *Style* filiforme, ayant la situation des étamines, et les dépassant en longueur. *Stigmate* obtus, courbé.

PER. *Capsule* obtuse, droite, comprimée, à deux loges, à deux battans, à cloison opposée aux battans, s'ouvrant sur les bords.

SEM. Plusieurs, comprimées.

OBS. *Dans le* R. Elephas *Tournefort, les Bords de la Capsule sont obtus ; les* Semences *simples ; le* Calice *inégal, à deux lèvres.*

Dans le R. Crista galli *Rivin, les Bords de la Capsule sont augmentés ; les* Semences *enveloppées par une membrane lâche ; le* Calice *égal, à quatre segmens peu profonds.*

Calice ventru, à quatre segmens peu profonds. *Capsule* à deux loges, obtuse, comprimée.

1. RHINANTHE d'Orient, *R. Orientalis*, L. à lèvre supérieure de la corolle, en alène, recourbée.

    Tournef. Voy. au Lev. tom. 2, pag. et tab. 299.

    En Orient.

2. RHINANTHE Éléphant, *R. Elephas*, L. à lèvre supérieure de la corolle en alène, droite.

    Scordio affinis, Elephas ob florem ; congenère du Scordium, nommée Éléphant à cause de la forme de sa fleur. *Bauh. Pin.* 248, n.º 5. *Column. Ecphras.* 166 et 188. *Moris. Hist.* sect. 11, tab. 24, f. 14.

    En Italie, à Naples, en Sicérie. ⊙

3. RHINANTHE Crête de coq, *H. Crista galli*, L. à lèvre supérieure des corolles comprimée, plus courte que l'inférieure.

    Pedicularis pratensis lutea, vel Crista galli ; Pédiculaire des prés à fleur jaune, ou Crête de coq. *Bauh. Pin.* 163, n.º 6. *Dod. Pempt.* 556, f. 1. *Lob. Ic.* 1, pag. 529, f. 2. *Lugd. Hist.* 1073, f. 2. *Bauh. Hist.* 3, P. 2, pag. 436, f. 3. *Moris. Hist.* sect. 11, tab. 23, f. 1, *Bul. Paris.* tab. 358.

Cette espèce présente deux variétés.

    1.º *Crista galli angustifolia, montana ;* Crête de coq à feuilles étroites, des montagnes. *Bauh. Pin.* 163, n.º 8.

    2.º *Crista galli mas ;* Crête de coq mâle. *Bauh. Hist.* 3, p. 436, fig. 2.

Nutritive pour le Cheval, le Mouton, la Chèvre.

En Europe, dans les prairies. ⊙ Vernale.

4. RHINANTHE Trixago, *R. Trixago*, L. à calices hérissés, cotonneux; à feuilles opposées, à dents de scie obtuses; à tige très-simple.

Antirrhinum folio dissecto ; Mufflier à feuille découpée. *Bauh. Pin.* 211, n.° 4; et *Chamædrys unicaulis, spicata ;* et petit Chêne à une tige, en épi. *Bauh. Pin.* 248, n.° 8. *Column. Ecphras.* 1. pag. 199 et 197. *Bellev.* tab. 66. *Moris Hist.* sect. 11, tab. 24, f. 8. *Barrel.* tab. 666 et 774, f. 2.

En Provence. ⊙

5. RHINANTHE du Cap, *R. Capensis*, L. à calices cotonneux; à bractées ovales; à feuilles lancéolées, dentées.

Pluk. tab. 310, f. 3.

En Ethiopie.

6. RHINANTHE des Indes, *R. Indica*, L. à feuilles presque lancéolées, velues, très-entières.

Burm. Ind. 131, tab. 39, f. 1.

Cette espèce présente une variété à calice barbu; à fleurs comme en ombelle, gravée dans *Plukenet*, tab. 114, f. 2.

A Zeylan.

7. RHINANTHE, de Virginie, *R. Virginica*, L. à gorge des corolles, ouverte; à feuilles sinuées, dentées.

En Virginie.

799. EUPHRAISE, *EUPHRASIA.* * *Tournef. Inst.* 174, t. 78. *Lam. Tab. Encyclop.* pl. 518.

CAL. *Périanthe* d'un seul feuillet, cylindrique, inégal, persistant, à quatre segmens peu profonds.

COR. Monopétale, béante. *Tube* de la longueur du calice.

   Lèvre supérieure concave, échancrée.

   Lèvre inférieure étalée, à trois *divisions* profondes, égales, obtuses.

ÉTAM. Quatre *Filamens*, filiformes, inclinés sous la lèvre supérieure. *Anthères* à deux lobes, les inférieures à lobe inférieur terminé en petite épine pointue.

PIST. *Ovaire* ovale. *Style* filiforme, ayant la situation et la figure des étamines. *Stigmate* obtus, entier.

PER. *Capsule* ovale, oblongue, comprimée, à deux loges.

SEM. Nombreuses, très-petites, arrondies.

Calice cylindrique à quatre segmens peu profonds. *Anthères* inférieures à deux lobes, dont un épineux à la base. *Capsule* à deux loges, ovale, oblongue.

1. EUPHRAISE, à larges feuilles, *E. latifolia*, L. à feuilles dentées, palmées; à fleurs en épi arrondi.

> *Euphrasia pratensis, latifolia, Italica;* Euphraise des prés,
> à larges feuilles, d'Italie. *Bauh. Pin.* 234, n.° 4. *Column.*
> *Ecphras.* 200 et 202, f. 2. *Moris. Hist.* sect. 11, tab. 24,
> f. 8. *Pluk.* tab. 28, f. 2. *Barrel.* tab. 275, f. 1 et 3. *Maga.*
> *Bot.* 95, tab. 7.

A *Montpellier*, en *Provence*. ☉ Vernale.

2. EUPHRAISE officinale, *E. officinalis*, L. à feuilles ovales,
marquées par des lignes, à dents de scie aiguës.

> *Euphrasia Officinarum;* Euphraise des Boutiques. *Bauh. Pin.* 233,
> n.° 1. *Fusch. Hist.* 246. *Matth.* 721, f. 3. *Dod. Pempt.* 54,
> f. 3. *Lob. Ic.* 1. pag. 496, f. 1. *Lugd. Hist.* 1167, f. 1. *Camer.*
> *Epit.* 767. *Bauh. Hist.* 3, P. 2, pag. 432, f. 3. *Bellev.* t. 65.
> *Bul. Paris.* tab. 359. *Icon. Pl. Medic.* tab. 39.

Cette espèce présente plusieurs variétés, relativement à la couleur des fleurs et à la forme des feuilles.

1. *Euphrasia;* Euphraise, Eufraise. 2. Herbe, son suc exprimé;
son eau distillée, qui n'a aucune propriété. 3. Odeur foible,
saveur amère. 5. Maladie des yeux, comme ophtalmie chronique, avec relâchement; foiblesse de la vue. (Le suc exprimé ou la décoction des feuilles.)

Nutritive pour le Cheval, le Mouton, le Bœuf, la Chèvre.

En Europe, dans les terrains arides, les bords des bois. ☉ Estivale.

3. EUPHRAISE à trois pointes, *E. tricuspidata*, L. à feuilles linéaires, à trois pointes.

> *Pluk.* tab. 177, f. 1. *Zan. Hist.* 110, tab. 76.

En Italie, à *Naples*. ☉

4. EUPHRAISE Odontites, *E. Odontites*, L. toutes les feuilles linéaires, dentelées; à fleurs en épis, tournées d'un seul coté.

> *Euphrasia pratensis, rubra;* Euphraise des prés, à fleur rose.
> *Bauh. Pin.* 234, n.° 3. *Dod. Pempt.* 55, f. 1. *Lob. Ic.* 1,
> pag. 496, f. 2. *Lugd. Hist.* 1121, f. 2; et 1167, f. 2. *Moris*
> *Hist.* sect. 11. tab. 24, f. 10. *Barrel.* tab. 276, f. 2. *Flor.*
> *Dan.* tab. 625.

Cette espèce présente une variété à fleurs pourpres; à larges
feuilles, décrite et gravée dans *Columna Ecphras.* 1,
pag. 201 et 202, f. 1.

Les bractées teignent en rouge.

Nutritive pour le Cheval, le Mouton, le Bœuf, la Chèvre.

En Europe, dans les prés et les pâturages secs. ☉ Automnale.

5. EUPHRAISE jaune, *E. lutea*, **L.** à feuilles linéaires, à dents de scie : les supérieures très-entières.

Euphrasia pratensis, *lutea*; Euphraise des prés, à fleur jaune. *Bauh. Pin.* 234, n.° 6. *Column. Ecphras.* 1, pag. 204 et 203. *Lugd. Hist.* 1121, f. 3. *Bauh. Hist.* 3, P. 2, pag. 433, f. 1. *Moris Hist.* sect. 11, tab. 24, f. 16. *Barrel.* tab. 1204. *Jacq. Aust.* tab. 398.

En Europe, dans les pâturages secs. ⊙ Estivale.

6. EUPHRAISE à feuilles de lin, *E. linifolia*, **L.** à feuilles linéaires, toutes très-entières ; à calices lisses.

Euphrasia foliis Lini, *angustioribus*; Euphraise à feuilles de Lin, plus étroites. *Bauh. Pin.* 234, n.° 2. *Column. Ecphras.* 1. pag. 68 et 69.

A Lyon, en Dauphiné, en Provence. ⊙

7. EUPHRAISE visqueuse, *E. viscosa*, **L.** à feuilles linéaires ; à calices hérissés, visqueux.

Garridel. Aix. 351, tab. 78.

En Provence, en Dauphiné. ⊙

800. MÉLAMPYRE, *MELAMPYRUM.* * *Tournef. Inst.* 173, tab. 78. *Lam. Tab. Encyclop.* pl. 518.

CAL. *Périanthe* d'un seul feuillet, tubulé, persistant à quatre *segmens* peu profonds, grêles.

COR. Monopétale, en masque. *Tube* oblong, recourbé. *Limbe* comprimé.

Lèvre supérieure en casque, comprimée, échancrée, à marges latérales renversées.

Lèvre inférieure plane, droite, obtuse, de la longueur de la supérieure, à moitié divisée en trois parties égales, marquée au milieu par deux *éminences*.

ÉTAM. Quatre *Filamens*, en alêne, courbés, cachés sous la lèvre supérieure, dont *deux* plus courts. *Anthères* oblongues.

PIST. *Ovaire* pointu. *Style* simple, ayant la situation et la longueur des étamines. *Stigmate* obtus.

PER. *Capsule* oblongue, oblique, pointue, comprimée, à *bord supérieur* convexe : l'*inférieur* droit, à deux loges, à deux battans, à cloison contraire, s'ouvrant par la suture supérieure.

SEM. Doubles, ovales, bossuées, augmentées à la base.

Calice à quatre segmens peu profonds. *Lèvre supérieure* de la corolle, comprimée, repliée en ses bords. *Capsule* à deux loges obliques, s'ouvrant d'un seul côté, renfermant deux semences bossuées.

1. MÉLAMPYRE à crête, *M. cristatum*, L. à fleurs en épis quadrangulaires ; à bractées en cœur, compactes, dentelées, en recouvrement.

Mélampyrum luteum, angustifolium ; Mélampyre à fleur jaune, à feuilles étroites. *Bauh. Pin.* 234, n.º 5. *Bauh. Hist.* 3, P. 2, pag. 440, f. 2. *Pluk.* tab. 99, f. 2.

Cette espèce présente une variété à fleur blanche.

Nutritive pour le Bœuf, le Mouton, la Chèvre.

A Lyon, à Montpellier, à Paris, etc. ☉ Vernale.

2. MÉLAMPYRE des champs, *M. arvense*, L. à fleurs en épi conique, lâche ; à bractées colorées, garnies de dents sétacées.

Mélampyrum purpurascente comâ ; Mélampyre à touffe de bractées purpurines. *Bauh. Pin.* 234, n.º 1. *Dod. Pempt.* 541, f. 2. *Lob. Ic.* 1, pag. 37, f. 1. *Clus. Hist.* 2, pag. 45, f. 1. *Lugd. Hist.* 419, f. 1. *Bauh. Hist.* 3, P. 2, pag. 439, f. 2. *Moris. Hist.* sect. 11, tab. 23, f. 1. *Bul. Paris.* tab. 360.

Nutritive pour le Bœuf, la Chèvre.

En Europe, parmi les blés. ☉ Estivale.

3. MÉLAMPYRE des bois, *M. nemorosum*, L. à fleurs latérales, tournées d'un seul côté ; à bractées dentées, en cœur, lancéolées : les supérieures colorées, stériles ; à calices laineux.

Mélampyrum cærulea comâ ; Mélampyre à touffe de bractées bleues. *Bauh. Pin.* 234, n.º 2. *Clus. Hist.* 2, pag. 44, f. 1. *Bauh. Hist.* 3, P. 2, pag. 440, f. 1. *Bellev.* tab. 68. *Moris. Hist.* sect. 11, tab. 23, f. 5. *Barrel.* tab. 769, f. 1. *Flor. Dan.* tab. 305. *Icon Pl. Medic.* tab. 263.

A Lyon, Montpellier, Grenoble, etc. ☉ Vernale.

4. MÉLAMPYRE des prés, *M. pratense*, L. à fleurs latérales, tournées d'un seul côté, disposées par couples éloignées ; à corolles fermées.

Mélampyrum luteum, latifolium ; Mélampyre à fleur jaune, à larges feuilles. *Bauh. Pin.* 234, n.º 4. *Lob. Ic.* 1, pag. 36, f. 2. *Clus. Hist.* 2, pag. 44, f. 2. *Lugd. Hist.* 420, f. 2 ; et 899, f. 1.

Nutritive pour le Mouton, , la Chèvre le Coq.

A Lyon, Montpellier, Grenoble, etc. ☉ Vernale,

5. MÉLAMPYRE des forêts, *M. sylvaticum*, L. à fleurs latérales, tournées d'un seul côté, disposées par couples éloignées ; à corolles béantes.

Bul. Paris. tab. 361. *Flor. Dan.* tab. 145.

Nutritive pour le Mouton, la Chèvre.

A Montpellier, Grenoble ; Paris, etc. ☉ Vernale.

801. CLANDESTINE,

801. **CLANDESTINE**, *LATHRÆA.* * *Lam.* *Tab.* *Encyclop.* pl. 551. **CLANDESTINA.** *Tournef.* *Inst.* 652, tab. 424.

CAL. *Périanthe* d'un seul feuillet, en cloche, droit, à *orifice* à quatre segmens profonds.

COR. Monopétale, en masque. *Tube* plus long que le calice. *Limbe* en masque, ventru.

> *Lèvre supérieure* concave, en casque, large, rétrécie et crochue au sommet.

> *Lèvre inférieure* moins renversée, obtuse, à trois divisions peu profondes.

> *Nectaire :* glande échancrée, déprimée des deux côtés, très-courte, reposant sur le réceptacle de la fleur et sur un des angles de l'ovaire.

ÉTAM. Quatre *Filamens*, en alène, de la longueur de la corolle, cachés sous la lèvre supérieure. *Anthères* obtuses, déprimées, rapprochées.

PIST. *Ovaire* arrondi, comprimé. *Style* filiforme, ayant la longueur et la situation des étamines. *Stigmate* tronqué, courbé en dehors.

PER. *Capsule* arrondie, obtuse et terminée en pointe, à une loge à deux battans, élastique, enveloppée par le calice très-grand, étalé.

SEM. Peu nombreuses, comme arrondies.

OBS. *Ce genre se rapproche des* Orobanches *par sa glande.*

Calice à quatre segmens peu profonds. Une *Glande* déprimée, reposant sur la base de la suture de l'ovaire. *Capsule* à une seule loge.

1. **CLANDESTINE** à fleurs droites, *L. Clandestina*; L. à tige rameuse et couchée sous terre; à fleurs droites, solitaires.

> *Orobanche flore majore, ex cærulea purpurascente;* Orobanche à fleur plus grande, d'un bleu tirant sur le pourpre. *Bauh. Pin.* 87, n.° 2. *Moris. Hist.* sect. 12, tab. 16, f. 15.
>
> *A Paris.* Vernale.

2. **CLANDESTINE** Phélypée, *L. Phelypæa*; L. à corolles en cloche, ouvertes.

> Cette espèce présente une variété à fleur pou près.
>
> *En Portugal, dans les lieux ombragés.* ♃

3. **CLANDESTINE** Anblate, *L. Anblatum*, L. à lèvres des corolles entières ou sans divisions.

> *Barrel.* tab. 80.
>
> *En Orient.* ♃

Tome III.

F

4. CLANDESTINE écailleuse, *L. squamaria*, L. à tige très-simple ; à corolles pendantes ; à lèvre inférieure de la corolle divisée peu profondément en trois parties.

> *Orobanche radice dentatâ, major ;* Orobanche à racine dentée, plus grande. *Bauh. Pin.* 88, n.º 7. *Matth.* 685. f. 1. *Dod. Pempt.* 553, f. 1. *Lob. Ic.* 2, pag. 270, f. 2. *Clus. Hist.* 2, pag. 120, f. 1. *Lugd. Hist.* 1296, f. 2. *Camer. Epit.* 705. *Bauh. Hist.* 2, pag. 783, f. 2. *Flor. Dan.* tab. 136. *Icon. Pl. Medic.* tab. 110.

> Nutritive pour le Mouton, le Cochon, la Chèvre.

> *A Grenoble, Paris ; en Bourgogne.* ♃ Vernale.

802 SCHWALBÉE, *SCHWALBEA.* †

CAL. *Périanthe* d'un seul feuillet, tubulé, ventru, strié ; à *orifice* oblique, à quatre *segmens* peu profonds : le *supérieur* très-court : les *latéraux* plus longs : l'*inférieur* encore plus long, plus large, échancré.

COR. Monopétale en masque. *Tube* de la longueur du calice. *Limbe* droit.

> *Lèvre supérieure* droite, concave, très-entière.

> *Lèvre inférieure* de la longueur de la supérieure, obtuse, à trois *divisions* peu profondes, égales.

ÉTAM. Quatre *Filamens*, filiformes, de la longueur de la corolle, dont deux un peu plus courts. *Anthères* versatiles.

PIST. *Ovaire* arrondi. *Style* ayant la figure, la longueur et la situation des étamines. *Stigmate* un peu épais, recourbé.

PER. *Capsule* à deux loges ?

SEM. Une seule, arrondie, petite.

Calice à quatre segmens peu profonds, dont le supérieur est très-petit, et l'inférieur très-grand, échancré.

1. SCHWALBÉE Américaine, *S. Americana*, L. à feuilles lancéolées, cotonneuses ; à fleurs alternes, assises.

> *Pluk.* tab. 348, f. 2 ?

> *Dans l'Amérique Septentrionale.*

803. TOZZIE, *TOZZIA*, † *Michel. Gen.* 19, tab. 16. *Lam. Tab. Encyclop.* pl. 522.

CAL. *Périanthe* d'un seul feuillet, tubulé, très-court, à cinq dents, persistant.

COR. Monopétale, béante. *Tube* comme cylindrique, plus long que le calice. *Limbe* étalé.

> *Lèvre supérieure* à deux divisions peu profondes.

Lèvre inférieure à trois divisions peu profondes, toutes arrondies, presque égales.

Étam. Quatre *Filamens*, cachés sous la lèvre supérieure. *Anthères*
arrondies.

Pist. *Ovaire* ovale, *Style* filiforme, ayant la situation et la longueur
des étamines. *Stigmate* en tête.

Per. *Capsule* arrondie, à une loge, à un battant.

Sem. Une seule, ovale.

Calice à cinq dents, *Capsule* arrondie, à une loge, renfermant une seule semence.

1. TOZZIE des Alpes, *T. Alpina*, L. à feuilles arrondies, à crénelures obtuses; à fleurs axillaires; à pédoncules courts.

> *Euphrasia lutea, Alsinefolia, radice squammata :* Euphraise
> à fleur jaune, à feuilles d'Alsine, à racine écailleuse. *Bauh.*
> *Pin.* 234, n.° 7, *Column. Ecphras.* 2, pag. 49 et 50, *Moris.*
> *Hist.* sect. 12, tab. 16, fig. avant-dernière. *Jacq. Aust.*
> tab. 165.

> *Sur les Alpes du Dauphiné.*

804 PÉDICULAIRE, *PEDICULARIS.* * *Tournef. Inst.* 172,
tab. 77. *Lam. Tab. Encyclop.* pl. 517.

Cal. *Périanthe* d'un seul feuillet, arrondi, ventru, persistant,
à *orifice égal*, à cinq segmens peu profonds.

Cor. Monopétale, en masque. *Tube* oblong, bossu.

> *Lèvre supérieure* en casque, droite, comprimée, échancrée,
> plus étroite.

> *Lèvre inférieure*, étalée, plane, obtuse, à moitié divisée en
> trois parties, dont l'intermédiaire est plus étroite.

Étam. Quatre *Filamens*, de la longueur de la lèvre supérieure
sous laquelle ils sont cachés, dont *deux* plus courts. *Anthères*
versatiles, arrondies, comprimées.

Pist. *Ovaire* arrondi. *Style* filiforme, ayant la situation des étamines, mais les dépassant en longueur. *Stigmate* obtus, courbé.

Per. *Capsule* arrondie et terminée en pointe, oblique, à deux
loges, à cloison opposée aux battans; s'ouvrant au sommet.

Sem. Plusieurs, arrondies, comprimées, enveloppées par une
tunique. *Réceptacles* oblongs, pétiolés.

Obs. *Dans plusieurs espèces la Capsule est oblique au sommet.*

Dans la P. Sceptrum–Carolinum **Rudb.** *la capsule est régulière et
la gorge fermée. Quelques espèces ont l'orifice du calice à deux*
segmens peu profonds.

Calice à cinq segmens peu profonds. *Capsule* à deux loges, oblique, terminée en pointe. *Semences* enveloppées

* I. *PÉDICULAIRES à tige rameuse.*

1. PÉDICULAIRE des marais, *P. palustris*, L. à tige rameuse;
à calices en crête calleuse, ponctuée; à lèvre inférieure des corolles, oblique.

> *Bul.* 362. *Flor. Dan.* tab. 255. *Icon. Pl. Medic.* tab. 389.

> 1. *Pedicularis aquatica, fistularia;* Pédiculaire des marais,
> Herbe aux poux, Herbe aux fistules. 2. Herbe récente.
> 3. Fétide, désagréable, nauseuse. 5. Fistules, ulcères sa-
> nieux, calleux, poux.

> Nutritive pour la Chèvre.

> *A Lyon, Grenoble. Paris.* ⊙ Vernale.

2. PÉDICULAIRE des forêts, *P. sylvatica*, L. à tige rameuse;
à calices oblongs, anguleux, lisses; à lèvre inférieure des corolles en cœur.

> *Pedicularis pratensis, purpurea;* Pédiculaire des prés, à fleur
> pourpre. *Bauh. Pin.* 163, n.° 5. *Dod. Pempt.* 556., f. 2.
> *Lob. Ic.* 1, pag. 748, f. 2. *Lugd. Hist.* 1074, f. 1. *Bauh.*
> *Hist.* 3, P. 2, pag. 437, f. 3. *Moris. Hist.* sect. 11, t. 23,
> f. 13, *Bul. Paris.* tab. 363. *Flor. Dan.* tab. 225.

> *A Montpellier, Lyon, Grenoble.* ⊙ Vernale.

3. PÉDICULAIRE à bec, *P. rostrata*, L. à tige couchée, un peu
rameuse; à lèvre supérieure de la corolle terminée en bec pointu;
à calices en crête, hérissés.

> *Pedicularis Alpina, Filicis folio, minor;* Pédiculaire des Alpes,
> à feuille de Fougère, plus petite. *Bauh. Pin.* 163, n.° 3.
> *Hall. Hist.* n.° 322, tab. 6, f. 1. *Jacq. Aust.* tab. 205.

> *Sur les Alpes du Dauphiné, de Suisse.* Estivale. *Alp.*

* II. *PÉDICULAIRES à tige très-simple.*

4. PÉDICULAIRE Sceptré de Charles, *P. Sceptrum Carolinia-*
num, L. à tige simple; à fleurs en anneaux, trois à trois; à
corolles fermées; à calices en crête; à capsules régulières.

> *Flor. Lapp.* n.° 243, tab. 4, f. 4. *Flor. Dan.* tab. 26.

> Nutritive pour le Bœuf, la Chèvre.

> *En Suède, en Lithuanie, en Russie.* ♃

5. PÉDICULAIRE en anneaux, *P. verticillata*, L. à tige simple;
à feuilles quatre à quatre.

> *Filipendula montana, altera;* autre Filipendule des montagnes.
> *Bauh. Pin.* 163, n.° 10. *Hall. Hist.* n.° 318, tab. 9, f. 2.
> *Jacq. Aust.* tab. 206.

> *Sur les Alpes du Dauphiné, de Provence.* ♃ Estivale. *Alp.*

6. PÉDICULAIRE renversée, *P. rampinata*, L. à tige simple, à feuilles lancéolées, à dents de scie, crénelées; à fleurs renversées.

> *Gmel. Sibir.* 3, pag. 204, tab. 44.
> *En Sibérie.*

7. PÉDICULAIRE écorchée, *P. recutita*, L. à tige simple; à feuilles pinnatifides, à dents de scie, à épi feuillé; à calices colorés; à corolles obtuses.

> *Hall. Hist.* n.° 316, tab. 8, f. 2. *Jacq. Aust.* tab. 258.
> *Sur les Alpes de Suisse, d'Autriche.*

8. PÉDICULAIRE triste, *P. tristis*, L. à tige simple; à lèvre supérieure des corolles velue sur les bords.

> *En Sibérie.*

9. PÉDICULAIRE cramoisie, *P. flammea*, L. à tige simple; à feuilles pinnées; à folioles dentées, courtes, à dents renversées.

> *Pedicularis Alpina, folio Ceterach;* Pédiculaire des Alpes, à feuille de Cétérach. *Bauh. Pin.* 163, n.° 4. *Flor. Lapp.* n.° 244, tab. 4, f. 2. *Hall. Hist.* n.° 315, tab. 8, f. 3.
> *Sur les Alpes du Dauphiné, de Provence, de Suisse, de Lapponie.* ♃ Estivale. *Alp.*

10. PÉDICULAIRE hérissée, *P. hirsuta*, L. à tige simple; à feuilles dentées, pinnées; à folioles linéaires; à calices hérissés.

> *Flor. Lapp.* n.° 245, tab. 4, f. 3. *Allion. Flor. Pedem.* n.° 227, tab. 3, f. 1.
> *Sur les Alpes du Dauphiné.* ♃

11. PÉDICULAIRE incarnate, *P. incarnata*, L. à tige simple; à feuilles pinnées; à folioles à dents de scie; à calices arrondis, lisses; à lèvre supérieure des corolles en crochet, aiguë.

> *Jacq. Aust.* tab. 140. *Allion. Flor. Pedem.* n.° 228, tab. 3, f. 2; et tab. 4, f. 2.
> *Sur les Alpes du Dauphiné.* ♃

12. PÉDICULAIRE de Lapponie, *P. Lapponica*, L. à tige simple; à feuilles pinnatifides; à pinnules à dents de scie; à calices à deux segmens peu profonds, obtus.

> *Flor. Lapp.* n.° 242, tab. 4, f. 1.
> Nutritive pour le Mouton, la Chèvre.
> *Sur les Alpes de Lapponie.* ♃

13. PÉDICULAIRE chevelue, *P. comosa*, L. à tige simple; à épi feuillé; à lèvre supérieure des corolles aiguë, échancrée; à calices à cinq dents.

E 3

Allion. Flor. Pedem. n.º 229, tab. 4, f. 1.

Sur les Alpes du Dauphiné, de Provence. ♃

14. PÉDICULAIRE feuillée, *P. foliosa*, L. à tige simple; à épi feuillé; à lèvre supérieure des corolles, très-obtuse, entière; à calices à cinq dents.

Pedicularis Alpina, Filicis folio, major; Pédiculaire des Alpes, à feuilles de Fougère, plus grande. *Bauh. Pin.* 163, n.º 2. *Lugd. Hist.* 1138, f. 2. *Bauh. Hist.* 3, P. 2, p. 438, f. 1. *Moris. Hist.* sect. 11, tab. 23, f. 11. *Jacq. Aust.* 2, tab. 139.

A la grande Chartreuse. ♃ Estivale. *S.-Alp.*

15. PÉDICULAIRE du Canada, *P. Canadensis*, L. à tige simple; à épi un peu feuillé; à lèvre supérieure des corolles sétacée, garnie de deux dents; à calices tronqués.

Pluk. tab. 437, f. 3.

Au Canada. ♃

16. PÉDICULAIRE tubéreuse, *P. tuberosa*, L. à tige simple; à calices en crête; à lèvre supérieure des corolles terminée en bec crochu.

Filipendula montana, flore Pediculariæ; Filipendule des montagnes, à fleur de Pédiculaire. *Bauh. Pin.* 163, n.º 9. *Dod. Pempt.* 56, f. 2. *Lob. Ic.* 1, p. 730, f. 1. *Clus. Hist.* 2, pag. 210, f. 1. *Lugd. Hist.* 784, f. 1; et 786, f. 1. *Bauh. Hist.* 3, P. 2, p. 438, f. 2. *Moris. Hist.* sect. 11, tab. 23, fig. 12.

Sur les Alpes de Suisse, d'Italie. ♃

805. GÉRARDE, *GERARDIA*. † *Plum. Gen.* 30, tab. 12. *Lam. Tab. Encyclop.* pl. 529.

CAL. *Périanthe* d'un seul feuillet, droit, aigu, persistant, à cinq segmens peu profonds.

COR. Monopétale, en masque. *Tube* arrondi, plus long que le calice.

   Lèvre supérieure, droite, obtuse, plane, plus large, échancrée.

   Lèvre inférieure, renversée, à trois divisions profondes : les latérales échancrées : l'intermédiaire plus courte, à deux divisions profondes.

ÉTAM. Quatre *Filamens,* à peine de la longueur du tube, dont deux un peu plus courts. *Anthères* petites.

PIST. *Ovaire* ovale, petit. *Style* simple, court. *Stigmate* obtus.

PÉR. *Capsule* ovale, à deux loges, à deux battans, s'ouvrant à la base.

SEM. Ovales, solitaires.

Calice à cinq segmens peu profonds. *Corolle* à deux lèvres : l'intérieure à trois divisions profondes, échancrées : l'intermédiaire divisée peu profondément en deux parties. *Capsule* à trois loges, s'ouvrant à la base.

1. GÉRARDE tubéreuse, *G. tuberosa*, L. à feuilles presque ovales, cotonneuses, peu sinuées, de la longueur de la tige.

> *Plum. Ic.* 75, f. 2.
> *Dans l'Amérique Méridionale.*

2. GÉRARDE à feuilles de delphin, *G. delphinifolia*, L. à feuilles linéaires, pinnatifides ; à tige un peu rameuse.

> *Dans l'Inde orientale.* ⊙

3. GÉRARDE pourprée, *G. purpurea*, L. à feuilles linéaires.

> *Pluk.* tab. 388, f. 1.
> *Au Canada, en Virginie.* ⊙

4. GÉRARDE jaune, *G. flava*, L. à feuilles lancéolées, pinnées ; à folioles dentées ; à tige très-simple.

> *Pluk.* tab. 389, f. 1.
> *Au Canada, en Virginie.*

5. GÉRARDE pédiculaire, *G. pedicularia*, L. à feuilles oblongues, à doubles dentelures ; à tige en panicule ; à calices crénelés.

> *Au Canada, en Virginie.*

6. GÉRARDE gluante, *G. glutinosa*, L. à feuilles ovales, à dents de scie ; à bractées linéaires, hérissées.

> *A la Chine.*

806. CHÉLONE, *CHELONE.* * *Lam. Tab. Encyclop.* pl. 528.

CAL. *Périanthe* d'un seul feuillet, très-court, persistant, à cinq segmens profonds, droits, ovales.

COR. Monopétale, en masque. *Tube* comme cylindrique, très-court. *Gorge* enflée, oblongue, convexe en dessus, plane en dessous. *Limbe* fermé, petit.

> *Lèvre supérieure* obtuse, échancrée.
> *Lèvre inférieure* presque égale à la supérieure, à trois divisions peu profondes.

STAM. Quatre *Filamens*, cachés sous le dos de la corolle, dont deux latéraux un peu plus longs. *Anthères* couchées.

> *Rudiment* d'un cinquième filament, en forme de crochet, entre les deux étamines les plus longues.

PIST. *Ovaire* ovale. *Style* filiforme, ayant la situation et la longueur des étamines. *Stigmate* obtus.

PÉR. *Capsule* ovale, à deux loges, plus longue que le calice.

SEM. Plusieurs, arrondies, entourées par une marge membraneuse.

OBS. *Le C. Penstemon diffère par ses étamines ascendantes, de la longueur de la corolle, dont la cinquième ou supérieure est stérile, droite, aussi longue que la corolle, barbue supérieurement dans sa longueur, plus épaisse ; et par ses étamines non velues.*

Calice à cinq segmens profonds. *Rudiment* d'un cinquième filament stérile, parmi les deux étamines les plus grandes. *Capsule* à deux loges.

1. **CHÉLONE** lisse, *C. glabra*, **L.** à feuilles pétiolées, lancéolées, à dents de scie : les supérieures opposées.

   Au Canada, en Virginie. ♃

2. **CHÉLONE** oblique, *C. obliqua*, **L.** à feuilles pétiolées, lancéolées, à dents de scie, opposées.

   Pluk. tab. 348, f. 3.

   Au Canada, en Virginie. ♃

3. **CHÉLONE** hérissée, *C. hirsuta*, **L.** à tige et feuilles hérissées.

   En Virginie.

4. **CHÉLONE** à cinq étamines, *C. penstemon*, **L.** à feuilles embrassantes ; à fleurs en panicule dichotome.

   Moris. Hist. sect. 11, tab. 21, f. 2 et 3.

   Le synonyme de *Morison, Digitalis perfoliata, glabra, flore violaceo, minore,* ou Digitale perfoliée, lisse, à fleur violette, plus petite, *Hist.* 2, pag. 479, sect. 5, tab. 8, fig. 6, cité par *Reichard* pour cette espèce, est rapporté par le même auteur au Mimule en masque, *M. ringens,* **L.**

   En Virginie. Cultivé dans les jardins. ♃

807. **GESNÈRE,** *GESNERIA.* † GESNERA. *Plum. Gen.* 27, t. 9. *Lam. Tab. Encyclop.* pl. 536.

CAL. *Périanthe* d'un seul feuillet, supérieur, aigu, persistant, à cinq segmens peu profonds.

COR. Monopétale, recourbée çà et là. *Tube* un peu épais, rétréci à son cou. *Gorge* en entonnoir. *Limbe* obtus, à cinq *divisions* profondes : les supérieures concaves : les trois inférieures, planes, étalées.

ÉTAM. Quatre *Filamens,* plus courts que la corolle. *Anthères* simples.

PIST. *Ovaire* inférieur, déprimé. *Style* simple, ayant la situation et la longueur des étamines. *Stigmate* en tête.

PÉR. *Capsule* arrondie, couronnée par le calice ouvert, à deux loges.

Sem. Très - nombreuses, très - petites. *Réceptacles* adhérens aux deux côtés de la cloison.

Calice à cinq segmens peu profonds, assis ou reposant sur l'ovaire. *Corolle* recourbée çà et là. *Capsule* inférieure à deux loges.

1. GESNÈRE naine, *G. humilis*, L. à feuilles lancéolées, à dents de scie, assises ou sans pétioles; à pédoncules rameux, portant plusieurs fleurs.

   Sloan. Jam. tab. 104, f. 2.
   Dans l'Amérique Méridionale. ♄

2. GESNÈRE sans tige, *G. acaulis*, L. à feuilles lancéolées, ovales, à dents de scie, comme pétiolées, entassées au sommet des tiges; à pédoncules plus courts que les feuilles, portant trois fleurs.

   Sloan. Jam. tab. 102, f. 1.
   A la Jamaïque.

3. GESNÈRE cotonneuse, *G. tomentosa*, L. à feuilles ovales, lancéolées, crénelées, hérissées; à pédoncules latéraux, très-longs, en corymbes.

   Jacq. Amer. 179, tab. 175, f. 64.
   Dans l'Amérique Méridionale.

808. MUFFLIER, *ANTHIRRINUM*. * *Tournef. Inst.* 167, t. 75. *Lam. Tab. Encyclop.* pl. 531. LINARIA. *Tournef. Inst.* 168, tab. 76. ASARINA. *Tournef.* 171, tab. 76.

Cal. *Périanthe* persistant, à cinq *segmens* profonds, oblongs, persistans, dont *deux inférieurs* plus étalés.

Cor. Monopétale, en masque. *Tube* oblong, bossué. *Limbe* à deux lèvres.

   Lèvre supérieure renversée sur les côtés, à deux divisions peu profondes.

   Lèvre inférieure obtuse, à trois divisions peu profondes.

   Palais convexe, fermé le plus souvent par un palais saillant entre les deux lèvres, formé par le prolongement de la lèvre inférieure, à gosier creux en dessous.

   Nectaire saillant, formé extérieurement par le prolongement de la base de la corolle.

Étam. Quatre *Filamens*, enfermés sous la lèvre supérieure, presque de la longueur de la corolle, dont deux plus courts. *Anthères* rapprochées.

Pist. *Ovaire* arrondi. *Style* simple, ayant la longueur et la situation des étamines. *Stigmate* obtus.

Pér. *Capsule* arrondie, obtuse, à deux loges, variant selon les espèces pour sa figure et sa manière de s'ouvrir.

Sem. Plusieurs. *Réceptacles* en forme de rein, solitaires, attachés à la cloison.

Obs. *Le Nectaire et le Péricarpe varient considérablement dans ce genre.*

> *Linaria Tournefort : Nectaire long, en alène ; Capsule s'ouvrant d'une manière égale.*
>
> *Antirrhini Tournefort : Nectaire obtus, à peine saillant ; Capsule s'ouvrant obliquement au sommet, inégale à la base.*
>
> *Elatino Dillen : Nectaire en alène ; Capsule formant des deux côtés en s'ouvrant, une petite lame.*
>
> *A. bellidifolium et Canadense. Bouche de la corolle ouverte, sans palais.*

Calice à cinq segmens profonds. *Corolle* terminée à sa base par un nectaire saillant, plus ou moins prolongé. *Capsule* à deux loges.

* I. *Muffliers à feuilles anguleuses.*

1. MUFFLIER Cymbalaire, *A. Cymbalaria*, L. à feuilles en cœur, à cinq lobes, alternes ; à tiges couchées.

> *Cymbalaria* ; Cymbalaire. *Bauh. Pin.* 306. *Matth.* 780, fig. 2. *Lob. Ic.* 1, p. 615, f. 1. *Lugd. Hist.* 1322, f. 3. *Camer. Epit.* 860. *Bauh. Hist.* 3, P. 2, pag. 685, f. 1. *Bul. Paris.* tab. 364.
>
> *A Montpellier, Lyon, Grenoble, Paris, etc.* ♃ Fleurit tout l'été.

2. MUFFLIER velu, *A. pilosum*, L. à feuilles en forme de rein, très-velues, alternes ; à tiges couchées.

> *Jacq. Obs.* 2, p. 29, tab. 48.
>
> *Sur les Alpes de* . . . .

3. MUFFLIER Élatine, *A. Elatine*, L. à feuilles en fer de hallebarde, alternes ; à tiges couchées.

> *Elatine folio acuminato, in basi auriculato, flore luteo ;* Élatine à feuille terminée en pointe, à oreillettes à la base, à fleur jaune. *Bauh. Pin.* 253, n.º 2. *Matth.* 716, f. 1. *Dod. Pempt.* 42, f. 2. *Lob. Ic.* 1, p. 470, f. 2. *Lugd. Hist.* 1238, f. 2. *Camer. Epit.* 754. *Bauh. Hist.* 3, P. 2, p. 372, f. 2. *Bellev.* tab. 73. *Moris. Hist.* sect. 5, tab. 14, fig. 28. *Bul. Paris.* tab. 365. *Flor. Dan.* tab. 426.
>
> Cette espèce présente une variété.
>
> *Elatine folio acuminato, flore cœruleo ;* Élatine à feuille aiguë, à fleur bleue. *Bauh. Pin.* 253, n.º 3.
>
> *En Europe, dans les blés, les chaumes.* ☉ Estivale.

4. MUFFLIER Velvote, *A. spurium*, L. à feuilles ovales, alternes ;
à tiges couchées.

> *Elatine folio subrotundo* ; Élatine à feuille arrondie. *Bauh. Pin.*
> 252, n.º 1. *Fusch. Hist.* 167. *Matth.* 514, f. 2. *Dod. Pempt.*
> 42, f. 1. *Lob. Ic.* 1, p. 470, f. 1. *Lugd. Hist.* 1050, f. 2 ;
> 1240, f. 3 ; et 1303, f. 3. *Camer. Epit.* 462. *Bauh. Hist.* 3,
> P. 2, p. 372, f. 1. *Moris. Hist.* sect. 5, tab. 14, f. 1.
>
> *En Europe, dans les blés, les chaumes.* ⊙ Estivale.

5. MUFFLIER à vrilles, *A. cirrhosum*, L. à feuilles en fer de
hallebarde, alternes ; à tiges étalées ; à pétioles garnis de vrilles.

> *Till. Pis.* tab. 38, f. 2. *Jacq. Hort.* tab. 82.
>
> *En Egypte, à Naples.* ⊙

6. MUFFLIER d'Égypte, *A. Ægyptiacum*, L. à feuilles en fer de
hallebarde, alternes ; à tige droite, très-rameuse ; à pédoncules
un peu roides.

> *En Egypte.*

* II. MUFFLIERS à feuilles opposées.

7. MUFFLIER à trois feuilles, *A. triphyllum*, L. à feuilles trois à
trois, ovales.

> *Linaria triphylla, minor, lutea* ; Linaire à trois feuilles, plus
> petite, à fleur jaune. *Bauh. Pin.* 212, n.º 4. *Dod. Pempt.*
> 184, f. 2. *Lob. Ic.* 1, p. 408, f. 2. *Clus. Hist.* 1, p. 320,
> f. 2. *Lugd. Hist.* 1333, f. 3. *Bauh. Hist.* 3, P. 2, p. 458,
> f. 3. *Moris. Hist.* sect. 5, tab. 12, f. 2. *Pluk.* tab. 96, f. 4.
>
> Cette espèce présente une variété.
>
> *Linaria triphylla, cærulea* ; Linaire à trois feuilles, à fleur
> bleue. *Bauh. Pin.* 212, n.º 5. *Column. Ecphras.* 80 et 78,
> fig. 2.
>
> *En Sicile.* ⊙

8. MUFFLIER à quatre feuilles, *A. triornitophorum*, L. à feuilles
quatre à quatre, lancéolées ; à tige droite, rameuse ; à fleurs
pédonculées.

> *Herm. Lugd.* 376 et 377.
>
> *En Portugal, dans l'Amérique Méridionale.*

9. MUFFLIER pourpre, *A. purpureum*, L. à feuilles quatre à
quatre, linéaires ; à tige droite ; à fleurs en épis lâches.

> *Linaria purpurea, major, odorata* ; Linaire à fleur pourpre,
> plus grande, odorante. *Bauh. Pin.* 213, n.º 10. *Dod. Pempt.*
> 183, f. 2. *Lob. Ic.* 1, p. 407, f. 2. *Lugd. Hist.* 1151, f. 2.
> *Bauh. Hist.* 3, P. 2, p. 460, f. 1.
>
> *A Naples.*

10. MUFFLIER rampant, *A. repens*, L. à feuilles linéaires, entassées : celles du bas de la tige, quatre à quatre ; à calices de la
longueur de la capsule.

Dill. Elth. tab. 163, f. 197.

A Naples, en Italie.

11. MUFFLIER de Montpellier, *A. Monspessulanum*, L. à feuilles
linéaires, entassées ; à tige luisante, en panicule ; à pédoncules
en épis, nus.

Linaria capillaceo folio, odorata; Linaire à feuille capilla-
cée, odorante. *Bauh. Pin.* 213, n.° 11. *Bauh. Hist.* 3,
P. 2, p. 459, f. 1.

A Montpellier, Grenoble, Paris, etc. ♃ Estivale.

12. MUFFLIER sparte, *A. sparteum*, L. à feuilles en alène, creusées en gouttière, charnues : les inférieures trois à trois ; à tige
en panicule, lisse ; à corolles très-lisses.

En Espagne. ♂

13. MUFFLIER deux fois ponctué, *A. bipunctatum*, L. à feuilles
linéaires, lisses : les inférieures quatre à quatre ; à tige droite,
en panicule ; à fleurs à épis en tête.

Bauh. Hist. 3, P. 2, p. 357, f. 1.

A Montpellier, Paris. ☉ Estivale.

14. MUFFLIER triste, *A. triste*, L. à feuilles linéaires, éparses :
les inférieures opposées ; à nectaire en alène ; à fleurs presque
assises ou à pédoncules très-courts.

Dill. Elth. tab. 264, f. 199.

A Gibraltar.

15. MUFFLIER couché, *A. supinum*, L. à feuilles linéaires, le
plus souvent quatre à quatre ; à tige diffuse ; à fleurs en épis ; à
éperon presque droit.

Linaria pumila, supina, lutea; Linaire naine, couchée, à
fleur jaune. *Bauh. Pin.* 213, n.° 1. *Lob. Ic.* 1, p. 410, f. 2.
Clus. Hist. 1, p. 321, f. 1. *Bul. Paris.* tab. 367.

Sur les Alpes du Dauphiné, à Montpellier, Paris, etc. ☉ Estivale. S.-Alp.

16. MUFFLIER des champs, *A. arvense*, L. à feuilles presque linéaires : les inférieures quatre à quatre ; à calices velus, gluans ;
à fleurs en épis ; à tige droite.

Linaria arvensis, cœrulea; Linaire des champs à fleur bleue.
Bauh. Pin. 213, n.° 14. *Dill. Elth.* tab. 163, f. 198.

Cette espèce présente deux variétés.

1.° *Linaria pumila, foliolis carnosis, flosculis minimis, flavis*;
Linaire naine, à folioles charnues, à fleurs très-petites,
jaunes. *Bauh. Pin.* 213, n.° 2.

2.° *Linaria quadrifolia , lutea* ; Linaire à quatre feuilles , à fleur jaune. *Bauh. Pin.* 213 , n.° 17. *Column. Ecphras.* 1 , p. 299 et 300 , f. 1.

A Montpellier , Lyon , Grenoble , Paris. ☉ Estivale.

17. MUFFLIER de Pélissier , *A. Pelisserianum* , L. à feuilles de la tige linéaires , alternes : les radicales lancéolées , trois à trois; à fleurs en corymbes.

Bauh. Hist. 3 , P. 2 , p. 461 , f. 1. *Bellev.* tab. 72. *Barrel.* tab. 1162.

A Montpellier au bois de Grammont , à Lyon. ☉ Vernale.

18. MUFFLIER des rochers , *A. saxatile* , L. à feuilles lancéolées , linéaires , éparses , velues : les inférieures quatre à quatre; à tige couchée ; à fleurs en épis.

En Espagne. ♃

19. MUFFLIER visqueux , *A. viscosum* , L. à feuilles de la tige li-néaires , alternes : les radicales lancéolées , quatre à quatre ; à calices velus , rapprochés de la tige.

En Espagne. ☉

20. MUFFLIER à plusieurs tiges , *A. multicaule* , L. à feuilles cinq à cinq , linéaires , charnues ; à fleurs en têtes.

Boccon. Sic. 38 , tab. 19 , f. A. B. C.

En Sicile , à Naples , en Orient. ☉

21. MUFFLIER glauque , *A. glaucum* , L. à feuilles quatre à qua-tre , en alêne , charnues ; à tige droite ; à fleurs en épis.

Loes. Pruss. 142 , n.° 39. *Buxb. Cent.* 4 , p. 23 , tab. 37.

A Naples , dans l'Orient. ☉

22. MUFFLIER des Alpes , *A. Alpinum* , L. à feuilles quatre à quatre , linéaires , lancéolées , glauques; à tige diffuse ; à fleurs en grappes ; à éperon droit.

Linaria quadrifolia , supina ; Linaire à quatre feuilles , cou-chée. *Bauh. Pin.* 213 , n.° 5. *Clus. Hist.* 1 , p. 322 , f. 2.

Cette espèce présente deux variétés.

1.° *Linaria cærulea , repens* ; Linaire à fleur bleue , rampante. *Bauh. Pin.* 213, n.° 4. *Lob. Ic.* 1 , p. 410 , f. 1. *Clus. Hist.* 1 , p. 323 , f. 1. *Lugd. Hist.* 1151 , f. 4.

2.° *Linaria foliis carnosis , cinereis* ; Linaire à feuilles char-nues , cendrées. *Bauh. Pin.* 213 , n.° 3.

Ce dernier synonyme de *G. Bauhin* est rapporté avec un point de doute dans le *Species* , au Mufflier glauque , *A. glau-cum* , L. Mais *Haller* le cite comme variété du Mufflier des Alpes , *A. Alpinum* , L.

Sur les Alpes du Dauphiné , de Provence , de Suisse. ☉ Esti-vale. *Alp.*

23. MUFFLIER à deux cornes, *A. bicorne*, L. à feuilles opposées, ovales, oblongues, à dents de scie, à tige droite, à fleurs
en grappes ; à capsules à deux cornes.

> *Burm. Afric.* 211, tab. 75, f. 3.
>
> *Au cap de Bonne-Espérance.*

24. MUFFLIER velu, *A. villosum* ; L. toutes les feuilles opposées ;
ovales ; velues ; à tiges simples ; à fleurs opposées, latérales.

> *Barrel.* tab. 597. Cette figure de *Barrelier* est rapportée par
> *Linné* à cette espèce et au Mufflier mou, *A. molle*, esp. 40.
>
> *En Espagne.* ♃

25. MUFFLIER à feuilles d'origan ; *A. origanifolium*, L. les feuilles
pour la plupart opposées, oblongues ; à fleurs alternes.

> *Antirrhinum saxatile, foliis Serpilli* ; Mufflier des rochers, à
> feuilles de Serpolet. *Bauh. Pin.* 212, n.° 7. *Pluk.* tab. 137,
> fig. 1. (mauvaise) *Barrel.* tab. 598, 1100, 1101 ? 1102 ;
> 1103 et 1313.
>
> *A Grenoble.* ♃ Vernale.

26. MUFFLIER plus petit, *A. minus*, L. à feuilles lancéolées, obtuses, presque toutes alternes, excepté les inférieures qui sont
opposées ; à tige très-rameuse, diffuse, visqueuse.

> *Antirrhinum arvense, minus* ; Mufflier des champs, plus petit.
> *Bauh. Pin.* 212, n.° 6. *Matth.* 830, f. 1. *Lob. Ic.* 1, p. 406 ;
> f. 1. *Lugd. Hist.* 1340, f. 3. *Camer. Epit.* 912. *Bauh. Hist.* 3 ;
> P. 2, p. 465, f. 1. *Flor. Dan.* tab. 502.
>
> Nutritive pour le Bœuf, le Mouton.
>
> *En Europe, dans les champs.* ☉ Estivale.

* III. *MUFFLIERS à feuilles alternes.*

27. MUFFLIER de Dalmatie, *A. Dalmaticum*, L. à feuilles alternes, en cœur, embrassantes.

> *Linaria latifolia, Dalmatica, magno flore* ; Linaire à larges
> feuilles, de Dalmatie, à grande fleur. *Bauh. Pin.* 212, n.° 1.
> *Bauh. Hist.* 3, P. 2, p. 458, f. 2. *Buxb. Cent.* 1, pag. 15,
> tab. 24.
>
> *Dans l'isle de Crète, dans l'Arménie, d'où il fut apporté en*
> *Europe en* 1594. ☉

28. MUFFLIER hérissé, *A. hirtum*, L. à feuilles lancéolées, hérissées, alternes ; à fleurs en épis ; le segment supérieur du calice
très-grand.

> *En Espagne.* ☉

29. MUFFLIER à feuilles de genêt, *A. genistæfolium* ; L. à feuilles
lancéolées, aiguës ; à fleurs en panicule à verge, tortueux.

> *Linaria flore pallido ; rictu aureo* ; Linaire à fleur pâle ; à

bouche dorée. *Bauh. Pin.* 213, n.º 8. *Clus. Hist.* 1, p. 322 ;
f. 1. *Bauh. Hist.* 3, P. 2, p. 458, f. 1. *Bellev.* tab. 70. *Jacq.*
Aust. tab. 244.

En Dauphiné. ♃

30. **MUFFLIER** joncier, *A. junceum*, L. à feuilles linéaires, alternes ; à tige en panicule à verge ; à fleurs en grappe.

En Espagne. ☉

31. **MUFFLIER** Linaire, *A. Linaria*, L. à feuilles lancéolées, linéaires, entassées ; à tige droite ; à fleurs en épis terminons ;
assis ; à fleurs en recouvrement.

Linaria vulgaris, lutea, flore majore ; Linaire vulgaire,
à fleur jaune, plus grande. *Bauh. Pin.* 212, n.º 3. *Fusch. Hist.*
545. *Matth.* 837, f. 1. *Dod. Pempt.* 183, f. 1. *Lob. Ic.* 1,
p. 406, f. 2. *Lugd. Hist.* 1332, f. 1. *Camer. Epit.* 930. *Bauh.*
Hist. 3, P. 2 ; p. 456, f. 2. *Bul. Paris.* 368. *Icon. Pl. Med.*
tab. 442.

La *Linaire* offre plusieurs variétés.

1. *Linaria ;* Linaire, Linaire commune, Lin sauvage. 2. Herbe.
3. Odeur virulente, saveur salée, amère. 5. Jaunisse, ulcé-
rations internes, ictère, hydropisie, ophtalmie, hémorrhoïdes borgnes, douloureuses, (intérieurement pilée et en
cataplasme froid ou chaud.) 6. Le lait dans lequel on a fait
macérer la *Linaire ;* tue les mouches qui viennent le pom-
per. On dit que ses fleurs les tuent également, et que par
cette raison, les Suédois en pendent des paquets à leurs fenêtres.

En Europe dans les terrains incultes. ♃ *Estivale.*

32. **MUFFLIER** à feuilles de lin, *A. linifolium*, L. à feuilles lancéolées, alternes, à trois nervures ; à fleurs en grappes ; à péduncules éloignés entr'eux, plus courts que les bractées.

Linaria Americana, parvo flore luteo ; Linaire Américaine, à
fleur petite, jaune. *Bauh. Pin.* 212, n.º 2. *Buxb. Cent.* 1,
p. 16 ; tab. 25. (mauvaise.)

En Italie, à Naples. ♃

33. **MUFFLIER** d'Italie, *A. Chalepense*, L. à feuilles linéaires,
lancéolées, alternes ; à fleurs en grappes ; à calices plus longs
que la corolle ; à tige droite.

Lob. Ic. 1, p. 408, f. 1. *Riv. Monop.* tab. 80, f. 8.

A Montpellier, en Italie. ☉

34. **MUFFLIER** renversé, *A. reflexum*, L. à feuilles ovales, alternes, lisses ; à péduncules axillaires, qui s'alongent et se re-
courbent après la fécondation ; à tige couchée.

En Barbarie, à Naples. ☉

35. MUFFLIER pédunculé, *A. pedunculatum*, L. à feuilles alternes; linéaires, éloignées; à fleurs en panicule; à pédoncules roides; plus longs que la feuille.

En Espagne.

* **IV.** *MUFFLIERS à corolles béantes, sans éperon.*

36. MUFFLIER plus grand, *A. majus*, à corolles sans éperon; à fleurs en épis; à calices arrondis.

Cette espèce présente plusieurs variétés.

1.º *Antirrhinum majus rotundiore folio*; Mufflier plus grand à feuille plus ronde. *Bauh. Pin.* 211, n.º 1. *Lugd. Hist.* 830, fig. 2.

Antirrhinum luteo flore; Mufflier à fleur jaune. *Bauh. Pin.* 211, n.º 3. *Lob. Ic.* 1, p. 405, f. 1.

2.º *Antirrhinum majus alterum, folio longiore*; autre Mufflier plus grand, à feuille plus longue. *Bauh. Pin.* 211, n.º 2. *Dod. Pempt.* 182, f. 1. *Lob. Ic.* 1, p. 404, f. 2. *Lugd. Hist.* 1340, f. 2. *Barrel.* tab. 637 et 638.

1. *Antirrhinum*; grand Muffle de veau. 2. Herbe. 5. Plaies ? *A Montpellier, Grenoble, Lyon*, etc. ♃ Vernale.

37. MUFFLIER Oronce, *A. Orontium*, L. à corolles sans éperon; à fleurs comme en épis; à segmens des calices digités, plus longs que la corolle.

Antirrhinum arvense, majus; Mufflier des champs, plus grand. *Bauh. Pin.* 212, n.º 5. *Matth.* 829, f. 2. *Dod. Pempt.* 182, f. 2. *Lob. Ic.* 1, p. 405, f. 2. *Lugd. Hist.* 1341, f. 1. *Camer. Epit.* 920 et 923? *Bauh. Hist.* 3, P. 2, p. 464, f. 1. *Barrel.* tab. 651 et 652. *Icon. Pl. Medic.* tab. 274.

En Europe dans les champs, les chemins. ⊙ Estivale.

38. MUFFLIER papilionacé, *A. papilionaceum*, L. à corolles sans éperon; à fleurs axillaires; à segmens du calice papilionacés; à feuilles charnues.

En Perse.

39. MUFFLIER Asarine, *A. Asarina*, à corolles sans éperon; à feuilles opposées, en cœur, crénelées; à tiges couchées.

Hedera saxatilis, magno flore; Lierre des rochers, à grande fleur. *Bauh. Pin.* 306, n.º 3. *Lob. Ic.* 1, p. 601, f. 2. *Lugd. Hist.* 915, f. 2.

Aux Pyrénées. ♃

40. MUFFLIER mou, *A. molle*, L. à corolles sans éperon; à feuilles opposées, ovales, cotonneuses; à tiges couchées.

Le synonyme de *Barrelier*, tab. 597, est rapporté deux fois par *Linné*, au *Mufflier velu* et au *Mufflier mou.*

En Espagne. ♃

*V. MUFFLIERS à corolles béantes.

41. MUFFLIER à feuilles de pâquerette, *A bellidifolium*, L. à feuilles radicales en spatule, dentées, marquées par des lignes : celles de la tige à trois ou quatre divisions très-étroites.

Linaria Bellidis folio ; Linaire à feuille de Pâquerette, *Bauh. pin.* 212, n.º 7. *Prodr.* 106, f. 1. *Dod. Pempt.* 184, f. 1. *Lob. Ic.* 1, p. 407, f. 1. *Clus. Hist.* 1, p. 320, f. 1. *Lugd. Hist.* 1151, f. 3. *Bauh. Hist.* 3, P. 2, p. 459, f. 2. *Moris. Hist.* sect. 5, tab. 12, f. 20.

Cette espèce présente plusieurs variétés relativement à la couleur des fleurs et à la forme des feuilles.

À Lyon, Grenoble. ♃ Vernale.

42. MUFFLIER du Canada, *A. Canadense*, L. à feuilles linéaires ; alternes ; à corolles sans éperon, béantes ; à lèvre inférieure très-étalée.

Au Canada, en Virginie.

43. MUFFLIER à feuilles de linaire, *A. linarioides*, L. à Feuilles linéaires, lancéolées, trois à trois ; à tige droite ; à fleurs en grappes.

Dans l'Europe Méridionale.

809. CYMBAIRE, *CYMBARIA*. Lam. Tab. Encyclop. pl. 530.

CAL. *Périanthe* droit, persistant, à dix dents, dont deux opposées, plus fortes, plus étalées : les autres, droites, linéaires.

COR. Monopétale ; en masque. *Tube* oblong, ventru. *Limbe* à deux lèvres.

Lèvre *supérieure* renversée ; obtuse, à deux divisions profondes.

Lèvre *inférieure* obtuse, à trois divisions profondes.

ÉTAM. Quatre *Filamens*, de la longueur du tube. *Anthères* saillantes, divisées peu profondément en deux parties.

PIST. *Ovaire* ovale. *Style* filiforme, de la longueur des étamines ; recourbé au sommet. *Stigmate* obtus.

PÉR. *Capsule* ovale ; à une loge, à deux battans. *Réceptacle* quadrangulaire.

SEM. Plusieurs, anguleuses, lisses.

OBS. *Ce genre se distingue aisément par son Calice seul, des autres genres de cet ordre.*

Calice à dix dents. *Capsule* en cœur ; à deux loges.

1. CYMBAIRE de Daurie, *C. Daurica*, L. à rameaux opposés, stériles ; à fleurs latérales, presque assises, grandes, en petit nombre.

Ammann. Ruth. n.º 47, p. 35, tab. 1, f. 2.

En Daurie.

810. CRANIOLAIRE, *CRANIOLARIA.* †

CAL. *Périanthe inférieur*, à quatre *feuillets*, linéaires, courts, ouverts, persistans.

—— *Périanthe supérieur*, ovale, boursouflé, grand, découpé dans sa longueur sur un côté.

COR. Monopétale, inégale. *Tube* très-long, très-étroit. *Limbe* plane, à deux lèvres.

　　Lèvre supérieure entière, arrondie, semblable aux autres divisions de la lèvre inférieure, mais plus grande.

　　Lèvre inférieure à trois divisions peu profondes, arrondies : l'intermédiaire plus large.

ÉTAM. Quatre *Filamens*, de la longueur du tube de la corolle, dont *deux* un peu plus courts. *Anthères* simples.

PIST. *Ovaire*, ovale. *Style* filiforme, de la longueur du tube de la corolle. *Stigmate* un peu épais, obtus.

PÉR. Coriace, ovale, aigu aux deux extrémités, à deux battans.

SEM. *Noix* ligneuse, déprimée, garnie à ses deux extrémités d'une pointe recourbée, divisée profondément en deux parties, marquée des deux côtés de trois sillons dentés (semblables au crâne de quelque bête féroce), divisée peu profondément sur les côtés en deux parties.

OBS. *Ce genre a une très-grande affinité avec le* Martynia, *mais sa corolle est plus égale.*

Calice double : l'*inférieur* à quatre feuillets : le *supérieur* d'un seul feuillet, en forme de spathe, découpé dans sa longueur. *Tube* de la corolle très-long. *Capsule* ligneuse.

1. CRANIOLAIRE ligneuse, *C. fruticosa*, L. à feuilles lancéolées, dentées.

　　Plum. tab. 137.

　　Dans l'Amérique Méridiodale. ♄

2. CRANIOLAIRE annuelle, *C. annua*, L. à feuilles en cœur, anguleuses ; à calice inférieur de deux feuillets.

　　Jacq. Amer. 173, tab. 110.

　　A Carthagène. ☉

811. MARTYNE, *MARTYNIA.* Lam. Tab. Encyclop. pl. 537.

CAL. *Périanthe* à cinq segmens peu profonds, se flétrissant.

COR. Monopétale, en cloche. *Tube* ouvert, ventru ; bossué inférieurement près de la base, mellifère. *Limbe* petit, obtus,

étalé , à cinq *divisions* peu profondes, presque égales : l'inférieure droite, plus redressée, concave, crénelée.

Étam. Quatre *Filamens* , filiformes, courbés. *Rudiment* d'un cinquième filament parmi les deux étamines les plus grandes, court
et semblable à une pointe. *Anthères* rapprochées.

Pist. *Ovaire* oblong. *Style* court , simple , de la longueur des étamines. *Stigmate* à deux lobes.

Pér. *Capsule* ligneuse, oblongue, bossue , à cinq loges, à quatre
angles marqués chacun par deux sillons , pointue, recourbée au
sommet , s'ouvrant sur deux côtés , renfermant les semences
comme dans un noyau à quatre loges.

Sem. Plusieurs , oblongues , en baie.

Obs. M. longiflora, *diffère par son calice à cinq dents , par ses
deux stigmates et par sa capsule à peine terminée en bec , marquée
des deux côtés à sa base par une dent.*

Calice à cinq segmens peu profonds. *Corolle* en masque.
Capsule ligneuse , enveloppée par une écorce qui peut se
détacher , terminée par un bec en ameçon , à cinq loges ,
à deux battans.

1. MARTYNE vivace, *M. perennis* , L. à tige simple ; à feuilles
à dents de scie.

Hort. Cliff. 322, tab. 18.

A Carthagène. ♄

2. MARTYNE annuelle, *M. annua*, L. à tige rameuse : à feuilles
très-entières , anguleuses.

Lugd. Hist. 1906, f. 2. *Sabbat. Hort. Rom.* 2, tab. 91. *Schimd.
Ic. Pl.* p. 49, tab. 12 et 13.

A Vera-Crux. Cultivée dans les jardins. ⊙

3. MARTYNE à longue fleur, *M. longiflora*, L. à tige simple ;
à feuilles arrondies, un peu sinuées.

Au cap de Bonne-Espérance.

812. TORÈNE, *TORENIA.* † *Lam. Tab. Encyclop.* pl. 543.

Cal. *Périanthe* d'un seul feuillet , tubulé , anguleux , persistant ,
à deux lèvres : la *supérieure* à trois pointes : l'*inférieure* plus
étroite , très-entière.

Cor. Monopétale , en masque.

Lèvre supérieure entière.

Lèvre inférieure à trois *divisions* peu profondes , dont l'intermédiaire est plus développée.

Étam. Quatre *Filamens : deux* supérieurs simples: *deux* inférieurs divisés profondément en deux parties, dont l'inférieure plus courte ,
est sans anthère ou stérile. *Anthères* didymes , réunies par paires ,

PIST. *Ovaire* oblong. *Style* filiforme, épaissi au sommet. *Stigmate* aigu, divisé peu profondément en deux parties.

PÉR. *Capsule* oblongue, à deux loges.

SEM. Plusieurs.

Calice divisé en deux lèvres, dont la supérieure est terminée par trois pointes. *Filamens* inférieurs divisés profondément en deux parties, dont l'inférieure est plus courte et stérile ou sans anthères. *Capsule* à deux loges.

1. TORÈNE d'Asie, *T. Asiatica*, L. à feuilles opposées, presque assises, ovales, aiguës, crénelées, lisses ou velues.

Rheed. Malab. 9, p. 103, tab. 53.

Dans l'Inde Orientale.

813. BESLÈRE, *BESLERIA*. Plum. Gen. 29, t. 5. Lam. Tab. Encyclop. pl. 524.

CAL. *Périanthe* d'un seul feuillet, à cinq *segmens* profonds, pointus, droits, peu serrés, renversés au sommet.

COR. Monopétale, en masque. *Tube* de la longueur du calice, légèrement arrondi, bossué d'un côté à la base et au sommet. *Limbe* à cinq *divisions* peu profondes, arrondies : l'inférieure très-grande : les *deux supérieures* moins divisées.

ÉTAM. Quatre *Filamens*, dans le tube de la corolle, dont *deux* un peu plus courts. *Anthères* oblongues, didymes, pendantes des deux côtés.

PIST. *Ovaire* arrondi, reposant sur un corps glanduleux persistant qui l'embrasse, taillé en cœur vers la gibbosité formée par la corolle. *Style* en alène, droit. *Stigmate* obtus, divisé peu profondément en deux parties.

PÉR. *Baie* arrondie, à une loge.

SEM. Nombreuses, rondes, très-petites, nidulées.

Calice à cinq segmens profonds. *Baie* un peu arrondie, renfermant plusieurs semences.

1. BESLÈRE à feuilles de mélitte, *B. melittifolia*, L. à pédoncules rameux ; à feuilles ovales.

Plum. Ic. 48.

Dans l'Amérique Méridionale.

2. BESLÈRE jaune, *B. lutea*, L. à pédoncules simples, entassés ; à feuilles lancéolées.

Plum. Ic. 49, f. 1.

Dans l'Amérique Méridionale.

3. BESLÈRE à crête, *B. cristata*, L. à pédoncules simples, solitaires ; à calices dentés, en crête.

Plum. Ic. 50. Jacq. Amer. 188 , tab. 119.
Dans l'Amérique Méridionale.

814. SCROPHULAIRE , *SCROPHULARIA.* * *Tournef. Inst.* 166 , tab. 74. *Lam. Tab. Encyclop.* pl. 533.

CAL. *Périanthe* d'un seul feuillet, persistant, à cinq *segmens* peu profonds, plus courts que la corolle, arrondis.

COR. Monopétale , inégale. *Tube* globuleux, grand , enflé. *Limbe* très-petit, à cinq *divisions* profondes, dont *deux supérieures* plus grandes , droites : *deux lattérales* étalées : la *cinquième*, inférieure, renversée.

ÉTAM. Quatre *Filamens* , linéaires , inclinés , de la longueur de la corolle , dont *deux* se développent plus tard. *Anthères* didymes.

PIST. *Ovaire* ovale. *Style* simple , ayant la situation et la longueur des étamines. *Stigmate* simple.

PÉR. *Capsule* arrondie , pointue , à deux loges , à deux battans , à cloison formée par les bords courbés des battans , s'ouvrant au sommet.

SEM. plusieurs, petites. Un seul *Réceptacle* , arrondi , pénétrant dans les deux loges de la capsule.

OBS. *On trouve dans la gorge de la corolle , sous la division supérieure du limbe une petite plaque imitant une petite lèvre , qui n'est point propre à toutes les espèces de ce genre.*

> *La corolle dans ce genre doit être censée renversée : La Lèvre supérieure moins recourbée , arrondie , vers laquelle les etamines sont inclinées ; les divisions latérales crénelées , arrondies , égales à la lèvre supérieure. La Lèvre inférieure , étalée , divisée peu profondément en deux parties , dont l'intermédiaire est très-petite.*

Calice à cinq segmens peu profonds. *Corolle* presque arrondie ou en grélot , en sens contraire ou renversée. *Capsule* à deux loges.

1. SCROPHULAIRE de Mariland, *S. Marilandica*, L. à feuilles en cœur , à dents de scie , aiguës , arrondies à la base ; à tige à angles obtus.

> *En Virginie.* ♃

2. SCROPHULAIRE noueuse, *S. nodosa*, L. à feuilles en cœur, à trois nervures ; à tige à angles obtus.

> *Scrophularia nodosa , fœtida ; Scrophulaire noueuse, fétide. Bauh. Pin.* 235, n. 1. *Fusch. Hist.* 194. *Matth.* 791 , f. 2. *Dod. Pempt.* 50 , f. 1. *Lob. Ic.* 1 , p. 533, f. 2, *Lugd. Hist.* 1085, f. 2. *Camer. Epit.* 866. *Bauh. Hist.* 3 , P. 2 , p. 421, & 1. *Bul. Paris.* tab. 390. *Icon. Pl. Medic.* tab. 28.

1. *Scrophularia fœtida ;* grande Scrophulaire. 2. Racine , Feuilles. 3. Fétide, désagréable, amère, nauseuse. 4. Extrait aqueux, un peu amer ; extrait spiritueux, plus décidément amer, en même proportion. 5. Hémorroïdes, esquinancie, plaies, gale, scrophules.

Nutritive pour la Chèvre.

En Europe, dans les endroits ombragés, humides. ♃ Vernale.

3. SCROPHULAIRE aquatique , *S. aquatica ,* L. à feuilles en cœur, pétiolées, courantes ou prolongées sur la tige par leurs pétioles ; à tige à angles saillans , membraneux ; à fleurs en grappes terminales.

Scrophularia aquatica, major ; Scrophulaire aquatique , plus grande. *Bauh. Pin.* 235, n. 3. *Dod. Pempt.* 50, f. 2. *Lob. Ic.* 1, p. 533, f. 1. *Lugd. Hist.* 1356, f. 2. *Bauh. Hist.* 3, P. 2, p. 421, la description seulement ; la figure qui y est jointe est celle d'une autre plante. *Bellev.* tab. 69. *Loësel Pruss.* 248, n.° 75. *Bul. Paris.* tab. 371. *Flor. Dan.* tab. 507. *Ic. Pl. Medic.* tab. 482.

1. *Scrophularia aquatica ;* Herbe du siége , Bétoine d'eau. 2. Feuilles. 3. Odeur moins fétide que la Scrophulaire neueuse. 5. Plaies.

En Europe, dans les lieux aquatiques. ♂ Vernale.

4. SCROPHULAIRE à oreillettes , *S. auriculata ,* L. à feuilles en cœur, cotonneuses en dessous, à oreillettes à la base ; à fleurs en grappes terminales.

Scopol. Carn. ed. 2, n.° 777 , tab. 32.

En Espagne, à Naples. Cultivée dans les jardins.

5. SCROPHULAIRE scorodone , *S. scorodonia ,* L. à feuilles en cœur, à doubles dentelures ; à fleurs en grappes composées, entremêlées de petites feuilles.

Moris. Hist. sect. 5, tab. 35, f. 6. *Pluk.* tab. 59, f. 5.

En Portugal, en Sibérie. Cultivée dans les jardins.

6. SCROPHULAIRE à feuilles de bétoine, *S. betonicifolia,* L. à feuilles en cœur, oblongues, dentées ; à dents très-entières, plus profondes à la base.

Barrel. tab. 274.

En Portugal , à Naples. ♃

7. SCROPHULAIRE Orientale , *S. Orientalis ,* L. à feuilles lancéolées, à dents de scie, pétiolées : celles de la tige trois à trois ; à rameaux opposés.

En Orient. ♃

8. SCROPHULAIRE ligneuse, *S. frutescens ,* L. à feuilles un peu charnues , assises , lisses , recourbées au sommet.

Herm. Lugd. p. et tab. 547?

En Portugal. ♄

9. SCROPHULAIRE du printemps, *S. vernalis*, L. à feuilles en cœur : celles de la tige trois à trois ; à pédoncules axillaires, solitaires, dichotomes.

Scrophularia, flore luteo ; Scrophulaire à fleur jaune. *Bauh. Pin.* 236, n.º 5. *Prodr.* 112, n.º 1, f. 1. *Clus. Hist.* 2, p. 38, f. 1. *Bauh. Hist.* 3, P. 2, p. 422, f. 3. *Barrel* tab. 273. *Flor. Dan.* tab. 411. *Bul. Paris.* tab. 372.

A Montpellier, en Dauphiné, à Paris. ♂ *Vernale.*

10. SCROPHULAIRE à trois feuilles, *S. trifoliata*, L. à feuilles lisses : les inférieures, trois à trois, pinnées ; à folioles obtuses : les supérieures simples ; à pédoncules axillaires, portant le plus souvent trois fleurs.

Pluk. tab. 313, f. 6.

En Afrique.

11. SCROPHULAIRE à feuilles de sureau, *S. sambucifolia*, L. à feuilles pinnées ; à folioles en cœur, inégales, interrompues par des folioles plus petites ; à fleurs en grappe terminales ; à pédoncules axillaires, deux à deux, dichotomes.

Scrophularia foliis laciniatis ; Scrophulaire à feuilles laciniées. *Bauh. Pin.* 236, n.º 6. *Alp. exot.* 203 et 202. *Moris. Hist.* sect. 5, tab. 8, f. 6.

En Espagne, en Portugal, à Naples, en Orient. ♃

12. SCROPHULAIRE canine, *S. canina*, L. à feuilles pinnées ; à fleurs en grappes terminales, nues ; à pédoncules divisés peu profondément en deux parties.

Scrophularia Ruta canina dicta ; Scrophulaire nommée Rue de chien. *Bauh. Pin.* 236, n.º 8. *Matth.* 711, f. 4 ? *Lob. Ic.* 2, p. 55, f. 2. *Clus. Hist.* 2, p. 209, f. 1. *Lugd. Hist.* 973, f. 3. *Bauh. Hist.* 3, P. 2, p. 423, f. 2.

En Europe, dans les terrains sablonneux. ♃ *Estivale.*

13. SCROPHULAIRE luisante, *S. lucida*, L. à feuilles inférieures deux fois pinnées, un peu charnues, très-lisses ; à fleurs en grappes divisées profondément en deux parties.

Scrophularia foliis Filicis modo laciniatis, vel Ruta canina, latifolia ; Scrophulaire à feuilles laciniées comme celles de la Fougère ou Rue de chien à larges feuilles. *Bauh. Pin.* 236, n.º 7. *Clus. Hist.* 2, p. 209, f. 2. *Tournef. Voy. au Lev.* tom. 1, p. et tab. 221.

A Naples, en Orient, dans l'isle de Crète. ♃

14. SCROPHULAIRE de la Chine, *S. Chinensis*, L. à feuilles ovales, oblongues, à dents de scie, un peu cotonneuses.

A la Chine.

35. SCROPHULAIRE écarlate, *S. coccinea*, L. à feuilles quatre
à quatre, ovales ; à fleurs en anneaux, à épis.

   A Vera-Crux.

36. SCROPHULAIRE étrangère. *S. peregrina*, L. à feuilles en
cœur, luisantes : les supérieures alternes; à péduncules axillaires, portant deux fleurs ; à tige à six angles.

   Scrophularia folio Urticæ; Scrophulaire à feuille d'Ortie. *Bauh.*
   Pin. 236, n.° 4.

   A Montpellier. ♍

815. **CELSIE**, *CELSIA.* ✝ *Lam. Tab. Encyclop.* pl. 532.

CAL. *Périanthe* à cinq *segmens* profonds, lancéolés, obtus, de la
longueur de la corolle, persistans.

COR. Monopétale, en roue. *Tube* très-court. *Limbe* plane, inégal,
à moitié divisé en cinq *parties*, arrondies, dont *deux supérieures*
plus petites : l'*inférieure* plus grande.

ÉTAM. Quatre *Filamens*, capillaires, inclinés vers les divisions les
plus pètites de la corolle, dont *deux* plus longs, mais plus courts que
la corolle, laineux extérieurement. *Anthères* arrondies, petites.

PIST. *Ovaire* arrondi. *Style* filiforme, de la longueur des étamines.
Stigmate obtus.

PÉR. *Capsule* arrondie, comprimée au sommet, pointue, assise
sur le calice, à deux loges.

SEM. Plusieurs, petites, anguleuses. *Réceptacles* solitaires, hémisphériques.

OBS. *On voit par la description de ce genre en quoi il diffère du*
Verbascum.

Calice à cinq segmens profonds. Corolle en roue. *Filamens* barbus. *Capsule* à deux loges.

1. CELSIE Orientale, *C. Orientalis*, L. à feuilles deux fois pinnées.
   Buxb. Cent. 1, pag. 14, tab. 20.
   En Cappadoce, en Arménie. ☉

2. CELSIE Arcture, *C. Arcturus*, L. à feuilles radicales, lyrées,
pinnées; à péduncules plus longs que la fleur.

   Verbascum humile., Creticum, laciniatum ; Molène naine, de
   Crète, à feuille laciniée. *Bauh. Pin.* 240, n.° 9. *Column.*
   Ecphras. 2, pag. 81 et 82. *Alp. exot.* 123 et 122.

   Cette plante, dans le *Species*, est désignée sous le nom de *Verbascum Arcturus*, L.

   Dans l'isle de Crète.

3. CELSIE de Crète, *C. Cretica*, L. à feuilles inférieures lyrées,
les supérieures ovales, embrassantes.

   Dans l'isle de Crète.

3. 6. DIGITALE, *DIGITALIS*, * *Tournef. Inst.* 165, tab. 73. *Lam. Tab. Encyclop.* pl. 525.

CAL. *Périanthe* à cinq *segmens* profonds, arrondis, aigus, persistans, le *supérieur* plus étroit.

COR. Monopétale, en cloche. *Tube* grand, ouvert, ventru sur le dos, comme cylindrique à la base et resserrée. *Limbe* petit, à quatre *divisions* peu profondes : la *supérieure* plus étalée, échancrée : l'inférieure plus grande.

ÉTAM. Quatre *Filamens*, en alêne, insérés sur la base de la corolle, inclinés, dont *deux* plus longs. *Anthères* pointues d'un côté, divisées profondément en deux parties.

PIST. *Ovaire* pointu. *Style* simple, ayant la situation des étamines. *Stigmate* aigu.

PER. *Capsule* ovale, de la longueur du calice, pointue, à deux loges, à deux battans, s'ouvrant sur deux côtés.

SEM. Plusieurs, petites.

OBS. *Ce genre présente des espèces dont les divisions de la corolle sont aiguës et plus visibles ; et les lèvres supérieure et inférieure aiguës et plus saillantes.*

Calice à cinq segmens profonds. *Corolle* en cloche, ventrue, à cinq divisions peu profondes. *Capsule* ovale, à deux loges.

1. DIGITALE pourprée, *D. purpurea*, L. à segmens du calice ovales, aigus ; à corolles obtuses ; à lèvre supérieure très-entière.

> *Digitalis purpurea, folio aspero ;* Digitale à fleur pourpre, à feuille rude. *Bauh. Pin.* 243, n.° 1. *Fusch. Hist.* 893. *Dod. Pempt.* 169, f. 1. *Lob. Ic.* 1, pag. 572, f. 1. *Lugd. Hist.* 831, f. 1. *Bauh. Hist.* 2, pag. 812, f. 3. *Flor. Dan.* tab. 74. *Icon. Pl. Medic.* tab. 262.

> Cette espèce présente une variété.

> *Digitalis alba, folio aspero ;* Digitale à fleur blanche, à feuille rude. *Bauh. Pin.* 244, n.° 2, *Lob. Ic.* 1, pag. 572, f. 2. *Lugd. Hist.* 831, f. 2.

> 1. *Digitalis*, Digitale, Doigtier, gants de Notre-Dame. 2. Herbe, Fleurs, Racine. 3. *Amères*, feuilles, racine. 5. Goutte, rachitis, tumeurs froides, lèpre, scrophule. 6. On en prépare un onguent antiscrophuleux.

> *A Lyon, Grenoble, Montpellier, Paris, etc.* ♃ Estivale.

2. DIGITALE plus petite, *D. minor*, L. à corolles obtuses ; à lèvre supérieure comme divisée en deux lobes ; à feuilles lisses.

> Le synonyme de *Tournefort*, *Digitalis Hispanica, purpurea, minor*, ou Digitale d'Espagne, à fleur pourpre, plus pe-

tite, *Inst.* 166, esp. 4, est rapporté par *Reichard* à cette espèce et à l'espèce suivante.

En Espagne. ♃

3. **DIGITALE**, Molène, *D. Thapsi*, L. à feuilles décurrentes sur la tige.

Barrel. tab. 1185.

En Espagne. ♃

4. **DIGITALE** jaune, *D. lutea*, L. à segmens du calice lancéolés, à corolles aiguës; à lèvre supérieure divisée peu profondément en deux parties.

Digitalis major, lutea vel pallida, parvo flore; Digitale plus grande, à fleur jaune ou pâle, petite. *Bauh. Pin.* 244, n.º 2. *Lob. Ic.* 1, pag. 573, f. 2. *Bauh. Hist.* 2, pag. 814, f. 1. *Moris Hist.* sect. 5, tab. 8, f. 5. *Bul. Paris.* tab. 373. *Jacq. Hort.* tab. 105.

A Lyon, Grenoble, etc. ♃ Estivale.

5. **DIGITALE** ambiguë, *D. ambigua*, L. à lèvre des corolles échancrée; à feuilles cotonneuses en dessous.

Digitalis lutea magno flore; Digitale à grande fleur jaune. *Bauh. Pin.* 244, n.º 1. *Fusch. Hist.* 894. *Lugd. Hist.* 831, f. 3. *Bauh. Hist.* 2, pag. 813, f. 1. *Moris. Hist.* sect. 5, tab. 8, f. 4. *Jacq. Aust.* 1, tab. 57.

Sur les Alpes du Dauphiné. ♃ Estivale. *S.—Alp.*

6. **DIGITALE** ferrugineuse, *D. ferruginea*, L. à segmens du calice ovales, obtus, très—ouverts; à lèvre inférieure de la corolle barbue.

Digitalis angustifolia, flore ferrugineo; Digitale à feuilles étroites, à fleur ferrugineuse. *Bauh. Pin.* 244, n.º 5. *Lob. Ic.* 1, pag. 573, f. 1. *Bauh. Hist.* 2, pag. 813, f. 2. *Moris. Hist.* sect 5, tab. 8, f. 2 et 3.

En Italie, à Constantinople. Cultivée dans les jardins. ♃

7. **DIGITALE** obscure, *D. obscura*, L. à feuilles linéaires, lancéolées, très—entières, lisses, adhérentes à la base.

Jacq. Hort. tab. 91.

En Espagne. ♃

8. **DIGITALE** des Canaries, *D. Canariensis*, L. à segmens du calice lancéolés; à corolles à deux lèvres, aiguës; à tige ligneuse.

Pluk. tab. 325. f. 2.

Aux isles Canaries. ♃

817 **BIGNONE,** *BIGNONIA.* * *Tournef. Inst.* 164, tab. 72. *Lam. Tab. Encyclop.* pl. 526.

Cal. *Périanthe* d'un seul feuillet, droit, en gobelet, à cinq segmens peu profonds.

Cor. Monopétale, en cloche. *Tube* très-petit, de la longueur du calice. *Gorge* très-longue, ventrue en dessous, en cloche. *Limbe* à cinq *divisions* profondes, dont *deux supérieures* renversées : les *inférieures* étalées.

Étam. Quatre *Filamens*, en alène, plus courts que la corolle, dont *deux* plus longs. *Anthères* renversées, oblongues, comme doubles.

Pist. *Ovaire* oblong. *Style* filiforme, ayant la situation et la figure des étamines. *Stigmate* en tête.

Per. *Silique* à deux loges, à deux battans.

Sem. Plusieurs, comprimées, garnies des deux côtés d'une aile membraneuse, placées en recouvrement les unes sur les autres.

Obs. *Le B.* Catalpa *L. a deux Etamines fertiles seulement; trois rudimens d'étamines très-petits, et le Calice à cinq feuillets.*

La figure de la Silique *varie dans ce genre; les* Semences *sont toujours ailées, mais quelquefois d'un seul côté.*

Calice en gobelet, à cinq segmens peu profonds. *Corolle* en cloche, dont la gorge est ventrue en-dessous. *Silique* à deux loges, renfermant chacune des semences membraneuses, ailées.

1. BIGNONE Catalpa, *B. Catalpa,* L. à feuilles simples, en cœur, trois à trois; à tige droite; à fleurs diandres ou à deux étamines.
   Rheed. Malab. 1, pag. 75, tab. 41.
   Au Japon, à la Caroline. Cultivé dans les jardins. ♃

2. BIGNONE toujours verte, *B. sempervirens,* L. à feuilles simples, lancéolées; à tige entortillée.
   Pluk. tab. 112, f. 5.
   En Virginie.

3. BIGNONE ongle, *B. unguis,* L. à feuilles conjuguées; à vrille très-courte, voûtée en arc, divisée profondément en trois parties.
   Pluk. tab. 163, f. 2.
   Aux Barbades, à Saint-Domingue.

4. BIGNONE équinoxiale, *B. æquinoctialis,* L. à feuilles conjuguées, portant des vrilles; à folioles ovales, lancéolées; à péduncules portant deux fleurs; à siliques linéaires.
   Sabbat. Hort. Rom. 2, tab. 85.
   A Cayenne.

5. BIGNONE, paniculée, *B. paniculata,* L. à feuilles conjuguées, portant des vrilles; à folioles en cœur, ovales; à fleurs en grappes; à péduncules portant trois fleurs.

Jacq. Amer. 183, tab. 116.

Dans l'Amérique Méridionale.

6. BIGNONE porte-croix, *B. crucigera*, L. à feuilles conjuguées, portant des vrilles; à folioles en cœur; à tige tuberculeuse hérissée.

Moris. Hist. sect. 15, tab. 3, f. 16.

En Virginie.

7. BIGNONE à vrilles, *B. capreolata*, L. à feuilles conjuguées, portant des vrilles; à folioles en cœur, lancéolées: les inférieures simples.

Boccon. Sicul. 31, tab. 15, f. 111. B.

Dans l'Amérique Méridionale.

8. BIGNONE duvetée, *B. pubescens*, L. à feuilles conjuguées, portant des vrilles; à folioles en cœur, ovales, duvetées en dessous.

A Campéche. ♃

9. BIGNONE à trois feuilles, *B. triphylla*, L. à feuilles trois à trois, lisses; à folioles ovales, aiguës; a tige ligneuse, droite.

A Vera-Crux. ♃

10. BIGNONE à cinq feuilles, *B. pentaphylla*, L. à feuilles digitées; à folioles très-entières, en ovale renversé.

Cateb. Carol. pag. et tab. 37.

A la Jamaïque, aux isles Caribes. ♃

11. BIGNONE des Barbades. *B. leucoxylon*, L. à feuilles digitées; à folioles très-entières, ovales, aiguës.

Pluk. tab. 200, f. 4.

Aux Barbades. ♄

12. BIGNONE radiée, *B. radiata*, L. à feuilles digitées; à folioles pinnatifides.

Feuil. Per. 1. pag. 731, tab. 22.

Au Pérou.

13. BIGNONE à radicules, *B. radicans*, L. à feuilles pinnées; à folioles incisées; à tige sarmenteuse, s'enracinant par les nœuds.

Cornut. Canad. 102 et 103. *Moris. Hist.* sect. 15, tab. 3, f. 1. *Barrel.* tab. 59.

Dans l'Amérique Méridionale. Cultivée dans les jardins. ♃ Estivale.

14. BIGNONE de la Jamaïque, *B. stans*, L. à feuilles pinnées; à folioles à dents de scie; à tige droite, ferme; à fleurs en grappes.

Plum. Ic. 54.

A la Jamaïque. ♄

25. BIGNONE du Pérou, *B. Peruviana*, L. à feuilles décomposées; à folioles incisées; à nœuds produisant des vrilles.

    Pluk. tab. 162, f. 4?

    Au Pérou. ♄

26. BIGNONE des Indes, *B. Indica*, L. à feuilles deux fois pinnées; à folioles très-entières, ovales, aiguës.

    Rheed. Mal. 1. pag. 77, tab. 43.

    Dans l'Inde Orientale.

27 BIGNONE bleue, *B. cœrulea*, L. à feuilles deux fois pinnées;
à folioles lancéolées, entières.

    Catesb. Carol. 1, pag. et tab. 42.

    A la Caroline. ♄

818. GUITARIN, *CITHAREXYLUM*. *Lam. Tab. Encyclop.*
pl. 545.

CAL. *Périanthe* d'un seul feuillet, en cloche, à cinq dents, aigu,
persistant.

COR. Monopétale, en entonnoir et en roue. *Tube* deux fois plus
long que le périanthe, épaissi dans sa partie supérieure. *Limbe*
à deux lèvres, à cinq *divisions* profondes, velues en dessus,
oblongues, tronquées, planes, très-étalées.

ÉTAM. Quatre *Filamens*, insérés avec le rudiment d'un cinquième
filament, sur le milieu du tube, filiformes, dont *deux* un peu
plus longs. *Anthères* oblongues, didymes, droites.

PIST. *Ovaire* arrondi. *Style* filiforme, de la longueur des étamines.
Stigmate obtus, en tête.

PER. *Baie* arrondie, comme comprimée, à une loge.

SEM. D..x, ovales, à deux loges, convexes d'un côté, anguleuses
de l'autre, échancrées au sommet.

Calice en cloche, à cinq dents. *Corolle* en entonnoir et en
roue, à divisions velues en dessus, égales. *Baie*
renfermant deux semences divisées en deux loges.

1. GUITARIN cendré, *C. cinereum*, L. à rameaux arrondis; à
calices dentés.

    Pluk. tab. 162, f. 1.

    Dans l'Amérique Méridionale.

2. GUITARIN à queue, *C. caudatum*, L. à rameaux arrondis; à
calices tronqués.

    Brown. Jam. 265, tab. 28, f. 2.

    A la Jamaïque.

3. GUITARIN quadrangulaire, *C. quadrangulare*, L. à rameaux
tétragones.

Jacq. Hort. tab. 22.

A la Martinique.

819. HALLÈRE, *HALLERIA*. * *Lam. Tab. Encyclop.* pl. 546.

CAL. *Périanthe* d'un seul feuillet, plane, ouvert, très-obtus, persistant, à trois *segmens* peu profonds : le *supérieur* deux fois plus large.

COR. Monopétale, en masque. *Tube* arrondi à la base, courbé. *Gorge* ventrue. *Limbe* oblique, droit, à quatre *divisions* peu profondes : la *supérieure* un peu plus longue, obtuse, échancrée : les *latérales* plus courtes, plus larges, plus aiguës : l'*inférieure* très-courte, très-pointue, très-menue.

ÉTAM. Quatre *Filamens*, sétacés, droits, insérés sur le tube, plus longs que la corolle, dont *deux* la dépassent de beaucoup en longueur. *Anthères* arrondies, didymes.

PIST. *Ovaire* inférieur, ovale, terminé par un *Style* plus long que les étamines. *Stigmate* simple.

PER. *Baie* arrondie, à deux loges.

SEM. Petites, planes, arrondies, ailées.

Calice à trois segmens peu profonds. *Corolle* à quatre divisions peu profondes. *Filamens* plus longs que la corolle. *Baie* inférieure à deux loges.

1. HALLÈRE luisante, *H. lucida*, L. à feuilles luisantes, dentées, aiguës.

    Burm. Afric. 244, tab. 89, f. 3.

    Cette espèce présente une variété à fruit alongé, décrite et gravée dans *Burmann Afric.* 243, tab. 89, f. 1.

    En Ethiopie.

820. CALEBASSIER, *CRESCENTIA*. *Lam. Tab. Encyclop.* pl. 547. CUJETE. *Plum. Gen.* 23, tab. 16.

CAL. *Périanthe* d'un seul feuillet, court, caduc-tardif, à deux *segmens* profonds, arrondis, concaves, obtus, égaux.

COR. Monopétale, inégale. *Tube* bossué, courbé. *Limbe* droit, à cinq *divisions* peu profondes, inégales, dentées, sinuées.

ÉTAM. Quatre *Filamens*, en alène, de la longueur de la corolle, étalés, dont *deux* un peu plus courts. *Anthères* couchées, obtuses, didymes.

PIST. *Ovaire* ovale, porté sur un pédicelle. *Style* filiforme, de la longueur de la corolle. *Stigmate* en tête.

PER. *Baie* ovale, dure, à une loge.

SEM. Plusieurs, comme en cœur, nidulées, à deux loges.

Calice à deux segmens profonds, égaux. *Corolle* bossuée.
Baie portée sur un pédicelle, à une seule loge, renfermant plusieurs semences divisées en deux loges.

1. CALEBASSIER Cujète, *C. Cujete,* L. à feuilles en coin, lancéolées.

> *Pluk.* tab. 171, f. 1. *Jacq. Amer.* 175, tab. 111.

> Cette espèce présente deux variétés relativement à la forme du
fruit.

> *Dans l'Amérique Méridionale.* ♄

2. CALEBASSIER courge, *C. cucurbitina,* L. à feuilles lancéolées,
ovales.

> *Pluk.* tab. 171, f. 2.

> *Dans l'Amérique Méridionale.*

821. GMÉLINE, *GMELINA.* † *Lam. Tab. Encyclop.* pl. 542.

CAL. *Périanthe* d'un seul feuillet, très-petit, presque arrondi, à
quatre dents, persistant.

COR. *Monopétale* en cloche, ouverte. *Limbe* à quatre *divisions* peu
profondes : la *supérieure* plus ample, en voûte : l'*inférieure* et les
latérales obtuses, plus petites, étalées, arrondies.

ÉTAM. *Quatre Filamens,* dont *deux* plus épais : *deux* courbés, ascendans. *Deux Anthères* plus épaisses, divisées profondément en
deux parties, plus petites, simples.

PIST. *Ovaire* arrondi. *Style* de la longueur des étamines les plus
petites. *Stigmate* simple.

PER. *Drupe* arrondie, à une loge.

SEM. *Noix* ovale, lisse, à deux loges.

Calice à quatre dents. *Corolle* en cloche, à quatre divisions
peu profondes. Quatre *Anthères,* dont deux divisées profondément en deux parties : les deux autres simples.
Drupe renfermant un noyau à deux loges.

1. GMÉLINE Asiatique, *G. Asiatica,* L. à feuilles opposées, pétiolées, ovales, cotonneuses en dessous.

> *Pluk.* tab. 97, f. 2 ; et tab. 305, f. 3.

> *Dans l'Inde Orientale.* ♄

822. PÉTRÉE, *PETREA,* † *Lam. Tab. Encyclop.* pl. 539.

CAL. *Périanthe* d'un seul feuillet, en cloche. *Limbe* étalé, très-
grand, coloré, persistant, à cinq *segmens* peu profonds, oblongs,
obtus. *Gorge* fermée par cinq écailles, doubles, tronquées.

COR. Monopétale, en roue, inégale, plus petite que le calice.
Tube très-court. *Limbe* plane, à cinq *divisions* peu profondes,
arrondies, presque égales, très-étalées : l'*intermédiaire* plus
grande, de différente couleur.

ÉTAM. Quatre *Filamens*, enfermés dans le tube de la corolle, ascendans, dont *deux* plus courts. *Anthères* ovales, droites.

PIST. *Ovaire* ovale. *Style* simple, de la longueur des étamines. *Stigmate* obtus.

PER. *Capsule* en ovale renversé, plane au sommet, à une loge,
enveloppée par une membrane grêle, renfermée dans le calice.

SEM. Une seule, charnue.

Calice très-grand, coloré, à cinq segmens profonds. *Corolle*
en roue. *Capsule* à deux loges, nidulée dans le calice renfermant des *Semences* solitaires.

1. PÉTRÉE entortillée, *P. volubilis*, L. à feuilles lancéolées,
ovales, opposées, luisantes, portées sur des pétibles très-courts.
    Jacq. Amer. 180 tab. 114.
    Dans l'Amérique Méridionale. ♄

823. ANDARÈSE, *PREMNA.*

CAL. *Périanthe* d'un seul feuillet, en cloche, persistant, comme à
deux lobes, le supérieur échancré.

COR. Monopétale, irrégulière, tubulée, à *orifice* obtus, à quatre
divisions peu profondes, dont deux supérieures droites, plus
courtes : les autres étalées.

ÉTAM. Quatre *Filamens*, droits, d'une longueur médiocre, dont
deux inférieurs plus courts. *Anthères* arrondies.

PIST. *Ovaire* arrondi. *Style* cylindrique, plus court. *Stigmate* divisé
peu profondément en deux parties.

PER. *Baie* comme arrondie, à quatre loges.

SEM. Solitaires, osseuses, arrondies d'un côté, anguleuses de
l'autre.

Calice à deux lobes. *Corolle* à quatre divisions peu profondes.
Baie à quatre loges, renfermant chacune des semences
solitaires.

1. ANDARÈSE, à feuilles entières, *P. integrifolia*, L. à feuilles
très-entières.
    Burm. Ind. 133, tab. 41, f. 1.
    Dans l'Inde Orientale. ♄

2. ANDARÈSE, à feuilles à dents de scie, *P. serratifolia*, L. à
feuilles à dents de scie.
    Dans l'Inde Orientale.

824. LANTANE, *LANTANA.* * *Lam. Tab. Encyclop.* pl. 540.
GAMARA. *Plum. Gen.* 31, tab. 2. *Dill. Elth.* tab. 56, f. 64 et 65
et tab. 57, fig. 66 et 67.

CAL.

Cal. *Périanthe* d'un seul feuillet, très-court, tubulé, à quatre dents irrégulières, réunies.

Cor. Monopétale, presque égale. *Tube* comme cylindrique, grêle, plus long que le calice, un peu oblique. *Limbe* plane, obtus, à quatre *divisions* peu profondes, inégales.

Étam. Quatre *Filamens*, très-petits, insérés sur le milieu du tube de la corolle, très-grêles, dont *deux* un peu plus longs. *Anthères* arrondies.

Pist. *Ovaire* arrondi. *Style* filiforme, de la longueur des étamines. *Stigmate* rompu, recourbé en crochet, et comme adhérent obliquement au sommet du style.

Pér. *Drupe* arrondie, à une loge.

Sem. *Noix* ronde, en pyramide, à deux loges. Deux *Noyaux*, oblongs.

Obs. *Le caractère essentiel de ce genre consiste dans la figure du Stigmate.*

> *Camara Plumier : Collerette à plusieurs feuillets. Réceptacle des fractifications, commun, oblong, réunissant des fleurs assises, le plus souvent inégales.*

> *L. Africana. Sans Collerette, Fleurs plus régulières. Limbe à cinq divisions peu profondes, presque égales, arrondies à la base. Calice à cinq segmens profonds, en alène. Noyau arrondi à deux loges.*

> *Noix à trois loges, dont deux supérieures fermées contiennent les semences, la troisième inférieure ouverte, remplie de la pulpe de la drupe, et d'une espèce de farine.*

> *Lantana Africana L. diffère par sa Noix à deux loges, par ses Anthères tétrandres et non didymes, et par d'autres caractères.*

Calice à quatre dents irrégulières. *Stigmate* recourbé en crochet. *Drupe* renfermant un noyau à deux loges.

1. LANTANE mixte, *L. mixta*, L. à feuilles opposées, aiguës; à fleurs en têtes; à collerettes de la longueur des fleurs.

   Dill. Elth. tab. 56, f. 64 ?

   Dans l'Amérique Méridionale. ♄

2. LANTANE à trois feuilles, *L. trifoliata*, L. à feuilles trois à trois; à tige sans piquans; à fleurs en épis oblongs, en recouvrement.

   Plum. Ic. 70.

   Dans l'Amérique Méridionale.

3. LANTANE annuel, *L. annua*, L. à feuilles opposées; à tige sans piquans; à fleurs en épis oblongs.

   Tome III.   **H**

Sloan. Jam. tab. 195, f. 3.

Dans l'Amérique Méridionale.

4. LANTANE Camara, *L. Camara,* L. à feuilles opposées ; à tige sans piquans, rameuse ; à fleurs en têtes, en ombelles, sans feuilles.

> *Pluk.* tab. 114, f. 4. *Dill. Elth.* tab. 56, f. 65.
>
> Cette espèce présente une variété, à feuilles d'ortie, hérissées, grandes ; à fleur jaune, décrite et gravée dans *Sloanne Jam.* 163, tab. 195, f. 2.
>
> *Dans l'Amérique Méridionale. Cultivé dans les jardins.* ♄

5. LANTANE à collerette, *L. involucrata,* L. à feuilles opposées et trois à trois, en forme de coin, en ovale renversé, obtuses, marquées par des lignes, cotonneuses ; à fleurs en têtes sèches et roides.

> *Pluk.* tab. 114, f. 5.
>
> *Dans l'Amérique Méridionale.* ♄

6. LANTANE odorant, *L. odorata,* L. à feuilles opposées et trois à trois, lancéolées, elliptiques ; à tige sans piquans.

> *Dans l'Amérique Méridionale.*

7. LANTANE à piquans, *L. aculeata,* L. à feuilles opposées ; à tige rameuse, armée de piquans ; à fleurs en épis hémisphériques.

> *Pluk.* tab. 233, f. 5.
>
> *Dans l'Amérique Méridionale. Cultivé dans les jardins.* ♄ Estivale.

8. LANTANE à feuilles de sauge, *L. salviæfolia,* L. à feuilles opposées, presque assises ; à fleurs en grappes.

> *En Ethiopie.* ♄

9. LANTANE d'Afrique, *L. Africana,* L. à feuilles alternes, assises ou sans pétioles ; à fleurs solitaires.

> *Commel. Rar.* pag. et tab. 6.
>
> *En Ethiopie.* ♄

825. CORNUTIE, *CORNUTIA.* * *Plum. Gen.* 32, tab. 17. *Lam. Tab. Encyclop.* pl. 541.

Cal. *Périanthe* d'un seul feuillet, arrondi, très-petit, tubulé, à cinq dents, persistant.

Cor. Monopétale, en masque. *Tube* comme cylindrique, beaucoup plus long que le calice. *Limbe* à quatre *divisions* peu profondes : la *supérieure* droite, arrondie : les *latérales* écartées : l'*inférieure* arrondie, entière.

Étam. Quatre *Filamens,* dont *deux* saillans hors du tube de la corolle. *Anthères* simples, inclinées.

PIST. *Ovaire* arrondi. *Style* très-long, divisé profondément en deux parties. *Stigmates* un peu épais.

PÉR. *Baie* arrondie, renfermée dans la base du calice.

SEM. Une seule, en forme de rein.

Calice à cinq dents. *Étamines* plus longues que la corolle. *Style* très-long. *Baie* renfermant une seule semence.

1. CORNUTIE pyramidale, *C. Pyramidalis*, L. à feuilles elliptiques, ovales, très-entières.

  Plum. Ic. 106, f. 1.

  A Campêche, aux isles Caribes. ♃

826. LOESÈLE, *LOESELIA.* † *Lam. Tab. Encyclop.* pl. 527.

CAL. *Périanthe* d'un seul feuillet, tubulé, à quatre *segmens* peu profonds, aigus, courts, persistans.

COR. Monopétale, inégale. *Tube* de la longueur du calice. *Limbe* à cinq *divisions* profondes, toutes couchées vers le côté inférieur, ovales, lancéolées, égales pour la grandeur.

ÉTAM. Quatre *Filamens*, de la longueur de la corolle, dont *deux* plus courts : tous opposés aux divisions de la corolle et renversés, dans une situation contraire à celle de la corolle. *Anthères* simples.

PIST. *Ovaire* ovale. *Style* simple, ayant la situation des étamines. *Stigmate* un peu épais.

CAPS. ovale, à trois loges.

SEM. Plusieurs, anguleuses.

Calice à quatre segmens peu profonds. *Corolle*, dont toutes les divisions sont tournées d'un seul côté. *Étamines* opposées aux pétales. *Capsule* à trois loges.

1. LOESÈLE ciliée, *L. ciliata*, L. à feuilles à dents de scie aiguës.

  A Vera-Crux.

827. CAPRAIRE, *CAPRARIA. Lam. Tab. Encyclop.* pl. 534.

CAL. *Périanthe* d'un seul feuillet, oblong, à cinq *segmens* profonds, linéaires, droits, écartés, persistans, plus courts que la corolle.

COR. Monopétale, en cloche, presque égale, à cinq *divisions* peu profondes, oblongues, aiguës, dont deux plus droites.

ÉTAM. Quatre *Filamens*, en alêne, moitié plus courts que la corolle, sur la base de laquelle ils sont insérés, dont *deux* inférieurs un peu plus courts. *Anthères* en cœur.

PIST. *Ovaire* conique. *Style* filiforme, plus long que les étamines. *Stigmate* en cœur, égal, à deux valves.

H 2

PÉR. *Capsule* oblongue, conique, comprimée au sommet, à deux loges, à deux battans, à cloison contraire.

SEM. Plusieurs, arrondies.

Calice à cinq segmens profonds. *Corolle* en cloche, à cinq divisions peu profondes, aiguës. *Capsule* à deux battans, à deux loges renfermant chacune plusieurs semences.

1. CAPRAIRE à deux fleurs, *C. biflora*, L. à feuilles alternes; à fleurs deux à deux.

    Pluk. tab. 98, f. 4. *Herm. Parad.* pag. et tab. 110. *Jacq. Amer.* 182, tab. 115.

    A Curacao. ♄

2. CAPRAIRE à feuilles de durante, *C. durantifolia*, L. à feuilles trois à trois, dentées; à fleurs solitaires; à rameaux alternes.

    Sloan. Jam. tab. 124, f. 2.

    A la Jamaïque.

3. CAPRAIRE crustacée, *C. crustacea*, L. à tige rampante; à feuilles opposées, ovales, crénelées, portées sur des pétioles très-courts.

    Rumph. Amb. 5, pag. 491, tab. 170, f. 3.

    A Amboine, à la Chine.

828. LINDERNE ; *LINDERNIA.* † *Lam. Tab. Encyclop.* pl. 522.

CAL. *Perianthe* à cinq *segmens* profonds, linéaires, aigus, égaux, persistans.

COR. Monopétale, en masque, à deux lèvres.

    Lèvre supérieure très-courte, concave, échancrée.

    Lèvre inférieure droite, à trois divisions peu profondes : l'intermédiaire un peu plus grande.

ÉTAM. Quatre *Filamens*, didymes: *deux* supérieurs simples : *deux* inférieurs ascendans, terminés par une dent droite. *Anthères* didymes : les inférieures comme latérales.

PIST. *Ovaire* ovale. *Style* filiforme. *Stigmate* échancré.

PÉR. *Capsule* ovale, à une loge, à deux battans.

SEM. Nombreuses. *Réceptacle* cylindrique.

Calice à cinq segmens profonds. *Corolle* labiée, à lèvre supérieure très-courte. Les deux *Étamines* plus courtes, terminées par une dent et par une anthère latérale. *Capsule* à une seule loge.

1. LINDERNE Pyxidaire, *L. Pyxidaria*, L. à feuilles assises, très-entières; à fleurs péduncuées, solitaires, axillaires; à péduncules de la longueur des feuilles; à tige rampante.

Lind. Alsat. 1, pag. 152, tab. 1.

A Lyon, en Alsace. ⊙ Estivale.

829. SÉLAGINE, *SELAGO.* * Lam.] *Tab. Encyclop.* pl. 521.

CAL. *Périanthe* d'un seul feuillet, petit, persistant, à quatre *seg-mens* peu profonds, dont l'*inférieur* est plus grand.

COR. Monopétale. *Tube* très-petit, filiforme, à peine perforé. *Limbe* étalé, presque égal, à cinq *divisions* profondes, dont *deux su-périeures* plus petites : l'*inférieure* plus grande.

ÉTAM. Quatre *Filamens*, capillaires, de la longueur de la corolle sur laquelle ils sont insérés, dont *deux* supérieurs, plus longs. *Anthères* simples.

PIST. *Ovaire* arrondi. *Style* simple, de la longueur des étamines. *Stigmate* simple, aigu.

PÉR. Nul. La *Corolle* renferme la semence.

SEM. Une ou deux, arrondies.

Calice à quatre segmens peu profonds. *Tube* de la corolle capillaire. *Limbe* à cinq *divisions* profondes, presque égales. Une ou deux *Semences*.

1. SÉLAGINE en corymbe, *S. corymbosa*, L. à corymbe très-composé ; à fleurs séparées ; à feuilles filiformes, en faisceaux.

   Pluk. tab. 272, f. 7. (mauvaise), et 377, f. 2.

   En Ethiopie. ♄

2. SÉLAGINE à plusieurs épis, *S. polystachia*, L. à corymbe en épis réunis en faisceaux ; à feuilles filiformes, agrégées.

   Au cap de Bonne-Espérance. ♄

3. SÉLAGINE raiponce, *S. rapunculoïdes*, L. à épis en corymbes ; à feuilles dentées.

   Burm. Afric. 113, tab. 42, f. 1.

   En Ethiopie. ♃

4. SÉLAGINE fausse, *S. spuria*, L. à épis en corymbe ; à feuilles linéaires, un peu dentées.

   Burm. Afric. 115, tab. 42, f. 3.

   En Ethiopie. ♄

5. SÉLAGINE en faisceau, *S. fasciculata*, L. à corymbe très-composé ; à feuilles en ovale renversé, lisses, à dents de scie.

   Au cap de Bonne-Espérance. ♃

6. SÉLAGINE écarlate, *S. coccinea*, L. à épis en corymbe ; à feuilles inférieures linéaires, très-entières : les supérieures lan-céolées, en alène, un peu dentées.

   Au cap de Bonne-Espérance.

H 2

7. SÉLAGINE en tête, *S. capitata*, L. à fleurs en tête terminale ;
à feuilles en faisceaux, linéaires, charnues, lisses.

Au cap de Bonne-Espérance.

8. SÉLAGINE lamprette, *S. lychnidea*, L. à fleurs en épi terminal ; à feuilles comme pétiolées, lancéolées, un peu obtuses,
à dents de scie, un peu cotonneuses.

Le synonyme de *Burmann*, *Lychnidea villosa, foliis oblongis,
dentatis, floribus spicatis*, ou Lamprette velue, à feuilles
oblongues, dentées, à fleurs en épi. *Afric.* 138, tab. 49,
f. 4, est rapporté par *Reichard* à cette espèce, et à l'Érine
du Cap, *Erinus Capensis*, L.

9. SÉLAGINE ligneuse, *S. fruticosa*, L. à fleurs en têtes arrondies, terminales ; à feuilles éparses, linéaires, obtuses, très-
entières ; à tige ligneuse.

Au cap de Bonne-Espérance. ♱

830. MANUÈLE, *MANUELA*, Lam. *Tab. Encyclop.* pl. 520.

CAL. *Périanthe* à cinq *segmens* profonds, linéaires, droits, égaux,
persistans.

COR. Monopétale, irrégulière. *Tube* cylindrique, en quelque sorte
plus large que la gorge. *Limbe* en alène, ouvert, à cinq *divisions* profondes, dont *quatre supérieures* réunies à la base, l'inférieure renversée.

ÉTAM. Quatre *Filamens*, très-courts. Deux *Anthères* supérieures,
dans la gorge ; deux inférieures, un peu alongées, dans le
tube.

PIST. *Ovaire* supérieur, arrondi. *Style* filiforme, de la longueur
des étamines inférieures. *Stigmate* simple.

PÉR. *Capsule* ovale, de la longueur du calice, à deux loges, à
deux battans.

SEM. Plusieurs.

Calice à cinq segmens profonds. *Corolle* irrégulière, dont le
limbe est à cinq divisions profondes, en alène, dont
quatre supérieures réunies : l'inférieure renversée.

1. MANUÈLE Violier, *M. Cheiranthus*, L. à feuilles sans duvet ;
à tiges presque sans feuilles ; à pédoncules portant une seule
fleur.

Commel. *Hort.* 2, pag. 83, tab. 42.

Au Cap de Bonne-Espérance. ☉

2. MANUÈLE cotonneuse, *M. tomentosa*, L. à feuilles cotonneuses ; à tiges feuillées ; à pédoncules portant plusieurs fleurs.

Pluk. tab. 319, fig. 2.

Au cap de Bonne-Espérance. ☉

831. HEBENSTREITIE , *HEBENSTREITIA*. Lam. Tab. Encyclop. pl. 521.

CAL. *Périanthe* d'un seul feuillet , tubulé , membraneux , échancré, s'ouvrant en dessous dans sa longueur.

COR. Monopétale , à une lèvre. *Tube* cylindrique , plus long que le calice , s'ouvrant sur le côté inférieur jusqu'au milieu. *Limbe* à une lèvre , ascendant , un peu aplati , presque égal , à quatre divisions peu profondes.

ÉTAM. Quatre *Filamens* , dont *deux* se développent les premiers , insérés sur le bord de la corolle au-dessous de la gorge de la corolle : *deux* intérieurs se développant plus tard , inférieurs , renversés sur les côtés. *Anthères* en croissant , comprimées , tronquées extérieurement.

PIST. *Ovaire* très-petit. *Style* filiforme , tortueux , renversé sur la fente de la corolle. *Stigmate* simple.

PÉR. *Capsule* oblongue , à une seule loge à deux battans.

SEM. Deux , oblongues , convexes et à trois sillons d'un côté , aplaties de l'autre.

Calice à deux échancrures , fendu en dessous. Corolle monopétale , à une seule lèvre , ascendante , divisée peu profondément en quatre parties. Étamines insérées sur les bords du limbe. Capsule renfermant deux semences.

1. **HEBENSTREITIE** dentée , *H. dentata* , L. à feuilles linéaires , dentées ; à épis lisses.

Burm. Afric. 114 , tab. 42 , f. 2.

Reichard rapporte à cette espèce , le synonyme de *Burmann Afric.* 109 , tab. 41 , fig. 1 , qu'il cite pour l'espèce suivante.

En Ethiopie.

2. **HEBEINSTREITIE** ciliée , *H. ciliata* , L. à feuilles linéaires dentées ; à calices à trois échancrures , ciliés.

Burm. Afric. 109 , tab. 41 , f. 1.

Au cap de Bonne-Espérance. ☉

3. **HEBEINSTREITIE** à feuilles entières , *H. integrifolia* , L. à feuilles linéaires , très-entières.

En Ethiopie.

4. **HEBEINSTREITIE** en cœur , *H. cordata* , L. à feuilles un peu charnues , en cœur , assises.

Au cap de Bonne-Espérance.

832. ÉRINE , *Erinus*. † AGERATUM. Lam. Tab. Encyclop. pl. 521. Tournef. Inst. 651 , tab. 422.

CAL. *Périanthe* à cinq *Feuillets* , lancéolés , droits , presque égaux , persistans.

H 4

Cor. Monopétale, inégale. *Tube* ovale, comme cylindrique, de la longueur du calice, renversé. *Limbe* plane, à cinq divisions profondes, égales, en cœur renversé.

Étam. Quatre *Filamens*, très-courts, dans le tube de la corolle, dont *deux* opposés, un peu plus longs. *Anthères* petites.

Pist. *Ovaire* comme ovale. *Style* très-court. *Stigmate* en tête.

Pér. *Capsule* ovale, enveloppée par le calice, à deux loges, s'ouvrant sur deux côtés.

Sem. Nombreuses, petites.

Calice à cinq feuilles. *Limbe* de la corolle à cinq divisions peu profondes, égales, échancrées. *Lèvre supérieure* de la corolle, très-courte, renversée. *Capsule* à deux loges.

1. **ÉRINE** des Alpes, *E. Alpinus*, L. à fleurs en grappes; à feuilles en spatule.

> *Ageratum serratum*, *Alpinum*, Agérate à feuilles à dents de scie, des Alpes. *Bauh. Pin.* 221, n.º 3. *Lugd. Hist.* 1184, f. 3. *Bauh. Hist.* 3, P. 1, p. 144, f. 1.
>
> Cette espèce présente une variété, à fleur blanche gravée dans *Barrelier*, tab. 1192.
>
> Dans l'Érine des Alpes, le limbe de la corolle offre cinq divisions, dont trois plus grandes.
>
> *Sur les Alpes du Dauphiné, de Provence.* ♃ Vernale. S.-Alp.

2. **ÉRINE** d'Afrique, *E. Africanus*, L. à fleurs latérales, assises; à feuilles lancéolées, un peu dentées.

> *Burm. afric.* 139, tab. 50, f. 1.
>
> Cette espèce présente une variété à feuilles dentées, aiguës.
>
> *En Éthiopie.*

3. **ÉRINE** du Cap, *E. Capensis*, L. à fleurs en épis; à feuilles linéaires, dentées.

> Le synonyme de *Burmann*, *Lychnidea villosa*, *foliis oblongis*, *dentatis*, *floribus spicatis*, ou Lamprette velue, à feuilles oblongues, dentées, à fleurs en épi, *Afric.* 138, tab. 49, f. 4, cité par *Reichard* pour cette espèce, est rapporté à la Sélagine lamprette, *Selago lychnidea*, L.
>
> *Au cap de Bonne-Espérance.*

4. **ÉRINE** du Pérou, *E. Peruvianus*, L. à feuilles lancéolées, ovales, à dents de scie.

> *Feuil. Per.* 3, p. 35, tab. 25, f. 3.
>
> *Au Pérou, au cap de Bonne-Espérance.*

5. **ÉRINE** lacinié, *E. laciniatus*, L. à feuilles laciniées.

> *Feuil. Per.* 3, pag. 35, tab. 25, f. 2.
>
> *Au Pérou.*

833. BUCHNÈRE , *BUCHNERA*. †

Cal. *Périanthe* d'un seul feuillet, rude, persistant, à cinq dents irrégulières.

Cor. *Monopétale. Tube* très-long, filiforme, voûté en arc. *Limbe* plane, court, égal, à cinq *divisions* peu profondes, dont *deux supérieures* très-courtes, renversées : trois *inférieures*, en cœur, presque égales.

Étam. *Quatre Filamens*, très-courts, dans la gorge de la corolle, dont deux *supérieurs*, saillans hors la gorge, courts. *Anthères* oblongues, obtuses ?

Pist. *Ovaire* ovale, oblong. *Style* filiforme, de la longueur du tube de la corolle. *Stigmate* obtus.

Pér. *Capsule* ovale, oblongue, pointue, couverte, à deux loges, s'ouvrant au sommet sur deux côtés.

Sem. *Nombreuses*, anguleuses.

Obs. *La figure du Calice, de la Corolle, et l'insertion des Étamines, varient.*

Calice à cinq dents irrégulières. *Limbe* de la corolle à cinq divisions peu profondes, égales, en cœur. *Capsule* à deux loges.

1. **BUCHNÈRE** d'Amérique, *B. Americana*, L. à feuilles dentées, lancéolées, à trois nervures.

   Au Canada, en Virginie.

2. **BUCHNÈRE** inclinée, *B. cernua*, L. à feuilles en forme de coin, à cinq dents, lisses; à fleurs en épis ; à tige ligneuse.

   Au cap de Bonne-Espérance. ♄

3. **BUCHNÈRE** d'Éthiopie, *B. Æthiopica*, L. à feuilles à trois dents; a fleurs pédonculées; à tige ligneuse.

   Au cap de Bonne-Espérance. ♄

4. **BUCHNÈRE** du Canada, *B. Canadensis*, L. à feuilles laciniées ; à tige dichotome.

   Au Canada, en Virginie. ♃

5. **BUCHNÈRE** du Cap, *B. Capensis*, L. à feuilles dentées, linéaires, alternes; à calices duvetés.

   Burm. Afric. 191, tab. 50, f. 2.

   Au cap de Bonne-Espérance. ☉

6. **BUCHNÈRE** d'Asie, *B. Asiatica*, L. à feuilles très-entières, linéaires, à calices rudes.

   Pluk. tab. 118, f. 3; et 177, f. 1.

   A la Chine.

834. BROWALLE, *BROWALLIA*. ♂ Lam. Tab. Encyclop. pl. 535.

CAL. *Périanthe* d'un seul feuillet, tubulé, court, persistant, à cinq dents un. peu inégales.

COR. Monopétale, en entonnoir. *Tube* comme cylindrique, deux fois plus long que le calice. *Limbe*, plane, égal, à cinq divisions peu profondes, arrondies, échancrées : la *supérieure* un peu plus grande, formant la lèvre supérieure : les *quatre autres égales*.

ÉTAM. Quatre *Filamens*, dans la gorge de la corolle : *deux supérieurs* très-courts : les *inférieurs* plus larges, plus élevés, colorés, renversés, fermant la gorge de la corolle. *Anthères* simples, recourbées, rapprochées : les intérieures didymes : les extérieures s'ouvrant par un pore au sommet, fermant la gorge de la corolle.

PIST. *Ovaire* ovale, émoussé. *Stigmate* épais, à quatre lobes.

PÉR. *Capsule* ovale, obtuse, à une loge, couverte, s'ouvrant au sommet sur quatre côtés.

SEM. Nombreuses, petites. *Réceptacle* légèrement arrondi, comprimé.

Calice à cinq dents. *Limbe* de la corolle à cinq divisions peu profondes, égales, ouvertes. Deux *Anthères* plus grandes, fermant la gorge de la corolle. *Capsule* à une seule loge.

1. BROWALLE rabattue, *B. demissa*, L. à pédoncules portant une seule fleur.

> *Hort. Cliff.* 319, tab. 17.
> Dans l'Amérique Méridionale, à Panama. ☉

2. BROWALLE élevée, *B. elata*, L. à pédoncules portant une et plusieurs fleurs.

> *Au Pérou.* ☉

3. BROWALLE aberrante, *B. alienata*, L. à feuilles supérieures opposées : deux étamines de la longueur de la corolle.

> *On ignore son climat natal.* ☉

235. LINNÉE, *LINNÆA.* * Lam. Tab. Encyclop. pl. 536.

CAL. *Périanthe* double.

—— *Périanthe du fruit*, inférieur, à quatre *feuillets*, dont *deux* opposés, très-petits, aigus : *deux* elliptiques, concaves, droits, hérissés, embrassant l'ovaire, réunis, persistans.

—— *Périanthe de la fleur*, supérieur, d'un seul feuillet, droit, étroit, aigu, égal, à cinq segmens profonds.

COR. Monopétale, en toupie, obtuse, presque égale, deux fois plus grande que le calice de la fleur, à moitié divisée en cinq parties.

ÉTAM. Quatre *Filamens*, en alène, insérés sur le fond de la corolle, dont *deux très-petits* : *deux* rapprochés plus longs que les premiers, mais plus courts que la corolle. *Anthères* comprimées, versatiles.

PIST. *Ovaire* arrondi, inférieur. *Style* filiforme, droit, incliné, de la longueur de la corolle. *Stigmate* arrondi.

PÉR. *Baie* sèche, ovale, à trois loges, couverte par le périanthe du fruit hérissé et gluant, caduque-tardive.

SEM. Deux, arrondies.

Calice double : celui du *Fruit*, inférieur, à quatre feuillets : celui de la *Fleur*, supérieur, à cinq segmens profonds. *Corolle* en cloche. *Baie* sèche, à trois loges.

1. LINNÉE boréale, *L. borealis*, L. à fleurs deux à deux.

    Campanula Serpillifolia; Campanule à feuilles de Serpolet. *Bauh. Pin.* 93, n.° 25. *Prodr.* 35, n.° 7, f. 1. *Bauh. Hist.* 2, p. 816, f. 1. *Flor. Lapp.* n.° 250, tab. 12, f. 4. *Flor. Suec.* tab. 1. *Flor. Dan.* tab. 3. *Icon. Pl. Med.* tab. 79.

    1. *Linnæa* ; Linnée. 2. Herbe. 3. Odeur agréable, légèrement amère. 5. Rhumatisme, gâle. 6. Les paysans Suédois l'emploient beaucoup et avec succès.

    Nutritive pour le Mouton, la Chèvre.

    Sur les *Alpes* de *Suède*, de *Sibérie*, de *Suisse*, de *Russie*, du *Canada*. ♃ Vernale.

836. SIBTHORPE, *SIBTHORPIA*. † *Lam. Tab. Encyclop.* pl. 535.

CAL. *Périanthe* d'un seul feuillet, en toupie, ouvert, à cinq *segmens* profonds, ovales, persistans.

COR. Monopétale, ouverte, égale, de la longueur du calice, à cinq *divisions* profondes, arrondies.

ÉTAM. Quatre *Filamens*, capillaires, dont deux rapprochés. *Anthères* en cœur, oblongues.

PIST. *Ovaire* arrondi, comprimé. *Style* cylindrique, plus épais que les filamens, de la longueur de la fleur. *Stigmate* simple, en tête, déprimé.

PÉR. *Capsule* comprimée, arrondie, deux fois ventrue, aiguë sur les côtés, à deux loges, à deux battans, à cloison transverse.

SEM. Quelques-unes, arrondies, oblongues, convexes d'un côté, aplaties de l'autre.

Calice à cinq segmens profonds. *Corolle* à cinq divisions profondes, égales. *Etamines* rapprochées par paires ou deux à deux. *Capsule* arrondie, comprimée, à deux loges, à cloison transverse.

1. SIBTHORPE d'Europe, *S. Europæa*, L. à feuilles en forme de rein, comme en bouclier, crénelées.

Pluk. tab. 7, f. 6.

A Paris, en Portugal. ♃

837. LIMOSELLE, *LIMOSELLA.* * *Lam. Tab. Encycl.* pl. 335.

CAL. *Périanthe* d'un seul feuillet, droit, aigu, persistant, à cinq
segmens peu profonds.

COR. Monopétale, en cloche, droite, égale, aiguë, petite, à cinq
divisions peu profondes, étalées.

ÉTAM. Quatre *Filamens*, droits, dont *deux* rapprochés du même
côté, plus courts que la corolle. *Anthères* simples.

PIST. *Ovaire* oblong, obtus. *Style* simple, incliné, de la longueur
des étamines. *Stigmate* arrondi.

PÉR. *Capsule* ovale, à moitié enveloppée par le calice, à une loge,
à deux battans.

SEM. Plusieurs, ovales. *Réceptacle* ovale, très-grand.

Calice à cinq segmens peu profonds. *Corolle* à cinq divisions
peu profondes, égales. *Étamines* rapprochées par paires
ou deux à deux. *Capsule* à une seule loge, à deux battans,
renfermant plusieurs semences.

1. LIMOSELLE aquatique, *L. aquatica*, L. à feuilles lancéolées.
   Plantaginella palustris ; petit Plantain des marais. *Bauh. Pin.*
   190, n.º 4. *Moris. Hist.* sect. 15, tab. 2, f. 1. *Pluk.* t. 74,
   f. 4. *Bellev.* tab. 63. *Loës. Pruss.* 261, n.º 81. *Bul. Paris.*
   tab. 374. *Flor. Dan.* tab. 69.

   A Paris.

2. LIMOSELLE diandre, *L. diandra*, L. à feuilles presque linéaires.
   Au cap de Bonne-Espérance.

838. VANDELLE, *VANDELLIA. Lam. Tab. Encyclop.* pl. 523.

CAL. *Périanthe* d'un seul feuillet, tubulé, persistant, à quatre *segmens* profonds, presque ovales, égaux, le supérieur comme divisé en deux autres segmens peu profonds.

COR. Monopétale, en masque. *Tube* de la longueur du calice. *Limbe*
petit.
   Lèvre supérieure ovale, entière.
   Lèvre inférieure dilatée, à deux lobes.

ÉTAM. Quatre *Filamens* : *deux* sur le disque de la lèvre inférieure,
voûtés en arc vers le haut : *deux* sur la gorge, plus élevés. *Anthères* ovales, réunies par paires ou deux à deux.

PIST. *Ovaire* oblong. *Style* filiforme, de la longueur des étamines.
   Deux *Stigmates*, ovales, membraneux, renversés.

PÉR. *Capsule* oblongue, à une loge.

SEM. Plusieurs.

Calice à quatre segmens profonds. *Corolle* monopétale, irrégulière. Deux *Filamens* sur le disque de la lèvre inférieure.
Anthères réunies par paires ou deux à deux. *Capsule* à une
seule loge, renfermant plusieurs semences.

1. VANDELLE diffuse, *V. diffusa*, L. à feuilles ovales, assises,
crénelées, un peu obtuses; à fleurs axillaires, opposées, solitaires.

   Dans l'isle Saint-Thomas.

839. STÉMODE, *STEMODIA*. Lam. Tab. Encyclop. pl. 534.

CAL. *Périanthe* d'un seul feuillet, droit, égal, persistant, à cinq
segmens profonds.

COR. Monopétale, irrégulière. *Tube* de la longueur du calice. *Limbe*
légèrement relevé, comme divisé en deux lèvres.

   Lèvre supérieure ovale, entière.

   Lèvre inférieure à trois divisions profondes, arrondies, égales.

ÉTAM. Quatre *Filamens*, presque égaux, de la longueur du tube,
tous divisés peu profondément en deux parties. Huit *Anthères*,
assises chacune sur chaque division des filamens.

PIST. *Ovaire* un peu obtus. *Style* simple, de la longueur des étamines. *Stigmate* un peu obtus.

PÉR. *Capsule* oblongue, ovale, à deux loges, à deux battans.

SEM. Nombreuses, arrondies.

Calice à cinq segmens profonds. *Corolle* à deux lèvres. Quatre
Filamens divisés peu profondément en deux parties, portant chacun deux anthères. *Capsule* à deux loges.

1. STÉMODE maritime, *S. maritima*, L. à feuilles opposées,
lancéolées, assises, demi-embrassantes, à dents de scie aiguës.
Sloan. Jam. tab. 110, f. 2. Jacq. Amer. 181, tab. 174, f. 66.
A la Jamaïque.

840. OBOLAIRE, *OBOLARIA*. †

CAL. Nul, (à moins qu'on ne prenne pour calice deux bractées.)

COR. Monopétale, inégale. *Tube* en cloche, ventru, percé. *Limbe*
ouvert, à quatre *divisions* peu profondes, plus courtes que le
tube, divisées elles-mêmes peu profondément en deux parties,
laciniées un peu inégalement.

ÉTAM. Quatre *Filamens*, en alène, insérés entre les divisions de la
corolle : ceux qui sont les plus rapprochés des divisions de la
corolle, un peu plus longs. *Anthères* petites.

PIST. *Ovaire* ovale, comprimé. *Style* comme cylindrique, de la longueur des étamines. *Stigmate* un peu épais, persistant, divisé
peu profondément en deux parties.

PÉR. *Capsule* comme ovale, comprimée, ventrue, à une loge, à
deux battans, à cloison opposée.

SEM. Nombreuses, semblables à de la farine.

Calice à deux segmens peu profonds. *Corolle* en cloche, à
quatre divisions peu profondes. *Étamines* insérées entre
les divisions de la corolle. *Capsule* à une seule loge, à
deux battans, renfermant plusieurs semences.

1. OROLAIRE de Virginie, *O. Virginica*, L. à feuilles aiguës : les
supérieures arrondies à la base; à fleurs axillaires.

    Moris. Hist. sect. 12, tab. 16, f. 23. *Pluk.* tab. 209, f. 6.

    En Virginie.

841. OROBANCHE, *OROBANCHE.* † *Tournef. Inst.* 175, t. 81.
Lam. Tab. Encyclop. pl. 551.

CAL. *Périanthe* d'un seul feuillet, droit, coloré, persistant, à cinq
segmens peu profonds.

COR. Monopétale, béante. *Tube* incliné, ample, ventru. *Limbe*
étalé.

    Lèvre supérieure concave, ouverte, échancrée.

    Lèvre inférieure renversée, inégale sur les bords, à trois *divi-
sions* peu profondes, toutes presque égales.

ÉTAM. Quatre *Filamens*, en alène, cachés sous la lèvre supérieure,
dont *deux* plus longs. *Anthères* droites, rapprochées, plus courtes
que le limbe.

    Nectaire : glande placée à la base de l'ovaire.

PIST. *Ovaire* oblong. *Style* simple, ayant la longueur et la situation
des étamines. *Stigmate* obtus, un peu épais, à moitié divisé en
deux parties, courbé en dehors.

PÉR. *Capsule* ovale, oblongue, pointue, à une loge, à deux
battans.

SEM. Nombreuses, très-petites. Quatre *Réceptacles*, linéaires, latéraux, adhérens.

OBS. *Ce genre présente une espèce dont le Calice est à cinq segmens
peu profonds, et dont chaque division du Stigmate est échancrée.
Le Calice est à deux segmens peu profonds, mais il varie ainsi
que la Corolle selon les espèces.*

Calice à deux segmens peu profonds. *Corolle* monopétale,
irrégulière, à deux lèvres. Une *Glande* à la base de l'o-
vaire. *Capsule* à une seule loge, à deux battans, renfermant plusieurs semences.

1. OROBANCHE lisse, *O. lævis*, L. à tige très-simple, lisse; à étamines saillantes.

Orobanche majore flore; Orobanche à fleur plus grande. Bauh. Pin. 88, n.° 4. Lob. Ic. 2, p. 269, f. 1. Bauh. Hist. 2, p. 782, f. 2.

A Montpellier, Grenoble, Lyon. ♃ Estivale.

2. OROBANCHE plus grande, *O. major*, L. à tige très-simple, duvetée; à étamines à peine saillantes.

Orobanche major, Caryophyllum olens; Orobanche plus grande, à odeur de Girofle. Bauh. Pin. 87, n.° 1. Matth. 409, f. 1. Dod. Pempt. 551, f. 3; et 761, f. 1. Lob. Ic. 2, p. 89, f. 1; et Ic. 2, p. 268, f. 1 et 2. Clus. Hist. 1, p. 270, f. 2. Lugd. Hist. 485, f. 1. Bauh. Hist. 2, pag. 780, f. 1; et vol. 1, P. 2, p. 390, f. 2.

En Europe, dans les pâturages arides. ♃ Estivale.

3. OROBANCHE d'Amérique, *O. Americana*, L. à tige très-simple; à feuilles en recouvrement; à corolles recourbées; à étamines saillantes.

A la Caroline. ♃

4. OROBANCHE inclinée, *O. cernua*, L. à tige très-simple; à corolles recourbées; à bractées ovales, plus courtes que la corolle; à tige presque nue.

En Espagne, en Sibérie.

5. OROBANCHE rameuse, *O. ramosa*, L. à tige rameuse; à corolles à cinq divisions peu profondes.

Orobanche ramosa; Orobanche rameuse. Bauh. Pin. 88, n.° 6. Lob. Ic. 2, p. 270, f. 1. Clus. Hist. 1, p. 271, f. 1. Camer. Epit. 31. Bauh. Hist. 2, p. 781, f. 2.

A Montpellier, Lyon, Grenoble. ♃ Estivale.

6. OROBANCHE de Virginie, *O. Virginica*, L. à tige rameuse; à corolles à quatre dents.

Moris. Hist. sect. 12, tab. 16, f. 9.

En Virginie.

7. OROBANCHE à une fleur, *O. uniflora*, L. à tige portant une seule fleur; à calice nu.

Pluk. tab. 348, f. 3.

En Virginie.

8. OROBANCHE Éginetie, *O. Æginetia*, L. à tige portant une seule fleur; à tige comme en spathe.

Rheed. Mal. 11, p. 97, tab. 47.

Au Malabar.

842. HYOBANCHE, *HYOBANCHE*. †

CAL. *Périanthe* à sept *feuillets*, linéaires, pointus, droits, de la longueur de la corolle.

COR. Monopétale, en masque.

    Lèvre supérieure en voûte, échancrée.

    Lèvre inférieure, nulle.

ÉTAM. Quatre *Filamens*, didymes, insérés sur la base de la corolle, d'une longueur médiocre. *Anthères* ovales, courbées en dehors, s'ouvrant sur le côté supérieur.

PIST. *Ovaire* ovale. *Style* filiforme, recourbé au sommet. *Stigmate* épaissi au sommet, obtus, échancré.

PÉR. *Capsule* arrondie, à deux loges.

SEM. Nombreuses, petites.

OBS. *La figure du Calice et de la Corolle ne permet pas de réunir ce genre avec les* Orobanches.

Calice à sept feuillets. *Corolle* monopétale irrégulière, sans lèvre inférieure. *Capsule* à deux loges, renfermant chacune plusieurs semences.

1. HYOBANCHE couleur de sang, *H. sanguinea*, L. à tige couverte d'écailles ovales, en recouvrement, convexes extérieurement, lisses, obtuses; à fleurs en épi terminal, solitaires, assises ou sans pédoncules.

    Petiv. Gaz. tab. 37, f. 4.

    Au cap de Bonne-Espérance.

843. DODARTE, *DODARTIA*. * Lam. Tab. Encyclop. pl. 530.

CAL. *Périanthe* d'un seul feuillet, en cloche, à cinq dents, à dix angles, tubulé, presque égal, plane, persistant.

COR. Monopétale, en masque. *Tube* comme cylindrique, incliné, beaucoup plus long que le calice.

    Lèvre supérieure petite, échancrée, ascendante.

    Lèvre inférieure étalée, plus large, obtuse, deux fois plus longue, à trois *divisions* peu profondes, dont l'intermédiaire est plus étroite.

ÉTAM. Quatre *Filamens*, ascendans vers la lèvre supérieure, et moins longs qu'elle. *Anthères* petites, arrondies, didymes.

PIST. *Ovaire* arrondi. *Style* en alène, de la longueur de la corolle. *Stigmate* comprimé, oblong, obtus, divisé peu profondément en deux lames rapprochées.

PÉR. *Capsule* arrondie, à deux loges.

SEM. Nombreuses, très-petites. *Réceptacle* convexe, adhérent à la cloison.

                                    Galiét

Calice à cinq dents. *Lèvre inférieure* de la corolle , deux fois plus longue que la supérieure. *Capsule* arrondie , à deux loges.

1. DODARTE Orientale, *D. Orientalis* , **L.** à feuilles linéaires , très-entières , lisses.

Tournef. Voy. au Lev. tom. a , pag. et tab. 350.

Sur le Mont-Ararat , en Tartarie. ♃

2. DODARTE des Indes, *D. Indica* , **L.** à feuilles ovales , à dents de scie , velues.

Dans l'Inde Orientale.

844. LIPPIE, *LIPPIA*. † *Lam. Tab. Encyclop.* pl 539.

Cal. *Périanthe* supérieur, à deux *feuillets* , écartés , pointus , en carène , droits , persistans.

Cor. Monopétale , inégale. *Limbe* à quatre *divisions* peu profondes , arrondies : l'*inférieure* et la *supérieure* plus grandes : la *supérieure* droite.

Étam. Quatre *Filamens* , plus courts que la corolle , dont *deux* plus longs. *Anthères* simples.

Pist. *Ovaire* ovale , comprimé , aplati. *Style* filiforme , ayant la situation et la longueur des étamines. *Stigmate* oblique.

Pér. *Capsule* comprimée , droite , à une loge , à deux battans , couronnée par le calice comme par une écaille.

Sem. Solitaires , oblongues.

Calice à quatre dents, arrondi, droit , comprimé , membraneux. *Capsule* à une seule loge , à deux battans , couronnée par le calice , renfermant des semences solitaires.

1. LIPPIE d'Amérique , *L. Americana* , **L.** à fleurs en têtes pyramidales.

A Vera-Cruz. ♄

2. LIPPIE hémisphérique , *L. hæmispherica* , **L.** à fleurs en têtes hémisphériques.

Jacq. Amer. 176, tab. 179, f. 100.

Dans l'Amérique Méridionale. ♄

3. LIPPIE ovale , *L. ovata* , **L.** à fleurs en têtes ovales ; à feuilles linéaires , très-entières.

Au cap de Bonne-Espérance. ♄

845. SÉSAME, *SESAMUM* * *Lam. Tab. Encyclop.* pl. 528.

Cal. *Périanthe* d'un seul feuillet , droit , égal , très-court , parelstant, à cinq *segmens* profonds, lancéolés, dont le supérieur est plus court.

COR. Monopétale, en cloche. *Tube* arrondi, presque de la longueur du calice. *Gorge* enflée, étalée, en cloche, très-grande, inclinée. *Limbe* à cinq *divisions* peu profondes, dont *quatre* étalées, presque égales : la *cinquième* inférieure, un peu plus longue, ovale, droite.

ÉTAM. Quatre *Filamens*, s'élevant du tube, plus courts que la corolle, ascendans, sétacés, dont *deux* intérieurs plus courts. *Rudiment* d'un cinquième filament. *Anthères* oblongues, aiguës, droites.

PIST. *Ovaire* ovale, hérissé. *Style* filiforme, ascendant, un peu plus long que les étamines. *Stigmate* lancéolé, divisé peu profondément en deux lames parallèles.

PÉR. *Capsule* oblongue, à quatre côtés irréguliers, comprimée, pointue, à quatre loges.

SEM. Plusieurs, comme ovales.

OBS. *Ce genre a la fleur de la Digitale, mais son fruit est différent.*

Calice à cinq segmens profonds. *Corolle* en cloche, à cinq divisions peu profondes dont l'inférieure est plus grande. *Rudiment* d'un cinquième filament. *Stigmate* lancéolé. *Capsule* à quatre loges.

1. SÉSAME Oriental, *S. Orientale*, L. à feuilles ovales, oblongues, entières.

> *Sesamum Veterum* ; Sésame des Anciens. *Bauh. Pin.* 27. *Matth.* 330, f. 2. *Dod. Pempt.* 531, f. 2. *Lob. Ic.* 2, p. 63, f. 2. *Lugd. Hist.* 483, f. 1. *Camer. Epit.* 197. *Hort.* 159, tab. 44. *Burm. Zeyl.* 87, tab. 38, f. 1.
>
> 1. *Sesamum*, *S. Veterum* ; Sésame, Jugoline. 2. Semences. 3. Farineuses, huileuses. 5. Marasme, douleurs, phlogose, démangeaisons. 6. On en tire par expression une huile bonne à brûler et à manger, qui, dit-on, fortifie les nerfs. Les Nègres réduisent la graine en poudre, et en font une sorte de bouillie assez agréable. Les Égyptiens pour augmenter leur embonpoint, boivent de l'huile de *Sésame* dans le bain.
>
> *Au Malabar, à Zeylan.* ☉

2. SÉSAME des Indes, *S. Indicum*, L. à feuilles inférieures divisées peu profondément en trois parties.

> *Pluk.* tab. 109, f. 4. *Alp. Ægypt.* 2, p. 46, tab. 34.
>
> *Dans l'Inde Orientale.* ☉

846. MIMULE, *MIMULUS*. * *Lam. Tab. Encyclop.* pl. 523.

Cal. *Périanthe* d'un seul feuillet, oblong, en prisme, à cinq angles, à cinq plis, à cinq dents, égal, persistant.

Cor. Monopétale, en masque. *Tube* de la longueur du calice. *Limbe* à deux lèvres.

    Lèvre supérieure droite, arrondie, renversée sur les côtés, à deux divisions peu profondes.

    Lèvre inférieure plus large, à trois *divisions* peu profondes, arrondies, dont l'*intermédiaire* est plus petite.

    Palais convexe, divisé peu profondément en deux parties, formé par le prolongement de la base de la lèvre supérieure.

Étam. Quatre *Filamens*, filiformes, dans la gorge, dont *deux* plus courts. *Anthères* divisées peu profondément en deux parties, en forme de rein.

Pist. *Ovaire* conique. *Style* filiforme, de la longueur des étamines. *Stigmate* ovale, comprimé, divisé peu profondément en deux parties.

Pér. *Capsule* ovale, couverte, à deux loges.

Sem. plusieurs, petites.

Calice en prisme, à cinq dents. *Corolle* irrégulière, à lèvre supérieure repliée en ses bords. *Capsule* à deux loges, renfermant chacune plusieurs semences.

1. MIMULE en masque, *M. ringens*, L. à tige droite; à feuilles oblongues, linéaires, assises.

    Pluk. tab. 393, f. 3.

    Le synonyme de Morison, *Digitalis perfoliata, glabra, flore violacco, minore*; ou Digitale perfoliée, lisse, à fleur violette, plus petite, est rapporté par *Reichard* à cette espèce, et au *Chelone pentstemon*, L.

2. MIMULE jaune, *M. luteus*, L. à tige rampante; à feuilles ovales.

    Feuil. Per. 2, p. 745, tab. 34.

    Au Pérou.

847. RUELLE, *RUELLIA*. * *Plum. Gen.* 12, tab. 12. *Dill. Elth.* tab. 248, f. 320 et 249, f. 321. *Lam. Tab. Encyclop.* pl. 550.

Cal. *Périanthe* d'un seul feuillet, persistant, à cinq *segmens* profonds, linéaires, aigus, droits, persistans.

Cor. Monopétale, irrégulière. *Gorge* ouverte, inclinée. *Limbe* étalé, obtus, à cinq *divisions* peu profondes, dont deux supérieures plus renversées.

Étam. Quatre *Filamens*, insérés sur l'évasement du limbe, rapprochés deux à deux. *Anthères* à peine plus longues que le tube.

Pist. *Ovaire* arrondi. *Style* filiforme, de la longueur des étamines. *Stigmate* aigu, divisé peu profondément en deux parties, dont l'inférieure est renflée.

Pér. *Capsule* arrondie, pointue aux deux extrémités, de la longueur du calice, à deux loges, à deux battans, s'ouvrant par des onglets élastiques.

Sem. Quelques-unes, arrondies, comprimées.

Calice à cinq segmens profonds. *Corolle* irrégulière. *Étamines* rapprochées par paires ou deux à deux. *Capsule* s'ouvrant par des onglets élastiques.

1. **RUELLE** Blechne, *R. Blechnum*, L. à feuilles ovales, très-entières ; à épis ovales ; à bractées intérieures deux à deux ; à fleurs deux à deux, assises ou sans pédoncules.

   Sloan. Jam. tab. 109, f. 1.

   Dans l'Amérique Méridionale.

2. **RUELLE** bruyante, *R. strepens*, L. à feuilles pétiolées ; à pédoncules courts, portant trois fleurs.

   Dill. Elth. tab. 249, f. 321.

   En Virginie, à la Caroline. ♃

3. **RUELLE** clandestine, *R. clandestina*, L. à feuilles pétiolées ; à pédoncules longs, un peu divisés, nus.

   Dill. Elth. tab. 248, f. 320.

   Aux Barbades.

4. **RUELLE** paniculée, *R. paniculata*, L. à feuilles très-entières ; à pédoncules latéraux, dichotomes ; à calices assis, dont le segment supérieur est plus grand.

   Sloan. Jam. tab. 100, f. 2.

   A la Jamaïque. ♃

5. **RUELLE** tubéreuse, *R. tuberosa*, L. à feuilles ovales, crénelées ; à pédoncules portant une seule fleur.

   Sloan. Jam. tab. 95, f. 1.

   A la Jamaïque. ♃

6. **RUELLE** tentaculée, *R. tentaculata*, L. à feuilles en ovale renversé, en anneaux, entourées d'épines molles, bifurquées.

   Pluk. tab. 279, f. 7.

   Dans l'Inde Orientale.

7. **RUELLE** ciliée, *R. ciliaris*, L. à feuilles dentées, ciliées ; à fleurs opposées.

   Burm. Ind. 135, tab. 42, f. 1.

   Dans l'Inde Orientale.

8. **RUELLE** à deux fleurs, *R. biflora*, L. à fleurs deux à deux, assises.

A la Caroline.

9. **RUELLE** frisée, *R. crispa*, L. à feuilles un peu crénelées, lancéolées, ovales ; à fleurs en têtes ovales, feuillées, hérissées ; à tige rampante.

Petiv. Gaz. 73, f. 6 ?

Dans l'Inde Orientale.

10. **RUELLE** peu sinuée, *R. repanda*, L. à feuilles lancéolées, à dents de scie obtuses, pétiolées ; à tige rampante.

Burm. Ind. tab. 40, f. 2.

A Java.

11. **RUELLE** en masque, *R. ringens*, L. à feuilles oblongues, très-entières ; à fleurs solitaires, assises ; à tige couchée.

Rheed. Malab. 10, p. 125, tab. 64.

Dans l'Inde Orientale.

12. **RUELLE** antipode, *R. antipoda*, L. à feuilles à dents de scie, terminées en pointe ; à tige rampante ; à fleurs comme en épis, terminales, trois à trois ou cinq à cinq.

Pluk. tab. 186, f. 2.

Dans l'Inde Orientale. ☉

13. **RUELLE** rampante, *R. repens*, L. à feuilles lancéolées, aiguës, très-entières ; à fleurs assises ou sans péduncules ; à bractées pétiolées, plus longues que le calice ; à tige rampante.

Burm. Ind. 135, tab. 41, f. 1.

Dans l'Inde Orientale.

848. **BARRELIÈRE**, *BARLERIA*. † *Plum. Gen. 31, tab. 13. Lam. Tab. Encyclop. pl. 549.*

Cal. *Périanthe* persistant, à quatre *segmens* profonds, dont les plus grands sont opposés.

Cor. Monopétale, en entonnoir, presque égale, à cinq *divisions* peu profondes, dont la cinquième est plus prolongée.

Étam. Quatre *Filamens* filiformes, dont *deux* très-courts, capillaires. *Anthères* supérieures, oblongues, les inférieures se flétrissant.

Pist. *Ovaire* ovale. *Style* filiforme, de la longueur des étamines. *Stigmate* divisé peu profondément en deux parties.

Pér. *Capsule* de la longueur du calice, aiguë, comprimée, quadrangulaire, à deux loges, à deux battans, s'ouvrant élastiquement sans onglets.

Sem. Deux, comprimées, arrondies.

Obs. Ce genre tient le milieu entre les *Ruellia* et les *Justicia*.

Calice à quatre segmens profonds. Deux *Filamens* très-courts. *Capsule* à quatre angles, à deux loges ? à deux battans, s'ouvrant élastiquement sans onglets, renfermant deux *Semences.*

1. BARRELIÈRE à longues feuilles, *B. longifolia*, L. à épines des anneaux au nombre de six ; à feuilles en lame d'épée, très-longues, rudes.

Pluk. tab. 133, f. 4.

Dans l'Inde Orientale.

2. BARRELIÈRE à feuilles de morelle, *B. solanifolia*, L. à épines axillaires ; à feuilles lancéolées, dentelées.

Plum. Ic. 43, f. 2.

Dans l'Amérique Méridionale.

3. BARRELIÈRE Porc-Épic, *B. Hystrix*, L. à épines axillaires, deux à deux, simples ; à feuilles très-entières, lancéolées, ovales.

Pluk. tab. 119, f. 5.

Dans l'Inde Orientale. ♄

4. BARRELIÈRE Prionite, *B. Prionitis*, L. à épines axillaires, quatre à quatre ; à feuilles très-entières, lancéolées, ovales.

Rheed. Mal. 9, p. 77, tab. 41.

Dans l'Inde Orientale. ♃

5. BARRELIÈRE à feuilles de buis, *B. buxifolia*, L. à épines axillaires, opposées, solitaires ; à feuilles arrondies, très-entières.

Rheed. Mal. 2, p. 91, tab. 47.

Aux Indes Orientales.

6. BARRELIÈRE en crête, *B. cristata*, L. à feuilles oblongues, très-entières ; deux segmens du calice plus larges, ciliés : deux linéaires, aigus.

Moris. Hist. sect. 11, tab. 23, f. 7.

Dans l'Inde Orientale. ♄

7. BARRELIÈRE écarlate, *B. coccinea*, L. à tige sans piquans ; à feuilles ovales, dentelées, pétiolées.

Plum. Ic. 43, f. 1.

Dans l'Amérique Méridionale.

849. DURANTE, *DURANTA.* Lam. Tab. Encyclop. pl. 545. CASTOREA. *Plum. Gen.* 30, tab. 17.

CAL. Périanthe d'un seul feuillet, tubulé, comme tronqué, à cinq segmens peu profonds.

Cor. Monopétale. *Tube* plus long que le calice, comme recourbé. *Limbe* étalé, presque égal, arrondi, à cinq divisions profondes.

Étam. Quatre *Filamens*, dont *deux* plus longs enfermés dans le tube. *Anthères arrondies.*

Pist. *Ovaire* inférieur, arrondi. *Style* filiforme, de la longueur des étamines. *Stigmate* un peu épais.

Pér. *Baie* arrondie, couverte par le calice.

Sem. Quatre *Noyaux*, à deux loges.

Calice supérieur, à cinq segmens peu profonds. *Baie* renfermant quatre semences, divisées chacune en deux loges.

1. DURANTE de Plumier, *D. Plumieri*, L. à calices des fruits, tordus.
    Plum. Ic. 79. *Jacq. Amer.* 186, tab. 176, f. 76.
    Dans l'Amérique méridionale. ♄

2. DURANTE Ellise, *D. Ellisia*, L. à calices des fruits, droite.
    Jacq. Amer. 187, tab. 176, f. 77.
    A la Jamaïque. ♄

850. OVIÈDE, *OVIEDA.* † *Lam. Tab. Encyclop.* pl. 538. Valdia. *Plum. Gen.* 11, tab. 24.

Cal. *Périanthe* d'un seul feuillet, en cloche, aigu, droit, élargi, court, persistant, à cinq segmens peu profonds.

Cor. Monopétale, béante. *Tube* très-long, étroit, comme cylindrique. *Limbe* court, à trois lobes presque égaux.

Étam. Quatre *Filamens*, plus longs que la corolle. *Anthères* arrondies.

Pist. *Ovaire* inférieur, arrondi. *Style* filiforme, de la longueur des étamines. *Stigmate* aigu, divisé peu profondément en deux parties.

Pér. *Baie* arrondie, nidulée dans le *calice* plus grand, en cloche, droit.

Sem. Deux, ovales.

Calice à cinq segmens peu profonds. *Tube* de la corolle cylindrique, supérieur, très-long. *Baie* arrondie, renfermant deux semences.

1. OVIÈDE épineuse, *O. spinosa*, L. à feuilles ovales, dentées.
    Plum. Ic. 256.
    Dans l'Amérique méridionale. ♄

2. OVIÈDE sans épines, *O. mitis*, L. à feuilles lancéolées, un peu sinuées.

L 4

Burm. Ind. tab. 43, f. 1.

A Java. ♄

831. VOLKAMÈRE, *VOLKAMERIA.* * *Lam. Tab. Encyclop.* pl. 544.

Cal. *Périanthe* d'un seul feuillet, en toupie, presque égal, aigu, à cinq segmens peu profonds.

Cor. *Monopétale*, béante. *Tube* comme cylindrique, deux fois plus long que le calice. *Limbe* plane, presque égal, à cinq divisions profondes, tournées d'un seul côté, ouvertes, principalement du côté supérieur.

Étam. Quatre *Filamens*, filiformes, très-longs, insérés sur le côté béant de la corolle. *Anthères* simples.

Pist. *Ovaire* à quatre côtés. *Style* filiforme, presque aussi long que les étamines. *Stigmate* divisé peu profondément en deux parties, dont l'une est aiguë, et l'autre irrégulière.

Pér. *Baie* arrondie, à deux loges, à quatre sillons.

Sem. *Noix* solitaire, sillonnée, à deux loges.

Calice à cinq segmens peu profonds. *Limbe* de la corolle à cinq divisions profondes, tournées d'un seul côté. *Baie* renfermant deux semences divisées chacune en deux loges.

1. VOLKAMÈRE piquante, *V. aculeata*, L. rudimens d'épines sur les pétioles.

    Sloan. Jam. tab. 166, f. 2. *Jacq. Amer.* 186, tab. 117.

    A la Jamaïque, aux Barbades. ♄

2. VOLKAMÈRE sans piquans, *V. inermis*, L. à rameaux sans piquans.

    Pluk. tab. 211, fig. 4, (mauvaise); tab. 451, fig. 1; et 452, fig. 2.

    Dans l'Inde orientale.

3. VOLKAMÈRE à dents de scie, *V. serrata*, L. à feuilles larges, lancéolées, à dents de scie, presque assises ou à pétioles très-courts.

    Dans l'Inde orientale. ♄

852. CLÉRODENDRON, *CLERODENDRUM.* † *Lam. Tab. Encyclop.* pl. 544.

Cal. *Périanthe* d'un seul feuillet, en cloche, à cinq *segmens* profonds, ovales, aigus, plus larges que le tube de la corolle, persistans.

Cor. *Monopétale*, irrégulière. *Tube* grêle, long. *Limbe* égal, à cinq *divisions* profondes, dont les supérieures sont plus profondément séparées.

ÉTAM. Quatre *Filamens*, filiformes, beaucoup plus longs que la corolle, insérés entre les divisions les plus béantes de la corolle, dont *deux* plus courts. *Anthères* simples.

PIST. *Ovaire* arrondi. *Style* ayant la figure, la longueur, et la situation des étamines. *Stigmate* simple.

PÉR. *Drupe*, (Baie) arrondie, placée sur le calice.

SEM. Une seule, arrondie.

Calice en cloche, à cinq segmens peu profonds. *Tube* de la corolle filiforme. *Limbe* divisé profondément en cinq parties égales. *Etamines* très-longues, insérées entre les divisions les plus ouvertes de la corolle. *Baie* renfermant une seule semence.

1. CLÉRODENDRON infortuné, *C. infortunatum*, L. à feuilles en cœur, cotonneuses.

    Rheed. Mal. 2, p. 41, tab. 25. *Rumph. Amb.* 4, p. 108, tab. 49.

    Cette espèce présente une variété à feuilles larges et aiguës, décrite et gravée dans *Burman Zeyl.* 66, tab. 29.

    Dans l'Inde Orientale. ♄

2. CLÉRODENDRON fortuné, *C. fortunatum*, L. à feuilles lancéolées, très-entières.

    Obs. it. 228, tab. 11.

    Dans l'Inde Orientale. ♄

3. CLÉRODENDRON misérable, *C. calamitosum*, L. à feuilles ovales, un peu dentées, nues.

    Burm. Ind. 137, tab. 44.

    A Java. ♄

4. CLÉRODENDRON paniculé, *C. paniculatum*, L. à feuilles lobées, à dents de scie; à panicule très-ample.

    Burm. Ind. 137, tab. 45, fig. 1.

    Dans l'Inde Orientale. ♄

853. GATTILIER, *VITEX*. * *Tournef. Inst.* 603, tab. 373. *Lam. Tab. Encycl.* pl. 541.

CAL. *Périanthe* d'un seul feuillet, tubulé, comme cylindrique, très-court, à cinq dents.

COR. Monopétale, béante. *Tube* comme cylindrique, grêle. *Limbe* plane, à deux lèvres.

    Lèvre supérieure à trois *divisions* peu profondes, dont l'intermédiaire est plus large.

    Lèvre inférieure à trois *divisions* peu profondes dont l'intermédiaire est plus grande.

ÉTAM. Quatre *filamens*, capillaires, un peu plus longs que le tube, dont *deux* plus courts. *Anthères* versatiles.

PIST. Ovaire arrondi. *Style* filiforme, de la longueur du tube. Deux *Stigmates*, en alêne, étalés.

PÉR. *Baie* arrondie, à quatre loges.

SEM. Solitaires.

Calice à cinq dents. *Limbe* de la corolle à six divisions peu profondes. *Baie* renfermant quatre semences.

1. GATTILIER Agnus-castus, *V. Agnus-castus*, L. à feuilles digitées, à dents de scie ; à épis en anneaux.

> *Vitex foliis angustioribus, Canabis modo dispositis ;* Gattilier à feuilles plus étroites, disposées comme celles du Chanvre. *Bauh. Pin.* 475, n.° 1. *Matth.* 173, fig. 1. *Dod. Pempt.* 774, fig. 2. *Lob. Ic.* 2, pag. 138, fig. 2. *Lugd. Hist.* 281, fig. 1. *Camer. Epit.* 105. *Bauh. Hist.* 1, P. 2, pag. 205. fig. 1. *Icon. Pl. Medic.* tab. 450.

> Cette espèce présente une variété.

> *Vitex latiore folio ;* Gattilier à feuille plus large. *Bauh. Pin.* 475, n.° 2. *Matth.* 173, fig. 2. *Lob. ic.* 2, pag. 139, fig. 1. *Lugd. Hist.* 281, fig. 2. *Bauh. Hist.* 1, pag. 205, fig. 2. *Belleval*, tab. 62, en a donné une variété à fleur blanche.

> 1. *Agnus-castus ;* Agnus-castus, petit Poivre, Poivre sauvage. 2. Semences. 3. Chaudes, âcres, nidoreuses. 5. Hystéricie, Gonorrhée ? 6. On prétend que les mères de famille Athéniennes, lorsqu'elles se disposoient à sacrifier à *Cérès*, dans les thermophories, pour se mettre dans l'état physique le plus favorable à la chasteté, composoient en partie leurs lits de feuilles d'*Agnus-castus ;* et de là est née sans doute l'opinion, que ses semences étoient un frein assuré contre les désirs effrénés ; et que dormant sur ses feuilles, la chasteté étoit à l'abri de toute attaque.

> *En Sicile, à Naples. Cultivé dans les jardins.* ♄ Estivale.

2. GATTILIER à trois feuilles, *V. trifolia*, L. à feuilles trois à trois et cinq à cinq, très-entières ; à panicules dichotomes.

> *Piperi similis fructus striatus ;* fruit strié ressemblant au Poivre. *Bauh. Pin.* 413, n.° 7. *Lugd. Hist.* 1794, fig. 1. *Burm. Zeyl.* 229, tab. 109.

> *Dans l'Inde Orientale.*

3. GATTILIER Négundo, *V. Negundo*, L. à feuilles trois à trois et cinq à cinq, à dents de scie ; à fleurs en grappes paniculées.

> *Rheed. Malab.* 2, p. 15, tab. 11. *Rumph. Amb.* 4, p. 50, tab. 19.

> *Dans l'Inde Orientale.* ♄

4. GATTILIER pinné , *V. pinnata* , **L.** à feuilles pinnées , à foliboles très-entières ; à panicule trichotome. *Burm. Ind.* 138 , tab. 43 , fig. 2.

A Zeylan. ♄

854. BONTIE , BONTIA. ♀ *Plum. Gen.* 32 , tab. 23. *Dill. Elth.* tab. 49 , fig. 57. *Lam. Tab. Encycl.* pl. 546.

CAL. *Périanthe* d'un seul feuillet , persistant , à cinq *segmens* profonds , obtus , droits.

COR. Monopétale , béante. *Tube* long , comme cylindrique. *Limbe* ouvert.

Lèvre supérieure droite , échancrée.

Lèvre inférieure roulée , de la grandeur de la supérieure , à moitié divisée en trois parties.

ÉTAM. Quatre *Filamens* , en alène , inclinés vers la lèvre supérieure , de la longueur de la corolle , dont *deux* plus élevés. *Anthères* simples.

PIST. *Ovaire* ovale. *Style* simple , ayant la situation et la longueur des étamines. *Stigmate* obtus , divisé peu profondément en deux parties.

PER. *Drupe* ovale , oblique au sommet.

SEM. *Noix* ovale , à une loge , germinante.

Calice à cinq segmens profonds. *Corolle* à deux lèvres ; dont l'inférieure à trois divisions profondes , roulées. *Drupe* ovale , renfermant une seule semence , oblique au sommet.

1. BONTIE daphnoïde , *B. daphnoïdes* , **L.** à feuilles alternes ; à pédoncules portant une seule fleur.

Pluk. tab. 209 , fig. 3. *Dill. Elth.* tab. 49 , fig. 57.

Aux Antilles. ♄

855. AVICENNE , *AVICENNIA*. Lam. Tab. Encyclop. pl. 540.

CAL. *Périanthe* persistant , entouré de trois écailles , à cinq *segmens* profonds , comme ovales , obtus , concaves , droits.

COR. Monopétale. *Tube* en cloche , court. *Limbe* à deux lèvres.

Lèvre supérieure carrée , échancrée , plane.

Lèvre inférieure à trois *divisions* peu profondes , en ovale renversé , égales , planes.

ÉTAM. Quatre *Filamens* , en alène , droits , dont deux antérieurs un peu plus courts , renversés sur la lèvre supérieure. *Anthères* arrondies , didymes.

PIST. *Ovaire* ovale. *Style* en alène , droit , de la longueur des étamines. *Stigmate* aigu , divisé peu profondément en deux parties , dont l'inférieure est renversée.

Per. *Capsule* coriace, rhomboïdale, comprimée, à une loge, à deux battans.

Sem. Une seule, grande, semblable à la capsule, formée par quatre lames charnues, germinante.

Calice à cinq segmens profonds. *Corolle* à deux lèvres dont la supérieure est carrée. *Capsule* coriace, rhomboïdale, renfermant une seule semence.

2. AVICENNE cotonneuse, *A. tomentosa*, **L.** à feuilles en cœur, ovales, cotonneuses en dessous.

    Anacardium, Anacarde. *Bauh. Pin.* 511, n.° 5. *Matth.* 227, f. 3. *Jacq. Amer.* 178. tab. 112, fig. 2.

        1. *Anacardium Orientale ;* Anacarde Oriental. Tout le reste comme dans l'*Anacardium occidentale*.

    Aux Indes Orientales. ♄

2. AVICENNE luisante, *A. nitida*, **L.** à feuilles lancéolées, luisantes sur les deux surfaces. *Jacq. Amer.* 177, tab. 112, f. 1.

    A la Martinique. ♄

856. COLUMNÉE, *COLUMNEA*. † *Plum. Gen.* 28, tab. 33. *Lam. Tab. Encyclop.* pl. 524.

Cal. *Périanthe* d'un seul feuillet, comme ventru à la base, à cinq *segmens* profonds, droits, lancéolés, persistans.

Cor. Monopétale, béante, velue. *Tube* long, bossu supérieurement à la base. *Limbe* à deux lèvres.

    Lèvre supérieure droite, échancrée.

    Lèvre inférieure à trois *divisions* profondes : les *latérales* lancéolées.: l'*intermédiaire* plus longue, plus profondément séparée, lancéolée.

Étam. Quatre *Filamens*, dont *deux* plus longs, cachés sous la lèvre supérieure. *Anthères* simples, réunies en petite couronne.

Pist. *Ovaire* ovale. *Style* filiforme, de la longueur de la lèvre supérieure. *Stigmate* obtus, divisé peu profondément en deux parties.

Per. *Capsule* ovale, à deux loges.

Sem. Nombreuses, petites, couchées sur un *Réceptacle* très-grand.

Calice à cinq segmens profonds. *Lèvre supérieure* de la corolle en voûte, entière, bossuée au-dessus de sa base. *Anthères* réunies. *Capsule* à deux loges.

1. COLUMNÉE grimpante, *C. scandens*, **L.** à corolles très-velues.

    Sloan. Jam. tab. 100, fig. 1.

    A la Martinique.

2. COLUMNÉE à longues feuilles, *C. longifolia*, L. à feuilles lancéolées, très-longues, un peu dentelées, lisses.

Rheed. Mal. 9, p. 169, tab. 87.

Dans l'Inde Orientale.

857. ACANTHE, *ACANTHUS*. * *Tournef. Inst.* 176, tab. 80 et 81. *Lam. Tab. Encyclop.* pl. 550.

Cal. *Périanthe* à trois paires de *feuillets* alternes, inégaux, persistans.

Cor. Monopétale, inégale. *Tube* très-court, formé par une barbe. *Lèvre supérieure* nulle.

Lèvre inférieure très-grande, plane, droite, très-large, à trois lobes, obtuse, de la longueur des feuillets supérieurs du calice.

Étam. Quatre *Filamens*, en alêne, plus courts que la corolle, dont *deux* supérieurs un peu plus longs, recourbés au sommet. *Anthères* oblongues, comprimées, obtuses : les latérales parallèles, velues antérieurement.

Pist. *Ovaire* conique. *Style* filiforme, de la longueur des étamines. deux *Stigmates*, aigus, latéraux.

Per. *Capsule* comme ovale et en pointe, à deux loges, à cloison latérale.

Sem. Une ou deux, charnues, bossuées.

Calice à deux segmens peu profonds. *Lèvre* inférieure de la corolle à trois lobes. *Capsule* à deux loges.

1. ACANTHE mou, *A. mollis*, L. à feuilles sinuées, sans épines.

Acanthus sativus, seu mollis Virgilii ; Acanthe cultivé, ou Acanthe mou de Virgile. *Bauh. Pin.* 383, n.º 1. *Fusch. Hist.* 52. *Matth.* 499, fig. 1. *Dod. Pempt.* 719, fig. 1. *Lob. Ic.* 2, p. 2, f. 1. *Lugd. Hist.* 1443, f. 1. *Camer. Epit.* 442. *Bauh. Hist.* 3, P. 1, pag. 75, fig. 3. *Icon. Pl. Medic.* tab. 432.

1. *Branca ursi, Branca ursina ;* Acanthe, Branc-ursine, Brancursine. 2. Herbe. 3. Glutineuse, fatigante, d'une odeur étourdissante. 6. Lavefhens calmans. L'herbe colore en jaune.

A Montpellier, en Italie, en Sicile. Cultivé dans les jardins. ♃

2. ACANTHE épineux, *A. spinosus*, L. à feuilles pinnées, épineuses.

Acanthus aculeatus ; Acanthe épineux. *Bauh. Pin.* 383, n.º 2. *Dod. Pempt.* 719, fig. 2. *Lob. Ic.* 2, p. 2, f. 2. *Lugd. Hist.* 1445, f. 1. *Bauh. Hist.* 3, P. 1, pag. 77, f. 1.

En Italie. Cultivé dans les jardins. ♃

3. ACANTHE de Dioscoride, *A. Dioscoridis*, L. à feuilles lancéolées, très-entières, épineuses sur les bords.

Au Mont-Liban.

4. ACANTHE à feuilles de houx , *A. ilicifolius* , **L.** à feuilles un peu sinuées , à dents de scie , épineuses ; à tige ligneuse , armée de piquans.

Pluk. tab. 261 , fig. 4.

Dans l'Inde Orientale.

5. ACANTHE de Madère , *A. Maderaspatensis* , **L.** à feuilles quatre à quatre ; à fleurs axillaires ; à calices ciliés.

Burm. Ind. 130 , tab. 42 , f. 2.

858. PÉDALIE , *PEDALIUM.* † *Lam. Tab. Encycl.* pl. 538.

CAL. *Périanthe* petit , à cinq *segmens* profonds , dont le supérieur est très-court , les inférieurs plus longs.

COR. Monopétale , comme en masque. *Tube* à trois côtés , à ventre plane. *Limbe* oblique , ample , à cinq *divisions* peu profondes , arrondies : les supérieures plus petites : l'inférieure plus ample.

ÉTAM. Quatre *Filamens* plus courts que le tube , dont *deux* plus courts. *Anthères* deux à deux , réunies en forme de croix.

PIST. *Ovaire* conique. *Style* de la longueur des étamines. Deux *Stigmates* , égaux.

PÉR. *Noix* en réseau , élastique comme du liége , à quatre côtés épineux près de la base , à deux loges , à cloison opposée.

SEM. Deux , oblongues , alternes , enveloppées par un arille.

> Le caractère de ce genre a été décrit par Rottboell d'après une fleur vivante dans la *Collect. Soc. Med. Hann.* 2 , p. 255 , ainsi qu'il suit.

> **CAL.** et **COR.** comme dans *Linné.*

> **ÉTAM.** Quatre *Filamens* , couverts à la base de poils glandulifères , courbés , plus petits que le tube de la corolle , dont *deux* un peu plus courts. *Anthères* en cœur , didymes , glanduleuses au sommet , orangées. *Rudiment* d'un cinquième filament entre les deux étamines les plus courtes , avec une anthère simple , très-petite , de couleur orangée. *Stigmate* divisé peu profondément en deux parties , dont la *supérieure* est renversée sur les bords et au sommet : l'*inférieure* roulée.

Calice à cinq segmens profonds. *Corolle* comme en masque , à limbe à cinq divisions peu profondes. *Noix* élastique comme du liége , tétragone , épineuse sur les angles , à deux loges renfermant chacune deux semences.

1. PÉDALIE Rocher , *P. Murex* , **L.** à feuilles opposées , en ovale renversé , obtuses , dentées , tronquées , nues ; à pétioles glanduleux des deux côtés.

Burm. Ind. 139 , tab. 45 , f. 2.

Au Malabar , à Zéylan. ⊙

859. MÉLIANTHE, *MELIANTHUS.* * Tournef. Inst. 430, tab. 243. Lam. Tab. Encyclop. pl. 552.

CAL. *Périanthe* à cinq *segmens* profonds, grands, colorés, inégaux, dont *deux supérieurs* oblongs, droits : l'inférieur très-court, en forme de sac, bossué vers la base : les *intermédiaires* opposés, lancéolés · les plus élevés simples, droits.

COR. Quatre *Pétales*, lancéolés, linéaires, renversés au sommet, parallèles, ouverts, tournés en dehors, formant la lèvre inférieure (comme le calice forme la supérieure), réunis dans leur milieu avec les latéraux.

>   *Nectaire* d'un seul feuillet, placé au dedans du segment inférieur du calice, et adhérent au calice avec le réceptacle, très-court, comprimé sur les côtés, découpé sur les bords, incliné en bas par le dos.

ÉTAM. Quatre *Filamens* en alêne, droits, de la longueur du calice, dont *deux* inférieurs, un peu plus courts. *Anthères* en cœur, oblongues, à quatre loges dans leur partie antérieure.

PIST. *Ovaire* à quatre côtés, bossué, à quatre dents. *Style* droit, en alêne, ayant la longueur et la situation des étamines. *Stigmate* divisé peu profondément en quatre parties, dont la supérieure est plus grande.

PÉR. *Capsule* quadrangulaire, à moitié divisée en quatre parties, à angles aigus, écartés, à loges enflées, à cloisons ouvertes dans le centre pour le réceptacle des semences, s'ouvrant parmi les angles.

SEM. Quatre, comme arrondies, attachées au centre de la capsule.

Calice à cinq feuillets dont l'inférieur est bossué. *Corolle* à quatre pétales. Un *Nectaire* au-dessus des pétales inférieurs. *Capsule* à quatre loges.

1. MÉLIANTHE majeur, *M. major*, L. à stipule solitaire, adhérente aux pétioles.

>   Herm. Lugd. 414 et 415.

>   *En Ethiopie. Introduit dans les jardins d'Europe par Thomas Bartholin, en 1672.* ♄

2. MÉLIANTHE mineur, *M. minor*, L. à deux stipules distinctes sur chaque pétiole.

>   Commel. Rar. pag. 6t tab. 4.

>   *En Ethiopie.* ♃

CLASSE XV.
TÉTRADYNAMIE.
I. SILICULEUSE.

Table Synoptique ou *Caractères Artificiels Génériques.*

* I. *Silicule entière ou qui n'est pas échancrée au sommet.*

864. DRAVE, *DRABA.* Silicule à battans aplatis. Sans Style.

873. LUNAIRE, *LUNARIA.* Silicule portée sur un pédicule, à battans aplatis. *Style* saillant.

863. SUBULAIRE, *SUBU-LARIA.* Silicule à battans demi - ovales. *Style* plus court que la silicule.

860. CAMÉLINE, *MYA-GRUM.* Silicule à battans concaves. *Style* persistant.

861. VELLE, *VELLA.* Silicule à battans moitié plus courts que la cloison.

* II. *Silicule échancrée au sommet.*

868. IBÉRIDE, *IBERIS.* Deux *Pétales extérieurs* plus grands.

869. ALYSSON, *ALYSSUM.* *Filamens* des deux étamines courtes offrant une dent sur le côté interne. *Silicule* à deux loges.

870. CLYPÉOLE, *CLYPEO-LA.* Silicule ronde, à battans aplatis, caduque-tardive.

871. PELTAIRE, *PELTARIA.* Silicule ronde, comprimée, aplatie, à battans ne s'ouvrant pas.

867. COCHLEARIA, *Co-CHLEARIA.* Silicule en cœur, à battans obtus, bossués.

865. PASSE-RAGE, *LEPI-DIUM.* Silicule en cœur, à battans en carène tranchante.

866.

866. THLASPI, *THLASPI*. *Silicule* en cœur renversé, à battans à bordure, carenés, et à marge carenée.

872. BISCUTELLE, *BISCU-TELLA*. *Silicule* formant deux lobes en dessus et en dessous, à marge carenée.

862. ANASTÀTIQUE, *ANAS-TATICA*. *Silicule* mousse, à battans plus longs que la cloison qui est terminée en pointe.

II. SILIQUEUSE.

* I. *Calices fermés, à feuillets s'abouchant sur leur longueur.*

886. RAIFORT, *RAPHA-NUS*. *Silique* articulée.

878. VÉLAR, *ERYSIMUM*. *Silique* à quatre côtés.

879. GIROFLIER, *CHEI-RANTHUS*. *Ovaire* flanqué de chaque côté par une glande.

881. JULIENNE, *HESPERIS*. Une *Glande* entre les étamines les plus courtes. *Pétales* obliques.

882. ARABÈTE, *ARABIS*. Quatre *Glandes* entre les feuillets du calice. *Stigmate* simple.

884. CHOU, *BRASSICA*. Deux *Glandes* entre les étamines plus courtes, et deux autres entre les étamines plus longues.

883. TURRITE, *TURRITIS*. *Pétales* droits.

875. DENTAIRE, *DENTA-RIA*. *Silique* à battans s'ouvrant en se roulant en spirale.

874. RICOTIE, *RICOTIA*. *Silique* à une loge.

* II. *Calices béans, à feuillets écartés à leur sommet.*

889. CRAMBE, *CRAMBE*. *Silique* caduque-tardive, arrondie, en baie desséchée. Quatre *Filamens* fourchus au sommet.

888. PASTEL, *ISATIS.*   *Silique* caduque-tardive, lancéo-
léc, à une semence.

887. BUNIAS, *BUNIAS.*   *Silique* caduque-tardive, à quatre
côtés inégaux, comme épi-
neuse sur les angles.

890. CLÉOME, *CLÉOME.*   *Silique* à une loge, s'ouvrant par
ressort. *Glande* à la base des
feuillets du calice. Le plus
souvent plus de six *Étamines.*

876. CARDAMINE, *CARDA-*   *Silique* s'ouvrant par ressort, à
MINE.   battans roulés en spirale.

885. MOUTARDE, *SINA-*   *Silique* s'ouvrant par ressort
PIS.   renflée vers la base. *Feuillets*
du calice étalés horizontale-
ment.

877. SISYMBRE, *SISYM-*   *Silique* s'ouvrant par ressort, à
BRIUM.   battans droits. *Feuillets* du calice étalés.

880. HÉLIOPHILE, *HELIO-*   *Silique* s'ouvrant par ressort.
PHILA.   Deux *Nectaires*, recourbés.

CRUCIFORMES de Tournefort.
SILICULEUSES et SILIQUEUSES de Ray.

CALICE : *Périanthe* oblong, à quatre *feuillets*, ovales, oblongs, concaves, obtus, rapprochés, bossués extérieurement à la base, opposés, égaux, caducs-tardifs.

Le Calice qui sert de nectaire, est souvent bossué d'un côté.

COROLLE : dite *Cruciforme*; composée de quatre *Pétales* égaux, *Onglets* planes, en alène, droits, en quelque sorte plus longs que le calice. *Limbe* plane. *Lames* plus larges extérieurement, obtuses, se couvrant à peine par leurs côtés.

L'insertion des pétales et des étamines a lieu dans un même centre.

ÉTAMINES : Six *Filamens*, en alène, droits, dont *deux opposés*, de la longueur du calice : les *quatre autres* un peu plus longs, mais plus courts que la corolle. *Anthères* un peu alongées, pointues, plus épaisses à la base, droites, recourbées extérieurement au sommet.

Glandes nectarifères variant selon les genres et se présentant sous diverses formes, assises sur les étamines, et insérées principalement à la base des filamens les plus courts.

PISTIL : *Ovaire* supérieur, croissant journellement en hauteur, *Style* de la longueur des étamines les plus longues, ou nul. *Stigmate* obtus.

PÉRICARPE : *Silique* à deux battans, souvent à deux loges, s'ouvrant de la base au sommet, à cloison saillante au sommet au-delà des battans, laquelle cloison a fait auparavant la fonction de style.

SEMENCES : arrondies, penchées, nidulées alternativement et dans leur longueur dans la cloison, *Réceptacle* linéaire, entourant la cloison, et nidulé dans les sutures du péricarpe.

OBSERVATIONS. *Cette classe est vraiment naturelle, et a été regardée comme telle par tous les Botanistes systématiques les plus consommés : cependant les uns ou les autres y ont ajouté quelques genres qui n'y appartiennent point; je n'y en ai fait entrer qu'un seul qui n'y appartient peut-être pas, c'est le Cléome.*

Les plantes de cette famille ont été appelées anti-scorbutiques par tous les Auteurs; elles ont pour la plupart une saveur aqueuse et piquante.

Cette Classe se distingue de toutes les autres classes par son péricarpe ou fruit :

1. Siliculeux, arrondi, garni d'un style le plus souvent de la longueur de la silicule.

2. Siliqueux, très-long, garni d'un style à peine visible.

K 2

TÉTRADYNAMIE.
I. SILICULEUSE.

860. CAMÉLINE, *MYAGRUM.* Tournef. Inst. 211, tab. 99. Lam. Tab. Encyclop. 553.

Cal. *Périanthe* à quatre *feuillets*, ovales, oblongs, concaves, ouverts, colorés, caducs-tardifs.

Cor. Cruciforme, à quatre *Pétales* planes, arrondis, obtus. *Onglets* étroits.

Étam. Six *Filamens*, de la longueur du calice, dont *quatre opposés*, un peu plus longs. *Anthères* simples.

Pist. *Ovaire* ovale. *Style* filiforme, de la longueur du calice. *Stigmate* obtus.

Pér. *Silicule* en cœur renversé, presque comprimée, entière, roide, terminée par un style roide, conique, à deux battans, *à loges souvent vides dans quelques espèces.*

Sem. Arrondies.

Obs. Myagri sp. *Tournefort* : Péricarpe à une loge, à deux loges vides au sommet, une seule garnie de semences à la base : une seule Semence.

Alyssi sp. *Tournefort* : Péricarpe à deux loges ; quelques Semences.

Silicule terminée par un style conique, à une loge, renfermant le plus souvent une seule semence.

1. CAMÉLINE vivace, *M. perenne*, L. à silicule à deux articulations, dont une seule renferme une semence ; à feuilles inférieures pinnatifides ; à pinnules dentées : à feuilles de la tige dentées.

Rapistrum monospermum ; Raifort à une seule semence. Bauh. Pin. 95, n.° 6. Prod. 37, n.° 2, f. 1. Bauh. Hist. 2, p. 845, f. 1. Mapp. Alsat. pag. et tab. 266.

A Montpellier, Lyon, en Provence. ♃ Vernale.

2. CAMÉLINE Orientale, *M. Orientale*, L. à silicules sillonnées, lisses ; à feuilles oblongues, dentées, sinuées.

En Orient. ☉

3. CAMÉLINE ridée, *M. rugosum*, L. à silicules sillonnées, velues, ridées ; à feuilles oblongues, obtuses, dentées.

A Naples. ☉

4. CAMÉLINE d'Espagne, *M. Hispanicum*, L. à siliques lisses ; à étranglemens peu marqués ; à feuilles lyrées.

En Espagne. ♂

5. CAMÉLINE perfoliée, *M. perfoliatum*, L. à silicules en cœur renversé, presque assises ; à feuilles radicales en lyre : celles de la tige embrassantes.

Myagrum monospermum, latifolium ; Caméline à une seule semence, à larges feuilles. *Bauh. Pin.* 109, n.º 5. *Prod.* 52, n.º 2, la description ; et 51, ic. 2, la figure. *Bauh. Hist.* 2, pag. 894, fig. 2. *Moris. Hist.* sect. 3, tab. 21, figure avant-dernière.

A Montpellier, Lyon, Paris, etc. ⊙

6. CAMÉLINE cultivée, *M. sativum*, L. à silicules en ovale renversé, pédunculées, renfermant plusieurs semences.

Myagrum sylvestre ; Caméline sauvage. *Bauh. Pin.* 109, n.º 3.

Cette espèce présente deux variétés.

1.º *Myagrum sativum ;* Caméline cultivée. *Bauh. Pin.* 109, n.º 2. *Rod. Pempt.* 532, f. 1. *Lob. Ic.* 1, pag. 224, fig. 2. *Lugd. Hist.* 1136, f. 1. *Bauh. Hist.* 2, p. 892, f. 1.

2.º *Myagrum fœtidum ;* Caméline fétide. *Bauh. Pin.* 109, n.º 4.

On retire des graines de la Caméline cultivée, une huile bonne à brûler.

A Montpellier, Lyon, Paris, etc. ⊙ Vernale.

7. CAMÉLINE paniculée, *M. paniculatum*, L. à silicules en forme de lentilles, arrondies, ridées, renfermant une seule semence.

Myagro similis, siliquâ rotundâ ; plante ressemblant à la Caméline, à silique arrondie. *Bauh. Pin.* 109, n.º 7. *Prod.* 52, n.º 4, f. 1. *Bauh. Hist.* 2, p. 895, fig. 1. *Bellev.* tab. 188. *Loës. Pruss.* 174, n.º 56. *Flor. Dan.* tab. 204.

A Montpellier, Lyon, Paris, etc. ⊙ Vernale.

8. CAMÉLINE des rochers, *M. saxatile*, L. à silicules en forme de lentilles, en ovale renversé, lisses ; à feuilles radicales pétiolées, formant sur terre une rosette : celles de la tige assises, dentées, ovales ou alongées.

Thlaspi saxatile, rotundifolium ; Thlaspi des rochers, à feuilles rondes. *Bauh. Pin.* 106, n.º 5.

Thlaspi Alpinum, majus ; Thlaspi des Alpes, plus grand. *Bauh. Pin.* 106, n.º 6. *Prod.* 49, f. 1. *Matth.* 427, fig. 4. *Lugd. Hist.* 662, f. 4?

Thlaspi Alpinum, minus, capitulo rotundo ; Thlaspi des Alpes, plus petit, à tête ronde. *Bauh. Pin.* 107, n.º 7. *Prod.* 48, f. 2. *Matth.* 428, f. 1. *Pon. Bald.* 338, f. 1.

Sur les Alpes du Dauphiné, à Montpellier. ♃ Vernale. S. Alp.

9. CAMÉLINE d'Égypte, *M. Ægyptiacum*, L. à silicules anguleuses ; à feuilles divisées profondément en trois parties.

En Égypte.

K 3

861. VELLE , *VELLA.* * *Lam. Tab. Encyclop.* pl. 555.

CAL. *Périanthe* droit , comme cylindrique , à quatre *feuillets* , linéaires , obtus , caducs-tardifs.

COR. Cruciforme , à quatre *Pétales* , en ovale renversé , ouverts.
Onglets de la longueur du calice.

ÉTAM. Six *Filamens* , de la longueur du calice , dont *deux opposés*
un peu plus courts. *Anthères* simples.

PIST. *Ovaire* ovale. *Style* conique. *Stigmate* simple.

PÉR. *Silicule* arrondie , entière , à deux loges , à cloison deux fois
plus grande que la silicule qui est extérieurement ovale , droite.

SEM. Quelques-unes , arrondies.

OBS. V. Pseudo-Cytisus L. *a quatre Filamens , dont les plus grands*
sont sans anthères , et rapprochés par paires.

Silicule formée par deux battans moitié plus courts que
la cloison qui est extérieurement ovale.

4. VELLE annuelle , *V. annua* , L. à feuilles pinnatifides ; à silicules pendantes.

> *Nasturtium sylvestre , Eruca affine* ; Cresson sauvage , con-
> génère de la Roquette. *Bauh. Pin.* 105 , n.º 3. *Lob. Ic.* 1 ,
> pag. 205 , f. 2. *Clus. Hist.* 2 , p. 130 , f. 1. *Lugd. Hist.* 657 ,
> fig. 2. *Bauh. Hist.* 2 , pag. 920 ; fig. 1. *Moris. Hist.* sect. 3 ,
> tab. 19 , f. 8.
>
> *En Espagne. Cultivée dans les jardins.* ⊙

4. VELLE Faux-Cytise , *V. Pseudo–Cytisus* , L. à feuilles entières ,
en ovale renversé , cilliées ; à silicules droites.

> *Pseudo – Cytisus flore Leucoii luteo* ; Faux.-Cytise à fleur de
> Violier , jaune. *Bauh. Pin.* 390 , n.º 13. *Lob. Ic.* 2 , p. 49 ;
> f. 1. *Lugd. Hist.* 263 , f. 2.
>
> *En Espagne.* ♄

862. ANASTATIQUE , *ANASTATICA.* * *Lam. Tab. Encyclop.*
pl. 555.

CAL. *Périanthe* à quatre *feuillets* , ovales , oblongs , concaves ,
droits , caducs-tardifs.

COR. Cruciforme , à quatre *Pétales* , arrondis , planes , ouverts.
Onglets presque aussi longs que le calice , plus ouverts.

ÉTAM. Six *Filamens* , en alène , de la longueur du calice , droits ,
ouverts , dont *deux opposés* plus courbés et plus courts. Anthères arrondies.

PIST. *Ovaire* très-petit , divisé peu profondément en deux parties.
Style en alène , de la longueur des étamines , persistant. *Stigmate* en tête.

Fér. *Silicule* très-courte, à deux loges. *Cloison* se terminant en une pointe en alène, oblique, plus longue que la silicule. *Battans* parallèles, formant dans la moitié de leur partie inférieure une loge, mais existant dans leur partie supérieure, arrondis, concaves, s'ouvrant obliquement. (Le péricarpe représente d'un côté la figure d'un pied de quadrupède à deux ongles, ou bi-sungule.)

Sem. Solitaires, arrondies.

Obs. A. Syriaca, L. a la Silicule ovale, *très-légèrement divisée en deux parties.*

Silicule rabattue, mousse, couronnée sur le bord par des battans deux fois plus longs que la cloison qui est surmontée par un style oblique, piquant ; les deux loges renferment chacune une semence.

1. ANASTATIQUE Rose de Jéricho, *A. Hierochuntica*, L. à feuilles obtuses ; à épis axillaires, très-courts ; à silicules angulées, épineuses.

> *Rosa Hierichuntica vulgò dicta ;* plante nommée vulgairement Rose de Jéricho. *Bauh. Pin.* 484, n.° 1. *Eob. Ic.* 2, p. 203, fig. 1 et 2. *Lugd. Hist.* 1796, fig. 1. *Camer. Hort.* 147, tab. 41. *Bauh. Hist.* 2, pag. 209, fig. 2 et 3. *Jacq. Hort.* tab. 58.

> *Sur les bords de la Mer rouge. Cultivée dans les jardins.* ☉

2. ANASTATIQUE de Syrie, *A. Syriaca*, L. à feuilles aiguës ; à épis plus longs que les feuilles ; à silicules ovales, terminées par une pointe recourbée en bec.

> *Rosa Hierichuntica sylvestris ;* Rose de Jéricho sauvage. *Bauh. Pin.* 484, n.° 2. *Cam. Hort.* 147, tab. 42. *Jacq. Hort.* tab. 6.

> *En Syrie, en Autriche. Cultivée dans les jardins.* ☉

863. SUBULAIRE, *SUBULARIA.* ☀

Cal. *Périanthe* à quatre *feuillets*, ovales, concaves, un peu ouverts, caducs-tardifs.

Cor. Cruciforme à quatre *Pétales*, en ovale renversé, entiers, un peu plus grands que le calice.

Étam. Six *Filamens*, plus courts que la corolle, dont *deux* opposés encore plus courts. *Anthères* simples.

Pist. *Ovaire* ovale. *Style* plus court que la silicule. *Stigmate* obtus.

Fér. *Silicule* ovale, comme comprimée, entière, garnie d'un style très-court, à deux loges. *Cloison* placée en sens contraire aux battans qui sont ovales, concaves.

Sem. Quelques-unes, très-petites, arrondies.

Silicule entière , ovale , formée par deux battans ovales ,
concaves , placés en sens contraire à la cloison. *Style*
plus court que la silicule.

1. SUBULAIRE aquatique , *S. aquatica* , L. à feuilles radicales
linéaires , molles ; à hampe portant une, deux ou trois fleurs
alternes ; à pétales entiers.

> *Moris. Hist.* sect. 8 , tab. 10 , fig. dernière. *Pluk.* tab. 188 , f. 5.
> *Flor. Dan.* tab. 35.
>
> *En Danemarck.* ⊙

864. DRAVE , *DRABA.* * *Lam. Tab. Encyclop.* pl. 556.

CAL. *Périanthe* à quatre *feuillets* ovales, concaves, droits, ouverts,
caducs–tardifs.

COR. Cruciforme , à quatre *Pétales* , oblongs, un peu ouverts. *On-*
glets très–petits.

ÉTAM. Six *Filamens* , de la longueur du calice , dont *quatre op-*
posés un peu plus longs, droits , étalés. *Anthères* simples.

PIST. *Ovaire* ovale. *Style* à peine visible. *Stigmate* en tête , plane.

PÉR. *Silicule* ovale , oblongue , comprimée , entière , sans style ,
à deux loges. *Cloison* parallèle aux battans qui sont aplatis ,
concaves.

SEM. Plusieurs , petites , arrondies.

OBS. *Dans quelques espèces les* Pétales *sont divisés jusqu'à la base ;*
dans quelques autres ils sont seulement échancrés au sommet , et
dans quelques-unes très-entiers.

> *Le caractère essentiel de ce genre consiste dans la* Silicule *ovale ,*
> *oblongue , comprimée , presque dégarnie de style , et qui le*
> *distingue facilement des genres* Alyssum , Subularia *et* Lu-
> naria.

Silicule entière , ovale , oblongue , formée par deux battans aplatis , parallèles à leur cloison. *Pistil* sans
style.

* D R A V E S à tige ou hampe nue.

1. DRAVE aizoïde, *D. aizoïdes* , à hampe nue , simple ; à feuilles
linéaires , carénées , ciliées sur les bords , lisses sur les deux
surfaces.

> *Sedum Alpinum , hirsutum , luteum ,* Orpin des Alpes , hérissé ,
> à fleur jaune. *Bauh. Pin.* 284 , n.° 11. *Lob. Ic.* 1 , p. 381 ,
> f. 1. *Lugd. Hist.* 1196, f. 2 et 3. *Column. Ecphras.* 2 , p. 62.
> *Moris. Hist.* sect. 12 , tab. 8 , f. 3. *Jacq. Aust.* tab. 192.
>
> *Sur les Alpes du Dauphiné , de Provence. Vernale sur les Alpes*
> *calcaires ; estivale sur les hautes Alpes.* ♃

2. DRAVE ciliée, *D. ciliaris* , L. à hampe nue ; à feuilles linéaires,
ciliées sur les bords et sur la carène ; à pétales entiers.

Gerard. Flor. Galloprov. 344 , tab. 13 , f. 1.

En Provence. ♃

3. **DRAVE** des Alpes , *D. Alpina* , **L.** à hampe nue , simple ; à feuilles lancéolées très-entières.

Flor. Dan. tab. 56.

En Danemarck. ♃

4. **DRAVE** printanière , *D. verna* , **L.** à hampes nues ; à feuilles un peu dentées.

Bursa pastoris minor , loculo oblongo ; Bourse à pasteur plus petite , à silicule oblongue. *Bauh. Pin.* 108 , n.º 2. *Dod. Pempt.* 112 , f. 2. *Lob. Ic.* 1 , p. 469 , f. 1. *Lugd. Hist.* 1214 , fig. 1 ; et 1318 , fig. 1. *Thal. Herc.* 84 , ic. 7 , fig. E. *Bauh. Hist.* 2 , p. 937 , f. 2. *Dal. Paris.* tab. 378.

Nutritive pour le Cheval , le Bœuf , le Mouton , la Chèvre.

En Europe dans les lieux secs et arides. ⊙ Vernale.

5. **DRAVE** des Pyrénées , *D. Pyrænaïca* , **L.** à hampe nue ; à feuilles en forme de coin , palmées , à trois lobes.

Allion. Flor. Pedem. n.º 894 , tab. 8 , f. 1. *Jacq. Aust.* tab. 228. *Crantz. Aust. Fasc.* 1 , p. 13 , tab. 1 , f. 5.

Sur les Alpes du Dauphiné , de Provence , des Pyrénées. ♃ Estivale. *Alp.*

* II. DRAVES à tige feuillée.

6. **DRAVE** des murailles , *D. muralis* , **L.** à tige rameuse ; à feuilles ovales , assises ou sans pétioles , dentées.

Bursa pastoris major , loculo oblongo ; Bourse à pasteur plus grande , à silicule oblongue. *Bauh. Pin.* 108 , n.º 1. *Prod.* 50 , n.º 2 , f. 1. *Bauh. Hist.* 2 , pag. 939 , fig. 1. *Bellev.* tab. 187. *Barrel.* tab. 816.

Cette plante présente une variété à fleur jaune désignée dans le *Species* , sous le nom de Drabe des bois , *D. nemorosa* , et gravée dans *Columna Ecphras.* 1 , p. 274 et 272.

A Montpellier , à Paris , en Provence , en Dauphiné. ⊙ Vernale.

7. **DRAVE** hérissée , *D. hirta* , **L.** à hampe portant une seule feuille ; à feuilles un peu hérissées ; à silicules obliques , portées sur un pédicelle.

Bursa pastoris Alpina , hirsuta ; Bourse à pasteur des Alpes , à feuilles hérissées. *Bauh. Pin.* 108 , n.º 3. *Prodr.* 51 , n.º 3 , fig. 1. *Flor. Dan.* tab. 142. *Crantz. Aust. Fasc.* 1 , pag. 12 , tab. 1 , f. 4.

Sur les Alpes du Dauphiné , de Provence. ♃

8. DRAVE blanchâtre, *D. incana*, L. à feuilles de la tige nombreuses, blanchâtres ; à silicules oblongues, obliques, presque
assises.

Pluk. tab. 42, f. 1, *Flor. Dan.* tab. 189.
Nutritive pour la Chèvre.
A Montpellier. ♂

865. PASSE–RAGE, *LEPIDIUM.* * *Tournef. Inst.* 215, tab. 102.
Lam. Tab. Encyclop. pl. 556. NASTURTIUM, *Tournef. Inst.* 213,
tab. 102.

CAL. *Périanthe* à quatre *feuillets*, ovales, concaves, caducs-
tardifs.

COR. Cruciforme, à quatre *Pétales*, en ovale renversé, deux
fois plus longs que le calice. *Onglets* étroits.

ÉTAM. *Six Filamens*, en alêne, de la longueur du calice, dont
deux opposés plus courts. *Anthères* simples.

PIST. *Ovaire* en cœur. *Style* simple, de la longueur des étamines.
Stigmate obtus.

PÉR. *Silicule* en cœur, échancrée, comprimée, aiguë sur les bords,
à deux loges, à *battans* en nacelle, carenés, placés en sens
contraire à la *cloison* qui est lancéolée.

SEM. Quelques-unes ovales, pointues, plus étroites à la base.

OBS. Nasturtii *Tournefort* : *Péricarpe plus aigu sur les bords, le.
plus souvent plus échancré au sommet.*

Lepidii *Tournefort* : *Péricarpe plus obtus sur les bords, non.
échancré au sommet.*

L. Iberis, L. Diandre; L. Ruderale, L. *Apétale*; L. Alpinum,
L. Tétrandre.

Silicule échancrée, en cœur, renfermant plusieurs semences,
formée par deux battans carenés, placés en sens contraire avec la cloison.

1. PASSE–RAGE perfoliée, L. *perfoliatum*, L. à feuilles de la
tige, pinnées, à plusieurs divisions peu profondes : celles des
rameaux en cœur, embrassantes, très-entières.

Thlaspi *Alexandrinum*; Thlaspi d'Alexandrie. *Bauh. Pin.* 108,
n.º 2. *Bauh. Hist.* 2, pag. 926, f. 1. *Moris. Hist.* sect. 3,
tab. 25, f. 17. *Jacq. Aust.* tab. 346.
En Perse, en Syrie. ☉

2. PASSE–RAGE à vessie, L. *vessicarium*, L. à articulations ou
nœuds des tiges, enflés.

Buxb. Cent. 1, p. 17, tab. 26.
Dans la Médie, l'Ibérie. ☉

3. **PASSE-RAGE** à tige nue , *L. nudicaule*, L. à hampe nue, très-simple ; à fleurs tétrandres ou à quatre étamines ; a feuilles pin-natifides.

> *Magn. Bot.* 187, tab. 17.
>
> *A Montpellier* , à *Lyon* , *Paris* , *etc.* ☉ Vernale.

4. **PASSE-RAGE** couchée, *L. procumbens* , L. à feuilles sinuées et pinnées ; la foliole impaire plus grande ; à hampe nue ; à tiges couchées.

> *Magn. Bot.* 185 , tab. 16.
>
> Quelques Botanistes ne regardent cette espèce que comme une variété de la Passe-rage des rochers. *L. petræum* , L.
>
> *A Montpellier* , *Lyon* , *Paris* , *etc.* ☉ Vernale.

5. **PASSE-RAGE** des Alpes , *L. Alpinum* , L. à feuilles pinnées , très-entières ; à hampe nue ; à silicules lancéolées, terminées en pointe.

> *Nasturtium Alpinum , tenuissimè divisum ;* Cresson des Alpes à feuilles très-finement découpées. *Bauh. Pin.* 105 , n.° 8. *Clus. Hist.* 2 , p. 128 , f. 1. *Lugd. Hist.* 1180 , fig. 2. *Bauh. Hist.* 2 , pag. 919 , fig. 1. *Pluk.* tab. 204 , f. 5. *Jacq. Aust.* tab. 137. *Crantz. Aust.* fasc. 1 , p. 8 , tab. 1 , f. 3.
>
> *Sur les Alpes du Dauphiné , de Provence.* ♃ *Vernale sur les Alpes calcaires ; estivale sur les Alpes granitiques.*

6. **PASSE-RAGE** des rochers , *L. petræum* , L. à feuilles pinnées ; à folioles très-entières ; à pétales échancrés , plus petits que le calice.

> *Nasturtium pumilum , vernum ;* Cresson nain, printanier. *Bauh. Pin.* 105 , n.° 9. *Colum. Ecphras.* 1 , pag. 274 et 273. *Pluk.* tab. 206 , fig. 4? *Bul. Paris.* tab. 379. *Jacq. Aust.* tab. 131. *Crantz. Aust.* fasc. 1 , p. 9 , tab. 2 , f. 4 et 5.
>
> *A Montpellier* , *Lyon* , *Paris* , *etc.* ☉ Vernale.

7. **PASSE-RAGE** Cardamine , *L. Cardamines* , L. à feuilles radicales pinnées : celles de la tige lyrées.

> *Arduin. Spec.* 1 , p. 19 , tab. 18.
>
> *En Espagne.*

8. **PASSE-RAGE** épineuse , *L. spinosum* , L. à feuilles pinnées ; à folioles en croissant : les extérieures alongées ; à rameaux armés de piquans.

> *Ard. Spec.* 2 , p. 34 , tab. 16.
>
> *En Orient* , à *Naples.* ☉

9. **PASSE-RAGE** cultivée , *L. sativum* , L. à fleur tétradynames ; à feuilles oblongues , divisées peu profondément en plusieurs parties.

Nasturtium hortense, vulgatum ; Cresson des jardins, commun. *Bauh. Pin.* 103, n.º 2. *Fusch. Hist.* 362. *Matth.* 425, f. 1. *Dod. Pempt.* 711, f. 1. *Lugd. Hist.* 655, f. 1. *Camer. Epit.* 335. *Bauh. Hist.* 2, p. 912, f. 1. *Icon. Pl. Medic.* tab. 16.

Cette espèce présente une variété.

Nasturtium hortense, crispum ; Cresson des jardins, frisé. *Bauh. Pin.* 104, n.º 3. *Prod.* 44, n.º 1, f. 1. *Matth.* 425, fig. 2. *Bauh. Hist.* 2, p. 913, f. 1.

2. *Nasturtium hortense ;* Nasitor, Cresson Alénois. 2. Herbe, Semences. 3. Acre. 5. Hydropisie, scorbut, asthme humide, dartre laiteuse. 6. Très-saine, très-usitée dans les cuisines ; mêlée avec les salades, elle les anime comme l'Estragon.

Dans les isles du détroit de Magellan. Cultivée par-tout dans les jardins, où elle se multiplie très-abondamment. ☉

20. **PASSE-RAGE** lyrée, *L. lyratum*, L. à feuilles en forme de lyre, frisées.

Tournef. Voy. au Lev. 2, p. et tab. 339.

En Orient, à Naples.

21. **PASSE-RAGE** à larges feuilles, *L. latifolium*, L. à feuilles ovales, lancéolées, entières, à dents de scie.

Lepidium latifolium ; Passe-rage à larges feuilles. *Bauh. Pin.* 97, n.º 1. *Fusch. Hist.* 484. *Matth.* 457, f. 1. *Dod. Pempt.* 716, f. 1. *Lob. Ic.* 1, p. 318, f. 2. *Lugd. Hist.* 666, f. 2. *Camer. Epit.* 378 et 379. *Bauh. Hist.* 2, pag. 940, fig. 1 et 2. *Flor. Dan.* tab. 557.

Nutritive pour le Bœuf, le Mouton, la Chèvre.

A Montpellier, Lyon, Paris, etc. ♃ Vernale.

22. **PASSE-RAGE** en alêne, *L. subulatum*, L. à feuilles en alêne, sans divisions, éparses ; à tige sous-ligneuse.

A Naples. ♃

23. **PASSE-RAGE** graminée, *L. graminifolium*, L. à feuilles linéaires : les supérieures très-entières ; à tige en panicule à verge ; à fleurs hexandres ou à six étamines.

En Italie. ♃

24. **PASSE-RAGE** sous-ligneuse, *L. suffruticosum*, L. à feuilles lancéolées, linéaires, grêles, très-entières ; à tiges sous-ligneuses.

En Espagne. ♄

25. **PASSE-RAGE** didyme, *L. didymum*, L. à feuilles pinnatifides ; à tige droite ; à fruits didymes ou deux à deux.

On ignore son climat natal.

26. **PASSE-RAGE** des ruines, *L. ruderale*, L. à fleurs diandres ou à deux étamines, sans pétales ; à feuilles radicales, dentées, pinnées : celles de la tige, linéaires, très-entières.

Nasturtium sylvestre, Osyridis folio ; Cresson sauvage , à feuilles de Ronvet. *Bauh. Pin.* 105 , n.º 1. *Fusch. Hist.* 307. *Dod. Pempt.* 713 , f. 1. *Lob. Ic.* 1 , pag. 214 , fig. 1. *Lugd. Hist.* 662 , fig. 3 ; et 1181 , f. 1. *Flor. Dan.* tab. 184.

Nutritive pour le Bœuf, la Chèvre.

A Montpellier , à Paris , en Dauphiné. ☉ Vernale.

17. PASSE-RAGE de Virginie, *L. Virginicum ,* L. à fleurs le plus souvent triandres ou à trois étamines ; à feuilles linéaires , lancéolées , à dents de scie.

Moris. Hist. sect. 3 , tab. 21 , fig. 2. *Sloan. Jam.* tab. 123 , fig. 3.

A la Jamaïque , en Virginie. ☉

18. PASSE-RAGE Ibéride , *L. Iberis ,* L. à fleurs diandres ou à deux étamines ; à quatre pétales ; à feuilles inférieures lancéolées, à dents de scie : les supérieures linéaires , très-entières.

Iberis latiore folio ; Ibéride à feuille plus large. *Bauh. Pin.* 97 , n.º 2. *Matth.* 237 , f. 3. *Dod. Pempt.* 715 , f. 1. *Lob. Ic.* 1 , p. 223 , f. 2. *Lugd. Hist.* 666 , f. 1. *Camer. Epit.* 377. *Bauh. Hist.* 2 , p. 918 , f. 1. *Bul. Paris.* tab. 380.

1. *Iberis ;* petite Passe-rage. Cette plante a les mêmes vertus que le Cresson Alénois , *L. sativum ,* L. mais elle est moins agréable , et peu usitée en France. En Espagne on joint fréquemment son infusion au Quinquina , et l'on donne l'un et l'autre avant l'accès en froid , dans les fièvres intermittentes. On emploie de la même manière l'infusion seule de la petite Passe-rage.

En Europe , sur les bords des chemins. ☉

19. PASSE-RAGE de Buénos-Aires , *L. Bonariense ,* L. à fleurs diandres ou à deux étamines ; à quatre pétales ; toutes les feuilles pinnées ; à folioles divisées peu profondément en plusieurs parties.

Dill. Elth. tab. 186 , f. 370.

A Buénos-Aires. ☉

20. PASSE-RAGE d'Orient , *L. Chalepense ,* L. à feuilles en fer de flèche, assises, dentées.

En Orient.

866. THLASPI, *THLASPI.* * *Tournef. Inst.* 212 , tab. 101. *Lam. Tab. Encyclop.* pl. 557. BURSA PASTORIS. *Tournef. Inst.* 216 , tab. 103.

CAL. *Périanthe* à quatre *feuillets,* ovales , concaves , droits , ouverts , caducs-tardifs.

COR. Cruciforme , à quatre *Pétales ,* en ovale renversé , deux fois plus longs que le calice. *Onglets* étroits.

Étam. Six *Filamens*, moitié plus courts que la corolle, dont *deux* opposés encore plus courts. *Anthères* pointues.

Pist. *Ovaire* arrondi, comprimé, échancré. *Style* simple, de la longueur des étamines. *Stigmate* obtus.

Péa. *Silicule* comprimée, en cœur renversé, échancrée, garnie d'un style de la longueur de l'échancrure, à deux loges, à *cloison* lancéolée, à *battans* à bordure, en carène.

Sem. Plusieurs, courbées en dehors, attachées à la suture.

Obs. Bursa—Pastoris *Tournefort*: *Silicule en cœur renversé; sans bord.*

    Thlaspi *Tournefort*: *Silicule en cœur renversé; ceinte d'un bord aigu.*

Silicule échancrée, en cœur renversé, renfermant plusieurs semences, formée par deux battans en nacelle carénés et à marge saillante.

1. THLASPI étranger, *T. peregrinum*. L. à silicules arrondies; à feuilles lancéolées très-entières. *Bauh. Hist.* 2, p. 927, f. 1.

    En Carniole, à Naples.

2. THLASPI des champs, *T. arvense*. L. à silicules arrondies; à feuilles oblongues, dentées, lisses.

    Thlaspi arvense, siliquis latis; Thlaspi des champs, à siliques larges. *Bauh. Pin.* 105, n°. 1. *Fusch. Hist.* 306. *Matth.* 427, fig. 3. *Dod. Pempt.* 712, fig. 2. *Lob. Ic.* 1, pag. 212, fig. 2. *Lugd. Hist.* 862, f. 2. *Camer. Epit.* 337. *Bauh. Hist* 2, p. 923, f. 1. *Bul. Paris.* tab. 381. *Icon. Pl. Medic.* tab. 378.

    1. *Thlaspi;* Monoyère. Tout le reste comme dans le Cresson Alénois, mais plus foible. On prétend que l'odeur de cette plante chasse les punaises et les insectes qui attaquent le blé. Ce *Thlaspi* qui exhale une légère odeur d'ail, imprègne de cette odeur le lait des animaux qui en ont long-temps mangé, sur-tout celui des Vaches et des Brebis; mais leur lait perd cette qualité si on les nourrit pendant trois ou quatre jours avec un autre fourrage. Ce fait prouve que le principe odorant de cette plante, est inaltérable par la digestion.

Nutritive pour le Bœuf, le Mouton, le Cochon, la Chèvre.

    En Europe, dans les champs. ☉ *Vernale.*

3. THLASPI ailliacé, *T. alliaceum*, L. à silicules comme ovales, ventrues; à feuilles oblongues, obtuses, dentées, lisses.

    Bauh. Hist. 2, pag. 932, fig. 3. *Moris. Hist.* sect. 3, tab. 18, f. 28. *Bul. Paris.* tab. 381.

    A Paris, à Lyon.

4. THLASPI des rochers, *T. saxatile*, L. à silicules arrondies ;
à feuilles lancéolées, linéaires, obtuses, charnues.

Thlaspi parvum saxatile, flore rubente; petit Thlaspi des rochers, à fleur rougeâtre. *Bauh. Pin.* 107, n.° 9. *Colum.
Ecphras.* 1, pag. 279 et 277, f. 2. *Bellev.* tab. 192. *Barrel.*
tab. 843. *Jacq. Aust.* tab. 236.

A Grenoble. ♃ Vernale.

5. THLASPI hérissé, *T. hirtum*; L. à silicules arrondies, chargées de poils ou hérissées ; à feuilles de la tige en fer de flèche,
velues.

Thlaspi villosum, capsulis hirsutis; Thlaspi velu, à capsules
hérissées. *Bauh. Pin.* 106, n.° 6. *Prod.* 47, n.° 3, fig. 4.
Matth. 430, f. 1. *Bauh. Hist.* 2, p. 922, f. 1.

A Montpellier, en Provence, en Dauphiné. ♃ Vernale.

6. THLASPI champêtre, *T. campestre*, L. à silicules arrondies ; à
feuilles en fer de flèche, dentées, blanchâtres.

Thlaspi arvense, Vaccariæ incano folio, majus; Thlaspi des
champs, à feuille de Saponaire des vaches blanchâtre,
plus grand. *Bauh. Pin.* 106, n.° 4. *Matth.* 427, f. 1. *Dod.
Pempt.* 712, f. 3. *Lob. Ic.* 1, p. 213, f. 1. *Lugd. Hist.* 662,
f. 1. *Camer. Epit.* 336. *Bauh. Hist.* 2, pag. 921, f. 1 et 2.
Bellev. tab. 193. *Bull. Paris.* tab. 383.

Cette espèce présente deux variétés :

1.° *Thlaspi arvense, Vaccariæ incano folio, minus*; Thlaspi
des champs, à feuille de Saponaire des vaches, blanchâtre,
plus petit. *Bauh. Pin.* 106, n.° 5.

2.° *Thlaspi arvense, Acetosæ folio*; Thlaspi des champs, à
feuille d'Oseille. *Bauh. Pin.* 105, n.° 2.

En Europe, dans les champs. ♂ Vernale.

7. THLASPI des montagnes, *T. montanum*, L. à silicules en cœur
renversé ; à feuilles lisses : les radicales un peu charnues, en
ovale renversé, très-entières : celles de la tige embrassantes ;
à corolles plus grandes que le calice.

Thlaspi montanum, Glasti folio, minus; Thlaspi des montagnes, à feuilles de Pastel, plus petit. *Bauh. Pin.* 106,
n.° 2.

A Montpellier, Grenoble, en Provence. ♃ Vernale.

8. THLASPI perfolié, *T. perfoliatum*, L. à silicules en cœur renversé ; à feuilles radicales ovales : celles de la tige en cœur, dentelées, l'embrassant, lisses ; à pétales de la longueur du calice ;
à tige rameuse.

Thlaspi arvense, perfoliatum, majus; Thlaspi des champs,
perfolié, plus grand. *Bauh. Pin.* 106, n.° 7. *Colum. Ec-*

phras. 278 et 276, f. 2. Thal. Herc. 84, tab. 7. f. C. Moris. Hist. sect. 3, tab. 18, f. 25. Bul. Paris. t. 384. Jacq.
Aust. tab. 337.

A Montpellier, Lyon, Paris, etc. ⊙ Vernale.

9. THLASPI des Alpes, *T. Alpestre.* L. à silicules en cœur renversé; à feuilles un peu dentées : celles de la tige embrassantes;
à pétales de la longueur du calice; à tige simple.

> *Thlaspi Vaccariæ folio, Bursæ pastoris siliquis;* Thlaspi à
> feuille de Saponaire des vaches, à siliques de Bourse à pas-
> teur. *Bauh. Pin.* 105, n.° 3.

> *Thlaspi perfoliatum, minus;* Thlaspi perfolié, plus petit.
> *Bauh. Pin.* 106, n.° 8. *Clus. Hist.* 2, pag. 131, f. 1, 2 et 3.
> *Bellev.* tab. 190.

Sur les Alpes du Dauphiné. ♃ Vernale. S.—Alp.

10. THLASPI Bourse à pasteur, *T. Bursa pastoris.* L. à silicules
en cœur renversé; à feuilles radicales pinnatifides.

> *Bursa pastoris major, folio sinuato;* Bourse à pasteur plus
> grande, à feuille sinuée. *Bauh. Pin.* 108, n.° 2. *Fusch.
> Hist.* 611. *Matth.* 429, fig. 1. *Dod. Pempt.* 103, fig. 1.
> *Lob. Ic.* 1, pag. 221, f. 1. *Lugd. Hist.* 1097, f. 1. *Bauh.
> Hist.* 2, pag. 936, f. 1. *Bul. Paris.* tab. 385. *Flor. Dan.*
> tab. 729. *Icon. Pl. Med.* tab. 158.

Cette espèce présente deux variétés :

> 1.° *Bursa pastoris media;* Bourse à pasteur, moyenne. *Bauh.
> Pin.* 108, n.° 3.

> 2.° *Bursa pastoris major, folio non sinuato;* Bourse à pas-
> teur plus grande, à feuille non sinuée. *Bauh. Pin.* 108,
> n.° 1.

> Nutritive pour le Cheval, le Mouton, le Cochon, la Chèvre,
> le Coq, le Dindon, l'Oie.

> *En Europe, dans les endroits cultivés.* ⊙ Vernale et Es-
> tivale.

867. COCHLEARIA, *COCHLEARIA.* ✳ *Tournef. Inst.* 215,
tab. 101. *Lam. Tab. Encyclop.* pl. 558. CORONOPUS. *Lam. Tab.
Encyclop.* pl. 558.

CAL. *Périanthe* à quatre *feuillets,* ovales, concaves, s'ouvrant,
caducs—tardifs.

COR. Cruciforme, à quatre *Pétales,* en ovale renversé, ouverts,
deux fois plus grands que le calice. *Onglets* étroits, plus courts
que le calice, étalés.

ÉTAM. Six *Filamens,* en alène, de la longueur du calice, dont *deux
opposés plus courts. Anthères* obtuses, comprimées.

PIST.

Pist. *Ovaire* en cœur. *Style* simple, très-court, persistant. *Stigmate* obtus.

Pér. *Silicule* en cœur, bossuée, enflée, échancrée, garnie d'un style, à deux loges, rude, à *battans* bossués, obtus.

Sem. Environ quatre dans chaque loge.

Silicule échancrée, enflée, rude, formée par deux battans bossués, obtus.

§. COCHLÉARIA officinal, *C. officinalis*, L. à feuilles radicales en cœur, arrondies : celles de la tige oblongues, un peu sinuées.

Cochlearia folio subrotundo ; Cochléaria à feuille arrondie. *Bauh. Pin.* 110, n.º 1. *Matth.* 300, f. 2. *Dod. Pempt.* 594, f. 1. *Lob. Ic.* 1, pag. 293, f. 2. *Lugd. Hist.* 1320, f. 1. *Camer. Epit.* 271. *Bauh. Hist.* 2, pag. 942, fig. 1. *Bul. Paris. tab.* 386. *Icon. Pl. Med.* tab. 2. *Flor. Dan.* t. 135.

1. *Cochlearia ;* Cochléaria, Herbe aux cuillers. 2. Toute la plante. 3. Acre, amère, piquante. 4. Arôme, huile légère, alkali volatil. 5. Scorbut, cachexie froide, rachitis, hydropisie, hypocondrie, scrophules. 6. On peut manger le *Cochléaria* en salade, avec ou sans les autres plantes anti-scorbutiques. Cette plante est sans contredit préférable à tous les anti-scorbutiques ; aussi est-elle la plus communément employée par les médecins de nos jours. Le *Cochléaria*, comme les autres Crucifères, perd ses vertus en se desséchant ; ainsi il faut le prescrire ou frais ou en conserve. L'esprit de *Cochléaria* distillé à l'esprit de vin, est très-énergique pour l'odontalgie.

Nutritive pour le Bœuf, le Mouton.

Aux Pyrénées, près de Barège, sur les bords de la mer. Cultivé dans les jardins. ♂ Vernale.

2. COCHLÉARIA du Danemarck, *C. Danica*, L. à feuilles deltoïdes, taillées en fer de hallebarde, anguleuses.

1.º *Cochlearia Danica, repens ;* Cochléaria du Danemarck, rampant. *Bauh. Pin.* 110, n.º 4. *Lob. Ic.* 1 pag. 615, f. 2. *Bauh. Hist.* 2, pag. 933, f. 2. *Moris. Hist.* sect. 3, tab. 20, f. 3. *Barrel.* tab. 1305, f. 1. *Flor. Dan.* tab. 100.

Cette espèce présente une variété.

2.º *Cochlearia minor, erecta ;* Cochléaria plus petit, droit. *Bauh. Pin.* 110, n.º 3.

En Suède, en Danemarck ; sur les bords de la mer Baltique. Cultivé dans les jardins. ☉ ♂

3. COCHLÉARIA d'Angleterre, *C. Anglica*, L. à feuilles radicales lancéolées, très-entières : celles de la tige lancéolées, un peu sinuées, assises.

Cochlearia folio sinuato; Cochléaria à feuille sinuée. *Bauh.
Pin.* 110, n.° 2. *Dod. Pempt.* 594, f. 2. *Lob. Ic.* 1, p. 294,
f. 1. *Lugd. Hist.* 1320, f. 2. *Flor. Dan.* tab. 329.

En Danemarck, en Angleterre, sur les bords de la mer. ♂

4. COCHLÉARIA du Groenland, *C. Groenlandica*, L. à feuilles
en forme de rein, charnues, très-entières.

Barth. Act. 3, pag. 143, tab. 144.

En Norwège, en Islande, au Groenland. ☉

5. COCHLÉARIA Corne de cerf, *C. Coronopus*, L. à feuilles
pinnatifides; à tige déprimée.

Ambrosia campestris, repens; Ambroisie des champs, ram-
pante. *Bauh. Pin.* 138, n.° 2. *Matth.* 619, fig. 1. *Dod.
Pempt.* 110, f. 1. *Lob. Ic.* 1, pag. 438, f. 1. *Lugd. Hist.* 670,
f. 1; et 671, f. 1; et 1148, f. 1. *Camer. Epit.* 596. *Bauh.
Hist.* 2, pag. 919, f. 2. *Moris. Hist.* sect. 3, tab. 19, f. 9.
Flor. Dan. tab. 202.

A Montpellier, Lyon, Paris, etc. ☉ Vernale.

6. COCHLÉARIA Raifort, *C. Armoracia*, L. à feuilles radicales
lancéolées, crénelées : celles de la tige découpées.

Raphanus rusticanus; Raifort rustique. *Bauh. Pin.* 96, n.° 5.
Matth. 350, f. 1. *Dod. Pempt.* 678, f. 1. *Lob. Ic.* 1, p. 310,
f. 1 et 2. *Lugd. Hist.* 636, f. 2. *Camer. Epit.* 225. *Bauh. Hist.* 2,
pag. 851; et 852, f. 1. *Moris. Hist.* sect. 3, tab. 7, f. 2.
Icon. Pl. Med. tab. 457.

1. *Armoracia, Raphanus rusticanus;* Cran, Raifort, Raifort
sauvage. 2. Racine fraîche. 3. Odorante, piquante, pénétrante; saveur chaude, âcre, douceâtre, amère. 4 Huile essentielle, extrait aqueux, extrait résineux, esprit alkali
volatil; huile empyreumatique très-tenace. 5. Scorbut, digestion difficile, cachexie froide, hydropisie de poitrine,
fièvre quarte, goutte, asthme, vers, scrophules, rachitis.
6. Dans le Nord, après une légère décoction, on pile les
racines pour en former une pulpe que l'on mange avec le
bouilli; elle cause des éructations aux estomacs foibles.

A Paris, en Dauphiné. ♃ Estivale.

7. COCHLÉARIA à feuilles de pastel, *C. glastifolia*, L. à feuilles
de la tige en cœur renversé, en fer de flèche, embrassantes.

Lepidium Glastifolium; Cresson à feuille de Pastel. *Bauh.
Pin.* 97, n.° 2. *Lob. Ic.* 1, pag. 321, f. 2. *Lugd. Hist.* 1297,
f. 4. *Bauh. Hist.* 2, pag. 941, f. 1 et 2.

A Ratisbone. ♂

8. COCHLÉARIA Drave, *C. Draba*, L. à feuilles lancéolées,
embrassantes, dentées.

Draba umbellata vel Draba major, capitulis donata; Drave
ombellée ou Drave plus grande, en têtes. *Bauh. Pin.* 109,
n.° 1. *Lob. Ic.* 224, fig. 1. *Clus. Hist.* 2, pag. 124, fig. 2.
Lugd. Hist. 664, f. 3. *Camer. Epit.* 341. *Bauh. Hist.* 2, p. 939,
f. 1 et 2. *Jacq. Aust.* tab. 315.

A Montpellier, Lyon, Paris, etc. ♃ Vernale.

868. IBÉRIDE, IBERIS. * *Lam. Tab. Encyclop.* pl. 557.

Cal. *Périanthe* à quatre *feuillets*, en ovale renversé, concaves, ouverts, petits, égaux, caducs-tardifs.

Cor. Quatre *Pétales*, inégaux, en ovale renversé, obtus, ouverts,
à *onglets* oblongs, droits : les *deux pétales extérieurs rapprochés*,
beaucoup plus longs, égaux : les *deux intérieurs* très-petits,
renversés.

Étam. Six *Filamens*, en alène, droits, dont *deux latéraux* plus
courts. *Anthères* arrondies.

Pist. *Ovaire* arrondi, comprimé. *Style* simple, court. *Stigmate*
obtus.

Pér. *Silicule* droite, comme arrondie, comprimée, échancrée, ceinte
d'un bord aigu, à deux loges, à *cloison* lancéolée, à *battans* en
nacelle, comprimés, carénés.

Sem. Quelques-unes.

Obs. I. *rotundifolia*, L. a les fleurs presque égales, et la silicule presque quadrangulaire.

Corolle irrégulière à quatre pétales, dont les deux extérieurs
sont plus grands. *Silicule* échancrée, renfermant plusieurs
semences dans chaque loge.

1. **IBÉRIDE** toujours en fleurs, I. *semperflorens*, L. à tige ligneuse; à feuilles en forme de coin, très-entières, obtuses.

Boccon. Sic. 55, tab. 29, f. B, D, etc.

En Sicile, à Naples, en Perse.

2. **IBÉRIDE** toujours verte, I. *sempervirens*, L. à tige ligneuse; à
feuilles linéaires, aiguës, très-entières.

Thlaspi montanum, sempervirens; Thlaspi des montagnes,
toujours vert. *Bauh. Pin.* 106, n.° 4. *Lugd. Hist.* 1180,
f. 1. *Bauh. Hist.* 2, pag. 930, f. 1. *Barrel.* tab. 214.

Dans l'isle de Crète, sur les rochers. ♄

3. **IBÉRIDE** de Gibraltar, I. *Gibraltarica*, L. à tige ligneuse; à
feuilles dentées au sommet.

Dill. Elth. tab. 287, f. 371.

A Gibraltar. ♄

4. IBÉRIDE des rochers, *I. saxatilis*, L. à tige sous-ligneuse; à feuilles lancéolées, linéaires, charnues, aiguës, très-entières, ciliées.

Thlaspi saxatile vermiculato folio ; Thlaspi des rochers à feuille vermiculée. *Bauh. Pin.* 107, n.° 11. *Column. Ecphras.* 1, pag. 278 et 277, f. 1. *Gar. Aix.* 460, tab. 101.

Thlaspi saxatile Polygalæ foliis ; Thlaspi des rochers à feuilles de Polygale. *Bauh. Pin.* 107, n.° 10.

Thlaspi parvum saxatile flore rubente ; petit Thlaspi des rochers à fleur rougeâtre. *Bauh. Pin.* 107, n.° 9.

A Montpellier, en Provence. ♄

5. IBÉRIDE à feuilles rondes, *I. rotundifolia*, L. à tige herbacée ; à feuilles ovales : celles de la tige embrassantes, lisses, succulentes.

Barrel. tab. 848. *Allion. Flor. Pedem.* n.° 925, tab. 55, f. 2. *Scopol. Carn.* édit. 2, n.° 805, tab. 37.

Sur les Alpes du Dauphiné, de Provence. ♃ Estivale. *Alp. et S.-Alp.*

6. IBÉRIDE ombellée, *I. umbellata*, L. à tige herbacée : à feuilles lancéolées, aiguës : les inférieures à dents de scie : les supérieures très-entières.

Thlaspi umbellatum, Creticum, Iberidis folio ; Thlaspi ombellé, de Crète, à feuille d'Ibéride. *Bauh. Pin.* 106, n.° 2. *Dod. Pempt.* 713, f. 2. *Lob. Ic.* 1, pag. 216, f. 1. *Lugd. Hist.* 663, f. 1; et 664, f. 1. *Camer. Epit.* 339. *Bauh. Hist.* 2, pag. 924, f. 1. *Barrel.* tab. 893, f. 1. *Icon. Pl. Med.* tab. 229.

En Dauphiné. ☉

7. IBÉRIDE amère, *I. amara*, L. à tige herbacée ; à feuilles lancéolées, aiguës, un peu dentées ; à fleurs en grappes.

Thlaspi umbellatum arvense, Iberidis folio ; Thlaspi ombellé des champs, à feuille d'Ibéride. *Bauh. Pin.* 106, n.° 1. *Bauh. Hist.* 2, pag. 925, f. 1.

A Montpellier, à Paris, en Provence, en Dauphiné. ☉ Vernale.

8. IBÉRIDE à feuille de lin, *I. linifolia*, L. à tige herbacée ; à feuilles linéaires, très-entières : celles de la tige à dents de scie ; à tige formant par ses rameaux un panicule ; à corymbes hémisphériques.

Garid. Aix. 459, tab. 105.

En Provence, en Dauphiné.

9. IBÉRIDE odorante, *I. odorata*, L. à tige herbacée ; à feuilles linéaires, dilatées vers le haut, à dents de scie.

Thlaspi umbellatum Creticum, flore albo, odoro, minus; Thlaspi

ombellé de Crète, à fleur blanche, odorante, plus petit.
Bauh. Pin. 106, n.º 4. *Clus. Hist.* 2, pag. 132, f. 1. *Bauh.
Hist.* 2. pag. 925, f. 2.

Sur les Alpes de Savoie. ☉

20. **IBÉRIDE** d'Arabie, *I. Arabica*, L. à tige herbacée; à feuilles
ovales, lisses, sans nervures, très-entières; à silicules à deux
lobes, à la base et au sommet.

Buxb. Cent. 1, pag. 2, tab. 2, f. 1.

En Arabie, en Cappadoce. ☉

21. **IBÉRIDE** à tige nue, *I. nudicaulis*, L. à tige herbacée, presque dénuée de feuilles; à feuilles radicales comme pinnées; à
folioles ovales, aiguës.

Bursa pastoris minor, foliis incisis; Bourse à pasteur plus
petite, à feuilles incisées. *Bauh. Pin.* 108, n.º 4. *Dod.
Pempt.* 103, f. 2. *Lob. Ic.* 1, pag. 231, f. 2. *Bauh. Hist.* 2,
pag. 937, f. 1. *Flor. Dan.* tab. 323.
La tige est souvent ornée de quelques feuilles, sur-tout lorsque la plante croît dans des lieux frais et humides.

A Lyon, Montpellier, Paris, etc. Estivale.

22. **IBÉRIDE** pinnée, *I. pinnata*, L. à tige herbacée; à feuilles pinnatifides.

Thlaspi umbellatum, Nasturtii folio, Monspeliacum; Thlaspi
ombellé, à feuille de Cresson, de Montpellier. *Bauh. Pin.* 106,
n.º 5. *Lob. Ic.* 1, p. 218, f. 2. *Lugd. Hist.* 1183, f. 2.

A Montpellier, Lyon, Grenoble, etc.

369. ALYSSON, *ALYSSUM*. * *Lam. Tab. Encyclop.* pl. 559.
ALYSSON. *Tournef. Inst.* 216, tab. 104. ALYSSOÏDES. *Tournef.
Inst.* 218, tab. 104. VESICARIA. *Lam. Tab. Encyclop.* pl. 559.

CAL. *Périanthe* à quatre *feuillets*, ovales, oblongs, obtus, rapprochés, caducs-tardifs.

COR. Cruciforme, à quatre *Pétales*, planes, plus courts que le
calice, très-ouverts. *Onglets* de la longueur du calice.

ÉTAM. Six *Filamens*, de la longueur du calice, dont *deux opposés*
un peu plus courts, garnis d'une dent. *Anthères* droites, étalées.

PIST. *Ovaire* presque ovale. *Style* simple, de la longueur des étamines, plus long que l'ovaire. *Stigmate* obtus.

PER. *Silicule* comme arrondie, échancrée, garnie d'un style qui
l'égale en longueur, à deux loges, à *cloison* elliptique, à *battans* elliptiques, hémisphériques.

SEM. Quelques-unes, arrondies, attachées à des réceptacles filiformes sortant du sommet de la silicule.

OBS. Les *Pétales* dans quelques espèces sont entiers, dans quelques
autres échancrés.

La Silicule est ventrue dans quelques espèces, comprimée (mais non oblongue) dans quelques autres.

Le caractère essentiel de ce genre, consiste dans les deux Filamens inférieurs, garnis intérieurement à leur base d'une dent.

Filamens des deux étamines plus courtes, offrant une petite dent sur le côté interne. *Silicule* échancrée.

* I. *ALYSSONS à tige sous-ligneuse.*

1. ALYSSON épineux, *A. spinosum,* L. à tiges ligneuses, dont les anciens rameaux dénués de feuilles, deviennent épineux.

> *Thlaspi fruticosum, spinosum;* Thlaspi à tige ligneuse et épineuse. *Bauh. Pin.* 108, n.° 4. *Lob. Ic.* 1, pag. 217, f. 2. *Lugd. Hist.* 1182, fig. 1. *Bauh. Hist.* 2, pag. 931, fig. 3. *Barrel.* tab. 808.

> *A Montpellier, à Paris, en Provence.* ♄

2. ALYSSON à feuille d'Halime, *A. halimifolium,* L. à tiges couchées, vivaces; à feuilles lancéolées, linéaires, aiguës, très-entières.

> *Herm. Lugd.* 594 et 595.

> *A Naples.* ♄

3. ALYSSON des rochers, *A. saxatile,* L. à tiges ligneuses, dont les rameaux forment un panicule; à feuilles lancéolées, très-molles, peu sinuées.

> *Barrel.* tab. 842.

> *Dans l'isle de Crète.* ♄

4. ALYSSON des Alpes, *A. Alpestre,* L. à tiges sous-ligneuses; à rameaux diffus; à feuilles arrondies, blanchâtres; à calices colorés.

> *Gérard Flor. Galloprov.* 352, tab. 13, f. 2.

> *Sur les Alpes du Dauphiné, de Provence, à Paris.* ♃ Estivale. *Alp.*

* II. *ALYSSONS à tige herbacée.*

5. ALYSSON hyperboré, *A. hyperboreum,* L. à tiges herbacées; à feuilles blanchâtres, dentées; à quatre étamines bifurquées.

> *Dans l'Amérique Septentrionale.*

6. ALYSSON, blanchâtre, *A. incanum,* L. à tige herbacée, droite; à feuilles lancéolées, blanchâtres, très-entières; à fleurs en corymbe; à pétales divisés peu profondément en deux parties.

> *Thlaspi fruticosum, incanum;* Thlaspi ligneux, à feuilles blanchâtres. *Bauh. Pin.* 108, n.° 5. *Lob. Ic.* 1, pag. 216, f. 2. *Clus. Hist.* 2, pag. 132, f. 3. *Lugd. Hist.* 1181, f. 2. *Bauh. Hist.* 2, pag. 929, f. 2.

Nutritive pour le Mouton, la Chèvre.

En Bourgogne, en Dauphiné. ♃ ♂

7. **ALYSSON** très-petit, *A. minimum*, L. à tiges herbacées, diffuses; à feuilles linéaires, cotonneuses; à silicules comprimées.

> *Lugd. Hist.* 1142, f. 2.
>
> *A Paris.* ♃ Vernale.

8. **ALYSSON** calicin, *A. calycinum*, L. à tiges herbacées; toutes les étamines dentées; à calices persistans.

> *Thlaspi Alysson dictum campestre, majus;* Thlaspi nommé Alysson des champs, plus grand. *Bauh. Pin.* 107, n.° 1. *Matth.* 591, f. 1? *Lob. Ic.* 1, p. 213, f. 2. *Clus. Hist.* 2, p. 133, f. 2. *Lugd. Hist.* 1142, f. 1. *Camer. Epit.* 558, f. 1. *Bauh. Hist.* 2, pag. 928, f. 1. *Barrel.* tab. 912, f. 2. *Jacq. Aust.* tab. 338.
>
> *En Europe, dans les lieux secs.* ☉ Vernale.

9. **ALYSSON** des montagnes, *A. montanum*, L. à tiges herbacées, diffuses; à feuilles un peu lancéolées, ponctuées, très-rudes.

> *Thlaspi Alpinum, repens;* Thlaspi des Alpes, rampant. *Bauh. Pin.* 107, n.° 8. *Column. Ecphras.* 1, p. 280 et 281. *Bauh. Hist.* 2, pag. 928 et 929, f. 1? *Barrel.* tab. 807. *Jacq.* tab. 37.
>
> *A Paris, en Dauphiné, en Provence.* ♃ Vernale.

10. **ALYSSON** des champs, *A. campestre*, L. à tige herbacée; à étamines accompagnées de deux soies qui naissent du réceptacle; à calices caducs-tardifs.

> *Thlaspi montanum, incanum, luteum, Serpilli folio, majus;* Thlaspi des montagnes, blanchâtre, à fleur jaune, à feuille de Serpolet, plus grand. *Bauh. Pin.* 107, n.° 12. *Lob. Ic.* 1, pag. 220, f. 1. *Bellev.* tab. 189. *Barrel.* tab. 908, f. 2; et 912, f. 1.
>
> *A Montpellier, Lyon, Paris, etc.* ☉ Vernale.

11. **ALYSSON** bouclier, *A. clypeatum*, L. à tige herbacée, droite; à silicules assises, ovales, comprimées, aplaties; à pétales aigus, linéaires.

> *Leucoïum Alyssoïdes, clypeatum, majus;* Violier à feuilles d'Alysson, à silicules en bouclier, plus grand. *Bauh. Pin.* 201, n.° 1. *Dod. Pempt.* 89, f. 1. *Lob. Ic.* 1, pag. 323, f. 1. *Lugd. Hist.* 1141, f. 1. *Bauh. Hist.* 2, pag. 934, f. 1. *Barrel.* tab. 862.
>
> *A Montpellier, en Dauphiné.* ☉ Vernale.

† III. *ALYSSONS à silicules enflées.*

12. ALYSSON sinué , *A. sinuatum* , L. à tige herbacée ; à feuilles lancéolées , delthoïdes ; à silicules enflées.

> *Leucoïum iaconum* , *siliquis rotundis* ; Violier blanchâtre , à siliques rondes. *Bauh. Pin.* 201 , n.° 3. *Lob. Ic.* 1 , p. 333 , f. 1. *Clus. Hist.* 2 , pag. 134 , f. 1. *Lugd. Hist.* 651 , f. 2. *Bauh. Hist.* 2 , pag. 931 , f. 2.
>
> *En Espagne.* ☉ ♂

13. ALYSSON de Crète , *A. Creticum* , L. à tige ligneuse ; à feuilles lancéolées, un peu dentées, cotonneuses ; à silicules enflées , arrondies.

> *Alp. Exot.* 119 et 118.
>
> *En Espagne , dans l'isle de Crète.* ♄

14. ALYSSON d'Arduin , *A. gemovense* , L. à tige herbacée ; à rameaux étalés ; à feuilles radicales en ovale renversé, un peu cotonneuses ; à silicules enflées.

> *Ard. Spec.* 2 , p. 30 , tab. 14.
>
> *On ignore son climat natal.*

15. ALYSSON à utricules, *A. utriculatum* , L. à tige herbacée , droite ; à feuilles lisses, lancéolées , très-entières ; à silicules enflées.

> *En Dauphiné.*

16. ALYSSON à vessie, *A. vesicaria* , L. à feuilles linéaires, dentées ; à silicules enflées, anguleuses, aiguës.

> *Tournef. Voy. au Lev.* 2 , pag. et tab. 252.
>
> *En Orient.*

17. ALYSSON delthoïde, *A. delthoïdeum* , L. à tiges sous-ligneuses , couchées ; à feuilles lancéolées, delthoïdes ; à silicules hérissées , enflées.

> *Leucoïum saxatile* , *Thymi folio* , *hirsutum* , *cœruleo-purpureum* ; Violier des rochers, à feuille de Thym, hérissé, à fleur d'un bleu-pourpre. *Bauh. Pin.* 201 , n.° 7. *Column. Ecphras.* 1 , pag. 282 , tab. 284 , f. 2.
>
> *En Orient.* ♄

70. CLYPÉOLE , CLYPEOLA, * *Lam. Tab. Encyclop.* pl. 560. JONTHLASPI. *Tournef. Inst.* 210 , tab. 99.

CAL. *Périanthe* à quatre *feuillets* , ovales, oblongs, persistans.

COR. Cruciforme , à quatre *Pétales* , oblongs, entiers. *Onglets* un peu plus longs que le calice.

ÉTAM. Six *Filamens* , plus courts que la corolle, dont *deux opposés* encore plus courts. *Anthères* simples.

Pist. *Ovaire* arrondi, comprimé. *Style* simple. *Stigmate* obtus.

Pér. Silicule arrondie, échancrée, plane, comprimée, droite, caduque-tardive, à deux battans arrondis.

Sem. Arrondies, placées dans le centre du péricarpe.

Obs. C. Jonthlaspi, L. *a les étamines garnies d'une dent comme les* Alyssum.

Silicule échancrée, arrondie, comprimée, aplatie, caduque-tardive.

1. CLYPÉOLE Thlaspi, *C. Jonthlaspi*, L. à silicules arrondies, à une loge, renfermant une seule semence.

> *Thlaspi clypeatum, Serpilli folio ;* Thlaspi à silicules en bouclier, à feuilles de Serpolet. *Bauh. Pin.* 107, n.° 4. *Lob. Ic.* 1, p. 215, f. 1. *Lugd. Hist.* 1183, f. 1. *Column. Kephras.* 1. p. 281 et 284, f. 1. *Bauh. Hist.* 2, p. 935, f. 2. *Moris. Hist.* sect. 3, tab. 9, f. 9. *Gar. Aix.* 255, tab. 56.
> 'A Montpellier, en *Provence*, en *Dauphiné*. ☉ Vernale.

2. CLYPÉOLE, cotonneuse, *C. tomentosa*, L. à silicules arrondies, à deux loges ; à feuilles un peu cotonneuses.

> *Ard. Spec.* 2, p. 32, tab. 15, f. 1.
> En Orient. ♃

3. CLYPÉOLE maritime, *C. maritima*, à tige vivace ; à silicules ovales, à deux loges renfermant chacune une semence.

> *Thlaspi Alysson dictum, maritimum ;* Thlaspi nommé Alysson maritime. *Bauh. Pin.* 107, n.° 3. *Lob. Ic.* 1, p. 215, fig. 2. *Lugd. Hist.* 1393, fig. 2. *Barrel.* tab. 844.
> 'A Montpellier, en *Dauphiné*. ♃ Vernale.

871. PELTAIRE, *PELTARIA*.

Cal. *Périanthe* à quatre *feuillets*, ovales, concaves, droits, colorés, caducs-tardifs.

Cor. Cruciforme, à quatre *Pétales*, en ovale renversé, entiers, planes. *Onglets* plus courts que le calice.

Étam. Six *Filamens*, en alène, dont *deux opposés* plus courts, de la longueur du calice. *Anthères* simples.

Pist. *Ovaire* arrondi, comprimé. *Style* court. *Stigmate* simple, obtus.

Pér. *Silicule* entière, comme arrondie, comprimée, plane, à une loge, ne s'ouvrant point.

Sem. Une seule, arrondie, comprimée, plane, échancrée.

Silicule entière, un peu arrondie, aplatie et déprimée ou creusée, ne s'ouvrant point.

1. **PELTAIRE** alliaire, *P. alliacea*, L. à feuilles radicales pétio-lées, en cœur, anguleuses : celles de la tige lancéolées, em-brassantes.

> *Thlaspi montanum, Glasti folio, majus* ; Thlaspi des monta-gnes, à feuille de Pastel, plus grand. *Bauh. Pin.* 106, n.° 1. *Lob. Ic.* 1, p. 219, f. 2, *Clus. Hist.* 2, p. 130, f. 2. *Jacq. Aust.* tab. 123. *Crantz. Aust.* fasc. 1, p. 5, tab. 1, f. 1.

> *Crantz* décrit cette plante sous le nom de *Bohadschia.*

> *Sur les Alpes d'Autriche. Cultivée dans les jardins.* ♃

872. **BISCUTELLE**, *BISCUTELLA.* * *Lam. Tab. Encyclop.* pl. 560. **THLASPIDIUM.** *Tournef. Inst.* 214, pl. 101.

CAL. *Périanthe* à quatre *feuillets*, ovales, pointus, bossués à la base, colorés, caducs-tardifs.

COR. Cruciforme à quatre *Pétales*, oblongs, obtus, ouverts.

ÉTAM. Six *Filamens*, de la longueur du tube de la corolle, dont *deux opposés* plus courts. *Anthères* simples.

PIST. *Ovaire* comprimé, arrondi, échancré. *Style* simple, persis-tant. *Stigmate* obtus.

PÉR. *Silicule* droite, comprimée, plane, à moitié divisée en deux lobes arrondis, à deux loges. *Cloison* lancéolée, terminée par un style roide. *Loges* à deux battans attachés à la cloison dont les bords sont droits.

SEM. Solitaires, arrondies, comprimées, placées au milieu de la loge.

OBS. *Dans quelques espèces les deux feuillets extérieurs du calice, sont tubulés, concaves, mellifères à la base.*

Silicule comprimée, aplatie, arrondie, écrancrée par le haut et le bas, en deux lobes. *Feuillets* du calice bossués vers leur base.

1. **BISCUTELLE** à oreillettes, *B. auriculata*, L. à calices bossués de chaque côté par un nectaire en éperon; à lobes de la silicule collés dans la longueur du style.

> *Thlaspidium biscutatum, villosum, flore calcari donato* ; Thlaspi à deux scutelles, velu, à fleur à éperon. *Bauh. Pin.* 107, n.° 3. *Colum. Ecphras.* 2, p. 59 et 61. *Barrel.* tab. 230 et 1219.

> *En Dauphiné, en Provence.* ☉

2. **BISCUTELLE** de la Pouille, *A. Apula*, L. à silicules rudes ; à feuilles lancéolées, assises, à dents de scie.

> *Thlaspi biscutatum, asperum, Hieracifolium, majus* ; Thlaspi à deux scutelles, rudes, à feuilles d'Épervière, plus grand. *Bauh. Pin.* 107, n.° 1. *Lob. Ic.* 1, p. 214, fig. 2. *Clus. Hist.* 2,

pag. 133, fig. 1. *Lugd. Hist.* 1314, f. 2. *Colum. Ecphras.* 1, p. 283 et 285, f. 1. *Barrel.* tab. 900.

Cette plante est désignée dans le *Species* sous le nom de B. dydyme, *B. dydyma*, L. à lobes de la silicule divergens sur le style, et écartés supérieuremen.

En Italie. ⊙

3. BISCUTELLE lyrée, *B. lyrata*, L. à silicules rudes ; à feuilles en forme de lyre.

Boccon Sicc. 45, tab. 23.

En Espagne, en Sicile. ⊙

4. BISCUTELLE, corne de cerf, *B. coronopifolia*, L. à silicules lisses ; à feuilles dentées, hérissées.

En Espagne, en Italie, à Naples, en Allemagne. ⊙

5. BISCUTELLE lisse, *B. lævigata*, L. à silicules lisses ; à feuilles lancéolées, à dents de scie.

Bellev. tab. 194. *Jacq. Aust.* 4, tab. 339.

En Dauphiné. ⊙

6. BISCUTELLE toujours verte, *B. sempervirens*, L. à silicules, un peu rudes ; à feuilles lancéolées, cotonneuses.

Barrel. tab. 841.

En Orient, en Espagne ♄

Les Biscutelles lyrées, corne de cerf et lisse, paroissent n'être que des variétés de la Biscutelle dydyme.

873. LUNAIRE, *LUNARIA.* * *Tournef. Inst.* 218, tab. 105. *Lam. Tab. Encyclop.* pl. 561.

CAL. *Périanthe* oblong, à quatre *feuillets*, ovales, oblongs, obtus, rapprochés, caducs-tardifs, dont *deux alternes*, bossués et en forme de sac à la base.

COR. Cruciforme, à quatre *Pétales*, entiers, obtus, grands, de la longueur du calice, terminés à la base par des *onglets* qui les égalent en longueur.

ÉTAM. Six *Filamens*, en alène, de la longueur du calice, dont *quatre* de la longueur du calice, *deux* un peu plus courts. *Anthères* droites, ouvertes.

PIST. *Ovaire* porté sur un pédicule, ovale, oblong. *Style* court. *Stigmate* obtus, entier.

PÉR. *Silicule* elliptique, comprimée, plane, entière, droite, très-grande, portée sur un pedicule, terminé par le style, à deux loges, à deux battans, à *cloison* parallèle aux battans, égale, plane.

SEM. Quelques-unes, en forme de rein, comprimées, à bordure, placées dans le milieu de la silicule. *Réceptacles* filiformes, longs, insérés sur les sutures latérales.

Silicule entière, elliptique, comprimée, aplatie, portée sur un pédicelle, formée par deux battans, parallèles, aplatis, égaux à la cloison. *Feuillets* du calice formant à leur base une poche.

1. LUNAIRE vivace, *L. rediviva*, L. à feuilles alternes.

Viola Lunaria major, siliqua rotundâ; Violier Lunaire, plus grand, à silique ronde. *Bauh. Pin.* 203, n.º 1. *Dod. Pempt.* 161, fig. 2. *Lob. Ic.* 1, p. 322, f. 2. *Lugd. Hist.* 805, f. 1. *Bauh. Hist.* 2, p. 882, f. 1.

En Dauphiné, en Provence, en Bourgogne. Vernale.

2. LUNAIRE annuelle, *L. annua*, L. à feuilles opposées.

Viola Lunaria major, siliqua oblongâ; Violier Lunaire plus grand, à silique oblongue. *Bauh. Pin.* 203, n.º 3. *Clus. Hist.* 1, p. 297, f. 2. *Bauh. Hist.* 2, p. 882, f. 2.

En Bourgogne. ☉

II. SILIQUEUSE.

874. RICOTIE, *RICOTIA*. *Lam. Tab. Encyclop.* pl. 561.

CAL. *Périanthe* à quatre *feuillets*, oblongs, parallèles, rapprochés, caducs-tardifs.

COR. Cruciforme, à quatre *pétales*, en cœur renversé, ouverts.

ÉTAM. Six *Filamens*, de la longueur du tube, dont *deux opposés* un peu plus courts. *Anthères* oblongues, aiguës.

PIST. *Ovaire* cylindrique, de la longueur des étamines. *Style* à peine visible. *Stigmate* aigu.

PÉR. *Silique* lancéolée, ovale, à une loge, à deux battans planes.

SEM. Quatre environ, arrondies, comprimées.

Silique oblongue, comprimée, à une seule loge, formée par deux battans aplatis.

1. RICOTIE d'Égypte, *R. Ægyptiaca*, L. à feuilles surdécomposées; à folioles divisées peu profondément en trois parties; à siliques oblongues, pendantes.

Mil. Icon. 169.

En Égypte. ☉

875. DENTAIRE, *DENTARIA*. *Tournef. Inst.* 225, tab. 116. *Lam. Tab. Encyclop.* pl. 562.

CAL. *Périanthe* à quatre *feuillets*, ovales, oblongs, réunis sur leur longueur, obtus, caducs-tardifs.

COR. Cruciforme, à quatre *Pétales*, arrondis, obtus, à peine échancrés, planes, terminés à la base par des *onglets* de la longueur du calice.

ÉTAM. Six *Filamens*, en alène, de la longueur du calice, dont *deux* plus courts. *Anthères* en cœur, oblongues, droites.

Pist. *Ovaire* oblong, de la longueur des étamines; *Style* très-court, épais. *Stigmate* obtus, échancré.

Pér. *Silique* longue, arrondie, à deux loges, à deux battans qui s'ouvrent en se roulant en spirale, à *cloison* un peu plus longue que les battans.

Sem. Plusieurs, presque ovales.

Battans de la silique s'ouvrant avec élasticité en se roulant en spirale ou comme un ressort de montre. *Stigmate* échancré. *Feuillets* du calice réunis sur leur longueur.

1. **DENTAIRE** à neuf feuilles, *D. enneaphylla*, L. à feuilles composées de neuf folioles ; ou trois fois trois à trois.

> *Dentaria triphyllos ;* Dentaire à trois feuilles. *Bauh. Pin.* 322 ; n.° 5. *Lob. Ic.* 1, p. 687, f. 1. *Clus. Hist.* 2, p. 121, f. 2. *Column. Ecphras.* 1, p. 308 et 307, fig. 2. *Bauh. Hist.* 2, pag. 902, fig. 1. *Moris. Hist.* sect. 3, tab. 2, fig. 1. *Jacq. Aust.* tab. 316.

> *Sur les Pyrénées, en Italie, en Autriche.* ♃

2. **DENTAIRE** bulbifère, *D. bulbifera*, L. à feuilles inférieures pinnées : les supérieures simples.

> *Dentaria heptaphyllos, baccifera ;* Dentaire à sept feuilles, baccifère. *Bauh. Pin.* 322, n.° 3. *Lob. Ic.* 1, p. 687, f. 2. *Clus. Hist.* 2, p. 121, f. 1. *Flor. Dan.* tab. 361.

> Cette espèce présente une variété.

> *Dentaria baccifera, foliis Ptarmicæ ;* Dentaire baccifère, à feuilles de Ptarmique. *Bauh. Pin.* 322, n.° 4.

> *A Paris, en Suède, en Danemarck.* ♃

3. **DENTAIRE** à cinq feuilles, *D. pentaphyllos*, L. à feuilles supérieures digitées.

> *Dentaria heptaphyllos ;* Dentaire à sept feuilles. *Bauh. Pin.* 322 ; n.° 1. *Dod. Pempt.* 162, f. 2. *Lob. Ic.* 1, pag. 686, fig. 2. *Clus. Hist.* 2, p. 123, f. 1. *Lugd. Hist.* 1744, f. 1 ; et 1139, f. 3. *Bauh. Hist.* 2, p. 901, f. 2.

> Cette espèce présente deux variétés.

> 1.° *Dentaria pentaphyllos ;* Dentaire à cinq feuilles. *Bauh. Pin.* 322, n.° 2. *Matth.* 684, f. 2. *Dod. Pempt.* 162, f. 1. *Clus. Hist.* 2, pag. 122, fig. 2. *Lugd. Hist.* 1297, f. 1 et 2. *Bauh. Hist.* 2, p. 900, f. 1.

> 2.° *Dentaria pentaphyllos foliis asperis ;* Dentaire à cinq feuilles rudes. *Bauh. Pin.* 322, à la suite du n.° 2, lig. 14. *Lob. Ic.* 1, p. 686, f. 1. *Clus. Hist.* 2, p. 122, f. 1. *Bauh. Hist.* 2, p. 900 et 901, f. 1.

> *A Montpellier, à la grande Chartreuse, en Bourgogne.* ♃ *Vernales.*

876. CARDAMINE, *CARDAMINE.* * *Tournef. Inst.* 224 ; tab. 109. *Lam. Tab. Encyclop.* pl. 562.

CAL. *Périanthe* à quatre *feuillets*, ovales, oblongs, obtus, un peu ouverts, bossués, petits, caducs-tardifs.

COR. Cruciforme, à quatre *Pétales*, oblongs, en ovale renversé, très-ouverts, terminés à leur base par des *onglets* droits, deux fois plus longs que le calice.

ÉTAM. Six *Filamens*, en alêne, dont *deux opposés* deux fois plus longs que le calice : les *autres* un peu plus longs. *Anthères* petites, en cœur, oblongues, droites.

PIST. *Ovaire* grêle, comme cylindrique, de la longueur des étamines. *Style* nul. *Stigmate* obtus, en tête, entier.

PÉR. *Silique* longue, comme cylindrique, comprimée, à deux loges, à deux battans, qui en s'ouvrant se roulent en spirale.

SEM. Plusieurs, arrondies.

OBS. *Ce genre présente une espèce privée des deux étamines courtes plus petites, et une autre qui n'a point de Pétales. Dans le C. petræa L. les battans de la Silique s'ouvrent à la base, mais ne se roulent point en spirale.*

Battans de la silique s'ouvrant avec élasticité, en se roulant en spirale ou comme un ressort de montre. *Stigmate* entier. *Feuillets* du calice entr'ouverts.

* I. *CARDAMINES* à *feuilles simples.*

1. **CARDAMINE** à feuilles de Pâquerette, *C. bellidifolia*, L. à feuilles simples, ovales, très-entières, à pétioles longs.

> *Nasturtium Alpinum ; Bellidis folio, minus ;* Cresson des Alpes, à feuilles de Pâquerette, plus petit. *Bauh. Pin.* 105, n.º 12. *Flor. Lappon.* n.º 260, tab. 9, fig. 2. *Jacq. Aust.* tab. 17, fig. 2.
> *Sur les Alpes du Dauphiné, de Provence, en Auvergne.* ♃ Estivale. *Alp.*

2. **CARDAMINE** à feuilles de cabaret, *C. asarifolia*, L. à feuilles simples, en forme de rein.

> *Boccon. Sic.* 5, tab. 3, fig. C, D, E. *Bellev.* tab. 199. *Barrel.* tab. 1163.
> *Sur les Alpes de Provence.* ♃

3. **CARDAMINE** à tige nue, *C. nudicaulis*, L. à feuilles simples, lancéolées, sinuées, dentées ; à tiges nues.

> *En Sibérie.*

4. **CARDAMINE** des rochers, *C. petræa*, L. à feuilles simples, oblongues, dentées.

Pluck. tab. 101, f. 3. *Dill. Elth.* tab. 61, f. 71.
En Auvergne. ♃

* II. CARDAMINES à feuilles trois à trois.

5. CARDAMINE à feuilles de réséda, *C. resedifolia*, L. à feuilles
inférieures entières ou sans divisions, simples : les supérieures
à trois lobes, et pinnées.

> *Nasturtium Alpinum, minus, Resedæ folio :* Cresson des Alpes,
> plus petit, à feuille de Réséda. *Bauh. Pin.* 104, n.º 4. *Prod.* 45,
> n.º 4, f. 2.

> Cette espèce ressemble tellement au *Cardamine bellidifolia*, L.
> qu'*Haller* n'en a fait qu'une variété.

> *A Montpellier, sur les Alpes du Dauphiné.* ♃ Estivale. *Alp.*

6. CARDAMINE à trois feuilles, *C. trifolia*, L. à feuilles trois
à trois, obtuses ; à tige presque nue.

> *Nasturtium Alpinum, trifolium ;* Cresson des Alpes, à trois
> feuilles. *Bauh. Pin.* 104, n.º 3. *Lob. Ic.* 1, pag. 211, f. 1.
> *Clus. Hist.* 2, pag. 127, f. 2. *Lugd. Hist.* 660, f. 2. *Bauh.*
> *Hist.* 2, p. 890, f. 1. *Moris. Hist.* sect. 3, tab. 4, fig. 13.
> *Jacq. Aust.* tab. 27.

> *En Auvergne.*

7. CARDAMINE d'Afrique, *C. Africana*, L. à feuilles trois à
trois, aiguës ; à tige très-rameuse.

> *Pluck.* tab. 101, f. 5. *Herm. Parad.* p. et tab. 202.
> *En Afrique.*

* III. CARDAMINES à feuilles pinnées.

8. CARDAMINE à feuilles de chélidoine, *C. chelidonia*, L. à
feuilles pinnées ; à folioles cinq à cinq, découpées.

> *Bauh. Hist.* 2, p. 866, f. 1. *Herm. Parad.* p. 203 et 204. *Barrel.*
> tab. 156.

> *En Italie, à Naples, en Sibérie.*

9. CARDAMINE impatiente, *C. impatiens*, L. à feuilles pinnées ;
à folioles dentées ou sinuées, garnies de stipules ; à pétales promptement caducs.

> *Bauh. Hist.* 2, pag. 886, fig. 1. *Barrel.* tab. 155. *Flor. Dan.*
> tab. 735.

> Dans cette espèce, les pétales tombent si promptement, que
> quelques Botanistes l'ont nommée *apétale ;* mais si on dis-
> sèque les fleurs avant leur épanouissement, on trouve les
> pétales.

> *A Montpellier, Lyon, Paris, etc.* ♂ Vernale.

10. CARDAMINE à petite fleur, *C. parviflora*, L. à feuilles pin‑
nées, sans stipules; à folioles lancéolées, obtuses; à fleurs co‑
rollées.

A *Montpellier*, *Lyon*, en *Dauphiné*. ☉ Vernale.

11. CARDAMINE Grecque, *C. Graeca*, L. à feuilles pinnées; à
folioles palmées, égales, pétiolées.

Boccon. Sic. 84, tab. 44, f. 2; et tab. 45, f. 1.
En Sicile, à *Naples*, dans les isles de l'Archipel. ☉

12. CARDAMINE velue, *C. hirsuta*, L. à tige velue; à feuilles
pinnées; à fleurs tétrandres ou à quatre étamines.

Nasturtium aquaticum, minus; Cresson aquatique, plus petit.
Bauh. Pin. 104, n.º 4. Match. 380, fig. 1? Lugd. Hist. 659,
f. 2. Camer. Epit. 270. Bauh. Hist. 2, p. 888, f. 1. Barrel.
tab. 455. Flor. Dan. tab. 148.

En Europe dans les champs, les haies. ☉ Vernale.

13. CARDAMINE des prés, *C. pratensis*, L. à feuilles pinnées;
les folioles des feuilles radicales, arrondies: celles de la tige, lan‑
céolées.

Nasturtium pratense, magno flore; Cresson des prés, à grande
fleur. Bauh. Pin. 104; n.º 1. Fusch. Hist. 325. Dod. Pempt. 592,
fig. 2. Lob. Ic. 1, p. 210, f. 1 et 2. Clus. Hist. 2, p. 128,
fig. 2. Lugd. Hist. 659, f. 1 et 3. Bauh. Hist. 2, pag. 889,
fig. 1 et 2. Bul. Paris. tab. 388. Icon. Pl. Medic. tab. 51.

Cette espèce présente une variété.

Nasturtium pratense, folio rotundiore; flore majore; Cresson
des prés, à feuille plus ronde, à fleur plus grande. Bauh.
Pin. 104, n.º 4.

1. *Cardamine*; Cresson élégant, Cardamine. 2. Herbe, Fleurs.
3. Toute la plante est un peu âcre. 4. Ceux des Crucifères
en général. 5. Scorbut, affections spasmodiques, danse de
saint vîte. 6. Elle peut être mangée en salade.

Nutritive pour le Mouton, la Chèvre.

A *Lyon*, *Grenoble*, *Paris*, etc. dans les prés humides. ♃ Vernale.

14. CARDAMINE amère, *C. amara*, L. à feuilles pinnées; à fo‑
lioles arrondies, anguleuses; à stolones ou drageons partant des
aisselles des feuilles.

Nasturtium aquaticum majus et amarum; Cresson aquatique
plus grand et amer. Bauh. Pin. 104, n.º 2. Bul. Paris.
tab. 389.

A *Montpellier*, *Paris*, *Grenoble*. ♃ Vernale.

15. CARDAMINE de Virginie, *C. Virginica*, L. à feuilles pinnées;
à folioles lancéolées, à une seule dent à la base.

Pluk.

Pluck. tab. 101, fig. 4.
En Virginie.

377. **SISYMBRE**, *SISYMBRIUM.* * Tournef. Inst. 215, tab. 109. Lam. Tab. Encyclop. pl. 565.

CAL. *Périanthe à quatre feuillets,* lancéolés, linéaires, ouverts, colorés, caducs-tardifs.

COR. Cruciforme, à quatre *Pétales,* oblongs, ouverts, le plus souvent moins grands que le calice. *Onglets très-petits.*

ÉTAM. Six *Filamens,* plus longs que le calice, dont *deux opposés* un peu plus courts. *Anthères simples.*

PIST. *Ovaire* oblong, filiforme. *Style* à peine visible. *Stigmate* obtus.

PÉR. *Silique* longue, courbée, bossue, arrondie, à deux loges, à deux battans qui se redressent un peu en s'ouvrant, à cloison un peu plus longue que les battans.

SEM. Plusieurs, petites.

OBS. *S. Sophia :* Corolle plus courte que le calice. Silique très-grêle et très-longue.

Radiculæ, *Dillen. :* Silique bossue, très-courte, de même que les S. sylvestre et amphibium.

Silique ouverte présentant ses battans ou panneaux droits, non roulés. *Feuillets* du calice et pétales ouverts, ou formant un angle avec le style.

* I. SISYMBRES à siliques courtes, penchées.

1. SISYMBRE Cresson, *S. Nasturtium,* L. à siliques penchées; à feuilles pinnées; à folioles arrondies, taillées en cœur.

Nasturtium aquaticum, supinum ; Cresson aquatique, couché. *Bauh. Pin.* 104, n.° 1. *Fusch. Hist.* 723. *Dod. Pempt.* 592, fig. 1. *Lob. Ic.* 1, pag. 209, f. 1. *Lugd. Hist.* 658, fig. 1. *Camer. Epit.* 269. *Bauh. Hist.* 2, p. 884, f. 1. *Bul. Paris.* tab. 390. *Flor. Dan.* tab. 690. *Icon. Pl. Medic.* tab. 144.

1. *Nasturtium aquaticum ;* Cresson de fontaine. 2. Herbe. 3. Comme le Cochléaria officinal, mais moins âcre. 4. Huile essentielle. 5. Scorbut, obstructions, phthisie. 6. Très-usité comme culinaire. On peut également substituer à cette espèce le *S. sylvestre,* qui possède les mêmes vertus.

En Europe, dans les fontaines, les ruisseaux d'eau vive. ♃ Vern.

2. SISYMBRE sauvage, *S. sylvestre,* L. à siliques penchées, ovales, oblongues; à folioles lancéolées, à dents de scie.

Eruca palustris, Nasturtii folio, siliquâ oblongâ ; Roquette des marais, à feuille de Cresson, à silique oblongue. *Bauh. Pin.* 98, n.° 6.

Tome III.

M

Eruca sylvestris minor, luteo parvoque flore; Roquette sauvage plus petite, à fleur jaune et petite. *Bauh. Pin.* 98, n.° 5. *Fusch. Hist.* 263. *Bauh. Hist.* 2, p. 866, f. 2.

A Montpellier, Lyon, Paris, etc. ♃ Estivale.

3. SISYMBRE amphibie, *S. amphibium,* L. à siliques penchées, ovales, oblongues ; à folioles pinnatifides, à dents de scie.

Cette espèce se divise :

1.° En Sisymbre des marais, *S. palustre.*

Raphanus aquaticus, foliis in profundas lacinias divisis; Raifort aquatique, à feuilles divisées en lanières profondes. *Bauh. Pin.* 97, n.° 6. *Prodr.* 38, f. 2. *Lob. Ic.* 1, pag. 319, f. 1. *Lugd. Hist.* 635, f. 3; et 1090, f. 1. *Bauh. Hist.* 2, p. 866 et 867, fig. 1. *Bul. Paris.* tab. 392.

2.° En Sisymbre aquatique, *S. aquaticum.*

Raphanus aquaticus, Rapistri folio; Raifort sauvage, à feuille de Raifort. *Bauh. Pin.* 97, n.° 7. *Prodr.* 38, f. 1.

3.° En Sisymbre terrestre, *S. terrestre.*

Tabern. 408 ?

A Montpellier, Lyon, Paris, etc. ♃ Estivale.

4. SISYMBRE des Pyrénées, *S. Pyrænaïcum.* L. à siliques en ovale renversé ; à feuilles inférieures lyrées : les supérieures pinnatifides, embrassantes ; à styles filiformes.

Moris. Hist. sect. 3, tab. 7, f. 1.

A Montpellier, Lyon, Grenoble. ♃ Estivale.

5. SISYMBRE à feuilles de tanaisie, *S. tanacetifolium,* L. à feuilles pinnées ; à folioles lancéolées, découpées, à dents de scie : les dernières confluentes, se confondant.

Moris. Hist. sect. 2, tab. 6, f. 19.

En Dauphiné, en Provence. ♃

6. SISYMBRE à feuilles menues, *S. tenuifolium,* L. à feuilles lisses, sans dentelures : les inférieures trois fois pinnatifides : les supérieures entières.

Sinapi Erucæ folio; Moutarde à feuille de Roquette, *Bauh. Pin.* 99, n.° 4. *Fusch. Hist.* 262 ? *Matth.* 424, fig. 3. *Dod. Pempt.* 707, f. 2. *Lob. Ic.* 1, p. 203, f. 2. *Lugd. Hist.* 646, fig. 3. *Bauh. Hist.* 2, p. 861, f. 1. *Bul. Paris.* tab. 393.

A Montpellier, Lyon, Paris, etc. ♃ Estivale.

* II. *SISYMBRES à siliques sans péduncules, et axillaires.*

7. SISYMBRE couché, *S. supinum,* L. à siliques axillaires, sans péduncules, solitaires ; à feuilles dentées, sinuées.

Bauh. Hist. 2, p. 867, f. 3. *Pluk.* tab. 36, f. 7.

A Lyon, Grenoble, Paris, etc. ⊙ Estivale.

8. SISYMBRE corniculé, *S. polyceratium*, L. à siliques axillaires ; sans pédoncules, en alène, agrégées, taillées ou sinus peu marqués et dentés.

> *Erysimum polyceratium vel corniculatum* ; Vélar à plusieurs denteleures ou corniculé. *Bauh. Pin.* 101, n.º 3. *Matth.* 431, f. 2. *Lob. Ic.* 1, p. 206, f. 2. *Lugd. Hist.* 653, f. 2 ; et 1114, f. 3, sous le nom de *Saxifraga aurea* ; mais il y a une transposition, et la figure doit être placée sous le nom de *Saxifraga Romanorum. Camer. Epit.* 344. *Bauh. Hist.* 2, p. 864, fig. 2.

> *A Montpellier, en Dauphiné.* ⊙ Estivale.

9. SISYMBRE à feuilles de bourse à pasteur, *S. bursifolium*, L. à fleurs en grappe tortueuse ; à feuilles en forme de lyre ; à tige droite, feuillée.

> *Dill. Elth.* tab. 148, f. 177.

> Cette plante dans le *Species* est désignée sous le nom de Julienne dentée, *Hesperis dentata*, L. à feuilles pinnatifides, dentées ; à tige lisse.

> *Sur les Alpes du Dauphiné, à Lyon.* ♃ Estivale. *Alp.*

III. *Sisymbres à tige nue.*

10. SISYMBRE des murailles, *S. murale*, L. à tige presque nue, redressée ; à feuilles lancéolées, sinuées, dentées, un peu lisses ; à hampes un peu rudes, redressées.

> *Barrel.* tab. 131. *Bellev.* 394.

> *A Montpellier, Lyon, Paris, Grenoble, en Italie.* ⊙

11. SISYMBRE de Mona, *S. Monense*, L. sans tige ; à hampes lisses ; à feuilles pinnées ; à folioles dentées, linéaires, peu chargées de poils.

> *Dill. Elth.* tab. 111, f. 135.

> *Sur les Alpes du Dauphiné, de Provence, à Paris, à Lyon.* ♃ Estivale. *Alp.*

12. SISYMBRE nain, *S. vimineum*, L. sans tige ; à hampes redressées ; à feuilles lisses, en forme de lyre.

> *Boccon. Sic.* 19, tab. 10, f. C.

> *A Lyon, Paris, en Dauphiné.* ⊙ Estivale.

13. SISYMBRE de Barrelier, *S. Barrelieri*, L. à tige presque nue, rameuse ; à feuilles radicales, rongées, dentées, hérissées.

> *Eruca sylvestris minor, lutea, Bursæ pastoris folio* ; Roquette sauvage plus petite, à fleur jaune, à feuille de Bourse à pasteur. *Bauh. Pin.* 98, n.º 7. *Barrel.* tab. 1016.

> *A Paris, en Provence.* ⊙ Estivale.

M 2

14. SISYMBRE des sables, *S. arenosum*, L. à tige rameuse, à peine feuillée ; à feuilles en lyre ; à folioles formant un angle droit, dentées, et chargées de poils ramifiés et branchus.

> *Eruca cœrulea in arenosis crescens ;* Requette à fleur bleue croissant dans les lieux sablonneux. *Bauh. Pin.* 99 , n.º 11. *Prodr.* 40 , n.º 5, f. 1. *Barrel.* tab. 196. *Loes. Prass.* 68 , n.º 13. *Bul. Paris.* tab. 395.
>
> *A Lyon , à Paris.* ⊙ Estivale.

15. SISYMBRE de Valence , *S. Valentinum* , L. à tige simple , droite , lisse en dessus ; à feuilles lancéolées , hérissées , dentées extérieurement.

> *Barrel.* tab. 195 , f. 1.
> *En Espagne.* ⊙

* IV. *SISYMBRES à feuilles pinnées.*

16. SISYMBRE de Parra , *S. Parra* , L. à tige ; à feuilles rongées , tuberculeuses-hérissées.

> *A Parra.* ⊙ ♂

17. SISYMBRE rude , *S. asperum* , L. à siliques rudes ; à feuilles pinnatifides ; à pinnules linéaires , lancéolées , un peu dentées ; à corolles plus longues que le calice.

> *Sinapi parvum , siliquâ asperâ ;* Moutarde petite , à silique rude. *Bauh. Pin.* 99 , n.º 5. *Bauh. Hist.* 2 , p. 858 , f. 3.
>
> *A Montpellier , en Provence.* ♃

18. SISYMBRE des Chirurgiens , *S. Sophia* , L. à pétales plus courts que le calice ; à feuilles décomposées , pinnées.

> *Nasturtium sylvestre , tenuissimè divisum ;* Cresson sauvage , à feuilles très-finement découpées. *Bauh. Pin.* 105 , n.º 2. *Fusch. Hist.* 2. *Dod. Pempt.* 133 , f. 2. *Lob. Ic.* 1 , p. 738 , f. 2. *Lugd. Hist.* 1146, fig. 2. *Bauh. Hist.* 2 , p. 886 ; f. 2. *Bul. Paris.* tab. 396. *Flor. Dan.* tab. 528. *Icon. Pl. Med.* tab. 333.
>
> 1. *Sophia ;* Talictron , sagesse des Chirurgiens. 2. Herbe , Semences. 3. Odeur désagréable ; saveur très-âcre , un peu chaude , approchant de celle de la moutarde. 4. Ceux des crucifères. 5. Scorbut , vers , plaies , ulcères cacoetiques , rétentions d'urine causées par des matières glaireuses , fleurs blanches.
>
> Nutritive pour le Bœuf , le Mouton , l'Oie.
>
> *A Lyon , Grenoble , Paris , etc.* ⊙ Estivale.

19. SISYMBRE très-élevé , *S. altissimum* , L. à feuilles rongées , flasques ; à folioles presque linéaires , très-entières ; à pédoncules lâches.

> *Walth. Hort.* 55 , tab. 22.
> *A Montpellier.* ⊙ Vernale.

20. SISYMBRE Irio , *S. Irio* , L. à feuilles rongées , dentées , ptes ; à tige lisse ; à siliques droites.

> *Erysimum latifolium , majus , glabrum ;* Vélar à larges feuilles, plus grand , lisse. *Bauh. Pin.* 101 , n.° 4. *Column. Ecphras.* 1 , pag. 264 et 265. *Bauh. Hist.* 2 , p. 858 , f. 1. *Jacq. Aust.* tab. 322.

Nutritive pour l'Ola.

A Montpellier , Lyon , Paris , etc.

21. SISYMBRE de Loesel, *S. Loeselii* , L. à feuilles rongées, ai-guës , hérissées ; à tige et rameaux chargés de poils renversés et brillans.

> *Erysimum angustifolium , majus ;* Vélar à feuilles étroites, plus grand. *Bauh. Pin.* 101 , n.° 5. *Column. Ecphras.* 1 , p. 266 et 268. *Bauh. Hist.* 2 , p. 857 , f. 1. *Loes. Pruss.* 69 , n.° 14. *Jacq. Aust.* tab. 324.

A Montpellier , à Paris , en Provence , etc. ⊙ Estivale.

22. SISYMBRE Oriental , *S. Orientale* , L. à feuilles rongées , cotonneuses ; à tige lisse.

En Orient. ⊙

23. SISYMBRE Vélar , *S. Barbarea* , L. à feuilles simples, en spatule , ovales , dentées , nues , embrassantes.

En Orient.

24. SISYMBRE catholique, *S. catholicum* , L. à siliques filiformes , lisses ; à feuilles pinnées , lisses ; à folioles dentelées ou à dents de scie.

En Espagne , en Portugal.

* V. *SISYMBRES à feuilles lancéolées , entières.*

25. SISYMBRE très-roide , *S. strictissimum* , L. à feuilles lancéo-lées , ovales , dentées , à dents de scie.

> *Draba lutea , siliquis strictissimis ;* Drave à fleur jaune , à si-liques très-roides. *Bauh. Pin.* 110 , n.° 7. *Camer. Epit.* 342. *Jacq. Aust.* tab. 149.

Sur les Alpes du Dauphiné , au mont de Lans. 4 Estivale.

26. SISYMBRE à feuilles entières, *S. integrifolium* , L. à feuilles linéaires, très-entières ; à pédoncules gluans, hérissés.

En Sibérie.

27. SISYMBRE des Indes , *S. Indicum* , L. à feuilles lancéolées , ovales , à dents de scie , pétiolées, lisses ; à siliques légèrement voûtées en arc.

Dans l'Inde orientale. ⊙

M. 3

878. VÉLAR, *ERYSIMUM.* * *Tournef. Inst.* 228, tab. 111.

CAL. *Périanthe* à quatre *feuillets*, ovales, oblongs, parallèles, rapprochés, colorés, caducs-tardifs.

COR. Cruciforme, à quatre *Pétales*, oblongs, planes, très-obtus au sommet. *Onglets* droits, de la longueur du calice.

Deux *Glandes nectarifères* parmi les filamens les plus courts.

ÉTAM. Six *Filamens*, de la longueur du calice, dont *deux opposés*, plus courts. *Anthères* simples.

PIST. *Ovaire* linéaire, à quatre côtés, de la longueur des étamines. *Style* très-court. *Stigmate* en tête, persistant, petit.

PÉR. *Silique* longue, linéaire, roide, à quatre côtés réguliers, à deux loges, à deux battans.

SEM. Plusieurs, petites, arrondies.

Silique, colonne à quatre faces très-prononcées ou té-traèdes. *Feuillets* du calice fermés.

1. VÉLAR officinal, *E. officinale*, L. à siliques appliquées sur l'axe de l'épi; à feuilles rongées.

> *Erysimum vulgare*; Vélar vulgaire. *Bauh. Pin.* 100, n.° 1. *Fusch. Hist.* 592. *Matth.* 431, f. 1. *Dod. Pempt.* 714, f. 1. *Lob. Ic.* 1, pag. 206, f. 1. *Lugd. Hist.* 653, f. 1; et 1335, f. 1. *Camer. Epit.* 343. *Bauh. Hist.* 2, pag. 863, f. 1. *Bul. Paris.* tab. 397. *Icon. Pl. Médic.* tab. 32.

> 1. *Erysimum*; Vélar, Tortelle, Herbe au chantre. 2. Herbe, Semences. 3. Odeur foible; saveur de l'herbe un peu âcre, analogue à celle du Cresson; saveur des semences, presque aussi âcre que celle de la Moutarde. 4. Ceux des Crucifères. 5. Enrouement causé par une transpiration supprimée, rhumes, asthme catarral, phthisie commençante causée par des engorgemens lymphatiques; cancer qui n'est pas ulcéré. 6. On fait avec l'herbe un sirop assez usité.

Nutritive pour le Mouton, la Chèvre.

En Europe, dans les terrains incultes, secs. ☉ Estivale.

2. VÉLAR, de Sainte-Barbe, *E. Barbarea*, L. à feuilles en lyre ou pinnées; la foliole impaire très-grande, arrondie.

> *Eruca lutea, latifolia, seu Barbarea*; Roquette à fleur jaune, à larges feuilles, ou Herbe de Sainte-Barbe. *Bauh. Pin.* 98, n.° 9. *Fusch. Hist.* 746. *Dod. Pempt.* 712, f. 1. *Lob. Ic.* 1, p. 207, f. 2. *Lugd. Hist.* 650, f. 2. *Bauh. Hist.* 2, p. 868 et 869, f. 1. *Bul. Paris.* tab. 398. *Icon. Pl. Medic.* t. 310.

Dans le Nord on mange cette plante en salade, même en hiver, vu que ses feuilles persistent toujours vertes sous la neige. C'est un bon anti-scorbutique, d'autant plus précieux, qu'on peut se le procurer même pendant les plus grands froids.

Nutritive pour le Bœuf.

En Europe, dans les prés, sur les bord des ruisseaux. ♃ Vernale.

3. VÉLAR Alliaire, *E. Alliaria*, L. à feuilles en cœur, pétiolées, dentées.

> *Alliaria;* Alliaire. *Bauh. Pin.* 110. *Fusch. Hist.* 104. *Matth.* 613, f. 2. *Dod. Pempt.* 686, f. 1. *Lob. Ic.* 1, pag. 530, f. 1. *Lugd. Hist.* 911, f. 1 et 2. *Camer. Epit.* 589. *Bauh. Hist.* 2, pag. 883, fig. 1. *Bul. Paris.* tab. 399. *Icon. Pl. Medic.* tab. 91.

> 1. *Alliaria;* Alliaire. 2. Herbe entière. 3. Odeur d'ail; saveur amère. 4. Huile essentielle. 5. Asthme, ulcères sordides, gangreneux. 6. Cette plante donne au lait des vaches qui la broutent, l'odeur et le goût d'ail.

Nutritive pour le Bœuf, la Chèvre.

En Europe, dans les haies, les prés. ♂ ou ♃ Vernale.

4. VÉLAR peu sinué, *E. repandum*, L. à feuilles lancéolées, dentées; à grappes opposées aux feuilles; à siliques en grappes, presque assises; à corolles très-petites.

> *Jacq. Aust.* tab. 22.

> *En Espagne, en Bohême.* ☉

5. VÉLAR giroflier, *E. cheiranthoïdes*, L. à feuilles lancéolées, très-entières; à siliques s'écartant de l'axe de l'épi.

> *Myagrum siliqud longd;* Caméline à silique longue. *Bauh. Pin.* 109, n. 1. *Lob. Ic.* 1, pag. 225, f. 1. *Lugd. Hist.* 1137, f. 3. *Bauh. Hist.* 2, pag. 894, f. 1. *Flor. Dan.* tab. 731.

Nutritive pour le Cheval, le Mouton, le Bœuf, le Cochon, la Chèvre.

A Lyon, Grenoble, Paris, etc. ☉ Estivale.

6. VÉLAR à feuilles d'épervière, *E. hieracifolium*, L. à feuilles lancéolées, à dents de scie.

> *Leucoïum luteum, sylvestre, Hieracifolium;* Violier à fleur jaune, sauvage, à feuilles d'Épervière. *Bauh. Pin.* 201, n.º 5. *Bellev.* tab. 202. *Jacq. Aust.* tab. 73.

> *A Lyon, à Paris, en Dauphiné, en Provence. etc.* ♂ Estivale.

875. GIROFLIER, *CHEIRANTHUS.* *Lam. Tab. Encyclop.* pl. 564. LEUCOIUM. *Tournef. Inst.* 220, tab. 107.

CAL. *Périanthe* comprimé, à quatre *feuillets*, lancéolés, concaves, droits, parallèles, rapprochés, caducs-tardifs, dont *deux exté-rieurs* bossués à la base.

COR. Cruciforme, à quatre *Pétales*, arrondis, plus longs que le ca-lice. *Onglets* de la longueur du calice.

ÉTAM. Six *Filamens*, en alène, parallèles, de la longueur du calice, dont *deux* parmi les feuillets bossués du calice, un peu plus courts. *Anthères* droites, divisées peu profondément à la base en deux parties, aiguës et renversées au sommet.

Glande *nectarifère* ceignant des deux côtés la base des étamines les plus courtes.

PIST. *Ovaire* prismatique, à quatre côtés, de la longueur des éta-mines, marqué des deux côtés par un tubercule. *Style* très-court, comprimé. *Stigmate* oblong, renversé, un peu épais, persistant, divisé profondément en deux parties.

PER. *Silique* longue, comprimée, à deux angles opposés, sans forme régulière marqués par une petite dent, à deux loges, à deux battans, garnie du Style qui est très-court, et du stigmate qui est droit et divisé profondément en deux parties.

SEM. Plusieurs, pendantes, alternes, comme ovales, planes, à marge membraneuse.

OBS. *La* petite dent *assise sur les deux côtés de l'ovaire, disparoit dans quelques espèces, et augmente dans quelques autres.*

Dans le C. tricuspidatus, *le sommet de la silique est à trois pointes.*

Dans le C. erysimoïdes, *la silique est à quatre côtés.*

Calice fermé, offrant deux feuillets bossués à la base. *Ovaire* présentant sur deux côtés une petite dent glan-duleuse. *Semences* aplaties.

1. GIROFLIER Vélar, *C.* erysimoïdes, à feuilles lancéolées, den-tées, nues; à tige droite, très-simple; à siliques tétragones.

Leucoïum luteum, sylvestre, angustifolium ; Violier à fleur jaune, sauvage, à feuilles étroites. *Bauh. Pin.* 202, n.° 8. *Clus. Hist.* 1, pag. 299, f. 1. *Bauh. Hist.* 2, pag. 873, f. 2. *Besler.* tab. 201. *Jacq. Aust.* tab. 75.

Eruca angustifolia Austriaca; Roquette à feuilles étroites d'Au-triche. *Bauh. Pin.* 99, n.° 15, *Lob. Ic.* 1, pag. 205, f. 1.

A Lyon, Grenoble, Paris, etc. ⊙ Estivale.

2. GIROFLIER des Alpes, *C. Alpinus,* L. à feuilles linéaires, entières, un peu duvetées; à tige rameuse.

Hall. Helv. n.° 449, tab. 14. *Jacq. Aust.* tab. 74. *Allion. Flor. Pedem.* n.° 986, tab. 20, f. 1.

Sur les Alpes du Dauphiné. ♃ Vernale. *S.-Alp.*

3. GIROFLIER jaune, *C. Cheiri,* L. à feuilles lancéolées, aiguës, lisses; à rameaux anguleux; à tige ligneuse.

Leucoïum luteum, vulgare; Violier à fleur jaune, vulgaire. *Bauh. Pin.* 202, n.º 5. *Fusch. Hist.* 458. *Trag.* 560, f. 1. *Matth.* 632, f. 2. *Dod. Pempt.* 160, f. 2. *Lob. Ic.* 1, p. 330, f. 1. *Lugd. Hist.* 802, f. 3. *Camer. Epit.* 630. *Bauh. Hist.* 2, pag. 872, fig. 1. *Bul. Paris.* tab. 400.

Cette espèce présente plusieurs variétés.

1.º *Leucoïum luteum, magno flore;* Violier à fleur jaune, grande. *Bauh. Pin.* 202, n.º 3.

2.º *Leucoïum luteum, serrato folio, flore grandiore;* Violier à feuille à dents de scie, à fleur jaune, plus grande. *Bauh. Pin.* 202, n.º 4.

3.º *Leucoïum luteum, pleno flore, majus;* Violier à fleur jaune, pleine, plus grand. *Bauh. Pin.* 202, n.º 6. *Lugd. Hist.* 803, f. 1.

4.º *Leucoïum pleno flore, minus;* Violier à fleur pleine, plus petit. *Bauh. Pin.* 202, n.º 7. *Lob. Ic.* 1, pag. 331, f. 2.

1. *Cheiri;* Violier jaune, Giroflée de muraille. 2. fleurs. 3. Odorantes, fatigantes. 4. Arome, huile légère; extrait aqueux évidemment salin. 5. Douleurs, accouchement laborieux, apoplexie. 6. Plante d'agrément, cultivée dans les jardins, où elle produit par la culture plusieurs variétés.

En Europe, sur les murs. ♃ Vernale.

4. GIROFLIER ligneux, *C. fruticulosus,* L. à feuilles lancéolées, aiguës, lisses, un peu dentées; à tige ligneuse.

Barrel. tab. 1228.

En Espagne.

5. GIROFLIER de Chio, *C. Chius,* L. à feuilles en ovale renversé, sans nervures, échancrées; à siliques terminées au sommet par une pointe en alêne.

Herm. Parad. pag. et tab. 193. *Dill. Elth.* tab. 148, f. 178.

A Chio, Montpellier. ☉ Vernale.

6. GIROFLIER maritime, *C. maritimus,* L. à feuilles elliptiques, obtuses, nues, un peu rudes; à tige diffuse, rude.

Bauh. Hist. 2, pag. 877, f. 1. *Barrel.* tab. 1127.

Sur les bords de la Méditerranée, à Naples. ☉

7. GIROFLIER des salines, *C. salinus,* L. à feuilles lancéolées, obtuses, très-entières; à tige droite; à anthères renfermées dans le calice.

En Sibérie, en Tartarie, près des salines. ♄

8. GIROFLIER blanchâtre, *C. incanus,* L. à feuilles lancéolées, très-entières, obtuses, blanchâtres; à siliques tronquées au sommet, aplaties; à tige sous-ligneuse.

Leucoïum incano folio, hortense; Viollier à feuille blanchâtre, des jardins. *Bauh. Pin.* 206, n.ºs 1, 2, 4, 5, 6 et 7.

Leucoïum incanum, majus; Violier à feuilles blanchâtres, plus grand. *Bauh. Pin.* 200, n.° 1. *Fusch. Hist.* 313. *Matth.* 632, f. 1. *Dod. Pempt.* 159, f. 1. *Lob. Ic.* 1, pag. 329, f. 2. *Lugd. Hist.* 802, f. 1 et 2. *Camer. Epit.* 619. *Bauh. Hist.* 2, p. 874, fig. 1.

A Montpellier, en Provence. ♂

9. GIROFLIER des fenêtres, *C. fenestralis,* L. à tige droite, nue, sans divisions; à feuilles entassées au sommet de la tige, formant une tête, recourbées, assises, obtuses, ondulées.

Jacq. Hort. tab. 179.

On ignore son climat natal. Cultivé dans les jardins. ♂

10. GIROFLIER annuel, *C. annuus,* L. à feuilles lancéolées, un peu dentées, obtuses, blanchâtres; à siliques cylindriques, aiguës au sommet; à tige herbacée.

Leucoïum incanum, minus; Violier à feuilles blanchâtres, plus petit. *Bauh. Pin.* 200, n.° 3. *Bul. Paris.* tab. 401.

A Naples. ☉

11. GIROFLIER des rivages, *C. littoreus,* L. à feuilles lancéolées, peu dentées, peu duvetées, succulentes; à pétales échancrés; à siliques cotonneuses.

Leucoïum maritimum, angustifolium; Violier maritime, à feuilles étroites. *Bauh. Pin.* 201, n.° 3. *Dod. Pempt.* 160, f. 1, *Lob. Ic.* 1, pag. 331, f. 1. *Clus. Hist.* 1, pag. 298, f. 2. *Bauh. Hist.* 2, pag. 876, f. 3.

A Montpellier, en Provence. ☉ Vernale.

12. GIROFLIER triste, *C. tristis,* L. à feuilles linéaires, un peu sinuées; à fleurs sessiles ou sans péduncules; à pétales ondulées; à tige ligneuse.

Barrel. tab. 803 et 999, f. 1 et 2.

Les fleurs sont très-odorantes.

A Montpellier, en Provence. ♄ Estivale.

13. GIROFLIER à trois lobes, *C. trilobus,* L. à feuilles en alêne, obtuses; à calices lisses; à siliques filiformes, noueuses, lisses, terminées en pointe.

Leucoïum maritimum, minimum; Violier maritime, très-petit. *Bauh. Pin.* 201, n.° 6.

En Provence. ☉

14. GIROFLIER déchiré, *C. lacerus,* L. à feuilles lancéolées, rongées; à calices velus; à siliques noueuses, terminées au sommet par trois dents.

On ignore son climat natal.

15. GIROFLIER à trois pointes, *C. tricuspidatus*, L. à feuilles en lyre; à siliques terminées au sommet par trois dents.

> *Camer. Hort.* 87 , ic. 24. *Bauh. Hist.* 2 , pag. 876 , f. 2. *Moris. Hist.* sect. 3 , tab. 8 , f. 13.
>
> *En Provence.* ⊙

16. GIROFLIER sinué, *C. sinuatus*, L. à feuilles cotonneuses, obtuses, à peine sinuées : celles des rameaux entières ; à siliques hérissées de poils roides.

> *Leucoïum maritimum, sinuato folio ;* Violier maritime, à feuille sinuée. *Bauh. Pin.* 201 , n.º 2. *Lob. Ic.* 1 , pag. 330 , f. 2 , et 332 , f. 2. *Clus. Hist.* 1 , pag. 298 , f. 1. *Lugd. Hist.* 1360 , f. 1. *Bauh. Hist.* 2 , pag. 875 et 876 , f. 1.
>
> *A Montpellier, en Provence.* ♃

17. GIROFLIER Farsetia , *C. Farsetia* , L. à siliques ovales, comprimées; à feuilles linéaires, lancéolées ; à tige ligneuse, droite.

> *Tournef. Voy. au Lev.* tom. 1 , pag. et tab. 242.
>
> *En Égypte, en Arabie.* ♄

880. **HÉLIOPHILE**, *HELIOPHILA.* * Lam. *Tab. Encyclop.* pl. 563.

CAL. *Périanthe* à quatre *feuillets* , ouverts, oblongs, concaves, membraneux sur les bords, caducs-tardifs, dont *deux extérieurs* garnis à la base d'une petite vessie.

COR. Cruciforme, à quatre *pétales* , arrondis, planes, assis.

> *Deux nectaires* attachés au réceptacle , recourbés vers la petite vessie du calice.

ÉTAM. Six *Filamens*, en alêne, droits, de la longueur du calice, dont *deux opposés* un peu plus courts. *Anthères* oblongues, droites.

PIST. *Ovaire* cylindrique. *Style* plus court que l'ovaire. *Stigmate* obtus.

PÉR. *Silique* arrondie, comme bossuée, terminée en pointe, à deux loges, à deux battans.

SEM. Plusieurs.

Deux *Feuillets* **extérieurs du calice garnis à leur base d'une petite vessie. Deux** *Nectaires* **recourbés vers la petite vessie du calice.**

1. HÉLIOPHILE à feuilles entières, *H. integrifolia*, L. à feuilles lancéolées, entières ou sans divisions.

> *Pluk.* tab. 432 , f. 2.
>
> *Au cap de Bonne-n Espérance.*

2. HÉLIOPHILE à feuilles de corne de cerf, *H. coronopifolia*, L. à feuilles linéaires, pinnatifides.

Pluk. tab. 200, fig. 3. (mauvaise). *Herm. Lugd.* 364, et 367.
Au cap de Bonne-Espérance. ☉

381. JULIENNE, *HESPERIS.* * *Tournef. Inst.* 222, tab. 108.
Lam. Tab. Encyclop. pl. 564.

Cal. *Périanthe* à quatre *feuillets*, lancéolés, linéaires, parallèles,
rapprochés dans leur partie supérieure, s'ouvrant dans leur partie inférieure, caducs-tardifs, dont *deux opposés* bossués à
la base.

Cor. Cruciforme, à quatre *Pétales*, oblongs, de la longueur du
calice, tournés un peu obliquement contre le soleil, terminés
à la base par des *onglets* amincis, de la longueur du calice.

Étam. Six *Filamens*, en alêne, de la longueur du tube, dont *deux*
moitié plus courts. *Anthères* linéaires, droites, renversées au
sommet.

    Glande mellifère pointue, placée entre les deux étamines les
    plus courtes et l'ovaire, et entourant ensuite ces étamines.

Pist. *Ovaire* de la longueur du calice, prismatique, à quatre côtés.
Style nul. *Stigmate* divisé profondément en deux parties, situé
intérieurement, oblong, droit, fourchu à la base, rapproché au
sommet, se flétrissant.

Pér. *Silique* longue, comprimée, plane, roide, à deux loges, à
deux battans aussi longs que la cloison.

Sem. Plusieurs, ovales, comprimées.

Pétales obliquement fléchis. Une *Glande* entre les étamines
les plus courtes. *Silique* roide, droite. *Stigmate* fourchu
à la base, à pointes de la bifurcation rapprochées.
Feuillets du calice fermés.

1. JULIENNE triste, *H. tristis*, L. à tige hérissée, branchue;
à rameaux épars.

    Hesperis montana, palida, odoratissima; Julienne des mon-
    tagnes, à fleur pâle, très-odorante. *Bauh. Pin.* 202, n.º 3.
    Clus. Hist. 1, pag. 296, f. 1. *Camer. Hort.* pag. 74, t. 18.
    Jacq. Aust. tab. 202.

    En Autriche, en Hongrie. Cultivée dans les jardins. ♂

2. JULIENNE des jardins, *H. matronalis*, L. à tige simple,
droite; à feuilles ovales, lancéolées, dentelées; à pétales échancrés avec une pointe.

    Hesperis hortensis; Julienne des jardins. *Bauh. Pin.* 202, n.º 1.
    Dod. Pempt. 161, f. 1. *Lob. Ic.* 1, pag. 323, f. 2. *Lugd.*
    Hist. 804, fig. 1 et 2. *Bul. Paris.* tab. 402.

    A Paris, en Provence. ♂ Vernale.

3. JULIENNE sans odeur, *H. inodora*, L. à tige hérissée, simple, droite ; à feuilles pétiolées, ovales, lancéolées, à dents de scie, un peu rudes ; à pétales obtus.

> *Hesperis sylvestris inodora*; Julienne sauvage inodore, *Bauh. Pin.* 202, n.º 4. *Clus. Hist.* 1, pag. 297, f. 1. *Bauh. Hist.* 2, pag. 878, f. 2. *Barrel.* tab. 357.
>
> *A Montpellier*, en *Provence*. ♂

4. JULIENNE d'Afrique, *H. Africana*, L. à tige très-rameuse ; à rameaux épars ; à feuilles pétiolées, lancéolées, rudes, à dents de scie aiguës ; à siliques assises.

> *Camer. Hort.* 74, tab. 19. *Boccon. Sic.* 77, tab. 42, f. 1.
>
> *A Montpellier.* ☉ Vernale.

5. JULIENNE printanière, *H. verna*, L. à tige droite, rameuse ; à feuilles en cœur, embrassantes, à dents de scie, velues.

> *Leucoïum maritimum*, *latifolium*; Violier maritime, à larges feuilles. *Bauh. Pin.* 201, n.º 1. *Lob. Ic.* 1, pag. 333, f. 2. *Barel.* tab. 876. *Moris. Hist.* sect. 3, tab. 8, f. 5.
>
> *Rapistrum floribus Leucoii marini* ; Raifort à fleur de Violier marin. *Bauh. Pin.* 95, n.º 4.
>
> *A Montpellier*, en *Provence*. ☉ Vernale.

6. JULIENNE déchirée, *H. lacera*, L. à feuilles rongées ; à siliques terminées par trois pointes.

> *Herm. Parad.* pag. et tab. 193.
>
> *En France ?* en *Portugal*.

882. ARABETE, *ARABIS*. * *Lam. Tab. Encyclop.* pl. 563.

CAL. *Perianthe* caduc-tardif, à quatre *feuillets*, parallèles, rapprochés, dont *deux opposés* plus grands, ovales, oblongs, aigus, saillans à la base, bossus, concaves : les *deux autres* linéaires, droits.

COR. Cruciforme, à quatre *Pétales*, ovales, ouverts, terminés à la base par des *onglets* de la longueur du calice.

> Quatre *Nectaires*, formés chacun par une petite écaille au fond des feuillets du calice, attachée au réceptacle, renversée, persistante.

ÉTAM. Six *Filamens*, en alène, droits, dont *deux* de la longueur du calice : *quatre* deux fois plus longs. *Anthères* en cœur, droites.

PIST. *Ovaire* arrondi, de la longueur des étamines. *Style* nul. *Stigmate* obtus, entier.

PÉR. *Silique* comprimée, très-longue, linéaire, inégale aux articulations que forment les semences, à *valvules* presque aussi longues que la cloison.

SEM. Plusieurs, arrondies, comprimées.

Obs. La Nectaire et le Stigmate prouvent que ce genre est séparé es-sentiellement des Cheiranthus et des Hesperis.

Quatre *Glandes* nectarifères repliées en forme d'écailles, placées chacune entre les feuillets du calice.

1. ARABÈTE des Alpes , *A. Alpina* , L. à feuilles embrassantes, dentées ; à tige droite , rameuse ; à rameaux épars.

Cette espèce présente deux variétés :

1.º *Draba alba , siliquosa, repens ;* Drave à fleur blanche, sili-queuse , rampante. *Bauh. Pin.* 109, n.º 5. *Lob. Ic.* 2 , p. 261 , f. 1. *Clus. Hist.* 2 , pag. 125 , f. 2. *Lugd. Hist.* 664 , f. 3 et 1134, f. 1 ? *Bauh. Hist.* 2 , pag. 880 et 881, f. 1. *Flor. Dan.* tab. 62.

2.º *Draba alba , siliquosa ;* Drave à fleur blanche , siliqueuse. *Bauh. Pin.* 109 , n.º 4. *Clus. Hist.* 2 , pag. 125, f. 1. *Bauh. Hist.* 2 , pag. 880, f. 1.

Sur les Alpes du Dauphiné , de Provence , à Montpellier. ♃ Vernale. S.—Alp.

2. ARABÈTE à grande fleur, *A. grandiflora* , L. à tige nue.

En Sibérie.

3. ARABÈTE de Thalius , *A. Thaliana* , L. à feuilles pétiolées, lancéolées , très-entières.

Bursæ pastoris similis , siliquosa , major ; Plante ressemblant à la Bourse à pasteur , siliqueuse , plus grande. *Bauh. Pin.* 108. n.º 4. *Lugd. Hist.* 1131 , f. 1. *Thal. Herc.* 84 , tab. 7, f. D. *Bauh. Hist.* 2 , pag. 870, f. 2. *Bellev.* tab. 196. *Pluk.* tab. 80, f. 2. *Barrel.* tab. 269 et 270.

En Europe , dans les lieux sablonneux. ☉ Vernale.

4. ARABÈTE à feuilles de pàquerette, *A. bellidifolia* , L. à feuilles un peu dentées : les radicales en ovale renversé : celles de la tige lancéolées.

Nasturtium Alpinum , Bellidis folio , majus ; Cresson des Al-pes , à feuille de Pàquerette , plus grand. *Bauh. Pin.* 105 , n.º 11, *Clus. Hist.* 2 , pag. 129 , fig. 2. *Bauh. Hist.* 2 , pag. 870, f. 1. *Jacq. Aust.* tab. 280.

Sur les Alpes du Dauphiné. ♃ Vernale. S.—Alp.

5. ARABÈTE lyrée, *A. lyrata* , L. à feuilles lisses : les radi-cales lyrées : celles de la tige linéaires.

Au Canada. ☉

6. ARABÈTE hérissée, *A. hispida* , L. à feuilles hérissées : les radicales presque lyrées : celles de la tige lancéolées.

En Autriche. ♃

7. ARABÈTE d'Haller, *A. Halleri*, L. à feuilles de la tige presque lyrées : celles des rameaux lancéolées, découpées.

> *Nasturtium Barbareæ foliis* ; Cresson à feuilles de Sainte-Barbe. *Bauh. Pin.* 103, n.º 13. *Haller. Opusc.* pag. 100, n.º 11, tab. 1.

> *En Carniole.*

8. ARABÈTE du Canada, *A. Canadensis*, L. à feuilles de la tige lancéolées, dentées, lisses.

> *Pluk.* tab. 86, f. 8.

> *Au Canada.*

9. ARABÈTE pendante, *A. pendula*, L. à feuilles embrassantes ; à siliques à deux tranchans, linéaires ; à calices un peu velus.

> *Flor. Dan.* tab. 61.

> *En Sibérie, en Danemarck.* ☉

10. ARABÈTE Tourrette, *A. Turrita*, L. à feuilles embrassantes ; à siliques courbes, aplaties, linéaires ; à calices un peu rudes.

> *Clus. Hist.* 2, pag. 126, f. 2. *Barrel.* tab. 353. *Jacq. Aust.* tab. 11.

> *A Montpellier, Lyon, Paris.* ♃ Estivale.

883. **TURRITE, *TURRITIS*. *** *Tournef. Inst.* 223.

CAL. *Périanthe* à quatre *feuillets*, ovales, oblongs, parallèles, rapprochés, caducs-tardifs.

COR. Cruciforme, à quatre *Pétales*, ovales, oblongs, obtus, droits, entiers. *Onglets* droits.

ÉTAM. Six *Filamens*, en alène, droits, de la longueur du tube, dont *deux* plus courts. *Anthères* simples.

PIST. *Ovaire* de la longueur de la fleur, arrondi, comme comprimé. *Style* Nul. *Stigmate* obtus.

PÉR. *Silique* très-longue, roide, à quatre côtés opposés, alternes, irréguliers et un peu comprimés, à deux loges, à deux battans égalant à peine la cloison.

SEM. Très-nombreuses, légèrement arrondies, échancrées.

Silique très-longue, anguleuse. *Feuillets* du calice réunis, droits. *Corolle* à pétales droits.

1. TURRITE lisse, *T. glabra*, L. à feuilles radicales dentées, hérissées : celles de la tige très-entières, embrassantes, lisses.

> *Brassica sylvestris, foliis circa radicem chicoraceis* ; Chou sauvage, à feuilles radicales imitant celles de la Chicorée. *Bauh. Pin.* 112, n.º 8. *Lugd. Hist.* 1168, fig. 1. *Bul. Paris.* tab. 403.

Nutritive pour le Bœuf, le Mouton, la Chèvre.

A Lyon, Grenoble, Paris, etc. ♂ Vernale.

2. TURRITE hérissée, *T. hirsuta*, L. toutes les feuilles hérissées : celles de la tige embrassantes.

Erysimo similis hirsuta, non laciniata, alba; Plante ressemblant au Vélar, hérissée, non laciniée, à fleur blanche.
Bauh. Pin. 101, n.° 7, *Prodr.* 42, fig. 1. *Lob. Ic.* 1,
pag. 220, f. 2. *Clus. Hist.* 2, pag. 126, f. 1. *Bul. Paris.*
tab. 404.

A Montpellier, Lyon, Paris, etc. ♂ Vernale.

3. TURRITE des Alpes, *T. Alpina*, L. à feuilles radicales dentées, hérissées : celles de la tige embrassant à demi la tige.

Sur les Alpes du Dauphiné. ♂ ♃

884. CHOU, *BRASSICA.* * *Tournef. Inst.* 219, tab. 106. *Lam.
Tab. Encyclop.* pl. 565. RAPA. *Tournef. Inst.* 228, tab. 113.

CAL. *Périanthe* droit, à quatre *feuillets*, lancéolés, linéaires, concaves, en gouttière, bossués à la base, droits, parallèles, caducs-tardifs.

COR. Cruciforme, à quatre *Pétales*, en ovale renversé, planes,
ouverts, entiers, s'amincissant insensiblement en *onglets* presque
aussi longs que le calice.

Quatre *Glandes Nectarifères* ovales, dont une est placée des
deux côtés entre les étamines les plus longues et le
calice.

ÉTAM. Six *Filamens*, en alène, droits, dont *deux opposés*, de la
longueur du calice, les *quatre* autres plus longs. *Anthères* droites,
pointues.

PIST. *Ovaire* arrondi, de la longueur des étamines. *Style* court,
de l'épaisseur de l'ovaire. *Stigmate* en tête, entier.

PÉR. *Silique* longue, légèrement arrondie, déprimée des deux côtés, à *cloison* saillante au sommet, arrondie, à deux loges, à
deux battans plus courts que la cloison.

SEM. Plusieurs, arrondies.

OBS. Napus Tournefort : *diffère à peine par son port du B.* Rapa.
Rapa Tournefort : *Calice de la même couleur que la corolle.*
Brassica P. *Calice verdâtre.*

Feuillets du calice droits, réunis. Une *Glande* entre chaque étamine plus courte et le pistil, et d'autres entre
les étamines plus longues et les feuillets du calice. *Semences* arrondies.

* I. CHOUX à style obtus.

1. CHOU Oriental, *B. Orientalis*, L. à feuilles en cœur, embrassantes, lisses : les radicales très-entières, rudes : à siliques tétragones.

> *Brassica campestris perfoliata, flore albo;* Chou des champs perfolié, à fleur blanche. *Bauh. Pin.* 112, n.° 4. *Dod. Pempt.* 626, f. 2. *Lob. Ic.* 1, p. 396, f. 2. *Clus. Hist.* 2, pag. 127, f. 1. *Lugd. Hist.* 525, f. 1. *Bauh. Hist.* 2, p. 835, fig. 3.

> *A Lyon*, *Grenoble*. ☉ Vernale.

2. CHOU champêtre, *B. campestris*, L. à racine et tige grêles, effilées : à feuilles de la tige uniformes, en cœur, assises.

> *Flor. Dan.* tab. 550.

> Nutritive pour le Bœuf, le Mouton, le Cochon, la Chèvre.

> *A Lyon*, *en Provence*. ☉ Vernale.

3. CHOU sauvage, *B. arvensis*, L. à feuilles embrassantes, en spatule, un peu sinuées sur la marge extérieure : les supérieures en cœur, très-entières.

> *Brassica campestris perfoliata, flore purpureo;* Chou des champs perfolié, à fleur pourpre. *Bauh. Pin.* 112, n.° 5.

> *En Provence.* ♃

4. CHOU des Alpes, *B. Alpina*, L. à feuilles de la tige en cœur, en fer de flèche, embrassantes : les radicales ovales; à pétales droits.

> *Bellev.* tab. 197.

> *Sur les Alpes du Dauphiné, de Provence. Vernale sur les Alpes calcaires; Estivale sur les Alpes granitiques.* ♃

5. CHOU Navet, *B. Napus*, L. à racine filiforme, tenant lieu de tige ou montant en tige.

> *Napus sylvestris;* Navet sauvage. *Bauh. Pin.* 95, n.° 2. *Fusch. Hist.* 177. *Lob. Ic.* 1, pag. 201, fig. 2. *Lugd. Hist.* 645, f. 1. *Bauh. Hist.* 2, pag. 843, f. 1.

> Cette espèce présente une variété.

> *Napus sativa;* Navet cultivé. *Bauh. Pin.* 95, n.° 1. *Fusch. Hist.* 176. *Matth.* 348, f. 2. *Dod. Pempt.* 674, f. 1. *Lob. Ic.* 1, pag. 200, fig. 1. *Lugd. Hist.* 644, fig. 1. *Camer. Epit.* 222. *Bauh. Hist.* 2, pag. 842, f. 1.

> 1. *Napus;* Navet. 2. Semences, Racines. 3. Saveur douceâtre, (racine.) 5. Scorbut. 6. La racine est une bonne nourriture pour les hommes, quoiqu'un peu venteuse; excellente pour l'engrais des bestiaux. On en fait des décoctions, des soupes, des bouillons, un sirop, des cataplasmes, et on en

Tome III. N

tire un suc. La Semence donne une huile par expression, qui sert au savon et aux autres usages domestiques et économiques ; les peintres la recherchent comme plus dessiccative.

A Paris , à Montpellier , en Dauphiné. Cultivé dans nos climats. ♂

6. CHOU Rave, *B. Rapa*, L. à racine tenant lieu de tige ou montant en tige, arrondie ou alongée, charnue, aplatie vers le haut.

Rapa sativa rotunda ; Rave cultivée arrondie. *Bauh. Pin.* 89, n.° 1. *Fusch. Hist.* 212. *Trag.* 728. *Matth.* 346, fig. 1. *Dod. Pempt.* 673, fig. 1. *Lob. Ic.* 1, pag. 197, fig. 1. *Lugd. Hist.* 640, f. 1.

Cette espèce présente une variété.

Rapa sativa oblonga seu feminea ; Rave cultivée oblongue ou femelle. *Bauh. Pin.* 90, n.° 2. *Trag.* 729. *Matth.* 346, f. 2. *Dod. Pempt.* 673, f. 2. *Lob. Ic.* 1, pag. 197, f. 2. *Lugd. Hist.* 640, f. 2. *Bauh. Hist.* 2, pag. 838, f. 1.

1. *Rapa ;* Rave, Turnep. 2. Racine, Semences. 3. Douce, piquante au goût, (racine.) 5. Ulcères, phthisie, rhumes, douleurs des aphtes de la bouche, flegmons. 6. Les Raves fournissent aux personnes robustes une assez bonne nourriture ; mais les personnes affoiblies les digèrent difficilement : elles leur causent des coliques venteuses. Elles servent l'hiver à la nourriture des bœufs , des vaches et des moutons ; mais on s'est apperçu qu'elles altèrent le goût de leur chair. On fait avec la racine, des décoctions, des soupes, un sirop ; on retire des semences une huile par expression.

A Montpellier , à Paris , en Dauphiné. Cultivée dans nos climats. ♂

7. CHOU des jardins, *B. oleracea*, L. à racine tenant lieu de tige ou montant en tige, arrondie, charnue.

Cette espèce présente plusieurs variétés remarquables.

1.° Le Chou cultivé vert. *B. oleracea viridis.*

Brassica alba vel viridis ; Chou blanc ou vert. *Bauh. Pin.* 111, n.° 1. *Matth.* 366, f. 1. *Dod. Pempt.* 621, fig. 1. *Lob. Ic.* 1, pag. 243, f. 1. *Lugd. Hist.* 520, f. 1. *Bauh. Hist.* 2, pag. 829, fig. 2.

2.° Le Chou des jardins pommé rouge , *B. oleracea capitata rubra*, à feuilles d'un vert bleu ; à nervures rouges , violettes.

Brassica capitata rubra ; Choux pommé rouge. *Bauh. Pin.* 111, n.º 4. *Dod. Pempt.* 621, f. 2. *Bauh. Hist.* 2, pag. 831, fig. 1.

3.º Le Chou des jardins pommé blanc, *B. oleracea capitata alba*, à feuilles sinuées, assises, embrassantes, à côtes saillantes et relevées.

Brassica capitata alba; Chou pommé blanc. *Bauh. Pin.* 111, n.º 1. *Fusch. Hist.* 416. *Matth.* 367, f. 1. *Dod. Pempt.* 623, f. 2. *Lob. Ic.* 1. pag. 243, f. 2.

4.º Le Chou des jardins frisé de Savoie ou de Milan, *B. oleracea Sabauda*, à feuilles chargées de bulles, frisées, frangées, plus grandes que celles du Chou pommé blanc.

Brassica alba crispa; Chou blanc frisé. *Bauh. Pin.* 111, n.º 1. *Matth.* 366, fig. 2. *Dod. Pempt.* 624, f. 1. *Lob. Ic.* 1, pag. 244, fig. 1. *Lugd. Hist.* 520, fig. 2. *Bauh. Hist.* 2, pag. 828, f. 2.

5.º Le Chou des jardins lacinié, *B. oleracea laciniata.*

Brassica laciniata rubra; Chou lacinié rouge. *Bauh. Hist.* 2, pag. 832.

6.º Le Chou des jardins à feuilles d'âche, *B. oleracea selenisia.*

Brassica angusto Apii folio; Chou à feuille étroite d'Ache. *Bauh. Pin.* 112, n.º 2. *Trag.* 721. *Dod. Pempt.* 622, f. 2. *Lob. Ic.* 1, pag. 246, f. 2. *Lugd. Hist.* 524, f. 1 et 2. *Bauh. Hist.* 2, pag. 832, f. 3.

7.º Le Chou des jardins frangé de Savoie, *B. oleracea Sabellica*, à feuilles rouges, frangées.

Brassica fimbriata; Chou frangé. *Bauh. Pin.* 112, n.º 3. *Fusch. Hist.* 414. *Dod. Pempt.* 625, f. 2. *Lob. Ic.* 1, pag. 247, f. 1. *Lugd. Hist.* 523, f. 2.

8.º Le Chou-fleur, *B. oleracea cauliflora*, à fleurs avant leur développement formant des têtes succulentes, enveloppées de feuilles.

Brassica cauliflora; Chou Chou-fleur. *Bauh. Pin.* 111, n.º 7. *Matth.* 367, f. 3. *Dod. Pempt.* 624, f. 2. *Lob. Ic.* 1, p. 245, f. 1. *Lugd. Hist.* 522, f. 1. *Bauh. Hist.* 2, pag. 829, f. 1. *Rencal. Spec.* 131 et 133, f. 2. *Camer. Epit.* 252.

9.º Le Chou-Navet, *B. oleracea Napo-Brassica*, à racine charnue, très-grasse.

Napo-Brassica; Chou-Navet. *Bauh. Pin.* 111, n.º 6 et non 4.

10.º Le Chou-Navette, *B. oleracea gongylodes.*

Brassica gongylodes; Chou-Rave. *Bauh. Pin.* 111, n.º 5. *Matth.* 367, f. 2. *Dod. Pempt.* 625, f. 1, *Lob. Ic.* 1, pag. 246, f. 1. *Lugd. Hist.* 522, f. 3. *Camer. Epit.* 251. *Bauh. Hist.* 2, pag. 830, f. 1.

11.° Le Chou Broccolis, pourpre ou blanc, *B. oleracea Italica,* *purpurea vel alba, Broccolis dicta.*

Les *Choux* qui sont plus employés dans les cuisines qu'en mé-decine, nourissent peu et sont mal digérés par les personnes dont l'estomac est foible. Ils offrent une grande ressource pour la nourriture des bestiaux pendant l'hiver ; dans le Nord on fait dessécher les Choux-fleurs, et par ce moyen on en mange toute l'année. Le *Chou* conduit à la fermentation acé-teuse, est un aliment très-usité dans le Nord, et d'autant plus précieux que les habitans sont très—enclins au scorbut terrestre. C'est une des meilleures provisions de mer pour préserver les équipages du scorbut marin. Les *Choux-croutes* qui sont des Choux pommés, hachés menus, qui fermen-tent et deviennent aigres dans les tonneaux, malgré le sel et le cumin dont on les assaisonne, peuvent, lorsqu'ils sont bien préparés, durer sans corruption quatre ou cinq ans. Les meilleurs Choux en ragoût, les plus tendres, les plus faciles à digérer et les moins venteux, sont le *Chou-fleur,* le *Broccoli* et le *Chou pommé.*

A Montpellier, en Dauphiné, etc. Cultivé dans les jardins.

8. CHOU de la Chine, *B. Chinensis,* L. à feuilles ovales, pres-que entières; à bractées lancéolées, embrassantes; à calices plus longs que les onglets des pétales.

A la Chine. ♂

9. CHOU violet, *B. violacea,* L. à feuilles lancéolées, ovales, lissses, entières, dentées.

A la Chine. ♂

* II. *CHOUX ROQUETTES, à siliques terminées par un style en lame d'épée, ou aplati et pointu.*

10. CHOU Roquette sauvage, *B. Erucastrum,* L. à feuilles ron-gées; à tige hérissée; à siliques lisses.

Eruca sylvestris major, lutea, caule aspero; Roquette san-vage plus grande, à fleur jaune, à tige rude. *Bauh. Pin.* 98, n.° 4. *Matth.* 405, f. 2. *Dod. Pempt.* 708, f. 2. *Lob. Ic.* 1, pag. 204, f. 2. *Lugd. Hist.* 650, f. 1 ; et 653, f. 3? *Camer. Epit.* 307. *Bauh. Hist.* 2, pag. 862, f. 3.

A Montpellier, Grenoble, à Lyon, Paris, etc. ♃ Estivale.

11. CHOU Roquette des jardins, *B. Eruca,* L. à feuilles en lyre; à tige hérissée; à siliques lisses.

Eruca latifolia, alba; Roquette à larges feuilles, à fleur blanche. *Bauh. Pin.* 98, n.° 1. *Fusch. Hist.* 539. *Matth.* 405, fig. 1. *Dod. Pempt.* 708, fig. 1. *Lob. Ic.* 1, pag. 204, fig. 1. *Lugd. Hist.* 649, f. 1. *Camer. Epit.* 506. *Bauh. Hist.* 2, pag. 859, f. 1.

1. *Eruca*; Roquette. 2. Herbe, Semences. 3. Saveur âcre, brûlante; odeur forte, pénétrante. 4. Ceux des autres crucifères en général. 5. Cachexie froide, stérilité, paralysie de la langue, apoplexie. 6. Cette plante fournit un assaisonnement pour les salades. Elle supplée le Cresson en beaucoup de circonstances.

A Montpellier, en Dauphiné. Cultivée dans les jardins. ☉

12. CHOU à vessie, *B. vesicaria*, L. à feuilles rongées; à siliques hérissées, couvertes par le calice enflé.

En Espagne. ☉

885. MOUTARDE, *SINAPIS*, * *Lam. Tab. Encyclop.* pl. 566. SINAPI. *Tournef. Inst.* 227, tab. 112.

CAL. *Périanthe* ouvert, à quatre *feuillets*, linéaires, concaves, en gouttière, ouverts, en forme de croix, caducs–tardifs.

COR. Cruciforme, à quatre *Pétales*, arrondis, planes, ouverts, entiers. *Onglets* droits, linéaires, à peine de la longueur du calice sur lequel ils sont insérés.

Quatre *Glandes nectarifères* ovales, dont *une* placée des deux côtés entre les étamines les plus courtes et le pistil, et *une* des deux côtés entre les étamines les plus longues et le calice.

ÉTAM. Six *Filamens*, en alêne, droits, dont *deux opposés*, de la longueur du calice, les *quatre* autres plus longs. *Anthères* droites, étalées, pointues.

PIST. *Ovaire* arrondi. *Style* de la longueur de l'ovaire et de la hauteur des étamines. *Stigmate* en tête, entier.

PÉR. *Silique* oblongue, bossuée inférieurement, rude, à deux loges, à deux battans. *Cloison* le plus souvent deux fois plus longue que les battans, grande, comprimée.

SEM. Plusieurs, arrondies.

OBS. *Ce genre diffère du Brassica par le calice qui est ouvert, et par les onglets de la corolle qui sont droits.*

Feuillets des calices ouverts. *Onglets* des pétales droits. Une *Glande* entre les étamines les plus courtes et le pistil, et une autre entre les étamines les plus longues et les feuillets du calice.

1. MOUTARDE des champs, *S. arvensis*, L. à siliques à plusieurs angles, renflées et à étranglemens, plus longues que le bec qui est comme tranchant.

Rapistrum flore luteo; Raifort à fleur jaune. *Bauh. Pin.* 95, n.° 1. *Fusch. Hist.* 257. *Matth.* 356, f. 1. *Dod. Pempt.* 673, fig. 1. *Lob. Ic.* 1, pag. 198, f. 2. *Lugd. Hist.* 541, fig. 1. *Camer. Epit.* 233. *Bauh. Hist.* 2, pag. 844, f. 1. *Bul. Paris.* tab. 408. *Flor. Dan.* tab. 678 et 753.

Nutritive pour le Bœuf, le Cochon, la Chèvre.

En Europe, dans les champs. ☉

2. **MOUTARDE** Orientale, *S. Orientalis*, L. à siliques hérissées de poils tournés en arrière, comprimées et comme tétragones au sommet.

En Orient. ☉

3. **MOUTARDE** chou, *S. brassicata*, L. à feuilles en ovale renversé, dentelées, lisses.

A la Chine. ☉

4. **MOUTARDE** blanche, *S. alba*, L. à siliques hérissées, terminées par un bec oblique, très-long, en lame d'épée.

Sinapi Apii folio ; Moutarde à feuille d'Ache. *Bauh. Pin.* 99, n.° 3. *Fusch. Hist.* 538. *Matth.* 424 , f. 2. *Dod. Pempt.* 707, f. 1. *Lob. Ic.* 1 , pag. 203, f. 1. *Lugd. Hist.* 646 , f. 2. *Bauh. Hist.* 2, pag. 856, f. 1. *Bul. Paris.* tab. 409.

A Montpellier, Lyon, Paris, etc. ☉ Vernale.

5. **MOUTARDE** noire, *S. nigra*, L. à siliques lisses, appliquées contre les rameaux, tétragones au sommet.

Sinapi Rapi folio ; Moutarde à feuille de Rave. *Bauh. Pin.* 99, n.° 1. *Matth.* 424, f. 1. *Dod. Pempt.* 706, f. 2. *Lob. Ic.* 1 , p. 202, f. 2. *Lugd. Hist.* 646 , f. 1. *Bauh. Hist.* 2 , p. 855, f. 1. *Icon. Pl. Medic.* tab. 152.

1. *Sinapi, Sinapi alba ;* Moutarde, Sénevé noir, blanc. 2. Semences. 3. Acres, orgastiques. 4. Huile pesante, très-àcre ; huile par expression plus douce ; esprit alkali volatil, qui coagule le lait ; extrait spiritueux un peu amer et huileux ; un peu d'extrait aqueux douceâtre. 5. Cachexie froide, langueur d'estomac, léthargie, toux, scorbut, hydropisie, teigne. 6. On en prépare un excitatif appelé *Moutarde.* On applique la Moutarde extérieurement comme vésicatoire.

A Montpellier, Lyon, Paris, etc. ☉ Estivale.

6. **MOUTARDE** des Pyrénées, *S. Pyrænaïca*, L. à siliques striées, rudes ; à feuilles rongées, lisses.

Aux Pyrénées. ♃

7. **MOUTARDE** duvetée, *S. pubescens*, L. à siliques duvetées, droites, terminées par un bec comprimé ; à feuilles en lyre, velues.

Arduin. Spec. 1 , p. 21 , tab. 9.

En Sicile, à Naples. ♄

8. **MOUTARDE** de la Chine, *S. Chinensis*, L. à siliques lisses, comme articulées, étalées ; à feuilles en lyre, rongées, un peu hérissées.

Arduin. Spec. 1, p. 23, tab. 10.

A la Chine.

9. MOUTARDE joncière, *S. juncea*, L. à rameaux réunis en faisceaux; à feuilles supérieures lancéolées, très-entières,

Herm. Parad. pag. et tab. 230.

A la Chine.

10. MOUTARDE fausse-roquette, *S. erucoïdes*, L. à siliques lisses, égales; à feuilles lyrées, oblongues, lisses; à tige rude.

Barrel. tab. 132. *Jacq. Hort.* tab. 170. *Bul. Paris.* tab. 410.

En Espagne.

11. MOUTARDE d'Espagne, *S. Hispanica*, L. à feuilles deux fois pinnées; à folioles linéaires.

A Paris, en Espagne. ♃ Estivale.

12. MOUTARDE blanchâtre, *S. incana*, L. à siliques appliquées contre les rameaux, lisses; à feuilles inférieures en lyre, rudes: les supérieures lancéolées; à tige rude.

Herm. Parad. pag. et tab. 155.

A Paris. ☉ Estivale.

13. MOUTARDE lisse, *S. lævigata*, L. à siliques lisses, étalées; à feuilles en lyre, lisses: les supérieures lancéolées; à tige lisse.

En Espagne, en Portugal. ☉ ♂

886. RAIFORT, *RAPHANUS.* * *Tovrnef. Inst.* 229, tab. 114. *Lam. Tab. Encyclop.* pl. 566. RHAPHANISTRUM. *Tournef. Inst.* 230, tab. 115.

CAL. *Périanthe* droit, à quatre *feuillets*, oblongs, parallèles, rapprochés, bossués à la base, caducs-tardifs.

COR. Cruciforme, à quatre *Pétales*, en cœur renversé, ouverts. *Onglets* un peu plus longs que le calice.

Quatre *Glandes nectarifères*, dont *une* placée des deux côtés entre les étamines les plus courtes et le pistil: *une* des deux côtés, entre les étamines les plus longues et le calice.

ÉTAM. Six *Filamens*, en alène, droits, dont *deux opposés*, de la longueur du calice: les *quatre* autres de la longueur des onglets de la corolle. *Anthères* simples.

PIST. *Ovaire* oblong, ventru, aminci, de la longueur des étamines. *Style* à peine visible. *Stigmate* en tête, entier.

PÉR. *Silique* oblongue et terminée en pointe, bossuée et ventrue, comme articulée, arrondie.

SEM. Arrondies, lisses.

N 4

Obs. Raphani *Tournefort : Fruit spongieux, à deux loges, ne s'ouvrant point.*

Raphanistri *Tournefort : Fruit articulé, s'ouvrant par des articulations.*

Feuillets du calice fermés. *Silique* arrondie, comme articulée, à étranglemens. Deux *Glandes* mellifères entre les étamines les plus courtes et le pistil : deux autres entre les étamines les plus longues et les feuillets du calice.

1. RAIFORT cultivé, *R. sativus*, L. à siliques arrondies, à étranglemens, à deux loges.

Raphanus minor, oblongus ; Raifort plus petit, oblong. *Bauh. Pin.* 96, n.º 3. *Matth.* 349, f. 2. *Dod. Pempt.* 676, fig. 2. *Lob. Ic.* 1, p. 201, f. 2. *Lugd. Hist.* 635, f. 2.

Raphanus major, orbicularis vel rotundus ; Raifort plus grand, orbiculaire ou arrondi. *Bauh. Pin.* 96, n.º 1. *Fusch. Hist.* 659. *Trag.* 732. *Matth.* 349, f. 1. *Dod. Pempt.* 676, f. 1. *Lob. Ic.* 1, p. 201, f. 1. *Lugd. Hist.* 635, fig. 1. *Bauh. Hist.* 2, pag. 846, fig. 2.

Cette espèce présente une variété.

Raphanus niger ; Raifort noir. *Bauh. Pin.* 96, n.º 2. *Lob. Ic.* 1, p. 202, f. 1.

1. *Raphanus ;* Raifort des Parisiens, Radis. 2. Racine, semences. 3. Saveur âcre, piquante. 4. Ceux des crucifères en général. 5. Scorbut, asthme, ischurie, causés par des engorgemens séreux. 6. On mange les *Raiforts* crus avec du sel. En général c'est une mauvaise nourriture, de difficile digestion, qui dans les personnes foibles, causent des coliques, et au plus grand nombre des sujets, des éructations désagréables, souvent avec anxiété.

A la Chine. Cultivé dans les jardins. ♂

2. RAIFORT à queue, *R. caudatus*, L. à siliques couchées, plus longues que la plante entière.

Linn. fil. Dec. 3, tab. 10.

En Italie. ☉

3. RAIFORT sauvage, *R. Raphanistrum*, L. à siliques arrondies, articulées, lisses, à une seule loge.

Rapistrum flore albo, siliquá articulatá ; Raifort à fleur blanche, à silique articulée. *Bauh. Pin.* 95, n.º 2.

Rapistrum flore albo, lineis nigris depicto ; Raifort à fleur blanche, marquée de lignes noires. *Bauh. Pin.* 95, n.º 3.

Reichard cite comme variété de cette espèce le synonyme de *G. Bauhin, Rapistrum flore luteo,* ou Raifort à fleur jaune,

Pin. 95, n.º 1, qui appartient à la Moutarde des champs, *Sinapis arvensis*, L.

Nutritive pour le Cheval.

En Europe, parmi les blés. ☉ Estivale.

4. RAIFORT de Sibérie, *R. Sibiricus*, L. à siliques arrondies, à étranglemens, velues ; à feuilles linéaires, pinnatifides.

Murr. in nov. Comm. Goetting. V. p. 48, tab. XI.

En Sibérie.

887. BUNIAS, *BUNIAS.* * ERUCAGO. *Tournef. Inst.* 232, tab. 103. KAKILE. *Lam. Tab. Encyclop.* pl. 554.

CAL. *Périanthe* à quatre *feuillets*, ovales, oblongs, ouverts, caducs-tardifs.

COR. Cruciforme, à quatre *Pétales*, en ovale renversé, deux fois plus longs que le calice. *Onglets* amincis, droits.

ÉTAM. Six *Filamens*, de la longueur du calice, dont *deux opposés*, un peu plus courts. *Anthères* droites, divisées peu profondément à la base en deux parties.

PIST. *Ovaire* oblong. *Style* nul. *Stigmate* obtus.

PÉR. *Silicule* irrégulière, ovale, oblongue, à quatre pans ou angles garnis d'une ou deux pointes, ne s'ouvrant point, caduque-tardive.

SEM. Peu nombreuses, arrondies, placées chacune sous chaque pointe de la silicule.

Silicule caduque - tardive, tétraèdre, à angles inégaux, aigus, tuberculeuse-hérissée.

1. BUNIAS cornu, *B. cornuta*, L. à silicules étalées, à deux cornes, épineuses à la base.

En Sibérie.

2. BUNIAS épineux, *B. spinosa*, L. à rameaux épineux.

Brassica spinosa ; Choux épineux. *Bauh. Pin.* 111, n.º 3. *Prodr.* 54, n.º 2, f. 1. *Alp. Exot.* 201 et 202. *Ægyp.* 2, pag. 208, tab. 67.

En Orient.

3. BUNIAS Masse au bedeau, *B. Erucago*, L. à siliques tétragones, à angles à deux crêtes.

Eruca Monspeliaca, *siliquâ quadrangulâ echinatâ*, Roquette de Montpellier, à silique quadrangulaire hérissonnée. *Bauh. Pin.* 99, n.º 14. *Prodr.* 41, n.º 7, f. 1. *Lugd. Hist.* 647, f. 1. *Bauh. Hist.* 2, p. 858, f. 4. *Bul. Paris.* tab. 413. *Jacq. Aust.* tab. 340.

A Montpellier, Lyon, Grenoble. ☉ Vernale.

4. **BUNIAS** d'Orient, *B. Orientalis*, **L.** à silicules ovales, bossuées, garnies de verrues.

> *Gmel Sibir.* 3, p. 256, n.° 16, tab. 57.
> *En Russie.* ♃

5. **BUNIAS** maritime, *B. Kakile*, **L.** à silicules ovales, lisses, à deux tranchans.

> *Eruca maritima, Italica, siliquâ hastæ cuspidi simili;* Roquette maritime, d'Italie, à silique ressemblant à la pointe d'une pique. *Bauh. Pin.* 99, n.° 12. *Prodr.* 40, fig. 2. *Lob. Ic.* 1, p. 223, f. 1. *Lugd. Hist.* 1393, f. 1; 1394, fig. 3; et 1395, fig. 1. *Bauh. Hist.* 2, pag. 867 et 868, f. 1.
> Cette espèce présente une variété.
> *Kakile sive Eruca marina, latifolia;* Bunias ou Roquette marine, à larges feuilles. *Bauh. Hist.* 2, p. 898, f. 2.
> *A Montpellier, en Provence.* ☉ Vernale.

6. **BUNIAS** caméline, *B. myagroïdes*, **L.** à silicules à deux articulations, à deux tranchans, à étranglemens dans leur partie supérieure; à feuilles pinnées; à sinus renversés.

> *En Sibérie.* ☉

7. **BUNIAS** d'Égypte, *B. Ægyptiaca*, **L.** à silicules tétragones, garnies de tous côtés de verrues tuberculeuses; à feuilles rongées.

> *Jacq. Hort.* tab. 145.
> *En Egypte.* ☉

8. **BUNIAS** des isles Baléares, *B. Balearica*, **L.** à silicules hérissées; à feuilles pinnées; à folioles un peu dentées.

> *Gouan. Illust.* 45, tab. 20.
> *Aux isles Baléares.* ☉

388. PASTEL, *ISATIS.* * *Tournef. Inst.* 211, tab. 100. *Lam. Tab. Encyclop.* pl. 554.

Cal. *Périanthe* à quatre *feuillets*, ovales, un peu ouverts, colorés, caducs-tardifs.

Cor. Cruciforme, à quatre *Pétales*, oblongs, obtus, ouverts, amincis insensiblement en onglets.

Étam. Six *Filamens*, droits, étalés, de la longueur de la corolle, dont *deux* plus courts. *Anthères* oblongues, latérales.

Pist. *Ovaire* oblong, à deux tranchans, comprimé, de la longueur des étamines les plus courtes. *Style* nul. *Stigmate* obtus, en tête.

Pér. *Silicule* oblongue, lancéolée, obtuse, comprimée, arrondie, à une loge, ne s'ouvrant point, à deux battans en nacelle, comprimés, carénés, caduque-tardive.

Sem. Une seule, ovale, dans le centre du péricarpe.

Silique lancéolée, pendante, à une loge, renfermant une seule semence, à deux battans en nacelle, caduque-tardive.

1. PASTEL des Teinturiers, *I. tinctoria*, L. à feuilles radicales crénelées : celles de la tige en fer de flèche ; à siliques plates, alongées.

> 1. *Isatis sylvestris seu angustifolia* ; Pastel sauvage ou Pastel à feuilles étroites. *Bauh. Pin.* 113, n.º 2. *Fusch. Hist.* 332. *Matth.* 471, f. 3. *Dod. Pempt.* 79, f. 2. *Lob. Ic.* 1, p. 352, f. 1. *Lugd. Hist.* 499, f. 2. *Camer. Epit.* 410. *Bauh. Hist.* 2, pag. 909, fig. 2.

> Cette espèce présente une variété.

> *Isatis sativa seu latifolia* ; Pastel cultivé ou Pastel à larges feuilles. *Bauh. Pin.* 113, n.º 1. *Fusch. Hist.* 331. *Matth.* 471, fig. 2. *Dod. Pempt.* 79, f. 1. *Lob. Ic.* 1, p. 351, f. 2. *Lugd. Hist.* 499, f. 1. *Camer. Epit.* 409. *Bauh. Hist.* 2, pag. 909, fig. 1. *Icon. Pl. Med.* tab. 191.

> Les feuilles du *Pastel* fournissent une teinture bleue. Comme il résiste à la gelée, on peut en faire des pâturages pour l'hiver.

> Nutritive pour le Bœuf, le Mouton.

> *A Paris, en Provence, en Dauphiné, etc. Cultivé dans les jardins.* ♂

2. PASTEL du Portugal, *I. Lusitanica*, L. à feuilles radicales crénelés : celles de la tige en fer de flèche ; à péduncules un peu duvetés.

> *Buxb. Cent.* 1, pag. 4, tab. 5.
> *En Espagne, en Orient.* ⊙

3. PASTEL d'Arménie, *I. Armeniaca*, L. à feuilles très-entières, en cœur, obtuses postérieurement ; à siliques en cœur.

> *Buxb. Cent.* 1, p. 4, tab. 4.
> *En Arménie.*

4. PASTEL d'Égypte, *I. Ægyptiaca*, L. toutes les feuilles dentées.

> *En Égypte.*

289. CRAMBE, *CRAMBE.* * *Tournef. Inst.* 211, tab. 100. *Lam. Tab. Encyclop.* pl. 553. Rapistrum. *Tournef. Inst.* 210, tab. 99.

Cal. *Périanthe* à quatre *feuillets*, ovales, creusés en gouttière, un peu ouverts, caducs-tardifs.

Cor. Cruciforme, à quatre *Pétales*, grands, obtus, larges, ouverts. *Onglets* droits, étalés, de la longueur du calice.

ÉTAM. Six *Filamens*, dont *deux* de la longueur du calice, *quatre* plus longs, divisés peu profondément au sommet en deux parties. *Anthères* simples, insérées sur la division extérieure des filamens.

Glande *mellifère* placée des deux côtés entre la corolle et les étamines les plus longues.

PIST. *Ovaire* oblong. *Style* nul. *Stigmate* un peu épais.

PÉR. *Baie* sèche, arrondie, à une loge, caduque-tardive.

SEM. Une seule, arrondie.

OBS. *La caractère essentiel de ce genre, consiste dans les filamens divisés peu profondément au sommet en deux parties.*

Quatre *Filamens*, les plus longs formant à leur sommet une fourche, dont une branche porte l'anthère. *Baie* sèche, arrondie, caduque-tardive.

1. CRAMBE maritime, *C. maritima*, L. à tige et feuilles lisses.

Brassica *maritima, monospermos*; Chou maritime, à une seule semence. *Bauh. Pin.* 112, n.º 3. *Lob. Ic.* 1, p. 245, fig. 2. *Lugd. Hist.* 527, f. 1. *Flor. Dan.* tab. 316.

Nutritive pour le Bœuf, le Mouton, le Cheval, le Cochon, la Chèvre.

Sur les bords de l'Océan septentrional. Cultivé dans les jardins. ♃

2. CRAMBE Oriental, *C. Orientalis*, L. à tige lisse; à feuilles rudes.

En Orient.

3. CRAMBE d'Espagne, *C. Hispanica*, L. à tige et feuilles rudes.

Cornut. Canad. 147 et 148. *Moris. Hist.* sect. 3, tab. 13, f. 1: *Barrel.* tab. 387.

En Espagne, à Naples. ☉

890. CLÉOME, *CLEOME*. * *Lam. Tab. Encyclop.* pl. 567. SINAPISTRUM. *Tournef. Inst.* 231, tab. 116.

CAL. *Périanthe* très-petit, ouvert, caduc-tardif, à quatre *feuillets* dont l'*inférieur* est plus ouvert.

COR. Quatre *Pétales*, tous ascendans, ouverts, dont les *intermédiaires* sont rapprochés et plus petits.

Trois *Glandes nectarifères*, arrondies, placées chacune entre les trois feuillets supérieurs du calice.

ÉTAM. Six *Filamens*, (rarement 12 ou 24) en alêne, inclinés. *Anthères* latérales, ascendantes.

Pist. *Style* simple. *Ovaire* oblong, incliné, de la longueur des étamines. *Stigmate* un peu épais, redressé.

Pér. *Silique* longue, comme cylindrique, assise sur le style, à une loge, à deux battans.

Sem. Plusieurs, arrondies.

Obs. *Dans quelques espèces, l'ovaire est porté sur un pédicule, et les étamines sont insérées sur le pédicule près de l'ovaire, comme dans les Gynandres. Dans quelques autres, on trouve plus de six étamines.*

Trois *Glandes* nectarifères placées chacune entre les trois feuillets supérieurs du calice. Tous les *Pétales* droits. *Silique* à une seule loge, à trois battans.

1. CLÉOME ligneuse, *C. fruticosa*, L. à fleurs gynandres et tétrandres; à feuilles simples; à tige ligneuse.

> *Burm. Ind.* tab. 46, f. 3.
>
> *Dans l'Inde orientale.* ♄

2. CLÉOME à sept feuilles, *C. heptaphylla*, L. à fleurs gynandres; à feuilles sept à sept; à tige armée de piquans.

> *Aux Indes orientales.*

3. CLÉOME à cinq feuilles, *C. pentaphylla*, L. à fleurs gynandres; à feuilles cinq à cinq; à tige sans piquans.

> *Quinquefolium Lupini folio;* Quintefeuille à feuille de Lupin. *Bauh. Pin.* 326, n.º 7. *Alp. Ægypt.* 2, pag. 209, tab. 68. *Exot.* 322. *Barrel.* tab. 1235. *Jacq. Hort.* tab. 24.
>
> *Aux Indes Orientales.* ☉

4. CLÉOME à trois feuilles, *C. triphylla*, L. à fleurs gynandres; à feuilles trois à trois; à tige sans piquans.

> *Pluk.* tab. 224, fig. 3? *Herm. Lugd.* 564 et 565.
>
> *Aux Indes orientales.* ☉

5. CLÉOME polygame, *C. polygama*, L. à fleurs supérieures mâles, tétrandres; à feuilles trois à trois; à folioles sans pétioles, armées de quelques piquans sur les bords.

> *Reichard* rapporte à cette espèce et à la Cléome dodécandre, esp. 8. le synonyme de *Sloane, Sinapistrum Indicum triphyllum, flore carneo, non spinosum;* ou Raifort des Indes à trois feuilles, à fleur couleur de chair, non épineuse. *Jam.* tab. 124, f. 1.
>
> *A la Jamaïque.*

6. CLÉOME Icosandre, *C. Icosandra*, L. à fleurs icosandres et tétrandres; à feuilles cinq à cinq.

> *Burm. Zeyl.* 215, tab. 99.
>
> *A Zeylan.* ☉

7. CLÉOME visqueuse, *C. viscosa*, L. à fleurs dodécandres ; à feuilles trois à trois, et cinq à cinq.

   Rheed. Mal. 9 , p. 41 , tab. 23.

   Au Malabar , à Zeylan. ☉

8. CLÉOME dodécandre, *C. dodecandra* , L. à fleurs dodécandres ; à feuilles trois à trois.

   Burm. Zeyl. 216 , tab. 100 , f. 1.

   Aux Indes Orientales. ☉

9. CLÉOME gigantesque, *C. gigantea*, L. à fleurs hexandres ; à feuilles sept à sept ; à tige sans piquans.

   Jacq. Obs. 4 , p. 1 , tab. 76.

   En Guinée. ♄

10. CLÉOME à piquans, *C. aculeata* , L. à fleurs hexandres ; à feuilles trois à trois, très-entières ; à stipules un peù épineuses.

   Dans l'Amérique Méridionale.

11. CLÉOME épineuse, *C. spinosa* , L. à fleurs hexandres ; à feuilles sept à sept et cinq à cinq ; à tige épineuse.

   Marcg. Bras. 33 et 34.

   Dans l'Amérique Méridionale.

12. CLÉOME à dents de scie , *C. serrata*, L. à fleurs hexandres ; à feuilles trois à trois ; à folioles linéaires , lancéolées , à dents de scie.

   Jacq. Amer. p. 190, tab. 190 , f. 43.

   Dans l'Amérique Méridionale. ☉

13. CLÉOME pied d'oiseau, *C. ornithopodioïdes*, L. à fleurs hexandres ; à feuilles trois à trois ; à folioles ovales , lancéolées.

   Dill. Elth. tab. 266 , fig. 345. *Buxb. Cent.* 1 , pag. 6 , tab. 9 , fig. 24.

   'A Constantinople. ☉

14. CLÉOME violette, *C. violacea* , L. à fleurs hexandres ; à feuilles trois à trois et solitaires ; à feuilles lancéolées , linéaires , très-entières.

   Barrel. tab. 866.

   Cette espèce présente une variété à fleur jaune gravée dans *Barrelier* , tab. 865.

   En Portugal. ☉

15. CLÉOME d'Arabie, *C. Arabica* , L. à fleurs hexandres ; à feuilles trois à trois , lancéolées , obtuses ; à siliques en forme de fuseau , gluantes , rudes.

   Linn. fil. Dec. 3 , tab. 8.

   En Arabie. ☉

16. CLÉOME à une feuille, *C. monophylla*, L. à fleurs hexandres ; à feuilles simples, ovales, lancéolées, pétiolées.

Burm. Zeyl. 217, tab. 100, f. 2.

Dans l'Inde Orientale. ⊙

17. CLÉOME du Cap, *C. Capensis*, L. à fleurs hexandres ; à feuilles simples, assises ou sans pétioles, linéaires, lancéolées ; à tige anguleuse.

Au cap de Bonne-Espérance, dans l'Inde Orientale.

18. CLÉOME couchée, *C. procumbens*, L. à fleurs hexandres ; à feuilles simples, lancéolées, pétiolées ; à tiges couchées.

Jacq. Amer. 189, tab. 120.

A Saint-Domingue, dans les prés.

CLASSE XVI.
MONADELPHIE.
I. TRIANDRIE.

Table Synoptique ou *Caractères Artificiels Génériques.*

... APHYTÉE , *APHY-* Un *Pistil. Baie* à une seule loge ,
TEIA. à plusieurs semences.

II. PENTANDRIE.

891. LERCHÉE , *LERCHEA.* Un *Pistil. Caps.* à trois loges ,
à plusieurs semences.

892. WALTHÈRE , *WAL-* Un *Pistil. Caps.* à une loge , à
THERIA. une semence.

893. HERMANNE , *HER-* Cinq *Pistils. Caps.* à cinq loges ,
MANNIA. à une semence. *Pétales* en
capuchon , obliques.

894. MÉLOCHIE , *MELO-* Cinq *Pistils. Caps.* à cinq loges ,
CHIA. à une semence.

III. HEPTANDRIE.
† *Gerania Africana.*

IV. DÉCANDRIE.

895. CONNARE , *CONNA-* Un *Pistil. Gousse* à une loge :
RUS. *Étamines* alternes très-courtes.

897. BEC-DE-GRUE , *GERA-* Un *Pistil. Caps.* à cinq coques ,
NIUM. en bec.

896. HUGONE , *HUGONIA.* Cinq *Pistils. Caps.* à une semence.
Filamens des étamines réunis
en godet.

V. ENDÉCANDRIE.

898. BROWNE , *BROWNEA.* Un *Pistil. Cal.* à deux segmens peu
profonds. *Cor.* extérieure à
cinq divisions peu profondes :
l'intérieure à cinq pétales.

VI. DODÉCANDRIE.

VI. DODÉCANDRIE.

899. PENTAPÈTE, *PENTA-PETES.* — Un *Pistil. Caps.* à cinq loges , à plusieurs semences. Cinq *Étamines* alongées , colorées.

VII. POLYANDRIE.

913. GORDONE, *GORDO-NIA.* — Un *Pistil. Cal.* simple , à cinq feuillets. *Caps.* à cinq loges. Deux *Semences* , ailées.

916. MORISONE , *MORI-SONIA.* — Un *Pistil. Cal.* simple , à deux segmens peu profonds. *Baie* en capsule , portée sur un pédicule. *Style* nul. Quatre *Pétales.*

915. MÉSUÉE , *MESUA.* — Un *Pistil. Cal.* simple , à quatre feuillets. *Noix* à quatre côtés, à une semence. *Style* nul. Quatre *Pétales.*

912. STEWARTE, *STEWAR-TIA.* — Cinq *Pistils. Cal.* simple, ouvert? *Pomme* à cinq loges. *Semences* solitaires.

902. SIDE , *SIDA.* — Le plus souvent un *Pistil. Cal.* simple , anguleux. *Caps.* à loges , à une semence.

901. FROMAGER , *BOM-BAX.* — Un *Pistil. Cal.* simple. *Caps.* à cinq loges , à plusieurs semences. *Style* entier. *Sem.* laineuses.

900. ADANSONE , *ADAN-SONIA.* — Un *Pistil. Cal.* simple. *Caps.* à dix loges , à plusieurs semences, à pulpe farineuse.

910. COTONNIER , *GOSSY-PIUM.* — Un *Pistil. Cal.* extérieur à trois segmens peu profonds. *Caps.* à trois ou quatre loges réunies , à plusieurs semences.

907. LAVATÈRE , *LAVA-TERA.* — Plusieurs *Pistils. Cal.* extérieur à trois segmens peu profonds. *Arilles* à une semence, réunis en anneaux.

903. MALACHRE ; *MALA-CHRA.*	Plusieurs *Pistils. Cal.* extérieur à trois feuillets. Cinq *Arilles* à une semence.
906. MAUVE , *MALVA.*	Plusieurs *Pistils. Cal.* extérieur à trois feuillets Plusieurs *Arilles* à une semence , réunis en anneaux.
908. MALOPE , *MALOPE.*	Plusieurs *Pistils. Cal.* extérieur à trois feuillets. *Arilles* à une semence , conglomérés.
909. URÈNE , *URENA.*	Un *Pistil. Cal.* extérieur à cinq segmens peu profonds. Cinq *Arilles* à une semence , tuberculeux-hérissés.
905. ALCÉE , *ALCEA.*	Plusieurs *Pistils. Cal.* extérieur à six segmens peu profonds. Plusieurs *Arilles* à une semence.
911. HIBISQUE , *HIBIS-CUS.*	Un *Pistil. Cal.* extérieur à huit segmens peu profonds. *Arilles* réunis , à loges à plusieurs semences.
904. GUIMAUVE, *ALTHÆA.*	Plusieurs *Pistils. Cal.* extérieur à neuf segmens peu profonds. *Arilles* à une semence , réunis en anneaux.
914. CAMELLE , *CAMELLIA.*	Un *Pistil. Cal.* extérieur à feuillets placés en recouvrement les uns sur les autres. *Capsule* à loges , à plusieurs semences. *Style* entier.
917. GUSTAVE , *GUSTA-VIA.*	Un *Pistil. Cal.* nul. *Cor.* à huit pétales. *Fruit* à six loges.

MONADELPHIE.

CARACTÈRES des Plantes de cette classe.

CALICE : *Périanthe* toujours présent, persistant, double dans quelques genres.

COROLLE : Cinq *Pétales*, en cœur renversé, s'embrassant d'un côté à la base contre le mouvement du soleil.

ÉTAMINES : *Filamens* réunis à la base, distincts au sommet : les extérieurs plus courts. *Anthères* couchées.

PISTIL : *Réceptacle* de la fructification saillant, placé dans le centre de la fleur. *Ovaires* droits, entourant le sommet du réceptacle. Tous les *Styles* réunis inférieurement en un corps avec le réceptacle, divisés supérieurement en autant de filets qu'il existe d'ovaires. *Stigmates étalés*; grêles.

PÉRICARPE : *Capsules* divisées en autant de loges qu'il existe de pistils, variant quant à leur figure selon les genres; elles sont souvent formées par autant d'arilles réunis.

SEMENCES : en forme de rein.

OBS. *Tournefort a donné pour caractère à cette classe, une corolle monopétale; cependant tous les pétales sont distincts à la base, quoique adhérens aux Filamens qui sont réunis en un corps; dès-lors elle est nommée avec plus de raison, pentapétale.*

Les Genres de cette classe ont été divisés par le fruit seul, qui n'est pas suffisant; dès-lors on a été obligé de recourir aux feuilles. Nous avons distingué les genres par le calice, qui est d'un grand poids, et qui fournit des caractères invariables.

MONADELPHIE.

I. TRIANDRIE.

:.. APHYTÉE , *APHYTELA. Amœnit. Acad.* vol. 8 , p. 310 , tab. 7.

CAL. *Périanthe* d'un seul feuillet , en entonnoir , grand , charnu , droit , persistant , à moitié divisé en trois segmens.

COR. *Rudiment de trois pétales* , adhérens aux segmens du calice , ou plutôt nuls.

ÉTAM. Trois *Filamens* , réunis à la base , courts. *Anthères* convexes , en cœur , striées.

PIST. *Ovaire* inférieur. *Style* un peu épais , court. *Stigmate* à trois côtés , creusé en gouttière.

PÉR. *Baie* à une seule loge.

SEM. Nombreuses , nidulées.

Calice grand , en entonnoir , à moitié divisé en trois segmens. Trois *Pétales* insérés sur le tube du calice , et moins longs que lui.

1. APHYTÉE Hydnore , *A. Hydnora* , L. à fleurs assises , coriaces , un peu charnues et succulentes.

> *Thunberg. in act. Holm.* 1775 , tab. 11 , et 1777.

> *Au cap de Bonne-Espérance , où elle a été découverte par le célèbre* Thunberg.

II. PENTANDRIE.

891. LERCHÉE , *LERCHEA.* †

CAL. *Périanthe* d'un seul feuillet , tubulé , à cinq dents , persistant.

COR. Monopétale , en entonnoir. *Tube* plus long que le calice. *Limbe* un peu relevé , à cinq divisions profondes.

ÉTAM. *Filamens* comme nuls , remplacés par le tube de l'ovaire. Cinq *Anthères* , oblongues , insérées sur le tube de l'ovaire.

PIST. *Ovaire* comme ovale , supérieur , terminé (dans la corolle) par un tube obtus. *Style* dans le tube de l'ovaire , filiforme , de la longueur des étamines. Deux ou trois *Stigmates* , un peu obtus.

PÉR. *Capsule* comme arrondie , bossuée , à trois loges , quelquefois à deux.

SEM. Plusieurs.

Calice à cinq dents. *Corolle* en entonnoir , à cinq divisions peu profondes. Cinq *Anthères* insérées sur le tube de

l'ovaire. Un *Pistil. Capsule* à trois loges renfermant cha‑
cune plusieurs semences.

1. LERCHÉE à longue queue, *L. longicauda*, L. à feuilles op‑
posées, pétiolées, lancéolées, lisses, très‑entières; à fleurs
en épi terminal, filiforme, très‑long.
> *Dans l'Inde Orientale.* ♄

892. WALTHÈRE, *WALTHERIA*. * *Lam. Tab. Encycl.* pl. 570.

CAL. *Périanthe* d'un seul feuillet, en gobelet, à moitié divisé en
cinq *segmens*, aigus, persistans.

COR. Cinq *Pétales*, en cœur renversé, ouverts.

ÉTAM. Cinq *Filamens*, étalés, courts. *Anthères* simples, distinctes.

PIST. *Ovaire* ovale. *Style* filiforme, plus long que les étamines.
Stigmates en pinceau.

PÉR. *Capsule* en ovale renversé, à une loge, à deux battans.

SEM. Une seule, obtuse, élargie dans sa partie supérieure.

Un seul *Pistil. Capsule* à une loge, à deux battans, ren‑
fermant une seule semence.

1. WALTHÈRE d'Amérique, *W. Americana*, L. à feuilles ovales,
plissées, dentées à dents de scie, cotonneuses; à fleurs en
têtes pédunculées.
> *Pluk.* tab. 150, f. 6. *Cavanil. Dis.* 6, n.° 453, tab. 170, f. 1.
> *A Bahama, à Surinam.* ♄

2. WALTHÈRE à feuilles étroites, *W. angustifolia*, L. à
feuilles lancéolées, à dents de scie, nues.
> *Pluk.* tab. 150, f. 5.
> *Dans l'Amérique Méridionale.*

3. WALTHÈRE des Indes, *W. Indica*, L. à feuilles ovales, à
dents de scie, plissées; à fleurs en têtes assises ou sans pé‑
duncules.
> *Burm. Zeyl.* 149, tab. 68.
> *Dans l'Inde Orientale.* ♄

893. HERMANNE, *HERMANNIA*. * *Tournef. Inst.* 656,
tab. 432. *Dill. Elth.* tab. 147, f. 176. *Lam. Tab. Encyclop.*
pl. 570.

CAL. *Périanthe* d'un seul feuillet, arrondi, enflé, persistant, à
cinq segmens peu profonds.

COR. Cinq *Pétales*, roulés en spirale contre le soleil. *Onglets*
de la longueur du calice, garnis des deux côtés d'une mem‑
brane tubulée, en capuchon, nectarifère. *Limbe* étalé, un peu
élargi, obtus.

Étam. Cinq *Filamens*, un peu élargis, réunis légèrement dans leur partie inférieure en un corps. *Anthères* droites, pointues, rapprochées.

Pist. *Ovaire* arrondi, à cinq côtés, à cinq angles. Cinq *Styles*, filiformes, rapprochés, en alène, plus longs que les étamines. *Stigmate* simple.

Pér. *Capsule* arrondie, à cinq côtés, à cinq loges, s'ouvrant au sommet.

Sem. Plusieurs, petites.

Cinq *Pistils*. *Corolle* à cinq pétales obliques, garnis des deux côtés à la base d'une membrane tubulée. *Capsule* à cinq loges.

1. HERMANNE à feuilles de guimauve, *H. althæœfolia*, L. à feuilles ovales, plissées, crénelées, cotonneuses.

Pluk. tab. 339, f. 9. *Cavanil. Dis.* 6, n.º 472, tab. 179, fig. 2.

En Ethiopie. ♄

2. HERMANNE à trois dents, *H. trifurcata*, L. à feuilles lancéolées, entières et à trois dents; à fleurs en grappes, tournées d'un seul côté.

Volkam. Norimb. pag. et tab. 24. *Çavanil. Dis.* 6, n.º 486, tab. 178, f. 2.

Au cap de Bonne-Espérance. ♄

3. HERMANNE à feuilles d'aulne, *H. alnifolia*, L. à feuilles en forme de coin, marquées par des lignes, plissées, crénelées, échancrées.

Pluk. tab. 339, f. 1. *Cavanil. Dis.* 6, n.º 479, tab. 179, f. 1.

Au cap de Bonne-Espérance. ♄

4. HERMANNE à feuilles d'hyssope, *H. hyssopifolia*, L. à feuilles lancéolées, obtuses, à dents de scie.

Cavanil. Dis. 6, n.º 480, tab. 181, f. 3.

En Ethiopie. ♄

5. HERMANNE à feuilles de lavande, *H. lavandulæfolia*, L. à feuilles lancéolées, obtuses, très-entières.

Dill. Elth. tab. 147, f. 176. *Cavanil. Dis.* 6, n.º 482, t. 180, fig. 1.

En Ethiopie. ♄

6. HERMANNE à feuilles de lin, *H. linifolia*, L. à feuilles linéaires; à pédoncules portant une seule fleur.

Au cap de Bonne-Espérance. ♄

7. HERMANNE à trois feuilles, *H. trifoliata*, L. à feuilles trois à trois, assises ou sans pétioles, plissées, arrondies au sommet, cotonneuses.

> Cavanil. Dis. 6, n.° 487, tab. 182, f. 1.
> *En Éthiopie.* ♄

8. HERMANNE triphylle, *H. triphylla*, L. à feuilles trois à trois, pétiolées, planes, en ovale renversé.

> Cavanil. Dis. 6, n.° 488, tab. 178, f. 3.
> *Au cap de Bonne-Espérance.* ♄

9. HERMANNE à feuilles de groseillier, *H. Grossularifolia*, L. à feuilles lancéolées, pinnatifides.

> *En Éthiopie.* ♄

894. MÉLOCHIE, *MELOCHIA*. * *Dill. Elth.* tab. 176, f. 217. *Lam. Tab. Encyclop.* pl. 571.

CAL. *Périanthe* d'un seul feuillet, à moitié divisé en cinq *segmens*, demi-ovales, aigus, persistans.

COR. Cinq *Pétales*, en cœur renversé, ouverts, grands.

ÉTAM. Tube du *Filament* enveloppant l'ovaire. Cinq *Anthères*, simples.

PIST. *Ovaire* arrondi. Cinq *Styles*, en alêne, droits, de la longueur des étamines, persistans. *Stigmates* simples.

PÉR. *Capsule* arrondie, à cinq angles, à cinq loges, s'ouvrant par deux becs en forme de corne.

SEM. Solitaires, arrondies d'un côté, anguleuses et comprimées de l'autre.

Cinq *Pistils*. *Capsule* à cinq loges renfermant chacune une seule semence.

1. MÉLOCHIE pyramidale, *M. Pyramidata*, L. à fleurs en ombelles; à capsules en pyramides, pentagones.

> Pluk. tab. 131, f. 3. Cavanil. Dis. 6, n.° 457, tab. 172, fig. 1.
> *Au Brésil.* ♃

2. MÉLOCHIE cotonneuse, *M. tomentosa*, L. à fleurs en ombelles, axillaires; à capsules en pyramides pentagones; à angles piquans; à feuilles cotonneuses.

> Sloan. Jam. tab. 139, f. 1. Cavanil. Dis. 6, n.° 458, tab. 172, fig. 2.
> *Dans l'Amérique-Méridionale.*

3. MÉLOCHIE déprimée, *M. depressa*, L. à fleurs solitaires; à capsules déprimées, pentagones; à angles obtus, ciliés.

Cavanil. Dis. 6, n.º 460, tab. 173, f. 1.
A la Havane.

4. MÉLOCHIE à chaînette, *M. concatenata*, L. à fleurs en grappes, entassées, terminales; à capsules arrondies, assises.
Pluk. tab. 9, fig. 5. *Cavanil. Dis.* 6, n.º 464, tab. 175, fig. 1.
Dans les deux Indes. ♃

5. MÉLOCHIE à feuilles de corchore, *M. corchorifolia*, L. à fleurs en têtes, assises; à capsules arrondies; à feuilles en cœur, un peu lobées.
Pluk. tab. 44, fig. 5. *Dill. Elth.* 176, fig. 217. *Cavanil. Dis.* 6, n.º 463, tab. 174, f. 2.
Dans l'Inde Orientale. ☉

6. MÉLOCHIE couchée, *M. supina*, L. à fleurs en têtes; à feuilles ovales, à dents de scie; à tiges couchées.
Pluk. tab. 132, f. 4.
Dans l'Inde Orientale.

III. DÉCANDRIE.

895. CONNARE, *CONNARUS*. Lam. Tab. Encyclop. pl. 577.

CAL. *Périanthe* d'un seul feuillet, à cinq *segmens* profonds, droits, duvetés, persistans.

COR. Cinq *Pétales*, lancéolés, droits, égaux.

ÉTAM. Dix *Filamens*, en alène, droits, réunis à la base, dont cinq alternes de la longueur de la fleur ; cinq alternes plus courts.

PIST. *Ovaire* arrondi. *Style* comme cylindrique. *Stigmate* obtus.

PÉR. *Capsule* oblongue, bossuée, à une loge, à deux battans.

SEM. Une seule, ovale, grande.

Un seul *Pistil. Stigmate* simple. *Capsule* à deux battans, à une loge, renfermant une seule semence.

1. CONNARE à une semence, *C. monocarpos*, L. à tige ligneuse; à feuilles trois à trois; à fleurs en épis.
Burm. Zeyl. 199, tab. 89.
Dans l'Inde Orientale. ♄

896. HUGONE, *HUGONIA*. Lam. Tab. Encyclop. pl. 572.

CAL. *Périanthe* à cinq *feuillets*, ovales, concaves, coriaces, persistans.

COR. Cinq *Pétales*, arrondis, grands, ouverts.

ÉTAM. Dix *Filamens*, en alêne, plus courts que la corolle, réunis depuis la base jusqu'au milieu, en godet. *Anthères* didymes.

PIST. *Ovaire* arrondi. Cinq *Styles*, capillaires. *Stigmates* en tête.

PÉR. *Drupe* arrondie, à une loge.

SEM. *Noix* striée, arrondie.

Cinq *Pistils*. *Corolle* à cinq pétales. *Drupe* renfermant un noyau strié.

1. HUGONE Mystax, *H. Mystax*, L. à épines opposées, roulées. *Rheed. Malab.* 2, pag. 29, tab. 19. *Cavanil. Dis.* 3, n.º 262, tab. 73, fig. 1.

   Dans l'Inde Orientale. ♄

897. BEC-DE-GRUE, *GERANIUM*. * *Tournef. Inst.* 266, tab. 142. *Lam. Tab. Encyclop.* pl. 573. PÉLARGONIUM. *Lam. Tab. Encyclop.* pl. 574.

CAL. *Périanthe* à cinq *feuillets*, ovales, aigus, concaves, persistans.

COR. Cinq *Pétales*, en cœur renversé ou ovales, ouverts, grands.

ÉTAM. Dix *Filamens*, en alêne, étalés au sommet, les *alternes* plus longs que les autres, mais plus courts que la corolle. *Anthères* oblongues, versatiles.

PIST. *Ovaire* à cinq angles, en forme de bec. *Style* en alêne, plus long que les étamines, persistant. Cinq *Stigmates*, renversés.

PÉR. Nul. *Fruit* à cinq coques, en forme de bec.

SEM. Solitaires, en forme de rein, souvent enveloppées par un arille, et terminées par une arête très-longue roulée en spirale.

OBS. Geranium *Rivin* : *Corolle irrégulière.*

   Gruinalis *Rivin* : *Corolle égale ; Filamens à peine réunis.*

   G. Africana : *Calices ordinairement tubulés à la base, d'un seul feuillet ; Pétales inégaux ; Filamens des étamines réunis ; sept Anthères seulement ; Semences nues, à arête plumeuse ; Fleurs en ombelle.*

   G. cicutaria : *Fleurs en ombelle ; Calice à cinq feuillets ; Corolles presque inégales ; Pétales séparés par une glande ; dix Filamens, les alternes portant des Anthères ; Semences nues, à arête garnie de poils.*

   G. columbina : *Fleurs conjuguées ou solitaires ; Calices à cinq feuillets ; Pétales réguliers, séparés par des glandes ; dix Etamines distinctes, portant des Anthères ; Semences à arille, à arête lisse.*

Un seul *Pistil*. Cinq *Stigmates*. *Fruit* à bec-de-grue, à cinq coques.

* I. *BECS-DE-GRUE AFRICAINS, à cinq étamines portant anthères; à feuilles alternes; à pédoncules portant plusieurs fleurs; à tige ligneuse.*

1. BEC–DE–GRUE brillant, *G. fulgidum*, L. à calices d'un seul feuillet; à feuilles découpées, à trois divisions profondes, dont l'intermédiaire est plus grande; à ombelles deux à deux; à tige ligneuse, charnue.

   Till. Pis. 68, tab. 26. *Dill. Elth.* tab. 130, fig. 157. *Cavanil. Dis.* 4, n.° 368, tab. 116, fig. 2.

   En Éthiopie.

2. BEC–DE–GRUE salissant, *G. inquinans*, L. à calices d'un seul feuillet; à feuilles arrondies, en forme de rein, cotonneuses, crénelées, presque entières; à tige ligneuse.

   Dill. Elth. tab. 125, f. 151 et 152. *Cavanil. Dis.* 4, n.° 350, tab. 106, fig. 2.

   Les feuilles froissées entre les doigts se tachent d'une couleur de rouille.

   En Afrique. ♄

3. BEC–DE–GRUE hybride, *G. hybridum*, L. à calices d'un seul feuillet; à feuilles arrondies, lisses, crénelées, entières; à tige ligneuse.

   Cavanil. Dis. 4, n.° 341, t. 105, fig. 2.

   Au Cap de Bonne-Espérance.

4. BEC–DE–GRUE vinaigrier, *G. acetosum*, L. à calices d'un seul feuillet; à feuilles lisses, en ovale renversé, charnues, crénelées; à tige ligneuse, rameuse, lâche.

   Commel. Præl. 54, f. 4. *Cavanil. Dis.* 4, n.° 340, tab. 104, fig. 3.

   En Afrique. ♄

5. BEC–DE–GRUE papilionacé, *G. papilionaceum*, L. à calices d'un seul feuillet; à corolles papilionacées; à ailes et carène très-petites; à feuilles anguleuses; à tige ligneuse.

   Dill. Elth. t. 128, f. 155. *Cavanil. Dis.* 4, n.° 351, t. 112, fig. 1.

   En Afrique. ♄

6. BEC–DE–GRUE à feuilles d'hermanne, *G. hermannifolium*, L. à calices d'un seul feuillet: à feuilles en forme de coin, plissées, rudes, dentelées au sommet; à tige ligneuse.

   Au Cap de Bonne-Espérance. ♄

7. BEC–DE–GRUE frisé, *G. crispum*, L. à calices d'un seul feuillet; à feuilles en forme de rein, frisées, rudes; à tige ligneuse.

Cavanil. Dis. 1, n.º 366, tab. 109, fig. 2.
Au cap de Bonne-Espérance. ♄

8. BEC-DE-GRUE rude , *G. scabrum* , L. à calices d'un seul feuillet; à feuilles en forme de coin, divisées peu profondément en plusieurs parties, rudes; à tige ligneuse.
Cavanil. Dis. 4, n.º 356, tab. 108, fig. 1.
Au cap de Bonne-Espérance. ♄

9. BEC-DE-GRUE à feuilles de bouleau, *G. betulinum*, L. à calices d'un seul à feuillet; à feuilles ovales, inégalement dentelées, aplaties; à tige ligneuse.
Pluk. tab. 415, f. 3. *Burm. Afric.* 92, tab. 33, f. 1 et 2.
Au cap de Bonne-Espérance. ♄

10. BEC-DE-GRUE à capuchon , *G. cucullatum*, L. à calices d'un seul feuillet; à feuilles en capuchon, dentées; à tige ligneuse.
Dill. Elth. t. 139, f. 156. *Cavanil. Dis.* 4, n.º 345, t. 106, fig. 1.
Au cap de Bonne-Espérance. ♄

11. BEC-DE-GRUE charnu , *G. carnosum*, L. à calices d'un seul feuillet; à tige ligneuse; à articulations charnues, bossues; à feuilles pinnatifides; à pinnules laciniées; à pétales linéaires.
Dill. Elth. t. 127, f. 154. *Cavanil. Dis.* 4, n.º 394, t. 99, fig. 1.
En Éthiopie. ♄

12. BEC-DE-GRUE bossu , *G. gibbosum*, L. à calices d'un seul feuillet; à tige ligneuse; à articulations charnues, bossues; à feuilles comme pinnées.
Burm. Afric. t. 37 f. 2. *Cavanil. Dis.* 4 , n.º 393, t. 103, fig. 1.
Au cap de Bonne-Espérance. ♄

13. BEC-DE-GRUE en bouclier , *G. peltatum*, L. à calices d'un seul feuillet; à feuilles à cinq lobes, très-entières, lisses, en bouclier; à tige ligneuse.
Pluk. tab. 410, fig. 7. *Commel. Prælud.* 52, fig. 92. *Cavanil. Dis.* 4, n.º 327, tab. 100, fig. 1.
En Afrique. ♄

14. BEC-DE-GRUE à zones, *G. zonale*, L. à calices d'un seul feuillet; à feuilles en cœur, arrondies, découpées, circonscrites sur leur surface par une zone noirâtre; à tige ligneuse.
Commel. Prælud. 51, f. 1. *Cavanil. Dis.* 4, n.º 324, t. 98, fig. 2.
En Afrique. ♄

15. BEC-DE-GRUE à feuilles de vigne, *G. vitifolium*, L. à calices d'un seul feuillet ; à feuilles ascendantes, lobées, duvetées ; à fleurs en tête ; à tige ligneuse.

Dill. Elth. t. 126, f. 159. Cavanil. Dis. 4, n.° 352, t. 111, fig. 2.

En Afrique. ♄

16. BEC-DE-GRUE en tête, *G. capitatum*, L. à calices d'un seul feuillet ; à feuilles lobées, ondulées, velues ; à fleurs en tête ; à tige ligneuse ; à rameaux diffus.

Herm. Lugd. 277 et 278. Cavanil. Dis. 4, n.° 360, t. 105, fig. 1.

En Afrique. ♄

17. BEC-DE-GRUE à feuilles de lierre, *G. tabulare*, L. à calices d'un seul feuillet ; à feuilles en cœur, un peu lobées, crénelées, dentées, lisses, un peu ciliées ; à tige ligneuse.

Cavanil. Dis. 4, n.° 328, tab. 100. fig. 2.

Au cap de Bonne-Espérance. ♃

18. BEC-DE-GRUE cotyledon, *G. cotyledonis*, L. à calices d'un seul feuillet ; à feuilles en cœur, arrondies, en bouclier, crénelées, duvetées.

Au cap de Bonne-Espérance.

* II. *BECS-DE-GRUE AFRICAINS*, *à sept étamines portant anthères ; à feuilles opposées ; à tige herbacée.*

19. BEC-DE-GRUE pied de lion, *G. alchimilloides*, L. à calices d'un seul feuillet ; à feuilles arrondies, palmées, découpées, velues ; à tige couchée.

Herm. Lugd. 283 et 284. Cavanil. Dis. 4, n.° 330, tab. 98, fig. 1.

En Afrique. ♃

20. BEC-DE-GRUE jaune, *G. flavum*, L. à calices d'un seul feuillet ; à feuilles alternativement pinnées sur trois côtés ; à folioles pinnatifides ; à hampes hérissées.

Au cap de Bonne-Espérance. ♃

21. BEC-DE-GRUE très-odorant, *G. odoratissimum*, L. à calices d'un seul feuillet ; à tige charnue très-courte ; à rameaux herbacés, alongés ; à feuilles en cœur, très-molles, répandant une odeur très-pénétrante.

Dill. Elth. t. 131, f. 158. Cavanil. Dis. 4, n.° 346, t. 103, fig. 1.

En Afrique. ♃

22. BEC-DE-GRUE à feuilles d'alcée, *G. alceoides*, L. à calices d'un seul feuillet ; à feuilles trois à trois, découpées, di-

visées peu profondément en trois parties; à tige herbacée, hérissée.

Au cap de Bonne-Espérance. ♃

23. BEC-DE-GRUE à feuilles de groselier, *G. grossularioïdes*, L.
à calices d'un seul feuillet; à feuilles en cœur, arrondies, marquées par des lignes, découpées, crénelées; à tige lisse.

Herm. Lugd. 287, t. 289. Cavanil. Dis. 4, n.º 353, t. 119,
fig. 2.

En Afrique. ♃

24. BEC-DE-GRUE à feuilles de guimauve, *G. althæoïdes*, L.
à calices d'un seul feuillet; à feuilles ovales, plissées, sinuées,
cotonneuses, crénelées; à tige couchée.

Cavanil. Dis. 4, n.º 348, tab. 193, fig. 2.

En Afrique. ♃

25. BEC-DE-GRUE à feuilles de coriandre, *G. coriandrifo-
lium*, L. à calices d'un seul feuillet; à feuilles deux fois pinnées; à folioles linéaires, sèches et rudes; à tige presque lisse.

Herm. Lugd. 279 et 280. Cavanil. Dis. 4, n.º 390, t. 116,
fig. 1.

En Éthiopie. ☉

26. BEC-DE-GRUE à feuilles de cerfeuil, *G. myrrhifolium*, L.
à calices d'un seul feuillet, en râpe; à feuilles deux fois pinnées: les inférieures en cœur, lobées.

Pluk. tab. 186, fig. 6.

Cette espèce présente une variété à rapine tubéreuse; à feuilles
d'Anemone; à fleur incarnate, décrite et gravée dans Hermann Parad. 179 et 178.

Au cap de Bonne-Espérance. ♃

27 BEC-DE-GRUE prolifique, *G. prolificum*, L. à calices d'un
seul feuillet; à hampes partant de la racine; à ombelle composée, arrondie.

Commel. Hort. 2, pag. 125, tab. 63.

Cette espèce présente deux variétés.

1.º Bec-de-grue prolifère, *G. proliferum*; à calices d'un
seul feuillet; à feuilles pinnées; à folioles divisées profondément en trois et cinq parties, linéaires; à racine en
toupie.

2.º Bec-de-grue prolifique, pinné, *G. prolificum, pinnatum*, à
calices d'un seul feuillet; à feuilles pinnées; à folioles ovales.
Cette seconde variété est décrite et gravée dans Commelin
Prœl. pag. 53, tab. 3, sous le nom de Bec-de-grue Africain,
à feuilles d'Astragale.

Au cap de Bonne-Espérance. ♃

28. BEC-DE-GRUE à oreillettes, *G. Auritum*, L. à calices d'un seul feuillet; à hampes partant de la racine; à ombelle composée, divisée; à feuilles ovales, simples.

> *Commel. Hort.* 2, pag. 121, tab. 61.

Cette espèce présente deux variétés.

1.° Bec-de-grue à longues feuilles, *G. longifolium*, à calices d'un seul feuillet; à feuilles simples, oblongues, lancéolées; à racine tubéreuse. *Burm. Ger.* pag. et tab. 67.

2.° Bec-de-grue à feuilles de surelle, *G. oxaloïdes*, à calices d'un seul feuillet; à feuilles ovales, en fer de hallebarde, charnues; à racine de rave, *Burm. Ger.* pag. et tab. 71. *Cavanil. Dis.* 4, n.° 337, tab. 97, fig. 2.

Au cap de Bonne-Espérance. ♃

29. BEC-DE-GRUE lobé, *G. lobatum*, L. à calices d'un seul feuillet; à tige tronquée; à hampes partant presque de la racine; à fleurs en ombelle composée.

> *Commel. Hort.* 2, pag. 126, tab. 62. *Cavanil. Dis.* 4, n.° 361, tab. 114, fig. 2.

Cette espèce présente deux variétés.

1.° Bec-de-grue lobé, hérissé, *G. lobatum, hirsutum*, à calices d'un seul feuillet; à feuilles ovales, laciniées, ridées; à racine en toupie. *Burm. Ger.* pag. et tab. 68.

2.° Bec-de-grue lobé, pinnatifide, *G. lobatum, pinnatifidum*, à calices d'un seul feuillet; à feuilles deux fois pinnatifides; à divisions linéaires, obtuses; à racine en toupie. *Burm. Ger.* pag. et tab. 69.

Au Cap de Bonne-Espérance. ♃

30. BEC-DE-GRUE triste, *G. triste*, L. à calices d'un seul feuillet, assis; à hampes divisées peu profondément en deux parties; à feuilles comme pinnées: les radicales larges et étroites; à racine tubéreuse.

> *Cornut. Canad.* 109, et 110. *Barrel.* tab. 68. *Cavanil. Dis.* 4, n.° 386, tab. 107, fig. 1.

Ce Bec-de-grue répand la nuit une odeur très-suave.

Au cap de Bonne-Espérance. ♃

* III. *BECS-DE-GRUE* (*Myrrhina*), à cinq étamines portant anthères; à calices à cinq feuillets; à fruits inclinés.

31. BEC-DE-GRUE Romain, *G. Romanum*, L. à pédoncules portant plusieurs fleurs pentandres ou à cinq étamines; à feuilles pinnées; à folioles incisées; à hampes partant de la racine.

> *Barrel.* tab. 1245. *Cavanil. Dis.* 4, n.° 317, tab. 94, f. 2.

Les Becs-de-grue Romain, à feuilles de ciguë, de cerfeuil, et musqué, ont entr'eux une grande affinité; mais ils diffèrent en ce que le premier est sans tige; en ce que le second a les tiges couchées; le troisième la tige droite, les cotyledons ou feuilles séminales à trois lobes; et le dernier, qui est le plus grand de ces quatre, par une odeur de musc, et ses cotyledons ou feuilles séminales pinnées.

A Lyon. 4 *Vernale.*

82. BEC-DE-GRUE cicutin, *G. cicutarium*, L. à pédoncules portant plusieurs fleurs pentandres ou à cinq étamines; à feuilles pinnées; à folioles découpées, obtuses; à tige rameuse.

Geranium Cicutæ folio, minus et supinum; Bec-de-grue à feuille de Ciguë, plus petit et couché. Bauh. Pin. 319, n.° 4. Dod. Pempt. 64, f. 1. Lob. Ic. 1, p. 659, f. 1. Beller. tab. 231. Bul. Paris. tab. 415. Cavanil. Dis. 4, n.° 318, tab. 93, fig. 1.

Nutritive pour le Cheval, le Bœuf.

En Europe dans les terrains stériles. ☉

83. BEC-DE-GRUE musqué, *G. moschatum*, L. à pédoncules portant plusieurs fleurs pentandres ou à cinq étamines; à feuilles pinnées; à folioles incisées; à feuilles séminales ou cotyledons pinnés.

Geranium Cicutæ folio, moschatum; Bec-de-grue à feuille de Ciguë, à odeur de musc. Bauh. Pin. 319, n.° 2. Fusch. Hist. 204. Matth. 622, f. 2. Dod. Pempt. 63, f. 1. Lob. Ic. 1, p. 658, f. 2. Lugd. Hist. 1277, f. 2. Bauh. Hist. 3, P. 2, p. 479, f. 1. Cavanil. Dis. 4, n.° 320, b. 94, f. 1.

1. Geranium moschatum; Bec-de-grue musqué. 2. Herbe. 3. Odeur aromatique, pénétrante. 5. Dyssenterie, petite vérole, tranchées.

En Suisse, en Carniole, en Sibérie. Cultivé dans les jardins. ☉ *Estivale.*

84. BEC-DE-GRUE de Chio, *G. Chium*, L, à pédoncules portant plusieurs fleurs pentandres ou à cinq étamines; à feuilles en cœur, incisées : les supérieures lyrées, pinnatifides.

Barrel. tab. 492. Cavanil. Dis. 4, n.° 310, tab. 92, f. 1.

A Chio, à Naples. ☉

85. BEC-DE-GRUE malacoïde, *G. malacoïdes*, L. à pédoncules portant plusieurs fleurs pentandres ou à cinq étamines; à feuilles en cœur, comme lobées.

Geranium folio Altheæ; Bec-de-grue, à feuilles de Guimauve. Bauh. Pin. 318, n.° 3. Lob. Ic. 1, p. 662, f. 1. Lugd. Hist. 1280, f. 3. Camer. Epit. 604. Bauh. Hist. 3, P. 2, p. 473;

f. 1. *Moris. Hist. Sect.* 5 , tab. 15, f. 7. *Cavanil. Dis.* 4 , n.° 307 , tab. 91, f. 1.

A Montpellier, en Provence, en Dauphiné. ☉ *Vernale.*

26. **BEC-DE-GRUE** maritime, *G. maritimum* , L. à péduncules portant deux ou trois fleurs pentandres ou à cinq étamines y à feuilles en cœur , rudes , incisées , crénelées ; à tiges déprimées.

Moris. Hist. sect. 5 , tab. 35. f. 10. *Pluk.* tab. 31 , fig. 4. *Cavanil. Dis.* 4 , n.° 305 , tab. 88 , fig. 1.

En Angleterre , à Naples , sur les bords de la mer. ☉

27. **BEC-DE-GRUE** à feuilles glauques, *G. glaucophyllum* , L. à péduncules portant plusieurs fleurs pentandres ou à cinq étamines ; à feuilles ovales , à dents de scie , blanchâtres , marquées par des lignes.

Dill. Elth. tab. 124 , f. 150. *Cavanil. Dis.* 4 , n.° 309 , tab. 92 , fig. 2.

En Egypte.

28. **BEC-DE-GRUE** arduin, *G. arduinum* , L. à péduncules portant plusieurs fleurs pentandres ou à cinq étamines ; à feuilles en cœur à cinq lobes ; à hampes partant de la racine.

Au cap de Bonne-Espérance. ♃

29. **BEC-DE-GRUE** vrai, *G. gruinum* , L. à péduncules portant plusieurs fleurs pentandres ou à cinq étamines ; à feuilles trois à trois , lobées.

Geranium latifolium , longissimâ acu ; Bec-de-grue à larges feuilles , à fruit terminé par une pointe très-longue. *Bauh. Pin.* 319 , n.° 7. *Lob. Ic.* 1 , p. 662 , fig. 2. *Bauh. Hist.* 3 , P. 2, p. 479 et 480, fig. 1. *Cavanil. Dis.* 4 , n.° 303 , tab. 88 , fig. 2.

A Montpellier , en Dauphiné. Cultivé dans les jardins. ☉

40. **BEC-DE-GRUE** ciconier , *G. ciconium* , L. à péduncules portant plusieurs fleurs pentandres ou à cinq étamines ; à feuilles pinnées ; à folioles pinnatifides , obtuses.

Geranium Cicutæ folio, acu longissimâ ; Bec-de-grue à feuilles de Ciguë, à fruit terminé par une pointe très-longue. *Bauh. Pin.* 319 , n.° 1. *Column. Ecphras.* 1 , p. 136 et 135. *Jacq. Hort.* tab. 18. *Cavanil. Dis.* 4 , n.° 322 , tab. 95 , f. 2.

En Dauphiné , en Provence. ☉

41. **BEC-DE-GRUE** des Pyrénées, *G. Pyrænaïcum* , L. à péduncules portant deux fleurs pentandres ou à cinq étamines ; à pétales à deux lobes ; à calices glanduleux au sommet ; à anthères extérieures stériles.

Gérard,

Gerard. Flor. Galloprov. 434 , tab. 16 , f. 2 , Cavanil. Dis. 4 , n.° 282 , tab. 79 , f. 2.

A Lyon , en Provence , en Dauphiné , aux Pyrénées. ♃

* IV. BECS-DE-GRUE (Batrachia) à dix étamines portant anthères.

42. BEC-DE-GRUE tubéreux ; *G. tuberosum* , L. à pédoncules portant deux fleurs ; à feuilles divisées profondément en plusieurs parties linéaires, obtuses, comme divisées.

Geranium tuberosum , majus , Bec-de-grue à racine tubéreuse , plus grand. Bauh. Pin. 318, n.° 9. Matth. 621, f. 1. Dod, Pempt. 61 , f. 1. Lob. Ic. 1, p. 661 , fig. 2. Lugd. Hist. 1275 , f. 1 et 1276 , f. 2. Camer. Epit. 599. Bauh. Hist. 3 , P. 2 , pag. 474 ; fig. 3. Cavanil. Dis. 4 , n.° 275 , tab. 58 , f. 1.

A Naples , en Italie. ♃

43. BEC-DE-GRUE à racine épaisse , *G. macrorhizum* ; L. à pédoncules portant deux fleurs ; à calices enflés ; à pétales entiers ; à pistil très-long ; à hampe dichotome.

Geranium batrachioïdes , odoratum ; Bec-de-grue batrachioïde , odorant. Bauh. Pin. 318 , n.° 3. Dod. Pempt. 63 , f. 3. Lob. Ic. 1. p. 660, f. 1. Lugd. Hist. 1280 , f. 1. Bauh. Hist. 3 , P. 2 , pag. 477 , fig. 1 Cavanil. Dis. 4 , n.° 296 , tab. 85 , fig. 1.

En Italie. Cultivé dans les jardins. ♃ Vernale.

44. BEC-DE-GRUE livide , *G. phæum* , L. à pédoncules solitaires portant deux fleurs, opposés aux feuilles ; à calices comme terminés par des arêtes ; à tige droite ; à pétales ondulés.

Geranium batrachioïdes hirsutum , flore atro-rubente ; Bec-de-grue batrachioïde hérissé , à fleur noir-rougeâtre. Bauh. Pin. 318 , n.° 2. Clus. Hist. 2, p. 99 , f. 1. Bauh. Hist. 3, P. 2, p. 477, f. 3. Cavanil. Dis. 4 , n.° 292 , tab. 89 ; f. 2.

A Lyon , en Dauphiné , en Auvergne. ♃

45. BEC-DE-GRUE fauve, *G. fuscum* , L. à pédoncules portant deux fleurs, opposés aux feuilles , deux à deux ; à tige étalée ; à pétales très-entiers.

Geranium montanum ; fuscum ; Bec-de-grue des montagnes , brunâtre. Bauh. Pin. 318 , n.° 8. Dod. Pempt. 64 , f. 2. Lob. Ic. 1 , p. 661 , f. 1 Lugd. Hist. 1279 , f. 3. Bauh. Hist. 3 , P. 2. p. 477, f. 2.

A Lyon , en Dauphiné , en Auvergne. ♃

46. BEC-DE-GRUE renversé , *G. reflexum* , L. à pédoncules portant deux fleurs ; à feuilles alternes ; à pétales renversés , laciniés ; de la longueur du calice qui n'est pas terminé par des arêtes.

Tome III.   P

Barrel. tab. 39 ? *Cavanil. Dis.* 4 , n.º 290 , tab. 81 , f. 1.

En Italie. ♃

47. BEC-DE-GRUE noueux , *G. nodosum* , L. à péduncules portant deux fleurs ; à pétales échancrés ; à feuilles de la tige à trois lobes , entières , à dents de scie , luisantes en dessous.

Geranium nodosum ; Bec-de-grue noueux. *Bauh. Pin.* 318 , n.º 12. *Clus. Hist.* 2 , p. 101 , f. 1 et 2. *Bauh. Hist.* 3 , P. 2 , pag. 478 , f. 1. *Cavanil. Dis.* 4 , n.º 289 , tab. 80 , fig. 1.

A Montpellier , *Lyon* , *Grenoble;* etc. ♃ *Vernale.*

48. BEC-DE-GRUE strié , *G. striatum* , L. à péduncules portant deux fleurs ; à feuilles à cinq lobes , dilatés dans le milieu ; à pétales à deux lobes , à veines en réseau.

Moris. Hist. sect. 5. tab. 10, fig. 24. *Barrel.* tab. 87. *Cavanil. Dis.* 4 , n.º 288, tab. 79 , f. 1.

En Italie. ♃

49. BEC-DE-GRUE des forêts , *G. sylvaticum* , L. à péduncules portant deux fleurs ; à feuilles comme en bouclier, à cinq lobes , incisés , à dents de scie ; à tige droite ; à pétales échancrés.

Geranium batrachioides , *folio Aconiti* ; Bec-de-grue batrachioïde , à feuilles d'Aconit. *Bauh. Pin.* 317 , n.º 1. *Clus. Hist.* 2 , p. 99, fig. 2. *Bauh. Hist.* 3 , P. 2 , p. 476 , f. 1. *Flor. Dan.* tab. 124.

Nutritive pour le Bœuf, le Mouton, le Cochon, la Chèvre.

A Montpellier , *en Dauphiné* , *aux Pyrénées.* ♃

50. BEC-DE-GRUE des marais , *G. palustre* , L. à péduncules portant deux fleurs, très-longs, inclinés ; à feuilles à cinq lobes découpés ; à pétales entiers.

Dill. Elth. tab. 134 , f. 161. *Flor. Dan.* tab. 596.

En Russie , *en Allemagne.* ♃

51. BEC-DE-GRUE des prés , *C. pratense* , L. à péduncules portant deux fleurs ; à feuilles comme en bouclier , divisées profondément en plusieurs parties , pinnées , laciniées , ridées , aiguës ; à pétales entiers.

Geranium batrachioïdes , *gratiâ Dei Germanorum* ; Bec-degrue batrachioïde , par la grace de Dieu des Germains. *Bauh. Pin.* 318 , n.º 5. *Matth.* 623 , fig. 1. *Dod. Pempt.* 63 , fig. 2. *Lob. Ic.* 1 , p. 659 , f. 2. *Lugd. Hist.* 1279 , f. 2 , et 1280 , f. 2. *Camer. Epit.* 602. *Bauh. Hist.* 3 , P. 2 , p. 475 , f. 1 , et 476 , f. 1. *Cavanil. Dis.* 4 , n.º 293 , tab. 87 , f. 1.

Nutritive pour le Cheval, le Mouton, le Bœuf, le Cochon , la Chèvre.

A Montpellier , *Lyon* , *Paris* , etc. ♃ *Estivale.*

52. BEC-DE-GRUE argenté , G. *argenteum* , L. à pédoncules portant deux fleurs ; à feuilles comme en bouclier, divisées profondément en sept parties sous-divisées elles-mêmes en trois, duvetées, soyeuses ; à pétales échancrés.

Geranium argenteum, Alpinum ; Bec-de-grue argenté, des Alpes. *Bauh. Pin.* 318 , n.º 14. *Pon. Bald.* 342 , fig. 1. *Bauh. Hist.* 3 , P. 2 , p. 474 , f. 2. *Cavanil. Dis.* 4 , n.º 283, tab. 77 , fig. 3.

Sur les Alpes du Dauphiné. ♃

53. BEC-DE-GRUE taché , G. *maculatum*, L. à pédoncules portant deux fleurs ; à tige dichotome, droite ; à feuilles divisées profondément en cinq parties, incisées : les supérieures assises.

Dill. Elth. tab. 132 , fig. 159. *Cavanil. Dis.* 4 , n.º 297 , tab. 86 , fig. 2.

A la Caroline , en Virginie , en Sibérie. ♃

* V. BECS-DE-GRUE *à dix étamines portant anthères ; à pédoncules portant deux fleurs.*

54. BEC-DE-GRUE de Bohême, G. *Bohemicum*, L. à pédoncules portant deux fleurs ; à pétales échancrés ; à arilles hérissés ; à cotyledons divisés peu profondément en trois parties, dont l'intermédiaire est tronquée.

Dill. Elth. tab. 133 , fig. 160. *Cavanil. Dis.* 4 , n.º 286, tab. 81 , fig. 2.

En Bohême. ☉

55. BEC-DE-GRUE Herbe à Robert , G. *Robertianum* , L. à pédoncules portant deux fleurs ; à calices velus ; à dix angles.

Geranium Robertianum, primum ; Bec-de-grue herbe à Robert, premier. *Bauh. Pin.* 319 , n.º 5. *Fusch. Hist.* 206. *Matth.* 622 , f. 1. *Dod. Pempt.* 62 , f. 1. *Lob. Ic.* 1 , p. 657 , f. 2. *Lugd. Hist.* 1276 , f. 1 répétée, pag. 1278 , f. 1. *Camer. Epit.* 603. *Bauh. Hist.* 3 , P. 480 , f. 2. *Bul. Paris.* tab. 416. *Flor. Dan.* t. 694. *Icon. Pl. Med.* tab. 100. *Cavanil. Dis.* 4 , n.º 301 , tab. 86 , fig. 1.

1. *Geranium Robertianum ;* Herbe à Robert. 2. Herbe. 3. Saveur légèrement salée. 5. Plaies , hémorrhagies.

Nutritive pour le Cheval, le Mouton , le Bœuf , le Cochon , la Chèvre.

En Europe sur les rochers , dans les décombres. ♃ Estivale.

56. BEC-DE-GRUE luisant, G. *lucidum*, L. à pédoncules portant deux fleurs ; à calices en pyramide, anguleux, ridés transversalement ; à feuilles à cinq lobes arrondis.

Geranium lucidum, saxatile ; Bec-de-grue à feuilles luisantes, des rochers. *Bauh. Pin.* 318 , n.º 15. *Thal. Herc.* 44 , tab. 6.

Bauh. Hist. 3, P. 2, p. 481 ; f. 1. *Bellev.* tab. 233. *Flor. Dan.* tab. 218. *Cavanil. Dis.* 4 , n.º 299 , tab. 80 ; f. 2.

A Montpellier, Lyon, Grenoble, Paris, etc. ⊙ Vernale.

57. BEC-DE-GRUE mollet , *G. molle* , L. à pédoncules portant deux fleurs ; à bractées alternes ; à pétales divisés peu profondément en deux parties ; à calices sans arêtes ; à tige rameuse , un peu redressée.

Vaill. Bot. 79 , tab. 15 , f. 3. *Flor. Dan.* tab. 679; *Cavanil. Dis.* 4 , n.º 203, tab. 83, fig. 3.

Nutritive pour le Mouton, la Chèvre.

En Europe, dans les terres sablonneuses. ⊙ Vernale.

58. BEC-DE-GRUE de la Caroline , *G. Carolinianum* , L. à pédoncules portant deux fleurs ; à calices terminés par des arêtes ; à feuilles divisées peu profondément en plusieurs parties ; à arilles hérissés ; à pétales échancrés.

Dill. Elth. tab. 135, fig. 162. *Cavanil. Dis.* 4 , n.º 286 , tab. 124 , fig. 2.

A la Caroline , en Virginie. ⊙

59. BEC-DE-GRUE colombin , *G. columbinum* , L. à pédoncules portant deux fleurs , plus longs que les feuilles ; à feuilles divisées profondément en cinq parties sous-divisées elles - mêmes en trois ; à arilles lisses ; à calices terminés par des arêtes.

Vaill. Bot. 79 , tab. 15 , fig. 4. *Cavanil. Dis.* 4 , n.º 277 , tab. 82 , fig. 1.

Nutritive pour le Mouton , la Chèvre.

A Montpellier, Lyon , Paris, etc. ⊙ Estivale.

60. BEC-DE-GRUE blanchâtre , *G. incanum* , L. à pédoncules portant deux fleurs ; à calices terminés par des arêtes ; à pétales entiers ; à arilles hérissés ; à feuilles presque digitées , pinnatifides.

Pluk. tab. 186 , fig. 4. *Cavanil. Dis.* 4 , n.º 278 , tab. 82 , fig. 2.

Au cap de Bonne-Espérance.

61. BEC-DE-GRUE disséqué , *G. dissectum* , L. à pédoncules portant deux fleurs ; à feuilles divisées profondément en cinq parties sous-divisées elles-mêmes en trois ; à pétales échancrés , de la longueur du calice ; à arilles velus.

1. *Vaill. Bot.* 79 , tab. 15 , fig. 2. *Loes. Pruss.* 104 , n.º 19. *Cavanil. Dis.* 4 , n.º 276 , tab. 78 , fig. 2.

A Montpellier, Lyon , Paris, etc. ⊙ Estivale.

62. BEC-DE-GRUE à feuilles rondes , *G. rotundifolium* , L. à pédoncules portant deux fleurs ; à pétales presque entiers , de

la longueur du calice ; à tige couchée ; à feuilles en forme de rein, découpées.

Geranium folio Malvæ rotundo ; Bec-de-grue à feuille ronde de Mauve. Bauh. I in. 318, n.° 1. Fusch. Hist. 205. Matth. 621, fig. 3. Dod. Pempt. 62, fig. 2. Lob. Ic. 1, p. 658, fig. 1. Lugd Hist. 1277, fig. 1. Vaill. Bot. 79, esp. 6, tab. 15, fig. 1. Cavanil. Dis. 4, n.° 300, tab. 93, f. 2.

Nutritive pour le Cheval, le Mouton.

En Europe, dans les prés, les jardins. ⊙ Estivale.

63. BEC-DE-GRUE nain, *G. pusillum*, L. à pédoncules portant deux fleurs ; à pétales échancrés ; à tige déprimée ; à feuilles en forme de rein, palmées, linéaires, aiguës.

Geranium columbinum, tenuius laciniatum ; Bec-de-grue colombin, à feuilles plus finement découpées. Bauh. I in. 318, n.° 2. Vaill. Bot. 79, tab. 15, f. 1. Cavanil. Dis. 4, n.° 280, tab. 83, f. 2.

Cavanilles. Dis. 4, n.° 280, tab. 83, f. 2, décrit comme espèce sous le nom de Bec-de-grue nain, *G. humile,* la plante décrite et gravée dans *Rai Angl. 3, p. 359, tab. 16, f. 2,* que *Linné* rapporte comme synonyme de son *G. pusillum.*

A Lyon, Grenoble, Paris, etc. ⊙ Estivale.

* VI. *BECS-DE-GRUE à dix étamines portant anthères ; à pédoncules portant une seule fleur.*

64. BEC-DE-GRUE de Sibérie, *G. Sibiricum*, L. à pédoncules portant une ou deux fleurs ; à feuilles divisées profondément en cinq parties aiguës ; à folioles pinnatifides.

Jacq. Hort. tab. 19. Cavan. Dis. 4, n.° 274, tab. 77, f. 1.

En Sibérie.

65. BEC-DE-GRUE sanguin, *G. sanguineum*, L. à pédoncules portant une seule fleur ; à feuilles divisées profondément en cinq parties sous-divisées elles-mêmes en trois, arrondies.

Geranium sanguineum, maximo flore ; Bec-de-grue sanguin, à fleur très-grande. Bauh. I in. 318, n.° 4. Fusch. Hist. 209. Lob. Ic. 1, p. 660, f. 2. Clus. Hist. 2. p. 102, f. 1. Lugd. Hist. 1279, f. 1. Bauh. Hist. 3, P. 2, p. 478, f. 2. Loes. Pruss. 103, n.° 18. Cavanil. Dis. 4, n.° 269, tab. 76, f. 1.

Cette espèce présente une variété, à fleur élégamment striée, gravée dans *Barrelier tab. 67,* et dans *Dillen Eth. tab. 136, fig. 163.*

Nutritive pour le Cheval, le Bœuf, le Cochon.

A Montpellier, Lyon, Grenoble, Paris, etc. ♃ Vernale.

66. BEC-DE-GRUE épineux, *G. spinosum*, L. à pédoncules portant une seule fleur ; à tige charnue, noueuse ; à épines solitaires, resserrées.

P 3

Burm. Afric. 87, tab. 31. Cavanil. Dis. 4, n.° 268, tab. 75, fig. 2.

Au cap de Bonne-Espérance. ♄

IV. ENDÉCANDRIE.

898. BROWNE, *BROWNEA.* *Lam. Tab. Encyclop.* pl. 575.

CAL. *Périanthe* d'un seul feuillet, en toupie, à deux *segmens* peu profonds, inégaux, aigus.

COR. Double :

— C. *extérieure* monopétale, en entonnoir. *Limbe* à cinq divisions peu profondes, oblongues, concaves, obtuses, droites.

— C. *intérieure* à cinq *Pétales*, en ovale renversé, planes, obtus, ouverts, insérés sur le tube de la corolle extérieure. *Onglets* longs.

ÉTAM. Dix *Filamens*, en alène, les alternes plus courts, adhérens au tube de la corolle extérieure, réunis en un cylindre divisé dans sa partie supérieure. *Anthères* oblongues, couchées.

PIST. *Ovaire* oblong, aigu, porté sur une pédicule, adhérent à la paroi de la corolle extérieure. *Style* en alène, droit, plus long que la corolle. *Stigmate* obtus.

PÉR. *Capsule* à une loge.

SEM. . . . .

Calice à cinq segmens peu profonds. *Corolle* double : l'*extérieure* à cinq divisions peu profondes : l'*intérieure* à cinq pétales. *Gousse* à une seule loge.

1. BROWNE écarlate, *B. coccinea*, L. à feuilles opposées, ovales, aiguës, très-entières, lisses ; à pétioles très-courts.

Jacq. Amer. 194, tab. 121.

Dans l'Amérique Méridionale. ♄

V. DODÉCANDRIE.

899. PENTAPÈTE, *PENTAPETES. Lam. Tab. Encyclop.* pl. 576.

CAL. *Périanthe* à cinq *segmens* profonds, coriaces, oblongs, renversés.

COR. Cinq *Pétales*, oblongs, ouverts.

ÉTAM. Quinze *Filamens*, linéaires, réunis en tube à la base. Cinq *Filamens*, plus longs, châtrés, colorés, légèrement relevés, de la longueur de la corolle, placés chacun entre trois étamines fertiles. *Anthères* oblongues, droites.

Pist. *Ovaire* arrondi. *Style* comme cylindrique, de la longueur des étamines. *Stigmate* un peu épais.

Pér. *Capsule* ligneuse, ovale, à cinq loges divisées en deux battans.

Sem. Plusieurs, oblongues, comprimées, à aile membraneuse.

Calice à cinq segmens profonds. Vingt *Étamines*, dont cinq stériles plus longues. *Capsule* à cinq loges renfermant chacune plusieurs semences.

1. PENTAPÈTE pourpre, *P. phœnicea*, L. à feuilles en fer de hallebarde, lancéolées, à dents de scie.

Pluk. tab. 126, f. 4, et tab. 255, f. 3.

Dans l'Inde Orientale. ☉

2. PENTAPÈTE à feuilles de liége, *P. suberifolia*, L. à feuilles ovales, peu sinuées.

Am. Act. Petrop. 8, p. 215, tab. 14.

Dans l'Inde Orientale. ♄

3. PENTAPÈTE à feuilles d'érable, *P. acerifolia*, L. à feuilles en cœur, peu sinuées.

Am. Act. Petrop. 8, p. 216, tab. 16 et 17.

Dans l'Inde Orientale. ♄

VI. POLYANDRIE.

900. ADANSONE, *ADANSONIA.* Lam. *Tab. Encyclop.* pl. 588.

Cal. *Périanthe* d'un seul feuillet, caduc-tardif, en gobelet, à moitié divisé en cinq *segmens* roulés.

Cor. Cinq *Pétales*, arrondis, nerveux, roulés, adhérens par les onglets et les étamines.

Étam. *Filamens* nombreux, réunis inférieurement en un tube qu'ils couronnent, étalés horizontalement. *Anthères* en forme de rein, versatiles.

Pist. *Ovaire* ovale. *Style* très-long, tubulé, tordu en différens sens. Plusieurs *Stigmates* (10) en prisme, velus.

Pér. *Capsule* ovale, ligneuse, ne s'ouvrant point, à dix loges, remplie d'une pulpe farineuse, à cloisons membraneuses.

Sem. Nombreuses, en forme de rein, presque osseuses, enveloppées par une pulpe friable.

Calice simple, caduc-tardif. *Style* très-long. Plusieurs *Stigmates*. *Capsule* ligneuse, à dix loges remplies d'une pulpe farineuse renfermant chacune plusieurs semences.

P 4

1. ADANSONE digitée, *A. digitata*, L. à feuilles alternes, digitées, à 5 ou 7 folioles inégales, ovales et terminées en pointe, lisses, entières, dentelées quelquefois au sommet.

> *Abavo, arbor radice tuberosa* ; Abavo, arbre à racine tubéreuse. *Bauh. Pin.* 434, n.° 10. *Alp. Ægypt.* 2, pag. 37, tab. 17 et 18. *Bauh. Hist.* 1, P. 1, pag. 110, f. 1. *Cavanil. Dis.* 5, n.° 434, tab. 157.
>
> *En Égypte, au Sénégal.* ♄

901. FROMAGER, *BOMBAX*, Lam. *Tab. Encyclop.* pl. 587. CHINA. *Plum. Gen.* 42, tab. 32.

CAL. *Périanthe* d'un seul feuillet, en cloche, persistant, à orifice à cinq segmens, droits.

COR. A cinq *divisions* profondes, ouvertes, ovales, concaves.

ÉTAM. Cinq ou plusieurs *Filamens*, en alêne, de la longueur de la corolle, adhérens à la base. *Anthères* oblongues, recourbées, versatiles.

PIST. *Ovaire* arrondi. *Style* filiforme, de la longueur des étamines. *Stigmate* en tête.

PÉR. *Capsule* grande, en toupie, oblongue, à cinq loges, à cinq battans ligneux.

SEM. Plusieurs, rondes, laineuses. *Réceptacle* en colonne, à cinq côtés, formant les cloisons.

OBS. B. pentandrum : *Corolle à cinq pétales ; cinq Étamines.*

> B. Ceiba et heptaphyllum : *Corolle en entonnoir, monopétale, à cinq divisions peu profondes ; étamines nombreuses.*

Calice à cinq segmens peu profonds. Cinq *Étamines* ou plus. *Capsule* ligneuse, à cinq battans, à cinq loges renfermant chacune des semences laineuses. *Réceptacle* pentagone.

1. FROMAGER pentandre, *B. pentandrum*, L. à fleurs pentandres ou à cinq étamines ; à feuilles sept à sept.

> *Gossypium Javanense, Salicis folio* ; Coton de Java, à feuille de Saule. *Bauh. Pin.* 430, n.° 4. *Jacq. Amer.* 191, tab. 176, fig. 70. *Cavanil. Dis.* 5, n.° 426, tab. 151.
>
> *Dans l'Inde Orientale.* ♄

2. FROMAGER Céiba, *B. Ceiba*, L. à fleurs polyandres ; à feuilles cinq à cinq.

> *Gossypium arboreum, caule spinoso* ; Coton en arbre, à tige épineuse. *Bauh. Pin.* 430, n.° 3. *Jacq. Amer.* 192, tab. 176, f. 71. *Cavanil. Dis.* 5, n.° 431, tab. 152, f. 2.
>
> *Dans l'Inde Orientale.* ♄

3. FROMAGER à sept feuilles, *B. heptophyllum*, L. à fleurs polyandres ; à feuilles sept à sept.

> *Pluk.* tab. 188, f. 4.
> *Dans l'Amérique Méridionale.* ♄

4. FROMAGER coton ; *B. gossypium*, L. à feuilles à cinq lobes, aigus, cotonneuses en dessous.

> *Pluk.* tab. 188, f. 2 ? *Cavanil. Dis.* 5, n.º 433, tab. 156.
> *Dans l'Amérique Méridionale.*

202. SIDE, *SIDA.* * *Lam. Tab. Encyclop.* pl. 578. ABUTILON. *Tournef. Inst.* 99, tab. 25. *Dill. Elth.* tab. 2, f. 2 ; tab. 3, fig. 3 ; tab. 9, f. 5 ; et tab. 6, f. 6.

CAL. *Périanthe* anguleux, persistant, à moitié divisé en cinq segmens.

COR. Cinq *Pétales*, plus larges dans leur partie supérieure, échancrés, réunis dans leur partie inférieure.

ÉTAM. Plusieurs *Filamens*, réunis en tube à la base, libres au sommet. *Anthères* arrondies.

PIST. *Ovaire* arrondi. *Style* court, à moitié divisé en plusieurs parties. *Stigmates* en tête.

PÉR. *Capsule* arrondie, pointue, à loges réunies, mais s'écartant lorsqu'elles s'ouvrent, terminées par une corne.

SEM. Arrondies, pointues, convexes d'un côté, anguleuses de l'autre.

OBS. Malvindæ *Dillen* : cinq *Capsules* ; *Semences solitaires.*

> Abutilon *Tournefort* : plusieurs *Capsules* ; le plus souvent plusieurs Semences.

Calice simple, anguleux. *Style* divisé profondément en plusieurs parties. Plusieurs *Capsules* renfermant chacune une seule semence.

* I. SIDES à cinq ou dix capsules.

1. SIDE épineuse, *S. spinosa*, L. à feuilles en cœur, oblongues, à dents de scie ; à stipules sétacées ; à aisselles comme épineuses.

> *Boccon. Sic.* 11, tab. 6, f. 11 *Pluk.* tab. 9, fig. 6. *Cavanil. Dis.* 1, n.º 16, tab. 1, f. 9.
> *Dans les deux Indes. Cultivée dans les jardins.* ☉

2. SIDE blanche, *S. alba*, L. à feuilles en cœur, un peu arrondies ; à stipules sétacées ; à aisselles le plus souvent à trois épines.

> *Pluk.* tab. 9, f. 3. *Dill. Elth.* tab. 171, f. 210.
> *Dans l'Inde Orientale.* ☉

3. SIDE à feuilles rhomboïdales, *S. rhombifolia*. L. à feuilles lancéolées, rhomboïdales, à dents de scie ; à aisselles le plus souvent à deux épines.

Dill. Elth. tab. 172, f. 212. *Cavanil. Dis.* 1, n.º 47, tab. 3, fig. 12.

Dans les deux Indes. ☉

4. SIDE à feuilles d'aulne, *S. alnifolia*, L. à feuilles arrondies, plissées, à dents de scie.

Pluk. tab. 132, fig. 2. *Dill. Elth.* tab. 172, fig. 211. *Cavanil. Dis.* 1, n.º 18, tab. 1, f. 3.

Dans l'Inde Orientale. ☉

5. SIDE ciliée, *S. ciliaris*, L. à feuilles ovales, arrondies au sommet, à dents de scie ; à stipules linéaires, ciliées ; à semences tuberculeuses-hérissées.

Sloan. Jam. tab. 137, fig. 2. *Cavanil. Dis.* 1, n.º 43, tab. 3, fig. 9.

A la Jamaïque.

6. SIDE émoussée, *S. retusa*, L. à feuilles en forme de coin, arrondies au sommet, à dents de scie, cotonneuses en dessous.

Pluk. tab. 9, fig. 2. *Cavanil. Dis.* 1, n.º 33, tab. 3, f. 4.

Dans l'Inde Orientale. ☉

7. SIDE à trois faces, *S. triquetra*, L. à feuilles en cœur, à dents de scie, un peu cotonneuses ; à rameaux à trois faces.

Jacq. Hort. tab. 118. *Cavanil. Dis.* 1, n.º 54, tab. 5, f. 1.

Dans l'Amérique Méridionale. ♄

8. SIDE de la Jamaïque, *S. Jamaïcensis*, L. à feuilles ovales, à dents de scie, cotonneuses ; à fleurs axillaires ; à pédoncules très-courts ; à cinq semences terminées par deux cornes.

Cavanil. Dis. 1, n.º 31, tab. 2, f. 5.

A la Jamaïque.

9. SIDE visqueuse, *S. viscosa*, L. à feuilles en cœur, crénelées, cotonneuses ; à fleurs comme solitaires ; à capsules à sept loges, arrondies, déprimées.

Pluk. tab. 132, f. 3. *Sloan. Jam.* tab. 139, f. 4.

A la Jamaïque.

10. SIDE à feuilles en cœur, *S. cordifolia*, L. à feuilles en cœur, un peu anguleuses, à dents de scie, velues.

Pluk. tab. 131, f. 2. *Dill. Elth.* 171, f. 209. *Cavanil. Dis.* 1, n.º 35, tab. 3, f. 2.

Au cap de Bonne-Espérance. ☉

11. SIDE ombellée, *S. umbellata*, L. à feuilles en cœur, un peu anguleuses et un peu cotonneuses ; à fleurs en ombelle ; à capsules terminées par deux becs.

Jacq. Hort. tab. 56. *Cavanil. Dis.* 1, n.° 60, tab. 6, f. 3.

A la Jamaïque.

12. SIDE paniculée, *S. paniculata*, L. à feuilles en cœur, oblongues, aiguës, à dents de scie, cotonneuses en dessous; à péduncules capillaires, très-longs.

Cavanil. Dis. 1, n.° 29, tab. 12, f. 5.

A la Jamaïque.

13. SIDE à feuilles de périploque, *S. periplocifolia*, L. à feuilles en cœur, lancéolées, très-entières; à tige en panicule.

Pluk. tab. 74, fig. 7. *Dill. Elth.* tab. 3, f. 3. *Cavanil. Dis.* 1, n.° 55, tab. 5, f. 2.

Dans l'Amérique Méridionale. ☉ ♄

14. SIDE brûlante, *S. urens*, L. à feuilles en cœur, à dents de scie, hérissées; à péduncules portant plusieurs fleurs terminales, glomérées.

Cavanil. Dis. 1, n.° 27, tab. 2, fig. 7.

A la Jamaïque.

* II. SIDES à plusieurs capsules.

15. SIDE Occidentale, *S. Occidentalis*, L. à feuilles en cœur, comme lobées; à stipules étalées; à péduncules plus courts que les pétioles; à capsules à plusieurs loges, pendantes, obtuses.

Dill. Elth. tab. 6, fig. 6. *Cavanil. Dis.* 1, n.° 52, tab. 4, fig. 3.

Dans l'Amérique Méridionale. ☉

16. SIDE d'Amérique, *S. Americana*, L. à feuilles en cœur, oblongues, sans divisions; à capsules à plusieurs loges, de la longueur du calice, lancéolées.

A la Jamaïque.

17. SIDE Abutilon, *S. Abutilon*, L. à feuilles arrondies, en cœur, sans divisions; à péduncules plus courts que les feuilles; à capsules à plusieurs loges, terminées par deux cornes.

Althæa Theophrasti, flore luteo; Guimauve de Théophraste, à fleur jaune. *Bauh. Pin.* 316, n.° 8. *Matth.* 662, fig. 2. *Dod. Pempt.* 656, fig. 1. *Lob. Ic.* 1, p. 655, fig. 1. *Lugd. Hist.* 592, fig. 1 et 2. *Camer. Epit.* 668. *Bauh. Hist.* 2, p. 958, f. 2.

Aux Indes Orientales. Cultivée dans les jardins. ☉

18. SIDE d'Asie, *S. Asiatica*, L. à feuilles en cœur, entières ou sans divisions; à stipules renversées, plus longues que les péduncules; à capsules à plusieurs loges, hérissées, plus courtes que le calice.

Pluk. tab. 126, fig. 3. Cavanil. Dis. 1, n.º 66, tab. 7, f. 2.
Dans l'Inde Orientale. ☉

19. SIDE des Indes, *S. Indica*, L. à feuilles en cœur, comme
lobées ; à stipules renversées ; à pédoncules plus longs que les
pétioles ; à cap: ales à plusieurs loges, rudes, plus longues que
le calice.

Althæa Theophrasti similis ; plante ressemblant à la Guimauve
de Théophraste. Bauh. Pin. 316, n.º 9. Camer. Hort. 3,
tab. 1. Bauh. Hist. 2, p. 959, f. 1. Pluk. tab. 132, fig. 1.
Cavanil. Dis. 1, n.º 72, tab. 7, f. 10.
Dans l'Inde Orientale. ☉

20. SIDE frisée, *S. crispa*, L. à feuilles en cœur, comme à trois
lobes, crénelées, cotonneuses ; à capsules inclinées, enflées, à
plusieurs loges, crénelées, peu sinuées.

Dill. Elth. tab. 5, fig. 5. Cavanil. Dis. 1, n.º 65, tab. 7,
fig. 1.
A la Caroline, à l'isle de la Providence, à Bahama.

21. SIDE à crête, *S. cristata*, L. à feuilles anguleuses : les inférieures en cœur : les supérieures en forme de violon ; à capsules à plusieurs loges.

Pluk. tab. 7, f. 1. Dill. Elth. tab. 2, f. 2.
Au Mexique. ☉

903. MALACHRE, *MALACHRA*. Lam. Tab. Encyclop. pl. 580.

CAL. *Périanthe* commun, le plus souvent à cinq fleurs, grand, à
trois ou cinq *feuillets*, en cœur, aigus, persistans. *Paillettes*
sétacées, doubles, placées entre les périanthes propres qu'elles
surpassent en longueur.

— *Périanthe propre* d'un seul feuillet, en cloche, petit, persistant, à cinq segmens peu profonds.

COR. Propre, à cinq *Pétales*, en ovale renversé, entiers.

ÉTAM. Plusieurs *Filamens*, capillaires, réunis inférieurement en
cylindre. *Anthères* presque en forme de rein.

PIST. *Ovaire* arrondi. *Style* cylindrique, divisé peu profondément
en cinq parties. *Stigmates* obtus.

PÉR. Nul. Cinq *Arilles*.

SEM. Cinq, arrondies, anguleuses d'un côté.

Calice commun à trois feuillets, grand, renfermant plusieurs fleurs. Cinq *Arilles* renfermant chacun une seule
semence.

1. MALACHRE en tête, *M. capitata*, L. à fleurs en têtes pédonculées, garnies de trois feuilles, et formées par sept fleurs.

Plum. Spec. 2, tab. 169, f. 1. *Cavanil. Dis.* 2, n.º 166, tab. 33, fig. 1.

Aux isles Caribes. ♄

2. MALACHRE radiée, *M. radiata*, L. à fleurs en têtes pédunculées, garnies de cinq fouilles, formées par plusieurs fleurs ; à feuilles palmées.

Plum. Spec. 2, tab. 191.

Dans l'Amérique Méridionale.

904. GUIMAUVE, *ALTHÆA*. * *Lam. Tab. Encyclop.* pl. 581.

CAL. *Périanthe double :*

— P. *extérieur d'un seul feuillet, petit, persistant, à neuf Segmens peu profonds, inégaux, très-étroits.*

— P. *intérieur d'un seul feuillet, à moitié divisé en cinq segmens, plus larges, plus aigus, persistans.*

COR. Cinq *Pétales ; réunis à la base, en cœur renversé, rongés, planes.*

ÉTAM. *Filamens nombreux, réunis à la base en cylindre, peu serrés au sommet, insérés sur la corolle. Anthères presque en forme de rein.*

PIST. *Ovaire arrondi. Style comme cylindrique, court. Stigmates nombreux, (vingt) sétacés, de la longueur du style.*

PÉR. Plusieurs *Arilles* sans articulations, disposés en anneau déprimé autour du *Réceptacle* en colonne, caducs-tardifs, s'ouvrant intérieurement.

SEM. Solitaires, comprimées, en forme de rein.

Calice double, l'extérieur à neuf segmens peu profonds. *Fruit* formé par plusieurs *Arilles* renfermant chacune une une seule semence.

1. GUIMAUVE officinale, *A. officinalis*, L. à feuilles simples, cotonneuses.

Althæa Dioscoridis et Plinii ; Guimauve de Dioscoride et de Pline. *Bauh. Pin.* 315, n.º 1. *Fusch. Hist.* 15. *Matth.* 662, fig. 1. *Dod. Pempt.* 655, fig. 1. *Lob. Ic.* 1, p. 653, fig. 1. *Clus. Hist.* 2, p. 24, fig. 1. *Lugd. Hist.* 590, fig. 1. *Camer. Epit.* 667. *Bauh. Hist.* 2, p. 954, fig. 1. *Bul. Paris.* tab. 418. *Flor. Dan.* tab. 530. *Icon. Pl. Medic.* tab. 42. *Cavanil. Dis.* 2, n.º 161, tab. 30, fig. 2.

Cette espèce présente une variété.

Althæa laciniato folio ; Guimauve à feuille laciniée. *Bauh. Pin.* 316, n.º 3.

2. *Althæa ;* Guimauve. 2. Racine, Herbe, Fleurs, rarement les Semences. 3. Mucilagineuses, insipides. 4. Mucilage,

extrait spiritueux. 5. Dyssenterie, coliques spasmodiques , dysurie , gonorrhée commençante , rhumatismes aigus et chroniques , dartres , douleurs des vieux ulcères , hémorrhoïdes, brûlures , toux. 6. La *Guimauve* peut nourrir.

A Montpellier , Lyon , Paris , etc. ♃ Estivale.

2. GUIMAUVE à feuilles de chanvre, *A. cannabina, L.* à feuilles inférieures palmées : les supérieures digitées.

Alcea cannabina ; Alcée à feuilles de chanvre. *Bauh. Pin.* 316 , n.° 5. *Lob. Ic.* 1 , p. 656 , fig. 1. *Clus. Hist.* 2 , p. 25 , f. 2. *Bauh. Hist.* 2 , pag. 958 , fig. 1. *Cavanil. Dis.* 2 , n.° 162 , tab. 30, fig. 1.

A Montpellier , à Lyon , en Provence, en Dauphiné. ♃ Estiv.

3. GUIMAUVE hérissée , *A. hirsuta , L.* à feuilles radicales en forme de rein : celles de la tige palmées, divisées peu profondément en trois ou cinq lobes , lisses sur leur surface supérieure : à pédoncules solitaires , portant une seule fleur.

Alcea hirsuta ; Alcée hérissée. *Bauh. Pin.* 317 , n.° 8. *Lugd. Hist.* 594 , fig. 2. *Bauh. Hist.* 2 , pag. 1067 , fig. 2. *Barrel.* tab. 1169. *Jacq. Aust.* tab. 170. *Cavanil. Dis.* 2 , n.° 164 , tab. 29 , fig. 1.

A Montpellier , Lyon , Paris , etc. ⊙ Estivale.

4. GUIMAUVE de Ludwig , *A. Ludwigii , L.* à feuilles lobées, nues sur les deux surfaces ; à pédoncules entassés , portant une seule fleur.

Cavanil. Dis. 2 , n.° 165 , tab. 30 , f. 3.

En Sicile , à Naples.

905. ALCÉE , *ALCEA.* * *Lam. Tab. Encyclop.* pl. 581. MALVA. *Tournef. Inst.* 94 , tab. 24.

CAL. *Périanthe* double :

— P. *intérieur* d'un seul feuillet , ouvert , persistant , à six segmens peu profonds.

— P. *extérieur* d'un seul feuillet , plus grand , persistant , à moitié divisé en cinq segmens.

COR. Cinq *Pétales* , réunis à la base , en cœur renversé , échancrés , ouverts.

ÉTAM. *Filamens* nombreux , réunis inférieurement en cylindre à cinq côtés , peu serrés supérieurement , insérés sur la corolle. *Anthères* presque en forme de rein.

PIST. *Ovaire* arrondi. *Style* court , comme cylindrique. *Stigmates* nombreux , (20) sétacés , de la longueur du style.

PÉR. Plusieurs *A. illes* à articulations , disposés en anneau autour du *Réceptacle* en colonne , déprimés , se séparant , s'ouvrant intérieurement.

SEM. Solitaires, comprimées, en forme de rein.

Calice double : l'extérieur à six segmens peu profonds. *Fruit* formé par plusieurs *Arilles* renfermant chacun une seule semence.

1. ALCÉE rose, *A. rosea*, L. à feuilles sinuées, anguleuses.

> *Malva rosea*, *folio subrotundo* : Mauve rose, à feuille arrondie. *Bauh. Pin.* 315, n.° 7. *Fusch. Hist.* 507. *Matth.* 359, fig. 2. *Dod. Pempt.* 652, fig. 1. *Lob. Ic.* 1, p. 652, fig. 1. *Lugd. Hist.* 587, f. 2. *Bauh. Hist.* 2, p. 951, f. 1. *Cavanil. Dis.* 2, n.° 156, tab. 28, f. 1.

> Cette espèce présente une variété.

> *Malva rosea*, *folia subrotunda*, *flore pleno* ; Mauve rose, à feuille arrondie, à fleur pleine. *Bauh. Pin.* 315, n.° 8. *Dod. Pempt.* 652, f. 2. *Lob. Ic.* 1, p. 652, f. 2. *Lugd. Hist.* 588, fig. 1.

> 1. *Alcea rosea* ; Mauve en arbre, Rose trémière. Elle possède les mêmes vertus que les Mauves. Les racines fournissent une farine sucrée vraiment nourrissante, qui dans un temps de calamité ou de disette pourroit suppléer aux farineux.

> La *Mauve Alcée* cultivée dans les jardins, présente une foule de variétés à fleurs simples, à fleurs doubles, jaunes, blanches, roses, pourpres, noirâtres, incarnates, panachées ; à feuilles frisées.

> *En Orient.* ♂

2. ALCÉE à feuilles de figuier, *A. ficifolia*, L. à feuilles palmées.

> *Malva rosea*, *folio Ficus* ; Mauve rose, à feuille de Figuier. *Bauh. Pin.* 315, n.° 9. *Cavanil. Dis.* 2, n.° 157, tab. 28, fig. 2.

> *Cavanilles* a réuni cette espèce et la précédente au genre *Althæa*.

> *En Sibérie.* ♂

906. MAUVE, *MALVA.* * *Lam. Tab. Encyclop.* pl. 582. ABUTILON. *Dill. Elth.* tab. 1, f. 1 ; et tab. 4, f. 4.

CAL. *Périanthe* double :

—P. *extérieur* plus étroit, à trois *feuillets*, en cœur, aigus, persistans.

—P. *intérieur* d'un seul feuillet, plus grand, plus large, persistant, à moitié divisé en cinq segmens.

COR. Cinq *Pétales*, réunis à la base, en cœur renversé, rongés, planes.

Étam. *Filamens* nombreux, réunis inférieurement en cylindre, peu serrés supérieurement, insérés sur la corolle. *Anthères* en forme de rein.

Pist. *Ovaire* arrondi. *Style* comme cylindrique, court. Plusieurs *Stigmates*, soyeux, de la longueur du style.

Pér. Plusieurs *Arilles* sans articulations, disposés en anneau déprimé autour du *Réceptacle* en colonne, caducs-tardifs, s'ouvrant intérieurement.

Sem. Solitaires, en forme de rein.

Obs. *Malva* Tournefort : *Feuilles presque entières, non velues.*

   Alcea Tournefort : *Feuilles à plusieurs divisions peu profondes, non velues.*

Calice double : l'extérieur à trois feuillets. *Fruit* formé par plusieurs *Arilles* renfermant chacun une seule semence.

* I. *MAUVES à feuilles très-entières ou sans divisions.*

1. MAUVE en épi, *M. spicata*, L. à feuilles en cœur, crénelées, cotonneuses : à fleurs en épis oblongs, hérissés.

   Sloan. Jam. tab. 138, f. 1. *Cavanil. Dis.* 2, n.º 136, tab. 20 ; fig. 4.

   A la Jamaïque.

2. MAUVE cotonneuse, *M. tomentosa*, L. à feuilles en cœur ; crénelées, cotonneuses ; à fleurs latérales entassées ; à tige ligneuse.

   Pluk. tab. 355, fig. 1 ?

   Dans l'Inde Orientale. Cultivée dans les jardins. ♄

3. MAUVE du Gange, *M. Gangetica*, L. à feuilles en cœur, obtuses, rudes ; à fleurs assises, glomérées ; à dix arilles mousses ; un peu crénelés.

   Pluk. tab. 74, fig. 6.

   Dans l'Inde Orientale. ☉

4. MAUVE de Coromandel, *M. Coromandeliana*, L. à feuilles ovales, oblongues, aiguës ; à fleurs axillaires, glomérées ; à dix arilles terminés par trois pointes.

   Pluk. tab. 334, pl. 2.

   Dans l'Amérique Méridionale. ☉

5. MAUVE d'Amérique, *M. Americana*, L. à feuilles en cœur, crénelées ; à fleurs latérales, solitaires : celles qui terminent les rameaux, en épis.

   Cavan. Dis. 2, n.º 135, tab. 22, f. 2.

   Dans l'Amérique Méridionale. ☉

* II.

* II. *MAUVES à feuilles divisées ou anguleuses.*

6. MAUVE du Pérou, *M. Peruviana*, L. à tige droite, herbacée ; à feuilles palmées ; à fleurs en épis tournés d'un seul côté, axillaires, dentelés.

> Jacq. Hort. tab. 156. Cavanil. Dis. 2, n.º 111 ; tab. 29 , f. 1.
> Au Pérou. Cultivée dans les jardins. ☉

7. MAUVE de Lima, *M. Limensis*, L. à tige droite, herbacée ; à feuilles lobées ; à fleurs en épis tournés d'un seul côté, axillaires ; à semences lisses.

> Jacq. Hort. tab. 141 , Cavanil. Dis. 2, n.º 112 , tab. 19 , f. 2.
> Au Pérou , à Lima. ☉

8. MAUVE à feuilles de bryone, *M. Bryonifolia*, L. à tige ligneuse, cotonneuse ; à feuilles pinnées , rudes ; à pédoncules portant plusieurs fleurs.

> Althæa frutescens , Bryonia folio ; Guimauve ligneuse , à feuilles de Bryone. Bauh. Pin. 316 , n.º 6. Bauh. Hist. 2 , pag. 955 , fig. 1.
> En Espagne. ♄

9. MAUVE du Cap , *M. Capensis*, L. à tige en arbre ; à feuilles en cœur , lisses, laciniées, à cinq lobes.

> Dill. Elth. tab. 169 ; f. 206. Cavanil. Dis. 2 , n.º 117 ; tab. 24 , fig. 3.

Cette espèce présente deux variétés.

1.º Mauve du Cap, ligneuse , à feuilles de Groseillier, plus grande, hérissée. Dill. Elth. tab. 169 , fig. 207.

2. Mauve d'Afrique, ligneuse , à fleur rouge, Commel. Hort. 2 , pag. 171 , tab. 86.

> En Ethiopie. Cultivée dans les jardins. ♄

10. MAUVE de la Caroline , *M. Caroliniana* , L. tige rampante ; à feuilles divisées peu profondément en plusieurs parties.

> Dill. Elth. tab. 4 , fig. 4. Cavanil. Dis. 2 ; n.º 94 , tab. 15 , f. 1.
> A la Caroline. ☉

11. MAUVE à petite fleur , *M. parviflora* , L. à tige étalée ; à feuilles anguleuses ; à fleurs axillaires , assises , glomérées ; à calices lisses , ouverts.

> Pluk. tab. 44 , f. 2. Jacq. Hort. tab. 39. Cavanil. Dis. 2, n.º 110 ; tab. 26 , fig. 1.
> En Barbarie. Cultivée dans les jardins. ☉

12. MAUVE à feuilles rondes, *M. rotundifolia*, L. à tige couchée ; à feuilles en cœur, arrondies, à cinq lobes irréguliers ; à pédoncules inclinés pendant la maturité du fruit.

Tome III. Q

* *Malva sylvestris , folio rotundo ;* Mauve sauvage , à feuille
ronde. *Bauh. Pin.* 314, n.º 1. *Fusch. Hist.* 508. *Matth.* 359,
f. 1. *Dod. Pempt.* 653, f. 2. *Lob. Ic.* 1 , pag. 551 , fig. 1.
Lugd. Hist. 585 , fig. 1 , et 586 , fig. 2. *Camer. Epit.* 238.
Bauh. Hist. 2 , p. 949 , fig. 2. *Bul. Paris.* tab. 419. *Flor.
Dan.* tab. 721. *Icon. Pl. Medic.* tab. 237. *Cavan¹. Dis.* 2 ,
n.º 133, tab. 26 , f. 3.

1. *Malva vulgaris ;* petite mauve. 2. Racine , Herbe , Fleurs.
3. Saveur fade , mucilagineuse aqueuse. 5. Maladies inflammatoires , sur — tout dyssenterie , inflammation des
amygdales , angine , ardeurs d'urine, gonorrhée , ulcération
de la vessie, coliques et fièvres avec chaleur d'entrailles ,
tenesme , phlegmons , rhumatismes. 6. Les Romains mangeoient les feuilles apprêtées comme les épinards ; elles
sont très-agréables et se digèrent facilement. L'herbe est
une des quatre premières herbes émollientes. On prend les
fleurs en infusion théiforme ; on fait avec les feuilles un
syrop , et avec les fleurs une conserve. On se sert de l'herbe
en cataplasme , en fomentations. On se sert également de la
Mauve sauvage, *M. sylvestris,* L. qui a les mêmes propriétés.
Nutritive pour le Mouton , le Dindon.

En Europe, dans les haies , les chemins. ⊙ Estivale.

13. MAUVE de Shérard , *M. Sherardiana ,* L. à tiges couchées ;
à feuilles arrondies , plissées , cotonneuses , crénelées ; à péduncules solitaires , voûtés en arc pendant la floraison , portant une seule fleur.

Till. Pis. 108, tab. 35 , f. 2. *Cavanil. Dis.* 2 , n.º 109 , t. 26 , f. 4.
En Bithynie. ♃

14. MAUVE sauvage , *M. sylvestris ,* L. à tige droite , herbacée ;
à feuilles palmées , à sept lobes aigus ; à péduncules et pétioles
chargés de poils.

Malva sylvestris , folio sinuato ; Mauve sauvage , à feuille
sinuée. *Bauh. Pin.* 314 , n.º 2. *Fusch. Hist.* 509. *Dod.
Pempt.* 653, f. 1. *Lob. Ic.* 1 , p. 650, f. 2. *Lugd. Hist.* 587,
fig. 1. *Bauh. Hist.* 2 , p. 949 , fig. 1. *Bul. Paris.* tab. 420.
Icon. Pl. Medic. tab. 480. *Cavanil. Dis.* 2 , n.º 131 , tab.
26 , fig. 2.
Nutritive pour le Bœuf.

En Europe dans les haies , les chemins. ⊙ Estivale.

15. MAUVE de Mauritanie , *M. Mauritanica ,* L. à tige droite,
herbacée ; à feuilles palmées, à cinq lobes obtus ; à péduncules
et pétioles presque lisses.

Malva hederaceo folio ; Mauve à feuille de Lierre. *Bauh. Pin.*
315 , m.º 4. *Matth.* 360 , f. 2. *Lugd. Hist.* 586 , f. 1. *Cavan.
Dis.* 2 , n.º 130, tab. 25 , f. 2.

Cette espèce présente une variété.

Malva folio ficûs, altera; autre Mauve à feuille de Figuier. *Bauh. Pin.* 315, n.º 10.

En Italie, en Espagne, en Portugal. ☉

16. MAUVE d'Espagne, *M. Hispanica,* L. à tige droite; à feuilles demi-arrondies, crénelées; à calice extérieur de deux feuillets. *Pluk.* tab. 44, f. 3. *Cavanil. Dis.* 2, n.º 100, tab. 19, f. 3.

En Espagne. ☉

17. MAUVE verticillée, *M. verticillata,* L. à tige droite; à feuilles anguleuses; à fleurs assises aux aisselles des feuilles, rassemblées en petits paquets ou glomérées; à calices rudes.

Jacq. Hort. tab. 40. *Cavanil. Dis.* 2, n.º 132, tab. 25, f. 3.

A la Chine. ☉

18. MAUVE frisée, *M. crispa,* L. à tige droite; à feuilles anguleuses, frisées; à fleurs assises aux aisselles des feuilles, rassemblées en petits paquets ou glomérées.

Malva foliis crispis; Mauve à feuilles frisées. *Bauh. Pin.* 315, n.º 5. *Dod. Pempt.* 653, f. 3. *Lob. Ic.* 1, p. 651, fig. 2. *Bauh. Hist.* 2, p. 952, fig 1. *Cavanil. Dis.* 2, n.º 123, tab. 23, fig. 1.

En Syrie. Cultivée dans les jardins. ☉

19. MAUVE Alcée, *M. Alcea,* L. à tige droite; à feuilles un peu rudes, divisées profondément en trois lobes principaux dont les latéraux sont sous-divisés en deux parties, et l'intermédiaire en trois ou cinq.

Alcea vulgaris, major; Alcée vulgaire, plus grande. *Bauh. Pin.* 316, n.º 1. *Fusch. Hist.* 80. *Matth.* 663, f. 1. *Dod. Pempt.* 656, f. 2. *Lob. Ic.* 1, p. 655, f. 2. *Lugd. Hist.* 593, f. 1 et 2. *Camer. Epit.* 669. *Bauh. Hist.* 2, p. 953, f. 2. *Icon. Pl. Medic.* tab. 219. *Cavanil. Dis.* 2, n.º 125, tab. 17, fig. 2.

Nutritive pour le Cheval, le Bœuf, le Mouton, la Chèvre.

A Montpellier, Lyon, Paris, etc. ♃ Estivale.

20 MAUVE musquée, *M. moschata,* L. à tige droite; à feuilles radicales en forme de rein, découpées : celles de le tige divisées profondément en cinq lobes : chaque lobe sous-divisé en plusieurs parties linéaires ou très-étroites.

Alcea folio rotundo, laciniato; Alcée à feuille ronde, laciniée. *Bauh. Pin.* 316, n.º 3. *Column. Ecphras.* 1, pag. 148 et 147. *Cavanil. Dis.* 2, n.º 126, tab. 18, f. 1.

Cette espèce présente une variété.

Alcea vulgaris minor; Alcée vulgaire plus petite. *Bauh. Pin.* 316, n.º 2.

Q 2

Nutritive pour le cheval.

A Montpellier, Lyon, Paris, etc. ♃ *Estivale.*

21. **MAUVE de Tournefort,** *M. Tournefortiana,* L. à feuilles radicales divisées profondément en cinq lobes sous-divisés en trois parties linéaires ou très-étroites ; à péduncules plus longs que les feuilles de la tige qui est couchée.

Pluk. tab. 44, f. 4. *Cavanil. Dis.* 2, n.° 122, tab. 17, f. 3.

En Provence, en Espagne, sur les bords de la mer. ☉

22. **MAUVE d'Égypte,** *M. Ægyptiaca,* L. à tige droite ; à feuilles palmées, dentées ; à corolles plus petites que le calice.

Jacq. Hort. tab. 69. *Cavanil. Dis.* 2, n.° 98, tab. 17, f. 1.

En Égypte. ☉

23. **MAUVE abutilon,** *M. abutiloides,* L. à feuilles lobées, veinés ; à tige droite ; à calices très-courts ; à capsules arrondies et striées dont les loges renferment chacune plusieurs semences.

Pluk. tab. 6, f. 1. *Dill. Elth.* tab. 1, f. 1. *Cavanil. Dis.* 2, n.° 97, tab. 16, f. 2.

Dans l'Isle de la Providence, à Bahama. ♃

907. **LAVATÈRE,** *LAVATERA.* * *Lam. Tab. Encyclop.* pl. 582.

CAL. *Périanthe* double :

--. P. *extérieur* d'un seul feuillet, obtus, plus court, persistant, à trois segmens peu profonds.

— P. *intérieur* d'un seul feuillet, plus aigu, plus droit, persistant, à moitié divisé en cinq segmens.

COR. Cinq *pétales,* réunis à la base, en cœur renversé, planes, ouverts.

ÉTAM. *Filamens* nombreux, réunis inférieurement en cylindre, peu serrés supérieurement, insérés sur la corolle. *Anthères* en forme de rein.

PIST. *Ovaire* arrondi. *Style* comme cylindrique, court. Plusieurs *Stigmates,* (de 7 à 14), soyeux, de la longueur du style.

PÉR. Plusieurs *Arilles,* non articulés, disposés en anneau déprimé autour du réceptacle en colonne, caducs-tardifs, s'ouvrant intérieurement.

SEM. Solitaires, en forme de rein.

OBS. *Althea Tournefort,* fruit sous ombrelle.

Lavateræ Tournefort, fruit couvert par une ombrelle.

Calice double : l'extérieur à trois segmens peu profonds. **Fruit** formé par plusieurs *Arilles* renfermant chacun une seule semence.

* I. *LAVATÈRES à tige ligneuse.*

1. LAVATÈRE en arbre, *L. arborea*, L. à tige en arbre; à feuilles à sept angles obtus, cotonneuses, plissées; à pédoncules entassés aux aisselles des feuilles, portant une seule fleur.

> *Malva arborea, Veneta dicta, parvo flore;* Mauve en arbre, dite de Venise, à petite fleur. *Bauh. Pin.* 315, n.° 11. *Matth.* 360, f. 1. *Lugd. Hist.* 585, f. 3. *Camer. Epit.* 239. *Bauh. Hist.* 2, p. 952 et 953, fig. 1.
>
> *En Italie, à Naples. Cultivée dans les jardins.* ♂

2. LAVATÈRE brillante, *L. micans*, L. à tige en arbre; à feuilles à sept angles aigus, crénelées, plissées, cotonneuses; à fleurs en grappes terminales.

> *Moris. Hist.* sect. 5, tab. 17, fig. 9.
>
> *En Espagne, en Portugal, à Naples.* ♄

3. LAVATÈRE d'Olbie, *L. Olbia*, L. à tige ligneuse; à feuilles à cinq lobes, en fer de hallebarde : chaque lobe aigu, l'intermédiaire plus alongé; à fleurs solitaires.

> *Althæa frutescens, folio acuto, parvo flore;* Guimauve ligneuse, à feuille aiguë, à petite fleur. *Bauh. Pin.* 316, n.° 5. *Lob. Ic.* 1, p. 653, f. 2. *Pluk.* tab. 8, f. 1. *Cavanil. Dis.* 2, n.° 148, tab. 32, f. 2.
>
> *En Provence.* ♄

4. LAVATÈRE à trois lobes, *L. triloba*, L. à tige ligneuse; à feuilles presque en cœur, à trois lobes arrondis, crénelés; à stipules en cœur; à pédoncules agrégés aux aisselles des feuilles, ne portant qu'une seule fleur.

> *Althæa, frutescens, folio rotundiore, incano;* Guimauve ligneuse, à feuille plus ronde, blanchâtre. *Bauh. Pin.* 316, n.° 4, *Lob. Ic.* 1, p. 654, f. 1. *Clus. Hist.* 2, p. 24, f. 2. *Lugd. Hist.* 592, f. 3. *Bauh. Hist.* 2, p. 596, f. 1. *Jacq. Hort.* tab. 74. *Cavanil. Dis.* 2, n.° 149, tab. 31, f. 1.
>
> *A Montpellier.* ♄

5. LAVATÈRE du Portugal, *L. Lusitanica*, L. à tige ligneuse; à feuilles à sept angles, cotonneuses, plissées; à fleurs en grappes terminales.

> *En Portugal, au cap de Bonne Espérance.* ♄

6. LAVATÈRE d'Amérique, *L. Americana*, L. à tige ligneuse; à feuilles en cœur, très-entières ou sans divisions, crénelées, aiguës, cotonneuses; à pédoncules solitaires, portant une seule fleur.

> *A la Jamaïque.* ♄

Q 5

* II. *LAVATÈRES à tige herbacée.*

7. LAVATÈRE de Thuringe, *L. Thuringiaca*, L. à tige herbacée; à fruits à nu par le renversement des segmens du calice
qui sont découpés.

> *Althæa flore majore;* Guimauve à fleur plus grande. *Bauh.*
> *Pin.* 316 , n.º 2, *Camer. Hort.* 131 , *ic.* 6. *Bauh. Hist.* 2 ,
> pag. 955 , f. 2. *Dill. Elth.* tab. 8 , f. 8. *Cavanil. Dis.* 2 , n.º
> 153 , tab. 21 , f. 3.
> *A Montpellier.* ♄

8. LAVATÈRE de Crète, *L. Cretica*, L. à tige herbacée, droite ;
à rameaux inférieurs diffus ; à pédundules entassés , portant
une seule fleur ; à feuilles lobées : les supérieures aiguës.

> *Jacq. Hort.* tab. 41. *Cavanil. Dis.* 2 , n.º 154 , tab. 32, f. 1.
> *Dans l'isle de Crète.* ☉

9. LAVATÈRE trémois , *L. trimestris* , L. à tige herbacée, rude ;
à feuilles lancéolées ; à péduncules portant une seule fleur ; à
fruits cachés sous les segmens du double calice qui en se re-
pliant forment un couvercle arrondi.

> *Malva folio vario ;* Mauve à feuille variée. *Bauh. Pin.* 315,
> n.º 6. *Prodr.* 137 , n.º 2, f. 1. *Clus. Hist.* 2 , p. 23 , fig. 2.
> *Jacq. Hort.* tab. 72. *Cavanil. Dis.* 2 , n.º 155, tab. 31 , f. 2.
> *En Espagne.* ♄

908. MALOPE, *MALOPE.* * *Lam. Tab. Encyclop.* pl. 583. **MA-**
LACOÏDES. *Tournef. Inst.* 98, tab. 25.

CAL. *Périanthe* double :

— P. *extérieur* plus large , à trois *feuillets* , en cœur , aigus , persistans.

— P. *intérieur* d'un seul feuillet , plus droit , persistant , à moitié
divisé en cinq segmens.

COR. Cinq *pétales* , réunis à la base , en cœur renversé , rongés ,
ouverts.

ÉTAM. *Filamens* nombreux , réunis inférieurement en cylindre ,
peu serrés supérieurement. *Anthères* presque en forme de rein.

PIST. *Ovaires* arrondis. *Style* simple , de la longueur des étamines.
Plusieurs *Stigmates* , simples , sétacés.

PÉR Plusieurs *Arilles* , arrondis , pelotonnés en tête.

SEM. Solitaires , en forme de rein.

Calice double : l'extérieur à trois feuillets. *Fruit* formé par
plusieurs *Arilles* rassemblés en petits paquets ou glo-
mérés renfermant chacun une seule semence.

1. MALOPE à feuilles de bétoine, *M. malacoïdes* , L. à feuilles
ovales, crénelées, lisses en dessus.

Boccon. Sic. 15, tab. 8, f. E. Moris. Hist. sect. 5, tab. 17,
f. 1. Barrel. tab. 1189. Cavanil. Dis. 2, n.° 143, tab. 22,
fig. 1.

En Etrurie, en Mauritanie.

909. URÈNE, *URENA*. Dill. Elth. tab. 319, fig. 412. Lam.
Tab. Encyclop. pl. 583.

CAL. *Périanthe double :*

—— P. *extérieur* d'un seul feuillet, à cinq *segmens* peu profonds,
plus larges.

—— P. *inférieur* à cinq *feuillets* étroits, anguleux, persistans.

COR. Cinq *Pétales*, oblongs, plus larges au sommet, obtus et terminés en pointe, plus étroits à la base, adhérens.

ÉTAM. Plusieurs *Filamens*, réunis inférieurement en cylindre, libres supérieurement. *Anthères* arrondies.

PIST. *Ovaire* arrondi, à cinq côtés. *Style* simple, de la longueur
des étamines. Dix *Stigmates*, en tête, velus, renversés.

PÉR. *Capsule* arrondie, hérissonnée, à cinq angles, à cinq loges,
se divisant en cinq *Arilles* fermés.

SEM. Solitaires, arrondies, anguleuses et comprimées d'un côté.

Calice double : l'extérieur à cinq segmens peu profonds.
Capsule à cinq loges hérissonnées renfermant chacune
une seule semence.

1. URÈNE lobée, *U. lobata*, L. à feuilles anguleuses.
Dill. Elth. tab. 319, fig. 412. Cavanil. Dis. 6, n.° 494,
tab. 185, fig. 1.
A la Chine. ♄

2. URÈNE sinuée, *U. sinuata*, L. à feuilles palmées, sinuées, et
divisées en sinus obtus.
Pluk. tab. 5, fig. 3; et t. 74, f. 1. Cavanil. Dis. 6, n.° 495,
tab. 185, fig. 2.
Dans l'Inde Orientale. ♄

3. URÈNE Thyphalæa, *U. Typhalæa*, L. à feuilles elliptiques;
à capsules recourbées, à trois dents.
A la Jamaïque, à Surimam. ♄

4. URÈNE couchée, *U. procumbens*, L. à feuilles oblongues, sinuées, à dents de scie.
A la Chine. ♄

910. COTONNIER, *GOSSYPIUM*. * Lam. Tab. Encyclop.
pl. 586. XYLON. Tournef. Inst. 101, tab. 27.

CAL. *Périanthe* double :

CAL. *P. extérieur* d'un seul feuillet, plane, plus grand, à trois segmens peu profonds.

—— *P. intérieur* d'un seul feuillet, à cinq *segmens* obtus, échancrés, en gobelet.

COR. Cinq *Pétales*, réunis à la base, en cœur renversé, planes, ouverts.

ÉTAM. *Filamens* nombreux, réunis inférieurement en cylindre, peu serrés supérieurement, insérés sur la corolle. *Anthères* en forme de rein.

PIST. *Ovaire* arrondi. *Style* en colonne, de la longueur des étamines. Quatre *Stigmates*, un peu épais.

PÉR. *Capsule* arrondie, pointue, à trois ou quatre loges, à trois ou quatre battans.

SEM. Plusieurs, ovales, enveloppées par un duvet cotonneux.

Calice double : l'extérieur à trois segmens peu profonds. *Capsule* à quatre loges renfermant chacune des semences enveloppées dans un duvet cotonneux.

1. COTONNIER herbacé, *G. herbaceum*, L. à feuilles à cinq lobes, sans glandes sur leur surface inférieure ; à tige herbacée, lisse.

> *Gossypium frutescens, semine albo;* Cotonnier ligneux, à semence blanche. *Bauh. Pin.* 430, n.° 1. *Fusch. Hist.* 581. *Matth.* 334, fig. 3. *Dod. Pempt.* 66, fig. 1. *Lob. Ic.* 1, pag. 650, fig. 1. *Lugd. Hist.* 221, f. 1. *Camer. Epit.* 203. *Bauh. Hist.* 1, P. 1, pag. 343, fig. 1 et 2. *Icon. Pl. Med.* tab. 298. *Cavanil. Dis.* 6, n.° 444, tab. 164, fig. 2.

> *Dans l'Amérique Méridionale.* ⊙

2. COTONNIER en arbre, *G. arboreum*, L. à feuilles palmées ; à lobes lancéolés ; à tige ligneuse.

> *Gossypium arboreum, caule lævi;* Cotonnier en arbre, à tige lisse. *Bauh. Pin.* 430, n.° 2. *Alp. Ægypt.* 2, pag. 38, tab. 19. *Bauh. Hist.* 1, P. 1, pag. 346, fig. 1. *Cavanil. Dis.* 6, n.° 446, tab. 165.

> *Dans l'Inde Orientale.* ♄

3. COTONNIER hérissé, *G. hirsutum*, L. à feuilles à cinq lobes ; à une glande sur leur surface inférieure ; à rameaux et pétioles duvetés.

> *Pluk.* tab. 299, fig. 1. *Cavanil. Dis.* 6, n.° 448, tab. 167.

> *Dans l'Amérique Méridionale.* ⊙ ♂

4. COTONNIER religieux, *G. religiosum*, L. à feuilles à trois lobes aigus ; à une glande sur leur surface inférieure ; à rameaux parsemés de points noirâtres.

Plak. tab. 188, fig. 2? *Cavanil. Dis.* 6, n.º 450, tab. 164, fig. 1.

Aux Indes Orientales. ♄

5. COTONNIER des Barbades, *G. Barbadense*, L. à feuilles à trois lobes, très-entières; à trois glandes sur leur surface inférieure.

Plak. tab. 188, fig. 1.

Aux Barbades. ♂ ♄

911. **HIBISQUE**, *HIBISCUS.* * *Lam. Tab. Encyclop.* pl. 584. KETMIA. *Tournef. Inst.* 99, tab. 26. MALVAVISCUS. *Dill. Elth.* tab. 170, fig. 208. KETMIA. *Dill. Elth.* tab. 157, f. 190.

CAL. *Périanthe* double :

—— *P. extérieur* à plusieurs *feuillets*, linéaires, persistans.

—— *P. intérieur* d'un seul feuillet, en gobelet, aigu, persistant, à moitié divisé en cinq segmens.

COR. Cinq *Pétales*, en cœur renversé, saillans par un des sommets qui est plus grand, réunis à la base.

ÉTAM. Plusieurs *Filamens*, réunis inférieurement en tube, libres au sommet. *Anthères* en forme de rein.

PIST. *Ovaire* arrondi. *Style* filiforme, plus long que les étamines, divisé supérieurement en cinq parties peu profondes. *Stigmates* en tête.

PÉR. *Capsule* à cinq loges, à cinq battans.

SEM. En forme de rein.

OBS. Ketmia *Tournefort : Capsule ovale, à cinq loges ou plus; Semences nombreuses.*

Malvavisci Dillen : Baie arrondie, à cinq loges; Semences solitaires.

Les H. *populneus e tiliaceus, diffèrent par leur Calice extérieur d'un seul feuillet.*

Dans quelques espèces la Capsule est ovale; dans quelques autres, elle est longue; le calice extérieur varie de cinq à douze feuillets.

Calice double : l'extérieur à plusieurs feuillets. Capsule à cinq loges renfermant chacune plusieurs semences.

1. HIBISQUE Moscheutos, *H. Moscheutos*, L. à feuilles ovales, aiguës, à dents de scie; à tige très-simple; à pétioles portant les fleurs.

Moris. Hist. sect. 5, tab. 19, fig. 6. *Cavanil. Dis.* 3, n.º 238, tab. 65, fig. 1.

An Canada, en Virginie. ♃

2. HIBISQUE des marais, *H. palustris*, L. à tige herbacée, très-simple ; à feuilles ovales, comme à trois lobes, cotonneuses en dessous ; à fleurs assises aux aisselles des feuilles.

> *Althæa palustris ;* Guimauve des marais. *Bauh. Pin.* 316, n.° 7. *Dod. Pempt.* 655, f. 2. *Lob. Ic.* 1, pag. 654, f. 2. *Lugd. Hist.* 1012, fig. 1. *Bauh. Hist.* 2, pag. 957, f. 1. *Pluk.* tab. 6, fig. 3. *Cavanil. Dis.* 3, n.° 237, tab. 65, fig. 2.

> *En Virginie.* ♃

3. HIBISQUE à feuilles de peuplier, *H. populneus*, L. à feuilles en cœur, très-entières ; à tige ligneuse ; à calice extérieur, tronqué.

> *Cavanil. Dis.* 3, n.° 218, tab. 56, fig. 1.

> *Dans l'Inde Orientale.* ♄

4. HIBISQUE à feuilles de tilleul, *H. tiliaceus*, L. à feuilles en cœur, presque arrondies, entières ou sans divisions ; à tige en arbre ; à calice extérieur terminé par dix dents.

> *Pluk.* tab. 355, fig. 5. *Sloan. Jam.* tab. 134, fig. 4. *Cavanil. Dis.* 3, n.° 216, tab. 55, fig. 1.

> *Dans l'Inde Orientale.*

5. HIBISQUE simple, *H. simplex*, L. à feuilles en cœur, à trois lobes, peu sinuées, très-entières ; à tige en arbre, très-simple.

> *Sloan. Jam.* tab. 134, fig. 1, 2 et 3 ?

> *A la Jamaïque.*

6. HIBISQUE Rose de la Chine, *H. Rosa Sinensis*, L. à feuilles ovales, aiguës, à dents de scie, lisses ; à tige en arbre.

> *Cavanil. Dis.* 3, n.° 228, tab. 69, fig. 2.

> *Dans l'Inde Orientale.* ♄

7. HIBISQUE du Brésil, *H. Brasiliensis*, L. à feuilles en cœur, dentelées ; à calices extérieurs deux fois plus longs ; à tige ligneuse ; à rameaux hérissés.

> *Au Brésil.* ♄

8. HIBISQUE hérissé, *H. hirtus*, L. à feuilles lancéolées, ovales, aiguës, à dents de scie ; à tige herbacée ; à rameaux rudes.

> *Pluk.* tab. 254, fig. 3. *Cavanil. Dis.* 3, n.° 225, tab. 67, fig. 3.

> *Dans l'Inde Orientale.*

9. HIBISQUE changeant, *H. mutabilis*, L. à feuilles en cœur, à cinq angles, à dents de scie irrégulières ; à tige en arbre.

> *Cavanil. Dis.* 3, n.° 244, tab. 62, fig. 1.

> *Dans l'Inde Orientale.* ♄

30. HIBISQUE Fausse-Mauve, *H. Malvaviscus*, L. à feuilles en cœur, découpées en plusieurs lobes crénelés : les extérieurs plus petits ; à tige en arbre.

Pluk. tab. 257, fig. 1. *Dill. Elth.* tab. 170, fig. 208.

Au Mexique. Cultivé dans les jardins. ♄

31. HIBISQUE à épines, *H. spinifex*, L. à feuilles en cœur, crénelées, entières ou sans divisions ; à capsules épineuses.

Jacq. Hort. tab. 103.

Dans l'Amérique Méridionale. ♄

32. HIBISQUE de Syrie, *H. Syriacus*, L. à feuilles en forme de coin, ovales, découpées et à dents de scie au sommet ; à tige en arbre.

Alcea arborescens, Syriaca; Alcée en arbre, de Syrie. *Bauh. Pin.* 316, n.° 6. *Clus. Hist.* 2, pag. 25, fig. 1. *Camer. Hort.* 9, tab. 3 et 4. *Bauh. Hist.* 2, pag. 957, fig. 2. *Barrel.* tab. 491. *Cavanil. Dis.* 3, n.° 251, tab. 69, fig. 1.

En Syrie, en Carniole. ♄

33. HIBISQUE à feuilles de figuier, *H. ficulneus*, L. à feuilles palmées, divisées peu profondément en cinq lobes ; à tige armée de piquans ; à fleurs pédunculées.

Dill. Elth. tab. 157, fig. 190. *Cavanil. Dis.* 3, n.° 211, t. 51, fig. 2.

A Zeylan.

34. HIBISQUE Sabdarifère, *H. Sabdarifera*, L. à feuilles à dents de scie : les inférieures ovales, entières ou sans divisions : les supérieures divisées profondément en sept lobes ; à tige sans piquans ; à fleurs assises ou sans pédunculcs.

Pluk. tab. 6, f. 2.

Cette espèce présente une variété.

Alcea Indica magno flore; Alcée des Indes à grande fleur. *Bauh. Pin.* 317, n.° 9. *Dod. Pempt.* 657, f. 2. *Lob. Ic.* 1, pag. 657, fig. 1. *Clus. Hist.* 2, pag. 26, fig. 1. *Lugd. Hist.* 595, fig. 1. *Bauh. Hist.* 2, pag. 960, fig. 1.

Aux Indes Orientales. ☉

35. HIBISQUE chanvrin, *H. cannabinus*, L. à feuilles à dents de scie : les supérieures palmées, divisées profondément en cinq parties, à une glande sur leur surface inférieure ; à tige armée de piquans ; à fleurs assises ou sans pédunculcs.

Cavanil. Dis. 3, n.° 212, tab. 52, fig. 1.

Dans l'Inde Orientale.

36. HIBISQUE de Surate, *H. Suratensis*, L. à tige armée de piquans recourbés ; à feuilles à cinq lobes ; à calices extérieurs

garnis d'un appendice ; à stipules en demi-cœur ; à fleurs pédonculées.

>   *Pluk.* tab. 5, fig. 4. *Cavanil. Dis.* 3, n.º 213, tab. 53, f. 1.
>   *Dans l'Inde Orientale.*

17. HIBISQUE Manihot , *H. Manihot* , L. à feuilles palmées, digitées , divisées profondément en sept lobes ; à tige et pétioles sans piquans.

>   *Pluk.* tab. 355, fig. 2. *Dill. Elth.* tab. 136, fig. 189. *Cavanil.*
>   *Dis.* 3, n.º 257, tab. 63, fig. 2.
>   *Aux Indes Orientales.* ♄

18. HIBISQUE Ambrette , *H. Abelmoschus* , L. à feuilles comme en bouclier, en cœur , à sept lobes dentelés à dents de scie ; à tige ligneuse, hérissée.

>   *Alcœa Ægyptiaca , villosa ; Alcée d'Egypte , velue. Bauh.*
>   *Pin.* 317, n.º 13. *Alp. Exot.* 197 et 196. *Pluk.* tab. 128 ,
>   fig. 1. *Cavanil. Dis.* 3, n.º 248, tab. 62, fig. 2.
>   1. *Abelmoschus ;* Ambrette, graine de Musc. 2. Semences.
>   3. Ambrosiaques. 4. Arome, huile volatile. 5. Maladies contagieuses, pétéchiales, teigne. 6. La semence mâchée donne une odeur agréable à la bouche ; on l'emploie dans les parfums.
>   *Aux Indes Orientales. Cultivé dans les jardins.* ♄

19. HIBISQUE comestible, *H. esculentus* , L. à feuilles divisées profondément en cinq parties ; à calices intérieurs s'ouvrant sur les côtés.

>   *Sloan. Jam.* t. 133, f. 3. *Cavanil. Dis.* 3, n.º 250, t. 61, fig. 2.
>   *Aux Indes Orientales.* ☉

20. HIBISQUE en bouclier, *H. clypeatus* , L. à feuilles en cœur , anguleuses ; à capsules en toupie, tronquées, hérissées.

>   *Cavanil. Dis.* 3, n.º 245 , tab. 58, fig. 1.
>   *Dans l'Amérique Méridionale.* ☉

21. HIBISQUE à feuilles de vigne, *H. vitifolius* , L. à feuilles à cinq angles, aiguës, à dents de scie ; à tige sans piquans ; à fleurs inclinées.

>   *Cavanil. Dis.* 3, n.º 206, tab. 58, fig. 2.
>   *Dans l'Inde Orientale.* ☉

22. HIBISQUE de Zeylan, *H. Zeylanicus* , L. à feuilles en cœur , en fer de hallebarde ; à pédoncules alternes , genouillés, portant une seule fleur.

>   *Pluk.* tab. 125, fig. 3.
>   *A Zeylan.* ☉

23. HIBISQUE de Virginie, *H. Virginicus*, L. à feuilles inférieures en cœur, aiguës, à dents de scie : les supérieures en fer
de hallebarde.

Pluk. tab. 6, fig. 4.

En Virginie. ♃

24. HIBISQUE à cinq semences, *H. pentacarpos*, L. à feuilles inférieures en cœur, anguleuses : les supérieures comme en fer
de hallebarde ; à fleurs un peu inclinées ; à pistil incliné.

Cavanil. Dis. 3, n.º 205, tab. 66, fig. 3.

A Venise. ♃

25. HIBISQUE d'Éthiopie, *H. Æthiopicus*, L. à feuilles comme
en coin, le plus souvent à trois dents : les supérieures opposées ; à fleurs terminales.

Pluk. tab. 254, fig. 2. Cavanil. Dis. 3, n.º 222, tab. 61, f. 2.

Au cap de Bonne-Espérance. ♄

26. HIBISQUE à vessie, *H. Trionum*, L. à feuilles divisées profondément en trois parties ; à calices enflés.

Alcea vesicaria ; Alcée à calices à vessie. Bauh. Pin. 317, n.º 7.
Matth. 749, f. 1. Dod. Pempt. 657, f. 1. Lob. Ic. 1, pag. 656,
f. 2. Lugd. Hist. 594, f. 1 ; et 1715, f. 1. Camer. Epit. 806.
Bauh. Hist. 2, pag. 1068, fig. 2. Cavanil. Dis. 3, n.º 254 ;
tab. 64, fig. 1.

En Italie, à Naples, en Afrique. Cultivé dans les jardins.
⊙ Estivale.

912. STEWARTE, *STEWARTIA.* † Lam. Tab. Encycl. pl. 593.
MALACHODENDRUM. Lam. Tab. Encyclop. pl. 593.

CAL. *Périanthe* d'un seul feuillet, ouvert, à cinq *segmens* profonds,
ovales, concaves, persistans.

COR. Cinq *Pétales*, en ovale renversé, ouverts, grands égaux.

ÉTAM. *Filamens* nombreux, filiformes, réunis inférieurement en
cylindre plus courts que la corolle, réunissant les pétales par
la base. *Anthères* arrondies, versatiles.

PIST. *Ovaire* arrondi, hérissé. *Style* simple, filiforme, de la longueur des étamines. *Stigmate* divisé peu profondément en cinq
parties.

PÉR. *Pomme* sèche, à cinq lobes, à cinq loges, divisible en cinq
parties fermées.

SEM. Solitaires, ovales, comprimées.

Calice simple. *Style* simple. *Stigmate* divisé peu profondément en cinq parties. *Pomme* desséchée, à cinq lobes,
renfermant une seule semence, s'ouvrant sur cinq
côtés.

1. STEWARTE de Virginie, *S. Malacodendrum*, L. à feuilles à dents de scie aiguës, velues sur leur surface inférieure.

> *Cavanil. Dis.* 5, n.º 437, tab. 158, fig. 2, sous le nom de *Malacodendrum ovatum.*

> *En Virginie.* ♄

913. GORDONE, *GORDONIA*. Lam. *Tab. Encyclop.* pl. 594.

CAL. *Périanthe* à cinq *feuillets*, arrondis, concaves, persistans.

COR. Cinq *Pétales*, en ovale renversé, concaves, grands, réunis à la base.

ÉTAM. *Filamens* nombreux, filiformes, réunis à la base en un corps obtus. *Anthères* ovales, droites.

PIST. *Ovaire* ovale. *Style* court, à cinq côtés. Cinq *Stigmates* aigus, horizontaux.

PÉR. *Capsule* ovale, aiguë, à cinq loges à moitié divisées en deux parties, à cinq battans.

SEM. Deux, garnies d'un côté d'une aile feuillée.

Calice simple. *Style* pentagone. *Stigmate* divisé peu profondément en cinq parties. *Capsule* à cinq loges renfermant chacune deux semences garnies d'une aile feuillée.

1. GORDONE Lasianthe, *G. Lasianthus*, L. à feuilles lancéolées, à dents de scie, roides; à fleurs aux aisselles des feuilles; à pédoncules très-longs; à capsules ligneuses.

> *Cavanil. Dis.* 6, n.º 441, tab. 161.

> *A la Caroline*, à Surinam. ♄

914. CAMELLE, *CAMELLIA*. Lam. *Tab. Encyclop.* pl. 594.

CAL. *Périanthe* arrondi, à plusieurs *feuillets*, en recouvrement, à écailles arrondies, très-obtuses : les intérieurs insensiblement plus grandes, concaves, caduques-tardives.

COR. Cinq *Pétales*, en ovale renversé, réunis à la base.

ÉTAM. *Filamens* nombreux, droits, réunis inférieurement en couronne plus ample que le style, libres supérieurement, plus courts que la corolle. *Anthères* simples.

PIST. *Ovaire* arrondi. *Style* en alène, de la longueur des étamines. *Stigmate* aigu, renversé.

PÉR. *Capsule* en toupie, ligneuse, creusée par quelques sillons.

SEM. *Noyaux* en nombre correspondant à celui des sillons de la capsule, arrondis, souvent remplis de semences plus petites.

Calice à plusieurs feuillets, en recouvrement, dont les intérieurs sont plus grands.

1. CAMELLE du Japon, *C. Japonica*, L. à feuilles pointues, à dents de scie aiguës.

Cavanil. Dis. 6, n.º 439, tab. 160, fig. 1.
Au Japon, à la Chine. ♄

915. MÈSUÉE, MESUA. *

CAL. *Périanthe* à quatre *feuillets*, ovales, concaves, obtus, persistans : les plus petits opposés.

COR. Quatre *Pétales*, émoussés, ondulés.

ÉTAM. *Filamens* nombreux, capillaires, de la longueur de la corolle, réunis à la base en godet. *Anthères* ovales.

PIST. *Ovaire* arrondi. *Style* cylindrique. *Stigmate* un peu épais, concave.

PÉR. *Noix* arrondie, pointue, marquée par quatre sutures longitudinales, droites.

SEM. Une seule, arrondie.

Calice simple, à quatre feuillets. *Corolle* à quatre pétales. Un *Pistil. Noix* tétragone, renfermant une seule semence.

1. MÈSUÉE des Indes, *M. ferrea*. L. à feuilles lancéolées.
    Rheed. Mal. 3, pag. 63, tab. 53. Rumph. Amb. 7, pag. 3, tab. 2.
    Dans l'Inde Orientale. ♄

916. MORISONE, MORISONIA. Lam. Tab. Encyclop. pl. 595. MORISONA. Plum. Gen. 36, tab. 23.

CAL. *Périanthe* d'un seul feuillet, ventru, se déchirant, à deux segmens peu profonds, à *orifice* ouvert, obtus, se flétrissant.

COR. Quatre *Pétales*, obtus, un peu alongés.

ÉTAM. *Filamens* nombreux, en alêne, plus courts que la corolle, réunis à la base en entonnoir. *Anthères* oblongues, droites.

PIST. *Ovaire* ovale, porté sur un pédicule. *Style* nul. *Stigmate* en tête, plane, convexe, à ombilic ponctué.

PÉR. *Baie* arrondie, à écorce dure, lisse, à une loge, portée sur un pédicule.

SEM. Plusieurs, en forme de rein, nidulées.

Calice simple, à deux segmens peu profonds. *Corolle* à quatre pétales. Un *Pistil. Baie* à écorce dure, portée sur un pédicule, à une seule loge, renfermant plusieurs semences.

1. MORISONE d'Amérique, *M. Americana*, L. à feuilles alternes, pétiolées, ovales, obtuses.
    Jacq. Amer. 156, t. 97. Cavanil. Dis. 5, n.º 443, t. 163.
    Dans l'Amérique Méridionale. ♄

917. GUSTAVE, *GUSTAVIA*.

Cal. Nul. *Réceptacle* ceint supérieurement par un bord aplati ; large, chauve.

Cor. Huit *Pétales*, légèrement réunis à la base, ovales, assis, grands.

Étam. *Filamens* très-nombreux, plus courts que les pétales, réunis à la base en couronne droite. *Anthères* petites, oblongues, droites.

Pist. *Ovaire* inférieur, en toupie, aplati supérieurement, chauve, placé entre les étamines et le style. *Style* conique, très-court, persistant. *Stigmate* obtus.

Pér. *Fruit* comme arrondi, tronqué, à six loges, bordé supérieurement.

Sem. Plusieurs, sébacées, ovales, lisses, augmentées à la base d'un appendice cartilagineux tordu.

Calice nul. *Corolle* à huit pétales. *Ovaire* placé entre les étamines et le style. *Fruit* à six loges.

1: GUSTAVE auguste, *G. augusta*, L. à feuilles alternes, presque assises, un peu entassées, à dents de scie, lisses.

 A Surinam. ♄

CLASSE XVII.

CLASSE XVII.

DIADELPHIE.

I. PENTANDRIE.

Table Synoptique ou *Caractères Artificiels Génériques.*

918. MONNIÈRE, *MONNIE-* *Cal.* à cinq segmens profonds.
RIA. *Cor.* personnée. *Filament* supérieur à deux anthères : l'inférieur à trois. Cinq *Capsules.*

II. HEXANDRIE.

920. FUMETERRE, *FUMA-* *Cal.* à deux feuillets. *Cor.* personnée, à nectaire bossué à
RIA. la base. *Filamens* à trois anthères.

919. SARACA, *SARACA.* *Cal.* nul. *Cor.* à quatre divisions peu profondes. *Filamens* insérés sur la gorge de la corolle, réunis à la base trois à trois.

III. OCTANDRIE.

921. POLYGALE, *POLY-* Deux *Segmens* du calice imitant
GALA. les papilionacées. *Cor.* à étendard cylindrique. *Étamines* réunies par les filamens. *Caps.* en cœur renversé, à deux loges.

922. SÉCURIDAÇA, *SECU-* *Cal.* à trois feuillets. *Étendard*
RIDACA. nul. *Gousse* à une semence, à aile en languette.

IV. DÉCANDRIE.

* I. *Toutes les Étamines réunies.*

923. NISSOLE, *NISSOLIA. Gousse* à une semence terminée par une aile en languette.

925. PTÉROCARPE , PTE-ROCARPUS. Gousse foliacée. Deux Étamines à trois anthères.

933. AMORPHA , AMOR-PHA. Sans Ailes ni Carène.

938. ÉBÉNIER , EBENUS. Sans Ailes.

926. ÉRYTHRINE , ERY-THRINA. Ailes et Carène très-courtes. Cal. présentant à sa base un pore mellifère.

924. ABRE , ABRUS. Neuf Filamens réunis à leur base, mais séparés au sommet. Semences sphériques.

929. SPARTIE , SPARTIUM. Filamens adhérens à l'ovaire. Stigmate velu , comme collé.

930. GENÊT , GENISTA. Pistil repoussant la carène. Stigmate roulé en dedans.

939. LUPIN , LUPINUS. Cinq Anthères alternes arrondies : cinq autres oblongues. Gousse sèche comme du cuir.

936. VULNÉRAIRE , AN-THYLLIS. Cal. renflé , enveloppant la gousse.

927. PISCIDIER , PISCIDIA. Gousse à quatre ailes longitudinales.

928. BORBONE , BORBO-NIA. Gousse piquante. Stigmate échancré.

932. AJONC , ULEX. Cal. à deux feuillets. Gousse à peine plus longue que le calice.

937. ARACHIDE , ARA-CHIS. Cor. renversée. Gousse sèche comme du cuir.

938. ÉBÉNIER , EBENUS. Cor. à ailes sans formes. Gousse à une semence.

931. ASPALATHE , ASPA-LATHUS. Gousse sans arête , ovale , le plus souvent à deux semences.

935. BUGRANE , ONONIS. Gousse rhomboïdale, assise. Étendard strié.

934. CROTALAIRE , CRO-TALARIA. Gousse enflée , supportée par un pédicule.

* II. *Stigmates duvetés*, (*dans les Genres qui n'offrent point les caractères des Genres précédens.*)

954. BAGUENAUDIER, *Co-* Gousse boursouflée, s'ouvrant un
    LUTEA. peu au-dessus de la base su-
    périeure.

940. HARICOT, *PHASEO-* Carène et *Style* offrant un contour
    IUS. d'une spirale.

941. DOLIC, *DOLI-* Étendard offrant à sa base deux
    CHOS. callosités.

945. OROBE, *OROBUS.* Style linaire, légèrement arron-
    di, velu en dessus.

944. POIS, *PISUM.* Style caréné et velu en dessus.

946. GESSE, *LATHYRUS.* Style aplati et velu en dessus.

947. VESCE, *VICIA.* Style velu sous le stigmate.

* III. *Gousse le plus souvent à deux loges, ou à cloison entière ou incomplète, (dans les Genres qui n'offrent point les caractères des Genres précédens.)*

965. ASTRAGALE, *ASTRA-* Gousse à deux loges, arrondie.
    GALUS.

966. BISERRULE, *BISER-* Gousse à deux loges, aplatie,
    RULA. dentée.

964. PHAQUE, *PHACA.* Gousse divisée en deux loges par
    une demi-cloison.

* IV. *Gousse le plus souvent à une semence, (dans les Genres qui n'offrent point les caractères des Genres précédens.)*

967. PSORALE, *PSORALEA.* Calice parsemé de points glan-
    duleux.

968. TRÈFLE, *TRIFOLIUM.* Gousse à peine plus longue que
    le calice, à une ou deux se-
    mences. *Fleurs* rassemblées en
    tête, excepté dans les Méli-
    lots.

955. RÉGLISSE, *GLYCYR-* Cal. à deux lèvres : la supérieure
    RHIZA. à trois segmens peu pro-
    fonds.

* V. *Gousse le plus souvent articulée ou à nodosités.*

960. NÉLITTE, *Æschy-* Gousse à articulations à une se-
NOMENE. mence. *Calice* à deux lèvres.

961. SAINFOIN, *Hedysa-* Gousse à articulations arrondies,
RUM. comprimées. *Carène* très-ob-
tuse.

956. CORONILLE, *Coro-* Gousse droite, entrecoupée par
NILLA. des étranglemens peu mar-
qués.

957. ORNITHOPE, *Orni-* Gousse articulée, recourbée
THOPUS. en demi-arc.

959. CHENILETTE, *Scor-* Gousse entrecoupée par des étran-
PIURUS. glemens, roulée sur elle-
même, le plus souvent ar-
rondie.

958. HIPPOCRÉPIDE, *Hip-* Gousse membraneuse, aplatie sur
POCREPIS. les faces, à plusieurs échan-
crures en fer à cheval sur une
des sutures.

971. LUZERNE, *Medica-* Gousse membraneuse, aplatie sur
GO. les faces, contournée en spi-
rale. *Pistil* renversant la carène.

* VI. *Gousse à une loge, à plusieurs semences, (dans les Genres
qui n'offrent point les caractères des Genres précédens.)*

970. TRIGONELLE, *Trigo-* Étendard et *Ailes* étalés, comme
NELLA. à trois pétales. *Carène* très-
petite.

942. GLYCINE, *Glycine.* Carène repoussant l'étendard.

943. CLITORIE, *Clitoria.* Étendard très-ample, couvrant les
ailes. *Corolle* renversée.

953. ROBINIER, *Robinia.* Étendard arrondi, renversé en
dehors.

962. INDIGOTIER, *Indi-* Carène marquée des deux côtés
GOFERA. d'une dent.

949. POIS-CHICHE, *Cicer.* Quatre *Segmens supérieurs* du calice, rabattus sur l'étendard.

948. **LENTILLE**, *ERVUM.* *Calice* à cinq segmens profonds, comme égal, presque aussi long que la corolle.

950. **LIPARE**, *LIPARIA.* *Segment inférieur* du calice, alongé. *Ailes* à deux lobes à la base.

951. **CYTISE**, *CYTISUS.* *Gousse* supportée par un pédicule. *Calice* à deux lèvres.

963. **GALEGA**, *GALEGA.* *Gousse* linaire, à stries transversales, obliques.

969. **LOTIER**, *LOTUS.* *Gousse* arrondie, bourrée de semences cylindriques.

952. **GÉOFFROIE**, *GEOF-* *Drupe* à noyau, ligneux. **FROYA.**

Les *LÉGUMINEUSES à fleurs roulées en spirale*, sont les Haricot, Dolic, Clitorie, Glycine.

———————— *à feuilles pinnées sans foliole impaire*, sont les Orobe, Pois, Gesse, Vesce, Lentille, Arachide.

———————— *à feuilles pinnées terminées par une foliole impaire*, sont les Bisserule, Astragale, Phaque, Sainfoin, Réglisse, Indigotier, Galega, Baguenaudier, Amorpha, Piscidier, Robinier.

———————— *à feuilles trois à trois*, sont les Trèfle, Lotier, Luzerne, Érythrine, Genêt, Cytise, Bugrane, Trigonelle, Haricot, Dolic, Clitorie.

———————— *à fleurs en ombelle*, sont les Lotier, Coronille, Ornithope, Hippocrèpide, Chenillette.

PAPILIONACÉES de Tournefort.
IRRÉGULIÈRES A QUATRE PÉTALES de Rivin:
LÉGUMINEUSES de Ray.

CALICE : *Périanthe* d'un seul feuillet, en cloche, se flétrissant, bossué à la base qui est annexée inférieurement au péduncule, obtuse supérieurement, et mellifère ; l'orifice du calice est aigu, droit, oblique, inégal, à cinq *dents*, dont l'*inférieure impaire* est plus longue : les *deux supérieures* plus courtes et plus éloignées. Le fonds du calice est humecté par une liqueur miellée, et renferme le réceptacle.

COROLLE : dite *Papilionacée*, inégale, composée de plusieurs *Pétales* désignés chacun par un nom particulier, savoir :

1.º L'*Étendard*, pétale couvrant les autres, couché, plus grand, plane, horizontal, inséré par son onglet sur le bord supérieur du réceptacle, d'une forme arrondie au-delà du calice, presque entier, marqué sur-tout vers le sommet d'une ligne longi-tudinale élevée, paroissant comme déprimé sur les côtés. La partie du pétale la plus rapprochée de la base, roulée en demi-cylindre, embrasse les autres parties. Le limbe du pétale est déprimé de chaque côté ; mais les côtés les plus rapprochés de la marge se replient vers le haut, à l'endroit où le demi-cilindre cesse ; et au développement de la moitié du limbe, on trouve postérieurement deux dépressions concaves proéminentes en dessous, qui compriment les ailes sur les-quelles elles sont appuyées.

2.º Les *Ailes* formées par deux *Pétales*, égaux, situés chacun sur un côté de la fleur, placés sous l'étendard, couchés sur les bords, parallèles, arrondis, oblongs, plus larges exté-rieurement, à marge supérieure plus droite, l'inférieure comme arrondie. La base de chaque pétale est divisée peu profondément en deux parties, dont l'inférieure alongée en onglet, est insérée sur le côté du réceptacle et presque aussi longue que le calice : la supérieure plus courte et recourbée.

3.° La *Carène*, formée par le pétale inférieur le plus souvent divisé profondément en deux parties, placé sous l'étendard entre les ailes, concave, comprimé sur les côtés, imitant la forme et situation d'une nacelle, mutilé à la base, dont la partie inférieure se prolonge en un onglet de la longueur du calice, et inséré sur le réceptacle : les divisions latérales et supérieures plus courtes, sont appuyées contre les ailes qui ont à peu près la même forme que la carène, et dont la situation est presque égale, quoiqu'elle soit un peu inférieure. La ligne carénale de ce pétale se prolonge droite environ jusqu'au milieu, et monte ensuite insensiblement en segment de cercle ; la ligne marginale s'étend droite jusqu'au sommet, où elle paroît comme se perdre avec la ligne qui traverse la carène.

Les Étamines dites *Diadelphes*, sont composées de deux filamens difformes, dont un *inférieur* enveloppe le pistil, l'autre *supérieur* est couché sur le pistil.

Le Filament *inférieur* qui engaîne l'ovaire, est membraneux au-dessous du milieu, comme cylindrique, s'ouvrant en haut dans sa longueur, d'où il se termine en neuf parties en alène, imitant la longueur et la courbure de la carène de la corolle, et dont les rayons intermédiaires ou inférieurs sont alternativement plus longs.

Le Filament *supérieur* en alène, menu, couvre la fissure du premier filament cylindrique ; il y correspond par sa situation. Il est simple, plus court, et s'écartant un peu vers sa base, il donne issue par les deux côtés à la liqueur mielleuse.

Les *Anthères* sont au nombre de dix, lorsqu'on les compte toutes ensemble, savoir : une seule sur le filament supérieur : neuf sur le filament inférieur, (chaque anthère étant portée sur chaque rayon du filament inférieur) : toutes petites, égales en grandeur, terminales.

Le Pistil est toujours seul, supérieur.

L'*Ovaire* est oblong, légèrement arrondi et comprimé, droit, de la longueur du cylindre du filament inférieur par lequel il est enveloppé.

Le *Style* en alêne, filiforme, ascendant, ayant la longueur et la situation des rayons du filament parmi lesquels il est placé, se flétrit.

Le *Stigmate* duveté par la face supérieure, se trouve immédiatement sous les anthères.

Le PÉRICARPE est une *Gousse* oblongue, comprimée, obtuse, à deux battans, marquée dessus et dessous d'une suture longitudinale, droite. La suture supérieure descend près de la base, et l'inférieure monte près du sommet; la gousse s'ouvre par une suture supérieure.

Les SEMENCES en petit nombre, sont arrondies, lisses, charnues, pendantes, ponctuées par l'embryon saillant vers le point de son insertion. Lorsque les embryons ont germé, les cotylédons conservent la forme de la semence.

Les RÉCEPTACLES *propres des Semences* ou les parties auxquelles elles adhèrent, sont des corps très-petits, très-courts, amincis à la base, obtus, oblongs, et terminés sous la semence par un disque inséré sur sa longueur à la suture supérieure de la gousse, en sens alterne, de manière qu'alternativement l'une adhère sur la marge d'un battant et l'autre adhère sur l'autre marge, ce qui devient sensible lorsqu'on sépare les battans de la gousse.

OBSERVATIONS. *Cette* Classe *est très-naturelle, et se distingue sur toutes les autres par la structure singulière de ses fleurs, dont la situation ordinaire est d'être presque toujours pendante.*

La figure de la Gousse n'est point d'un aussi grand poids que l'ont avancé les Auteurs systématiques, et ne doit point être employée aussi exclusivement pour la distinction des genres qu'elle l'a été jusqu'à présent. Le Calice dont on a fait peu de cas, doit servir principalement à la confection des genres; mais on ne doit jamais prendre les feuilles pour caractères.

DIADELPHIE.

I. PENTANDRIE.

918. MONNIÈRE, *MONNIERA. Lam. Tab. Encyclop.* pl. 596.

CAL. *Périanthe* persistant, à cinq *segmens* profonds, le *supérieur* linéaire, long, couvrant la corolle : l'*extérieur* lancéolé, moitié plus court : les *autres* obtus, plus courts.

COR. *Tubulée*, personnée. *Tube* cylindrique, rétréci au milieu, courbé. *Limbe* à deux lèvres.

Lèvre supérieure entière, obtuse, ovale.

Lèvre inférieure droite, à quatre *segmens* peu profonds, oblongs, obtus.

Nectaire : petite écaille ovale, placée au-dessous de la base inférieure de l'ovaire.

ÉTAM. Deux *Filamens*, planes, membraneux : le *supérieur* concave, divisé peu profondément au sommet en deux parties ; l'*inférieur* plane, divisé peu profondément en trois parties.

Deux Anthères, sur le filament supérieur, adhérentes, velues intérieurement, renfermant le stigmate : *trois* sur le filament inférieur, arrondies, très-petites.

PIST. *Ovaire* arrondi, à cinq angles, à cinq lobes. *Style* solitaire, filiforme. *Stigmate* en tête, oblong, plane intérieurement, arrondi, aigu sur les bords.

PÉR. Cinq *Capsules*, ovales, à marge intérieure plus droite et plus obtuse, renfermée dans un *Arille* à deux battans, sec, caduc-tardif.

SEM. . . . .

Calice à cinq segmens profonds dont le supérieur est alongé. *Corolle* personnée. Deux *Filamens* dont le supérieur porte deux anthères, et l'inférieur trois. Cinq *Capsules* renfermant chacune une seule semence.

2. MONNIÈRE à trois feuilles, *M. trifolia*, L. à feuilles trois à trois.

A Cumana. ☉

II. HEXANDRIE.

919. SARACA, *SARACA*.

CAL. Nul.

COR. Monopétale, en entonnoir. *Limbe* à quatre *divisions* profondes, ovales, étalées, la supérieure plus éloignée. *Gorge* relevée sur les bords.

Étam. Six *Filamens*, sétacés, inclinés, insérés sur la gorge, trois de chaque côté, adhérens à la base. *Anthères* garnies d'un éperon.

Pist. *Ovaire* porté sur un pédicule, oblong, comprimé, de la longueur des étamines. *Style* en alène, incliné, de la longueur de l'ovaire. *Stigmate* obtus.

Pér. *Gousse?*

Sem. . . .

Calice nul. *Corolle* en entonnoir, à quatre divisions profondes. Trois *Filamens* sur chaque côté de la gorge. *Gousse* portée sur un pédicule.

1. SARACA des Indes, *S. Indica*. L. à feuilles alternes, pinnées sans impaire, trois-fois ou quatre fois deux à deux; à folioles oblongues, pétiolées.

    Burm. Ind. 85, tab. 25, f. 2.

    Dans l'Inde Orientale. ♄

920. FUMETERRE; *FUMARIA*. * *Tournef. Inst.* 421, tab. 237. *Lam. Tab. Encyclop.* pl. 597. CAPNOÏDES. *Tournef. Inst.* 423, tab. 237.

Cal. *Périanthe* à deux *feuillets*, opposés, égaux, latéraux, droits, aigus, petits, caducs-tardifs.

Cor. Oblongue, tubulée, personnée, à palais saillant, fermant la gorge de la corolle.

> *Lèvre supérieure* plane, obtuse, échancrée, renversée. (*Étendard*).

> *Nectaire*: base de la lèvre supérieure saillante postérieurement, obtuse.

> *Lèvre inférieure* entièrement semblable à la supérieure, carénée près de la base. (*Carène*).

> *Nectaire*: base de la lèvre inférieure carenée, quoique moins saillante. *Gorge* à quatre côtés, obtuse, divisée perpendiculairement en deux parties peu profondes. (*Ailes*).

Étam. Deux *Filamens*, égaux, larges, placés chacun entre chaque lèvre, renfermés, pointus. Trois *Anthères* sur chaque filament, terminales.

Pist. *Ovaire* oblong, comprimé, pointu. *Style* court. *Stigmate* arrondi, droit, comprimé.

Pér. *Silicule* à une loge.

Sem. . . .

Obs. *Les étamines sont les seules parties de la fructification qui ne varient point dans ce genre.*

> F. officinalis, *L. silicule arrondie*, *souvent à une semence caduque-tardive.*

Pseudo-Fumariæ, *Rivin. Silicule ovale, pointue, à deux battans.*

Capnoïdes *Tournefort : Silicule très-longue, presque cylindrique, à deux battans.*

Cysticapnos *Boerhaave : Péricarpe à trois battans, caché dans le calice enflé et très-grand.*

Capnorchis *Boerhaave : Nectaire de la lèvre inférieure aussi saillant que celui de la supérieure.*

F. Lutea, L. *Silique arrondie.*

Calice à deux feuillets. Corolle personnée. Deux *Filamens* membraneux portant chacun au sommet trois anthères.

* I. *FUMETERRES à corolles à deux éperons.*

1. FUMETERRE à capuchon, *F. Cucullaria*, L. à hampe nue.
   Pluk. tab. 90, fig. 3. *Barrel.* tab. 107.
   Au Canada, en Virginie. ♃

2. FUMETERRE remarquable, *L. spectabilis*, L. à fleurs à deux lobes postérieurs; à tige feuillée.
   Amœn. Acad. tom. 7, p. 457, tab. 7.
   En Sibérie.

* II. *FUMETERRES à corolles à un seul éperon.*

3. FUMETERRE noble, *F. nobilis*, L. à tiges simples; à bractées entières ou sans divisions, plus courtes que la fleur.
   Jacq. Hort. tab. 118.
   En Sibérie. ♃

4. FUMETERRE bulbeuse, *F. bulbosa*, L. à tige simple; à bractées de la longueur de la fleur.
   Cette espèce présente trois variétés.
   1.º La Fumeterre bulbeuse, à racine cave, *F. bulbosa, cava.*
   Fumaria bulbosa, radice cavâ, major; Fumeterre bulbeuse, à racine cave, plus grande. *Bauh. Pin.* 143, n.º 1. *Fusch. Hist.* 91, f. 1. *Matth.* 807, f. 2. *Dod. Pempt.* 327, f. 1. *Lob. Ic.* 1, p. 759, f. 1. *Clus. Hist.* 1, p. 271, f. 2. *Lugd. Hist.* 1293, f. 2. *Bauh. Hist.* 3, P. 1, p. 204, fig. 2.
   2.º La Fumeterre bulbeuse, à racine pleine, intermédiaire, *F. bulbosa non cava, intermedia.*
   Fumaria bulbosa, radice non cavâ, major; Fumeterre bulbeuse, à racine pleine, plus grande. *Bauh. Pin.* 144, n.º 2. *Trag.* 767. *Lob. Ic.* 1, p. 760, f. 1, *Bauh. Hist.* 3, P. 1, pag. 205, f. 1.
   3.º La Fumeterre bulbeuse, à racine pleine, solide, *F. bulbosa non cava, solida.*

Fumaria bulbosa radice non cava, minor ; Fumeterre bulbeuse, à racine pleine , plus petite. *Bauh. Pin.* 144 , n.º 3. *Dod. Pempt.* 327, f. 2. *Lob. Ic.* 1 , pag. 759 , f. 2 , *Lugd. Hist.* 1294 , f. 2. *Bauh. Hist.* 3 , P. 1 , p. 205 , f. 2.

1. *Aristolochia fabacea ,* Fumeterre bulbeuse. 2. Herbe. 5. Fièvres tierces , suppression des règles. Cette plante peut remplacer la Fumeterre officinale.

Nutritive pour la Chèvre.

A Montpellier , Lyon , Grenoble , Paris, etc. Vernale.

5. **FUMETERRE** toujours verte , *F. sempervirens ,* L. à siliques linéaires, en panicules , à tiges droites.

Cornut. Canad. 57 et 58. *Moris. Hist.* sect. 3 , tab. 12 , fig. 1. *Barrel* tab. 108.

Au Canada , en Virginie. ☉

6. **FUMETERRE** jaune , *F. lutea ,* L. à siliques arrondies ; à tiges diffuses ; à angles obtus.

Fumaria lutea ; Fumeterre à fleur jaune. *Bauh. Pin.* 143, n.º 2. *Lob. Ic.* 1 , pag. 758 , fig. 2. *Lugd. Hist.* 1293 , f. 1. *Camer. Epit.* 892.

A Naples , en Mauritanie. ♃

7. **FUMETERRE** capnoïde , *F. Capnoïdes,* L. à siliques linéaires tétragones ; à tiges diffuses ; à angles aigus.

En Italie , à Naples. ☉

8. **FUMETERRE** à neuf feuilles , *F. enneaphylla ,* L. à feuilles trois fois trois à trois ; à folioles en cœur.

Barrel. tab. 42.

En Espagne , en Sicile , à Naples.

9. **FUMETERRE** officinale , *L. officinalis ,* L. à silicules en grappes , renfermant une seule semence ; à tige diffuse.

Fumaria Officinarum et Dioscoridis ; Fumeterre des Boutiques et de Dioscoride. *Bauh. Pin.* 143 , n.º 1. *Fusch. Hist.* 338. *Matth.* 807 , f. 1. *Dod. Pempt.* 59 , f. 1. *Lob. Ic.* 1 , p. 757 , f. 1. *Lugd. Hist.* 1292 , fig. 1. *Camer. Epit.* 890. *Bauh. Hist.* 3 , P. 1 , p. 201 , f. 1. *Bul. Paris.* tab. 422. *Icon. Pl. Medic.* tab. 14.

1. *Fumaria ;* Fumeterre ordinaire, fiel-de-terre. 2. Herbe , son suc. 3. Très-amère , et désagréable au goût, sans odeur. 4. extrait aqueux amer et salin ; extrait spiritueux un peu amer et point du tout salin. 5. Scorbut , cachexie , maladies cutanées , gâle , dartres, scrophules, affection hypocondriaque , anorexie , diarrhée.

Nutritive pour le Bœuf , le Mouton.

En Europe , dans les champs , les jardins. ☉ Vernale.

20. FUMETERRE grimpante , *F. capreolata* , **L.** à silicules en
grappes , renfermant une seule semence; à feuilles se roulant par
l'extrémité des folioles autour des fulcres voisins.

> *Fumaria viticulis et capreolis plantis vicinis adhærens ;* Fume-
> terre s'attachant par des rejets et des vrilles aux plantes voi-
> sines. *Bauh. Pin.* 143 , n.º 2. *Lugd. Hist.* 1292 , f. 2.

> *A Montpellier , en Provence , à Paris , etc.* ⊙ Estivale.

21. FUMETERRE en épi , *F. spicata* , **L.** à silicules en épis , renfermant une seule semence; à tige droite ; à feuilles filiformes.

> *Fumaria minor , tenuifolia , cauliculis procumbentibus et caducis ;*
> Fumeterre plus petite, à feuilles menues , à tiges couchées et
> caduques. *Bauh. Pin.* 143 , n.º 3. *Clus. Hist.* 2 , p. 208, f. 2.
> *Lugd. Hist.* 1294 , fig. 1. *Bauh. Hist.* 3 , P. 1 , pag. 203 ,
> fig. 1. *Moris. Hist.* sect. 3 , tab. 12 , f. 13. *Barrel.* tab. 41.

> *A Montpellier , Lyon , Paris.* ⊙ Estivale.

22. FUMETERRE à vrilles , *F. claviculata* , **L.** à siliques linéaires; à feuilles portant des vrilles.

> *Fumaria claviculis donata ;* Fumeterre à vrilles. *Bauh. Pin.*
> 143 , n.º 6. *Dod. Pempt.* 60 , f. 1 , *Lob. Ic.* 1 , pag. 758 ,
> f. 1. *Lugd. Hist.* 1295 , f. 1. *Bauh. Hist.* 3 , P. 1 , p. 204 ,
> fig. 1. *Moris. Hist.* sect. 3 , tab. 12 , fig. 3 , *Flor. Dan.*
> tab. 340.

> *A Montpellier.*

23. FUMETERRE à vessie , *F. vesicaria* , **L.** à siliques arrondies ,
aiguës , enflées; à feuilles portant des vrilles.

> *Pluk.* tab. 335 , f. 3. *Boerh. Lugd.* 1 , pag. et tab. 310.
> *En Ethiopie.* ⊙

III. OCTANDRIE.

921. POLYGALE , *POLYGALA.* † *Tournef. Inst.* 174. , tab. 79.
Lam. Tab. Encycl. pl. 598. CHAMÆBUXUS. *Tournef. Mem. de l'Ac.*
1705, p. 238, tab. 4. PENÆA. *Plum. Gen.* 22 , tab. 25.

C**AL.** *Périanthe* petit, à trois *feuillets* , ovales, aigus, persistans,
dont *deux* au-dessous de la corolle : *un seul* au-dessus.

C**OR.** Papilionacée pour la figure , mais formée d'un nombre de
pétales indéterminé.

—*Ailes* comme ovales , planes , très-grandes , placées au-delà des
autres parties de la corolle , formées par les dents du calice persistantes.

— *Etendard* presque cylindrique , tubulé , court , à deux divisions
peu profondes , à *orifice* petit , renversé.

— *Carène* concave , comprimée , ventrue vers le sommet.

— *Appendice* formé par deux *corps de la carène* (dans la plupart des espèces), divisés profondément en trois parties, en pinceau, attachés vers le sommet de la carène.

Étam. *Filamens* diadelphes, (huit adhérens) renfermés dans la carène. Huit *Anthères*, simples.

Pist. *Ovaire* oblong. *Style* simple, droit. *Stigmate* terminal, un peu épais, divisé peu profondément en deux parties.

Pér. *Capsule* en cœur renversé, comprimée, aiguë sur les bords, à deux loges, à deux battans, *à cloison* contraire aux valves, s'ouvrant des deux côtés sur les bords.

Sem. Solitaires, ovales.

Obs. L'Appendice *de la carène varie selon les espèces ; quelques-unes même sont privées d'appendice en forme de pinceau, d'où elles sont dites* sans barbes.

> *Les* Ailes *maintenant sont considérées comme les feuillets moyens du calice, en forme d'ailes, colorés, de sorte que le calice est alors à cinq feuillets.*

Calice formé par cinq feuillets dont deux en forme d'ailes, colorés. *Gousse* en cœur renversé, à deux loges.

* I. *POLYGALES en crête ; à appendice des fleurs en pinceau.*

1. POLYGALE incarnat, *P. incarnata*, L. à fleurs en crête, disposées en épis ; à tige herbacée, rameuse, droite ; à feuilles alternes, en alène.

> *Reichard* cite pour cette espèce le synonyme et la figure de *Plukenet Mant.* 153, tab. 438, f. 5 qu'il rapporte également au Polygale sanguin, *P. sanguinea*, L. esp. 30.
>
> *Au Canada, en Virginie.* ☉

2. POLYGALE aspalathe, *P. aspalatha*, L. à fleurs en crête, réunies en têtes ; à tiges très-simples ; à feuilles sétacées, éparses.

> *Au Brésil.*

3. POLYGALE du Brésil, *P. Brasiliensis*, L. à fleurs en crête, comme en épis ; à tiges très-simples ; à feuilles lancéolées, éparses.

> *Au Brésil.*

4. POLYGALE de Grenade, *P. trichosperma*, L. à fleurs en crête, disposées en épis ; à tiges à verge, striées ; à feuilles linéaires.

> *Jacq. Obs.* 3, pag. 16, tab. 67.
>
> *A la nouvelle Grenade.* ♃

5. POLYGALE amer, *P. amara*, L. à fleurs en crête, à grappes ; à tiges redressées ; à feuilles radicales en ovale renversé, arrondies.

Polygala vulgaris alia , foliis circa radicem rotundioribus , flore cœruleo , sapore admodùm amaro ; Autre Polygale vulgaire , à feuilles plus rondes vers la racine , à fleur bleue, d'une saveur un peu amère. *Bauh. Pin.* 215 à la suite du n.° 2 , ligne 21. *Beller.* tab. 230. *Icon. Pl. Med.* tab. 83. *Vaill. Bot.* 161 , esp. 3, tab. 32 , f. 2.

Cette espèce présente des variétés à fleurs blanches , roses, pourpres.

Sur les Alpes du Dauphiné , de Suisse. Vernale. *S.—Alp.*

6. POLYGALE vulgaire, *P. vulgaris , L.* à fleurs en crête, à grappes ; à tiges herbacées, très-simples, couchées ; à feuilles linéaires , lancéolées.

   Polygala major ; Polygale plus grand. *Bauh. Pin.* 215 , n.° 1. *Clus. Hist.* 1 , p. 324 , f. 2. *Bauh. Hist.* 3 , P. 2 , p. 387 , fig. 1. *Vaill. Bot.* 161, tab. 32 , fig. 1. *Bul. Paris.* tab. 423. *Flor. Dan.* tab. 516. *Icon. Pl. Med.* tab. 199.

   Cette espèce présente une variété.

   Polygala vulgaris ; Polygale vulgaire. *Bauh. Pin.* 215 , n.° 2. *Trag.* 571. *Dod. Pempt.* 253 , f. 1. *Lob. Ic.* 1 , p. 416 , f. 2.

   1. *Polygala ;* Polygale. 2. Racine, Herbe. 3. Acre, amère, nauseuse , (racine). 5. Asthme pituiteux , cachexie , jaunisse , péripneumonie, cataracte , contusions.

Nutritive pour le Bœuf, le Mouton , la Chèvre.

En Europe dans les pâturages secs , les bois. ♃ Vernale.

7. POLYGALE de Montpellier , *P. Monspeliaca , L.* à fleurs en crête , à grappes ; à tige droite ; à feuilles lancéolées , linéaires , aiguës.

   Polygala acutioribus foliis, Monspeliaca ; Polygale à feuilles plus aiguës , de Montpellier. *Bauh. Pin.* 215 , n.° 3. *Lugd. Hist.* 491 , f. 2. *Bauh. Hist.* 3 , P. 2 , pag. 388, f. 1.

   Cette espèce selon *Gérard* , n'est qu'une variété du Polygale vulgaire.

A Montpellier , en Provence , à Paris. ♃ Vernale.

8. POLYGALE paniculé , *P. paniculata , L.* à fleurs en crête , à grappes nues ; à tiges herbacées, droites, rameuses au sommet ; à feuilles linéaires.

   A la Jamaïque.

9. POLYGALE de Sibérie , *P. Sibirica , L.* à fleurs en crête , à grappe latérale, nue ; à tiges herbacées ; à feuilles lancéolées.

   En Sibérie.

10. POLYGALE à bractées , *P. bracteolata , L.* à fleurs en crête, à grappes ; à bractées composées de trois feuillets ; à feuilles linéaires , lancéolées ; à tige ligneuse.

   Pluk. tab. 53 , fig. 2. *Buxb. Cent.* 3 , pag. 40 , tab. 71.

Cette espèce présente trois variétés.

1.º Polygale à fleurs en crête, à grappes ; à carène plus courte que les crêtes ; à tige sous-ligneuse ; à feuilles linéaires, en alène.

Burm. Afric. 202, tab. 73, fig. 2.

2.º Polygale à fleurs en crêtes, à grappes ; à tige droite, sous-ligneuse, très-simple ; à feuilles en alène.

Burm. Afric. 203, tab. 73, fig. 3.

3.º Polygale à fleurs en crête, alternes ; à tige droite, sous-ligneuse, ramifiée ; à feuilles linéaires, obtuses, rudes.

Burm. Afric. 204, tab. 73, fig. 4.

En Éthiopie. ♄

11. POLYGALE ombellé, *P. umbellata*, L. à fleurs en crête ; comme en ombelles ; à feuilles linéaires, un peu ciliées.

Burm. Afric. 204, tab. 73, fig. 5.

Au cap de Bonne-Espérance. ☉ ♂

12. POLYGALE à feuilles de myrte, *P. myrtifolia*, L. à fleurs en crête ; à carène en croissant ; à tige ligneuse ; à feuilles lisses, oblongues, obtuses.

Pluk. tab. 437, fig. 4. *Burm. Afric.* 200, tab. 73, fig. 1.

En Éthiopie. ♄

13. POLYGALE à feuilles opposées, *P. oppositifolia*, L. à fleurs en crête ; à tige ligneuse ; à feuilles opposées, ovales, aiguës.

Au cap de Bonne-Espérance. ♄

14. POLYGALE épineux, *P. spinosa*, L. à fleurs en crête, latérales ; à tige ligneuse, armée d'épines ; à feuilles ovales, terminées en pointe.

En Éthiopie. ♄

* II. *POLYGALES à fleurs sans barbe ou pinceau ; à tige ligneuse.*

15. POLYGALE thé, *P. thezeans*, L. à fleurs sans barbe ; à péduncules portant une seule fleur ; à tige ligneuse ; à feuilles alternes, lancéolées.

Burm. Zeyl. 195, tab. 85.

Au Japon, à Java.

16. POLYGALE Penæa, *P. Penæa*, L. à fleurs sans barbe, latérales, solitaires ; à tige en arbre ; à feuilles obtuses, pétiolées.

Plum. Spec. 22, ic. 214, fig. 1.

Dans l'Amérique Méridionale. ♄

17. POLYGALE

17. POLYGALE à feuilles diverses, *P. diversifolia*, L. à fleurs sans barbe, en grappes; à tige en arbre; les feuilles vieilles oblongues, ovales : les feuilles recentes comme ovales.

> *Brow. Jam.* 287, tab. 6, fig. 8.
>
> *Dans l'Amérique Méridionale.* ♃

18. POLYGALE à petites feuilles, *P. microphylla*, L. à fleurs sans barbe, en grappes; à tiges ligneuses; à feuilles très-menues, elliptiques.

> *En Portugal, en Espagne.* ♄

19. POLYGALE de la Chine, *P. Chinensis*, L. à fleurs sans barbe, en épis, axillaires; à tiges sous-ligneuses; à feuilles ovales.

> *Dans l'Inde Orientale.* ♄

20. POLYGALE Faux-Buis, *P. Chamæbuxus*, L. à fleurs sans barbe, éparses; à carène arrondie au sommet.

> *Chamæbuxus flore Colutea;* Faux-Buis à fleur de Baguenaudier. *Bauh. Pin.* 471, n.º 3. *Clus. Hist.* 1, pag. 105, fig. 1. *Bauh. Hist.* 1, P. 1, pag. 524, f. 1. *Barrel.* tab. 538. *Jacq. Aust.* tab. 233. *Schmid. Icon.* P. 1, pag. 75, tab. 20.
>
> *Sur les Alpes du Dauphiné, de Suisse, d'Autriche.* Vernale. S.-Alp.

21. POLYGALE queue de renard, *P. alopecuroïdes*, L. à fleurs sans barbe, assises; à feuilles entassées, ovales, aiguës; à carène velue.

> *Au cap de Bonne-Espérance.* ♄

22. POLYGALE d'Héister, *P. Heisteria*, L. à fleurs sans barbe, latérales; à tige en arbre; à feuilles à trois faces, terminées en pointe piquante.

> *Pluk.* tab. 229, fig. 5.
>
> *En Éthiopie.* ♄

23. POLYGALE à stipules, *P. stipulacea*, L. à fleurs sans barbe, latérales; à tige sous-ligneuse; à feuilles trois à trois, linéaires, aiguës.

> *Commel. Hort.* 2, p. 193, tab. 97.
>
> *Au cap de Bonne-Espérance.* ♄

* III. *POLYGALES à fleurs sans barbre ou pinceau; à tige herbacée, très-simple.*

24. POLYGALE Sénéga, *P. Senega*, L. à fleurs sans barbe, terminées en épis; à tige droite, herbacée, très-simple; à feuilles ovales, lancéolées, alternes, très-entières.

> *Amæn. Acad.* 2, p. 139, tab. 2.

Tome III. S

1. *Senega ;* Polygale de Virginie. 2. Racine. 3. Odeur particulière, foible, un peu aromatique ; saveur analogue. 4. Extrait aqueux très-âcre ; extrait spiritueux moins âcre.
5. Morsure des serpens. 6. Le *Polygale de Virginie* est,
dit-on, un remède assuré contre la morsure du serpent
à sonnettes, et contre celle de quelques serpens d'Europe,
ainsi qu'on doit le conclure d'une guérison opérée par
Linné, avec deux doses de cette racine.

En Virginie, en Pensylvanie, au Mariland. ♃

25. POLYGALE jaune, *P. lutea,* L. à fleurs sans barbes, ramassées en têtes oblongues ; à tige droite, herbacée, très-simple ; à feuilles lancéolées, aiguës.

Pluk. tab. 438, fig. 6.

En Virginie. ☉

26. POLYGALE verdâtre, *P. viridescens,* L. à fleurs sans barbe,
ramassées en têtes arrondies ; à tige droite, herbacée, très-simple ; à feuilles lancéolées, un peu obtuses.

En Virginie. ☉

27. POLYGALE à trois fleurs, *P. triflora,* L. à fleurs sans
barbe ; à pédoncules portant deux ou trois fleurs ; à tige herbacée, droite ; à feuilles linéaires, alternes.

A Zeylan. ☉

28. POLYGALE glaucoïde, *P. glaucoïdes,* L. à fleurs sans barbe ;
à pédoncules latéraux, portant plusieurs fleurs ; à tiges diffuses,
herbacées ; à feuilles aiguës.

A Zeylan. ☉

* IV. *POLYGALES à fleurs sans barbe ou pinceau ; à tige
herbacée, rameuse.*

29. POLYGALE cilié, *P. ciliata,* L. à fleurs sans barbe ; à capsules ciliées, dentées ; à tige herbacée, droite.

Dans l'Inde Orientale.

30. POLYGALE sanguin, *P. sanguinea,* L. à fleurs sans barbe ;
à pédoncules secs et roides ; à tige herbacée, rameuse, droite.

Le synonyme et la figure de *Plukenet Mant.* 153, tab. 438,
fig. 5, sont cités par *Reichard* pour cette espèce et pour le
Polygale incarné, espèce première.

En Virginie.

31. POLYGALE verticillé, *P. verticillata,* L. à fleurs sans barbe,
écartées les unes des autres ; à feuilles linéaires, en anneaux ;
à tige herbacée, rameuse.

Pluk. tab. 438, fig. 4.

En Virginie. ☉

3a. POLYGALE en croix, *P. cruciata*, L. à fleurs sans barbe ;
à feuilles quatre à quatre.
En Virginie.

922. SÉCURIDACA, *SECURIDACA*. † *Lam. Tab. Encyclop:
pl.* 599. (*Lamarck* donne ce même nom de genre au *Coronilla
securidaca*, L. qu'il a séparé des Coronilles, ce qui fait un double
emploi d'un même nom générique.)

CAL. *Périanthe* petit, caduc-tardif, à trois *feuillets*, ovales, colorés, dont le supérieur regarde l'étendard, et les deux autres
la carène.

COR. Papilionacée, à cinq *Pétales*.

— *Ailes* très-étalées, très-obtuses.

— *Étendard* à deux feuillets, oblong, droit, adhérent par la base
à la carène, renversé au sommet.

— *Carène* de la longueur des ailes, comme cylindrique, à limbe
plus large, augmenté d'un appendice plissé, obtus.

ÉTAM. Huit *Filamens*, adhérens par la base. *Anthères* oblongues,
droites.

PIST. *Ovaire* ovale, terminé par un *Style* en alène. *Stigmate* plane,
denté au sommet.

PÉR. *Gousse* ovale, à une loge, terminée par une aile en languette.

SEM. Une seule, oblongue.

OBS. Ce genre a de l'affinité avec le Polygala.

Calice à trois feuillets. *Corolle* papilionacée. *Étendard* à deux
feuillets, adhérent par sa base à la carène. *Gousse* ovale,
à une loge, terminée par une aile en languette, renfermant une seule semence.

1. SÉCURIDACA droite, *S. erecta*, L. à tige droite.
Jacq. Amer. 197, tab. 183, fig. 39.
A la Jamaïque.

2. SÉCURIDACA grimpante, *S. volubilis*, L. à tige grimpante.
Jacq. Amer. 197, tab. 183, fig. 83.
Dans l'Amérique Méridionale. ♄

IV. DÉCANDRIE.

923. NISSOLE, *NISSOLIA*. Lam. Tab. Encyclop. pl. 600.

CAL. *Périanthe* d'un seul feuillet, en cloche, à cinq dents, les
supérieures plus profondes.

COR. Papilionacée.

— *Étendard* arrondi, comme échancré, renversé sur les côtés.

— *Ailes* oblongues, obtuses, droites, plus larges supérieurement, étalées antérieurement.

— *Carène* fermée, semblable aux ailes.

Éram. *Dix Filamens*, réunis en un cylindre fendu dans sa partie supérieure. *Anthères* arrondies.

Pist. *Ovaire* oblong, comprimé. *Style* en alène, ascendant à angle droit. *Stigmate* en tête, obtus.

Pér. *Capsule* oblongue, arrondie, prolongée en aile en languette.

Sem. Une seule le plus souvent, oblongue, arrondie, obtuse.

Calice à cinq dents. *Capsule* oblongue, prolongée en aile en languette, renfermant le plus souvent une seule semence.

1. NISSOLE en arbre, *N. arborea*, L. à tige en arbre, droite.
  Jacq. Amer. 199, tab. 174, fig. 48.
  Dans l'Amérique Méridionale.

2. NISSOLE arbrisseau, *N. fruticosa*, L. à tige en arbrisseau, montant en spirale.
  Jacq. Amer. 198, tab. 179, fig. 44.
  Dans l'Amérique Méridionale.

924. ABRE, *ABRUS. Lam. Tab. Encyclop.* pl. 608.

Cal. En cloche, à quatre lobes irréguliers, le supérieur plus large.

Cor. Papilionacée.

— *Étendard* arrondi, entier, ascendant, déprimé sur les côtés, plus large que les ailes et la carène.

— *Ailes* oblongues, obtuses.

— *Carène* oblongue, en faucille, bossuée, plus longue que les ailes.

Éram. Neuf *Filamens*, réunis en gaîne, libres au sommet, inégaux. *Anthères* oblongues, droites.

Pist. *Ovaire* cylindrique, velu. *Style* en alène, droit, plus court que les étamines. *Stigmate* en tête, petit.

Pér. *Gousse* rhomboïdale, à deux battans, divisée intérieurement en quatre ou cinq loges.

Sem. Solitaires, arrondies.

Calice à quatre lobes irréguliers dont le supérieur est plus large. Neuf *Filamens*, réunis par leur base, libres ou béans sur le dos. *Stigmate* obtus. *Semences* sphériques, marquées d'une tache près de leur ombilic.

1. ABRE chapelet, *A. precatorius*, L. à feuilles pinnées sans foliole impaire; à folioles ovales, oblongues, obtuses.

Dans l'Inde Orientale. ♄

925. PTÉROCARPE , *PTEROCARPUS. Lam. Tab. Encyclop:* pl. 602.

CAL. *Periantha* d'un seul feuillet , tubulé , en cloche , à cinq dents aiguës.

COR. Papilionacée.

— *Étendard* à onglet long , arrondi , en cœur , étalé , convexe.

— *Ailes* lancéolées , plus courtes que l'étendard.

— *Carène* courte.

ÉTAM. *Dix Filamens* , réunis ? *Anthères* arrondies.

PIST. *Ovaire* porté sur un pédicule , oblong , comprimé. *Style* en alêne. *Stigmate* simple.

PÉR. *Gousse* arrondie , en faucille , comprimée , aplatie avec une bordure , marquée sur les côtés par des veines variqueuses , ligneuse intérieurement , ne s'ouvrant point , à loges disposées extérieurement sur une ligne longitudinale.

SEM. Solitaires , en forme de rein , plus épaisses à la base , garnies d'un appendice au sommet.

OBS. *Il est très-difficile de juger d'après les caractères décrits par Loëfling , si les étamines sont Décandres ou Diadelphes. Je n'ai point vu les fleurs.*

Calice à cinq dents. **Gousse** en faucille , feuillée , variqueuse , renfermant quelques semences solitaires.

1. PTÉROCARPE Sang-Dragon , *P. Draco* , L. à feuilles pinnées.

Jacq. Amer. 283 , tab. 183 , f. 92.

> 1. *Draconis sanguis* ; Sang-dragon. 2. Résine. 3. Odeur ni saveur sensibles ; lorsqu'on la brûle , elle répand une odeur balsamique. 4. Résine pure. 5. Fleurs blanches , gonorrhée chronique , diarrhée , dyssenterie , scorbut ? 6. Cette substance qui est bannie de la matière médicale par les bons Praticiens , est employée dans les opiates , pâtes et poudres dentifrices.

Dans les deux Indes. ♄

2. PTÉROCARPE soyeuse , *P. escataphyllum* , L. à feuilles simples , ovales , aiguës , soyeuses en dessous.

Plum. Spec. 19 , ic. 246 , f. 2.

Dans l'Amérique Méridionale. ♄

3. PTÉROCARPE lisse , *P. glabra* , L. à feuilles simples , agrégées , en ovale renversé , sans nervures.

Plum. ic. 246 , fig. 1.
Dans l'Amérique Méridionale. ♄

926. **ÉRYTHRINE** , *ERYTHRINA.* * *Lam. Tab. Encyclop.*
pl. 608. CORALLODENDRON. *Tournef. Inst.* 661 , tab. 446. *Dill.*
Elth. tab. 90 , fig. 106.

CAL. *Périanthe* d'un seul feuillet, entier , tubulé , à *orifice* échancré supérieurement, garni à la base d'un pore mellifère.

COR. Papilionacée , à cinq *Pétales.*

—*Étendard* lancéolé, ascendant , très-long , renversé sur les
côtés.

— *Ailes* comme ovales , à peine plus longues que le calice , à peine
saillantes au-dehors du tube de l'étendard , très-petites.

— *Carène* droite, de la longueur des ailes , à deux pétales échancrés.

ÉTAM. Dix *Filamens* , adhérens par la base , légèrement recourbés ,
inégaux , de la longueur de la moitié de l'étendard. Dix *Anthères* ,
en fer de flèche.

PIST. *Ovaire* porté sur un pédicule, en alène , s'amincissant insensiblement en un *Style* en alène , de la longueur des étamines.
Stigmate simple , terminal.

PÉR. *Gousse* très-longue , saillante à la place qu'occupent les semences , terminée en pointe , à une loge.

SEM. En forme de rein.

OBS. Dans l'E. herbacea , *la dixième étamine est distincte.*

Calice garni à sa base d'un pore mellifère. *Étendard* très-
grand , lancéolé.

1. **ÉRYTHRINE** herbacée , *E. herbacea* , L. à feuilles trois à
trois ; à tiges très-simples , ligneuses , annuelles.

> *Dill. Elth.* tab. 90 , fig. 106.
> *A la Caroline , au Mississipi.* ♃

2. **ÉRYTHRINE** corallodendron , *E. corallodendrum* , L. à feuilles
trois à trois, sans piquans ; à tige en arbre , armée de piquans.

> *Siliqua sylvestris spinosa, arbor Indica ;* Siliquier sauvage, épi-
> neux , arbre des Indes. *Bauh. Pin.* 402 , n.° 5. *Commel.*
> *Hort.* 1 , pag. 211 , tab. 108.
> *Dans l'Inde Orientale.* ♄

3. **ÉRYTHRINE** peinte , *E. picta* , L. à feuilles trois à trois ,
piquantes ; à tige en arbre , armée de piquans.

> *Rumph. Amb.* 2 , p. 234 , tab. 77.
> *Dans l'Inde Orientale.* ♄

4. ÉRYTHRINE crête de coq, *E. crista galli*, L. à feuilles trois à trois; à pétioles garnis de quelques piquans, glanduleux; à tige en arbre, sans piquans.

> *Jacq. Obs.* 3, p. 1, tab. 51.
>
> *Au Brésil.*

5. ÉRYTHRINE à gousse aplatie, *E. planisiliqua*, L. à feuilles simples, oblongues.

> *Plum. Spec.* 21, ic. 102, fig. 1.
>
> *Dans l'Amérique Méridionale.* ♄

927. PISCIDIER, *PISCIDIA. Lam. Tab. Encyclop.* pl. 605.

CAL. *Périanthe* d'un seul feuillet, en cloche, à cinq dents, dont les supérieures sont plus rapprochées.

COR. Papilionacée.

— *Étendard* ascendant, échancré.

— *Ailes* de la longueur de l'étendard.

— *Carène* en croissant, ascendante.

ÉTAM. Dix *Filamens*, réunis en gaine divisée en dessus. *Anthères* oblongues, couchées.

PIST. *Ovaire* porté sur un pédicule, comprimé, linéaire. *Style* filiforme, ascendant. *Stigmate* aigu.

PÉR. *Gousse* portée sur un pédicule, linéaire, à quatre angles longitudinaux membraneux, à une loge, interrompue par des étranglemens.

SEM. Quelques-unes, comme cylindriques.

Stigmate aigu. *Gousse* garnie de quatre angles longitudinaux membraneux.

1. PISCIDIER Érythrine, *P. Erythrina*, L. à feuilles pinnées; à folioles ovales.

> *Sloan. Jam.* tab. 176., fig. 45.
>
> *Dans l'Amérique Méridionale.* ♄

2. PISCIDIER de Carthagène, *P. Carthaginensis*, L. à feuilles pinnées; à folioles en ovale renversé.

> *Pluk.* tab. 214, fig. 4.
>
> *Dans l'Amérique Méridionale.* ♄

928. BOURBONE, *BORBONIA.* † *Lam. Tab. Encyclop.* pl. 619.

CAL. *Périanthe* d'un seul feuillet, en toupie, moitié plus court que la corolle, à moitié divisé en cinq *segmens*, lancéolés, pointus, roides, piquans, presque égaux: l'inférieur plus long.

COR. Papilionacée, à cinq *Pétales*, hérissés extérieurement.

S 4

— *Étendard* renversé, obtus, à *onglet* de la longueur du calice.

— *Ailes* en demi-cœur, un peu plus courtes que l'étendard.

— *Carène* à deux *Pétales*, en croissant, obtus.

Étam. Neuf *Filamens*, réunis en un cylindre, s'ouvrant supérieurement dans sa longueur, droits au sommet. *Anthères* petites.

Pist. *Ovaire* en alène. *Style* très-court, ascendant. *Stigmate* obtus, échancré.

Pér. *Gousse* arrondie, à une loge, terminée par une pointe piquante.

Sem. En forme de rein.

Calice terminé par cinq pointes épineuses. *Stigmate* échancré. *Gousse* terminée en pointe piquante.

1. BOURBONE à feuilles de bruyère, *B. ericæfolia*, L. à feuilles presque linéaires, aiguës, velues en dessous ; à fleurs en têtes terminales.

Au cap de Bonne-Espérance. ♄

2. BOURBONE lisse, *B. lævigata*, L. à feuilles lancéolées, sans nervures, lisses ; à collerettes et calices hérissés.

Quelques Botanistes ont appelé cette plante, *Lipare ombellée.*

Au cap de Bonne-Espérance. ♄

3. BOURBONE à trois nervures, *B. trinervia*, L. à feuilles lancéolées, à trois nervures, très-entières.

Pluk. tab. 297, fig. 4.

En Éthiopie. ♄

4. BOURBONE lancéolée, *B. lanceolata*, L. à feuilles lancéolées, à trois nervures, très-entières.

Pluk. tab. 297, fig. 3.

En Éthiopie. ♄

5. BOURBONE en cœur, *B. cordata*, L. à feuilles en cœur, à plusieurs nervures, très-entières.

Breyn. Cent. tab. 28.

En Éthiopie. ♄

6. BOURBONE crénelée, *B. crenata*, L. à feuilles en cœur, à plusieurs nervures, dentelées.

Breyn. Cent. tab. 28.

En Éthiopie.

929. SPARTIE, *SPARTIUM.* * **Genista.** *Tournef. Inst.* 643, tab. 411. *Lam. Tab. Encyclop.* pl. 619, f. 1.

Cal. D'un seul feuillet, en cœur, tubulé, très-court sur le bord supérieur , marqué inférieurement vers le sommet de cinq dents , coloré, petit.

Cor. Papillonacée , à cinq pétales.

— *Étendard* en cœur renversé , très-grand , entièrement renversé.

— *Ailes* ovales, oblongues, plus courtes que l'étendard , annexées aux filamens.

— *Carène* à deux pétales , lancéolés oblongs , plus longue que les ailes , à marge de la carène réunie par des poils , insérée sur les filamens.

Étam. Dix *Filamens* , réunis , adhérens à l'ovaire , inégaux , insensiblement plus longs : le *Supérieur* très-court : l'*inférieur* divisé peu profondément en neuf parties. *Anthères* un peu alongées.

Pist. *Ovaire* oblong, hérissé. *Style* en alène , droit. *Stigmate* oblong, velu , adhérent au côté supérieur du sommet.

Pér. *Gousse* comme cylindrique , longue , obtuse , à une loge , à deux battans.

Sem. Plusieurs , arrondies , en forme de rein.

Stigmate longitudinal , velu en dessus. *Filamens* adhérens à l'ovaire. *Calice* renversé en dessous.

* I. SPARTIES à feuilles simples.

1. SPARTIE taché, *S. contaminatum* , L. à rameaux arrondis ; à feuilles alternes, filiformes.

Au cap de Bonne-Espérance. ♄

2. SPARTIE des haies, *S. sepiarium* , L. à rameaux rudes ; à feuilles supérieures entassées, filiformes.

Pluk. tab. 424 , fig. 1.

Au cap de Bonne-Espérance. ♄

3. SPARTIE joncier, *S. junceum* , L. à rameaux opposés, arrondis , fleurissant vers le sommet ; à feuilles lancéolées.

Spartium arborescens , seminibus Lenti similibus ; Spartie en arbre , à semences semblables à une Lentille. *Bauh. Pin.* 396 , n.° 1. *Fusch. Hist.* 758. *Matth.* 853 , f. 1. *Dod. Pempt.* 761 , fig. 2. *Lob. Ic.* 2 , pag. 90 , fig. 2. *Clus. Hist.* 1 , pag. 102 , fig. 1. *Lugd. Hist.* 168 , f. 1 et 2. *Camer. Hort.* 65 , tab. 14. *Bauh. Hist.* 1 , P. 2 , pag. 395 , fig. 1. *Reneal. Spec.* 34 et 33 , fig. 1.

A Montpellier , en Provence , en Dauphiné. ♄ Vernale.

4. SPARTIE à une semence, *S. monospermum* , L. à rameaux striés ; à fleurs en grappes latérales ; à feuilles lancéolées.

Spartium tertium , flore albo ; Spartie troisième , à fleur blanche. *Bauh. Pin.* 396 , n.° 3. *Dod. Pempt.* 764 , f. 2. *Lob.*

Ic. 2, pag. 91, fig. 2 Clus. Hist. 1, pag. 103, f. 1. Lugd.
Hist. 171, f. 1. Bauh. Hist. 1, P. 2, pag. 398, f. 1.

A Montpellier ? en Espagne, à Naples. ♄

5. SPARTIE à semence arrondie, *S. sphærocarpon,* L. à rameaux
arrondis ; à feuilles lancéolées, assises, duvetées en dessous.

Spartium alterum monospermum, semine reni simili ; autre
Spartie à une seule semence en forme de rein. *Bauh. Pin.* 396,
n.º 2. *Dod. Pempt.* 764, f. 1. *Lob. Ic.* 2, p. 91, f. 1. *Clus.
Hist.* 1, p. 102, f. 2. *Lugd. Hist.* 170, f. 1. *Bauh. Hist.* 1,
P. 2, p. 397, f. 1.

A Naples. ♄

6. SPARTIE Griot, *S. purgans,* L. à rameaux arrondis, striés ; à
feuilles lancéolées, presque assises, duvetées.

Bauh. Hist. 1, P. 2, pag. 404, fig. 1.

A Lyon, en Provence, en Auvergne. ♄

7. SPARTIE spiniflore, *S. scorpius,* L. à rameaux épineux, ouverts ; à feuilles ovales.

Genista Spartium spinosum, majus, primum, flore luteo ; Genêt
Spartie épineux, plus grand, premier, à fleur jaune. *Bauh.
Pin.* 394, n.º 1. *Lob. Ic.* 2, p. 94, f. 1. *Lugd. Hist.* 283,
f. 1. *Bauh. Hist.* 1, P. 2, pag. 402, f. 1.

Cette espèce présente deux variétés.

1.º *Genista Spartium spinosum, majus, secundum, flore pallido ;* Genêt Spartie épineux, plus grand, second, à fleur
pâle. *Bauh. Pin.* 394, n.º 2.

2.º *Genista Spartum spinosum, majus, tertium, hirsutum ;*
Genêt Spartie épineux, plus grand, troisième, hérissé.
Bauh. Pin. 394, n.º 3. *Clus. Hist.* 1, p. 106, f. 1.

A Montpellier, en Dauphiné, en Provence. ♄ *Vernale.*

* II. *SPARTIES à feuilles trois à trois.*

8. SPARTIE anguleux, *S. angulosum,* L. à feuilles solitaires et
trois à trois ; à rameaux à six angles, fleurissant vers le sommet.

En Orient. ♄

9. SPARTIE étalé, *S. patens,* L. à feuilles trois à trois ; à rameaux en verges ; à fleurs latérales, deux à deux, inclinées.

En Portugal. ♄

10. SPARTIE compliqué, *S. complicatum,* L. à feuilles trois à
trois ; à folioles dont les bords sont rapprochés parallèlement
l'un de l'autre ; à tiges sans épines, couchées, lisses ; à gousses
rudes.

Cytisus foliis incanis, angustis, quasi complicatis ; Cytise à
feuilles blanchâtres, étroites, comme compliquées. *Bauh. Pin.*

390, n.º 4. *Lob. Ic.* 2, p. 47, f. 2. *Clus. Hist.* 2, p. 94,
f. 2. *Lugd. Hist.* 262, f. 1. *Bauh Hist.* 1, P. 2, pag. 370,
f. 2. *Pluk.* tab. 86, fig. 1.

A Montpellier, en Provence. ♄

21. SPARTIE Genêt à balai, *S. scoparium*, L. à feuilles solitaires
et trois à trois ; à rameaux sans épines, anguleux.

*Genista angulosa et scoparia ; Genêt anguleux et à balai.
Bauh Pin.* 395, n.º 1. *Fusch. Hist.* 218. *Dod. Pempt.* 761,
f. 2. *Lob. Ic.* 2, p. 89, f. 2, et 268, f. 3. *Lugd. Hist.* 172,
f. 1. *Camer. Epit.* 950. *Bauh. Hist.* 1, P. 2, p. 390, f. 1,
Flor. Dan. tab. 313. *Icon. Pl. Med.* tab. 224.

Les rameaux desséchés au soleil et rouis comme le chanvre,
donnent un fil dont on peut faire de la toile : (Voyez le
Journal Économique, novembre 1756.) Dans les campa-
gnes on en fait des balais. Cette plante en médecine a les
mêmes vertus que les autres Genêts.

*En Europe dans les terrains secs, arides, sablonneux, les
bois.* ♄ Vernale.

22. SPARTIE radié, *S. radiatum*, L. à feuilles trois à trois, linéaires, assises ; à pétioles persistans ; à rameaux opposés,
anguleux.

Lugd. Hist. 174, f. 1. *Bauh. Hist.* 1, P. 2, p. 399, f 1.

En Italie, à Naples, en Carniole. ♄

23. SPARTIE épineux, *S. spinosum*, L. à feuilles trois à trois ;
à rameaux anguleux, armés d'épines.

Acacia trifolia ; Acacia à trois feuilles. Bauh. Pin. 392, n.º 2.
Dod. Pempt. 753, f. 1. *Lob. Ic.* 2, p. 95, f. 2. *Lugd. Hist.*
162, f. 1. *Camer. Epit.* 104. *Bauh. Hist.* 1, p. 375, et 376,
fig. 1.

A Montpellier, en Provence. ♄

930. GENÊT, *GENISTA.* * *Lam. Tab. Encyclop.* pl. 619.
SPARTIUM. *Tournef. Inst.* 644, tab. 412. GENISTELLA. *Tournef.
Inst.* 646, tab. 413.

CAL. *Périanthe* d'un seul feuillet, petit, tubulé, à deux lèvres :
la *supérieure* à deux dents, plus profondément divisée : l'*inférieure* à trois dents, presque égale.

COR. Papilionacée.

—— *Etendard* oblong, éloigné de la carène, totalement renversé
en dehors.

—— *Ailes* oblongues, peu serrées, plus courtes que les autres pétales.

—— *Carène* droite, échancrée, plus longue que l'étendard.

ÉTAM. Dix *Filamens*, adhérens, sortant hors de la carène. *Anthères* simples.

Pist. *Ovaire* oblong. *Style* simple, droit. *Stigmate* aigu, roulé en dedans.

Pér. *Gousse* arrondie, enflée, à une loge, à deux battans.

Sem. Solitaires, le plus souvent en forme de rein.

Obs. *Ce genre présente des espèces à calice à trois segmens peu profonds dont l'inférieur est à trois dents.*

Calice à deux lèvres. *Étendard* oblong, s'éloignant des étamines et du pistil, renversé en dehors.

* 1. G E N Ê T S *sans épines.*

1. GENÊT des Canaries, *G. Canariensis*, L. à feuilles trois à trois, duvetées sur les deux surfaces; à rameaux anguleux.

> *Cytisus minoribus foliis, ramulis tenellis, villosis;* Cytise à feuilles plus petites, à rameaux délicats, velus. *Bauh. Pin.* 390, n.º 12. *Lob. Ic.* 2, p. 47, f. 1. *Clus. Hist.* 1, p. 94, fig. 1. *Lugd. Hist.* 261, f. 3.

> Cette espèce présente une variété toujours verte et blanchâtre, décrite et gravée dans *Commelin Hort.* 2, pag. 103, tab. 52, et dans *Plukenet*, tab. 277, f. 6.

> 1. *Rhodii lignum;* Bois de Rhodes, Bois de Chypre, Bois de Rose. 6. Presque hors de l'usage interne : on l'emploie quelquefois dans les poudres sternutatoires. On peut sans rien perdre, le laisser aux Ébénistes.

> *Aux Antilles, aux Canaries.* ♄

2. GENÊT blanchâtre, *G. candicans*, L. à feuilles trois à trois, velues en dessous; à pédoncules latéraux, feuillés, portant le plus souvent cinq fleurs; à gousses hérissées.

> *A Montpellier au bois de Grammont.* ♄ Vernale.

3. GENÊT à feuilles de lin, *G. linifolia*, L. à feuilles trois à trois, assises, linéaires, soyeuses en dessous.

> *Pluk.* tab. 31, fig. 3.

> *En Orient, en Espagne.* ♄

4. GENÊT flèche, *G. sagittalis*, L. à rameaux articulés, à deux tranchans, garnis dans leur longueur d'une membrane; à feuilles ovales, lancéolées.

> *Chamæ-Genista sagittalis;* Faux-Genêt flèche. *Bauh. Pin.* 395, n.º 2. *Lob. Ic.* 1, p. 92, f. 1. *Clus. Hist.* 1, p. 104, f. 1. *Camer. Hort.* 64. tab. 13. *Bauh. Hist.* 1, P. 2, p. 393, f. 3. *Barrel.* tab. 570. *Bul. Paris.* tab. 424. *Jacq. Aust.* tab. 209.

> *En Europe dans les terrains sablonneux.* ♃ Vernale.

5. GENÊT à trois dents, *G. tridentata*, L. à rameaux à trois faces, membraneux, presque articulés; à feuilles terminées par trois pointes.

Chamæ-Genista caule foliato ; Faux-Genêt à tige feuillée. Bauh. Pin. 396, n.º 3. Dod. Pempt. 763, f. 3. Lob. Ic. 2, p. 92, f. 2. Clus. Hist. 1, pag. 104, f. 2. Lugd. Hist. 176, f. 2. Bauh. Hist. 1. P. 2, p. 394, fig. 1.

En Espagne, à Naples. ♄

6. GENÊT des Teinturiers, G. tinctoria, L. à feuilles lancéolées, lisses ; à rameaux striés, arrondis, droits.

Genista tinctoria, Germanica ; Genêt des Teinturiers, d'Allemagne. Bauh. Pin. 395, n.º 3. Dod. Pempt. 763, fig. 1. Lob. Ic. 2, p. 89, f. 2. Clus. Hist. 1, p. 101, f. 2. Lugd. Hist. 175, f. 1. Bauh. Hist. 1, P. 2, pag. 391, f. 1. Bul. Paris. tab. 425.

1. Genista ; Genêt des Teinturiers. 2. Racine, feuilles, fleurs, semences. 3. Toutes les parties inodores, légèrement amères. 5. Hydropisie, fièvres intermittentes. 6. Le Genêt teint en jaune. On emploie les fleurs, les feuilles, les semences en décoction ; on tire des fleurs un extrait qui, dit-on, fortifie l'estomac.

Nutritive pour le Cheval, le Mouton, le Bœuf, la Chèvre.

En Europe dans les terrains incultes. ♄ Vernale.

7. GENÊT de Sibérie, G. Sibirica, L. à feuilles lancéolées, lisses ; à rameaux arrondis, égaux, droits.

Jacq. Hort. tab. 190.

En Sibérie. ♄

8. GENÊT fleuri, G. florida, L. à feuilles lancéolées, soyeuses ; à rameaux striés, arrondis ; à fleurs en grappes, tournées d'un seul côté.

Genista tinctoria frutescens, foliis incanis ; Genêt des Teinturiers ligneux, à feuilles blanchâtres. Bauh. Pin. 395, n.º 2. Dod. Pempt. 763, f. 2. Lob. Ic. 2, pag. 90, fig. 1. Clus. Hist. 1, pag. 101, f. 1. Lugd. Hist. 175, f. 2. Bauh. Hist. 1, P. 2, pag. 392, f. 1.

En Espagne. ♄

9. GENÊT velu, G. pilosa, L. à feuilles lancéolées, obtuses ; un peu hérissées ; à tige tuberculeuse, inclinée.

Genista ramosa, foliis Hyparici ; Genêt rameux, à feuilles de Millepertuis. Bauh. Pin. 395, n.º 4. Lugd. Hist. 173, fig. 2 ?

Chamæ-Genista foliis Genistæ vulgaris ; Faux-Genêt à feuilles de Genêt vulgaire. Bauh. Pin. 395, n.º 1. Clus. Hist. 1, pag. 103, fig. 2.

Chamæ-Genista montana, hispida ; Faux-Genêt des montagnes, hérissé. Bauh. Pin. 396, n.º 6.

Nutritive pour le Mouton, le Bœuf, la Chèvre.

En Europe dans les bois. ♄ Vernale.

20. GENÊT couché, *G. humifusa*, L. à feuilles lancéolées, ciliées ; à rameaux couchés, striés , velus.

En Orient.

II. GENÊTS épineux.

11. GENÊT Anglois, *G. Anglica*, L. à épines simples ; à rameaux portant fleurs non épineux : à feuilles lancéolées.

Genista minor , aspalathioïdes , vel Genista spinosa Anglica ;
Genêt plus petit , aspalathioïde , ou Genêt épineux d'Angleterre. *Bauh. Pin.* 395 , n.° 5. *Bauh. Hist.* 1 , P. 2, p. 401
et 402, fig. 1. *Flor. Dan.* tab. 619.

A Montpellier, Lyon , Paris. ♄ Vernale.

12. GENÊT d'Allemagne, *G. Germanica* , L. à épines composées ;
à rameaux portant fleurs non épineux ; à feuilles lancéolées.

Genista spinosa minor , Germanica ; Genêt épineux plus petit,
d'Allemagne. *Bauh. Pin.* 395 , n. 3. *Dod. Pempt.* 760, fig. 1.
Lob. Ic. 2 , p. 93 , fig. 2. *Lugd. Hist.* 173 , fig. 1 , *Bauh.
Hist.* 1 , P. 2, p. 399 , fig. 2.

A Montpellier , Lyon , Grenoble. ♄ Vernale.

13. GENÊT d'Espagne , *G. Hispanica*, L. à épines décomposées ;
à rameaux portant fleurs non épineux ; à feuilles linéaires ,
velues.

Genista spinosa minor , Hispanica , villosissima ; Genêt épineux , plus petit , d'Espagne , très-velu. *Bauh. Pin.* 395 ;
n.° 4. *Bauh. Hist.* 1 , P. 2 , p. 400, fig. 1. *Pluk.* tab. 91 ,
fig. 1.

A Montpellier , en Provence , en Dauphiné. ♄

14. GENÊT du Portugal, *G. Lusitanica* , L. à tige dégarnie de
feuilles ; à épines disposées en sautoir.

Genista Spartium spinosum , minus ; Genêt Spartie épineux ,
plus petit. *Bauh. Pin.* 394 , n.° 4. *Dod. Pempt.* 759 , fig. 2 ,
Lob. Ic. 2 , pag. 94 , fig. 2. *Clus. Hist.* 1 , pag. 107 , fig. 1.
Lugd. Hist. 283 , fig. 2.

Au Mont-Ventoux. ♄

931 ASPALATHE, *ASPALATHUS*. Lam. Tab. Encyclop.
pl. 620.

CAL. *Périanthe* d'un seul feuillet, à cinq *segmens* peu profonds ,
pointus , égaux , le supérieur plus grand.

COR. Papilionacée.

—— *Etendard* comprimé , ascendant, en ovale renversé, le plus
souvent hérissé au dehors , obtus et terminé en pointe.

—— *Ailes* en croissant, obtuses, étalées, plus courtes que l'étendard.

—— *Carène* à deux divisions peu profondes, semblables aux ailes.

Éram. Dix *Filamens*, réunis en une gaîne qui s'ouvre supérieurement dans sa longueur, ascendans. *Anthères* oblongues.

Pist. *Ovaire* ovale. *Style* simple, ascendant. *Stigmate* aigu.

Pér. *Gousse* ovale, émoussée.

Sem. Le plus souvent au nombre de deux, en forme de rein.

Calice à cinq segmens peu profonds dont le supérieur est plus grand. *Gousse* ovale, émoussée, renfermant une ou deux semences.

2. ASPALATHE épineuse, *A. spinosa*, L. à feuilles réunies en faisceau, linéaires, nues, environnant une épine qui sort du bourgeon.

> *Pluk.* tab. 297, f. 6.
> *Au cap de Bonne-Espérance.* ♄

3. ASPALATHE verruqueuse, *A. verrucosa*, L. à feuilles réunies en faisceau, filiformes ; à bourgeons verruqueux, duvetés, nus.

> *En Éthiopie.* ♄

3. ASPALATHE en tête, *A. capitata*, L. à feuilles réunies en faisceau, linéaires, aiguës ; à fleurs en têtes ; à bractées nues.

> *Pluk.* tab. 397, f. 6.
> *Au cap de Bonne-Espérance.* ♄

4. ASPALATHE astroîte, *A. astroïtes*, L. à feuilles réunies en faisceau, en alêne, piquantes, lisses ; à tiges velues ; à fleurs éparses.

> *Pluk.* tab. 413, fig. 3.
> *En Éthiopie.* ♄

5. ASPALATHE chénopode, *A. chenopoda*, L. à feuilles réunies en faisceau, en alêne, hérissées, piquantes; à fleurs en têtes, très-hérissées.

> *Breyn. Cent.* 23, tab. 11.
> *En Éthiopie.* ♄

6. ASPALATHE blanche, *A. albens*, L. à feuilles réunies en faisceau, en alêne, soyeuses, aiguës et étalées au sommet; à fleurs en faisceau, éparses.

> *Au cap de Bonne-Espérance.* ♄

7. ASPALATHE à feuilles de thym, *A. thymifolia*, L. à feuilles réunies en faisceau, en alêne, mousses, lisses, très-courtes ; à fleurs alternes,

Pluk. tab. 413, fig. 1.

En Éthiopie. ♄

8. ASPALATHE à feuilles de bruyère, *A. ericæfolia*, L. à feuilles réunies en faisceau, linéaires, mousses, hérissées ; à fleurs alternes ; à calices linéaires.

Pluk. tab. 413, fig. 6.

En Éthiopie.

9. ASPALATHE noire, *A. nigra*, L. à feuilles réunies en faisceau, linéaires, un peu obtuses ; à fleurs en têtes en épis, duvetées.

Au cap de Bonne-Espérance.

10. ASPALATHE charnue, *A. carnosa*, L. à feuilles réunies en faisceau, un peu arrondies, obtuses ; à calices un peu duvetés, aigus ; à corolles lisses.

Au cap de Bonne-Espérance. ♄

11. ASPALATHE ciliée, *A. ciliaris*, L. à feuilles réunies en faisceau, filiformes, rudes ; à fleurs terminales, assises ; à étendards duvetés.

Au cap de Bonne-Espérance.

12. ASPALATHE genêt, *A. genistoïdes*, L. à feuilles en faisceau, filiformes, lisses ; à calices comme en grappes, pendans, lisses ; à corolles lisses.

Au cap de Bonne-Espérance. ♄

13. ASPALATHE caille-lait, *A. gallioïdes*, L. à feuilles réunies en faisceau, linéaires, lisses ; à péduncules alongés, feuillés au sommet, portant deux fleurs.

Au cap de Bonne-Espérance.

14. ASPALATHE renversé, *A. retroflexa*, L. à feuilles réunies en faisceau, en alène, lisses, très-petites ; à rameaux filiformes très-ouverts ; à fleurs solitaires, terminales.

En Éthiopie. ♄

15. ASPALATHE à une fleur, *A. uniflora*, L. à feuilles réunies en faisceau, linéaires, mousses ; à stipules aiguës, persistantes ; à fleurs solitaires ; à segmens du calice en tymbale.

Pluk. tab. 414, fig. 7.

En Éthiopie. ♄

16. ASPALATHE à toile d'araignée, *A. araneosa*, L. à feuilles réunies en faisceau, sétacées, mousses ; hérissées de poils très-longs ; à fleurs en têtes.

Pluk. tab. 414, fig. 4.

En Éthiopie. ♄

17. ASPALATHE

17. ASPALATHE blanchâtre, *A. canescens*, L. à feuilles réunies en faisceau, en alêne, garnies d'un duvet soyeux; à fleurs latérales; à étendards duvetés.

Au cap de Bonne-Espérance. ♄

18. ASPALATHE des Indes, *A. Indica*, L. à feuilles digitées à cinq folioles, assises; à péduncules portant une seule fleur.

Pluk. tab. 101, f. 6, et tab. 201, f. 2.

Dans l'Inde Orientale. ♄

19. ASPALATHE Ébenier, *A. Ebenus*, L. à feuilles agrégées, en ovale renversé, oblongues, cotonneuses en dessous; à péduncules portant deux fleurs; à gousses à deux lobes, renfermant deux semences.

Sloan. Jam. tab. 175, fig. 1.

Dans l'Amérique Méridionale. ♄

20. ASPALATHE de Crète, *A. Cretica*, L. à feuilles trois à trois, en forme de coin, lisses: les latérales plus courtes; à stipules irrégulières; à fleurs entassées.

En Éthiopie.

21. ASPALATHE à cinq feuilles, *A. quinquefolia*, L. à feuilles cinq à cinq, assises; à péduncules en épis.

Pluk. tab. 278, fig. 4.

Au cap de Bonne-Espérance. ♄

22. ASPALATHE à trois dents, *A. tridentata*, L. à feuilles trois à trois, lancéolées, lisses; à stipules à trois dents, terminées en pointe; à fleurs réunies en têtes.

En Éthiopie. ♄

23. ASPALATHE velu, *A. pilosa*, L. à feuilles trois à trois, linéaires, velues; à fleurs réunies en têtes terminales; à corolles duvetées.

Au cap de Bonne-Espérance.

24. ASPALATHE anthyllide, *A. anthylloides*, L. à feuilles trois à trois, lancéolées, égales, un peu duvetées, sans stipules; à fleurs réunies en têtes terminales.

Au cap de Bonne-Espérance. ♄

25. ASPALATHE lâche, *A. laxata*, L. à feuilles trois à trois, linéaires, velues; à fleurs cinq à cinq, réunies en faisceau; à calices laineux; à tiges couchées, arrondies.

Au cap de Bonne-Espérance.

26. ASPALATHE argentée, *A. argentea*, L. à feuilles trois à trois, linéaires, soyeuses; à stipules simples, piquantes; à fleurs éparses, cotonneuses.

En Éthiopie.

Tome III.

27. ASPALATHE calleuse, *A. callosa*, L. à feuilles trois à trois, en alêne, égales ; à stipules arrondies, calleuses ; à fleurs en épis, lisses.

Pluk. tab. 345, fig. 4.

En Éthiopie. ♄

28. ASPALATHE d'Orient, *A. Orientalis*, L. à feuilles trois à trois, lancéolées, duvetées ; à fleurs cinq à cinq, réunies en faisceau ; à calices duvetés ; à tiges droites, anguleuses.

En Orient. ♄

29. ASPALATHE pinnée, *A. pinnata*, L. à feuilles pinnées ; à folioles cinq à cinq, en cœur renversé ; à pédoncules en têtes.

Au cap de Bonne-Espérance. ♄

932. AJONC, *ULEX*. * Lam. Tab. Encyclop. pl. 621. GENISTA-SPARTIUM. *Tournef. Inst.* 645, tab. 412.

CAL. *Périanthe* persistant, à deux *feuillets*, ovales, oblongs, concaves, droits, égaux, un peu plus courts que la carène, dont le supérieur est à deux dents, l'inférieur à trois dents.

COR. Papilionacée, à cinq pétales.

— *Étendard* en cœur renversé, échancré, droit, très-grand.

— *Ailes* oblongues, obtuses, plus courtes que l'étendard.

— *Carène* à deux pétales, droite, obtuse, réunie par son bord inférieur.

ÉTAM. *Filamens* diadelphes (séparés en deux corps, dont un simple, l'autre divisé en neuf.) *Anthères* simples.

PIST. *Ovaire* oblong, cylindrique, hérissé. *Style* filiforme, droit. *Stigmate* obtus, très-petit.

PÉR. *Gousse* oblongue, enflée, à peine plus longue que le calice, droite, à une loge, à deux battans.

SEM. En petit nombre, arrondies, échancrées.

Calice à deux feuillets. *Gousse* à peine plus longue que le calice.

1. AJONC d'Europe, *U. Europæus*, L. à feuilles velues, aiguës ; à épines éparses.

Genista spinosa major, longioribus aculeis ; Genêt épineux plus grand, à aiguillons plus longs. *Bauh. Pin.* 394, n.° 2. *Dod. Pempt.* 759, fig. 1. *Clus. Hist.* 1, pag. 106, fig. 2. *Lugd. Hist.* 164, f. 2. *Bauh. Hist.* 1, P. 2, pag. 400, f. 2. *Bul. Paris.* tab. 442. *Flor. Dan.* tab. 608.

Cette espèce présente une variété.

Genista spinosa major, brevioribus aculeis ; Genêt épineux plus grand, à aiguillons plus courts. *Bauh. Pin.* 394, n.° 1. *Lugd. Hist.* 164, f. 1.

A Lyon, en Provence, à Paris, etc. ♄ Vernale.

a. AJONC du Cap, *U. Capensis*, L. à feuilles solitaires, obtuses ; à épines simples, terminales.

> *Pluk.* tab. 185, fig. 6. (Mauvaise). *Petiv. Gaz.* tab. 83, f. 9.
> En Ethiopie. ♄

933. AMORPHA, *AMORPHA.* * *Hort. Cliff.* 353, tab. 19.
Lam. Tab. Encyclop. pl. 621.

CAL. *Périanthe* d'un seul feuillet, tubulé, comme cylindrique, en
touple, persistant, à *orifice* droit, obtus, à cinq dents, dont les
deux supérieures sont plus grandes.

COR. *Pétale* ovale, concave, à peine plus grand que le calice,
droit, inséré sur le calice entre les deux dents plus grandes et
supérieures, placé sur le côté supérieur.

ÉTAM. Dix *Filamens*, très-légèrement réunis à la base, droits,
inégaux en longueur, plus longs que la corolle. *Anthères* simples.

PIST. *Ovaire* arrondi. *Style* en alêne, de la longueur des étamines.
Stigmate simple.

PÉR. *Gousse* en croissant, renversée, plus grande que le calice,
comprimée, plus réfléchie au sommet, à une loge, tuberculée

SEM. Deux, oblongues, en forme de rein.

OBS. *Ce genre diffère par sa Corolle seule de toutes les plantes
connues.*

> *Le pétale forme l'Étendard, les Ailes et la Carène manquent,
> ce qui est très-singulier dans une Corolle papilionacée.*

Étendard ovale, concave. *Ailes* et *Carène*, nulles.

1. AMORPHA ligneux, *A. fruticosa*, L. à feuilles pinnées ; à
folioles ovales, un peu alongées, très-entières

> *Hort. Cliff.* 353, tab. 19.
> A la Caroline. Cultivé dans les jardins. ♄

934. CROTALAIRE, *CROTALARIA.* * *Dill. Elth.* tab. 102,
fig. 121 et 122. *Lam. Tab. Encyclop.* pl. 617.

CAL. *Périanthe* grand, un peu plus court que la corolle, à trois
segmens profonds, dont *deux supérieurs* lancéolés, couchés sur
l'étendard : le *troisième* lancéolé, concave, repoussant la carène,
à trois divisions peu profondes.

COR. Papilionacée.

— *Étendard* en cœur, aigu, grand, déprimé sur les côtés.

— *Ailes* ovales, moitié plus courtes que l'étendard.

— *Carène* pointue, de la longueur des ailes.

ÉTAM. Dix *Filamens*, adhérens, droits, marqués par une ligne dorsale divisée en deux parties et béante à la base. *Anthéres* simples.

PIST. *Ovaire* oblong, renversé, hérissé. *Style* simple, droit. *Stigmate* obtus.

PÉR. *Gousse* courte, enflée, portée sur un pédicule, à une loge, à deux battans.

SEM. Une ou deux arrondies, en forme de rein.

OBS. *Ce genre a une très-grande affinité avec les* Ononis.

Dans le C. *laburnifolia*, *la Carène est large, comprimée ; terminée par un bec ; les Ailes sont moitié plus courtes que l'étendard et la carène.*

Gousse renflée, portée sur un pédicule. *Filamens* réunis inférieurement, à fissure dorsale divisée peu profondément en deux parties.

* I. CROTALAIRES à feuilles simples.

1. CROTALAIRE perforée, *C. perforata*, L. à feuilles enfilées par les branches, en cœur, ovales, dentelées.

Au cap de Bonne-Espérance. ♄

2. CROTALAIRE perfoliée, *C. perfoliata*, L. à feuilles enfilées par les branches, en cœur, ovales.

Dill. Elth. 102, fig. 122.

A la Caroline.

3. CROTALAIRE embrassante, *C. amplexicaulis*, L. à feuilles de la tige embrassantes, en cœur, alternes ; à bractées opposées, en forme de rein, colorées ; à fleurs solitaires.

En Éthiopie. ♄

4. CROTALAIRE flèche, *C. sagittalis*, L. à feuilles simples, lancéolées ; à stipules se prolongeant sur les tiges ; solitaires, à deux dents.

Pluk. tab. 169, fig. 6.

Cette espèce présente une variété d'Amérique, à feuilles lisses, alongées, gravée dans *Plukenet* tab. 277 ; f. 2.

En Virginie, au Brésil. ☉

5. CROTALAIRE de la Chine, *C. Chinensis*, L. à feuilles simples, ovales, comme pétiolées ; à stipules très-petites.

A la Chine.

6. CROTALAIRE joncière, *C. juncea*, L. à feuilles simples, lancéolées, pétiolées et assises ; à tige striée.

Pluk. tab. 69, fig. 5.

Dans l'Inde Orientale. ☉

7. CROTALAIRE en recouvrement, *C. imbricata*, L. à feuilles simples, ovales, aiguës, velues, assises; à fleurs presque sessiles ou à pétioles très-courts.

Pluk. tab. 388, fig. 3.

Au cap de Bonne-Espérance. ♄

8. CROTALAIRE émoussée, *C. retusa*, L. à feuilles simples, oblongues, en forme de coin, émoussées.

Rheed. Mal. 9, p. 54, tab. 25. Rumph. Amb. 5, pag. 278, tab. 96, fig. 1.

Dans l'Inde Orientale. ☉

9. CROTALAIRE à fleur assise, *C. sessiliflora*, L. à feuilles simples, lancéolées, presque assises ou à pétioles très-courts; à fleurs assises, latérales; à tige égale.

A la Chine. ☉

10. CROTALAIRE à fleur d'iris, *C. iriflora*, L. à feuilles simples, ovales, assises, lisses; à rameaux anguleux; à pédoncules trois à trois, latéraux, portant une seule fleur.

Au cap de Bonne-Espérance.

11. CROTALAIRE verruqueuse, *C. verrucosa*, L. à feuilles simples, ovales; à stipules en croissant, inclinées; à rameaux tétragones.

Burm. Zeyl. 81, tab. 34.

Dans l'Inde Orientale. ☉

12. CROTALAIRE à deux fleurs, *C. biflora*, L. à feuilles simples, obtuses; à tiges couchées, herbacées; à pédoncules portant deux fleurs.

Petiv. Gaz. tab. 30, fig. 10. Burm. Ind. 156, tab. 48, f. 2.

Dans l'isle de Saint-Jean.

+ II. CROTALAIRES à feuilles composées.

13. CROTALAIRE à feuilles de lotier, *C. lotifolia*, L. à feuilles trois à trois, en ovale renversé; à fleurs latérales, comme en grappes.

Dill. Elth. tab. 102, fig. 121. Sloan. Jam. tab. 176, f. 1 et 2.

A la Jamaïque ☉

14. CROTALAIRE en croissant, *C. lunaris*, L. à feuilles trois à trois, ovales, aiguës; à stipules en croissant, en demi-cœur.

En Afrique.

15. CROTALAIRE à feuilles d'aubours, *C. laburnifolia*, L. à feuilles trois à trois, ovales, aiguës, sans stipules; à gousses portées sur un pédicule.

Burm. Zeyl. 82, tab. 35.

En Asie. ☉

T 3

16. CROTALAIRE à feuilles en cœur, *C. cordifolia*, L. à feuilles trois à trois, en cœur renversé ; à fleurs disposées en corymbes ; à tige ligneuse.

Au cap de Bonne-Espérance. ♄

17. CROTALAIRE blanchâtre, *C. incana*, L. à feuilles trois à trois, ovales, aiguës ; à stipules sétacées ; à gousses hérissées.

Sloan. Jam. tab. 179, fig. 1.

A la Jamaïque. ☉

18. CROTALAIRE à cinq feuilles, *C. quinquefolia*, L. à feuilles cinq à cinq.

Rheed. Mal. 9, p. 51, tab. 28,

Dans l'Inde Orientale.

935. **BUGRANE**, *ONONIS*. * *Lam. Tab. Encyclop.* pl. 616.
ANONIS. *Tournef. Inst.* 408, tab. 229.

CAL. *Périanthe* presque aussi long que la corolle, à cinq *segmens* profonds, linéaires, pointus, légèrement voûtés en arc vers le haut : l'*inférieur* placé sous la corolle.

COR. Papilionacée.

—*Étendard*, en cœur, strié, déprimé sur les côtés.

—*Ailes* ovales, moitié plus courtes que l'étendard.

—*Carène* pointue, presque plus longue que les ailes.

ÉTAM. Dix *Filamens*, réunis en cylindre entier. *Anthères* simples.

PIST. *Ovaire* oblong, velu. *Style* simple, droit. *Stigmate* obtus.

PÉR. *Gousse* rhomboïde, enflée, comme velue, assise, à une loge, à deux battans.

SEM. Peu nombreuses, en forme de rein.

OBS. Le Calice *et la* Gousse *varient selon les espèces.*

Calice à cinq segmens profonds, linéaires. *Étendard* strié. *Gousse* renflée, assise. *Flamens* réunis sans fissure.

* I. BUGRANES *à fleurs presque sans péduncules.*

1. BUGRANE des Anciens, *O. Antiquorum*, L. à fleurs solitaires ; à péduncules plus longs que les bractées ; à feuilles inférieures trois à trois ; à rameaux un peu lisses, épineux.

A Lyon.

2. BUGRANE des champs, *O. arvensis*, L. à fleurs en grappes, sortant deux à deux des aisselles des feuilles ; à feuilles trois à trois : les supérieures solitaires ; à rameaux velus.

Cette espèce présente deux variétés.

1.° La Bugrane sans épines, *O. arvensis mitis*.

Anonis spinis carens, purpurea ; Bugrane sans épines, à fleur pourpre. *Bauh. Pin.* 389 , n.° 4. *Matth.* 501 , fig. 2. *Clus. Hist.* 1 , p. 99 , f. 1. *Bauh. Hist.* 2 , p. 393 , et non 793 par erreur de chiffres, fig. 2.

2.° La Bugrane épineuse , *O. arvensis spinosa.*

Anonis spinosa , flore purpureo : Bugrane épineuse , à fleur pourpre. *Bauh. Pin.* 389 , n.° 1. *Fusch. Hist.* 60. *Matth.* 501 , fig. 1. *Dod. Pempt.* 743 , fig. 2. *Lob. Ic.* 2 , pag. 28 , fig. 1. *Lugd. Hist.* 448 , fig. 1. *Bauh. Hist.* 2 , p. 391 , colonne seconde la description , et colonne première , ic. 2 , la figure qui est transposée , et qui se trouve au-dessous de l'Épimède des Alpes , tandis que la figure de cette dernière est au-dessous de la Bugrane épineuse.

1. *Ononis :* Arrête-bœuf épineux. 2. Racine , herbe. 3. Odeur et saveur un peu fétides. 5. Obstructions , engorgement des glandes , cachexie , pâleurs , hydrocèle , coliques néphrétiques. 6. L'*Arrête-bœuf* est usité , comme diurétique , dans l'hippiatrique. C'est une des cinq *racines apéritives mineures.*

Nutritive pour le Bœuf, le Mouton, la Chèvre.

En Europe, dans les terrains incultes , dans les champs aux labours desquels elle est nuisible. ♃ Estivale.

3. BUGRANE rampante , *O. repens* , L. à tiges diffuses ; à rameaux droits ; à feuilles supérieures solitaires ; à stipules ovales.

Dill. Elth. tab. 25 , fig. 28.

En Angleterre , en Orient. ♃

4. BUGRANE très-petite, *O. minutissima* , L. à fleurs presque assises , axillaires, solitaires ; à feuilles trois à trois , lisses ; à stipules en lame d'épée ; à calices secs et roides, plus longs que la corolle.

Anonis spinosa lutea , minor : Bugrane épineuse , à fleur jaune , plus petite. *Bauh. Pin.* 389 , n.° 3. *Column. Ecphras.* 1 , p. 304 et 301 , f. 4. *Barrel.* t. 1107, *Jacq. Aust.* t. 240.

A Lyon , à Montpellier , Paris , ☉ Estivale.

5. BUGRANE très-douce , *O. mitissima* , L. à fleurs assises , en épis ; à bractées ovales, ventrues, sèches et roides, en recouvrement.

Dill. Elth. tab. 24 , fig. 27.

En Portugal , aux Barbades. ☉

6. BUGRANE queue de renard, *O. alopecuroides* , L. à épis feuillés ; à feuilles simples, ovales, obtuses ; à stipules dilatées.

En Sicile , à Naples , en Portugal , en Espagne. ☉

7. BUGRANE marquetée, *O. variegata* , L. à stipules et bractées dentées ; à feuilles simples, striées ; à fleurs portées sur des pédoncules très-courts. T 4

Bauh. Hist. 2, pag. 394, fig. 1. *Boccon. Sic.* 7, tab. 38, fig. 111. *Barrel.* tab. 776.

En Provence. ♃

II. *BUGRANES à fleurs portées sur des pédoncules sans arêtes.*

8. BUGRANE duvetée, *O. pubescens*, L. à pédoncules sans arêtes, très-courts; à feuilles supérieures simples; à stipules ovales, lancéolées, très-entières.

Aux isles Baléares. ⊙

9. BUGRANE penchée, *O. cernua*, L. à fleurs en grappes resserrées; à feuilles trois à trois; à folioles en forme de coin; à gousses penchées, linéaires, recourbées.

Commel. Hort. 2, pag. 163, tab. 82.

Cette plante présente une variété désignée dans le *Species* sous le nom de *Cytise d'Ethiopie*, à fleurs en grappes latérales, resserrées; à rameaux anguleux; à fleurs trois à trois; à folioles en forme de coin.

Pluk. tab. 278, fig. 3?.

Au cap de Bonne-Espérance. ♄

10. BUGRANE ombellée, *O. umbellata*, L. à pédoncules sans arêtes, en ombelles; à feuilles trois à trois; à folioles échancrées; à tiges couchées.

Au cap de Bonne-Espérance. ♄

11. BUGRANE filiforme, *O. filiformis*, L. à pédoncules sans arêtes, portant deux ou trois fleurs; à feuilles trois à trois, presque assises; à folioles ovales, piquantes.

Au cap de Bonne-Espérance. ♃

12. BUGRANE du Cap, *O. Capensis*, L. à fleurs en grappes; à pédoncules sans arêtes, longs; à feuilles trois à trois, presque arrondies.

Au cap de Bonne-Espérance. ⊙

13. BUGRANE couchée, *O. prostrata*, L. à pédoncules sans arêtes, très-longs, portant une seule fleur; à feuilles trois à trois; à folioles aiguës; à stipules en alène; à tiges couchées.

Au cap de Bonne-Espérance. ♃

14. BUGRANE inclinée, *O. reclinata*, L. à pédoncules sans arêtes, portant une seule fleur; à feuilles trois à trois; à folioles arrondies, crénelées; à gousses inclinées.

Pluk. tab. 135, fig. 4. *Barrel.* tab. 354. (Mauvaise.)

En Dauphiné. ♄

15. BUGRANE du Mont-Cénis, *O. Cenisia*, L. à péduncules sans arêtes, portant une seule fleur ; à feuilles trois à trois ; à folioles en forme de coin ; à stipules à dents de scie ; à tiges couchées.

> *Bellev.* tab. 225 ? *Barrel.* tab. 1104. *Allion. Flor. Pedem.* n.° 1173, tab. 10, fig. 2.
>
> *Sur les Alpes du Dauphiné, au Mont-Cenis.* ♃ Estivale. *Aip.*

III. *BUGRANES à fleurs portées sur des péduncules en arêtes.*

16. BUGRANE de Cherler, *O. Cherleri*, L. à péduncules en arêtes, portant une seule fleur ; à feuilles trois à trois ; à stipules à dents de scie.

> *Bauh. Hist.* 2, pag. 394, fig. 2.
>
> *A Montpellier, en Provence.* ♄

17. BUGRANE visqueuse, *O. viscosa*, L. à péduncules en arêtes, portant une seule fleur ; à feuilles simples : les inférieures trois à trois.

> *Barrel.* tab. 1239.
>
> *A Montpellier, en Provence.* ☉

18. BUGRANE pied d'oiseau, *O. ornithopodioïdes*, L. à péduncules en arêtes, portant deux fleurs ; à gousses linéaires, inclinées.

> *En Sicile, à Naples.*

19. BUGRANE gluante, *O. pinguis*, L. à péduncules en arêtes, portant une seule fleur ; à feuilles trois à trois, lancéolées ; à stipules très-entières.

> *Anonis non spinosa, flore luteo, variegato ;* Bugrane non-épineuse, à fleur jaune, marquetée. *Bauh. Pin.* 389, n.° 6.
>
> Cette espèce présente une variété, gravée dans *Plukenet* tab. 135, fig. 5.
>
> *A Lyon, en Provence.* ♃ Estivale.

20. BUGRANE Natrix, *O. Natrix*, L. à péduncules en arêtes, portant une seule fleur ; à feuilles trois à trois, visqueuses ; à stipules très-entières ; à tige ligneuse.

> *Anonis viscosa, spinis carens, lutea, major ;* Bugrane visqueuse, sans épines ; à fleur jaune, plus grande. *Bauh. Pin.* 389, n.° 5. *Lob. Ic.* 2, pag. 28, fig. 2. *Camer. Epit.* 444. *Bauh. Hist.* 2, p. 393, et non 793 par erreur de chiffres, f 1.
>
> *En Europe, dans les terrains sablonneux.* ♃ Estivale.

IV. *BUGRANES ligneuses.*

21. BUGRANE à trois dents, *O. tridentata*, L. à tige ligneuse ; à feuilles trois à trois ; à folioles charnues, presque linéaires, à trois dents ; à péduncules portant trois fleurs.

Magn. Hort. 16. tab. 3.

En Espagne. ♄ *

22. BUGRANE frisée, *O. crispa*, L. à tige ligneuse; à feuilles trois à trois; à folioles arrondies, ondulées, dentées, gluantes, duvetées; à pédoncules sans arêtes, portant une seule fleur.

Magn. Hort. 17, tab. 4. *Barrel.* tab. 775.

En Espagne. ♄

23. BUGRANE ligneuse, *O. fruticosa*, L. à tige ligneuse; à feuilles assises ou sans pétioles, trois à trois; à folioles lancéolées, à dents de scie; à stipules vaginales ou engaînant les tiges; à pédoncules portant deux ou trois fleurs.

Bellev. tab. 224. *Barrel.* tab. 419. *Dodart. Mem.* 559, t. 2.

En Provence, en Dauphiné. Cultivée dans les jardins. ♄ Vernale.

24. BUGRANE à feuilles rondes, *O. rotundifolia*, L. à tige ligneuse; à feuilles trois à trois; à folioles ovales, dentées; à calices garnis de trois bractées; à pédoncules portant deux ou trois fleurs.

Cicer sylvestre, latifolium, triphyllum; Pois-chiche sauvage, à larges feuilles, à trois feuilles. *Bauh. Pin.* 347, n.º 6. *Dod. Pempt.* 525, fig. 3. *Lob. Ic.* 2, pag. 73, fig. 1. *Lugd. Hist.* 463, fig. 2. *Bauh. Hist.* 2, pag. 295, fig. 1.

Sur les Alpes du Dauphiné, de Provence. ♄ Vernale. S.-Alp.

25. BUGRANE de Mauritanie, *O. Mauritanica*, L. à tige ligneuse; à feuilles cinq à cinq; à folioles en ovale renversé, piquantes, soyeuses en dessous; à stipules filiformes; à pédoncules en grappes.

Cette plante est désignée dans le *Species* sous le nom de Lotier de Mauritanie, *L. Mauritanicus*, L. à légumes en grappes; en folioles en ovale renversé, velues; à tige ligneuse, droite.

Au cap de Bonne-Espérance. ♄

536 VULNÉRAIRE, *ANTHYLLIS.* * Lam. *Tab. Encyclop.* pl. 615. VULNERARIA. *Tournef. Inst.* 391, tab. 211. ERINACEA. *Tournef. Inst.* 646.

CAL. *Périanthe* d'un seul feuillet, ovale, oblong, ventru, velu, persistant, à *orifice* inégal, à cinq dents.

COR. Papilionacée.

—— *Étendard* plus long, renversé sur les côtés. *Onglet* de la longueur du calice.

—— Deux *Ailes,* oblongues, plus courtes que l'étendard.

—— *Carène* comprimée, semblable aux ailes, et les égalant en longueur.

ÉTAM. Dix *Filamens*, adhérens, droits. *Anthères* simples.

PIST. *Ovaire* oblong. *Style* simple, ascendant. *Stigmate* obtus.

PÉR. *Gousse* arrondie, renfermée dans le calice, très–petite, à deux battans.

SEM. Une ou deux.

Calice renflé, ventru, enveloppant la gousse qui est ovale.

* I. *VULNÉRAIRES* à tige herbacée.

1. VULNÉRAIRE à quatre feuilles, *A. tetraphylla*, L. à tige herbacée ; à feuilles pinnées, composées de quatre ou cinq folioles très-petites ; à fleurs en têtes, assises aux aisselles des feuilles ; à calices renflés comme des vessies.

> *Lotus pentaphyllos, vesicaria ;* Lotier à cinq feuilles, à calice enflé comme une vessie. *Bauh. Pin.* 332, n.º 4. *Camer. Hort.* 171, tab. 47. *Bauh. Hist.* 2, pag. 361, fig. 2. *Barrel.* tab. 554.

> *A Montpellier, en Provence.* ☉

2. VULNÉRAIRE officinale, *A. Vulneraria*, L. à tige herbacée à feuilles pinnées ; à folioles inégales ; à fleurs en double tête.

> *Loto affinis, Vulneraria pratensis ;* Congénère du Lotier ou Vulnéraire des prés. *Bauh. Pin.* 332, n.º 2. *Dod. Pempt.* 552, fig. 1. *Lob. Ic.* 2, pag. 87, fig. 2. *Lugd. Hist.* 1380, f. 1. *Bauh. Hist.* 2, pag. 362, f. 1. *Barrel.* tab. 575.

> Cette espèce présente trois variétés.

> 1.º *Vulneraria supina, flore coccineo ;* Vulnéraire couchée, à fleur écarlate. *Dill. Elth.* tab. 320, fig. 413.

> 2.º *Loto affinis hirsuta, flore subrubente ;* Congénère du Lotier, hérissée, à fleur rougeâtre. *Bauh. Pin.* 333, n.º 3. *Lugd. Hist.* 509, fig. 2. *Barrel.* tab. 553.

> 3.º *Vulneraria rustica, flore albo ;* Vulnéraire rustique, à fleur blanche. *Tournef. Inst.* 291, esp. 2.

> Cette plante entre parmi les Vulnéraires de Suisse. L'herbe colore en jaune.

> Nutritive pour le Bœuf, la Chèvre.

> *En Europe, dans les pâturages montagneux, sur les bords des bois, dans les prés.* ♃ Vernale.

3. VULNÉRAIRE des montagnes, *A. montana*, L. à tige herbacée ; à feuilles pinnées ; à folioles égales ; à fleurs en têtes terminales, tournées d'un seul côté ; à étendard tourné obliquement.

> *Astragalus villosus, floribus globosis ;* Astragale velu, à fleurs arrondies. *Bauh. Pin.* 351, n.º 5. *Lugd. Hist.* 1347, f. 2.

Bauh. Hist. 2, pag. 339, fig. 2. *Barrel.* tab. 722. *Garid.*
Aix. 55, tab. 13. *Jacq. Aust.* tab. 334.

Sur les Alpes du Dauphiné. ♄. Vernale. *S.—Alp.*

4. VULNÉRAIRE cornicine, *A. cornicina*, L. à tige herbacée;
à feuilles pinnées; à folioles inégales; à fleurs en têtes solitaires.

En Espagne. ⊙

5. VULNÉRAIRE lotier, *A. lotoïdes*, L. à tige herbacée; à
feuilles divisées profondément en trois parties; à calices en prisme,
réunis en faisceau, de la longueur de la gousse.

*Lotus pentaphyllos, siliquis recurvis, pedes corvinas referen-
tibus;* Lotier à cinq feuilles, à siliques recourbées, imitant
les pieds d'un corbeau. *Bauh. Pin.* 332, n.° 3. *Dod.*
Pempt. 109, fig. 3.

En Espagne. ⊙

6. VULNÉRAIRE de Gérard, *A. Gerardi*, L. à tige herbacée;
à feuilles pinnées; à folioles inégales; à pédoncules latéraux,
plus longs que la feuille; à fleurs en têtes sans bractées.

Gerard Flor. Gallop. 490, tab. 18.

En Provence. ⊙

7. VULNÉRAIRE à collerette, *A. involucrata*, L. à tige comme
herbacée; à feuilles trois à trois, pétiolées; à stipules en lame
d'épée; à fleurs en têtes, enveloppées par deux bractées en forme
de collerette.

Au cap de Bonne-Espérance.

* II. *VULNÉRAIRES à tige ligneuse.*

8. VULNÉRAIRE à feuilles de lin, *A. linifolia*, L. à tige ligneuse;
à feuilles trois à trois, assises; à folioles en lame d'épée; à fleurs
en têtes.

Au cap de Bonne-Espérance. ♄

9. VULNÉRAIRE Barbe de Jupiter, *A. Barba Jovis*, L. à tige
ligneuse; à feuilles pinnées; à folioles oblongues, égales, soyeuses;
à fleurs en têtes.

Barba Jovis. Barbe de Jupiter. *Bauh. Pin.* 397. *Lugd. Hist.* 194,
f. 1. *Bauh. Hist.* 1, P. 2, pag. 385, f. 2. *Barrel.* tab. 378.

En Provence. ♄

10. VULNÉRAIRE hétérophylle, *A. heterophylla*, L. à tige ligneuse; à feuilles pinnées; à bractées trois à trois.

En Portugal, en Espagne. ♄

11. VULNÉRAIRE faux-cytise, *A. cytisoïdes*, L. à tige ligneuse;
à feuilles trois à trois; la foliole intermédiaire plus longue; à calices laineux, latéraux.

Cytisus incanus, folio medio longiore; Cytise blanchâtre, à foliole intermédiaire plus longue. *Bauh. Pin.* 390, n.° 8. *Lob. Ic.* 2, pag. 48, fig. 1. *Clus. Hist.* 1, pag. 96, fig. 2. *Lugd. Hist.* 262, fig. 2. *Barrel.* tab. 1182.

En Espagne. ♄

12. VULNÉRAIRE d'Hermann, *A. Hermanniæ*, L. à tige ligneuse; à feuilles trois à trois, portées sur des pétioles très-courts; à calices nus.

Alp. Exot. 27 et 26.

Reichard cite pour cette espèce le synonyme de *Tournefort*, cor. 44, *Barba Jovis Cretica, Linariæ folio, flore luteo, parvo*; Barbe de Jupiter de l'isle de Crète, à feuilles de Linaire, à fleur petite, jaune, qu'il rapporte avec un point de doute au Cytise Grec, *C. Græcus*, L. espèce 10.

En Grèce, dans l'isle de Crète, la Palestine. ♄

13. VULNÉRAIRE hérissonnée, *A. Erinacea*, L. à tige ligneuse, armée d'épines; à feuilles simples.

Genista spartium spinosum, foliis Lenticulæ, floribus ex cœruleo purpurascentibus; Genet spartie épineux, à feuilles de Lentille d'eau, à fleurs d'un bleu pourpré. *Bauh. Pin.* 394, n.° 6. *Lob. Ic.* 2, pag. 93, fig. 1. *Clus. Hist.* 1, pag. 107, f. 2. *Lugd. Hist.* 1485, f. 1. *Bauh. Hist.* 1, P. 2, p. 403, f. 1.

En Espagne. ♄

937. ARACHIDE, *ARACHIS*. * *Lam. Tab. Encyclop.* pl. 615. ARACHIDNA. *Plum. Gen.* 49, tab. 37.

CAL. *Périanthe* ouvert, divisé profondément en deux lèvres : la *supérieure* ovale, à moitié divisé en trois segmens dont l'*intermédiaire* est presque plus grand, échancré : l'*inférieure* lancéolée, concave, aiguë, presque plus longue.

COR. Papilionacée, à cinq *Pétales* renversés.

—— *Etendard* arrondi, courbé, plane, très-grand, échancré, plus long que le calice.

—— *Ailes* librés, presque ovales, plus courtes que l'étendard.

—— *Carène* en alène, recourbée, de la longueur du calice, légèrement divisée à la base en deux parties.

ÉTAM. *Filamens* diadelphes, tous réunis, divisés au sommet, en alène, de la longueur de la carène. *Anthères* alternativement arrondies et oblongues.

PIST. *Ovaire* oblong. *Style* en alène, de la longueur de l'ovaire; ascendant. *Stigmate* simple.

PÉR. *Gousse* ovale, oblongue, arrondie; sans battans, bossuée; veinée, coriace, à une loge.

Sem. Deux, oblongues, obtuses, bossuées, tronquées d'un côté.

Obs. *Les Fleurs sont mâles en grande partie; le pistil est souvent sans ovaire.*

Calice à deux lèvres. *Corolle* renversée. *Filamens* réunis. *Gousse* bossuée, à étranglemens, veinée, coriace.

1. ARACHIDE Pistache de terre, *A. hypogæa*, L. à feuilles deux fois deux à deux; à folioles ovales, très-entières, nerveuses ; à fleurs axillaires : à pédoncules velus.

Pluk. tab. 60, fig. 2.

Les fleurs sont monoïques.

A Surinam, au Brésil, au Pérou. Cultivée dans quelques dé-partemens de la France, en Espagne. ⊙ Estivale.

938. ÉBÉNIER, *EBENUS.*

Cal. *Périanthe* d'un seul feuillet, en cloche, terminé par cinq dents filiformes, velues, presque égales.

Cor. Papilionacée, à cinq *Pétales* de la longueur du calice.

—— *Etendard* arrondi, droit, entier.

—— Rudimens des *Ailes* irréguliers, en croissant.

—— *Carène* en croissant, bossuée, ascendante au sommet.

Étam. *Filamens* diadelphes, tous réunis en gaîne, divisés au sommet. *Anthères* arrondies.

Pist. *Ovaire* arrondi, velu. *Style* capillaire. *Stigmate* terminal, pointu.

Pér. *Gousse* ovale.

Sem. Une seule, hérissée.

Calice terminé par cinq dents de la longueur de la corolle. *Ailes* comme nulles. *Gousse* ovale, renfermant une se-mence hérissée.

1. ÉBÉNIER de Crète, *E. Cretica*, L. à feuilles cinq à cinq.

Cytisus incanus Creticus; Cytise blanchâtre de Crète. Bauh. Pin. 390, n.° 2. *Alp. Exot.* 279 et 278. *Pluk.* tab. 67, fig. 5. *Barrel.* tab. 377 et 913.

A

2. ÉBÉNIER du Cap, *E. Capensis*, L. à feuilles trois à trois.

Commel. Hort. 2, pag. 213, tab. 107.

Au cap de Bonne-Espérance. ♄

939. LUPIN, *LUPINUS*. * *Tournef. Inst.* 392, tab. 213, *Lam. Tab. Encyclop.* pl. 616.

Cal. *Périanthe* d'un seul feuillet, à deux segmens peu profonds.

Cor. Papilionacée.

—— *Étendard* en cœur arrondi, échancré, renversé sur les côtés, comprimé.

—— *Ailes* comme ovales, presque de la longueur de l'étendard, non attachées à la carène, réunies inférieurement.

—— *Carène* divisée profondément à la base en deux parties, en faucille, droite, pointue, entière, de la longueur des ailes, plus étroite.

ÉTAM. Dix *Filamens*, réunis, comme ascendans, séparés supérieurement. Cinq *Anthères* arrondies : cinq oblongues.

PIST. *Ovaire* en alène, comprimé, velu. *Style* en alène, ascendant. *Stigmate* obtus, terminal.

PÉR. *Gousse* grande, oblongue, coriace, comprimée, pointue, à une loge.

SEM. Plusieurs, arrondies, comprimées.

OB.. *Le calice varie selon les espèces.*

Calice à deux lèvres. Cinq *Anthères* oblongues, et cinq autres arrondies. *Gousse* coriace.

1. LUPIN vivace, *L. perennis*, L. à calices alternes, sans appendices ; à lèvre supérieure échancrée : l'inférieure entière.

   Moris. Hist. sect. 2, tab. 7, fig. 6.

   En Virginie. ♃

2. LUPIN blanc, *L. albus*, L. à calices alternes, sans appendices ; à lèvre supérieure entière : l'inférieure à trois dents.

   Lupinus sativus, flore albo; Lupin cultivé, à fleur blanche. *Bauh. Pin.* 347, n.º 1. *Fusch. Hist.* 309. *Matth.* 344, f. 1. *Dod. Pempt* 529, fig. 2. *Lob. Ic.* 2, pag. 64, fig. 1. *Clus. Hist.* 2, pag. 228, fig. 1. *Lugd. Hist.* 466, fig. 1, *Camer. Epit.* 216. *Bauh. Hist.* 2, pag. 288, fig. 1. *Icon. Pl. Medic.* tab. 321.

   1. *Lupinus;* Lupin. 2. Semences. 3. Amères, désagréables. 4. Mucilage amer, fécule. 5. Toutes les indurations lymphatiques, suites de la phlogose ou du phlegmon, gâle. 6. La farine de la semence est une des quatre *Farines résolutives.* Les anciens mangeoient la farine de *Lupin,* dont ils faisoient disparoître le principe amer, par de fréquentes lotions avec de l'eau chaude; ainsi préparée, elle faisoit la base de la nourriture des esclaves. Cette farine sert à engraisser les bœufs.

   On ignore son climat natal. Cultivé dans les champs, à Lyon, en Dauphiné, où il sert d'engrais. ⊙ Estivale.

3. LUPIN sauvage, *L. varius*, L. à calices demi-verticillés, à appendices ; à lèvre supérieure divisée peu profondément en deux parties : l'inférieure à trois dents peu marquées.

Lupinus sylvetris , flore cœruleo ; Lupin sauvage, à fleur bleue. *Bauh. Pin.* 348 , n.° 2. *Matth.* 344 , f. 2. *Dod. Pempt.* 530 , f. 1. *Lob. Ic.* 2, pag. 64 , f. 2. *Clus. Hist.* 2 , p. 228 , fig. 2.

A Montpellier , en Provence. ⊙

4. LUPIN hérissé, *L. hirsutus*, L. à calices alternes , à appendices ; à lèvre supérieure divisée profondément en deux parties : l'inférieure à trois dents.

Lotus peregrinus major ; seu villosus, cœruleus , major ; Lotier étranger plus grand , ou Lotier velu, à fleur bleue , plus grand. *Bauh. Pin.* 348 , n.° 4. *Bauh. Hist.* 2 , p. 289 , f. 1.

A Montpellier , en Provence. ⊙

5. LUPIN velu, *L. pilosus*, L. à calices verticillés ou en anneaux ; à appendices ; à lèvre supérieure divisée profondément en deux parties : l'inférieure entière.

En Italie.

6. LUPIN à feuilles étroites, *L. angustifolius*, L. à calices alternes , à appendices ; à lèvre supérieure divisée profondément en deux parties : l'inférieure à trois dents.

A Montpellier ou bois de Grammont. ⊙ Vernale.

7. LUPIN jaune , *L. luteus*, L. à calices verticillés ou en anneaux ; à lèvre supérieure divisée profondément en deux parties : l'inférieure à trois dents.

Lupinus sylvetris , flore luteo ; Lupin sauvage, à fleur jaune. *Bauh. Pin.* 348 , n.° 3. *Lob. Ic.* 2, p. 65 , f. 1. *Clus. Hist.* 2 , p. 228 , f. 3. *Camer. Epit.* 217. *Barrel.* tab. 1032.

En Sicile , à Naples , dans les lieux sablonneux. ⊙

8. LUPIN à feuilles entières, *L. integrifolius* , L. à calices alternes , à appendices ; à feuilles simples , oblongues , velues.

Au cap de Bonne-Espérance. ⊙

940. HARICOT, *PHASEOLUS.* * *Tournef. Inst.* 412 , tab. 232. *Lam. Tab. Encyclop.* pl. 610.

CAL. *Périanthe* d'un seul feuillet , à deux lèvres : la *supérieure* échancrée : l'*inférieure* à trois dents.

COR. Papilionacée.

— *Étendard* en cœur ; obtus , échancré , incliné , renversé sur les côtés.

— *Ailes* ovales , de la longueur de l'étendard , portées sur des longs onglets.

— *Carène* étroite , roulée en spirale contre le soleil.

ÉTAM. *Filamens* diadelphes , (séparés en deux corps , dont un simple ;

simple, l'autre divisé en neuf), situés dans la carène, contournés en spirale. Dix *Anthères*, simples.

Pist. *Ovaire* oblong, comprimé, velu. *Style* filiforme, contourné en spirale, duveté supérieurement. *Stigmate* obtus, un peu épais, velu.

Pér. *Gousse* longue, droite, coriace, obtuse et terminée en pointe. **Sem.** en forme de rein, oblongues, comprimées.

Obs. Le caractère essentiel de ce genre consiste dans la Carène ; les étamines et les pistils qu'elle renferme, qui sont contournés en spirale. On trouve dans plusieurs espèces un second calice extérieur à deux feuillets arrondis.

Carène, *Étamines* et *Pistil* roulés en spirale.

* I. *HARICOTS à tige entortillée, se roulant autour des fuleres.*

1. HARICOT vulgaire, *P. vulgaris*, L. à tige entortillée ; à fleurs en grappes, deux à deux ; à bractées plus petites que le calice ; à gousses pendantes.

   Smilax hortensis, seu Phaseolus major ; Smilax des jardins, ou Haricot plus grand. *Bauh. Pin.* 339, n.º 1, *Fusch. Hist.* 708. *Matth.* 415, f. 1. *Dod. Pempt.* 519, f. 1. *Lob. Ic.* 2, p. 59, f. 2. *Lugd. Hist.* 474, f. 1. *Camer. Epit.* 318. *Bauh. Hist.* 2, p. 255, f. 1. *Bul. Paris.* tab. 429.

   Cette espèce présente une variété à fleurs écarlates.

   1. *Phaseolus ;* Haricot. 2. Semences. 3. Farineuses. 4. Mucilage presque insipide. 5. Maladies acrimonieuses chaudes, à titre d'aliment médicamenteux. 6. Le *Haricot* est une nourriture ordinaire, saine, mais de difficile digestion ; il se digère mieux avec le vinaigre, les assaisonnemens aromatiques, que seul. Fort usité comme aliment ; peu comme aliment médicamenteux ; point du tout comme remède. La semence réduite en farine, s'emploie dans les cataplasmes.

   Dans l'Inde Orientale. Cultivé dans les potagers. ⊙ *Estivale.*

2. HARICOT en croissant, *P. lunatus*, L. à tige entortillée ; à gousses en forme de sabre, comme en croissant, lisses.

   Au Bengale. ⊙

3. HARICOT laid, *P. inamœnus*, L. à tige entortillée ; à étendard roulé ; à calices de la même couleur que les calices.

   Jacq. Hort. tab. 66.

   En Afrique. ⊙

4. HARICOT farineux, *P. farinosus*, L. à tige entortillée ; à pédoncules comme en têtes ; à semences tetragones, cylindriques, couvertes d'un duvet pulvérulent.

   Tome III.   **V.**

Niss. Mem. de l'Acad. 1730, pag. 577, tab. 24.
Dans l'Inde Orientale.

5. HARICOT à étendard, *P. vexillatus*, L. à tige entortillée; à péduncules plus épais que les pétioles, en têtes; à ailes comme en faucille, difformes; à gousses linéaires, resserrées.

Dill. Elth. tab. 234, fig. 302.

A la Havane. ⊙

6. HARICOT à grandes ailes, *P. helvolus*, L. à tige entortillée; à fleurs en têtes; à calices garnis de bractées; à étendards courts; à ailes développées, très-grandes; à folioles delthoïdes, oblongues.

Dill. Elth. tab. 233, fig. 300.

Dans l'Amérique Méridionale. ♄

7. HARICOT à demi-redressé, *P. semi-erectus*, L. à tige entortillée à moitié; à fleurs en épis: à calices sans bractées; à ailes développées, très-grandes; à folioles ovales.

Pluk. tab. 214, f. 2. *Dill. Elth.* 233, f. 301.

Dans l'Amérique Méridionale ♄

8. HARICOT ailé, *P. alatus*, L. à tige entortillée; à fleurs en épis lâches; à ailes de la longueur de l'étendard.

Dill. Elth. tab. 235, fig. 303.

On ignore son climat natal. ⊙

9. HARICOT Caracalla, *P. Caracalla*, L. à tige entortillée; l'étendard et les ailes roulés en spirale.

Trew. Rar. 14, tab. 10.

Dans l'Inde Orientale.

* II. *HARICOTS à tige droite.*

10. HARICOT nain, *P. nanus*, L. à tige droite, lisse; à bractées plus grandes que le calice; à gousses pendantes, comprimées, ridées.

Smilax siliqud sursùm rigente, seu Phascolus parvus, Italicus; Smilax à silique roide vers le haut, ou Haricot nain, d'Italie. *Bauh. Pin.* 339, n.° 3. *Matth.* 341, fig. 1. *Lugd. Hist.* 472, fig. 1.

Dans l'Inde Orientale. Cultivé dans les jardins. ⊙

11. HARICOT radié, *P. radiatus*, L. à tige droite, arrondie; à fleurs en têtes; à gousses cylindriques, horizontales.

Dill. Elth. tab. 233, fig. 304.

A la Chine, à Zeylan. ⊙

12. HARICOT Max, *P. Max*, L. à tige droite, anguleuse, hérissée; à gousses pendantes, hérissées.

Fructus niger , Coriandro similis ; Fruit noir , semblable à la Coriandre. *Bauh. Pin.* 413 , n.º 4. *Rumph. Amb.* 5 , p. 388 , tab. 140.

Dans l'Inde Orientale. ☉

13. RARICOT Mungo , *P. Mungo* , L. à tige tortueuse , arrondie , hérissée ; à gousses en têtes hérissées.

Dans l'Inde Orientale. ☉

14. HARICOT gesse , *P. lathyroïdes* , L. à tige droite ; à folioles lancéolées.

Sloan. Jam. tab. 116 , fig. 1.

A la Jamaïque.

15. HARICOT à semences arrondies , *P. sphærospermus* , L. à tige droite ; à semences arrondies , marquées par un hile coloré.

Sloan. Jam. tab. 117 , fig. 1 , 2 et 3.

Aux Indes Orientales. ☉

941. DOLIC, *DOLICHOS.* * *Lam. Tab. Encyclop.* pl. 610.

CAL. *Périanthe* d'un seul feuillet , très-court , égal , à quatre dents , dont la *supérieure* est échancrée.

COR. Papilionacée.

— *Etendard* arrondi , grand , échancré , entièrement renversé , offrant à sa base deux *Callosités* oblongues , parallèles et longitudinales , qui compriment les ailes , et qui ne sont point excavées sur le dos.

— *Ailes* ovales , obtuses , de la longueur de la carène.

— *Carène* en croissant , comprimée , étroitement réunie à sa base , de la longueur des ailes , ascendante au sommet.

ÉTAM. *Filamens* diadelphes , (séparés en deux corps , dont un simple , l'autre divisé en neuf) , le *simple* courbé vers la base. *Anthères* simples.

PIST. *Ovaire* linéaire , comprimé. *Style* ascendant. *Stigmate* barbu , se p olongeant au-dedans depuis le milieu jusqu'au sommet du style , calleux antérieurement , obtus.

PÉR. *Gousse* pointue , grande , oblongue , à deux loges , à deux battans.

SEM. Plusieurs , elliptiques , le plus souvent comprimées.

OBS. *Ce genre a le port des Haricots , mais il en diffère par sa carène qui n'est point contournée en spirale.*

Étendard offrant à sa base deux callosités oblongues , parallèles , qui compriment les ailes par-dessous

* *I. Dolics à tige entortillée, se roulant autour des*
fulcres.

1. DOLIC Lablab, *D. Lablab*, L. à tige entortillée; à gousses
ovales, en forme de sabre; à semences ovales, marquées vers
une de leurs extrémités par un hile voûté en arc.

> *Phaseolus Ægyptius, nigro semine*; Haricot d'Égypte, à
> semence noire. *Bauh. Pin.* 341, n.º 1. *Alp. Ægypt.* 2, p.
> 39, tab. 21.
>
> En Égypte. ☉

2. DOLIC de la Chine, *D. Sinensis*, L. à tige entortillée;
à gousses pendantes, cylindriques, à étranglemens; à péduncules droits, portant plusieurs fleurs.

> *Rumph. Amb.* 5, pag. 375, tab. 134.
>
> Dans l'Inde Orientale. ☉

3. DOLIC en crochet, *D. uncinatus*, L. à tige entortillée; à
gousses cylindriques, hérissées, terminées au sommet par un
onglet en alène, recourbé en hameçon; à pédoncules portant
plusieurs fleurs; à tige hérissée.

> *Plum. Spec.* 8, ic. 221.
>
> Dans l'Amérique Méridionale.

4. DOLIC à onglet, *D. unguiculatus*, L. à tige entortillée; à
gousses en têtes, comme cylindriques, recourbées et concaves
au sommet.

> *Jacq. Hort.* tab. 23.
>
> Aux Barbades.

5. DOLIC en lame d'épée, *D. ensiformis*, L. à tige droite; à
gousses en lame d'épée, à trois carènes sur le dos; à semences à
arilles.

> *Sloan. Jam.* tab. 114, fig. 1, 2 et 4.
>
> Cette espèce est répétée sous le numéro 32.
>
> A la Jamaïque.

6. DOLIC à quatre lobes, *D. tetragonalobus*, L. à tige entortillée; à gousses membraneuses, quadrangulaires.

> *Rumph. Amb.* 5, pag. 374, tab. 133.
>
> Dans l'Inde Orientale.

7. DOLIC d'un pied et demi, *D. sesquipedalis*, L. à tige entortillée; à gousses presque cylindriques, lisses, très-longues.

> *Jacq. Hort.* tab. 67.
>
> Dans l'Amérique Méridionale. ☉

8. DOLIC très-élevé, *D. altissimus*, L. à tige entortillée; à
gousses en grappes, hérissées, égales; à semences environnées
par un hile; à feuilles lisses sur les deux surfaces.

Jacq. Amer. 203, tab. 182, fig. 85.

A la Martinique. ☉

9. **DOLIC** démangeant , *D. pruriens,* L. à tige entortillée; à gousses en grappes , dont les battans sont comme carénés , hérissés ; à pédoncules trois à trois.

> *Pluk.* tab. 214, fig. 1. *Jac. Amer.* 201 , tab. 122. *Icon. Pl. Medic.* tab. 369.
>
> *Aux Indes Orientales.*

10. **DOLIC** brûlant , *D. urens,* L. à tige entortillée ; à gousses en grappes , marquées transversalement par des sillons lancéolés ; à semences environnées par un hile.

> *Pluk.* tab. 213 , f. 2. *Jacq. Amer.* 202 , tab. 182, f. 84.
>
> *Dans l'Amérique Méridionale.* ♄

11. **DOLIC** très – petit , *D. minimus,* L. à tige entortillée ; à gousses en grappes , comprimées , renfermant quatre semences ; à feuilles rhomboïdales.

> *Burm. Zeyl.* 188 , tab. 84 , f. 2. *Sloan. Jam.* tab. 115. f. 1.
>
> *A la Jamaïque.*

12. **DOLIC** du Cap, *D. Capensis ,* L. à tige entortillée ; à pédoncules portant une ou deux fleurs ; à gousses elliptiques , comprimées ; à feuilles lisses.

> *Au cap de Bonne-Espérance.*

13. **DOLIC** scarabé , *D. scarabæoïdes ,* L. à tige entortillée; à feuilles ovales, cotonneuses ; à fleurs solitaires ; à semences terminées par deux cornes.

> *Pluk.* tab. 52, fig. 3.
>
> *Dans l'Inde Orientale.*

14. **DOLIC** bulbeux , *D. bulbosus ,* L. à tige entortillée ; à feuilles lisses, dentées, à plusieurs angles.

> *Pluk.* tab. 52, fig. 4.
>
> *Aux Indes Orientales.*

15. **DOLIC** à trois lobes , *D. trilobus ,* L. tige entortillée ; à folioles latérales , bossuées extérieurement : l'intermédiaire à trois lobes.

> *Pluk.* tab. 214 , fig. 3.
>
> *Dans l'Inde Orientale.*

16. **DOLIC** à arêtes , *D. aristatus ,* L. à tige entortillée ; à pédoncules axillaires , portant deux fleurs ; à gousses linéaires , comprimées, terminées par une arête droite.

> *Dans l'Amérique Méridionale.*

V 3

17. DOLIC filiforme , *D. filiformis* , L. à tige entortillée ; à folioles linéaires , obtuses et terminées en pointe , lisses , duvetées en dessous.

A la Jamaïque.

28. DOLIC pourpre , *D. purpureus* , L. à tige entortillée, lisse ; à pétioles duvetés ; les ailes de la corolle , ouvertes.

Aux Indes Orientales.

19. DOLIC régulier , *D. regularis* , à tige entortillée ; à feuilles ovales , obtuses ; à péduncules portant plusieurs fleurs ; à pétales égaux pour la grandeur et la figure.

En Virginie.

20. DOLIC ligneux , *D. lignosus* , L. à tige entortillée , vivace ; à péduncules en tête ; à gousses resserrées , linéaires.

Hort. Cliff. 360 , tab. 20.

Dans l'Inde Orientale. ♄

21. DOLIC à plusieurs épis , *D. polystachios* , L. à tige entortillée , vivace ; a épis très-longs ; à pédicules deux à deux ; à gousses aiguës , comprimées.

En Virginie.

* II. DOLICS *à tige droite.*

22. DOLIC à lame d'épée , *D. ensiformis* , L.

Cette espèce a déjà été décrite sous le numéro cinq.

A la Jamaïque.

23. DOLIC hérissé , *D. Soia* , L. à tige droite , tortueuse ; à grappes axillaires , droites ; à gousses pendantes , hérissées , renfermant une ou deux semences.

Kœmph. Amœn. 837 et 838.

1. *Soia.* 2. Semences. 3. Douceâtres , farineuses ; tout le reste comme dans le Haricot vulgaire. Les Chinois le préparent de la même manière et le mangent avec plaisir.

Dans l'Inde Orientale.

24. DOLIC Catiang , *D. Catiang* , L. à tige droite ; à gousses deux à deux , linéaires , presque droites.

Rheed. Mal. 3 , p. 75 , tab. 41. *Rumph. Amb.* 5 , pag. 383 , tab. 139.

Dans l'Inde Orientale.

25. DOLIC à deux fleurs , *D. biflorus* , L. à tige vivace , lisse ; à péduncules portant deux fleurs ; à gousses droites.

Pluk. tab. 213 , fig. 4.

Dans l'Inde Orientale.

26. **DOLIC** rampant , *D. repens* , L. à tige rampante ; à feuilles duvetées , ovales ; à fleurs en grappes , deux à deux ; à gousses linéaires , arrondies.

A la Jamaïque.

942. **GLYCINE** , *GLYCINE.* * *Lam. Tab. Encyclop.* pl. 609.

Cal. *Périanthe* d'un seul feuillet comprimé , *à orifice à deux* lèvres : la *supérieure* obtuse , échancrée : l'*inférieure* plus longue, aiguë, à trois segmens peu profonds : l'*intermédiaire* plus développée.

Cor. *Papilionacée.*

— *Etendard* en cœur renversé , bossu sur le *dos*, renversé sur les côtés, échancré au sommet , droit , repoussé par la carène.

— *Ailes* longues, ovales vers le sommet, petites, tournées en dehors.

— *Carène* linéaire , en faucille , courbée vers le haut , obtuse , repoussant par son sommet l'étendard en arrière , plus large vers l'extrémité.

Étam. *Filamens* diadelphes (séparés en deux corps, dont un simple , l'autre divisé en neuf) , légèrement divisés au sommet , roulés. *Anthères* simples.

Pist. *Ovaire* oblong. *Style* comme cylindrique , roulé en spirale. *Stigmate* obtus.

Pér. *Gousse* oblongue.

Sem. en forme de rein.

Obs. Les *G. Apios* et *frutescens* , ont les *Gousses à deux loges*.

Dans le *G. monoïca* , les fleurs sont d'un sexe différent, ce qui est très-singulier dans cette famille.

Calice à deux lèvres. *Carène* repoussant par son sommet l'étendard en arrière.

1. **GLYCINE** souterraine , *G. subterranea* , L. à feuilles radicales trois à trois ; à tiges couchées , tortueuses ; à pédoncules portant deux fleurs.

Lin. fil. Decad. 37 , tab. 17.

Au Brésil , à Surinam. ☉

2. **GLYCINE** monoïque , *G. monoïca* , L. à feuilles trois à trois, presque nues ; à tiges velues ; à grappes pendantes ; à fleurs qui portent les fruits, sans pétales.

Dans l'Amérique Septentrionale. ♃

3. **GLYCINE** à trois lobes , *G. triloba* , L. à feuilles trois à trois ; à folioles lobées ; à tige couchée ; à pédoncules portant deux fleurs.

Pluk. tab. 120 , fig. 7.

Dans l'Inde Orientale. ☉

4. GLYCINE de Java , *G. Javanica* , L. à feuilles trois à trois ;
à tiges velues ; à pétioles hérissées ; à bractées lancéolées , très-
petites.

Dans l'Inde Orientale.

5. GLYCINE chevelue , *G. comosa* , L. à feuilles trois à trois ,
hérissées ; à fleurs en grappes latérales.

En Virginie.

6. GLYCINE cotonneuse , *G. tomentosa* , L. à feuilles trois à trois ,
cotonneuses ; à fleurs en grappes axillaires , très — courtes ; à
gousses renfermant deux semences.

Dill. Elth. tab. 26 , fig. 29.

Cette plante est désignée dans le *Species* sous le nom de Dolic duveté , *D. pubescens* , L. à tige entortillée , duvetée ;
à gousses trois à trois , presque assises , comprimées , velues , inclinées.

Dans l'Amérique Méridionale. ♃

7. GLYCINE bitumineuse , *G. bituminosa* , L. à feuilles trois à
trois ; à fleurs en grappes ; à gousses enflées , velues.

Herm. Lugd. 492 et 493.

Au cap de Bonne-Espérance. ♃

8. GLYCINE nummulaire , *G. nummularia* , L. à feuilles trois à
trois , très-obtuses ; à fleurs en grappes , deux à deux ; à gousses
assises , presque arrondies , comprimées.

Dans l'Inde Orientale.

9. GLYCINE tubéreuse , *G. Apios* , L. à feuilles pinnées et terminées par une foliole impaire ; à sept folioles ovales , lancéolées.

Cornut. Canad. 200 et 201. *Moris. Hist.* sect. 2 , tab. 9 , f. 1.

En Virginie. ♃

10. GLYCINE ligneuse , *G. frutescens* , L. à feuilles pinnées et
terminées par une foliole impaire ; à tige ligneuse.

A la Caroline. ♄

11. GLYCINE à une feuille , *G. monophylla* , L. à feuilles simples , en cœur ; à tige cotonneuse , à trois faces.

Pluk. tab. 454 , fig. 8.

Au cap de Bonne-Espérance.

943. CLITORIE , *CLITORIA.* * *Lam. Tab. Encyclop.* pl. 609.
CLITORIUS. *Dill. Elth.* tab. 76 , fig. 87.

CAL. *Periantha* d'un seul feuillet, droit, tubulé, persistant, à cinq dents.

COR. Papilionacée.

—*Étendard* très-grand, droit, échancré, ondulé sur les bords, étalé.

—*Ailes* oblongues, droites, obtuses, plus courtes que l'étendard.

—*Carène* plus courte que les ailes, arrondie en faucille.

ÉTAM. *Filamens* diadelphes, (séparés en deux corps, dont un simple, l'autre divisé en neuf). *Anthères* simples.

PIST. *Ovaire* oblong. *Style* ascendant. *Stigmate* obtus.

PÉR. *Gousse* très-longue, linéaire, comprimée, à une loge, à deux battans, en alène au sommet.

SEM. Plusieurs, en forme de rein.

OBS. La Corolle *est le plus souvent renversée.*

Corolle renversée. *Étendard* très-grand, étalé, couvrant les ailes.

1. CLITORIE de Ternate, *C. Ternatea*, L. à feuilles pinnées.
   Commel. Hort. 1, pag. 47, tab. 24.
   Aux Indes Orientales.

2. CLITORIE du Brésil, *C. Brasiliana*, L. à feuilles trois à trois; à calices solitaires, en cloche.
   Breyn. Cent. 78, tab. 32.
   Au Brésil.

3. CLITORIE de Virginie, *C. Virginica*, L. à feuilles trois à trois; à calices deux à deux, en cloche.
   Pluk. tab. 90, fig. 1. *Dill. Elth.* tab. 76, fig. 87.
   En Virginie, à la Jamaïque.

4. CLITORIE Marianne, *C. Mariana*, L. à feuilles trois à trois; à calices cylindriques.
   Dans l'Amérique Septentrionale.

5. CLITORIE Galactie, *C. Galactia*, L. à feuilles trois à trois; à grappe droite; à fleurs pendantes.
   Sloan. Jam. tab. 114, f. 4.
   A la Jamaïque.

944. POIS, *PISUM*. * *Tournef.* 215. *Inst.* 394, tab. 215. *Lam. Tab. Encyclop.* pl. 633. OCHRUS. *Tournef. Inst.* 396, tab. 219 et 220.

CAL. *Perianthe* d'un seul feuillet, aigu, persistant, à cinq *segmens* peu profonds, dont les *deux supérieurs* sont plus courts.

COR. Papilionacée.

— *Étendard* très-large, en cœur renversé, échancré et terminé en pointe.

— Deux *Ailes*, arrondies, rapprochées, plus courtes que l'étendard.

— *Carène* comprimée, en demi-croissant, plus courte que les ailes.

Étam. *Filamens* diadelphes : un *seul* simple supérieur, en alêne, plane : *neuf* en alêne, réunis au-dessous de leur milieu en cylindre fendu dans sa partie supérieure. *Anthères* arrondies.

Pist. *Ovaire* oblong, comprimé. *Style* ascendant, triangulaire, membraneux, caréné extérieurement, à côtés renversés.

Pér. *Gousse* grande, longue, légèrement arrondie (ou comprimée en ??), pointue au sommet, à une loge, à deux battans.

Sem. *Plusieurs*, arrondies.

Obs. Ochri *Tournefort* : *Semences marquées par un hile oblong.*
Pisi *Tournefort* : *Semences attachées par un hile arrondi.*

Style triangulaire, caréné et un peu velu en dessus. Deux *Segmens* supérieurs du calice, plus courts.

1. POIS cultivé, *P. sativum*, L. à pétioles arrondis ; à stipules inférieurement arrondies, crénelées ; à péduncules portant plusieurs fleurs.

   Cette espèce présente plusieurs variétés.

   1.º *Pisum hortense, majus* ; Pois des jardins, plus grand. *Bauh. Pin.* 342, n.º 3. *Fusch. Hist.* 627. *Matth.* 342, fig. 1 *Dod. Pempt.* 521, fig. 1. *Lob. Ic.* 2, p. 63, f. 2. *Lugd. Hist.* 450, fig. 1. *Bauh. Hist.* 2, p. 297, f. 1.

   2.º *Pisa sine cortice duriore* ; Pois sans écorce dure. *Bauh. Pin.* 343, n.º 7.

   3.º *Pisum umbellatum* ; Pois ombellé. *Bauh. Pin.* 342, n.º 2.

   4.º *Pisum majus, quadratum* ; Pois plus grand, quarré. *Bauh. Pin.* 342, n.º 1. *Dod. Pempt.* 520, f. 2. *Lob. Ic.* 2, p. 66, f. 2. *Bauh. Hist.* 2, p. 298, f. 1.

   Les Poids verts fournissent une nourriture agréable ; mais lorsqu'ils sont secs, ils deviennent lourds et plus venteux pour les estomacs foibles. Ils sont plus employés comme nourriture que comme remède.

   Cultivé dans les jardins potagers. ⊙ Vernale.

2. POIS des champs, *P. arvense*, L. à pétioles portant quatre feuilles ; à stipules crénelées ; à péduncules portant une seule fleur.

   Moris. Hist. sect. 2, tab. 1, fig. 4.

   Nutritive pour le Cheval, le Bœuf, le Mouton, la Chèvre.

   En Europe, parmi les blés. ⊙ Vernale.

3. POIS maritime , *P. maritimum* , L. à pétioles aplatis on dessus ;
à tige anguleuse ; à stipules en fer de flèche ; à pédoncules portant plusieurs fleurs.

> *Moris. Hist. sect. 2, tab. 1, fig. 5.*

> Nutritive pour le Cheval, le Bœuf , le Mouton, la Chèvre.

> *En Danemarck , en Suède , au Canada.* ♃

4. POIS Ochre , *P. Ochrus* , L. à pétioles membraneux, prolongés
sur la tige , portant deux feuilles ; à pédoncules portant une
seule fleur.

> *Ochrus folio integro , capreolos emitente ;* Ochre à feuille en-
> tière, portant des vrilles. *Bauh. Pin.* 343. *Matth.* 338 , f. 1.
> *Dod. Pempt.* 522 , fig. 1. *Lob. Ic. 2 , pag.* 68 , fig. 1. *Lugd.*
> *Hist.* 462 , f. 1. *Camer. Epit.* 208. *Bauh. Hist. 2 , pag.* 305
> et 306 , fig. 1.

> *A Montpellier , dans l'isle de Crète , en Italie.* ☉

945. OROBE, *OROBUS.* • *Tournef. Inst.* 393 , tab. 214. *Lam.*
Tab. Encyclop. pl. 634.

CAL. *Périanthe* d'un seul feuillet , tubulé, obtus à la base , se flétrissant , à orifice oblique, très-court , à cinq dents , dont *trois*
inférieures plus aiguës : *deux supérieures* très-courtes , à deux
segmens plus obtus , plus profonds , se flétrissant.

COR. Papilionacée.

—*Etendard* en cœur renversé , plus long , réfléchi au sommet et
sur les côtés.

—*Deux Ailes* oblongues , presque aussi longues que l'étendard ,
droites et rapprochées.

—*Carène* divisée sensiblement à la base en deux parties peu profondes, pointue , droite , à *marges* réunies , parallèles , comprimées , à *fond* ventru.

ÉTAM. *Filamens* diadelphes ,(séparés en deux corps, dont un simple , l'autre divisé en neuf) , ascendans. *Anthères* arrondies.

PIST. *Ovaire* comme cylindrique, comprimé. *Style* filiforme, courbé
vers le haut, droit. *Stigmate* linéaire, duveté sur le côté intérieur, depuis le milieu jusqu'au sommet du style.

PÉR. *Gousse* arrondie , longue , ascendante, pointue au sommet ,
à une loge , à deux battans.

SEM. Plusieurs, arrondies.

Style linéaire , arrondi , velu en dessus. *Calice* obtus à la
base , à segmens supérieurs plus courts , quoique les
laciniures soient plus profondes.

1. OROBE gesse , *O. lathyroïdes* , L. à feuilles conjuguées ou deux
à deux , presque assises ; à stipules dentées.

Amm. Ruth. n.º 151 , tab. 7 , fig. 2.

En Sibérie. ♃

2. OROBE hérissé , *O. hirsutus* , L. à feuilles conjuguées ou deux à deux ; à stipules entières.

Buxb. Cent. 3 , pag. 22 , tab. 41.

Dans la Thrace. ♃

3. OROBE jaune , *O. luteus* , L. à feuilles pinnées ; à folioles ovales, oblongues; à stipules arrondies , en croissant , dentées ; à tige simple.

Orobus Alpinus , latifolius ; Orobe des Alpes , à larges feuilles. *Bauh. Pin.* 351 , n.º 1.

Orobus sylvaticus , pallido flore ; Orobe des forêts , à fleur pâle. *Bauh. Pin.* 351 , n.º 3. *Dod. Pempt.* 543 , f. 1. *Clus. Hist.* P. 2, p. 231 , f. 2. *Lugd. Hist.* 1139 , f. 1. *Bauh. Hist.* 2, p. 343 , f. 1.

Sur les Alpes du Dauphiné , de Provence. ♃ Estivale. *Alp. et S.-Alp.*

4. OROBE printanier , *O. vernus* , L. à feuilles pinnées ; à folioles ovales; à stipules taillées en demi-flèche , très-entières; à tige simple.

Orobus sylvaticus , purpureus , vernus ; Orobe des forêts , à fleur pourpre , printanier. *Bauh. Pin.* 351 , n.º 2. *Dod. Pempt.* 543 , fig. 2. *Clus. Hist.* 2 , pag. 230 , fig. 1. *Lugd. Hist.* 472 , fig. 3. *Thal. Herc.* 80 , tab. 6. *Bauh. Hist.* 2, pag. 343 , fig. 2. *Moris. Hist.* sect. 2 , tab. 7 , f. 10. *Dal. Paris.* tab. 431.

Nutritive pour le Cheval , le Bœuf , le Mouton , la Chèvre.

Sur les montagnes du Dauphiné , de Provence , du Bugey , etc. ♃ Vernale.

5. OROBE tubéreux , *O. tuberosus* , L. à feuilles pinnées; à folioles lancéolées; à stipules taillées en demi-flèche , très-entières; à tige simple. ??

Astragalus sylvaticus , foliis oblongis , glabris ; Astragale des forêts , à feuilles oblongues , lisses. *Bauh. Pin.* 351 , n.º 6. *Thal. Herc.* 7 , tab. 1. *Bauh. Hist.* 2 , p. 326 , fig. 3. *Bellev.* tab. 215. *Loes. Pruss.* 138 , n.º 37.

Nutritive pour le Cheval , le Bœuf , le Mouton , la Chèvre le Coq , le Canard , le Dindon.

A Lyon , Grenoble , Paris , etc. ♃ Vernale.

6. OROBE à feuilles étroites , *O. angustifolius* , L. à feuilles à quatre folioles linéaires , aiguës ; à stipules en alène; à tige simple.

Bauh. Hist. 2 , pag. 326 , fig. 1.

En Provence , en Dauphiné. ♃

7. OROBE noir, *O. niger*, L. à tige rameuse ; à feuilles pinnées ;
à douze folioles, ovales, oblongues.

> *Orobus sylvaticus*, *Vicia fabâs* ; Orobe des forêts, à feuilles
> de Vesce. Bauh. Pin. 352, n.° 6. Dod. Pempt. 551, fig. 1.
> Lob. Ic. 2, p. 78, f. 2. Clus. Hist. 2, p. 230, fig. 2. Bauh.
> Hist. 2, p. 334, f. 1.
>
> Nutritive pour le Cheval, le Bœuf, le Mouton, la Chèvre,
> le Coq, le Canard, le Dindon.
>
> *A Montpellier*, à Lyon, Grenoble, Paris, etc. ♃ Vernale.

8. OROBE des Pyrénées, *O. Pyrænaicus*, L. à tige rameuse ; à
feuilles pinnées ; à quatre ou six folioles nerveuses ; à stipules
presque épineuses.

> *Pluk.* tab. 210, fig. 2.
>
> *A Montpellier*, aux Pyrénées. ♃

9. OROBE des forêts, *O. sylvaticus*, L. à tiges couchées, hérissées, rameuses.

> *En Angleterre*. ♃

946. GESSE, *LATHYRUS*. * *Tournef. Inst.* 394, tab. 216 et
217. *Lam. Tab. Encyclop.* pl. 632. CLYMENUM. *Tournef. Inst.* 396,
tab. 218. APHACA. *Tournef. Inst.* 399, tab. 223.

CAL. *Périanthe* d'un seul feuillet, en cloche, à moitié divisé en
cinq *segmens* lancéolés, aigus, dont *deux supérieurs* plus courts ;
l'*inférieur* plus long.

COR. *Papilionacée.*

— *Étendard* en cœur renversé, très-grand, réfléchi au sommet
et sur les côtés.

— *Ailes* oblongues, en croissant, courtes, obtuses.

— *Carène* à moitié arrondie, de la grandeur des ailes et plus larges
qu'elles, s'ouvrant intérieurement dans le milieu.

ÉTAM. *Filamens* diadelphes, (séparés en deux corps, dont un simple, l'autre divisé en neuf), droits. *Anthères* arrondies.

PIST. *Ovaire* comprimé, oblong, linéaire. *Style* relevé et élargi
vers le haut, aplati, aigu au sommet. *Stigmate* velu antérieurement, depuis le milieu du style jusqu'au sommet.

PÉR. *Gousse* très-longue, comme cylindrique ou comprimée, pointue, à deux battans.

SEM. *Plusieurs*, comme cylindriques, arrondies ou un peu anguleuses.

OBS. Lathyrus *Tournefort* : *Feuilles conjuguées* terminées par une
vrille.

> Clymenum *Tournefort* : *Feuilles pinnées* terminées par une
> vrille.

Nissol : *Tournefort* : *Feuilles simples sans vrilles.*

Aphaca *Tournefort* : *Stipules sans feuilles.*

Le Pisum a beaucoup d'affinité avec le Lathyrus, mais il en diffère essentiellement par le style.

Style aplati, velu en dessus, élargi par le haut. Deux Segmens supérieurs du calice plus courts.

* I. GESSES *à péduncules portant une seule fleur.*

1. GESSE sans feuilles, *L. Aphaca*, L. à péduncules portant une seule fleur ; à vrilles nues ou sans feuilles ; à deux stipules en fer de flèche.

Vicia lutea, foliis Convolvuli minoris ; Vesce à fleur jaune, à feuilles de Liseron plus petit. *Bauh. Pin.* 345, n.° 11. *Dod. Pempt.* 545, f. 1. *Lob. Ic.* 2, p. 70, f. 1. *Lugd. Hist.* 484, f. 1. *Bauh. Hist.* 2, p. 317, f. 1.

En Europe, dans les blés. ☉ Vernale.

2. GESSE de Nissole, *L. Nissolia*, L. à péduncules portant une seule fleur ; à feuilles simples ; à stipules en alêne.

Lathyrus sylvestris, minor ; Gesse sauvage, plus petite. *Bauh. Pin.* 344, n.° 5. *Dod. Pempt.* 529, f. 1. *Lob. Ic.* 2, p. 71, f. 1. *Lugd. Hist.* 1366, f. 2. *Bauh. Hist.* 2, p. 309, fig. 1. *Magn. Hort.* 112, tab. 16. *But. Paris.* tab. 433, *Dinxb. Cent.* 3, p. 24, tab. 45, f. 1.

A Montpellier, Lyon, Paris, etc. ♃ Vernale.

3. GESSE cache-légume, *L. amphicarpos*, L. à péduncules portant une seule fleur, plus longs que le calice ; à vrilles très-simples, accompagnées de deux feuilles.

Vicia similis, supra infraque terram fructum edens ; Plante semblable à la Vesce, portant des fruits dessus et dessous la terre. *Bauh. Pin.* 345, n.° 1.

Les synonymes de *J. Bauhin*, Hist. 2, pag. 323, fig. 1 et 2 ; et de l'*Ecluse Exot.* pag. 87, fig. 1, cités pour cette espèce, nous paroissent devoir être rapportés à la *Vicia amphicarpos*, L.

Près de Montpellier à Castelnaud, à Buzarin derrière la métairie parmi les pierres, où elle croît abondamment avec les Lathyrus amphycarpos, setifolius et Cicera. ☉ Vernale.

4. GESSE Pois, *L. Cicera*, L. à péduncules portant une seule fleur ; à vrilles accompagnées de deux feuilles ; à gousses ovales, comprimées, creusées en gouttières sur le dos.

Lathyrus sativus, flore purpureo ; Gesse cultivée, à fleur pourpre. *Bauh. Pin.* 344, n.° 2. *Dod. Pempt.* 523, fig. 1.

A Montpellier, en Provence. Cultivée dans les jardins potagers. ☉ Vernale.

5. GESSE cultivée, *L. sativus*, L. à péduncules portant une seule fleur; à vrilles accompagnées de deux ou de quatre feuilles; à gousses ovales, comprimées, garnies sur le dos de deux membranes.

> Cette espèce présente une variété.

> *Lathyrus sativus, flore fructuque albo;* Gesse cultivée, à fleur et fruit blancs. *Bauh. Pin.* 343, n.° 1. *Fusch. Hist.* 571. *Dod. Pempt.* 522, fig. 2, *Lob. Ic.* 2, pag. 69, fig. 1. *Lugd. Hist.* 470, fig. 1. *Bauh. Hist.* 2, pag. 306, fig. 2. *A Montpellier, en Provence, etc. Cultivée dans les jardins potagers.* ☉

6. GESSE à peine visible, *L. inconspicuus*, L. à péduncules portant une seule fleur, plus courts que le calice; à vrilles simples, accompagnées de deux feuilles lancéolées.

> *Jacq. Hort.* tab. 86.

> *A Montpellier.* ☉

7. GESSE à feuilles sétacées, *L. setifolius*, L. à péduncules portant une seule fleur; à vrilles accompagnées de deux feuilles sétacées, linéaires.

> *Lathyrus sylvestris major, angustissimo folio;* Gesse sauvage plus grande, à feuille très-étroite. *Bauh. Pin.* 344, n.° 11. *Bauh. Hist.* 2, pag. 308, fig. 1.

> *A Montpellier, en Provence, à Lyon.* ☉ Vernale.

8. GESSE anguleuse, *L. angulatus*, L. à péduncules portant une seule fleur, ayant une arête; à vrilles très-simples, accompagnées de deux feuilles linéaires.

> *Buxb. Cent.* 3, pag. 23, tab. 42, fig. 2.

> *A Lyon, Paris, Grenoble.* ♃ Estivale.

9. GESSE articulée, *L. articulatus*, L. à péduncules ne portant le plus souvent qu'une fleur; à vrilles accompagnées de plusieurs feuilles alternes; à gousses articulées.

> *Lathyrus angustissimo folio, Americanus, variegatus;* Gesse à feuille très-étroite; d'Amérique, marquetée. *Bauh. Pin.* 344, n.° 9. *Mill. Ic.* tab. 96.

> Cette espèce présente une variété.

> *Lathyrus angustifolius, humilior;* Gesse à feuilles étroites, moins élevée. *Bauh. Pin.* 344, n.° 10.

> *A Montpellier?* ☉

* II. GESSES à péduncules portant deux fleurs.

10. GESSE odorante *L. odoratus*, L. à péduncules portant deux fleurs; à vrilles accompagnées de deux feuilles ovales, oblongues; à gousses velues.

Cette espèce deux variétés.

1.º La Gesse de Sicile, *L. Siculus. Commel. Hort.* 2, p. 219, tab. 80. *Bul. Paris.* 434.

2.º La Gesse de Zeylan, *L. Zeylanicus. Kniph. Cent.* 4, n.º 37.

La première variété en Sicile, à Naples : la seconde à Zeylan. La beauté des fleurs de cette plante, leur odeur très-suave, l'ont fait introduire dans les jardins. ⊙ Estivale.

11. GESSE annuelle, *L. annuus, L.* à pédoncules portant deux fleurs; à vrilles accompagnées de deux feuilles en lame d'épée; à gousses lisses; à stipules divisées profondément en deux parties.

A Montpellier, en Provence. ⊙ Vernale.

12. GESSE de Mauritanie, *L. Tingitanus. L.* à pédoncules portant deux fleurs; à vrilles accompagnées de deux feuilles alternes, lancéolées, lisses; à stipules en croissant.

Jacq. Hort. tab. 46.

En Mauritanie. ⊙

13. GESSE Clymène, *L. Clymenum, L.* à pédoncules portant deux fleurs; à vrilles accompagnées de plusieurs feuilles; à stipules dentées.

En Mauritanie, en Orient.

* III. *GESSES à pédoncules portant plusieurs fleurs.*

14. GESSE hérissée, *L. hirsutus, L.* à pédoncules portant le plus souvent trois fleurs; à vrilles accompagnées de deux feuilles lancéolées; à gousses hérissées; à semences rudes.

Lathyrus angustifolius, siliquâ hirsutâ; Gesse à feuilles étroites, à silique hérissée. *Bauh. Pin.* 344, n.º 7. *Bauh. Hist.* 2, pag. 305, fig. 1.

A Montpellier, Lyon, Paris, etc. ⊙ Estivale.

15. GESSE tubéreuse, *L. tuberosus, L.* a pédoncules portant plusieurs fleurs; à vrilles accompagnées de deux feuilles ovales; les entre-nœuds nus.

Lathyrus arvensis, repens, tuberosus; Gesse des champs, rampante, tubéreuse. *Bauh. Pin.* 344, n.º 14. *Fusch. Hist.* 131. *Matth.* 876, fig. 2. *Dod. Pempt.* 550, fig. 1. *Lob. Ic.* 2, pag. 70, fig. 2. *Lugd. Hist.* 1596, fig. 1. *Camer. Epit.* 981. *Column. Ecphras.* 304 et 301, fig. 3. *Bul. Paris.* t. 435.

A Montpellier, Lyon, Paris. ♃ Estivale.

16. GESSE des prés, *L. pratensis, L.* à pédoncules portant plusieurs fleurs; à vrilles très-simples, accompagnées de deux feuilles lancéolées.

Lathyrus

Lathyrus sylvestris luteus, foliis Viciæ; Gesse sauvage à fleur jaune, à feuilles de Vesce. *Bauh. Pin.* 344, n.° 13. *Bauh. Hist.* 2, p. 304, f. 2. *Bul. Paris.* tab. 436. *Flor. Dan.* tab. 527.
Nutritive pour le Cheval, le Mouton, le Bœuf, la Chèvre, le Coq, le Dindon, l'Oie.

En Europe, dans les prés. ♃ Estivale.

17. GESSE sauvage, *L. sylvestris*, L. à pédoncules portant plusieurs fleurs; à vrilles accompagnées de deux feuilles en lame d'épée; les entre-nœuds membraneux.

Lathyrus sylvestris, major; Gesse sauvage, plus grande. *Bauh. Pin.* 344, n.° 3. *Fusch. Hist.* 572. *Dod. Pempt.* 523, f. 2. *Lugd. Hist.* 471, fig. 1. *Bauh. Hist.* 2, pag. 302, fig. 2. *Bul. Paris.* tab. 437.
Nutritive pour le Cheval, le Mouton, le Bœuf, la Chèvre, le Coq, le Dindon, le Canard, l'Oie.

A Paris, en Dauphiné. ♃ Estivale.

18. GESSE à larges feuilles, *L. latifolius*, L. à pédoncules portant plusieurs fleurs; à vrilles accompagnées de deux feuilles lancéolées; les entre-nœuds membraneux.

Lathyrus latifolius; Gesse à larges feuilles. *Bauh. Pin.* 344, n.° 6. *Matth.* 690, fig. 1. *Lob. Ic.* 2, pag. 68, fig. 2. *Clus. Hist.* 2, pag. 139, fig. 2. *Lugd. Hist.* 470, fig. 2. *Camer. Epit.* 712. *Bauh. Hist.* 2, pag. 303, fig. 1.
C'est un des meilleurs fourrages; les semences, assez grosses, fournissent une très-bonne farine.

En Europe, dans les buissons. ♃ Estivale.

19. GESSE hétérophylle, *L. heterophyllus*, L. à pédoncules portant plusieurs fleurs; à vrilles accompagnées de deux ou de quatre feuilles lancéolées, étroites, nerveuses; les entre-nœuds membraneux.

Bauh. Hist. 2, pag. 304, fig. 1.
Nutritive pour le Cheval, le Bœuf, le Mouton, la Chèvre.

A Montpellier, Lyon. ♃ Estivale.

20. GESSE des marais, *L. palustris*, L. à pédoncules portant plusieurs fleurs; à vrilles accompagnées de plusieurs feuilles; à stipules lancéolées.

Lathyrhus peregrinus, foliis Viciæ, flore subcæruleo, pallidè vel purpurascente; Gesse étrangère, à feuilles de Vesce, à fleur bleuâtre ou d'un pourpre pâle. *Bauh. Pin.* 344, n.° 12. *Pluk.* tab. 71, fig. 2. *Flor. Dan.* tab. 399.
Nutritive pour le Cheval, le Bœuf, le Mouton, la Chèvre, le Coq, le Dindon, le Canard, l'Oie.

A Paris. ♃ Estivale.

21. GESSE pisiforme, *L. pisiformis*, L. à pédoncules portant plusieurs fleurs; à vrilles accompagnées de plusieurs feuilles; à stipules ovales plus larges que les foliolas.

> Gmel. Sibir. 4, pag. 7, n.º 1, tab. 1. Linn. fil. Decad. 39, tab. 20.

> *En Sibérie, en Allemagne.* ♃

947. VESCE, *VICIA.* * *Tournef. Inst.* 396, tab. 221. *Lam. Tab. Encyclop.* pl. 634. FABA. *Tournef. Inst.* 391, tab. 212.

Cal. *Périanthe* d'un seul feuillet, tubulé, droit, aigu, à moitié divisé en cinq segmens terminés par des *dents supérieures* plus courtes, réunies, *toutes* d'une égale largeur.

Cor. Papilionacée.

— *Étendard* ovale, à onglet large, oblong, échancré au sommet et terminé en pointe, renversé sur les côtés, marqué par une ligne longitudinale comprimée, élevée.

— *Deux Ailes*, oblongues, droites, en demi-cœur, à onglet oblong, plus courtes que l'étendard.

— *Carène* à onglet oblong, à deux divisions profondes, à ventricule comprimé, à moitié arrondi, plus court que les ailes.

Étam. *Filamens* diadelphes, (séparés en deux corps, dont un simple, l'autre divisé en neuf). *Anthères* droites, arrondies, à quatre sillons.

> *Nectaire:* Glande placée entre l'étamine composée et l'ovaire, s'élevant du réceptacle, courte, pointue.

Pist. *Ovaire* linéaire, comprimé, long. *Style* filiforme, plus court, ascendant à angle droit. *Stigmate* obtus, barbu transversalement au-dessous du sommet.

Pér. *Gousse* longue, coriace, à une loge, à deux battans, terminée en pointe.

Sem. Plusieurs, arrondies.

Obs. Fabæ *Tournefort: Semences ovales, comprimées.*

> Vicia *Rivin: Semences arrondies.*

Stigmate barbu transversalement sur le côté inférieur.

* I. *VESCES à fleurs portées sur des pédoncules alongés.*

2. VESCE pisiforme, *V. pisiformis*, L. à pédoncules portant plusieurs fleurs; à pétioles portant plusieurs feuilles; à feuilles pinnées; à folioles ovales : les inférieures assises.

> *Pisum sylvestre, perenne;* pois sauvage, vivace. *Bauh. Pin.* 343, n.º 9. *Clus. Hist.* 2, pag. 229, fig. 1. *Lugd. Hist.* 472, fig. 2. *Bauh. Hist.* 2, pag. 309 et 310, fig. 1.

> *En Provence.* ♃

2. VESCE des buissons, *V. dumetorum*, L. à péduncules portant plusieurs fleurs ; à feuilles pinnées ; à folioles renversées, ovales, pointues ; à stipules un peu dentées.

> *Vicia maxima, dumetorum ;* Vesce très-grande, des buissons. *Bauh. Pin.* 345, n.° 3. *Bauh. Hist.* 2, pag. 315 et 316, fig. 1.

> Nutritive pour le Cheval, le Bœuf, le Mouton, la Chèvre, le Coq, le Dindon, l'Oie.

> *A Montpellier, Lyon, Paris, etc.* ♃ Vernale.

3. VESCE des forêts, *V. sylvatica*, L. à péduncules portant plusieurs fleurs ; à feuilles pinnées ; à folioles ovales ; à stipules dentelées.

> *Plak. t.* 71, f. 1. *Hal. Helv.* n.° 426, t. 12. *Flor. Dan. t.* 227.

> Nutritive pour le Cheval, le Bœuf, le Mouton, la Chèvre, le Coq, le Dindon, le Canard, l'Oie.

> *A Montpellier, Lyon, en Provence, etc.* ♃ Estivale.

4. VESCE de Cassubie, *V. Cassubica*, L. à péduncules portant le plus souvent six fleurs ; à feuilles pinnées ; à dix folioles ovales, aiguës ; à stipules entières.

> *Flor. Dan. tab.* 98.

> *En Danemarck, en Allemagne.*

5. VESCE Cracca, *V. Cracca*, L. à péduncules portant plusieurs fleurs qui se recouvrent ; à feuilles pinnées ; à folioles lancéolées, duvetées ; à stipules entières.

> *Vicia multiflora ;* Vesce à plusieurs fleurs. *Bauh. Pin.* 345, n.° 6. *Bul. Paris.* tab. 438.

> *Vicia sylvestris spicata ;* Vesce sauvage à fleurs en épi. *Bauh. Pin.* 345, n.° 8.

> Nutritive pour le Cheval, le Bœuf, le Mouton, la Chèvre, le Coq, le Dindon, l'Oie.

> *En Europe, dans les prés, les haies.* ♃ Estivale.

6. VESCE sainfoin, *V. onobrychoïdes*, L. à péduncules portant plusieurs fleurs éloignées entre elles ; à feuilles pinnées ; à folioles linéaires ; à stipules dentées vers la base.

> *Vicia Onobrychidis flore ;* Vesce à fleur de Sainfoin. *Bauh. Pin.* 345, n.° 7.

> *Près de Montpellier dans le bois de Périers, en Provence.* ☉ Vernale.

7. VESCE de Nissole, *V. Nissoliana*, L. à péduncules portant plusieurs fleurs ; à feuilles pinnées ; à folioles oblongues ; à stipules entières ; à gousses velues, ovales, oblongues.

> *A Montpellier.* ☉

8. VESCE de deux ans, *V. biennis*, L. à pédoncules portant plusieurs fleurs; à pétioles sillonnés, portant le plus souvent douze folioles lancéolées, lisses.

Gmel. Sibir. 4, tab. 2.

En Sibérie. ♂

9. VESCE du Bengale, *V. Bengalensis*, L. à pédoncules portant plusieurs fleurs; à feuilles composées; à folioles très-entières; à stipules entières; à gousses redressées.

Hermann Lugd. 624 et 625.

A Montpellier ? ☉

* II. VESCES à fleurs presque assises aux aisselles des feuilles.

10. VESCE cultivée, *V. sativa*, L. à deux gousses assises, droites; à feuilles pinnées; à folioles échancrées; à stipules marquées d'une tache noire.

Vicia sativa vulgaris, semine nigro; Vesce cultivée vulgaire, à semence noire. Bauh. Pin. 344, n.° 1.

Vicia sativa, alba; Vesce cultivée, à semence blanche. Bauh. Pin. 344, n.° 2. Bauh. Hist. 2, pag. 3:0, fig. 2. Bul. Paris. tab. 439.

Cette espèce présente deux variétés.

1.° Vicia semine rotundo, nigro; Vesce à semence ronde, noire. Bauh. Pin. 345, n.° 1. Dod. Pempt. 542, fig. 2. Lob. Ic. 2. pag. 75, fig. 2.

2.° Vicia vulgaris, acutiore folio, semine parvo, nigro; Vesce vulgaire, à feuille plus aiguë, à semence petite, noire. Bauh. Pin. 345, n.° 5. Matth. 416, fig. 2. Lugd. Hist. 478, fig. 2.

On fait avec les semences de *Vesce*, du pain qui est de mauvaise digestion; elles ne peuvent nourrir que les Moutons et les Pigeons. Les *Vesces* servent comme les Lupins à fertiliser les terres; on les renverse avec la charrue lorsqu'elles sont en fleur. La farine est une de quatre *Farines résolutives*; on l'emploie en cataplasme.

Nutritive pour le Cheval, le Bœuf, le Mouton, la Chèvre.

En Europe. Cultivée dans les champs. ☉

11. VESCE gesse, *V. lathyroïdes*, L. à gousses assises, solitaires, droites, lisses; à feuilles pinnées; à dix folioles: les inférieures comme en cœur.

Herm. Parad. pag. et tab. 242. Flor. Dan. tab. 58.

A Lyon, Montpellier, Paris, etc. ☉ Vernale.

12. VESCE jaune, *V. lutea*, L. à gousses assises, velues, renversées, solitaires, renfermant cinq semences; à étendards lisses.

Vicia sylvestris, lutea, siliquâ hirsutâ; Vesce sauvage, à fleur jaune, à silique hérissée. *Bauh. Pin.* 345, n.° 10. *Moris. Hist.* sect. 2, tab. 21, fig. 5.

A Montpellier, Lyon, Paris, etc. ☉ Estivale.

13. VESCE hybride, *V. hybrida*, L. à gousses assises, velues, renversées, renfermant cinq semences; à étendards velus.

Jacq. Aust. tab. 146.

A Montpellier, Lyon, Paris, etc. ☉ Estivale.

14. VESCE étrangère, *V. peregrina*, L. à gousses presque assises, pendantes, lisses, renfermant quatre semences; à feuilles pinnées; à folioles linéaires, échancrées.

Pluk. tab. 233, fig. 6.

A Montpellier, Lyon, Paris, etc. ♃ Estivale.

15. VESCE des haies, *V. sepium*, L. à gousses portées sur un pédicule, le plus souvent au nombre de quatre, redressées: à feuilles pinnées; à folioles ovales, aiguës, très-entières: les extérieures décroissant.

Vicia sepium, folio rotundiore, acuto; Vesce des haies, à feuille plus ronde, aiguë. *Bauh. Pin.* 345, n.° 4. *Fusch. Hist.* 110. *Matth.* 416, fig. 1. *Dod. Pempt.* 531, fig. 1. *Lob. Ic.* 2, pag. 75, fig. 1. *Clus. Hist.* 2, pag. 235, fig. 1. *Bauh. Hist.* 2, p. 313, f. 2. *Flor. Dan.* tab. 699.

Nutritive pour le Cheval, le Bœuf, le Mouton, le Cochon, la Chèvre.

A Lyon, Paris, etc. ♃ Vernale.

16. VESCE de Bithynie, *V. Bithynica*, L. à gousses pédonculées, solitaires, droites; à feuilles composées; à quatre folioles ovales, lancéolées; à stipules dentées.

Buxb. Cent. 3, pag. 25, tab. 45, fig. 2. *Jacq. Hort.* t. 147.

En Italie, en Bavière. ♃

17. VESCE de Narbone, *V. Narbonensis*, L. à gousses presque assises, droites; à pédoncules portant le plus souvent trois fleurs; à feuilles composées; à six folioles presque ovales; à stipules dentelées.

Faba sylvestris, fructu rotundo, atro; Vesce sauvage, à fruit rond, noir. *Bauh. Pin.* 338, n.° 3. *Matth.* 337, fig. 1. *Dod. Pempt.* 516, fig. 1. *Lob. Ic.* 2, pag. 58, fig. 1. *Lugd. Hist.* 451, f. 2. *Camer. Epit.* 207. *Bauh. Hist.* 2, p. 286, fig. 1.

Près de Montpellier, à Maguelone dans les blés, en Provence. ☉ Vernale.

18. VESCE Féve, *V. Faba*, L. à tige droite; à feuilles pinnées; à pétioles sans vrilles.

Faba ; Féve. *Bauh. Pin.* 338, n.° 1. *Furch. Hist.* 389. *Matth.* 336, fig. 1. *Dod. Pempt.* 513, fig. 1. *Lob. Ic.* 2, pag. 57, f. 2. *Lugd. Hist.* 451, fig. 1. *Camer. Epit.* 206. *Bauh. Hist.* 2, p. 278, et non pas 872 par erreur de chiffres, f. 3. *D. Paris.* tab. 440.

Cette espèce présente une variété.

Faba minor sive equina ; Féve plus petite ou Féve de cheval. *Bauh. Pin.* 338, n.° 2.

1. *Faba ;* Féve. 2. Fleurs, Semences. 3. Venteuses, (semences). 6. On emploie en cataplasme la farine qui est une des quatre *Farines résolutives ;* on tire des fleurs une eau aromatique assez inutile ; on obtient par la lixiviation des tiges et des gousses brûlées, un sel diurétique. On mange les *Féves* avant leur maturité, alors elle se digèrent assez facilement ; celles qui sont mûres, quoique très-cuites, sont très-venteuses, de dure digestion. L'eau distillée des fleurs a eu une grande réputation comme cosmétique ou propre à embellir la peau : c'est une chimère ; les vrais cosmétiques, dit le D.r *Gilibert,* ne sont pas des topiques : la sobriété, la modération, la tempérance, en conservant la santé, prolongent la beauté ; les vices, sur-tout la gourmandise et la luxure l'altèrent ; vouloir adoucir et rendre satinée une vieille peau, est encore une plus grande chimère.

En Perse. Cultivée dans les champs et les jardins potagers. ☉

948. LENTILLE, *ERVUM.* ✱ *Tournef. Inst.* 398, tab. 221. *Lam. Tab. Encyclop.* pl. 634.

CAL. *Périanthe* de la longueur de la corolle, à cinq *segmens* profonds, linéaires, pointus, presque égaux.

COR. Papilionacée.

—— *Étendard* plane, légèrement renversé, arrondi, plus grand.

—— *Ailes* obtuses, moitié plus courtes que l'étendard.

—— *Carène* plus courte que les ailes, pointue.

ÉTAM. *Filamens* diadelphes, (séparés en deux corps, dont un simple, l'autre divisé en neuf), droits. *Anthères* simples.

PIST. *Ovaire* oblong. *Style* simple, droit. *Stigmates* obtus, sans barbe.

PÉR. *Gousse* oblongue, obtuse, arrondie, à protubérances formées par la saillie des semences.

SEM. Quatre, comme arrondies.

OBS. *Ce genre diffère des* Vicia , *par le stigmate seul.*

Calice à cinq segmens peu profonds, de la longueur de la gousse.

♄. LENTILLE vulgaire , *E. Lens ,* L. à pédoncules portant le plus souvent deux fleurs ; à semences comprimées quoique convexes.

Lens vulgaris ; Lentille vulgaire. Bauh. Pin. 346, n.º 1. Fusch. Hist. 839. Dod. Pempt. 526, f. 1. Lob. Ic. 2, p. 74, f. 1. Lugd. Hist. 475, fig. 2. Camer. Epit. 210. Bauh. Hist. 2, pag. 317, fig. 2.

1. Lens ; Lentille. 2 Semences. 6. On se sert plus souvent des Lentilles comme nourriture que comme remède ; leur farine est résolutive. Des Lentilles mêlées avec de l'Orge, fournissent par la fermentation et la distillation, un esprit ardent, plus fort que celui qu'on retire de l'Orge. Quelques médecins et le peuple aiment encore aujourd'hui à prescrire la décoction de Lentilles, pour faciliter l'éruption de la petite vérole ; mais les philosophes ne voient dans ce remède Arabe, qu'une conséquence absurde de la doctrine des signatures.

Cultivée en Europe dans les champs, les jardins potagers. ⊙

2. LENTILLE à quatre semences, E. tetraspermum, L. à pédoncules portant le plus souvent deux fleurs ; à une ou deux gousses renfermant quatre semences arrondies.

Vicia segetum, singularibus siliquis, glabris ; Vesce des moissons, à siliques isolées, lisses. Bauh. Pin. 345, n.º 3. Bauh. Hist. 2, p. 315, fig. 2. Moris. Hist. sect. 2, tab. 4, fig. 16.

Nutritive pour le Cheval, le Bœuf, le Mouton, la Chèvre.

A Montpellier, Lyon, Paris, etc. ⊙ Estivale.

3. LENTILLE hérissée, E. hirsutum, L. à pédoncules portant plusieurs fleurs ; à gousses hérissées renfermant deux semences arrondies.

Vicia segetum cum plurimis siliquis hirsutis ; Vesce des moissons à plusieurs siliques hérissées. Bauh. Pin. 345, n.º 2. Dod. Pempt. 542, fig. 3. Lob. Ic. 2, pag. 76, fig. 1. Lugd. Hist. 480, fig. 1. Bauh. Hist. 2, pag. 315, fig. 1. Flor. Dan. tab. 639.

Nutritive pour le Cheval, le Bœuf, le Mouton, la Chèvre, le Coq, le Dindon, le Canard, l'Oie.

En Europe dans les champs. ⊙ Estivale.

4. LENTILLE de Sologne, E. Soloniense, L. à pédoncules portant une ou deux fleurs, terminés par une arête ; à pétioles aigus ; à folioles obtuses.

A Montpellier, Lyon, Paris, etc. ⊙ Vernale.

5. LENTILLE à une fleur, E. monanthos, L. à pédoncules portant une seule fleur.

En Russie, en Lithuanie. ⊙

6. LENTILLE Ers, E. Ervilia, L. à ovaires ondulés, plissés ; à gousses pendantes ; à feuilles pinnées et terminées par une foliole impaire.

X 4

Orobus siliquis articulatis, semine majore; Orobe à siliques
articulées, à semence plus grande. *Bauh. Pin.* 346, n.º 1.
Matth. 343, f. 1. *Dod. Pempt.* 524, f. 1. *Lob. Ic.* 2, p. 72,
f. 2. *Lugd. Hist.* 468, f. 1. *Camer. Epit.* 211. *Bauh. Hist.* 2,
p. 321, f. 1. *Icon. Pl. Medic.* tab. 223.

3. *Ervi semina, Orobi farina;* Era, Orobe des Herboristes.
2. Semences. 3. Résolutives. 6. La farine des semences est
une des quatre *Farines résolutives :* on l'emploie rarement
seule et toujours extérieurement. Les semences fournissent
un aliment dangereux. On a observé qu'il occasionnoit à la
longue une singulière foiblesse des jambes, aux hommes et
même aux chevaux. Les Poules périssent, si elles avalent
une trop grande quantité de ces semences. On attribue ces
effets à la surabondance d'air qui se dégage pendant la digestion.

*A Montpellier, en Provence, à Paris. Cultivé dans les
champs.* ☉

949. POIS-CHICHE, *CICER.* * *Tournef. Inst.* 389, tab. 210.
Lam. Tab. Encyclop. pl. 632. LENS. *Tournef. Inst.* 390, tab. 210.

CAL. *Périanthe* de la longueur de la corolle, à cinq *segmens* profonds, dont *quatre* rabattus sur l'étendard : *deux* intermédiaires
réunis dans leur longueur : *l'inférieur* placé sous la carène.

COR. Papilionacée.
— *Étendard* plane, arrondi, plus grand, courbé sur les côtés.
— *Ailes* obtuses, moitié plus courtes que l'étendard.
— *Carène* plus courte que les ailes, un peu aiguë.

ÉTAM. *Filamens* diadelphes, (séparés en deux corps, dont un
simple, l'autre divisé en neuf), droits. *Anthères* simples.

PIST. *Ovaire* ovale. *Style* simple, droit. *Stigmate* obtus.

PÉR. *Gousse* rhomboïdale, humide, renflée.

SEM. Deux, arrondies.

Calice à cinq segmens profonds, de la longueur de la corolle : les quatre segmens supérieurs rabattus sur l'étendard.
Gousse rhomboïdale, renflée, renfermant deux semences.

1. POIS-CHICHE cultivé, *C. Arietinum,* L. à feuilles pinnées ; à
folioles à dents de scie.

Cicer sativum ; Pois-chiche cultivé. *Bauh. Pin.* 347, n.º 1. *Fusch.
Hist.* 267. *Matth.* 335, fig. 1. *Dod. Pempt.* 525. f. 1. *Lob.
Ic.* 2, p. 71. f. 2. *Lugd. Hist.* 461, f. 1. *Camer. Epit.* 204.
Bauh. Hist. 2, p. 292, f. 1. *Moris Hist.* sect. 2, tab. 6, f. 3.

1. *Cicer ;* Pois-chiche. 2. Semences. 3. Nourrissantes, venteuses,
un peu âcres. 6. Le *Pois-chiche* torréfié fournit une farine

légère qui se digère assez promptement, quoiqu'un peu venteuse; l'infusion de la farine des semences torréfiée, donne une liqueur assez agréable qui imite assez bien le *Café*. Chez les Romains on vendoit les Pois-chiches frits au peuple qui, *Cicere fricto, famen levabat*. Ils préparoient des bouillies au lait avec la farine de ces semences. Encore aujourd'hui en Espagne et en Italie, on mange les semences tendres, vertes, comme les petits Pois.

En France, en Espagne, en Italie. Cultivé dans les champs. ☉

950. LIPARE, *LIPARIA*. †

CAL. *Périanthe* d'un seul feuillet, très-obtus à la base, aigu, à moitié divisé en cinq *segmens*, dont l'intérieur est très-long, elliptique, en forme de pétale.

COR. Papilionacée, sans prolongement de la carène ni des ailes.

— *Étendard* oblong, droit, doublé, renversé sur les cotés.

— *Ailes* oblongues, droites, plus étroites à la base, à deux lobes sur la marge inférieure.

— *Carène* lancéolée, comme ascendante, divisée profondément à la base en deux parties.

ÉTAM. *Filamens* diadelphes, (séparés en deux corps, dont un simple, l'autre divisé en neuf), filiformes, dont trois plus courts. *Anthères* ovales.

PIST. *Ovaire* assis, très-court. *Style* filiforme, d'une longueur médiocre. *Stigmate* simple.

PÉR. *Gousse* ovale.

SEM. peu nombreuses.

Calice à cinq segmens peu profonds dont l'inférieur est alongé. *Ailes* garnies à la base de deux lobes. Trois *Anthères* portées sur des filamens plus courts que les autres. *Gousse* ovale.

1. LIPARE sphérique, *L. sphærica*. L. à fleurs réunies en têtes; à feuilles lancéolées, nerveuses, lisses.

Au cap de Bonne-Espérance.

2. LIPARE graminée, *L. graminifolia*, L. à fleurs réunies en têtes; à feuilles linéaires, alternes, aiguës, assises ou sans pétioles; à calices velus.

Au cap de Bonne-Espérance.

3. LIPARE opposée, *L. opposita*, L. à fleurs solitaires; à bractées opposées.

Cette plante est désignée dans le *Species* sous le nom de Spartie du Cap, *S. Capense*, L. à rameaux latéraux, alternes; à feuilles alternes, lancéolées.

Au cap de Bonne-Espérance ♃

4. LIPARE ombellée, *L. umbellata*, L. à fleurs en ombelles; à feuilles lancéolées, lisses.

Quelques Botanistes l'ont désignée sous le nom de *Bourbone lisse*.

Au cap de Bonne-Espérance.

5. LIPARE velue, *L. villosa*, L. à fleurs réunies en faisceau; à feuilles ovales, velues, cotonneuses.

Cette plante est désignée dans le *Species* sous le nom de *Bourbone cotonneuse*, *B. tomentosa*, L. à feuilles en ovale renversé, velues.

En Éthiopie.

6. LIPARE soyeuse, *L. sericea*, L. à fleurs comme en épis; à feuilles ovales, velues, cotonneuses.

En Éthiopie.

951 CYTISE, *CYTISUS.* * *Tournef. Inst.* 647, tab. 416. *Lam. Tab. Encyclop.* pl. 618.

CAL. *Périanthe* d'un seul feuillet, en cloche, court, obtus à la base, à *orifice*, à deux lèvres : la *supérieure* pointue, à deux segmens peu profonds : l'*inférieure* à trois dents.

COR. Papilionacée.

— *Étendard* ovale, droit, renversé sur les côtés.

— *Ailes* de la longueur de l'étendard, droites, obtuses.

— *Carène* un peu ventrue, aiguë.

ÉTAM. *Filamens* diadelphes, (séparés en deux corps, dont un simple, l'autre divisé en neuf), droits. *Anthères* simples.

PIST. *Ovaire* oblong. *Style* simple, droit. *Stigmate* obtus.

PÉR. *Gousse* oblongue, obtuse, rétrécie vers la base, roide.

SEM. Quelques-unes, en forme de rein, comprimées.

OBS. Plusieurs espèces présentent cinq étamines rondes, et cinq longues.

Calice à deux lèvres : l'inférieure à trois dents : la supérieure à deux. Gousse rétrécie vers la base.

1. CYTISE des Alpes, *C. Laburnum*, L. à fleurs en grappes simples, pendantes; à folioles ovales, oblongues.

Anagyris non fœtida, major, vel Alpina; Anagyre non puant, plus grand, ou des Alpes. *Bauh. Pin.* 391, n.° 3. *Lugd. Hist.* 103, f. 1. *Camer. Epit.* 672. *Bauh. Hist.* 1, p. 361, f. 1. *Jacq. Aust.* tab. 306.

Anagyris non fœtens, minor; Anagyre non puant, plus petit. *Bauh. Pin.* 391, n.° 4. *Matth.* 665, fig. 2. *Dod. Pempt.* 785, f. 2. *Lob. Ic.* 2, p. 49, f. 2. *Lugd. Hist.* 104, f. 1.

Le bois de ce Cytise sert à faire des manches de couteau; on en fait d'excellens brancards.

Sur les Alpes du Dauphiné, de Provence. Cultivé dans les jardins. ♄ Vernale. *S. Alp.*

2. CYTISE noirâtre, *C. nigricans*, L. à fleurs en grappes simples, droites ; à folioles ovales, oblongues.

> *Cytisus glaber, nigricans ;* Cytiso lisso, noirâtre. *Bauh. Pin.* 390, n.° 3. *Hort. Pempt.* 570, f. 1. *Clus. Hist.* 1, p. 95, f. 1. *Lugd. Hist.* 260, f. 1. *Bauh. Hist.* 1, P. 2, p. 370, f. 2. *Jacq. Aust.* tab. 387.

> *A Montpellier, en Provence. Cultivé dans les jardins.* ♄

3. CYTISE à feuilles assises, *C. sessilifolius*, L. à fleurs en grappes droites ; à calices à trois bractées ; les feuilles florales sans pétioles.

> *Cytisus glabris foliis subrotundis, pediculis brevissimis ;* Cytise à feuilles lisses, arrondies, à pédicules très-courts. *Bauh. Pin.* 390, n.° 1. *Lob. Ic.* 2, pag. 46, f. 1. *Bauh. Hist.* 1, P. 1, pag. 373, f. 2.

> Les feuilles sont quelquefois pétiolées.

> *A Grenoble, Montpellier.* ♄ Vernale.

4. CYTISE Caïan, *C. Caïan*, à fleurs en grappes axillaires ; droites ; à folioles comme lancéolées, cotonneuses : l'intermédiaire portée sur un long pétiole.

> *Pluk.* tab. 213, fig. 3.

> *Dans l'Inde Orientale.* ♄

5. CYTISE étalé, *C. patens*, L. à fleurs pédonculées, le plus souvent deux à deux, latérales, inclinées.

> *En Portugal.* ♄

6. CYTISE, hérissé, *C. hirsutus*, L. à pédoncules simples, latéraux ; à calices hérissés, ventrus, oblongs, à trois segmens obtus.

> *Cytisus incanus, siliquâ longiore ;* Cytise à feuilles blanchâtres, à silique plus longue. *Bauh. Pin.* 390, n.° 4. *Lugd. Hist.* 261, fig. 1 ?

> *Cytisus foliis subrufâ lanugine hirsutis ;* Cytise à feuilles hérissées et couvertes d'un duvet roussâtre. *Bauh. Pin.* 390, n.° 6. *Lob. Ic.* 2, p. 48, f. 2. *Clus. Hist.* 1, p. 94, fig. 3. *Lugd. Hist.* 263, f. 1.

> *A Lyon.* ♄ Vernale.

7. CYTISE couché, *C. supinus*, L. à fleurs en ombelles, terminant les rameaux qui sont le plus souvent couchés ; à folioles ovales.

> *Cytisus supinus, foliis infernè et siliquis molli lanugine pubescentibus ;* Cytise couché, à feuilles hérissées à la base, et couvertes de même que les siliques d'un duvet mou. *Bauh. Pin.* 390, n.° 11. *Clus. His.* 1, pag. 96, fig. 3. *Jacq. Aust.* tab. 38.

> *A Montpellier, Lyon, Paris, etc.* ♄ Vernale.

8. CYTISE d'Autriche , *C. Austriacus* , L. à fleurs en ombelles , terminant les rameaux qui sont droits ; à folioles lancéolées.

> *Cytisus incanus, folio oblongo, Austriacus* ; Cytise blanchâtre , à feuille oblongue , d'Autriche. *Bauh. Pin.* 390 , n.° 3. *Dod. Pempt.* 570 , fig. 2. *Clus. Hist.* 1 , P. 1 , pag. 96 , f. 1.
>
> *En Autriche , en Italie.* ♄

9. CYTISE argenté , *C. argenteus* , L. à fleurs deux à deux , presque assises ; à feuilles soyeuses ; à rameaux couchés ; à stipules très-petites.

> *Lotus fruticosus, incanus , siliquosus* ; Lotier ligneux , à feuilles blanchâtres , siliqueux. *Bauh. Pin.* 332 , n.° 11. *Lob. Ic.* 2 , p. 41 , fig. 2. *Lugd. Hist.* 510 , fig. 2. *Bauh. Hist.* 2 , p. 359 , fig. 3. *Bellev. tab.* 223.
>
> *A Lyon , Montpellier , Grenoble.* ♄ *Vernale.*

10. CYTISE Grec , *C. Græcus* , L. à feuilles simples , lancéolées , linéaires ; à rameaux anguleux.

> *Reichard* cite avec un point de doute pour cette espèce, le synonyme de *Tournefort* : *Barba Jovis, Cretica, Linariæ folio , flore luteo , parvo* , ou Barbe de Jupiter de Crète , à feuilles de Linaire , à fleur jaune , petite. *Corol.* 44 qu'il a déjà rapporté à la Vulnéraire Hermanne , *A. Hermanniæ* , L. espèce 12.
>
> *Dans les Isles de l'Archipel.* ♄

952. GEOFFROIE, *GEOFFROYA*. GEOFFR.ÆA. *Lam. Tab. Encyclop.* pl. 604.

CAL. *Périanthe* d'un seul feuillet, en cloche, à moitié divisé en cinq *segmens* , dont deux supérieurs divergens , ouverts.

COR. Papilionacée.

— *Etendard* arrondi, échancré, plane, renversé.

— *Ailes* de la longueur de l'étendard , obtuses , concaves.

— *Carène* comprimée, ayant la longueur et la figure des ailes.

ÉTAM. *Filamens* diadelphes, (séparés en deux corps , dont un simple , l'autre divisé en neuf) , de la longueur de la carène. *Anthères* arrondies.

PIST. *Ovaire* arrondi. *Style* en alène. *Stigmate* obtus.

PÉR. *Drupe* ovale, grande, marquée des deux côtés par un sillon longitudinal.

SEM. *Noix* comme ovale, ligneuse, un peu comprimée, marquée des deux côtés par un sillon longitudinal , aiguë , à deux battans.

Calice à cinq segmens peu profonds. *Drupe* ovale , renfermant un *Noyau* comprimé.

1. GEOFFROIE épineuse, *G. spinosa*, L. à tige épineuse; à feuilles pinnées.

Jacq. Amer. 207, tab. 180, fig. 62.

Au Brésil. ♄

953. ROBINIER, *ROBINIA.* * *Lam. Tab. Encyclop.* pl. 606. PSEUDO-ACACIA : *Tournef. Inst.* 649, tab. 417. CARAGANA. *Lam. Tab. Encyclop.* pl. 607.

CAL. *Périanthe* d'un seul feuillet, petit, en cloche, à quatre *segmens* peu profonds, terminés par des *dentelures* dont trois *inférieures* plus grêles : la *quatrième supérieure* deux fois plus large, à peine sensiblement échancrée, toutes d'une longueur égale.

COR. Papilionacée.

— *Etendard* arrondi, plus grand, étalé, obtus.

— *Ailes* oblongues, ovales, libres, garnies d'un appendice très-court et obtus.

— *Carène* presque à moitié arrondie, comprimée, obtuse, de la longueur des ailes.

ÉTAM. *Filamens* diadelphes, (séparés en deux corps, dont un simple, l'autre divisé en neuf), ascendans supérieurement. *Anthères* arrondies.

PIST. *Ovaire* comme cylindrique, oblong. *Style* filiforme, courbé en haut. *Stigmate* velu antérieurement au sommet du style.

PÉR. *Gousse* grande, comprimée, bossuée, longue.

SEM. peu nombreuses, en forme de rein.

OBS. Le R. mitis, L. *a la gousse ovale, oblongue, comprimée, pointue, et le Calice comme tronqué.*

Calice à quatre segmens peu profonds. *Gousse* alongée, bossuée.

1. ROBINIER Faux-Acacia, *R. Pseudo-Acacia*, à fleurs en grappes; à pédicules portant une seule fleur; à feuilles pinnées et terminées par une foliole impaire; à stipules épineuses.

Pluk. tab. 73, fig. 4. *Barrel.* tab. 740.

Les fleurs du *Faux-Acacia* répandent une odeur douce, aromatique; elles fournissent une eau distillée, qu'on emploie dans les potions et juleps. Son bois quoique assez dur, prend médiocrement le poli. Les Tourneurs le recherchent. Sa racine et son écorce sont douces et sucrées; on peut les regarder comme suppléant la Réglisse. Les feuilles fournissent un excellent fourrage à tous les bestiaux. Nous invitons nos Lecteurs à consulter l'ouvrage de *François de Neufchâteau* sur le Robinier.

En Virginie, d'où il a été apporté par M. ROBIN, qui a donné son nom à cet arbre. *Naturalisé en France.* ♄ Vernale.

2. ROBINIER violet, *R. violacea*, L. a fleurs en grappes : à pédicules portant une seule fleur ; à feuilles pinnées et terminées par une foliole impaire ; à tige sans piquans.

    Jacq. Amer. 210, tab. 177, fig. 49.

    Dans l'Amérique Méridionale. ♄

3. ROBINIER hérissé, *R. hispida*, L. à fleurs en grappes axillaires ou aux aisselles des feuilles ; à feuilles pinnées et terminées par une foliole impaire ; à tige hérissée de poils mous.

    Jacq. Amer. 221, tab. 179, fig. 101.

    A la Caroline, à Carthagène. Cultivé dans les jardins. Il fleurit deux fois l'année. ♄

4. ROBINIER doux, *R. mitis*, L. à fleurs en grappes ; à pédicules trois à trois ; à feuilles pinnées et terminées par une foliole impaire ; à tige sans piquans.

    Pluk. tab. 310, fig. 3.

    Dans l'Inde Orientale. ♄

5. ROBINIER Caragana, *R. Caragana*, L. à péduncules simples ; à feuilles pinnées, sans foliole impaire ; à pétioles sans piquans.

    Kniph. Cent. 5, n.° 76.

    En Sibérie. ♄

6. ROBINIER épineux, *R. spinosa*, L. à péduncules simples ; à feuilles pinnées sans foliole impaire ; à stipules et pétioles épineux.

    Laxm. Nov. Act. Petrop. vol. 15, pag. 338, tab. 30, f. 4.

    En Sibérie. ♃

7. ROBINIER ligneux, *R. frutescens*, L. à péduncules simples ; à feuilles quatre à quatre, comme pétiolées, terminées par une épine mousse.

    En Sibérie, en Tartarie. ♄

8. ROBINIER nain, *R. pygmæa*, L. à péduncules simples ; à feuilles quatre à quatre, assises.

    Amm. Ruth. n.° 282, tab. 35.

    En Sibérie. ♄

954. BAGUENAUDIER, *COLUTEA.* * *Tournef. Inst.* 649, tab. 418. *Lam. Tab. Encyclop.* pl. 624.

CAL. *Périanthe* d'un seul feuillet, en cloche, droit, presque égal, persistant, à cinq segmens peu profonds.

COR. Papilionacée.

—*Étendard, Ailes* et *Carène*, différant pour la figure et la proportion.

—*Ailes* appliquées, lancéolées.

Étam. *Filamens* diadelphes, (séparés en deux corps, dont un simple, l'autre divisé en neuf), ascendans. *Anthères* simples.

Pist. *Ovaire* oblong, comprimé, aminci des deux côtés. *Style* ascendant. *Stigmate* prolongé dans sa partie supérieure par une ligne barbue depuis la moitié du style jusqu'à son sommet.

Pér. *Gousse* très-grande, très-large, enflée comme une vessie, membraneuse, transparente ; la *suture supérieure* droite : l'inférieure bossue, à une loge, s'ouvrant un peu au-dessus de la base de la suture supérieure.

Sem. Plusieurs, en forme de rein.

Obs. *Le Fruit constitue le caractère essentiel de ce genre.*

> *Le C. frutescens a l'étendard plus court que la carène, et les ailes plus longues que l'étendard.*

Calice à cinq segmens peu profonds. *Gousse* enflée comme une vessie, s'ouvrant un peu au-dessus de sa base supérieure.

1. **BAGUENAUDIER** en arbre, *C. arborescens*, L. à tige en arbre ; à feuilles pinnées ; à folioles en cœur renversé, échancrées.

> *Coluten vesicaria ;* Baguenaudier à gousse enflée comme une vessie. *Bauh. Pin.* 396, n.° 1. *Fusch. Hist.* 446. *Matth.* 572, fig. 1. *Dod. Pempt.* 784, fig. 2. *Lob. Ic.* 2, pag. 88, fig. 2. *Lugd. Hist.* 214, fig. 1 et 2. *Bauh. Hist.* 1, P. 2, pag. 380, fig. 1.

> Cette espèce présente une variété à fleur rougeâtre, décrite et gravée dans *Commelin Rar.* pag. et tab. 11. On emploie les feuilles et les semences qui sont purgatives, en décoction. Les Paysans les substituent au *Séné.*

> *A Lyon, Montpellier.* ♄ Vernale.

2. **BAGUENAUDIER** ligneux, *C. frutescens*, L. à tige ligneuse ; à feuilles pinnées ; à folioles ovales, oblongues, soyeuses en dessous, lisses en dessus.

> *Breyn. Cent.* 70, tab. 29.

> *En Éthiopie, en Sibérie. Cultivé dans les jardins.* ♂ ♄

3. **BAGUENAUDIER** herbacé, *C. herbacea*, L. à tige herbacée ; à feuilles pinnées ; à folioles linéaires, lisses.

> *Commel. Hort.* 2, pag. 87, tab. 44.

> *En Éthiopie.* ☉ ♂

955. **RÉGLISSE**, *GLYCYRRHIZA*. * *Tournef. Inst.* 389, tab. 210. *Lam. Tab. Encyclop.* pl. 625.

Cal. *Périanthe* d'un seul feuillet, tubulé, persistant, à *deux lèvres* : la *supérieure* à trois segmens profonds dont les *latéraux* sont linéaires, l'intermédiaire plus large, à deux segmens peu profonds : l'inférieure très-simple, linéaire.

Cor. Papilionacée.

— *Étendard* ovale, lancéolé, droit, plus long.

— *Ailes* oblongues, semblables à la carène, mais un peu plus grandes.

— *Carène* à deux pétales aigus, à onglet de la longueur du calice.

Étam. *Filamens* diadelphes, (séparés en deux corps, dont un simple, l'autre divisé en neuf), droits. *Anthères* simples, arrondies.

Pist. *Ovaire* plus court que le calice. *Style* en alène, de la longueur des étamines. *Stigmate* obtus, ascendant.

Pér. *Gousse* ovale ou oblongue, comprimée, aiguë, à une loge.

Sem. En très-petit nombre, en forme de rein.

Calice à deux lèvres. *Gousse* ovale, aplatie.

1. RÉGLISSE hérissonnée, *G. echinata*. L. à gousses hérissonnées ; à feuilles pinnées, ornées de stipules ; la foliole impaire sans pétiole.

> *Glycyrrhiza capite echinato* ; Réglisse à tête hérissonnée. *Bauh. Pin.* 352, n.° 1. *Matth.* 486, f. 1. *Dod. Pempt.* 341, f. 1. *Lob. Ic.* 2, pag. 85, f. 2. *Lugd. Hist.* 247, f. 1 et 2. *Camer. Epit.* 423. *Bauh. Hist.* 2, pag. 327, f. 1. *Icon. Pl. Medic.* tab. 350.

> *En Italie, en Tartarie. Cultivée dans les jardins.* ♃ *Vernale.*

2. RÉGLISSE lisse, *G. glabra*, L. à gousses lisses ; à feuilles sans stipules ; la foliole impaire pétiolée.

> *Glycyrrhiza siliquosa vel Germanica* ; Réglisse siliqueuse ou d'Allemagne. *Bauh. Pin.* 352, n.° 2. *Matth.* 486, f. 2. *Dod. Pempt.* 341, f. 2. *Lob. Ic.* 2, p. 86, f. 1. *Lugd. Hist.* 248, fig. 1. *Camer. Epit.* 424. *Bauh. Hist.* 2, p. 328, f. 1. *Icon. Pl. Medic.* tab. 209.

> 1. *Liquiritia*, L. *Radix, Succus inspissatus* ; Réglisse. 2. Racine, suc épaissi. 3. Mucilagineuse, douce, d'abord agréable, à la longue nauseuse. 4. Extrait doux ; extrait résineux encore plus doux ; mucilage fade ; principe amer, un peu âcre. 5. Toux, enrouement, phthisie, excoriation de l'œsophage, colique néphrétique, dysurie, strangurie et autres maladies qui reconnoissent pour causes une acrimonie des humeurs ou une rigidité des fibres. Dans l'affection dartreuse, soit occulte soit manifeste, elle produit des effets vraiment étonnans, soit en tisane, soit en humectant les dartres avec le suc. Voyez un Mémoire du Dr *Gilibert*,

imprimé

imprimé à ce sujet parmi ceux de l'Académie de Péters-bourg, année 1777. Le suc introduit dans le fondement en forme de suppositoire, calme les douleurs causées par les hémorrhoïdes internes.

A Montpellier, en Provence. ♃ *Vernale.*

3. RÉGLISSE hérissée, *G. hirsuta, L.* à gousses hérissées ; la foliole impaire pétiolée.

En Orient.

966. CORONILLE, *CORONILLA.* * *Tournef. Inst.* 650, tab. 419. *Lam. Tab. Encyclop.* pl. 630. E M E R U S. *Tournef. Inst.* 650, tab. 418. S E C U R I D A C A. *Tournef.* 399, tab. 224. *Lam. Tab. Encyclop.* pl. 629.

CAL. *Ombellule* simple.

— *Périanthe* d'un seul feuillet, très-court, comprimé, droit, persistant, à deux segmens peu profonds terminés par des dents, dont *trois inférieures* plus petites : *deux supérieures*, réunies.

COR. Papilionacée.

— *Étendard* en cœur, renversé des deux côtés, à peine plus long que les ailes.

— *Ailes* ovales, réunies vers le haut, s'ouvrant en dehors, obtuses.

— *Carène* comprimée, pointue, ascendante, souvent plus courte que les ailes.

ÉTAM. *Filamens* diadelphes, (séparés en deux corps, dont un simple, l'autre divisé en neuf), ascendans presque à angle droit, un peu élargis au sommet. *Anthères* simples, petites.

PIST. *Ovaire* arrondi, oblong. *Style* sétacé, ascendant. *Stigmate* petit, obtus.

PÉR. *Gousse* très-longue, arrondie, droite, interrompue par des étranglemens entre chaque semence, à deux battans, à une loge, s'ouvrant par des articulations.

SEM. Plusieurs.

OBS. Coronillæ *Tournefort* : Gousse arrondie, comme articulée ; Semences un peu alongées.

Securidacæ *Tournefort* : Gousse comprimée ; une suture aplatie, une autre étroite ; semences à quatre côtés.

Emeri *Tournefort* : Onglets de la Corolle plus longs que le calice : Gousse grêle, en alène ; Semences presque cylindriques.

Calice à deux lèvres terminées par des dents dont les deux supérieures sont réunies. *Étendard* à peine plus long que les ailes. *Gousse* à étranglemens.

Tome III. Y

1. CORONILLE Baguenaudier, *C. Emerus*, L. à tige ligneuse, angulense; à péduncules portant deux ou trois fleurs; les onglets des pétales trois fois plus longs que le calice.

> *Colutea siliquosa seu Scorpioides major*; Baguenaudier siliqueux ou Scorpioïde plus grand. *Bauh. Pin.* 397, n.° 2. *Lob. Ic.* 2, pag. 86, fig. 2. *Clus. Hist.* 1, pag. 97, f. 1. *Lugd. Hist.* 217, fig. 1. *Camer. Epit.* 541. *Bauh. Hist.* 1, P. 2, pag. 381, f. 1.

Cette espèce présente une variété.

> *Colutea siliquosa minor*; Baguenaudier siliqueux plus petit. *Bauh. Pin.* 397, n.° 3. *Clus. Hist.* 1, p. 97, f. 2.

A Montpellier, à *Lyon*, *Grenoble*. ♄ *Vernale.*

2. CORONILLE joncière, *C. juncea*, L. à tige ligneuse; à feuilles trois à trois et cinq à cinq, lunéaires, lancéolées, un peu charnues, obtuses.

> *Polygala major, Massiliotica*; Polygale plus grand, de Marseille. *Bauh. Pin.* 349, n.° 1. *Matth.* 836, fig. 2. *Lob. Ic.* 2, pag. 79, f. 1. *Lugd. Hist.* 488, f. 2. *Bauh. Hist.* 1, P. 1, pag. 383, f. 2. *Barrel. tab.* 133.

A Montpellier, en *Provence.* ♄

3. CORONILLE de Valence, *C. Valentina*, L. à tige ligneuse; à folioles le plus souvent au nombre de neuf; à gousses arrondies; à péduncules portant plusieurs fleurs; à stipules arrondies.

> *Polygala altera*; autre Polygale. *Bauh. Pin.* 349, n.° 2. *Lob. Ic.* 2, pag. 87, fig. 1. *Clus. Hist.* 1, pag. 98, fig. 2. *Lugd. Hist.* 489, f. 1. *Bauh. Hist.* 1, P. 2, pag. 383, f. 1.

A Montpellier, en *Provence.* ♄

4. CORONILLE glauque, *C. glauca*, L. à tige ligneuse; à feuilles pinnées; à sept folioles; a stipules lancéolées.

> *Colutea scorpioïdes maritima, glauco folio*; Baguenaudier Scorpioïde maritime, à feuille glauque, *Bauh. Pin.* 397, n.° 5.

A Montpellier. ♃

5. CORONILLE couronnée, *C. coronata*, L. à tige ligneuse; à feuilles pinnées; à neuf folioles en ovale renversé: les intérieures rapprochées de la tige; à stipule opposée à la feuille, et divisée profondément en deux parties.

> *Colutea siliquosa minor, coronata*; Baguenaudier siliqueux plus petit, à fleurs formant une couronne. *Bauh. Pin.* 397, n.° 4. *Clus. Hist.* 1, p. 98, f. 1.

En Suisse, en *Carniole.* ♄

6. CORONILLE très-petite, *C. minima*, L. à tige sous-ligneuse, couchée; à feuilles pinnées; à neuf folioles ovales; à stipule

échancrée , opposée à la feuille ; à gousse anguleuse , noueuse ;
à fleurs en ombelles.

Ferrum equinum Gallicum, siliquis in summitate : Fer à cheval François, à siliques au sommet des tiges. *Bauh. Pin.* 349 ,
n.º 4. *Lugd. Hist.* 510 , f. 1. *Bauh. Hist.* 2 , p. 351 , fig. 2.
Jacq. Aust. tab. 271.

A Montpellier , *Lyon* , *Paris* , etc. ♄ Vernale.

7. CORONILLE argentée , *C. argentea* , L. à tige ligneuse ; à
feuilles pinnées ; à onze folioles soyeuses : l'extérieure plus
grandes.

Dans l'isle de Crète. ♄

8. CORONILLE Sécuridaca , *C. Securidaca* , L. à tige herbacée ;
à gousses en faucille et en lame d'épée ; à feuilles pinnées ; à
plusieurs folioles.

Securidaca lutea, major : Sécuridaca à fleur jaune , plus
grande. *Bauh. Pin.* 348 , n.º 1. *Matth.* 641 , fig. 2. *Dod.
Pempt.* 546 , f. 1. *Lob. Ic.* 2 , p. 76 , fig. 2. *Clus. Hist.* 2 ,
p. 236 , fig. 2. *Lugd. Hist.* 444 , fig. 2 ; et 445 , fig. 2 et 4.
Camer. Epit. 631.

A Montpellier. Cultivée dans les jardins. ☉

9. CORONILLE bigarrée , *C. varia* , L. à tige herbacée ; à gousses
droites , nombreuses , arrondies , renflées ; à feuilles pinnées ;
à plusieurs folioles lisses.

Securidaca dumetorum major , flore vario , siliquis articulatis :
Sécuridaca des buissons , plus grande , à fleur bigarrée ou
de différentes couleurs , à siliques articulées. *Bauh. Pin.* 349 ,
n.º 4. *Clus. Hist.* 2 , pag. 237 , f. 1. *Bul. Paris.* tab. 443.
Crantz. Aust. tab. 432.

A Montpellier , *Lyon* , *Paris* , etc. ♃ Estivale.

10. CORONILLE de Crète , *C. Cretica* , L. à tige herbacée ; à
cinq gousses droites , arrondies , articulées ; à feuilles pinnées ;
à onze folioles.

Jacq. Hort. tab. 25.

Dans l'isle de Crète. ☉

11. CORONILLE grimpante , *C. scandens* , L. à tige grimpante ,
flasque.

Plum. Spec. 19 , tab. 107 , f. 3.

Dans l'Amérique Méridionale.

957. ORNITHOPE, ORNITHOPUS. * *Lam. Tab. Encyclop.*
pl. 631. ORNITHOPODIUM. *Tournef. Inst.* 400, tab 224.

CAL. *Ombelle simple.*

Y 2

— *Périanthe* d'un seul feuillet , tubulé , persistant , à *orifice* à cinq dents , presque égal.

Cor. Papilionacée.

— *Etendard* en cœur renversé , entier.

— *Ailes* ovales , droites , à peine de la grandeur de l'étendard.

— *Carène* comprimée , très-petite.

Étam. *Filamens* diadelphes , (séparés en deux corps , dont un simple , l'autre divisé en neuf). *Anthères* simples.

Pist. *Ovaire* linéaire. *Style* sétacé , ascendant. *Stigmate* formé par un point terminal.

Pér. *Gousse* en alêne , arrondie , voûtée en arc , articulée , interrompue par des étranglemens , s'ouvrant par des articulations.

Sem. Solitaires , arrondies.

Gousse articulée , arrondie , voûtée en arc.

1. ORNITHOPE petit , *O. perpusillus* , L. à feuilles pinnées ; à gousses un peu recourbées en dessus.

> *Ornithopodium minus* ; Ornithopode plus petit. *Bauh. Pin.* 350 , n.° 2. *Lob. Ic.* 2 , pag. 82 , f. 1. *Lugd. Hist.* 487 , fig. 1. *Bauh. Hist.* 2 , p. 350 , f. 2.

> Cette espèce présente deux variétés.

> 1.° *Ornithopodium majus* ; Ornithopode plus grand. *Bauh. Pin.* 350 , n.° 1. *Dod. Pempt.* 544 , f. 1. *Lob. Ic.* 2 , p. 81 , f. 2. *Lugd. Hist.* 486 , f. 1.

> 2.° *Ornithopodium radice tuberculis nodosâ* ; Ornithopode à racine garnie de tubercules formant des nodosités. *Bauh. Pin.* 350 , n.° 3. *Lugd. Hist.* 486 , fig. 2. *Bauh. Hist.* 2 , pag. 351 , fig. 1.

> Les racines de cette espèce présentent ainsi que les Lotiers , les Luzernes et autres légumineuses , des tubercules adhérens aux radicules.

> *A Montpellier* , *Lyon* , *Paris*. ⊙ Estivale.

2. ORNITHOPE comprimé , *O. compressus* , L. à feuilles pinnées ; à gousses recourbées en dessous , comprimées , ridées ; à bractée pinnée.

> *Ornithopodio affinis , hirsuta , Scorpioïdes* ; Scorpioïde congénère de l'Ornithopode , hérissée. *Bauh. Pin.* 350 , n.° 5. *Lob. Ic.* 2 , p. 83 , f. 1. *Lugd. Hist.* 493 , f. 1. *Bauh. Hist.* 2 , pag. 349 , f. 1.

> *A Montpellier* , *au bois de Grammont*. ⊙ Vernale.

3. ORNITHOPE Scorpioïde , *O. Scorpioïdes* , L. à feuilles trois à trois , presque assises ; la foliole impaire très-grande.

> *Telephium Dioscoridis seu Scorpioïdes* ; Téléphe de Dioscoride ou Scorpioïde. *Bauh. Pin.* 287 , n.° 7. *Matth.* 895 ,

fig. 1. *Dod. Pempt.* 71, f. 3. *Lob. Ic.* 1, pag. 391, fig. 2.
Lugd. Hist. 1353, f. 2. *Camer. Epit.* 1002. *Bauh. Hist.* 2,
pag. 898, fig. 1.

Scorpioïdes Portulacæ folio ; Scorpioïde à feuille de Pour-
pier. *Bauh. Pin.* 287, n.º 2.

A Montpellier, Lyon, Grenoble, etc. ⊙ *Estivale.*

4. ORNITHOPE à quatre feuilles, *O. tetraphyllus*, L. à feuilles
quatre à quatre ; à fleurs solitaires.

Sloan. Jam. tab. 116, fig. 3.

A la Jamaïque.

958. HIPPOCRÉPIDE, *HIPPOCREPIS.* * *Lam. Tab. Encyclop.*
pl. 630. **FERRUM-EQUINUM.** *Tournef. Inst.* 400, tab. 225.

CAL. *Ombelle* simple.

—*Périanthe* d'un seul feuillet, persistant, à cinq *dents*, les supérieures réunies et moins divisées.

COR. Papilionacée.

—*Etendard* en cœur, porté sur un onglet de la longueur du
calice.

—*Ailes* ovales, oblongues, obtuses.

—*Carène* en croissant, comprimée.

ÉTAM. *Filamens* diadelphes, (séparés en deux corps, dont un simple, l'autre divisé en neuf), ascendans. *Anthères* simples.

PIST. *Ovaire* grêle, oblong, terminé par un style en alêne, ascendant. *Stigmate* très-simple.

PÉR. *Gousse* comprimée, membraneuse, très-longue, recourbée,
découpée plusieurs fois depuis la suture inférieure jusqu'à la
supérieure par plusieurs sinus arrondis, garnie d'un côté de plusieurs *articulations* à trois côtés obtus et réunis par la suture supérieure.

SEM. Solitaires dans chaque articulation, oblongues, courbées.

OBS. Le caractère essentiel de ce genre consiste dans la Gousse
qui imite un fer à cheval.

Gousse comprimée, courbée, échancrée plusieurs fois sur
une des sutures.

1. HIPPOCRÉPIDE à une silique, *H. unisiliquosa*, L. à gousses
assises, solitaires, droites.

Ferrum equinum siliquâ singulari ; Fer à cheval, à une seule
silique. *Bauh. Pin.* 349, n.º 1. *Dod. Pempt.* 546, f. 3. *Lob.
Ic.* 2, pag. 82, f. 2. *Lugd. Hist.* 492, fig. 2 et 3. *Column.
Ecphras.* 1, p. 302 et 300, f. 3. *Bauh. Hist.* 2, pag. 347,
f. 2. *Moris. Hist.* sect. 2, tab. 10, f. 1.

Nutritive pour le Mouton.

A Montpellier, en Provence. ⊙ Vernale.

2. HIPPOCRÉPIDE à plusieurs siliques, *H. multisiliquosa*, L. à gousses pédunculées, entassées, circulaires, lobées sur une des marges.

> *Ferrum equinum siliquâ multiplici ;* Fer à cheval à plusieurs siliques. *Bauh. Pin.* 349, n.º 2. *Column. Ecphras.* 1, pag. 300. *Moris. Hist.* sect. 2, tab. 10, f. 2.

Nutritive pour le Mouton.

A Montpellier, en Provence. ⊙ Vernale.

3. HIPPOCRÉPIDE touffue, *H. comosa*, L. à gousses pédunculées, entassées, voûtées en arc, ondulées sur la suture extérieure.

> *Ferrum equinum Germanicum, siliquis in summitate ;* Fer à cheval d'Allemagne, à siliques au sommet des tiges. *Bauh. Pin.* 349, n.º 3. *Column. Ecphras.* 1, p. 302 et 301. *Bauh. Hist.* 2, pag. 348, fig. 1. *Moris. Hist.* sect. 2, tab. 10, fig. 3.

Nutritive pour le Mouton.

En Europe, sur les côteaux arides. ♃ Vernale.

959. CHENILLETTE, *SCORPIURUS.* * *Lam. Tab. Encyclop.* pl. 631. SCORPIOÏDES. *Tournef. Inst.* 402, tab. 226.

CAL. *Ombellule* simple.

— *Périanthe* d'un seul feuillet, droit, enflé, très-légèrement comprimé, aigu, à moitié divisé en cinq *segmens* terminés par des *dents* presque égales, dont les *supérieures* sont moins divisées.

COR. Papilionacée.

— *Étendard* arrondi, échancré, renversé, étalé.

— *Ailes* comme ovales, lâches, garnies d'un appendice obtus.

— *Carène* en demi-croissant, à *ventre* bossué, pointue, droite, divisée profondément à la base en deux parties.

ÉTAM. *Filamens* diadelphes, (séparés en deux corps, dont un simple, l'autre divisé en neuf), ascendans. *Anthères* petites.

PIST. *Ovaire* oblong, arrondi, légèrement renversé. *Style* courbé vers le haut. *Stigmate* formé par un point terminal.

PÉR. *Gousse* oblongue, légèrement arrondie, coriace, striée, rude, roulée, divisée intérieurement en plusieurs loges transversales, marquée extérieurement par des nodosités articulées.

SEM. Solitaires, arrondies.

Gousse arrondie, roulée, entrecoupée par des étranglemens.

1. **CHENILLETTE** vermiculaire , *S. vermiculata* , **L.** à péduncules portant une seule fleur ; à gousses couvertes de tous côtés d'écailles obtuses, formant comme des cornes spongieuses.

> *Moris. Hist.* sect. 2 , tab. 11 , f. 3.
>
> *A Montpellier , en Dauphiné.* ☉ Vernale.

2. **CHENILLETTE** tuberculeuse , *S. muricata* , **L.** à péduncules portant deux fleurs ; à gousses striées , chargées extérieurement de tubercules un peu aigus.

> *Moris. Hist.* sect. 2 , tab. 11 , f. 4.
>
> *En Dauphiné.* ☉

3. **CHENILLETTE** sillonnée , *H. sulcata* , **L.** à péduncules portant souvent trois fleurs ; à gousses chargées extérieurement d'épines distinctes, aiguës.

> *Scorpioïdes Buplevri folio ; Scorpioïde à feuilles de Buplèvre.* Bauh. Pin. 287 , n.° 1. Dod. l'empt. 71 , fig. 2. Lob. Ic. 1 , pag. 457 , f. 1. Lugd. Hist. 1353 , f. 1. Moris. Hist. sect. 2 , tab. 11 , fig. 1.
>
> *A Montpellier , en Dauphiné.* ☉

4. **CHENILLETTE** velue , *S. subvillosa* , **L.** à péduncules portant quatre fleurs ; à gousses chargées extérieurement d'épines entassées, aiguës.

> *Bauh. Hist.* 2 , pag. 899 , f. 1. *Moris. Hist.* sect. 2 , tab. 11 , fig. 2. *Garid. Aix.* 434 , tab. 90.
>
> *A Montpellier , en Provence , en Dauphiné.* ☉

On peut raisonnablement présumer que ces plantes doivent leur origine à une même espèce. Celui qui les rapprochera comme variétés ou les séparera comme espèces, pourra être fondé en raison.

960. **NÉLITTE , ÆSCHYNOMENE.** * *Lam. Tab. Encyclop.* pl. 629.

CAL. *Perianthe* d'un seul feuillet , en cloche , à moitié divisé en deux *lèvres* égales : la *supérieure* à deux segmens peu profonds : l'*inférieure* à trois dents.

COR. Papilionacée.

— *Étendard* en cœur renversé , plus grand , s'ouvrant à peine.

— *Ailes* comme ovales , obtuses , plus courtes que l'étendard.

— *Carène* en croissant , pointues , de la longueur des ailes.

ÉTAM. *Filamens* diadelphes , (séparés en deux corps , dont un simple , l'autre divisé en neuf). *Anthères* petites.

PIST. *Ovaire* oblong , velu , arrondi. *Style* en alène , ascendant. *Stigmate* simple , un peu obtus.

Pér. *Gousse* longue, comprimée, aplatie, articulée, rude, à une loge, s'ouvrant par des articulations tronquées.

Sem. Solitaires dans chaque articulation, en forme de rein.

Calice à deux lèvres. *Gousses* à articulations tronquées renfermant chacune une seule semence.

1. NÉLITTE à grande fleur, *Æ. grandiflora*, L. à tige en arbre; à fleurs très-grandes; à gousses filiformes.

> Rheed. Malab. 1, pag. 95, tab. 51. Rumph. Amb. 1, p. 188, tab. 76.
>
> *Dans l'Inde Orientale.* ♄

2. NÉLITTE en arbre, *Æ. arborea*, L. à tige en arbre, lisse; à gousses à articulations en demi-cœur, lisses.

> *Dans l'Inde Orientale.* ♄

3. NÉLITTE rude, *Æ. aspera*, L. à tige herbacée, rude; à gousses à articulations rudes dans le milieu.

> Pluk. tab. 309, fig. 3.
>
> *Dans l'Inde Orientale.*

4. NÉLITTE d'Amérique, *Æ. Americana*, L. à tige herbacée, hérissée; à gousses à articulations en demi-cœur; à feuilles pinnées; à folioles aiguës; à bractées ciliées.

> Pluk. tab. 5, fig. 1? Sloan. Jam. tab. 118, fig. 3.
>
> *A la Jamaïque.*

5. NÉLITTE des Indes, *Æ. Indica*, L. à tige herbacée, lisse; à gousses lisses, obtuses et bossuées d'un côté; à feuilles pinnées; à folioles obtuses.

> Rheed. Malab. 9, pag. 31, tab. 18. Rumph. Amb. 4, p. 64, tab. 24.
>
> *Dans l'Inde Orientale.*

6. NÉLITTE Sesban, *Æ. Sesban*, L. à tige herbacée, lisse; à gousses cylindriques, égales; à feuilles pinnées; à folioles obtuses.

> Galega Ægyptica, siliquis articulatis; Galéga d'Égypte, à siliques articulées. Bauh. Pin. 352, n.º 2. Alp. Ægypt. 1, pag. 42, tab. 24. Burm. Zeyl. 93, tab. 41.
>
> *En Egypte.*

7. NÉLITTE naine, *Æ. pumila*, L. à tige herbacée, lisse; à gousses à dents de scie d'un côté, rudes au milieu; à feuilles pinnées; à folioles aiguës.

> Rheed. Malab. 9, tab. 20.
>
> *Dans l'Inde Orientale.* ☉

361. SAINFOIN, *HEDYSARUM.* * *Tournef. Inst.* 401, t. 225. *Lam. Tab. Encyclop.* pl. 628. ONOBRYCHIS. *Tournef. Inst.* 390, tab. 211.

CAL. *Périanthe* d'un seul feuillet, à moitié divisé en cinq *segmens*, en alène, droits, persistans.

COR. Papilionacée, striée.

— *Etendard* renversé, comprimé, ovale, oblong, échancré.

— *Ailes* oblongues, plus étroites que les autres petales, droites.

— *Carène* droite, comprimée, plus large extérieurement, transversalement obtuse, divisée en deux parties depuis la base jusqu'au sommet.

ÉTAM. *Filamens* diadelphes, (séparés en deux corps, dont un simple, l'autre divisé en neuf), courbés à angle droit. *Anthères* arrondies, comprimées.

PIST. *Ovaire* grêle, comprimé, linéaire. *Style* en alène, courbé comme les étamines *Stigmate* très-simple.

PÉR. *Gousse* à articulations arrondies, comprimées, à une semence, à deux battans.

SEM. Solitaires, en forme de rein.

OBS. *Ce genre dont le Péricarpe varie, a été par cette raison divisé en plusieurs genres, savoir :*

1.° Onobrychis *Tournefort : Gousse à une seule articulation.*

2.° Hedysari *Tournefort : Gousse à plusieurs articulations réunies en chaînons.*

3.° Alhagi *Tournefort : qui se distingue par ses feuilles alternes de l'Hedysarum du même Auteur.*

Carène transversalement obtuse. *Gousse* à articulations arrondies, comprimées renfermant une seule semence.

* I. SAINFOINS *à feuilles simples.*

1. SAINFOIN Faux-Genêt, *H. Alhagi,* L. à feuilles simples, lancéolées, obtuses; à tige ligneuse, armée d'épines.

Genista Spartium spinosum, foliis Polygoni ; Genêt Spartie épineux, à feuilles de Persicaire. *Bauh. Pin.* 394, n.° 5.

En Perse, en Tartarie. Cultivé dans les jardins. ♄

2. SAINFOIN à feuilles de buplèvre, *H. buplevrifolium,* L. à feuilles simples, lancéolées, aiguës; à tige sans piquans; à stipules sèches et roides.

Pluk. tab. 443, fig. 4 et 5.

Dans l'Inde Orientale.

3. SAINFOIN à feuilles de nummulaire, *H. nummularifolium.* L. à feuilles simples, en forme de coin.

Pluk. tab. 433, fig. 1.

Dans l'Inde Orientale.

4. SAINFOIN porte-collier, *H. moniliferum*, L. à feuilles simples, arrondies; à gousses en forme de collier, arrondies, articulées.

Pluk. tab. 59, fig. 3.

Dans l'Inde Orientale. ♃

5. SAINFOIN à feuilles de styrax, *H. styracifolium*, L. à feuilles simples, en cœur, arrondies, mousses au sommet, lisses en dessus, cotonneuses en dessous.

En Asie. ♄

6. SAINFOIN à feuilles en rein, *H. reniforme*, L. à feuilles simples, en forme de rein; à tige arrondie.

Burm. Ind. tab. 52, fig. 1.

Dans l'Inde Orientale.

7. SAINFOIN de Madère, *H. sororium*, L. à feuilles simples, en forme de rein, échancrées; à tige à trois faces.

Petiv. Gaz. tab. 32, fig. 1.

Dans l'Inde Orientale.

8. SAINFOIN du Gange, *H. Gangeticum*, L. à feuilles simples, ovales, aiguës, ornées de stipules.

Pluk. tab. 50, fig. 3. *Burm. Zeyl.* 113, tab. 49, fig. 2.

Dans l'Inde Orientale.

9. SAINFOIN tacheté, *H. maculatum*, L. à feuilles simples, ovales, obtuses.

Dill. Elth. tab. 141, fig. 168.

Dans l'Inde Orientale.

10. SAINFOIN caché, *H. latebrosum*, L. à feuilles simples, ovales, un peu dentelées; à gousses cachées par une bractée en voûte, couchée, sèche et roide.

Petiv. Gaz. tab. 30, fig. 11.

Dans l'Inde Orientale ♄

11. SAINFOIN à gaîne, *H. vaginale*, L. à feuilles simples, en cœur, oblongues; à pétioles simples; à stipules engaînant les tiges.

Burm. Zeyl. 104, tab. 49, f. 1.

Dans l'Inde Orientale. ☉

12. SAINFOIN à trois faces, *H. triquetrum*, L. à feuilles simples, en cœur, oblongues; à pétioles ailés; à rameaux à trois faces.

Burm. Zeyl. 176, tab. 81.

Dans l'Inde Orientale.

13. SAINFOIN à cône, *H. strobiliferum*, L. à feuilles simples;
à bractées en cônes, enflées, en cœur, obtuses.

Flor. Zeyl. 287, tab. 3.

Dans l'Inde Orientale.

* II. SAINFOIN à feuilles conjuguées.

14. SAINFOIN à deux feuilles, *H. diphyllum*, L. à feuilles deux
à deux, pétiolées; à bractées deux à deux, ovales, aiguës,
assises.

Pluk. tab. 246, fig. 2; et tab. 102, fig. 1.

Aux Indes Orientales. ☉

* III. SAINFOINS à feuilles trois à trois.

15. SAINFOIN joli, *H. pulchellum*, L. à feuilles trois à trois; à
bractées deux à deux, conjuguées, arrondies, marquées par des
lignes.

Pluk. tab. 433, fig. 7.

Dans l'Inde Orientale. ♄

16. SAINFOIN spartie, *H. spartium*, L. à feuilles simples et trois
à trois, un peu cotonneuses; à tige dichotome; à fleurs deux
à deux; à gousses articulées, hérissées.

Burm. Ind. 166, tab. 51, fig. 2. †

Dans l'Inde Orientale. ♄

17. SAINFOIN à lignes, *H. lineatum*, L. à feuilles trois à trois,
oblongues, marquées par des lignes; à fleurs en grappes axillaires,
pendantes.

Burm. Ind. tab. 53, fig. 1.

A Zeylan.

18. SAINFOIN renversé en arrière, *H. retroflexum*, L. à feuilles
trois à trois; à fleurs en grappes droites; à gousses pendantes,
à plusieurs articulations.

Dans l'Inde Orientale. ♃

19. SAINFOIN ombellé, *H. umbellatum*, L. à feuilles trois à trois;
à péduncules ombellés; à tige ligneuse.

Burm. Zeyl. 115, tab. 51.

Dans l'Inde Orientale.

20. SAINFOIN à deux articulations, *H. biarticulatum*, L. à feuilles
trois à trois; à tige sous-ligneuse; à gousses à deux articulations.

Burm. Zeyl. 114, tab. 50, fig. 2.

Dans l'Inde Orientale. ♄

21. SAINFOIN à semences différentes, *H. heterocarpon*, L. à
feuilles trois à trois; à fleurs en épis; à gousses à articula-

tions dont l'inférieure renferme une seule semence ; à stipules
sétacées.

> *Burm. Zeyl.* 117, tab. 53, fig. 1.
> *Dans l'Inde Orientale.*

22. SAINFOIN gluant, *H. viscidum*, L. à feuilles trois à trois ; à
gousses membraneuses, lisses, entières ; à tige et rameaux hérissés.

> *Burm. Zeyl.* 187, tab. 84, fig. 1.
> *Dans l'Inde Orientale.* ♄

23. SAINFOIN du Canada, *H. Canadense*, L. à feuilles simples
et trois à trois ; à tige lisse ; à fleurs en grappes.

> *Moris. Hist.* sect. 2, tab. 11, fig. 9. *Cornut. Canad.* 44 et 45.
> *Barrel.* tab. 1140.
> *Au Canada, en Virginie.* ♃

24. SAINFOIN blanchâtre, *H. canescens*, L. à feuilles trois à
trois, rudes en dessous ; à tige hérissée ; à fleurs en grappes, conjuguées.

> *Sloan. Jam.* tab. 118, fig. 2.
> Le synonyme de *Plukenet*, Sainfoin d'Amérique, à fleurs en
> épis ; à feuilles trois à trois, blanchâtres ; à siliques rudes,
> *Alm.* 270, tab. 308, fig. 5, rapporté par *Reichard* à cette
> espèce, est cité par le même auteur, pour le Sainfoin à
> fleur verte, *H. viridiflorum*, L. espèce 27.
> *En Virginie.*

25. SAINFOIN du Mariland, *H. Marilandicum*, L. à feuilles trois
à trois ; à folioles arrondies ; à tige ligneuse, très-ramifiée ; à
gousses articulées, lisses.

> *Dill. Elth.* tab. 144, fig. 171.
> *En Virginie, à la Caroline.*

26. SAINFOIN ligneux, *H. frutescens*, L. à feuilles trois à trois,
comme ovales, velues en dessous ; à tige ligneuse.

> *En Virginie.* ♄

27. SAINFOIN à fleur verte, *H. viridiflorum*, L. à feuilles trois
à trois, un peu aiguës ; à tige droite ; à fleurs en grappes très-
longues, redressées.

> Nous avons observé qu'il y a ici un double emploi dans le sy-
> nonyme de *Plukenet Alm.* 270, tab. 308, fig. 5, cité par
> *Reichard*, pour cette espèce et pour le Sainfoin blanchâtre,
> *H. canescens*, L. espèce 24.
> *En Virginie.*

28. SAINFOIN hérissé, *H. hirtum*, L. à feuilles trois à trois,
ovales ; à tige ligneuse ; à fleurs en épis alongés ; à calices hérissés ; à gousses hérissées renfermant une seule semence.

> *En Virginie.*

29. SAINFOIN joncier, *H. junceum*, L. à feuilles trois à trois, lancéolées; à gousses à une seule articulation, rhomboïdales; à péduncules latéraux, comme en ombelles.

Linn. Dec. 1, tab. 4.

En Sibérie, en Tartarie.

30. SAINFOIN violet, *H. violaceum*, L. à feuilles trois à trois, ovales; à fleurs deux à deux; à gousses nues, veinées, articulées, rhomboïdales.

En Virginie.

31. SAINFOIN paniculé, *H. paniculatum*, L. à feuilles trois à trois, linéaires, lancéolées; à fleurs en panicules; à gousses rhomboïdales.

Pluk. tab. 432, fig. 6.

En Virginie.

32. SAINFOIN à fleur nue, *H. nudiflorum*, L. à feuilles trois à trois; à hampe portant la fleur, nue; à tige feuillée, anguleuse.

En Virginie.

33. SAINFOIN rampant, *H. repens*, L. à feuilles trois à trois, en cœur renversé; à tiges couchées; à fleurs en grappes latérales.

Dill. Elth. tab. 142, fig. 169.

En Virginie.

34. SAINFOIN à hameçon, *H. hamatum*, L. à feuilles trois à trois, nerveuses, nues; à fleurs en épis assis; à gousses renfermant deux semences, couvertes, terminées par une pointe en crochet.

Sloan. Jam. tab. 119, fig. 2.

Cette espèce présente une variété à feuilles gluantes et odorantes, décrite et gravée dans *Sloane Jam.* 1, pag. 186, tab. 119, fig. 1.

A la Jamaïque, à Zeylan.

35. SAINFOIN à trois fleurs, *H. triflorum*, L. à feuilles trois à trois, en cœur renversé; à tiges couchées; à péduncules trois à trois, portant une seule fleur.

Burm. Zeyl. 119, tab. 54, fig. 2.

Cette espèce présente une variété à gousse aplatie, articulée, décrite et gravée dans *Burmann Zeyl.* 118, t. 54, f. 1.

Dans l'Inde Orientale. ⊙

36. SAINFOIN barbu, *H. barbatum*, L. à feuilles trois à trois; à fleurs en grappes oblongues, un peu rameuses; à gousses courbées; à calices velus.

A la Jamaïque.

37. SAINFOIN pied de lièvre, *H. lagopodioides*, L. à feuilles trois à trois; à fleurs en grappes oblongues; à gousses courbées; à calices hérissés.

Burm. Ind. 68, tab. 53, fig. 2.

A la Chine.

38. SAINFOIN entortillé, *H. volubile*, L. à feuilles trois à trois, ovales, oblongues; à tige entortillée.

Dill. Elth. tab. 143, fig. 170.

Dans l'Amérique Septentrionale.

* IV. *SAINFOINS à feuilles pinnées.*

39. SAINFOIN argenté, *H. argenteam*, L. à feuilles pinnées, cotonneuses et luisantes en dessous; à gousses articulées; à hampe nue ou sans feuilles.

Gmel. Sibir. 4, pag. 61, n.º 78, tab. 31.

Cette plante est désignée dans le *Species* sous le nom d'Astragale à grande fleur, *A. grandiflorus*, L. sans tige, hérissé; à hampes droites, en épis; à feuilles pinnées; à folioles ovales, obtuses, velues.

En Sibérie.

40. SAINFOIN des Alpes, *H. Alpinum*, L. à feuilles pinnées; à gousses articulées, lisses, pendantes; à tige droite.

Onobrychis semine clypeato, levi; Sainfoin à semence en bouclier, lisse. *Bauh. Pin.* 350, n.º 5. *Bellev.* tab. 217. *Pluk.* tab. 102, fig. 2. *Gmel. Sibir.* 4, pag. 26, n.º 35, tab. 10.

Sur les Alpes du Dauphiné. ♃

41. SAINFOIN obscur, *H. obscurum*, L. à feuilles pinnées; à stipules en gaînes; à tige droite, tortueuse; à fleurs en grappes, pendantes sur l'axe de leurs épis.

Hall. Hist. n.º 395, tab. 12. *Jacq. Aust.* tab. 168. *Crantz. Aust.* fasc. 5, pag. 425, tab. 2, fig. 3.

En Suisse, en Sibérie. ♃

42. SAINFOIN des couronnes, *H. coronarium*, L. à feuilles pinnées; à gousses articulées, armées de piquans, nues, droites; à tige diffuse.

Onobrychis semine clypeato, aspero, major; Sainfoin à semence en bouclier, rude, plus grand. *Bauh. Pin.* 350, n.º 3. *Dod. Pempt.* 549, fig. 1. *Lob. Ic.* 2, pag. 77, fig. 2. *Lugd. Hist.* 446, fig. 2. *Bauh. Hist.* 2, pag. 333, fig. 2.

En Provence, en Italie. Cultivé en France sous le nom de Sainfoin d'Espagne. ♃ Vernale.

43. SAINFOIN tortueux, *H. flexuosum*, L. à feuilles pinnées; à gousses articulées, armées de piquans, tortueuses; à tige diffuse.

En Asie. ☉

44. SAINFOIN nain, *H. humile*, L. à feuilles pinnées ; à gousses articulées, rudes ; les ailes de la corolle irrégulières ; à fleurs à épis hérissés ; à tiges déprimées.

> *Onobrychis semina clypeata, aspera, minor;* Sainfoin à semence en bouclier, rude, plus petit. *Bauh. Pin.* 350, n.º 4. *Bauh. Hist.* 2, pag. 336, fig. 2.
>
> *A Montpellier, en Provence.* ♃

45. SAINFOIN très-épineux, *H. spinosissimum*, L. à feuilles pinnées ; à gousses articulées, armées de piquans, cotonneuses ; à tige diffuse.

> *Pluk.* tab. 50, fig. 2.
>
> *En Espagne.* ⊙

46. SAINFOIN de Virginie, *H. Virginicum*, L. à feuilles pinnées ; à tige ligneuse ; à gousses articulées, lisses, droites, pédunculées.

> *En Virginie.*

47. SAINFOIN très-petit, *H. pumilum*, L. à feuilles pinnées ; à tige sous-ligneuse ; les ailes de la corolle plus courtes que l'étendard, et l'étendard plus court que la carène ; à gousses renfermant une seule semence.

> *En Espagne.* ♄

48. SAINFOIN Esparcette, *H. Onobrychis*, L. à feuilles pinnées ; à gousses armées de piquans, renfermant une seule semence.

> *Onobrychis foliis Viciæ, fructu echinato, major;* Sainfoin à feuilles de Vesce, à fruit hérissonné, plus grand. *Bauh. Pin.* 350, n.º 1. *Dod. Pempt.* 548, fig. 2. *Lob. Ic.* 2, p. 81, f. 1. *Clus. Hist.* 2, p. 232, f. 1. *Lugd. Hist.* 488, f. 3. *Bauh. Hist.* 2, pag. 335, f. 2. *Bul. Paris.* t. 445, *Jacq. Aust.* tab. 352.
>
> Le synonyme de *G. Bauhin, Onobrychis incana, foliis longioribus;* Sainfoin à feuilles blanchâtres, plus longues. *Pin.* 350, n.º 6, est rapporté deux fois par *Linné*, 1.º comme variété de cette espèce ; 2.º à l'*Astragalus incanus. Reichard* rapporte comme variété de cette espèce, le synonyme de *G. Bauhin, Onobrychis fructu echinato, minor,* ou Sainfoin à fruit hérissonné, plus petit, *Pin.* 350, n.º 2, qu'il cite pour le Sainfoin tête de coq, *H. caput galli*, L.
>
> *En Europe, dans les prés, les pâturages.* ♃ Vernale.

49. SAINFOIN des rochers, *H. saxatile*, L. à feuilles pinnées, à gousses sillonnées, sans piquans, renfermant une seule semence ; les ailes de la corolle très-courtes ; à tige si courte que les hampes semblent naître de la racine.

> *Bellev.* tab. 216.
>
> *A Lyon, en Provence, en Dauphiné.* ♃

50. SAINFOIN tête de coq, *H. caput galli*, L. à feuilles pinnées ; à gousses renfermant une seule semence, chargées sur le
dos de dents en alêne ; les ailes de la corolle très-petites ; à tige
diffuse.

> *Onobrychis fructu echinato, minor*; Sainfoin à fruit héris-
> sonné, plus petit. *Bauh. Pin.* 350, n.° 2.

> *A Montpellier, en Provence, en Dauphiné.* ♃ Vernale.

51. SAINFOIN crête de coq, *H. crista galli*, L. à feuilles pinnées ; à gousses renfermant une seule semence, chargées sur le
dos de dents en alêne, lancéolées.

> *Plut.* tab. 50, fig. 1.

> *A Naples.* ☉

52. SAINFOIN à crinière, *H. crinitum*, L. à feuilles pinnées ; à
fleurs en grappes oblongues ; à gousses courbées ; à tige ligneuse.

> *Burm. Ind.* tab. 53.

> *Dans l'Inde Orientale.*

53. SAINFOIN cornu, *H. cornutum*, L. à feuilles pinnées ; à folioles linéaires ; à gousses lisses, renfermant une seule semence ;
à tige ligneuse ; à péduncules persistans, épineux.

> *Tournef. Voy. au Lev.* 2, pag. et tab. 249.

> *En Orient.*

962. INDIGOTIER, *INDIGOFERA.* * *Lam. Tab. Encyclop.*
pl. 626.

Cal. *Périanthe* d'un seul feuillet, ouvert, presque plane, à cinq
dents.

Cor. Papilionacée.

— *Étendard* arrondi, renversé, échancré, étalé.

— *Ailes* oblongues, obtuses, étalées sur la marge inférieure,
semblables à l'étendard.

— *Carène* obtuse, étalée, renversée, munie des deux côtés d'une
pointe en alêne, creuse.

Étam. *Filamens* diadelphes, réunis en cylindre, ascendans aux
sommets. *Anthères* arrondies.

Pist. *Ovaire* cylindrique. *Style* court, ascendant. *Stigmate* obtus.

Pér. *Gousse* légèrement arrondie, longue.

Sem. Quelques-unes en forme de rein.

Calice ouvert, à cinq dents. *Carène* munie de chaque côté
d'un éperon en alêne. *Gousse* linéaire.

1. INDIGOTIER soyeux, *I. sericea*, L. à feuilles simples, lancéolées, soyeuses ; à fleurs en épis assis ; à tige ligneuse.

> *Au cap de Bonne-Espérance.* ♄

2. INDIGOTIER

2. INDIGOTIER à trois feuilles, *I. trifoliata*, L. à feuilles trois à trois; à fleurs assises, latérales.

Dans l'*Inde Orientale*.

3. INDIGOTIER psorale, *I. psoraloïdes*, L. à feuilles trois à trois, lancéolées; à fleurs en grappes très-longues; à gousses inclinées.

Pluk. tab. 320, fig. 3.

Cette plante est désignée dans le *Species* sous les noms d'Indigotier à grappe, *I. racemosa*, L. à gousses inclinées; à fleurs en grappes alongées; à feuilles trois à trois; et de Cytise psorale, *C. psoraloïdes*, L. à fleurs en épis duvetés; à rameaux anguleux; à feuilles lancéolées; à tige sous-ligneuse.

Au cap de *Bonne-Espérance*. ♄

4. INDIGOTIER couché, *I. Procumbens*, L. à feuilles trois à trois, en ovale renversé; à tige herbacée, couchée; à fleurs en épis pédunculés.

Au cap de *Bonne-Espérance*. ♃

5. INDIGOTIER à neuf feuilles, *I. enneaphylla*, L. à feuilles pinnées; à sept folioles en forme de coin; à tiges couchées; à fleurs en épis latéraux.

Pluk. tab. 166, fig. 2.

Le nom trivial de *Linné* semble être contradictoire avec la phrase spécifique, mais il est bon de prévenir que quoique la feuille ne présente que sept folioles, elle est accompagnée de deux bractées qui sont prises pour deux folioles, ce qui en forme alors neuf.

Dans l'*Inde Orientale*. ♄

6. INDIGOTIER à cinq feuilles, *I. pentaphylla*, L. à feuilles pinnées; à cinq folioles ovales; à tiges couchées; à pédunculus portant deux fleurs.

On ignore son climat natal.

7. INDIGOTIER lisse, *I. glabra*, L. à feuilles pinnées; à folioles trois à trois, en ovale renversé; à fleurs en grappes très-courtes; à gousses horizontales, arrondies.

Pluk. tab. 166, fig. 1.

Dans l'*Inde Orientale*.

8. INDIGOTIER cytise, *I. cytisoïdes*, L. à feuilles pinnées; à folioles cinq à cinq et trois à trois; à fleurs en grappes axillaires; à tige ligneuse.

Pluk. tab. 165, f. 5.

Au cap de *Bonne-Espérance*.

9. INDIGOTIER hérissé, *I. hirsuta*, L. à feuilles pinnées, hérissées; à tige droite; à fleurs en épis; à gousses pendantes, laineuses.

> *Burm. Zeyl.* 37, tab. 14.
> *Dans l'Inde Orientale.*

10. INDIGOTIER à feuilles étroites, *I. angustifolia*, L. à feuilles pinnées; à folioles linéaires; à fleurs en grappes alongées; à tige ligneuse.

> *Au cap de Bonne-Espérance.* ♄

11. INDIGOTIER Anil, *I. Anil*, L. à feuilles pinnées; à folioles lancéolées; à fleurs en grappes courtes; à tige sous-ligneuse.

> *Dans l'Inde Orientale.* ♄

12. INDIGOTIER des Teinturiers, *I. tinctoria*, L. à feuilles pinnées; à folioles en ovale renversé; à fleurs en grappes courtes à tige sous-ligneuse.

> *Isatis Indica, foliis Rosmarini, Glasto affinis;* Pastel des Indes, à feuilles de Romarin, congénère du Pastel. *Bauh. Pin.* 113, n.º 3. *Icon. Pl. Medic.* tab. 183.
> La feuille teint en bleu ou indigo.
> *Dans l'Inde Orientale.* ♄

13. INDIGOTIER à deux semences, *I. disperma*, L. à feuilles pinnées; à folioles ovales; à fleurs en grappes alongées; à gousses renfermant deux semences.

> *Dans l'Inde Orientale.*

14. INDIGOTIER argenté, *I. argentea*, L. à feuilles pinnées; à folioles cotonneuses, en ovale renversé; à tige ligneuse.

> *Sloan. Jam.* tab. 176, fig. 3.
> *Dans l'Inde Orientale.* ♄

963. GALEGA, *GALEGA*. * *Tournef. Inst.* 398. Tab. 222. *Lam. Tab. Encyclop.* pl. 625.

CAL. *Périanthe* d'un seul feuillet, tubulé, court, à moitié divisé en cinq segmens terminés par des *dents* en alêne, presque égales.

COR. Papilionacée.

— *Étendard* plus grand, ovale, renversée au sommet et sur les côtés.

— *Ailes* oblongues, augmentées par un appendice, preque aussi longues que l'étendard.

— *Carène* oblongue, comprimée, droite, bossuée extérieurement vers le sommet, aiguë vers le haut.

ÉTAM. *Filamens* diadelphes, (séparés en deux corps, dont un simple, l'autre divisé en neuf). *Anthères* oblongues.

PIST. *Ovaire* grêle, oblong. *Style* grêle, plus court que l'ovaire, ascendant. *Stigmate* formé par un point terminal, très-petit.

PÉR Gousse très-longue, comprimée, pointue, sillonnée entre les semences par des stries obliques.

SEM. Plusieurs, oblongues, en forme de rein.

Calice à cinq dents en alêne, presque égales. *Gousse* à stries obliques. Une *Semence* nidulée intérieurement entre deux stries.

1. GALEGA officinal, *G. officinalis*, L. à gousses droites, roides; à feuilles pinnées; à folioles lancéolées, striées, nues.

> *Galega vulgaris*, Galega vulgaire. *Bauh. Pin.* 352, n.° 1. *Dod. Pempt.* 548, f. 1. *Lob. Ic.* 2, pag. 57, f. 1. *Clus. Hist.* 2, p. 233, f. 2. *Lugd. Hist.* 976, f. 1. *Camer. Epit.* 497. *Bauh. Hist.* 2, p. 342, f. 1. *Icon. Pl. Medic.* tab. 212.
>
> 1. *Gairga*; Galega. 2. Herbe. 3. Saveur un peu aromatique. 5. Fièvres malignes? miliaires? peste? vers? *cholera-morbus*? Malgré l'usage qu'on fait du *Galega*, ses vertus paroissent douteuses.
>
> *A Lyon, Paris, en Espagne, en Italie. Cultivé dans les jardins.* ♃ Estivale.

2. GALEGA cendré, *G. cinerea*, L. à gousses roides, étalées, pédunculées; à grappes opposées aux feuilles; à feuilles pinnées; à folioles terminées en pointe, velues en dessous.

> *A la Jamaïque.*

3. GALEGA des rivages, *G. littoralis*, L. à gousses en grappes; à feuilles pinnées; à folioles oblongues, velues, cotonneuses.

> *Jacq. Amer.* 206, tab. 124.
>
> *A Carthagène.*

4. GALEGA de Virginie, *G. Virginica*, L. à gousses en faucille, comprimées, velues, en épis; à calices laineux; à feuilles pinnées; à folioles ovales, oblongues, aiguës.

> *Pluk.* tab. 23, fig. 2.
>
> *En Virginie, au Canada.*

5. GALEGA velu, *G. villosa*, L. à gousses en faucille, velues, pendantes, en grappes latérales; à feuilles pinnées; à folioles lisses, lancéolées.

> *Pluk.* tab. 59, fig. 6.
>
> *Dans l'Inde Orientale.*

6. GALEGA très-grand, *G. maxima*, L. à gousses roides, droites, lisses; à stipules lancéolées; à feuilles pinnées; à folioles oblongues, lisses, striées.

Z 2

Burm. Zeyl. 228, tab. 108, fig. 2.

A Zeylan.

7. GALEGA pourpré , *G. purpurea* , L. à gousses roides , droites , lisses , en grappes terminales ; à stipules en alêne ; à feuilles pinnées ; à folioles oblongues , lisses.

Burm. Zeyl. 77, tab. 33.

A Zeylan.

8. GALEGA des Caribes , *G. Caribæa* , L. à gousses roides , lisses , pendantes , en grappes ; à feuilles pinnées ; à folioles lisses , pointues ; à tige ligneuse.

Jacq. Amer. 212, tab. 125.

Aux isles Caribes. ♄

9. GALEGA des Teinturiers , *G. tinctoria* , L. à fleurs en épis latéraux , pédunculés ; à gousses roides , pendantes ; à feuilles pinnées ; à folioles échancrées , velues en dessous.

A Zeylan. ♄

10. GALEGA des broussailles , *G. senticosa* , L. à gousses deux à deux , latérales , lisses ; à feuilles pinnées ; à folioles échancrées , soyeuses en dessus ; à tige ligneuse.

A Zeylan. ♄

964. PHAQUE , *PHACA.* ᚹ ASTRAGALOÏDES. *Tournef. Inst.* 399 , tab. 223.

CAL. *Périanthe* d'un seul feuillet , tubulé , à cinq dents.

COR. Papilionacée.

— *Etendard* comme ovale , droit , plus grand.

— *Ailes* oblongues , obtuses , plus courtes.

— *Carène* courte , comprimée , obtuse.

ÉTAM. *Filamens* diadelphes , (séparés en deux corps , dont un simple , l'autre divisé en neuf). *Anthères* arrondies , ascendantes.

PIST. *Ovaire* oblong. *Style* en alêne , ascendant. *Stigmate* simple.

PÉR. *Gousse* oblongue , enflée , à moitié divisée en deux loges , dont la suture supérieure est déprimée vers l'inférieure.

SEM. Plusieurs , en forme de rein.

OBS. *La Gousse dans quelques espèces est droite , dans quelques autres elle est recourbée de manière que le sommet touche presque la base.*

Dans les Phaques comme dans quelques Astragales , la cloison de la gousse n'est point attachée à la suture inférieure , quoiqu'elle s'en rapproche : ce caractère prouve l'affinité qui existe entre les Phaques et les Astragales.

Gousse divisée à moitié en deux loges.

1. PHAQUE de Béotie , *P. Bœtica* , L. à tige ligneuse , droite, velue ; à gousses arrondies , en tymbale.

> *Astragalus Bœticus , lanuginosus , radice amplissimâ ;* Astragale de Béotie, laineux , à racine très-grosse. *Bauh. Pin.* 351, n.º 2. *Lob. Ic.* 2, p. 78, fig. 1. *Clus. Hist.* 2 , pag. 234 , fig. 1. *Lugd. Hist.* 1348 , fig. 1. *Bauh. Hist.* 2 , p. 340, f. 2.
>
> *En Espagne.*

2. PHAQUE des Alpes , *P. Alpina* , L. à tige ligneuse , droite, lisse ; à gousses oblongues , enflées, un peu velues.

> *Gmel. Sibir.* 5 , pag. 35 , tab. 14.
>
> *Sur les Alpes du Dauphiné.* ♃ *Estivale. Alp.*

3. PHAQUE Australe, *P. Australis* , L. à tige rameuse, couchée ; à feuilles pinnées ; à folioles lancéolées ; à ailes des corolles divisées peu profondément en deux parties.

> *Till. Pis.* 19 , tab. 14 , fig. 1.
>
> *Sur les Alpes du Dauphiné , de Provence.* ♃ *Estivale. Alp.*

4. PHAQUE à trois feuilles , *P. trifoliata* , L. à feuilles trois à trois , ovales , obtuses ; à gousses demi-arrondies.

> *A la Chine.*

5. PHAQUE à vessie , *P. vesicaria* , L. sans tige ; à calices portant fruits , ovales , enflés , lisses.

> *Schreb. Dec.* 9 , tab. 7.
>
> *En Orient.*

6. PHAQUE de Sibérie , *P. Sibirica* , L. sans tige ; à feuilles pinnées ; à folioles digitées.

> *Ammann Ruth.* n.º 149 , tab. 19 , fig. 1.
>
> *Sur les Alpes de Sibérie.*

965. ASTRAGALE , *ASTRAGALUS.* * *Tournef. Inst.* 413. tab. 233. *Lam. Tab. Encyclop.* pl. 622 et 623. TRAGACANTHA. *Tournef. Inst.* 417, tab. 234.

CAL. *Périanthe* d'un seul feuillet , tubulé , aigu , à cinq *dents* dont les *inférieures* sont graduellement plus petites.

COR. Papilionacée.

— *Etendard* plus long que les autres pétales , renversé sur les côtés , échancré , obtus , droit.

— *Ailes* oblongues , plus courtes que l'étendard.

— *Carène* de la longueur des ailes , échancrée.

ÉTAM. *Filamens* diadelphes , (séparés en deux corps , dont un simple , l'autre divisé en neuf) , presque droits. *Anthères arrondies.*

Z 3

PIST. *Ovaire* légèrement arrondi. *Style* en alêne, ascendant. *Stigmate* obtus.

PÉR. *Gousse* à deux loges, plus convexes d'un côté.

SEM. en forme de rein.

OBS. Tragacantha *Tournefort*: *Plante ligneuse, à pétioles épineux.*

Astragalus *Rivin*: *Silique oblongue à plusieurs semences.*

Glaux *Rivin*: *Silique en cœur.*

La Gousse varie selon les espèces.

Gousse à deux loges, à battans plus convexes d'un côté.

*I. *ASTRAGALES* à *tiges feuillées*, diffuses, droites, mais non couchées.

1. ASTRAGALE queue de renard, *A. Alopecuroïdes*, L. à tiges velues; à fleurs en épis cylindriques, assis, denses; à gousses et calices laineux.

Mill. Dict. tab. 58.

A Montpellier, en Dauphiné. ♃ Estivale.

2. ASTRAGALE Oriental, *A. Christianus*, L. à tige droite; à fleurs conglomérées, presque assises, sortant de toutes les aisselles des feuilles.

Tournef. Voy. au Lev. 2, pag. et tab. 254.

En Orient.

3. ASTRAGALE en tête, *A. capitatus*, L. à tige très-velue; à fleurs en têtes arrondies; à péduncules très-longs; à feuilles pinnées; à folioles alongées.

En Orient.

4. ASTRAGALE velu, *A. pilosus*, L. à tige droite, velue; à fleurs en épis; à gousses en alêne, velues.

Cicer montanum, lanuginosum, erectum; Pois—chiche des montagnes, laineux, à tige droite. *Bauh. Pin.* 347, n.º 4. *Jacq. Aust.* tab. 51.

Sur les Alpes du Dauphiné. ♃ Estivale. *Alp.*

5. ASTRAGALE d'Autriche, *A. Austriacus*, L. à tige droite, pentagone, lisse; à fleurs en grappes droites; à gousses nues, amincies par les deux extrémités; à feuilles pinnées; à folioles presque linéaires.

Onobrychis floribus Viciæ, dilutè cæruleis; Onobrychide à fleurs de Vesce, d'un bleu clair. *Bauh. Pin.* 331, n.º 10. *Clus. Hist.* 2, pag. 239, fig. 1. *Bauh. Hist.* 2, pag. 337, fig. 2. *Jacq. Aust.* tab. 195.

Cette plante est désignée dans le *Species* sous le nom d'Astragale sillonné, *A. sulcatus*, L. à tige droite, lisse, allonnée; à feuilles lancéolées; à gousses comme à trois faces.

En Dauphiné, en Auvergne, en Autriche. ♃

6. ASTRAGALE faux galega, *A. galegiformis*, L. à tige roide, lisse; à fleurs en grappes pendantes; à gousses à trois faces, atténuées par les deux bouts.

En Sibérie. Cultivé dans les jardins. ♃

7. ASTRAGALE de la Chine, *A. Chinensis*, L. à tige roide, lisse; à fleurs en grappes pendantes; à gousses ovales, enflées, amincies et aiguës aux deux extrémités.

Linn. fil. Dec. 1, tab. 3.

A la Chine. ♃

8. ASTRAGALE Esparcette, *A. Onobrychis*, L. à tige droite, duvetée; à fleurs en épis; à étendards deux fois plus longs; à stipules solitaires.

Onobrychis spicata, flore purpureo; Onobrychide en épi, à fleur pourpre. *Bauh. Pin.* 350, n.° 8. *Clus. Hist.* 2, p. 238, f. 2. *Bauh. Hist.* 2, p. 337, f. 1. *Jacq. Aust.* tab. 38.

Cette plante est désignée dans le *Species* sous le nom d'Astragale à feuilles menues, *A. tenuifolius*, L. à tige droite, lisse; à feuilles pinnées; à folioles linéaires; à péduncules alongés, à trois faces.

Sur les Alpes du Dauphiné, de Provence. La variété en Sibérie. ♃ *Estivale. Alp.*

9. ASTRAGALE des marais, *A. uliginosus*, L. à tige ligneuse, presque droite; à fleurs en épis; à gousses un peu redressées, nues, enflées, arrondies, déprimées, terminées par une pointe recourbée.

Gmel. Sib. 4, p. 40, tab. 17 et 18.

En Sibérie. ♃

10. ASTRAGALE de la Caroline, *A. Carolinianus*, L. à tige droite, lisse; à péduncules en épis; à gousses ovales, cylindriques, terminées par le style.

Dill. Elth. tab. 39, f. 45.

A la Caroline. ♃

* II. ASTRAGALES à tiges feuillées, diffuses.

11. ASTRAGALE du Canada, *A. Canadensis*, L. à tige diffuse; à gousses presque cylindriques, piquantes; à feuilles pinnées; à folioles un peu nues en dessous.

Au Canada, en Virginie. ♃

Z 4

22. ASTRAGALE Pois-chiche , *A. Cicer* , L. à tige couchée ; à gousses enflées , presque arrondies , velues et terminées en pointe.

> *Cicer sylvestre , foliis oblongis , hispidis , majus ;* Pois-chiche sauvage , à feuilles oblongues , hérissées , plus grand. *Bauh. Pin.* 347 , n.° 1. *Matth.* 335 , f. 2. *Dod. Pempt.* 525 , f. 2. *Lob. Ic.* 2 , p. 73 , f. 2. *Lugd. Hist.* 463 , f. 1 ; et 464 , f. 1. *Camer. Epit.* 205. *Bauh. Hist.* 2 , p. 294 , f. 1. *Jacq. Aust.* tab. 251.

> *A Lyon , à Grenoble , etc.* ♃ Vernale.

23. ASTRAGALE à petites feuilles , *A. microphyllus* , L. à tige droite , étalée ; à feuilles pinnées ; à folioles ovales ; à calices un peu enflés ; à gousses arrondies.

> *Cicer foliis oblongis , hispidis , minus ;* Pois-chiche à feuilles oblongues , hérissées , plus petit. *Bauh. Pin.* 347 , n.° 2. *Gmel. Sibir.* 4 , pag. 41 , tab. 19.

> *En Sibérie.* ♃

24. ASTRAGALE à feuilles de réglisse , *A. glycyphyllos* , L. à tige couchée ; à gousses comme à trois faces , voûtées en arc ; à feuilles pinnées ; à folioles ovales , plus longues que les pédunculos.

> *Glycyrrhiza sylvestris floribus luteo-pallescentibus ;* Réglisse sauvage à fleurs d'un jaune pâle. *Bauh. Pin.* 352 , n.° 3. *Dod. Pempt.* 547 , f. 1. *Lob. Ic.* 2 , pag. 80 , f. 1. *Clus. Hist.* 2 , p. 233 , f. 1. *Lugd. Hist.* 251 , f. 1. *Bauh. Hist.* 2 , p. 330 , fig. 1. *Bul. Paris.* tab. 446.

La racine de cet Astragale est douce , analogue à celle de la Réglisse , on peut la regarder comme ayant les mêmes vertus ; elle a été employée avec succès contre les dartres , stranguries, coliques, et autres maladies qui exigent les corps doux. Cette plante qui plaît aux bestiaux , pourroit former d'excellentes prairies artificielles.

Nutritive pour le Cheval , le Bœuf , le Mouton , la Chèvre , le Coq , le Dindon , l'Oie.

A Montpellier , à Lyon , Grenoble , Paris , etc. ♃ Vernale.

25. ASTRAGALE à hameçon , *A. hamosus* , L. à tige couchée ; à gousses en alêne , recourbées , lisses ; à feuilles pinnées ; à folioles en cœur , velues en dessous.

> *Securidaca lutea , minor , corniculis recurvis ;* Sécuridaca à fleur jaune , plus petite , à cornes recourbées. *Bauh. Pin.* 349 , n.° 2. *Matth.* 641 , f. 3. *Dod. Pempt.* 546 , f. 2. *Lob. Ic.* 2 , pag. 77 , f. 1. *Clus. Hist.* 2 , p. 234 , f. 2. *Lugd. Hist.* 445 , fig. 3. *Camer. Epit.* 632. *Bauh. Hist.* 2 , p. 347 , f. 1.

> *A Montpellier , en Provence.* ☉

16. ASTRAGALE contourné , *A. contorduplicatus* , L. à tige couchée ; à gousses contournées , creusées en gouttières, velues.

> *Buxb. Cent.* 3 , pag. 22 , tab. 39.
>
> *En Sibérie.* ☉

17. ASTRAGALE de Béotie , *A. Bæticus* , L. à tige couchée ; à fleurs en épis pédunculés ; à gousses prismatiques , droites , à trois faces , terminées au sommet en crochet.

> *Boccon. Sic.* 7 , tab. 4 , f. h.
>
> *En Sicile , en Espagne.* ☉

18. ASTRAGALE Étoile , *A. Stella* , L. à tige diffuse ; à fleurs en têtes pédunculées , latérales ; à gousses droites , en alène , pointues.

> *Bauh. Hist.* 2 , pag. 331 , f. 1 ? *Pluk.* tab. 79 , f. 4.
>
> *A Montpellier.*

19. ASTRAGALE sésamier , *A. sesameus* , L. à tige diffuse ; à fleurs en têtes presque assises ou à pédunçules très-courts, latérales ; à gousses droites , en alène , repliées et pointues au sommet.

> *Ornithopodio affinis , hirsuta , fructu stellato ;* Congénère de l'Ornithopode, hérissée, à fruit en étoile. *Bauh. Pin.* 350 , n.º 5. *Lob. Ic.* 2 , pag. 83 , fig. 2. *Lugd. Hist.* 493 , fig. 2. *Column. Ecphras.* 1 , pag. 303 et 301 , f. 2. *Bauh. Hist.* 2 , pag. 350 , f. 1. *Garid. Aix.* pag. 50, tab. 12.
>
> *A Montpellier.* ☉

20. ASTRAGALE pentaglotte , *A. pentaglottis* , L. à tige couchée ; à gousses ramassées en têtes , repliées , comprimées , réunies , en crête , terminées en pointe recourbée.

> *Herm. Lugd.* 74 et 75.
>
> *En Espagne.* ☉

21. ASTRAGALE épiglotte , *A. epiglottis* , L. à tige ligneuse, couchée ; à gousses ramassées en têtes , assises , inclinées , en cœur , terminées en pointe , nues , repliées sur les côtés.

> *Herm. Lugd.* 76 et 77.
>
> *En Provence.* ☉

22. ASTRAGALE hypoglotte , *A. hypoglottis* , L. à tige couchée ; à gousses ramassées en têtes ovales , repliées sur les côtés , comprimées , velues , terminées en pointe recourbée.

> *En Espagne , à Naples.* ☉

23. ASTRAGALE de Syrie , *A. Syriacus* , L. à tige couchée ; à fleurs ramassées en têtes pédunculées , renversées ; à gousses cotonneuses , ovales , oblongues.

> *Astragalus Syriacus , hirsutus ;* Astragale de Syrie , hérissé,

Bauh. Pin. 351 , n.° 1 ? *Lob. Ic.* 2 , pag. 79 , fig. 2. *Lugd. Hist.* 1348 , fig. 2.

En Sibérie. ♃

24. ASTRAGALE des sables , *A. arenarius* , L. à tige très-courte , couchée ; à fleurs comme en grappes , droites ; à feuilles pinnées ; à folioles soyeuses , blanchâtres.

Flor. Dan. tab. 614.

En Dauphiné. ♃

25. ASTRAGALE Glauce , *A. Glaux* , L. à tige diffuse ; à fleurs ramassées en têtes droites , pédunculées , en recouvrement ; à gousses ovales , calleuses , enflées.

Ciceri sylvestri minori affinis , si non idem ; Congénère du Poischiche sauvage plus petit , si toutefois ce n'est pas la même plante. *Bauh. Pin.* 347 , n.° 3. *Dod. Pempt.* 552 , fig. 2. *Lob. Ic.* 2 , p. 80 , f. 2. *Clus. Hist.* 2 , p. 241 , f. 1. *Lugd. Hist.* 488 , f. 1.

En Dauphiné. ♃

26. ASTRAGALE de la Chine , *A. Sinicus* , L. à tige couchée ; à fleurs en ombelles pédunculées ; à gousses prismatiques , à trois faces , droites , terminées au sommet par une pointe en alène.

A la Chine.

27. ASTRAGALE des Alpes , *A. Alpinus* , L. à tige couchée ; à fleurs pendantes , en grappes ; à gousses enflées , pendantes , velues , pointues aux deux extrémités.

Flor. Lapp. n.° 267 , tab. 9 , fig. 1. *Flor. Dan.* tab. 51.

Nutritive pour le Mouton , la Chèvre.

Sur les Alpes du Dauphiné , de Provence. ♄

28. ASTRAGALE trimestre , *A. trimestris* , L. à tige courbée vers la terre ; à péduncules portant une ou deux fleurs ; à gousses recourbées en hameçon , en alène , à deux carènes.

Jacq. Hort. tab. 174.

En Égypte. ☉

* III. *ASTRAGALES à tige nue ou à hampe.*

29. ASTRAGALE verticillé , *A. verticillaris* , L. sans tige ; à feuilles agrégées , à moitié verticillées.

Amm. Ruth. n.° 150 , tab. 19 , f. 2.

En Sibérie. ♃

30. ASTRAGALE des montagnes , *A. montanus* , L. à tige très-courte ; à hampes plus longues que la feuille ; à fleurs en épis lâches , droits ; à gousses ovales dont le sommet est replié.

Onobrychis floribus Viciæ majoribus , cæruleo-purpurascentibus , vel foliis Tragacanthi ; Onobrychide à fleurs de Vesse

plus grandes, d'un bleu-pourpre ou à feuilles d'Adraganthe.
Bauh. Pin. 351, n.º 11. *Clus. Hist.* 2, p. 240, f. 1. *Bauh.
Hist.* 2, pag. 339, fig. 1. *Bellev.* tab. 220. *Till. Pis.* 19,
tab. 14, f. 3. *Jacq. Aust.* tab. 167. *Scopol. Carniol. Ed.* 2,
n.º 922, tab. 45.

Sur les Alpes du Dauphiné. ♃ *Vernale sur les Alpes calcaires;
estivale sur les Alpes granitiques.*

31. ASTRAGALE à vessies, *A. vesicarius*, L. sans tige; à hampes
plus longues que la feuille; à fleurs en épis lâches; à calices et
gousses enflés et hérissés.

Magn. Hort. 27, tab. 5.

Sur les Alpes du Dauphiné. ♃

32. ASTRAGALE enflé, *A. physodes*, L. sans tige; à hampes
de la longueur des feuilles; à gousses enflées, presque arrondies, nues.

En Sibérie.

33. ASTRAGALE des chèvres, *A. caprinus*, L. sans tiges; à
hampe droite; à feuilles pinnées; à folioles ciliées; à gousses
ovales, enflées, velues.

Moris. Hist. sect. 2, tab. 24, f. 5.

En Barbarie, à Naples, en Russie. ♃

34. ASTRAGALE soyeux, *A. uralensis*, L. sans tige; à hampes
droites, plus longues que les feuilles dont les folioles sont
ovales, lancéolées, soyeuses; à gousses en alêne, enflées,
droites, velues.

Hall. Helv. n.º 410, tab. 14.

Sur les Alpes du Dauphiné. ♃

35. ASTRAGALE de Montpellier, *A. Monspessulanus*, L. sans
tige; à hampes inclinées, de la longueur des feuilles; à gousses
en alêne, arrondies, lisses, un peu voûtées en arc.

Bauh. Hist. 2, pag. 338, fig. 2.

A Montpellier, à Grenoble, à Paris, etc. ♃ Vernale.

36. ASTRAGALE blanchâtre, *A. incanus*, L. sans tige; à hampes
inclinées; à feuilles pinnées; à folioles soyeuses, blanchâtres;
à gousses en alêne, un peu voûtées en arc, blanchâtres, courbées à la pointe.

Onobrychis incana foliis longioribus; Onobrychide à feuilles
blanchâtres plus longues. *Bauh. Pin.* 350, n.º 6. *Magn.
Bot.* 33, tab. 3.

Ce synonyme de *G. Bauhin*, a été rapporté par *Linné* à la
variété de l'*Hedysarum Onobrychis*.

*Près de Montpellier, à la montée de Jacquou, à Periers, en
Provence.* ♄ Vernale.

37. ASTRAGALE champêtre, *A. campestris*, L. sans tige; à calices et gousses velus; à feuilles pinnées; à folioles lancéolées, aiguës; à hampe couchée.

Hall. Helv. n.º 406, tab. 13.

Sur les Alpes du Dauphiné, de Provence. ♄ *Estivale. Alp.*

38. ASTRAGALE déprimé, *A. depressus*, L. sans tige; à hampes plus courtes que la feuille; à gousses inclinées; à feuilles pinnées; à folioles presque échancrées, nues.

Sur les Alpes du Dauphiné. ♃ *Vernale. Alp. et S.-Alp.*

39. ASTRAGALE en crochet, *A. uncatus*, L. sans tige et sans hampe; à gousses en alène, en hameçon, plus longues que les feuilles; à feuilles pinnées; à folioles en cœur renversé.

A Alep.

40. ASTRAGALE sans tige, *A. excapus*, L. sans tiges et sans hampe; à gousses laineuses; à feuilles velues.

Buxb. Cent. 3, p. 21, tab. 38, f. 2?

Dans la Thuringe. ♃

* IV. *ASTRAGALES* à tige ligneuse.

41. ASTRAGALE adracanthoïde, *A. tragacanthoïdes*, L. à tige très-courte; à fleurs partant de la racine, nombreuses, presque assises ou portées sur des pétioles très-courts.

Buxb. Cent. 3, p. 21, tab. 38, fig. 2.

En Orient.

42. ASTRAGALE Adragante, *A. Tragacantha*, L. à tige velue, montante en arbrisseau, dont les pétioles deviennent épineux.

Tragacantha; Adragante. *Bauh. Pin.* 388, n.º 1. *Matth.* 503, f. 2. *Dod. Pempt.* 751, f. 2. *Lob. Ic.* 2, pag. 27, fig. 2. *Clus. Hist.* 1, p. 108, f. 1. *Lugd. Hist.* 1478, f. 1 et 2. *Bauh. Hist.* 1, P. 2, pag. 408, fig. 1. *Icon. Pl. Medic.* tab. 487.

Cette espèce présente une variété.

Tragacanthæ affinis lanuginosa, sive Poterium; Congénère de l'Adragante, laineuse, ou Pimprenelle. *Bauh. Pin.* 388, n.º 1. *Matth.* 498, f. 1. *Lob. Ic.* 2, p. 27, f. 1. *Lugd. Hist.* 1488, f. 1. *Bauh. Hist.* 1, P. 2, pag. 407, f. 2.

1. *Tragacantha, Gummi album, nigrum, Dragacanthium*; Gomme Adragant ou Tragacant. 2. Gomme. 3. Saveur fade, mucilagineuse. 5. Diarrhées bilieuses ou causées par une gravelle âcre, caustique, ardeurs d'urine à la suite des dyssenteries, toux, enrouement, phlogose des premières voies produite par des poisons corrosifs, scorbut, appauvrissement des humeurs après l'usage des mercuriaux, gale, dar-

tres, ophthalmie. 6. Employée dans les arts, dans celui du Corroyeur, etc.

Sur les Alpes du Dauphiné. ♃ *Estivale. Alp.*

966. BISERRULE, *BISERRULA.* * *Lam. Tab. Encyclop.* pl. 622. PELECINUS. *Tournef. Inst.* 417, tab. 234.

CAL. *Périanthe* d'un seul feuillet, tubulé, droit, à moitié divisé en cinq segmens terminés par des *dents* en alêne, égales dont *deux supérieures* plus éloignées.

COR. Papilionacée.

—— *Étendard* plus grand, renversé sur les côtés, ascendant, arrondi.

—— *Ailes* ovales, oblongues, libres, plus courtes que l'étendard.

—— *Carène* de la longueur des ailes, obtuse, ascendante.

ÉTAM. *Filamens* diadelphes, (séparés en deux corps, dont un simple, l'autre divisé en neuf), ascendans au sommet, renfermés dans la carène. *Anthères* petites.

PIST. *Ovaire* oblong, comprimé. *Style* en alêne, ascendant. *Stigmate* simple.

PÉR. *Gousse* grande, linéaire, plane, à deux loges, à *cloison* opposée aux battans.

SEM. Plusieurs, en forme de rein, comprimées.

Gousse à deux loges dont les battans sont aplatis, et dont la cloison est opposée aux battans.

1. BISERRULE Pélécine, *B. Pelecinus*, L. à tige striée; à feuilles pinnées; à folioles comme en cœur; à péduncules axillaires, portant quatre ou cinq fleurs assises.

Securidaca siliquis planis, utriùsque dentatis; Sécuridaca à siliques aplaties, dentées des deux côtés. *Bauh. Pin.* 349, n.º 3. *Clus. Hist.* 2, pag. 238, fig. 1. *Bauh. Hist.* 2, pag. 348, fig. 2. *Moris. Hist.* sect. 2, tab. 9, fig. 6. *Barrel. t.* 1137.

A Montpellier, en Provence. ⊙ Vernale.

967. PSORALE, *PSORALEA.* * *Lam. Tab. Encyclop.* pl. 614.

CAL. *Périanthe* d'un seul feuillet, ponctué par des tubercules, à cinq *segmens* peu profonds, aigus, égaux, persistans, dont l'inférieur est deux fois plus long.

COR. Papilionacée, à cinq *Pétales.*

—— *Étendard* arrondi, échancré, droit.

—— *Ailes* en croissant, obtuses, petites.

—— *Carène* à deux pétales, en croissant, obtuses.

ÉTAM. *Filamens* diadelphes, (séparés en deux corps, dont un simple, sétacé, l'autre divisé en neuf), ascendans. *Anthères* arrondies.

PIST. *Ovaire* linéaire. *Style* en alêne, droit, de la longueur des étamines. *Stigmate* obtus.

PÉR. *Gousse* de la longueur du calice, comprimée, droite, pointue.

SEM. Une seule, en forme de rein.

OBS. *Ce genre offre une singularité remarquable, en ce que le calice ainsi que toute la plante sont ponctués par des tubercules, et que les Pétales sont marqués par des veines colorées.*

Calice parsemé de points calleux. *Gousse* de la longueur du calice, renfermant une seule semence.

1. **PSORALE** pinnée, *P. pinnata*, L. à feuilles pinnées ; à folioles linéaires ; à fleurs axillaires.

> *Herm. Lugd.* 272 et 273.
> *Au cap de Bonne-Espérance.* ♄

2. **PSORALE** piquante, *P. aculeata*, L. à feuilles trois à trois ; à folioles en forme de coin, recourbées, piquantes ; à fleurs en têtes terminales.

> *Pluk. tab.* 387, fig. 6.
> *En Éthiopie.* ♄

3. **PSORALE** à bractées, *P. bracteata*, L. à feuilles trois à trois ; à folioles en ovale renversé, recourbées, piquantes ; à fleurs en épis ovales.

> *Commel. Hort.* 2, pag. 211, tab. 106.
> *En Éthiopie.*

4. **PSORALE** en épi, *P. spicata*, L. à feuilles trois à trois ; à folioles oblongues, obtuses ; à fleurs en épis cylindriques.

> *Au cap de Bonne-Espérance.* ♄

5. **PSORALE** sans feuilles, *P. aphylla*, L. sans feuilles ; à stipules piquantes, très-courtes, comme en recouvrement vers les fleurs.

> *Breyn. Cent. tab.* 25.
> *Au cap de Bonne-Espérance.* ♄

6. **PSORALE** à feuilles menues, *P. tenuifolia*, L. à feuilles inférieures, trois à trois : les supérieures simples, lancéolées, en alêne.

> *En Éthiopie.*

7. **PSORALE** hérissée, *P. hirta*, L. à feuilles trois à trois ; à folioles en ovale renversé, recourbées, piquantes ; à fleurs trois à trois, assises.

> *Au cap de Bonne-Espérance.* ♄

8. PSORALE rampante, *P. repens*, L. à feuilles trois à trois ; à folioles en ovale renversé, échancrées ; à tige rampante ; à fleurs comme en ombelles.

Au cap de Bonne-Espérance. ♄.

9. PSORALE bitumineuse, *P. bituminosa*, L. toutes les feuilles trois à trois ; à folioles lancéolées ; à pétioles lisses ; à fleurs ramassées en têtes.

Trifolium Bitumen redolens ; Trèfle à odeur de Bitume. Bauh. Pin. 327, n.° 1. Matth. 608, fig. 1. Dod. Pempt. 566, fig. 1. Lob. Ic. 2, pag. 30, fig. 2. Lugd. Hist. 504, fig. 2. Camer. Epit. 581. Bauh. Hist. 2, pag. 366, fig. 1.

Au environs de Montpellier, à Assas, en Provence. ♃ Estivale.

10. PSORALE glanduleuse, *P. glandulosa*, L. toutes les feuilles trois à trois ; à folioles lancéolées ; à pétioles rudes ; à fleurs en épis.

Ard. Spec. 24, tab. 8.

Au Pérou, en Espagne, aux isles Baléares. ♄

11. PSORALE de la Palestine, *P. Palæstina*, L. toutes les feuilles trois à trois ; à folioles ovales ; à pétioles duvetés ; à fleurs en têtes.

Jacq. Hort. tab. 184.

Dans la Palestine.

12. PSORALE d'Amérique, *P. Americana*, L. à feuilles trois à trois ; à folioles ovales, dentées, anguleuses ; à fleurs en épis latéraux.

Trifolium Americanum ; Trèfle d'Amérique. Bauh. Pin. 327, n.° 3. Dod. Pempt. 567, fig. 1. Lob. Ic. 2, pag. 31, f. 1. Lugd. Hist. 506, fig. 1.

Dans l'Amérique Méridionale.

13. PSORALE à quatre lobes, *P. tetragonoloba*, L. à feuilles trois à trois, dentées ; à tige tortueuse ; à fleurs en épis latéraux ; à gousses roides, quadrangulaires.

En Arabie.

14. PSORALE à feuilles de noisetier, *P. corylifolia*, L. à feuilles simples, ovales, un peu dentées ; à fleurs en épis ovales.

Pluk. tab. 96, fig. 5.

Dans l'Inde Orientale. ⊙

15. PSORALE à cinq feuilles, *P. pentaphylla*, L. à feuilles digitées ; à cinq folioles inégales.

Au Mexique, au Malabar.

26. PSORALE couchée, *P. prostrata*, L. à feuilles surdécomposées ;
à folioles digitées, linéaires.

>*Au cap de Bonne-Espérance.*

27. PSORALE Daléa, *P. Dalea*, L. à feuilles pinnées ; à fleurs
en épis cylindriques, terminans.

>*Hort. Cliff.* pag. 363, tab. 22.
>
>*A Véra—Crux.* ♃

28. PSORALE à neuf feuilles, *P. enneaphylla*, L. à feuilles pin‑
nées ; à fleurs en épis axillaires.

>*Pluk.* tab. 166, fig. 2.
>
>*A Carthagène.* ♃

968. TRÈFLE, *TRIFOLIUM*. * *Tournef. Inst.* 404, tab. 228.
Lam. Tab. Encyclop. pl. 613. MELILOTUS. *Tournef. Inst.* 406,
tab. 229. *Lam. Tab. Encyclop.* pl. 613. TRIFOLIASTRUM. *Michel.*
Gen. 26, tab. 25.

Cal. *Ombellule* ou *Tête* à réceptacle commun.

—— *Périanthe* d'un seul feuillet, tubulé, à cinq dents, per‑
sistant.

Cor. Papilionacée, le plus souvent persistante, se flétrissant.

—— *Étendard* renversé.

—— *Ailes* plus courtes que l'étendard.

—— *Carène* plus courte que les ailes.

Étam. *Filamens* diadelphes, (séparés en deux corps, dont un
simple, l'autre divisé en neuf). *Anthères* simples.

Pist. *Ovaire* comme ovale. *Style* en alène, droit. *Stigmate* simple.

Pér. *Gousse* à peine plus longue que le calice, à un seul battant,
ne s'ouvrant point, caduque-tardive.

Sem. En très-petit nombre, arrondies.

Obs. *Je regarde comme infiniment difficile de donner le caractère
de ce genre, avec les attributs propres et essentiels.*

*Le port et les différens attributs des espèces, démontrent que ce
genre est naturel, et ceux qui ont tenté de le lacérer, n'ont
pas su le resserrer dans de justes limites.*

>*Triphylloïdes Pontedera : Corolle monopétale, l'étendard, les
ailes et la carène étant réunis ensemble.*
>
>*Trifoliastri Michelli : Gousse plus longue que le calice ; fleu‑
rons réunis en tête.*
>
>*Lagopi Rivin : Calice velu, de la longueur de la corolle.*
>
>*Meliloti Tournefort : Gousse plus longue que le calice.*
>
>*Lupulini Rivin : Corolle persistante ; étendard courbé, aplati.*

Lupinaster

Lupinaster *Buxbaume : Gousses à plusieurs semences ; feuilles* cinq à cinq.

Fleurs ramassées le plus souvent en têtes. *Gousse à peine plus longue que le calice, se séparant du calice sans s'ouvrir, caduque-tardive.*

* I. *TRÈFLES MÉLILOTS à gousses nues, renfermant plusieurs semences.*

1. TRÈFLE Mélilot bleu, *T. M. cærulea,* L. à grappes ovales ; à gousses à demi-nues, terminées par une pointe ; à tige droite ; à fleurs en épis oblongs.

> *Lotus hortensis, odorata ;* Lotier des jardins, odorant. *Bauh. Pin.* 331, n.° 6. *Matth.* 809, fig. 2. *Dod. Pempt.* 571, f. 2. *Lobi Ic.* 2, pag. 41, fig. 1. *Lugd. Hist.* 506, fig. 2 ; et 508, fig. 1. *Camer. Epit.* 894.
>
> *En Bohème, en Lybie. Cultivé dans les jardins.*

2. TRÈFLE Mélilot des Indes, *T. M. Indica,* L. à gousses en grappes, nues, renfermant une seule semence ; à tige droite.

> *Melilotus angustifolia, repens, folliculis rotundis ;* Mélilot à feuilles étroites, rampant, à follicules rondes. *Bauh. Pin.* 331, n.° 5. *Pluk.* tab. 45, fig. 4.
>
> Cette espèce présente plusieurs variétés.
>
> *Dans l'Inde Orientale, en Afrique.* ⊙

3. TRÈFLE Mélilot de Pologne, *T. M. Polonica,* L. à gousses en grappes, nues, lancéolées, renfermant deux semences ; à tige droite.

> *En Pologne, à Naples.* ⊙

4. TRÈFLE Mélilot officinal, *T. M. officinale,* L. à gousses en grappes, nues, ridées, aiguës, renfermant deux semences ; à tige droite.

> *Melilotus Officinarum, Germaniæ ;* Mélilot des Boutiques, d'Allemagne. *Bauh. Pin.* 331, n.° 1. *Fusch. Hist.* 749. *Matth.* 809, fig. 1. *Dod. Pempt.* 567, fig. 2. *Lob. Ic.* 2, pag. 43, fig. 2. *Lugd. Hist.* 507, fig. 2 ; et 511, fig. 1. *Camer. Epit.* 893, *Bauh. Hist.* 2, pag. 370, fig. 1. *Bul. Paris.* tab. 447. *Icon. Pl. Medic.* tab. 204.
>
> Cette espèce présente une variété à fleurs blanches.
>
> 1. *Melilotus, albus, citrinus ;* Mélilot. 2. Herbe, Fleurs. 3. Odeur forte, désagréable ; saveur mucilagineuse. 5. Coliques, inflammations abdominales, dyssenterie, dysurie : extérieurement toutes les tumeurs inflammatoires. 6. On l'emploie rarement à l'intérieur ; mais on s'en sert dans les la-

vemens émolliens, carminatifs et adoucissans, et dans les cataplasmes, fomentations, bains, etc.

Nutritive pour le Cheval, le Bœuf, le Mouton, la Chèvre, le Cochon.

En Europe, dans les haies, les buissons. ⊙ Estivale.

5. TRÈFLE Mélilot d'Italie, *T. M. Italica*, L. à gousses en grappes, nues, ridées, obtuses, renfermant deux semences; à tige droite; à feuilles trois à trois; à folioles entières. ⚹

Melilotus Italica, folliculis rotundis; Mélilot d'Italie, à folicules rondes. *Bauh. Pin.* 331, n.º 4. *Camer. Hort.* 99, tab. 29.

A Montpellier, à Naples. ⊙

6. TRÈFLE Mélilot de Crète, *T. M. Cretica*, L. à gousses en grappes, nues, membraneuses, ovales, renfermant deux semences; à tige un peu redressée.

Trifolium peltatum, Creticum; Trèfle en bouclier, de Crète. *Bauh. Pin.* 329, n.º 1. *Prodr.* 142, n.º 14, fig. 1. *Matth.* 611, fig. 1. *Bauh. Hist.* 2, pag. 381, fig. 2.

Dans l'isle de Crète. ⊙

7. TRÈFLE Mélilot pied-d'oiseau, *T. M. ornithopodioïdes*, L. à gousses nues, renfermant huit semences, réunies le plus souvent trois à trois, deux fois plus longues que le calice; à tiges inclinées.

Pluk. tab. 68, fig. 1. *Flor. Dan.* tab. 68, fig. 1.

A Naples, en Danemarck.

* II. *TRÈFLES LOTIERS à gousses couvertes, renfermant plusieurs semences.*

8. TRÈFLE Lupin, *T. Lupinaster*, L. à fleurs rassemblées en demi-têtes; à feuilles cinq à cinq, assises; à gousses renfermant plusieurs semences.

Gmel. Sibir. 4, pag. 19, tab. 6, fig. 1.

En Sibérie. ♃

9. TRÈFLE renversé, *T. reflexum*, L. à fleurs rassemblées en têtes portant des fruits, renversées; à gousses renfermant deux ou trois semences.

En Virginie.

10. TRÈFLE roide, *T. strictum*, L. à fleurs rassemblées en têtes arrondies; à gousses renfermant deux semences; à calices de la longueur de la corolle; à feuilles trois à trois; à folioles dentelées; à stipules rhomboïdales.

Michel. Gen. 29, esp. 2, tab. 25, fig. 7.

En Italie, en Espagne, à Naples, dans les prés. ⊙

11. TRÈFLE hybride, *T. hybridum*, L. à fleurs ramassées en têtes en ombelles; à gousses renfermant quatre semences; à feuilles trois à trois; à folioles en ovale renversé; à tige droite.

> *Bauh. Hist.* 2, pag. 380, fig. 1. *Michel. Gen.* 28, esp. 1, tab. 25, fig. 2.

> Cette espèce présente une variété décrite et gravée dans *Vaillant Bot.* 195, esp. 10, tab. 22, fig. 5.

> *En Provence, à Lyon, à Paris.* ♂ Estivale.

12. TRÈFLE rampant, *T. repens*, L. à fleurs rassemblées en têtes comme en ombelles; à gousses renfermant quatre semences; à tige rampante.

> *Trifolium pratense, album;* Trèfle des prés à fleur blanche. *Bauh. Pin.* 327, n.º 2 et non pas 3, par erreur de chiffre. *Matth.* 609, fig. 2. *Bul. Paris.* tab. 448.

> 1. *Trifolium album;* Triolet. Comme le Mélilot officinal; peu ou point usité.

> Nutritive pour le Bœuf, le Mouton, la Chèvre.

> *En Europe, dans les pâturages.* ♃ Vernale.

13. TRÈFLE chevelu, *T. comosum*, L. à fleurs rassemblées en têtes en ombelles, arrondies, en recouvrement; à étendards renverses, persistans; à gousses renfermant quatre semences.

> *Dans l'Amérique Méridionale.*

14. TRÈFLE des Alpes, *T. Alpinum*, L. à fleurs rassemblées en têtes comme en ombelles; à hampe nue; à gousses pendantes, renfermant deux semences; à feuilles trois à trois; à folioles linéaires, lancéolées.

> *Trifolium Alpinum, flore magno, radice dulci;* Trèfle des Alpes, à fleur grande, à racine douce. *Bauh. Pin.* 328, n.º 1. *Pon. Bald.* 340, fig. 1. *Bauh. Hist.* 2, pag. 376, fig. 1. *Bellev.* tab. 226 et 227.

> Cette espèce présente une variété à fleur blanche. La racine a un goût doux comme la Réglisse.

> *Sur les Alpes du Dauphiné, de Provence, des Pyrénées.* ♃ Estivale. *Alp.*

* III. TRÈFLES PIEDS-DE-LIÈVRE, *à calices velus.*

15. TRÈFLE souterrain, *T. subterraneum*, L. à fleurs cinq à cinq, rassemblées en têtes, velues; à filets rameux, roides, renversés, formant une espèce de grillage qui enveloppe le fruit.

> *Barrel.* tab. 881. *Dodard. Mem.* 633, tab. 34, fig. 2. *Bul. Paris.* tab. 449.

> *A Montpellier, Lyon, Paris, etc.* ☉ Vernale.

16. TRÈFLE arrondi, *T. globosum*, L. à fleurs rassemblées en têtes, velues, arrondies, dont les calices supérieurs sont dépourvus de fleurons.

En Arabie, en Syrie. ☉

17. TRÈFLE de Cherler, *T. Cherleri*, L. à fleurs rassemblées en têtes terminales, velues, arrondies, solitaires, dont tous les calices sont fertiles; à tiges couchées; à feuilles en cœur renversé.

Trifolium globosum repens; Trèfle à fleurs rassemblées en têtes, rampant. *Bauh. Pin.* 329, n.° 4. *Bauh. Hist.* 2, pag. 377 et 378, fig. 1. *Barrel.* tab. 859.

A Montpellier, en Provence. ☉ Vernale.

18. TRÈFLE à crochets, *T. lappaceum*, L. à fleurs rassemblées en épis presque ovales; à dents du calice sétacées, hérissées, roides; à tige étalée; à feuilles ovales.

Trifolium globosum sive capitulo Lagopi rotundiore; Trèfle à fleurs rassemblées en boule ou à tête plus ronde de Pied-de-lièvre. *Bauh. Pin.* 329, n.° 3. *Bauh. Hist.* 2, p. 378, f. 3.

A Montpellier, en Provence. ☉ Vernale.

19. TRÈFLE rougeâtre, *T. rubens*, L. à fleurs rassemblées en épis velus, alongés; à corolles monopétales; à tige droite; à feuilles dentelées.

Trifolium montanum, spicâ longissimâ rubente; Trèfle des montagnes, à fleurs en épi très-alongé, rougeâtres. *Bauh. Pin.* 328, n.° 3. *Dod. Pempt.* 578, fig. 1. *Lob. Ic.* 2, pag. 40, fig. 1. *Clus. Hist.* 2, pag. 246, fig. 1. *Lugd. Hist.* 259, fig. 2. *Bauh. Hist.* 2, pag. 375, fig. 1. *Jacq. Aust.* tab. 385.

Cette espèce présente une variété.

Trifolium spicâ oblongâ, rubrâ; Trèfle à fleurs en épi alongé, rouges. *Bauh. Pin.* 328, n.° 2.

A Montpellier, Lyon, Paris. ☉ Vernale.

20. TRÈFLE des prés, *T. pratense*, L. à fleurs rassemblées en épis arrondis, un peu velus, environnés par deux stipules opposées, membraneuses; à corolles monopétales.

Trifolium pratense purpureum; Trèfle des prés à fleur pourpre. *Bauh. Pin.* 327, n.° 1. *Fusch. Hist.* 817. *Matth.* 609, fig. 1. *Dod. Pempt.* 565, fig. 1. *Lob. Ic.* 2, pag. 29, f. 1. *Lugd. Hist.* 1354, fig. 1. *Bauh. Hist.* 2, pag. 374, fig. 1. *Bul. Paris.* tab. 450, *Icon. Pl. Medic.* tab. 93.

Les têtes des fleurs colorent en vert.

Nutritive pour le Cheval, le Bœuf, le Mouton, le Cochon, la Chèvre.

En Europe, dans les prés. ♃ Vernale.

21. TRÈFLE Alpin, *T. Alpestre*, L. à fleurs rassemblées en épis terminans, comme arrondis, velus ; à tige droite ; à folioles lancéolées, un peu dentées.

Trifolium montanum purpureum, majus ; Trèfle des montagnes à fleurs pourpres, plus grand. *Bauh. Pin.* 328, n.º 1. *Flor. Dan.* tab. 662.

A Lyon, *Grenoble*, *Paris*. ♃ Estivale.

22. TRÈFLE de Pannonie, *T. Pannonicum*, L. à fleurs rassemblées en épis alongés, velus ; à corolles monopétales ; à folioles très-entières, très-velues ; à tige droite, velue.

Jacq. Obs. 2, pag. 21, tab. 42.

Dans la Hongrie, *à Naples*.

23. TRÈFLE roide, *T. squarrosum*, L. à fleurs rassemblées en épis alongés, un peu velus ; la dent inférieure du calice très-longue, renversée, sèche et roide ; à tige herbacée, droite.

Trifolium Hispanicum angustifolium, spicâ dilutè rubente ; Trèfle d'Espagne, à feuilles étroites, à fleurs en épi, d'un rouge clair. *Bauh. Pin.* 328, n.º 5. *Clus. Hist.* 2, pag. 247, fig. 1. *Bauh. Hist.* 2, pag. 377. fig. 1.

En Provence, *en Espagne*. ☉

24. TRÈFLE incarnat, *T. incarnatum*, L. à fleurs rassemblées en épis alongés, obtus, sans feuilles florales ; à folioles arrondies, crénelées.

Trifolium spicâ subrotundâ, rubrâ ; Trèfle à fleurs en épi arrondi, rouges. *Bauh. Pin.* 328, n.º 1. *Dod. Pempt.* 577, fig. 2. *Lob. Ic.* 2, pag. 39, fig. 2. *Clus. Hist.* 2, p. 246, f. 2. *Lugd. Hist.* 442, fig. 1. *Bauh. Hist.* 2. p. 376, f. 4. *Barrel.* tab. 697.

A Lyon, *Paris*. ☉ Estivale.

25. TRÈFLE ochreux, *T. ochroleucum*, L. à fleurs rassemblées en épis velus ; à tige droite, duvetée ; les folioles inférieures, en cœur renversé.

Jacq. Aust. 1, tab. 40.

A Lyon, *en Dauphiné*, *à Paris*.

26. TRÈFLE à feuilles étroites, *T. angustifolium*, L. à fleurs rassemblées en épis velus, coniques, alongés ; à dents du calice sétacées, presque égales ; à folioles linéaires.

Trifolium montanum, angustissimum, spicatum; Trèfle des montagnes, à feuilles très-étroites, à fleurs en épi. *Bauh. Pin.* 328, n.º 4. *Lob. Ic.* 2, p. 40, f. 2. *Lugd. Hist.* 432, fig. 1. *Bauh. Hist.* 2, pag. 376, fig. 3.

A Montpellier, *en Provence*, *à Paris*, etc. ☉ Vernale.

A a 3

27. TRÈFLE des champs, *T. arvense*, L. à fleurs rassemblées en épis velus, ovales ; à dents du calice sétacées, velues, égales.

> *Trifolium arvense humile, spicatum seu Lagopus;* Trèfle des champs nain, à fleurs en épi ou Pied-de-lièvre. *Bauh. Pin.* 328, n.º 6. *Fusch. Hist.* 494. *Matth.* 699, fig. 1. *Dod. Pempt.* 577, f. 1. *Lob. Ic.* 2, p. 39, f. 1. *Lugd. Hist.* 441, fig. 1 et 2. *Camer. Epit.* 724. *Bauh. Hist.* 2, pag. 377, fig. 2. *Moris. Hist.* sect. 2, tab. 13, fig. 8. *Barrel.* t. 901 et 902. *Bul. Paris.* tab. 451. *Flor. Dan.* tab. 724. *Icon. Pl. Med.* tab. 393.

> Nutritive pour la Chèvre.

> *En Europe, dans les champs.* ☉ Vernale.

28. TRÈFLE étoilé, *T. stellatum*, L. à fleurs rassemblées en épis velus, ovales; à calices très-grands dont les dents velues sont ouvertes en étoile; à tige diffuse; à folioles en cœur renversé.

> *Trifolium stellatum;* Trèfle étoilé. *Bauh. Pin.* 329, n.º 1, *Bauh. Hist.* 2, pag. 376, fig. 2. *Moris. Hist.* sect. 2, t. 13, fig. 9. *Barrel.* tab. 755, 859 et 860.

> *A Montpellier, en Provence.* ☉ Vernale.

29. TRÈFLE en bouclier, *T. clypeatum*, L. à fleurs rassemblées en épis ovales ; à calices ouverts dont la dent inférieure est très-grande, lancéolée; à folioles ovales.

> *Alp. Exot.* 307 et 306.

> *En Orient, à Naples.* ☉

30. TRÈFLE rude, *T. scabrum*, L. à fleurs rassemblées en têtes, assises, latérales, ovales ; à dents du calice inégales, roides, recourbées.

> *Trifolium capitulo oblongo, aspero;* Trèfle à fleurs rassemblées en tête alongée, rude. *Bauh. Pin.* 329, n.º 11. *Bauh. Hist.* 2, p. 378, f. 4. *Barrel.* tab. 863, 869 et 870. *Vaill. Bot.* 196, esp. 15, tab. 33, fig. 1.

> *A Montpellier, en Provence, à Lyon, à Paris.* ☉ Vernale.

31. TRÈFLE gloméré, *T. glomeratum*, L. à fleurs ramassées en têtes assises, hémisphériques, roides; à calices ouverts, striés, égaux.

> *Pluk.* tab. 113, fig. 5. *Barrel.* tab. 882.

> *A Montpellier, à Lyon.* ☉

32. TRÈFLE strié, *T. striatum*, L. à fleurs rassemblées en têtes assises, ovales, comme latérales ; à calices striés, arrondis.

> *Trifolium saxatile, hirsutissimum;* Trèfle des rochers, très-hérissé. *Bauh. Pin.* 328, n.º 3. *Bauh. Hist.* 2, p. 378, f. 2. *Vaill. Bot.* 196, esp. 14, tab. 33, fig. 2.

> *A Paris, en Auvergne.* ☉ Estivale.

33. TRÈFLE d'Alexandrie, *T. Alexandrinum*, L. à fleurs rassemblées en têtes oblongues, pédunculées ; à tige droite ; à feuilles opposées.

En Egypte.

34. TRÈFLE à une fleur, *T. uniflorum*, L. sans tige ; à pédoncules divisés peu profondément en trois parties, portant trois fleurs, et plus courts que les stipules.

Alp. Exot. 169 et 168 ? Buxb. Cent. 3, pag. 17, tab. 31, fig. 1 et 2.

En Syrie, en Arabie, en Judée, à Constantinople, dans l'isle de Crète.

* IV. TRÈFLES *à calices enflés comme des vessies, ventrus.*

35. TRÈFLE écumeux, *T. spumosum*, L. à fleurs rassemblées en épis ovales ; à calices enflés, lisses, à cinq dents terminées par des soies ; à collerettes générales formées par cinq feuillets.

Trifolium capitulo spumoso, lævi ; Trèfle à fleurs rassemblées en tête écumeuse, lisse. *Bauh. Pin. 329, n.º 5.*

A Montpellier, Lyon. ⊙ Vernale.

36. TRÈFLE renversé, *T. resupinatum*, L. à fleurs rassemblées en épis comme ovales ; à corolles renversées ; à calices enflés, bossués sur le dos ; à tiges couchées.

Trifolium pratense folliculatum ; Trèfle des prés à follicules. *Bauh. Pin. 329, n.º 2. Lob. Ic. 2, pag. 30, f. 1, Clus. Hist. 2, p. 247, f. 2. Lugd. Hist. 1356, f. 1. Bauh. Hist. 2, p. 379, f. 2.*

Aux environs de Montpellier, à Maguelone, à Assas, dans les prés. ⊙ Vernale.

37. TRÈFLE cotonneux, *T. tomentosum*, L. à fleurs rassemblées en têtes assises, arrondies, cotonneuses ; à calices enflés, obtus.

Bauh. Hist. 2, p. 379, f. 1. Barrel. tab. 864. Magn. Bot. 265, tab. 20.

A Montpellier, en Provence. ♃ Vernale.

38. TRÈFLE fraisier, *T. fragiferum*, L. à fleurs rassemblées en têtes presque arrondies ; à calices enflés ; à deux dents renversées ; à tiges rampantes.

Trifolium fragiferum, Frisicum ; Trèfle Fraisier, de la Frise. *Bauh. Pin. 329, n.º 8. Bauh. Hist. 2, pag. 379, fig. 3. Barrel. t. 851 et 852. Vaill. Paris. 195, esp. 8, t. 22, f. 2.* Nutritive pour le Bœuf.

En Europe dans les pâturages secs. ♃ Estivale.

* V. TRÈFLES LUPULINS *à étendards des corolles renversés.*

39. TRÈFLE des montagnes, *T. montanum*, L. à fleurs rassemblées en épis comme en recouvrement, le plus souvent au

nombre de trois ; à étendards en alêne, se flétrissant ; à calices nus ; à tige droite.

> *Trifolium montanum, album* ; Trèfle des montagnes, à fleur blanche. *Bauh. Pin.* 328, n.° 5. *Fusch. Hist.* 818. *Clus. Hist.* 2, p. 245, f. 1. *Bauh. Hist.* 2, p. 380, f. 2.

Nutritive pour le Cheval, le Bœuf, le Mouton, la Chèvre.

A Montpellier, Lyon, Grenoble, Paris, etc. ♃ Vernale.

40. TRÈFLE agraire, *T. agrarium*, L. à fleurs rassemblées en épis ovales, en recouvrement ; à étendards renversés, persistans ; à calices nus ; à tige droite.

> *Trifolium pratense luteum, capitulo Lupuli seu agrarium* ; Trèfle des prés à fleurs jaunes, rassemblées en tête de Lupule ou ou Trèfle agraire. *Bauh. Pin.* 328, n.° 5.
> Les synonymes sont confondus pour cette espèce et la *Medicago lupulina* ; nous avons préféré les rapporter à cette dernière plante.

Nutritive pour le Cheval, le Bœuf, le Mouton, la Chèvre.

En Europe, dans les prés. ⊙ Estivale.

41. TRÈFLE châtain, *T. spadiceam*, L. à fleurs rassemblées en épis ovales, en recouvrement ; à étendards renversés, persistans ; à calices velus ; à tige droite.

> *Trifolium montanum, lupulinum* ; Trèfle des montagnes, lupulin. *Bauh. Pin.* 328, n.° 6. *Bellev.* tab. 228. *Barrel.* tab. 1024.

A Montpellier, Grenoble, Paris, etc. ⊙ Estivale.

42. TRÈFLE couché, *T. procumbens*, L. à fleurs rassemblées en épis ovales, en recouvrement ; à étendards renversés, persistans ; à tiges couchées.

> *Bul.* tab. 476.

Nutritive pour le Cheval, le Bœuf, le Mouton, la Chèvre.

A Paris, Lyon, Grenoble. ♃

43. TRÈFLE filiforme, *T. filiforme*, L. à fleurs rassemblées en épis comme en recouvrement ; à étendards renversés, persistans ; à calices portés sur un pédicule ; à tiges couchées.

> *Rai. Angl.* 3, pag. 331, tab. 14, fig. 4.

A Lyon, Grenoble, Paris. ⊙ Estivale.

44. TRÈFLE à deux fleurs, *T. biflorum*, L. à épis assis, portant deux fleurs ; à collerettes hérissées, en entonnoir ; à folioles lancéolées.

> *Au Canada, en Virginie.*

43. TRÈFLE suffoqué, *T. suffocatum*, L. sans tige et sans hampe ; à fleurs presque assises, partant de la racine.

A Montpellier , au bois de Grammont , en Sicile. ⊙ *Vernale.*

Espèce oubliée dans le Système des Végétaux.

46. **TRÈFLE** Mélilot de Messine , *T. M. Messanensis* , L. à gousses voûtées en arc , ridées , plus courtes que les feuilles ; à tige diffuse.

En Sicile , à Naples. ⊙

Obs. Les *Trèfles* dont le caractère essentiel est très-difficile à saisir, peuvent être divisés :

1.º En *Trèfles* à fleurs en grappe ; telles sont les espèces, 1 , 2 , 3 , 4 , 5 , 6 , 7 , 39 , 40 , 41 , 42 , 43 , 46.

2.º En *Trèfles* à fleurs en ombelle ; telles sont les espèces , 8 , 9 , 11 , 12 , 13 , 14.

3.º En *Trèfles* à fleurs en faisceau ; telles sont les espèces , 15 , 16 , 44.

4.º En *Trèfles* à fleurs en tête ; telles sont les espèces , 17 , 18 , 29 , 30 , 31 , 32 , 33 , 34 , 35 , 36 , 37 , 38 , 45.

5.º En *Trèfles* à fleurs en épi ; telles sont les espèces, 10 , 19 , 20 , 21 , 22 , 23 , 24 , 25 , 26 , 27 , 28.

969. **LOTIER,** *LOTUS.* * *Tournef. Inst.* 402 , tab. 227. *Lam. Tab. Encyclop.* pl. 611.

CAL. *Ombelle* simple.

— *Périanthe* d'un seul feuillet , tubulé , persistant , à moitié divisé en cinq segmens terminés par des dents aiguës , égales , droites.

COR. Papilionacée.

— *Etendard* arrondi , courbé en dehors. *Onglet* oblong , concave.

— *Ailes* arrondies , plus courtes que l'étendard , larges , s'adossant longitudinalement par le haut.

— *Carène* bossuée inférieurement , fermée supérieurement , pointue , ascendante , courte.

ÉTAM. *Filamens* diadelphes , (séparés en deux corps , dont un simple , l'autre divisé en neuf) , ascendans , élargis au sommet. *Anthères* petites , simples.

PIST. *Ovaire* arrondi , oblong. *Style* simple , ascendant. *Stigmate* formé par un point recourbé.

PÉR. *Gousse* cylindrique , roide , farcie , plus longue que le calice , à deux battans , à une loge.

SEM. Plusieurs , cylindriques.

Gousse cylindrique , roide. *Ailes* de la corolle s'adossant longitudinalement par le haut. *Calice* tubulé.

* I. LOTIERS à gousses en petit nombre, ne formant point, réunies, une tête.

1. LOTIER maritime, *L. maritimus*, L. à gousses solitaires, à quatre angles membraneux; à feuilles lisses; à bractées lancéolées.

> *Barrel. tab.* 1031.
>
> *A Montpellier.*

2. LOTIER à siliques, *L. siliquosus*, L. à gousses solitaires, à quatre angles membraneux; à tige couchée; à feuilles duvetées en dessous.

> *Lotus pratensis, siliquosus, luteus;* Lotier des prés, siliqueux, à fleur jaune. *Bauh. Pin.* 332. n.º 12. *Lob. Ic.* 2, pag. 42, fig. 1. *Bauh. Hist.* 2, pag. 359, fig. 2. *Jacq. Aust.* tab. 61.
>
> Les racines de cette plante lorsqu'on les arrache, répandent une odeur très-forte d'ail et de truffes noires.
>
> *En Europe dans les Prés.* ♃ Vernale.

3. LOTIER à quatre lobes, *L. tetragonolobus*, L. à gousses solitaires, à quatre angles membraneux; à bractées ovales.

> *Lotus ruber, siliquá angulosá;* Lotier à fleur rouge, à silique anguleuse. *Bauh. Pin.* 332, n.º 13. *Clus. Hist.* 2, p. 244, fig. 1. *Camer. Hort.* 91, tab. 26. *Bauh. Hist.* 2, pag. 358, fig. 2.
>
> *En Sicile. Cultivé dans les jardins.* ⊙ Vernale.

4. LOTIER, conjugué, *L. conjugatus*, L. à gousses deux à deux, à quatre angles membraneux; à bractées oblongues, ovales.

> *A Montpellier.*

5. LOTIER à quatre feuilles, *L. tetraphyllus*, L. à gousses solitaires; à feuilles trois à trois; à folioles en cœur renversé, en forme de coin; à stipule solitaire semblable aux folioles; à bractées d'un seul feuillet.

> *Dans l'isle de Maforque.*

6. LOTIER comestible, *L. edulis*, L. à gousses le plus souvent solitaires, bossuées, recourbées.

> *Alp. Exot.* 268 et 269. *Bauh. Hist.* 2, p. 365, f. 2. *Moris. Hist.* sect. 2, tab. 18, f. 5.
>
> *En Sicile, en Italie, à Naples.*

7. LOTIER étranger, *L. peregrinus*, L. à gousses le plus souvent deux à deux, linéaires, aplaties, inclinées.

> *A Montpellier?*

8. LOTIER très-étroit, *L. angustissimus*, L. à gousses le plus souvent deux à deux, linéaires, resserrées, droites; à tige droite; à péduncules alternes.

Lotus pentaphyllos minor, hirsutus, siliqua angustissima; Lotier à cinq feuilles plus petit, hérissé, à silique très-étroite.
Bauh. Pin. 332, n.° 2. *Bauh. Hist.* 2, pag. 356, fig. 2.

A Lyon, Grenoble, en Provence.

9. LOTIER d'Arabie. *L. Arabicus,* L. à gousses cylindriques, en
arêtes; à tiges couchées; à péduncules portant trois fleurs; à
bractées d'un seul feuillet.

Jacq. Hort. tab. 155.

En Arabie. ♃

10. LOTIER pied-d'oiseau, *L. ornithopodioïdes,* L. à gousses le
plus souvent trois à trois, voûtées en arc, aplaties; à tige
diffuse.

Lotus siliquis Ornithopodii; Lotier à siliques semblables à
celles de l'Ornithope ou Pied-d'oiseau. *Bauh. Pin.* 332,
n.° 2. *Camer. Hort.* 91, tab. 25.

A Montpellier, en Provence. ☉

11. LOTIER Jacob, *L. Jacobæus,* L. à gousses le plus souvent
trois à trois; à tige herbacée, droite; à feuilles trois à trois;
à folioles linéaires.

Commel. Hort. 2, pag. 165, tab. 83.

Dans l'isle de Saint-Jacob. ♃

12. LOTIER de Crète, *L. Creticus,* L. à gousses le plus souvent
trois à trois; à tige sous-ligneuse; à feuilles soyeuses, luisantes.

Pluk. tab. 43, fig. 1.

En Syrie, en Espagne, à Naples, dans l'isle de Crète.

* II. *LOTIERS à péduncules portant plusieurs fleurs, rassemblées en tête.*

13. LOTIER hérissé, *L. hirsutus,* L. à fleurs rassemblées en têtes
arrondies; à tige droite, hérissée; à gousses ovales.

· *Lotus pentaphyllos siliquosus, villosus;* Lotier à cinq feuilles,
siliqueux, velu. *Bauh. Pin.* 332, n.° 9. *Lob. Ic.* 2, p. 31,
f. 2. *Bauh. Hist.* 2, pag. 360, f. 1. *Bellev.* tab. 222. *Moris.
Hist.* sect. 2, tab. 18, f. 14.

A Montpellier, en Dauphiné. ♃

14. LOTIER Grec, *L. Græcus,* L. à fleurs ramassées en têtes
arrondies; à tige droite; à feuilles à cinq folioles; à gousses
ovales.

En Orient, en Grèce, en Arabie. ♃

15. LOTIER droit, *L. rectus,* L. à fleurs ramassées en têtes comme
arrondies; à tige redressée, lisse; à gousses droites, lisses.

Lotus siliquosus , glaber , flore rotundo ; Lotier siliqueux , lisse , à fleurs ramassées en tête arrondie. *Bauh. Pin.* 332 , n.º 10. *Lugd. Hist.* 509 , f. 1. *Moris. Hist.* sect. 2 , tab. 18 , fig. 13. *Barrel.* tab. 544.

A Montpellier , en Dauphiné , en Provence. ♃ Estivale.

16. LOTIER en corne , *L. corniculatus ,* L. à fleurs ramassées en têtes aplaties ; à tiges couchées ; à gousses cylindriques , étalées.

Lotus sive Melilotus pentaphyllos minor , glabra ; Lotier ou Mélilot à cinq feuilles , plus petit , lisse. *Bauh. Pin.* 332 , n.º 1. *Fusch. Hist.* 527. *Dod. Pempt.* 573 , f. 2. *Lob. Ic.* 2 , pag. 44 , fig. 1. *Lugd. Hist.* 507 , fig. 1. *Bauh. Hist.* 2 , pag. 354 la description , et 355 ic. 1 , la figure. La figure qui est sous le texte est transposée , et représente une variété du *Medicago polymorpha.*

Cette espèce présente deux variétés.

1.º *Lotus pentaphyllos flore majore , luteo , splendente ;* Lotier à cinq feuilles , à fleur plus grande , jaune , brillante. *Bauh. Pin.* 332 , n.º 3.

2.º *Lotus pentaphyllos frutescens , tenuissimis glabris foliis ;* Lotier à cinq feuilles , ligneux , à feuilles très - menues , lisses. *Bauh. Pin.* 332 , n.º 6.

Nutritive pour le Bœuf , le Mouton , la Chèvre , l'Oie.

En Europe , dans les prés , les pâturages. ♃

17. LOTIER cytise , *L. cytisoides ,* L. à fleurs ramassées en demitêtes ; à tige diffuse , très-rameuse ; à feuilles duvetées.

Pluk. tab. 424 , fig. 5.

En Italie.

18. LOTIER à cinq feuilles , *L. Dorycnium ,* L. à fleurs ramassées en têtes sans feuilles ; à feuilles digitées ; à cinq folioles assises , linéaires.

Trifolium album , angustifolium , floribus velut in capitulum congestis ; Trèfle blanc , à feuilles étroites , à fleurs comme ramassées en tête. *Bauh. Pin.* 329 , n.º 10. *Lob. Ic.* 2 , p. 51 , fig. 1 et 2. *Clus. Hist.* 1 , p. 100 , fig. 1. *Lugd. Hist.* 1724 , fig. 1.

A Montpellier , en Provence , en Dauphiné. ♃ Vernale.

970. TRIGONELLE , *TRIGONELLA.* * *Lam. Tab. Encyclop.* pl. 611. FŒNUM-GRÆCUM. *Tournef. Inst.* 409 , tab. 230.

CAL. *Périanthe* d'un seul feuillet , en cloche , à moitié divisé en cinq segmens terminés par des *dentelures* en alène , inégales.

Cor. Papilionacée, comme à trois *Pétales*.

— *Étendard* comme ovale, obtus, renversé, étalé.

— Deux *Ailes*, ovales, oblongues, renversées, étalées extérieurement, de manière que l'étendard et les ailes forment comme une corolle à trois pétales.

— *Carène* très-courte, obtuse, occupant l'ombilic de la fleur.

Étam. *Filamens* diadelphes. (séparés en deux corps, dont un simple, l'autre divisé en neuf), courts, droits. *Anthères* simples.

Pist. *Ovaire* ovale, oblong. *Style* simple, droit. *Stigmate* simple.

Pér. *Gousse* ovale, oblongue, comprimée, couverte.

Sem. Plusieurs, arrondies.

Obs. *Ce genre se distingue par la figure seule de sa* Corolle.

Ailes et Étendard à peu près de même longueur, ouverts, ce qui donne à la corolle, vû la brièveté de la carène, le coup d'œil d'une fleur à trois pétales.

1. TRIGONELLE de Russie, *T. Ruthenica*, L. à gousses pédunculées, entassées, pendantes, linéaires, droites; à feuilles trois à trois; à folioles presque lancéolées.

    Gmel. Sibir. 4, pag. 24, n.° 33, tab. 8.

    En Sibérie.

2. TRIGONELLE à semences aplaties, *T. platycarpos*, L. à gousses pédunculées, entassées, pendantes, ovales, aplaties; à tiges diffuses; à feuilles trois à trois; à folioles arrondies.

    Gmel. Sibir. 4, pag. 25, tab. 9.

    En Sibérie. ♂

3. TRIGONELLE à plusieurs cornes, *T. polycerata*, L. à gousses presque assises, entassées, presque droites, longues, linéaires; à pédunculés sans piquans.

    Fœnum-Græcum sylvestre alterum polyceration; autre Fénu-Grec sauvage, à plusieurs cornes. *Bauh. Pin.* 348, n.° 3. *Dod. Pempt.* 547, fig. 2. *Lob. Ic.* 2, pag. 45, f. 1. *Lugd. Hist.* 481, fig. 1.

    A Montpellier, en Provence. ☉

4. TRIGONELLE en hameçon, *T. hamosa*, L. à gousses pédunculées, en grappes, inclinées, en hameçon, arrondies; à pédunculés épineux, plus longs que les folioles.

    Melilotus corniculis reflexis, minor vel repens; Mélilot à cornes renversées, plus petit ou rampant. *Bauh. Pin.* 331, n.° 3. *Alp. Ægypt.* 2, pag. 57, tab. 44.

    En Egypte. ☉

5. TRIGONELLE épineuse , *T. spinosa* , L. à gousses comme
pédunculées , entassées , inclinées , comme en faucille , comprimées ; à péduncules épineux , très-courts.

Breyn. Cent. 79 , tab. 33 , fig. 1.

A Naples , dans l'isle de Crète. ⊙

6. TRIGONELLE en corne , *T. corniculata* , L. à gousses pédunculées , entassées , inclinées , comme en faucille ; à péduncules
longs , comme épineux ; à tige droite.

> *Melilotus corniculis reflexis , major* ; Mélilot à cornes ren-
> versées , plus grand. *Bauh. Pin.* 331 , n.º 2. *Fusch. Hist.* 528.
> *Matth.* 535 , fig. 1. *Dod. Pempt.* 573 , fig. 3. *Lob. Ic.* 2 ,
> pag. 43 , fig. 1. *Lugd. Hist* 511 , fig. 2 *Bauh. Hist.* 2 ,
> pag. 372 , fig. 1 et 2. *Moris. Hist.* sect. 2 , tab. 16 , f. 11.

> *En Italie.* ⊙

7. TRIGONELLE de Montpellier , *T. Monspeliaca* , L. à gousses
assises , entassées , voûtées en arc , étalées , inclinées , courtes ;
à péduncule en arête molle.

> *Lugd. Hist.* 446 , fig. 1. *Bauh. Hist.* 2 , p. 373 , f. 1. *Barrel.*
> tab. 257. *Bul. Paris.* 457.

> *A Montpellier , Lyon , Paris.* ⊙ Vernale.

8. TRIGONELLE laciniée , *T. Laciniata* , L. à gousses pédunculées , comme en ombelles , elliptiques ; à feuilles trois à trois ;
à folioles en forme de coin , dentées ; à stipules laciniées.

> *En Égypte.*

9. TRIGONELLE Fénu-Grec , *T. Fænum-Græcum* , L. à gousses
assises , roides , un peu courbées , comme en faucille , aiguës ;
à tige droite.

> *Fænum-Græcum sativum* ; Fénu-Grec cultivé. *Bauh. Pin.* 348,
> n.º 1. *Fusch. Hist.* 798. *Matth.* 333, fig. 1. *Dod. Pempt.* 536,
> f. 1. *Lob. Ic.* 2 , p. 44, f. 2. *Lugd. Hist.* 480 , f. 2. *Camer.*
> *Epit.* 199. *Bauh. Hist.* 2 , pag. 365 , fig. 2. *Icon. Pl. Medic.*
> tab. 116.

> Cette espèce présente une variété.

> *Fænum — Græcum sylvestre* ; Fénu — Grec sauvage. *Bauh.*
> *Hist.* 348 , n.º 2. *Lugd. Hist.* 481 , fig. 1.

> 1. *Fænum-Græcum , Fænu-Græcum* ; Fénu-Grec. 2. Semen-
> ces. 3. Odorantes , mucilagineuses. 4. Mucilage , extrait
> aqueux amer et odorant ; extrait résineux conservant mieux
> que l'extrait aqueux , l'odeur et la saveur des semences.
> 5. Dartres , ophthalmie. 6. La semence de la farine entre
> dans presque tous les cataplasmes émolliens , maturatifs et
> discussifs ; dans les lavemens émolliens , carminatifs et ano-

dins. Les Romains mangeoient les semences du *Fénu-Grec*, en ragoût.

A Montpellier , le Fénu-Grec sauvage : à Montpellier , à Briançon , à Paris , etc. le Fénu-Grec cultivé. ⊙ Vernale.

10. TRIGONELLE des Indes , *T. Indica* , L. à gousses assises, le plus souvent solitaires , comme en faucille ; à feuilles trois à trois ; à folioles très-entières ; à tige diffuse.

Pluk. tab. 200, f. 7 , (bonne) et tab. 231, f. 7 , (mauvaise). *Dans l'Inde Orientale.*

971. LUZERNE, MEDICAGO. * *Tournef. Inst.* 412 , tab. 231. *Lam. Tab. Encyclop* pl. 612. MEDICA. *Tournef. Inst.* 410, tab. 231.

CAL. *Périanthe* d'un seul feuillet , droit, en cloche , presque cylindrique , pointu , égal , à moitié divisé en cinq segmens.

COR. Papilionacée.

—— *Étendard* ovale , entier , roulé sur les bords , entièrement renversé.

—— *Ailes* ovales , oblongues , attachées à l'appendice de la carène , réunies par les bords sous la carène.

—— *Carène* oblongue , étalée , obtuse , à deux divisions peu profondes , éloignée du pistil , béante relativement à l'étendard.

ÉTAM. *Filamens* diadelphes , réunis presque au sommet. *Anthères* petites.

PIST. *Ovaire* porté sur un pédicule , oblong , recourbé en dedans , comprimé , enveloppé par les filamens au sortir de la carène , renversant l'étendard , terminé par le *Style* court , en alène , presque droit. *Stigmate* terminal , très-petit.

PÉR. *Gousse* comprimée , longue , roulée en dedans.

SEM. Plusieurs , en forme de rein ou anguleuses.

OBS. Cochleatæ *Rivin : Silique contournée en coquille d'escargot.*

Falcatæ *Rivin : Silique en faucille , recourbée.*

Gousses comprimées , contournées en coquille d'escargot ; faisant une ou plusieurs circonvolutions sur elles-mêmes. *Carène* de la corolle s'écartant de l'étendard.

1. LUZERNE en arbre , *M. arborea* , L. à gousses en croissant ou en demi-lune , très-entières à la marge ; à tige en arbre.

Cytisus incanus , siliquis falcatis ; Cytise à feuilles blanchâtres , à siliques en faucille. *Bauh. Pin.* 389, n.° 1. *Matth.* 810, fig. 1. *Dod. Pempt.* 569 , fig. 1. *Lob. Ic.* 2 , pag. 46 , fig. 2. *Lugd. Hist.* 259 , fig. 1. *Camer. Epit.* 895. *Bauh. Hist.* 1 , P. 2 , pag. 367 et 368 , fig. 1.

A Naples , à Rhodes. ♄ Vernale.

2. LUZERNE de Virginie, *M. Virginica*, L. à tige droite, très-rameuse ; à fleurs rassemblées en faisceau, terminales.

En Virginie.

3. LUZERNE radiée, *M. radiata*, L. à gousses en forme de rein, dentées à la marge ; à feuilles trois à trois.

Trifolium siliquâ falcatâ ; Trèfle à silique en faucille. *Bauh. Pin.* 330, n.º 3. *Lob. Ic.* 2, p. 38, fig. 2. *Lugd. Hist.* 903 figure 1, répetée pag. 1214, fig. 3. *Bauh Hist.* 2, p. 386, fig. 4.

En Italie. ⊙

4. LUZERNE crénelée, *M. circinnata*, L. à gousses en forme de rein, dentées à la marge ; à feuilles pinnées.

Loto affinis siliquis hirsutis, circinnatis ; Congénère du Lotier à siliques hérissées, crénelées. *Bauh. Pin.* 333, n.º 4. *Camer. Hort.* 24, tab. 8. *Bauh. Hist.* 2, pag. 387, f. 1. *Barrel.* tab. 576.

En Espagne, en Italie, à Naples. Cultivée dans les jardins. ⊙

5. LUZERNE cultivée, *M. sativa*, L. à péduncules en grappes ; à gousses contournées ; à tige droite, lisse.

Trifolium siliquâ cornutâ sive Medica ; Trèfle à silique en corne ou Luzerne. *Bauh. Pin.* 330, n.º 1. *Dod. Pempt.* 576, fig. 1. *Lob. Ic.* 2, pag. 36, fig. 2. *Clus. Hist.* 2, p. 242, fig. 2. *Lugd. Hist.* 502, fig. 1. *Bauh. Hist.* 2, pag. 383, fig. 1. *Moris. Hist.* sect. 2, tab. 16, fig. 2. *Bul. Paris.* tab. 458.

Nutritive pour le Cheval, le Bœuf, le Mouton, la Chèvre.

En Europe. Cultivée dans les champs. ♃ Vernale

6. LUZERNE en faucille, *M. falcata*, L. à péduncules en grappes ; à gousses en demi-lune ou en croissant; à tige couchée.

Trifolium sylvestre luteum, siliquâ cornutâ, vel Medica frutescens ; Trèfle sauvage à fleur jaune, à silique cornue, ou Luzerne ligneuse. *Bauh. Pin.* 330, n.º 2. *Clus. Hist.* 2, pag. 243, fig. 1. *Bauh. Hist.* 2, pag. 383, fig. 2. *Bul. Paris.* tab. 459. *Flor. Dan.* tab. 233.

Nutritive pour le Cheval, le Bœuf, le Mouton, la Chèvre.

En Europe, dans les pâturages secs. ♃ Estivale.

7. LUZERNE lupuline, *M. lupulina*, L. à fleurs en épis ovales; à gousses en forme de rein, renfermant une seule semence ; à tiges couchées.

Trifolium pratense luteum, capitulo breviore ; Trèfle des prés à fleur jaune, à fleurs ramassées en tête plus courte. *Bauh. Pin.* 328, n.º 4. *Fusch. Hist.* 819. *Dod. Pempt.* 576, f. 2.

Lob.

Lob. Ic. 2 , pag. 29, fig. 2. Lugd. Hist. 508 , f. 2 répétée
pag. 1355, fig. 1. Bauh. Hist. 2 , pag. 380 , fig. 4. Moris.
Hist. sect. 2 , tab. 16 , fig. 8.

Nutritive pour le Cheval , le Bœuf, le Mouton , la Chèvre.

En Europe , dans les prés. ♂ Vernale.

8. LUZERNE maritime , M. marina , L. à péduncules en grappes ;
à gousses contournées en coquilles , épineuses ; à tige couchée ,
cotonneuse.

> Trifolium cochleatum maritimum , tomentosum ; Trèfle à gousse
> contournée en coquille , maritime , cotonneux. Bauh. Pin.
> 329 , n.° 7. Lob. Ic. 2 , p. 38 , f. 1. Clus. Hist. 2 , p. 243 , f. 2.
> Lugd. Hist. 1380 , f. 2. Camer. Hort. 98 , ic. 28. Bauh.
> Hist. 2 , pag. 383 , et non 378 par erreur de chiffre, f. 3.

A Montpellier , en Provence. ♃ Vernale.

9. LUZERNE à plusieurs figures , M. polymorpha , L. à gousses
très-contournées en coquilles , ou faisant plusieurs circonvolutions sur elles-mêmes ; à stipules dentées ; à tige diffuse.

> Trifolium cochleatum , fructu nigro , hispido ; Trèfle à gousse
> contournée en coquille , à semence noire , hérissée. Bauh.
> Pin. 329, n.° 1. Dod. Pempt. 575 , fig. 2. Lob. Ic. 2 , p. 37 , f. 1.

Cette espèce présente quatorze variétés.

1.° La Luzerne orbiculaire , M. P. orbicularis , L. à gousses solitaires , contournées en coquilles , déprimées, aplaties ; à
stipules ciliées ; à tige diffuse.

> Trifolium cochleatum vel scutellatum , fructu latiore , folio
> minuto , obtuso ; Trèfle à gousse contournée en coquille ou
> en écusson , à fruit plus large , à feuille petite , obtuse.
> Bauh. Pin. 329 , n.° 2.

A Montpellier , Lyon , Paris , etc. ⊙ Vernale.

2.° La Luzerne en écusson , M. P. scutellata , L. à gousses contournées en coquilles , renfermant deux semences , arrondies , en écusson.

> Trifolium cochleatum , fructu latiore ; Trèfle à gousse con-
> tournée en coquille , à fruit plus large. Bauh. Pin. 329 ,
> n.° 3. Dod. Pempt. 575 , fig. 1. Lugd. Hist. 502 , fig. 2
> qui représente les fruits de plusieurs variétés du M. po-
> lymorpha.

A Montpellier , Lyon , en Provence , etc. Vernale.

3.° La Luzerne contournée , M. P. tornata , L. à gousses contournées en coquilles , nues , cylindriques , un peu aplaties
à la base et au sommet.

Moris. Hist. sect. 2 , tab. 15 , fig. 11.

En Provence. ⊙ Vernale.

4.º La Luzerne en toupie, *M. P. turbinata*, L. à gousses contournées en coquilles, sans piquans, presque cylindriques, aplaties aux extrémités.

Trifolium cochleatum turbinatum, sive fructu compresso, oblongo ; Trèfle à gousse contournée en coquille en toupie, ou à fruit comprimé, oblong. *Bauh. Pin.* 329, n.º 5.

En Provence. ⊙ Vernale.

5.º La Luzerne entrelacée, *M. P. intertexta*, L. à péduncules portant une seule fleur ; à gousses contournées en coquilles sphériques, armées d'épines longues, étalées, recourbées.

Moris. Hist. sect. 2, tab. 15, fig. 7, 8 et 9.

A Montpellier, *Lyon*,

6.º La Luzerne d'Arabie, *M. P. Arabica*, L. à péduncules portant deux ou trois fleurs ; à gousses hérissonnées ; à feuilles trois à trois ; à folioles marquées d'une tache noirâtre.

Trifolium cochleatum, *folio cordato*, *maculato ;* Trèfle à gousse contournée en coquille, à feuille en cœur, marquée d'une tache noire. *Bauh. Pin.* 329, n.º 2.

A Montpellier, *Lyon*, *Paris*,

7.º La Luzerne couronnée, *M. P. coronata*, L. à péduncules portant une ou deux fleurs ; à gousses comprimées, un peu épineuses ; à stipules en alène, très-entières.

Trifolium folio obtuso, *folliculis cordatis ;* Trèfle à feuille obtuse, à follicules en cœur. *Bauh. Pin.* 329, n.º 3.

A Montpellier, *en Provence.* ⊙ Vernale.

8.º La Luzerne ciliée, *M. P. ciliaris*, L. à péduncules portant plusieurs fleurs ; à gousses entassées, globuleuses, hérissées ; à stipules ciliées.

A Montpellier.

9.º La Luzerne hérissée, *M. P. hirsuta*, L. à péduncules portant plusieurs fleurs ; à gousses contournées en coquilles, armées d'épines en hameçon ; à stipules entières.

Trifolium echinatum arvense ; Trèfle hérisonné des champs. *Bauh. Pin.* 329, n.º 6. *Lugd. Hist.* 514, fig. 1.

A Montpellier, *Lyon*, *Paris*, *etc.* ⊙ Vernale.

10.º La Luzerne roide, *M. P. rigidula*, L. à péduncules portant plusieurs fleurs ; à gousses contournées en coquilles, armées d'épines.

Trifolium fructu compresso, *spinis horrido ;* Trèfle à fruit comprimé, tout hérissé d'épines. *Bauh. Pin.* 329, n.º 4.

A Montpellier, *Paris*, *en Provence.* ⊙ Vernale.

11.º La Luzerne très-petite, *M. P. minima*, L. à gousses contournées en coquilles, le plus souvent au nombre de trois, armées d'épines en crochets ; à stipules entières.

Trifolium echinatum, arvense, fructu minore; Trèfle à gousse hérissonnée, des champs, à fruit plus petit. *Bauh. Pin.* 330, n.º 7. *Lugd. Hist.* 513, fig. 2.

A Montpellier, Lyon, Paris.

12.º La Luzerne tuberculeuse, *M. P. muricata*, L. à pédun-cules portant plusieurs fleurs ; à gousses contournées en coquilles, arrondies, épineuses, blanchâtres ; à feuilles velues.

Moris. Hist. sect. 2, tab. 15, fig. 11.

A Lyon, en Provence. ☉ Vernale.

13.º La Luzerne noire, *M. P. nigra*, L. à péduncules por-tant un petit nombre de fleurs ; à gousses contournées en coquilles, armées de crochets qui les égalent en longueur.

Moris. Hist. sect. 2, tab. 15, fig. 19.

En Provence. ☉ Vernale.

14.º La Luzerne laciniée, *M. P. laciniata*, L. à gousses con-tournées en coquilles, épineuses ; à stipules tordues ; à feuilles oblongues, à doubles dentelures.

Moris. Hist. sect. 2, tab. 16, fig. 1. *Magn. Bot.* 271, tab. 21. *Dod. Mem.* 625, tab. 34, fig. 1.

Cette espèce polymorphe a produit ainsi que le Chien, des variétés nombreuses, quoiqu'elles ne viennent point dans le même climat.

A Montpellier. ☉

CLASSE XVIII.

POLYADELPHIE.

I. PENTANDRIE.

Table Synoptique ou *Caractères Artificiels Génériques.*

972. CACAOYER , *THEO- BROMA.* Cal. à trois feuillets. *Cor.* à cinq pétales. Cinq *Nectaires.* Cinq *Étamines* à trois anthères. Trois *Pistils.*

II. DODÉCANDRIE.

973. MONSONE , *MONSO- NIA.* Cal. à cinq feuillets. *Cor.* à cinq pétales. Cinq *Étamines* à trois anthères. *Pistil* divisé peu profondément en cinq parties.

III. ICOSANDRIE.

974. CITRONNIER, *CI- TRUS.* Cal. à cinq dents. *Cor.* à cinq pétales. Vingt *Étamines* réunies souvent en cylindre. Un *Pistil. Baie* à neuf loges , à pulpe formée par des vésicules.

IV. POLYANDRIE.

978. MÉLALEUQUE, *MELA- LEUCA.* Cal. supérieur , à cinq segmens profonds. *Cor.* à cinq pétales. *Caps.* à moitié recouverte par le calice en baie.

979. HOPÉE ; *HOPEA.* Cal. supérieur , à cinq segmens peu profonds. *Cor.* à cinq pétales. *Drupe* à noyau à trois loges.

977. DURIO , *DURIO.* *Cal.* inférieur , à cinq segmens peu profonds, en godet. *Cor.* petite , à cinq pétales. Un *Style. Étamines* réunies en cinq corps divisés chacun en sept filamens. *Pomme* à cinq loges.

975. GLABRARE, *GLABRA-RIA.* *Cal.* inférieur , à cinq segmens peu profonds. *Cor.* à cinq pétales. Un *Style. Étamines* réunies en cinq corps divisés chacun en six filamens. *Drupe* à une loge.

976. MUENCHHAUSE , *MUENCHHAUSIA.* *Cal.* inférieur , à six segmens peu profonds. *Cor.* à six pétales. *Caps.* à six loges.

980. SYMPLOCOS , *SYM-PLOCOS.* *Cal.* inférieur , à cinq segmens peu profonds. *Cor.* à cinq pétales. *Étamines* insérées par quatre rangs sur le tube de la corolle.

981. MILLE-PERTUIS, *HY-PERICUM.* *Cal.* inférieur , à cinq segmens profonds. *Cor.* à cinq pétales. Un , trois ou cinq *Styles. Caps.* à loges en nombre égal à celui des styles.

982. ASCYRE , *ASCYRUM.* *Cal.* inférieur , à deux feuillets. *Cor.* à quatre pétales. Deux *Styles. Caps.* à deux battans.

POLYADELPHIE.

I. PENTANDRIE.

972. CACAOYER , *THEOBROMA.* † *Lam. Tab. Encyclop.* pl. 635. Cacao. *Tournef. Inst.* 660, tab. 444. Guazuma. *Plum. Gen.* 36 , tab. 18.

Cal. à trois *feuillets* , renveraés , ouverts , ovales , concaves , ca- ducs-tardifs.

Cor. Cinq *Pétales* , bossués , à cinq nervures , concaves , en voûte , garnis chacun d'une soie en forme de corne , divisée peu pro- fondément en deux parties.

Nectaire en cloche , droit , ouvert , plus petit que les pé- tales , formé par cinq feuillets , ovales , lancéolés , réunis.

Étam. *Filamens* en alêne , de la longueur du nectaire auxquels ils sont adhérens , en forme de rayons , divisés *chacun* au som- met peu profondément en cinq parties. *Cinq Anthères* sur chaque filament , couvertes par la voûte que forment les pétales.

Pist. *Ovaire* comme ovale. *Style* en alêne , de la longueur du nec- taire. *Stigmate* simple.

Pér. *Écorce* ligneuse , inégale , hérissée sur cinq côtés , renfer- mant intérieurement des semences disposées sur cinq côtés.

Sem. Plusieurs , charnues , comme ovales.

Obs. Cacao *Tournefort : fruit oblong , à cinq angles , se dévelop- pant des deux côtés.*

Guazuma *Plumier : fruit comme globuleux , garni de tous côtés de tubercules rudes , à écorce perforée en forme de crible , à cinq loges.*

Calice à trois feuillets. *Corolle* à cinq pétales réunis en voûte , terminés chacun par une soie en forme de corne , divisée peu profondément en deux parties. *Nectaire* formé par cinq feuillets réguliers. *Filamens* des étamines adhé- rens au nectaire , portant chacun cinq anthères.

1. CACAOYER Cacao , *T. Cacao* , L. à feuilles très-entières.

Amygdalis similis Guatimalensis ; Arbre de Guatimala , ressem- blant à l'Amandier. *Bauh. Pin.* 442, n.o 6. *Lugd. Hist.* 1857, fig. 1. *Pluk.* tab. 268 , f. 3. *Icon. Pl Medic.* tab. 308.

1. *Cacao ;* Cacao. 2. Fruit, le Beurre qu'il fournit. 2. Saveur huileuse , un peu amère , agréable. Le *Cacao* appelé *gros Carraque* , est le meilleur : le *petit Carraque* vient après. 4. Huile fixe , concrète , très-blanche , qu'on appelle *beurre de Cacao ;* extrait résineux , amer , acerbe. 5. Vieillesse ,

constipation, toux, consomption, hypochondrie : extérieurement hémorroïdes, ragades, suppositoires. 6. Quoiqu'on puisse manger les amandes, on les prend ordinairement sous forme de *Chocolat*. Ce dernier est une pâte d'amandes de Cacao et de Sucre; on l'appelle alors *Chocolat de santé*: si la pâte reçoit de la vanille, on lui donne le nom de *Chocolat à la vanille*. Le chocolat à la vanille, échauffe. Le Beurre de Cacao seul est usité comme médicament : on en prépare des tablettes béchiques ; on en forme des suppositoires, etc.

Dans l'Amérique Méridionale. ♃

2. **CACAOYER** Guazuma, *T. Guazuma*, **L.** à feuilles à dents de scie.

Pluk. tab. 77, fig. 2.

A la Jamaïque. ♃

3. **CACAOYER** auguste, *T. augusta*, **L.** à feuilles en cœur, à sept angles.

Dans l'Inde Orientale.

II. DODÉCANDRIE.

973. **MONSONE**, *MONSONIA. Lam. Tab. Encyclop.* pl. 638.

Cal. *Périanthe* à cinq *feuillets*, droits, lancéolés, garnis d'une pointe au-dessous du sommet, égaux, persistans.

Cor. Cinq *Pétales*, en ovale renversé, égaux, plus longs que le calice.

Étam. Quinze *Filamens*, lancéolés, plus courts que le calice, réunis en cinq corps composés chacun de trois filamens. *Trois Anthères* sur chaque filament, oblongues.

Pist. *Ovaire* court, à cinq côtés. *Style* en colonne, de la longueur des étamines. Cinq *Stigmates*, oblongs.

Pér. *Capsule* à cinq côtés, à cinq loges.

Sem. Solitaires ?

Calice à cinq feuillets. *Corolle* à cinq pétales. Quinze *étamines* réunies en cinq filamens. *Style* divisé peu profondément en cinq parties. *Capsule* à cinq coques.

1. **MONSONE** spécieuse, *M. speciosa*, **L.** à feuilles pinnées; à folioles linéaires.

Breyn. Prodr. 3, app. 31, tab. 21, fig. 2.

Au cap de Bonne-Espérance. ♃

Bb 4

III. ICOSANDRIE.

974. CITRONNIER, *CITRUS*. ✱ *Lam. Tab. Encyclop.* pl. 639.
AURANTIUM. *Tournef. Inst.* 620, t. 393 et 394. CITREUM. *Tournef.
Inst.* 620, tab. 395 et 396. LIMON. *Tournef. Inst.* 621. tab. 397.

CAL. *Périanthe* d'un seul feuillet, plane à la base, très-petit, se
flétrissant, à cinq segmens peu profonds.

COR. Cinq *Pétales*, oblongs, planes, ouverts.

ÉTAM. Le plus souvent vingt *Filamens*, en alêne, comprimés,
droits, disposés en rond ou en cylindre, réunis le plus souvent
entr'eux en corps plus ou moins nombreux. *Anthères* oblongues.

PIST. *Ovaire* arrondi. *Style* comme cylindrique, de la longueur des
étamines. *Stigmate* arrondi, divisé intérieurement en neuf loges.

PÉR. *Baie* à écorce charnue, à pulpe formée par des vésicules, à
neuf loges.

SEM. Deux, comme ovales, calleuses.

OBS. Aurantii *Tournefort : Pétiole en cœur.*

Citrei *Tournefort : Pétiole nu et simple.*

Limon *Tournefort : est distingué facilement par les Jardiniers.*

Calice à cinq segmens peu profonds. *Corolle* à cinq pétales
oblongs. Vingt *Étamines* réunies par leurs filamens en
plusieurs corps. *Baie* à neuf loges.

1. **CITRONNIER** commun, *C. medica*, L. à pétioles linéaires.

Malus medica; Citronnier commun. *Bauh. Pin.* 435, fig. 1.
Matth. 205, fig. 1. *Dod. Pempt.* 791, fig. 1. *Lob. Ic.* 2,
pag. 143, fig. 1. *Clus. Hist.* 1, pag. 6, fig. 1. *Lugd. Hist.*
298, fig. 1. *Bauh. Hist.* 1, P. 1, pag. 94, fig. 1. *Icon.
Pl. Medic.* tab. 496.

Cette espèce présente une variété.

Malus Limonia acida; Citronnier Limon acide. *Bauh. Pin.*
436, n.° 1. *Matth.* 206, fig. 1. *Dod. Pempt.* 791, fig. 2.
Lob. Ic. 2, pag. 143, fig. 2. *Clus. Hist.* 1, pag. 6, fig. 2.
Lugd. Hist. 301, f. 1. *Bauh. Hist.* 1, P. 1, pag. 96, f. 2.

1. *Citrus;* Citron. 2. Écorce, Parenchyme, Fleurs, Semences.
3. *Écorce*, *fleurs :* aromatiques, agréables : *Parenchyme :*
doux, sucré, acide ; *semences :* amères. 4. L'*Écorce* donne
par expression une huile volatile appelée Néroli : le *Parenchyme* est rempli de mucilage sucré, acide, qui porte le
nom d'*Acide citrique.* 5. Maladies aiguës avec chaleur et
tendance à la putréfaction, scorbut, vers, fièvres intermittentes, tierces et quartes. 6. Limonade, punch, ragoûts, confitures, parfums.

*En Asie, en Syrie, en Perse. Introduit en Europe quelque
temps après Pline.* ♄

2. **CITRON** Oranger, *C. Aurantium*, L. à pétioles ailés ; à feuilles aiguës.

> *Malus Aurantia major* ; Oranger plus grand. *Bauh. Pin.* 436, n.° 1. *Matth.* 206, fig. 2. *Dod. Pempt.* 792, fig. 1. *Lob. Ic.* 2, pag. 144, fig. 1. *Clus. Hist.* 1, pag. 7, fig. 1. *Lugd. Hist.* 302, fig. 1. *Camer. Epit.* 150, *Bauh. Hist.* 1. P. 1, pag. 97, fig. 1. *Icon. Pl. Medic.* tab. 495.
>
> Cette espèce présente une variété.
>
> *Malus Aurantia cortice eduli* ; Oranger à fruit à écorce co-mestible. *Bauh. Pin.* 436, n.° 3.
>
> 1. *Napha*, *Aurantium* ; Orange. 2. Feuilles, Fleurs, Fruits. 3. *Feuilles*, *fleurs* : amères, un peu âcres, aromatiques : *fruits* : acides, très-doux, sucrés, rafraîchissans, presque sans odeur. 4. On retire, en exprimant l'écorce du fruit contre des glaces, une huile essentielle d'un très-grand prix ; on peut l'obtenir par la distillation, mais elle est moins agréable ; les fleurs fournissent une eau distillée. 5. Fièvres avec toux : limonade faite avec le suc du fruit ; Maladies convulsives et paralysie : poudre des feuilles d'O-ranger. 6. Très-usité dans l'art du Parfumeur et du Confiseur.
>
> *L'Oranger* dont le bois est très-dur, vit très-long-temps ; on connoît des Orangers en Europe qui sont cultivés depuis trois cents ans, et qui sont encore vigoureux. Les *Orangers* de Portugal, de Malte, sont des variétés à fruits doux, que l'on multiplie par la greffe.
>
> *Aux Indes Orientales. Naturalisé en Espagne, en Provence, aux isles d'Hières.* ♄

3. **CITRONNIER** décuman, *C. decumanus*, L. à pétioles ailés ; à feuilles obtuses, échancrées.

> *Sloan. Jam.* tab. 12, fig. 2, 3 et 4.
>
> *Dans l'Inde Orientale.* ♄

4. **CITRONNIER** à trois feuilles, *C. trifoliata*, L. à feuilles trois à trois.

> *Kœmph. Amœn.* 801 et 802.
>
> *Au Japon.*

IV. POLYANDRIE.

975. **GLABRARE**, *GLABRARIA*. *Lam. Tab. Encyclop.* pl. 640.

Cal. *Périanthe* d'un seul feuillet, tubulé, à cinq segmens peu profonds, moitié plus court que la corolle.

Cor. Cinq *Pétales*, lancéolés, obtus, égaux.

Nectaire ceignant l'ovaire, formé par des soies en alêne, droites, colorées, de la longueur du calice.

Éta**m.** Trente *Filamens*, capillaires, interposés entre les nectaires, réunis de six en six à la base, de la longueur du calice. *Anthères* en forme de rein.

Pist. *Ovaire* arrondi, (à quatre coques)? *Style* filiforme, de la longueur des étamines. *Stigmate* simple.

Péa. *Drupe* sèche, à une loge.

Sem. *Noyau* osseux, ovale.

Calice à cinq segmens peu profonds. *Corolle* à cinq pétales. *Nectaire* formé par des soies de la longueur du calice. Trente *Étamines*, réunies de six en six par leurs filamens. *Drupe* desséchée, renfermant un noyau osseux.

1. GLABRARE des Indes, *G. tersa*, L. à feuilles alternes, pétiolées, ovales, lancéolées, très-entières, lisses, aiguës, cotonneuses en dessous.

   Rumph. Amb. 3, pag. 71, tab. 44.

   Dans l'Inde Orientale. ♄

976. MUENCHHAUSE, *MUENCHHAUSIA*.

Cal. *Périanthe* d'un seul feuillet, en toupie, bossué, persistant, à moitié divisé en six *segmens* obtus.

Cor. Six *Pétales*, en ovale renversé, ouverts, à onglets insérés sur le calice.

Éta**m.** Vingt-quatre ou trente *Filamens*, capillaires, plus courts que les pétales, réunis en six corps. *Anthères* en forme de rein.

Pist. *Ovaire* supérieur, ovale. *Style* filiforme, incliné, d'une longueur médiocre. *Stigmate* obtus.

Pér. *Capsule* ovale, pointue, à six loges.

Sem. Plusieurs.

Obs. *Linné avoit dans les premiers temps, rapporté ce genre à l'Icosandrie Monogynie. (Mant. pag. 153), mais d'après des observations postérieures, il l'a placé dans la Polyadelphie Polyandrie, parce qu'il a les étamines réunies six fois en quatre ou cinq corps.*

Calice bossué, à six segmens peu profonds. *Corolle* à six pétales à onglets. Vingt-quatre ou trente *Étamines* réunies en six corps. *Ovaire* supérieur. *Style* filiforme, courbé.

1. MUENCHHAUSE spécieuse, *M. speciosa*, L. à feuilles alternes, pétiolées, ovales, oblongues, aiguës, très-entières, lisses, pâles en dessous.

Munchh. Hausuat. 5, pag. 357, tab. 356.
A la Chine. ♄

977. **DURIO**, *DURIO.* † *Lam. Tab. Encyclop.* pl. 641.

CAL. *Périanthe* d'un seul feuillet, en godet, à cinq lobes arrondis, caducs-tardifs.

COR. Cinq *Pétales*, concaves, adhérens au calice, et plus petits que lui.

ÉTAM. *Filamens* réunis en cinq corps divisés chacun en sept filamens en alêne, plus longs que la corolle. *Anthères* tordues.

PIST. *Ovaire* arrondi, porté sur un pied. *Style* sétacé, de la longueur des étamines. *Stigmate.* . . .

PÉR. *Pomme* arrondie, hérissée de tous côtés de pointes à plusieurs pans, à cinq loges, s'ouvrant en cinq parties.

SEM. Quelques-unes, ovales, à arille pointu.

Calice en godet, **inférieur**, à **cinq lobes peu profonds.** *Corolle* à cinq pétales, petits. Un seul *Style.* *Étamines* réunies en cinq corps divisés chacun en sept filamens. *Pomme* à cinq loges.

1. DURIO zibeth, *D. zibethinus*, *L.* à fleurs placées au-dessous des feuilles qui sont alternes.

> *Rumph. Amb.* 1, pag. 99, tab. 29.
> *Dans l'Inde Orientale.* ♄

978. **MÉLALEUQUE**, *MELALEUCA. Lam. Tab. Encyclop.* pl. 641.

CAL. *Périanthe* supérieur, persistant, à cinq *segmens* profonds, arrondis.

COR. Cinq *Pétales*, arrondis, petits.

ÉTAM. Plus de vingt *Filamens*, sétacés, droits, très-longs, réunis en cinq corps composés chacun de six ou sept filamens. *Anthères* oblongues, versatiles.

PIST. *Ovaire* inférieur, en toupie. *Style* filiforme, droit, de la longueur des étamines. *Stigmate* aigu.

PÉR. *Capsule* colorée, arrondie, à moitié enveloppée par le *Calice* en godet, très-entier, semblable à un prépuce, à trois loges, à trois battans.

SEM. Nombreuses, couchées, oblongues, pointues au dedans, tronquées au dehors.

OBS. *Ce genre a de l'affinité avec le* Ginora.

Calice supérieur, à cinq segmens profonds. *Corolle* à cinq pétales. Vingt *Filamens* et plus, réunis en cinq corps divisés chacun en six ou sept filamens. Un seul *Style.* *Capsule* à moitié enveloppée par le calice en baie, à trois battans, à trois loges.

2. **MÉLALEUQUE** Leucadendra, *M. Leucadendra*, L. à feuilles alternes, lancéolées, en faucille sur un des bords, pétiolées, très-entières, presque sans nervures.

 Rumph. Amb. 2, pag. 72, tab. 16, qui représente les feuilles à plusieurs nervures; et table 17, qui représente les feuilles à trois nervures. *Icon. Pl. Med.* 307.

 2. *Cajeput;* Cajeput. 4. Huile volatile, très-usitée, qui possède éminemment toutes les vertus des autres huiles de même nature, et se prend à la même dose.

 Dans l'Inde Orientale. ♄

979. HOPÉE, *HOPEA.*

CAL. *Périanthe* d'un seul feuillet, en cloche, à cinq *segmens* peu profonds, ovales, obtus, persistans.

COR. Cinq *Pétales*, oblongs, concaves, réunis à la base par les faisceaux des étamines.

ÉTAM. plusieurs *Filamens*, sétacés, plus longs que la corolle, réunis à la base en cinq corps. *Anthères* quadrangulaires.

PIST. *Ovaire* inférieur, arrondi. *Style* renflé peu à peu, de la longueur de la corolle, persistant. *Stigmate* un peu épais, déprimé obliquement.

PÉR. *Drupe* sèche, ovale, cylindrique, bossuée, couronnée par le calice.

SEM. *Noix* lisse, à trois loges, prolongée par un appendice mousse ou obtus.

Calice supérieur, à cinq segmens peu profonds. *Corolle* à cinq pétales. *Étamines* nombreuses, réunies par leurs filamens en cinq corps. Un seul *Style*. *Drupe* renfermant un noyau à trois loges.

1. **HOPÉE** colorante, *H. tinctoria*, L. à feuilles alternes, pétiolées, simples, oblongues, ovales, lancéolées, un peu dentées, luisantes, sans nervures.

 Cateb. Carol. 1, pag. et tab. 54. (Mauvaise).

 A la Caroline. ♄

980. SYMPLOCOS, *SYMPLOCOS. Lam. Tab. Encyclop.* pl. 455.

CAL. *Périanthe* d'un seul feuillet, en cloche, petit, à cinq *segmens* arrondis, droits.

COR. Cinq *Pétales*, oblongs, obtus, droits, très-ouverts au sommet.

Étam. Plusieurs *Filamens* en alêne, planes, plus courts que les pétales, insérés sur le tube de la corolle sur quatre rangs : les inférieurs plus courts. *Anthères* arrondies.

Pist. *Ovaire* supérieur, arrondi. *Style* filiforme, de la longueur des étamines. *Stigmate* en tête, comme divisé peu profondément en trois parties.

Pér. . . .

Sem. . . .

Calice inférieur, à cinq segmens peu profonds. *Corolle* à cinq pétales. *Filamens* des étamines insérés sur le tube de la corolle sur quatre rangs.

a. SYMPLOCOS de la Martinique, *S. Martinicensis*, L. à feuilles ovales, pétiolées, à dents de scie, luisantes.

    A la Martinique.

981. **MILLE-PERTUIS, HYPERICUM.** * *Tournef. Inst.* 254, tab. 131. *Lam. Tab. Encyclop.* pl. 643. ANDROSÆMUM. *Tournef. Inst.* 251, tab. 128. ASCYRUM. *Tournef. Inst.* 256, tab. 131.

Cal. *Périanthe* à cinq *segmens* profonds, comme ovales, concaves, persistans.

Cor. Cinq *Pétales*, oblongs, ovales, obtus, ouverts, tournant suivant le mouvement du soleil.

Étam. *Filamens* nombreux, capillaires, réunis à la base en trois ou cinq phalanges. *Anthères* petites.

Pist. *Ovaire* arrondi. Trois *Styles*, (quelquefois, un, deux, ou cinq), simples, écartés, de la longueur des étamines. *Stigmates* simples.

Pér. *Capsule* arrondie, à loges en nombre correspondant à celui des Styles.

Sem. Plusieurs, oblongues.

Obs. Lasianthus : *Pentagyne ; semences ailées.*

    Ascyrum *Tournefort : Pentagyne ; Semences simples.*

    Hypericum *Tournefort : Trigyne ; Péricarpe membraneux.*

    Androsæmum *Tournefort : Trigine ; Péricarpe mou, coloré.*

Calice à cinq segmens profonds. *Corolle* à cinq pétales. *Filamens* nombreux, reunis par leur base en cinq phalanges. *Capsule* arrondie.

    * I. *MILLE-PERTUIS pentagynes ou à cinq styles.*

1. MILLE-PERTUIS des isles Baléares, *H. Balearicum*, L. à fleurs à cinq styles ; à tige ligneuse ; à feuilles et rameaux ayant à leurs marges des glandes semblables à des verrues.

Clus. Hist. 1, pag. 68, fig. 1.

Dans l'isle de Majorque. Cultivé dans les jardins. ♄

2. **MILLE—PERTUIS** de Kalm, *H. Kalmianum*, L. à fleurs à cinq styles; à tige ligneuse; à feuilles linéaires, lancéolées.

En Virginie. ♄

3. **MILLE—PERTUIS** de Cayenne, *H. Cayanense*, L. à fleurs à cinq styles; à corolles hérissées; à feuilles ovales; à tige en arbre.

A Cayenne. ♄

4. **MILLE—PERTUIS** à baie, *H. bacciferum*, L. à fleurs à cinq styles; à feuilles très–entières, blanchâtres en dessous; à tige en arbre; à fruits en baie.

Au Mexique. ♄

5. **MILLE—PERTUIS** calicin, *H. calycinum*, L. à fleurs à cinq styles, solitaires, terminales; à tige tétragone, ligneuse; à feuilles ovales, oblongues, obtuses, coriaces.

Dans l'Amérique Septentrionale. ♄

6. **MILLE—PERTUIS** à grande fleur, *H. Ascyrum*, L. à fleurs à cinq styles; à tige tétragone, herbacée, droite, simple; à feuilles lisses, très–entières.

Ascyrum magno flore; Ascyre à grande fleur. *Bauh. Pin.* 280, n.º 3. *Gmel. Sibir.* 4, pag. 178, tab. 69.

En Sibérie, au Canada, aux Pyrénées. ♃

7. **MILLE—PERTUIS** de Guinée, *H. Guinense*, L. à fleurs à cinq styles, comme en ombelles; à tige ligneuse; à rameaux arrondis; à feuilles ovales, aiguës.

Amœn. Acad. vol. 8, pag. 321, tab. 8, fig. 1.

En Guinée. ♄

* II. *MILLE—PERTUIS trigyne ou à trois styles.*

8. **MILLE—PERTUIS** Toute–saine, *H. Androsæmum*, L. à fleurs à trois styles; à fruits en baie; à tige ligneuse, à deux tranchans.

Androsæmum maximum, frutescens; Androsème très–grand, ligneux. *Bauh. Pin.* 280, n.º 7. *Dod. Pempt.* 78, fig. 2. *Lob. Ic.* 1, pag. 632, fig. 1. *Lugd. Hist.* 1156, fig. 2, et 1157, fig. 1. *Bauh. Hist.* 3, P. 2, pag. 384, fig. 4.

A Montpellier, en Provence, à Lyon, à Paris. ♄ *Estivale.*

9. **MILLE—PERTUIS** Olympique, *H. Olympicum*, L. à fleurs à trois styles; à calices aigus; à étamines plus courtes que la corolle; à tige ligneuse.

Dill. Elth. tab. 151, f. 183.

Aux Pyrénées, sur le Mont–Olympe. ♄

10. MILLE–PERTUIS pétiolé, *H. petiolatum*, L. à fleurs à trois styles; à feuilles ovales, pétiolées, très-entières, cotonneuses en dessous; à tige ligneuse, tétragone, comprimée.

Au Brésil. ♄

11. MILLE–PERTUIS des Canaries, *H. Canariense*, L. à fleurs à trois styles; à calices obtus; à étamines plus longues que la corolle; à tige ligneuse.

Pluk. tab. 302, fig. 1.

Aux Canaries. ♄

12. MILLE–PERTUIS à odeur de bouc, *H. hircinum*, L. à fleurs à trois styles; à étamines plus longues que la corolle; à tige ligneuse, à deux tranchans.

Androsæmum fœtidum, capitulis longissimis filamentis donatis; Androsème puant, à fleurs ornées de très-longs filamens. *Bauh. Pin.* 280, n.º 8. *Bauh. Hist.* 3, P. 2, pag. 385, f. 1. *Dill. Elth* tab. 151, f. 181.

En Sicile, en Calabre, Dans l'isle de Crète. ♄ *Vernale.*

13. MILLE–PERTUIS d'Orient. *H. Orientale*, L. à fleurs à trois styles; à stipules renversées; à feuilles oblongues, à dentelures crénelées.

Tournef. Voy. au Lev. tom. 2, pag. et tab. 220.

En Orient.

14. MILLE–PERTUIS rude, *H. scabrum*, L. à fleurs à trois styles; à tige arrondie, sous–ligneuse, tuberculeuse–hérissée; à feuilles oblongues.

En Arabie, en Mauritanie. ♄

15. MILLE–PERTUIS rampant, *H. repens*, L. à fleurs à trois styles; à tige arrondie, rampante; à feuilles lancéolées, linéaires, obtuses.

En Orient. ♃ ♄

16. MILLE–PERTUIS prolifique, *H. prolificum*, L. à fleurs à trois styles: les supérieures assises; à tige ligneuse, à deux tranchans; à feuilles lancéolées, linéaires.

Dans l'Amérique Méridionale. ♄

17. MILLE–PERTUIS à feuilles de bruyère, *H. ericoïdes*, L. à fleurs à trois styles; à feuilles linéaires, en recouvrement.

Pluk. tab. 93, fig. 5.

En Espagne, en Portugal. ♃

18. MILLE-PERTUIS du Canada, *H. Canadense*, L. à fleurs à trois styles; à feuilles linéaires, lancéolées; à tige quadrangulaire; à capsules colorées.

Au Canada. ☉

19. MILLE-PERTUIS de Virginie, *H. Virginicum*, L. à fleurs à trois styles et à neuf étamines; à tige arrondie; à feuilles ovales, embrassantes.

En Pensylvanie. ♃

20. MILLE-PERTUIS du Mexique, *H. Mexicanum*, L. à fleurs à trois styles; à rameaux simples; à feuilles en recouvrement, ovales.

Amœn. Acad. vol. 8, pag. 322, tab. 8, fig. 2.

A la nouvelle Grenade. ♃

21. MILLE-PERTUIS quadrangulaire, *H. quadrangulare*, L. à fleurs à trois styles; à tige herbacée, quadrangulaire; à feuilles ovales, perforées, ponctuées.

Hypericum vulgare minus, caule quadrangulo, foliis non perfoliatis; Mille-pertuis vulgaire plus petit, à tige quadrangulaire, à feuilles sans points transparens. *Bauh Pin.* 279, à la suite du n.° 1, lignes 7, 8 et 9. *Matth.* 667, f. 2. *Dod. Pempt.* 78, fig. 1. *Lob. Ic.* 1, p. 399, f. 1. *Bul. Paris.* tab. 461. *Flor. Dan.* tab. 640.

Les synonymes de cette espèce sont confondus avec ceux de l'*Hypericum hirsutum.*

Nutritive pour le Bœuf, le Mouton, la Chèvre.

En Europe, dans les prés. ♃ Estivale.

22. MILLE-PERTUIS des Boutiques, *H. perforatum*, L. à fleurs à trois styles; à tige à deux tranchans; à feuilles obtuses, à points transparens.

Hypericum vulgare; Mille-pertuis vulgaire. *Bauh. Pin.* 279, n.° 1. *Fusch. Hist.* 831. *Matth.* 667, fig. 1. *Dod. Pempt.* 76, n.° 1. *Lob. Ic.* 1, p. 398, f. 1. *Lugd. Hist.* 1153, f. 1. *Camer. Epit.* 675. *Bul. Paris.* tab. 462. *Icon. Pl. Med.* tab. 31.

· **1.** *Hypericum;* Mille-pertuis ordinaire. 2. Sommités fleuries, Feuilles, Semences. 3. Odeur forte, balsamique. 4. Arome; point d'huile volatile; extrait spiritueux; extrait aqueux astringent. 5. Plaies, ulcères, extérieurement. 6. Les fleurs colorent en jaune.

Nutritive pour le Bœuf, le Mouton, la Chèvre.

En Europe, dans les prairies, sur les bords des grands chemins. ♃ Estivale.

23. MILLE-PERTUIS couché, *H. humifusum*, L. à fleurs à trois styles, axillaires, solitaires; à tiges à deux tranchans, couchées, filiformes;

filiformes; à feuilles ovales; lissses, sans points diaphanes ou transparens.

>*Hypericum minus supinum, vel supinum glabrum;* Mille-per-
>tuis plus petit couché, ou Mille-pertuis couché, lisse. *Bauh.
>Pin.* 279, n.° 5. *Dod. Pempt.* 76, f. 2. *Lob. Ic.* 1, p. 400,
>f. 1. *Clus. Hist.* 2, pag. 181, f. 3. *Bauh. Hist.* 3, P. 2,
>p. 384, f. 1. *Flor. Dan.* tab. 141.

A Montpellier, Lyon, Paris, etc. ☉ Estivale.

24. MILLE-PERTUIS frisé, *H. crispum,* L. à fleurs à trois styles;
à tige arrondie; à feuilles assises, lancéolées, ondulées et dentées à la base.

>*Hypericum folio breviore;* Mille-pertuis à feuille plus courte.
>*Bauh. Pin.* 279, n.° 3. *Lob. Ic.* 1, pag. 398, f. 2. *Lugd.
>Hist.* 1155, f. 1. *Bauh. Hist.* 3, P. 2, pag. 383, fig. 3.

En Sicile, à Naples. ♃

25. MILLE-PERTUIS perfolié, *H. perfoliatum,* L. à fleurs à
trois styles; à tige comme à deux tranchans; à feuilles embrassantes, ovales; à fleurs assises, disposées en cymier.

>*Barrel.* tab. 490 ?

En Allemagne. ♃

26. MILLE-PERTUIS des marais, *H. elodes,* L. à fleurs à trois
styles; à tige arrondie, rampante, velue; à feuilles arrondies,
velues.

>*Ascyrum supinum, villosum, palustre;* Ascyre couché, velu,
>des marais. *Bauh. Pin.* 280, n.° 1.

A Paris. ♃ Estivale.

27. MILLE-PERTUIS barbu, *H. barbatum,* L. à fleurs à trois
styles; à tige arrondie; à segmens du calice barbus.

>*Pluk.* tab. 93, fig. 6. *Jacq. Aust.* tab. 259.

En Autriche.

* III. *MILLE-PERTUIS à trois styles; à calices et
bractées à dents de scie, glanduleux.*

28. MILLE-PERTUIS des montagnes, *H. montanum,* L. à fleurs
à trois styles; à calices à dents de scie, glanduleux; à tige arrondie, droite; à feuilles ovales, lisses.

>*Ascyrum seu Hypericum bifolium, glabrum, non perforatum;*
>Ascyre ou Mille-pertuis à deux feuilles lisses, sans points trans-
>parens. *Bauh. Pin.* 280, n.° 2. *Fusch. Hist.* 76. *Matth. Hist.*
>668, f. 1. *Lugd. Hist.* 1156, fig. 1. *Column. Ecphras.* 1,
>p. 73; et 74, f. 1. *Bauh. Hist.* 3, P. 2, pag. 383, f. 2.

A Lyon, Grenoble, Paris, etc. ♃ Estivale.

Tome III.   C c

29. **MILLE-PERTUIS** velu, *H. hirsutum*, L. à fleurs à trois styles; à calices à dents de scie, glanduleux; à tige arrondie, droite; à feuilles ovales, un peu velues.

> *Androsæmum hirsutum;* Androsème hérissé. *Bauh. Pin.* 280, n.° 4?

> Les synonymes de cette espèce sont confondus avec ceux de l'*Hypericum quadrangulare.*

> Nutritive pour le Mouton.

> *A Montpellier, Lyon, Paris, etc.* ♃ Estivale.

30. **MILLE-PERTUIS** cotonneux, *H. tomentosum*, L. à fleurs à trois styles; à calices à dents de scie, glanduleux; à feuilles demi-embrassantes, tortueuses, cotonneuses; à tiges couchées.

> *Hypericum supinum, tomentosum, minus et Monspeliacum;* Mille-pertuis couché, cotonneux, plus petit, de Montpellier. *Bauh. Pin.* 279, n.° 7. *Dod. Pempt.* 77, f. 2. *Lob. Ic.* 400, f. 2. *Clus. Hist.* 2, p. 181, f. 2. *Ludg. Hist.* 1154, fig. 2; et 1157, f. 2. *Bauh. Hist.* 3, P. 2, pag. 384, fig. 2.

> Cette espèce présente une variété.

> *Hypericum supinum, tomentosum, majus et Hispanicum;* Mille-pertuis couché, cotonneux, plus grand, d'Espagne. *Bauh. Pin.* 279, n.° 6. *Clus. Hist.* 2, pag. 181, fig. 1. *Lugd. Hist.* 1154, f. 1.

> *Aux environs de Montpellier, à Assas, en Provence.* ♃ Estivale.

31. **MILLE-PERTUIS** d'Égypte, *H. Ægyptiacum*, L. à fleurs à trois styles; à nectaires des pétales lancéolés; à tiges sous-ligneuses, comprimées.

> *Amœn. Acad.* 8, pag. 323, tab. 8, fig. 3.

> *En Égypte.*

32. **MILLE-PERTUIS** beau, *H. pulchrum*, L. à fleurs à trois styles; à calices à dents de scie, glanduleux; à tige arrondie; à feuilles embrassantes, en cœur, lisses.

> *Hypericum minus erectum;* Mille-pertuis plus petit droit. *Bauh. Pin.* 279, n.° 4. *Trag.* 74, *Bauh. Hist.* 3, P. 2, p. 383, fig. 1. *Flor. Dan.* tab. 75.

> *A Montpellier, Lyon, Paris, etc.* ♃ Estivale.

33. **MILLE-PERTUIS** à feuilles de nummulaire, *H. nummularium*, L. à fleurs à trois styles; à calices à dents de scie, glanduleux; à feuilles en cœur, arrondies, lisses.

> *Hypericum Nummulariæ folio;* Mille-pertuis à feuilles de Nummulaire. *Bauh. Pin.* 279, n.° 2. *Pluk.* tab. 93, f. 4.

> *Sur les Alpes du Dauphiné, aux Pyrénées* ♃ Estivale. S.-Alp.

34. MILLE-PERTUIS bruyère, *H. Coris*, L. à fleurs à trois styles; à calices à dents de scie, glanduleux; à feuilles comme en anneaux: savoir, quatre stipules et deux feuilles linéaires très-étroites.

> *Coris lutea*; Coris à fleur jaune. *Bauh. Pin.* 280, n.º 1. *Matth.* 669, fig. 1. *Lob. Ic.* 1, pag. 403, fig. 1. *Lugd. Hist.* 1158, f. 1. *Camer. Epit.* 678. *Bauh. Hist.* 3, P. 2, pag. 384, f. 3. *Moris. Hist.* sect. 5, tab. 6, f. 4. *Barrel.* tab. 351.
>
> *Sur les Alpes de Provence.* ♃

* IV. MILLE-PERTUIS à deux styles.

35. MILLE-PERTUIS mutilé, *H. mutilum*, L. à fleurs à deux styles; à feuilles ovales, assises.

> *Au Canada, en Virginie.*

36. MILLE-PERTUIS linéaire, *H. sétosum*, L. à fleurs à deux styles; à feuilles linéaires.

> *En Virginie.*

* V. MILLE-PERTUIS à un seul style.

37. MILLE-PERTUIS de la Chine, *H. Chinense*, L. à fleurs à un seul style; à étamines plus longues que la corolle; à calices colorés; à tige ligneuse.

> *Mill. Dict.* n.º 11, *Ic.* tab. 151, fig. 2.
>
> *A la Chine.* ♄

982. ASCYRE, *ASCYRUM.* * *Lam. Tab. Encyclop.* pl. 642. HYPERICOÏDES. *Plum. Gen.* 51, tab. 7.

CAL. *Périanthe* à quatre *feuillets*: les extérieurs opposés, très-petits, linéaires: les *intérieurs* en cœur, grands, planes, droits: *tout* persistans.

COR. Quatre *Pétales*, ovales: les *extérieurs* opposés, très-grands: les *intérieurs* plus petits.

ÉTAM. *Filamens* nombreux, sétacés, réunis très-légèrement à la base en quatre parties. *Anthères* arrondies.

PIST. *Ovaire* oblong. *Style* à peine visible. *Stigmate* simple.

PÉR. *Capsule* oblongue, pointue, à deux battans, renfermée dans les feuillets les plus grands du calice.

SEM. Nombreuses, petites, arrondies.

OBS. *Les attributs de ce genre, qui diffèrent de ceux des Hypericum, ne permettent point de les réunir, quoiqu'ils aient entr'eux beaucoup d'affinité.*

Calice à quatre feuillets. *Corolle* à quatre pétales. *Filamens* nombreux, réunis par leur base en quatre phalanges.

1. ASCYRE Croix de saint-André, *A. Crux Andreæ*, L. à feuilles ovales; à tige arrondie; à panicule dichotome ou à bras ouverts.

   En Virginie.

2. ASCYRE mille-pertuis, *A. hypericoïdes*, L. à feuilles oblongues; à rameaux à deux tranchans.

   Plum. tab. 152, f. 1.

   En Virginie, à la Jamaïque. ♄

3. ASCYRE velu, *A. villosum*, L. à feuilles hérissées; à tige roide.

   Pluk. tab. 245, f. 6.

   En Virginie. ♄

CLASSE XIX.
SYNGÉNÉSIE.
I. POLYGAMIE ÉGALE.

Table Synoptique ou *Caractères Artificiels Génériques.*

* I. *Semi-flosculeuses de Tournefort, à corolles en languettes.*

1001. SCOLYME , *SCOLY-* *Réceptacle* garni de paillettes.
MUS. *Semences* sans aigrettes. *Calice*
épineux , à écailles placées
en recouvrement les unes sur
les autres.

1000. CHICORÉE , *CICHO-* *Récept.* peu garni de paillettes.
RIUM. *Sem.* à aigrette le plus souvent
à cinq dents. *Cal.* calyculé ,
c'est-à-dire à écailles inférieures séparées , imitant un
calice accessoire.

999. CUPIDONE , *CATA-* *Récept.* garni de paillettes. *Sem.*
NANCHE. à aigrette , assises , à cinq
arêtes. *Cal.* à écailles desse-
chées , placées en recouvrement les unes sur les autres.

996. SÉRIOLE , *SERIOLA.* *Récept.* garni de paillettes. *Sem.* à
aigrette le plus souvent plu-
meuse. *Cal.* simple.

997. HYPOCHÉRIDE , *HY-* *Récept.* garni de paillettes. *Sem.* à
POCHÆRIS. aigrette le plus souvent plu-
meuse. *Cal.* à écailles placées
en recouvrement les unes sur
les autres.

983. GÉROPOGONE , *GE-* *Récept.* garni de paillettes. *Sem.* à
ROPOGON. aigrette plumeuse au disque ,
à cinq arêtes au rayon. *Cal.*
simple.

994. ANDRYALE, *ANDRYA-* *Récept.* garni de poils. *Sem.* à
　　LA. aigrette assise, à poil. *Cal.*
　　presque égal, arrondi.

984. SALSIFIS, *TRAGOPO-* *Récept.* nu. *Sem.* à aigrette plu-
　　GON. meuse, portée sur un pied.
　　Cal. simple.

986. PICRIDE, *PICRIS.* *Récept.* nu. *Sem.* à aigrette plu-
　　meuse, portée sur un pied.
　　Cal. à écailles inférieures sé-
　　parées, imitant un calice
　　accessoire.

991. DENT-DE-LION, *LEON-* *Récept.* nu. *Sem.* à aigrette plu-
　　TODON. meuse, portée sur un pied.
　　Cal. à écailles lâches, placées
　　en recouvrement les unes sur
　　les autres.

985. SCORSONÈRE, *SCOR-* *Récept.* nu. *Sem.* à aigrette plu-
　　ZONERA. meuse, portée sur un pied.
　　Cal. à écailles sèches et roides
　　sur les bords, placées en re-
　　couvrement les unes sur les
　　autres.

993. CRÉPIDE, *CREPIS.* *Récept.* nu. *Sem.* à aigrette à
　　poils. *Cal.* à écailles infé-
　　rieures difformes, séparées,
　　imitant un calice accessoire.

989. CHONDRILLE, *CHON-* *Récept.* nu. *Sem.* à aigrette à poil,
　　DRILLA. portée sur un pied. *Cal.* à
　　écailles inférieures séparées,
　　imitant un calice accessoire,
　　renfermant plusieurs demi-
　　fleurons.

990. PRÉNANTHE, *PRE-* *Récept.* nu. *Sem.* à aigrette à poils.
　　NANTHES. *Cal.* à écailles inférieures sé-
　　parées, imitant un calice ac-
　　cessoire, renfermant quatre
　　ou cinq demi-fleurons.

988. LAITUE, *LACTUCA.* *Récept.* nu. *Sem.* à aigrette à poil, portée sur un pied. *Cal.* à écailles membraneuses sur les bords, placées en recouvrement les unes sur les autres.

992. ÉPERVIÈRE, *HIERA- CIUM.* *Récept.* nu. *Sem.* à aigrette à poils, assise. *Cal.* ovale, à écailles placées en recouvrement les unes sur les autres.

907. LAITRON, *SONCHUS.* *Récept.* nu. *Sem.* à aigrette à poils, assise. *Cal.* bossué, à écailles placées en recouvrement les unes sur les autres.

998. LAPSANE, *LAPSANA.* *Récept.* nu. *Sem.* sans aigrette. *Cal.* à écailles inférieures séparées, imitant un calice accessoire.

995. HYOSÈRE, *HYOSERIS.* *Récept.* nu. *Sem.* à aigrette couronnée par un petit calice. *Cal.* à écailles presque égales.

* II. *Flosculeuses à fleurons en tête.*

1009. ATRACTYLE, *ATRAC- TYLIS.* *Corolle* radiée.

1008. CARLINE, *CARLINA.* *Calice* radié, à rayons colorés.

1005. CNIQUE, *CNICUS.* *Calice* enveloppé par des bractées.

1002. BARDANE, *ARC- TIUM.* *Calice* à écailles recourbées à la pointe en hameçon.

1010. CARTHAME, *CAR- THAMUS.* *Calice* à écailles sèches, en feuillets.

1007. ARTICHAUD, *CYNA- RA.* *Calice* à écailles sèches, épineuses, creusées en gouttière.

1004. CHARDON, *CAR- DUUS.* *Calice* ventru, à écailles épineuses. *Récept.* garni de poils.

1006. ONOPORDE, *ONO- PORDUM.* *Calice* ventru, à écailles épineuses. *Récept.* garni d'alvéoles.

2003. SARRETTE, SERRA- Calice comme cylindrique, à
TULA.   écailles mousses, placées en
                     recouvrement les unes sur les
                     autres.

* III. Discoïdes.

1014. ÉTHULIE, ETHU- Récept. nu. Sem. sans aigrette.
LIA.   Cal. à écailles égales.

1011. SPILANTHE, SPI- Récept. nu (ou garni de paillettes).
LANTHUS.   Sem. à aigrette à deux dents.
                     Cal. à écailles presque égales.

1016. AGÉRATE, AGERA- Récept. nu. Sem. à aigrette à cinq
TUM.   arêtes. Cal. à écailles presque
                     égales. Fleurons à quatre divi-
                     sions peu profondes.

1013. CACALIE, CACALIA. Récept. nu. Sem. à aigrette à poils.
                     Cal. à écailles inférieures sé-
                     parées, imitant un calice
                     accessoire.

1019. CHRYSOCOME, Récept. nu. Sem. à aigrette à poils.
CHRYSOCOMA.   Cal. à écailles placées en re-
                     couvrement les unes sur les
                     autres. Pistils très-courts.

1015. EUPATOIRE, EUPA- Récept. nu. Sem. à aigrette en
TORIUM.   plume. Cal. à écailles placées
                     en recouvrement les unes sur
                     les autres. Pistils très-longs.

1022. SANTOLINE, SANTO- Récept. garni de paillettes. Sem.
LINA.   sans aigrette. Cal. hémisphé-
                     rique, à écailles placées en
                     recouvrement les unes sur les
                     autres.

1021. CALÉE, CALEA. Récept. garni de paillettes. Sem. à
                     aigrette à poils. Cal. à écailles
                     placées en recouvrement les
                     unes sur les autres.

1023. ATHANASIE, ATHA- Récept. garni de paillettes. Sem.
NASIA.   à aigrette à paillette. Cal. à
                     écailles placées en recouvre-
                     ment les unes sur les autres.

1012. BIDENT , *BIDENS.* Récept. garni de paillettes. *Sem.* à aigrette à arête. *Cal.* à écailles placées en recouvrement les unes sur les autres.

1018. STÉHÉLINE, *STEHÆ-LINA.* Récept. garni de paillettes. *Sem.* à aigrette en plume , ramifiée. *Anthères* offrant une queue.

1017. PTÉRONE , *PTERO-NIA.* Récept. garni de paillettes à plusieurs divisions profondes , soyeuses. *Sem.* à aigrette le plus souvent en plume. *Cal.* à écailles placées en recouvrement les unes sur les autres.

1020. TARCHONANTHE , *TARCHONANTHUS.* Récept. garni de poils. *Sem.* enveloppées par une aigrette à poils. *Cal.* en toupie , d'un seul feuillet.

† *Tanacetum.*

II. POLYGAMIE SUPERFLUE.

* I. *Discoïdes.*

1025. ARMOISE , *ARTEMI-SIA.* Récept. le plus souvent nu. *Sem.* sans aigrette. *Fleurons* du rayon nuls.

1028. CARPÈSE , *CARPE-SIUM.* Récept. nu. *Sem.* sans aigrette. *Fleurons* du rayon à cinq divisions peu profondes.

1024. TANAISIE, *TANACE-TUM.* Récept. nu. *Sem.* à aigrette le plus souvent échancrée. *Fleurons* du rayon à trois divisions peu profondes.

1050. COTULE , *COTULA.* Récept. le plus souvent nu. *Sem.* à aigrette à bordure. *Fleurons* du disque à quatre divisions peu profondes.

1029. BACCHARIS , *BAC-CHARIS.* Récept. nu. *Sem.* à aigrette à poils. *Fleurons* femelles mêlés avec les hermaphrodites.

1030. CONYZE, *CONYZA.*   *Récept.* nu. *Sem.* à aigrette à poils. *Fleurons* du rayon à trois divisions peu profondes.

1026. IMMORTELLE, *GNA-PHALIUM.*   *Récept.* nu. *Sem.* à aigrette en plume. *Cal.* à écailles sèches, concaves.

1027. XÉRANTHÈME, *XE-RANTHEMUM.*   *Récept.* garni de paillettes. *Sem.* à aigrette le plus souvent terminée par une soie. *Cal.* à écailles sèches, roides : celles du rayon aplaties comme des pétales.

1051. ANACYCLE, *ANA-CYCLUS.*   *Récept.* garni de paillettes. *Sem.* sans aigrette, à bordure, échancrées à la marge.

* II. *Semi - flosculeuses à demi - fleurons divisés comme en deux lèvres.*

1040. PERDICE, *PERDI-CIUM.*   *Récept.* nu. *Sem.* à aigrette à poils. *Demi-fleurons* à trois divisions peu profondes : l'extérieure plus grande, à trois lobes.

* III. *Radiées.*

1042. PAQUERETTE, *BEL-LIS.*   *Récept.* nu. *Sem.* sans aigrette. *Cal.* simple, à écailles égales.

1049. MATRICAIRE, *MA-TRICARIA.*   *Récept.* nu. *Sem.* sans aigrette. *Cal.* à écailles aiguës, placées en recouvrement les unes sur les autres.

1048. CHRYSANTHÈME, *CHRYSANTHEMUM.*   *Récept.* nu. *Sem.* sans aigrette. *Cal.* à écailles intérieures sèches au sommet.

1039. DORONIC, *DORO-NICUM.*   *Récept.* nu. *Sem.* à aigrette à poils. *Fleurons* du rayon sans aigrette.

1038. ARNIQUE, *ARNICA.*   *Récept.* nu. *Sem.* à aigrette à poils. *Étamines* du rayon sans anthères.

1037. INULE, *INULA.* — *Récept.* nu. *Sem.* à aigrette à poils. *Anthères* terminées à la base par deux soies.

1031. VERGERETTE, *ERIGERON.* — *Récept.* nu. *Sem.* à aigrette à poils. *Demi-fleurons* du rayon capillaires.

1035. VERGE-D'OR, *SOLIDAGO.* — *Récept.* nu. *Sem.* à aigrette à poils. *Demi-fleurons* du rayon à peu près au nombre de six, écartés.

1036. CINÉRAIRE, *CINERARIA.* — *Récept.* nu. *Sem.* à aigrette à poils. *Cal.* simple, égal.

1033. SENEÇON, *SENECIO.* — *Récept.* nu. *Sem.* à aigrette à poils. *Cal.* à écailles noirâtres et desséchées au sommet.

1032. TUSSILAGE, *TUSSILAGO.* — *Récept.* nu. *Sem.* à aigrette à poils. *Cal.* à écailles presque membraneuses.

1034. ASTER, *ASTER.* — *Récept.* nu. *Sem.* à aigrette à poils. *Cal.* à écailles assez rudes.

1043. BELLIE, *BELLIUM.* — *Récept.* nu. *Sem.* à aigrette à huit arêtes et à huit feuillets. *Cal.* simple.

1044. TAGÈTE, *TAGETES.* — *Récept.* nu. *Sem.* à aigrette à arête. *Cal.* d'un seul feuillet. *Demi-fleurons* du rayon au nombre de cinq.

1041. HÉLÉNIE, *HELENIUM.* — *Récept.* à moitié nu. *Sem.* à aigrette à cinq arêtes. *Cal.* à plusieurs segmens profonds. *Demi-fleurons* du rayon à trois divisions peu profondes.

1047. PECTIS, *PECTIS.* — *Récept.* nu. *Sem.* à aigrette à arête. *Cal.* à cinq feuillets. *Demi-fleurons* du rayon au nombre de cinq.

1045. LEYSÈRE, *LEYSERA.* — *Récept.* à moitié garni de paillettes. *Sem.* à aigrette en plume. *Cal.* à écailles sèches et roides.

1057. SIÉGESBECHE, *SIE-OESBECKIA.* *Récept.* garni de paillettes. *Sem.* sans aigrette. *Demi-fleurons* du rayon d'un seul côté.

1056. ÉCLIPTE, *ECLIPTA.* *Récept.* garni de paillettes. *Sem.* sans aigrette. *Fleurons* du disque à quatre divisions peu profondes.

1052. CAMOMILLE, *AN-THEMIS.* *Récept.* garni de paillettes. *Sem.* sans aigrette. *Cal.* hémisphérique.

1053. ACHILLÉE, *ACHIL-LEA.* *Récept.* garni de paillettes. *Sem.* sans aigrette. *Demi-fleurons* du rayon au nombre de cinq. *Cal.* oblong.

1059. BUPHTHALME, *BUPHTHALMUM.* *Récept.* garni de paillettes. *Sem.* à aigrette à bordure. *Stigmate* des fleurons hermaphrodites simple.

1055. AMELLE, *AMELLUS.* *Récept.* garni de paillettes. *Sem.* à aigrette à poils. *Cal.* à écailles placées en recouvrement les unes sur les autres.

1054. TRIDAX, *TRIDAX.* *Récept.* garni de paillettes. *Sem.* à aigrette à poils. *Demi-fleurons* du rayon à trois divisions.

1058. VERBÉSINE, *VERBE-SINA.* *Récept.* garni de paillettes. *Sem.* à aigrette à arête. *Demi-fleurons* du rayon à peu près au nombre de cinq.

1046. ZINNE, *ZINNIA.* *Récept.* garni de paillettes. *Sem.* à aigrette à arête. *Demi-fleurons* du rayon au nombre de cinq, persistans. *Cal.* à écailles placées en recouvrement les unes sur les autres.

† *Tetragonotheca*, Voyez *Polymnia*.

III. POLYGAMIE FRUSTRANÉE.

1064. GORTÈRE, *GORTE-RIA.* *Récept.* presque nu. *Sem.* à aigrette à poils. *Fleurons* du rayon en languette.

1066. CENTAURÉE , CEN-
TAUREA.
Récept. garni de soies. Sem. à ai-grette à poils. Fleurons du rayon tubulés, irréguliers.

1065. ZOÉGÉE , ZOEGEA.
Récept. garni de soies. Sem. à ai-grette soyeuse. Fleurons du rayon en languette.

1061. RUDBECKE , RUD-
BECKIA.
Récept. garni de paillettes. Sem. à aigrette à bordure. Cal. formé par deux rangs d'écailles.

1062. CORÉOPSE, COREOP-
SIS.
Récept. garni de paillettes. Sem. à aigrette à arête. Cal. à écailles inférieures séparées, imitant un calice accessoire.

1060. HÉLIANTHE , HE-
LIANTHUS.
Récept. garni de paillettes. Sem. à aigrette à arête. Cal. à écailles sèches et roides.

1063. OSMITE , OSMITES.
Récept. garni de paillettes. Sem. à aigrette irrégulière. Cal. à écailles placées en recouvre-ment les unes sur les autres.

IV. POLYGAMIE NÉCESSAIRE.

1079. COTONNIÈRE , FI-
LAGO.
Récept. nu. Sem. sans aigrette. Fleurons femelles entre les écailles du calice.

1080. MICROPE , MICRO-
PUS.
Récept. nu. Sem. sans aigrette. Fleurons femelles enveloppés par les écailles du calice.

1067. MILLÈRE , MILLE-
RIA.
Récept. nu. Sem. sans aigrette. Fleurons femelles le plus sou-vent solitaires.

1068. BALTIMORE, BALTI-
MORA.
Récept. nu. Sem. sans aigrette. Cal. cylindrique. Fleurons du rayon au nombre de cinq.

1076. OTHONNE , OTHON-
NA.
Récept. nu. Sem. à aigrette à poils. Cal. d'un seul feuillet.

1077. HIPPIE , HIPPIA.
Récept. nu. Sem. sans aigrette, lisses, comprimées, à bor-dure. Fleurons du rayon irré-guliers.

1075. OSTÉOSPERME, Os- Récept. nu. Sem. sans aigrette,
TEOSPERMUM. globuleuses, osseuses.

1073. SOUCI, CALENDULA. Récept. nu. Sem. sans aigrette,
membraneuses.

1074. ARCTOTIDE, ARC- Récept. le plus souvent garni de
TOTIS. poils. Sem. à aigrette à cinq
feuillets, duvetées.

1078. ÉRIOCÉPHALE, ERIO- Récept. garni de poils. Sem. sans
CEPHALUS. aigrette. Fleurons du rayon
au nombre de cinq.

1070. POLYMNIE, POLYM- Récept. garni de paillettes. Sem.
NIA. sans aigrette. Cal. à cinq
feuillets.

1072. MÉLAMPODE, ME- Récept. garni de paillettes. Sem. à
LAMPODIUM. aigrette en forme de vulve
couronnée par une écaille en
cœur. Cal. à cinq feuillets.

1069. SILPHE, SILPHIUM. Récept. garni de paillettes. Sem. à
aigrette à deux arêtes. Cal.
à écailles sèches et roides.

1071. CHRYSOGONE, Récept. garni de paillettes. Sem. à
CHRYSOGONUM. aigrette à trois arêtes, enveloppées par de petits calices
propres.

V. POLYGAMIE SÉPARÉE.

1086. STÉBÉE, STOEBE. Périanthe à une fleur. Sem. à aigrette en plume. Polygamie
égale.

1082. OEDÈRE, OEDERA. Périanthe propre à fleurons tubulés et en languette. Sem. à
aigrette à paillette. Récept.
garni de paillettes.

1084. BOULETTE, ECHI- Périanthe à une fleur. Sem. à
NOPS. aigrette duvetée. Polygamie
égale.

1081. ÉLÉPHANTOPE, ELE- Périanthe à quatre fleurs. Sem.
PHANTOPUS. à aigrette soyeuse. Polygamie
égale.

1085. GUNDELE, *GUNDE-LIA.* Périanthe à cinq fleurs. *Sem.* sans aigrette. *Polygamie* frustranée.

1086. SPHÉRANTHE, *SPHÆRANTHUS.* Périanthe à plusieurs fleurs. *Sem.* sans aigrette. *Polygamie* nécessaire.

VI. MONOGAMIE.

1088. STRUMPFE, *STRUMP-FIA.* Cal. à cinq dents. Cor. régulière à cinq pétales. *Baie* inférieure, à une semence.

1087. ARMOSELLE, *SERI-PHIUM.* Cal. à feuillets placés en recouvrement les uns sur les autres. Cor. régulière, à un seul pétale. Une *Semence* oblongue.

1089. CORYMBIOLE, *Co-RYMBIUM.* Cal. à deux feuillets. Cor. régulière, à un seul pétale. Une *Semence* laineuse.

1090. JASIONE, *JASIONE.* Cal. commun. Cor. régulière à cinq pétales. *Caps.* inférieure, à deux loges.

1091. LOBÉLIE, *LOBELIA.* Cal. à cinq dents. Cor. irrégulière, à un seul pétale. *Caps.* inférieure, à deux loges.

1092. VIOLETTE, *VIOLA.* Cal. à cinq feuillets. Cor. irrégulière, à cinq pétales. *Caps.* supérieure, à trois battans.

1093. BALSAMINE, *IMPA-TIENS.* Cal. à deux feuillets. Cor. irrégulière, à cinq pétales. *Caps.* supérieure, à cinq battans.

COMPOSÉES de Tournefort, Rivin, Ray, Hermann, etc.

Caractère naturel du Fleuron.

CALICE : Couronne de la semence assise au sommet de l'ovaire.

COROLLE : Monopétale, dont le *Tube* très-étroit, long, est assis sur l'ovaire. La corolle est :

    a. **TUBULÉE :** dont le *Limbe* en cloche présente cinq *divisions* peu profondes, renversées, ouvertes.

    b. **EN LANGUETTE :** dont le *Limbe* est linéaire, plane, tourné en dehors, entier au sommet, à trois ou cinq dents, tronqué.

    c. **NULLE :** sans *Limbe*, et le plus souvent sans *Tube*.

ÉTAMINES : Cinq *Filamens*, capillaires, très-courts, insérés sur le cou de la corolle. Cinq *Anthères* linéaires, droites, réunies par les côtés et formant une gaîne cylindrique, tubulée, à cinq dents, de la longueur du limbe.

PISTIL : *Ovaire* oblong, inférieur, placé sous la corollule, reposant sur le réceptacle commun. *Style* filiforme, droit, de la longueur des étamines, perçant la gaîne cylindrique des anthères. *Stigmate* divisé profondément en deux parties roulées en dehors, ouvertes.

PÉRICARPE : Aucun de réel, quoique dans quelques genres on trouve une *Croûte* coriace, comme dans l'*Osteosperme*, *Strumphie*.

SEMENCE : Une seule, oblongue, souvent à quatre côtés, le plus souvent rétrécie à la base :

    a. *Couronnée par une aigrette*, composée de plusieurs *rayons* disposés en rond, *simples* ou *ramifiés*, et portée elle-même sur un pied, ou assise.

    ——*par un Périanthe*, petit, souvent à cinq dents, persistant.

    b. Sans *Couronne*.

OBSERVATION.

Le Sexe varie, et constitue les espèces suivantes de Fleurons.

Fleuron Tubulé Hermaphrodite, *lorsqu'il renferme les Etamines et les Pistils.*

    ——　　——　Mâle, *lorsqu'il renferme les Etamines, sans Pistils.*

    ——　　——　Femelle, *lorsqu'il renferme le Pistil sans Étamines.*

    ——　　——　Neutre, *lorsqu'il ne renferme ni Étamines, ni Style, ni Stigmate.*

    —— *En Languette*, Hermaphrodite, Mâle, Femelle, Neutre, *lorsqu'ils sont composés comme les précédens.*

Caractère

Caractère du Fleuron.

La Fleur FLOSCULEUSE est *Composée* de plusieurs fleurons.

Le *Réceptacle commun de la fructification* réunit plusieurs fleurons assis.

Le *Disque* est concave, aplati, convexe, en pyramide ou en globe.

—— à surface *nue*, inégalement parsemée de très-petits points.

—— à surface *velue*, couverte de poils droits.

—— à surface *garnie de Paillettes*, linéaires, en alêne, comprimées, droites, qui séparent les fleurons.

Le CALICE Commun, est formé par un *Périanthe* renfermant le Réceptacle et les Fleurons, se resserrant après la floraison, se renversant à la maturité du fruit. Il est :

1.° *Simple*, lorsqu'il n'entoure les fleurons que par un seul rang, ou une seule fois.

2.° *En recouvrement* : lorsque de nombreuses écailles extérieures graduellement plus courtes, sont placées en recouvrement sur les intérieures, comme les tuiles ou les ardoises d'un toit.

3.° *Augmenté*, lorsqu'un simple rang de feuillets égaux, plus longs, entoure les fleurons, et qu'un autre très-petit environne seulement la base du calice intérieur qui est plus grand.

Les différentes espèces de FLEURS COMPOSÉES se présentent dans l'ordre suivant :

1.° Fleurons tubulés hermaphrodites dans le disque; tubulés hermaphrodites au rayon.

2.° Fleurons tubulés hermaphrodites dans le disque; tubulés femelles au rayon.

3.° Fleurons tubulés hermaphrodites dans le disque ; tubulés hermaphrodites au rayon.

4.° Fleurons tubulés hermaphrodites dans le disque ; en languettes, hermaphrodites au rayon.

5.° Fleurons tubulés hermaphrodites dans le disque; en languettes, femelles au rayon.

6.° Fleurons tubulés hermaphrodites dans le disque ; en languettes, neutres au rayon.

7.° Fleurons tubulés hermaphrodites dans le disque ; nus, femelles au rayon.

8.° Fleurons tubulés mâles dans le disque; nus, femelles au rayon.

9.° Fleurons en languettes hermaphrodites dans le disque; en languettes hermaphrodites au rayon.

Les Ordres que nous avons admis dans le Système sexuel sont :

a. **Polygamie égale** : espèces de Fleurs composées, 9, 1, 4.

b. **Polygamie superflue** : espèces 2, 5, 7.

c. **Polygamie frustranée** : espèces 3, 6.

d. **Polygamie nécessaire** : espèce 8.

e. **Polygamie séparée**, renfermant *plusieurs calices partiels ou propres dans un calice commun.*

f. **Monogamie**, *simple, non composée de fleurons.*

J'ai donné l'explication de ces différens ordres dans le Système de la Nature.

OBSERVATION.

Cette classe seroit naturelle, si elle ne présentoit dans le dernier ordre, les *Jasione, Lobélie, Violette*, que j'ai été forcé d'y placer, d'après les principes du Système sexuel.

L'essence de la fleur flosculeuse *consiste dans les Anthères*, qui forment par leur réunion une gaine cylindrique, tubulée, et dans la *Semence* placée au-dessous du réceptacle du fleuron, mais la *Kuhnia* seule a les anthères séparées.

Le Calice commun *manque dans l'Echinops, mais il existe dans la Scabiosa, etc.*

Le Réceptacle commun *manque dans la Milleria, mais il existe dans le Dipsacus.*

C'est pourquoi l'essence du fleuron se prend en vain du calice et du réceptacle ; et c'est à tort qu'on rapporte aux Fleurs composées les Scabiosa, Dipsacus, Gomphrena, etc.

Il est à remarquer que Plumier *n'a établi aucun genre de Fleurs composées.*

Tournefort *a cherché dans les Fleurs composées les genres principalement naturels, quoiqu'il fût privé des observations des modernes.*

Vaillant *est de tous les Botanistes, celui qui a fait le plus d'observations sur les Fleurs composées.*

SYNGÉNÉSIE.

I. POLYGAMIE ÉGALE.

983. GÉROPOGONE, *GEROPOGON*. Lam. Tab. Encyclop. pl. 646.

CAL. *Commun* simple, formé de plusieurs *feuillets*, lancéolés, en alêne, carénés, droits, plus longs que la corolle.

COR. *Composée*, comme en recouvrement, uniforme : *Corollules hermaphrodites* : les extérieures en nombre égal à celui des feuillets du calice : les intérieures en petit nombre, plus courtes.

—— *Propre*, monopétale, en languette, tronquée, à cinq dents.

ÉTAM. Cinq *Filamens*, très-courts. *Anthères* formant une gaine cylindrique, tubulée.

PIST. *Ovaire* oblong. *Style* filiforme, de la longueur des étamines. Deux *Stigmates*, recourbés, filiformes.

PÉR. Nul. Le *Calice* oblong, droit, ouvert, renferme les semences.

SEM. du *Rayon*, en alêne, de la longueur du calice. *Aigrette* à cinq arêtes étalées.

—— du *Disque*, en alêne, plus courtes. *Aigrette* plumeuse.

RÉC. Garni de paillettes soyeuses.

Réceptacle garni de paillettes soyeuses. *Calice* simple. *Aigrette* des semences du disque, plumeuse : celles des semences du rayon formées de cinq arêtes.

1. GÉROPOGONE lisse, *G. glabrum*, L. à feuilles lisses.
Jacq. Hort. tab. 33.
En Italie. ⊙

2. GÉROPOGONE hérissée, *G. hirsutum*, L. à feuilles velues.
Tragopogon gramineis foliis hirsutis ; Salsifis à feuilles graminées, hérissées. *Bauh. Pin.* 275, n.° 3. Column. Ecphras. 1, pag. 232 et 231.
En Italie, à Naples. ⊙

3. GÉROPOGONE calyculée, *G. calyculatum*, L. à calices dont les écailles inférieures séparées, imitent un calice accessoire.
Jacq. Hort. tab. 106.
En Italie. ⊙

984. SALSIFIS, *TRAGOPOGON*. * Tournef. Inst. 477, tab. 270. Lam. Tab. Encyclop. pl. 646. TRAGOPOGONOÏDES. Vaill. Mém. de l'Acad. année 1721, pag. 204, pl. 7 et 8, fig. 43, 13 et 14.

CAL. *Commun* simple, formé de huit *feuillets*, lancéolés, égaux : les alternes intérieurs, tous réunis à la base.

COR. *Composée*, en recouvrement, uniforme : plusieurs *Corollules hermaphrodites* : les extérieures un peu plus longues.

—— *Propre* monopétale, en languette, tronquée, à cinq dents.

ÉTAM. Cinq *Filamens*, capillaires, très-courts. *Anthères* formant une gaine cylindrique, tubulée.

PIST. *Ovaire* oblong. *Style* filiforme, de la longueur des étamines. Deux *Stigmates*, roulés.

PÉR. Nul. Le *Calice* dont les segmens sont réunis, aigus, de la longueur des semences, un peu ventrus, renferme les semences.

SEM. Solitaires, oblongues, amincies aux deux extrémités, anguleuses, rudes, portées sur un pied en alêne, long, terminées par une *Aigrette* plumeuse, plane, composée d'environ trente rayons.

RÉC. Nu, plane, rude.

OBS. Tragopogon, *Vaillant* : *Semences droites* ; *Calice plus long que la corolle.*

   Tragoponoïdes, *Vaillant* : *Semences recourbées* ; *Calice plus court que la corolle.*

Réceptacle nu. *Calice* simple. *Aigrette* des semences plumeuse.

* I. SALSIFIS à tige.

1. SALSIFIS des prés, *T. pratense*, L. à calices de la longueur du rayon de la corolle ; à feuilles entières, perpendiculaires.

   Tragopogon pratense luteum, majus ; Salsifis des prés à fleur jaune, plus grand. *Bauh. Pin.* 274, n.° 1. *Matth.* 410, fig. 1. *Dod. Pempt.* 256, fig. 1 et 2. *Lob. Ic.* 1, pag. 550, f. 1 et 2. *Lugd. Hist.* 1078, f. 1. *Camer. Epit.* 313. *Bauh. Hist.* 2, pag. 1059, fig. 1 et 2. *Loes. Pruss.* 270, n.° 83. *Bul. Paris.* tab. 463. *Icon. Pl. Medic.* tab 179.

   1. *Barba hirci* ; Barbe de bouc, Salsifis des prés. 2. Racine. 3. Laiteuse, un peu amère, douce. 4. Extrait aqueux et spiritueux, doux. 5. Ardeur d'urine, tenesme, dyssenterie, toux, asthme, hypocondrie, empâtemens chauds de l'abdomen, strangurie, petite vérole, ulcères. 6. Cette plante est un bon fourrage ; les jeunes pousses en salade, et cuites comme les épinards, fournissent un aliment agréable et sain.

   Nutritive pour le Cheval, le Bœuf, le Mouton.

   En Europe, dans les prés. ♂ Vernale.

2. SALSIFIS Oriental, *T. Orientale*, L. à calices plus courts que le rayon de la corolle ; à feuilles entières, un peu ondulées.

   En Orient.

3. SALSIFIS commun, *T. porrifolium*, L. à calices plus longs que le rayon de la corolle ; à feuilles entières, perpendiculaires : à pédoncules renflés au sommet ou sous la fleur.

> *Tragopogon purpuro-cœruleum, Porri folio, quod Artifi vulgo* ; Salsifis à fleur pourpre-bleue, à feuille de Porreau, vulgairement nommé Artif. *Bauh. Pin.* 274, n.° 1. *Matth.* 410, fig. 2. *Lugd. Hist.* 1079, fig. 1.

Cette espèce présente une variété.

> *Tragopogon folio oblongo, sinuato* ; Salsifis à feuille oblongue, sinuée. *Bauh. Pin.* 274, n.° 2.

> *A Montpellier, Grenoble, Paris.* ♂ Estivale.

4. SALSIFIS à feuilles de safran, *T. crocifolium*, L. à calices plus longs que le rayon de la corolle ; à feuilles entières : les radicales et les pédoncules velus à la base.

> *Tragopogon purpuro-cœruleum, Crocifolium* ; Salsifis à fleur pourpre-bleue, à feuilles de Safran. *Bauh. Pin.* 275, n." 2. *Column. Ecphras.* 1, pag. 229 et 230. *Barrel.* tab. 812.

> *A Montpellier, en Provence, en Dauphiné.* ♂

5. SALSIFIS velu, *T. villosum*, L. à calices une fois plus longs que le rayon de la corolle ; à tige et feuilles velues.

> *En Espagne, en Sibérie.* ♂

6. SALSIFIS de Daléchamps, *T. Dalechampii*, L. à calices d'un seul feuillet, plus courtes que la corolle, sans piquans ; à feuilles rongées.

> *Hieracium asperum, flore magno Dentis-leonis* ; Épervière rude, à grande fleur de Dent-de-lion. *Bauh. Pin.* 127, n.° 11. *Lob. Ic.* 1, pag. 238, fig. 2. *Lugd. Hist.* 569, f. 1. *Bauh. Hist.* 2, pag. 1036, fig. 1. *Barrel.* tab. 209.

> *A Montpellier, en Dauphiné.* ♃ Vernale.

7. SALSIFIS picroïde, *T. picroïdes*, L. à calices d'un seul feuillet, plus courts que la corolle, garnis de piquans ; à feuilles rongées, dentelées.

> *Sonchus asper laciniatus, Creticus* ; Laitron rude à feuilles laciniées, de Crète. *Bauh. Pin.* 124, n.° 4. *Prodr.* 60, n.° 1, fig. 1.

> *Hieracium majus, foliis Sonchi, semine curvo* ; Épervière plus grande, à feuilles de Laitron, à semence recourbée. *Bauh. Pin.* 127, n.° 3. *Bauh. Hist.* 2, pag. 1022, f. 2.

> *A Montpellier, en Provence, en Dauphiné.* ☉

8. SALSIFIS rude, *T. asperum*, L. à calices plus courts que la coro , hérissés ; à feuilles entières : celles de la tige oblongues.

Dd 3

Sonchus asper, subrotundo folio, major et minor ; Laitron rude, à feuille arrondie, plus grand et plus petit. Bauh. Pin. 124, n.º 5 et 6.

A Montpellier.

* II. SALSIFIS sans tige ; à hampes partant de la racine.

9. SALSIFIS Dandélion, *T. Dandelion*, L. à feuilles en lame d'épée, entières, lisses ; à hampes partant de la racine.

En Virginie.

10. SALSIFIS laineux, *T. lanatum*, L. à feuilles en lame d'épée, ondulées, velues ; à hampes partant de la racine.

En Orient, dans la Palestine.

11. SALSIFIS de Virginie, *T. Virginicum*, L. à feuilles radicales lyrées, arrondies : celles de la tige entières ou sans divisions.

Au Canada, en Virginie.

985. SCORSONÈRE, *SCORZONERA*. * *Tournef. Inst.* 476 ; tab. 269. *Vaill. Mém. de l'Acad.* 1721, pag. 207, tab. 7 et 8, fig. 53, 13 et 14. *Lam. Tab. Encyclop.* pl. 647. SCORZONEROÏDES. *Vaill. Mém. de l'Acad.* 1721, pag. 209.

CAL. *Commun*, long, comme cylindrique, formé environ de quinze *écailles* dont les bords sont secs et roides, placées en recouvrement les unes sur les autres.

COR. *Composée*, en recouvrement, uniforme : plusieurs *Corollules hermaphrodites* : les extérieures plus longues.

—— *Propre* monopétale, en languette, linéaire, tronquée, à cinq dents.

ÉTAM. Cinq *Filamens*, capillaires, très-courts. *Anthères* formant une gaîne cylindrique, tubulée.

PIST. *Ovaire* oblong. *Style* filiforme, de la longueur des étamines. Deux *Stigmates*, renversés.

PÉR. Nul. Le *Calice* ovale, oblong, dont les écailles sont rapprochées, renferme les semences.

SEM. Solitaires, oblongues, comme cylindriques, striées, moitié plus courtes que le calice. *Aigrette* plumeuse.

RÉC. Nu.

OBS. Scorzonera *Vaillant : Feuilles entières.*

Scorzoneroïdes *Vaillant : Feuilles divisées et lacinées.*

S. picroïdes, L. *Aigrette à poil.*

Réceptacle nu. *Aigrette* des semences, plumeuse. *Calice* formé par des écailles, placées en recouvrement les unes sur les autres, environnées d'une membrane sèche et roide sur les bords.

1. SCORSONÈRE cotonneuse, *S. tomentosa*, L. à feuilles ovales, nerveuses, cotonneuses, très-entières, assises ou sans pétioles.

En Orient.

2. SCORSONÈRE naine, *S. humilis*, L. à tige presque nue, ne portant qu'une seule fleur ; à feuilles planes, lancéolées, nerveuses.

> *Scorzonera, latifolia, humilis, nervosa ;* Scorsonère naine, à feuilles larges, nerveuses. *Bauh. Pin.* 275, n.º 4. *Clus. Hist.* 2, pag. 138, fig. 2. *Bauh. Hist.* 2, pag. 1061, fig. 1. *Bellec.* tab. 112. *Jacq. Aust.* tab. 36. *Icon. Pl. Medic.* tab. 296.

> 1. *Scorzonera ;* Scorsonère, Salsifis des marais. 2. Racine. 3. Un peu amère. 4. Extraits aqueux et spiritueux, doux. 5. Affection hypocondriaque. 6. *Vicat* annonce que la racine rôtie et moulue, fournit une décoction semblable à celle du Café, avec la même odeur, à peu près.

Nutritive pour le Cheval, le Bœuf, le Mouton, la Chèvre.

A Montpellier, en Provence, au Mont-Pilat. ☉

3. SCORSONÈRE d'Espagne, *S. Hispanica*, L. à tige rameuse ; à feuilles entières, dentelées, embrassantes.

> *Scorzonera latifolia sinuata ;* Scorsonère à larges feuilles sinuées. *Bauh. Pin.* 275, n.º 1. *Dod. Pempt.* 257, f. 1. *Lob. Ic.* 1, pag. 551, fig. 1. *Clus. Hist.* 2, p. 137, fig. 1. *Lugd. Hist.* 1207, f. 1. *Camer. Epit.* 314. *Bauh. Hist.* 2, p. 1060, fig. 3. *Icon. Pl. Medic.* tab. 405.

A Montpellier, en Provence. ♃ Vernale.

4. SCORSONÈRE à feuilles de gramen, *S. graminifolia*, L. à feuilles linéaires, en lame d'épée, entières, en carène.

> *Buxb. Cent.* 2, pag. 26, tab. 21.

> En Portugal, en Sibérie.

5. SCORSONÈRE pourpre, *S. purpurea*, L. à feuilles linéaires, en alène, entières, creusées en gouttière, à trois faces ; à pédoncules cylindriques.

> *Scorzonera angustifolia, subcærulea ;* Scorsonère à feuilles étroites, à fleur bleuâtre. *Bauh. Pin.* 275, n.º 3. *Clus. Hist.* 2, pag. 139, fig. 1. *Bauh. Hist.* 2, pag. 1062, f. 1. *Jacq. Aust.* tab. 35. *Scopol. Carniol.* ed. 2, n.º 949, tab. 46.

> En Autriche, en Sibérie.

6. SCORSONÈRE à feuilles étroites, *S. angustifolia*, L. à feuilles en alène, entières ; à pédoncule renflé au sommet ou sous la fleur ; à tige velue à la base.

D d 4

Scorzonera angustifolia, *prima ;* Scorsonère à feuilles étroites, première. *Bauh. Pin.* 275, n.º 1. *Clus. Hist.* 2, pag. 138, fig. 3. *Bauh. Hist.* 2, pag. 1061, fig. 2. *Barrel.* tab. 496.

'A Montpellier, *en Provence*, *à Paris.* ♅ Vernale.

7. SCORSONÈRE hérissée, *S. hirsuta*, L. à feuilles linéaires, hérissées ; à tige portant une seule fleur, hérissée.

Tragopogon hirsutum ; Salsifis à feuilles hérissées. *Bauh. Pin.* 274, n.º.7. *Column. Ecphras.* 1, pag. 234 et 233. *Gar. Aix.* 469, tab. 106.

En Provence, *à Naples.* ♂

8. SCORSONÈRE à feuilles de réséda, *S. resedifolia*, L. à feuilles à dents de scie obtuses ; à tige rameuse ; à rameaux étalés ; à calices cotonneux au sommet.

Boccon. Sicul. 13, tab. 7. f. A. *Bellev.* tab. 109. *Barrel.* tab. 800.

A Montpellier, *à Paris.* ♃ Estivale.

9. SCORSONÈRE laciniée, *S. laciniata*, L. à feuilles linéaires, dentées, aiguës ; à tige droite ; à écailles du calice ouvertes, armées d'une dent au-dessous du sommet.

Tragopogon laciniatum, *luteum ;* Salsifis à feuille laciniée, à fleur jaune. *Bauh. Pin.* 274, n.º 4. *Bauh. Hist.* 2, p. 1059 et 1060, fig. 1. *Barrel.* tab. 799. *Jacq. Aust.* 356. *Bul. Paris.* tab. 464.

'A Montpellier, *en Provence*, *à Lyon.* ♃ Vernale.

10. SCORSONÈRE Orientale, *S. Orientalis*, L. à feuilles sinuées, dentelées, aiguës ; à tige ne portant le plus souvent qu'une seule fleur.

En Orient.

11. SCORZONÈRE de Mauritanie, *S. Tingitana*, L. toutes les feuilles rongées, embrassantes.

Herm. Lugd. 657 et 659.

En Mauritanie.

12. SCORSONÈRE picroïde, *S. picroïdes*, L. à feuilles supérieures embrassantes, très-entières : les inférieures rongées ; à pédoncules écailleux.

Sonchus lævis, *angustifolius ;* Laitron lisse, à feuilles étroites. *Bauh. Pin.* 124, n.º 5. *Lugd. Hist.* 562, fig. 3.

'A Montpellier, *en Provence*, *à Lyon.*

986. PICRIDE, *PICRIS.* * *Lam. Tab. Encyclop.* pl. 648. HELMINTHOTHECA. *Vaill. Mém. de l'Acad.* 1721, pag. 205, tab. 7 et 8, fig. 51 ou 48, 25 ou 26.

CAL. *Commun* double : *l'extérieur* très-grand, formé de cinq *feuillets*, en cœur, planes, lâches, réunis : *l'intérieur* en recouvrement, ovale.

COR. *Composée*, en recouvrement, uniforme : *Corollules herma-phrodites* nombreuses.

—— *Propre* monopétale, en languette, linéaire, tronquée, à cinq dents.

ÉTAM. Cinq *Filamens*, capillaires, très-courts. *Anthères* formant une gaine cylindrique, tubulée.

PIST. *Ovaire* comme ovale. *Style* de la longueur des étamines. Deux *Stigmates*, renversés.

PÉR. Nul. Le *Calice* qui ne change point, renferme les se-mences.

SEM. Solitaires, ventrues, sillonnées tranversalement, obtuses. *Aigrette* plumeuse.

RÉC. Nu.

Réceptacle nu. *Calice* composé d'écailles dont les infé-rieures séparées, très-courtes, imitent un calice acces-soire ou forment comme un second calice qui entoure la base du premier. *Aigrette* des semences plumeuse. *Semences* tranversalement sillonnées.

ɪ. PICRIDE vipérine, *P. echioïdes*, L. à calices extérieurs plus grands que l'intérieur, et composés de cinq feuillets ovales, piquans et presque épineux.

> *Hieracium echioïdes capitulis Cardui benedicti ;* Épervière à têtes de Chardon bénit. *Bauh. Pin.* 128, n.º ɪ. *Lob. Ic.* ɪ, pag. 577, fig. 2. *Bauh. Hist.* 2, pag. 1029, fig. ɪ.

> Cette espèce présente une variété décrite et gravée dans *Her-mann Parad.* pag. et tab. 185.

> *A Montpellier*, *Lyon*, *Paris*. ☉ Vernale.

2. PICRIDE épervière, *P. hieracioïdes*, L. à feuilles entières ; à péduncules ornés d'écailles qui remontent jusqu'au calice dont les feuillets sont lâches.

> *Cichorium pratense luteum, hirsutie asperum, vel Hieracium hirsutum, foliis caulem ambientibus ;* Chicorée des prés à fleur jaune, très-hérissée, ou Épervière hérissée, à feuilles entourant la tige. *Bauh. Pin.* 126, n.º ɪ. *Bauh. Hist.* 2, pag. 1029, fig. 2.

> *A Montpellier*, *Lyon*, *Paris*. ♃ Vernale.

3. PICRIDE doradille, *P. asplenioïdes*, L. à feuilles pinnatifides ; à lobes alternes arrondis.

> *En Égypte.*

987. LAITRON, *SONCHUS*. * *Tournef. Inst.* 474, tab. 268. *Vaill. Mém. de l'Acad.* 1721, pag. 196, tab. 7, f. 22. *Lam. Tab. Encyclop.* pl. 649. CREPIS. *Vaill. Mem. de l'Acad.* 1721, pag. 195, tab. 7 et 8, fig. 55 et 23.

CAL. *Commun* ventru; formé de plusieurs *écailles*, linéaires, inégales, placées en recouvrement les unes sur les autres.

COR. *Composée*, en recouvrement, uniforme : *Corollules hermaphrodites*, nombreuses, égales.

—— *Propre* monopétale, en languette, linéaire, tronquée, à cinq
dents.

ÉTAM. Cinq *Filamens*, capillaires, très-courts. *Anthères* formant
une gaîne cylindrique, tubulée.

PIST. *Ovaire* comme ovale. *Style* filiforme, de la longueur des
étamines. Deux *Stigmates*, renversés.

PÉR. Nul. Le *Calice* dont les écailles sont rapprochées en globe,
déprimées, pointues, renferme les semences.

SÉM. Solitaires, un peu alongées. *Aigrette* à poils.

RÉC. Nu.

OBS. *Dans le S. Plumieri L., l'Aigrette est portée sur un pied.*

Réceptacle nu. *Calice* ventru, composé d'écailles dont les
inférieures séparées, très-courtes, imitent un calice accessoire ou forment comme un second calice qui entoure la base du premier. *Aigrette* des semences formée
par des poils.

1. LAITRON maritime, *S. maritimus*, L. à péduncule nu; à
feuilles lancéolées, embrassantes, entières ou sans divisions,
finement dentées.

Sonchus angustifolius, maritimus; Laitron à feuilles étroites, maritime. 124, n.º 6. *Pluk.* tab. 62, fig. 5.

A Montpellier, en Dauphiné.

2. LAITRON des marais, *S. palustris*, L. à péduncules et calices
hérissés de poils glanduleux, comme en ombelles; à feuilles pinnatifides, en fer de flèche à la base, et formant deux oreillettes
pointues.

Sonchus asper arborescens; Laitron rude en arbre. *Bauh.*
Pin. 124, n.º 7. *Clus. Hist.* 2, p. 147, f. 3.

En Provence, à Lyon, Paris. ♃ Estivale.

3. LAITRON des champs, *S. arvensis*, L. à péduncules et calices
hérissés, comme en ombelles; à feuilles pinnatifides, embrassant la tige par des oreillettes arrondies.

Hieracium majus folio Sonchi, vel Hieracium Sonchites :
Épervière plus grande à feuilles de Laitron, ou Épervière
Sonchite. *Bauh. Pin.* 126, n.º 1. *Fusch. Hist.* 319. *Matth.* 560,
f. 1. *Dod. Pempt.* 639, f. 1. *Lob. Ic.* 1, p. 237, f. 1. *Lugd.*
Hist. 569, fig. 2. *Camer. Epit.* 524. *Bauh. Hist.* 2, p. 1017
et 1018, fig. 1. *Bellev.* tab. 115. *Bul. Paris.* tab. 467. *Flor.*
Dan. tab. 606.

Nutritive pour le Bœuf, la Chèvre.

En Europe, dans les terres cultivées. ♃ Estivale.

4. **LAITRON** des jardins, *S. oleraceus*, L. à péduncules cotonneux; à calices lisses.

Cette espèce présente deux variétés.

1.º Le Laitron à feuilles lisses, *S. lævis.*

Sonchus lævis, laciniatus, latifolius; Laitron à feuilles lisses;
laciniées, larges. *Bauh. Pin.* 124, n.º 1. *Fusch. Hist.* 675.
Matth. 385, fig. 1. *Dod. Pempt.* 643, f. 1. *Lob. Ic.* 1,
p. 235, f. 2. *Lugd. Hist.* 563, f. 2; et 572, f. 1 et 3.
Camer. Epit. 279. *Bauh. Hist.* 2, p. 1015 et 1016, f. 1.
Flor. Dan. tab. 682. *Bul. Paris.* tab. 468. *Icon. Pl. Médic.*
tab. 148.

Sonchus lævis minor, paucioribus laciniis; Laitron plus petit,
à feuilles lisses, moins laciniées. *Bauh. Pin.* 124, n.º 4.

2.º Le Laitron à feuilles rudes, *S. asper.*

Sonchus asper, laciniatus et non laciniatus; Laitron à feuilles
rudes, laciniées et non laciniées. *Bauh. Pin.* 124, n.º 2
et 3. *Fusch. Hist.* 674. *Matth.* 384, fig. 1. *Dod. Pempt.* 643,
f. 2. *Lob. Ic.* 1, p. 234, fig. 2. *Lugd. Hist.* 563, fig. 1;
571, f. 1 et 2; et 572, f. 2. *Bauh. Hist.* 2, p. 1016,
fig. 2. *Loes. Pruss.* 257, n.º 77 et 78; et 258, n.º 79.
Bul. Paris. tab. 469.

Les feuilles et les tiges du Laitron des jardins répandent un suc
blanc, un peu amer, auquel on attribue avec raison toutes
les propriétés des Chicoracées. On peut l'employer comme le
suc de Chicorée et de Dent-de-lion dans les maladies du
bas-ventre et de la peau. Dans le Nord, on mange en salade les jeunes *Laitrons;* on les fait cuire comme les Épinards. La chair des Lapins domestiques, long-temps nour-
ris avec le Laitron, acquiert un goût très-agréable.

A Montpellier, Lyon, Paris. ⊙ Estivale.

5. **LAITRON** très-tendre, *S. tenerrimus*, L. à péduncules cotonneux; à calices velus.

Sonchus lævis in plurissimas et tenuissimas lacinias divisus;
Laitron à feuilles lisses divisées en plusieurs lanières très-
menues. *Bauh. Pin.* 124, n.º 2. *Bauh. Hist.* 2, p. 1020,
fig. 1?

A Montpellier, en Provence, en Dauphiné. ⊙

6. **LAITRON** de Plumier, *S. Plumieri*, L. à péduncules nus;
à fleurs en panicules; à feuilles rongées, lisses.

Sur les Alpes du Dauphiné. ♃ Estivale.

7. **LAITRON** des Alpes, *S. Alpinus*, L. à pédoncules écailleux : à fleurs en grappes ; à feuilles pinnatifides, en fer de hallebarde ; le dernier segment impair, triangulaire, en cœur.

Sonchus lævis laciniatus, cæruleus, vel Sonchus Alpinus cæruleus ; Laitron à feuilles lisses, laciniées, à fleur bleue, ou Laitron des Alpes à fleur bleue. Bauh. Pin. 124, n.° 1. *Clus. Hist.* 2, pag. 147, fig. 1. *Camer. Epit.* 284. *Bauh. Hist.* 2, p. 1005 et 1006, f. 1. *Bellev. tab.* 118.

A Montpellier, sur les Alpes du Dauphiné. ♃ *Alp. Estivale.*

8. **LAITRON** de la Floride, *S. Floridanus*, L. à pédoncules garnis d'un petit nombre d'écailles ; à feuilles lyrées, en fer de hallebarde.

Au Canada, en Virginie.

9. **LAITRON** de Sibérie, *S. Sibiricus*, L. à pédoncules écailleux ; à feuilles lancéolées, entières, assises ou sans pétioles.

En Sibérie, dans la Suède Septentrionale, en Finlande. ♃

10. **LAITRON** de Tartarie, *S. Tataricus*, L. à pédoncules nus ; à feuilles lancéolées, dentées, rongées.

Gmel. Sibir. 2, p. 11, tab. 3.

En Tartarie, en Sibérie. ♃

11. **LAITRON** tubéreux, *S. tuberosus*, L. à pédoncules garnis d'un petit nombre d'écailles ; à feuilles rongées et entières, en fer de flèche, assises ou sans pétioles.

En Tartarie.

12. **LAITRON** du Canada, *S. Canadensis*, L. à pédoncules hérissés ; à feuilles rongées ; à fleurs en grappes.

Au Canada.

988. **LAITUE**, *LACTUCA.* * *Tournef. Inst.* 473, tab. 267. *Vaill. Mém. de l'Acad.* 1721, pag. 198, tab. 7, fig. 17. *Lam. Tab. Encyclop.* pl. 649.

CAL. *Commun* cylindrique, formé de plusieurs *écailles* pointues, membraneuses sur les bords, placées en recouvrement les unes sur les autres.

COR. *Composée* en recouvrement uniforme : plusieurs *Corollules hermaphrodites*, égales.

— *Propre* monopétale, en languette tronquée, à quatre ou cinq dents.

ÉTAM. Cinq *Filamens*, capillaires, très-courts. *Anthères* formant une gaîne cylindrique, tubulée.

PIST. *Ovaire* comme ovale. *Style* filiforme, de la longueur des étamines. Deux *Stigmates*, renversés.

Pér. Nul. Le *Calice* ovale, comme cylindrique, dont les écailles sont rapprochées, renferme les semences.

Sem. Solitaires, ovales, pointues, lisses, comprimées. *Aigrette* à poils simples, portée sur un *pied* long et aminci à la base.
Réc. Nu.

Réceptacle nu. *Calice* cylindrique, composé d'écailles placées en recouvrement les unes sur les autres, membraneuses sur les bords. *Aigrette* des semences simple, portée sur un pied. *Semences* lisses.

1. LAITUE à feuilles de chêne, *L. quercina*, L. à feuilles découpées comme celles du chêne ou rongées, finement dentelées, aiguës, lisses ou sans épines en dessous.

En *Dauphiné*. ♃

2. LAITUE cultivée, *L. sativa*, L. à feuilles radicales arrondies : celles de la tige en cœur ; à tige en corymbe.

Lactuca sativa ; Laitue cultivée. *Bauh. Pin.* 122, n.° 1. *Matth.* 399, fig. 3. *Dod. Pempt.* 644, f. 1. *Lob. Ic.* 1, p. 241, f. 2. *Lugd. Hist.* 546, f. 1. *Camer. Epit.* 299. *Bauh. Hist.* 2, p. 997, f. 1 et 2.

Cette espèce présente deux variétés.

1.° La Laitue pommée, *L. capitata*.

Lactuca capitata ; Laitue pommée. *Bauh. Pin.* 123, n.° 7. *Dod. Pempt.* 645, f. 1. *Lob. Ic.* 1, p. 242, f. 2.

2.° La Laitue cabue ou crépue. *L. crispa*, L.

Lactuca crispa ; Laitue cabue ou crépue. *Bauh. Pin.* 123, n.° 8. *Fusch. Hist.* 299, *Matth.* 399, f. 1. *Dod. Pempt.* 644, fig. 2. *Lob. Ic.* 1, pag. 642, f. 1. *Lugd. Hist.* 546, f. 3. *Bauh. Hist.* 2, pag. 299, fig. 2.

La *Laitue* se mange en salade. La semence est une des quatre *Semences froides mineures*.

On ignore son climat natal. Cultivée dans les jardins potagers. ⊙

3. LAITUE Scariole, *L. Scariola*, L. à feuilles verticales dont la carène est armée de piquans.

Lactuca sylvestris costâ spinosâ ; Laitue sauvage, à côtes des feuilles épineuses. *Bauh. Pin.* 123, n.° 1, *Fusch. Hist.* 301, *Trag.* 258. *Matth.* 400, f. 1. *Dod. Pempt.* 646, f. 1. *Lob. Ic.* 1, p. 234, f. 1. *Lugd. Hist.* 547, f. 1. *Bauh. Hist.* 2, p. 1003, f. 1. *Moris. Hist.* sect. 7, tab. 2, f. 17. *Barrel.* tab. 135.

Cette espèce présente deux variétés, dont une à feuilles garnies de taches rougeâtres, décrite et gravée dans *Hermann Parad*.

pag. et tab. 191; l'autre à feuilles bleu-grisâtre, décrite dans *Morison Hist.* 3, pag. 58.

En Dauphiné. Cultivé dans les jardins potagers. ☉ *Estivale.*

4. LAITUE vénéneuse, *L. virosa*, L. à feuilles horizontales, ovales, dentées, dont la carène est armée de piquans.

> *Lactuca sylvestris odore viroso;* Laitue sauvage à odeur vénéneuse. *Bauh. Pin.* 123, n.° 2. *Lob. Ic.* 1, p. 241, f. 1. *Lugd. Hist.* 547, f. 2. *Bauh. Hist.* 2, p. 1002, f. 1. *Moris. Hist.* sect. 7, tab. 2, f. 16. *Bul. Paris.* tab. 470. *Icon. Pl. Medic.* tab. 285.

> 1. *Lactuca virosa :* Laitue vireuse. 2. Herbe, son suc. 3. Odeur désagréable, nauséabonde; saveur amère. 4. Extrait très-analogue par ses effets, à l'Opium, très-énergique. 5. Boufissure, ictère, affection hypocondriaque, hydropisie.

> *En Europe; dans les chemins, sur les bords des murailles.* ☉ *Estivale.*

5. LAITUE à feuilles de saule, *L. saligna*, L. à feuilles inférieures en fer de hallebarde, linéaires : celles de la tige assises, dont la carène est armée de piquans.

> *Chondrilla viscosa, humilis;* Chondrille visqueuse, naine. *Bauh. Pin.* 130, n.° 4. *Barrel.* tab. 136. *Jacq. Aust.* tab. 250.

> *A Montpellier, en Provence, à Lyon, Paris.* ♂ *Estivale.*

6. LAITUE du Canada, *L. Canadensis*, L. à feuilles en lame d'épée, lancéolées, embrassantes, dentées, sans piquans.

> *Au Canada.*

7. LAITUE des Indes, *L. Indica*, L. à feuilles laciniées, en lame d'épée, assises ou sans pétioles, inégalement dentées.

> *A Java.*

8. LAITUE vivace, *L. perennis*, L. à feuilles pinnées; à folioles linéaires, dentées vers le sommet.

> *Chondrilla cærulea, latifolia, laciniata ;* Chondrille à fleur bleue, à feuilles larges, laciniées. *Bauh. Pin.* 130, n.° 1. *Matth.* 392, fig. 2. *Lugd. Hist.* 566, fig. 1 ?

> *Chondrilla cærulea altera, Chicorii sylvestris folio;* autre Chondrille à fleur bleue, à feuille de Chicorée sauvage. *Bauh. Pin.* 130, n.° 2. *Dod. Pempt.* 637, fig. 2. *Lob. Ic.* 1, pag. 230, fig. 1. *Lugd. Hist.* 561, fig. 2. *Bauh. Hist.* 2, pag. 1019, fig. 1.

> *A Montpellier, Grenoble, Lyon, Paris.* ♃ *Vernale.*

989. CHONDRILLE, *CHONDRILLA.* * *Tournef. Inst.* 475, tab. 268. *Vaill. Mem. de l'Acad.* 1721, pag. 194; tab. 7, fig. 12. *Lam. Tab. Encyclop.* pl. 650.

CAL. *Commun* comme cylindrique, formé par des *écailles* dont les inférieures séparées imitent un calice accessoire : celles du cylindre assez nombreuses, parallèles, linéaires, égales : celles de la *base* en petit nombre, très-courtes.

COR. *Composée*, en recouvrement uniforme : plusieurs *Corollules* hermaphrodites, égales, disposées sur plusieurs rangs.

— *Propre* monopétale, en languette, linéaire, tronquée, à quatre ou cinq dents.

ÉTAM. Cinq *Filamens*, capillaires, très-courts. *Anthères* formant une gaine cylindrique, tubulée.

PIST. *Ovaire* comme ovale. *Style* filiforme, de la longueur des étamines. Deux *Stigmates*, renversés.

PÉR. Nul. Le *Calice* comme cylindrique, oblong, renferme les semences.

SEM. Solitaire, ovales, comprimées, tuberculeuses-hérissées. *Aigrette* à poils, portée sur un *pied* long et aminci au sommet.

RÉC. Nu.

Réceptacle nu. *Calice* composé d'écailles dont les inférieures séparées, très-courtes, imitent un calice accessoire ou forment comme un second calice qui entoure la base du premier. *Aigrette* des semences simple, portée sur un pied. *Fleurs* formées par plusieurs rangs de fleurons. *Semences* tuberculeuses-hérissées.

1. CHONDRILLE jonçière, *C. juncea*, L. à feuilles radicales lyrées, pinnatifides : celles de la tige linéaires, entières.

> *Chondrilla juncea, viscosa, arvensis ; Chondrille jonçière, visqueuse, des champs. Bauh. Pin.* 130, n.° 1. *Lob. Ic.* 1, p. 233, f. 1. *Clus. Hist.* 2, p. 144, f. 2. *Lugd. Hist.* 568, f. 2. *Bauh. Hist.* 2, p. 1021, f. 1. *Bellev.* t. 131. *Jacq. Aust.* t. 427.
> *A Lyon, Montpellier, Paris.* ♃ Estivale.

2. CHONDRILLE crépide, *C. crepoides*, L. à feuilles en fer de flèche, embrassantes ; à tige simple ; à fleurs presque assises ou à pédoncules très-courts, latérales.

> *On ignore son climat natal.* ☉

3. CHONDRILLE à tige nue, *C. nudicaulis*, L. à hampe nue ; à fleurs en panicule.

> *Murr. in nov. Comment. Goëtt.* 3, pag. 74, tab. 4.
> *Dans l'Amérique Septentrionale.*

990. PRÉNANTHE, *PRENANTHES*. *Vaill. Mem. de l'Acad.* 1721, pag. 193, tab. 7, fig. 2 et 18.

CAL. *Commun*, comme cylindrique, lisse, formé par des *écailles* dont les inférieures séparées, imitent un calice accessoire : celles du *cylindre* en nombre égal à celui des corollules : celles de la *base*, en petit nombre, inégales, très-courtes.

Cor. *Composée* presque d'un simple rang de fleurons : cinq, huit ou plusieurs *Corollules hermaphrodites*, égales, disposées sur un simple rang.

— *Propre* monopétale, en languette, tronquée, à quatre dents.

Étam. Cinq *Filamens*, capillaires, très-courts. *Anthères* forment une gaîne cylindrique, tubulée.

Pist. *Ovaire* comme ovale. *Style* filiforme, plus long que les étamines. *Stigmate* divisé peu profondément en deux parties, renversé.

Pér. Nul. Le *Calice* comme cylindrique, dont les écailles sont légèrement rapprochées, renferme les semences.

Sem. Solitaires, en cœur. *Aigrette* à poils.

Réc. Nu.

Obs. *Ce genre présente une espèce dont l'aigrette est portée sur un pied.*

Réceptacle nu. *Calice* composé d'écailles dont les inférieures séparées, très-courtes, imitent un calice accessoire ou forment comme un second calice qui entoure la base du premier. *Aigrette* des semences simple, presque assise ou portée sur un pédicule très-court. *Fleurs* formées par un simple rang de fleurons.

1. PRÉNANTHE à feuilles menues, *P. tenuifolia*, L. à feuilles linéaires, très-entières.

A la Grande Chartreuse. ♃ Estivale.

2. PRÉNANTHE osier, *P. viminea*, L. à feuilles des rameaux appliqués contre la tige.

Chondrilla viscosa caule foliis obducto ; Chondrille visqueuse à tige couverte par les feuilles. *Bauh. Pin.* 130, n.º 3. *Column. Ecphras.* 1, pag. 238 et 240.

Chondrilla viminea, viscosa, Monspeliaca ; Chondrille osier, visqueuse, de Montpellier. *Bauh. Pin.* 130, n.º 2.

A Montpellier, en Provence, en Dauphiné. ♃

3. PRÉNANTHE purpurine, *P. purpurea*, L. à fleurs formées par cinq fleurons; à feuilles lancéolées, dentelées.

Lactuca montana purpuro—cærulea, minor ; Laitue des montagnes à fleur pourpre—bleuâtre, plus petite. *Bauh. Pin.* 123, n.º 4. *Clus. Hist.* 2, pag. 147, fig. 2.

Cette espèce présente une variété.

Lactuca montana, purpuro—cærulea, major ; Laitue des montagnes, à fleur pourpre—bleuâtre, plus grande. *Bauh.*

Pin.

Pin. 123, n.° 3. Column. Ecphras. 1, p. 245 et 246. Moris. Hist. sect. 7, tab. 3, fig. 22.

A Montpellier, en Provence, en Dauphiné. ♃ Estivale.

4. PRÉNANTHE des murailles, *P. muralis*, L. à fleurs composées de cinq fleurons; à feuilles rongées.

Sonchus lævis laciniatus, muralis, parvis floribus; Laitron des murailles à feuilles lisses, laciniées, à petites fleurs. Bauh. Pin. 124, n.° 3. Lob. Ic. 1, p. 236, f. 1. Clus. Hist. 2, p. 146, f. 2. Camer. Epit. 280. Bauh. Hist. 2, p. 1004, f. 1. Bul. Paris. tab. 472. Flor. Dan. tab. 509.

A Montpellier, Lyon, Paris. ☉ Vernale.

5. PRÉNANTHE très-élevée, *P. altissima*, L. à fleurs composées de cinq fleurons; à feuilles à trois lobes; à tige droite.

Pluk. tab. 317, fig. 2.

Au Canada, en Virginie.

6. PRÉNANTHE chondrille, *P. chondrilloïdes*, L. à fleurs composées de dix fleurons; à calices divisés peu profondément en huit segmens; à feuilles lancéolées: les radicales sans divisions, dentelées.

Ard. Spec. 2, pag. 36, tab. 17.

A Lyon. ♃

7. PRÉNANTHE du Japon, *P. Japonica*, L. à fleurs composées de quinze fleurons; à feuilles radicales lyrées; à tige presque nue.

Au Japon.

8. PRÉNANTHE blanche, *P. alba*, L. à fleurs composées de plusieurs fleurons, penchées, comme en ombelles; à feuilles en fer de hallebarde, anguleuses.

A la Caroline, en Virginie, en Pensylvanie.

9. PRÉNANTHE rampante, *P. repens*, L. à tige rampante; à feuilles à trois lobes.

En Sibérie.

991. DENT-DE-LION, *LEONTODON.* Lam. Tab. Encyclop. pl. 653. DENS LEONIS. *Tournef. Inst.* 468, tab. 266. Vaill. Mém. de l'Acad. 1721, pag. 176, tab. 7 et 8, fig. 50 et 12. TA-RAXACONOÏDES. *Vaill. Mém. de l'Acad.* 1721, pag. 178, tab. 7, fig. 21. TARAXACUM. *Lam. Tab. Encyclop.* pl. 653.

CAL. *Commun* oblong, formé par des *écailles* placées en recouvrement les unes sur les autres, dont les *intérieures* sont linéaires, parallèles, égales: les *extérieures* en petit nombre, souvent renversées à la base.

Cor. *Composée* uniforme, en recouvrement : *Corollules* hermaphrodites, nombreuses, égales.

— *Propre* monopétale, en languette, linéaire, tronquée, à cinq dents.

Étam. Cinq *Filamens*, capillaires, très-courts. *Anthères* formant une gaîne cylindrique, tubulée.

Pist. *Ovaire* comme ovale. *Style* filiforme, de la longueur de la corolle. Deux *Stigmates*, roulés.

Per. Nul. Le *Calice* oblong, droit, renferme les semences.

Sem. Solitaires, oblongues, rudes. *Aigrette* plumeuse, portée sur un pied.

Réc. Nu, ponctué.

Obs. *Dens leonis, Vaillant* : Aigrette *simple ou capillaire ; écailles extérieures du Calice renversées.*

Taraxaconoïdes *Vaillant* : Aigrette *plumeuse ou radiée ; toutes les écailles du Calice redressées.*

L. aureum, L. *Réceptacle velu.*

L. hirtum, L. *Semences extérieures garnies d'un ornement court, feuillé ; semences intérieures à aigrette plumeuse.*

L'Aigrette, *dans la plupart des espèces, est assise.*

Réceptacle nu. *Calice* composé d'écailles un peu lâches, placées en recouvrement les unes sur les autres. *Aigrette* des semences plumeuse.

1. **DENT-DE-LION** commune, *L. Taraxacum*, L. à calice dont les écailles inférieures sont renversées ; à feuilles pinnatifides ; à pinnules dentelées, lisses.

Cette espèce présente deux variétés.

1.° *Dens leonis latiore folio* ; Dent-de-lion à feuille plus large. *Bauh. Pin.* 126, n.° 1. *Fusch. Hist.* 680. *Matth.* 388, fig. 2. *Dod. Pempt.* 636, fig. 1. *Lob. Ic.* 1, pag. 232, fig. 2. *Lugd. Hist.* 564, fig. 1. *Bauh. Hist.* 2, pag. 1035, fig. 1. *Bul. Paris.* tab. 473. *Flor. Dan.* tab. 574. *Icon. Pl. Medic.* tab. 69.

2.° *Dens leonis angustiore folio* ; Dent-de-lion à feuille plus étroite. *Bauh. Pin.* 126, n.° 2.

Reichard rapporte comme variété de cette espèce le synonyme de *G. Bauhin, Dens leonis folio tenuissimo*, ou Dent-de-lion à feuille très-menue, *Pin.* 126, n.° 5, que *Linné* rapporte à l'Hyosère fétide, *H. fœtida*, L.

1. *Taraxacum* ; Dent-de-lion, Pissenlit. 2. Racine, Herbe, Suc. 3. Aqueuse, amère, laiteuse, oléracée. 4. Résine verte, extrait gommeux, contenant un peu de nitre. 5. Em-

pâtemens des viscères du bas-ventre, maladies cutanées, chroniques, comme dartres, lèpre, gale; fièvres tierces et quartes, ictères. 6. On mange les jeunes feuilles en salade. Avec sa racine on fait des tisanes, des décoctions; avec ses feuilles, des décoctions, des apozèmes, un suc exprimé; et avec toute la plante, un extrait clarifié.

Nutritive pour le Bœuf, le Mouton, l'Oie.

En Europe, dans les prés. ♃ Vernale.

On a divisé le genre *Dent-de-lion*, en deux; savoir: *Leontodon* et *Taraxacum*. Mais nous observerons que toutes ces multiplications de genres par la division des espèces, et des espèces par celle des variétés, tendent à surcharger la nomenclature botanique, le plus souvent sans aucun avantage pour cette science.

2. DENT-DE-LION bulbeuse, *L. bulbosum*, L. à feuilles oblongues, ovales, lisses, à peine dentées; à calice lisse; à hampe nue, supérieurement hérissée; à racine bulbeuse.

Chondrilla bulbosa, sive Chondrilla secunda vel Dioscoridis; Chondrille bulbeuse ou Chondrille seconde de Dioscoride. *Bauh. Pin.* 130, n.° 6. *Lob. Ic.* 1, pag. 230, fig. 2. *Clus. Hist.* 2, pag. 145, fig. 2. *Lugd. Hist.* 560, fig. 2; et 1392, fig. 2. *Colum. Phyt.* 11, tab. 4. *Bauh. Hist.* 2, pag. 1038, fig. 4. *Moris. Hist.* sect. 7, tab. 6, fig. 9.

Aux environs de Montpellier, à Assas en Provence, en Dauphiné. ♃ Vernale.

3. DENT-DE-LION dorée, *L. aureum*, L. à feuilles pinnatifides; à tige souvent ornée d'une seule feuille; à calice hérissé.

Column. Ecphras. 2, pag. 29 et 31, fig. 1. *Hall. Helv.* n.° 57, tab. 1. *Jacq. Aust.* tab. 297.

Sur les Alpes du Dauphiné, de Suisse. ♃ Estivale. *Alp.*

4. DENT-DE-LION à petite fleur, *L. hastile*, L. à hampe et calice lisses; à feuilles lancéolées, dentées, très-entières, lisses.

Jacq. Aust. tab. 164.

En Dauphiné.

5. DENT-DE-LION tubéreuse, *L. tuberosum*, L. à feuilles pinnatifides, rudes; à calice aigu, hérissé.

Dens leonis Asphodeli bulbulis; Dent-de-lion à petites bulbes d'Asphodèle. *Bauh. Pin.* 126, n.° 3. *Dod. Pempt.* 636, fig. 2. *Lob. Ic.* 1, pag. 232, fig. 1. *Lugd. Hist.* 559, f. 2.

A Montpellier, en Provence. ♃

6. DENT-DE-LION automnale, *L. autumnale*, L. à tige rameuse; à pédoncules écailleux; à feuilles lancéolées, dentées, très-entières, lisses.

Hieracium Chondrillæ folio glabro , radice succisâ , majus ,
Épervière à feuille de Chondrille , lisse , à racine mordue ,
plus grande. *Bauh. Pin.* 127 , n.° 4. *Fusch. Hist.* 320.
Matth. 560 , fig. 2. *Dod. Pempt.* 639 , fig. 3. *Lob. Ic.* 1 ,
pag. 237 , fig. 2. *Lugd. Hist.* 561 , fig. 1. *Bauh. Hist.* 2 ,
pag. 1031 , fig. 1. *Dal. Paris.* tab. 474. *Flor. Dan.* tab. 501.

Hieracium Chondrillæ folio glabro , radice succisâ , minus ;
Épervière à feuille de Chondrille , lisse , à racine mordue ,
plus petite. *Bauh. Pin.* 128 , n.° 5. *Lugd. Hist.* 562 , f. 2.

Nutritive pour le Cochon , la Chèvre , l'Oie.

A Montpellier , Lyon , Paris , etc. ♃ Estivale et automn-
nale.

7. DENT – DE – LION hérissée , *L. hispidum ,* L. à calice dont
toutes les écailles sont redressées ; à feuilles dentées , très – entières , hérissées de poils fourchus.

Cette espèce présente deux variétés.

1.° *Hieracium montanum angustifolium , non nihil incanum ;*
Épervière des montagnes à feuilles étroites , blanchâtres.
Bauh. Pin. 129 , n.° 16. *Clus. Hist.* 2 , pag. 141 , fig. 2.
Bauh. Hist. 2 , pag. 1038 , fig. 3.

2.° *Hieracium montanum , Dentis leonis folio , vel laciniatum*
lanuginoso folio ; Épervière des montagnes , à feuilles de
Dent-de-lion , ou laciniée , laineuse. *Bauh. Pin.* 128 , n.° 4.
Clus. Hist. 2 , pag. 142 , fig. 1.

En Europe , dans les prés. ♃ Vernale.

8. DENT – DE – LION rude , *L. hirtum ,* L. à calices dont les
écailles sont toutes redressées ; à feuilles dentées , hérissées de
poils simples ou non fourchus.

Hieracium Dentis leonis folio , hirsutie asperum , magis laci-
niatum ; Épervière à feuille de Dent-de-lion très-hérissée ,
plus laciniée. *Bauh. Pin.* 127 , n.° 13. *Bauh. Hist.* 2 , p. 1038 ,
fig. 2.

Hieracium Dentis leonis folio , hirsutie asperum , minus laci-
niatum ; Épervière à feuille de Dent-de-lion , très-hérissée , moins laciniée. *Bauh. Pin.* 127 , n.° 12. *Prodr.* 63 ,
n.° 1 , fig. 1.

Reichard cite pour cette plante le synonyme de *G. Bauhin ;*
Hieracium asperum , folio magno Dentis leonis ; ou Épervière rude , à grande feuille de Dent-de-lion , *Pin.* 127 ,
n.° 11 , qui est rapporté au Salsifis de Daléchamp , *Tra-*
gopogon Dalechampii , L.

En Europe , dans les pâturages secs. ♃ Estivale.

992. ÉPERVIÈRE, *HIERACIUM.* * *Tournef. Inst.* 469 , t. 267.
Vaill. Mém. de l'Acad. 1721 , pag. 182 , tab. 7 et 8 , fig. 54.

3, 46, 49, 57, 58, 59, 60 et 61. *Lam. Tab. Encyclop.* pl. 652. PILOSELLA. *Vaill. Mém. de l'Acad.* 1721, pag. 180, tab. 8, fig. 57.

CAL. *Commun*, ovale, formé de plusieurs *écailles* linéaires, très-inégales, longitudinales, conchées, placées en recouvrement les unes sur les autres.

COR. *Composée* en recouvrement ; uniforme : *Corollules* herma-phrodites, nombreuses, égales.

—— *Propre* monopétale, en languette, linéaire, tronquée, à cinq dents.

ÉTAM. Cinq *Filamens*, capillaires, très-courts. *Anthères* formant une gaîne cylindrique, tubulée.

PIST. *Ovaire* comme ovale. *Style* filiforme, de la longueur des étamines. Deux *Stigmates*, recourbés.

PÉR. Nul. Le *Calice* ovale, dont les écailles sont rapprochées, renferme les semences.

SEM. *Solitaires*, à quatre côtés obtus, courtes. *Aigrette* à poils, assise.

RÉC. Nu.

OBS. Hieracii, *Vaillant : Tige rameuse.*

Pilosellæ, *Tournefort : Hampe simple.*

Réceptacle nu. *Calice* ovale, composé d'écailles placées en recouvrement les unes sur les autres. *Aigrette* des se-mences simple, assise ou sans filet.

* I. ÉPERVIÈRES à hampe nue, *ne portant qu'une seule fleur.*

1. ÉPERVIÈRE blanchâtre, *H. incanum*, L. à feuilles très-en-tières, rarement dentées, lancéolées, rudes ; à hampe portant une seule fleur.

Gouan Illust. 55, tab. 22, fig. 1 et 2. *Jacq. Aust.* tab. 287.

Aux Pyrénées. ♃

2. ÉPERVIÈRE naine, *H. pumilum*, L. à feuilles ovales ; à pé-tioles dilatés ; à hampe ne portant le plus souvent qu'une seule fleur.

Gouan Illust. 57, tab. 22, fig. 3.

Sur les Alpes du Dauphiné, aux Pyrénées. ♃ *Estivale. Alp.*

3. ÉPERVIÈRE des Alpes, *H. Alpinum*, L. à feuilles oblongues, entières, dentées ; à hampe presque nue, ne portant qu'une seule fleur ; à calice velu.

Hieracium Alpinum pumilum, folio lanuginoso ; Épervière des Alpes naine, à feuille laineuse. *Bauh. Pin.* 129, n.º 15.

E e 3

Moris. Hist. sect. 7 , tab. 7 , fig. 5. *Barrel.* tab. 238. *Flor. Dan.* tab. 27. *Jacq. Aust.* tab. 191.

Sur les Alpes du Dauphiné. ♃ Estivale. *Alp.*

4. ÉPERVIÈRE dent-de-lion , *H. taraxaci* , L. à feuilles lancéo-lées , dentées, lisses; à hampe presque nue , ne portant qu'une seule fleur ; à calice hérissé.

Sur les Alpes du Dauphiné. ♃ Estivale. *Alp.*

5. ÉPERVIÈRE veinée , *H. venosum* , L. à feuilles en forme de coin, hérissées ; à hampe nue , très-épaisse , droite.

En Virginie.

6. ÉPERVIÈRE Piloselle, *H. Pilosella* , L. à feuilles très-en-tières , ovales, cotonneuses en dessous ; à drageons rampans ; à hampe ne portant qu'une seule fleur.

Pilosella major repens , hirsuta ; Piloselle plus grande ram-pante, hérissée. *Bauh. Pin.* 262 , n.° 1. *Fusch. Hist.* 605. *Matth.* 687 , fig. 3. *Dod. Pempt.* 67 , fig. 1. *Lob. Ic.* 1 , pag. 479 , fig. 1. *Lugd. Hist.* 1098 , fig. 1. *Bauh. Hist.* 2 , pag. 1039 , fig. 1. *Bul. Paris.* tab. 475. *Icon. Pl. Medic.* tab. 174.

Le synonyme de *Camerarius* , *Pilosella minor* , ou Piloselle plus petite , *Epit.* 709 , appliqué par *Linné* à cette espèce , et rapporté par *G. Bauhin* à la Piloselle douteuse , *H. du-bium* , L.

2. *Auricula muris ;* Piloselle , Oreille de rat. Hors d'usage , à retrancher de la matière médicale.

Nutritive pour la Chèvre.

En Europe , dans les terrains incultes , sablonneux. ♃ Estiv.

* II. *É*PERVIÈRES *à hampe nue , portant plusieurs fleurs.*

7. ÉPERVIÈRE douteuse , *H. dubium* , L. à feuilles entières , ovales, oblongues ; à drageous rampans ; à hampe nue , por-tant plusieurs fleurs.

Pilosella major repens , minus hirsuta ; Piloselle plus grande rampante, moins hérissée. *Bauh. Pin.* 262 , n.° 2. *Camer. Epit.* 709. *Bul. Paris.* tab. 476.

A Montpellier , Lyon , Paris , etc. ♃ Estivale.

8. ÉPERVIÈRE oreille , *H. auricula*, L. a feuilles très-entières , lancéolées ; à drageons rampan ; à hampe nue, portant plu-sieurs fleurs.

Pilosella major erecta , altera ; autre Piloselle plus grande , droite. *Bauh. Pin.* 262 , n.° 4.

Reichard rapporte à cette espèce, 1.° le synonyme de *G. Bau-hin*, *Hieracium murorum angustifolium non sinuatum ;* ou Épervière des murailles à feuille étroite non sinuée, *Pin.* 139, n.° 3 ; et *Prodr.* 67, n.° 22, fig. 1, que *Linné* rapporte à l'Épervière en cymier, *H. cymosum.* 2.° Le synonyme de *Columna*, *Pilosella major umbellifera*, *macrocaulos*, *montana et pratensis ;* ou Piloselle plus grande ombellée, à tige épaisse, des montagnes et des prés, *Ecphras.* 1, 248 et 249, fig. 2, qui appartient également à l'Épervière en cymier.

Nutritive pour le Mouton.

A Lyon, en Dauphiné. ♃

9. ÉPERVIÈRE en cymier, *H. cymosum*, *L.* à feuilles lancéo-lées, entières, velues ; à hampe presque nue, velue à la base ; à fleurs comme en ombelle.

> *Hieracium murorum angustifolium non sinuatum ;* Épervière des murailles à feuille étroite non sinuée. *Bauh. Pin.* 129, n.° 3. *Prodr.* 67, n.° 22, fig. 1.

> *Pilosella montana hispida*, *parvo flore ;* Piloselle des montagnes, hérissée, à petite fleur. *Bauh. Pin.* 262, n.° 5. *Colum. Ecphras.* 1, pag. 248 et 249, f. 2. *Bauh. Hist.* 2, pag. 1040, fig. 2. *Bellev.* tab. 139.

> *A Montpellier*, Grenoble, Lyon. ♃ Vernale.

10. ÉPERVIÈRE mordue, *H. præmorsum*, *L.* à feuilles ovales, un peu dentées ; à hampe nue, terminée par des fleurs en grappe dont les supérieures se développent les premières.

> *Pilosella major*, *erecta ;* Piloselle plus grande, droite. *Bauh. Pin.* 262, n.° 3.

> *Hieracium pratense latifolium*, *non sinuatum*, *majus et minus ;* Épervière des prés à feuilles larges, non sinuées, plus grande et plus petite. *Bauh. Pin.* 129, n.°s 2 et 3.

Nutritive pour le Bœuf, le Mouton.

A Montpellier. ♃

11. ÉPERVIÈRE orangée, *H. aurantiacum*, *L.* à feuilles entières ; à tige presque nue, très-simple, velue ; à fleurs en corymbe.

> *Hieracium Alpinum non laciniatum*, *flore fusco ;* Épervière des Alpes à feuille non laciniée ; à fleur fauve orangée. *Bauh. Pin.* 128, n.° 10. *Column. Ecphras.* 2, pag. 28 et 30, f. 2. *Jacq. Aust.* tab. 410.

> *Hieracium hortense floribus atro-purpurascentibus ;* Épervière des jardins à fleurs pourpre-noirâtres. *Bauh. Pin.* 128, n.° 11.

Sur les Alpes du Dauphiné. ♃ Estivale. *Alp.*

12. ÉPERVIÈRE de Gronovius, *H. Gronovii*, L. à tige en panicule, presque nue ; à feuilles radicales en ovale renversé, très-entières, velues.

> *Pluk.* tab. 420, fig. 2 ?
>
> *En Virginie, en Pensylvanie.* ♃

13. ÉPERVIÈRE de Gmelin, *H. Gmelini*, L. à tige en panicule, nue ; à feuilles radicales ovales, lisses, à dents de scie.

> *Gmel. Sibir.* 2, pag. 23, tab. 8, fig. 2.
>
> *En Sibérie.* ♃

14. ÉPERVIÈRE sainte, *H. sanctum*, L. à hampe nue, portant plusieurs fleurs ; à feuilles lyrées, obtuses, dentées.

> *Hieracium Dentis leonis folio, monoclonon, subasperum ;* Épervière à feuille de Dent-de-lion, à feuille de chicorée un peu rude. *Bauh. Pin.* 127, n.° 8.
>
> Cette plante est désignée par *Gouan* sous le nom de Crépide de Nîmes, *Crepis Nemausensis*, L. à hampe nue, hérissée ; à fleurs en corymbe ; à feuilles lyrées, rongées. *Illust.* 60.
>
> *A Montpellier.* ☉ Vernale.

15. ÉPERVIÈRE du Cap, *H. Capense*, L. à tige nue, portant plusieurs fleurs ; à pédoncules qui se développent plus tard, plus élevés ; à feuilles oblongues, dentées, lisses.

> *Au cap de Bonne-Espérance.*

* III. *ÉPERVIÈRES à tige feuillée.*

16. ÉPERVIÈRE paniculée, *H. paniculatum*, L. à tige droite ; à feuilles alternes, lancéolées, nues, dentées ; à fleurs en panicule capillaire.

> *Au Canada.*

17. ÉPERVIÈRE chondrille, *H. chondrilloïdes*, L. à tige rameuse ; à feuilles de la tige alongées, dentées, lisses : les radicales lancéolées, entières.

> *Hieracium Alpinum pumilum, Chondrillæ folio ;* Épervière des Alpes naine, à feuilles de Chondrille. *Bauh. Pin.* 129, n.° 3. *Bellev.* tab. 136.
>
> *En Autriche.*

18. ÉPERVIÈRE à feuille de poireau, *H. porrifolium*, L. à tige rameuse, feuillée ; à feuilles lancéolées, linéaires, presque entières.

> *Hieracium Tragoponis folio ;* Épervière à feuille de Salsifis. *Bauh. Pin.* 129, n.° 4. *Bauh. Hist.* 2, pag. 1041, f. 1 et 2. *Bellev.* tab. 133 ? *Jacq. Aust.* tab. 286.
>
> *Reichard* rapporte à cette espèce le synonyme de *G. Bauhin. Hieracium murorum angustifolium, non sinuatum ;* Éper-

vière des murailles à feuille étroite, non sinuée, *Pin.* 129,
n.° 3, qu'il a cité deux fois, 1.° pour l'Épervière oreille,
H. auricula, L. 2.° Pour l'Épervière en cymier, *H. cymosum*, L.

En Provence, à Lyon. ♃ Vernale.

19. ÉPERVIÈRE des murailles, *H. murorum*, L. à tige rameuse;
à feuilles radicales ovales, dentées : celles de la tige, plus
petites.

Cette espèce présente deux variétés.

1.° L'Épervière très-velue, *H. pilosissimum.*
Hieracium murorum folio pilosissimo : Épervière des murailles
à feuille très-velue. *Bauh. Pin.* 129, n.° 1. *Lob. Ic.* 1, p. 587,
fig. 1. *Lugd. Hist.* 565, fig. 1. *Bauh. Hist.* 2, pag. 1033,
fig. 3. *Bul. Paris.* tab. 477.

2.° L'Épervière des forêts, *H. sylvaticum.*
Hieracium murorum laciniatum, minus pilosum : Épervière
des murailles à feuille laciniée, moins velue. *Bauh. Pin.* 129,
n.° 2. *Lugd. Hist.* 1328, fig. 2. *Bauh. Hist.* 2, pag. 1034,
fig. 1. *Bul. Paris.* tab. 478.

Barrelier, tab. 342, en a fait graver une variété à feuilles
arrondies.

Nutritive pour le Cheval.

En Europe, dans les bois, sur les murailles. ♃ Estivale.

20. ÉPERVIÈRE des marais, *H. paludosum*, L. à tige en panicule; à feuilles embrassantes, dentées, lisses; à calices hérissés.

Hieracium montanum latifolium, glabrum, minus : Épervière
des montagnes à feuilles larges, lisses, plus petite. *Bauh.
Pin.* 129, n.° 2. *Bauh. Hist.* 2, pag. 1033, fig. 1. *Moris.
Hist.* sect. 7, tab. 5, fig. 47.

A Montpellier, en Provence, en Dauphiné. ♃ Estivale.

21. ÉPERVIÈRE lyrée, *H. lyratum*, L. à tige portant plusieurs
fleurs; à feuilles lyrées, lisses; à calices et pédoncules hérissés.

Gmel. Sibir. 2, pag. 24, tab. 9.

En Sibérie.

22. ÉPERVIÈRE à feuilles de mélinet, *H. cerinthoïdes*, L. à
feuilles radicales en ovale renversé, dentelées : celles de la tige
oblongues, demi-embrassantes.

Gouan Illust. 58, tab. 22, fig. 4.

En Provence, en Dauphiné. ♃ Estivale.

23. ÉPERVIÈRE embrassante, *H. amplexicaule*, L. à feuilles
embrassant la tige, en cœur, dentelées; à pédoncules hérissés,
portant une seule fleur; à tige rameuse.

Bellev. tab. 134.

Sur les Alpes de Dauphiné, de Provence. ♃ Estivale. *Alp.*

24. ÉPERVIÈRE des Pyrénées, *H. Pyrenaicum*, L. à feuilles embrassant la tige, en ovale renversé, lancéolées, dentées en arrière; à tige simple; à écailles du calice lâches.

Cette espèce présente quatre variétés.

1.° L'Épervière à feuilles d'herbe aux mittes, *H. Hattanioïdes*, à feuilles embrassant la tige, lancéolées, dentées; à fleurs solitaires; à écailles du calice lâches.

2.° L'Épervière velue, *H. pilosum*, désignée par *Gouan* sous le nom de Picride des Pyrénées, *Picris Pyrenaïca*, à écailles du calice lâches; à tige velue; à feuilles dentées, sinuées; à aigrette des semences assise.

Herm. Parad. pag. et tab. 184.

3.° L'Épervière d'Autriche, *H. Austriacum*, désignée par *Jacquin* sous le nom de Crépide d'Autriche, *Crepis Austriaca*, à feuilles oblongues, dentelées; à collerette très-lâche, hérissée; à calices hérissés. *Vind.* 270, tab. 5, et *Aust.* tab. 441.

4.° L'Épervière de Suisse, *H. Helveticum*, désignée par *Gouan* sous le nom d'Épervière à feuilles de conyze, *H. conyzæ-folium*, à feuilles à dents aiguës: les radicales lancéolées, oblongues, aiguës: celles de la tige en fer de flèche, oblongues; à pédoncules portant une seule fleur; à écailles du calice très-velues, lâches. *Illust.* 59.

Hieracium Alpinum asperum, Conizæ facie; Épervière des Alpes, rude, ressemblant à la Conyze. *Bauh. Pin.* 128, n.° 3.

Sur les Alpes de Provence, du Bugey. ♃ Estivale.

25. ÉPERVIÈRE velue, *H. villosum*, L. à tige rameuse, feuillée; à feuilles hérissées: les radicales lancéolées, ovales, dentées: celles de la tige embrassantes, en cœur.

Hieracium Alpinum latifolium, villosum, magno flore; Épervière des Alpes à feuilles larges, velues, à grande fleur. *Bauh. Pin.* 128, n.° 7. *Clus. Hist.* 2, pag. 141, fig. 1. *Bauh. Hist.* 2, pag. 1027, fig. 2.

Cette espèce présente deux variétés.

1.° *Pilosella seu Pulmonaria lutea angustiori folio, valde pilosa, duplex;* Piloselle ou Pulmonaire à fleur jaune, à feuille plus étroite, très-velue, double. *Bauh. Hist.* 2, pag. 1034, fig. 4.

2.° Épervière à tige ne portant qu'une seule fleur; à feuilles lisses: les radicales lingulées, dentées: celles de la tige ovales, lancéolées, embrassantes, décrite dans *Haller* et *Séguier*.

'A *Montpellier* , sur les *Alpes* du *Dauphiné*. ♃ Estivale. *Alp.*

26. ÉPERVIÈRE gluante, *H. glutinosum*, L. à feuilles lancéo-lées , découpées profondément , un peu rudes , gluantes ; à fleurs en ombelles.

Hieracium Dentis leonis folia , floribus parvis ; Épervière à feuille de Dent-de-lion, à petites fleurs. *Bauh. Pin.* 127, n.° 3.

En Provence ?

27. ÉPERVIÈRE de Kalm, *H. Kalmii*, L. à tige droite , por-tant plusieurs fleurs ; à feuilles lancéolées , dentées ; à pédun-cules cotonneux.

En Pensylvanie.

28. ÉPERVIÈRE de Sprenger, *H. Sprengerianum*, L. à tige ra-meuse, feuillée ; à feuilles embrassant la tige , oblongues , peu sinuées , hérissées.

Moris. Hist. sect. 7 , tab. 5 , fig. 17.

En Portugal.

29. ÉPERVIÈRE de Savoie , *H. Sabaudum* , L. à tige droite , por-tant plusieurs fleurs ; à feuilles ovales, lancéolées , dentées, em-brassant la tige à moitié.

Hieracium fruticosum latifolium , hirsutum ; Épervière ligneuse à feuilles larges, hérissées. *Bauh. Pin.* 129, n.° 2. *Bauh. Hist.* 2, pag. 1030, fig. 2 et 3. *Bellev. tab.* 138.

'A *Lyon*, *Grenoble*, *Paris*, *etc.* ♃ Estivale.

30. ÉPERVIÈRE ombellée , *H. umbellatum* , L. à feuilles li-néaires , éparses, offrant quelques dents ; à fleurs comme en ombelle.

Hieracium fruticosum angustifolium , majus ; Épervière li-gneuse à feuilles étroites , plus grande. *Bauh. Pin.* 129 , n.° 4. *Dod. Pempt.* 638 , fig. 2. *Lob. Ic.* 1 , pag. 240, f. 1. *Clus. Hist.* 2 , pag. 140, fig. 1. *Lugd. Hist.* 570 , fig. 2. *Bauh. Hist.* 2 , pag. 1030, fig. 1. *Flor. Dan.* tab. 680.

Cette espèce présente une variété à tige naine ; à feuilles ovales.

L'herbe colore en jaune.

Nutritive pour le Cheval, le Bœuf, le Mouton, le Cochon, la Chèvre.

'A *Montpellier*, *Lyon* , *Paris* , *etc.* ♃ Estivale.

993. CRÉPIDE, *CREPIS*. * *Lam. Tab. Encyclop.* pl. 651. HIÉ-RACIOÏDES. *Vaill. Mém. de l'Acad.* 1721 , pag. 188, tab. 7 et 8, fig. 47, 52, 13, 14, 19 et 18.

CAL. *Commun* double.

— *L'extérieur* très-court, ouvert, caduc-tardif.

— *L'intérieur* ovale, simple, sillonné, persistant, formé par des *écailles* linéaires, réunies.

COR. *Composée* en recouvrement, uniforme : plusieurs *Corollules* hermaphrodites, égales.

— *Propre* monopétale, en languette, linéaire, tronquée, à cinq dents.

ÉTAM. Cinq *Filamens* ; capillaires, très-courts. *Anthères* formant une gaîne cylindrique, tubulée.

PIST. *Ovaire* comme ovale. *Style* filiforme, de la longueur des étamines. Deux *Stygmates*, renversés.

PÉR. NUL. Le *Calice* arrondi, renferme les semences.

SEM. solitaires, oblongues. *Aigrette* à poils, portée sur un pied.

RÉC. Nu.

OBS. *L'Aigrette dans quelques espèces est assise.*

Réceptacle nu. *Calice* composé d'écailles caduques-tardives, dont les inférieures séparées, très-courtes, imitent un calice accessoire, ou forment comme un second calice qui entoure la base du premier. *Aigrette* des semences velue, portée sur un pied.

1. CRÉPIDE pygmée, *C. pygmæa*, L. à feuilles ovales, entières, velues, pétiolées ; à tige couchée.

    Boccon. Mus. 2, pag. 33, tab. 14.

    Gouan réunit cette espèce avec l'Épervière naine, *Hieracium pumilum*, L.

    Sur les Alpes d'Italie, à Naples.

2. CRÉPIDE à feuilles de bourse à pasteur, *H. bursifolium*, L. à feuilles pinnatifides, crénelées ; à hampe nue, portant un petit nombre de fleurs.

    Boccon. Mus. 2, pag. 147, tab. 106 et 112.

    En Sicile, à Naples. ♃

3. CRÉPIDE barbue, *C. barbata*, L. à collerettes plus longues que le calice ; à écailles sétacées, éparses.

    Hieracium proliferum, falcatum ; Épervière prolifère, à feuillets des collerettes en faucille. *Bauh. Pin.* 128, n.° 3. *Colum. Ecphras.* 2, p. 28 et 27, f. 1. *Herm. Parad.* p. et tab. 185.

    A Montpellier, en Provence.

4. CRÉPIDE à vescie, *C. vesicaria*, L. à calice garni d'une collerette formée par des écailles sèches et roides, aussi longue que lui ; à fleurs en corymbe ; à bractées ovales.

Hieracium montanum rapifolium ; Épervière des montagnes à feuilles de rave. *Bauh. Pin.* 128, n.° 2.

Cette espèce présente une variété.

Cichorium pratense hirsutum, vesicarium ; Chicorée des prés hérissée, à calice enflé comme une vessie. *Bauh. Pin.* 126, n.° 2. *Colum. Eephras.* 1, pag. 236 et 237.

En Suisse, à Naples.

5. CRÉPIDE des Alpes, *C. Alpina*, L. à calice garni d'une collerette formée par des écailles sèches et roides, aussi longues que lui ; à fleurs solitaires.

Gmel. Sibir. 2, pag. 16, tab. 5.
Sur les Alpes de Provence, du Dauphiné. ☉

6. CRÉPIDE rouge, *C. rubra*, L. à feuilles de la tige embrassantes, lyrées, dentées, sinuées.

Hieracium intycaceum. floribus ex purpuro rubentibus ; Épervière à feuille de Chicorée, à fleurs d'un pourpre rougeâtre. *Bauh. Pin.* 128, n.° 3.
Hieracium Dentis leonis folio, flore suavè rubente ; Épervière à feuille de Dent-de-lion, à fleur d'un rouge agréable. *Bauh. Pin.* 127, n.° 7.

Linné rapporte à cette espèce le synonyme de *G. Bauhin, Chondrilla purpurascens, fœtida ;* Chondrille à fleur tirant sur le pourpre, fétide. *Pin.* 130, n.° 5, et *Prodr.* 68, n.° 3, fig. 2, que *Reichard* cite pour la Crépide fétide.

A Montpellier, en Dauphiné. ☉

7. CRÉPIDE fétide, *C. fœtida*, L. à feuilles pinnatifides, hérissées ; le dernier lobe impair, très-grand, triangulaire ; à pétioles dentés.

Senecio hirsutus ; Seneçon hérissé. *Bauh. Pin.* 131, n.° 4. *Dod. Pempt.* 641, fig. 3 *Tab. Ic.* 1, pag. 226, fig. 1. *Lugd. Hist.* 577, fig. 2. *Moris. Hist.* sect. 7, tab. 4, fig. 4. *Magn. Bot.* 129, tab. 10. *Bul. Paris.* tab. 479.

Les feuilles répandent une odeur désagréable, analogue à celle des amandes amères.

En Europe sur les bords des chemins et des fossés. ☉ *Estivale.*

8. CRÉPIDE rude, *C. aspera*, L. à feuilles dentées : les inférieures ovales, garnies d'oreillettes à leur base : les supérieures en fer de flèche ; à tige hérissée de soies roides, éparses.

En Orient, en Sicile, à Naples, en Palestine.

9. CRÉPIDE rhagadioloïde, *C. rhagadioloïdes*, L. à feuilles entières, embrassant la tige, oblongues ; à calices intérieurs à articulations, hérissés, garnis d'écailles en forme de tymbale.

A Naples. ☉

10. CRÉPIDE de Sibérie, *C. Sibirjca*, L. à feuilles embrassant la tige, oblongues, ridées, dentées inférieurement ; à tige hérissée ; à écailles du calice ciliées sur la carène.

> *Bauh. Hist.* 2, pag. 1026, fig. 3 ? *Pluk.* tab. 116, fig. 1.
> *Sur les Alpes de Sibérie.* ♃

11. CRÉPIDE des toits, *C. tectorum*, L. à feuilles radicales découpées profondément, dentées : celles de la tige assises, lisses, lancéolées.

> *Hieracium Chondrillæ folio, hirsutum ;* Épervière à feuilles de Chondrille, hérissée. *Bauh. Pin.* 127, n.° 2. *Lob. Ic.* 1, pag. 239, fig. 2.
> *Hieracium Chondrillæ folio, glabrum ;* Épervière à feuille de Chondrille, lisse. *Bauh. Pin.* 127, n.° 3.
> Nutritive pour le Bœuf, le Mouton, le Cochon, la Chèvre.
> *En Europe dans les prés.* ☉ Estivale.

12. CRÉPIDE biennale, *C. biennis*, L. à feuilles découpées profondément, pinnatifides, rudes, dentées supérieurement vers la base; à calices garnis d'écailles tuberculeuses–hérissées.

> *Hieracium maximum Chondrillæ folio, asperum ;* Épervière très-grande, à feuille de Chondrille, rude. *Bauh. Pin.* 127, n.° 1. *Bauh. Hist.* 2, p. 1025, fig. 3. *Bul. Paris.* tab. 482.
> *A Montpellier, Lyon, Paris, etc.* ♂ Estivale.

13. CRÉPIDE verte, *C. virens*, L. à feuilles radicales lancéolées, obtuses : celles de la tige embrassantes, lancéolées, aiguës ; à calices garnis d'écailles cotonneuses.

> *Hieracium minus glabrum, foliis eleganter virentibus ;* Épervière plus petite, à feuilles lisses, d'un vert élégant. *Bauh. Pin.* 127, n.° 10.
> *A Lyon, Grenoble, Paris.* ☉ Estivale.

14. CRÉPIDE de Dioscoride, *C. Dioscoridis*, L. à feuilles radicales lyrées, pinnatifides : celles de la tige en fer de hallebarde, embrassantes ; à écailles du calice cotonneuses.

> *Hieracium majus, erectum, angustifolium, caule lævi ;* Épervière plus grande, droite, à feuilles étroites, à tige lisse. *Bauh. Pin.* 127, n.° 6.
> *En Provence, Grenoble, Lyon, Paris, etc.* ☉ Estivale.

15. CRÉPIDE belle, *C. pulchra*, L. à feuilles en fer de flèche, dentelées; à tige en panicule ; à écailles du calice en pyramide, lisses.

> Le synonyme de *G. Bauhin, Hieracium montanum, hirsutum, minus ;* Épervière des montagnes, à feuille hérissée, plus petite, *Pin.* 128, cité par *Linné*, doit être altéré, car il est impossible de le trouver dans le Pinax. *Bauh. Hist.* 2, pag. 1025, fig. 2. *Bellev.* tab. 127.

Cette espèce présente une variété désignée dans l'*Hortus-Up-salieatis*, sous le nom de Lapsane chondrilloïde, à calices en pyramide : à semences aigrettées ; a feuilles oblongues, un peu dentées, rudes. *Colum. Ecphras.* 1, pag. 248 et 249, fig. 1. *Moris. Hist.* sect. 7, tab. 5, fig. 37.

A Montpellier, *en Provence*, *en Dauphiné*, *à Paris*. ⊙ Estivale.

*6. CRÉPIDE négligée, *C. neglecta*, L. à feuilles embrassant la tige, découpées profondément, dentées, un peu velues ; à tige en panicule ; à calices composés de huit ou dix écailles armées au milieu d'une ou deux épines mousses.

En Italie, *à Naples*.

994. ANDRYALE, *ANDRYALA.* * *Lam. Tab. Encyclop.* pl. 657. ENIOPHORUS. *Vaill. Mém. de l'Acad.* 1721, p. 212, tab. 7, fig. 20.

CAL. *Commun* court, arrondi, velu, à plusieurs segmens profonds, formé par plusieurs *écailles* en alène, presque égales.

COR. *Composée* en recouvrement, uniforme : *Corollules herma-phrodites*, nombreuses, égales.

— *Propre* monopétale, en languette, linéaire, tronquée, à cinq dents.

ÉTAM. Cinq *Filamens*, capillaires, très-courts. *Anthères* formant une gaîne cylindrique, tubulée.

PIST. *Ovaire* ovale. *Style* filiforme, de la longueur des étamines. Deux *Stigmates*.

PÉR. Nul. Le *Calice* arrondi, dont les écailles sont rapprochées, renferme les semences.

SEM. Solitaires, ovales. *Aigrette* à poils, de la longueur du calice.

RÉC. velu, légèrement aplati.

Réceptacle garni de poils. *Calice* arrondi, divisé en plusieurs segmens profonds, presque égaux. *Aigrette* des semences simple, assise.

1. ANDRYALE à feuilles entières, *A. integrifolia*, L. à feuilles inférieures découpées profondément : les supérieures ovales, oblongues, cotonneuses.

Sonchus villosus, *luteus*, *major* ; Laitron à feuilles velues, à fleur jaune, plus grand. *Bauh. Pin.* 124, n.° 1. *Lugd. Hist.* 1116, fig. 2.

Cette espèce présente un variété désignée sous le nom d'An-dryale sinuée, *A. sinuata*, à feuilles inférieures rongées.

Sonchus villosus , luteus , minor ; Laitron à feuilles velues , "à fleur jaune, plus petit. *Emh. Pin.* 124 , n.º 2.

A Lyon , Montpellier , Grenoble , etc. ⊙ Vernale.

2. ANDRYALE de Raguse, *A. Ragusina* , L. à feuilles lancéo-lées, entières ou sans divisions , dentelées, aiguës, cotonneu-ses; à fleurs solitaires.

Herm. Lugd. 672 et 673.

Dans les Isles de l'Archipel. ♃

3. ANDRYALE laineuse , *A. lanata* , L. à feuilles oblongues , ovales , un peu dentées , laineuses ; à pédoncules rameux.

Bellev. tab. 135. *Dill. Elth.* tab. 150 , fig. 180.

Sur les Alpes du Dauphiné. ♃ Estivale.

995. HYOSÈRE, *HYOSERIS.* * *Lam. Tab. Encyclop.* pl. 654. HÉDYPNOIS. *Tournef. Inst.* 478 , tab. 271. *Lam. Tab. Encyclop.* pl. 654. TARAXACONASTRUM. *Vaill. Mém. de l'Acad.* 1721 , pag. 179 , tab. 7 et 8, fig. 40 , 45 , 31 , 32 et 24. RHAGADIOLOÏDES. *Vaill. Mém. de l'Acad.* 1721 , pag. 201 , tab. 7 , fig. 29 et 30. LEONTODONTOÏDES. *Michel. Gen.* 31 , tab. 28.

CAL. *Commun* à dix feuillets , formé par des *écailles* lancéolées , droites , égales , dont les inférieures séparées , très-courtes, imitent un calice accessoire, ou forment comme un second calice qui entourre la base du premier.

— *Propre* supérieur , très-court , aigu , persistant , à cinq seg-mens profonds , tenant lieu d'aigrette.

COR. *Composée* le plus souvent en recouvrement , uniforme : *Co-rollules hermaphrodites* , disposées sur un ou deux rangs.

— *Propre* monopétale , en languette , linéaire , tronquée , à cinq dents.

ÉTAM. Cinq *Filamens* , capillaires , très-courts. *Anthères* formant une gaîne cylindrique , tubulée.

PIST. *Ovaire* un peu alongé. *Style* filiforme , de la longueur des étamines. Deux *Stygmates* , renversés.

PÉR. Nul. Le *Calice commun* droit, renferme les semences.

SEM. Solitaires , un peu alongées , comprimées, de la longueur du calice. *Aigrette* à poils, entourée par le calice propre.

RÉC. Nu.

OBS. Taraxaconastri *Vaillant : Semences extérieures à calices à trois dents ; semences centrales à calice à cinq divisions , velues ; semences intermédiaires , couronnées par des poils.*

Leontodontoïdes *Michelli : Semences presque nues.*

Hedypnois *Tournefort : Semence du Rayon enveloppées par les écailles du calice ; semences du Centre couronnées par un calice à cinq dents.*

Rhagadioloïdes

Rhagadioloïdes, *Vaillant : Semences recourbées, couronnées par des paillettes.*

Réceptacle nu. *Calice* composé d'écailles presque égales. *Aigrette* des semences formée par des poils, et entourée par le calice propre.

* I. H y o s è r e s à tige nue.

1. HYOSÈRE fétide, *H. fœtida*, L. à hampes très-simples, portant une seule fleur ; à feuilles pinnatifides ; à semences nues.

> *Dens leonis tenuissimo folio ;* Dent-de-lion à feuille très-menue. *Bauh. Pin.* 126, n.º 5. *Column. Ecphras.* 2, p. 29 et 31, f. 2. *Bellev.* tab. 124. *Moris. Hist.* sect. 7, tab. 7, fig. 7. *Michel.* 31, tab. 28.

> *Sur les Alpes du Dauphiné, de Suisse, d'Italie.* ♃ Vernale. *S.-Alp.*

2. HYOSÈRE radiée, *H. radiata*, L. à hampes nues, portant une seule fleur ; à feuilles lyrées, lisses, à segmens anguleux, dentés ; les sommets laciniés.

> *Dens leonis minor, foliis radiatis ;* Dent-de-lion plus petite, à feuilles radiées. *Bauh. Pin.* 126, n.º 6. *Pluk.* tab. 37, fig. 2.

> *A Montpellier, en Provence.* ♃

3. HYOSÈRE luisante, *H. lucida*, L. à hampes portant une seule fleur ; à feuilles un peu charnues, découpées profondément, dentées, anguleuses.

> *Jacq. Hort.* tab. 150.

> *En Orient.*

4. HYOSÈRE rude, *H. scabra*, L. à hampes portant une seule fleur ; à feuilles rudes ; à aigrettes des semences à poils.

> *Barrel.* tab. 237.

> *En Sicile, à Naples.*

5. HYOSÈRE de Virginie, *H. Virginica*, L. à hampes portant une seule fleur ; à feuilles lyrées, lancéolées, lisses.

> *En Virginie.*

6. HYOSÈRE très-petite, *H. minima*, L. à tige nue, divisée ; rameuse ; à feuilles ovales, dentées ; à péduncules terminant les rameaux, renflés au sommet ou sous le calice.

> *Hieracium minus folio subrotundo ;* Épervière plus petite à feuille arrondie. *Bauh. Pin.* 127, n.º 8. *Clus. Hist.* 2, p. 142, fig. 2. *Bauh. Hist.* 2, p. 1025, f. 1. *Bul. Paris.* tab. 483. *Flor. Dan.* tab. 201.

> *A Montpellier, Lyon, Paris.* ⊙ Estivale.

Tome III.   F f

* II. *HYOSÈRES à tige feuillée.*

7. HYOSÈRE hédypnoïde, *H. hedypnois*, L. à fruits lisses, arrondis ; à semences surmontées d'un petit calice aigretté ; à tige rameuse ; à pédoncules renflés sous la fleur qui est penchée.

> *Hieracium capitulum inclinans, semine adunco ;* Épervière à fleur inclinée, à semence crochue. *Bauh. Pin.* 128, n.º 1. *Lob. Ic.* 1, pag. 239, fig. 1. *Bauh. Hist.* 2, p. 1032, f. 2. *Bellev.* tab. 123.

> *A Montpellier, en Provence.* ☉

8. HYOSÈRE rhagadiole, *H. rhagadioloïdes*, L. à fruits ovales, velus ; à semences du disque surmontées d'un petit calice aigretté ; à tige rameuse.

> *A Naples.* ☉

9. HYOSÈRE de Crète, *H. Cretica*, L. à fruits ovales, rudes ; à semences du disque surmontées d'un petit calice aigretté ; à tige rameuse.

> *Dans l'isle de Crète.*

996. SÉRIOLE, *SERIOLA*. * *Lam. Tab. Encyclop.* pl. 656. ACHYROPHORUS. *Vaill. Mém. de l'Acad.* 1721, p. 213, tab. 7, fig. 52, 28, 13, 21 et 18.

CAL. *Commun* simple, formé par des *feuillets* linéaires, presque égaux, droits.

COR. *Composée*, en recouvrement, uniforme : *Corollules hermaphrodites*, égales, nombreuses.

—— *Propre* monopétale, en languette, linéaire, tronquée, à cinq dents.

ÉTAM. Cinq *Filamens*, capillaires, très-courts. *Anthères* formant une gaîne cylindrique, tubulée.

PIST. *Ovaire* ovale. *Style* filiforme, de la longueur des étamines. Deux *Stigmates*, renversés.

PÉR. Nul. Le *Calice* qui ne change point, renferme les semences.

SEM. Oblongues, de la longueur du calice. *Aigrette* portée sur un pied, à poils, à dix rayons dont les latéraux sont velus.

RÉC. Garni de paillettes, de la longueur du calice, caduc-tardif.

Réceptacle garni de paillettes. *Calice* simple. *Aigrette* des semences le plus souvent plumeuse.

1. SÉRIOLE lisse, *S. lævigata*, L. à tige lisse ; à feuilles dentées, en ovale renversé.

> *Dans l'isle de Crète.* ☉

2. SÉRIOLE d'Italie, *S. Œthnensis*, L. à tige hérissée ; à feuilles un peu dentées, en ovale renversé.

Jacq. Obs. 4, pag. 3, tab. 79.

En Italie, à *Naples.* ☉

3. SÉRIOLE de Crète, *S. Cretensis*, L. à tige hérissée; à feuilles découpées profondément.

Dans l'isle de Crète.

4. SÉRIOLE brûlante, *S. urens*, L. à tige hérissée, rameuse, feuillée; à feuilles dentées; à calices hérissés.

En Sicile, à *Naples.*

997. HYPOCHÉRIDE, *HYPOCHÆRIS*. * *Vaill. Mém. de l'Acad.* 1721, pag. 214, tab. 7, fig. 28 et 21. *Lam. Tab. Encyclop.* pl. 656.

Cal. *Commun* arrondi, ventru à la base, formé par des *écailles* lancéolées, aiguës, placées en recouvrement les unes sur les autres.

Cor. *Composée*, en recouvrement, uniforme : *Corollules hermaphrodites*, égales, nombreuses.

―― *Propre* monopétale, en languette, linéaire, tronquée, à cinq dents.

Étam. Cinq *Filamens*, capillaires, très-courts. *Anthères* formant une gaine cylindrique, tubulée.

Pist. *Ovaire* ovale. *Style* filiforme, de la longueur des étamines. Deux *Stigmates*, renversés.

Pér. Nul. Le *Calice* arrondi, aigu, dont les écailles sont rapprochées, renferme les semences.

Sem. Solitaires, oblongues. *Aigrette* plumeuse, portée sur un pied.

Réc. Garni de paillettes, lancéolées, linéaires, de la longueur des semences.

Obs. H. glabra : *Semences du Disque à aigrette portée sur un pied : Semences du Rayon, à aigrette assise.*

Réceptacle garni de paillettes. *Calice* composé d'écailles placées en recouvrement les unes sur les autres. *Aigrette* des semences plumeuse.

1. HYPOCHÉRIDE des montagnes, *H. montana*, L. à tige simple, portant une seule fleur, ornée de feuilles lancéolées, ovales, dentées, embrassantes.

Jacq. Aust. tab. 190.

Sur les Alpes du Dauphiné, de Suisse. Estivale. *Alp.*

2. HYPOCHÉRIDE tachée, *H. maculata*, L. à tige presque sans feuilles, portant une ou deux fleurs; à feuilles radicales ovales, oblongues, entières, dentées, marquées de taches noirâtres.

Hieracium Alpinum latifolium, hirsutie incanum, flore magno; Épervière des Alpes à feuilles larges, hérissées de poils blanchâtres, à grande fleur. *Bauh. Pin.* 128, n.° 6. *Clus. Hist.* 2, pag. 139, fig. 2. *Bauh. Hist.* 2, pag. 1027, f. 1. *Flor. Dan.* tab. 149. *Icon. Pl. Medic.* tab. 271.

Hieracium Alpinum foliis dentatis, flore magno; Épervière des Alpes, à feuilles dentées, à grande fleur. *Bauh. Pin.* 128, n.° 5.

Nutritive pour le Cheval, le Bœuf, le Mouton, le Cochon.

A Montpellier, Lyon, Paris, sur les Alpes du Dauphiné. ♃ Estivale. *Alp.*

3. **HYPOCHÉRIDE** lisse, *H. glabra*, L. à tige lisse ; à écailles du calice oblongues, en recouvrement ; à tige rameuse, nue; à feuilles dentées, sinuées.

Hieracium minus, Dentis leonis folio oblongo, glabro; Épervière plus petite, à feuille de Dent-de-lion oblongue, lisse. *Bauh. Pin.* 127, n.° 6. *Flor. Dan.* tab. 424.

A Montpellier, à Paris. ☉

4. **HYPOCHÉRIDE** enracinée, *H. radicata*, L. à feuilles rudes, obtuses, découpées profondément ; à tige rameuse, nue, lisse; à péduncules garnis d'écailles ; renflés au sommet ou sous la fleur.

Hieracium Dentis leonis folio obtuso, majus; Épervière à feuille de Dent-de-lion, obtuse, plus grande. *Bauh. Pin.* 127, n.° 1. *Dod. Pempt.* 639, fig. 2. *Lob. Ic.* 1, pag. 238, fig. 1. *Bauh. Hist.* 2, pag. 1032, fig. 1. *Bellev.* tab. 125. *Moris. Hist.* sect. 7, tab. 4, fig. 27. *Flor. Dan.* tab. 150.

Hieracium minus, Dentis leonis folio subaspero; Épervière plus petite, à feuille de Dent-de-lion, un peu rude. *Bauh. Pin.* 127, n.° 5.

Hieracium Dentis leonis folio, bulbosum; Épervière à feuille de Dent-de-lion, à racine bulbeuse. *Bauh. Pin.* 127, n.° 4.

En Europe, dans les pâturages secs. ♃ Estivale.

998. **LAPSANE**, *LAPSANA.* + *Vaill. Mém. de l'Acad.* 1721, pag. 210, tab. 8, fig. 47, 48 et 8. L A M P S A N A. *Tournef. Inst.* 479, tab. 272. *Lam. Tab. Encyclop.* pl. 655. **RHAGADIOLUS.** *Tournef. Inst.* 479, tab. 272. *Vaill. Mém. de l'Acad.* 1721, pag. 211, tab. 7 et 8, fig. 1, 47, 38 et 37. *Lam. Tab. Encyclop.* pl. 655. Z A C I N T H A. *Tournef. Inst.* 476, tab. 269. *Vaill. Mém. de l'Acad.* 1721, pag. 201, tab. 7 et 8, fig. 48, 27, 33, 35, 36 et 34.

CAL. *Commun* ovale, anguleux, formé par des *écailles* dont les inférieures séparées, imitent un calice accessoire : celles du *tube* au nombre de huit , égales , linéaires , creusées en gouttière , carénées , aiguës : celles de *la base* au nombre de six , petites , placées en recouvrement , et dont les alternes sont très−petites.

COR. *Composée* , en recouvrement, uniforme : *Corollules herma- phrodites* environ au nombre de seize , égales.

—— *Propre* monopétale , en languette , tronquée , à cinq dents.

ÉTAM. Cinq *Filamens* , capillaires , très-courts. *Anthères* formant une gaîne cylindrique , tubulée.

PIST. *Ovaire* un peu alongé. *Style* filiforme , de la longueur des étamines. *Stigmate* renversé , divisé peu profondément en deux parties.

PÉR. Nul. Les *Écailles du tube du calice* renferment les semences qui les avoisinent.

SEM. Solitaires , oblongues , comme en cylindre à trois côtés. *Ai- grette* nulle ou variant dans sa forme.

RÉC. Nu , aplati.

OBS. Lampsanæ , *Tournefort* , *Vaillant* : Toutes les Semences *nues , non enveloppées par les écailles du calice.*

Rhagadioli , *Tournefort* , *Vaillant* : Chaque Semence *envelop- pée par une écaille du calice.*

Zacinthæ , *Tournefort* , *Vaillant* : Semences du Rayon *enve- loppées par une écaille du calice* : Semences du centre *cou- ronnées par une aigrette courte , simple.*

Réceptacle nu. *Calice* composé d'écailles dont les inté- rieures sont creusées en gouttières , et les inférieures séparées , très-courtes , imitent un calice accessoire ou forment comme un second calice qui entoure la base du premier.

2. LAPSANE commune , *L. communis* , L. à calices du fruit anguleux ; à pédoncules menus , très-rameux.

Soncho affinis Lapsana domestica ; Congénère du Laitron ou Lampsane commune. *Bauh. Pin.* 124 , n.° 1. *Dod. Pempt.* 675 , fig. 2. *Lob. Ic.* 1 , pag. 207 , fig. 1. *Lugd. Hist.* 541 , fig. 2. *Bauh. Hist.* 2 , pag. 1028 , f. 1. *Bul. Paris.* tab. 484. *Flor. Dan.* tab. 500.

Cette plante est indiquée dans toutes les maladies avec en- gorgement , et dans les affections de la peau , comme dar- tres , etc.

Nutritive pour le Cheval , le Bœuf , le Mouton , le Cochon , l'Oie.

En Europe , dans les lieux cultivés. ☉ Vernale.

F f 3

2. LAPSANE Zacinthe , *L. Zacintha* , L. à calices du fruit enflés , déprimés , obtus , assis.

>*Chondrilla verrucaria , foliis Cichorii viridibus ;* Chondrille verruqueuse , à feuilles de Chicorée vertes. *Bauh. Pin.* 130 , n.º 10. *Matth.* 389 , f. 1. *Clus. Hist.* 2 , pag. 144 , fig. 1. *Lugd. Hist.* 559 , fig. 1. *Camer. Epit.* 287. *Bauh. Hist.* 2 , pag. 1013 , fig. 1.

>*A Montpellier , en Provence , en Dauphiné.* ⊙

3. LAPSANE étoilée , *L. stellata* , L. à calices du fruit dont les écailles très - ouvertes , forment par leur écartement une étoile ; à rayons en alêne ; à feuilles de la tige lancéolées , très–entières.

>*Hieracium siliquâ falcatâ ;* Épervière à silique en faucille. *Bauh. Pin.* 128 , n.º 2. *Lob. Ic.* 1 , pag. 240 , fig. 2. *Bauh. Hist.* 2 , pag. 1014 , fig. 1.

>*Aux environs de Montpellier , à Assas , en Provence.* ⊙ Vernale.

4. LAPSANE Rhagndiole , *L. Rhagadiolus* , L. à calices du fruit dont les écailles sont très–ouvertes ; à rayons en alêne ; à feuilles lyrées.

>*A Naples , en Carniole.* ⊙

999. CUPIDONE , *CATANANCHE.* * *Lam. Tab. Encyclop.* pl. 658. CATANANCE. *Tournef. Inst.* 478 , tab. 271. *Vaill. Mém. de l'Acad.* 1721 , pag. 215 , tab. 7 et 8 , fig. 56 et 11.

CAL. *Commun* en toupie, formé par plusieurs *feuillets* , aigus , conchés les uns sur les autres , peu serrés , secs et roides , placés en recouvrement les uns sur les autres , garnis d'une *petite écaille* ovale, pointue , concave , lâche , luisante , persistante.

COR. *Composée* , le plus souvent en recouvrement , uniforme : plusieurs *Corollules hermaphrodites* dont les extérieures sont plus longues.

—— *Propre* monopétale, en languette , linéaire, tronquée , à cinq dents.

ÉTAM. Cinq *Filamens* , capillaires , très–courts. *Anthères* formant une gaîne cylindrique , tubulée.

PIST. *Ovaire* oblong. *Style* filiforme , de la longueur des étamines. *Stigmate* renversé , divisé peu profondément en deux parties.

PÉR. Nul. Le *Calice* qui ne change point , renferme les semences.

SEM. Solitaires , en toupie, ovales. *Aigrette* formée par un petit calice à cinq arêtes.

RÉC. Garni de paillettes.

ORS. *Ce genre présente une espèce dont la Corolle Composée n'est point en recouvrement.*

Réceptacle garni de paillettes. *Calice* composé d'écailles placées en recouvrement les unes sur les autres. *Aigrette*
des semences formée par cinq soies en arête.

1. CUPIDONE bleue, *C. cærulea* , L. à écailles inférieures du calice ovales.

> *Chondrilla cærulea, Cyani capitulo ;* Chondrille à fleur bleue,
> à tête de Bluet. *Bauh. Pin.* 130, n.º 6. *Matth.* 847 , f. 1.
> *Dod. Pempt.* 638 , f. 1. *Lob. Ic.* 1 , pag. 549 , fig. 2. *Lugd.*
> *Hist.* 1190 , fig. 1 ; 1670, fig. 2. *Camer. Epit.* 944 et 945.
> *Bauh. Hist.* 3 , P. 1, pag. 26 , f. 2. *Barrel.* tab. 1134.

> Cette espèce présente une variété , selon *Reichard.*

> *Chondrilla cærulea, Cyani capitulo , altera ;* autre Chondrille
> à fleur bleue , à tête de Bluet. *Bauh. Pin.* 131 , n.º 7.

> *A Montpellier , en Provence , à Grenoble.* ⊙ Vernale.

2. CUPIDONE jaune , *C. lutea* , L. à écailles inférieures du calice lancéolées.

> *Barrel.* tab. 1135.

> *A Naples , dans l'isle de Crète.* ⊙

3. CUPIDONE Grecque , *C. Græca* , L. à feuilles incisées.
> *Tournef. Voy. au Lev.* tom. 1 , pag. et tab. 223.
> *En Grèce.*

1000. CHICORÉE, *CICHORIUM.* * *Tournef. Inst.* 478,
tab. 272. *Lam. Tab. Encyclop.* pl. 658. *Vaill. Mém. de l'Acad.*
1721 , pag. 216, tab. 7 , fig. 9 et 10.

CAL. *Commun* comme cylindrique , formé par des *écailles* dont
huit inférieures séparées , imitent un calice accessoire, étroites,
lancéolées , égales , formant un cylindre, et dont *cinq* couchées,
les unes sur les autres , sont plus courtes.

COR. *Composée* plane , uniforme : *Corollules hermaphrodites* au
nombre de vingt, disposées en rond.

—— *Propre* monopétale , en languette , tronquée , divisée profondément en cinq dents.

ÉTAM. Cinq *Filamens* , capillaires , très-courts. *Anthères* formant
une gaîne cylindrique , tubulée , à cinq cotés.

PIST. *Ovaire* oblong. *Style* filiforme , de la longueur des étamines.
Deux *Stigmates* roulés.

PÉR. Nul. Le *Calice* comme cylindrique , dont les écailles sont
rapprochées au sommet, renferme les semences.

SEM. Solitaires , comprimées , à angles aigus. *Aigrette* à poils
irréguliers , comme à cinq dents.

RÉC. Le plus souvent garni de paillettes.

Réceptacle peu garni de paillettes. *Calice* composé d'écailles dont les inférieures séparées, très-courtes, imitent un calice accessoire, ou forment comme un second calice qui entoure la base du premier. *Aigrette* des semences formée par cinq dents irrégulières, ornées de poils.

1. CHICORÉE sauvage, *C. intybus*, L. à fleurs sans péduncules, assises deux à deux sur les branches ; à feuilles comme pinnées ; à pinnules triangulaires.

> *Cichorium sylvestre vel Officinarum ;* Chicorée sauvage ou des Boutiques. *Bauh. Pin.* 125, n.° 2. *Fusch. Hist.* 679. *Matth.* 388, fig. 1 ? *Dod. Pempt.* 635, f. 1. *Lob. Ic.* 1, pag. 228, fig. 2. *Lugd. Hist.* 557, fig. 2 ; et 563, fig. 3. *Camer. Epit.* 283. *Bauh. Hist.* 2, pag. 1007 et 1008, fig. 1. *Beller. tab.* 113. *Icon. Pl. Medic. tab.* 37.

> 1. *Cichorium ;* Chicorée sauvage. 2. Herbe, Racine. 3. Aqueuse, laiteuse, amère, savonneuse. 4. Extraits aqueux et spiritueux. 5. Affection hypocondriaque, jaunisse, dartres, ulcères internes et externes. 6. On mange ses feuilles cuites ou en salade. Sa racine torréfiée, est employée dans le Nord, particulièrement en Prusse, en infusion ou légère décoction comme le Café. On cultive en grand cette plante, pour cet usage. Sa semence est une des quatre *Semences froides mineures.* Dans la pratique, on prescrit fréquemment les bouillons de Chicorée amère.

> *En Europe, sur les bords des champs, des chemins. Cultivée dans les jardins potagers.* ♃ Estivale.

2. CHICORÉE Endive, *C. Endivia*, L. à fleurs solitaires, pédunculées ; à feuilles entières, crénelées.

> *Intybus sativa latifolia, sive Endivia vulgaris ;* Chicorée cultivée à larges feuilles, ou Endive vulgaire. *Bauh. Pin.* 125, n.° 1. *Fusch. Hist.* 677. *Matth.* 386, f. 1. *Dod. Pempt.* 634, fig. 1. *Lob. Ic.* 1, pag. 233, fig. 2. *Lugd. Hist.* 556, fig. 1. *Bauh. Hist.* 2, pag. 1011, fig. 1.

> Cette espèce présente une variété.

> *Intybus crispa ;* Chicorée frisée. *Bauh. Pin.* 125, n.° 3. *Matth.* 387, fig. 1. *Lugd. Hist.* 557, fig. 3.

> Souvent par la culture les feuilles deviennent frangées, crépues, frisées. La Chicorée Endive est plutôt un aliment qu'un médicament ; on la mange en salade ou cuite.

> *On ignore son climat natal. Cultivée dans les jardins potagers.* ⊙ Estivale.

3. CHICORÉE épineuse, *C. spinosum*, L. à tige dichotome, épineuse ; à fleurs assises aux aisselles des feuilles.

Cichorium spinosum ; Chicorée épineuse. *Bauh. Pin.* 126,
n.° 3. *Prodr.* 62, f. 1. *Clus. Hist.* 2, p. 145, f. 1. *Bauh.
Hist.* 2, pag. 1013, fig. 2. *Barrel.* tab. 1159.
En Sicile, à Naples, dans l'isle de Crète. ♂

1001. SCOLYME, *SCOLYMUS*. * *Tournef. Inst.* 480, tab. 273.
Vaill. Mém. de l'Acad. 1721, pag. 218, tab. 7, fig. 41 et 42.
Lam. Tab. Encyclop. pl. 659.

CAL. Commun ovale, formé par des *écailles* nombreuses, lancéolées, épineuses, peu serrées, placées en recouvrement les unes
sur les autres.

COR. *Composée*, en recouvrement, uniforme : *Corollules hermaphrodites*, nombreuses, égales.
—— *Propre* monopétale, en languette, linéaire, tronquée, légèrement divisée en quatre dents.

ÉTAM. Cinq *Filamens*, capillaires, très-courts. *Anthères* formant
une gaîne cylindrique, tubulée.

PIST. *Ovaire* oblong. *Style* filiforme, plus long que les étamines.
Deux *Stigmates*, renversés.

PÉR. Nul. Le *Calice* qui ne change point, renferme les semences.

SEM. Solitaires, un peu alongées, triangulaires, pointues à la base.
Aigrette nulle.

RÉC. Convexe, garni de *paillettes* arrondies, planes, à trois
dents au sommet, plus longues que les semences, et les séparant.

Réceptacle garni de paillettes. *Calice* composé d'écailles épineuses, placées en recouvrement les unes sur les autres. *Semences* sans aigrette.

1. SCOLYME taché, *S. maculatus*, L. à fleurs solitaires,
Dod. *Pempt.* 725, f. 2. *Lob. Ic.* 2, p. 6, f. 2. *Clus. Hist.* 2,
pag. 153, fig. 2. *Bauh. Hist.* 3, P. 1, pag. 84, f. 1.
G. *Bauhin* a confondu les deux espèces en ne les regardant
que comme variétés l'une de l'autre, quoiqu'il désigne fort
bien les figures qui appartiennent à chacune d'elles.
A Montpellier, en Provence. ♃

2. SCOLYME d'Espagne, *S. Hispanicus*, L. à fleurs entassées.
Scolymus chrysanthemos ; Scolyme à fleur dorée. *Bauh.
Pin.* 384. Dod. *Pempt.* 725, f. 1. *Clus. Hist.* 2, pag. 143,
fig. 1. *Lugd. Hist.* 1438, fig. 1 ; et 1469, fig. 1.
A Montpellier, en Provence, en Dauphiné. ♃

1002. BARDANE, *ARCTIUM*. * *Lam. Tab. Encyclop.* pl. 664.
LAPPA. *Tournef. Inst.* 450, tab. 256. *Vaill. Mém. de l'Acad.* 1718,
pag. 154. *Lam. Tab. Encyclop.* pl. 665.

Cal. *Commun* arrondi, formé par des *écailles* lancéolées, terminées par des piquans, en alêne, longs, recourbés au sommet en hameçon.

Cor. *Composée* tubulée, uniforme : *Corollules hermaphrodites*, égales.

—— *Propre* monopétale, tubulée. *Tube* grêle, très-long. *Limbe* ovale, à cinq *divisions* peu profondes, linéaires, égales.

Étam. Cinq *Filamens*, capillaires, très-courts. *Anthères* formant une gaîne cylindrique, tubulée, de la longueur de la corolle, à cinq dents.

Pist. *Ovaire* oblong, velu au sommet. *Style* filiforme, plus long que les étamines. *Stigmate* renversé, divisé peu profondément en deux parties.

Pér. Nul. Le *Calice* dont les écailles sont rapprochées, renferme les semences.

Sem. Solitaires, en pyramide verticale, à deux angles opposés, irrégulières, bossuées extérieurement. *Aigrette* simple, plus courte que la semence.

Réc. Plane, garni de paillettes sétacées.

Calice globuleux, composé d'écailles courbées au sommet en hameçon.

1. BARDANE officinale, *A. Lappa*, L. à feuilles en cœur, pétiolées et sans piquans.

Lappa major ; Bardane plus grande. *Bauh. Pin.* 198, n.° 1. *Fusch. Hist.* 72. *Matth.* 804, fig. 2. *Lob. Ic.* 1, pag. 583, fig. 1. *Lugd. Hist.* 1055, fig. 1. *Bauh. Hist.* 3, P. 2, pag. 570, fig. 1. *Bul. Paris.* tab. 486. *Icon. Pl. Medic.* tab. 387.

Cette espèce présente une variété.

Lappa major montana, capitulis tomentosis, seve Arctium Dioscoridis ; Bardane plus grande des montagnes, à têtes velues, ou Bardane de Dioscoride. *Bauh. Pin.* 198, n.° 3. *Matth.* 805, fig. 1. *Dod. Pempt.* 38, fig. 1. *Lob. Ic.* 1, pag. 587, fig. 2. *Lugd. Hist.* 1055, fig. 2. *Bauh. Hist.* 3, P. 2, pag. 571, fig. 1.

1. *Bardana ;* Bardane, Glouteron. 2. Racine, Feuilles, Semences. 3. *Racine :* saveur douceâtre, un peu austère ; *feuilles :* amères ; *semences :* àcres et amères. 4. Extraits aqueux et spiritueux, doux-amers. 5. Rhumatisme, goutte, impuretés humorales, gale, dartres. 6. La racine et les jeunes pousses de *Bardane*, se mangent comme celles des Artichauds et des Asperges.

Nutritive pour le Bœuf, la Chèvre.

En Europe, dans les grands chemins, les cours des granges.
⊙ Estivale.

2. BARDANE personnée, *A. personata*, L. à feuilles se prolongeant sur la tige, ciliées, un peu épineuses : les radicales pinnées : celles de la tige oblongues, ovales.

> *Carduus mollis latifolius*, *Lappæ capitulis;* Chardon à feuilles molles, à têtes de Bardane. *Bauh. Pin.* 377, n.° 2. *Hall. Hist.* n.° 162, tab. 3. *Jacq. Aust.* tab. 348.
>
> *Haller* a rapporté cette plante au genre des Chardons.
>
> *Sur les Alpes du Dauphiné*, à la grande Chartreuse. ♂ Estivale. *S.-Alp.*

3. BARDANE épineuse, *A. carduelis*, L. à feuilles pinnatifides, épineuses.

> *Scopoli Carn.* ed. 2, n.° 997, tab. 53, désigne cette plante sous le nom de *Cirsium arctioïdes.*
>
> *Sur les Alpes de Carniole.*

1003. SARRETTE, *SERRATULA*. * *Dill. Elth.* tab. 261 et suiv. *Lam. Tab. Encyclop.* pl. 660. Cirsium. *Dill. Elth.* tab. 71 et 72.

Cal. *Commun* oblong, comme cylindrique, formé par des *écailles* lancéolées, mousses, placées en recouvrement les unes sur les autres.

Cor. *Composée*, tubulée, uniforme : *Corollules hermaphrodites*, égales.

— *Propre* monopétale, en entonnoir. *Tube* courbé. *Limbe* ventru, à cinq divisions peu profondes.

Étam. *Cinq Filamens*, capillaires, très-courts. *Anthères* formant une gaîne cylindrique, tubulée.

Pist. *Ovaire* ovale. *Style* filiforme, de la longueur des étamines. Deux *Stigmates*, oblongs.

Pér. Nul. Le *Calice* qui ne change poipt, renferme les semences.

Sem. Solitaires, comme ovales. *Aigrette* assise.

Réc. Nu, ou garni de paillettes.

Obs. L'Aigrette *dans quelques espèces est plumeuse, dans d'autres elle est à poils.*

> Le *Carduus differe* du Serratula *par son Réceptacle à poils, son Calice ventru, ses Écailles épineuses, et par son Stygmate divisé moins profondément en deux parties.*

Calice comme cylindrique, composé d'écailles placées en recouvrement les unes sur les autres, sans piquans sensibles.

1. SARRETTE des Teinturiers, *S. tinctoria*, L. à feuilles lisses, lyrées, pinnatifides ; la pinnule terminale très-grande ; à fleurons conformes.

Serratula ; Sarrette. *Bauh. Pin.* 235. *Matth.* 672, fig. 3. *Dod. Pempt.* 42, fig. 3. *Lob. Ic.* 1, pag. 534, fig. 1. *Clus. Hist.* 2, pag. 8, fig. 1. *Lugd. Hist.* 1357, fig. 1. *Camer. Epit.* 682. *Bauh. Hist.* 3, P. 1, pag. 23, fig. 2. *Flor. Dan.* tab. 281.

Haller a rapporté cette plante au genre des Chardons. Elle offre plusieurs variétés relativement à la forme des feuilles. L'herbe donne une couleur jaune de bon teint, supérieure à celle de la Gaude.

Nutritive pour la Chèvre.

A Montpellier, Lyon, Grenoble, Paris, etc. ♃ Estivale.

2. SARRETTE couronnée, *S. coronata,* L. à feuilles lyrées, pinnatifides ; la pinnule terminale très-grande ; à fleurons du rayon femelles, plus longs.

Gmel. Sibir. 2, pag. 49, tab. 20.

En Sibérie, en Italie, à Naples. ♃

3. SARRETTE des Alpes, *S. Alpina,* L. à calices un peu hérissés, ovales ; à feuilles radicales, ovales, oblongues, dentées : celles de la tige très-entières.

Pluk. tab. 154, fig. 3. *Hall. Hist.* n.° 179, tab. 6.

Cette espèce présente trois variétés.

1.° Sarrette à feuilles de cynoglosse, *S. cynoglossifolia.*
Dill. Elth. tab. 70, fig. 81. *Flor. Dan.* tab. 37.

2.° Sarrette à feuilles de patience, *S. lapathifolia.*
Carduus mollis lapathifolius ; Chardon à feuilles de patience, molles. *Bauh. Pin.* 377, n.° 3. *Clus. Hist.* 2, pag. 151, fig. 1.

3.° Sarrette à feuilles étroites, *S. angustifolia,* à feuilles linéaires, vertes sur les deux surfaces ; à calices hérissés.
Gmel. Sibir. 2, pag. 78, tab. 33.

Sur les Alpes du Dauphiné, de Suisse. ♃ Estivale.

4. SARRETTE à feuilles de saule, *S. salicifolia,* L. à feuilles linéaires, lancéolées, alternes, blanchâtres en dessous, assises, très-entières.

Gmel. Sibir. 2, pag. 69, tab. 27.

En Sibérie.

5. SARRETTE à plusieurs fleurs, *S. multiflora,* L. à feuilles lancéolées, velues en dessous, un peu prolongées sur la tige, très-entières ; à tige en corymbe ; à calices cylindriques.

Gmel. Sibir. 2, pag. 71, tab. 283 ?

En Sibérie.

6. SARRETTE de Novemboraco, *S. Novemboraeensis*, L. à feuilles
lancéolées, oblongues, à dents de scie, pendantes.

Pluk. tab. 109, fig. 3. *Dill. Elth.* 263, fig. 342.

A Novemboraco, en Virginie, à la Caroline, au Canada. ♃

7. SARRETTE exhaussée, *S. præalta*, L. à feuilles lancéolées,
oblongues, à dents de scie, étalées, hérissées en dessous.

Pluk. tab. 280, fig. 6. *Dill. Elth.* 264, fig. 343.

A la Caroline, en Virginie, en Pensylvanie.

8. SARRETTE glauque, *S. glauca*, L. à feuilles ovales, oblongues, aiguës, à dents de scie; à fleurs en corymbe; à calices
arrondis.

Dill. Elth. 262, fig. 341.

Au Mariland, en Virginie, à la Caroline. ♃

9. SARRETTE roide, *S. squarrosa*, L. à feuilles linéaires; à
calices secs et roides, presque assis, aigus, latéraux.

Moris. Hist. sect 7, tab. 27, fig 10. (Bonne). *Dill. Elth.*
tab. 71, fig. 82.

En Virginie. ♃

10. SARRETTE sèche, *S. scariosa*, L. à feuilles lancéolées, très-
entières ; à calices secs et roides, pédunculés, obtus.

Pluk. tab. 177, fig. 4.

En Virginie.

11. SARRETTE en épi, *S. spicata*, L. à feuilles linéaires, ciliées à la base ; à fleurs en épis, assises, latérales ; à tige
simple.

Pluk. tab. 424, fig. 6. *Dill. Elth.* tab. 72, fig. 83.

Dans l'Amérique Septentrionale. ♃

12. SARRETTE amère, *S. amara*, L. à feuilles lancéolées ; à
écailles du calice sèches et roides au sommet, obtuses, ouvertes,
colorées ; à fleurs terminales.

Gmel. Sibir. 2, pag. 72, tab. 29.

En Sibérie.

13. SARRETTE centaurée, *S. centauroïdes*, L. à feuilles pinnatifides, obliques, aiguës, lisses, sans piquans ; à écailles du calice
piquantes : les intérieures sèches et roides.

Gmel. Sibir. 2, pag. 44, tab. 17.

En Sibérie. ♃

14. SARRETTE des champs, *S. arvensis*, L. à feuilles dentées,
épineuses.

Carduus vinearum repens, Sonchi folio; Chardon des vignes
rampant, à feuille de Laitron. *Bauh. Pin.* 377, n.° 7.

Columna. Eephras. 1, pag. 43 et 46. Bauh. Hist. 3, P. 1, pag. 59, fig. 2. Bellev. tab. 85. Flor. Dan. tab. 644.

Carduus in Avenâ proveniens ; Chardon croissant dans les champs d'Avoine. Bauh. Pin. 377, n. 8.

Nutritive pour la Chèvre.

En Europe, où elle infecte les champs et les vignes. ♃ Estivale.

1004. CHARDON, CARDUUS. * Lam. Tab. Encyclop. pl. 663. Vaill. Mém. de l'Acad. 1718, pag. 153. POLYACANTHA. Vaill. Mém. de l'Acad. 1719, pag. 156. SILYBUM. Vaill. Mém. de l'Acad. 1718, p. 172. CIRSIUM. Tournef. Inst. 447, tab. 255. Vaill. Mém. de l'Acad. 1718, p. 157. ERIOCEPHALUS. Vaill. Mém. de l'Acad. 1718, pag. 160.

CAL. Commun ventru, formé par des écailles nombreuses, lancéolées, pointues, épineuses, placées en recouvrement les unes sur les autres.

COR. Composée tubulée, uniforme : Corollules hermaphrodites, presque égales.

— Propre monopétale, en entonnoir. Tube très-grêle. Limbe droit, ovale à la base, à cinq divisions peu profondes, linéaires, égales, dont une plus profondément séparée.

ÉTAM. Cinq Filamens, capillaires, très-courts. Anthères formant une gaîne cylindrique, tubulée, de la longueur de la corollule, à orifice à cinq dents.

PIST. Ovaire ovale. Style filiforme, plus long que les étamines. Stigmate simple, en alêne, nu, échancré.

PÉR Nul. Le Calice dont les écailles sont légèrement rapprochées, renferme les semences.

SEM. Solitaires, comme ovales, à quatre côtés, à deux angles opposés, sans forme régulière. Aigrette assise, très-longue.

RÉC. plane, garni de poils.

Calice ovale, composé d'écailles épineuses placées en recouvrement les unes sur les autres. Réceptacle garni de poils.

* I. CHARDONS à feuilles courantes ou prolongées sur la tige.

1. CHARDON marqueté, C. leucographus, L. à feuilles courant sur la tige, dentées, épineuses ; à péduncules nus, très-longs, portant une seule fleur ; à calices épineux, inclinés.

A Montpellier, en Provence. ⊙ Vernale.

2. Chardon lancéolé, C. lanceolatus, L. à feuilles courant sur la tige qui est velue, pinnatifides, hérissées ; à pinnules contournées, partagées en deux lobes épineux ; à calices ovales, épineux, velus.

Carduus lanceolatus latifolius ; Chardon lancéolé à larges feuilles. *Bauh. Pin.* 385 , n.º 6. *Bauh. Hist.* 3 , P. 1 , pag. 58 , f. 1. *Bul. Paris.* tab. 488.

A Montpellier , Lyon , Paris , etc. ♂ Estivale.

3. CHARDON penché , *C. nutans* , L. à feuilles courant sur une partie de la tige , épineuses , à fleurs penchées ; à écailles du supérieures du calice très-ouvertes.

Carduus spinosissimus latifolius , sphærocephalus vulgaris ; Chardon très-épineux , à larges feuilles , à fleurs en boule , vulgaire. *Bauh. Pin.* 385 , n.º 1. *Dod. Pempt.* 739 , fig. 1. *Lugd. Hist.* 1471 , fig. 2. *Bauh. Hist.* 3 , P. 1 , pag. 56 , fig. 3. *Barrel.* tab. 1116. *Flor. Dan.* tab. 675.

Nutritive pour le Cheval.

En Europe sur les bords des chemins et des fossés. ♂ Vernale.

4. CHARDON acanthe , *C. acanthoïdes* , L. à feuilles courant sur la tige , sinuées , épineuses en leurs bords ; à calices pédunculés , solitaires , droits , velus.

Bauh. Hist. 3 , P. 1 , pag. 56 , fig. 1 , *Bellev.* tab. 80. *Jacq. Aust.* tab. 249.

A Montpellier , Lyon , Paris , etc. ♂ Vernale.

5. CHARDON frisé , *C. crispus* , L. à feuilles courant sur la tige , sinuées , épineuses en leurs bords ; à fleurs agrégées , terminales ; à écailles du calice sans épines , ouvertes.

Carduus spinosissimus angustifolius , vulgaris ; Chardon très-épineux , à feuilles étroites , vulgaire. *Bauh. Pin.* 385 , n.º 3. *Lob. Ic.* 2 , pag. 21 , fig. 1. *Lugd. Hist.* 1473 , fig. 1. *Bauh. Hist.* 3 , P. 1 , pag. 59 , fig. 1. *Loës. Pruss.* 34 , n.º 5. *Flor. Dan.* tab. 621.

Nutritive pour le Cheval , le Bœuf , le Mouton , la Chèvre.

A Montpellier , Lyon , Paris , etc. ♂ Vernale.

6. CHARDON à plusieurs fleurs , *C. polyanthemos* , L. à feuilles courant sur la tige , sinuées , ciliées , nues en dessous ; à fleurs pédunculées , entassées.

Triumf. Obs. 3 , pag. et tab. 103.

A Rome , à Naples. ♂

7. CHARDON des marais , *C. palustris* , L. à feuilles courant sur la tige , dentées , épineuses en leurs bords ; à fleurs en grappes droites ; à calices à peine piquans.

Carduus palustris ; Chardon des marais. *Bauh. Pin.* 377 , n.º 6. *Moris. Hist.* sect. 7 , tab. 32 , fig. 13.

On mange dans le Nord les jeunes pousses et les racines.

Nutritive pour le Cheval , le Bœuf , le Cochon.

A Montpellier , Lyon , Paris , etc. ♂ Estivale.

8. CHARDON d'Italie, *C. pycnocephalus*, L. à feuilles courant sur la tige, pinnées ; à folioles sinuées, duvetées, épineuses ; à pédoncules nus, cotonneux ; à calices tombant à la maturité des semences.

Barrel. tab. 417. *Jacq. Hort.* tab. 44.

A Naples.

9. CHARDON argenté, *C. argentatus*, L. à feuilles courant sur la tige, découpées profondément, épineuses ; à pédoncules un peu cotonneux, portant une seule fleur ; à calices ovales, terminés en pointes mousses.

Jacq. Hort. tab. 192.

En Egypte. ⊙

10. CHARDON disséqué, *C. dissectus*, L. à feuilles courant sur la tige, lancéolées, à dents sans piquans ; à calices épineux.

Cirsium majus, singulari capitulo magno, vel incanum, varié dissectum ; Cirsie plus grand, à une seule tête grande, ou Cirsie à feuille blanchâtre diversement découpée. *Bauh. Pin.* 377, n.° 4. *Lob. Ic.* 1, pag. 583, fig. 1.

A Lyon, Paris. ♃ Estivale.

11. CHARDON bluet, *C. cyanoïdes*, L. à feuilles courant sur la tige, pinnatifides : les supérieures linéaires, très-entières, pétiolées, sans piquans, cotonneuses en dessous.

Cette espèce présente deux variétés décrites et gravées dans *Gmelin Sib.* 2, pag. 42, tab. 15 et pag. 44, tab. 16.

En Tartarie.

12. CHARDON blanc, *C. canus*, L. à feuilles courant sur la tige, lancéolées, rongées, dentées, ciliées, piquantes, garnies sur les deux surfaces d'un duvet semblable à une toile d'araignée.

Jac. Aust. 1. tab. 42 et 43.

En Autriche. ♃

13. CHARDON en peigne, *C. pectinatus*, L. à feuilles courant sur la tige, lancéolées, comme pinnées, en peigne; à pédoncules très-longs ; à fleurs penchées après la floraison.

On ignore son climat natal. ♂

14. CHARDON défloré, *C. defloratus*, à feuilles courant sur la tige, nues, lancéolées, à dents peu épineuses ; à pédoncules très-longs, duvetés, portant une seule fleur.

Cirsium angustifolium ; Cirsie à feuilles étroites. *Bauh. Pin.* 377, n.° 9 et non pas 4, parce qu'il y a une erreur dans le numéro du *Pinax.*

Cirsium singularibus capitulis parvis ; Cirsie à têtes isolées, petites. *Bauh. Pin.* 377, n.° 6. *Dod. Pempt.* 737, fig. 1.

Lob.

Lob. Ic. 1, pag. 582, fig. 1. *Clus. Hist.* 2, pag. 149, fig. 1.
Lugd. Hist. 583, fig. 3. *Bauh. Hist.* 3, P. 1, pag. 45, f. 3.
Hall. Helvet. n.º 164, tab. 4. *Jacq. Aust.* tab. 89.

Sur les Alpes du Dauphiné, de Provence. ♃ Vernale. *S.-Alp.*

15. **CHARDON** de Montpellier, *C. Manspessulanus*, L. à
feuilles courant sur la tige, lancéolées, lisses, peu sinuées, inégalement ciliées; à pédoncules alternes; à calices à peine piquans.

Cirsium foliis non hirsutis, floribus compactis; Cirsie à feuilles
non hérissées, à fleurs compactes. *Bauh. Pin.* 377, n.º 7.
Matth. 817, fig. 1. *Lob. Ic.* 1, pag. 581, fig. 2. *Ludg. Hist.*
582, fig. 1. *Bauh. Hist.* 3, P. 1, pag. 44 et 45, fig. 1.

A Montpellier, Lyon, Grenoble. ♃ Estivale.

16. **CHARDON** tubéreux, *C. tuberosus*, L. à feuilles pétiolées,
à peine courant sur la tige, comme pinnées, épineuses; à tige
sans épines; à fleurs solitaires.

Carduus pratensis, Asphodeli radice, latifolius; Chardon des
prés, à racine d'Asphodèle, à larges feuilles. *Bauh. Pin.*
377, n.º 3. *Lob. Ic.* 2, p. 10, fig. 2. *Clus. Hist.* 2, p. 149,
fig. 2. *Bauh. Hist.* 3, P. 1, pag. 43, fig. 2.

Cette espèce présente une variété.

*Carduus pratensis Asphodeli radice, foliis profundè et tenuiter
incisis;* Chardon des prés à racine d'Asphodèle, à feuilles
profondément et finement découpées. *Bauh. Pin.* 377, n.º 4.
Lugd. Hist. 1444, fig. 1.

A Lyon, Montpellier, Grenoble. ♃ Vernale.

17. **CHARDON** à petite fleur, *C. parviflorus*, L. à feuilles adhérentes à la base, lancéolées, nues, rongées, ciliées; à
épines mousses.

Sur les Alpes d'Italie.

* II. *CHARDONS à feuilles assises ou sans pétioles.*

18. **CHARDON** de Casaubon, *C. Casabonæ*, L. à feuilles sans
pétioles, lancéolées, très-entières, cotonneuses en dessous,
garnies en leurs bords de trois épines.

Acarna major, caule non folioso; Acarna plus grand, à tige
non feuillée. *Bauh. Pin.* 379, n.º 7. *Lob. Ic.* 2, pag. 16,
f. 1. *Lugd. Hist.* 1484, f. 2. *Bauh. Hist.* 3, P. 1, pag. 92, f. 2.

En Provence.

19. **CHARDON** étoilé, *C. stellatus*, L. à feuilles sans pétioles,
entières, lancéolées, cotonneuses en dessous; à épines rameuses, axillaires; à fleurs assises ou sans pédoncules, latérales.

Barrel. tab. 418.

A Naples.

Tome III.   G g

20. CHARDON Marie, *C. Marianus*, L. à feuilles embrassant la tige, en fer de hallebarde, pinnatifides, épineuses; à calices sans feuilles, doublement garnis d'épines creusées en gouttière.

Carduus albis maculis notatus, vulgaris; Chardon à feuilles marquées de taches blanches, vulgaire. *Bauh. Pin.* 381, n.º 1. *Fusch. Hist.* 56. *Matth.* 503, fig. 1. *Dod. Pempt.* 722, f. 1. *Lob. Ic.* 2, pag. 7, fig. 2. *Lugd. Hist.* 1464, fig. 1 et 1475, fig. 1. *Camer. Epit.* 445. *Bauh. Hist.* 3, P. 1, pag. 52, fig. 2. *Icon. Pl. Med.* tab. 130.

A Montpellier, en Provence, à Paris, etc. ♂ Vernale.

1. *Carduus Mariæ;* Chardon Marie. 2. Racine, Feuilles, Semences. 3. Amères. 4. Huile grasse. 5. On peut prescrire les feuilles dans des bouillons d'herbes, à ceux qui croient encore aux prétendues purifications du sang. Quelques Auteurs regardent la semence comme un spécifique contre l'hydrophobie. 6. On mange les feuilles en salade.

En France, en Angleterre, en Allemagne dans les lieux incultes. Il se resemme chaque année dans les lieux où on l'a cultivé. ☉

21. CHARDON de Syrie, *C. Syriacus*, L. à feuilles embrassant la tige, anguleuses, épineuses; à fleurs solitaires, presque assises, enveloppées par quatre ou cinq feuillets.

Carduus albis maculis notatus, exoticus; Chardon marqué de taches blanches, exotique. *Bauh. Pin.* 381, n.º 2.

Carduus latifolius echinos obsoletæ purpuræ ferens; Chardon à larges feuilles portant des piquans de couleur pourpre irrégulière. *Bauh. Pin.* 380. *Camer. Hort.* 35, tab. 10.

En Espagne, à Naples. ☉

22. CHARDON ériophore, *C. eriophorus*, L. à feuilles assises, pinnatifides, sur deux rangs; à pinnules divisées profondément, alternes, droites; à calices arrondis, velus.

Carduus capite rotundo, tomentoso; Chardon à tête arrondie, cotonneuse. *Bauh. Pin.* 382, n.º 5. *Dod. Pempt.* 723, fig. 1. *Lob. Ic.* 2, pag. 9, fig. 2. *Clus. Hist.* 2, pag. 154, fig. 1. *Lugd. Hist.* 1472, f. 3. *Bauh. Hist.* 3, P. 1, pag. 57, f. 1. *Bul. Paris.* tab. 490. *Jacq. Aust.* tab. 171.

A Montpellier, au Mont-Pilat près de Lyon, à Paris. ♂ Estiv.

23. CHARDON très-élevé; *C. altissimus*, L. à feuilles assises, pinnatifides, sinuées, à dents de scie, sans piquans; à tige très-rameuse; à calices velus, un peu dentés.

Dill. Elth. tab. 69, fig. 80.

A la Caroline. ♃

24. CHARDON de Virginie, *C. Virginianus*, L. à tige feuillée, portant une seule fleur; à feuilles lancéolées, un peu épineuses, cotonneuses en dessous; à calice sans piquans.

Jacq. Obs. 4, pag. 13, tab. 99.

En Virginie.

25. **CHARDON** hétérophylle, *C. heterophyllus*, L. à feuilles embrassant la tige, lancéolées, ciliées, entières et laciniées ; à tige ne portant le plus souvent qu'une seule fleur ; à calice sans piquans.

> *Cirsium maximum, Asphodeli radice ;* Cirsie très-grand, à racine d'Asphodèle. *Bauh. Pin.* 377, n.º 1. *Bauh. Hist.* 3, P. 1, pag. 44, fig. 2. *Flor. Dan.* tab. 109.
> Nutritive pour le Cheval, le Bœuf, le Mouton, la Chèvre.
> *Sur les Alpes du Dauphiné.* ♃ Estivale. *Alp.*

26. **CHARDON** hélénoïde, *C. helenoïdes*, L. à feuilles embrassant la tige, lancéolées, dentées ; à épines inégalement ciliées ; à tige sans piquans.

> *Cirsium singulari capitulo squamato*, *vel incanum alterum ;* Cirsie à une seule tête garnie d'écailles, ou autre Cirsie à feuille blanchâtre. *Bauh. Pin.* 377, n.º 5. *Clus. Hist.* 2, p. 148, f. 2. *Bauh. Hist.* 3, P. 1, pag. 46, f. 2. *Bellev.* tab. 83.
> *En Suisse, en Angleterre.* ♃

27. **CHARDON** sarrette, *C. serratuloïdes*, L. à feuilles embrassant à moitié la tige, lancéolées, entières ; à dentelures épineuses, sétacées ; à pédoncules portant une seule fleur.

> *Cirsium angustifolium non laciniatum ;* Cirsie à feuille étroite non laciniée. *Bauh. Pin.* 377, n.º 8, et non pas 3, parce qu'il y a une erreur dans le numéro du *Pinax. Clus. Hist.* 2, pag. 148, fig. 1. *Bauh. Hist.* 3, P. 1, pag. 46, fig. 1. *Bellev.* tab. 84. *Jacq. Aust.* tab. 127.
> *A Montpellier ? en Suisse.* ♃

28. **CHARDON** de Tartarie, *C. Tataricus*, L. à feuilles embrassant la tige, lancéolées ; à dentelures épineuses, sétacées ; à fleurs garnies de trois feuillets.

> *Bellev.* tab. 81.
> *En Sibérie, en Suisse.* ♃

29. **CHARDON** jaunâtre, *C. flavescens*, L. à feuilles lancéolées, entières, sans piquans, dentées, lisses ; à fleurs sans feuilles ; à épines mousses.

> *En Espagne.*

30. **CHARDON** mou, *C. mollis*, L. à feuilles pinnatifides ; à pinnules linéaires, cotonneuses en dessous ; à tige sans épines, ne portant qu'une seule fleur.

> *Carduus mollis, laciniato folio ;* Chardon mou, à feuille laciniée. *Bauh. Pin.* 377, n.º 5. *Clus. Hist.* 2, pag. 150, f. 1. *Jacq. Aust.* tab. 18.

A Montpellier.

3t. CHARDON sans tige, *C. acaulis*, L. sans tige ; à feuillets du calice sans piquans, lisses.

> *Carlina acaulis, minore purpureo flore ;* Carline sans tige, à fleur plus petite, pourpre. *Bauh. Pin.* 380, n.° 4. *Lob. Ic.* 2, pag. 5, fig. 1. *Clus. Hist.* 2, pag. 156, fig. 1. *Lugd. Hist.* 1455, fig. 1. *Bauh. Hist.* 3, P. 1, pag. 62 et 63, f. 1. *Barrel.* tab. 493. *Bul. Paris.* tab. 491.

> *En Europe, dans les pâturages secs.* ♃ Automnale.

2005. CNIQUE, *CNICUS*. ✦ ACARNA. *Vaill. Mém. de l'Acad.* 1718, pag. 163.

CAL. *Composé* ovale, enveloppé par des bractées, formé par des *écailles* ovales, resserrées, rameuses, épineuses, placées en recouvrement les unes sur les autres.

COR. *Composée* tubulée, uniforme : *Corollules hermaphrodites,* égales.

—— *Propre* de l'hermaphrodite, en entonnoir, oblongue. *Limbe* droit, presque égal, à cinq divisions peu profondes.

ÉTAM. des hermaphrodites : cinq *Filamens,* capillaires, très-courts. *Anthères* formant une gaîne cylindrique, tubulée.

PIST. *Ovaire* court. *Style* filiforme, de la longueur des étamines. *Stigmate* oblong, échancré.

PÉR. Nul. Le *Calice* dont les écailles sont resserrées, renferme les semences.

SEM. Solitaires. *Aigrette* plumeuse.

RÉC. Plane, velu.

Calice ovale, composé d'écailles rameuses et épineuses placées en recouvrement les unes sur les autres, et soutenu à sa base par des bractées qui l'enveloppent. *Corollules* égales.

1. CNIQUE des jardins, *C. oleraceus*, L. à feuilles pinnatifides, carénées, sans piquans ; à bractées concaves, entières, un peu colorées.

> *Carduus pratensis latifolius ;* Chardon des prés à larges feuilles. *Bauh. Pin.* 376, n.° 1. *Lob. Ic.* 2, pag. 11, fig. 1. *Lugd. Hist.* 1443, fig. 2. *Bauh. Hist.* 3, P. 1, pag. 43, f. 1.

> Cette espèce présente une variété.

> *Cirsium latissimum ;* Cirsie à feuilles très-larges. *Bauh. Pin.* 377, n.° 2.

> Nutritive pour le Cochon, la Chèvre.

> *A Lyon, Paris.* ♃ Estivale.

2. CNIQUE Érisithale, *C. Erisithales*, L. à feuilles embrassant la tige, pinnatifides ; à dentelures en arêtes ; à péduncules penchés ; à calices gluans.

Linn. Spec. 1157.

Carduus pratensis foliis tenuibus, laciniatis ; Chardon des prés
à feuilles menues, laciniées. *Bauh. Pin.* 376, n.º 2. *Lugd.
Hist.* 1094, fig. 2. *Bellev.* tab. 82. *Pluk.* tab. 154, fig. 2.
Jacq. Obs. 1, pag. 28, tab. 17. *Aust.* tab. 310.

En Provence. ♃ Estivale.

3. CNIQUE féroce, *C. ferox,* L. à feuilles courant sur la tige,
en languettes, dentées, épineuses ; à tige rameuse, droite.

Bauh. Hist. 3, P. 1, pag. 58, fig. 2.

En Dauphiné, en Provence. ♃ Estivale.

4. CNIQUE pygmée, *C. pygmæus,* L. à tige portant une seule
fleur ; à feuilles presque linéaires, assises, très-entassées ; à calice sans piquans.

Carduus mollis, folio oblongo, Cirsii capitulo ; Chardon mou,
à feuille oblongue, à tête de Cirsie. *Bauh. Pin.* 377, n.º 4.
Jacq. Vind. 282, tab. 8. *Aust.* tab. 440.

En Autriche. ♃

5. CNIQUE Acarna, *C. Acarna,* L. à feuilles courant sur la
tige, lancéolées, très-entières ; à calices comme pinnés, épineux.

Acarna major, caule folioso ; Acarna plus grand, à tige
feuillée. *Bauh. Pin.* 379, n.º 6. *Lob. Ic.* 2, pag. 17, f. 1.
Clus. Hist. 2, pag. 155, f. 1. *Lugd. Hist.* 1456, f. 1. *Bauh.
Hist.* 3, P. 1, pag. 91, fig. 3. *Barrel.* tab. 1211.

Cette espèce présente une variété.

Acarna humilis, caule folioso ; Acarna nain, à tige feuillée.
Bauh. Pin. 379, n.º 5. *Lob. Ic.* 2, pag. 14, fig. 2. *Lugd.
Hist.* 1456, fig. 2.

A Montpellier, en Provence. ♃ Estivale.

6. CNIQUE très-épineux, *C. spinosissimus,* L. à feuilles embrassant la tige, sinuées, pinnées, épineuses ; à tige simple ; à fleurs
assises.

Carlina polycephalos alba ; Carline à plusieurs fleurs blanches. *Bauh. Pin.* 380, n.º 5. *Hall. Helv.* n.º 172, tab. 5.

Sur les Alpes du Dauphiné, de Provence. ♃ Estivale. *Alp.*

7. CNIQUE artichaud, *C. centauroïdes,* L. à feuilles pinnatifides ;
à écailles du calice sèches et roides, lancéolées, pointues.

Moris. Hist. sect. 7, tab. 25, fig. 2.

Aux Pyrénées, en Sibérie. ♃

8. CNIQUE à une fleur, *C. uniflorus,* L. à feuilles pinnatifides ;
à écailles du calice sèches et roides, velues.

Gmel. Sibir. 2, pag. 86, tab. 38.

En Sibérie. ♃

9. **CNIQUE** penché , *C. cernuus* , **L.** à feuilles en cœur ; à pétioles hérissés , épineux , embrassant la tige ; à fleurs penchées.

　Gmel. Sibir. 2 , pag. 47 , tab. 19.

　En Sibérie. ♃

₄₀₀6. **ONOPORDE , *ONOPORDUM.*** ＊ *Vaill. Mém. de l'Acad.* 1718 , pag. 152. *Lam. Tab. Encyclop.* pl. 664.

Cal. *Commun* comme arrondi , ventru , formé par des *écailles* nombreuses , épineuses , saillantes de tous côtés , placées en recouvrement les unes sur les autres.

Cor. *Composée* tubulée , uniforme : *Corollules hermaphrodites* , égales.

—— *Propre* monopétale , en entonnoir. *Tube* très — grêle. *Limbe* droit , ventru , à cinq *divisions* peu profondes , égales , dont *une* plus profondément séparée.

Étam. Cinq *Filamens* , capillaires , très—courts. *Anthères* formant une gaine cylindrique , tubulée , de la longueur de la corolle , à cinq dents.

Pist. *Ovaire* ovale. *Style* filiforme , plus long que les étamines. *Stigmate* couronné.

Pér. Nul. Le *Calice* dont les écailles sont légèrement réunies , renferme les semences.

Sem. Solitaires. *Aigrette* capillaire.

Réc. garni de cellules membraneuses , à quatre côtes , semblables à des alvéoles.

Réceptacle garni de cellules. *Calice* composé d'écailles armées d'une forte épine.

1. **ONOPORDE** Acanthe , *O. Acanthium* , **L.** à écailles du calice sèches et roides , ouvertes ; à feuilles ovales , oblongues , sinuées.

　Spina alba tomentosa , *latifolia* , *sylvestris* ; Épine blanche cotonneuse , à larges feuilles , sauvage. *Bauh. Pin.* 382 , n.º 1. *Fusch. Hist.* 57. *Matth.* 499 , f. 1. *Dod. Pempt.* 721 , f. 1. *Lob. Ic.* 2 , p. 1 , f. 1. *Lugd. Hist.* 1446 , f. 1 et 2 ; et 1466 , fig. 1. *Camer. Epit.* 441. *Bauh. Hist.* 3 , P. 1 , pag. 54 , f. 2. *Barrel.* tab. 502. *Loës. Pruss.* 261 , n.º 82. *Bul. Paris.* tab. 492. *Icon. Pl. Medic.* tab. 359.

　On retire des semences qui mûrissent promptement , une huile grasse , assez abondante et bonne à brûler ; les fleurs caillent le lait.

　En Europe , dans les terres incultes , sur les bords des chemins. ♂ Estivale.

2. ONOPORDE d'Illyrie , *O. Illyricum* , L. à écailles du calice sèches et roides : les inférieures recourbées en crochet ; à feuilles lancéolées, pinnatifides.

> *Spina tomentosa altera , spinosior ;* autre Épine cotonneuse , plus épineuse. *Bauh. Pin.* 382 , n.º 2. *Dod. Pempt.* 738 , fig. 1. *Lob. Ic.* 1 , pag. 1 , fig. 2. *Lugd. Hist.* 1472 , fig. 2. *Bauh. Hist.* 3 , P. 1 , pag. 53 , f. 1. *Barrel.* tab. 501. *Jacq. Hort.* tab. 148.

> *A Montpellier , en Provence , en Dauphiné.* ♃ Estivale.

3. ONOPORDE d'Arabie , *O. Arabicum* , L. à écailles du calice placées en recouvrement les unes sur les autres.

> *Pluk.* tab. 154 , fig. 5.

> *En Portugal , à Naples.* ♂

4. ONOPORDE sans tige, *O. acaulon* , L. sans tige.

> *On ignore son climat natal.*

1007. ARTICHAUD, *CYNARA.* * *Lam. Tab. Encyclop.* pl. 663. CYNARA. *Tournef. Inst.* 442 , tab. 253. *Vaill. Mém. de l'Acad.* 1718 , pag. 155.

CAL. *Commun* ventru , formé par des *écailles* nombreuses , arrondies , charnues , placées en recouvrement les unes sur les autres , et augmentées par un appendice en forme d'écaille , ouvert , plus grand , arrondi , creusé en gouttière , échancré avec une épine.

COR. *Composée* tubulée , uniforme : *Corollules hermaphrodites ,* presque égales.

—— *Propre* monopétale , en entonnoir. *Tube* très–grêle. *Limbe* droit , ovale , à cinq *divisions* peu profondes , linéaires , dont *une* séparée plus profondément.

ÉTAM. Cinq *Filamens* , capillaires , très–courts. *Anthères* formant une gaîne cylindrique , tubulée , de la longueur de la corolle , à cinq dents.

PIST. *Ovaire* comme ovale. *Style* filiforme , plus long que les étamines. *Stigmate* simple , oblong , échancré.

PÉR. Nul. Le *Calice* dont les épines sont légèrement rapprochées, renferme les semences.

SEM. Solitaires , oblongues , ovales , à quatre côtés comprimés. *Aigrette* assise , longue.

RÉC. Soyeux.

Calice composé d'écailles écartées , charnues à la base , échancrées au sommet avec une pointe intermédiaire , placées en recouvrement les unes sur les autres.

Gg 4

1. ARTICHAUD cultivé , *C. Scolymus* , L. à feuilles à peine épineuses , pinnées et entières ; à écailles du calice ovales.

> *Cynara sylvestris latifolia ;* Artichaud sauvage à larges feuilles. *Bauh. Pin.* 384 , n.º 5. *Lob. Ic.* 2 , pag. 6 , fig. 1. *Lugd. Hist.* 1437 , fig. 1.

> Cette espèce présente deux variétés.

> 1.º *Cynara hortensis aculeata ;* Artichaud des jardins à feuilles piquantes. *Bauh. Pin.* 383 , n.º 2. *Dod. Pempt.* 724 , f. 1. *Lob. Ic.* 2 , p. 3 , f. 1. *Clus. Hist.* 2 , p. 153 , f. 3. *Lugd. Hist.* 1440 , f. 1.

> 2.º *Cynara hortensis* , *foliis non aculeatis ;* Artichaud des jardins , à feuilles non piquantes. *Bauh. Pin.* 383 , n.º 1. *Matth.* 497 , fig. 1. *Lugd.* 1439 , fig. 1 et 3.

> On emploie la tête de l'*Artichaud* plus souvent dans les cuisines qu'en médecine ; on fait avec la racine des apozèmes et des décoctions apéritives. L'infusion des fleurs dans l'eau froide , à laquelle on ajoute un peu de sel commun , coagule le lait. Les placenta d'Artichaud , vulgairement appelés *culs d'Artichauds* , augmentent évidemment le cours des urines.

> *En Provence. Cultivé dans les jardins potagers.* ♃ Estivale.

2. ARTICHAUD Cardon , *C. Cardunculus* , L. à feuilles toutes pinnatifides , épineuses ; à écailles du calice ovales.

> Les côtes des feuilles de *Cardon* , bouillies dans l'eau et assaisonnées , fournissent une nourriture légère.

> *Dans l'isle de Crète.* ♃ *Cultivé dans les jardins potagers.* Estiv.

3. ARTICHAUD nain , *C. humilis* , L. à feuilles épineuses , pinnatifides , cotonneuses en dessous ; à écailles du calice en alène.

> *Pluk.* tab. 81 , fig. 2 et 19.

> *En Espagne.* ♃

4. ARTICHAUD sans tige , *C. acaulis* , L. sans tige ; à feuilles pinnées ; à folioles sans piquans , lisses en dessus.

> *Till. Pis.* 41 , tab. 19 , fig. 1.

> *En Barbarie.* ♃

1008. CARLINE , *CARLINA.* * *Tournef. Inst.* 500 , tab. 285. *Vaill. Mém. de l'Acad.* 1718 , p. 172. *Lam. Tab. Encyc.* pl. 662.

Cal. *Commun* ventru , radié , formé par des *écailles* nombreuses , peu serrées , aiguës , placées en recouvrement les unes sur les autres , dont les *intérieures* sont disposées en rond , très-longues , très-ouvertes , luisantes , colorées , et imitant une fleur radiée.

Cor. *Composée* tubulée , uniforme : *Corollules hermaphrodites* , égales.

— *Propre* monopétale , en entonnoir. *Tube* grêle. *Limbe* en entonnoir , à cinq divisions profondes.

ÉTAM. Cinq *Filamens*, capillaires, très-courts. *Anthères* formant une gaine cylindrique, tubulée.

PIST. *Ovaire* court. *Style* filiforme, de la longueur des étamines. *Stigmate* oblong, entier ou divisé peu profondément en deux parties.

PÉR. Nul. Le *Calice* qui ne change point, renferme les semences.

SEM. Solitaires, légèrement arrondies. *Aigrette* plumeuse, ramifiée.

RÉC. Plane, garni de trois *Paillettes* fendues.

Calice offrant un rayon formé par des écailles intérieures, alongées et colorées.

1. CARLINE sans tige, *C. acaulis*, L. à tige uniflore, plus courte que la fleur.

> *Carlina acaulos, magno flore albo;* Carline sans tige, à grande fleur blanche. *Bauh. Pin.* 380, n.° 1. *Matth.* 490, f. 1. *Dod. Pempt.* 727, f. 2. *Lob. Ic.* 2, p. 4, f. 1. *Clus. Hist.* 2, p. 155, f. 2. *Lugd. Hist.* 1453, f. 1.

> *a. Carlina, Cardopatia;* Carline, Caméléon blanc. 2. Racine. 3. Odeur d'amande amère; saveur âcre, amère. 4. Huile essentielle, extraits aqueux et résineux. 5. Mélancolie, hystéricie, gale. 6. Le réceptacle de la fleur est un assez bon aliment. Cette plante est plus employée dans l'hippiatrique que dans la médecine humaine.

> *A Montpellier, Lyon, en Provence.* ♃ Estivale.

2. CARLINE laineuse, *C. lanata*, L. à tige bifurquée; à calices sanguins, terminant les rameaux qui sont au nombre de trois dont l'intermédiaire est assis.

> *Acarna flore purpureo, rubente, patulo;* Acarna à fleur pourpre, rougeâtre, ouverte. *Bauh. Pin.* 379, n.° 2. *Column. Ecphras.* 1, p. 29 et 27, f. 2. *Dellev.* tab. 108. *Garid. Aix.* 86, tab. 21.

> *A Montpellier, en Provence.* ☉

3. CARLINE en corymbe, *C. corymbosa*, L. à tige un peu rameuse, portant plusieurs fleurs sans pédoncules; à rayon du calice jaune.

> *Acarna capitulis parvis, luteis, in umbellâ;* Acarna à têtes petites, jaunes, disposées en ombelle. *Bauh. Pin.* 379, n.° 3. *Column. Ecphras.* 1, pag. 28 et 27, fig. 2.

> *A Montpellier, en Provence.* ☉

4. CARLINE vulgaire, *C. vulgaris*, L. à tige portant plusieurs fleurs en corymbe terminant; à rayon du calice blanc.

Cnicus ylvestris spinosior; Cnique sauvage plus épineux.
Baul. *in.* 378, n.º 5. *Fusch. Hist.* 121. *Matth.* 497, f. 2.
Dod. 1. *t.* 728, fig. 1. *Lob. Ic.* 2, pag. 20, fig. 2, *Clus.*
Hist. 2, p. 156, fig. 2. *Lugd. Hist.* 1439, fig. 1; 1450,
fig. 1; et 1466, fig. 1? *Camer. Epit.* 439. *Bauh. Hist.* 3,
P. 1, pag. 81, fig. 2. *Bul. Paris.* tab. 493.

En Europe, dans les pâturages secs. ♃ Vernale.

5. CARLINE à grappes, *C. racemosa*, L. à fleurs en petit nombre, sans péduncules, assises sur les côtés ou latérales.

Acarna flore luteo, patulo; Acarna à fleur jaune, ouverte.
Bauh. Pin. 379, n.º 1. *Dod. Pempt.* 728, fig. 2. *Lob. Ic.* 2,
pag. 15, fig. 1. *Clus. Hist.* 2, pag. 157, fig. 1. *Lugd.*
Hist. 1484, fig. 1. *Barrel.* tab. 593 et 594.

A Montpellier, en Provence. ☉

6. CARLINE des Pyrénées, *C. Pyrœnaïca*, L. à tige portant plusieurs fleurs; à feuilles courantes sur la tige.

Aux Pyrénées.

7. CARLINE atractyloïde, *C. atractyloïdes*, L. à tige rameuse; à
calice composé d'écailles ciliées.

Pluk. tab. 273, fig. 4. (Mauvaise).

Au cap de Bonne-Espérance.

1009. ATRACTYLE, *ATRACTYLIS*. * *Lam. Tab. Encyclop.*
pl. 660. CROCODILODES. *Vaill. Mém. de l'Acad.* 1718, pag. 162,
pl. 5, fig. 9.

CAL. *Extérieur* formé de plusieurs feuillets, linéaire, plus grand,
rude, persistant, renfermant le calice commun.

—— *Commun* ovale, composé de plusieurs *écailles* oblongues,
lancéolées, réunies, sans piquans, placées en recouvrement
les unes sur les autres.

COR. *Composée* radiée : *Corollules hermaphrodites*, nombreuses,
tubulées au disque : en languettes au rayon.

—— *Propre du Disque*, en entonnoir, à cinq divisions.

—— *Propre du Rayon*, à languette, plane, à cinq dents.

ÉTAM. *du Disque* : cinq *Filamens*, capillaires, très—courts. *An-*
thères formant une gaîne cylindrique, tubulée.

—— *du Rayon* : cinq *Filamens*, capillaires, très-courts : *Anthères*
formant une gaîne cylindrique, tubulée.

PIST. des Fleurons *du Disque* : *Ovaire* très—court. *Style* filiforme,
de la longueur des étamines. *Stigmate* divisé peu profondément
en deux parties.

—— des Fleurons *du Rayon* : semblable à celui des fleurons du
disque, mais irrégulier, se flétrissant.

PÉR. Nul.

SEM. *du Disque* : en toupie, comprimées. *Aigrette* plumeuse.

—— *du Rayon* : en toupie, comprimées. *Aigrette* plumeuse.

RÉC. Velu, plane.

OBS. A. cancellata, L. *offre rarement un rayon.*

Fleur radiée : les demi - fleurons du rayon terminés par cinq dents.

1. ATRACTYLE gommeux, *A. gummifera*, L. à fleur sans tige.

> *Carlina acaulos, gummifera;* Carline sans tige, gommeuse. *Bauh. Pin.* 380, n.º 3. *Alp. Exot.* 124, 125 et 126.
>
> Les feuilles qui sont épineuses laissent suinter un suc gommeux.
>
> *Dans l'isle de Crête, en Italie, à Naples.*

2. ATRACTYLE nain, *A. humilis*, L. à tige herbacée; à feuilles dentées, sinuées; à fleur radiée, soutenue par de vraies feuilles florales ouvertes; à écailles du calice tronquées, terminées par une épine sétacée.

> Cette espece présente une variété gravée dans *Barrelier* tab. 592.
>
> *En Languedoc, en Espagne.* ♂

3. ATRACTYLE en grille, *A. cancellata*, L. à collerettes ventrues, en forme de grille, linéaires, dentées; à calices ovales; à fleurs flosculeuses.

> *Acarna capitulis globosis;* Acarna à têtes globuleuses. *Bauh. Pin.* 379, n.º 4. *Alp. Exot.* 254 et 255. *Bauh. Hist.* 3, P. 1. pag. 93, fig. 2.
>
> *A Montpellier.* ⊙ Estivale.

4. ASTRACTYLE à feuilles opposées, *A. oppositifolia*, L. à feuilles opposées.

> *Pluk.* tab. 273, fig. 5.
>
> *En Éthiopie.* ♄

2010. CARTHAME, *CARTHAMUS.* * *Tournef. Inst.* 457, tab. 258. *Vaill. Mém. de l'Acad.* 1718, pag. 170. *Lam. Tab. Encyclop.* pl. 661. ÁTRACTYLIS. *Mém. de l'Acad.* 1718, p. 170. CARTHAMOÏDES. *Vaill. Mém. de l'Acad.* 1718. pag. 171.

CAL. *Commun* ovale, formé par des *écailles* nombreuses, resserrées à la base, placées en recouvrement les unes sur les autres, et augmentées au sommet par un appendice feuillé, comme ovale, plane, étalé, obtus.

COR. *Composée* tubulée, uniforme: *Corollules hermaphrodites*, égales.

—— *Propre* monopétale, en entonnoir. *Limbe* droit, égal, à cinq divisions profondes.

Éram. Cinq *Filamens*, capillaires, très-courts. *Anthères* formant une gaine cylindrique, tubulée.

Pist. *Ovaire* très-court. *Style* filiforme, plus long que les étamines. *Stigmate* simple.

Pér. Nul. Le *Calice* dont les écailles sont rapprochées, renferme les semences.

Sem. Solitaires.

Réc. Plane, garni de *poils* plus longs que la semence.

Obs. Carthami, *Vaillant*: Semence presque nue.

Atractylis, *Vaillant* : Semence à couronne irrégulière.

Carthamoïdes, *Vaillant* : Semence à couronne à poils.

C. lanatus, L. *Fleurons du rayon neutres*.

C. Creticus, L. *Fleurons du rayon avortans*.

Calice ovale, composé d'écailles dont le sommet est ovale, offrant la forme des feuilles.

1. CARTHAME des Teinturiers, *C. tinctorius*, L. à feuilles ovales, entières, dentées; à dents terminées par des épines.

Cnicus sativus vel Carthamus Officinarum; Cnique cultivé ou Carthame des Boutiques. *Bauh. Pin.* 378, n.° 1. *Fusch. Hist.* 409. *Matth.* 888, fig. 2. *Dod. Pempt.* 362, fig. 2. *Lob. Ic.* 2, pag. 19, fig. 1. *Clus. Hist.* 2, pag. 152, f. 1. *Lugd. Hist.* 1449, fig. 1. *Camer. Epit.* 993. *Bauh. Hist.* 3, P. 1, pag. 79, fig. 1.

Les corolles de ce *Carthame*, servent à teindre la soie et la laine en jaune-pourpre. Les Indiennes s'en servent pour se peindre le visage; les fleurs n'ont d'autre usage en pharmacie, que de fournir à certains médicamens leur principe colorant. On les mêle avec le vrai Safran dans le commerce; mais il est facile de distinguer la fraude. Les Egyptiens mangent en salade les jeunes feuilles du *Carthame*; la poudre de ces mêmes feuilles coagule le lait. Les semences fournissent une huile grasse, assez abondante, aussi douce que celle des amandes, mais purgative.

Dans l'isle de Crète. Cultivé dans les jardins. ⊙ Estivale.

2. CARTHAME laineux, *C. lanatus*, L. à tige velue, supérieurement laineuse; à feuilles inférieures pinnatifides : les supérieures entières, lancéolées, dentées, embrassant la tige.

Atractylis lutea; Atractyle à fleur jaune. *Bauh. Pin.* 379, n.° 1. *Matth.* 593, fig. 1. *Dod. Pempt.* 736, fig. 1. *Lob. Ic.* 2, pag. 13, fig. 1. *Lugd. Hist.* 1469, fig. 2. *Bauh. Hist.* 3, P. 1, pag. 83, fig. 1. *Bul. Paris.* tab. 94.

En Europe, dans les champs, sur les bords des fossés. ⊙ Vern.

3. CARTHAME de Crète, *C. Creticus*, L. à tige presque lisse; à calices un peu laineux, renfermant de huit à neuf fleurons;

à feuilles inférieures lyrées : les supérieures dentées, embrassant la tige à moitié.

Dans l'isle de Crète.

4. CARTHAME de Mauritanie, *C. Tingitanus*, L. à feuilles radicales pinnées : celles de la tige pinnatifides ; à tige portant une seule fleur.

Moris. Hist. sect. 7, tab. 34, fig. 19.

En Mauritanie. ♃

5. CARTHAME bleuâtre, *C. cæruleus*, L. à feuilles lancéolées, épineuses, dentées ; à tige portant le plus souvent une seule fleur.

Cnicus cæruleus, asperior; Cnique à fleur bleue, à feuilles plus rudes. *Bauh. Pin.* 378, n.º 2. *Lob. Ic.* 2, pag. 19, fig. 2. *Clus. Hist.* 2, pag. 152, fig. 2. *Lugd. Hist.* 1449, fig. 2. *Bauh. Hist.* 3, P. 1, pag. 80 et 81, fig. 1. *Barrel.* tab. 591.

A Naples. ♃

6. CARTHAME très-doux, *C. mitissimus*, L. à feuilles sans piquans : les radicales dentées : celles de la tige pinnatifides.

Bellev. tab. 86, *Bul. Paris.* 495.

A Montpellier, à Paris. ♃ Estivale.

7. CARTHAME Carduncelle, *C. Carduncellus*, L. à feuilles de la tige linéaires, pinnées, aussi longues que la tige.

Eryngium montanum, minimum, capitulo magno; Panicaut des montagnes, très-petit, à grande tête. *Bauh. Pin.* 386, n.º 5. *Lob. Ic.* 2, pag. 20, fig. 1. *Lugd. Hist.* 1469, fig. 3. *Bauh. Hist.* 3, P. 1 pag. 92 et 93, fig. 1. *Barrel.* t. 345.

Aux environs de Montpellier, à Périers, au pied de St-Loup, en Provence. ☉ Estivale.

8. CARTHAME en arbre, *C. arborescens*, L. à feuilles en lame d'épée, sinuées, dentées.

En Espagne. ♄

9. CARTHAME en corymbe, *C. corymbosus*, L. à fleurs en corymbe, nombreuses.

Chamæleon niger umbellatus, flore cæruleo hyacinthino; Carline noire ombellée, à fleur bleue couleur d'hyacinthe. *Bauh. Pin.* 380, n.º 6. *Matth.* 491, fig. 1. *Dod. Pempt.* 729, fig. 1. *Lob. Ic.* 2, pag. 5, fig. 2. *Lugd. Hist.* 1454, fig. 1. *Moris. Hist.* sect. 7, tab. 33, fig. 17.

A Naples. ♃

1011. SPILANTHE, *SPILANTHUS.* Lam. Tab. Encyclop. pl. 668.

CAL. *Commun* droit, formé de plusieurs *feuillets*, presque égaux, oblongs, dont *deux* extérieurs, plus longs.

Cor. *Composée* tubulée , uniforme : *Corollales hermaphrodites* , égales.

—— *Propre* en entonnoir. *Limbe* le plus souvent à quatre divisions peu profondes.

Étam. Cinq *Filamens* , courts. *Anthères* formant une gaîne cylindrique, tubulée.

Pist. *Ovaire* oblong. *Style* filiforme, de la longueur des étamines. Deux *Stigmates* , recourbés.

Pér. Nul. Le *Calice* qui ne change point , renferme les semences.

Sem. Solitaires, oblongues, comprimées, aplaties, membraneuses, échancrées , terminées au sommet par deux arêtes dont une plus petite.

Réc. Nu, conique.

Obs. S. atriplicifolius, L. *Semences sans arêtes.*

Réceptacle nu. *Aigrette* des *Semences* terminées par deux arêtes dont une plus courte. *Calice* composé de feuillets presque égaux.

1. SPILANTHE brûlant , *S. urens*, L. à feuilles lancéolées, très-entières; à tige couchée.
  Jacq. Amer. 214, tab. 126, fig. 1.
  Dans l'Amérique Méridionale.

2. SPILANTHE Faux–Acmelle, *S. Pseudo-Acmella*, L. à feuilles lancéolées, à dents de scie; à tige droite.
  Pluk. tab. 159, fig. 4?
  l. Cette plante est désignée dans le *Species* sous le nom de *Verbésine Faux-Acmelle*, à feuilles lancéolées , à dents de scie; à pédoncules plus longs que la fleur.
  A Zeylan.

3. SPILANTHE Acmelle, *S. Acmella*, L. à feuilles ovales, à dents de scie; à tige droite; à fleurs radiées.
  Pluk. tab. 315, fig. 2?
  Cette plante est désignée dans le *Species* sous le nom de *Verbésine Acmelle*, à feuilles oblongues, ovales, à trois nervures, presque dentées, pétiolées; à pédoncules alongés, axillaires; à fleurs en cônes.
  1. *Acmela*; Acmella. 2. Herbe, Semences. 3. Toute la plante balsamique, amère. 5. Hydropisie, ischurie , goutte, pleurésie, fleurs blanches. 6. Peu connue en France.
  A Zeylan. ☉

4. SPILANTHE à feuilles d'aroche , *S. atriplicifolius*, L. à feuilles alternes, delthoïdes, dentées, pétiolées, garnies de stipules; à tige en panicule.

Pluk. tab. 437, fig. 5.

Dans l'Amérique Méridionale.

5. SPILANTHE insipide, *S. insipidus*, L. à feuilles en ovale renversé, un peu dentées, assises ou sans pétioles.

Jacq. Amer. 215, tab. 126, fig. 2.

Dans l'Amérique Méridionale.

6. SPILANTHE oléracé, *S. oleraceus*, L. à feuilles presque en cœur, dentelées, pétiolées.

Jacq. Hort. tab. 135.

On ignore son climat natal.

1012. BIDENT, *BIDENS.* * *Tournef. Inst.* 462, tab. 262. *Dill. Elth.* tab. 43 et suiv. *Lam. Tab. Encyclop.* pl. 668. CÉRATO-CÉPHALUS. *Vaill. Mém. de l'Acad.* 1720, pag. 325, tab. 9, fig. 47, 48 et 49.

CAL. *Commun* droit, formé par des *feuillets* souvent inégaux, oblongs, creusés en gouttière, concaves, placés en recouvrement les uns sur les autres.

COR. *Composée* tubulée, uniforme : *Corollules hermaphrodites*, tubulées.

—— *Propre* en entonnoir. *Limbe* droit, à cinq divisions peu profondes.

ÉTAM. Cinq *Filamens*, capillaires, très-courts. *Anthères* formant une gaîne cylindrique, tubulée.

PIST. *Ovaire* oblong. *Style* simple, de la longueur des étamines. Deux *Stigmates*, oblongs, renversés.

PÉR. Nul. Le *Calice* qui ne change point, renferme les semences.

SEM. Solitaires, obtuses, anguleuses. *Aigrette* à deux ou plusieurs arêtes oblongues, droites, aiguës, rudes, à hameçons tournés en arrière.

RÉC. Plane, garni de paillettes caduques—tardives.

OBS. *Dans plusieurs espèces un petit calice à cinq feuillets ouverts entoure la fleur composée.*

Verbesina différe du Bidens *par le rayon seulement.*

La Corolle est rarement garnie d'un ou de deux fleurons radiés.

Réceptacle garni de paillettes. *Semences* terminées par des dents droites, roides. *Calice* composé de feuillets placés en recouvrement les uns sur les autres. *Corolle* offrant quelquefois des demi-fleurons.

1. BIDENT à feuilles de chanvre, *B. tripartita*, L. à feuilles divisées profondément en trois parties; à calices ornés de quelques bractées; à semences droites.

Cannabina aquatica, folio tripartitim diviso; Chanvre aquatique, à feuilles divisées profondément en trois parties.
Bauh. Pin. 321, n.º 2. *Dod. Pempt.* 395, fig. 1. *Lugd.
Hist.* 1039, fig. 2. *Bul. Paris.* tab. 496. *Icon. Pl. Medic.*
tab. 477.

Cette espèce présente une variété gravée dans *Loësel Pruss.* 53,
n.º 10.

L'herbe colore en jaune.

Nutritive pour le Bœuf, le Mouton.

En Europe, dans les lieux aquatiques, les fossés humides. ☉

2. BIDENT très-petit, *B. minima*, L. à feuilles lancéolées, assises ; à fleurs et semences droites.

Flor. Dan. tab. 312.

Haller regarde cette espèce comme une variété du Bident
penché.

A Lyon. ☉ Estivale.

3. BIDENT nodiflore, *B. nodiflora*, L. à feuilles oblongues, très-
entières, à une seule dent ; à tige dichotome ou à bras ouverts ;
à fleurs solitaires, assises.

Dill. Elth. tab. 44, fig. 52.

Au Bengale.

4. BIDENT délicat, *B. tenella*, L. à feuilles linéaires ; à pédoncules capillaires ; à calices le plus souvent à quatre feuillets ;
à semences droites, au nombre de cinq.

Au cap de Bonne-Espérance.

5. BIDENT penché, *B. cernua*, L. à feuilles lancéolées, embrassant la tige ; à fleurs penchées ; à semences droites.

Cannabina aquatica folio non diviso; Chanvre aquatique à
feuille non divisée. *Bauh. Pin.* 321, n.º 3. *Lob. Ic.* 1,
pag. 529, fig. 1. *Lugd. Hist.* 1039, fig. 1 ; et 1040, fig. 1.
Bauh. Hist. 2, pag. 1074, fig. 1. *Bellev.* tab. 107. *Loës.
Pruss.* 54, n.º 11.

A Montpellier, Lyon, Paris. ☉ Estivale.

6. BIDENT feuillé, *B. frondosa*, L. à feuilles pinnées, à dents
de scie, lisses, marquées par des lignes ; à semences droites ;
à calices feuillés ; à tige lisse.

Moris. Hist. sect. 6, tab. 5, fig. 21.

Dans l'Amérique Septentrionale. ☉

7. BIDENT velu, *B. pilosa*, L. à feuilles pinnées, un peu velues ; les articulations de la tige barbues ; à calices à collerette
simple ; à semences divergentes.

Dill. Elth. tab. 43, fig. 51.

Cette

Cette espèce présente une variété décrite et gravée dans *Rum-phius Amb.* 6, pag. 38, tab. 15, fig. 2.

Dans l'Amérique Méridionale, l'espèce : à la Chine, la variété. ⊙

8. BIDENT bipinné, *B. bipinnata*, L. à feuilles deux fois pinnées; à folioles incisées; à calices à collerettes; à corolles à moitié radiées; à semences divergentes.

Moris. Hist. sect. 6, tab. 7, fig. 23. *Herm. Parad.* pag. et tab. 123.

En Virginie.

9. BIDENT très-blanc, *B. nivea*, L. à feuilles simples, comme en fer de hallebarde, à dents de scie, pétiolées; à fleurs arrondies; à pédoncules alongés; à semences lisses.

Dill. Elth. tab. 47, fig. 55, n.º 3.

Cette espèce présente deux variétés gravées dans *Dillen Elth.*; l'une à feuilles à trois lobes, tab. 47, fig. 55; et l'autre à feuilles en forme de violon, tab. 46, fig. 54.

A la Caroline. ♃

10. BIDENT verticillé, *B. verticillata*, L. à feuilles oblongues, entières, inférieurement alternes, opposées supérieurement; à fleurs en anneaux.

A Véra-Crux.

11. BIDENT grimpant, *B. scandens*, L. à feuilles opposées, ovales, aiguës, très-entières; à tige grimpante, ligneuse; à fleurs opposées, en panicule.

A Véra-Crux.

12. BIDENT bullé, *B. bullata*, L. à feuilles ovales, à dents de scie : les inférieures opposées : les supérieures trois à trois : la foliole intermédiaire plus grande.

Ard. Spec. 2, pag. 37, tab. 18.

Dans l'Amérique Méridionale, à Naples. ⊙

1013. CACALIE, *CACALIA.* * *Tournef. Inst.* 451, tab. 258. *Vaill. Mém. de l'Acad.* 1719, pag. 306. *Lam. Tab. Encyclop.* pl. 673. CACALIANTHEMUM. *Dill. Elth.* tab. 54, fig. 62; et 55, fig. 63. POROPHYLLUM. *Vaill. Mém. de l'Acad.* 1719, pag. 308, tab. 10, fig. 39.

CAL. *Commun* simple, oblong, cylindrique, formé par des *écailles* dont les inférieures séparées, imitent un calice accessoire: dix à quinze écailles égales, lancéolées, linéaires, forment le tube; et quelques-unes en petit nombre très-courtes, sont couchées à la base.

COR. *Composée* tubulée : *Corollules hermaphrodites*, en nombre égal à celui des écailles les plus longues du calice, uniformes.

—— *Propre* en entonnoir, amincie insensiblement en tube. *Limbe* droit, à quatre divisions peu profondes.

ÉTAM. Cinq *Filamens*, capillaires, très-courts. *Anthères* formant une gaîne cylindrique, tubulée.

PIST. *Ovaire*, oblong. *Style* filiforme, de la longueur des étamines. Deux *Stigmates*, oblongs, roulés.

PÉR. Nul. Le *Calice* qui ne change point, renferme les semences.

SEM. Solitaires, oblongues, ovales, etroites. *Aigrette* à poils, très-longue.

RÉC. Nu, plane, ponctué.

OBS. C. Alpina, L. *diffère par les écailles du calice qui sont adhérentes, et les corollules à quatre divisions peu profondes.*

Réceptacle nu. **Aigrette** des semences formée par des poils. **Calice** cylindrique, oblong, garni à la base seulement de quelques écailles très-courtes, imitant un calice accessoire, ou formant comme un second calice qui entoure la base du premier.

* I. CACALIES ligneuses.

1. CACALIE mamelonnée, *C. papillaris*, L. à tige ligneuse, enveloppée par des pétioles épineux, tronqués.

En *Ethopie.* ♃.

2. CACALIE Anteuphorbe, *C. Anteuphorbium*, L. à tige ligneuse; à feuilles ovales, oblongues, aplaties; à pétioles marqués à leur base par trois lignes.

Anteuphorbium; Anteuphorbe. *Bauh. Pin.* 387, n.º 2. *Matth.* 585, fig. 2. *Dod. Pempt.* 378, fig. 2. *Lob. Ic.* 2, pag. 26, fig. 1. *Lugd. Hist.* 1692, fig. 1. *Moris. Hist.* sect. 7, tab. 37, fig. 10. *Dill. Elth.* tab. 55, fig. 63.

En *Éthiopie.* ♃

3. CACALIE à feuilles en coin, *C. cuneifolia*, L. à tige ligneuse; à feuilles en forme de coin, charnues.

Au cap de *Bonne–Espérance.* ♃

4. CACALIE de Klein, *C. Kleinia*, L. à tige ligneuse, composée; à feuilles lancéolées, aplaties; à cicatrices des pétioles irrégulières.

Frutex Indiæ Orientalis, Lavandulæ folio; Arbrisseau des Indes Orientales, à feuilles de Lavande. *Bauh. Pin.* 401, n.º 8. *Dill. Elth.* tab. 54, fig. 62.

Aux isles *Canaries.* ♃

5. CACALIE ficoïde., *C. ficoïdes*. L. à tige ligneuse; à feuilles comprimées, charnues.

> *Commel. Hor.* pag. et tab. 40.
> *En Éthiopie.* ♄

6. CACALIE rampante, *C. repens*, L. à tige ligneuse; à feuilles déprimées, charnues.

> *Au cap de Bonne-Espérance.* ♄

7. CACALIE sous-ligneuse, *C. sufruticosa*, L. à tige sous-ligneuse, rameuse; à feuilles linéaires, aplaties, éparses.

> *Ard. Sept.* 2, pag. 39, tab. 19.
> *Au Brésil.* ♄

* II. *CACALIES herbacées.*

8. CACALIE à feuilles poreuses, *C. porophyllum*, L. à tige herbacée, très-entière; à feuilles elliptiques, un peu crénelées.

> *Moris. Hist.* sect. 7, tab. 17, fig. 7. *Pluk.* tab. 161, fig. 1.
> *Dans l'Amérique Méridionale.* ☉

9. CACALIE à feuilles de laitron, *C. sonchifolia*, L. à tige herbacée; à feuilles lyrées, dentées, embrassant la tige.

> *Pluk.* tab. 444, fig. 1.
> *A Zeylan*, à la Chine. ☉

10. CACALIE blanchâtre, *C. incana*, L. à tige herbacée; à feuilles lancéolées, dentées.

> *Dans l'Inde Orientale.*

11. CACALIE Sarasine, *C. Saracenica*, L. à tige herbacée; à feuilles lancéolées, à dents de scie, courant sur la tige.

> *A Montpellier ?* ♃

12. CACALIE à fer de hallebarde, *C. hastata*, L. à tige herbacée; à feuilles à trois lobes, aiguës, à dents de scie; à fleurs penchées.

> *Gmel. Sibir.* 2, pag. 136, tab. 66.
> *En Sibérie.*

13. CACALIE à odeur suave, *C. suaveolens*, L. à tige herbacée; à feuilles en fer de flèche, dentelées; à pétioles dilatés supérieurement.

> *En Virginie, au Canada.* ♃

14. CACALIE à feuilles d'Arroche, *C. atriplicifolia*, L. à tige herbacée; à feuilles presque en cœur, dentées, sinuées; à calices renfermant cinq fleurs.

> *Moris. Hist.* sect. 7, tab. 15, fig. 7. *Pluk.* tab. 101, fig. 2.
> *En Virginie, au Canada.* ♃

15. CACALIE des Alpes, *C. Alpina*, L. à feuilles en forme de cœur ou de rein, dentées; à calices renfermant à peu près trois fleurons.

Cette espèce présente deux variétés.

1.º *Cacalia foliis crassis, hirsutis; Cacalie* à feuilles charnues, hérissées. *Bauh. Pin.* 198, n.º 2. *Clus. Hist.* 2. pag. 115, fig. 1. *Lugd. Hist.* 1308, fig. 1.

2.º *Cacalia foliis cutaneis acutioribus et glabris; Cacalie* à feuilles cutanées plus aiguës et lisses. *Bauh. Pin.* 198, n.º 3. *Lob. Ic.* 1, pag. 592, fig. 1. *Clus. Hist.* 2, pag. 115, f. 2. *Lugd. Hist.* 1052, fig. 1. *Bauh. Hist.* 3, P. 2, pag. 569, fig. 1.

A Montpellier, sur les Alpes du Dauphiné. ♃ Vernale. S.-*Alp.*
La première variété, vernale et Alpine.

16. CACALIE pinnatifide, *C. pinnatifida*, L. à tige, herbacée; à feuilles linéaires, deux fois pinnées.

Au cap de Bonne-Espérance.

1014. ÉTHULIE, *ETHULIA*. * *Lam. Tab. Encyclop.* pl. 699. SPARGANOPHORUS. *Vaill. Mém. de l'Acad.* 1719, p. 308, tab. 20, fig. 35.

CAL. *Commun* arrondi, simple, formé de quinze *feuillets*, linéaires, presque égaux, ouverts.

COR. *Composée* tubulée : *Corollules hermaphrodites*, uniformes, écartées.

—— *Propre*, en entonnoir. *Limbe* droit, à quatre divisions peu profondes.

ÉTAM. cinq *Filamens*, capillaires, très-courts. *Anthères* formant une gaîne cylindrique, tubulée.

PIST. *Ovaire* prismatique. *Style* filiforme, de la longueur des étamines. Deux *Stigmates*, recourbés.

PÉR. Nul. Le *Calice* qui ne change point, renferme les semences.

SEM. Solitaires, tronquées, en toupie, à cinq côtés, à cinq sillons. *Aigrette* nulle, remplacée par une marge saillante.

RÉC. Nu, convexe, à excavations ponctuées.

Réceptacle nu. *Semences* sans aigrettes.

1. ÉTHULIE conyze, *E. conyzoïdes*, L. à fleurs en panicule.

Linn. fil. dec. 1, pag. 1, tab. 1.
Dans l'Inde Orientale. ☉

2. ÉTHULIE spargonophore, *E. sphargonophora*, L. à fleurs assises, latérales.

Dans l'Inde Orientale.

3. ÉTHULIE étalée , *E. divaricata* , L. à feuilles linéaires, dentées , courant sur la tige : à pédoncules opposés aux fleurs ,
portant une seule fleur : à tige étalée.

Pluk. tab. 21 , fig. 4; et 160 , fig. 5.

Au Malabar. ☉

4. ÉTHULIE duvetée, *E. tomentosa* , L. à tige sous-ligneuse ; à
feuilles linéaires , très-entières, duvetées.

A la Chine. ♄

5. ÉTHULIE à deux dents , *E. bidentis* , L. à fleurs en grappes tournées d'un seul côté: à calice renfermant à peu près cinq fleurons:
à feuilles lancéolées , opposées.

Dans l'Inde Orientale. ☉

1015. EUPATOIRE, *EUPATORIUM.* * *Tournef. Inst.* 455 ,
tab. 259. *Vaill. Mém. de l'Acad.* 1719 , pag. 302. *Dill. Elth.*
tab. 114 , fig. 139; et 115 , fig. 140. *Lam. Tab. Encyclop.* pl. 672.

CAL. *Commun* oblong, formé par des *écailles* linéaires, lancéolées, droites , inégales, placées en recouvrement les unes sur
les autres.

COR. *Composée* tubulée , uniforme : *Corollules hermaphrodites* ,
égales.
—— *Propre* en entonnoir. *Limbe* étalé , à cinq divisions peu
profondes.

ÉTAM. Cinq *Filamens* , capillaires , très-courts. *Anthères* formant
une gaine cylindrique , tubulée.

PIST. *Ovaire* très-petit. *Style* filiforme, très-long , droit, divisé jusqu'aux étamines en deux parties. *Stigmates* grêles.

PÉR. Nul. Le *Calice* qui ne change point, renferme les semences.

SEM. oblongues. *Aigrette* plumeuse , longue.

REC. Nu.

OBS. E. maculatum , L. *Aigrette à poils.*

Réceptacle nu. *Aigrette* des semences en plume. *Calice* oblong ,
composé d'écailles placées en recouvrement les unes sur
les autres. *Style* plus long que la corolle , divisé à
moitié en deux parties.

* I. *E U P A T O I R E S à calices renfermant quatre fleurons.*

1. EUPATOIRE Daléa , *E. Dalea* , L. à feuilles lancéolées , veinées , lisses , à dents de scie irrégulières ; à tige ligneuse.

Brow. Jam. 314 , tab. 34 , fig. 1.

A la Jamaïque. ♄

2. EUPATOIRE à feuilles d'hyssope , *E. hyssopifolium* , L. à
feuilles lancéolées , linéaires , à trois nervures , presque entières.   H h 3

Pluk. tab. 88, fig. 2. *Dill. Elth.* tab. 115, fig. 140.

En Virginie. ♃

3. EUPATOIRE grimpant, *E. scandens*, L. à tige entortillée ; à feuilles en cœur, dentées, aiguës.

Pluk. tab. 163, fig. 3.

En Virginie. ♃

4. EUPATOIRE d'Houston, *E. Houstonis*, L. à tige entortillée ; à feuilles ovales, très-entières.

A Véra-Crux.

* II. *EUPATOIRES à calices renfermant cinq fleurons.*

5. EUPATOIRE de Zeylan, *D. Zeylanicum*, L. à feuilles ovales ; en fer de hallebarde, pétiolées, dentées.

Burm. Zeyl. 52, tab. 21.

A Zeylan.

6. EUPATOIRE à feuilles assises, *E. sessilifolium*, L. à feuilles assises ou sans pétioles, distinctes, lancéolées, embrassant la tige.

En Virginie. ♃

7. EUPATOIRE blanc, *E. album*, L. à feuilles lancéolées, à dents de scie ; à écailles du calice lancéolées, sèches et roides, colorées au sommet.

En Pensylvanie.

8. EUPATOIRE de la Chine, *E. Chinense*, L. à feuilles ovales, pétiolées, à dents de scie.

A la Chine.

9. EUPATOIRE à feuilles arrondies, *E. rotundifolium*, L. à feuilles assises ou sans pétioles, distinctes, presque arrondies en cœur.

Pluk. tab. 88, fig. 4.

En Virginie, au Canada.

10. EUPATOIRE très-élevé, *E. altissimum*, L. à feuilles lancéolées, nerveuses : les inférieures presque à dents de scie ; à tige ligneuse.

Jacq. Hort. tab. 164.

En Pensylvanie.

11. EUPATOIRE à fer de hallebarde, *E. hastatum*, L. à tige entortillée ; à feuilles en cœur, en fer de hallebarde, presque dentées, nues ; à fleurs en épis.

Brow. Jam. 316, tab. 34, fig. 3.

A la Jamaïque.

12. EUPATOIRE à trois feuilles, *E. trifoliatum*, L. à feuilles trois à trois.

En Virginie.

13. EUPATOIRE à feuilles de chanvre , *E. cannabinum*, L. à feuilles digitées.

> *Eupatorium cannabinum* ; Eupatoire à feuilles de Chanvre. *Bauh. Pin.* 320 , n.° 1. *Fusch. Hist.* 265. *Matth.* 717 , fig. 2. *Dod. Pempt.* 28 , fig. 2. *Lob. Ic.* 1 , pag. 528 , fig. 2, *Lugd. Hist.* 1063, fig. 1. *Camer. Epit.* 757, *Bauh. Hist.* 2 , p. 1065, fig. 2. *Moris Hist.* sect. 7 , tab. 13, fig. 1. *Flor. Dan.* tab. 745, *Icon. Pl. Medic.* tab. 50.

> 1. *Eupatorium* ; Eupatoire d'Avicenne. 2. Herbe , Racine. 3. Odeur forte, saveur amère , âcre , un peu aromatique. 5. Leucophlegmatie , engouemens des viscères du bas-ventre, rhumatismes , dartres , ulcères baveux , tumeurs froides, scrophules. 6. La racine fraîche purge et fait vomir ; mais lorsqu'elle a passé un an , elle perd sa vertu purgative.

> *En Europe dans les terrains humides.* ♃ Estivale.

* III. *Eupatoires* à calices renfermant huit fleurons.

14. EUPATOIRE pourpre , *E. purpureum* , L. à feuilles quatre à quatre , rudes , ovales , lancéolées , inégalement dentées , pétiolées , ridées.

> *Barrel.* tab. 71.
> *Dans l'Amérique Septentrionale.* ♃

15. EUPATOIRE taché , *E. maculatum*, L. à feuilles cinq à cinq , arrondies , un peu cotonneuses , lancéolées , dentées également, veinées , pétiolées.

> *Moris. Hist.* sect. 7 , tab. 18, fig. 3. *Herm. Parad.* 158 et 159.
> *Dans l'Amérique Septentrionale.* ♃

* IV. *Eupatoires* à calices renfermant quinze fleurons et plus.

16. EUPATOIRE perfolié , *E. perfoliatum* , L. à feuilles coton‑ neuses, réunies par la base et enfilées par la branche.

> *Pluk.* tab. 87 , fig. 6. (Bonne).
> *En Virginie.*

17. EUPATOIRE céleste , *E. cœlestinum* , L. à feuilles en cœur , ovales , à dents de scie obtuses, pétiolées; à calices renfermant plusieurs fleurons.

> *Pluk.* tab. 394, fig. 4; et 395 , fig. 4. *Dill. Elth.* tab. 114, fig. 139.
> *A la Caroline , en Virginie.*

18. EUPATOIRE aromatique , *E. aromaticum* , L. à feuilles ovales , à dents de scie obtuses, pétiolées, à trois nervures ; à calices simples.

> *Pluk.* tab. 88 , fig. 3.
> *En Virginie.* ♃

19. EUPATOIRE à feuilles d'ortie, *E. urticæfolium*, L. à feuilles ovales, à dents de scie, pétiolées; à tige lisse.

Moris. Hist. sect. 7, tab. 18, fig. 11. Cornut. Canad. 20 et 21.
Au Canada, en Virginie.

20. EUPATOIRE odorant, *E. odoratum*, L. à feuilles delthoïdes, dentées inférieurement, cotonneuses en dessous; à calices renfermant plusieurs fleurons.

Pluk. tab. 177, fig. 3.
Dans l'Amérique Méridionale.

21. EUPATOIRE à feuilles d'ivette, *E. ivæfolium*, L. à feuilles étroites, lancéolées, à trois nervures, presque dentées; à calices secs et roides, renfermant plusieurs fleurons.

A la Jamaïque.

* V. *EUPATOIRES obscurs.*

22. EUPATOIRE à feuilles épaisses, *E. macrophyllum*, L. à feuilles en cœur, à trois nervures, à dents de scie.

Pluk. Spec. 10, ic. 129.
Dans l'Amérique Méridionale.

23. EUPATOIRE à feuilles de sophia, *E. sophiæfolium*, L. à feuilles pinnatifides.

Plum. Spec. 9, ic. 128, fig. 2.
Dans l'Amérique Méridionale.

1016. AGÉRATE, *AGERATUM.* Lam. Tab. Encyclop. pl. 672.

CAL. *Commun* oblong, formé par des *écailles* nombreuses, lancéolées, presque égales.

COR. *Composée* uniforme : *Corollules hermaphrodites*, tubulées, nombreuses, égales, à peine plus longues que le calice.

—— *Propre* en entonnoir. *Limbe* étalé, à quatre divisions peu profondes.

ÉTAM. Cinq *Filamens*, capillaires, très-courts. *Anthères* formant une gaîne cylindrique, tubulée.

PIST. *Ovaire* oblong. *Style* filiforme, de la longueur des étamines. Deux *Stigmates*, très-grêles, droits.

PÉR. Nul. Le *Calice* qui ne change point, renferme les semences.

SEM. Solitaires, oblongues, anguleuses. *Aigrette* à cinq arêtes, très-ouvertes, garnie d'un petit calice propre.

RÉC. nu, convexe, très-petit.

OBS. *Ce genre diffère des* Eupatorium *par la couronne des semences; et des* Bidens *par le réceptacle nu.*

Réceptacle nu. *Aigrette* des semences terminée par cinq arêtes. *Calice* oblong, presque égal. *Corollules* divisées peu profondément en quatre parties.

1. AGÉRATE conyze, *A. conyzoïdes*, L. à feuilles ovales, à tige velue.

> *Pluk.* tab. 88, fig. 1. *Herm. Parad.* pag. et tab. 161.
> *Dans l'Amérique Méridionale.* ☉

2. AGÉRATE cilié, *A. ciliare*, L. à feuilles ovales, crénelées, obtuses ; à tige lisse.

> *Pluk.* tab. 81, fig. 4.
> *A Bisnagar.*

1017. PTÉRONE, *PTERONIA.* ♀ *Lam. Tab. Encyclop.* pl. 667. PTEROPHORUS. *Vaill. Mém. de l'Acad.* 1719, p. 315, t. 20, fig. 40.

CAL. *Commun* formé par des *écailles* lancéolées, en carène, pointues, placées en recouvrement les unes sur les autres.

COR. *Composée* uniforme : *Corollules hermaphrodites*, tubulées, nombreuses, égales.

—— *Propre* en entonnoir. *Limbe* aigu, à cinq divisions peu profondes.

ÉTAM. Cinq *Filamens*, capillaires, très-courts. *Anthères* formant une gaine cylindrique, tubulée.

PIST. *Ovaire* oblong. *Style* filiforme, de la longueur des étamines. *Stigmate* divisé peu profondément en deux parties.

PÉR. Nul. Le *Calice* qui ne change point, renferme les semences.

SEM. Solitaires, oblongues, comprimées. *Aigrette* assise, comme plumeuse, formée par des rayons un peu velus.

RÉC. soyeux, légèrement aplati, garni de paillettes divisées profondément en plusieurs soies plus courtes que les semences.

OBS. P. oppositifolia. L. *Deux Stygmates un peu alongés ; Aigrette sétacée, hérissée ; Réceptacle garni de paillettes.*

Réceptacle garni de paillettes divisées profondément en plusieurs parties. *Aigrette* comme en plume. *Calice* composé d'écailles placées en recouvrement les unes sur les autres.

1. PTÉRONE camphrée, *P. camphorata*, L. à feuilles éparses, ciliées à la base.

> *Pluk.* tab. 345, fol. 56, pl. 2.
> *En Éthiopie.*

2. PTÉRONE à feuilles opposées, *P. oppositifolia*, L. à feuilles opposées ; à rameaux dichotomes, étalés.

Breyn. Prodr. 3 , pag. 28 , tab. 17 , fig. 3.
Au cap de Bonne-Espérance. ♄

2018. STÉHÉLINE , *STEHÆLINA*. † SERRATULA. *Lam. Tab. Encyclop.* pl. 666.

CAL. *Commun* oblong , comme cylindrique , formé par des *écailles* lancéolées , droites , placées en recouvrement les unes sur les autres , terminées par une *petite écaille* plus courte , colorée.

COR. *Universelle* composée , tubulée : *Corollules hermaphrodites* , égales.

—— *Propre* monopétale , en entonnoir. *Limbe* en cloche , à cinq divisions peu profondes , égales , aiguës.

ÉTAM. Cinq *Filamens* , capillaires. *Anthères* offrant une queue.

PIST. *Ovaire* très-court. *Style* filiforme. *Stigmate* double , oblong , obtus , droit.

PÉR. Nul. Le *Calice* qui ne change point , renferme les semences.

SEM. Solitaires , oblongues , très-courtes , à quatre côtés. *Aigrette* ramifiée ou divisée , plus longue que le calice.

RÉC. plane , garni de paillettes très-courtes , persistantes.

OBS. S. gnaphaloïdes , L. *Calice sec et roide ; Style divisé peu profondément en deux parties ; Aigrette plumeuse réunie à la base.*

    S. dubia , L. *Stigmate simple ; Aigrette plumeuse réunie à la base.*

    S. arborescens , L. *Calice en recouvrement , à écailles sans arêtes ; Aigrette ramifiée et plumeuse ; Paillettes divisées profondément en plusieurs parties ; Fleurons nus , neutres.*

Réceptacle garni de paillettes très-courtes. *Aigrette* des semences ramifiée. *Anthères* offrant une queue.

1. STÉHÉLINE immortelle , *S. gnaphaloïdes* , L. à feuilles filiformes , cotonneuses ; à écailles du calice lancéolées , membraneuses et renversées au sommet.

    Pluk. tab. 302 , fig. 3.
    En Éthiopie.

2. STÉHÉLINE douteuse , *S. dubia* , L. à feuilles linéaires , dentelées ; à écailles du calice lancéolées ; à aigrette des semences deux fois plus longue que le calice.

    Elychrysum sylvestre , flore oblongo ; Immortelle sauvage , à fleur oblongue. *Bauh. Pin.* 265 , n.º 10. *Lob. Ic.* 1 , p. 486 , fig. 2. *Clus. Hist.* 1 , pag. 327 , fig. 2. *Lugd. Hist.* 1387 , fig. 1. *Barrel.* tab. 406. *Gerard. Flor. Gallo-prov.* 190 , tab. 6.

    A Montpellier , en Provence. ♄ Estivale.

3. STÉHÉLINE en arbre, *S. arborescens*, L. à feuilles ovales.

> *Frutex rotundo argenteo folio, Cyani flore;* Arbrisseau à feuille ronde, argentée, à fleur de Bluet. *Bauh. Pin.* 452, n.º 4. *Alp. Exot.* 32 et 33. *Schreb. Decad.* 1, tab. 1.

> *En Provence? dans l'isle de Crète* ♄

4. STÉHÉLINE ligneuse, *S. fruticosa*, L. à feuilles lancéolées, obtuses.

> *Cyanus repens angustifolius;* Bluet rampant à feuilles étroites. *Bauh. Pin.* 274, n.º 6. *Lob. Ic.* 1, pag. 549, fig. 1. *Lugd. Hist.* 437, fig. 4.

> Cette plante est désignée dans le *Species* sous le nom de *Centaurée* ligneuse, *C. fruticosa*, L. à écailles du calice sans piquans, oblongues; à feuilles lancéolées, un peu obtuses, lisses; à tige ligneuse.

> *En Orient.* ♄

5. STÉHÉLINE à feuilles de pin, *S. Chamæpeuce*, L. à feuilles linéaires, entassées, très-longues, roulées.

> *Jacea fruticans, Pini folio;* Jacée ligneuse, à feuille de Pin. *Bauh. Pin.* 271, n.º 3. *Pon. Bald.* 329, fig. 1. *Alp. Exot.* 77 et 76. *Moris. Hist.* sect. 7, tab. 26, fig. 8. *Pluk.* tab. 94, fig. 3. *Barrel.* tab. 316.

> *A Naples, dans l'isle de Crète.* ♄

6. STÉHÉLINE en recouvrement, *S. imbricata*, L. à feuilles en alène, droites, cotonneuses, en recouvrement.

> *Au cap de Bonne-Espérance.* ♄

1019. CHRYSOCOME, *CHRYSOCOMA.* Lam. Tab. Encyclop. pl. 698.

CAL. *Commun* hémisphérique, formé par des *écailles* linéaires, convexes extérieurement, pointues, placées en recouvrement les unes sur les autres.

COR. *Composée* tubulée, plus longue que le calice : *Corollules hermaphrodites*, tubulées, nombreuses, égales.

— *Propre* en entonnoir. *Limbe* roulé, à cinq divisions peu profondes.

ÉTAM. Cinq *Filamens*, filiformes, très-courts. *Anthères* formant une gaine cylindrique, tubulée.

PIST. *Ovaire* oblong, couronné. *Style* filiforme, à peine plus long que les fleurons. Deux *Stigmates*, oblongs, déprimés, roulés en dedans.

PÉR. Nul. Le *Calice* qui change à peine, renferme les semences.

SEM. Solitaires, ovales, oblongues, comprimées. *Aigrette* à poils.

RÉC. Nu, plane.

Obs. C. Lynosyris, L. *se distingue par les écailles du calice sèches et roides.*

C. oppositifolia, L. *différe autant des* Chrysocoma, *qu'elle se rapproche du* Pteronia oppositifolia, *par son port extérieur, ses calices, sa tige, etc.; mais celle-ci a le réceptacle nu.*

C. graminifolia, L. *varie par ses fleurs flosculeuses et radiées, à rayon bleuâtre.*

Réceptacle nu. *Aigrette* des semences simple. *Calice* hémisphérique, composé d'écailles placées en recouvrement les unes sur les autres. *Style* à peine plus long que les fleurons.

* I. CHRYSOCOMES *ligneuses.*

1. CHRYSOCOME à feuilles opposées, *C. oppositifolia*, L. à tige ligneuse; à feuilles opposées, en ovale renversé; à fleurs réunies en faisceau, pédunculées.

Au cap de Bonne-Espérance. ♃

2. CHRYSOCOME à chevelure d'or, *C. coma aurea*, L. à tige ligneuse; à feuilles linéaires, droites, lisses, courantes par le dos.

Pluk. tab. 327, fig. 2. *Volkam. Norimb.* pag. et tab. 148.

En Éthiopie. ♄

3. CHRYSOCOME étalée, *C. patula*, L. à tige sous-ligneuse; à feuilles linéaires, lisses; à rameaux écartés.

Au cap de Bonne-Espérance. ♄

4. CHRYSOCOME penchée, *C. cernua*, L. à tige sous-ligneuse; à feuilles linéaires, recourbées, un peu rudes; à fleurs penchées avant leur fécondation.

Commel. Hort. 2, pag. 89, tab. 45.

En Éthiopie. ♄

5. CHRYSOCOME ciliée, *C. ciliaris*, L. à tige sous-ligneuse; à feuilles linéaires, droites, ciliées; à rameaux duvetés.

En Éthiopie. ♄

6. CHRYSOCOME cotonneuse, *C. tomentosa*, L. à tige sous-ligneuse; à feuilles et rameaux cotonneux.

On ignore son climat natal.

7. CHRYSOCOME rude, *C. scabra*, L. à tige sous-ligneuse; à feuilles lancéolées, ovales, recourbées, dentées à dents de scie; à péduncules duvetés.

Dill. Elth. tab. 88, fig. 103.

En Éthiopie.

* II. *CHRYSOCOMES herbacées.*

8. CHRYSOCOME à feuilles de lin , *C. Linosyris* , L. à tige herbacée ; à feuilles linéaires , lisses ; à écailles du calice lâches.

> *Linaria folioso capitulo luteo , major et minor :* Linaire à tête feuillée jaune , plus grande et plus petite. *Bauh. Pin.* 213 , n.° 6 et 7. *Lob. Ic.* 1 , pag. 411 , fig. 1. *Clus. Hist.* 1 , pag. 325 , fig. 2. *Lugd. Hist.* 1152 , fig. 1 et 2. *Colum. Ecphras.* 1 , pag. 81 et 82 , fig. 2. *Bauh. Hist.* 3 , P. 1 , pag. 151 , fig. 1.
>
> *A Montpellier , Lyon , Grenoble , Paris.* ♃ Estivale.

9. CHRYSOCOME à deux fleurs , *C. biflora* , L. à tige herbacée, en panicule ; à feuilles lancéolées , à trois nervures , ponctuées , nues.

> *Gmel. Sibir.* 2 , pag. 189 , tab. 82 , fig. 1.
>
> *En Sibérie.*

10. CHRYSOCOME à feuilles graminées , *C. graminifolia* , L. à tige herbacée ; à feuilles linéaires , lancéolées , lisses ; à fleurs en corymbes.

> *Au Canada.*

11. CHRYSOCOME velue , *C. villosa* , L. à tige herbacée ; à feuilles lancéolées , velues ; à écailles du calice lâches , oblongues.

> *Gmel. Sibir.* 2 , pag. 192 , tab. 82 , fig. 2.
>
> *En Sibérie , en Tartarie.*

1020. TARCHONANTHE , *TARCHONANTHUS.* * *Vaill.* *Mém. de l'Acad.* 1719 , pag. 310 , tab. 20 , fig. 16 et 17. *Lam. Tab. Encyclop.* pl. 671.

Cal. *Commun* en toupie , d'un seul feuillet , à moitié divisé en sept segmens , colorés intérieurement , plus courts que la corolle , un peu aigus , persistans.

Cor. *Composée* uniforme , formée environ de vingt fleurons : *Corollules hermaphrodites* , nombreuses , égales.

—— *Propre* monopétale , en entonnoir , à cinq dents.

Étam. Cinq *Filamens* , capillaires , très-courts. *Anthères* formant une gaîne cylindrique , tubulée , de la longueur de sa corollule , terminée à sa base par une queue.

Pist. *Ovaire* supérieur , oblong. *Style* deux fois plus long que la fleur. Deux *Stigmates* , ouverts.

Pér. Nul. Le *Calice* qui ne change point , renferme les semences.

Sem. Solitaires , oblongues. *Aigrette* à poils , enveloppant de tous côtés la semence.

Réc. Très-petit, garni de poils aussi longs que le calice.

Obs. L'Aigrette *dans ce genre, a cela de particulier qu'elle enveloppe la semence et ne la couronne point.*

Réceptacle garni de poils. *Aigrette* **des semences formée par des poils.** *Calice* **d'un seul feuillet, en toupie, à moitié divisé en sept segmens.**

1. TARCHONANTHE camphré, *T. camphoratus*, L. à tige ligneuse; à fleurs en épis.

Pluk. tab. 87, fig. 1; et 174, fig. 1.

En Éthiopie.

1021. CALÉE, *CALEA*. † *Lam. Tab. Encyclop.* pl. 669.

Cal. *Commun* formé par des *écailles* oblongues, un peu lâches, placées en recouvrement les unes sur les autres.

Cor. *Composée* uniforme : *Corollules hermaphrodites* assez nombreuses, égales.

—— *Propre* en entonnoir. *Limbe* à cinq segmens peu profonds.

Étam. Cinq *Filamens*, capillaires, très-courts. *Anthères* formant une gaine cylindrique, tubulée.

Pist. *Ovaire* un peu alongé. *Style* filiforme, de la longueur de la corollule. Deux *Stigmates*, aigus, recourbés.

Pér. Nul. Le *Calice* qui ne change point, renferme les semences.

Sem. Solitaires, oblongues. *Aigrette* à poils, de la longueur du calice.

Réc. Garni de *paillettes*, un peu plus longues que le calice, saillantes entre les fleurons.

Réceptacle garni de paillettes. *Aigrette* **des semences formée par des poils.** *Calice* **composé d'écailles placées en recouvrement les unes sur les autres.**

1. CALÉE de la Jamaïque, *C. Jamaïcensis*, L. à fleurs le plus souvent au nombre de trois, pédunculées; à feuilles ovales, oblongues, un peu dentées, pétiolées.

A la Jamaïque.

2. CALÉE à feuilles opposées, *C. oppositifolia*, L. à fleurs en corymbe, entassées; à péduncules très-longs; à feuilles lancéolées; à tige herbacée.

A la Jamaïque.

3. CALÉE Amelle, *C. Amellus*, L. à fleurs comme en panicule; à calices courts; à semences nues; à feuilles ovales, lancéolées, pétiolées.

A la Jamaïque.

4. CALÉE à balai, *C. scoparia*, L. à tige sous-ligneuse ; à rameaux presque opposés, anguleux.

A la Jamaïque.

1022. SANTOLINE, *SANTOLINA*. * *Tournef. Inst.* 460, tab. 260. *Vaill. Mém. de l'Acad.* 1719, pag. 311, tab. 20, fig. 8, 13, 34 et 43. *Lam. Tab. Encyclop.* pl. 671.

Cal. *Commun* hémisphérique, formé par des *écailles* ovales, oblongues, aiguës, appliquées et placées en recouvrement les unes sur les autres.

Cor. *Composée* uniforme, plus longue que le calice : *Corollules hermaphrodites*, égales, nombreuses.

—— *Propre* en entonnoir. *Limbe* roulé, à cinq divisions peu profondes.

Étam. Cinq *Filamens*, capillaires, très-courts. *Anthères* formant une gaîne cylindrique, tubulée.

Pist. *Ovaire* à quatre côtés, oblong. *Style* filiforme, de la longueur des étamines. Deux *Stigmates*, oblongs, déprimés, tronqués.

Pér. Nul. Le *Calice* qui ne change point, renferme les semences.

Sem. Solitaires, oblongues, à quatre côtés. *Aigrette* nulle.

Réc. Légèrement aplati, garni de *Paillettes* concaves.

Obs. S. Alpina. *Fleurs sans fleurons femelles.*

Réceptacle garni de paillettes. *Semences* sans aigrette. *Calice* hémisphérique, composé d'écailles placées en recouvrement les unes sur les autres.

1. SANTOLINE Faux-Cyprès, *S. Chamæ-Cyparissus*, L. à pédoncules portant une seule fleur ; à feuilles dentées et comme rangées sur quatre rangs.

Abrotanum fæmina foliis teretibus ; Aurone femelle à feuilles arrondies. *Bauh. Pin.* 136, n.º 1. *Fusch. Hist.* 875. *Matth.* 513, fig. 1. *Dod. Pempt.* 269, fig. 2. *Lob. Ic.* 1, pag. 754, figure 2 répétée pag. 768, fig. 1. *Clus. Hist.* 1, pag. 341, f. 1. *Lugd. Hist.* 937, f. 1. *Bauh. Hist.* 3, P. 1, pag. 134, f. 1. *Moris. Hist.* sect. 6, tab. 3, f. 12. *Barrel.* tab. 463. *Icon. Pl. Medic.* tab. 245.

1. *Santolina ;* Garde-robe. 2. Herbe. 3. Odeur forte, pénétrante, saveur âcre, amère. 5. Jaunisse, leucophlegmatie, empâtemens des viscères du bas-ventre, asthme pituiteux, chlorose, anorexie, vers, fleurs blanches, paralysie nerveuse.

A Montpellier, en Provence. ♃ Estivale.

2. SANTOLINE à feuilles de romarin, *S. rosmarinifolia*, L. à péduncules portant une seule fleur ; à feuilles linéaires, chargées sur leurs marges de tubercules, ou comme chagrinées.

> *Abrotanum fœmina, foliis Rosmarini, majus ;* Aurone femelle à feuilles de Romarin, plus grande. *Bauh. Pin.* 137, n.º 9.

Cette espèce présente trois variétés.

> 1.º *Abrotanum fœmina, foliis Rosmarini, minus ;* Aurone femelle à feuilles de Romarin, plus petite. *Bauh. Pin.* 137, n.º 10.

> 2.º *Abrotanum fœmina viridis ;* Aurone femelle à feuilles vertes. *Bauh. Pin.* 137, n.º 8.

> 3.º *Abrotanum fœmina flore majore, foliis villosis et incanis ;* Aurone femelle à fleur plus grande, à feuilles velues et blanchâtres. *Bauh. Pin.* 137, n.º 2. *Dod. Pempt.* 269, f. 1. *Lob. Ic.* 1, pag. 754, f. 1. *Clus. Hist.* 1, p. 342, f. 1.

> *En Provence.* ♃

3. SANTOLINE droite, *S. erecta*, L. à péduncules portant une seule fleur ; à feuilles deux fois pinnées ; à tiges simples.

> *Michel. Gen.* 31, tab. 27. *Barrel.* tab. 522.

> *En Italie, à Naples.* ♃

4. SANTOLINE camomille, *S. anthemoïdes*, L. à péduncules portant une seule fleur ; à feuilles deux fois pinnées ; à tige très-rameuse, velue.

> *En Espagne, en Italie, à Naples.* ♃

1023. ATHANASIE, *ATHANASIA*. * *Lam. Tab. Encyclop.* pl. 670. BACCHARIS. *Vaill. Mém. de l'Acad.* 1719, pag. 313.

CAL. *Commun* ovale, formé par des *écailles* lancéolées, appliquées et placées en recouvrement les unes sur les autres.

COR. *Composée* uniforme, plus longue que le calice : *Corollules hermaphrodites*, égales, nombreuses.

—— *Propre* en entonnoir. *Limbe* aigu, légèrement relevé, à cinq divisions peu profondes.

ÉTAM. Cinq *Filamens*, capillaires, courts. *Anthères* formant une gaîne cylindrique, tubulée.

PIST. *Ovaire* un peu alongé. *Style* filiforme, un peu plus long que les étamines. *Stigmate* obtus, divisé peu profondément en deux parties.

PÉR. Nul. Le *Calice* qui ne change point, renferme les semences.

SEM. Solitaires, oblongues. *Aigrette* à paillettes formées par des soies très-courtes.

RÉC.

Réc. Garni de *Paillettes*, lancéolées, plus longues que les se‑
mences.

Obs. A. maritima : *Semences* sans aigrette.

Réceptacle garni de paillettes. *Aigrette* des semences for‑
mée par des soies très-courtes. *Calice* composé d'écailles
placées en recouvrement les unes sur les autres.

1. ATHANASIE roide, *A. squarrosa*, L. à péduncules latéraux,
portant une seule fleur ; à feuilles ovales, recourbées.

Au cap de Bonne-Espérance.

2. ATHANASIE crénelée, *A. crenata*, L. à fleurs solitaires, ter‑
minales ; à feuilles linéaires.

En Éthiopie.

3. ATHANASIE en tête, *A. capitata*, L. à fleurs terminales
assises ou sans péduncules ; à feuilles lancéolées, hérissées.

Moris. Hist. sect. 6, tab. 3, fig. 48.

Au cap de Bonne-Espérance. ♄

4. ATHANASIE maritime, *A. maritima*, L. à péduncules por‑
tant deux fleurs ; à feuilles lancéolées, crénelées, obtuses, co‑
tonneuses.

Gnaphalium maritimum ; Immortelle maritime. *Bauh. Pin.* 263,
n.° 1. *Matth.* 625, fig. 1. *Lob. Ic.* 1, pag. 480, fig. 1. *Clus.*
Hist. 1, pag. 329, fig. 3. *Lugd. Hist.* 1115, f. 2 ; et 1387,
fig. 2. *Camer. Epit.* 605. *Bauh. Hist.* 3, P. 1, pag. 157,
fig. 2. *Moris. Hist.* sect. 6, tab. 4, f. 47.

A Montpellier, en Provence. ♃ Estivale.

5. ATHANASIE à feuilles de genêt, *A. genistifolia*, L. à fleurs
en corymbes simples ; à feuilles lancéolées, très-entières, nues,
entassées.

Au cap de Bonne-Espérance. ♃

6. ATHANASIE duvetée, *A. pubescens*, L. à fleurs en corymbes
simples ; à feuilles lancéolées, très-entières, velues.

Commel. Hort. 2, pag. 93, tab. 47.

En Éthiopie. ♄

7. ATHANASIE annuelle, *A. annua*, L. à fleurs en corymbes
simples, resserrés ; à feuilles pinnatifides, dentées.

Cette espèce présente une variété décrite dans le *Species* sous
le nom d'Achillée inodore, *A. inodora*, L. à feuilles den‑
tées, laciniées, très-entières, divisées peu profondément
au sommet en trois parties.

En Afrique. ☉

Tome III. Ii

8. ATHANASIE dentée, *A. dentata*, L. à fleurs en corymbes composés ; à feuilles recourbées : les inférieures linéaires, dentées ; les supérieures, ovales, à dents de scie.

> *Commel. Rar.* pag. et tab. 41.

> Cette plante présente une variété désignée dans le *Species* sous le nom d'Athanasie lisse, *A. lævigata*, L. à fleurs en corymbes composés ; à feuilles ovales, un peu dentées, recourbées, embrassant la tige.

> *Au cap de Bonne-Espérance.* ♄

9. ATHANASIE trifurquée, *A. trifurcata*, L. à fleurs en corymbes composés ; à feuilles à trois lobes, en forme de coin.

> *Commel. Hort.* 2, pag. 97, tab. 49.

> *En Éthiopie.* ♄

10. ATHANASIE à feuilles de crithme, *A. crithmifolia*, L. à fleurs en corymbes simples ; à feuilles linéaires, à moitié divisées en trois parties.

> *Pluk.* tab. 302, fig. 7. *Burm. Afric.* 186, tab. 69, fig. 1.

> *En Éthiopie.* ♄

11. ATHANASIE à petite fleur, *A. parviflora*, L. à fleurs en corymbes composés ; à feuilles pinnées ; à pinnules linéaires.

> *Pluk.* tab. 325, fig. 3. *Burm. Afric.* 185, tab. 68, f. 4.

> Cette plante est désignée dans le *Species* sous le nom de Tanaisie à feuilles de crithme, *T. crithmifolium*, L. à feuilles pinnées ; à pinnules linéaires, éloignées, très-entières.

> *En Éthiopie.* ♄

II. POLYGAMIE SUPERFLUE.

1024. TANAISIE, *TANACETUM.* * *Tournef. Inst.* 461, t. 261. *Vaill. Mém. de l'Acad.* 1719, pag. 280. *Lam. Tab. Encyclop.* pl. 696. BALSAMITA. *Vaill. Mém. de l'Acad.* 1719, pag. 280.

CAL. *Commun* hémisphérique, formé par des *écailles* aiguës, compactes, placées en recouvrement les unes sur les autres.

COR. *Composée*, tubulée, convexe : *Corollules hermaphrodites* ; nombreuses, tubulées, au disque : *femelles* en petit nombre, au rayon.

—— *Propre* des *Hermaphrodites* : en entonnoir. *Limbe* renversé, à cinq divisions peu profondes.

—— *Propre* des *Femelles* : à trois divisions peu profondes.

ÉTAM. des *Hermaphrodites* : cinq *Filamens*, capillaires, très-courts. *Anthères* formant une gaîne cylindrique, tubulée.

PIST. des *Hermaphrodites* : *Ovaire* oblong, petit. *Style* filiforme, de la longueur des étamines. *Stigmate* roulé, divisé peu profondément en deux parties.

—— des *Femelles :* O*vaire* oblong. *Style* simple. *Deux Stigmates*, renversés.

PÉR. Nul. Le calice qui ne change point, renferme les semences.

SEM. Solitaires, oblongues. *Aigrette* un peu échancrée.

RÉC. Convexe, nu.

Réceptacle nu. *Aigrette* des semences un peu échancrée. *Calice* hémisphérique, composé d'écailles placées en recouvrement les unes sur les autres. *Corolles* du rayon irrégulières, à trois divisions peu profondes.

1. TANAISIE sous-ligneuse, *T. suffruticosum*, L. à feuilles pinnées, divisées peu profondément en plusieurs parties linéaires, aiguës; à tige sous-ligneuse.

   Commel. Hort. 2, pag. 199, tab. 100.

   En Ethiopie. ♄

2. TANAISIE de Sibérie, *T. Sibiricum*, L. à feuilles pinnées; à pinnules linéaires, filiformes; à fleurs en corymbes lisses; à tige herbacée.

   Gmel. Sibir. 2, pag. 134, tab. 65, fig. 2.

   En Sibérie.

3. TANAISIE blanchâtre, *T. incanum*, L. à feuilles deux fois pinnées, cotonneuses; à fleurs en corymbe ovale, composé.

   En Orient. ♃

4. TANAISIE cotule, *A. cotuloides*, L. à feuilles pinnées; à pinnules dentées, aiguës; à tige très-rameuse; à fleurs comme en panicule.

   Au cap de Bonne-Espérance. ☉

5. TANAISIE annuelle, *T. annuum*, L. à feuilles deux fois pinnées; à pinnules linéaires, aiguës; à fleurs en corymbes cotonneux.

   Elychryson foliis Abrotani; Immortelle à feuilles d'Aurone. *Bauh. Pin.* 264, n.° 1. *Dod. Pempt.* 267, fig. 1. *Lob. Ic.* 1, pag. 746, fig. 1. *Clus. Hist.* 1, pag. 325 et 326, fig. 1. *Lugd. Hist.* 776, f. 1. *Camer. Epit.* 787. *Bauh. Hist.* 3, P. 1, pag. 150, fig. 1.

   A Montpellier. ☉ *Automnale.*

6. TANAISIE à une fleur, *T. monanthos*, L. à tiges très-simples, portant une seule fleur, de la longueur des feuilles.

   En Orient. ☉

7. TANAISIE vulgaire, *T. vulgare*, L. à feuilles deux fois pinnées; à folioles découpées, à dents de scie.

Tanacetum vulgare luteum ; Tanaisie vulgaire à fleur jaune.
Bauh. Pin. 132, n.° 1. *Fusch. Hist.* 46. *Matth.* 651, f. 1. *Dod.*
Pempt. 36, fig. 1. *Lob. Ic.* 1, pag. 749, fig. 1. *Lugd.*
Hist. 955, fig. 1. *Bauh. Hist.* 3, P. 1, pag. 131, fig. 2.
Moris. Hist. sect. 6, tab. 1, fig. 1. *Bul. Paris.* tab. 497.
Icon. Pl. Medic. tab. 246.

Cette espèce présente une variété.

Tanacetum folis crispis ; Tanaisie à feuilles frisées. *Bauh.*
Pin. 132, n.° 2. *Dod. Pempt.* 36, f. 2. *Lob. Ic.* 1, p. 749,
f. 2. *Lugd. Hist.* 956, f. 4. *Bauh. Hist.* 3, P. 1, p. 132,
f. 1. *Moris. Hist.* sect. 6, tab. 1, fig. 2.

2. *Tanacetum ;* Tanaisie ou Tanésie. 2. Herbe, Fleurs, Se—
mences. 3. Saveur amère, désagréable. 4. Extrait aqueux de
peu d'énergie ; extrait spiritueux, plus actif. 5. Diarrhée,
anorexie, cachexie, causées par atonie, empâtement des
viscères du bas-ventre, goutte, vers, fièvres intermittentes,
hystéricie, rhumatisme, hydropisie. 6. Dans le Nord, on
se sert des sommités de cette plante pour assaisonner les
alimens ; et dans quelques parties du Nord, on en prépare
un bain dans lequel on met les femmes avant l'accouchement. Les feuilles fournissent une couleur verte.

Nutritive pour le Bœuf, le Mouton.

En Provence, à Lyon, Paris, etc. Cultivée dans les jardins.
♃ Estivale.

8. TANAISIE Menthe-coq, *T. Balsamita,* **L.** à feuilles ovales,
entières, à dents de scie.

Mentha hortensis corymbifera ; Menthe des jardins à fleurs en
corymbe. *Bauh. Pin.* 226, n.° 1. *Matth.* 527, fig. 2. *Dod.*
Pempt. 295, fig. 1. *Lob. Ic.* 1, pag. 322, fig. 1. *Lugd.*
Hist. 678, f. 1. *Camer. Epit.* 480. *Bauh. Hist.* 3, p. 144,
fig. 3. *Moris. Hist.* sect. 6, tab. 1, fig. 1. *Ic. Pl. Medic.*
tab. 438.

1. *Balsamita, Costus hortorum ;* Coq des Jardins, grand—
Baume, Menthe-coq. 2. Herbe. 3. Odeur aromatique,
agréable, approchant de celle de la Menthe ; saveur amère.
4. Esprit recteur ; huile essentielle. 5. Mélancolie, hystéricie, vers, poison. 6. On fait entrer ses feuilles dans la
préparation de certains alimens, à titre de stomachiques.
On en fait un extrait, une eau distillée, une huile par
infusion, pour guérir les plaies et les contusions.

En Suisse, en Étrurie. ♃ Estivale.

3025. ARMOISE, *ARTEMISIA.* * *Tournef. Inst.* 460, tab. 260.
Vaill. Mém. de l'Acad. 1719, pag. 284, tab. 20, f. 23, 31,
36 et 45. *Lam. Tab. Encyclop.* pl. 695. ABROTANUM. *Tournef.*

Inst. 459. ABSINTHIUM. *Tournef. Inst.* 457, tab. 260. *Vaill. Mém. de l'Acad.* 1719, pag. 282, tab. 20, fig. 32. *Lam. Tab. Encyclop.* pl. 693.

CAL. *Commun* arrondi, formé par des *écailles* arrondies, réunies, placées en recouvrement les unes sur les autres.

COR. *Composée : Corollules hermaphrodites*, tubulées, peu nombreuses, au disque : *femelles* presque nues, au rayon.

—— *Propre* des *Hermaphrodites :* en entonnoir. *Limbe* à cinq divisions peu profondes.

ÉTAM. des *Hermaphrodites :* cinq *Filamens*, capillaires, très-courts. *Anthères* formant une gaîne cylindrique, tubulée, à cinq dents.

PIST. des *Hermaphrodites : Ovaire* petit. *Style* filiforme, de la longueur des étamines. *Stigmate* roulé, divisé peu profondément ou deux parties.

—— des *Femelles : Ovaire* très-petit. *Style* filiforme, plus long que celui des hermaphrodites. *Stigmate* semblable à celui des hermaphrodites.

PÉR. Nul. Le *Calice* qui change à peine, renferme les semences.

SEM. des *Hermaphrodites :* solitaires, nues.

—— des *Femelles :* solitaires, nues.

RÉC. Plane, nu ou garni de poils.

OBS. Absinthium, *Tournefort : Réceptacle garni de poils ; Calice plus arrondi.*

Abrotanum, *Tournefort : Réceptacle nu.*

Artemisia, *Tournefort : Réceptacle également nu.*

Réceptacle nu ou garni de quelques poils. *Semences* sans aigrettes. *Calice* composé d'écailles arrondies et serrées, placées en recouvrement les unes sur les autres. *Corolles* du rayon nulles.

* I. *ARMOISES* à tiges ligneuses, droites.

1. ARMOISE vermiculaire, *A. vermiculata*, L. à tige ligneuse ; à feuilles piquantes, entassées, très-petites ; à fleurs en panicule ramifié, presque assises ou à péduncules très-courts.

Pluk. tab. 353, fig. 2.

Au cap de Bonne-Espérance. ♄

2. ARMOISE de Judée, *A. Judaïca*, L. à tige ligneuse ; à feuilles en ovale renversé, obtuses, lobées, petites ; à fleurs en panicule, portées sur un pédicule.

Absinthium santonicum Judaïcum ; Absinthe santonique de Judée. *Bauh. Pin.* 139, n.° 1.

Absinthium santonicum Alexandrinum ; Absinthe santonique d'Alexandrie. *Bauh. Pin.* 139, n.º 2, *Matth.* 511, fig. 1. *Lob. Ic.* 1, p. 736, fig. 1. *Lugd. Hist.* 945, fig. 2. *Pluk.* tab. 73, f. 2.

On croit que les semences de cette plante fournissent la fameuse poudre contre les vers. Elles sont amères, un peu âcres, et d'une odeur particulière.

En Judée, en Arabie, en Numidie. ♄

3. ARMOISE d'Éthiopie, *A. Æthiopica,* L. à tige ligneuse ; à feuilles palmées, linéaires, très-petites ; à fleurs en grappes, pédunculées.

En Éthiopie, en Espagne. ♃

4. ARMOISE Barbotine, *A. Contra,* L. à tige ligneuse ; à feuilles palmées, linéaires, très-petites ; à panicule en grappe ; à fleurs assises ou sans péduncules.

1. *Cina, Semen contra, Santonicum ;* Santoline, Semencine, Barbotine, Semen contra. 2. Semences. 3. Odeur balsamique, dégoûtante, nauseuse ; saveur amère, âcre, aromatique. 4. Extrait aqueux presque inerte ; extrait spiritueux moins désagréable.

En Perse. ♄

5. ARMOISE Auronne, *A. Abrotanum,* L. à tige ligneuse ; à feuilles finement découpées en plusieurs lanières.

Abrotanum mas angustifolium, majus ; Auronne mâle à feuilles étroites, plus grande. *Bauh. Pin.* 136, n.º 3. *Fusch. Hist.* 6. *Matth.* 512, fig. 1. *Dod. Pempt.* 21, fig. 2. *Lob. Ic.* 1. pag. 768, fig. 2. *Lugd. Hist.* 937, f. 2 ; et 938, f. 1? *Camer. Epit.* 459. *Bauh. Hist.* 3, P. 1, pag. 192, f. 1.

1. *Abrotanum ;* Auronne. 2. Toute la plante. 3. Odeur forte ; saveur âcre, amère. 4. Un peu d'huile essentielle, extrait aqueux, extrait spiritueux plus actif. 5. Vers. 6. On en fait des vins médicinaux et des décoctions.

A Montpellier, en Provence. ♃ Estivale.

6. ARMOISE en arbre, *A. arborescens,* L. à tige ligneuse ; à feuilles composées, divisées peu profondément en plusieurs parties linéaires ; à fleurs comme arrondies.

Abrotanum latifolium, arborescens ; Auronne à larges feuilles, en arbre. *Bauh. Pin.* 136, n.º 1. *Dod. Pempt.* 21, f. 1. *Lob. Ic.* 1, p. 753, f. 1. *Lugd. Hist.* 946, f. 1. *Bauh. Hist.* 3. P. 1. pag. 173, f. 2.

En Italie, à Naples, en Orient. ♄

* **II.** *ARMOISES à tiges couchées avant la floraison.*

7. ARMOISE santonique, *A. santonica,* L. à feuilles de la tige linéaires, pinnées ; à folioles découpées peu profondément en plusieurs parties; à rameaux sans divisions; à épis renversés, tournés d'un seul côté; à fleurs composées de cinq fleurons.

Reichard rapporte deux fois le synonyme de *G. Bauhin*, *Absinthium Seriphium Gallicum;* Absinthe Sériphe de France, *Pin.* 139, n.º 4, comme variété, 1.º de l'Armoise santonique; 2.º de l'Armoise maritime.

En Tartarie, en Perse.

8. ARMOISE champêtre, *A. campestris,* L. à feuilles divisées peu profondément en plusieurs parties linéaires; à tiges couchées, en verge.

Abrotanum campestre; Auronne des champs. *Bauh. Pin.* 136, n.º 7. *Matth.* 619, f. 2. *Dod. Pempt.* 33, f. 2. *Lob. Ic.* 1, p. 767, f. 2. *Lugd. Hist.* 950, f. 3; et 1148, f. 2. *Camer. Epit.* 597. *Bauh. Hist.* 3, P. 1, pag. 194, fig. 2. *Pluk.* tab. 121, f. 2.

1. *Artemisia campestris;* Auronne des champs, Garde-robe. 2. Fleurs. 3. Odeur légèrement aromatique. 5. Affection hypocondriaque avec flatuosité.

En Europe, dans les lieux secs et arides. ♃ Estivale.

9. ARMOISE des marais, *A. palustris,* L. à feuilles linéaires, pinnées; à folioles très-entières; à fleurs réunies en boule, presque assises ou portées sur des pédoncules très-courts.

Gmel. Sibir. 2, p. 119, tab. 55.

En Sibérie.

10. ARMOISE à feuilles de crithme, *A. crithmifolia,* L. à feuilles composées; à folioles étalées, linéaires, charnues, lisses; à tige ascendante, en panicule.

En Portugal.

11. ARMOISE maritime, *A. maritima,* L. à feuilles cotonneuses, divisées profondément en plusieurs parties; à fleurs en grappes inclinées; les fleurons femelles au nombre de trois.

Absinthium Seriphium Belgicum; Absinthe Séripha de la Belgique. *Bauh. Pin.* 139, n.º 3. *Lob. Ic.* 1, p. 755, fig. 1. *Lugd. Hist.* 944, f. 2. *Camer. Epit.* 458. *Icon. Pl. Medic.* tab. 435.

Cette espèce présente deux variétés.

1.º *Absinthium Seriphium Germanicum;* Absinthe Sériphe d'Allemagne. *Bauh. Pin.* 139, n.º 2.

2.º *Absinthium Seriphium Gallicum;* Absinthe Sériphe de France. *Bauh. Pin.* 139, n.º 3.

Nous avons observé que *Reichard* a rapporté ce synonyme comme variété de l'Armoise santonique. Cette plante qui répand une odeur de camphre, remplace, dans le Nord,

l'Absinthe vulgaire, *Artemisia Absinthium*, L. On en prépare un vin stomachique qui est moins désagréable que
celui d'Absinthe.

Nutritive pour le Cheval.

A Montpellier, en Provence. ♃ Estivale.

12. ARMOISE glaciale, *A. glacialis*, L. à feuilles soyeuses, palmées, divisées peu profondément en plusieurs parties; à tiges
ascendantes; à fleurs ramassées en bouquet serré.

Absinthium Alpinum, candidum, humile; Absinthe des Alpes,
blanchâtre, naine. *Bauh. Pin.* 139, n.° 3. *Allion. Flor.*
Pedem. n.° 617, tab. 8, f. 3; et tab. 9, f. 1.

Toute la plante est amère et très-aromatique; on s'en est
beaucoup servi en Suisse pour le traitement des fièvres intermittentes, et dans toutes les maladies qui se jugent par
les sueurs, comme rhumatismes, fièvres catarrales. Plusieurs
faits prouvent que des malades attaqués de pleurésies et
péripneumonies, après avoir bu des infusions de cette
plante, ont été guéris.

Dans les Alpes, on appelle *Génépi* l'Armoise glaciale et l'Armoise des rochers.

Sur les Alpes du Dauphiné, de Provence. ♃ Estivale. *Alp.*

13. ARMOISE des rochers, *A. rupestris*, L. à feuilles pinnées;
à tiges ascendantes, hérissées; à fleurs globuleuses, inclinées;
à réceptacle garni d'aigrettes.

Absinthium Ponticum repens vel supinum; Armoise du Pont
rampante ou couchée. *Bauh. Pin.* 139, n.° 6. *Pluk.* t. 73,
f. 1. *Barrel.* tab. 462. *Icon. Pl. Medic.* tab. 455.

Cette espèce présente deux variétés.

1.° *Absinthium Alpinum, incanum*; Absinthe des Alpes, blanchâtre. *Bauh. Pin.* 139, n.° 2.

2.° Absinthe verte, à feuilles à plusieurs divisions peu profondes, linéaires. *Gmel. Sibir.* 2, p. 131, tab. 64, f. 2.

Nutritive pour le Bœuf, le Mouton, la Chèvre.

Sur les Alpes du Dauphiné, de Provence. ♃ Estivale. *Alp.*

* III. *ARMOISES à tiges herbacées; à feuilles composées.*

14. ARMOISE du Pont, *A. Pontica*, L. à feuilles cotonneuses
en dessous, divisées profondément en plusieurs parties; à fleurs
arrondies, penchées; à réceptacle nu.

Absinthium Ponticum tenuifolium, incanum; Absinthe du
Pont à feuilles menues, blanchâtres. *Bauh. Pin.* 138, n.° 4;
Fusch. Hist. 7. *Matth.* 509, f. 1. *Dod. Pempt.* 24, f. 1.
Lob. Ic. 1, pag. 755, f. 2. *Clus. Hist.* 1, p. 339, f. 1.
Lugd. Hist. 943, f. 2; et 945, f. 1. *Bauh. Hist.* 3, P. 1,

p. 175, f. 1 et 2. *Jacq. Aust.* tab. 99. *Icon. Pl. Medic.* tab. 379.

1. *Absinthium Ponticum;* Petite Absinthe. 2. Herbe. 3. Odeur approchant de celle de l'Absinthe ordinaire, mais plus agréable; saveur aromatique, balsamique, chaude. Cette plante a les mêmes propriétés que l'Absinthe vulgaire.

Dans la Hongrie, la Thrace. Cultivée dans les jardins. ♃

15. ARMOISE annuelle, *A. annua*, L. à feuilles trois fois pinnées, lisses sur les deux surfaces; à fleurs presque arrondies, penchées; à réceptacle lisse, en cône.

Ammann Ruth. n.° 142, tab. 23.

En Sibérie. ⊙ ♂

16. ARMOISE à feuilles de tanaisie, *A. tanacetifolia*, L. à feuilles deux fois pinnées, cotonneuses en dessous, luisantes; à pinnules transverses; à fleurs en grappes simples.

Allion. Flor. Pedem. n.° 608, tab. 70, f. 2; et tab. 10, f. 3.
Sur les Alpes du Dauphiné, du Piémont. ♃ Estivale. *Alp.*

17. ARMOISE Absinthe, *A. Absinthium*, L. à feuilles composées, divisées peu profondément en plusieurs parties; à fleurs comme arrondies, pendantes; à réceptacle velu.

Absinthium Ponticum, seu Romanum Officinarum, seu Dioscoridis; Absinthe du Pont, ou Absinthe Romaine des Boutiques, ou de Dioscoride. *Bauh. Pin.* 138, n.° 1. *Fusch. Hist.* 1. *Matth.* 508, fig. 1. *Dod. Pempt.* 23, fig. 1. *Lob. Ic.* 1, p. 752, f. 1. *Lugd. Hist.* 943, f. 1. *Camer. Epit.* 452. *Bauh. Hist.* 3, P. 1, pag. 168, f. 1. *Bul. Paris.* tab. 498. *Icon. Pl. Medic.* tab. 34.

1. *Absinthium vulgare;* grande Absinthe ou Aluyne. 2. Herbe entière; son eau distillée, son sirop simple et composé. 3. Odeur forte, pénétrante, aromatique; saveur amère. 4. Extrait aqueux des feuilles, très-amer, sans odeur; huile essentielle, jaune et amère. 5. Anorexie, diarrhées anciennes, dyssenterie, lienterie, douleurs de tête causées par l'atonie des viscères du bas—ventre, fièvres intermittentes, affection hypocondriaque avec engorgement, empâtement du foie, de la rate, du mésentère, rhumatisme, goutte, hydropisie, leucophlegmatie, vers, tænia. Extérieurement, le suc et l'herbe pilée sont très—utiles pour arrêter la putridité des ulcères et borner la gangrène. 6. L'Absinthe entre dans la préparation de la bière; elle sert à remplacer l'Houblon. Son effet est de modérer la fermentation et d'empêcher qu'elle ne devienne acéteuse. Elle conserve les vins qui sont prêts à pousser.

Nutritive pour le Bœuf, le Mouton, le Dindon.

A Montpellier, Lyon, Paris. ♃ Estivale. *S.-Alp.*

18. ARMOISE vulgaire, *A. vulgaris*, L. à feuilles pinnatifides ; à pinnules planes, découpées, soyeuses en dessous ; à fleurs en grappes simples, recourbées ; les fleurs du rayon composées de cinq fleurons.

> *Artemisia vulgaris major* ; Armoise vulgaire plus grande. *Bauh. Pin.* 137, n.º 1. *Fusch. Hist.* 44. *Matth.* 617, f. 1. *Dod. Pempt.* 33, f. 1. *Lob. Ic.* 1, p. 764, f. 2. *Lugd. Hist.* 950, f. 1. *Camer. Epit.* 595. *Bauh. Hist.* 3, P. 1, p. 184, f. 3. *Bul. Paris.* tab. 499. *Icon. Pl. Medic.* tab. 222.

> 1. *Artemisia rubra, alba* ; Armoise. 2. Toute la plante. 3. Odeur forte, agréable, saveur aromatique, un peu amère. 5. suppression des règles, des lochies. 6. L'herbe fournit une eau distillée, peu usitée ; des feuilles sèches on tire une poudre : les feuilles s'emploient en infusions, décoctions, lavemens, fomentations.

Nutritive pour le Bœuf, le Mouton.

En Europe, dans les terrains incultes, sablonneux. ♃ *Estivale.*

* IV. *ARMOISES à feuilles simples.*

19. ARMOISE à feuilles entières, *A. integrifolia*, L. à feuilles lancéolées, cotonneuses en dessous, très-entières et dentées ; les fleurons femelles au nombre de cinq.

> *Gmel. Sibir.* 2, p. 109, tab. 48, f. 1.

> *En Sibérie.*

20. ARMOISE bleuâtre, *A. cærulescens*, L. à feuilles de la tige lancéolées, très-entières : les radicales divisées peu profondément en plusieurs parties ; les fleurons femelles au nombre de trois.

> *Absinthium maritimum Lavandulæ folio* ; Absinthe maritime à feuille de lavande. *Bauh. Pin.* 139, n.º 1. *Matth.* 510, fig. 1. *Dod. Pempt.* 26, f. 2 et 3. *Lob. Ic.* 1, p. 765, f. 2 ; et 766, f. 1. *Lugd. Hist.* 943, f. 4 ; 946, f. 3 ; et 951, f. 3. *Column. Ecphras.* 2, p. 75 et 76. *Bauh. Hist.* 3, P. 1, p. 174, f. 1. *Moris. Hist.* sect. 6, tab. 1, f. 5.

> *A Naples.*

21. ARMOISE Estragon, *A. Dracunculus*, L. à feuilles lancéolées, lisses, très-entières.

> *Dracunculus hortensis* ; Estragon des jardins. *Bauh. Pin.* 98, n.º 1. *Matth.* 447, fig. 1. *Dod. Pempt.* 709, f. 1. *Lob. Ic.* 1, p. 455, f. 1. *Lugd. Hist.* 685, f. 1. *Camer. Epit.* 363. *Bauh. Hist.* 3, P. 1, pag. 148, f. 1. *Moris. Hist.* sect. 6, tab. 1, f. 4. *Icon. Pl. Medic.* tab. 297.

> L'*Estragon* répand une odeur douce et agréable ; il est plus employé dans les cuisines que dans les pharmacies ; il anime

les salades, relève le goût fade des laitues; en Perse le
peuple mange les feuilles mêlées avec le pain. On prépare
avec l'*Estragon* un vinaigre très-agréable, excellent contre
le scorbut. Le suc des feuilles, mêlé avec le vin, a guéri
des fièvres quartes automnales, et des rhumatismes chroniques.

En Sibérie, en Tartarie. Cultivé dans les jardins. ♃ Estivale.

22. ARMOISE de la Chine, *A. Chinensis*, L. à feuilles simples,
cotonneuses : les supérieures obtuses, lancéolées : les inférieures
en forme de coin, à trois lobes.

> *Pluk.* tab. 353, f. 5.

> On prétend que c'est avec le parenchyme des feuilles de
> cette plante, que les Chinois préparent leur fameux
> *Moxa*. Le nôtre, préparé avec le tissu cellulaire de l'Ar-
> moise vulgaire, *Artemisia vulgaris*, L., brûle aussi len-
> tement. Les Arabes, les Perses se servent pour le même
> usage du *Coton*; quelques Indiens, de la moëlle de cer-
> tains joncs, imbibée d'huile de Sésame; les Lapons, d'*Ama-
> doue*, etc. La matière est indifférente, elle peut seulement
> rendre la brûlure plus ou moins prompte, plus ou moins
> vive, plus ou moins profonde.

A la Chine, en Sibérie.

23. ARMOISE de Madère, *A. Maderaspatana*, L. à feuilles simples, lyrées, sinuées; à tiges couchées; à fleurs pédunculées,
solitaires, arrondies, opposées aux feuilles.

> *Pluk.* tab. 1, f. 2 (Mauvaise); et tab. 357, f. 3.
> *Dans l'Inde Orientale.* ☉

24. ARMOISE très-petite, *A. minima*, L. à feuilles en forme
de coin, peu sinuées; à tiges couchées; à fleurs axillaires, assises ou sans péduncules.

> *Burm. Ind.* tab. 58, f. 3.
> *A la Chine.* ☉

1026. IMMORTELLE, *GNAPHALIUM*. * ELICHRYSUM. *Tournef. Inst.* 452, tab. 259. *Dill. Elth.* t. 107, 108 et 109. *Lam.
Tab. Encyclop.* pl. 693. HELICHRYSUM. *Vaill. Mém. de l'Acad.*
1719, pag. 290, tab. 20, fig. 14, 37, 38 et 2.

CAL. *Commun* arrondi, formé par des *écailles* marginales, arrondies, sèches et roides, colorées et placées en recouvrement les
unes sur les autres.

COR. *Composée : Corollules hermaphrodites*, tubulées, mêlées
quelquefois avec des femelles apétales.

—— *Propre des Hermaphrodites :* en entonnoir. *Limbe* renversé,
à cinq divisions peu profondes.

—— *Propre des Femelles :* (si elles existent), nulle.

ÉTAM. des *Hermaphrodites* : cinq *Filamens*, capillaires, très-courts. *Anthères* formant une gaîne cylindrique, tubulée.

PIST. des *Hermaphrodites* : *Ovaire* ovale. *Style* filiforme, de la longueur des étamines. *Stigmate* divisé peu profondément en deux parties.

—— des *Femelles* : *Ovaire* ovale. *Style* filiforme, de la longueur de celui des hermaphrodites. *Stigmate* renversé, divisé peu profondément en deux parties.

PÉR. Nul. Le *Calice* persistant, luisant, renferme les semences.

SEM. des *Hermaphrodites* : solitaires, oblongues, petites, couronnées par une *Aigrette*.

—— des *Femelles* : semblables à celles des hermaphrodites.

RÉC. Nu.

OBS. *Dans quelques espèces, l'Aigrette qui couronne les semences est capillaire; dans quelques autres, elle est plumeuse.*

> G. arboreum, L. a le réceptacle en croissant.

> *Ce genre présente des espèces dont les fleurs sont Dioïques, ce qui est rare dans les plantes de la Syngénésie.*

Réceptacle nu. *Aigrette* de semences en plume. *Calice* composé d'écailles arrondies, sèches, luisantes, colorées, placées en recouvrement les unes sur les autres.

* I. IMMORTELLES à tiges ligneuses, (Argyrocoma).

1. IMMORTELLE extraordinaire, *G. eximium*, L. à tige ligneuse; à feuilles assises, ovales, entassées, droites, cotonneuses; à fleurs en corymbe assis.

> *Edw. Av.* pag. et tab. 183.

> *Au cap de Bonne-Espérance.* ♄

2. IMMORTELLE en arbre, *G. arboreum*, L. à tige ligneuse; à feuilles assises, linéaires, lisses en dessus, roulées sur les bords; à fleurs comme en têtes; à péduncules alongés.

> *Au cap de Bonne-Espérance.* ♄

3. IMMORTELLE à grande fleur. *G. grandiflorum*, L. à tige ligneuse; à feuilles embrassantes, ovales, à trois nervures, laineuses sur les deux surfaces.

> *Burm. Afric.* 213, tab. 76, fig. 1.

> *En Éthiopie.* ♄

4. IMMORTELLE ligneuse, *G. fruticans*, L. à tige ligneuse; à feuilles ovales, embrassantes; à tige roide; à fleurs en cymier assis.

> *Au cap de Bonne-Espérance.* ♄

5. IMMORTELLE couronnée, *G. coronatum*, L. à tige ligneuse ; à feuilles assises , lancéolées ; à fleurs en corymbes composés, assis ; à pédoncules sans feuilles ; à calices couronnés.

Burm. Afric. 188, tab. 69, fig. 3.

Au cap de Bonne-Espérance. ♄

6. IMMORTELLE à deux couleurs, *G. discolorium*, L. à tige ligneuse ; à feuilles assises, lancéolées ; les écailles intérieures des calices, blanches : les inférieures couleur de chair.

Burm. Afric. 224, tab. 79, fig. 4.

Au cap de Bonne-Espérance.

7. IMMORTELLE tuberculeuse, *G. muricatum*, L. à tige ligneuse ; à feuilles en alène, pointues ; à fleurs en ombelle composée ; à calices cylindriques, renfermant deux ou trois fleurs.

Burm. Afric. 221, tab. 79, fig. 1.

Cette espèce présente deux variétés.

1.º Immortelle à tige ligneuse ; à feuilles peu nombreuses : à fleurs en tête. *Burm. Afric.* 223, tab. 79, fig. 2.

2.º Immortelle à tige ligneuse ; à feuilles lancéolées , égales ; à fleurs en ombelle. *Burm. Afric.* 223, tab. 79, fig. 3.

En Éthiopie. ♄

8. IMMORTELLE à feuilles de bruyère , *G. ericoïdes*, L. à tige ligneuse ; à feuilles assises , linéaires ; à écailles extérieures.du calice sans éclat.: les intérieures couleur de chair.

Au cap de Bonne-Espérance. ♄

9. IMMORTELLE à feuilles arrondies, *G. teretifolium*, L. à tige ligneuse ; à feuilles entassées, un peu arrondies ; à écailles du calice couleur de rouille en dehors.

Pluk. tab. 308, fig. 2. *Burm. Afric.* 217, tab. 77, fig. 3.

En Éthiopie. ♄

* II. *IMMORTELLES à tiges ligneuses* , (*Chrysocoma*).

10. IMMORTELLE piquante, *G. mucronatum*, L. à tige ligneuse ; à feuilles en alène, piquantes ; à écailles du calice arrondies.

Burm. Afric. 179, tab. 66, fig. 3.

Au cap de Bonne-Espérance. ♄

11. IMMORTELLE Stœchas, *G. Stœchas*, L. à tige ligneuse ; à feuilles linéaires ; à fleurs en corymbe composé ; à rameaux à verges.

Elichrysum seu Stœchas citrina, angustifolia ; Immortelle ou Stœchas à fleur couleur de citron, à feuilles étroites. *Bauh.*

Fin. 264 , n.° 4. Fusch. Hist. 99. Matth. 736, fig. 2. Dod.
Pempt. 268 , fig. 1. Lob. Ic. 1 , pag. 485, fig. 1. Clus. Hist. 1 ,
pag. 326 , fig. 2. Lugd. Hist. 779 , fig. 1. Camer. Epit. 790.
Bauh. Hist. 3 , P. 1 , pag. 154 , fig. 2. Burrel. tab. 278 ,
409 et 410. Icon. Pl. Medic. tab. 381.

2. Stœchas citrina ; Immortelle jaune. 2. Feuilles , Fleurs.

A Montpellier , Lyon , en Provence. ♃ Estivale.

12. **IMMORTELLE** rougeâtre, *G. ignescens*. L. à tige ligneuse ;
à feuilles presque lancéolées , cotonneuses , assises ; à corymbes
alternes , conglobés ; à fleurs arrondies.

On ignore son climat natal.

13. **IMMORTELLE** dentée , *G. dentatum*, L. à tige ligneuse ; à
feuilles en forme de coin , assises , dentées ; à fleurs en corymbe
simple.

Burm. Afric. 185 , tab. 68 , fig. 3.

En Éthiopie. ♄

14. **IMMORTELLE** à dents de scie, *G. serratum*, L. à tige ligneuse ; à feuilles lancéolées , embrassantes , à dents de scie,
nues en dessus.

Burm. Afric. 214, tab. 76, fig. 3.

En Éthiopie. ♄

15. **IMMORTELLE** étalée, *G. patulum*, L. à tige ligneuse ; à
feuilles embrassantes , en spatule ; à fleurs en corymbes agrégés ;
à rameaux étalés.

En Éthiopie. ♃

16. **IMMORTELLE** pétiolée, *G. petiolatum*, L. à tige ligneuse ;
à feuilles ovales , très-entières , pétiolées ; à fleurs entassées,
terminales.

Burm. Afric. 214 , tab. 76 , fig. 2.

En Éthiopie. ♄

17. **IMMORTELLE** à feuilles épaisses, *G. crassifolium*. L. à tige
ligneuse ; à feuilles larges , lancéolées , coriaces , cotonneuses ,
portées sur des pétioles très-courts ; à tige prolifère.

Au cap de Bonne-Espérance. ♄

18. **IMMORTELLE** maritime, *G. maritimum*, L. à tige ligneuse ,
très-ramifiée ; à feuilles lancéolées , un peu aiguës , assises ; à
écailles intérieures du calice , dorées.

Burm. Afric. 216 , tab. 77 , fig. 2.

Au cap de Bonne-Espérance. ♄

19. **IMMORTELLE** rampante, *G. repens* , L. à tige ligneuse ;
à feuilles linéaires ; à tige rampante ; à rameaux redressés , très-
simples.

Au cap de Bonne-Espérance. ♃

* **III.** *IMMORTELLES à tiges herbacées,* (Chrysocoma).

20. IMMORTELLE cylindrique , *G. cylindricum* , L. à tige herbacée ; à feuilles assises, oblongues, cotonneuses ; à fleurs en corymbes inégaux ; à calices lisses , cylindriques , assis.

Pluk. tab. 298, fig. 4.

Au cap de Bonne-Espérance.

21. IMMORTELLE Orientale , *G. Orientale* , L. à tige presque herbacée ; à feuilles linéaires , lancéolées , assises ; à fleurs en corymbe composé ; à pédoncules alongés.

Elichrysum Orientale ; Immortelle Orientale. Bauh. Pin. 264, n.° 3. Bauh. Hist. 3, P. 1, pag. 134, fig. 1. Moris. Hist. sect. 7 , tab. 10 , figure dernière. Barrel. tab. 73.

En Afrique. Cultivée dans les jardins. ♃ ♄

22. IMMORTELLE des sables , *G. arenarium* , L. à tige herbacée ; à feuilles lancéolées : les inférieures obtuses ; à fleurs en corymbe composé ; à tige très-simple.

Elichrysum sive Stoechas citrina , latifolia ; Immortelle ou Stoechas à fleur couleur de citron, à larges feuilles. Bauh. Pin. 264, n.° 7. Bauh. Hist. 3, P. 1 , pag. 153, fig. 1. Flor. Dan. tab. 641. Icon. Pl. Medic. tab. 352.

A Lyon , en Suède , en Danemarck. ☉

23. IMMORTELLE éclatante , *G. rutilans* , L. à tige herbacée ; à feuilles lancéolées ; à fleurs en corymbe décomposé ; à tige rameuse inférieurement.

Dill. Elth. tab. 107, fig. 127.

En Afrique. ♃

24. IMMORTELLE en recouvrement , *G. imbricatum* , L. à tige herbacée ; à feuilles lancéolées, cotonneuses ; à écailles du calice renversées ; à tige rameuse.

Burm. Afric. 226 , tab. 80 , fig. 2.

En Ethiopie.

25. IMMORTELLE en cymier , *G. cymosum* , L. à tige herbacée ; à feuilles lancéolées, à trois nervures , lisses en dessus ; à fleurs en grappe terminale ; à tige rameuse inférieurement.

Pluk. tab. 279, fig. 1 , Dill. Elth. tab. 107, fig. 128.

En Afrique. ♃

26. IMMORTELLE à feuilles nues , *G. nudifolium* , L. à tige herbacée ; à feuilles assises , lancéolées , à trois nervures, nues , à veines en réseau.

Bréyn. Cent. tab. 71.

En Ethiopie. ♃

27. IMMORTELLE à fleurs en boule, *G. luteo-album*, L. à tige herbacée; à feuilles embrassant presque la tige, en lame d'épée, peu sinuées, obtuses, cotonneuses des deux côtés; à fleurs ramassées en boule.

> *Elychrysum sylvestre latifolium, capitulis conglobatis*; Immortelle sauvage à larges feuilles, à têtes ramassées en boule. *Bauh. Pin.* 264, n.° 8. *Lob. Ic.* 1, pag. 485, fig. 2.
>
> *Gnaphalium majus, lato oblongo folio*; Immortelle plus grande, à feuille large, oblongue. *Bauh. Pin.* 263, n.° 9. *Clus. Hist.* 1, pag. 329, fig. 1.
>
> *A Montpellier, Lyon, Paris.* ⊙ *Vernale.*

28. IMMORTELLE à longs pédoncules, *G. pedunculare*, L. à tige herbacée; à feuilles en spatule, embrassant presque la tige, cotonneuses en dessous; à écailles du calice un peu aiguës.

> *Au cap de Bonne-Espérance.*

29. IMMORTELLE très-odorante, *G. odoratissimum*, L. à tige herbacée; à feuilles courant sur la tige, obtuses, terminées en pointe, planes, cotonneuses sur les deux surfaces.

> *Pluk.* tab. 173, fig. 6.
>
> *On ignore son climat natal.*

* IV. *IMMORTELLES à tiges herbacées*, (*Argyrocoma*).

30. IMMORTELLE sanguine, *G. sanguineum*, L. à tige herbacée; à feuilles courant sur la tige, lancéolées, cotonneuses, planes, nues au sommet.

> *Gnaphalio montano affinis Ægyptiaca*; Plante d'Égypte congénère de l'Immortelle des montagnes. *Bauh. Pin.* 264, n.° 3. *Barrel.* tab. 34.
>
> *En Égypte, dans la Palestine.*

31. IMMORTELLE fétide, *G. fœtidum*, L. à tige herbacée; à feuilles embrassantes, très-entières, aiguës, cotonneuses en dessous; à tige rameuse.

> *Moris. Hist.* sect. 7, tab. 20, fig. 32. *Pluk.* tab. 243, fig. 1. *Volckam. Norimb.* pag. et tab. 194.
>
> *En Éthiopie.* ⊙

32. IMMORTELLE ondulée, *G. undulatum*, L. à tige herbacée; à feuilles courant sur la tige, lancéolées, aiguës, ondulées, cotonneuses en dessous; à tige rameuse.

> *Dill. Elth.* tab. 108, fig. 130.
>
> *En Afrique.* ⊙

33. IMMORTELLE frisée, *G. crispum*, L. à tige herbacée; à feuilles embrassantes, en spatule, cotonneuses; à écailles du calice très-obtuses, plissées, ondulées, cotonneuses à la base.

> *Pluk.*

Pluk. tab. 298, fig. 3.

Au cap de Bonne-Espérance. ♃

34. IMMORTELLE à feuilles d'hélianthème, *G. helianthemifolium*, L. à tige herbacée ; à feuilles embrassant presque la tige, lancéolées ; à fleurs en corymbes composés ; à écailles du calice comme plissées.

En Éthiopie.

35. IMMORTELLE roide, *G. squarrosum*, L. à tige herbacée ; à feuilles assises, en languette, très-cotonneuses ; à écailles intérieures du calice en alêne, recourbées.

Pluk. tab. 323, fig. 1.

En Éthiopie.

36. IMMORTELLE étoilée, *G. stellatum*, L. à tige herbacée ; à feuilles assises, lancéolées, velues ; à écailles du calice pointues, couleur de chair extérieurement.

Burm. Afric. 285, tab. 80, fig. 1.

Au cap de Bonne-Espérance.

37. IMMORTELLE à feuilles obtuses, *G. obtusifolium*, L. à tige herbacée ; à feuilles lancéolées ; à tige cotonneuse, en panicule ; à fleurs terminales, glomérées, en cône.

Moris. Hist. sect. 7, tab. 10, fig. 19. *Dill. Elth.* tab. 108, f. 131.

En Virginie, en Pensylvanie. ☉

38. IMMORTELLE perlière, *G. margaritaceum*, L. à tige herbacée ; à feuilles linéaires, lancéolées, aiguës, alternes ; à tige rameuse supérieurement ; à fleurs en corymbes en faisceaux.

Gnaphalium latifolium Americanum ; Immortelle à larges feuilles d'Amérique. *Bauh. Pin.* 263, n.° 2. *Clus. Hist.* 1, pag. 327, fig. 3. *Bauh. Hist.* 3, P. 1, pag. 162, fig. 2.

Dans l'Amérique Septentrionale. Cultivée dans les jardins. ♃

39. IMMORTELLE à feuilles de plantain, *G. plantaginifolium*, L. à tige herbacée, très-simple ; à drageons couchés ; à feuilles radicales ovales, très-grandes.

Pluk. tab. 348, fig. 9.

En Virginie. ♃

40. IMMORTELLE dioïque, *G. dioïcum*, L. à tige herbacée, très-simple ; à drageons couchés ; à fleurs en corymbe simple terminal et dioïques, c'est-à-dire mâles et femelles sur des individus séparés.

Gnaphalium montanum flore rotundiore ; Immortelle des montagnes à fleur arrondie. *Bauh. Pin.* 263, n.° 1, (La fleur mâle). *Fusch. Hist.* 606. *Dod. Pempt.* 68, fig. 1. *Lob. Ic.* 1, pag. 483, fig. 1. *Ludg. Hist.* 1098, fig. 2. *Bauh. Hist.* 3, P. 1, pag. 162, fig. 3. *Bul. Paris.* tab. 501.

Tome III. K k

Gnaphalium montanum longiore et folia et flore ; Immortelle
des montagnes à feuille et fleur plus longues. Bauh. Pin.
262, n.° 2, (La fleur femelle). Dod. Pempt. 68, fig. 2,
Lob. Ic. 1, pag. 483, fig. 2. Clus. Hist. 1, pag. 330, f. 1.
Lugd. Hist. 1116, fig. 1. Bauh. Hist. 3, P. 1, pag. 162.
fig. 4.

1. Gnaphalium ; Pied-de-chat. 2. Fleurs qu'on emploie en
infusion théiforme. 6. Les fleurs entrent dans les vulné-
raires de Suisse.

Sur les montagnes du Dauphiné, de Provence, du Lyonnais,
etc. à une élévation au-dessus de 300 toises. ♄ Vernale.

41. IMMORTELLE des Alpes, G. Alpinum, L. à tige herbacée,
très-simple, terminée par un petit nombre de fleurs ramassées
en tête sans feuilles ; à drageons rampans.

Gnaphalium Alpinum minus ; Immortelle des Alpes plus petite. Bauh. Pin. 264, n.° 6, Lob. Ic. 1, pag. 484, fig. 2.
Lugd. Hist. 1343, fig. 3. Bauh. Hist. 3, P. 1, pag. 161,
fig. 4. Flor. Dan. tab. 332.

Sur les Alpes du Dauphiné, de Suisse. ♃ Estivale. Alp.

42. IMMORTELLE des Indes, G. Indicum, L. à tige herbacée ;
très-rameuse, diffuse ; à feuilles lancéolées ; à fleurs en corymbes
inégaux ; à écailles du calice colorées intérieurement.

Pluk. tab. 187, fig. 5.

Dans l'Inde Orientale, au cap de Bonne-Espérance. ♃

43. IMMORTELLE pourprée, G. purpureum, L. à tige herbacée, droite, très-simple ; à feuilles lancéolées, nues ; à fleurs
en épis latéraux, assis.

Dill. Elth. tab. 109, fig. 132.

Dans l'Amérique Septentr'onale.

* V. IMMORTELLES cotonnières à tiges herbacées, (Filaginoïdea);

44. IMMORTELLE des forêts, G. sylvaticum, L. à tige herbacée, très-simple ; à feuilles linéaires ; à fleurs éparses.

Gnaphalium majus, angusto oblongo folio alterum ; autre Immortelle plus grande, à feuille étroite, oblongue. Bauh.
Pin. 263, n.° 11. Lob. Ic. 1, pag. 482, fig. 3. Lugd. Hist.
1344, fig. 1. Bauh. Hist. 3, P. 1, pag. 160, fig. 1. Flor.
Dan. tab. 254.

Nutritive pour la Chèvre.

A Montpellier, Lyon, Paris. ♃ Estivale.

45. IMMORTELLE couchée, G. supinum, L. à tige herbacée,
très-simple, couchée ; à fleurs éparses.

Boccon. Mus. 107, tab. 85.

Sur les Alpes du Dauphiné.

46. IMMORTELLE des marais, *G. uliginosum*, L. à tige herbacée, rameuse, diffuse; à fleurs entassées, terminant les rameaux. *Bot. Paris.* tab. 503.

A Montpellier, Lyon, Paris, etc. ⊙ Estivale.

47. IMMORTELLE glomérée, *G. glomeratum*, L. à tige herbacée, diffuse; à écailles intérieures du calice en alène, nues; à feuilles embrassant à demi la tige.

Au cap de Bonne-Espérance. ⊙

1027. XÉRANTHÈME, *XERANTHEMUM*. * *Tournef. Inst.* 499, tab. 284. *Vaill. Mém. de l'Acad.* 1718. p. 174. *Lam. Tab. Encyclop.* pl. 692. XERANTHEMOIDES. *Dill. Elth.* tab. 322, fig. 415.

CAL. *Commun* formé par des *écailles* lancéolées, placées en recouvrement les unes sur les autres, dont les *intérieures* plus longues que le disque, membraneuses, luisantes, forment un rayon coloré, et couronnent la fleur composée.

COR. *Composée* inégale : *Corollules hermaphrodites*, assez nombreuses, tubulées au disque : *femelles* peu nombreuses, tubulées au rayon.

—— *Propre des Hermaphrodites* : en entonnoir, beaucoup plus courte que le calice. *Limbe* étalé, à cinq divisions peu profondes.

—— *Propre des Femelles* : tubulée, de la longueur de celle de l'hermaphrodite, moins égale, à cinq divisions peu profondes.

ÉTAM. des *Hermaphrodites* : cinq *Filamens*, très-courts. *Anthères* formant une gaîne cylindrique, tubulée, presque aussi longue que la corollule.

PIST. des *Hermaphrodites* : *Ovaire* court. *Style* filiforme, plus long que les étamines. *Stigmate* divisé peu profondément en deux parties.

—— des *Femelles* : *Ovaire* court. *Style* filiforme, de la longueur des hermaphrodites. Deux *Stigmates*, oblongs, renversés.

PÉR. Nul. Le *Calice* qui change à peine, renferme les semences.

SEM. des *Hermaphrodites* : oblongues, couronnées.

—— des *Femelles* : oblongues, couronnées.

RÉC. Nu, légèrement aplati, ponctué.

OBS. Xeranthemi, *Tournefort* : *Couronne de la Semence, à cinq soies, simple; Réceptacle garni de paillettes.*

 Xeranthemoïdes, *Tournefort* : *Couronne de la semence formée par une aigrette plumeuse ou à poils; Réceptacle nu.*

Réceptacle garni de paillettes. *Aigrette* des semences sétacée. *Calice* composé d'écailles placées en recouvrement les unes sur les autres dont les intérieures imitent des demi-fleurons colorés.

* I. XÉRANTHÈME à réceptacle garni de paillettes ; à aigrette des semences formée de cinq soies.

b. XÉRANTHÈME annuel, *X. annuum*, L. à tige herbacée ; à
feuilles lancéolées, ouvertes.

Jacea Oleœ folio, capitulis simplicibus ; Jacée à feuille d'O-
livier, à fleurs en têtes simples. *Bauh. Pin.* 272, n.° 2.
Matth. 441, fig. 2. *Dod. Pempt.* 710, fig. 2. *Lob. Ic.* 1,
p. 545, f. 2. *Clus. Hist.* 2, p. 11, f. 2. *Lugd. Hist.* 1169,
f. 1. *Camer. Epit.* 355. *Bauh. Hist.* 3, P. 1, pag. 25, f. 3.
Moris. Hist. sect. 6, tab. 12, f. 2. *Barrel.* tab. 1126.

Cette espèce présente trois variétés.

1.° *Jacea Oleœ folia, minore flore ;* Jacée à feuille d'Olivier,
à fleur plus petite. *Bauh. Pin.* 272, n.° 3.

2.° *Jacea Oleœ folio, capitulis compactis ;* Jacée à feuille
d'Olivier, à fleurs en têtes compactes. *Bauh. Pin.* 272,
n.° 4. *Lob. Ic.* 1, pag. 545, fig. 1. *Lugd. Hist.* 1193,
fig. 2.

3.° *Jacea incana, Cyani capitulis ;* Jacée blanchâtre, à têtes
de Bluet. *Bauh. Pin.* 272, n.° 1. *Lob. Ic.* 1, pag. 544,
f. 2. *Lugd. Hist.* 1194, f. 1.

'A Montpellier, Lyon, Grenoble. ⊙ Vernale.

* II. XÉRANTHÈMES à réceptacle nu ; à aigrette des semences
formée par des poils.

2. XÉRANTHÈME vêtu, *X. vestitum*, L. à tige ligneuse, droite ;
à feuilles adhérentes, lancéolées, linéaires, calleuses et pointues
au sommet ; à rameaux feuillés, ne portant qu'une seule fleur.

Burm. Afric. 177, tab. 66, fig. 1.

En Éthiopie. ♄

3. XÉRANTHÈME très-spécieux, *X. speciosissimum*, L. à tige
ligneuse, droite ; à feuilles embrassant la tige, lancéolées, à
trois nervures ; à rameaux presque nus, ne portant qu'une seule
fleur pédonculée.

Burm. Afric. 178, tab. 66, fig. 2.

En Éthiopie. ♄

4. XÉRANTHÈME prolifère, *X. proliferum*, L. à tige ligneuse,
prolifère ; à fleurs assises ou sans pédoncules ; à feuilles grenues, arrondies, irrégulières, en recouvrement.

Pluk. tab. 449, fig. 4.

En Éthiopie. ♄

5. XÉRANTHÈME en recouvrement, *X. imbricatum*, L. à tige
ligneuse ; à feuilles ovales, un peu cotonneuses ; à pédoncules
écailleux.

Petiv. Gaz. tab. 5, fig. 10.

Au cap de Bonne-Espérance. ♄

6. XÉRANTHÈME blanchâtre, *X. canescens*, L. à tige ligneuse; à feuilles ovales, en alêne, lisses, en recouvrement.

Burm. Afric. 183, tab. 68, fig. 1.

Au cap de Bonne-Espérance. ♄

* III. *XÉRANTHÈMES à réceptacle nu; à aigrette des semences en plume.*

7. XÉRANTHÈME contourné, *X. retortum*, L. à tige ligneuse; à feuilles cotonneuses, recourbées.

Dill. Elth. tab. 322, fig. 415.

En Éthiopie. ♄

8. XÉRANTHÈME épineux, *X. spinosum*, L. à écailles du calice pointues, épineuses.

Burm. Afric. 182, tab. 67, fig. 3.

En Éthiopie.

9. XÉRANTHÈME à feuilles de sésame, *X. sesamoïdes*, L. à rameaux portant une seule fleur, en recouvrement; à feuilles linéaires, appliquées contre la tige.

Burm. Afric. 181, tab. 67, fig. 2.

Cette espèce présente une variété gravée dans *Plukenet*, tab. 449, fig. 5.

En Éthiopie.

10. XÉRANTHÈME à verge, *X. virgatum*, L. à rameaux à verges, portant une seule fleur; à feuilles lancéolées, cotonneuses; à pédoncules presque nus.

Breyn. Prodr. 3, tab. 16, fig. 3.

Au cap de Bonne-Espérance.

11. XÉRANTHÈME Stéhéline, *X. Stæhelina*, L. à pédoncules terminans, nus, saillans, portant une seule fleur; à feuilles lancéolées, cotonneuses.

Au cap de Bonne-Espérance.

12. XÉRANTHÈME marqueté, *X. variegatum*, L. à fleurs solitaires, penchées; à écailles du calice obtuses, marquées de taches couleur de rouille.

Au cap de Bonne-Espérance.

13. XÉRANTHÈME paniculé, *X. paniculatum*, L. à fleurs en panicule; à feuilles linéaires, lancéolées.

Burm. Afric. 180, tab. 67, fig. 1.

En Éthiopie.

K k 3

1028. CARPÈSE, *CARPESIUM*. * *Lam. Tab. Encyclop.* pl. 696.

Cal. *Commun* formé par des *feuillets* placés en recouvrement les uns sur les autres dont les *extérieurs* sont plus grands, ouverts, renversés : les *intérieurs* égaux, plus courts, resserrés.

Cor. *Composée égale : Corollules hermaphrodites* au disque : *femelles* ou rayon.

—— *Propre des Hermaphrodites* : en entonnoir. *Limbe* étalé, à cinq divisions peu profondes.

—— *Propre des Femelles* : tubulée, réunie, à cinq divisions peu profondes.

Étam. *des Hermaphrodites* : cinq *Filamens*, courts. *Anthères* formant une gaine cylindrique, tubulée.

Pist. *des Hermaphrodites* : *Ovaire* oblong. *Style* simple. *Stigmate* divisé peu profondément en deux parties.

—— *des Femelles* : semblable à celui des hermaphrodites.

Pér. Nul. Le *Calice* qui ne change point, renferme les semences.

Sem. *des Hermaphrodites* : en ovale renversé, nues.

—— *des Femelles* : semblables à celles des hermaphrodites.

Réc. Nu.

Réceptacle nu. *Semences* sans aigrette. *Calice* composé d'écailles placées en recouvrement les unes sur les autres dont les extérieures sont renversées.

1. **CARPÈSE** penché, *C. cernuum*, L. à fleurs penchées, terminant les rameaux.

Aster Atticus, foliis circa florem mollibus ; Aster d'Attique, à feuilles entourant la fleur molles. *Bauh. Pin.* 266, n.° 2. *Column. Ecphras.* 1, p. 251 et 252. *Bauh. Hist.* 2, p. 1055, f. 2. *Moris. Hist.* sect. 6, tab. 5, f. 26. *Barrel.* tab. 1142. *Jacq. Aust.* tab. 204.

A Montpellier, Lyon, Grenoble. ♃ Vernale.

2. **CARPÈSE** aurone, *C. abrotanoïdes*, L. à fleurs latérales.

Osbec. It. tab. 10.

En Chine.

1029. BACCHARIS, *BACCHARIS*. *Lam. Tab. Encyclop.* pl. 698. CONYZA. *Tournef. Inst.* 454, tab. 259.

Cal. *Commun* cylindrique, formé par des *écailles* linéaires, aiguës, placées en recouvrement les unes sur les autres.

Cor. *Composée égale : Corollules hermaphrodites* et *femelles* entremêlées.

—— *Propre des Hermaphrodites* : en entonnoir, à cinq segmens peu profonds.

—— *Propre des Femelles* : à peine visible, ou presque nulle.

ÉTAM. des *Hermaphrodites* : cinq *Filamens*, capillaires, très-petits. *Anthères* formant une gaine cylindrique, tubulée.

PIST. des *Hermaphrodites* : *Ovaire* ovale. *Style* filiforme, de la longueur de la fleur. *Stigmate* divisé peu profondément en deux parties.

—— des *Femelles* : semblable à celui des hermaphrodites.

PÉR. Nul. Le *Calice* qui ne change point, renferme les semences.

SEM. des *Hermaphrodites* : solitaires, très—courtes, oblongues. *Aigrette* simple.

—— des *Femelles* : semblables à celles des hermaphrodites.

RÉC. Nu.

OBS. L'Aigrette *dans quelques espèces est très-longue ; dans d'autres elle surpasse à peine le calice.*

Réceptacle nu. *Aigrette* des semences formée par des poils. *Calice* cylindrique, composé d'écailles placées en recouvrement les unes sur les autres. *Fleurons* femelles interposés entre les fleurons hermaphrodites.

1. **BACCHARIS** à feuilles d'ivette, *B. ivæfolia*, L. à feuilles lancéolées, dentées à dents de scie dans leur longueur.

   Pluk. tab. 328, fig. 2.

   Au Pérou, en Virginie. ♄

2. **BACCHARIS** à feuilles de nérion, *B. nereifolia*, L. à feuilles lancéolées, marquées supérieurement par une ou deux dents.

   En Éthiopie. ♄

3. **BACCHARIS** en arbre, *B. arborea*, L. à feuilles elliptiques, lancéolées, très-entières, nues, pétiolées.

   Dans l'isle de Saint-Jean. ♄

4. **BACCHARIS** à feuilles d'halime, *B. halimifolia*, L. à feuilles en ovale renversé, échancrées et crénelées supérieurement.

   Moris. Hist. sect. 7, tab. 10, fig. 4. *Pluk.* tab. 27, fig. 2. *Herm. Parad.* pag. et tab. 225.

   En Virginie. ♄

5. **BACCHARIS** de Dioscoride, *B. Dioscoridis*, L. à feuilles larges, lancéolées, dentées, assises, garnies de stipules.

   Conyza major altera; autre Conyze plus grande. *Bauh. Pin.* 265, n.º 2. *Lugd. Hist.* append. 20, fig. 2. *Bauh. Hist.* 2, p. 1054, fig. 2.

   En Égypte, en Syrie.

6. **BACCHARIS** des Indes, *B. Indica*, L. à feuilles en ovale renversé, dentelées, pétiolées.

Breyn. Cent. tab. 70.
Dans l'Inde Orientale.

γ. BACCHARIS du Brésil, *B. Brasiliana*, L. à feuilles en ovale renversé, entières, rudes, assises, veinées en dessous.
Au Brésil.

δ. BACCHARIS fétide, *B. fœtida*, L. à feuilles lancéolées, dentées à dents de scie; à fleurs en corymbes feuillés.
Dill. Elth. tab. 89, f. 105.
En Virginie. ♃

103ᵉ. CONYZE, *CONYZA.* * *Tournef. Inst.* 454, tab. 259.
Lam. Tab. Encyclop. pl. 697.

.Cal. *Commun*, arrondi, formé par des *écailles* sèches et roides, aiguës, placées en recouvrement les unes sur les autres dont les extérieures sont un peu ouvertes.

Cor. *Composée* tubulée : *Corollules hermaphrodites*, nombreuses, tubulées au disque : *femelles* apétales, arrondies, au rayon.

— *Propre des Hermaphrodites* : en entonnoir. *Limbe* étalé, à cinq divisions peu profondes.

— *Propre des Femelles* : en entonnoir. *Limbe* à trois divisions peu profondes.

Étam. des *Hermaphrodites* : cinq *Filamens*, capillaires, très-courts. *Anthères* formant une gaîne cylindrique, tubulée.

Pist. des *Hermaphrodites* : *Ovaire* oblong. *Style* filiforme, de la longueur des étamines. *Stigmate* divisé peu profondément en deux parties.

— des *Femelles* : *Ovaire* oblong. *Style* filiforme, de la longueur des hermaphrodites, plus grêle. Deux *Stigmates*, très-grêles.

Pér. Nul. Le *Calice* dont les écailles sont rapprochées, renferme les semences.

Sem. des *Hermaphrodites* : solitaires, oblongues. *Aigrette* simple.

— des *Femelles* : solitaires, oblongues. *Aigrette* simple.

Réc. Nu, plane.

Réceptacle nu. *Aigrette* des semences simple. *Calice* comme arrondi, composé d'écailles placées en recouvrement les unes sur les autres. *Corollules* du rayon divisées peu profondément en trois parties.

α. CONYZE vulgaire, *C. squarrosa*, L. à feuilles lancéolées, pointues; à tige herbacée, formant un corymbe; à écailles du calice sèches et roides.

Conyza major vulgaris ; Conyze plus grande vulgaire. *Bauh. Pin.* 265, n.° 6. *Matth.* 629, f. 1. *Dod. Pempt.* 51, f. 2.

Lab. Ic. 1, pag. 574, f. 1. *Lugd. Hist.* 917, f. 1; et 1044, fig. 1. *Camer. Epit.* 612. *Bauh. Hist.* 2, pag. 1031, fig. 2. *Bul. Paris.* tab. 503. *Flor. Dan.* tab. 622. *Icon. Pl. Medic.* tab. 456.

En Europe, dans les lieux secs et arides. ♈

2. CONYZE à feuilles de lin, *C. linifolia*, L. à feuilles linéaires, lancéolées, très-entières ; à corolles radiées.

Pluk. tab. 79, fig. 2.

Dans l'Amérique Septentrionale.

3. CONYZE sordide, *C. sordida*, L. à feuilles linéaires, très-entières ; à péduncules longs, portant trois fleurs ; à tige sous-ligneuse.

Elichrysum sylvestre angustifolium, capitulis conglobatis ; Immortelle sauvage à feuilles étroites, à fleurs en têtes conglobées. *Bauh. Pin.* 264, n.° 9. *Lob. Ic.* 1, pag. 486, f. 1. *Clus. Hist.* 1, p. 327, f. 1. *Lugd. Hist.* 778, f. 2 ; et 779, f. 2. *Bauh. Hist.* 3, P. 1, pag. 156, f. 1. *Barrel.* tab. 277, et 368.

Cette plante est désignée dans le *Species* sous le nom d'Immortelle sordide, *G. sordidum*, L. à tige ligneuse ; à feuilles linéaires ; à péduncules portant deux ou trois fleurs ; à écailles du calice lancéolées.

A Montpellier, en Provence. ♃ Vernale.

4. CONYZE des pierres, *C. saxatilis*, L. à feuilles linéaires, souvent dentées ; à péduncules très-longs, portant une seule fleur ; à tige sous-ligneuse.

Elichryso sylvestri flore oblongo similis ; plante ressemblant à l'immortelle sauvage, à fleur oblongue. *Bauh. Pin.* 265, n.° 11. prod. 123, f. 2. *Bauh. Hist.* 3, P. 1, pag. 157, f. 1. *Moris. Hist.* sect. 7, tab. 10, f. 16. *Barrel.* tab. 425 et 426.

En Italie, à Naples. ♄

5. CONYZE des rochers, *C. rupestris*, L. à feuilles en spatule, souvent dentées, cotonneuses ; à tige sous-ligneuse ; à péduncules alongés, portant une seule fleur.

En Arabie, à Naples. ♄ ♃

6. CONYZE rude, *C. scabra*, L. à feuilles oblongues, souvent dentées, assises, rudes ; à péduncules alongés, portant une seule fleur.

Dans l'Inde Orientale.

7. CONYZE aster, *C. asteroïdes*, L. à feuilles larges, lancéolées, souvent dentées ; à corolles radiées ; à écailles du calice sèches et roides.

Dans l'Amérique Septentrionale. ♃

8. CONYZE à deux faces, *C. bifrons*, L. à feuilles ovales, oblongues, embrassant la tige.

Pluk. tab. 87, fig. 4.

Au Canada.

9. CONYZE lobée, *C. lobata*, L. à feuilles inférieures divisées peu profondément en trois parties : les supérieures ovales, lancéolées, à dents de scie irrégulières ; à fleurs en corymbe.

Sloan. Jam. tab. 152, fig. 4.

A Véra—Crux. ♄

10. CONYZE à deux feuilles, *C. bifoliata*, L. à feuilles ovales, dentées ; à pédoncules ornés de deux feuilles ; à bractées opposées.

Pluk. tab. 177, fig. 1.

Dans l'Inde Orientale.

11. CONYZE velue, *C. pubigera*, L. à feuilles oblongues, comme dentées, portées sur des pétioles très—courts ; à pédoncules laineux, portant une ou deux fleurs.

Rumph. Amb. 5, pag. 299, tab. 103, fig. 2.

Dans l'Inde Orientale.

12. CONYZE tortueuse, *C. tortuosa*, L. à tige ligneuse, tortueuse ; à feuilles ovales, oblongues, très—entières ; à fleurs en grappes renversées.

A Madagascar, à Véra—Crux. ♄

13. CONYZE blanche, *C. candida*, L. à feuilles ovales, cotonneuses ; à fleurs entassées ; à pédoncules latéraux, terminant les tiges.

Boccon. Sicul. 60, tab. 31, f. 11. Barrel. tab. 217. Buxb. Cent. 2, pag. 23, tab. 17.

Dans l'isle de Crète.

14. CONYZE anthelmintique, *C. anthelmintica*, L. à feuilles lancéolées, ovales, à dents de scie, rudes ; à pédoncules portant une seule fleur ; à écailles du calice sèches et roides.

Burm. Zeyl. 210, tab. 95.

Dans l'Inde Orientale. ☉

15. CONYZE balsamique, *C. balsamifera*, L. à feuilles lancéolées, cotonneuses en dessous, dentées ; à pétioles dentés.

Rumph. Amb. 6, tab. 24, fig. 1.

Dans l'Inde Orientale.

16. CONYZE cendrée, *C. cinerea*, L. à feuilles oblongues ; à fleurs en panicule ; à corolles cylindriques, deux fois plus longues que le calice.

Moris. Hist. sect. 7, tab. 17, fig. 7. *Pluk.* tab. 243, fig. 8.
Burm. Zeyl. 211, tab. 96, fig. 1.
Dans l'Inde Orientale. ☉

17. CONYZE odorante, *C. odorata*, L. à feuilles ovales, à dents
de scie, un peu cotonneuses, pointues ; à tige formant un corymbe ; à corolles comme arrondies.
Pluk. tab. 177, fig. 2. *Sloan. Jam.* tab. 152, fig. 1.
Dans l'Amérique Méridionale.

18. CONYZE de la Chine, *C. Chinensis*, L. à feuilles lancéolées, ovales, renversées, à dents de scie, cotonneuses en dessous ; à fleurs entassées, terminant les rameaux.
Rumph. Amb. 6, pag. 36, tab. 14, fig. 2.
En Chine.

19. CONYZE hérissée, *C. hirsuta*, L. à feuilles ovales, très-
entières, rudes, hérissées en dessous.
En Chine.

20. CONYZE en arbre, *C. arborescens*, L. à feuilles ovales, très-
entières, pointues, cotonneuses en dessous ; à fleurs en épis
recourbés, tournés d'un seul côté ; à bractées renversées.
Plum. Spec. 10, tab. 130, fig. 2.
Dans l'Amérique Méridionale. ♄

21. CONYZE ligneuse, *C. fruticosa*, L. à feuilles ovales, très-
entières, obtuses ; à fleurs assises, alternes ; à rameaux tortueux.
Plum. Spec. 9, tab. 95, fig. 1.
Dans l'Amérique Méridionale. ♄

22. CONYZE à verge, *C. virgata*, L. à feuilles courant sur la
tige, lancéolées, dentelées ; à tige à verges ; à fleurs en épis,
éparses, entassées.
Sloan. Jam. tab. 152, fig. 5.
A la Jamaïque, à la Caroline. ♃

23. CONYZE courante, *C. decurrens*, L. à feuilles courant sur
la tige, lancéolées, dentelées ; à tige presque dichotome ; à
fleurs assises aux aisselles des feuilles, glomérées.
Dans l'Inde Orientale. ☉

1031. VERGERETTE, *ERIGERON*. * *Lam. Tab. Encyclop.*
pl. 681.

CAL. *Commun* oblong, comme cylindrique, formé par des *écailles*
en alène, droites, graduellement plus longues, presque égales,
placées en recouvrement les unes sur les autres.

Cor. *Composée*, radiée : *Corollules hermaphrodites* tubuléos au disque : *femelles* en languettes au rayon.

——— *Propre* des *Hermaphrodites* : en entonnoir. *Limbe* à cinq divisions peu profondes.

——— *Propre* des *femelles* : en languette, linéaire, en alêne, droite, le plus souvent très-entière.

Étam. des *Hermaphrodites* : cinq *Filamens*, capillaires, très-courts. *Anthères* formant une gaine cylindrique, tubulée.

Pist. des *Hermaphrodites* : *Ovaire* très-petit, couronné par une aigrette plus longue que sa corollule. *Style* filiforme, de la longueur de l'aigrette. Deux *Stigmates*, oblongs, roulés.

——— des *Femelles* : *Ovaire* très-petit, couronné par une aigrette, à peu près aussi longue que sa corollule. *Style* capillaire, de la longueur de l'aigrette. Deux *Stigmates*, très-grêles.

Pér. Nul. Le *Calice* dont les écailles sont rapprochées, renferme les semences.

Sem. des *Hermaphrodites* : oblongues, petites. *Aigrette* longue, à poils.

——— des *Femelles* : semblables à celles des hermaphrodites.

Réc. Nu, plane.

Obs. Dillen *a observé que les fleurons intermédiaires du disque étoient le plus souvent mâles. Ce genre présente une espèce à fleurons femelles nus.*

Réceptacle nu. *Aigrette* des semences formée par des poils. *Demi-fleurons* du rayon linéaires, très-étroits.

1. VERGERETTE visqueuse, *E. viscosum*, L. à péduncules latéraux, portant une seule fleur ; à feuilles lancéolées, dentelées, renversées à la base ; à écailles du calice sèches et roides ; à corolles radiées.

    Conyza mas Theophrasti, major Dioscoridis ; Conyze mâle de Théophraste, plus grande de Dioscoride. *Bauh. Pin.* 265, n.º 1. *Dod. Pempt.* 51, f. 1. *Lob. Ic.* 1, pag. 346, fig. 1. *Clus. Hist.* 2, pag. 20, f. 1. *Lugd. Hist.* 1046, f. 1. *Bauh. Hist.* 2, pag. 1053, f. 1. *Jacq. Hort.* tab. 165.

    A Montpellier, en Provence. ♃ Estivale.

2. VERGERETTE à odeur forte, *E. graveolens*, L. à feuilles presque linéaires, très-entières ; à rameaux latéraux, portant plusieurs fleurs.

    Conyza fæmina Theophrasti, minor Dioscoridis ; Conyze femelle de Théophraste, plus petite de Dioscoride. *Bauh. Pin.* 265, n.º 3. *Lob. Ic.* 1, p. 346, f. 2. *Lugd. Hist* 1046, fig. 2. *Barrel.* tab. 370.

Les feuilles froissées, répandent une odeur forte.

A Montpellier, en Provence, à Paris. ☉ Estivale.

3. VERGERETTE gluante, *E. glutinosum*, L. à feuilles lancéolées, linéaires, velues, visqueuses ; à pédoncules portant une seule fleur.

Conyza montana, foliis glutinosis, pilosis ; Conyze des montagnes, à feuilles gluantes, velues. *Bauh. Pin.* 265, n.º 5. *Lugd. Hist.* 1301, fig. 2. *Barrel. tab.* 158.

A Montpellier, en Provence. ♃ Estivale.

4. VERGERETTE de Sicile, *E. Siculum*, L. à écailles inférieures du calice lâches, plus longues que la fleur ; à pédoncules feuillés.

Bauh. Hist. 2, pag. 1049, fig. 3. *Moris. Hist.* sect. 7, tab. 20, fig. 28. *Pluk. tab.* 168, fig. 2. *Boccon. Sicul.* 62, tab. 31, fig. 4. *Magn. Bot.* 77, tab. 6.

A Montpellier, en Provence.

5. VERGERETTE, de la Caroline, *E. Carolinianum*, L. à tige en panicule ; à fleurs le plus souvent solitaires, terminant les rameaux ; à feuilles linéaires, très-entières.

Dill. Elth. tab. 306, fig. 393.

A la Caroline.

6. VERGERETTE du Canada ; *E. Canadense*, L. à tige et fleurs formant un panicule, hérissées ; à feuilles lancéolées, ciliées.

Moris. Hist. sect. 7, tab. 20, fig. 29. *Boccon. Sic.* 85, tab. 46. *Barrel. tab.* 1164. *Bul. Paris. tab.* 504.

En Europe. ☉ Estivale.

7. VERGERETTE de Buenos-Aires, *E. Bonariense*, L. à feuilles roulées à la base.

Dill. Elth. tab. 257, fig. 334.

Dans l'Amérique Méridionale. ☉

8. VERGERETTE de la Jamaïque, *E. Jamaicense*, L. à tige portant un petit nombre de fleurs, un peu velue ; à feuilles en forme de coin, lancéolées, marquées des deux côtés de deux dentelures.

Sloan. Jam. tab. 152, fig. 3.

A la Jamaïque.

9. VERGERETTE de Philadelphie, *E. Philadelphicum*, L. à tige portant plusieurs fleurs ; à feuilles lancéolées, comme dentées : celles de la tige demi-embrassantes ; les fleurons du rayon capillaires, de la longueur de ceux du disque.

Au Canada. ♃

10. VERGERETTE d'Égypte , *E. Ægyptiacum* , L. à feuilles embrassant à demi la tige , en spatule, dentées ; à fleurs globuleuses.

Moris. Hist. sect. 7 , tab. 20, fig. 14.

En Égypte , en Sicile , à Naples. ⊙

11. VERGERETTE de Gouan , *E. Gouani* , L. à fleurs entassées ; à écailles du calice sèches et roides ; à feuilles lancéolées,
un peu dentées, rudes sur les bords.

On ignore son climat natal. ⊙

12. VERGERETTE âcre , *E. acre* , L. à pédoncules alternes ,
portant une seule fleur.

Conyza cærulea , acris ; Conyze à fleur bleue , âcre. *Bauh.
Pin.* 265 . n.º 8. *Dod. Pempt.* 641 , fig. 4. *Lugd. Hist.* 1045,
fig. 2. *Colum. Ecphras.* 2 , pag. 25 et 26, fig. 2. *Bauh.
Hist.* 2 , pag. 1043, fig. 2. *Dul. Paris.* tab. 505. *Icon. Pl.
Medic.* tab. 381.

Les fleurs pulvérisées , ont réussi , comme béchiques incisifs ,
dans les affections catarrales de la poitrine, comme asthme
pituiteux , rhume.

En Europe dans les lieux secs et arides. ♃ Estivale.

13. VERGERETTE des Alpes, *E. Alpinum* , L. à tige portant
une ou deux fleurs ; à calices un peu hérissés ; à feuilles obtuses , velues en dessous.

Conyza cærulea Alpina, major ; Conyze à fleur bleue des Alpes,
plus grande. *Bauh. Pin.* 265 , n.º 1. *Bauh. Hist.* 2, p. 1047 ,
fig. 3. *Bellev.* tab. 100 , fig. B.

Reichard cite pour cette espèce le synonyme de *G. Bauhin* ,
Conyza cærulea Alpina , minor ; Conyze à fleur bleue des
Alpes, plus petite. *Pin.* 265 , n.º 2 , qui appartient à la
Vergerette à une fleur, *Erigeron uniflorum* , L.

A Montpellier, sur les Alpes du Dauphiné. ♃ Vernale *sur les
Alpes calcaires* ; Estivale *sur les Alpes granitiques.*

14. VERGERETTE à une fleur , *E. uniflorum* , L. à tige portant une seule fleur ; à calice velu.

Conyza cærulea Alpina minor ; Conyze à fleur bleue des Alpes,
plus petite. *Bauh. Pin.* 265 , n.º 2. *Bellev.* tab. 100, fig. A.
Flor. Lappon. n.º 307 , tab. 9 , fig. 3.

La fleur varie pour la couleur , blanche ou pourpre.

Nutritive pour la Chèvre.

Sur les Alpes du Dauphiné , de Suisse. ♃ Estivale. *Alp.*

15. VERGERETTE graminée , *E. gramineum* , L. à tige portant
une seule fleur ; à feuilles linéaires , ciliées , rudes.

Gmel. Sibir. 2 , p. 174 , tab. 76 , fig. 2.

En *Sibérie.* ♃

16. VERGERETTE camphrée , *E. camphoratum*, L. à feuilles lancéolées , ovales , velues ; à dentelures cartilagineuses au sommet.

En *Virginie.* ☉

17. VERGERETTE tubéreuse, *E. tuberosum*, L. à feuilles linéaires ; à rameaux portant une seule fleur ; à tige sous-ligneuse.

Cette espèce présente trois variétés.

   1.º *Chondrilla bulbosa Syriaca, foliis angustioribus ;* Chondrille à racine bulbeuse, de Syrie , à feuilles plus étroites. *Bauh. Pin.* 130 , n.º 9. *Bauh. Hist.* 2 , pag. 1055 , fig. 3. *Moris. Hist.* sect. 7 , tab. 19 , fig. 20. *Bellev.* tab. 101. *Barrel.* tab. 157.

   2.º *Chondrilla bulbosa Syriaca, foliis latioribus ;* Chondrille à racine bulbeuse de Syrie , à feuilles plus larges. *Bauh. Pin.* 130 , n.º 8. *Moris. Hist.* sect. 7 , tab. 20 , fig. 15.

   3.º *Aster conyzoïdes Gesneri ;* Aster conyzo de Gesner. *Moris. Hist.* sect. 7 , tab. 22 , fig. 7.

   A *Montpellier , en Provence.* ♃

18. VERGERETTE fétide , *E. fœtidum*, L. à feuilles lancéolées , linéaires , émoussées ; à fleurs en corymbes.

Pluk. tab. 223 , fig. 4.

En *Afrique.* ♃

19. VERGERETTE oblique, *E. obliquum*, L. à tige ramifiée ; à feuilles ovales, obliques.

Dans l'Inde Orientale. ☉

1032. TUSSILAGE , *TUSSILAGO.* * *Tournef. Inst.* 487 ; tab. 276. *Vaill. Mém. de l'Acad.* 1720 , pag. 290, tab. 9, f. 46. *Lam. Tab. Encyclop.* pl. 674. PETASITES. *Tournef. Inst.* 451 , tab. 258. *Vaill. Mém. de l'Acad.* 1719 , pag. 305, tab. 20, f. 14, 25 et 28.

CAL. *Commun* comme cylindrique , formé par des *écailles* lancéolées , linéaires , (de quinze à vingt) , égales , de la grandeur du disque , presque membraneuses.

COR. *Composée* , variant dans sa forme.

—— *Corollules* toutes *hermaphrodites* : tubulées seulement au disque, dans quelques espèces.

—— *Corollules femelles* : Nulles dans quelques espèces , en languettes dans quelques autres.

—— *Propre des Hermaphrodites* : en entonnoir. *Limbe* à quatre ou cinq *divisions* peu profondes, aiguës, renversées, plus longues que le calice.

—— *Propre des Femelles* : nulle ou en languette, très-étroite, entière ; plus longue que le calice.

Étam. des *Hermaphrodites* : cinq *Filamens*, capillaires, très-courts. *Anthères* formant une gaine cylindrique, tubulée.

Pist. des *Hermaphrodites* : Ovaire court. *Style* filiforme, plus long que les étamines. *Stigmate* un peu épais.

—— des *Femelles* : Ovaire court. *Style* filiforme, de la longueur de celui de l'hermaphrodite. *Stigmate* un peu épais, divisé peu profondément en deux parties.

Pér. Nul. Le *Calice* qui change à peine, renferme les semences.

Sem. des *Hermaphrodites* : Solitaires, oblongues, comprimées. *Aigrette* à poils, portée sur un pied.

—— Des *Femelles* : Semblables à celles des hermaphrodites lorsqu'elles existent.

Réc. Nu.

Obs. Petasites, *Tournefort* : *n'a point de fleurons en languettes au rayon, quoique dans quelques espèces on en trouve de femelles nus.*

    Tussilago, *Tournefort* : *présente toujours au rayon des fleurons femelles, à corolles en languettes.*
    Le T. Anandria, *L. a l'Aigrette assise.*
    Le T. frigida, *L. varie pour ses fleurs flosculeuses et radiées.*

Réceptacle nu. *Aigrette* des semences simple. *Calice* composé d'écailles égales, comme membraneuses, de la longueur des fleurons du disque.

1. TUSSILAGE Anandrie, *T. Anandria*, L. à hampe écailleuse, droite, portant une seule fleur ; à feuilles lyrées, ovales ; à écailles du calice fermées.

    Amœn. Acad. 1, pag. 243, tab. 11. *Flor. Zeyl.* 259, tab. 3, f. 1.
    Cette espèce présente une variété à écailles du calice un peu ouverte, décrite et gravée dans *Gmelin. Sib.* 1, pag. 143, tab. 67, fig. 2.
    En Sibérie. ♃

2. TUSSILAGE denté, *T. dentata*, L. à hampe sans bractées, portant une seule fleur ; à feuilles lancéolées, dentées, velues.
    Plum. Spec. 10, tab. 40, fig. 2.
    Dans l'Amérique Méridionale.

3. TUSSILAGE penché, *T. nutans*, L. à hampe sans bractées, portant une seule fleur penchée ; à feuilles lyrées, obtuses.
    Sloan. Jam. tab. 150. fig. 2.
    Dans l'Amérique Méridionale.

4. TUSSILAGE des Alpes, *T. Alpina*, L. à hampe presque nue, portant une seule fleur ; à feuilles en cœur, arrondies, crénelées.

Tussilago

Tussilago Alpina rotundifolia, glabra ; Tussilage des Alpes,
à feuilles rondes, lisses. *Bauh. Pin.* 197, n.º 2. *Lob. Ic.* 1,
pag. 590, fig. 1. *Clus. Hist.* 2, pag. 112, fig. 2. *Lugd. Hist.*
1152, fig. 3. *Bauh. Hist.* 3, P. 2, pag. 565, fig. 1.

Cette espèce présente une variété.

Tussilago Alpina rotundifolia, canescens ; Tussilage des
Alpes, à feuilles arrondies, blanchâtres. *Bauh. Pin.* 197,
n.º 3. *Clus. Hist.* 2, pag. 113, fig. 1. *Lugd. Hist.* 1052,
fig. 2.

Sur les Alpes du Dauphiné. ♃ *Vernale sur les Alpes calcaires ;
Estivale sur les Alpes granitiques.*

5. TUSSILAGE vulgaire, *T. Farfara,* L. à hampe garnie d'é-
cailles membraneuses en recouvrement, portant une seule fleur;
à feuilles presque en cœur, anguleuses, dentées.

Tussilago vulgaris ; Tussilage vulgaire. *Bauh. Pin.* 197, n.º 1.
Brunsf. io. tom. 1, pag. 90. *Fusch. Hist.* 140. *Matth.* 614,
fig. 1. *Dod. Pempt.* 596, fig. 1 et 2. *Lob. Ic.* 1, pag. 589,
fig. 1 et 2. *Lugd. Hist.* 1051, fig. 1. *Camer. Epit.* 590 et 591.
Bauh. Hist. 3, P. 2, p. 563, f. 3. *Moris. Hist.* sect. 7, tab. 13,
fig. 1. *Bul. Paris.* tab. 506. *Flor. Dan.* tab. 595. *Icon. Pl.
Medic.* tab. 64.

1. *Farfara, Tussilago . Filius ante patrem ;* Tussilage, Pas-
d'âne. 2. Racine, Herbe, Fleurs. 3. Toutes ses parties légèrement styptiques, amères, muqueuses. 5. Toux, asthme,
phthisie.

Nutritive pour le Mouton, la Chèvre.

*En Europe sur les bords des fossés aquatiques , dans les lieux
humides, les terrains gras.* ♃ *Hiémale.*

6. TUSSILAGE du Japon, *T. Japonica,* L. à hampe portant
plusieurs fleurs alternes, radiées.

Pluk. tab. 390, fig. 6.

Au Japon.

7. TUSSILAGE froid, *T. frigida,* L. à hampe terminée par un
thyrse de fleurs radiées, imitant une ombelle lâche.

Cacalia tomentosa ; Cacalie cotonneuse. *Bauh. Pin.* 198, n.º 1?
Flor. Dan. tab. 61.

Sur les Alpes du Dauphiné. ♃

8. TUSSILAGE blanc, *T. alba,* L. à hampe terminée par un
thyrse de fleurs, imitant une ombelle lâche ; un petit nombre
de fleurons femelles ou à pistils nus dans chaque fleur.

Petasites minor ; Pétasite plus petit. *Bauh. Pin.* 197, n.º 2.
Lugd. Hist. 1054, fig. 1. *Camer. Epit.* 593. *Bauh. Hist.* 3,

P. 2, pag. 567 et 568, fig. 1. *Moris. Hist.* sect. 7, tab. 12, fig. 3. *Pluk.* tab. 212, fig. 7. *Flor. Dan.* tab. 524.

Sur les Alpes du Dauphiné. ♃ Vernale.

9. TUSSILAGE hybride, *T. hybrida*, L. à hampe terminée par un thyrse de fleurs oblong ; plusieurs fleurons femelles ou à pistils nus dans chaque fleur.

Dill. Elth. tab. 290, fig. 297.

Sur les Alpes du Dauphiné. ♃

10. TUSSILAGE Pétasite, *T. Petasites*, L. à hampe terminée par un thyrse de fleurs ovale ; un petit nombre de fleurons femelles ou à pistils nus dans chaque fleur.

Petasites major et vulgaris ; Pétasite plus grand et vulgaire. Bauh. Pin. 197, n.° 1. *Fusch. Hist.* 645. *Matth.* 615, f. 1. *Dod. Pampt.* 597, fig. 1 et 2. *Lob. Ic.* 1, pag. 591, fig. 1 et 2. *Clus. Hist.* 2, pag. 116, fig. 1 et 2. *Lugd. Hist.* 1053, f. 1. *Camer. Epit.* 592. *Bauh. Hist.* 3, P. 2, pag. 566, fig. 2. *Moris. Hist.* sect. 7, tab. 12, fig. 1. *Bul. Paris.* tab. 507. *Icon. Pl. Medic.* tab. 68.

1. *Petasites ;* Pétasite, Herbe aux teigneux. 2. Racine. 3. Odeur aromatique ; saveur amère. 4. Huile essentielle, extrait aqueux et spiritueux. 5. Asthme pituiteux, diarrhée, rhumatisme, fièvres remittentes, miliaires, scarlatines.

Nutritive pour le Cheval, le Bœuf, le Mouton, la Chèvre.

A la grande Chartreuse, à Paris. ♃ Vernale.

2033. SENEÇON, *SENECIO.* * *Tournef. Inst.* 456, tab. 260. *Vaill. Mém. de l'Acad.* 1719, pag. 306, tab. 20, fig. 1, 37, 38 et 28. *Dill. Elth.* tab. 258. *Lam. Tab. Encyclop.* pl. 676. JACOBÆA. *Tournef. Inst.* 485, tab. 276.

Cal. Commun conique, tronqué, formé par des *écailles* dont les inférieures séparées imitent un calice accessoire, et dont plusieurs en alêne, parallèles, en cylindre rétréci dans sa partie supérieure, contiguës, égales, se recouvrant en petit nombre à la base, sont noirâtres et desséchées au sommet.

Cor. Composée, plus élevée que le calice. *Corollules hermaphrodites*, tubulées, nombreuses au disque : *femelles*, en languettes au rayon, (si elles existent).

— *Propre des Hermaphrodites :* en entonnoir. *Limbe* renversé, à cinq divisions peu profondes.

— *Propre des Femelles :* (si elles existent), oblongues, à trois dents irrégulières.

Etam. des *Hermaphrodites :* cinq *Filamens*, capillaires, très-courts. *Anthères* formant une gaine cylindrique, tubulée.

PIST. des *Hermaphrodites* et des *Femelles* : *Ovaire* ovale. *Style* fili-forme, de la longueur des étamines. *Deux Stigmates*, oblongs, roulés.

PÉR. Nul. Le *Calice* en cône, dont les écailles sont rapprochées, renferme les semences.

SEM. des *Hermaphrodites* : solitaires, ovales. *Aigrette* simple, longue.

—— des *Femelles* : semblables à celles des hermaphrodites.

RÉC. Nu, aplati.

OBS. Senecio, *Tournefort* : *sans rayon à la corolle composée.*
Jacobæa, *Tournefort* : *à rayon à la corolle composée.*

Réceptacle nu. *Aigrette* des semences simple. *Calice* cylin-drique, composé d'écailles dont les inférieures séparées, très-courtes, imitent un calice accessoire, ou forment comme un second calice qui entoure la base du premier. *Écailles* du calice marquées au sommet d'un point noirâtre.

* I. SENEÇONS à fleurs flosculeuses.

1. SENEÇON à feuilles d'épervière, *S. hieracifolius*, L. à corolles nues; à feuilles embrassantes, déchirées; à tige herbacée, droite.
 Pluk. tab. 112, fig. 1. *Herm. Parad.* pag. et tab. 226.
 Dans l'Amérique Septentrionale. ⊙

2. SENEÇON pourpre, *S. purpureus*, L. à corolles nues; à feuilles lyrées, hérissées : les supérieures lancéolées, dentées.
 Breyn. Cent. 139, tab. 67.
 En Éthiopie.

3. SENEÇON à feuilles de pêcher, *S. percisifolius*, L. à corolles nues; à feuilles lancéolées, très-entières, dentées à la base.
 Au cap de Bonne-Espérance.

4. SENEÇON à verge, *S. virgatus*, L. à corolles nues; à feuilles lyrées, cotonneuses en dessous; à péduncules portant une seule fleur; à écailles du calice en alène.
 Au cap de Bonne-Espérance. ♄

5. SENEÇON étalé, *S. divaricatus*, L. à corolles nues; à feuilles lancéolées, dentées, rudes; à rameaux portant les fleurs, étalés.
 En Chine.

6. SENEÇON Faux-China, *S. Pseudo-China*, L. à corolles nues; à hampe presque nue, très-longue.
 Dill. Elth. tab. 258, fig. 335.
 Dans l'Inde Orientale. ♃

7. SENEÇON vulgaire, *S. vulgaris*, L. à corolles nues ; à feuilles pinnées, sinuées, embrassantes ; à fleurs éparses.

> *Senecio minor vulgaris* ; Seneçon plus petit vulgaire. *Bauh. Pin.* 131, n.º 1. *Fusch. Hist.* 286. *Matth.* 794, fig. 1. *Dod. Pempt.* 641, fig. 2. *Lob. Ic.* 1, pag. 225, fig. 2, *Lugd. Hist.* 575, fig. 1. *Camer. Epit.* 869. *Bul. Paris.* tab. 508. *Icon. Pl. Medic.* tab. 160.
>
> Nutritive pour le Cochon, la Chèvre, le Coq.
>
> En Europe, *dans les terrains gras, fleurit depuis le mois de février jusqu'au mois d'octobre.* ☉

8. SENEÇON d'Arabie, *S. Arabicus*, L. à corolles nues ; à feuilles comme plumées ; à folioles pétiolées, lisses ; à écailles du calice sans points noirâtres.

> En Égypte.

* II. SENEÇONS *à fleurs radiées, à demi-fleurons roulés en dessous.*

9. SENEÇON à trois fleurs, *S. triflorus*, L. à demi-fleurons roulés ; à feuilles assises, sinuées ; à calices en cône dont les écailles intérieures ne sont pas marquées d'un point noirâtre.

> *Kniph. Cent.* 1, n.º 80.
>
> En Égypte. ☉

10. SENEÇON d'Égypte, *S. Ægyptiacus*, L. à demi-fleurons roulés ; à feuilles embrassantes, sinuées ; à écailles du calice plus courtes, entières, marquées d'un point noirâtre.

> En Égypte.

11. SENEÇON livide, *S. lividus*, L. à corolles des demi-fleurons roulées ; à feuilles embrassantes, lancéolées, dentées ; à écailles du calice très-courtes, sans points noirâtres.

> *Kniph. Cent.* 10, n.º 79.
>
> En Espagne, à Naples. ☉

12. SENEÇON à trois lobes, *S. trilobus*, L. à corolles des demi-fleurons roulées ; à feuilles embrassantes ; à écailles du calice déchirées, marquées d'un point noirâtre.

> En Espagne. ☉

13. SENEÇON visqueux, *S. viscosus*, L. à corolles des demi-fleurons roulées ; à feuilles pinnatifides, velues ; à écailles du calice lâches, de la longueur du calice.

> *Senecio incanus pinguis* ; Seneçon à feuilles blanchâtres visqueuses. *Bauh. Pin.* 131, n.º 3. *Dod. Pempt.* 641, fig. 1. *Lob. Ic.* 1, pag. 226, fig. 2. *Lugd. Hist.* 576, fig. 2. *Bauh. Hist.* 2, pag. 1042, fig. 1. *Dill. Elth.* tab. 258, fig. 336.
>
> À Montpellier, Lyon, Paris, etc. ☉ Vernale.

14. SENEÇON des forêts, *S. sylvaticus*, L. à corolles des demi-fleurons roulées; à feuilles pinnatifides; à pinnules dentelées; à tige droite, formant un corymbe.

Senecio minor, latiore folio, seu montanus; Seneçon plus petit, à feuille plus large, ou Seneçon des montagnes. *Bauh. Pin.* 131, n.° 2. *Dill. Elth. tab.* 258, f. 337.

A Montpellier, Lyon, en Provence, à Paris. ☉ Vernale.

15. SENEÇON des Pyrénées, *S. Nebrodensis*, L. à corolles des demi-fleurons roulées; à feuilles lyrées, sinuées, obtuses, pétiolées; à tige hérissée.

Barrel. tab. 401.

Aux Pyrénées, en Sicile, à Naples, en Espagne. ☉

16. SENEÇON glauque, *S. glaucus*, L. à corolles des demi-fleurons roulées; à feuilles embrassantes, lancéolées, obtuses, dentées, très-entières.

En Égypte. ♂

17. SENEÇON variqueux, *S. varicosus*, L. à corolles des demi-fleurons roulées; à feuilles ovales, pétiolées, dentées, parsemées de points variqueux.

En Égypte. ☉

* III. *Seneçons à fleurs radiées; à demi-fleurons étendus; à feuilles pinnatifides.*

18. SENEÇON en fer de hallebarde, *S. hastatus*, L. à corolles radiées; à pétioles embrassant la tige; à pédoncules trois fois plus longs que les feuilles qui sont pinnées et sinuées.

Dill. Elth. tab. 152, f. 184.

En Afrique. ♃

19. SENEÇON velu, *S. pubigerus*, L. à corolles radiées; à pétioles partant de la racine, laineux; à feuilles rongées; à tiges très-simples; à fleurs latérales, assises.

Moris. Hist. sect. 7, tab. 18, f. 32.

Au cap de Bonne-Espérance.

20. SENEÇON élégant, *S. elegans*, L. à corolles radiées; à feuilles pinnatifides; à pinnules égales, très-étalées, recourbées et épaissies sur les bords.

Commel. Hort. 2, p. 59, tab. 30.

En Éthiopie.

21. SENEÇON sale, *S. squalidus*, L. à corolles radiées, entières, plus longues que le calice; à feuilles pinnatifides; à pinnules divisées en lanières, linéaires, éloignées.

A Lyon.

22. SENEÇON à feuilles de roquette, *S. erucæfolius*, L. à corolles radiées; à feuilles pinnatifides; à pinnules dentées, un peu hérissées; à tige droite.

> *Jacobæa incana altera*; autre Jacobée blanchâtre. *Bauh. Pin.* 131, n.º 4. *Barrel.* tab. 153. *Loës. Pruss.* 129, n.º 35.

> *A Lyon, Grenoble, Paris.* ♃ Estivale.

23. SENEÇON bla. châtre, *S. incanus*, L. à corolles radiées; à feuilles cotonneuses sur les deux surfaces, comme pinnées; à folioles obtuses; à fleurs en corymbe arrondi.

> *Chrysanthemum Alpinum incanum, foliis laciniatis*; Chrysanthème des Alpes blanchâtre, à feuilles laciniées. *Bauh. Pin.* 134, n.º 1. *Clus. Hist.* 1, p. 333, f. 2. *Bauh. Hist.* 2, p. 1058, f. 1. *Helleu.* tab. 97. *Pluk.* tab. 39, f. 6. *Barrel.* tab. 262.

> *Sur les Alpes du Dauphiné, de Provence.* ♃ Estivale. *Alp.*

24. SENEÇON à feuilles d'auronne, *S. abrotanifolius*, L. à corolles radiées; à feuilles pinnées, divisées peu profondément en plusieurs folioles linéaires, nues, pointues; à pédoncules portant deux, trois ou quatre fleurs.

> *Chrysanthemum Alpinum foliis Abrotani multifidis*; Chrysanthème des Alpes à feuilles d'Auronne divisées peu profondément en plusieurs parties. *Bauh. Pin.* 134, n.º 2. *Lob. Ic.* 1, p. 746, f. 2. *Lugd. Hist.* 772, f. 2. *Bauh. Hist.* 3, P. 1, pag. 152, f. 1. *Jacq. Aust.* tab. 79.

> *Au Mont-Pilat près de Lyon, à Grenoble, à Paris.* ♃ Estivale.

25. SENEÇON du Canada, *S. Canadensis*, L. à corolles radiées; toutes les feuilles deux fois pinnées; à folioles linéaires; à pédoncules en corymbes.

> *Au Canada.*

26. SENEÇON Jacobée, *S. Jacobæa*, L. à corolles radiées; à feuilles pinnées, lyrées; à folioles découpées; à tige droite.

> *Jacobæa vulgaris laciniata*; Jacobée vulgaire à feuilles laciniées. *Bauh. Pin.* 131, n.º 1. *Fusch. Hist.* 742. *Matth.* 794, f. 2. *Dod. Pempt.* 642, f. 1. *Lob. Ic.* 1, p. 227, f. 1. *Clus. Hist.* 2, p. 22, f. 1. *Camer. Epit.* 870. *Bauh. Hist.* 2, p. 1057, fig. 1. *Barrel.* tab. 267. *Bul. Paris.* tab. 509.

> La plante colore en vert.

> *En Europe, dans les prés.* ♃ Estivale.

27. SENEÇON doré, *S. aureus*, L. à corolles radiées; à feuilles crénelées: les inférieures en cœur, pétiolées: les supérieures pinnatifides, lyrées.

> *Au Canada, en Virginie.* ♃

28. SÉNEÇON ombellé, *S. umbellatus*, L. à corolles radiées, linéaires ; à feuilles pinnées ; à folioles dentelées, écartées.

Au cap de Bonne-Espérance.

* IV. SÉNEÇONS *à fleurs radiées ; à demi-fleurons du rayon étendus ; à feuilles très-entières ou sans divisions.*

29. SÉNEÇON à feuilles de lin, *S. linifolius*, L. à coroles radiées ; à feuilles linéaires, très-entières ; à fleurs en corymbe ; à péduncules ornés d'écailles ; à tige herbacée.

> *Linariæ aureæ affinis* ; congénère de la Linaire dorée. *Bauh. Pin.* 213, n.° 18. *Barrel.* tab. 802.

> *En Espagne, en Italie, à Naples.* ♃

30. SÉNEÇON des marais, *S. paludosus*, L. à corolles radiées ; à feuilles en lame d'épée ; à dentelures aiguës, velues en dessous ; à tige droite.

> *Conyza palustris serratifolia* ; Conyze des marais à feuilles à dents de scie. *Bauh. Pin.* 266, n.° 4. *Lugd. Hist.* 1037, f. 2. *Thal. Herc.* 11, tab. 3. *Bauh. Hist.* 2, p. 1063, f. 3. *Moris. Hist.* sect. 7, tab. 19, f. 22. *Flor. Dan.* t. 385.

> *A Lyon, Grenoble, Paris.* ♃ Estivale.

31. SÉNEÇON des bois, *S. nemorensis*, L. à corolles radiées, composées de huit fleurons ; à feuilles lancéolées, à doubles dentelures, velues en dessous ; à tige rameuse.

> *Pluk.* tab. 235, fig. 1. *Jacq. Aust.* tab. 184.

> *A Montpellier.* ♃

32. SÉNEÇON Sarasin, *S. Saracenicus*, L. à corolles radiées ; à fleurs en corymbes ; à feuilles lancéolées, à dents de scie, un peu lisses.

> *Virga aurea angustifolia, serrata* ; Verge d'or à feuilles étroites, à dents de scie. *Bauh. Pin.* 268, n.° 3. *Fusch. Hist.* 728. *Dod. Pempt.* 141, f. 2. *Lob. Ic.* 1, p. 299, f. 2. *Lugd. Hist.* 1270, f. 1 et 2. *Bauh. Hist.* 2, p. 1063, f. 2. *Jacq. Aust.* tab. 186. *Icon. Pl. Medic.* tab. 410.

> *Jacobæa subrotundo minus laciniato folio* ; Jacobée à feuille arrondie moins laciniée. *Bauh. Pin.* 131, n.° 2. *Lugd. Hist.* 1304, f. 3.

> *En Dauphiné, en Provence.* ♃ Estivale.

33. SÉNEÇON Dorie, *S. Doria*, L. à corolles radiées ; à fleurs en corymbes ; à feuilles un peu courantes sur la tige, lisses, lancéolées, dentelées : les supérieures plus étroites, petites.

> *Virga aurea major vel Doria, foliis integris non serratis* ; Verge d'or plus grande ou Dorie, à feuilles entières non dente-

lées. *Bauh. Pin.* 268, n.° 1. *Lob. Ic.* 1, pag. 297, fig. 1.
Lugd. Hist. 1025, f. 2, et 1273, f. 2.

Virga aurea major vel Doria, foliis serratis; Verge d'or plus
grande ou Dorie, à feuilles dentelées. *Bauh. Pin.* 258, à la
suite du n.° 1, ligne 11. *Dod. Pempt.* 141, fig. 1. *Lob.
Ic.* 1, p. 297, f. 2. *Lugd. Hist.* 1273, f. 1.

'*A Montpellier, Grenoble, en Provence.* ♃ *Estivale.*

34. SENEÇON Doronic, *S. Doronicum,* L. à corolles radiées;
à tige simple, portant une ou deux fleurs; à feuilles radicales
pétiolées, ovales, oblongues: celles de la tige lancéolées, dentées: les unes et les autres un peu épaisses, velues en dessous.

Doronicum longifolium hirsutie asperum; Doronic à longues
feuilles, hérissées. *Bauh. Pin.* 185, n.° 6. *Clus. Hist.* 2,
p. 17, f. 1. *Bauh. Hist.* 3, P. 1, pag. 19, f. 1.

Cette espèce présente plusieurs variétés.

1.° *Doronicum integro et crasso Hieracii folio;* Doronic à
feuille entière et épaisse d'Épervière. *Magn. Bot.* 295.

2.° *Doronicum Helveticum incanum;* Doronic de Suisse à
feuilles blanchâtres. *Bauh. Pin.* 185, n.° 9.

Doronicum Helveticum humile, crassis foliis; Doronic de
Suisse nain, à feuilles épaisses. *Bauh. Pin.* 185, n.° 10. (Selon *Reichard*).

3. *Tussilago Alpina folio oblongo;* Tussilage des Alpes à
feuille oblongue. *Bauh. Pin.* 197, n.° 4.

4.° *Virga aurea montana serrata, magno, flore;* Verge d'or
des montagnes, à feuilles à dents de scie, à grande fleur.
Bauh. Pin. 268, n.° 6.

Sur les Alpes du Dauphiné, de Provence. ♃ *Vernale sur les
Alpes calcaires; Estivale sur les Alpes granitiques.*

35. SENEÇON à longues, feuilles, *S. longifolius,* L. à corolles
radiées; à feuilles linéaires, éparses; à tige ligneuse.

Pluk. tab. 421, f. 5.
Au cap de Bonne-Espérance. ♄

36. SENEÇON de Byzance, *S. Byzantinus,* L. à corolles radiées;
à feuilles oblongues, nues en dessus, à dentelures éloignées,
épineuses; à tige herbacée.

A Byzance. ♂

37. SENEÇON à feuilles d'halime, *S. halimifolius,* L. à corolles
radiées; à feuilles en ovale renversé, charnues, un peu dentées;
à tige ligneuse.

Dill. Elth. tab. 104, f. 124.
En Éthiopie. ♄

38. SENEÇON à feuilles de houx, *S. ilicifolius*, L. à corolles radiées ; à feuilles en fer de flèche, dentées, embrassant la tige qui est ligneuse.

Commel. Rar. pag. et tab. 42.

Au cap de Bonne-Espérance. ♄

39. SENEÇON roide, *S. rigidus*, L. à corolles radiées ; à feuilles en spatule, peu sinuées, rongées, rudes, embrassant la tige qui est ligneuse.

Commel. Hort. 2, pag. 149, tab. 75.

En Éthiopie. ♄

40. SENEÇON à feuilles de peuplier, *S. populifolius*, L. à corolles radiées ; à feuilles ovales, en spatule, entières, obtuses : les plus anciennes lisses en dessus ; à tige ligneuse.

Au cap de Bonne-Espérance. ♄

1034. ASTER, *ASTER.* * *Tournef. Inst.* 481, tab. 274. *Vaill. Mém. de l'Acad.* 1720, pag. 309. *Dill. Elth.* tab. 34, 35 et 36. *Lam. Tab. Encyclop.* pl. 681.

CAL. *Commun* formé par des *écailles* placées en recouvrement les unes sur les autres dont les intérieures sont saillantes au sommet : les inférieures très-ouvertes.

COR. *Composée* radiée : *Corollules hermaphrodites*, nombreuses au disque : *femelles* en languettes, au nombre de dix ou plus au rayon.

—— *Propre* des *Hermaphrodites :* en entonnoir. *Limbe* étalé, à cinq divisions peu profondes.

—— *Propre* des *Femelles :* en languette, lancéolée, à trois dents.

ÉTAM. des *Hermaphrodites :* cinq *Filamens*, capillaires, très-courts. *Anthères* formant une gaîne cylindrique, tubulée.

PIST. des *Hermaphrodites :* Ovaire oblong. *Style* filiforme, de la longueur des étamines. *Stigmate* étalé, divisé peu profondément en deux parties.

—— des *Femelles :* Ovaire oblong. *Style* filiforme, de la longueur de celui des hermaphrodites. Deux *Stigmates*, oblongs, roulés.

PÉR. Nul. Le *Calice* qui change à peine, renferme les semences.

SEM. des *Hermaphrodites :* solitaires, oblongues, ovales. *Aigrette* à poils.

—— des *Femelles :* semblables à celles des hermaphrodites.

RÉC. Nu, un peu aplati.

OBS. A. Chinensis, L. *diffère de ses congénères.*

Réceptacle nu. *Aigrette* des semences simple. *Demi-fleurons* du rayon au nombre de plus de dix. *Calice* composé

d'écailles placées en recouvrement les unes sur les autres dont les inférieures sont très-ouvertes.

* I. ASTERS à tiges ligneuses.

1. ASTER à feuilles d'if, *A. taxifolius*, L. à tige sous-ligneuse; à
feuilles courant sur la tige, en alène, creusées en gouttière,
ciliées; à fleurs terminales.

Au cap de Bonne-Espérance; ♄

2. ASTER recourbé, *A. reflexus*, L. à tige ligneuse; à feuilles
ovales, comme en recouvrement, recourbées, à dents de s.ie,
ciliées; à fleurs terminales.

Commel. Hort. 2, pag. 51, tab. 28.

Au cap de Bonne-Espérance. ♄

3. ASTER à crinière, *A. crinitus*, L. à tige ligneuse; à feuilles
ovales, oblongues, pointues, cotonneuses en dessous; à calices
terminés par des poils.

Au cap de Bonne-Espérance. ♄

4. ASTER ligneux, *A. fruticulosus*, L. à tige ligneuse; à feuilles
linéaires, ponctuées; à péduncules nus, portant une seule fleur.

Pluk. tab. 340, f. 19.

Au cap de Bonne-Espérance. ♄

* II. ASTERS à tiges herbacées ; à feuilles entières ; à pé-
dunculus nus.

5. ASTER délicat, *A. tenellus*, L. à feuilles presque filiformes,
piquantes, ciliées; à péduncules nus; à calices hémisphériques,
égaux.

Pluk. tab. 271, f. 4.

Au cap de Bonne-Espérance.

6. ASTER des Alpes, *A. Alpinus*, L. à feuilles en spatule, hérissées : les radicales obtuses; à tige très-simple, portant une
seule fleur.

Aster cœruleus montanus, magno flore, foliis oblongis; Aster
des montagnes, à grande fleur bleue, à feuilles oblongues.
Bauh. Pin. 267, n.° 2. *Clus. Hist.* 2, pag.

Cette espèce présente deux variétés.

1.° *Aster Atticus, Alpinus, alter;* autre Aster d'Attique, des
Alpes. *Bauh. Pin.* 267, n.° 4. *Camer. Epit.* 905.

2.° *Aster hirsutus Austriacus, cœruleus, magno flore, foliis
subrotundis;* Aster hérissé d'Autriche, à grande fleur bleue,
à feuilles arrondies. *Bauh. Pin.* 267, n.° 2.

Sur les Alpes du Dauphiné, de Provence. ♃ Vernale sur
les Alpes calcaires; Estivale sur les Alpes granitiques.

7. ASTER de Sibérie, *A. Sibiricus*, L. à feuilles lancéolées, vei-nées, rudes, dentelées supérieurement; à tiges striées; à pédun-cules cotonneux.

> Gmel. Sibir. 2, p. 136, tab. 80, f. 1.
> En Sibérie.

8. ASTER maritime, *A. Tripolium*, L. à feuilles lancéolées, très-entières; charnues, lisses; à rameaux inégaux; à fleurs en co-rymbe.

> *Tripolium majus, cœruleum*; Tripoli plus grand, à fleur bleue. Bauh. Pin. 267, n.º 1. Dod. Pempt. 379, f. 1. Lob. Ic. 1. p. 296, f. 1 et 2. Lugd. Hist. 1389, f. 1; et 1390, f. 1 et 2. Bauh. Hist. 2, p. 1064, f. 2; et 1065, f. 1. Flor. Dan. tab. 615.
> Nutritive pour Cheval, le Bœuf, la Chèvre.
> A Montpellier, en Provence. ♃ Vernale.

9. ASTER Amelle, *A. Amellus*, L. à feuilles lancéolées, obtuses, rudes, entières, à trois nervures; à pédoncules un peu nus, en corymbe; à écailles du calice obtuses.

> *Aster Atticus cœruleus, vulgaris*; Aster d'Attique à fleur bleue, vulgaire. Bauh. Pin. 267, n.º 1. Fusch. Hist. 134. Matth. 817, fig. 2. Dod. Pempt. 266, fig. 1. Lob. Ic. 1, p. 349, f. 1. Clus. Hist. 2, p. 16, f. 1. Lugd. Hist. 860, fig. 1. Camer. Epit. 904. Bauh. Hist. 2, pag. 1044, fig. 1. Jacq. Aust. tab. 435.
> A Montpellier, en Provence, à Lyon. ♃ Automnale.

10. ASTER étalé, *A. divaricatus*, L. à rameaux étalés; à feuilles ovales, à dents de scie; à bractées très-entières, un peu ob-tuses, embrassantes.

> Pluk. tab. 79, f. 1.
> En Virginie.

* III. *A S T E R S à tiges herbacées; à feuilles entières; à pé-doncules écailleux.*

11. ASTER à feuilles d'hyssope, *A. hyssopifolius*, L. à feuilles li-néaires, très-entières, obliques, pointues, rudes sur les bords; à pédoncules presque nus.

> Dans l'Amérique Septentrionale. ♃

12. ASTER des buissons, *A. dumosus*, L. à feuilles linéaires, très-entières; à tige en panicule; à fleurs terminales.

> Pluk. tab. 78, fig. 6. Herm. Parad. pag. et tab. 95.
> Dans l'Amérique Septentrionale. ♃

13. ASTER à feuilles de bruyère, *A. ericoïdes*, L. à feuilles li-néaires, très-entières; à tige en panicule; à pédoncules en grappes; à pédicules feuillés.

Dill. Elth. tab. 36, f. 40.

Dans l'Amérique Septentrionale. ♃

14. ASTER à feuilles menues, *A. tenuifolius*, L. à feuilles presque linéaires, très-entières; à pédoncules feuillés.

Pluk. tab. 78, f. 5.

Dans l'Amérique Septentrionale. ♃

15. ASTER à feuilles de linaire, *A. linariæfolius*, L. à feuilles linéaires, très-entières, pointues, rudes, en carêne; à pédoncules feuillés.

Pluk. tab. 14, f. 7.

Dans l'Amérique Septentrionale. ♃

16. ASTER à feuilles de lin, *A. linifolius*, L. à feuilles linéaires, pointues, très-entières; à tige en corymbe, très-ramifiée.

Dans l'Amérique Septentrionale. ♃

17. ASTER âcre, *A. acris*, L. à feuilles lancéolées, linéaires, roides, très-entières, planes; à fleurs en corymbes, en faisceaux; à pédoncules feuillés.

Aster Tiripolii flore; Aster à fleur de Tripoli. *Bauh. Pin.* 267, n.° 5. *Lob. Ic.* 1, p. 349, f. 2. *Pluk.* tab. 271, f. 3? *Barrel.* tab. 606. *Garid. Aix.* 47, tab. 11.

A Montpellier en Provence. ♃ Estivale.

18. ASTER d'une seule couleur, *A. concolor*, L. à feuilles ovales, assises, très-entières; à tige très-simple; à fleurs en grappe terminale.

En Virginie. ♃

19. ASTER roide, *A. rigidus*, L. à feuilles linéaires, alternes; à fleurs terminales, solitaires.

En Virginie. ♃

20 ASTER de la Nouvelle-Angleterre, *A. Novæ-Angliæ*, L. à feuilles lancéolées, alternes, très-entières, embrassant à moitié la tige; à fleurs entassées, terminales; à tige hérissée.

Herm. Parad. pag. et tab. 98.

A la Nouvelle-Angleterre. ♃

21. ASTER ondulé, *A. undulatus*, L. à feuilles en cœur, embrassant la tige, ondulées, cotonneuses en dessous; à fleurs en grappes droites.

Herm. Parad. pag. et tab. 96.

Dans l'Amérique Septentrionale. ♃

22. ASTER à grande fleur, *A. grandiflorus*, L. à feuilles embrassant la tige, en languettes, très-entières; à rameaux portant une seule fleur; à écailles du calice sèches et roides.

Dill. Elth. tab. 36, fig. 41.

Dans l'Amérique Septentrionale. ♃

⁎ IV. *Asters à tiges herbacées ; à feuilles à dents de scie ; à pédoncules lisses.*

23. ASTER à feuilles en cœur, *A. cordifolius*, L. à feuilles en cœur, à dents de scie, pétiolées ; à tige formant un corymbe ; à pédoncules sans feuilles ; à calices lisses.

> *Moris. Hist.* sect. 7, tab. 22, fig. 34. *Cornut. Canad.* 64 et 65.
>
> *Dans l'Amérique Septentrionale.* ♃

24. ASTER pourpre, *A. puniceus*, L. à feuilles embrassant la tige à demi, lancéolées, à dents de scie, rudes ; à pédoncules alternes, portant une ou deux fleurs ; à calices plus longs que les fleurons du disque.

> *Dans l'Amérique Septentrionale.* ♃

25. ASTER annuel, *A. annuus*, L. à feuilles ovales : les inférieures crénelées ; à tige formant un corymbe ; à pédoncules nus ; à calices hémisphériques.

> *Pluk.* tab. 150, f. 1. *Cornut. Canad.* 193 et 194. *Flor. Dan.* tab. 486.
>
> *A Grenoble.* ☉ Estivale.

26. ASTER printanier, *A. vernus*, L. à feuilles radicales lancéolées, très-entières, obtuses ; à tige presque nue, filiforme, un peu rameuse ; à pédoncules nus.

> *En Virginie.* ♃

⁎ V. *Asters à tiges herbacées ; à feuilles à dents de scie ; à pédoncules écailleux.*

27. ASTER des Indes, *A. Indicus*, L. à feuilles ovales, oblongues, à dents de scie ; à bractées ovales, lancéolées, très-entières ; à rameaux portant une seule fleur.

> Le synonyme de *Plukenet, Aster Conyzoïdes Indiæ Orientalis, ramosior, caulibus sparsis ;* ou Aster Conyze de l'Inde Orientale, plus rameux, à tiges éparses, *Alm.* 57, tab. 149, fig. 4, est cité pour cette espèce, et pour les *Inula Indica et Arabica*, L.
>
> *En Chine.*

28. ASTER lisse, *A. lævis*, L. à feuilles lancéolées, assises, lisses, presque à dents de scie ; à pédoncules feuillés, comme divisés.

> *Dans l'Amérique Septentrionale.* ♃

29. ASTER changeant, *A. mutabilis*, L. à feuilles lancéolées, à
dents de scie ; à écailles du calice sèches et roides ; à fleurs en
panicule comme en faisceau.

    Pluk. tab. 326, fig. 1.

    Dans l'Amérique Septentrionale. ♃

30. ASTER de Tradescant, *A. Tradescanti*, L. à feuilles lancéolées, linéaires, dentées au milieu ; à pédoncules feuillés ; à
tige en grappe ; à calices droits.

    En Virginie. ♃

31. ASTER de la Nouvelle-Hollande, *A. Novi-Belgii*, L. à feuilles
lancéolées, presque à dents de scie, assises ; à tige en panicule ;
à rameaux solitaires, portant une seule fleur ; à écailles du calice sèches et roides.

    Herm. Lugd. 66 et 67.

    En Virginie, en Pensylvanie. ♄

32. ASTER à fleur tardive, *A. tardiflorus*, L. à feuilles en spatule, lancéolées, à dents de scie, oblongues, tortueuses à la
base, demi-embrassantes ; à fleurs terminant les tiges qui sont
couchées.

    Dans l'Amérique Septentrionale.

33. ASTER misérable, *A. miser*, L. à feuilles à dents de scie :
celles des rameaux très-entières ; à fleurs ovales ; à disque plus
long que les demi-fleurons du rayon.

    Dill. Elth. tab. 35, fig. 39.

    Dans l'Amérique Septentrionale. ♃

34. ASTER à grandes feuilles, *A. macrophyllus*, L. à feuilles à
dents de scie : les radicales à trois nervures, en cœur, très-
grandes : celles de la tige ovales, assises.

    Dans l'Amérique Septentrionale. ♃

35. ASTER de la Chine, *A. Chinensis*, L. à feuilles ovales, anguleuses, dentées, pétiolées ; à fleurs très-grandes, terminant
les rameaux ; à écailles du calice imitant des feuilles ouvertes.

    Dill. Elth. tab. 34, f. 38. *Bul. Paris.* tab. 510.

    *En Chine. Cultivé dans les jardins, où on le trouve à fleurs
doubles, à demi-fleurons bleus ou blancs. C'est un des ornement de nos parterres, en automne.* ☉

    * VI. *ASTER à tige herbacée ; à feuilles pinnées.*

36. ASTER orangé, *A. aurantius*, L. à feuilles pinnées.

    A Véra-Crux. ☉

1035. VERGE-D'OR, *SOLIDAGO.* * *Vaill. Mém. de l'Acad.*
1720, pag. 292, tab. 9, fig. 5 et 46. *Lam. Tab. Encyclop.*

pl. 680. VIRGA AUREA. *Tournef. Inst.* 483, tab. 275. *Vaill. Mém. de l'Acad.* 1720, pag. 306, tab. 9, fig. 24. DORIA. *Dill. Elth.* tab. 104 et 105.

CAL. *Commun* oblong, formé par des *écailles* oblongues, étroites, pointues, droites, rapprochées, placées en recouvrement les unes sur les autres.

COR. *Composée* radiée : plusieurs *Corollules hermaphrodites* tubulées, au disque : *femelles* en languettes, au nombre de dix, (le plus souvent de cinq), au rayon.

—— *Propre* des *Hermaphrodites* : en entonnoir. *Limbe* étalé, à cinq divisions peu profondes.

—— *Propre* des *Femelles* : en languette, lancéolée, à trois dents.

ÉTAM. des *Hermaphrodites* : cinq *Filamens*, capillaires, très-courts. *Anthères* formant une gaîne cylindrique, tubulée.

PIST. des *Hermaphrodites* : *Ovaire* oblong. *Style* filiforme, de la longueur des étamines. *Stigmate* étalé, divisé peu profondément en deux parties.

—— des *Femelles* : *Ovaire* oblong. *Style* filiforme, de la longueur de celui des hermaphrodites. Deux *Stygmates*, roulés.

PÉR. Nul. Le *Calice* qui change à peine, renferme les semences.

SEM. des *Hermaphrodites* : solitaires, ovales, oblongues. *Aigrette* simple.

—— des *Femelles* : semblables à celles hermaphrodites.

RÉC. Un peu aplati, nu.

Réceptacle nu. *Aigrette* des semences simple. *Demi-fleurons* du rayon à peu près au nombre de cinq. *Calice* composé d'écailles placées en recouvrement les unes sur les autres, close.

1. VERGE-D'OR toujours verte, *S. sempervirens*, L. à feuilles lancéolées, un peu charnues, très-lisses, un peu rudes sur les bords ; à panicule formant un corymbe.

    Moris. Hist. sect. 7, tab. 23, fig. 15. *Pluk.* tab. 235, f. 5.
    Au Canada. ♃

2. VERGE-D'OR du Canada, *S. Canadensis*, L. à panicule formant un corymbe ; à grappes recourbées ; à fleurs ascendantes à feuilles à trois nervures, rudes, un peu dentées.

    Pluk. tab. 236, fig. 1. *Barrel.* tab. 784.
    Au Canada, en Virginie. ♃

3. VERGE-D'OR très-élevée, *S. altissima*, L. à panicule formant un corymbe ; à grappes recourbées ; à fleurs ascendantes ; à feuilles sans nervures, à dents de scie.

Mart. Cent. 14, tab. 14.

Dans l'Amérique Septentrionale. ♃

4. VERGE-D'OR à fleurs latérales, *S. lateriflora*, L. à panicule formant un corymbe ; à grappes recourbées ; à fleurs ascendantes ; à tige rameuse et portant des fleurs dans sa partie inférieure.

Dans l'Amérique Septentrionale.

5. VERGE-D'OR à deux couleurs, *S. bicolor*, L. à fleurs en grappes en épis ; à feuilles à dents de scie ; les demi-fleurons du rayon à deux couleurs.

Pluk. tab. 114, fig. 8.

Dans l'Amérique Septentrionale.

6. VERGE-D'OR lancéolée, *S. lanceolata*, L. à fleurs en corymbes terminans ; à feuilles linéaires, lancéolées, très-entières, à trois nervures.

Pluk. tab. 116, fig. 6.

Dans l'Amérique Septentrionale.

7. VERGE-D'OR gris-bleu, *S. cœsia*, L. à panicule formant un corymbe ; à fleurs en grappes, plus épaisses en dessus ; à tige lisse.

Dill. Elth. tab. 307, fig. 395.

Dans l'Amérique Septentrionale. ♃

8. VERGE-D'OR du Mexique, *S. Mexicana*, L. à tige oblique ; à pédoncules droits, feuillés, rameux ; à feuilles lancéolées, très-entières.

Virga aurea Mexicana ; Verge d'or du Mexique. *Bauh. Pin. Append.* 517.

Au Mexique ? ♃

9. VERGE-D'OR à tige tortueuse, *S. flexicaulis*, L. à tige tortueuse ; à feuilles ovales, aiguës, à dents de scie ; à fleurs en grappes latérales, simples.

Pluk. tab. 235, fig. 3. *Herm. Parad.* pag. et tab. 244.

Au Canada.

10. VERGE-D'OR à larges feuilles, *S. latifolia*, L. à tige droite ; à feuilles ovales, aiguës, à dents de scie ; à fleurs en grappes latérales, simples.

Pluk. tab. 235, fig. 4.

Au Canada. ♃

11. VERGE-D'OR commune, *S. Virga aurea*, L. à tige comme tortueuse, anguleuse ; à fleurs entassées en grappes droites, formant un panicule.

Virga aurea latifolia, serrata ; Verge d'or à larges feuilles, à

dents

dents de scie. *Bauh. Pin.* 268, n.° 2. *Dod. Pempt.* 142, f. 2. *Lob. Ic.* 1, pag. 299, fig. 1. *Lugd. Hist.* 1273, f. 3. *Camer. Epit.* 748. *Bauh. Hist.* 2, p. 1063, f. 1. *Bul. Paris.* tab. 511. *Flor. Dan.* tab. 663. *Icon. Pl. Medic.* tab. 385.

1. *Virga aurea* : Verge d'or, Verge dorée. 2. Feuilles. 3. Saveur styptique, amère. 5. Affections catarrales des voies urinaires, ulcères putrides.

Nutritive pour le Cheval, le Bœuf, le Mouton, le Cochon, la Chèvre.

En Europe dans les bois, les pays montagneux et humides. ♃ Estivale.

12. VERGE-D'OR naine, *S. minuta*, L. à tige très-simple ; à feuilles de la tige très-entières ; à péduncules axillaires, portant une seule fleur.

Pluk. tab. 235, fig. 7 et 8. *Herm. Parad.* pag. et tab. 245. *Barrel.* tab. 783.

Sur les Alpes du Dauphiné, aux Pyrénées. ♃ Estivale. *Alp.*

13. VERGE-D'OR roide, *S. rigida*, L. à feuilles de la tige ovales, rudes, très-entières ; à rameaux alternes, en faisceau ; à fleurs en corymbes terminans.

Herm. Parad. pag. et tab. 243.

En Pensylvanie. ♃

14. VERGE-D'OR de Novemboraco, *S. Novemboracensis*, L. à feuilles radicales ovales, oblongues, pétiolées ; à tige presque nue, rameuse, en faisceau.

Dans l'Amérique Septentrionale. ♃

4036. CINÉRAIRE, *CINERARIA*. ✻ *Lam. Tab. Encyclop.* pl. 675.

CAL. *Commun* simple, formé de plusieurs *feuillets égaux.*

COR. *Composée* radiée : *Corollules hermaphrodites* égales, nombreuses au disque : *femelles* en languettes, en nombre égal à celui des feuillets du calice, au rayon.

—— *Propre des Hermaphrodites* : en entonnoir. *Limbe* droit, à cinq divisions peu profondes.

—— *Propre des Femelles* : en languette, lancéolée, dentelée au sommet.

ÉTAM. des *Hermaphrodites* : cinq *Filamens*, filiformes, courts. *Anthères* formant une gaîne cylindrique, tubulée, à cinq divisions peu profondes au sommet.

PIST. des *Hermaphrodites* : *Ovaire* oblong. *Style* filiforme, de la longueur des étamines. Deux *Stigmates*, presque droits.

—— des *Femelles* : *Ovaire* oblong. *Style* filiforme, court. Deux *Stigmates*, oblongs, un peu obtus, roulés.

Tome III.   M m

PÉR. Nul. Le *Calice* qui ne change point, renferme les semences.

SEM. des *Hermaphrodites* : solitaires, linéaires, quadrangulaires.
Aigrette formée par des poils très-nombreux.

—— des *Femelles* : semblables à celles des hermaphrodites.

RÉC. Nu, un peu aplati.

Réceptacle nu. *Aigrette* des semences simple. *Calice* simple,
composé de plusieurs feuillets égaux.

1. CINÉRAIRE à feuilles de benoîte, *C. geifolia*, L. à pédoncules rameux : à feuilles en forme de rein, comme arrondies,
un peu lobées, dentées, pétiolées.

> *Commel. Hort.* 2, pag. 145, tab. 73.
>
> *Au cap de Bonne-Espérance.* ♃

2. CINÉRAIRE à feuilles de cymbalaire, *C. cymbalariæfolia*, L. à
feuilles lyrées dont le lobe impair est en forme de rein, dentelé : celles du sommet de la tige, lobées, très-entières, embrassantes.

> *Au cap de Bonne-Espérance.*

3. CINÉRAIRE de Sibérie, *C. Sibirica*, L. à fleurs en grappe
simple ; à feuilles en cœur, obtuses, dentelées, lisses ; à tige
très-simple, ne portant qu'une seule feuille.

> *Ammann Ruth.* n.º 221, tab. 24.
>
> *En Sibérie, en Orient, aux Pyrénées.* ♃

4. CINÉRAIRE glauque, *C. glauca*, L. à fleurs en grappe simple ; à feuilles en spatule, en cœur, très-entières, lisses ; à
tige très-simple.

> *Gmel. Sibir.* 2, pag. 166, tab. 74.
>
> *En Sibérie.* ♃

5. CINÉRAIRE à feuilles de laitron, *C. sonchifolia*, L. à feuilles
embrassant la tige, sinuées, difformes.

> *Breyn Prodr.* 3, pag. 31, tab. 21, fig. 1.
>
> *Au cap de Bonne-Espérance.*

6. CINÉRAIRE des marais, *C. palustris*, L. à fleurs en corymbe ;
à feuilles larges, lancéolées, dentées, sinuées ; à tige velue.

> *Conyza aquatica laciniata* ; Conyze aquatique à feuilles laci-
> niées. *Bauh. Pin.* 266, n.º 3. *Dod. Pempt.* 52, fig. 2. *Lob.*
> *Ic.* 1, pag. 347, f. 2. *Moris. Hist.* sect. 7, tab. 19, f. 24.
> *Flor. Dan.* tab. 573.
>
> *En Suède, en Danemarck.* ♃

7. CINÉRAIRE des Alpes, *C. Alpina*, L. à fleurs en ombelle,
soutenues par une collerette de feuilles florales ; à pédoncule général presque nu ou dénué de feuilles.

Jacobæa Alpina, foliis subrotundis, serratis ; Jacobée des Alpes, à feuilles arrondies, dentelées. *Bauh. Pin.* 131, n.° 7. *Barrel.* tab. 143. *Jacq. Aust.* tab. 176.

Cette espèce présente trois variétés :

1.° Cinéraire ailée, *C. alata.*

Jacobæa Alpina laciniata, flore Buphthalmi ; Jacobée des Alpes, à feuilles laciniées, à fleur de Buphthalme. *Bauh. Pin.* 131, n.° 6. *Prodr.* 69, fig. 2. *Clus. Hist.* 2, p. 23, fig. 1.

2.° Cinéraire à feuilles entières, *C. integrifolia.*

Jacobæa montana lanuginosa angustifolia, non laciniata ; Jacobée des montagnes à feuilles laineuses, étroites, non laciniées. *Bauh. Pin.* 131, n.° 8. *Clus. Hist.* 2, pag. 22, fig. 2. *Moris. Hist.* sect. 7, tab. 12, fig. 28. *Barrel.* tab. 266.

3.° Cinéraire hélénite, *C. helenites.*

Conyza incana ; Conyze à feuilles blanchâtres. *Bauh. Pin.* 265, n.° 4. *Lob. Ic.* 1, pag. 347, fig. 1.

Sur les Alpes du Dauphiné. La seconde variété à Paris. ♃ Est.

8. CINÉRAIRE dorée, *C. aurea,* L. à fleurs en corymbe ; à feuilles lancéolées, à dents de scie, cotonneuses en dessous.

En Sibérie. ♃

9. CINÉRAIRE maritime, *C. maritima,* L. à fleurs en panicule ; à feuilles pinnatifides, cotonneuses ; à pinnules sinuées ; à tige ligneuse.

Jacobæa maritima ; Jacobée maritime. *Bauh. Pin.* 131, n.° 3. *Lob. Ic.* 1, pag. 227, fig. 2. *Lugd. Hist.* 1383, fig. 3. *Bauh. Hist.* 2, p. 1056, et non pas 1058 par erreur de chiffres, f. 2.

A Montpellier, en Dauphiné. ♃ Vernale.

10. CINÉRAIRE du Canada, *C. Canadensis,* L. à fleurs en panicule ; à feuilles pinnatifides, un peu velues ; à pinnules sinuées ; à tige herbacée.

Jacobæa maritima vel Cineraria latifolia ; Jacobée maritime ou Cinéraire à larges feuilles. *Bauh. Pin.* 131, n.° 5. *Prodr.* 69, n.° 1, fig. 1.

Au Canada. ♃

11. CINÉRAIRE à feuilles de lin, *C. linifolia,* L. à pédoncules portant une seule fleur ; à feuilles éparses ; à tige ligneuse.

Au cap de Bonne-Espérance. ♄

12. CINÉRAIRE pourprée, *C. purpurata,* L. à tige portant une ou deux fleurs ; à feuilles en ovale renversé, un peu cotonneuses.

Au cap de Bonne-Espérance. ♃

13. CINÉRAIRE amelloïde, *C. amelloïdes*, L. à pédoncules portant une seule fleur ; à feuilles opposées, ovales, nues ; à tige sous-ligneuse.

> *Mill. Dict.* tab. 76 , fig. 2.
>
> *Au cap de Bonne-Espérance.* ♄

1037. INULE, *INULA.* * *Vaill. Mém. de l'Acad.* 1720 , pl. 302. *Lam. Tab. Encyclop.* pl. 680.

CAL. *Commun* formé par des *feuillets* peu serrés , ouverts , placés en recouvrement , dont les extérieurs sont plus grands , égaux en longueur.

COR. *Composée* radiée, large : *Corollules hermaphrodites* , égales , très-nombreuses , au disque : *femelles* en languettes , nombreuses , entassées , au rayon.

—— *Propre des Hermaphrodites :* en entonnoir. *Limbe* légèrement relevé , à cinq divisions peu profondes.

—— *Propre des Femelles :* en languette , linéaire , très-entière.

ÉTAM. des *Hermaphrodites :* cinq *Filamens* , filiformes , courts : *Anthères* formant une gaine cylindrique , composée de cinq anthères plus petites , linéaires , réunies , terminées chacune par deux soies droites , de la longueur des filamens.

PIST. des *Hermaphrodites : Ovaire* long. *Style* filiforme , de la longueur des étamines. *Stigmate* légèrement relevé , divisé peu profondément en deux parties.

—— des *Femelles : Ovaire* long. *Style* filiforme , à moitié divisé en deux parties. *Stigmates* droits

PÉR. Nul. Le *Calice* qui ne change point , renferme les semences.

SEM. des *Hermaphrodites :* solitaires , linéaires , quadrangulaires. *Aigrette* simple , de la longueur de la semence.

—— des *Femelles :* semblables à celles des hermaphrodites.

RÉC. Nu , aplati.

OBS. *Ce genre diffère par ses anthères terminées à la base par deux soies , non-seulement des* Aster *, mais de tous les autres genres de la Syngénésie.*

Réceptacle nu. *Aigrette* des semences simple. *Base* des anthères terminée par deux soies.

1. INULE Aulnée, *I. Helenium* , L. à feuilles embrassant la tige , ovales , ridées , cotonneuses en dessous ; à écailles du calice ovales.

> *Helenium vulgare ;* Aulnée vulgaire. *Bauh. Pin.* 276 , n.° 1. *Fusch. Hist.* 242. *Matth.* 72 , f. 1. *Dod. Pempt.* 344 , f. 1. *Lob. Ic.* 1 , pag. 574 , f. 2. *Lugd. Hist.* 867 , f. 1. *Camer.*

Epit. 35. *Bauh. Hist.* 3 , P. 1 , pag. 108 , f. 1. *Flor. Dan.* tab. 728. *Icon. Pl. Medic.* tab. 475.

1. *Enula* , *Enula campana ;* Aunée , Aulnée. 2. Racine. 3. Mucilagineuse , amère , aromatique. 4. Huile essentielle , tirant sur le camphre : extraits aqueux et spiritueux. 5. Asthme humide , pituiteux , toux catarrale , foiblesse d'estomac avec glaires , dartres , gale , chlorose , hypocondrie. 6. La racine d'*Aulnée* est une des drogues les plus précieuses en médecine ; on en fait des pastilles , on en prépare un vin très - usité , un onguent avec ou sans mercure très - vanté contre la gale.

Nutritive pour le Cheval , la Chèvre.

En Dauphiné , en Bourgogne , en Auvergne , à Paris. ♃ Estivale.

2. INULE odorante , *I. odorata* , L. à feuilles embrassant la tige , dentées , très-hérissées : les radicales ovales : celles de la tige lancéolées ; à tige portant un petit nombre de fleurs.

Aster luteus , radice odorata ; Aster à fleur jaune , à racine odorante. *Bauh. Pin.* 266 , n.º 3. *Column. Ecphras.* 1 , pag. 256 et 253. *Moris. Hist.* sect. 7 , tab. 21 , fig. 6.

En Provence , en Bourgogne. ♃

3. INULE Œil-de-Christ , *I. Oculus-Christi* , L. à feuilles embrassant la tige , oblongues , entières , hérissées ; à tige velue , formant un corymbe.

Conyza Pannonica , lanuginosa ; Conyze de Hongrie , laineuse. *Bauh. Pin.* 265 , n.º 7. *Clus. Hist.* 2 , pag. 20 , fig. 2. *Bauh. Hist.* 2 , pag. 1047 , f. 1. *Moris. Hist.* sect. 7 , t. 19 , f. 1. *Jacq. Aust.* tab. 223.

Aux environs de Montpellier , à Assas , en Provence , en Auvergne. ♃ Estivale.

4. INULE Britannique , *I. Britannica* , L. à feuilles embrassant la tige , lancéolées , distinctes , à dents de scie , velues en dessous ; à tige rameuse , droite , velue.

Cette espèce présente deux variétés.

1.º *Conyzis affinis ;* Congénère des Conyzes. *Bauh. Pin.* 265 , n.º 7. *Lob. Ic.* 1 , pag. 293 , f. 1. *Lugd. Hist.* 1082 , fig. 1. *Flor. Dan.* tab. 413.

2.º *Conyza aquatica , Asteris flore aureo ;* Conyze aquatique à fleur d'Aster jaune. *Bauh. Pin.* 266 , n.º 5.

A Montpellier , Lyon , Paris , etc. ♃ Estivale.

5. INULE dyssentérique , *I. dyssenterica* , L. à feuilles embrassant la tige , en cœur , oblongues , un peu cotonneuses ; à tige velue , formant par ses rameaux un panicule ; à écailles du calice sétacées.

Conyza media, *Asteris flore luteo*, *vel tertia Dioscoridis :* Conyze moyenne, à fleur d'Aster jaune, ou Conyze troisième de Dioscoride. *Bauh. Pin.* 265, n.° 1. *Fusch. Hist.* 436, *Matth.* 630, f. 1. *Dod. Pempt.* 52, f. 1. *Lob. Ic.* 1, p. 345, fig. 2. *Clus. Hist.* 2, pag. 21, f. 1. *Lugd. Hist.* 1045, f. 1. *Bul. Paris.* tab. 512. *Flor. Dan.* tab. 410. *Icon. Pl. Medic.* tab. 272.

℞. *Conyza ;* Herbe de Saint-Roch. S. Gale, dyssenterie. *Hofmann* annonce que cette plante a été employée avec beaucoup de succès dans la dyssenterie qui se déclara dans l'armée Russe combattant contre les Turcs.

En Europe, dans les lieux humides. ♃

6. INULE ondulée, *I. undulata*, L. à feuilles embrassant la tige, en cœur, lancéolées, ondulées.

En Egypte.

7. INULE des Indes, *I. Indica*, L. à feuilles embrassant la tige, en cœur, lancéolées, à dents de scie ; à péduncules filiformes, portant une seule fleur arrondie.

Burm. Zeyl. 124, tab. 55, fig. 2.

Nous avons observé que le synonyme de *Plukenet*, *Aster Conyzoïdes Indiæ Orientalis*, *ramosior*, *caulibus sparsis ;* ou Aster Conyze de l'Inde Orientale, plus rameux, à tiges éparses, tab. 368, fig. 1, a été rapporté à cette espèce, à l'*Aster Indicus*, L. et à l'*Inula Arabica*, L.

Dans l'Inde Orientale. ☉

8. INULE Pulicaire, *I. Pulicaria*, L. à feuilles embrassantes, ondulées ; à tige couchée ; à fleurs comme arrondies ; à demi-fleurons très-courts.

Conyza major, *flore globoso ;* Conyze plus grande, à fleurs arrondies. *Bauh. Pin.* 266, n.° 2. *Matth.* 629, f. 2. *Dod. Pempt.* 52, f. 3. *Lob. Ic.* 1, p. 345, f. 1. *Lugd. Hist.* 1044, fig. 2 ; et 1045, f. 3. *Bauh. Hist.* 2, pag. 1050, f. 1. *Flor. Dan.* tab. 613. *Icon. Pl. Medic.* tab. 430.

Cette espèce présente une variété.

Conyza minor exotica ; Conyze plus petite exotique. *Bauh. Pin.* 265, n.° 4.

Nutritive pour le Mouton.

En Europe, dans les lieux aquatiques. ♃ Estivale.

9. INULE Arabique, *I. Arabica*, L. à feuilles oblongues, assises ; à pédoncules filiformes ; à calices cylindriques.

(*Voy.* l'observation placée à la suite de l'Inule des Indes, espèce 7.)

En Arabie, dans l'Inde Orientale. ☉

20. INULE à feuilles de spirée, *I. spiraifolia*, L. à feuilles comme assises, ovales, oblongues, nues, à réseau, entassées, dentelées; à fleurs terminales, portées sur des pédoncules très-courts.

Bauh. Hist. 2, pag. 1049, fig. 2?

En Italie.

21. INULE roide, *I. squarrosa*, L. à feuilles assises, ovales, lisses, à veines en réseau, presque crénelées; à feuillets du calice secs et roides.

Pluk. tab. 16, f. 1.

A Montpellier, en Italie. ♃

22. INULE à feuilles de saule, *I. salicina*, L. à feuilles lancéolées, recourbées, à dents de scie, rudes; à rameaux anguleux; à fleurs inférieures plus alongées.

Aster montanus luteus, Salicis glabro folio; Aster des montagnes, à fleur jaune, à feuille de Saule, lisse. Bauh. Pin. 266, n.º 6. Clus. Hist. 2, pag. 14, fig. 1. Lugd. Hist. 1349, f. 2. Bauh. Hist. 2, pag. 1049, f. 1. Bellev. tab. 98.

Nutritive pour le Cheval, le Bœuf, le Mouton, la Chèvre. *A Montpellier, Lyon, Paris.* ♃ Estivale.

23. INULE hérissée, *I. hirta*, L. à feuilles assises, lancéolées, recourbées, rudes, à dents de scie; à tige arrondie, garnie de poils roides; à fleurs inférieures plus hautes.

Aster luteus, hirsuto Salicis folio; Aster à fleur jaune, à feuille de Saule hérissée. Bauh. Pin. 266, n.º 5. Clus. Hist. 2, p. 14, f. 2. Bauh. Hist. 2, p. 1047, f. 2. Jacq. Aust. tab. 358.

En Provence, à Lyon, Paris, etc. ♃ Vernale.

24. INULE Mariane, *I. Mariana*, L. à feuilles assises, lancéolées, un peu dentées, velues; à pédoncules un peu visqueux, portant une ou deux fleurs.

Pluk. tab. 340, f. 2.

Dans l'Amérique Semptentrionale. ♃

25. INULE d'Allemagne, *I. Germanica*, L. à feuilles assises, lancéolées, recourbées, rudes; à fleurs entassées au sommet de la tige, en corymbe, comme en faisceau.

Conizæ affinis Germanica; plante d'Allemagne, congénère de la Conyze. Bauh. Pin. 266, n.º 6. Lugd. Hist. 1271, f. 1. Bauh. Hist. 2, p. 1051, f. 1. Moris. Hist. sect. 7, t. 19, fig. 26. Jacq. Aust. tab. 134. Icon. Pl. Medic. tab. 474.

A Lyon, en Auvergne. ♃ Estivale.

Mm 4

16. INULE à feuilles en lame d'épée, *I. ensifolia*, L. à feuilles assises, linéaires, aiguës, nerveuses, lisses, éparses ; à tige portant une ou deux fleurs.

> *Aster luteus, Linariæ rigido glabro folio* ; Aster à fleur jaune, à feuille de Linaire roide, lisse. *Bauh. Pin.* 267, n.º 9. *Clus. Hist.* 2, p. 15, f. 1. *Jacq. Aust.* tab. 162.

> *En Autriche.*

17. INULE à feuilles de crithme, *I. crithmifolia*, L. à feuilles linéaires, charnues, à trois pointes.

> *Crithmum maritimum flore Asteris Attici* ; Crithme maritime à fleur de l'Aster d'Attique. *Bauh. Pin.* 288, n.º 3. *Matth.* 382, f. 1. *Dod. Pempt.* 706, f. 1. *Lob. Ic.* 1, p. 395, fig. 2. *Lugd. Hist.* 1379, fig. 1 et 2. *Camer. Epit.* 274. *Bauh. Hist.* 3, P. 1, pag. 106, f. 3.

> *A Montpellier, en Provence.* ♃

18. INULE de Provence, *I. Provincialis*, L. à feuilles à dents de scie, cotonneuses en dessous : les radicales ovales, pétiolées ; à tige droite, portant une seule fleur.

> *Jacobœa rotundifolia, incana* ; Jacobée à feuilles rondes, blanchâtres. *Bauh. Pin.* 131, n.º 9.

> *En Provence.* ♃

19. INULE des montagnes, *I. montana*, L. à feuilles lancéolées, hérissées, très-entières ; à tige portant une seule fleur ; à calice court ; à feuillets en recouvrement.

> *Aster Atticus luteus, montanus, villosus, magno flore* ; Aster d'Attique à grande fleur jaune, des montagnes, à feuilles velues. *Bauh. Pin.* 267, n.º 11. *Lob. Ic.* 1, pag. 350, f. 2. *Lugd. Hist.* 1135, f. 2. *Bauh. Hist.* 2, p. 1046, f. 3.

> *A Lyon, Grenoble.* ♃ Vernale.

20. INULE échauffée, *I. Æstuans*, L. à feuilles en spatule, cotonneuses en dessous.

> *Plum. Spec.* 10, tab. 41, f. 2.

> *Dans l'Amérique Méridionale.*

21. INULE à double face, *I. bifrons*, L. à feuilles courant sur la tige, oblongues, dentelées ; à fleurs entassées, terminales, portées sur des pédoncules très-courts.

> *Garid. Aix.* 125, tab. 23.

> *En Provence, aux Pyrénées.* ♂

22. INULE bleue, *I. cœrulea*, L. à feuilles courant sur la tige, en ovale renversé, comme à dents de scie ; à tige sous-ligneuse ; à fleurs assises, terminales.

> *Au cap de Bonne-Espérance.*

23. INULE aromatique, *I. aromatica*, L. à feuilles linéaires, très-entières, cotonneuses, éparses ; à tige ligneuse.

   Pluk. tab. 326, f. 2.

   Au cap de Bonne-Espérance. ♄

24. INULE à feuilles de pin, *I. pinifolia*, L. à feuilles en alène, linéaires, à trois faces, très-entassées ; à tige ligneuse.

   Moris. Hist. sect. 7, tab. 18, f. 31.

   En Éthiopie. ♄

25. INULE fétide, *I. fœtida*, L. à feuilles lancéolées, linéaires, très-entières ; à fleurs en corymbes rameux ; à demi-fleurons du rayon très-courts.

   Boccon Sic, 26, tab. 13, f. 4.

   A Malthe. ☉

1038. ARNIQUE, *ARNICA.* * *Lam Tab. Encycl.* pl. 679, fig. 4.

CAL. *Commun.* plus court que le rayon de la corolle, formé par des *feuillets* lancéolés, droits, de la longueur du calice, placés en recouvrement les uns sur les autres.

COR. *Composée* radiée : *Corollules hermaphrodites* , très-nombreuses au disque : *femelles* au nombre d'environ vingt au rayon.

—— *Propre* des *Hermaphrodites :* tubulée, droite, égale, à cinq divisions peu profondes.

—— *Propre* des *Femelles :* lancéolée, très-longue, à trois dents, ouverte.

ÉTAM. des *Hermaphrodites :* cinq *Filamens*, très-courts. *Anthères* formant une gaine cylindrique, tubulée.

—— des *Femelles :* cinq *Filamens*, en alène, droits, sans *Anthères.*

PIST. des *Hermaphrodites :* *Ovaire* oblong. *Style* simple, de la longueur des étamines. *Stigmate* divisé peu profondément en deux parties.

—— des *Femelles :* semblable à celui des hermaphrodites.

PÉR. Nul. Le *Calice* qui ne change point, renferme les semences.

SEM. des *Hermaphrodites :* solitaires, oblongues. *Aigrette* à poils, duvetée, longue.

—— des *Femelles :* semblables à celles des hermaphrodites. *Aigrette* à poils.

RÉC. Nu.

OBS. *Les Corollules du disque sont souvent à trois divisons peu profondes dont l'extérieure est deux fois plus large.*

   Linné et Haller n'ont trouvé aucun filament au rayon, dans l'Arnica montana.

Réceptacle nu. *Aigrette* des semences simple. *Demi-fleurons* du rayon offrant cinq filamens sans anthères.

1. ARNIQUE des montagnes, *A. montana*, L. à feuilles ovales, entières : celles de la tige au nombre de deux, opposées.

> *Doronicum Plantaginis folio, alterum ;* autre Doronic à feuilles de Plantain. *Bauh. Pin.* 185, n.º 5. *Matth.* 666, f. 1. *Dod. Pempt.* 263, f. 2. *Lob. Ic.* 1, p. 313, f. 2. *Clus. Hist.* 2, p. 18; f. 1. *Lugd. Hist.* 924, f. 2; 1057, f. 2; 1169, f. 2; et 1358, f. 2. *Camer. Epit.* 674. *Bauh. Hist.* 3, P. 1, p. 19, f. 1. *Rénéal. Spec.* 118 et 119. *Flor. Dan.* tab. 63. *Icon. Pl. Medic.* tab. 30.

> Dans la plupart des individus, trois fleurs dont l'intermédiaire est plus courte, terminent la tige. Cependant elles sont quelquefois au nombre de quatre et cinq.

> **1.** *Arnica, Plantago Alpina ;* Arnique, Plantain des Alpes, Bétoine des montagnes. **2.** Racine, Feuilles, Fleurs. **3.** Odeur vive, aromatique ; Saveur amère, âcre. **4.** Les feuilles donnent un extrait aqueux et spiritueux ; les fleurs, un extrait spiritueux un peu brûlant, un extrait aqueux amer. **5.** Contusion avec échimose, affections catarrales, chloroses, rhumatisme chronique, asthme pituiteux, ictère, œdématie, affection hypocondriaque causée par l'engouement des viscères, paralysie, goutte sereine, danse de Saint-Vite, fièvres intermittentes, tant simples que remittentes, putrides.

> L'*Arnique* ou *Bétoine* des montagnes, est une de ces plantes précieuses dont les observateurs modernes ont enrichi la matière médicale; toutes ses parties sont énergiques. Nous observerons que ce qui a diminué la confiance que l'on doit avoir pour cette plante, c'est que les Herboristes vendent souvent à sa place la Porcelle tachetée, *Hyppochæris maculata,* L.

Nutritive pour le Mouton, la Chèvre.

Sur les Alpes du Dauphiné, de Provence. ♃ Estivale. *Alp. et S.-Alp.*

2. ARNIQUE piloselle, *A. piloselloïdes,* L. à feuilles très-entières, elliptiques, velues ; à hampe sans feuilles, laineuse, portant une seule fleur ; à feuillets du calice de la longueur des demi-fleurons du rayon.

> *En Éthiopie.*

3. ARNIQUE scorpioïde, *A. scorpioïdes,* L. à feuilles alternes, à dents de scie.

> *Doronicum radice Scorpii brachiata ;* Doronic à racine branchue de Scorpione. *Bauh. Pin.* 184, n.º 2. *Matth.* 762, f. 2? *Dod.*

Pempt. 487, f. 2? Lob. Ic. 1, pag. 649, f. 1? Clus. Hist. 2, p. 17, f. 3. Lugd. Hist. 1737, f. 3? Bauh. Hist. 3, P. 1, pag. 17 et 18, f. 1.

Cette espèce présente une variété.

Doronicum radice dulci : Doronic à racine douce. Bauh. Pin. 184, n.° 1. Matth. 762, f. 3. Clus. Hist. 2, p. 17, f. 2. Lugd. Hist. 1737, f. 2. Bauh. Hist. 3, P. 1, pag. 17, f. 1.

Sur les Alpes du Dauphiné, de Suisse. ♃ Estivale. Alp.

4. ARNIQUE maritime, *A. maritima*, L. à feuilles lancéolées : les inférieures à dents de scie ; à tige feuillée, portant plusieurs fleurs.

Dans l'Amérique Méridionale.

5. ARNIQUE safranée, *A. crocea*, L. à feuilles ovales, peu si-nuées, dentelées, cotonneuses en dessous.

Pluk. tab. 343, f. 4. Burm. Afric. 154 tab. 55 ; et 157, t. 56, f. 2.
En Éthiopie. ♃

6. ARNIQUE de Gerber, *A. Gerbera*, L. à feuilles pinnatifides ; à pinnules arrondies.

Pluk. tab. 313, f. 5. Burm. Afric. 155, tab. 56, fig. 1.
En Éthiopie.

7. ARNIQUE à corne de cerf, *A. coronopifolia*, L. à feuilles pinnées ; à folioles linéaires.

En Éthiopie.

2039. DORONIC, *DORONICUM*. * Tournef. Inst. 487, t. 277. Vaill. Mém. de l'Acad. 1720, p. 301, t. 9, f. 41 et 14. Lam. Tab. Encyclop. pl. 679. BELLIDIASTRUM. Michel. Gen. 32, tab. 29.

CAL. Commun formé environ de vingt *feuillets*, lancéolés, en alêne, égaux, droits, disposés sur deux rangs, le plus souvent de la longueur du rayon de la corolle.

COR. Composée radiée : *Corollules hermaphrodites* tubulées, nom-breuses, au disque : *femelles* en languettes, en nombre égal à celui des feuillets du calice, au rayon.

— Propre des Hermaphrodites : en entonnoir. Limbe étalé, à cinq divisions peu profondes.

— Propre des Femelles : en languette, lancéolé, à trois dents.

ÉTAM. des Hermaphrodites : cinq Filamens, capillaires, très-courts. Anthères formant une gaine cylindrique, tubulée.

PIST. des Hermaphrodites : Ovaire oblong. Style filiforme, de la longueur des étamines. Stigmate échancré.

— des Femelles : Ovaire oblong. Style filiforme, de la longueur de celui des hermaphrodites. Deux Stigmates, renversés.

PÉR. Nul. Le *Calice* dont les écailles sont légèrement rapprochées, renferme les semences.

SEM. des *Hermaphrodites :* solitaires, sillonnées, comme ovales, comprimées. *Aigrette* à poils.

—— des *Femelles :* solitaires, sillonnées, comme ovales, légèrement comprimées. *Aigrette* nulle.

RÉC. Nu, aplati.

Réceptacle Nu. *Aigrette* des semences simple. *Calice* composé d'écailles à double rang, égales, plus longues que le disque. *Semences* du rayon nues, sans aigrette.

1. DORONIC Scorpion, *D. Pardalianches*, L. à feuilles en cœur, obtuses, dentelées : les radicales pétiolées : celle de la tige embrassantes.

> *Doronicum maximum foliis caulem amplexantibus ;* Doronic très-grand, à feuilles embrassant la tige. *Bauh. Pin.* 185, n.° 8. *Clus. Hist.* 2, p. 19, f. 1. *Bauh. Hist.* 3, P. 1, p. 18, f. 2. *Barrel.* tab. 1149. *Jacq. Aust.* tab. 350.

Cette espèce présente une variété.

> *Doronicum radice Scorpii*, Doronic à racine de Scorpione. *Bauh. Pin.* 184, n.° 3. *Matth.* 763, f. 1. *Dod. Pempt.* 437, f. 1. *Lob. Ic.* 1, p. 649, f. 2. *Clus. Hist.* 2, p. 16, f. 2. *Lugd. Hist.* 1737, fig. 2.

'A *Montpellier*, en *Provence*, à *Lyon.* ♃ Estivale.

2. DORONIC à feuilles de plantain, *D. plantagineum*, L. à feuilles ovales, aiguës, un peu dentées ; celles de la tige embrassantes ; à tige à rameaux alternes.

> *Doronicum Plantaginis folio ;* Doronic à feuille de Plantain. *Bauh. Pin.* 184, n.° 4. *Lob. Ic.* 1, pag. 648, fig. 2. *Lugd. Hist.* 1202, fig. 2. *Bauh. Hist.* 3, P. 1, pag. 18, fig. 3. *Bellev.* tab. 106.

'A *Montpellier*, en *Provence*, à *Paris.* ♃ Vernale.

3. DORONIC pâquerette, *D. bellidiastrum*, L. à hampe nue, très-simple, portant une seule fleur.

> *Bellis sylvestris media, caule carens ;* Pâquerette sauvage moyenne, sans tige. *Bauh. Pin.* 261, n.° 6. *Matth.* 653, fig. 3. *Dod. Pempt.* 265 f. 1. *Lob. Ic.* 1, pag. 476, fig. 1. *Lugd. Hist.* 854, fig. 2. *Bauh. Hist.* 3, P. 1, pag. 114, fig. 1. *Bellev.* tab. 105. *Moris. Hist.* sect. 6, tab. 8, f. 26. *Jacq. Aust.* tab. 400.

'A *Montpellier*, sur les *Alpes de Dauphiné*, de *Provence.* ♃ Vernale. *Alp.* et *S.—Alp.*

1040. PERDICE, *PERDICIUM.* † *Lam. Tab. Encyclop.* pl. 677.

CAL. *Commun* oblong, formé par des *feuillets* lancéolés, placés en recouvrement les uns sur les autres dont les intérieurs sont à peine plus longs que la corolle.

COR. *Composée radiée*, en recouvrement : *Corollules hermaphrodites* au disque : *femelles* au rayon.

—— *Propre des Hermaphrodites :* tubulée, à moitié divisée en deux *Lèvres :* l'intérieure pointue, égale, à deux divisions profondes : l'extérieure linéaire, égale, à moitié divisée en trois parties.

—— *Propre des Femelles :* linéaire, en languette, à trois dents, garnie intérieurement à la base de deux dents.

ÉTAM. des *Hermaphrodites :* cinq *Filamens,* courts. *Anthères* formant une gaîne cylindrique, tubulée, à cinq dents.

PIST. des *Hermaphrodites :* Ovaire petit. *Style* simple. *Stigmate* obtus, divisé peu profondément en deux parties.

—— des *Femelles :* Ovaire petit. *Style* à moitié divisé en deux parties. *Stigmates* obtus.

PÉR. Nul. Le *Calice* qui change à peine, renferme les semences.

SEM. Solitaires, comme ovales. *Aigrette* capillaire, assise, très-fournie, de la longueur du calice, égale en hauteur et réunie en faisceau.

RÉC. Nu.

OBS. La Fleur *semble former une Corolle semi-flosculeuse, quoi-qu'elle soit vraiment radiée.*

P. semi-flosculare, L. a fourni le caractère générique.

P. radiale, L. se rapproche par ses fleurons à deux lèvres ; mais il diffère totalement par son port.

P. brasiliense, L. a les fleurs comme radiées, et les fleurons du disque et du rayon hermaphrodites, à deux lèvres.

Réceptacle Nu. *Aigrette* des semences simple. *Corollules* à deux lèvres.

1. PERDICE semi-flosculeux, *P. semi-flosculare*, L. à fleur semi-flosculeuse ; à hampe nue, portant une seule fleur.

Au cap de Bonne-Espérance. ♃

2. PERDICE radiée, *P. radiale*, L. à fleurs comme radiées ; à calice extérieur composé de quatre feuillets ; à tige ligneuse.

Brown. Jam. 312, tab. 33, f. 1.

A la Jamaïque.

3. PERDICE du Brésil, *P. Brasiliense*, L. à fleurs comme radiées ; à calices simples ; à tige herbacée.

Au Brésil. ♃

1041. HÉLÉNIE, *HELENIUM.* * *Vaill. Mém. de l'Acad.* 1720, pag. 314, tab. 9, fig. 6 et 37. *Lam. Tab. Encyclop.* pl. 688.

CAL. *Commun* simple, d'un seul feuillet, étalé, formé environ de vingt *segmens* profonds, qui s'amincissent insensiblement.

COR. *Composée* radiée : *Corollules hermaphrodites*, nombreuses au disque : *femelles* en nombre égal à celui des feuillets du calice, au rayon.

—— *Propre* des *Hermaphrodites* : tubulée, plus courte que le calice, à cinq dents.

—— *Propre* des *Femelles* : en languette, plus large extérieurement, plus longue que le calice, à trois divisions peu profondes au sommet.

ÉTAM. des *Hermaphrodites* : cinq *Filamens*, capillaires, très-courts. *Anthères* formant une gaîne cylindrique, tubulée.

PIST. des *Hermaphrodites* : *Ovaire* oblong. *Style* filiforme, de la longueur des étamines. *Stigmate* divisé peu profondément en deux parties.

—— des *Femelles* : *Ovaire* oblong. *Style* très-court. *Stigmate* divisé peu profondément en deux parties.

PÉR. Nul. Le *Calice* qui ne change point, renferme les semences.

SEM. des *Hermaphrodites* : solitaires, anguleuses, en ovale renversé. *Aigrette* enveloppée par un petit calice à cinq dents.

—— des *Femelles* : semblables à celles des hermaphrodites.

RÉC. Nu, convexe : les *Paillettes* du calice séparent seulement les fleurons du rayon.

Réceptacle nu. *Paillettes* du calice séparant seulement les fleurons du rayon. *Aigrette* des semences formée de cinq arêtes. *Calice* simple composé de plusieurs segmens profonds. *Corollules* du rayon à moitié divisées en trois parties.

℣. HÉLÉNIE automnale, *H. autumnale*, L. à feuilles à dents de scie.

    Cornut. Canad. 62 et 63. *Moris. Hist.* sect. 6. tab. 6, f. 74.
    Pluk. tab. 372, fig. 4.
    Dans l'Amérique Septentrionale. ♃

042. PAQUERETTE, BELLIS. *Tournef. Inst.* 490, tab. 280. *Vaill. Mém. de l'Acad.* 1720, pag. 278, tab. 9, fig. 16 et 20. *Lam. Tab. Encyclop.* pl. 677. BELLIS—LEUCANTHEMUM ? *Mich. Gen.* 34, tab. 29.

CAL. *Commun* hémisphérique, droit, formé de dix à vingt *feuillets* disposés sur deux rangs, lancéolés, égaux.

COR. *Composée* radiée : *Corollules hermaphrodites* tubulées, nombreuses, au disque : *femelles* en languettes, plus nombreuses que les feuillets du calice, au rayon.

—— *Propre des Hermaphrodites :* en entonnoir, à cinq divisions peu profondes.

—— *Propre des Femelles :* en languette, lancéolée, à peine à trois dents.

Étam. des *Hermaphrodites :* cinq *Filamens*, capillaires, très-courts. *Anthères* formant une gaine cylindrique, tubulée.

Pist. des *Hermaphrodites : Ovaire* ovale. *Style* simple. *Stigmate* échancré.

—— des *Femelles : Ovaire* ovale. *Style* filiforme. Deux *Stigmates*, étalés.

Pér. Nul. Le *Calice* qui ne change point, renferme les se— mences.

Sem. des *Hermaphrodites :* solitaires, comprimées, comme ovales. *Aigrette* nulle.

—— des *Femelles :* semblables à celles des hermaphrodites.

Réc. Nu, conique.

Réceptacle nu, conique. *Semences* sans aigrette. *Calice* hé— misphérique, composé d'écailles égales. *Semences* en ovale renversé.

1. PAQUERETTE vivace, *B. perennis*, L. à hampe nue.

Bellis sylvestris minor ; Pâquerette sauvage plus petite. *Bauh. Pin.* 261, n.º 7. *Fusch. Hist.* 147. *Matth.* 654, fig. 1. *Lugd. Hist.* 855, fig. 1. *Bul. Paris.* tab. 514. *Flor. Dan.* tab. 503. *Icon. Pl. Med.* tab. 55.

Cette espèce présente deux variétés.

1.º *Bellis Hortensis pleno flore ;* Pâquerette des jardins à fleur pleine. *Bauh. Pin.* 261, n.º 1. *Fusch. Hist.* 146. *Matth.* 654, f. 2. *Dod. Pempt.* 265, f. 2. *Lob. Ic.* 1, p. 476, f. 2. *Lugd. Hist.* 854, f. 3, 4 et 5. *Bauh. Hist.* 3, P. 1, pag. 113, f. 2.

2.º *Bellis hortensis prolifera ;* Pâquerette des jardins proli— fère. *Bauh. Pin.* 262, n.º 2. *Lob. Ic.* 1, p. 477, f. 1 et 2. *Bauh. Hist.* 3, P. 1, pag. 113, fig. 3.

En Europe, dans les prés et les Pâturages. ♃ *Vernale.*

2. PAQUERETTE annuelle, *B. annua*, L. à tige ornée de quel— ques feuilles.

Bellis maritima foliis Agerati ; Pâquerette maritime à feuilles d'Agérate. *Bauh. Pin.* 261, n.º 8. Ce synonyme est rap— porté par quelques Botanistes à l'*Anthemis mixta*, L.

Bellis hortensis pediculo folioso ; Pâquerette des jardins à tige feuillée. *Bauh. Pin.* 262, n.º 3. *Boccon. Mus.* 2, p. 96, tab. 35.

A Montpellier, en Provence. ☉ *Vernale.*

1043. BELLIE, _BELLIUM_. * _Lam. Tab. Encyclop._ pl. 684.

CAL. _Commun_ formé de plusieurs _feuillets_, égaux, en tymbale.

COR. _Composée_ radiée : dix ou douze _femelles_ au _Rayon_ : plusieurs _hermaphrodites_ au _Disque_.

—— _Propre_ des _Hermaphrodites_ : en entonnoir, droite, à quatre divisions peu profondes.

—— _Propre_ des _Femelles_ : elliptique, échancrée, en languette.

ÉTAM. des _Hermaphrodites_ : quatre _Filamens_, courts. _Anthères_ formant une gaine cylindrique, tubulée.

PIST. des _Hermaphrodites_ : _Ovaire_ en toupie. _Style_ filiforme. _Stigmate_ oblong, divisé peu profondément en deux parties.

—— des _Femelles_ : _Ovaire_ en toupie. _Style_ très-court. _Stigmate_ petit, divisé peu profondément en deux parties.

PÉR. Nul. Le _Calice_ qui ne change point, renferme les semences.

SEM. des _Hermaphrodites_ : en toupie, surmontées par une couronne à paillette formée de huit feuillets arrondis. _Aigrette_ formée de huit arêtes simples.

—— des _Femelles_ : semblables à celles des hermaphrodites.

RÉC. Nu, conique.

OBS. _Ce genre diffère des_ Bellis _et des_ Pectis, _par son Aigrette et ses Corollules à quatre divisions peu profondes._

Réceptacle Nu. _Semences_ en toupie, surmontées par une couronne à paillettes formée de huit feuillets, et par une aigrette composée de huit arêtes. _Calice_ composé de feuillets égaux.

1. BELLIE pâquerette, _B. bellidioïdes_, L. à hampes nues, filiformes.

> _En Italie, à Rome, à Naples, aux isles Baléares._ ⊙

2. BELLIE petite, _B. minutum_, L. à tige feuillée, capillaire.

> _En Orient._ ⊙

1044. TAGÈTE, _TAGETES_. * _Tournef. Inst._ 488, tab. 278. _Vaill. Mém. de l'Acad._ 1720, pag. 314, tab. 9, fig. 43 et 15. _Dill. Elth._ tab. 279 et 280. _Lam. Tab. Encyclop._ pl. 684.

CAL. _Commun_ très-simple, d'un seul feuillet, tubulé, oblong, à cinq côtés, à cinq dents.

COR. _Composée_ radiée : _Corollules hermaphrodites_ tubulées, assez nombreuses dans le disque qui est élevé : cinq _femelles_ en languettes, au rayon.

—— _Propre_ des _Hermaphrodites_ : tubulée, droite, plus longue que le calice, à moitié divisée en cinq parties linéaires, velues intérieurement.

—— _Propre_

—— *Propre* des *Femelles* : en languette, plus longue que celle des hermaphrodites, presque égale pour la longueur et la largeur, très-obtuse, rétrécie vers le tube, duvetée, persistante.

Étam. des *Hermaphrodites* : cinq *Filamens*, capillaires, très-courts. *Anthères* formant une gaine cylindrique, tubulée.

Pist. des *Hermaphrodites* : *Ovaire* oblong. *Style* filiforme, de la longueur des étamines. *Stigmate* grêle, renversé, divisé peu profondément en deux parties.

—— des *Femelles* : *Ovaire* oblong. *Style* filiforme, de la longueur de celui des hermaphrodites. *Stigmate* grêle, renversé, divisé peu profondément en deux parties.

Pér. Nul. Le *Calice* qui ne change point, renferme les semences.

Sem. des *Hermaphrodites* : solitaires, linéaires, comprimées, un peu plus courtes que le calice. *Aigrette* formée de cinq arêtes, droites, pointues, inégales.

—— des *Femelles* : semblables à celles des hermaphrodites.

Réc. Nu, aplati, petit.

Réceptacle nu. *Aigrette* des semences formée de cinq arêtes droites. *Calice* d'un seul feuillet, à cinq dents, tubulé. *Fleurons* du rayon au nombre de cinq, persistans.

1. TAGÈTE étalé, *T. patula*, L. à tige sous-divisée, rameuse ; à rameaux étalés.

> *Tanacetum Africanum vel flos Africanus minor ;* Tanaisie d'Afrique ou fleur d'Afrique plus petite. *Bauh. Pin.* 133, n.º 3. *Fusch. Hist.* 47. *Dod. Pempt.* 255, fig. 1. *Lob. Ic.* 1, p. 713, f. 1. *Lugd. Hist.* 839, f. 2; et 840, f. 1. *Camer. Epit.* 407. *Bauh. Hist.* 3, P. 1, pag. 98, fig. 1.
>
> Cette espèce présente une variété à fleur fauve, tachetée, gravée dans *Dillen Elth.* tab. 279, f. 361.
>
> *Au Mexique. Cultivé dans les jardins.* ☉

2. TAGÈTE droit, *T. erecta*, L. à tige simple, droite ; à pédoncules nus, portant une seule fleur.

> *Tanacetum Africanum majus, simplici flore ;* Tanaisie d'Afrique plus grande, à fleur simple. *Bauh. Pin.* 133, n.º 2. *Lob. Ic.* 1, pag. 714, fig. 1. *Camer. Epit.* 406. *Bauh. Hist.* 3, P. 1, pag. 100, fig. 1.
>
> Cette espèce présente plusieurs variétés.
>
> *Au Mexique. Cultivé dans les jardins.* ☉

3. TAGÈTE petit, *T. minuta*, L. à tige simple, droite ; à pédoncules écailleux, portant plusieurs fleurs.

Tome III.   N n

Dill. Elth. tab. 280, fig. 362.

Au Chili. ☉

1045. **LEYSÈRE**, *LEYSERA*. † *Lam. Tab. Encyclop.* pl. 688.
ASTEROPTERUS. *Vaill. Mém. de l'Acad.* 1720, pag. 313.

CAL. *Commun* ovale, formé par des *écailles* obtuses, concaves, sèches, arides, placées en recouvrement les unes sur les autres.

COR. *Composée* radiée : *Corollules hermaphrodites* tubulées, assez nombreuses, au disque : *femelles* en languettes, assez nombreuses au rayon.

—— *Propre* des *Hermaphrodites* : en entonnoir, un peu relevée, à cinq divisions peu profondes.

—— *Propre* des *Femelles* : en languette, lancéolée, entière.

ÉTAM. des *Hermaphrodites* : cinq *Filamens*, capillaires, très-courts. *Anthères* formant comme une gaine cylindrique, tubulée.

PIST. des *Hermaphrodites* : *Ovaire* petit. *Style* filiforme. *Stigmate* échancré.

—— des *Femelles* : *Ovaire* petit. *Style* filiforme, court. *Stigmate* divisé peu profondément en deux parties.

PÉR. Nul. Le *Calice* qui ne change point, renferme les semences.

SEM. des *Hermaphrodites* : solitaires, oblongues. *Aigrette* plumeuse, à cinq soies, longue, dans le centre de laquelle est une couronne à paillettes très-courtes.

—— des *Femelles* : semblables à celles des hermaphrodites. Les *Paillettes* du rayon distinguent seulement les fleurons.

Réceptacle peu garni de paillettes. *Aigrette* des semences formée par des paillettes. *Calice* composé d'écailles sèches, arides.

1. **LEYSÈRE** immortelle, *L. Gnaphalodes*, L. à feuilles éparses; à fleurs pédunculées.

Pluk. tab. 350, fig. 4 ?

En Éthiopie. ♄

2. **LEYSÈRE** Callicornie, *L. Callicornia*, L. à feuilles disposées sur trois rangs ; à fleurs presque assises ou portées sur des péduncules très-courts.

Au cap de Bonne-Espérance.

3. **LEYSÈRE** à paillettes, *L. paleacea*, L. à feuilles à trois faces, calleuses au sommet, recourbées.

Au cap de Bonne Espérance.

1046. **ZINNE**, *ZINNIA*. *Lam. Tab. Encyclop.* pl. 685.

CAL. *Commun* ovale, cylindrique, lisse, formé de plusieurs *écailles* obtuses, droites, persistantes, placées en recouvrement.

Cor. *Composée* radiée : Plusieurs *Corollules hermaphrodites* au disque qui est élevé : *femelles* de cinq à dix au rayon.

—— *Propre des Hermaphrodites* : en entonnoir, velue intérieurement, à cinq divisions peu profondes.

—— *Propre des Femelles* : en languette, arrondie', mousse, plus grande que le disque, persistante.

Étam. des *Hermaphrodites* : cinq *Filamens*, très-courts. *Anthères* formant une gaine cylindrique, tubulée.

Pist. des *Hermaphrodites* : *Ovaire* oblong, à arêtes dont une plus longue. *Style* filiforme, à moitié divisé en deux parties. *Deux Stigmates* droits, obtus.

—— des *Femelles* : *Ovaire* oblong, à trois côtés, sans arêtes. *Style* capillaire, à moitié divisé en deux parties. *Deux Stigmates* recourbés.

Per. Nul. Le *Calice* qui ne change point, renferme les semences.

Sem. des *Hermaphrodites* : solitaires, oblongues, à quatre côtés, à deux tranchans. *Aigrette* à deux pointes dont une terminée en arête.

—— des *Femelles* : solitaires, sans arêtes, couronnées par la corollule persistante.

Réc. Garni de *paillettes* en languettes, creusées en gouttière, de la longueur du calice, caduques-tardives.

Réceptacle garni de paillettes. *Aigrette* des semences formée de deux arêtes droites. *Calice* ovale, cylindrique, composé d'écailles placées en recouvrement les unes sur les autres. Les *demi-Fleurons* du rayon, larges, entiers, persistans, au nombre de cinq.

1. ZINNE à peu de fleurs, *Z. pauciflora*, L. à fleurs assises ou sans péduncules.

> *Mill. Dict.* tab. 64.
>
> *Au Pérou.* ☉

2. ZINNE à plusieurs fleurs, *Z. multiflora*, L. à fleurs pédunculées.

> *Linn. fil.* dec. 23, tab. 12. *Jacq. Obs.* 2, pag. 19, tab. 40.
> *A la Louisiane.* ☉

1047. PECTIS, *PECTIS*. *Lam. Tab. Encyclop.* pl. 684.

Cal. *Commun* cylindrique, à cinq *feuillets* lancéolés, obtus; presque égaux.

Cor. *Composée* radiée : *Corollules hermaphrodites* le plus souvent au nombre de six : *femelles* au nombre de cinq au rayon.

—— *Propre des Hermaphrodites* : en entonnoir, à cinq divisions peu profondes.

—— *Propre des Femelles* : en languette, ovale, plus courte que le calice.

ÉTAM. des *Hermaphrodites* : cinq *Filamens*, courts. *Anthères* formant une gaine cylindrique, tubulée.

PIST. des *Hermaphrodites* : *Ovaire* linéaire. *Style* filiforme. *Stigmate* divisé peu profondément en deux parties.

—— des *Femelles* : *Ovaire* linéaire. *Style* filiforme. Deux *Stigmates*, roulés.

PÉR. Nul. Le *Calice* qui ne change point, renferme les semences.

SEM. des *Hermaphrodites* : solitaires, linéaires. *Aigrette* en arête.

—— des *Femelles* : semblables à celles des *Hermaphrodites*.

RÉC. Nu.

Réceptacle nu. *Aigrette* des semences formée par des arêtes. *Calice* cylindrique, composé de cinq feuillets. *Demi-fleurons* du rayon au nombre de cinq.

1. PECTIS cilié, *P. ciliaris*, L. à feuilles linéaires, ciliées.
   Plum. Spec. 10, tab. 151, fig. 2.
   Dans l'Amérique Méridionale. ⊙

2. PECTIS ponctué, *P. punctata*, L. à feuilles linéaires, très-entières, ponctuées en dessous.
   Jacq. Amer. 216, tab. 128.
   Dans l'Amérique Méridionale.

3. PECTIS à feuilles de lin, *P. linifolia*, L. à feuilles linéaires, très-entières, lisses sur les deux surfaces.
   Sloan. Jam. tab. 149, fig. 3.
   Dans l'Amérique Méridionale. ⊙

1048. CHRYSANTHÈME, *CHRYSANTHEMUM.* *Tournef. Inst.* 491, tab. 280. LEUCANTHEMUM. *Tournef. Inst.* 492. BELLIDIOÏDES. *Vaill. Mém. de l'Acad.* 1720, pag. 280, tab. 9, f. 23, 31 et 17. MATRICARIA. *Lam. Tab. Encyclop.* pl. 678, fig. 6.

CAL. *Commun* hémisphérique, en recouvrement : formé par des *écailles* couchées étroitement les unes sur les autres : les *intérieures* graduellement plus grandes : les *inférieures* terminées par une écaille sèche et roide.

COR. *Composée* radiée : *Corollules hermaphrodites* tubulées, nombreuses, au disque : *femelles* au nombre de douze ou plus au rayon.

—— *Propre des Hermaphrodites* : en entonnoir, étalée, de la longueur du calice, à cinq divisions peu profondes.

—— *Propre des Femelles* : en languette, oblongue, à trois dents.

ÉTAM. des *Hermaphrodites* : cinq *Filamens*, capillaires, très-courts. *Anthères* formant comme une gaine cylindrique, tubulée, en quelque sorte plus courte que la corolle.

PIST. des *Hermaphrodites* : *Ovaire* ovale. *Style* filiforme, plus long que les étamines. Deux *Stigmates*, roulés.

—— Des *Femelles* : *Ovaire* ovale. *Style* filiforme, de la longueur de celui des hermaphrodites. Deux *Stigmates*, obtus, roulés.

PÉR. Nul. Le *Calice* qui ne change point, renferme les semences.

SEM. des *Hermaphrodites* : solitaires, oblongues. *Aigrette* nulle.

—— Des *Femelles* : semblables à celles des hermaphrodites.

RÉC. nu, ponctué, convexe.

OBS. Leucanthemi, *Tournefort* : *Corollules femelles lancéolées ; membranes du calice étroites.*

    Chrysanthemi, *Tournefort* : *Corollules femelles ovales, tronquées ; membranes du calice ovales.*

    C. Flosculosum, *L. sans rayon.*

    C. Leucanthemum, *L. Semences noires, à stries blanches, tête jaune, cylindrique, creuse.*

    C. Balsamita, *L. Calice semblable à celui des* Achillea, *sans Aigrette.*

    C. Myconi, *L. Semences à couronne, membraneuses.*

Réceptacle nu. *Semences* sans aigrette. *Calice* hémispherique, composé d'écailles placées en recouvrement les unes sur les autres dont les marginales sont membraneuses.

* I. CHRYSANTHÈMES *à fleurs blanches,* (*Leucanthema.*)

1. CHRYSANTHÈME ligneux, *C. frutescens*, L. à tige ligneuse ; à feuilles pinnées ; à folioles linéaires, charnues, dentées, divisées peu profondément au sommet en trois parties.

    Pluk. tab. 272, fig. 6.

    Aux isles Canaries. ♄

2. CHRYSANTHÈME tardif, *C. serotinum*, L. à feuilles lancéolées, à dents de scie au sommet, aiguës des deux côtés.

    Moris. Hist. sect. 6, tab. 9, fig. 11. *Pluk.* tab. 17, fig. 2.

    Dans l'Amérique Septentrionale ? ♃

3. CHYSANTHÈME noirâtre, *C. atratum*, L. à feuilles succulentes : les radicales en forme de coin, lobées au sommet : celles de la tige lancéolées, à dents de scie, à marges du calice noirâtres.

    Bellis Alpina major, folio rigido ; Pâquerette des Alpes plus grande, à feuille roide. *Bauh. Pin.* 261, n.° 2. *Prodr.* 120, n.° 1, fig. 2.

    Cette espèce présente une variété.

    Bellis montana major, folio acuto ; Pâquerette des montagnes plus grande, à feuille aiguë. *Bauh. Pin.* 261, n.° 4. *Prodr.* 121, n.° 3, fig. 1.

    Sur les Alpes du Dauphiné, au Mont-d'Or, au Cantal. ♃

4. CHRYSANTHÈME des Alpes, *C. Alpinum*, L. à feuilles en forme de coin, pinnatifides ; à pinnules entières ; à tiges portant une seule fleur.

> *Chamœmelum Alpinum ;* Camomille des Alpes. *Bauh. Pin.* 136, n.° 9. *Clus. Hist.* 1, pag. 335, fig. 2. *Moris. Hist.* sect. 6 , tab. 12 , fig 5. *Pluk.* tab. 83, fig. 1. *Barrel.* tab. 421 , 457 et 458, fig. 3.
>
> *Sur les Alpes du Dauphiné.* ♃ Estivale. *Alp.*

5. CHYSANTHÈME Leucanthème, *C. Leucanthemum*, L. à feuilles embrassantes, oblongues , à dents de scie au sommet , dentées inférieurement.

> *Bellis sylvestris , caule folioso, major;* Pâquerette sauvage, à tige feuillée , plus grande. *Bauh. Pin.* 261 , n.° 1. *Fusch. Hist.* 148. *Matth.* 653 , fig. 1. *Dod. Pempt.* 265 , fig. 3. *Lob. Ic.* 1 , pag. 478, fig. 1. *Lugd. Hist.* 853 , fig. 1; et 854, fig. 1. *Camer. Epit.* 635. *Bauh. Hist.* 3 , P. 1 , pag. 114, fig. 2 et 3. *Bul. Paris.* tab. 515. *Icon. Pl. Medic.* tab. 483.
>
> Cette espèce présente une variété.
>
> *Bellis montana , folio obtuso , crenato;* Pâquerette des montagnes , à feuille obtuse , crénelée. *Bauh. Pin.* 261 , n.° 5. (Selon *Reichard*).
>
> Nutritive pour le Cheval , le Mouton , la Chèvre.
>
> *En Europe dans les pâturages , les prés.* ♃ Vernale.

6. CHRYSANTHÈME des montagnes , *C. montanum*, L. à feuilles inférieures en spatule, lancéolées, à dents de scie : les supérieures linéaires.

> *Bauh. Hist.* 3 , P. 1 , pag. 115 , fig. 1. *Bellev.* tab. 103. *Pluk.* tab. 17 , fig. 3. *Jacq. Obs.* 4 , pag. 9 , tab. 91.
>
> *Gerard* ne regarde cette espèce que comme une variété de la précédente.
>
> *A Montpellier, en Dauphiné.*

7. CHRYSANTHÈME à feuilles de gramen , *C. graminifolium* , L. à feuilles linéaires, presque entières ; à tige très-simple.

> *Magn. Hort.* 31 , tab. 6.
>
> *A Montpellier , en Dauphiné.* ♃

8. CHRYSANTHÈME de Montpellier, *C. Monspeliense*, L. à feuilles inférieures palmées ; à folioles linéaires , pinnatifides.

> *Jacq. Obs.* 4 , pag. 10 , tab. 93.
>
> *A Montpellier , en Dauphiné.* ♃

9. CHRYSANTHÈME balsamite , *C. balsamita* , L. à feuilles ovales, oblongues , à dents de scie, à oreillettes.

> *En Orient.* ♃

20. CHRYSANTHÈME inodore, *C. inodorum*, L. à feuilles pinnées, divisées peu profondément en plusieurs folioles ; à tige rameuse, diffuse.

Flor. Dan. tab. 696.

En Dauphiné, en Auvergne, à Paris. ☉ Estivale.

21. CHRYSANTHÈME achillière, *C. achilleæ*, L. à feuilles deux fois pinnées ; à folioles en recouvrement ; à tige droite, portant plusieurs fleurs.

Mich. Gen. 34. esp. 6, tab. 29.

En Italie. ♃

22. CHRYSANTHÈME en corymbe, *C. corymbosum*, L. à feuilles pinnées ; à folioles découpées, à dents de scie ; à tige portant plusieurs fleurs.

Tanacetum montanum inodorum, minore flore ; Tanaisie des montagnes inodore, à fleur plus petite. Bauh. Pin. 132, n.° 1. Matth. 711, fig. 4. Dod. Pempt. 37, fig. 1. Lob. Ic. 1, pag. 750, fig. 1. Clus. Hist. 1, pag. 338, fig. 2. Lugd. Hist. 1118, fig. 2, et 1147, fig. 1. Barrel. tab. 781.

Cette espèce présente une variété.

Tanacetum inodorum, flore majore ; Tanaisie inodore, à fleur plus grande. Bauh. Pin. 132, n.° 2. Clus. Hist. 1. p. 338, f. 1.

À Montpellier, Lyon, Paris. ♃ Vernale.

* II. CHRYSANTHÈMES à fleurs jaunes, (Chrysanthema.)

23. CHRYSANTHÈME des Indes, *C. Indicum*, L. à feuilles simples, ovales, sinuées, anguleuses, à dents de scie, aiguës.

Pluk. tab. 430, fig. 3.

Cette espèce présente une variété, gravée dans Plukenet, tab. 160, fig. 6.

Dans l'Inde Orientale.

24. CHRYSANTHÈME Arctique, *C. Arcticum*, L. à feuilles simples, en forme de coin, comme palmées, obtuses, divisées peu profondément en plusieurs parties.

Gmel. Sibir. 2, pag. 203, tab. 84.

Dans l'Amérique Septentrionale.

25. CHRYSANTHÈME en peigne, *C. pectinatum*, L. à feuilles pinnées ; à folioles linéaires, parallèles, aiguës, très-entières ; à pédoncules solitaires, portant une seule fleur.

Barrel. tab. 422.

En Espagne, en Italie, à Naples.

26. CHRYSANTHÈME des blés, *C. segetum*, L. à feuilles embrassant la tige, laciniées supérieurement, dentées à dents de scie inférieurement.

Bellis lutea foliis profundè incisis, major; Pàquerette à fleur
jaune, à feuilles profondément découpées, plus grande.
Bauh. Pin. 262, n. 1. *Dod. Pempt.* 263, fig. 1. *Lob. Ic.* 1,
p. 552, fig. 1. *Clus. Hist.* 1, p. 334, fig. 2. *Bauh. Hist.* 3, P. 1,
pag. 105, fig. 1. *Pluk. tab.* 21, fig. 5. *Bul. Paris. tab.* 516.

En Provence, en Dauphiné, en Auvergne, à Paris. ⊙ *Es-*
tivale.

17. CHRYSANTHÈME de Myconio, *C. Myconi,* L. à feuilles
en languettes, obtuses, à dents de scie; à écailles du calice
égales.

Bellis lutea, foliis subrotundis; Pàquerette à fleur jaune, à
feuilles arrondies. *Bauh. Pin.* 262, n.° 3. *Lugd. Hist.* 873,
fig. 2. *Jacq. Obs.* 4, pag. 10, tab. 94.

En Espagne, en Italie, à Naples. ⊙

18. CHRYSANTHÈME d'Italie, *C. Italicum,* L. à feuilles deux
fois pinnées; à folioles à dents de scie; à demi-fleurons
des rayons de la longueur du disque; à tige couchée.

Reichard prévient qu'il rapporte à cette espèce le synonyme
de *Micheli* qu'il a cité pour le *Chrysanthemum achilleæ,* L.
parce qu'il soupçonne que ces deux plantes ne sont peut-
être qu'une seule espèce désignée sous deux noms différens.

En Italie.

19. CHRYSANTHÈME mille-feuille, *C. mille foliatum,* L. à feuilles
deux fois pinnées; à folioles dentées; à tige couchée; à demi-
fleurons du rayon plus courts que le disque.

Gmel. Sibir. 2, pag. 207, tab. 86, fig. 1 et 2.

En Sibérie.

20. CHRYSANTHÈME deux fois pinné, *C. bipinnatum,* L. à
feuilles deux fois pinnées; à folioles à dents de scie, velues;
à demi-fleurons du rayon plus courts que le disque.

Gmel. Sibir. 2, pag. 205, tab. 85, fig. 1.

En Sibérie. ♃

21. CHRYSANTHÈME des couronnes, *C. coronarium,* L. à
feuilles pinnées; à folioles découpées profondément; à demi-
fleurons très-larges.

Chrysanthemum foliis Matricariæ; Chrysanthème à feuilles
de Matricaire. *Bauh. Pin.* 134, n.° 1. *Matth.* 738, fig. 1.

Chrysanthemum majus, folio profundiùs laciniato, magno
flore; Chrysanthème plus grand, à feuille plus profondément laciniée, à grande fleur. *Bauh. Pin.* 134, n.° 3. *Clus.*
Hist. pag. 335, fig. 1. *Bauh. Hist.* 3, P. 1, pag. 104,
et non pas 112 par erreur de chiffres, fig. 1.

En Suisse, en Sicile, dans l'isle de Crète. Cultivé dans les
jardins. ⊙

22. CHRYSANTHÈME flosculeux , *C. flosculosum* , L. tous les fleurons uniformes, hermaphrodites, divisés peu profondément en cinq parties.

> *Bellis spinosa* , *foliis Agerati* ; Pâquerette épineuse , à feuilles d'Agérate. *Bauh. Pin.* 262 , n.º 4. *Alp. Exot.* 327 et 316. *Moris. Hist.* sect. 6 , tab. 9 , fig. 16.

> Cette plante est désignée dans le *Species* , sous le nom de *Cotula grandis* , L. à tige simple , droite ; à feuilles lancéolées , dentées.

> *Jacq. Obs.* 4 , pag. 4 , tab. 81.

> *En Afrique , dans l'isle de Crète.* ♄

1049. MATRICAIRE , *MATRICARIA.* * *Tourn. Inst.* 493 , tab. 281. *Vaill. Mém. de l'Acad.* 1720 , pag. 283. *Lam. Tab. Encyclop.* pl. 678 , fig. 2.

Cal. *Commun* hémisphérique formé par des *écailles* linéaires , presque égales , placées en recouvrement les unes sur les autres.

Cor. *Composée* radiée : *Corollules hermaphrodites* tubulées , nombreuses au disque qui est hémisphérique : plusieurs *femelles* au rayon.

—— *Propre* des *Hermaphrodites* : en entonnoir , ouverte , à cinq divisions peu profondes.

— *Propre* des *Femelles* : oblongue , à trois dents.

Étam. des *Hermaphrodites* : cinq *Filamens* , capillaires , très-courts. *Anthères* formant une gaîne cylindrique , tubulée.

Pist. des *Hermaphrodites* : *Ovaire* oblong , nu. *Style* filiforme , de la longueur des étamines. *Stigmate* étalé , divisé peu profondément en deux parties.

—— des *Femelles* : *Ovaire* nu. *Style* filiforme , presque de la longueur de celui des hermaphrodites. Deux *Stigmates* , roulés.

Pér. Nul. Le *Calice* qui ne change point , renferme les semences.

Sem. des *Hermaphrodites* : solitaires , oblongues. *Aigrette* nulle.

— des *Femelles* : semblables à celles des hermaphrodites.

Réc. nu , convexe.

Réceptacle nu. *Semences* sans aigrette. *Calice* hémisphérique , composé d'écailles placées en recouvrement les unes sur les autres dont les marginales sont solides , aiguës.

1. MATRICAIRE officinale , *M. Parthenium* , L. à feuilles planes , composées ; à folioles ovales , découpées ; à péduncules rameux.

> *Matricaria vulgaris sive sativa* ; Matricaire vulgaire ou cultivée. *Bauh. Pin.* 133 , n.º 1. *Fusch. Hist.* 45. *Bauh. Hist.* 3 , P. 1 , pag. 129 , fig. 1. *Bul. Paris.* 517. *Flor. Dan.* tab. 674. *Icon. Pl. Medic.* tab. 166.

Matricaria sylvestris, flora toto luteo : Matricaire sauvage, à fleur entièrement jaune. *Bauh. Pin.* 133, n.° 2. *Matth.* 651, fig. 1. *Dod. Pempt.* 35, fig. 2. *Lob. Ic.* 751, fig. 1. *Lugd. Hist.* 954, fig. 1.

1. *Matricaria, Matronaria ;* Matricaire. 2. Herbe, Fleurs. 3. Toute la plante est odorante, un peu âcre et amère. 4. Huile essentielle, extraits aqueux et spiritueux. 5. Inappétence, colique des enfans, colique venteuse, froide ou spasmodique, migraine, hystéricie, suppression des règles, des lochies, vers, fièvres intermittentes.

En Europe dans les terrains cultivés ou incultes. ♃ ou ♂ Estivale.

2. MATRICAIRE maritime, *M. maritima*, L. à réceptacles hémisphériques ; à feuilles deux fois pinnées ; à folioles un peu charnues, convexes en dessus, carénées en dessous.

Ray. Angl. 3, p. 186, tab. 7, fig. 1.

En Angleterre, sur les bords de la mer. Cultivée dans les jardins. ♃

3. MATRICAIRE odorante, *M. suaveolens*, L. à réceptacles coniques ; à demi-fleurons du rayon renversés ; à semences nues ; à écailles du calice à marges égales.

Les fleurs froissées entre les doigts répandent une odeur très-forte de pomme reinette.

Nutritive pour le Bœuf, le Mouton, la Chèvre.

A Montpellier, Lyon, Grenoble. ☉ Estivale.

4. MATRICAIRE Camomille, *M. Chamomilla*, L. à réceptacles coniques ; à demi-fleurons du rayon étalés ; à semences nues ; à écailles du calice à marges égales.

Chamæmelum vulgare, Leucanthemum Dioscoridis ; Matricaire vulgaire, Leucanthème de Dioscoride. *Bauh. Pin.* 135, n.° 1. *Fusch. Hist.* 25. *Matth.* 649, f. 1. *Dod. Pempt.* 257, fig. 2. *Lob. Ic.* 1, pag. 770, fig. 1. *Lugd. Hist.* 1344, f. 1 ; et 1345, fig. 1. *Camer. Epit.* 645. *Bauh. Hist.* 3, P. 1, pag. 116, fig. 1. *Icon. Pl. Medic.* tab. 139.

1. *Chamomilla nostras, C. vulgaris*, L. Camomille ordinaire, Camomille commune. 2. Herbe, Fleurs. 3. Toute la plante odorante, amère, un peu nauséabonde. 4. Huile essentielle, extraits aqueux et spiritueux presque inertes. 5. Règles, lochies, vers, fièvres intermittentes, colique, vomissement des femmes grosses, dysurie spasmodique, obstructions des viscères, rhumatisme. 6. On l'emploie en boisson, en bains, en pédiluves, en lavemens.

Nutritive pour le Bœuf, le Mouton, la Chèvre.

A Montpellier, Lyon, Paris. ☉ Estivale.

5. MATRICAIRE argentée, *M. argentea*, L. à feuilles deux fois pinnées ; à péduncules solitaires.

En Orient.

6. MATRICAIRE astéroïde, *M. asteroïdes*, L. à feuilles lancéolées, entières, lisses, obliques.

En Pensylvanie. ♃

1050. COTULE, *COTULA*. * *Vaill. Mém. de l'Acad.* 1719, pag. 288, tab. 20, fig. 3, 21 et 15. *Lam. Tab. Encyclop.* pl. 700. ANANTHOCYCLUS. *Vaill. Mém. de l'Acad.* 1719, pag. 289, tab. 20, fig. 5 et 24. *Dill. Elth.* tab. 23, fig. 25 et 26.

CAL. *Commun* convexe, divisé environ en seize parties ovales, dont huit extérieures : les inférieures plus grandes que les huit intérieures.

COR. *Composée*, de la longueur du calice, un peu convexe : *Corollules hermaphrodites* nombreuses au disque : *femelles* au nombre de vingt et plus au rayon.

—— *Propre* des *Hermaphrodites* : tubulée, inégale, à quatre divisions dont l'extérieure plus grande.

—— *Propre* des *Femelles* : presque nulle.

ÉTAM. des *Hermaphrodites* : quatre *Filamens*, très-petits. *Anthères* formant une gaine cylindrique, tubulée, de la longueur de la corollule.

PIST. des *Hermaphrodites* : *Ovaire* en ovale renversé. *Style* filiforme. Deux *Stigmates*, obtus.

—— des *Femelles* : *Ovaire* en ovale renversé, comprimé, arrondi, plus grand. *Style* filiforme, de la longueur de celui des hermaphrodites. Deux *Stigmates*, simples.

PÉR. Nul. Le *Calice* qui persiste et ne change point, renferme les semences.

SEM. des *Hermaphrodites* : solitaires, plus petites, ovales à trois côtés, à angle intérieur irrégulier. *Aigrette* à bordure.

—— des *Femelles* : solitaires, plus grandes, en cœur, aplaties d'un côté, bossuées et ceintes par une marge obtuse de l'autre. *Aigrette* à bordure.

RÉC. aplati, le plus souvent nu.

OBS. *Dans quelques espèces les Fleurs sont flosculeuses, dans d'autres radiées.*

C. Capensis, L. *a le Calice en recouvrement, un peu sec et roide.*

Réceptacle presque nu. *Aigrette* des semences échancrée. *Corollules* du disque divisées peu profondément en quatre parties : celles du rayon presque nulles.

1. COTULE camomille, *C. anthemoïdes*, L. à feuilles pinnées ; à folioles dilatées, divisées peu profondément en plusieurs parties ; à fleurs flosculeuses.

Dill. Elth. tab. 23, fig. 25.

Cette plante présente une variété désignée dans le *Species* sous le nom d'Armoise du Nil, *Artemisia Nilotica*, L. à feuilles deux fois pinnées ; à tige redressée ; à pédoncules solitaires, portant une seule fleur, nus, filiformes, de la longueur des feuilles.

En Espagne, l'espèce : en Égypte, la variété.

2. COTULE dorée, *C. aurea*, L. à feuilles pinnées, sétacées ; à folioles divisées peu profondément en plusieurs parties sétacées ; à fleurs flosculeuses, penchées.

Bauh. Hist. 3, P. 1, pag. 119, fig. 2 ?

Aux environs de Montpellier, au pont Juvenal, à Assas.
⊙ Vernale.

3. COTULE roide, *C. stricta*, L. à feuilles pinnatifides ; à pinnules planes, nues, ponctuées ; à tige droite, roide ; à fleurs radiées.

Berg. Cap. 306, tab. 5, fig. 9.

Au cap de Bonne-Espérance.

4. COTULE corne de cerf, *C. coronopifolia*, L. à feuilles lancéolées, linéaires, dentées, embrassant la tige ; à fleurs flosculeuses.

Moris. Hist. sect. 6, tab. 6, f. dernière. Dill. Elth. t. 23, f. 26.

En Éthiopie, dans la Frise. ⊙

5. COTULE visqueuse, *C. viscosa*, L. à feuilles lyrées, pinnées ; à fleurs radiées.

A Véra-Crux.

6. COTULE en toupie, *C. turbinata*, L. à réceptacles enflés en dessous, en toupie ; à fleurs radiées.

Moris. Hist. sect. 6, tab. 12, fig. 14. Pluk. tab. 314, fig. 6.

En Éthiopie. ⊙

7. COTULE à feuilles de tanaisie, *C. tanacetifolia*, L. à feuilles trois fois pinnées ; à folioles aiguës ; à tige droite ; à fleurs flosculeuses, en corymbe.

Pluk. tab. 430, fig. 7.

Au cap de Bonne-Espérance. ⊙

8. COTULE verbesine, *C. verbesina*, L. à feuilles opposées ; à trois nervures, en cœur, crénelées ; à fleurs radiées ; à pédoncules deux à deux.

Sloan. Jam. tab. 155, fig. 2.

A la Jamaïque.

9. COTULE pyréthre, *C. pyrethraria*, L. à feuilles opposées, ovales, crénelées, pétiolées : à pédoncules portant une seule fleur.

Dans l'Amérique Méridionale.

10. COTULE spilanthe, *C. spilanthus*, L. à feuilles opposées, lancéolées, très-entières, à trois nervures.

Jacq. Amer. 214, tab. 120, fig. 1.

A Carthagène, sur les bords de la mer.

11. COTULE du Cap, *C. Capensis*, L. à feuilles pinnées ; à folioles un peu charnues, arrondies : les inférieures comme deux fois pinnées ; à fleurs radiées.

Au cap de Bonne-Espérance. ☉

1051. ANACYCLE, *ANACYCLUS*. * Lam. Tab. Encyclop. pl. 700. SANTOLINOÏDES. Vaill. Mém. de l'Acad. 1719, pag. 312, tab. 20, fig. 29 et 30. Michel. Gen. 31, tab. 27 ? COTULA. Tournef. Inst. 395, tab. 282.

CAL. *Commun* hémisphérique, formé par des *écailles* nombreuses, ovales, planes, aiguës, placées en recouvrement les unes sur les autres.

COR. *Composée* radiée : *Corollules hermaphrodites* nombreuses au disque : *femelles* de dix à quinze, au rayon, surpassant à peine le calice en longueur.

—— *Propre des Hermaphrodites :* en entonnoir. *Limbe* étalé, à cinq divisions peu profondes.

—— *Propre des Femelles : Tube* comprimé. *Limbe* ovale, entier.

ÉTAM. des *Hermaphrodites :* cinq *Filamens*, capillaires, très-courts. *Anthères* formant comme une gaine cylindrique, tubulée.

PIST. des *Hermaphrodites : Ovaire* oblong, comprimé. *Style* filiforme, de la longueur des étamines. *Stigmate* divisé peu profondément en deux parties.

—— des *Femelles :* oblong, augmenté des deux côtés par une membrane. *Style* filiforme, de la longueur de la corollule. Deux *Stigmates* grêles, renversés.

PÉR. Nul. Le *Calice* qui ne change point, renferme les semences.

SEM. des *Hermaphrodites :* solitaires, oblongues, comprimées, sans *Aigrette.*

—— des *Femelles :* solitaires, oblongues, garnies sur les côtés d'une aile membraneuse très-large, échancrées au sommet, sans *Aigrette.*

RÉC. garni de *Paillettes* obtuses avec un aiguillon.

Réceptacle garni de paillettes. *Aigrette* des semences échancrée. *Semences* membraneuses sur les bords.

1. ANACYCLE de Crète, *A. Creticus*, L. à feuilles décomposées ; à folioles linéaires, divisées, planes.

> *Dans l'isle de Crète.* ⊙

2. ANACYCLE d'Orient, *A. Orientalis*, L. à feuilles composées ; à folioles sétacées, aiguës, droites.

> *Boerrh. Lugd.* 1, pag. et tab. 110.
> *En Orient.*

3. ANACYCLE doré, *A. aureus*, L. à feuilles deux fois pinnées ; à folioles arrondies, blanchâtres, à excavations ponctuées.

> *Chamæmelum luteum, capite aphyllo ;* Camomille à fleur jaune, à tête dénuée de feuilles. *Bauh. Pin.* 135, n.º 6. *Dod. Pempt.* 260, fig. 2. *Lob. Ic.* 1, pag. 771, fig. 2. *Lugd. Hist.* 969, fig. 2 et 3.
> *En Orient, en Italie.* ⊙

4. ANACYCLE de Valence, *A. Valentinus*, L. à feuilles décomposées ; à folioles linéaires, divisées, arrondies, aiguës; à fleurs flosculeuses.

> *Buphthalmum lanuginosum, foliis Millefolii ;* Buphthalme laineux, à feuilles de Millefeuille. *Bauh. Pin.* 135, n.º 5. *Lob. Ic.* 1, p. 773, fig. 1. *Clus. Hist.* 1, pag. 332, fig. 1. *Bauh. Hist.* 3, P. 1, pag. 125, fig. 1. *Barrel.* tab. 450 ?
> *En Espagne, à Naples.* ⊙

1052. CAMOMILLE, *ANTHEMIS.* * *Michel. Gen.* 32, tab. 30. *Lam. Tab. Encyclop.* pl. 683. CHAMÆMELUM. *Tournef. Inst.* 494, tab. 281. *Vaill. Mém. de l'Acad.* 1720, p. 316, tab. 9, fig. 31, 32, 33 et 17. BUPHTHALMUM. *Tournef. Inst.* 495, tab. 282.

CAL. *Commun* hémisphérique formé par des *écailles* linéaires, presque égales.

COR. *Composée* radiée : *Corollules hermaphrodites*, tubulées, nombreuses au disque qui est convexe : *femelles* au nombre de plus de cinq, au rayon.

—— *Propre* des *Hermaphrodites* : en entonnoir, droite, à cinq dents.

—— *Propre* des *Femelles* : en languette, lancéolée, quelquefois à trois dents.

ÉTAM. des *Hermaphrodites* : cinq *Filamens*, capillaires, très-courts. *Anthères* formant une gaîne cylindrique, tubulée.

PIST. des *Hermaphrodites* : *Ovaire* oblong. *Style* filiforme, de la longueur des étamines. Deux *Stigmates*, renversés.

—— des *Femelles* : *Ovaire* oblong. *Style* filiforme, de la longueur de celui des hermaphrodites. Deux *Stigmates*, renversés.

Pér. Nul. Le *Calice* qui ne change point, renferme les semences.

Sem. des *Hermaphrodites* : solitaires, oblongues, sans *Aigrette*.

—— des *Femelles* : semblables à celles des hermaphrodites.

Réc. conique, garni de paillettes.

Réceptacle garni de paillettes. *Semences* sans aigrette. *Calice* hémisphérique, presque égal. *Demi - fleurons* du rayon au nombre de plus de cinq.

* I. *Camomilles à deux couleurs, ou à demi - fleurons du rayon, blancs.*

1. CAMOMILLE Cota, *A. Cota*, L. à paillettes des fleurs roides, piquantes.

> *Moris. Hist.* sect. 6, tab. 8, fig. 11 pour 12. *Pluk.* tab. 17, fig. 5. *Till. Pis.* 38, tab. 21, fig. 2.
> *En Italie, à Naples, dans les champs.*

2. CAMOMILLE très-élevée, *A. altissima*, L. à tige droite ; à feuilles pinnées ; à folioles rudes, garnies à la base d'une petite dent recourbée.

> *Chamæmelum leucanthemum Hispanicum, magno flore ;* Camomille à grande fleur blanche, d'Espagne. *Bauh. Pin.* 135, n.° 3. *Bauh. Hist.* 3, P. 1, pag. 120 et 121, fig. 1.
> *A Montpellier, en Provence, en Dauphiné.* ⊙ Vernale.

3. CAMOMILLE maritime, *A. maritima*, L. à feuilles pinnées ; à folioles dentées, charnues, ponctuées, nues ; à tige couchée ; à calices un peu cotonneux.

> *Matricaria maritima ;* Matricaire maritime. *Bauh. Pin.* 134, n.° 8. *Lob. Ic.* 1, pag. 774, f. 1. *Lugd. Hist.* 1395, fig. 2. *Bauh. Hist.* 3, P. 1, pag. 122, f. 1. *Till. Pis.* tab. 21, f. 3.
> *A Montpellier, en Provence.* ♃ Vernale.

4. CAMOMILLE cotonneuse, *A. tomentosa*, L. à feuilles pinnatifides ; à pinnules obtuses, planes ; à pédoncules hérissés, feuillés ; à calices cotonneux.

> *A Montpellier, en Grèce.* ♄

5. CAMOMILLE mixte, *A. mixta*, L. à feuilles simples, dentées, laciniées.

> Le synonyme de *G. Bauhin*, *Bellis maritima foliis Agerati*, Pâquerette maritime à feuille d'Agérate, *Bauh. Pin.* 261, n.° 8, que *Reichard* cite pour cette espèce, est rapporté par *Linné* à la Pâquerette annuelle.
> *Moris. Hist.* sect. 6, tab. 18, f. 15. *Pluk.* tab. 17, f. 4. *Michel. Gen.* 32, esp. 2, tab. 30, fig. 1. *Bul. Paris.* tab. 518.
> *A Paris.* ⊙ Estivale.

6. CAMOMILLE des Alpes, *A. Alpina*, L. à feuilles pinnées ;
à folioles dentées, linéaires, très–entières ; à tige velue, portant une seule fleur ; à pétales ovales; à paillettes marquées d'un
point noirâtre.

> *Reichard* rapporte deux fois le synonyme de *Tilli*, *Pis.* 39,
> tab. 21, fig. 1. 1.º à cette espèce ; 2.º à l'Achillière noi-
> râtre, *Achillea atrata*, L.

'A Montpellier. ♃

7. CAMOMILLE de Chio, *A. Chio*, L. à feuilles pinnatifides ;
à pinnules laciniées ; à pédoncules nus, un peu velus.

A Chio.

8. CAMOMILLE noble, *A. nobilis*, L. à feuilles pinnées, composées ; à folioles linéaires, aiguës, un peu velues.

> *Chamæmelum nobile vel Leucanthemum odoratius ;* Camomille
> noble ou Leucanthème plus odorant. *Bauh. Pin.* 135, n.º 2.
> *Dod. Pempt.* 260, fig. 1. *Lob. Ic.* 1, pag. 770, f. 2. *Lugd.*
> *Hist.* 968, f. 1. *Bauh. Hist.* 3, P. 1, pag. 118, f. 1. *Icon.*
> *Pl. Medic.* tab. 161.

Cette espèce présente une variété.

> *Chamæmelum nobile flore multiplici ;* Camomille noble à fleur
> double. *Bauh. Pin.* 135, n.º 5. *Lob. Ic.* 1, pag. 771 ; f. 1.
> *Lugd. Hist.* 969, fig. 1.

> 1. *Chamomilla Romana ;* Camomille Romaine. 2. Herbe, Fleurs.
> 3. Odeur aromatique, agréable; saveur amère. 4. Huile
> essentielle, extraits aqueux et spiritueux. 5. Affections hy-
> pocondriaques, hystériques, migraines causées par foiblesse
> de l'estomac.

> *En Provence, à Lyon, à Paris. Cultivée dans les jardins.* ♃ Es-
> tivale.

9. CAMOMILLE des champs, *A. arvensis*, L. à réceptacles coniques, garnis de paillettes sétacées ; à semences couronnées
par une bordure.

> *Chamæmelum inodorum ;* Camomille inodore. *Bauh. Pin.* 135,
> n.º 7. *Lugd. Hist.* 1345, f. 3. *Bauh. Hist.* 3, P. 1, p. 120,
> f. 2. *Bul. Paris.* tab. 519.

Nutritive pour le Bœuf, le Mouton, le Dindon.

> *En Europe, dans les champs.* ♂ Estivale.

10. CAMOMILLE puante, *A. Cotula*, L. à réceptacles coniques,
garnis de paillettes sétacées ; à semences nues.

> *Chamæmelum fœtidum ;* Camomille puante. *Bauh. Pin.* 135,
> n.º 8. *Dod. Pempt.* 258, f. 1. *Lob. Ic.* 1, pag. 773, f. 2.
> *Lugd. Hist.* 1345, f. 2. *Bauh. Hist.* 3, P. 1, pag. 120 et
> 121, f. 1. *Bul. Paris.* tab. 520. *Icon. Pl. Med.* tab. 437.

1. *Cotula*

1. *Cotula fœtida* ; Camomille puante , Maroute. 2. Herbe , Fleurs. 3. Odeur forte, fétide ; saveur amère. 5. Hystéricie, écrouelles, fièvres intermittentes.

A Montpellier , en Provence, en Dauphiné , à Lyon. ⊙ Estivale.

11. **CAMOMILLE** des montagnes , *A. montana* , L. à feuilles pinnées , planes ; à folioles linéaires , aiguës , divisées peu profondément en trois parties ; à pédoncules très-longs.

Absinthium montanum , Chamæmeli flore magno ; Absinthe des montagnes, à fleur de Camomille, grande. *Bauh. Pin.* 140, n.º 7. *Column. Phytob.* 1 , pag. 117, tab. 33. *Bauh. Hist.* 3 , P. 1 , pag. 184 , fig. 2. *Ger. Flor. Gallopr.* 209 , esp. 6 , tab. 8.

En Provence. ♃

12. **CAMOMILLE** Pyrèthre . *A. Pyrethrum* , L. à tiges simples ; couchées , portant une seule fleur ; à feuilles pinnées ; à folioles divisées peu profondément en plusieurs parties.

Pyrethrum flore Bellidis ; Pyrèthre à fleur de Pâquerette. *Bauh. Pin.* 148, n.º 1. *Fusch. Hist.* 641. *Matth.* 574 , f. 2. *Dod. Pempt.* 347 , f. 1. *Lob. Ic.* 1 , pag. 774 , f. 2. *Lugd. Hist.* 1170, f. 1. *Camer. Epit.* 543.

1. *Pyrethrum verum ;* Pyrèthre. 2. Racine. 3. Saveur piquante, poivrée. 4. Extrait aqueux ; extrait spiritueux plus actif. 5. Paralysie et engorgemens séreux des glandes de la bouche et de l'arrière-bouche (machée) ; affections pituiteuses du poumon , fièvres intermittentes. 6. Les Asiatiques mangent la racine confite , et l'emploient à divers autres usages économiques.

A Montpellier , en Allemagne , en Syrie , en Arabie. Cultivée dans la Thuringe , à Magdebourg. ♃

II. CAMOMILLES *à une seule couleur , ou à demi - fleurons du rayon , jaunes.*

13. **CAMOMILLE** de Valence , *A. Valentina* , L. à tige rameuse ; à feuilles duvetées , trois fois pinnées ; à folioles sétacées ; à calices velus , pédonculés.

Buphthalmum Cotulæ folio ; Buphthalme à feuille de Cotule. *Bauh. Pin.* 134, n.º 3. *Lob. Ic.* 1 , pag. 772 , f. 2. *Lugd. Hist.* 863 , f. 3. *Bauh. Hist.* 3 , P. 1 , pag. 124 , f. 1.

Cette espèce présente deux variétés.

1.º *Buphthalmum flore luteo , subtùs purpurascente ;* Buphthalme à fleur jaune , pourpre en dessous. *Bauh. Pin.* 134, n.º 2. *Lugd. Hist.* 863 , f. 1.

Tome III.

O o

2.° *Chamœmelum fœtidum marinum* ; Camomille fétide maritime. *Bauh. Hist* 3 , P. 1 , pag. 121 , f. 2.

A Montpellier , sur les bords de la Méditerranée. ☉ Vernale.

14. CAMOMILLE peu sinuée , *A. repanda* , L. à feuilles simples , ovales , lancéolées , peu sinuées , crénelées.

Bauh. Hist. 3 , P. 1 , pag. 105 , fig. 3.

En Espagne , en Portugal.

15. CAMOMILLE d'Amérique , *A. Americana* , L. à feuilles trois fois trois à trois ; à péduncules terminans , plus courts que les rameaux.

Dans l'Amérique Méridionale.

16. CAMOMILLE Œil-de-Bœuf , *A. tinctoria* , L. à tige en corymbe ; à feuilles deux fois pinnées ; à folioles dentées , cotonneuses en dessous.

Buphthalmum Tanaceti minoris foliis ; Buphtalme à feuilles de Tanaisie plus petite. *Bauh. Pin.* 134 , n.° 1. *Fusch. Hist.* 26. *Matth.* 652 , f. 1. *Lob. Ic.* 1 , pag. 772 , f. 1. *Clus. Hist.* 1 , pag. 332 , fig. 2. *Lugd. Hist.* 862 , fig. 1. *Camer. Epit.* 651. *Barrel.* tab. 465 et 466. *Flor. Dan.* tab. 741.

L'infusion des fleurs a réussi dans la toux catarrale , l'affection hypocondriaque , les fièvres tierces vernales. Elle est succédanée de la Camomille vulgaire. Les fleurs donnent une teinture jaune et brillante , très—estimée dans le Nord.

A Montpellier.

17. CAMOMILLE d'Arabie , *C. Arabica* , L. à tige décomposée ; à calices portant les rameaux.

Hort. Cliff. 413 , tab. 24.

A Montpellier , à Lyon. ♃

1053. ACHILLÉE, *ACHILLEA.* * *Vaill. Mém. de l'Acad.* 1720 ; pag. 320 , tab. 9 , 36 , 2 et 10. *Lam. Tab. Encyclop.* pl. 683. MILLEFOLIUM. *Tournef. Inst.* 495 , tab. 283. PTARMICA. *Tournef. Inst.* 496 , tab. 283.

CAL. *Commun* ovale , formé par des *écailles* ovales , aiguës , rapprochées , placées en recouvrement les unes sur les autres.

COR. *Composée* , radiée : *Corollules hermaphrodites* , tubulées au disque : *femelles* en languettes , de cinq à dix , au rayon.

—— *Propre des Hermaphrodites* : en entonnoir , ouverte , à cinq divisions peu profondes.

—— *Propre des Femelles* : en languette , en cœur renversé , ouverte , à trois divisions peu profondes dont l'intermédiaire est plus petite.

Étam. des *Hermaphrodites* : cinq *Filamens*, capillaires, très-courts. *Anthères* formant une gaine cylindrique, tubulée.

Pist. des *Hermaphrodites* : *Ovaire* petit. *Style* filiforme, de la longueur des étamines. *Stigmate* obtus, échancré.

—— des *Femelles* : *Ovaire* petit. *Style* filiforme, de la longueur de celui des hermaphrodites. Deux *Stigmates*, obtus, renversés.

Pér. Nul. Le *Calice* qui change à peine, renferme les semences. *Réceptacle* filiforme alongé comme le disque des semences, ovale, deux fois plus long que le calice.

Sem. des *Hermaphrodites* : solitaires, ovales, garnies d'un tissu flocconeux. *Aigrette* nulle.

—— des *Femelles* : semblables à celles des hermaphrodites.

Réc. Élevé, garni de *Paillettes* lancéolées, de la longueur des fleurons.

Réceptacle garni de paillettes. *Semences* sans aigrette. *Calice* ovale, composé d'écailles placées en recouvrement les unes sur les autres. *Demi-fleurons* du rayon au nombre de quatre ou cinq.

* I. Achillées à demi-fleurons du rayon jaunes.

1. ACHILLÉE santoline, *A. santoline*, L. à feuilles sétacées, dentées ; à dents presque entières, en alène, renversées.

　En Orient. ♃

2. ACHILLÉE Eupatoire, *A. Ageratum*, L. à feuilles en alène, obtuses, à dents de scie aiguës.

　Ageratum foliis serratis ; Agerate à feuilles à dents de scie. *Bauh. Pin.* 221, n.° 1. *Matth.* 740, f. 1. *Dod. Pempt.* 295, f. 2. *Lob. Ic.* 1, pag. 489, fig. 2 et 3. *Lugd. Hist.* 777, f. 2 ; et 778, f. 2. *Camer. Epit.* 795 et 796. *Bauh. Hist.* 3, P. 1, pag. 142, fig. 2.

　A Montpellier, Lyon, en Dauphiné. ♃ Vernale.

3. ACHILLÉE en faucille, *A. falcata*, L. à feuilles linéaires, dentées, obtuses, planes ; à dents crénelées.

　Barrel. tab. 430.

　En Orient.

4. ACHILLÉE cotonneuse, *A. tomentosa*, L. à feuilles pinnées, hérissées ; à folioles linéaires, dentées.

　Millifolium tomentosum, luteum ; Millefeuille cotonneuse, à fleur jaune. *Bauh. Pin.* 140, n.° 7. *Dod. Pempt.* 101, f. 1. *Lob. Ic.* 1, pag. 748, f. 1. *Clus. Hist.* 1, pag. 330, f. 2. *Lugd. Hist.* 771, fig. 1 ; 776, f. 2 ; et 956, f. 2. *Camer. Epit.* 788 ? *Bauh. Hist.* 3, P. 1, pag. 138, fig. 2.

　En Dauphiné, en Provence, à Lyon. ♃

5. ACHILLÉE duvetée , *A. pubescens* , L. à feuilles pinnées ; à folioles lancéolées , découpées , à dents de scie , laineuses en dessous.

En Orient. ♃

6. ACHILLÉE à feuilles d'aurone , *A. abrotanifolia* , L. à feuilles pinnées , surdécomposées ; à folioles linéaires , écartées.

En Orient.

7. ACHILLÉE deux fois pinnée , *A. bipinnata* , L. à feuilles deux fois pinnées , cotonneuses ; à folioles ovales , entières.

En Orient. ♃

8. ACHILLÉE d'Égypte , *A. Ægyptiaca* , L. à feuilles pinnées ; à folioles lancéolées , dentées a dents de scie aiguës.

Absinthium santonicum Ægyptiacum ; Absinthe santonique d'Égypte. *Bauh. Pin.* 139 , n.º 3. *Matth.* 510 , fig. 2. *Dod. Pempt.* 25 , f. 2. *Lob. Ic.* 1 , pag. 756 , f. 2. *Ludg. Hist.* 944 , fig. 1.

En Égypte , en Orient. ♃

* II. *ACHILLÉES à demi-fleurons du rayon blancs.*

9. ACHILLÉE à feuilles larges , *A. macrophylla* , L. à feuilles pinnées ; à folioles planes , découpées , à dents de scie : les extérieures plus grandes , réunies.

Dracunculus Alpinus , folio Scabiosæ ; Estragon des Alpes , à feuille de Scabieuse. *Bauh. Pin.* 98 , n.º 4. *Barrel.* tab. 991.

Sur les Alpes du Dauphiné. ♃. Estivale. *Alp. et S.-Alp.*

10. ACHILLÉE impatiente , *A. impatiens* , L. à feuilles pinnées ; à folioles écartées , linéaires , lancéolées , aiguës à la base.

Gmel. Sibir. 2 , pag. 197 , tab. 83 , fig. 1.

En Sibérie.

11. ACHILLÉE argentée , *A. Clavennæ* , L. à feuilles laciniées , planes , obtuses , cotonneuses.

Absinthium Alpinum umbelliferum , latifolium ; Absinthe des Alpes ombellée , à larges feuilles. *Bauh. Pin.* 139 , n.º 4. *Lob. Ic.* 1 , pag. 753 , f. 2. *Clus. Hist.* 1 ; pag. 340 , f. 1. *Lugd. Hist.* 946 , f. 2. *Bauh. Hist.* 3 , P. 1 , pag. 184 , f. 1. *Moris. Hist.* sect. 6 , tab. 10 , f. 5. *Jacq. Aust.* tab. 76.

Sur les Alpes d'Autriche , de Hongrie. ♃

12. ACHILLÉE Ptarmique , *A. Ptarmica* , L. à feuilles lancéolées , aiguës , à dents de scie fines.

Dracunculus pratensis , serrato folio ; Estragon des prés , à feuille à dents de scie. *Bauh. Pin.* 98 , n.º 2. *Matth.* 441 , f. 1. *Dod. Pempt.* 710 , f. 1. *Lob. Ic.* 1 , pag. 455 , fig. 2. *Clus. Hist.* 2 , pag. 12 , fig. 1. *Lugd. Hist.* 672 , f. 2 ; et

1168, f. 2. Camer. Epit. 354. Bauh. Hist. 3, P. 1, p. 147, fig. 1. Bul. Paris. tab. 521. Icon. Pl. Medic. tab. 342.

Cette espèce présente une variété à fleur pleine, décrite et gravée dans l'Ecluse Hist. 2, pag. 12, fig. 2.

1. *Ptarmica* ; Herbe à éternuer. 2. Feuilles, Fleurs ; on en fait une poudre qui se souffle dans le nez comme sternuta-toire. 3. Sans odeur ; saveur âcre. 5. Engorgemens catar-reux de la membrane pituitaire et des amygdales. Cette plante est la congénère de la Pyrèthre.

Nutritive pour le Cheval, le Bœuf, le Mouton, le Cochon, la Chèvre.

En Europe, dans les prés humides. ♃ Estivale.

13. ACHILLÉE des Alpes, *A. Alpina*, L. à feuilles lancéolées, dentées, à dents de scie très-menues.

Sur les Alpes de Suisse, aux Pyrénées. ♃

14. ACHILLÉE noirâtre, *A. atrata*, L. à feuilles lisses, pin-nées ; à folioles en peigne et entières ; à pédoncules velus.

Matricaria Alpina, Chamæmeli foliis ; Matricaire des Alpes, à feuilles de Camomille. *Bauh. Pin.* 134, n.º 6. *Clus. Hist.* 1, p. 336, f. 2. *Jacq. Aust.* tab. 77. Icon. *Pl. Medic.* tab. 425;

Le synonyme de *Tilli, Pis.* 39, tab. 21, fig. 1, *Chamæme-lum Alpinum saxatile, perenne, flore albo singulari, ca-lyce nigricante* ; Camomille Alpine des rochers, vivace, à une seule fleur blanche, à calice noirâtre, rapporté par *Linné* à la Camomille des Alpes, *Anthemis Alpina*, est cité par *Reichard* pour cette espèce.

Sur les Alpes de Suisse. ♃

15. ACHILLÉE naine, *A. nana*, L. à feuilles pinnées, velues ; à folioles dentées ; à fleurs serrées comme en ombelle.

Bauh. Hist. 3, P. 1, pag. 138, fig. 1. *Bellev.* tab. 96. *Moris. Hist.* sect. 6, tab. 11, fig. 11. *Allion. Flor. Pedem.* n.º 663, tab. 9, fig. 2.

Sur les Alpes du Dauphiné, de Provence, en Auvergne. ♃ Estivale. *Alp.*

16. ACHILLÉE grande, *A. magna*, L. à feuilles deux fois pin-nées, un peu velues ; à folioles linéaires, dentées, dont les appendices ou oreillettes se croisent, ou sont disposées en sautoir.

Millefolium maximum, umbellâ albâ ; Millefeuille très-grande, à fleurs blanches disposées en ombelle. *Bauh. Pin.* 140, n.º 1.

En Dauphiné, en Auvergne. ♃

17. **ACHILLÉE** Millefeuille, *A. Millefolium*, L. à feuilles deux fois pinnées, nues ; à folioles linéaires, dentées ; à tiges sillonnées supérieurement.

> *Millefolium vulgare album* ; Millefeuille vulgaire , à fleur blanche. *Bauh. Pin.* 140 , n.º 2. *Dod. Pempt.* 100 , f. 1. *Lob. Ic.* 1 , p. 747 , f. 1. *Lugd. Hist.* 769 , f. 1. *Camer. Epit.* 876 et 877 ? *Bauh. Hist.* 3 , P. 1 , pag. 136 , f. 1. *Bul. Paris.* tab. 522. *Icon. Pl. Medic.* tab. 29. *Flor. Dan.* tab. 737.

> Cette espèce présente une variété.

> *Millefolium purpureum , majus* ; Millefeuille à fleur pourpre, plus grande. *Bauh. Pin.* 140 , n.º 3. *Matth.* 798.

> 1. *Millefolium* ; Millefeuille. 2. Herbe , Fleurs. 3. *Herbe* : foiblement odorante, amère ; *fleurs* : balsamiques. 4. Huile essentielle aromatique , pénétrante ; extrait spiritueux assez analogue au camphre. 5. Hémorrhagies , colique , cardialgie , flatuosités , affections hyponcondriaque , stérique , rhumatismale ; anorexie, diarrhée , ulcères.

> Nutritive pour le Mouton, le Cochon.

> *En Europe dans les prés , sur les bords des chemins.* ♃ Estivale.

18. **ACHILLÉE** noble, *A. nobilis*, L. à feuilles deux fois pinnées : les inférieures à folioles nues , planes : les supérieures à folioles obtuses , cotonneuses ; à fleurs en corymbes convexes , entassés.

> *Tanacetum minus album., odore Camphoræ, sive Achillea Dioscoridis* ; Tanaisie plus petite à fleur blanche , à odeur de Camphre, ou Achillée de Dioscoride. *Bauh. Pin.* 132 , n.º 3. *Lob. Ic.* 1 , pag. 750 , f. 2. *Lugd. Hist.* 772 , fig. 1 ; et 956 , fig. 3. *Camer. Epit.* 750. *Bauh. Hist.* 3 , P. 1 , pag. 140 , f. 1. *Icon. Pl. Medic.* tab. 279.

> Cette espèce qui répand une odeur de camphre, a les mêmes propriétés que l'Achillée Millefeuille ; son odeur lui assure une plus grande énergie. Les Praticiens qui l'ont employée dans les mêmes maladies , ont eu lieu de se féliciter de lui avoir donné la préférence.

> *A Montpellier , en Dauphiné.* ♃

19. **ACHILLÉE** odorante, *A. odorata*, L. à feuilles deux fois pinnées ; à folioles ovales, presque dénuées de poils ; à fleurs entassées en corymbe élevé.

> *Barrel.* tab. 992.

> *En Dauphiné.* ♃

20. **ACHILLÉE** de Crète, *A. Cretica*, L. à feuilles linéaires, un peu cotonneuses ; à pinnules arrondies , en recouvrement ; à tige cotonneuse.

Millefolium incanum Creticum ; Millefeuille blanchâtre de
Crête. Bauh. Pin. 140 , n.° 5. Bauh. Hist. 3 , P. 1 , p. 139 ,
fig. 1. Pluk. tab. 246 , fig. 3.
Dans l'isle de Crête. ♃

1054. TRIDAX , TRIDAX. †

CAL. Commun cylindrique , formé par des écailles ovales, oblongues , terminées par une pointe irrégulière droite , placées en
recouvrement les unes sur les autres.

COR. Composée radiée : Corollules hermaphrodites tubulées au disque : femelles au rayon.

—— Propre des Hermaphrodites : en entonnoir , droite , à cinq
dents.

—— Propre des Femelles : en languette , à trois divisions profondes , égales dont l'intermédiaire est plus étroite.

ÉTAM. des Hermaphrodites : cinq Filamens , capillaires , très-
courts. Anthères formant une gaîne cylindrique , tubulée.

PIST. des Hermaphrodites : Ovaire oblong. Style sétacé , de la longueur des étamines. Stigmate obtus.

—— des Femelles : Ovaire oblong. Style filiforme , de la longueur
de la corollule. Stigmate obtus.

PÉR. Nul. Le Calice qui ne change point , renferme les semences.

SEM. des Hermaphrodites : solitaires , oblongues. Aigrette à plusieurs rayons , simple , un peu plus longue que le calice.

—— des Femelles : semblables à celles des hermaphrodites.

RÉC. Aplati , garni de Paillettes lancéolées , plus courtes que la
semence.

Réceptacle garni de paillettes. Aigrette des semences à plusieurs
rayons , simple. Calice cylindrique , composé d'écailles
placées en recouvrement les unes sur les autres. Corollules du rayon divisées peu profondément en trois
parties.

1. TRIDAX couché , T. Procumbens , L. à feuilles laciniées,
hérissées.

A Véra-Cruz.

1055. AMELLE , AMELLUS. † Lam. Tab. Encyclop. pl. 682.

CAL. Commun arrondi , en recouvrement.

COR. Composée radiée : Corollules hermaphrodites assez nombreuses
au disque : femelles assez nombreuses au rayon.

—— Propre des Hermrphrodites : tubulée , à cinq divisions peu
profondes.

—— Propre des Femelles : en languette , écartée , à deux ou trois
dents. O o 4

Étam. des *Hermaphrodites*: cinq *Filamens*, capillaires, courts. *Anthères* formant une gaîne cylindrique, tubulée.

Pist. des *Hermaphrodites*: *Ovaire* en ovale renversé. *Style* filiforme, de la longueur des étamines. Deux *Stigmates*, filiformes.

—— des *Femelles*: semblable à celui des hermaphrodites.

Pér. Nul. Le *Calice* qui ne change point, renferme les semences.

Sem. des *Hermaphrodites*: solitaires, en ovale renversé. *Aigrette* à poils.

—— des *Femelles*: semblables à celles des hermaphrodites.

Réc. Garni de *Paillettes*.

Réceptacle garni de paillettes. *Aigrette* des semences simple. *Calice* composé d'écailles placées en recouvrement les unes sur les autres. *Corollules* du rayon entières ou sans divisions.

1. AMELLE lychnite, *A. lychnitis*, L. à feuilles opposées, lancéolées, obtuses, cotonneuses; à péduncules portant une seule fleur.

> *Breyn Prod.* 3, tab. 15, fig. 2.
>
> *Au cap de Bonne—Espérance.* ♄

2. AMELLE ombellée, *A. umbellatus*, L. à feuilles opposées, trois fois à trois nervures, cotonneuses en dessous; à fleurs en ombelle.

> *Brow. Jam.* 320, tab. 33, fig. 2.
>
> *A la Jamaïque.* ♃

1056. ÉCLIPTE, *ECLIPTA*. Lam. Tab. Encyclop. pl 687.

Cal. *Commun* formé de plusieurs *feuillets*, lancéolés, presque égaux, disposés sur deux rangs.

Cor. *Composée* radiée: *Corollules femelles* nombreuses au rayon: hermaphrodites au disque.

—— *Propre* des *Hermaphrodites*: tubulée, droite, farineuse extérieurement, à quatre divisions peu profondes.

—— *Propre* des *Femelles*: très—étroite, en languette.

Étam. des *Hermaphrodites*: quatre *Filamens*, très—courts. *Anthères* formant une gaîne cylindrique, tubulée.

Pist. des *Hermaphrodites*: *Ovaire* oblong. *Style* d'une longueur médiocre. *Stigmate* étalé, divisé peu profondément en deux parties.

—— des *Femelles*: *Ovaire* à trois côtés. *Style* d'une longueur médiocre. *Stigmate* étalé, divisé peu profondément en deux parties.

Pér. Nul. Le *Calice* qui ne change point, renferme les semences.

Sem. des *Hermaphrodites* : oblongues, comprimées, crénelées, obtuses, sans arête.

Réc. un peu aplati, garni de *Paillettes* très-étroites.

—— des *Femelles* : à trois côtés, oblongues, crénelées, obtuses, sans arêtes.

Obs. *Ce genre diffère des* Verbesina *par ses corolles à quatre divisions peu profondes et ses semences sans arêtes ; et des* Cotula, *par son réceptacle garni de paillettes.*

Réceptacle garni de paillettes. *Semences* sans aigrette. Co-rollules du disque divisées peu profondément en quatre parties.

1. ÉCLIPTE droite, *E. erecta*, L. à tige droite ; à feuilles lancéolées, à dents de scie, assises.

> *Pluk.* tab. 109. fig. 1. *Dill. Elth.* tab. 113, fig. 137

> *En Virginie, à Surinam.* ♂

2. ÉCLIPTE couchée, *E. prostrata*, L. à tige couchée ; à feuilles un peu ondulées, portées sur des pétioles très-courts.

> *Pluk.* tab. 118, fig. 5. *Dill. Elth.* tab. 113, fig. 138.

> Cette plante est désignée dans le *Species* sous le nom de Verbésine couchée, *Verbesina prostrata*, L. à feuilles lancéolées, à dents de scie ; à fleurs alternes, deux à deux, presque assises.

> *Dans l'Inde Orientale.*

3. ÉCLIPTE ponctuée, *E. punctata*, L. à tige droite, ponctuée ; à feuilles planes.

> *Jacq. Amer.* 216, tab. 129.

> *A Saint-Domingue, à la Martinique.* ☉

1057. SIGESBECKE, *SIGESBECKIA.* + *Lam. Tab. Encyclop.* pl. 687.

Cal. *Commun extérieur* formé de cinq *feuillets*, linéaires, arrondis, très-ouverts, plus longs que la fleur, persistans.

—— *Commun intérieur*, comme à cinq angles, formé de plusieurs *feuillets* ovales, concaves, obtus, égaux.

Cor. *Composée*, à moitié radiée : plusieurs *Corollules hermaphrodites* au disque : cinq *femelles* ou moins au rayon, seulement sur un des côtés de la fleur.

—— *Propre des Hermaphrodites* : en entonnoir, surpassant le calice en longueur, à cinq dents.

—— *Propre des Femelles* : en languette, large, très-courte, à trois dents.

Étam. des *Hermaphrodites* : cinq *Filamens* très-courts. *Anthères* formant une gaîne cylindrique, tubulée.

PIST. des *Hermaphrodites* : *Ovaire* oblong, recourbé, de la grandeur du calice. *Style* filiforme, de la longueur des étamines. *Stigmate* divisé peu profondément en deux parties.

—— des *Femelles* : *Ovaire* oblong, recourbé, de la grandeur du calice. *Style* filiforme, de la longueur de celui des hermaphrodites. *Stigmate* divisé peu profondément en deux parties.

PÉR. Nul. Le *Calice* qui ne change point, renferme les semences.

SEM. des *Hermaphrodites* : solitaires, oblongues, à quatre côtés obtus, épaissies au sommet, obtuses, nues. *Aigrette* nulle.

—— des *Femelles* : semblables à celles des hermaphrodites.

RÉC. garni de *Paillettes*, semblables aux feuillets du calice, concaves, enveloppant les semences d'un côté, caduques-tardives.

Réceptacle garni de paillettes. *Semences* sans aigrette. *Calice commun* extérieur composé de cinq feuillets très-ouverts : l'intérieur de plusieurs feuillets ovales, égaux.

1. SIGESBECKE Orientale, *S. Orientalis*, L. à pétioles assis ; à feuillets du calice extérieurs, linéaires, plus grands, ouverts.

 Pluk. tab. 380, fig. 2.

 A la Chine. ♃

2. SIGESBECKE Occidentale, *S. Occidentalis*, L. à pétiole courant sur la tige ; à calices nus.

 En Virginie.

3058. VERBÉSINE, *VERBESINA*. * *Lam. Tab. Encyclop.* pl. 686. EUPATORIOPHALACRON. *Dill.*; *Elth.* tab. 113, fig. 137 et 138.

CAL. *Commun*, formé par des *feuillets* oblongs, creusés en gouttière, concaves, droits, le plus souvent égaux, disposés sur deux rangs.

COR. *Composée* radiée : plusieurs *Corollules* hermaphrodites au disque : environ cinq *femelles* au rayon.

—— *Propre des Hermaphrodites* : en entonnoir, droite, à cinq dents.

—— *Propre des Femelles* : en languette, à trois divisions peu profondes, (large ou simple et très-étroite).

ÉTAM. des *Hermaphrodites* : cinq *Filamens*, capillaires, très-courts. *Anthères* formant une gaîne cylindrique, tubulée.

PIST. des *Hermaphrodites* : *Ovaire* un peu alongé. *Style* filiforme, de la longueur des étamines. Deux *Stigmates*, renversés.

—— des *Femelles* : *Ovaire* un peu alongé. *Style* filiforme, de la longueur de celui des hermaphrodites. Deux *Stigmates*, renversés.

PÉR. Nul. Le *Calice* qui ne change point, renferme les semences.

Sem. des *Hermaphrodites*: solitaires, un peu épaisses, anguleuses, *Aigrette* formée par une arête.

—— des *Femelles*: semblables à celles des hermaphrodites.

Réc. garni de *Paillettes*.

Obs. Eupatoriophalacron, *Vaillant: Semences nues.*

Ceratocéphaloïdes, *Vaillant: Semences à aigretto à paillette.*

V. biflora, L.: *Semences sans arête.*

V. calendulacea, L.: *Calice simple, à cinq feuillets.*

Réceptacle garni de paillettes. *Aigrette* des semences formée par des arêtes. *Calice* composé de feuillets disposés sur deux rangs. *Fleurons* du rayon environ au nombre de cinq.

1. VERBÉSINE ailée, *V. alata*, L. à feuilles alternes, ondulées, obtuses, courant sur la tige.

Pluk. tab. 84, fig. 3. Herm. Parad. pag. et tab. 125.

A Curaçao, à Surinam. ♃

2. VERBÉSINE de la Chine, *V. Chinensis*, L. à feuilles alternes, pétiolées, ovales, lancéolées, à dents de scie.

A la Chine. ♄

3. VERBÉSINE de Virginie, *V. Virginica*, L. à feuilles alternes, lancéolées, pétiolées; à fleurs en corymbe.

En Virginie.

4. VERBÉSINE Lavénie, *V. Lavenia*, L. à feuilles opposées, ovales, à trois nervures, lisses, pétiolées; à semences à trois cornes.

Burm. Zeyl. 95, tab. 42.

A Zeylan.

5. VERBÉSINE à deux fleurs, *V. biflora*, L. à feuilles opposées, oblongues, ovales, trois fois à trois nervures, aiguës, à dents de scie; à pédoncules deux à deux, portant deux fleurs.

Rheed. Mal. 10, tab. 79. Rumph. Amb. 6, pag. 43, tab. 13, fig. 1.

Dans l'Inde Orientale.

6. VERBÉSINE souci, *V. calendulacea*, L. à feuilles opposées, lancéolées, un peu obtuses; à pédoncules longs, portant une seule fleur; à calices simples.

Burm. Zeyl. 52, tab. 22, fig. 1.

A Zeylan.

7. VERBÉSINE nodiflore, *V. nodiflora*, L. à feuilles opposées, ovales; à dents scie; à calices oblongs, assis.

Dill. Elth. tab. 45, fig. 53. *Sloan. Jam.* tab. 154, fig. 4.
Aux isles Caribes. ☉

8. VERBÉSINE ligneuse, *V. fruticosa*, L. à feuilles opposées, ovales, à dents de scie, pétiolées, à tige ligneuse.

Plum. Spec. 10, tab. 52.
Dans l'Amérique Méridionale. ♄

9. VERBÉSINE sans arêtes, *V. mutica*, L. à feuilles divisées peu profondément en trois parties, à dents de scie; à tige rampante.

Sloan. Jam. tab. 155, fig. 1.
Dans l'Amérique Méridionale.

1059. BUPHTHALME, *BUPHTHALMUM.* Lam. Tab. Encyclop. pl. 682. ASTERICUS. *Tournef. Inst.* 597, tab. 283. *Vaill. Mém. de l'Acad.* 1720, pag. 331, tab. 9, fig. 38. ASTEROÏDES. *Vaill. Mém. de l'Acad.* 1720, pag. 323. ASTERICUS. *Dill. Elth.* tab. 38, fig. 43 et 44.

CAL. *Commun* en recouvrement, variant selon les espèces.

COR. *Composée* radiée : *Corollules hermaphrodites*, nombreuses ; formant un disque plane : dix *femelles* ou plus au rayon.

—— *Propre* des *Hermaphrodites :* en entonnoir. *Limbe* étalé, à cinq divisions peu profondes.

—— *Propre* des *Femelles :* en languette, plus longue, étalée, à trois dents.

ÉTAM. des *Hermaphrodites :* cinq *Filamens*, capillaires, très-courts. *Anthères* formant une gaîne cylindrique, tubulée.

PIST. des *Hermaphrodites :* *Ovaire* ovale, comprimé. *Style* filiforme, de la longueur des étamines. *Stigmate* simple, un peu épais.

—— des *Femelles :* *Ovaire* à deux tranchans. *Style* filiforme, de la longueur de celui des hermaphrodites. Deux *Stigmates*, oblongs.

PÉR. Nul. Le *Calice* qui ne change point, renferme les semences.

SEM. des *Hermaphrodites :* solitaires, oblongues, couronnées par une marge crénelée, divisée en plusieurs parties.

—— des *Femelles :* solitaires, comprimées, à marge incisée des deux côtés, et couronnée par une incision semblable.

RÉC. Convexe, garni de paillettes.

OBS. B. maritimum, L. : *Stigmate des hermaphrodites divisé peu profondément en deux parties.*

Réceptacle garni de paillettes. *Aigrette* des semences formée par une marge irrégulière. *Semences* latérales, sur-tout celles du rayon, bordées ou couronnées par un petit rebord. *Stigmate* des fleurons hermaphrodites entier ou sans division.

* I. *BUPHTHALMES Astériques de Tournefort.*

1. BUPHTHALME ligneux, *B. frutescens*, L. à feuilles opposées, lancéolées; à pétioles garnis de deux dents; à tige ligneuse.

Pluk. tab. 115, fig. 4. *Dill. Elth.* tab. 38, fig. 44.

A la Jamaïque, en Virginie. ♃

2. BULPHTHALME en arbre, *B. arborescens*, L. à feuilles opposées, lancéolées, cotonneuses sur les deux surfaces, sans dentelures, très-entières; à tige ligneuse.

Dill. Elth. tab. 38, fig. 43.

Dans l'Amérique Méridionale. ♃

3. BUPHTHALME épineux, *B. spinosum*, L. à feuillets du calice, aigus; à feuilles alternes, lancéolées, très-entières, embrassant la tige qui est herbacée.

Aster luteus foliis ad florem rigidis; Aster à fleur jaune environnée de feuillets piquans. *Bauh. Pin.* 266, n.° 1. *Matth.* 818, fig. 2. *Lob. Ic.* 1. pag. 348, fig. 2. *Clus. Hist.* 2, pag. 13, fig. 1. *Lugd. Hist.* 860, fig. 2; 1135, fig. 3; et 1349, fig. 1. *Camer. Epit.* 906. *Barrel.* tab. 551.

A Montpellier, en Provence, à Lyon. ☉ Vernale.

4. BUPHTHALME aquatique, *B. aquaticum*, L. à feuillets du calice obtus, assis, axillaires; à feuilles alternes, obliques, obtuses; à tige herbacée.

Barrel. tab. 552, *Breyn. Cent.* 157, tab. 77.

En Portugal, dans l'isle de Crète.

5. BUPHTHALME maritime, *B. maritimum*, L. à calices pédunculés; à feuillets obtus; à feuilles alternes, en spatule; à tige herbacée.

Aster luteus supinus; Aster jaune à tige couchée. *Bauh. Pin.* 267, n.° 12. *Dod. Pempt.* 266, fig. 2. *Lob. Ic.* 1, pag. 351, fig. 1. *Clus. Hist.* 2, pag. 13, fig. 2. *Lugd. Hist.* 861, fig. 2. *Bauh. Hist.* 2, pag. 1045, f. 2. *Moris. Hist.* sect. 6, tab. 5, fig. 28. *Barrel.* tab. 1151.

En Provence. ♃

6. BUPHTHALME dur, *B. durum*, L. à feuilles alternes, lancéolées, très-entières; à tige sous-ligneuse.

Pluk. tab. 21, fig. 3.

Au cap de Bonne-Espérance. ♃

* II. *BUPHTHALMES Astéroïdes de Tournefort.*

7. BUPHTHALME à feuilles de saule, *B. salicifolium*, L. à feuilles alternes, lancéolées, velues, à dentelures rares ; à calices nus ; à tige herbacée.

> *Aster luteus major, foliis Succisæ;* Aster à fleur jaune plus grand, à feuilles de Succise. *Bauh. Pin.* 266, n.° 4. *Clus. Hist.* 2, pag. 13, fig. 3. *Thal. Herc.* 21, tab. 2. *Jacq. Aust.* tab. 370.
>
> *A Montpellier, Grenoble.* ♃ Vernale.

8. BUPHTHALME à grande fleur, *B. grandiflorum*, L. à feuilles alternes, lancéolées, lisses, peu garnies de dentelures ; à calices nus; à tige herbacée.

> *Aster luteus, angustifolius;* Aster à fleur jaune, à feuilles étroites. *Bauh. Pin.* 266, n.° 8. *Lob. Ic.* 1, pag. 350, f. 2. *Lugd. Hist.* 861, fig. 3. *Moris. Hist.* sect. 6, t. 6, f. 52.
>
> *A Montpellier, à Lyon, Grenoble.* ♃

9. BUPHTHALME très-spécieux, *B. speciosissimum*, L. à feuilles alternes, ovales, nues, à dents de scie, garnies de quelques poils, embrassant la tige qui ne porte qu'une seule fleur.

> *Arduin. Spec.* 1, pag. 26, tab. 12.
>
> *En Orient.* ♃

10. BUPHTHALME hélianthe, *B. helianthoïdes;* L. à feuilles opposées, ovales, à dents de scie, trois fois à trois nervures; à calices feuillés; à tige herbacée.

> *Moris. Hist.* sect. 6, tab. 3, fig. 69, *Pluk.* tab. 22, f. 1.
>
> *Dans l'Amérique Septentrionale.* ♃

III. POLYGAMIE FRUSTRANÉE.

3060. HÉLIANTE, *HÉLIANTHUS.* * *Lam. Tab. Encyclop.* pl. 706. CORONA SOLIS. *Tournef. Inst.* 489, tab. 279. *Vaill. Mém. de l'Acad.* 1720, pag. 333, tab. 9, fig. 7, 12 et 45. *Dill. Elth.* tab. 94, fig. 110.

CAL. *Commun* très-développé, formé par des *écailles* oblongues, un peu sèches et roides, élargies à la base, s'ouvrant de tous côtés au sommet.

COR. *Composée* radiée: *Corollules hermaphrodites*, très-nombreuses au disque : *femelles* en petit nombre, beaucoup plus longues au rayon.

— *Propre des Hermaphrodites:* comme cylindrique, plus courte que le calice commun, ventrue, arrondie, déprimée à la base. *Limbe* aigu, étalé, à cinq dents.

— *Propre des Femelles :* en languette, lancéolée, très-entière, très-longue.

ÉTAM. des *Hermaphrodites :* cinq *Filamens,* courbés, insérés au-
dessous du ventre de la corolle, aussi longs que le tube. *Anthères* formant une gaîne cylindrique, tubulée.

PIST. des *Hermaphrodites : Ovaire* oblong. *Style* filiforme, de la
longueur de la corollule. *Stigmate* renversé, divisé peu profondément en deux parties.

—— des *Femelles : Ovaire* très-petit. *Style* nul. *Stigmate* nul.

PÉR. Nul. Le *Calice* qui ne change point, renferme les semences.

SEM. des *Hermaphrodites :* solitaires, oblongues, obtuses, à quatre
côtés, comprimées, à angles opposés dont les internes sont
plus étroits. *Aigrette* à deux arêtes lancéolées, caduques-tardives.

—— des *Femelles :* nulles.

RÉC. Grand, plane, garni de *Paillettes* lancéolées, aiguës, séparant deux par deux chaque semence, caduques-tardives.

Réceptacle garni de paillettes, aplati. *Aigrette* des semences
formée de deux arêtes. *Calice* composé d'écailles sèches et roides, placées en recouvrement les unes sur
les autres.

1. HÉLIANTHE annuel, *H. annuus,* L. toutes les feuilles en
cœur, à trois nervures ; à péduncules renflés au sommet ou
sous la fleur ; à fleurs penchées.

> *Helenium Indicum, maximum* ; Hélénie des Indes, très-
> grande. *Bauh. Pin.* 276, n.º 3. *Dod. Pempt.* 264, fig. 1.
> *Lob. Ic.* 1, pag. 592, f. 2. *Lugd. Hist.* 874, f. 2. *Camer.*
> *Epit.* 503. *Bauh. Hist.* 3, P. 1, pag. 107, f. 2.

> Les semences de l'Hélianthe annuel peuvent fournir une bonne
> farine pour faire du pain et de la bouillie aux enfans. On
> en retire une huile bonne pour la lampe. L'écorce fournit
> une filasse analogue au chanvre.

> *Au Pérou. Cultivé dans les jardins.* ⊙ Estivale.

2. HÉLIANTHE des Indes, *H. Indicus,* L. toutes les feuilles en
cœur, à trois nervures ; à péduncules égaux ; à calices feuillés.

> *Cultivé en Égypte.* ⊙

3. HÉLIANTHE à plusieurs fleurs, *H. multiflorus,* L. à feuilles
inférieures en cœur, à trois nervures : les supérieures ovales.

> *Helenium Indicum ramosum* ; Hélénie des Indes à tige ra-
> meuse. *Bauh. Pin.* 277, n.º 4. *Lugd. Hist.* 874, fig. 2. *Pluk.*
> tab. 159, fig. 2.

> *En Virginie.* ♃

4. HÉLIANTHE Topinambour, *H. tuberosus,* L. à feuilles
ovales, en cœur, à trois nervures.

Helianthemum Indicum tuberosum ; Hélianthème des Indes
à racine tubéreuse. *Bauh. Pin.* 277 , n.° 7. *Columa. Ecphras.* 2 , pag. 11 et 13. *Bellev.* tab. 104. *Jacq. Hort.*
tab. 161.

La racine du Topinambour a le goût d'Artichaud; elle contient abondamment un principe farineux et amilacé.

Au Brésil. Cultivé dans les champs. ♃

5. HÉLIANTHE à dix demi-rayons , *H. decapetalus* , L. à tige
lisse inférieurement ; à feuilles lancéolées , en cœur, trois fois
à trois nervures ; à demi-fleurons du rayon au nombre de dix ;
à pédoncules rudes.

Au Canada.

6. HÉLIANTHE feuillé, *H. frondosus* , L. à calices secs et roides ,
ondulés , feuillés ; à demi-fleurons du rayon au nombre de huit ;
à feuilles ovales ; à tige lisse inférieurement.

Au Canada.

7. HÉLIANTHE fusiforme , *H. strumosus* , L. à racine en forme
de fuseau.

Bocc. Sic. 52 , tab. 27 , fig. A, E.

Au Canada.

8. HÉLIANTHE gigantesque , *H. giganteus* , L. à feuilles alternes , lancéolées , rudes , ciliées à la base ; à tige roide, rude.

Moris. Hist. sect. 6 , tab. 7 , fig. 66.

Cette espèce présente une variété à tige velue, gravée dans
Plukenet , tab. 159 , fig. 5.

En Virginie , au Canada. ♃

9. HÉLIANTHE très-élevé , *H. altissimus* , L. à feuilles alternes,
lancéolées ; un peu larges, lisses ; à pétioles ciliés ; à tige roide,
lisse.

Moris. Hist. sect. 6 , tab. 7 , fig. 67.

En Pensylvanie. ♃

10. HÉLIANTHE lisse, *H. lœvis* , L. à feuilles opposées, à trois
nervures , lancéolées , à dents de scie , lisses ; à tige et pédoncules lisses.

En Virginie.

11. HÉLIANTHE à feuilles étroites , *H. angustifolius* , L. à
feuilles alternes , linéaires.

En Virginie.

12. HÉLIANTHE étalé , *H. divaricatus* , L. à feuilles opposées ,
assises , ovales , oblongues , à trois nervures ; à panicule dichotome ou à bras ouverts.

Moris.

Moris. Hist. sect. 6 , tab. 7 , fig. 66 , (mauvaise).

Dans l'Amérique Septentrionale. ♃

13. HÉLIANTHE noir-rougeâtre , *H. atro-rubens* , L. à feuilles opposées , en spatule , crénelées ; à écailles du calice , droites , de la longueur du disque.

Dill. Elth. tab. 94 , fig. 110.

En Virginie , à la Caroline. ♂

1061. RUDBECKE , RUDBECKIA. * *Lam. Tab. Encyclop.* pl. 705. OBELISCOTHECA. *Vaill. Mém. de l'Acad.* 1720 , p. 329 , fig. 44. *Dill. Elth.* tab. 218 , fig. 285.

CAL. *Commun* formé de deux rangs d'écailles , aplaties , un peu élargies , raccourcies , dont six à chaque rang.

COR. *Composée* radiée : *Corollules hermaphrodites* nombreuses au disque qui est conique : environ douze *femelles* très-longues , au rayon.

—— *Propre des Hermaphrodites :* tubulée , en entonnoir. *Limbe* à cinq dents.

—— *Propre des Femelles :* en languette , lancéolée , à deux ou trois dents , aplatie , pendante.

ÉTAM. *des Hermaphrodites :* cinq *Filamens* , capillaires , très-courts. *Anthères* formant une gaîne cylindrique , tubulée.

PIST. *des Hermaphrodites :* Ovaire à quatre côtés. *Style* filiforme , de la longueur de la corollule. *Stigmate* roulé , divisé peu profondément en deux parties.

—— *des Femelles :* Ovaire très-petit. *Style* nul. *Stigmate* nul.

PÉR. Nul. Le *Calice* qui ne change point , renferme les semences.

SEM. *des Hermaphrodites :* solitaires , oblongues. *Aigrette* , formée par un bord membraneux , à quatre dents.

—— *des Femelles :* nulles.

RÉC. Conique , plus long que le calice commun , garni de *Pail-lettes* aussi longues que les semences , droites , creusées en goutière , concaves , caduques-tardives.

Réceptacle garni de paillettes , conique. *Aigrette* des semences formée par une membrane à quatre dents. *Calice* formé de deux rangs d'écailles.

1. RUDBECKE laciniée , *R. laciniata* , L. à feuilles composées , découpées profondément en plusieurs lanières.

Doronicum Americanum , laciniato folio ; Doronic d'Amérique , à feuille laciniée. *Bauh. Pin. Append.* 516. *Cornut. Canad.* 178 et 179.

En Virginie , au Canada. Cultivée dans les jardins. ♃

Tome III. P p

2. **RUDBECKE** à trois lobes , *R. triloba* , L. à feuilles en spatule : les inférieures à trois lobes : les supérieures entières ou sans divisions.

> *Pluk.* tab. 22 , fig. 2.
>
> *En Virginie.* ♂

3. **RUDBECKE** hérissée , *R. hirta* , L. à feuilles sans divisions, en spatule , ovales, trois fois à trois nervures ; les demi-fleurons du rayon échancrés.

> *Pluk.* tab. 242 , fig. 2 ; et 381 , fig. 7. *Dill. Elth.* tab. 218 , fig. 285.
>
> *En Virginie , au Canade.* ☉

4. **RUDBECKE** pourpre , *R. purpurea* , L. à feuilles lancéolées, ovales , alternes , sans divisions ; les demi-fleurons du rayon divisés peu profondément en deux parties.

> *Moris. Hist.* sect. 6 , tab. 9 , fig. 1. *Pluk.* tab. 21 , f. 1.
>
> *En Virginie , à la Caroline.*

5. **RUDBECKE** à feuilles opposées , *R. oppositifolia* , L. à feuilles opposées , lancéolées , ovales , à dents de scie ; les demi-fleurons du rayon divisés peu profondément en deux parties.

> *En Virginie.*

6. **RUDBECKE** à feuilles étroites , *R. angustifolia* , L. à feuilles opposées , linéaires , très-étroites.

> *Mill. Ic.* tab. 224 , fig. 2.
>
> *En Virginie.* ♃

1062. **CORÉOPSE , *COREOPSIS.*** *Lam. Tab. Encyclop.* pl. 704. CÉRATOCEPHALOÏDES. *Vaill. Mém. de l'Acad.* 1720 , pag. 328.

Cal. *Commun* ou simple comme en recouvrement , ou double : l'extérieur souvent formé de huit *feuillets* , rudes , disposés en rond : l'intérieur de huit *feuillets* , plus grands , membraneux et colorés.

Cor. *Composée* radiée : *Corollules hermaphrodites* , nombreuses du disque : huit *femelles* au rayon.

—— *Propre des Hermaphrodites* : tubulée , à cinq dents.

—— *Propre des Femelles* : en languette , étalée , grande , à quatre dents.

Étam. des *Hermaphrodites* : cinq *Filamens* , capillaires , très-courts. *Anthères* formant une gaîne cylindrique , tubulée.

Pist. des *Hermaphrodites* : *Ovaire* comprimé. *Style* filiforme , de la longueur des étamines. *Stigmate* aigu , grêle , divisé peu profondément en deux parties.

—— des *Femelles* : *Ovaire* semblable à celui des hermaphrodites. *Style* nul. *Stigmate* nul.

Pér. *Nul.* Le *Calice* qui change à peine, renferme les semences.
Sem. des *Hermaphrodites* : solitaires, arrondies, convexes d'un
côté, creuses de l'autre, avec une protubérance transversale au
sommet et à la base, environnées par une marge membraneuse,
divisée en deux cornes au sommet.
—— des *Femelles :* nulles.
Réc. Garni de *Paillettes.*

Réceptacle garni de paillettes. *Aigrette* des semences terminée au sommet par deux cornes. *Calice* droit, composé de plusieurs feuillets, environné à sa base de
rayons très-ouverts.

1. CORÉOPSE en anneaux, *C. verticillata*, L. à feuilles décomposées, pinnées ; à folioles linéaires.
    Pluk. tab. 344, fig. 4 ?
    En Virginie. ♂

2. CORÉOPSE couronnée, *C. coronata*, L. à feuilles pinnées ;
à folioles à dents de scie, lisses, marquées par des lignes.
    Plum. Spec. 10, tab. 53, fig. 2.
    En Virginie. ☉

3. CORÉOPSE leucanthème, *C. leucantha*, L. à feuilles pinnées ;
à folioles à dents de scie ; les demi-fleurons du rayon à plusieurs couleurs.
    Dans l'Amérique Méridionale. ☉

4. CORÉOPSE à fleur jaune, *C. chrysantha*, L. à feuilles trois
à trois, ovales, oblongues ; les demi-fleurons du rayon d'une
seule couleur.
    Plum. Spec. 1, tab. 53, fig. 1.
    Dans l'Amérique Méridionale.

5. CORÉOPSE à trois ailes, *C. tripteris*, L. à feuilles le plus
souvent trois à trois, très-entières.
    Moris. Hist. sect. 6, tab. 3, fig. 44.
    En Virginie. ♃

6. CORÉOPSE blanche, *C. alba*, L. à feuilles le plus souvent
trois à trois, en forme de coin, à dents de scie.
    Pluk. tab. 160, fig. 3. *Herm. Parad.* pag. et tab. 124.
    Dans l'isle de Sainte-Croix. ♃

7. CORÉOPSE rampante, *C. repens*, L. à feuilles à dents de
scie, ovales : les supérieures trois à trois ; à tige rampante.
    Sloan. Jam. tab. 154, fig. 2 et 3.
    Dans l'Amérique Méridiodale.

8. CORÉOPSE à oreillettes, *C. auriculata*, L. à feuilles très-entières, ovales : les inférieures trois à trois.

Moris. Hist. sect. 6, tab. 3, fig. 45. *Pluk.* tab. 83, fig. 5; et 242, fig. 4.

En Virginie.

9. CORÉOPSE lancéolée, *C. lanceolata*, L. à feuilles lancéolées, très-entières.

Dill. Elth. tab. 48, fig. 56.

A la Caroline. ♂

10. CORÉOPSE bident, *C. bidens*, L. à feuilles lancéolées, à dents de scie, opposées, embrassant la tige.

Barrel. tab. 1209.

A Grenoble!

11. CORÉOPSE à feuilles alternes, *C. alternifolia*, L. à feuilles lancéolées, à dents de scie, alternes, pétiolées, courant sur la tige.

Moris. Hist. sect. 6, tab. 7, fig. 75 et 76. *Pluk.* tab. 159, fig. 3. *Jacq. Hort.* tab. 110.

En Virginie, au Canada. ♃

1063. OSMITE, *OSMITES.* † *Lam. Tab. Encyclop.* pl. 704. BELLIDIASTRUM. *Vaill. Mém. de l'Acad.* 1720, pag. 316.

CAL. *Commun* formé par des *feuillets* bossués, placés en recouvrement les uns sur les autres, dont les intérieurs sont augmentés au sommet.

COR. *Composée* radiée : plusieurs *Corollules hermaphrodites* au disque : *femelles* au rayon.

—— *Propre des Hermaphrodites :* tubulée, à cinq divisions peu profondes.

—— des *Femelles :* en languette, entière.

ÉTAM. des *Hermaphrodites :* cinq *Filamens*, très-courts. *Anthères* formant une gaîne cylindrique, tubulée.

PIST. des *Hermaphrodites : Ovaire* oblong. *Style* filiforme, de la longueur de la corollule. *Stigmate* divisé peu profondément en deux parties.

PÉR. Nul. Le *Calice* qui ne change point, renferme les semences.

SEM. des *Hermaphrodites :* solitaires, oblongues, sans *Aigrette*, ou bordées par une *Aigrette* comme à paillettes, irrégulière.

—— des *Femelles :* rudimens des semences le plus souvent avortans.

RÉC. Garni de *Paillettes.*

Obs. O. bellidiastrum , L. : *a les Calices secs et roides.*

Réceptacle garni de paillettes. *Aigrette* des semences irrégulière. *Corollules* du rayon en languettes. *Calice* composé d'écailles sèches et roides , placées en recouvrement les unes sur les autres.

1. OSMITE pâquerette , *O. bellidiastrum* , L. à feuilles linéaires , cotonneuses.

En Éthiopie. ♄

2. OSMITE camphrée , *O. camphorina* , L. à feuilles lancéolées , presque à dents de scie , dentées à la base.

Cette plante est désignée dans le *Species* sous le nom de Camomille leucanthème , *Anthemis leucantha* , L. à tige sousligneuse ; à feuilles presque lancéolées , dentées , aiguës , entières ou sans divisions.

Au cap de Bonne–Espérance. ♄

3. OSMITE aster , *O. asteriscoïdes* , L. à feuilles lancéolées , ponctuées ; à calices feuillés.

Burm. Afric. 161 , tab. 58 , fig. 1.

Au cap de Bonne–Espérance. ♄

1064. GORTÈRE, *GORTERIA.* Lam. *Tab. Encyclop.* pl. 702.

CAL. *Commun* d'un seul feuillet , formé par des *écailles* épineuses , placées en recouvrement les unes sur les autres , dont les intérieures sont insensiblement plus longues , droites , sétacées , roides.

COR. *Composée* radiée : plusieurs *Corollules hermaphrodites* au disque : *femelles* rares au rayon.

—— *Propre* des *Hermaphrodites* : en entonnoir , à cinq divisions peu profondes.

—— *Propre* des *Femelles* : en languette , lancéolée.

ÉTAM. des *Hermaphrodites* : cinq *Filamens* , courts. *Anthères* formant une gaine cylindrique , tubulée.

PIST. des *Hermaphrodites* : *Ovaire* velu. *Style* filiforme , de la longueur de la corollule. *Stigmate* divisé peu profondément en deux parties.

—— des *Femelles* : *Ovaire* irrégulier. *Style* nul. *Stigmate* nul.

PÉR. Nul. Le *Calice* caduc–tardif , qui ne change point , renferme les semences.

SEM. des *Hermaphrodites* : solitaires , arrondies. *Aigrette* à poils.

—— des *Femelles* : nulle.

RÉC. Nu.

Réceptacle nu. *Aigrette* des semences formée par des poils. *Calice* composé d'écailles épineuses, placées en recouvrement les unes sur les autres.

1. GORTÈRE personnée, *G. personata*, L. à feuilles lancéolées, entières et sinuées ; à tige droite ; à fleurs pédunculées.

    Pluk. tab. 273, fig. 6. *Barrel.* tab. 160.

    Au cap de Bonne-Espérance. ☉

2. GORTÈRE roide, *G. rigens*, L. à hampes portant une seule fleur ; à feuilles lancéolées, pinnatifides ; à tige déprimée.

    Mill. Ic. tab. 49.

    Au cap de Bonne-Espérance. ♄

3. GORTÈRE sèche et roide, *G. squarrosa*, L. à feuilles lancéolées, courant sur la tige, adhérentes entr'elles, ciliées, épineuses ; à fleurs assises ou sans péduncules.

    Commel. Hort. 2, pag. 55, tab. 28.

    Au cap de Bonne-Espérance. ♄

4. GORTÈRE à soies, *G. setosa*, L. à feuilles lancéolées, courant sur la tige, adhérentes entr'elles, ciliées, épineuses ; à fleurs terminales, pédunculées.

    Au cap de Bonne-Espérance. ♄

5. GORTÈRE ciliée, *G. ciliaris*, L. à feuilles en recouvrement sur deux rangs, ciliées ; à cils extérieurs et à épines terminales renversées.

    Pluk. tab. 354, fig. 3. *Burm. Afric.* tab. 54, fig. 1.

    En Éthiopie. ♄

1065. ZOÉGÉE, *ZOEGEA.*

CAL. *Commun* ovale, formé par des *écailles* lancéolées, ciliées, placées en recouvrement les unes sur les autres, dont les intérieures sont sèches et roides, lancéolées, plus longues.

COR. *Composée* radiée : plusieurs *Corollules hermaphrodites* au disque : *femelles* en petit nombre au rayon.

—— *Propre* des *Hermaphrodites* : monopétale. *Tube* filiforme. *Limbe* à cinq *divisions* profondes, lancéolées, droites.

—— *Propre* des *Femelles* : monopétale, en languette, aplatie, le plus souvent à cinq dents.

ÉTAM. des *Hermaphrodites* : cinq *Filamens*, courts. *Anthères* formant une gaîne cylindrique, tubulée.

PIST. des *Hermaphrodites* : *Ovaire* court. *Style* capillaire, très-long, droit. *Stigmate* court, divisé peu profondément en deux parties.

—— des *Femelles* : *Ovaire* court. *Style* nul. *Stigmate* nul.

Pér. Nul. *Le Calice* qui ne change point et dont les écailles sont rapprochées, renferme les semences.

Sem. des *Hermaphrodites* : solitaires. *Aigrette* sétacée.

—— des *Femelles* : nulles.

Réc. Soyeux.

Obs. *Ce genre a beaucoup d'affinité avec les Centaurées, mais il en diffère par les fleurons du rayon qui sont aplatis.*

Réceptacle garni de soies. *Aigrette* des semences sétacée. *Fleurons* du rayon en languettes. *Calice* composé d'écailles placées en recouvrement les unes sur les autres.

1. ZOÉGÉE leptaurée, *Z. Leptaurea*, L. à feuilles alternes, lancéolées, éloignées, assises, très-entières, rudes.

   En Egypte.

1066. CENTAURÉE, *CENTAUREA*. * *Lam. Tab. Encyclop.* pl. 703. CENTAURIUM MAJUS. *Tournef. Inst.* 449, tab. 256. JACEA. *Tournef. Inst.* 443, tab. 254. *Vaill. Mém. de l'Acad.* 1718, p. 182. CYANUS. *Tournef. Inst.* 445, t. 254. *Vaill. Mém. de l'Acad.* 1718, p. 184. CALCITRAPA. *Vaill. Mém. de l'Acad.* 1718, p. 164. CALCITRAPOÏDES. *Vaill. Mém. de l'Acad.* 1718, pag. 167. RHAPONTICUM. *Vaill. Mém. de l'Acad.* 1718, pag. 175. RHAPONTICOÏDES. *Vaill. Mém. de l'Acad.* 1718, pag. 177. AMBERBOI. *Vaill. Mém. de l'Acad.* 1718, pag. 180. CROCODILIUM. *Vaill. Mém. de l'Acad.* 1718, pag. 161.

Cal. *Commun* arrondi, formé par des *écailles* le plus souvent terminées de différentes manières, et placées en recouvrement les unes sur les autres.

Cor. *Composée* flosculeuse, difforme : plusieurs *Corollules hermaphrodites* au disque : *femelles* peu nombreuses, plus grandes, peu serrées, au rayon.

—— *Propre* des *Hermaphrodites* : monopétale. *Tube* filiforme. *Limbe* ventru, oblong, droit, terminé par cinq *divisions* linéaires, droites.

—— *Propre* des *Femelles* : monopétale, en entonnoir. *Tube* grêle, élargi insensiblement, recourbé. *Limbe* oblong, oblique, inégalement divisé.

Étam. des *Hermaphrodites* : cinq *Filamens*, capillaires, très-courts. *Anthères* formant une gaîne cylindrique, tubulée, de la longueur des corollules.

Pist. des *Hermaphrodites* : *Ovaire* petit. *Style* filiforme, de la longueur des étamines. *Stigmate* très-obtus, terminé par une pointe saillante divisée peu profondément en deux parties dans la plupart des espèces.

—— des *Femelles* : *Ovaire* très-petit. *Style* à peine visible. *Stigmate* nul.

Pér. Nul. Le *Calice* dont les écailles sont rapprochées et qui ne change point, renferme les semences.

Sem. des *Hermaphrodites* : solitaires. *Aigrette* dans la plupart des espèces plumeuse, ou à poils.

——— des *Femelles* : nulles.

Réc. Soyeux.

Obs. Calcitrapa, *Vaillant* : *Calice* à aiguillons solitaires, droits, grands ; *Semences* nues couronnées.

Calcitrapoïdes, *Vaillant* · *Calice* à aiguillons entassés, petits.

Rhaponticum, *Vaillant* : *Calice* à membranes sèches et roides, entières.

Rhaponticoïdes, *Vaillant* : *Calice* à écailles lancéolées, pointues.

Amberboï, *Vaillant* : *Calice* à écailles obtuses, très—simples.

Jacea, *Vaillant* : *Calice* à écailles ciliées ; *Semences* à Aigrette sétacée.

Crocodilium, *Vaillant* : *Calice* à écailles à aiguillons ; *Semences* à aigrette plumeuse.

Réceptacle garni de soies. *Aigrette* des semences simple. *Fleurons* du rayon en entonnoir, irréguliers, plus longs que ceux du disque.

* I. *Centaurées Jacées*, à écailles du calice lisses, sans piquans.

1. CENTAURÉE crupine, *C. crupina*, L. à écailles du calice sans piquans, lancéolées ; à feuilles pinnées ; à folioles linéaires, à dents de scie, ciliées.

Chondrilla foliis laciniatis, serratis, purpurascente flore ; Chondrille à feuilles laciniées, à dents de scie, à fleur tirant sur le pourpre. *Bauh. Pin.* 130, n.º 3. *Lob. Ic.* 1, p. 231, f. 1. *Lugd. Hist.* 567, fig. 1. *Column. Ecphras.* 1, pag. 32 et 34. *Bauh. Hist.* 3, P. 1, pag. 24, f. 1. *Barrel.* tab. 1136.

À Montpellier, à Lyon, en Auvergne. ⊙ Vernale.

2. CENTAURÉE musquée, *C. moschata*, L. à écailles du calice sans piquans, arrondies, lisses, ovales ; à feuilles lyrées, dentées.

Moris. Hist. sect. 7, tab. 25, f. 5. *Barrel.* tab. 310.

Cette espèce présente une variété désignée sous le nom de Centaurée Amberboï, *Centaurea Amberboï* ; à écailles du calice sans piquans, arrondies, lisses, ovales, obtuses ; à feuilles laciniées, à dents de scie.

Moris. Hist. sect. 7, tab. 25, f. 9.

En Perse, en Russie. Cultivée dans les jardins.

3. CENTAURÉE à feuilles de roquette, *C. erucæfolia*, L. à écailles du calice sans piquans, lancéolées; à feuilles lancéolées, un peu dentées, laineuses.

> *Stæbe major, foliis Erucæ mollibus, lanuginosis;* Stébée plus grande, à feuilles de Roquette molles, laineuses. *Bauh. Pin.* 273, n.º 2. *Bauh. Hist.* 3, P. 1, pag. 30, f. 1. *Pluk.* tab. 39, fig. 3.

> *En Espagne.* ♈

4. CENTAURÉE de Lippi, *C. Lippii*, L. à écailles du calice sans piquans, terminées en pointe; à feuilles lyrées, dentées, courant sur une partie de la tige.

> *En Egypte.* ☉

5. CENTAURÉE des Alpes, *C. Alpina*, L. à écailles du calice sans piquans, ovales, obtuses; à feuilles pinnées; à folioles lisses, très-entières: l'impaire à dents de scie.

> *Centaurium Alpinum, luteum;* Centaurée des Alpes, à fleur jaune. *Bauh. Pin.* 117, n.º 3. *Bauh. Hist.* 3, P. 1, pag. 40, f. 1. *Moris. Hist.* sect. 7, tab. 25, f. 5. *Cornut. Canad.* 69 et 70. *Barrel.* tab. 514.

> *Sur le mont Baldo.*

6. CENTAURÉE majeure, *C. Centaurium*, L. à écailles du calice sans piquans, ovales; à feuilles pinnées; à folioles à dents de scie, courantes.

> *Centaurium majus, folio in lacinias plures diviso;* Centaurée plus grande, à feuille divisée en plusieurs lanières. *Bauh. Pin.* 117, n.º 1. *Dod. Pempt.* 334, f. 2. *Lob. Ic.* 1, p. 712, f. 1. *Clus. Hist.* 2, p. 10, f. 2. *Camer. Epit.* 425. *Bauh. Hist.* 3, P. 1, pag. 38 et 39, f. 1 et 2. *Icon. Pl. Med.* tab. 320.

> *Sur les Alpes d'Italie, en Tartarie. Cultivée dans les jardins.* ♃

* II. CENTAURÉES BLUETS, à écailles du calice à dents de scie, ciliées.

7. CENTAURÉE Phryg`enne, *C. Phrygia*, L. à écailles du calice recourbées, taillées en barbe de plume; à feuilles ovales, lancéolées, dentées, rudes, embrassant la tige.

> *Jacea latifolia capite hirsuto;* Jacée à larges feuilles, à tête hérissée. *Bauh. Pin.* 271, n.º 7. *Clus. Hist.* 2, p. 7, fig. 1. *Eul. Paris.* tab. 523.

> *Jacea angustifolia capite hirsuto;* Jacée à feuilles étroites, à tête hérissée. *Bauh. Pin.* 271, n.º 8.

> Cette espèce présente une variété.

> *Jacea alba, hirsuto capite;* Jacée à fleur blanche, à tête hérissée. *Bauh. Pin.* 271, n.º 9.

> *A Montpellier, en Auvergne, sur les Alpes du Dauphiné, de Provence.* ♃ *Estivale. Alp.*

8. CENTAURÉE chevelue, *C. capillata*, L. à écailles du calice recourbées, taillées en barbe de plume ; à feuilles inférieures, pinnées, dentées : les supérieures lancéolées.

Act. Gœtt. 1, pag. 202, tab. 6.

En Espagne, en Sibérie.

9. CENTAURÉE à une fleur, *C. uniflora*, L. à écailles du calice recourbées, taillées en barbe de plume ; à feuilles lancéolées, cotonneuses : les radicales dentées : les supérieures très-entières.

Boccon. Mus. 2, pag. 20, tab. 2.

Sur les Alpes du Dauphiné, de Provence. ♃ Estivale. *Alp.*

10. CENTAURÉE à feuilles de lin, *C. linifolia*, L. à écailles du calice recourbées, taillées en barbe de plume ; à feuilles linéaires, éparses.

Barrel. tab. 139 et 162.

En Espagne, en Italie. ♃

11. CENTAURÉE pectinée, *C. pectinata*, L. à écailles du calice recourbées, taillées en barbe de plume ; à feuilles lyrées, dentelées : les supérieures lancéolées, très-entières.

Jacea montana incana, aspera, capitulis hispidis ; Jacée des montagnes blanchâtre, rude, à têtes hérissées. *Bauh. Pin.* 272, n.° 3. *Bauh. Hist.* 3, P. 1, pag. 29, f. 1 ?

A Montpellier, à Lyon, en Dauphiné. ♃ Estivale.

12. CENTAURÉE noire, *C. nigra*, L. à écailles du calice ciliées, ovales ; à cils capillaires, droits ; à feuilles lyrées, anguleuses ; à fleurs flosculeuses.

Jacea nigra, laciniata ; Jacée noire, à feuilles laciniées. *Bauh. Pin.* 271, n.° 1. *Clus. Hist.* 2, p. 7, f. 2. *Lugd. Hist.* 1068, fig. 1.

A Montpellier, Lyon, Paris. ♂ Estivale.

13. CENTAURÉE à collerette, *C. pullata*, L. à écailles du calice ciliées, garnies à leur base de feuilles en collerette ; à feuilles radicales taillées en lyre, dentées, obtuses.

Jacea humilis alba, Hieracii folio ; Jacée naine à fleur blanche, à feuille d'Épervière. *Bauh. Pin.* 271, n.° 2. *Lob. Ic.* 1, p. 542, f. 2. *Lugd. Hist.* 1193, f. 4. *Bauh. Hist.* 3, P. 1, pag. 29, f. 2.

A Montpellier, en Provence, à Lyon. ♃ Vernale.

14. CENTAURÉE des montagnes, *C. montana*, L. à écailles du calice à dents de scie ; à feuilles lancéolées, courant sur la tige qui est simple, et ne porte qu'une seule fleur.

Cyanus montanus latifolius, vel Verbasculum cyanoides ; Bluet des montagnes à larges feuilles, ou Verbascule cyanoïde.

Bauh. Pin. 273, n.° 1. Matth. 389, f. 2. Dod. Pempt. 251, f. 2. Lob. Ic. 1, p. 548, f. 1. Lugd. Hist. 437, f. 2. Camer. Epit. 288. Bauh. Hist. 3, P. 1, pag. 23, f. 1. Pluk. tab. 38, fig. 4.

Cette espèce présente une variété.

Jacea integrifolia, humilis ; Jacée à feuilles entières, naines. *bauh. Pin.* 271, n.° 4.

Sur les Alpes du Dauphiné, de Provence, en Auvergne. ♃ Vernale. *S.–Alp.*

5. CENTAURÉE Bluet, *C. Cyanus,* L. à écailles du calice à dents de scie ; à feuilles supérieures linéaires, très-entières : les inférieures elliptiques, dentées.

Cyanus segetum ; Bluet des blés. *Bauh. Pin.* 273, n.° 2. *Fusch. Hist.* 428. *Matth.* 389, f. 3. *Dod. Pempt.* 251, f. 1. *Lob. Ic.* 1, p. 546, f. 2. *Lugd. Hist.* 437, f. 1. *Camer. Epit.* 289. *Bauh. Hist.* 3, P. 1, pag. 21, f. 3. *Bul. Paris.* tab. 524. *Icon. Pl. Med.* tab. 433.

Cette espéce présente deux variétés.

1.° *Cyanus hortensis flore simplici ;* Bluet des jardins à fleur simple. *Bauh. Pin.* 273, n.° 3.

2.° *Cyanus hortensis flore pleno ;* Bluet des jardins à fleur pleine. *Bauh. Pin.* 274, n.° 4. *Lob. Ic.* 1, p. 547, f. 1 et 2.

1. *Cyanus ;* Barbot, Bluet, Aubifoin, Casse-lunette. 2. Fleurs. On leur a attribué plusieurs vertus qu'on peut révoquer en doute ; on en prépare une eau distillée qui est sans vertus. 6. Les fleurs de *Bluet* entrent dans les mélanges appelés pots pourris, uniquement pour flatter la vue. Elles fournissent une belle couleur violette, dont on se sert pour peindre en miniature. Si on broie ses fleurs avec du sucre en poudre, elles le colorent, ce qui fait passer leur couleur dans les crèmes. Plusieurs personnes mêlent les fleurs de *Bluet* avec le Tabac à fumer, et prétendent qu'il devient plus agréable.

Nutritive pour le Mouton, le Bœuf, la Chèvre.

En Europe, dans les blés. ⊙ Estivale.

6. CENTAURÉE paniculée, *C. paniculata,* L. à écailles du calice ciliées, planes ; à feuilles deux fois pinnatifides ; à pinnules pinnatifides, linéaires ; à tige très–branchue, en panicule.

Stœbe major calyculis non splendentibus ; Stébée plus grande, à calices non brillans. *Bauh. Pin.* 273, n.° 3. *Lugd. Hist.* 1192, f. 2 ? *Bauh. Hist.* 3, P. 1, pag. 31, f. 2. *Moris. Hist.* sect. 7, tab. 28, f. 15. *Jacq. Aust.* tab. 320.

A Montpellier, Lyon, en Auvergne, etc. ♃ Estivale.

7. CENTAURÉE épineuse, *C. spinosa,* L. à écailles du calice presque ciliées ; à rameaux épineux.

Alp. Exot. 163 et 162.

Dans l'isle de Crète.

28. CENTAURÉE de Raguse, *C. Ragusina*, L. à écailles du calice ciliées ; à feuilles cotonneuses, pinnatifides ; à pinnules obtuses, ovales, très-entières : les extérieures plus grandes.

Moris. Hist. sect. 7, tab. 27, f. 22. *Barrel.* tab. 309.

Dans l'isle de Crète. Cultivée dans les jardins. ♃

19. CENTAURÉE cinéraire, *C. cineraria*, L. à écailles du calice
ciliées ; à calices assis, terminans ; à feuilles cotonneuses, deux
fois pinnatifides ; à lobes aigus.

Jacea montana candidissima, Stœbes foliis ; Jacée des montagnes, à feuilles de Stébée très-blanches. *Bauh. Pin.* 272,
n.° 4. *Prodr.* 128, n.° 7, f. 1. *Moris. Hist.* sect. 7, tab. 26,
fig. 20.

Cette espèce présente une variété gravée dans *Barrelier*, tab.
347 et 348.

En Auvergne, en Italie, à Naples. ♃

20. CENTAURÉE argentée, *C. argentea*, L. à écailles du calice
à dents de scie ; à feuilles cotonneuses : les radicales pinnées dont
les folioles offrent une oreillette à leur base : les supérieures très-
entières, cunéiformes.

Barrel. tab. 218.

Dans l'isle de Crète, à Naples.

21. CENTAURÉE de Sibérie, *C. Sibirica*, L. à écailles du calice
ciliées ; à feuilles cotonneuses, très-entières et pinnatifides ; à
tige inclinée.

Gmel. Sibir. 2, pag. 96, tab. 42, f. 2.

En Sibérie. ♃

22. CENTAURÉE toujours verte, *C. sempervirens*, L. à écailles
du calice ciliées ; à feuilles lancéolées, à dents de scie, duvetées :
les inférieures en fer de hallebarde.

Moris. Hist. sect. 7, tab. 28, f. 9.

En Portugal. ♃

23. CENTAURÉE Scabieuse, *C. Scabiosa*, L. à écailles du calice
ciliées ; à feuilles pinnatifides ; à pinnules lancéolées.

Scabiosa major, squamatis capitulis ; Scabieuse plus grande, à
têtes écailleuses. *Bauh. Pin.* 269, n.° 2. *Matth.* 688, fig. 1.
Lugd. Hist. 1066, f. 1. *Camer. Epit.* 711. *Bauh. Hist.* 3,
P. 1, pag. 32, f. 2 ? *Bellev.* tab. 91.

*Scabiosa major altera, squamatis capitulis, sive Jacea rubra,
latifolia, laciniata ;* autre Scabieuse plus grande, à têtes
écailleuses, ou Jacée à fleur rouge, à feuilles larges, laciniées. *Bauh. Pin.* 269, n.° 3.

Nutritive pour le Cheval, le Mouton, le Cochon, la Chèvre.
En Europe, dans les prés. ♃ Estivale.

24. CENTAURÉE Stébée, *C. Stæbe*, L. à écailles du calice oblon-gues; à feuilles pinnatifides: à pinnules linéaires, très-entières.

Stæbe incana, Cyano similis, tenuifolia; Stébée blanchâtre, ressemblante au Bluet, à feuilles menues. *Bauh. Pin.* 273, n.º 7.

En Autriche, à Naples.

25. CENTAURÉE sans tige, *C. acaulis*, L. à écailles du calice ciliées; à feuilles lyrées; à tige très-courte ou presque nulle.

En Arabie.

* III. *Centaurées Rhapontics, à écailles du calice sèches, arides, comme brûlées.*

26. CENTAURÉE Orientale, *C. Orientalis*, L. à écailles du ca-lice sèches, arides, ciliées; à feuilles pinnatifides; à pinnules lancéolées.

En Sibérie. ♃

27. CENTAURÉE Behen, *C. Behen*, L. à écailles du calice sè-ches, arides; à feuilles radicales lyrées, à lobes opposés; celles de la tige assises, l'embrassant.

Serratulæ affinis capitulo squamoso luteo ut et flore; Congé-nère de la Sarrette, à tête écailleuse, jaune de même que la fleur. *Bauh. Pin.* 235.

Dans l'Asie mineure. Cultivée dans les jardins. ♃

28. CENTAURÉE rampante, *C. repens*, L. à écailles du calice sèches, arides; à feuilles lancéolées, dentées, portées sur des pétioles très-courts; à pédoncules filiformes, sans feuilles.

En Orient. ♃

29. CENTAURÉE Jacée, *C. Jacea*, L. à écailles du calice sè-ches, arides, déchirées; à feuilles lancéolées: les radicales si-nuées, dentées; à rameaux de la tige anguleux.

Jacea nigra pratensis, latifolia; Jacée noire des prés, à larges feuilles. *Bauh. Pin.* 271, n.º 1. *Bauh. Hist.* 3, P. 1, pag. 27, f. 2? *Bellev. tab.* 90. *Bul. Paris. tab.* 525.

Cette espèce présente une variété.

Jacea nigra angustifolia, vel Lithospermi arvensis foliis, caule aspero et lævi; Jacée noire à feuilles étroites, ou à feuilles de Grémil des champs, à tige rude et lisse. *Bauh. Pin.* 271, n.º 2.

Les feuilles de la *Jacée* fournissent une belle teinture jaune.

En Europe, dans les prés. ♃ Estivale.

3o. CENTAURÉE amère, *C. amara*, L. à écailles du calice sèches, arides; à tiges couchées; à feuilles lancéolées, très-entières.

> *Cyanus repens latifolius ;* Bluet rampant à larges feuilles. *Bauh. Pin.* 274, n.° 5. *Lob. Ic.* 1, pag. 548, fig. 2. *Lugd. Hist.* 437, f. 3. *Bellev.* tab. 92, f. A.
>
> *En Dauphiné, en Auvergne, à Paris.* ♃

31. CENTAURÉE blanche, *C. alba*, L. à écailles du calice sèches, arides, entières, pointues; à feuilles inférieures pinnatifides dont les pinnules sont dentées : celles de la tige linéaires, dentées à la base.

> *Stœbe calyculis argenteis, minor;* Stébée à écailles du calice argentées, plus petite. *Bauh. Pin.* 273, n.° 6. *Bauh. Hist.* 3, P. 1, pag. 31, fig. 1.
>
> *A Montpellier, Lyon.* ♃ Estivale.

32. CENTAURÉE brillante, *C. splendens*, L. à écailles du calice sèches, arides, obtuses; à feuilles radicales deux fois pinnatifides : celles de la tige pinnées; à folioles lancéolées.

> *Stœbe calyculis argenteis ;* Stébée à écailles du calice argentées. *Bauh. Pin.* 273, n.° 3. *Dod. Pempt.* 125, f. 2. *Lob. Ic.* 1, p. 544, f. 1. *Clus. Hist.* 2, p. 10, f. 1. *Lugd. Hist.* 1109, fig. 3?
>
> *En Suisse, en Italie, à Naples.* ♂

33. CENTAURÉE Rhapontic, *C. Rhapontica*, L. à écailles du calice sèches, arides; à feuilles ovales, oblongues, dentelées, entières, pétiolées, cotonneuses en dessous.

> *Rhaponticum folio Helenii, incano ;* Rhapontic à feuille d'Aulnée, blanchâtre. *Bauh. Pin.* 117, n.° 4. *Dod. Pempt.* 389, f. 1. *Lob. Ic.* 1, p. 288, f. 1. *Lugd. Hist.* 1700, f. 1. *Bauh. Hist.* 3, P. 1, pag. 41, f. 2.
>
> *Rhaponticum angustifolium, incanum ;* Rhapontic à feuilles étroites, blanchâtres. *Bauh. Pin.* 117, n.° 5. *Lob. Ic.* 1, p. 288, f. 2. *Lugd. Hist.* 1701, f. 1. *Bauh. Hist.* 3, P. 1, pag. 41 et 42, f. 1.
>
> *Sur les Alpes du Dauphiné, de Suisse.* ♃ Estivale. *Alp.*

34. CENTAURÉE de Babylone, *C. Babylonica*, L. à écailles du calice sèches, arides; à feuilles presque cotonneuses, très-entières, courant sur la tige : les radicales lyrées.

> *Jacea latissimo, laciniato folio ;* Jacée à feuille très-large, laciniée. *Bauh. Pin.* 272, n.° 5. *Alp. Exot.* p. 282 et 281.
>
> Cette plante est désignée dans le *Species* sous le nom de Sarrette de Babylone, *Serratula Babylonica*, L. à feuilles cotonneuses, presque entières, concaves, creusées en gout-

tières, courant sur la tige : les radicales lyrées; à fleurs en thyrse en épi.

En Orient.

85. CENTAURÉE à feuilles de Pastel, *C. glastifolia*, L. à écailles du calice sèches, arides; à feuilles très-entières, courant sur la tige.

Commel. Rar. pag. et tab. 39.

En Orient, en Sibérie. ♃

86. CENTAURÉE conifère, *C. conifera*, L. à écailles du calice sèches, arides; à feuilles cotonneuses : les radicales lancéolées : celles de la tige pinnatifides; à tige simple.

Jacea montana incana, capite Pini ; Jacée des montagnes blanchâtre, à tête ressemblant à un cône de Pin. *Bauh. Pin.* 272, n.º 5. *Lob. Ic.* 2, pag. 7, f. 1. *Lugd. Hist.* 1192, f. 1. *Bauh. Hist.* 3, P. 1, pag. 30, f. 2. *Barrel.* tab. 138.

A Lyon, Montpellier. ♃

* IV. CENTAURÉES STÉBÉES, à épines des écailles du calice palmées.

37. CENTAURÉE à feuilles de laitron, *C. sonchifolia*, L. à épines des écailles du calice palmées; à feuilles courant sur la tige, un peu épineuses, dentées, sinuées.

Jacea laciniato Sonchi folio, seu incana latifolia, purpurea, capitulo spinoso ; Jacée à feuille de Laitron, laciniée, ou Jacée à feuilles larges, blanchâtres, à fleur pourpre, à écailles du calice épineuses. *Bauh. Pin.* 272, n.º 6. *Pluk.* tab. 39, f. 1 ; et tab. 382, f. 2 et 3.

En Provence. ☉

38. CENTAURÉE chicoracée, *C. seridis*, L. à épines des écailles du calice palmées; à feuilles courant sur la tige, cotonneuses, oblongues : les inférieures sinuées, dentées.

Jacea foliis Seridis candicantibus, purpurea ; Jacée à feuilles de Chicorée, blanchâtres, à fleur pourpre. *Bauh. Pin.* 272, n.º 5. *Pluk.* tab. 38, f. 1. *Barrel.* tab. 308.

A Montpellier, en Provence. ♃

39. CENTAURÉE Romaine, *C. Romana*, L. à épines des écailles des calices palmées; à feuilles courant sur la tige, sans piquans : les radicales pinnatifides; la pinnule impaire très-grande.

Barrel. tab. 504.

En Italie. ☉

40. CENTAURÉE à tête arrondie, *C. sphærocephala*, L. à épines des écailles du calice palmées; à feuilles ovales, lancéolées, pétiolées, dentées.

Moris. Hist. sect. 7 , tab. 27 , fig. 9.

A Mauritanie , en Espagne.

41. CENTAURÉE d'Isnard , *C. Isnardi* , L. à épines des écailles du calice palmées ; à feuilles lyrées, dentées , hérissées, presque embrassantes ; à fleurs assises , terminales.

Barrel. tab. 235. Isnard. *Mém. de l'Acad.* 1719 , p. 164 , tab. 9.

En Espagne. ♃

42. CENTAURÉE à feuilles de navet , *C. napifolia* , L. à épines des écailles du calice palmées ; à feuilles courant sur la tige , sinuées , un peu épineuses ; les radicales lyrées.

Moris. Hist. sect. 7 , tab. 26 , fig. 2. *Pluk.* tab. 94 , fig. 2. *Herm. Parad.* pag. et tab. 189.

Dans l'île de Crète. ☉

43. CENTAURÉE rude, *C. aspera*, L. à épines des écailles du calice palmées , au nombre de trois ou cinq ; à feuilles lancéolées , dentées.

Stœbe squamis asperis ; Stébéo à écailles du calice rudes. *Bauh. Pin.* 273 , n.° 9. *Pluk.* tab. 93 , fig. 7. *Barrel.* tab. 179.

A Montpellier , en Provence. ♃ Estivale.

* V. CENTAURÉES CHAUSSE-TRAPES , à épines des écailles du calice composées ou divisées en plusieurs branches.

44. CENTAURÉE Chardon-bénit, *C. benedicta* , L. à épines des écailles du calice doublement épineuses, laineuses, enveloppées par une collerette ; à feuilles courant sur une moitié de la tige , dentelées , épineuses.

Cnicus sylvestris hirsutior , sive Carduus benedictus ; Cnique sauvage plus hérissé , ou Chardon-bénit. *Bauh. Pin.* 378, n.° 4. *Fusch. Hist.* 122. *Matth.* 594, f. 1. *Dod. Pempt.* 737 , fig. 1. *Lob. Ic.* 2 , pag. 13 , fig. 2. *Lugd. Hist.* 1450, fig. 2. *Camer. Epit.* 562. *Bauh. Hist.* 3 , P. 1 , pag. 77 , et non 79 par erreur de chiffres, fig. 2. *Icon. Pl. Medic.* tab. 122.

1. *Carduus benedictus ;* Chardon-bénit. 2. Herbe , Fleurs, Semences. 3. Toute la plante amère; odeur désagréable. 4. Extraits aqueux et spiritueux , en quantité inégale. 5. Anorexie avec glaires et atonie, empâtement des viscères du bas-ventre , jaunisse, fièvres tierces, quartes automnales , rémittentes, soporeuses ; pleurésie , péripneumonie, cachexie froide. 6. Dans le Nord, on fait entrer le Chardon-bénit dans les ragoûts, à titre d'assaisonnement.

Dans l'Archipel, en Espagne. Cultivée dans les jardins. ☉

45. CENTAURÉE porte-laine, *C. eriophora* , L. à épines des écailles du calice doublement épineuses , laineuses ; à feuilles

courant

courant sur une moitié de la tige, entières et sinuées ; à tige prolifère.

En Portugal. ☉

46. CENTAURÉE d'Égypte, *C. Ægyptiaca,* L. à épines des écailles du calice doublement épineuses, un peu laineuses ; à feuilles assises, lancéolées, entières et dentées; à tige prolifère.

En Égypte. ☉

47. CENTAURÉE Chardon-étoilé, *C. Calcitrapa,* L. à épines des écailles du calice presque deux fois épineuses ; à calices assis ou sans pédoncules ; à feuilles pinnatifides ; à pinnules linéaires, dentées ; à tige chargée de poils.

Carduus stellatus foliis Papaveris erratici ; Chardon-étoilé à feuilles de Pavot erratique. *Bauh. Pin.* 387, n.º 3. *Matth.* 504, fig. 1. *Dod. Pempt.* 733, fig. 1. *Lob. Ic.* 2, pag. 11, fig. 2. *Clus. Hist.* 2, pag. 7, fig. 3. *Lugd. Hist.* 1474, fig. 1. *Column. Phyt.* 85, tab. 24. *Bauh. Hist.* 3, P. 1, pag. 89, fig. 1. *Bellev.* tab. 93. *Bul. Paris.* tab. 526. *Icon. Pl. Medic.* tab. 335.

1. *Calcitrapa* ; Chausse-trape, Chardon-étoilé. 2. Racine, Feuilles. 3. *Racine :* saveur douce ; *feuilles :* amères. 5. Fièvres tierces et doubles vernales, quartes, anorexie avec glaires. 6. Les Juifs employoient les feuilles de cette plante pour assaisonner l'Agneau pascal. On mange encore en Égypte les jeunes pousses.

A Montpellier, en Provence, à Lyon, à Paris. ♃ Estivale.

48. CENTAURÉE fausse-chausse-trape, *C. calcitrapoïdes,* L. à épines des écailles du calice presque deux fois épineuses ; à feuilles embrassant la tige, lancéolées, très-entières, à dents de scie.

A Montpellier, Lyon, Paris. ♂ Estivale.

49. CENTAURÉE du solstice, *C. solstitialis,* L. à épines des écailles du calice doublement épineuses; à fleurs terminales, solitaires ; à feuilles de la tige courantes, sans épines, lancéolées : les radicales lyrées, pinnatifides.

Carduus stellatus luteus, foliis Cyani ; Chardon-étoilé à fleur jaune, à feuilles de Bluet. *Bauh. Pin.* 387, n.º 4. *Dod. Pempt.* 734, fig. 1. *Lob. Ic.* 2, pag. 12, fig. 1. *Lugd. Hist.* 1464, fig. 2. *Column. Ecphràs.* 1, pag. 30 et 31. *Bauh. Hist.* 3, P. 1, pag. 90 et 91, fig. 1. *Pluk.* tab. 241, fig. 6.

A Montpellier, Lyon, Paris. ☉ Estivale.

50. CENTAURÉE Maltoise, *C. Melitensis,* L. à épines des écailles du calice doublement épineuses ; à calices entassés, terminant les rameaux; à feuilles courant sur la tige, lancéolées, sinuées, sans épines.

Tome III.   Q q

Boccon. Sicul. 65 , tab. 33.
A Montpellier , Malte , Naples. ☉

51. CENTAURÉE de Sicile , *C. Sicula* , L. à épines des écailles
du calice ciliées ; à feuilles courant sur la tige , lyrées , sans
épines , blanchâtres : à fleurs en têtes terminales.

Boccon. Sic. 14 , tab. 8 , fig. D. Moris. Hist. sect. 7 , tab. 28 ,
fig. 26.

Aux environs de Montpellier , à Périers. ♃ Estivale.

52. CENTAURÉE centauroïde , *C. centauroïdes* , L. à épines des
écailles du calice ciliées ; à feuilles lyrées , pinnées ; à folioles
très-entières , l'impaire plus grande.

Jacæa lutea spinosa , Centaurioïdes , Jacée à fleur jaune,
épineuse, Centaurioïde. Bauh. Pin. 272 , n.º 2. Column. Ecphras. 1 , pag. 33 et 35 , fig. 1.

A Montpellier.

53. CENTAURÉE colline , *C. collina* , L. à épines des écailles du
calice ciliées , peu épineuses ; à feuilles radicales deux fois pinnatifides ; à tige à angles aigus.

Jacæa lutea , capite spinoso ; Jacée à fleur jaune , à écailles
du calice épineuses. Bauh. Pin. 272 , n.º 3. Dod. Pempt.
734 , fig. 2. Lob. Ic. 2 , pag. 12 , fig. 2. Clus Hist. 2 ,
pag. 8 , fig. 2 , Lugd. Hist. 1193 , fig. 3 ; et 1488 , fig. 3.
Bauh. Hist. 3 , P. 1 , pag. 34 , fig. 1.

A Montpellier , en Provence. ♃ Estivale.

54. CENTAURÉE des rochers , *C. rupestris* , L. à épines des
écailles du calice ciliées ; à feuilles deux fois pinnées ; à folioles
linéaires.

Jacæa laciniata , lutea ; Jacée à feuilles laciniées , à fleur
jaune. Bauh. Pin. 272 , n.º 4. Column. Ecphras. 1 , pag. 36
et 35 , fig. 2.

En Italie , à Naples. ♃

* VI. CENTAURÉES CROCODILES *à épines des écailles du
calice simples.*

55. CENTAURÉE d'Orient , *C. verutum* , L. à écailles du calice
armées d'une épine simple , garnies de deux dents opposées ; à
feuilles lancéolées , entières, courant sur la tige.

En Orient.

56. CENTAURÉE de Salamanque, *C. Salmantica* , L. à écailles
du calice lisses , armées d'une épine très-petite ; à feuilles lyrées ,
rongées , à dents de scie : celles de la tige très-étroites , dentées à leur base.

Stœbe major foliis chicoraceis mollibus, lanuginosis ; Stébée
plus grande à feuilles de Chicorée molles, laineuses. Bauh.
Pin. 273, n.º 1. Dod. Pempt. 125, fig. 1. Lob. Ic. 1, pag.
543. fig. 2. Clus. Hist. 2, pag. 9, fig. 1. Lugd. Hist. 1109,
fig. 2. Bauh. Hist. 3, P. 1, pag. 36, fig. 1. Bellev. tab. 88.
Moris. Hist. sect. 7, tab. 26, fig. 14.

Aux environs de Montpellier, à Auas, en Provence, en
Dauphiné. ♃ Estivale.

57. CENTAURÉE chicorée, *C. chicoracea*, L. à écailles du calice
armées d'une soie épineuse : à feuilles courant sur la tige,
très-entières, à dents de scie, épineuses.

Till. Pis. 84, tab. 27.

En Italie, à Naples.

58. CENTAURÉE tuberculeuse-hérissée, *C. muricata*, L. à écailles
du calice armées d'une épine simple : à feuilles inférieures pinnatifides : les supérieures lancéolées ; à pédoncules très-longs.

Jacea Cyanoïdes echinato capite ; Jacée Cyanoïde à tête hé-
rissonnée. Bauh. Pin. 272, n.º 4. Dod. Pempt. 251, fig. 3.
Lob. Ic. 1, pag. 541, fig. 2. Clus. Hist. 2, pag. 9, fig. 2.
Lugd. Hist. 1192, fig. 3.

En Espagne, à Naples.

59. CENTAURÉE étrangère, *C. peregrina*, L. à écailles du calice sétacées, terminées par une épine : à feuilles lancéolées,
pétiolées, dentées inférieurement.

A Naples. ♂

60. CENTAURÉE radiée, *C. radiata*, L. à écailles du calice armées de quelques épines, comme en arêtes, radiées : à feuilles
pinnatifides.

Gmel. Sibir. 2, pag. 108, tab. 47, f. 1.

Cette plante est désignée dans le *Species* sous le nom de Xéranthème à feuilles de roquette, *Xeranthemum erucœfo-
lium*, L. à feuilles pinnatifides.

En Sibérie.

61. CENTAURÉE à tige nue, *C. nudicaulis*, L. à écailles du
calice sétacées, terminées par une épine ; à feuilles entières :
les supérieures presque dentées ; à tige simple, presque nue,
portant une seule fleur.

Bellev. tab. 89, fig. A. Barrel. tab. 1218. Herm. Parad. pag.
et tab. 190. Gerard. Flor. Gallo-Prov. pag. 187, tab. 5.

En Provence, en Italie, à Naples. ♃

62. CENTAURÉE Crocodile, *C. Crocodilium*, L. à écailles du
calice sèches, arides, terminées par une épine simple ; à feuilles

pinnatifides, à pinnules très-entières : l'extérieure plus grande, dentée.

Barrel. tab. 503.

En Syrie. Cultivée dans les jardins.

63. CENTAURÉE naine, *C. pumila*, L. à écailles du calice armées d'une seule épine ; à feuilles pinnées ; à folioles dentées, velues ; à tige nulle.

En Égypte.

64. CENTAURÉE de Mauritanie, *C. Tingitana*, L. à écailles du calice épineuses sur les bords ; à feuilles lancéolées, très-entières, comme épineuses ; à tiges portant une seule fleur.

Herm. Lugd. 162 et 163.

En Mauritanie.

65. CENTAURÉE galactite, *C. galactites*, L. à écailles du calice sétacées, terminées par une épine ; à feuilles courant sur la tige, sinuées, épineuses, cotonneuses en dessous.

Carduus tomentosus, capitulo minore : Chardon cotonneux, à tête plus petite. *Bauh. Pin.* 382, n.° 3. *Matth.* 494 fig. 1. *Lugd. Hist.* 1463, fig. 1. *Bauh. Hist.* 3, P. 1, pag. 54, fig. 1.

A Montpellier, en Provence. ♃ Vernale.

IV. POLYGAMIE NÉCESSAIRE.

1067. MILLÈRE, *MILLERIA*. * *Lam. Tab. Encyclop.* pl. 710.

CAL. *Commun* d'un seul feuillet, très-grand, aplati, à trois côtés, persistant, à trois *segmens* profonds dont *deux intérieurs* égaux, comme ovales, aigus, aplatis : l'*extérieur* deux fois plus grand, arrondi, pointu, aplati en cœur, plus profondément divisé que les autres.

COR. *Composée* à moitié radiée : deux *Corollules hermaphrodites* parmi les deux segmens plus petits du calice : une seule *femelle* dans le plus grand segment du calice.

—— *Propre* des *Hermaphrodites :* monopétale, tubulée, droite, à cinq dents.

—— *Propre* des *Femelles :* en languette, droite, obtuse, concave, échancrée.

ÉTAM. des *Hermaphrodites :* cinq *Filamens*, capillaires. Cinq *Anthères*, droites, linéaires, aiguës, réunies sur les côtés moyens, de la longueur de la corolle.

PIST. des *Hermaphrodites : Ovaire* oblong, très-grêle. *Style* filiforme, de la longueur de la corollule. Deux *Stigmates*, linéaires, foibles, obtus, étalés.

—— des *Femelles* : *Ovaire* grand, à trois côtés, *Style* filiforme, de la longueur de la corollule. Deux *Stigmates*, sétacés, longs, renversés.

PÉR. Nul. Le *Calice* dont les feuillets par leur rapprochement forment un triangle, renferme les semences.

SEM. des *Hermaphrodites* : nulles.

—— des *Femelles* : solitaires, rétrécies à la base, obtuses, oblongues, à trois côtés. *Aigrette* nulle.

RÉC. Commun, à peine visible.

OBS. M. quinqueflora : *Corollules femelles à trois divisions peu profondes ; quatre Corollules hermaphrodites tubulées ; Calice à deux valves ; Style des mâles simples ; celui des femelles divisé peu profondément en deux parties.*

Réceptacle nu. *Semences* sans aigrette. *Calice* à trois valves. *Demi-fleurons* du rayon d'un seul côté.

1. MILLÈRE à cinq fleurs, *M. quinqueflora*, L. à feuilles en cœur ; à pédoncules dichotomes ou à bras ouverts.

> *Mart. Cent. pag.* et *tab.* 41.
>
> Cette espèce présente une variété désignée sous le nom de Millère tachetée, *M. maculata*, à feuilles inférieures en cœur, ovales, aiguës, ridées : celles de la tige lancéolées, ovales, aiguës.
>
> *Mart. Cent.* pag. et tab. 47, fig. 2.
>
> *A Panama, Véra-Crux.* ♃

2. MILLÈRE à deux fleurs, *M. biflora*, L. à feuilles ovales ; à pédoncules très-simples.

> *Mart. Cent.* pag. et tab. 47, fig. 1.
>
> *A Campêche.* ☉

1068. BALTIMORE, *BALTIMORA*. * *Lam. Tab. Encyclop.* pl. 709.

CAL. *Commun* cylindrique, formé de sept *feuillets*, lancéolés, droits dont les intérieurs sont plus courts.

COR. *Composée* radiée : onze *Corollules hermaphrodites* au disque : cinq *femelles* au rayon.

—— *Propre* des *Hermaphrodites* : en entonnoir. *Limbe* duveté, à cinq divisions peu profondes.

—— *Propre* des *Femelles* : en languette, ovale, à trois divisions peu profondes dont l'intermédiaire est plus petite.

ÉTAM. des *Hermaphrodites* : cinq *Filamens. Anthères* formant une gaine cylindrique, tubulée.

Pist. des *Hermaphrodites* : *Ovaire* irrégulier. *Style* court. *Stigmate* nul.

—— des *Femelles* : *Ovaire* oblong, couronné par un petit calice dentelé, caduc-tardif. *Style* filiforme, très-court. Deux *Stigmates*, filiformes, plus longs que la corollule.

Pér. Nul. Le *Calice* qui ne change point, renferme les semences.

Sem. des *Hermaphrodites* : nulles.

—— des *Femelles* : à trois côtés, nues, bossuées au sommet.

Réc. Garni de *paillettes*.

Réceptacle garni de paillettes. *Semences* sans aigrette. *Calice* cylindrique, à plusieurs feuillets. *Demi-fleurons* du rayon au nombre de cinq.

1. BALTIMORE droite, *B. recta*, L. à feuilles opposées.
   Pluk. tab. 342, fig. 3. (bonne), et tab. 274, fig. 4. (mauvaise.)
   Au Mariland. ☉

1069. SILPHE, *SILPHIUM.* * *Lam. Tab. Encyclop.* pl. 707. Asteriscus. *Dill. Elth.* tab. 37, fig. 42.

Cal. *Commun* ovale, formé par des *écailles* sèches et roides, ovales, oblongues, renversées au milieu, saillantes de tous côtés, persistantes, et placées en recouvrement les unes sur les autres.

Cor. *Composée* radiée : plusieurs *Corollules hermaphrodites* au disque : *femelles* peu nombreuses au rayon.

—— *Propre* des *Hermaphrodites* : monopétale, en entonnoir, à cinq dents. *Tube* à peine plus étroit que le limbe.

—— *Propre* des *Femelles* : lancéolées, très-longues, souvent à trois dents.

Étam. des *Hermaphrodites* : cinq *Filamens*, capillaires, très-courts. *Anthères* formant une gaine cylindrique, tubulée.

Pist. des *Hermaphrodites* : *Ovaire* arrondi, très-grêle. *Style* filiforme, très-long, velu. *Stigmate* simple.

—— des *Femelles* : *Ovaire* en cœur, renversé. *Style* simple, court. Deux *Stigmates*, sétacés, de la longueur du style.

Pér. Nul. Le *Calice* qui ne change point, renferme les semences.

Sem. des *Hermaphrodites* : nulles.

—— des *Femelles* : solitaires, comme membraneuses, en cœur renversé, à marge membraneuse, à deux cornes, échancrée.

Réc. Garni de *Paillettes* linéaires.

Réceptacle garni de paillettes. *Aigrette* des semences formée par une membrane à deux cornes. *Calice* composé d'écailles sèches et roides.

1. SILPHE lacinié, *S. laciniatum*, L. à feuilles alternes, pinnées, sinuées.

Linn. fil. Fasc. 1, tab. 1.

Dans l'Amérique Septentrionale. ♃

2. SILPHE perfolié, *S. perfoliatum*, L. à feuilles opposées, delthoïdes, pétiolées, traversées par la tige qui est tétragono, lisse.

Au Mississipi. ♃

3. SILPHE à feuilles réunies, *S. connatum*, L. à feuilles opposées, assises, traversées par la tige qui est arrondie, rude.

Dans l'Amérique Méridionale. ♃

4. SILPHE astérique, *S. astericus*, L. à feuilles opposées, assises, très-entières ; les inférieures alternes.

Dill. Elth. 37, fig. 42.

En Virginie, à la Caroline. ♃

5. SILPHE verge d'or, *S. solidaginoïdes*, L. à feuilles opposées, pétiolées, lancéolées, à dents de scie aiguës.

En Virginie.

6. SILPHE à trois feuilles, *S. trifoliatum*, L. à feuilles trois à trois.

Moris. Hist. sect. 6, tab. 3, fig. 68.

En Virginie. ♃

7. SILPHE à trois lobes, *S. trilobatum*, L. à feuilles opposées, assises, en forme de coin, à trois lobes.

Pluk. tab. 450, fig. 4. Sloan. Jam. tab. 155, fig. 1.

Dans l'Amérique Méridionale.

1070. POLYMNIE, *POLYMNIA.* * Lam. Tab. Encyclop. pl. 711.

Cal. *Commun* double : l'*extérieur* ouvert, plus grand, formé de cinq *feuillets* ovales : l'*intérieur* formé de dix *feuillets* en timbale, droits.

Cor. *Composée* radiée : plusieurs *Corollules hermaphrodites* au disque : cinq ou dix *femelles* au rayon.

—— *Propre* des *Hermaphrodites* : en entonnoir, à cinq divisions peu profondes.

—— *Propre* des *Femelles* : en languette, à trois dents.

Étam. des *Hermaphrodites* : cinq *Filamens*. *Anthères* formant une gaine cylindrique, tubulée, un peu plus longue que la corolle.

Pist. des *Hermaphrodites* : *Ovaire* très-petit. *Style* filiforme, de la longueur des étamines. *Stigmate* obtus.

—— des *Femelles* : *Ovaire* ovale, plus grand. *Style* filiforme, de la longueur du tube. Deux *Stigmates*, aigus.

PÉR. Nul. Le *Calice* qui ne change point, renferme les semences.

SEM. des *Hermaphrodites* : nulles.

——— des *Femelles* : solitaires, bossues, en ovale renversé, comme anguleuses intérieurement, nues.

RÉC. Convexe, en recouvrement, garni de *Paillettes* ovales, obtuses, concaves, de la longueur des fleurons.

Réceptacle garni de paillettes. *Semences* sans aigrettes. *Calice* double : l'extérieur composé de cinq feuillets : l'intérieur de dix feuillets en forme de timbale.

1. POLYMNIE du Canada, *P. Canadensis*, L. à feuilles alternes, en fer de hallebarde, sinuées.

   Au Canada. ♃

2. POLYMNIE Uvédalie, *P. Uvedalia*, L. à feuilles opposées, en fer de hallebarde, sinuées.

   Moris. Hist. sect. 6, tab. 7, fig. 55. *Pluk.* tab. 83, f. 3.

   En Virginie. ♃

3. POLYMNIE à quatre côtés *P. Tetragonotheca*, L. à feuilles opposées, en spatule, presque dentées.

   Dill. Elth. tab. 283, fig. 365.

   En Virginie.

4. POLYMNIE Wedelie, *P. Wedelia*, L. à feuilles lancéolées; à tige ligneuse.

   Jacq. Amer. 217, tab. 130.

   A Carthagène. ♄

1071. CHRYSOGONE, *CHRYSOGONUM.* † *Lam. Tab. Encyclop.* pl. 713.

CAL. Commun plane, ouvert, formé de cinq *feuillets*, lancéolés, presque aussi longs que la fleur.

COR. *Composée* radiée : plusieurs *Corollules hermaphrodites* au disque : cinq *femelles* au rayon.

——— *Propre* des *Hermaphrodites* : en entonnoir, droite, à cinq dents.

——— *Propre* des *Femelles* : en languette, oblongue, tronquée, à trois dents.

ÉTAM. des *Hermaphrodites* : cinq *Filamens*, très-petits. *Anthères* formant une gaîne cylindrique, tubulée.

PIST. des *Hermaphrodites* : *Ovaire* très-petit. *Style* sétacé, de la longueur de la corollule. *Stigmate* irrégulier.

——— des *Femelles* : *Ovaire* plus grand, enveloppé par un périanthe propre. *Style* plus court. Deux *Stigmates*, roulés.

Pér. Nul. Le *Calice* qui ne change point, renferme les semences.

Sem. des *Hermaphrodites* : nulles.

—— des *Femelles* : solitaires, en cœur renversé, déprimées, à quatre angles, un peu élargies sur les côtés, couronnées par une écaille à trois dents, s'ouvrant intérieurement, resserrée à la base. Chaque semence est couchée dans une *bâle* propre formée par quatre écailles, dont l'extérieure est ovale, plus large : les trois autres très-étroites, étroitement réunies, s'ouvrant à la maturité du fruit.

Réc. Aplati, garni de *paillettes* linéaires, obtuses.

Réceptacle garni de paillettes. *Aigrette* des semences formée par une écaille à trois dents. *Calice* à cinq feuillets. *Semences* enveloppées dans une bâle à quatre feuillets.

1. CHRYSOCONE de Virginie, *C. Virginianum*, L. à pétioles plus longs que les feuilles.

    Pluk. tab. 83, fig. 4 ; et 242, fig. 3.

    En Virginie.

1072. MÉLAMPODE, *MELAMPODIUM.* † *Lam. Tab. Encyclop* pl. 713.

Cal. *Commun* aplati, formé de cinq *feuillets*, oblongs, ovales, très-ouverts, de la longueur de la fleur.

Cor. *Composée* radiée : *Corollules hermaphrodites* au disque : cinq *femelles* environ au rayon.

—— *Propre* des *Hermaphrodites* : monopétale, en entonnoir, à cinq dents, droite.

—— *Propre* des *Femelles*. . . . .

Étam. des *Hermaphrodites* : cinq *Filamens*, très-petits. *Anthères* formant une gaine cylindrique, tubulée.

Pist. des *Hermaphrodites* : *Ovaire* très-petit. *Style* sétacé, de la longueur de la corollule. *Stigmate* irrégulier.

—— des *Femelles* : *Ovaire* comme ovale, comprimé, rude sur les côtés, aplati et membraneux au sommet. *Style* très-court.

Pér. Nul. Le *Calice* qui ne change point, renferme les semences.

Sem. des *Hermaphrodites* : nulles.

—— des *Femelles* : solitaires, en ovale renversé, comprimées, tétragones, piquantes sur les côtés, *couronnés* par une écaille en cœur, à marge roulée, réunie en forme de vulve.

Réc. Conique, garni de *paillettes* lancéolées, colorées, de la longueur des fleurons.

Réceptacle garni de paillettes, conique. *Aigrette* des semences formée par une écaille, en forme de vulve. *Calice* à cinq feuillets.

1. MÉLAMPODE d'Amérique, *M. Americanum*, L. à tige droite ;
à feuilles presque linéaires, marquées d'un dent de chaque
côté.

A Véra-Crux.

2. MÉLAMPODE Austral, *M. Australe*, L. à tige couchée ; à
feuilles ovales, à dents de scie.

A Cumana. ♃

1073. SOUCI, *CALENDULA.* * *Lam. Tab. Encyclop.* pl. 715.
Caltha. *Tournef. Inst.* 498 , tab. 284. *Vaill. Mém. de l'Acad.*
1720, pag. 288, tab. 9, fig. 26 et 27. Dimorphotheca. *Vaill.
Mém. de l'Acad.* 1720, pag. 279, tab. 9, fig. 21 et 22.

Cal. *Commun* simple, un peu relevé, formé de plusieurs *feuillets*,
linéaires, lancéolés, de quatorze à vingt, presque égaux.

Cor. *Composée* radiée : plusieurs *Corollules hermaphrodites* au
disque : *femelles* en nombre égal à celui des feuillets du calice,
très-longues, au rayon.

—— *Propre des Hermaphrodites* : tubulée, de la longueur du
calice, à moitié divisée en cinq parties.

—— *Propre des Femelles* : en languette, très-longue, à trois
dents, velue à la base, sans nervures.

Étam. des *Hermaphrodites* : cinq *Filamens*, capillaires, très-
courts. *Anthères* formant une gaine cylindrique, tubulée, de
la longueur de la corollule.

Pist. des *Hermaphrodites*. *Ovaire* oblong. *Style* filiforme, à peine
de la longueur des étamines. *Stigmate* obtus, droit, à deux divisions peu profondes.

—— des *Femelles* : *Ovaire* oblong, à trois côtés. *Style* filiforme,
de la longueur des étamines. Deux *Stigmates*, oblongs, pointus,
renversés.

Pér. Nul. Le *Calice* arrondi, déprimé, dont les feuillets sont rapprochés, renferme les semences.

Sem. des *Hermaphrodites* : nulles au disque : celles *de la circon-
férence*, rarement solitaires, membraneuses, en cœur renversé,
comprimées.

—— des *Femelles* : solitaires, plus grandes, oblongues, courbées,
à trois angles membraneux, empreintes extérieurement sur leur
longueur de la figure d'une plante. *Aigrette* nulle.

Réc. Nu, aplati.

Obs. Calthæ, *Vaillant* : *Semences des femelles garnies des deux
côtés d'une aile membraneuse courbée.*

    Dimorphothecæ, *Vaillant* : *Semences des femelles sans aile
latérale membraneuse, courbée.*

Réceptacle nu. *Semences* sans aigrette. *Calice* composé de plusieurs feuillets égaux. *Semences* du disque membraneuses.

1. SOUCI des champs, *C. arvensis*, L. à semences en forme de timbale, tuberculeuses-hérissées, recourbées : les extérieures droites, étendues, alongées.

> *Caltha arvensis ;* Souci des champs. *Bauh. Pin.* 276, n.° 7. *Bauh. Hist.* 3, P. 1, pag. 103, f. 1. *Bul. Paris.* tab. 527.
>
> *En Europe, dans les vignes.* ⊙ Estivale.

2. SOUCI saint, *C. sancta*, L. à semences en godet, en ovale renversé, lisses ; à calices presque tuberculeux-hérissés.

> *Dans la Palestine.* ⊙

3. SOUCI officinal, *C. officinalis*, L. à semences en forme de timbale, toutes recourbées, et tuberculeuses-hérissées.

> *Caltha vulgaris ;* Souci vulgaire. *Bauh. Pin.* 275, n.° 1. *Fusch. Hist.* 382. *Matth.* 894, f. 1. *Dod. Pempt.* 254, fig. 1. *Lob. Ic.* 1, p. 552, f. 2. *Lugd. Hist.* 811, f. 1. *Camer. Epit.* 918. *Bauh. Hist.* 3, P. 1, pag. 101, f. 1. *Bul. Paris.* tab. 528. *Icon. Pl. Medic.* tab. 58.

Cette espèce présente trois variétés :

1.° *Caltha polyanthos, major ;* Souci à plusieurs fleurs, plus grand. *Bauh. Pin.* 275, n.° 3.

2.° *Caltha floribus reflexis ;* Souci à fleurs renversées. *Bauh. Pin.* 276, n.° 4. *Lob. Ic.* 1, pag. 553, f. 2.

3.° *Caltha prolifera, majoribus floribus ;* Souci prolifère, à fleurs plus grandes. *Bauh. Pin.* 276, n.° 5. *Lob. Ic.* 1, pag. 553, fig. 1. *Bauh. Hist.* 3, P. 1, pag. 102, fig. 1.

1. *Calendula ;* Souci des jardins. 2. Herbe, Fleurs, Semences. 3. Odeur forte, désagréable, analogue au bitume qui se perd par la dessication ; saveur amère. 4. Extraits aqueux et spiritueux, en quantité inégale. 5. Jaunisse, empâtemens du foie et de la rate, suppression des menstrues par atonie, dartres. 6. Les fleurs teignent en jaune.

Nutritive pour le Bœuf, le Mouton.

En Europe dans les champs. Cultivé dans les jardins. ⊙ Estivale.

4. SOUCI de la pluie, *C. pluvialis*, L. à feuilles lancéolées, sinuées, dentelées ; à tige feuillée ; à péduncules filiformes.

> *Moris. Hist.* sect. 6, tab. 3, fig. 8.
>
> *En Éthiopie.* ⊙

5. SOUCI hybride, *C. hybrida*, L. à feuilles lancéolées, dentées ; à tige feuillée ; à péduncules renflés au sommet ou sous la fleur.

Mill. Ic. tab. 75, fig. 1.

En Éthiopie. ♂

6. SOUCI a tige nue, *C. nudicaulis*, L. à feuilles lancéolées, sinuées, dentées ; à tige presque nue.

Commel. Hort. 2, pag. 66, tab. 33.

En Éthiopie.

7. SOUCI à feuilles de gramen, *C. graminifolia*, L. à feuilles linéaires, presque entières ; à tige presque nue.

Pluk. tab. 376, fig. 7.

En Éthiopie.

8. SOUCI ligneux, *C. fruticosa*, L. à feuilles en ovale renversé, presque dentées ; à tige ligneuse, couchée.

Au cap de Bonne-Espérance. ♄

1074. ARCTOTIDE, *ARCTOTIS.* * *Lam. Tab. Encyclop.* pl. 715. ARCTHECA. *Vaill. Mém. de l'Acad.* 1720, pag. 330, tab. 9, fig. 39 et 40.

CAL. *Commun* arrondi, formé par des *écailles* placées en recouvrement les unes sur les autres dont les *inférieures* sont plus lâches, en alène : les *intermédiaires* ovales : les *internes* oblongues, arrondies, concaves, sèches et roides au sommet.

COR. *Composée* radiée : plusieurs *Corollules hermaphrodites* au disque : environ vingt *femelles* en languettes, plus longues que le diamètre du disque.

—— *Propre des Hermaphrodites* : en entonnoir. *Limbe* à cinq divisions peu profondes, égales, renversées au sommet.

—— *Propre des Femelles* : en languette, lancéolée, à trois dents très-menues. *Tube* très-court.

ÉTAM. des *Hermaphrodites* : cinq *Filamens*, capillaires, très-courts. *Anthères* formant une gaîne cylindrique, tubulée, à cinq dents, de la longueur de la corollule.

PIST. des *Hermaphrodites* : *Ovaire* à peine visible. *Style* comme cylindrique, un peu plus long que la corolle. *Stigmate* simple.

—— des *Femelles* : *Ovaire* ovale, à quatre côtés, velu, couronné par un périanthe propre. *Style* filiforme. Deux *Stygmates*, ovales, oblongs, un peu épais, droits.

PÉR. Nul. Le *Calice* qui ne change point, renferme les semences.

SEM. des *Hermaphrodites* : nulles.

—— des *Femelles* : solitaires, arrondies, velues. *Aigrette* formée par le périanthe propre, à cinq *feuillets*, ovales, étalés, couronnés par les feuillets ovales du calice propre, disposés en fond.

Réc. Un peu aplati, garni de *poils* ou de *paillettes*.

Obs. Ce Genre est singulier, *en ce qu'il présente dans quelques espèces les Fleurons femelles du Rayon stériles, et ceux du Disque fertiles ; et dans quelques autres, les Fleurons femelles du Rayon fertiles, et ceux du Disque stériles.*

Réceptacle garni de poils ou de paillettes. *Aigrette* des semences formée par un périanthe propre à cinq feuillets. *Calice* composé d'écailles sèches et arides au sommet, placées en recouvrement les unes sur les autres.

* I. Arctotides à réceptacle garni de poils.

1. ARCTOTIDE souci, *A. calendulacea*, L. à fleurons du rayon stériles ; à feuilles rongées, un peu cotonneuses.

> Commel. Rar. pag. et tab. 36.
> Cette espèce présente plusieurs variétés.
> En Éthiopie. ☉

2. ARCTOTIDE plantain, *A. plantaginea*, L. à fleurons du rayon fertiles ; à feuilles lancéolées, ovales, nerveuses, dentelées, embrassant la tige.

> Au cap de Bonne-Espérance.

3. ARCTOTIDE à feuilles étroites, *A. angustifolia*, L. à fleurons du rayon fertiles ; à tiges rampantes, couvertes d'un duvet semblable à une toile d'araignée ; à feuilles lyrées, marquées des deux côtés d'une dent.

> Au cap de Bonne-Espérance.

4. ARCTOTIDE rude, *A. aspera*, L. à fleurons du rayon fertiles ; à feuilles pinnées, sinuées, velues ; à folioles oblongues, dentées.

> Commel. Hort. 2, pag. 43, tab. 22.
> Cette espèce présente une variété, à feuilles de Jacobée, finement découpées ; à fleur orangée très-belle, décrite et gravée dans *Boerrhaave Lugd.* 1, pag. et tab. 100.
> En Éthiopie.

* II. Arctotides à réceptacle garni de paillettes.

5. ARCTOTIDE paradoxe, *A. paradoxa*, L. à fleurons du rayon stériles ; à paillettes colorées, plus longues que le disque ; à feuilles deux fois pinnées ; à folioles linéaires.

> Pluk. tab. 312, fig. 5.
> En Éthiopie. ☉

6. ARCTOTIDE à paillettes, *A. paleacea*, L. à fleurons du rayon stériles ; à paillettes de la longueur des fleurons du disque ; à feuilles pinnées ; à folioles linéaires.

Burm. Afric. 176, tab. 65, fig. 1.
Au cap de Bonne-Espérance.

7. ARCTOTIDE dentée, *A. dentata*, L. à fleurons du rayon sté‑
riles ; à feuilles pinnées ; à folioles pinnatifides, dentées.
Burm. Afric. 175, tab. 64.
Au cap de Bonne-Espérance.

8. ARCTOTIDE camomille, *A. anthemoïdes* ; L. à paillettes plus
courtes que les fleurons ; à feuilles surdécomposées ; à folioles
linéaires.
Burm. Afric. 174, tab. 63, fig. 2.
Au cap de Bonne-Espérance.

9. ARCTOTIDE à feuilles menues, *A. tenuifolia*, L. à fleurons
du rayon stériles ; à feuilles linéaires, sans divisions, lisses.
Au cap de Bonne-Espérance.

10. ARCTOTIDE sans tige, *A. acaulis*, L. à pédoncules par‑
tant de la racine ; à feuilles lyrées.
Commel. Rar. pag. et tab. 36.
Au cap de Bonne-Espérance. ♃

1075. OSTEOSPERME, *OSTEOSPERMUM*. * *Lam. Tab.
Encyclop.* pl. 714. CHRYSANTHEMOÏDES. *Tournef. Mém. de l'Acad.*
1705, pag. 237, tab. 4. *Dill. Elth.* tab. 68, fig. 79. MONILIFERA.
Vaill. Mém. de l'Acad. 1720, pag. 289, tab. 9, fig. 28.

CAL. *Commun* simple, hémisphérique, formé de plusieurs *feuillets*
en alêne, petits.

COR. *Composée* radiée : plusieurs *Corollules hermaphrodites* au
disque : environ dix *femelles* au rayon.
— *Propre des Hermaphrodites* : tubulée à cinq dents, de la lon‑
gueur du calice.
— *Propre des Femelles* : en languette, linéaire, à trois dents,
très-longue.

ÉTAM. des *Hermaphrodites* : cinq *Filamens*, capillaires, très-courts.
Anthères formant une gaîne cylindrique, tubulée.

PIST. des *Hermaphrodites* : *Ovaire* très‑petit. *Style* filiforme, à
peine de la longueur des étamines. *Stigmate* irrégulier.
— des *Femelles* : *Ovaire* arrondi. *Style* filiforme, de la longueur
des étamines. *Stigmate* échancré.

PÉR. Nul. Le *Calice* qui ne change point, renferme les semences.

SEM. des *Hermaphrodites* : nulles.
— des *Femelles* : solitaires, arrondies, colorées, se durcissant,
renfermant un noyau de même forme. *Aigrette* nulle.

RÉC. Nu, aplati.

OBS. O. *corymbosum*, L. *Semences en baie, oblongues.*

Réceptacle nu. *Semences* sans aigrette. *Calice* composé de plusieurs feuillets. *Semences* arrondies, colorées, osseuses.

1. OSTEOSPERME épineux, *O. spinosum*, L. à rameaux épineux.

> *Moris Hist.* sect. 6, tab. 3, fig. 56, *Valck. Norimb.* pag. et tab. 105.
>
> *En Éthiopie.* ♄

2. OSTEOSPERME porte-pois, *O. pisiferum*, L. à feuilles lancéolées, pointues, lisses, à dents de scie; à pétioles très-courts; à rameaux dentés, anguleux.

> Le synonyme de *Burmann*, *Osteospermum fruticans*, *lanuginosum, foliis oblongis dentatis*; Ostéosperme ligneux, laineux, à feuilles oblongues, dentées, *Afric.* 171, tab. 61, fig. 2, cité par *Linné* pour cette espèce, est rapporté par *Reichard* à cette espèce et à l'Ostéosperme cilié, *O. ciliatum*, L. espèce 5.
>
> *Au cap de Bonne-Espérance.* ♄

3. OSTEOSPERME porte-collier, *O. moniliferum*, L. à feuilles en ovale renversé, à dents de scie, pétiolées, presque courant sur la tige.

> *Pluk.* tab. 382, f. 4.
>
> *En Étiopie.* ♄

4. OSTEOSPERME à feuilles de houx, *O. ilifolium*, L. à feuilles oblongues, dentées, anguleuses, lisses, à demi-embrassantes; à rameaux sillonnés.

> *Burm. Zeyl.* 172, tab. 62.
>
> *Au cap de Bonne-Espérance.* ♄

5. OSTEOSPERME cilié, *O. ciliatum*, L. à feuilles elliptiques, lancéolées, crénelées, ciliées.

> *Voyez* la note placée à la suite de la seconde espèce de ce genre.
>
> *Au cap de Bonne-Espérance.* ♄

6. OSTEOSPERME joncier, *O. junceum*, L. à feuilles linéaires, aiguës, en carène, éloignées; à fleurs en panicule terminant.

> *Au cap de Bonne-Espérance.*

7. OSTEOSPERME en corymbe, *O. corymbosum*, L. à feuilles lancéolées, lisses; à fleurs en panicule.

> *Au cap de Bonne-Espérance.*

8. OSTEOSPERME en recouvrement, *O. imbricatum*, L. à feuilles ovales, obtuses, en recouvrement.

> *Au cap de Bonne-Espérance.* ♄

9. OSTEOSPERME polygale, *O. polygaloïdes*, L. à feuilles lancéolées, éparses, lisses, très-entières, courant sur la tige; à tiges garnies de poils soyeux.

Pluk. tab. 382 , fig. 2.

En Éthiopie. ♄

1076. OTHONNE , *OTHONNA.* * *Lam. Tab. Encyclop.* pl. 714.
JACOB.KASTRUM. *Voill. Mem. de l'Acad.* 1720 , pag. 301.

CAL. *Commun* très-simple , d'un seul feuillet , obtus à la base ;
aigu , égal , divisé en huit ou douze segmens.

COR. *Composée radiée :* *Corollules hermaphrodites* , nombreuses au
au disque : *femelles au rayon* , en nombre égal à celui des segmens du calice , souvent huit.

—— *Propre des Hermaphrodites :* tubulée , à cinq dents , à peine
plus longue que le calice.

—— *Propre des Femelles :* en languette , lancéolée , plus longue que
le calice , à trois dents , renversée.

ÉTAM. des *Hermaphrodites :* cinq *Filamens* , capillaires , très-courts.
Anthères formant une gaine cylindrique , tubulée , de la longueur
de la corollule.

PIST. des *Hermaphrodites :* *Ovaire* oblong. *Style* filiforme , presque plus longue que les étamines. *Stigmate* simple , divisé peu
profondément en deux parties.

—— des *Femelles :* *Ovaire* oblong. *Style* filiforme , de la longueur
de celui des hermaphrodites. *Stigmate* plus grand , renversé.

PÉR. *Nul.* Le *Calice* qui persiste et ne change point , renferme les
semences.

SEM. des *Hermaphrodites :* nulles.

—— des *Femelles :* solitaires , oblongues , nues ou aigrettées.

RÉC. *Nu* , ponctué.

Réceptacle nu. *Aigrette* des semences très-courte. *Calice* d'un
seul feuillet , presque cylindrique , divisé peu profondément en plusieurs segmens.

1. OTHONNE bulbeuse , *O. bulbosa* , L. à feuilles oblongues ,
nues , pétiolées ; à tige herbacée ; à péduncules très-longs , portant une seule fleur.

   Moris. Hist. sect. 7 , tab. 18 , fig. 33.

   Cette espèce polymorphe présente deux variétés.

   1.° Othonne à feuilles ovales , en forme de coin , dentées.

   Burm. Afric. 164 , tab. 59.

   2.° Othonne à feuilles très-entières , en forme de coin ; à
     tige ligneuse , couchée ; à péduncules très-longs.

   En Éthiopie. ♄

2. OTHONNE

2. OTHONNE tagète, *O. tagetes*, L. à feuilles planes; à folioles linéaires, presque dentées; à tige herbacée.
Au cap de Bonne-Espérance. ☉

3. OTHONNE en peigne, *O. pectinata*, L. à feuilles pinnatifides; à pinnules linéaires, parallèles.
En Éthiopie. ♄

4. OTHONNE à feuilles d'auronne, *O. abrotanifolia*, L. à feuilles pinnées; à folioles linéaires, à plusieurs divisions peu profondes; à nœuds de la tige velus.
Pluk. tab. 323, fig. 2.
En Éthiopie.

5. OTHONNE à feuilles de corne de cerf, *O. coronopifolia*, L. à feuilles inférieures, lancéolées, très-entières : les supérieures sinuées, dentées.
Pluk. tab. 424, fig. 7.
En Éthiopie.

6. OTHONNE à feuilles de violier, *O. cheirifolia*, L. à feuilles lancéolées, à trois nervures, très-entières; à tige sous-ligneuse, rampante.
En Éthiopie. ♄

7. OTHONNE à feuilles épaisses, *O. crassifolia*, L. à feuilles lancéolées, très-entières, un peu charnues; à tige droite.
Au cap de Bonne-Espérance. ♄

8. OTHONNE à petite fleur, *O. parviflora*, L. à feuilles lancéolées, lisses, embrassantes; à fleurs en panicule.
Au cap de Bonne-Espérance. ♄

9. OTHONNE très-menue, *O. tenuissima*, L. à feuilles filiformes, charnues; à tige ligneuse.
Pluk. tab. 319, fig. 5.
Au cap de Bonne-Espérance. ♄

10. OTHONNE ligneuse, *O. frutescens*, L. à feuilles ovales, presque dentées; à tige ligneuse.
Au cap de Bonne-Espérance. ♄

11. OTHONNE en arbre, *O. arborescens*, L. à feuilles oblongues, très-entières; à tige en arbre, charnue, marquée par des cicatrices laineuses.
Dill. Elth. tab. 103, fig. 123.
Au cap de Bonne-Espérance. ♄

1077. HIPPIE, *HIPPIA.* † *Lam. Tab. Encyclop.* pl. 717.

CAL. *Commun* hémisphérique, formé par des *écailles* ovales, placées comme en recouvrement les unes sur les autres.

Tome III. R r

COR. *Composée* discoïde : plusieurs *Fleurons mâles* au disque : dix *femelles* au rayon.

—— *Propre des Mâles* : en entonnoir, droite, à cinq divisions peu profondes.

—— *Propre des Femelles* : irrégulière, tubulée, le plus souvent à trois divisions peu profondes.

ÉTAM. *des Mâles* : cinq *Filamens*, très-courts. *Anthères* formant une gaîne cylindrique, tubulée, plus courte.

PIST. *des Femelles* : *Ovaire* grand, à bordure. *Style* divisé peu profondément en deux parties. *Stigmates* droits.

PÉR. Nul. Le *Calice* qui ne change point, renferme les semences.

SEM. *des Femelles* : ovales, nues, garnies des deux côtés d'une bordure très-large.

RÉC. Nu.

Réceptacl. nu. *Semences* sans aigrette, nues, garnies des deux côtés d'une bordure très-large. *Calice* hémisphérique, composé d'écailles placées presque en recouvrement les unes sur les autres. *Corollules* du rayon au nombre de dix, irrégulières, le plus souvent à trois divisions peu profondes.

1. HIPPIE ligneuse, *H. frutescens*, L. à feuilles pinnatifides; à pinnules lancéolées, un peu obtuses, très-entières.

  En Éthiopie. ♄

1078. ÉRIOCÉPHALE, *ERIOCEPHALUS.* * *Dill. Elth. t.* 110, fig. 134. *Lam. Tab. Encyclop.* pl. 717.

CAL. *Commun* droit, formé de dix *écailles* ovales, égales, réunies, dont cinq *extérieures* carénées : cinq *intérieures* aplaties.

COR. *Composée* radiée : dix *Corollules hermaphrodites* au disque : cinq *femelles* au rayon.

—— *Propre des Hermaphrodites* : en entonnoir. *Limbe* étalé, à cinq divisions peu profondes.

—— *Propre des Femelles* : en languette, en cœur renversé, terminées au sommet par trois lobes égaux.

ÉTAM. *des Hermaphrodites* : cinq *Filamens*, capillaires, très-courts. *Anthères* formant une gaîne cylindrique, tubulée.

PIST. *des Hermaphrodites* : *Ovaire* très-petit, nu. *Style* simple. *Stigmate* aigu, divisé peu profondément en deux parties.

—— *des Femelles* : *Ovaire* ovale, nu. *Style* simple. *Stigmate* pointu, recourbé.

PÉR. Nul. Le *Calice* qui change à peine, renferme les semences.

SEM. *des Hermaphrodites* : nulle.

—— *des Femelles* : solitaires, nues, en ovale renversé.

Réc. Nu, aplati, ou garni d'un duvet que forment les deux rangs d'écailles du calice, qui est entremêlé parmi les fleurons hermaphrodites et femelles.

Obs. On trouve un petit Corps comprimé, adhérent à la base de chaque écaille du calice.

Réceptacle presque garni de poils. *Semences* sans aigrette. *Calice* composé de dix feuillets égaux. *Fleurons* du rayon au nombre de cinq.

1. ÉRIOCÉPHALE d'Afrique, *E. Africanus*, L. à feuilles entières et divisées; à fleurs en corymbe.

    Dill. Elth. tab. 110, fig. 134.

    En Éthiopie. ♄

2. ÉRIOCÉPHALE à grappe, *E. racemosus*, L. à feuilles linéaires, très entières; à fleurs en grappes.

    Au cap de Bonne-Espérance. ♄

1079. COTONNIÈRE, FILAGO. * *Vaill. Mém. de l'Acad.* 1719, pag. 296, tab. 20, fig. 6 et 7. GNAPHALIUM. *Vaill. Mém. de l'Acad.* 1729, pag. 314, tab. 20, fig. 9. EVAX. *Lam. Tab. Encyclop.* pl. 694.

Cal. *Commun* formé par des écailles placées en recouvrement les unes sur les autres, contenant plusieurs *Fleurons hermaphrodites* au disque, et des *Fleurons femelles* au rayon, parmi les écailles inférieures du calice.

Cor. des *Hermaphrodites* : en entonnoir. *Limbe* droit, à quatre divisions peu profondes.

—— des *Femelles* : à peine visibles, filiformes, très-étroites, à orifice à deux divisions peu profondes.

Étam. des *Hermaphrodites* : quatre *Filamens*, capillaires, petits; *Anthères* formant une gaine cylindrique, tubulée, à quatre dents au sommet.

Pist. des *Hermaphrodites* : *Ovaire* à peine visible. *Style* simple. *Stigmate* aigu, divisé peu profondément en deux parties.

—— des *Femelles* : *Ovaire* ovale, plus grand, déprimé. *Style* filiforme. *Stigmate* aigu, divisé peu profondément en deux parties.

Pér. Nul.

Sem. des *Hermaphrodites* : nulles.

—— des *Femelles* : en ovale renversé, comprimées, lisses, petites; *Aigrette* nulle.

Réc. Disque nu, sans *Paillettes*, garni sur les côtés de *Paillettes* qui séparent les fleurons.

Obs. F. Leontopodium, L. *diffère des autres espèces de ce genre.*

    Les F. Germanica, *montana, arvensis, Gallica*, L. *ont les semences aigrettées.*

Réceptacle nu. *Semences* sans aigrette. *Calice* composé d'écailles placées en recouvrement les unes sur les autres. *Fleurons* femelles placés entre les écailles du calice.

1. COTONNIÈRE sans tige, *F. acaulis*, L. à fleurs ramassées en tête aplatie, comme posées sur la racine, et enveloppées par de plus grandes feuilles.

Gnaphalium roseum, *sylvestre* ; Immortelle à fleur rose, sauvage. *Bauh. Pin.* 263, n.° 7. *Prodr.* 122, n.° 1, fig. 1. *Bauh. Hist.* 3, P. 1, pag. 162, fig. 1. *Moris. Hist.* sect. 7, tab. 11, fig. 17. *Barrel.* tab. 127 et 138.

Gnaphalium roseum, *hortense* ; Immortelle à fleur rose, des jardins. *Bauh. Pin.* 263, n.° 8. *Prodr.* 122, n.° 2, fig. 2.

Cette plante est désignée dans le *Species* sous le nom de Cotonnière pigmée, *Filago pigmæa*. L.

A Montpellier, en Provence. ☉

2. COTONNIÈRE Germanique, *F. Germanica*, L. à tige en panicule dichotome ou à bras ouverts ; à fleurs ramassées en paquets arrondis aux aisselles des rameaux, hérissées ; à feuilles aiguës.

Gnaphalium vulgare majus ; Immortelle vulgaire plus grande. *Bauh. Pin.* 263, n.° 3. *Fusch. Hist.* 222. *Matth.* 625, f. 2. *Dod. Pempt.* 66, fig. 2. *Lob. Ic.* 2, pag. 480, fig. 2. *Lugd. Hist.* 1115, fig. 1. *Camer. Epit.* 606. *Bauh. Hist.* 3, P. 1, pag. 158, fig. 1. *Bul. Paris.* tab. 529.

En Europe, dans les champs. ☉ Estivale.

3. COTONNIÈRE pyramidale, *F. pyramidata*, L. à tige ramifiée; à rameaux dichotomes ou à bras ouverts ; à fleurs ramassées en pyramide, pentagones, axillaires; à fleurons femelles, dentelés.

Gnaphalium medium ; Immortelle moyenne. *Bauh. Pin.* 263, n.° 4. *Dod. Pempt.* 66, fig. 3. *Lob. Ic.* 1, pag. 481, fig. 1.

A Lyon. ☉

4. COTONNIÈRE des montagnes, *F. montana*, L. à tige droite, ramifiée; à rameaux dichotomes ou à bras ouverts; à fleurs coniques, ramassées au sommet des rameaux et sur la bifurcation des branches.

Gnaphalium minus, *repens* ; Immortelle plus petite, rampante. *Bauh. Pin.* 263, n.° 6. *Lob. Ic.* 1, pag. 481, fig. 2. *Bauh. Hist.* 3, P. 1, pag. 159, fig. 1.
Nutritive pour le Bœuf.

A Montpellier, Lyon, Paris. ☉ Estivale.

5. COTONNIÈRE de France, *F. Gallica*, L. à tige droite, ramifiée; à rameaux dichotomes ou à bras ouverts; à fleurs en alêne, aux aisselles des rameaux; à feuilles filiformes.

Moris. Hist. sect. 7 , tab. 11 , fig. 14.

A *Lyon* , *Paris*. ⊙ Estivale.

6. COTONNIÈRE des champs, *F. arvensis*, L. à tige en panicule ; à fleurs coniques , latérales.

Gnaphalium majus , *angusto oblongo folio* : Immortelle plus grande, à feuille étroite, oblongue. *Bauh. Pin.* 263, n.° 10 ? *Lob. Ic.* 1 , pag. 482 , fig. 1.

A *Montpellier* , *Lyon* , *Paris*. ⊙ Estivale.

7. COTONNIÈRE étoilée, *F. Leontopodium* , L. à tige très-simple , terminée par plusieurs fleurs sans pédoncules, couronnées par des feuilles florales ou bractées très-cotonneuses, plus longues que les fleurs, et formant comme une étoile.

Gnaphalium Alpinum magno flore , *folio oblonga :* Immortelle des Alpes à grande fleur , à feuille oblongue. *Bauh. Pin.* 264 , n.° 4. *Matth.* 828, fig. 1. *Dod. Pempt.* 68 , fig. 3. *Clus. Hist.* 1 , pag. 328, fig. 1. *Lugd. Hist.* 1342 , fig. 2. *Bauh. Hist.* 3 , P. 1 , pag. 161, fig. 2. *Moris. Hist.* sect. 7 , t. 11 ; fig. 5. *Jacq. Aust.* tab. 86.

Cette espèce présente une variété.

Gnaphalium Alpinum magno flore , *folio brevi :* Immortelle des Alpes à grande fleur , à feuille courte. *Bauh. Pin.* 264 , n.° 5. *Lob. Ic.* 1 , pag. 484 , fig. 1. *Bauh. Hist.* 3 , P. 1 , pag. 161 , fig. 3.

Sur les *Alpes du Dauphiné.* ♃ Estivale. *Alp.*

●080. MICROPE, *MICROPUS*. * *Lam. Tab. Encyclop.* pl. 694. GNAPHALODES. *Tournef. Inst.* 439 , tab. 261.

CAL. *Commun inférieur*, formé de cinq *feuillets*, grêles, petits, irréguliers.

—— *Commun intérieur* , très-grand, formé de cinq *feuillets* peu serrés , distincts, en casque , comprimés, réunis longitudinalement par leurs bords.

COR. *Commune* composée : dix *hermaphrodites* au disque : cinq *femelles* au rayon.

—— *Propre* des *Hermaphrodites :* monopétale , en entonnoir, à cinq dents , droite.

—— *Propre* des *Femelles :* nulle.

ÉTAM. des *Hermaphrodites :* cinq *Filamens* , sétacés, très-courts. *Anthères* formant une gaîne cylindrique, tubulée, de la longueur de la corollule.

PIST. des *Hermaphrodites :* *Ovaire* irrégulier. *Style* filiforme , plus long que les étamines. *Stigmate* irrégulier.

—— des *Femelles : Ovaire* en ovale renversé, comprimé, caché entre chaque écaille du calice commun intérieur. *Style* s'élèvent du côté intérieur de l'ovaire, sétacé, courbé vers les hermaphrodites, de la longueur du calice. *Stigmate* grèle, pointu, divisé profondément en deux parties.

Pén. Nul. Le *Calice commun intérieur* plus grand, qui se durcit et ne change point, renferme les semences.

Sem. des *Hermaphrodites* : nulles.

—— des *Femelles* : solitaires, en ovale renversé, renfermées dans les feuillets propres du calice intérieur. *Aigrette* nulle.

Réc. Garni de *Paillettes* aiguës, très-petites, qui séparent les semences des femelles, mais non les fleurons du disque.

Réceptacle garni de paillettes. *Semences* sans aigrette. *Calice* composé d'écailles dont les inférieures séparées, très-courtes, imitent un calice accessoire ou forment comme un second calice qui entoure la base du premier. *Rayon* nul. *Fleurons* femelles enveloppés par les écailles du calice.

*. MICROPE couché, *M. supinus*, L. à tige couchée ; à feuilles florales opposées ; à semences hérissonnées.

Pluk. tab. 187, fig. 6. *Barrel.* tab. 296.

A Montpellier, en *Provence.* ☉

*. MICROPE droit, *M. erectus*, L. à tige droite ; à calice sans dents ; à feuilles solitaires ; à semences comprimées, laineuses, sans piquans.

Gnaphalium minus, latioribus foliis ; Immortelle plus petite, à feuilles plus larges. *Bauh. Pin.* 263, n.° 5. *Clus. Hist.* 1, pag. 329, fig. 2. *Bauh. Hist.* 3, P. 1, pag. 161, fig. 1..

A Montpellier, *Lyon*, *Paris*, etc. ☉ Vernale.

V. POLYGAMIE SÉPARÉE.

1081. ÉLÉPHANTOPE, *ELEPHANTOPUS.* * *Vaill. Mém. de l'Acad.* 1719, pag. 309, tab. 20 fig. 11 et 41. *Dill. Elth.* t. 106, fig. 126. *Lam. Tab. Encyclop.* pl. 718.

Cal. *Collerette* formée de trois *feuillets* larges, aigus, renfermant plusieurs fleurs sans ombelle, grands, persistans.

—— *Périanthe* partiel, renfermant quatre fleurs, oblong, formé par des *écailles* lancéolées en alène, piquantes, droites, placées en recouvrement les unes sur les autres, dont quatre plus longues, égales.

Cor. *Composée* tubulée : quatre ou cinq *Corollules hermaphrodites*, égales, disposées simplement en rond.

—— *Propre* monopétale, en languette. *Limbe* étroit, presque égal, à cinq divisions profondes.

Étam. cinq *Filamens*, capillaires, très-courts. *Anthères* formant une gaîne cylindrique, tubulée.

PIST. *Ovaire* ovale, couronné. *Style* filiforme, de la longueur des étamines. Deux *Stigmates*, grêles, étalés.

PÉR. Nul. Le *Calice* qui ne change point, renferme les semences.

SEM. Solitaires, comprimées. *Aigrette* sétacée.

RÉC. Nu.

Réceptacle nu. *Aigrette* formée par des soies. *Périanthe* partiel renfermant quatre fleurs. *Corollules* hermaphrodites en languettes.

1. ÉLÉPHANTOPE rude, *E. scaber*. L. à feuilles oblongues, rudes.

    Pluk. tab. 388. fig. 6. *Dill. Elth.* 106, fig. 126.
    Dans l'Inde Orientale.

2. ÉLÉPHANTOPE cotonneux, *E. tomentosus*. L. à feuilles ovales, cotonneuses.

    Dans l'Amérique Méridionale.

1082. OÉDÈRE, *OEDERA.* † *Lam. Tab. Encyclop.* pl. 720.

CAL. *Commun* renfermant plusieurs fleurs, plus grand que les fleurs sec et rude, formé de plusieurs *feuillets* lancéolés, dont les inférieurs plus grands, contiennent plusieurs petits calices partiels.

—— *Partiel*, formé de plusieurs *feuillets* à paillettes, lancéolés, de la grandeur des fleurons.

COR. *Commune* radiée, composée de plusieurs fleurs partielles.

—— *Partielle*: radiée, même au disque.

—— *Propre* du disque : *Hermaphrodite*, en entonnoir, droite, à cinq divisions peu profondes.

—— *Propre* du rayon : *femelle*, en languette, lancéolée, de la longueur du calice commun.

ÉTAM. des *Hermaphrodites* : cinq *Filamens*, très-courts. *Anthères* formant une gaine cylindrique, tubulée.

PIST. des *Hermaphrodites* : *Ovaire* oblong. *Style* filiforme. Deux *Stigmates*, filiformes, plus longs.

PÉR. Nul. Le *Calice* qui ne change point, renferme les semences.

SEM. des *Hermaphrodites* : oblongues, couronnées par plusieurs *Paillettes* aiguës, courtes.

—— des *Femelles* : oblongues, couronnées par plusieurs *Paillettes*.

RÉC. *Commun* garni de *Paillettes*.

—— *Partial* garni de *Paillettes*, linéaires, caduques-tardives.

Réceptacle garni de paillettes. *Semences* couronnées par plusieurs paillettes. *Calice* commun renfermant plusieurs fleurs. *Corollules* hermaphrodites tubulées : les femelles en languettes.

                                     R r 4

1. OEDÈRE prolifère, *O. prolifera*, L. à feuilles opposées, lancéolées, linéaires, recourbées, dentées, ciliées ; à feuillets du calice aigus ; à tige sous-ligneuse.

Au cap de Bonne-Espérance. ♄

2083 SPHÉRANTHE, *SPHÆRANTHUS*. * Vaill. Mém. de l'Acad. 1719, pag. 289, tab. 20, fig. 12. Lam. Tab. Encyclop. pl. 718.

CAL. *Commun* arrondi, formé par des *écailles* pointues, persistantes, placées en recouvrement les unes sur les autres, et enveloppant de tous côtés le réceptacle universel.

— *Périanthe partiel* renfermant plusieurs fleurs, solitaire entre chaque écaille du calice commun, formé de cinq *feuillets* linéaires, égaux, droits.

COR. *Partielle: Corollules hermaphrodites* peu nombreuses au disque.

— *Partielle femelle :* le plus souvent cinq au rayon.

— *Partielle propre des Hermaphrodites :* monopétale, en entonnoir. *Limbe* étalé, à cinq divisions peu profondes.

— *Partielle propre des Femelles :* en entonnoir, en alène, à orifice très-petit, fermé, à trois divisions peu profondes.

ÉTAM. des *Hermaphrodites :* cinq *Filamens*, capillaires, très-courts. *Anthères* formant une gaine cylindrique, tubulée, plus longue que la corolle.

PIST. des *Hermaphrodites: Ovaire* sec. *Style* plus long, plus épais. *Stigmate* très-simple.

— des *Femelles: Ovaire* oblong. *Style* sétacé, de la longueur des étamines. *Stigmate* divisé profondément en deux parties.

PÉR. Nul. Le *Calice* qui ne change point, renferme les semences.

SEM. des *Hermaphrodites :* nulles.

— des *Femelles :* solitaires, oblongues, nues.

RÉC. *Commun*, écailleux.

— *Partiel :* nu.

Réceptacle garni d'écailles. *Semences* sans aigrette. *Calice* partiel renfermant plusieurs fleurs. *Corollules* hermaphrodites tubulées : les femelles irrégulières.

1. SPHÉRANTHE des Indes, *S. Indicus*, L. à feuilles lancéolées, à dents de scie, courant sur la tige ; à pédoncules frisés.

Pluk. tab. 312, fig. 6.

Dans l'Inde Orientale. ♃

2. SPHÉRANTHE d'Afrique, *S. Africanus*, L. à feuilles ovales, à dents de scie, courant sur la tige ; à pédoncules arrondis.

Pluk. tab. 108, fig. 7.

En Afrique, en Asie. ☉

3. SPHÉRANTHE de la Chine, *S. Chinensis*, L. à feuilles assises, pinnatifides.

Dans l'Inde Orientale.

1084. BOULETTE, *ECHINOPS*. * *Lam. Tab. Encyclop.* pl. 719. ECHINOPUS. *Tournef. Inst.* 463, tab. 262. *Vaill. Mém. de l'Acad.* 1718, p. 150, tab. 5, fig. 4, 5 et 15.

CAL. *Commun* de plusieurs feuillets, renfermant plusieurs fleurs, formé par des *écailles* en alêne, totalement renversées.
—— *Périanthe partiel* renfermant une fleur, oblong, anguleux, formé par des *feuillets* en alêne, peu serrés au sommet, droits, persistans, placés en recouvrement les uns sur les autres.

COR. Monopétale, de la longueur du calice, tubulée. *Limbe* à cinq *divisions* peu profondes, renversées, étalées.

ÉTAM. Cinq *Filamens*, capillaires, très-courts. *Anthères* formant une gaîne cylindrique, tubulée, à cinq dents.

PIST. *Ovaire* oblong. *Style* filiforme, de la longueur de la corolle. *Stigmate* double, un peu déprimé, roulé.

PÉR. Nul. Le *Calice* plus grand, et qui ne change point, renferme les semences.

SEM. Une seule, ovale, oblongue, rétrécie à la base, obtuse au sommet. *Aigrette* irrégulière.

REC. *Commun* arrondi, soyeux.

Réceptacle garni de soies. *Aigrette* des semences irrégulière. *Périanthe* partiel renfermant une seule fleur. *Corollules* hermaphrodites tubulées.

1. BOULETTE commune, *E. sphærocephalus*, L. à fleurs ramassées en têtes arrondies; à feuilles un peu cotonneuses en dessus.
> *Carduus sphærocephalus latifolius*, *vulgaris*; Chardon à tête arrondie, à larges feuilles, vulgaire. *Bauh. Pin.* 381, n.° 1. *Fusch. Hist.* 883. *Matth.* 494, f. 2. *Dod. Pempt.* 722, f. 2. *Lob. Ic.* 2, pag. 8, fig. 2. *Lugd. Hist.* 1462, fig. 2; 1488, f. 1; et 1483, f. 1. *Camer. Epit.* 435. *Hort.* 163, tab. 45. *Bauh. Hist.* 3, P. 1, pag. 69, f. 1.
> *A Montpellier*, *Lyon*, *Paris*. ♂ Estivale.

2. BOULETTE épineuse, *E. spinosus*, L. à fleurs en tête, garnies de longues épines.
> *Carduus sphærocephalus capitulo longis spinis armato*; Chardon à tête arrondie armée de longues épines. *Bauh. Pin.* 382, n.° 3. *Lob. Ic.* 2, p. 9, f. 1. *Dod. Pempt.* 722, f. 3. *Lugd. Hist.* 1482, f. 1.
> *En Egypte*, *en Arabie*. ♃ ♄

3. BOULETTE Ritro, *E. Ritro*, L. à fleurs en tête arrondie; à feuilles pinnatifides, lisses en dessus.
> *Carduus sphærocephalus cæruleus*, *minor*; Chardon à tête ar-

rondie, à fleur bleue, plus petit. *Bauh. Pin.* 381 , n.° 2.
Lob. Ic. 2 , p. 8 , f. 1. *Lugd. Hist.* 1476 , f. 2; et 1481 , f. 2.
Camer. Epit. 436. *Bauh. Hist.* 3 , P. 1 , pag. 72 , f. 2. *Barrel.*
tab. 411 et 412.

> *A Montpellier*, Lyon. ♃ Estivale.

4. BOULETTE en râpe, *E. strigosus*, L. à fleurs en têtes réunies en faisceaux ; à calices latéraux, stériles ; à feuilles en râpe
en dessus.

> *Carduus tomentosus , capitulo majore ;* Chardon cotonneux, à
> tête plus grande. *Bauh. Pin.* 382 , n.° 1. *Lob. Ic.* 2 , pag. 10 ,
> fig. 1.
>
> *En Espagne.* ☉

1085. GUNDÈLE, *GUNDELIA.* † *Lam. Tab. Encyclop.* pl. 720.
HACUB. *Vaill. Mém. de l'Acad.* 1718 , pag. 150 , tab. 6 , f. 48.

CAL. *Commun* à peine visible , à moins qu'on ne regarde comme tel
les feuillets qui environnent le réceptacle composé.

COR. *Composée* tubulée, uniforme : cinq *Corollules hermaphro*
dites , égales.

—— *Propre* monopétale, en massue. *Limbe* ventru , droit , à cinq
divisions peu profondes.

ÉTAM. Cinq *Filamens* , capillaires, très-courts. *Anthères* formant
une gaine cylindrique , tubulée , longue.

PIST. *Ovaire* ovale , nidulé dans le réceptacle , couronné par des
écailles très-petites , inférieur. *Style* filiforme , plus long que la
corolle. Deux *Stigmates* , roulés.

PÉR. Nul. *Semences* entièrement cachées dans le réceptacle.

SEM. Solitaires , arrondies , pointues , couronnées par un bord irrégulier , dont les *latérales* avortent.

RÉC. *commun* conique , couvert de tous côtés par des réceptacles
partiels divisés par des paillettes à trois pointes.

—— *Partiel* , conique-obtus , quadrangulaire , tronqué.

—— Cinq *Alvéoles* dont *une* au centre , les *autres* au rayon , dans
l'excavation desquelles s'insèrent cinq fleurons.

Réceptacle garni de paillettes. *Semences* sans aigrette. *Calice*
commun presque nul. *Corollules* hermaphrodites tubulées.

1. GUNDÈLE de Tournefort, *G. Tournefortii*, L. à tige lisse, rameuse ; à feuilles pinnatifides.

> *Tournef. Voy. au Lev.* 2 , pag. et tab. 250 et 251.
> *Dans la Syrie* , à Alep. ♃

1086. STÉBÉE, *STOEBE.* † *Lam. Tab. Encyclop.* pl. 722.

CAL. *Commun* arrondi, formé par des *écailles* en alêne, couvrant
de tous côtés le réceptacle universel , et placées en recouvrement
les unes sur les autres.

—— *Périanthe partiel* renfermant une seule fleur, solitaire entre chaque écaille du calice commun, formé par cinq *feuillets* linéaires, aigus, égaux, droits.

COR. *Propre* monopétale, en entonnoir. *Limbe* étalé, à cinq divisions peu profondes.

ÉTAM. Cinq *Filamens*, capillaires, courts. *Anthères* formant une gaîne cylindrique, tubulée, à cinq dents.

PIST. *Ovaire* oblong. *Style* filiforme, de la longueur des étamines. *Stigmate* aigu, divisé peu profondément en deux parties.

PÉR. Nul. Le *Calice* qui ne change point, renferme les semences.

SEM. Solitaires, oblongues. *Aigrette* plumeuse, longue.

RÉC. *Propre*, nu.

Réceptacle nu. *Aigrette* des semences, plumeuse ou taillée en barbe de plume. *Périanthe* partiel renfermant une seule fleur. *Corollules* hermaphrodites tubulées.

1. STÉBÉE d'Éthiopie, *S. Æthiopica*, L. à feuilles recourbées en crochet, nues.

En *Ethiopie*. ♄

2. STÉBÉE à feuilles de Bruyère, *S. ericoïdes*, L. à feuilles recourbées, blanchâtres; à calices renfermant deux fleurs difformes.

Breyn. Cent. 140, tab. 9.

Le synonyme de *Morison*, *Eupatorium ericoïdes capitis Bonæ Spei*, Eupatoire à feuilles de Bruyère du cap de Bonne-Espérance, *Hist*. 3, pag. 97, sect. 7, tab. 18, fig. 10, est rapporté par *Reichard* à cette espèce et à l'Armoselle brunâtre, *Scriphium fuscum*, L.

Au cap de Bonne-Espérance. ♄

3. STÉBÉE couché, *S. prostrata*, L. à feuilles renversées, cotonneuses d'un côté; à tiges couchées.

Au cap de Bonne-Espérance. ♄

4. STÉBÉE immortelle, *S. gnaphaloïdes*, L. à feuilles en recouvrement, appliquées contre la tige.

Burm. Afric. 215, tab. 77, fig. 1.

Au cap de Bonne-Espérance. ♄

VI. SYNGÉNÉSIE MONOGAMIE.

1087. ARMOSELLE, *SERIPHIUM*. † *Lam. Tab. Encyclop.* pl. 722. HELICHRYSOÏDES. *Vaill. Mém. de l'Acad.* 1719, pag. 297.

CAL. *Périanthe* double.

—— *Périanthe extérieur* formé de cinq *feuillets*, arrondis, cotonneux, placés en recouvrement les uns sur les autres.

—— *Périanthe intérieur* renfermant une seule fleur, formé de cinq feuillets, droits, pointus, en alêne, très-lisses, secs et roides, deux fois plus longs que ceux du périanthe extérieur.

Cor. Monopétale, en entonnoir, plus courte que le calice intérieur. *Limbe* à cinq dents.

Étam. Cinq *Filamens*, capillaires. *Anthères* formant une gaîne cylindrique, tubulée.

Pist. *Ovaire* de la *Corollule*, inférieur. *Ovaire* du *Calice*, supérieur. *Style* filiforme. *Stigmate* comme divisé peu profondément en deux parties.

Pér. Nul. Le *Calice* dont les feuillets sont fermés, contient les semences.

Sem. Solitaires, oblongues.

Calice extérieur composé de cinq feuillets placés en recouvrement les uns sur les autres. *Corolle* monopétale, régulière. Une *Semence* oblongue, placée sous la corolle.

1. ARMOSELLE cendrée, *S. cinereum*, L. à anneaux en épis à une seule fleur; à feuilles étalées.

Pluk. tab. 297, fig. 1.

En Éthiopie. ♄

2. ARMOSELLE plumeuse, *S. plumosum*, L. à épis composés de six fleurs; à feuilles grenues, ovales.

En Éthiopie. ♀

3. ARMOSELLE brunâtre, *S. fuscum*, L. à têtes à une seule fleur; à feuilles en recouvrement.

Voyez l'observation placée à la suite de la description de la Stébée à feuilles de Bruyère, *Stoebe ericoïdes*, L. esp. 2.

Au cap de Bonne-Espérance. ♄

4. ARMOSELLE immortelle, *S. gnaphaloïdes*, L. à épis composés environ de trois fleurs; à tige droite.

Au cap de Bonne-Espérance. ♄

5. ARMOSELLE ambiguë, *S. ambiguum*, L. à épis composés de trois fleurs; à feuilles linéaires; à tige couchée.

Au cap de Bonne-Espérance.

1088. STRAUMPHE, *STRUMPHIA*. Straumpfia. *Lam. Tab. Encyclop.* pl. 731.

Cal. *Périanthe* d'un seul feuillet, très-petit, supérieur, à cinq dents, persistant.

Cor. Cinq *Pétales*, oblongs, obtus, ouverts.

Étam. *Filamens* nuls. Cinq *Anthères*, réunies en corps ovale.

Pist. *Ovaire* inférieur, arrondi. *Style* en alêne, droit, en quelque sorte plus long que les étamines. *Stigmate* simple, obtus.

Pér. *Baie* couronnée par le calice, arrondie, à une loge.

Sem. Une seule, arrondie.

Calice à cinq dents, supérieur. Corolle à cinq pétales. Baie renfermant une seule semence.

1. STRUMPHE maritime, *S. maritima*, L. à feuilles trois à trois; à péduncules axillaires.

 Sloan. Jam. tab. 189, f. 1 et 2.

 Dans l'Amérique Méridionale. ♄

1089. CORYMBIOLE, *CORYMBIUM.* † *Lam. Tab. Encyclop.* pl. 723.

Cal. *Périanthe* renfermant une seule fleur, inférieur, long, prismatique, à six angles, formé de deux *feuillets*, droits, réunis dans leur longueur, triangulaires sur le dos, tronqués, à trois dents irrégulières, persistans, garnis à leur base de deux *feuillets* très-petits.

Cor. Monopétale, égale. *Tube* très-court. *Limbe* étalé, à cinq divisions profondes, lancéolées.

Étam. Cinq *Filamens*, simples, droits, insérés sur le tube. *Anthères* oblongues, droites, plus courtes que la corolle, formant une gaîne cylindrique, tubulée.

Pist. *Ovaire* renfermé dans le calice, placé sous la corollule, hérissé. *Style* simple, droit, de la longueur de la corolle. *Stigmate* oblong, étalé, divisé peu profondément en deux parties.

Pér. Nul. Le *Calice* qui ne change point, renferme les semences.

Sem. Une seule, oblongue, presque aussi longue que le calice, couverte d'une laine qui imite une aigrette.

Réc. Nu.

Calice composé de deux feuillets, en prisme, renfermant une seule fleur. Corolle monopétale, régulière. Une Semence laineuse, placée sous la corollule.

1. CORYMBIOLE rude, *C. scabrum*, L. à tige rude.

 Pluk. tab. 272, fig. 5. *Burm. Afric.* 189, tab. 70, fig. 1.

 Au cap de Bonne-Espérance. ♃

2. CORYMBIOLE lisse, *C. glabrum*, L. à tige lisse; à aisselles des feuilles, laineuses.

 Pluk. tab. 272, fig. 4.

 Au cap de Bonne-Espérance. ♃

1090. JASIONE, *JASIONE.* * *Lam. Tab. Encyclop.* pl. 724.

Cal. *Périanthe commun* formé de dix *feuillets*, persistans dont les alternes intérieurs sont plus étroits, renfermant plusieurs fleurs attachées à des péduncules très-courts.

 — *Périanthe propre*, à cinq segmens peu profonds, supérieur, persistant.

Cor. Propre régulière, à cinq *Pétales*, lancéolés, droits, réunis par leur base.

Étam. Cinq *Filamens*, en alène, courts. Cinq *Anthères*, oblongues, réunies par la base.

Pist. *Ovaire* arrondi, inférieur. *Style* filiforme, de la longueur de la corolle. *Stigmate* divisé peu profondément en deux parties.

Pér. *Capsule* arrondie, à cinq angles, couronnée par le calice propre, à deux loges.

Sem. Plusieurs, comme ovales.

Calice commun composé de dix feuillets. *Corolle* regulière formée de cinq pétales réunis par les onglets. *Capsule* inférieure, à deux loges.

1. JASIONE des montagnes, *J. montana*, L. à feuilles linéaires, lancéolées.

> *Rapunculus Scabiosæ capitulo cœruleo ;* Raiponce à fleurs de Scabieuse, bleues. *Bauh. Pin.* 92, n.° 5. *Dod. Pempt.* 122, f. 2. *Lob. Ic.* 1, p. 536, f. 2. *Ludg. Hist.* 864, f. 1 ; et 1110, f. 3. *Column. Ecphras.* 1, p. 226 et 227. *Bauh. Hist.* 3, P. 1, p. 12, f. 4. *Bellev.* tab. 79. *Bul. Paris.* tab. 530. *Flor. Dan.* tab. 319.
>
> *En Europe, dans les pâturages.* ⊙ Vernale.

1091. LOBÉLIE, *LOBELIA*. * *Plum. Gen.* 21, tab. 31. *Lam. Tab. Encycl.* pl. 724. LAURENTIA. *Mich.* 18, tab. 14. RAPUNTIUM. *Tournef. Inst.* 163, tab. 51. *Dill. Elth.* tab. 242, fig. 313.

Cal. *Périanthe* d'un seul feuillet, à cinq segmens peu profonds, très-petit, naissant autour de l'ovaire, se flétrissant, à *dentelures* presque égales dont *deux supérieures*, plus tournées en haut.

Cor. Monopétale, irrégulière. *Tube* comme cylindrique, plus long que le calice, divisé supérieurement dans sa longueur. *Limbe* à cinq *divisions* profondes, lancéolés dont *deux supérieures* plus petites, plus renversées, plus profondément divisées, formant la lèvre supérieure : *trois autres inférieures*, plus étalées, ordinairement plus grandes.

Étam. Cinq *Filamens*, en alène, de la longueur du tube de la corolle. *Anthères* réunies en gaîne cylindrique, oblongue, s'ouvrant à la base sur cinq côtés.

Pist. *Ovaire* pointu, inférieur. *Style* comme cylindrique, de la longueur des étamines. *Stigmate* obtus.

Pér. *Capsule* ovale, à deux loges, s'ouvrant au sommet, entourée par le calice.

Sem. Plusieurs, très-petites.

Calice à cinq segmens peu profonds. *Corolle* monopétale, irrégulière. *Capsule* inférieure, à deux ou trois loges.

* I. *Lobélies à feuilles très-entières.*

1. LOBÉLIE simple, *L. simplex*, L. à tige droite; à feuilles li-néaires, très-entières; à pédoncules solitaires.

> *Au cap de Bonne-Espérance.* ☉

2. LOBÉLIE à feuilles de Pin, *L. pinifolia*, L. à tige ligneuse; à feuilles linéaires, entassées, très-entières.

> *Burm. Afric.* 111, tab. 41, fig. 2.
> *En Éthiopie.*

3. LOBÉLIE Dortmanne, *L. Dortmanna*, L. à feuilles linéaires, très-entières, à deux loges; à tige presque nue; à fleurs éparses, pendantes.

> *Flor. Dan.* tab. 39.
> *Dans les étangs du nord de l'Europe.* ♃

4. LOBÉLIE Tupa, *L. Tupa*, L. à feuilles lancéolées, très-en-tières; à fleurs en grappe à épis.

> *Feuil. Per.* 2, pag. 739, tab. 29.
> *Au Pérou.*

5. LOBÉLIE de Kalm, *L. Kalmii*, L. à tige droite; à feuilles lan-céolées, linéaires, un peu obtuses, alternes, très-entières; à fleurs en grappe terminale.

> *Au Canada.* ☉

6. LOBÉLIE paniculée, *L. paniculata*, L. à feuilles linéaires, très-entières; à fleurs en panicule dichotome ou à bras ouverts.

> *Burm. Afric.* 100, tab. 38, fig. 3.
> *En Éthiopie.*

7. LOBÉLIE à cornes, *L. cornuta*, L. à feuilles ovales, pétiolées; à étamines très-longues.

> *A Cayenne.*

* II. *Lobélies à tiges droites; à feuilles découpées.*

8. LOBÉLIE phyteuma, *L. phyteuma*, L. à feuilles ovales, oblon-gues, crénelées; à tige presque nue, en épi; à anthères héris-sées, distinctes.

> *En Éthiopie.*

9. LOBÉLIE bulbeuse, *L. bulbosa*, L. à tige droite; à feuilles in-férieures portées sur un pied roide.

> *Burm. Afric.* 99, tab. 38, fig. 1.
> *Au cap de Bonne-Espérance.*

10. LOBÉLIE à trois faces, *L. triquetra*, L. à tige droite; à feuilles lancéolées, dentées; à fleur en grappe terminale, sans feuilles.

> *Au cap de Bonne-Espérance.*

11. LOBÉLIE à longue fleur, *L. longiflora*, L. à feuilles lancéo-lées, dentées: à pédoncules très-courts, latéraux; à tube de la corolle filiforme, très-long.

Sloan. Jam. tab. 101, fig. 2.

A la Jamaïque.

12. LOBÉLIE redressée, *L. assurgens*, L. à feuilles lancéolées, à dents de scie, dentées inférieurement; à fleurs en grappes com-posées, terminales.

A la Jamaïque.

13. LOBÉLIE cardinale, *L. cardinalis*, L. à tige droite; à feuilles larges, lancéolées, à dents de scie; à fleurs en épi, tournées d'un seul côté.

Moris. Hist. sect. 5, tab. 5, fig. 54. *Barrel.* tab. 1148.

En Virginie. Cultivée dans les jardins. ♃

14. LOBÉLIE antivénérienne, *L. siphilitica*, L. à tige droite: à feuilles ovales, lancéolées, comme à dents de scie; les sinuosités du calice renversées.

Moris. Hist. sect. 5, tab. 5, fig. 55.

1. *Lobelia*; Lobélie. 2. Racine. 3. Laiteuse, âcre, nauseuse. 5. Vérole. On doit à un célèbre botaniste Suédois, le doc-teur *Kalm*, la découverte des vertus de cette plante, dont les sauvages du Canada se servent comme *spécifique* du mal vénérien, avec un tel succès, qu'il est sans exemple que quelqu'un en ait usé sans être guéri.

En Virginie. Cultivée dans les jardins. ♃

15. LOBÉLIE de Surinam, *L. Surinamensis*, L. à tige sous-ligneuse; à feuilles oblongues, lisses, à dents de scie; à fleurs axillaires, pédunculées.

A Surinam. ♄

16. LOBÉLIE enflée, *L. inflata*, L. à tige droite; à feuilles ovales, presque à dents de scie, plus longues que les péduncules; à cap-sules enflées.

En Virginie, au Canada. ☉

17. LOBÉLIE de Cliffort, *L. Cliffortiana*, L. à tige droite; à feuilles en cœur, pétiolées, à dentelures, irrégulières; à fleurs en corymbe terminal.

Hort. Cliff. 426, tab. 26.

En Virginie, au Canada. ☉

18. LOBÉLIE brûlante, *L. urens*, L. à tige presque droite; à feuilles inférieures arrondies, crénelées: les supérieures lancéo-lées, à dents de scie; à fleurs en grappes.

Draba flore galeato cæruleo; Drave à fleur en casque, bleue. *Bauh. Pin.* 110, n.° 8. *Moris. Hist.* sect. 5, tab. 5, fig. 56.

Boccon.

Baccon. Sic. 21, tab. 11, fig. 111, c. Barrel. tab. 1154. Hæf. Paris. tab. 531.

A Paris. ☉ Estivale.

19. LOBÉLIE petite, *L. minuta*, L. à feuilles radicales ovales; à hampes capillaires.

Au cap de Bonne-Espérance. ☉

* **III.** *Lobélies à tiges couchées ; à feuilles découpées.*

20. LOBÉLIE Laurentie, *L. Laurentia*, L. à tige couchée; à feuilles lancéolées, ovales, crénelées; à tige rameuse; à pédoncules solitaires, très-longs, portant une seule fleur.

Michel. Gen. 18, esp. 1, tab. 14.

En Italie, à Naples, dans l'isle de Crète. ☉

21. LOBÉLIE érine, *L. erinus*, L. à tige étalée; à feuilles lancéolées, à dentelures rares; à pédoncules très-longs.

Herm. Lugd. 110 et 111.

En Éthiopie. ☉

22. LOBÉLIE érinoïde, *L. erinoïdes*, L. à tiges couchées, filiformes; à feuilles pétiolées, oblongues, dentées.

Herm. Lugd. 108, tab. 110.

Au cap de Bonne-Espérance. ☉

23. LOBÉLIE de Zeylan, *L. Zeylanica*, L. à tiges couchées; à feuilles ovales, à dents de scie, aiguës : les inférieures obtuses; à pédoncules portant une seule fleur; à capsules un peu velues.

En Éthiopie.

24. LOBÉLIE jaune, *L. lutea*, L. à tiges couchées; à feuilles lancéolées, à dents de scie; à fleurs assises, comme en épis.

Burm. Afric. 101, tab. 39, fig. 1.

En Éthiopie.

25. LOBÉLIE hérissée, *L. hirsuta*, L. à feuilles ovales, crénelées, laineuses; à fleurs latérales, solitaires.

Burm. Afric. 105, tab. 40, fig. 2.

En Éthiopie.

26. LOBÉLIE à feuilles de corne de cerf, *L. coronopifolia*, L. à feuilles lancéolées, dentées; à pédoncules très-longs.

Burm. Afric. 98, tab. 38, fig. 1.

En Éthiopie.

27. LOBÉLIE délicate, *L. tenella*, L. à tiges couchées, filiformes, ligneuses; à feuilles ovales, lancéolées, lisses, marquées des deux côtés d'une dent.

Au cap de Bonne-Espérance. ♄

Tome III.   Ss

1092. VIOLETTE, *VIOLA. * Tournef. Inst.* 419, tab. 236. *Lam. Tab. Encyclop.* pl. 725.

Cal. *Périanthe* court, persistant, formé de cinq *feuillets* ovales, oblongs, droits, plus aigus au sommet, obtus à la base, attachés au-dessus de la base, égaux, mais diversement placés, dont *deux* soutiennent le pétale *a*, les deux autres soutiennent chacun un pétale *b, c;* un seul, deux pétales *d, e*, en même temps.

Cor. Irrégulière, à cinq *Pétales* inégaux, dont le *supérieur a* droit, renversé en dehors, plus large, plus obtus, échancré, terminé à la base par un *Nectaire* en cornet, obtus, saillant entre les feuillets du calice.

> *b, c, deux latéraux*, opposés, obtus, droits.

> *d, e, deux inférieurs*, rapprochés par paires, plus grands, réfléchis en dessus.

Étam. Cinq *Filamens*, très-petits dont *deux* rapprochés par leurs appendices réunis, pénètrent dans le nectaire formé par le pétale *a*. *Anthères* le plus souvent réunies par la base, obtuses, augmentées au sommet par des membranes.

Pist. *Ovaire supérieur*, arrondi. *Style* filiforme, saillant au-delà des anthères. *Stigmate* oblique.

Pér. *Capsule* ovale, à trois côtés, obtuse, à une loge, à trois battans.

Sem. Plusieurs, ovales, à appendice, attachées aux battans. *Réceptacle* linéaire, se prolongeant sur chaque battant comme une ligne.

Obs. *Le Stigmate (dans les Violettes dites de Mars) se recourbe en hameçon simple; et (dans les Violettes dites Tricolores) il forme une tête concave, perforée au sommet.*

La Fleur dans les espèces Européennes est toujours renversée; et dans les espèces des Indes, elle est droite; ce qui rend le port des espèces de ce genre différent.

V. diandra, L. diffère des autres espèces de ce genre par le nombre des étamines.

Calice à cinq feuillets. *Corolle* irrégulière, à cinq pétales, terminée postérieurement à la base par un nectaire en cornet. *Capsule* supérieure à trois battans, à une seule loge.

* I. *VIOLETTES sans tiges.*

1. VIOLETTE palmée, *V. palmata*, L. sans tige; à feuilles palmées, à cinq lobes, dentées, et sans divisions.

> *Pluk.* tab. 334, fig. 3; et 447, fig. 9.

> *En Virginie.* ♃

2. VIOLETTE à pied roide, *V. pedata*, L. sans tige; à feuilles à pied roide, divisées profondément en sept parties.

> *Pluk.* tab. 114, fig. 7.

> *En Virginie.* ♃

2. VIOLETTE plande, *V. pinnata*, L. sans tige ; à feuilles pinnatifides.

> *Viola Alpina folio in plures partes secto ;* Violette des Alpes, à feuille divisée en plusieurs parties. *Bauh. Pin.* 199, n.º 5. *Bauh. Hist.* 3, P. 2 ; pag. 544, fig. 2.
> *Sur les Alpes de Sibérie.*

4. VIOLETTE lancéolée, *V. lanceolata*, L. sans tige ; à feuilles lancéolées, crénelées.

> *Gmel. Sibir.* 4, pag. 99, tab. 49, fig. 2.
> *Au Canada, en Sibérie.*

5. VIOLETTE à feuilles de primevère, *V. primulæfolia*, L. sans tige ; à feuilles oblongues, presque en cœur ; à pétioles membraneux.

> *En Sibérie, en Virginie.*

6. VIOLETTE hérissée, *V. hirta*, L. sans tige ; à feuilles en cœur, hérissées de poils roides.

> *Moris. Hist.* sect. 5, tab. 35, fig. 4. *Flor. Dan.* tab. 618.
> Nutritive pour le Cheval, le Bœuf, le Mouton, la Chèvre.
> *A Lyon*, Grenoble, *Paris.* ♃

7. VIOLETTE des marais, *V. palustris*, L. sans tige ; à feuilles en forme de rein.

> *Moris. Hist.* sect. 5, tab. 35, fig. 5. *Flor. Dan.* tab. 83. *Bul. Paris.* tab. 532.
> Nutritive pour le Bœuf.
> *En Provence, à Lyon, Paris.* ♃ Vernale.

8. VIOLETTE odorante, *V. odorata*, L. sans tige ; à feuilles en cœur ; à drageons rampans.

> *Viola martia purpurea, flore simplici, odoro ;* Violette de mars à fleur pourpre, simple, odorante. *Bauh. Pin.* 199, n.º 1. *Fusch. Hist.* 310. *Matth.* 821, fig. 1. *Dod. Pempt.* 156, fig. 1. *Lob. Ic.* 1, pag. 608, fig. 2. *Lugd. Hist.* 798, fig. 1. *Bauh. Hist.* 3, P. 2, pag. 542, fig. 1. *Æneal. Spec.* 141 et 140. *Bul. Paris.* tab. 533. *Flor. Dan.* tab. 309.
> Cette espèce présente deux variétés.
> 1.º *Viola martia alba ;* Violette de mars à fleur blanche. *Bauh. Pin.* 199, n.º 3.
> 2.º *Viola martia multiplici flore ;* Violette de mars à fleur double. *Bauh. Pin.* 199, n.º 4. *Matth.* 821, fig. 2. *Dod. Pempt.* 156, fig. 2. *Lob. Ic.* 1, pag. 610, fig. 1. *Bauh. Hist.* 3, P. 2, pag. 543, fig. 1.
> 1. *Viola ;* Violette odorante. 2. Herbe. Feuilles, Fleurs, Semences. 3. *Fleurs*, odeur agréable, saveur âcre, piquante. 4. Arôme,

mucilage. 5. Toux, rhumes, exanthèmes, péripneumonies catarrales, maladies inflammatoires. 6. Les fleurs de *Violette* ont été mises sans raison parmi les quatre *fleurs cordiales* ; on en fait un sirop très-précieux et très-usité ; une conserve ; un miel. Les feuilles et les semences sont peu usitées. Les racines possèdent une vertu émétique et purgative ; le sue des feuilles purge bien à deux onces. Les fleurs colorent en bleu.

En Europe, dans les bois, les prés. ♃ *Vernale.*

* II. *VIOLETTES à tiges.*

9. VIOLETTE canine, *V. canina*, L. à tige conchée qui se relève lorsqu'elle produit ses fleurs ; à feuilles oblongues, en cœur.

Viola martia inodora, sylvestris; Violette de mars inodore, sauvage. *Bauh. Pin.* 199, n.° 2. *Dod. Pempt.* 156, fig. 3. *Lob. Ic.* 1, pag. 609, fig. 2. *Bauh. Hist.* 3, P. 2, pag. 543 et 544, fig. 1. *Barrel.* tab. 695.

Elle varie à fleurs blanches.

Nutritive pour le Bœuf, le Mouton, le Cochon, la Chèvre.

En Europe dans les bois. ♃ *Vernale.*

10. VIOLETTE des montagnes, *V. montana*, L. à tige droite; à feuilles en cœur, oblongues.

Viola martia purpurascens, arborea; Violette de mars à fleur pourpre, à tige en arbre. *Bauh. Pin.* 199, n.° 2. *Dod. Pempt.* 158, fig. 2. *Lob. Ic.* 1, pag. 610, fig. 2. *Lugd. Hist.* 799, fig. 1? et 780, fig. 1, selon *J. Bauhin. Camer. Epit.* 911. *Bauh. Hist.* 3, P. 2, pag. 547, fig. 1. *Moris. Hist.* sect. 5, tab. 7, fig. 7.

En Provence, à Lyon, Paris. ♃ *Vernale.*

11. VIOLETTE du Mont-Cenis, *V. Cenisia*, L. à tige filiforme, sans divisions, comme rampantes ; à feuilles ovales, pétiolées, très-entières, lisses; à stipules très-entières; à pédoncule solitaire.

Allion. Flor. Ped. n.° 1621, tab. 22, fig. 6.

Sur les Alpes du Dauphiné. ♃

12. VIOLETTE du Canada, *V. Canadensis*, L. à tige droite ; à feuilles en cœur, aiguës.

Au Canada.

13. VIOLETTE admirable, *V. mirabilis*, L. à tige à trois faces; à feuilles en cœur, en forme de rein ; à fleurs de la tige sans pétales.

Dill. Elth. tab. 303, fig. 390.

Nutritive pour le Bœuf, le Mouton.

A Lyon. ♃ Vernale.

14. VIOLETTE à deux fleurs, *V. biflora*, L. à tige portant deux
fleurs; à feuilles en forme de rein, à dents de scie.

Viola Alpina rotundifolia lutea; Violette des Alpes à feuilles
rondes, à fleur jaune. *Bauh. Pin.* 199, n.º 7. *Clus. Hist.* 1,
pag. 309, fig. 2. *Lugd. Hist.* 1005, fig. 3. *Bauh. Hist.* 3,
P. 2, pag. 545, fig. 1. *Pluk.* tab. 234, fig. 1. *Bul. Paris.*
tab. 536. *Flor. Dan.* tab. 46.

Nutritive pour la Chèvre.

Sur les Alpes du du Dauphiné, de Provence, à Paris. ♃ Vernale sur les *Alpes calcaires;* Estivale sur les Alpes granitiques.

15. VIOLETTE à une fleur, *V. uniflora*, L. à tige portant une
seule fleur; à feuilles en cœur, dentées.

Gmel. Sibir. 4, pag. 101, tab. 48, fig. 5.

En Sibérie. ♃

* III. *VIOLETTES à stipules pinnatifides; à stigmate en*
godet.

16. VIOLETTE Pensée, *V. tricolor*, L. à tige à trois faces,
diffuse; à feuilles oblongues, découpées; à stipules pinnatifides.

Viola bicolor, arvensis; Violette à deux couleurs, des champs.
Bauh. Pin. 200, n.º 6. *Matth.* 822, fig. 2. *Lob. Ic.* 611,
fig. 2. *Lugd. Hist.* 800, fig. 2. *Bauh. Hist.* 3, P. 2, p. 546,
fig. 2. *Barrel.* tab. 696 et 757. *Bul. Paris.* tab. 535.

Cette espèce présente une variété.

Viola tricolor hortensis, repens; Violette à trois couleurs
des jardins, à tige rampante. *Bauh. Pin.* 199, n.º 5. *Matth.*
822, fig. 1. *Dod. Pempt.* 158, fig. 1. *Lob. Ic.* 1, pag. 611,
fig. 1. *Flor. Dan.* tab. 623, *Bul. Paris.* tab. 534.

En Europe dans les terrains cultivés. ⊙ Vernale.

17. VIOLETTE à grande fleur, *V. grandiflora*, L. à tige à trois
faces, simple; à feuilles en cœur alongé; à stipules pinnatifides.

Viola montana tricolor, odoratissima; Violette des Montagnes à trois couleurs, très-odorante. *Bauh. Pin.* 199, n.º 4.
Clus. Hist. 1, pag. 310, fig. 1.

Viola montana lutea grandiflora; Violette des montagnes,
à grande fleur jaune. *Bauh. Pin.* 200, n.º 7.

Sur les Alpes du Dauphiné, aux Pyrénées. ♃

18. VIOLETTE à éperon, *V. calcarata*, L. à tige haute, rameuse; à feuilles oblongues; à stipules pinnatifides; à nectaires
plus longs que le calice.

Viola Alpina purpurea, exiguis foliis; Violette des Alpes à

fleur pourpre, à petites feuilles. *Bauh. Pin.* 199, n.º 6.
Lugd. Hist. 1204, fig. 2. *Bellev.* tab. 235. *Barrel.* tab. 691
et 692.

Sur les Alpes du Dauphiné, de Provence. ♃ Vernale. *Alp* et
S.-Alp.

19. VIOLETTE cornue, *V. cornuta*, L. à tige alongée; à feuilles
oblongues, ovales; à stipules pinnatifides; à nectaires en alène,
plus longs que la corolle.

Aux Pyrénées.

20. VIOLETTE en arbre, *V. arborescens*, L. à tige ligneuse;
à feuilles lancéolées, très-entières.

Viola montana pumila, angustifolia, flore niveo, inodoro;
Violette des montagnes naine, à feuilles étroites, à fleur
très-blanche, inodore. *Bauh. Pin.* 199, n.º 1.

En Espagne. ♄

* IV. *VIOLETTES à fleurs droites et non couchées.*

21. VIOLETTE à neuf semences, *V. enneasperma*, L. à tige
très-rameuse à la base; à feuilles lancéolées, linéaires, très-
entières, écartées; à calices égaux postérieurement.

Dans l'Inde Orientale.

22. VIOLETTE sous-ligneuse, *V. suffruticosa*, L. à tige couchée; à feuilles lancéolées, à dentelures peu nombreuses, entassées; à calices égaux postérieurement.

Dans l'Inde Orientale. ♄

23. VIOLETTE Calcéolaire, *V. Calceolaria*, L. à tige herbacée;
simple, hérissée; à feuilles lancéolées, velues; à fleurs solitaires.

A Cumana. ♃

24. VIOLETTE à feuilles opposées, *V. oppositifolia*, L. à tige
sous-ligneuse, disposée en croix; à feuilles opposées; à fleurs
en grappes.

A Cumana. ♄

25. VIOLETTE Hybanthe, *V. Hybanthus*, L. à tige en arbre,
grimpante, armée de piquans; à feuilles oblongues, obtuses, lisses.

Dans l'Amérique Méridionale. ♄

26. VIOLETTE Ipécacuanha, *V. Ipecacuanha*, L. à feuilles
ovales, velues à la marge, et en dessous.

Roëm. pag. 147, tab. 3.

1. *Ipecacuanha;* Ipécacuanha. 2. Racine. 3. Odeur peu sensible; saveur âcre, légèrement amère. 4. Extraits aqueux
et spiritueux en quantité inégale. 5. Fièvres, diarrhée,
dyssenterie, fleurs blanches, hémorragie utérine. L'Ipécacuanha n'a été introduit dans les pharmacies que vers 1684.

Dans l'Amérique Méridionale.

27. VIOLETTE à deux étamines, *V. diandra*, L. à tige rampante herbacée; à feuilles oblongues; à pedoncules portant une seule fleur.

On ignore son climat natal.

1093. BALSAMINE, *IMPATIENS*. * Lam. Tab. Encyclop. pl. 725. BALSAMINA. *Tournef. Inst.* 418, tab. 235.

CAL. *Périanthe* très-petit, formé de deux *feuillets*, arrondis pointus, égaux, colorés, posés sur les côtés de la fleur, caducs-tardifs.

COR. *Irrégulière*, à cinq *Pétales* inégaux, dont un *Supérieur a ;* arrondi, plane, droit, légèrement divisé en trois parties, pointu au sommet, formant la *Lèvre supérieure.*

b. c. Deux inférieurs, renversés, très-grands, plus larges en dehors, obtus, irréguliers, formant la *Lèvre inférieure.*

d. e. Deux intermédiaires opposés, s'élevant de la base du calice.

Nectaire d'un seul feuillet, emboîtant le fonds de la fleur comme un cuiller, à orifice oblique, se prolongeant et terminé à sa base en manière de capuchon.

ÉTAM. Cinq *Filamens*, très-courts, rétrécis à la base, recourbés. Cinq *Anthères*, réunies, divisées à la base.

PIST. *Ovaire* supérieur, ovale, pointu. *Style* nul. *Stigmate* simple, plus court que les anthères.

PÉR. *Capsule* à une loge, à cinq battans, s'ouvrant élastiquement par le ressort de ses panneaux roulés en spirale.

SEM. Plusieurs, arrondies, attachées au réceptacle en colonne.

OBS. *Dans quelques espèces les Pétales d. e. manquent; dans les autres c'est le capuchon du nectaire.*

La figure de la Capsule varie ; de là vient que l'Impatiens de Rivin a la Capsule longue ; et la Balsamina du même Auteur a la Capsule ovale.

Calice à deux feuillets. *Corolle* irrégulière, à cinq pétales, avec un nectaire en capuchon. *Capsule* supérieure, à battans.

* I. *BALSAMINES* à pédoncules portant une seule fleur.

1. BALSAMINE de la Chine, *I. Chinensis*, L. à pédoncules solitaires, portant une seule fleur ; à feuilles opposées, ovales ; à nectaires voûtés en arc.

A la Chine. ☉

2. BALSAMINE à larges feuilles, *I. latifolia*, L. à pédoncules solitaires, portant une seule fleur ; à feuilles ovales, à dentelures lancéolées; à nectaires plus longs que la fleur.

Rheed. Malab. 9, pag. 91, tab. 48.

Dans l'Inde Orientale. ☉

3. **BALSAMINE** à feuilles opposées, *I. oppositifolia*, L. à pédoncules agrégés, portant une seule fleur ; à feuilles opposées, linéaires.

Rheed. Malab. 9, pag. 57, tab. 31 ?

A Zeylan.

4. **BALSAMINE** à cornes, *I. cornuta*, L. à pédoncules agrégés, portant une seule fleur ; à feuilles lancéolées ; à nectaires plus longs que la fleur.

Burm. Zeyl. 41, tab. 16, fig. 1.

A Zeylan. ☉

5. **BALSAMINE** cultivée, *I. Balsamina*, L. à pédoncules agrégés, portant une seule fleur ; à feuilles lancéolées : les supérieures alternes ; à nectaires plus courts que la fleur.

Balsamina fœmina ; Balsamine femelle. *Bauh. Pin.* 306, n.º 2. *Fusc. Hist.* 190. *Matthi.* 884, fig. 1. *Dod. Pempt.* 671, fig. 1. *Lob. Ic.* 1, pag. 317, fig. 2. *Lugd. Hist.* 630, fig. 2 ; et 631, fig. 1. *Camer. Epit.* 990. *Bauh. Hist.* 2, pag. 907, fig. 2.

Dans l'Inde Orientale. Cultivée dans les jardins. ☉ *Estivale.*

* **II.** *BALSAMINES à peduncules portant plusieurs fleurs.*

6. **BALSAMINE** à trois fleurs, *I. triflora*, L. à pédoncules solitaires, portant trois fleurs ; à feuilles étroites, lancéolées.

Herm. Parad. pag. et tab. 105. *Burm. Zeyl.* 41, tab. 16, fig. 2.

A Zeylan, dans les marais.

7. **BALSAMINE** jaune, *I. Noli tangere*, L. à pédoncules solitaires, portant plusieurs fleurs ; à feuilles ovales ; à nœuds des tiges renflés.

Balsamina lutea sive Noli me tangere ; Balsamine à fleune jaune ou ne me touchez pas. *Bauh. Pin.* 306, n.º 3. *Dod. Pempt.* 659, fig. 2. *Lob. Ic.* 1, pag. 318, fig. 1. *Lugd. Hist.* 876, fig. 1 ; 1205, fig. 1 ; et 1655, fig. 3. *Column. Ecphras.* 1, pag. 149 et 150, fig. 1. *Bauh. Hist.* 2, pag. 908, fig. 1. *Barrel.* tab. 1297. *Flor. Dan.* tab. 588.

Nutritive pour la Chèvre.

Sur les Alpes du Dauphiné, de Suisse, au Mont-Pilat près de Lyon, Paris. ♃ *Estivale. Alp.*

F I N du Tome croisième.

www.ingramcontent.com/pod-product-compliance
Lightning Source LLC
Chambersburg PA
CBHW060820220326
41599CB00017B/2236